図解・九州の植物

上 巻

平田　浩

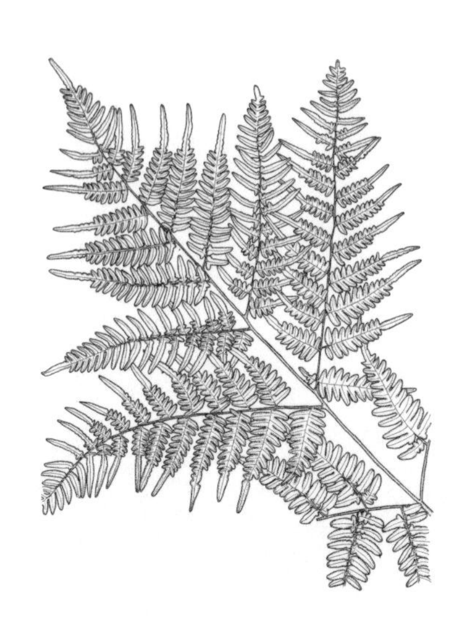

南方新社

発刊に寄せて

元鹿児島県立博物館館長　福田晴夫

　手書きの植物図鑑と言えば、あの村越三千男（昭和3年）や牧野富太郎（昭和15年）などの図鑑が懐かしいし、薩摩には島津重豪が作らせたという「成形図説」（文化2年、1805年）に見事な植物の図集がある。しかし、戦後の1950年代から、生物の図鑑はほとんどが写真に替わってしまった。これらはそれなりに美しく使いやすいのであるが、久しぶりに平田氏の手書きの図を見て、いろいろなことを考えさせられた。

　植物の絵なら、美術の素材で花や果実を描くのは普通のことであるし、理科の勉強のために、夏休みの宿題アサガオなどで経験済みの方も多かろう。前者では美しく、後者では精密に正確に、が主眼であるから、当然書き方は異なる。しかし、先年、田中一村の作品を見たとき、私が驚いたのは、彼がその前に精密画を別に描いていたことであった。対象を正確、精密に見るということは、恐らく多くの画家にとっても基本的に大事なことなのであろう。一方、戸惑うのは、植物でも動物でも、肉眼から虫眼鏡へ、さらに顕微鏡へと倍率を上げると、切りがないかと思われる緻密で複雑な生物体が見えてくることだ。そして"どこまで精密に書けばよいのか"という率直な戸惑いが生じ、それは生きものへの畏敬の念に変わる。

　それでも、生きもの絵はだれでもある程度までは描ける。しかし、科学的な知識がないと見えない部分があることまでは、なかなか気付かない。平田氏は、植物の種間の相違点をよく認識し、その幾つかを、虫眼鏡で分かる範囲で示そうとしている。ある種は生きた素材を、ある種は押し葉標本を、全体から細かな花のつくりまで丹念に描いている。色は付けてないし、必ずしも立体感があるわけでもない。それでも、一つ一つの植物が生き生きと、見る者に語りかけ

てくるようだ。写真は何分の一秒かで植物の実体を写し取るが、平田氏の図には、何時間、何日、いや何年かかっただろうかと思わせる彼の執念と努力の跡がにじみ出ている。久しぶりにみる手書き図集の登場で、頁を繰るのが楽しい。

　私は平田氏と同世代で、大学生時代から高校教師の長い時代、何回も共に山野を歩き、彼はもちろん植物を採り、私は昆虫を追った。お互い爺世代になったが、久しぶりに会った彼は昔と少しも変わっていなかった。彼が楽しそうに持参したスケッチ集は、続けることの大事さと威力をいかんなく示唆しているように思う。

はじめに

　高校での初めての生物の授業は、学校周辺の野草の観察でした。先生が植物を採りながら、和名とその植物の特徴を次々に説明されるのを聞き、それまでの植物に関する机上の授業とは全くちがう魅力を感じました。

　大学に入って、故内藤喬教授から城山・吉野・開聞岳・佐多・霧島山などに何回か連れて行かれ、ジャケツイバラ・カラスキバサンキライ・コゴメマンネングサ・ヒメシャラ等多くの植物を教えて頂いたのが、植物へのめり込むきっかけだったような気がします。その後、故初島住彦教授の指導を受けることになり、ますます植物マニアになってしまいました。

　教員になって、初任校の鹿屋高校時代、先輩教師の吉井虎則先生、学生時代からの学兄で昆虫同好会の福田晴夫氏等と共に沖縄・奄美の喜界島に採集に行き、ナハエボシグサ、コーヒーノキ、アダン等と出会ったことが想い出されます。しかし、当時は採集と旅行を楽しむだけでした。

　この間、初島先生にせっかく教えて頂いた植物名を忘れて、同じ植物を何回も聞いたり、または、同じ植物について何回も図鑑を見て説明を読んだりしました。忘れやすく無駄の多い自分のために、一目見てすぐに植物名とその特徴が思い出せる図を描くことにしました。

　写真入りの図鑑は、特に色については一目瞭然で分かりやすいのですが、ピントから離れた部分、複雑な構造、微細な構造、透明な膜、薄い膜などは、手書きの方がより明確に表示できます。この手書きの図鑑は初心者でも分かるように、次の点に留意しました。文字による説明はできるだけ短くし、植物用語を知らなくても理解できる図解にする、似た種では分類する上で重要な部分を図で比較できるようにする、などです。

　やがて、一つの生態系としての海辺の植物がまとまったので、1987年に鹿児島県本土の分をまとめて「鹿児島の海辺の植物」として出版しました。

　その後、十島村誌の植物部門を執筆することになり、南方系の植物にも多く接する機会を得ました。

屋久島と奄美大島の間のトカラ海峡に、東洋区と旧北区の動物分布の境界とされる渡瀬線があり、その例としてハブ類があげられています。植物の分布でもここに全北区と旧熱帯区との境界があり、動物と同じく渡瀬線といわれます。モンパノキ・ハウチワノキ・シロバナミヤコグサ・ミツバハマゴウ・イワキは北限種とされ、クロマツ・ハチジョウイノコズチ・オイランアザミ・イワタバコは南限種 とされていますが、これらの種についても記載してありますので参考になれば幸いです。

　これに県本土の分を加えて1500種類ほどになったので、この度、出版することにしました。最初にシャリンバイ（1978年）を描いてから39年が経ち、私も84歳になりました。

　この間、鹿児島植物同好会の方々からいろいろご指導・ご協力をいただきました。鹿児島フラワーパークには野外では見つけにくい種類が数多く栽培されていて、短い時間で多くの植物を描くことができました。鹿児島県立博物館では多くの標本を見させていただき、描いた図が正しいか、どうかを照合することもできました。

　さらに、福田晴夫氏には丁重な「発刊に寄せて」の言葉を頂きました。

　川原勝征氏には校正をしていただきました。

　出版するに当たっては、南方新社の向原祥隆代表、制作面では鈴木巳貴氏に大変お世話になりました。これらの諸氏に心から感謝いたします。

2016年12月

著者

目次

[図解　九州の植物　上巻]

刊行に寄せて　　元鹿児島県立博物館館長　福田　晴夫　i
はじめに　　平田　浩　iii
凡例　vii
植物各部の用語解説　viii

図解　九州の植物　xi

Ⅰシダ類

マツバラン科……1
ハナヤスリ科……2
トクサ科……6
リュウビンタイ科……8
ゼンマイ科……9
ウラジロ科……11
ヤブレガサウラボシ科……13
カニクサ科……14
デンジソウ科……15
キジノオシダ科……16
ヘゴ科……19
ホングウシダ科……20
コバノイシカグマ科……23
イノモトソウ科……29
チャセンシダ科……44
イワデンダ科……51
ヒメシダ科……59
シシガシラ科……69
オシダ科……72
ツルキジノオ科……98
ツルシダ科……99
シノブ科……100
ウラボシ科……101

Ⅱ種子植物

①裸子植物
イチョウ科……115
マツ科……116
マキ科……119
コウヤマキ科……121
イチイ科……122
ヒノキ科……124

②被子植物
スイレン科……128
マツブサ科……129
ドクダミ科……130
コショウ科……132
ウマノスズクサ科……134
モクレン科……145
クスノキ科……149
センリョウ科……160
マツモ科……162

a）単子葉類
ショウブ科……163
サトイモ科……165
オモダカ科……175
トチカガミ科……178
シバナ科……183
カワツルモ科……184
ヒルムシロ科……185
アマモ科……188
ノギラン科……189
ヤマノイモ科……190
タコノキ科……195
シュロソウ科……196
シオデ科……198
ユリ科……203
イヌサフラン科……217
ラン科……218
キンバイザサ科……256
アヤメ科……257
ワスレグサ科……262
ヒガンバナ科……269
ネギ科……272
キジカクシ科……276
ヤシ科……289
ガマ科……290
ホシクサ科……291
イグサ科……295
カヤツリグサ科……302
イネ科……360
ツユクサ科……449
ミズアオイ科……457
タヌキアヤメ科……459
ショウガ科……460
カンナ科……465

b）真正双子葉類
アケビ科……466
ツヅラフジ科……470
メギ科……472
キンポウゲ科……475
ケシ科……485
アワブキ科……491
ヤマモガシ科……492
イソマツ科……493
タデ科……494
ナデシコ科……532
ヒユ科……551
ザクロソウ科……569
スベリヒユ科……571
ツルムラサキ科……574

ハマミズナ科……575
ヤマゴボウ科……577
オシロイバナ科……578
ビャクダン科……580
ボロボロノキ科……582
マツグミ科……583
ツチトリモチ科……584
マンサク科……585
ユズリハ科……588
ユキノシタ科……589
ベンケイソウ科……595
アリノトウグサ科……605
ブドウ科……609
ミツバウツギ科……613
キブシ科……616
フウロソウ科……617
ミソハギ科……619
アカバナ科……629
ノボタン科……643
ニシキギ科……644
ヤナギ科……658

参考図書　巻末
索引　巻末

[図解　九州の植物　下巻]

刊行に寄せて　元鹿児島県立博物館館長　福田　晴夫　i
はじめに　平田　浩　iii
凡例　vii
植物各部の用語解説　viii

図解　九州の植物　xi

スミレ科……661
トケイソウ科……669
プトランジーヴァ科……670
トウダイグサ科……671
コミカンソウ科……684
フクギ科……691
オトギリソウ科……692
ヒルギ科……696
ミゾハコベ科……698
カタバミ科……699
ホルトノキ科……701
マメ科……703
ヒメハギ科……760
バラ科……762
グミ科……799
クロウメモドキ科……805
ニレ科……811
アサ科……814
クワ科……820
イラクサ科……832
ウリ科……845
ブナ科……849
ヤマモモ科……865
カバノキ科……866
フウチョウボク科……868
フウチョウソウ科……869
アブラナ科……870
アオイ科……885
ジンチョウゲ科……899
ムクロジ科……902
ウルシ科……907
センダン科……912
ミカン科……913
ミズキ科……923
アジサイ科……927
ツリフネソウ科……936
ハナシノブ科……937
ツバキ科……938
モッコク科……943
カキノキ科……948
ハイノキ科……950
サクラソウ科……955
エゴノキ科……967
アカテツ科……969
マタタビ科……970
リョウブ科……972
ツツジ科……973
ヤッコソウ科……993
アオキ科……994
ムラサキ科……995
アカネ科……1003
リンドウ科……1025
マチン科……1029
キョウチクトウ科……1031
ナス科……1042
ヒルガオ科……1052
モクセイ科……1067
イワタバコ科……1077
ゴマノハグサ科……1079
キツネノマゴ科……1082
クマツヅラ科……1087
ノウゼンカズラ科……1089
シソ科……1090
ハエドクソウ科……1138
ハマウツボ科……1142
アゼトウガラシ科……1146
オオバコ科……1153
タヌキモ科……1170
ハナイカダ科……1171
モチノキ科……1172
ウコギ科……1182
セリ科……1194
トベラ科……1210
レンプクソウ科……1211
スイカズラ科……1220
キキョウ科……1228
ミツガシワ科……1233
クサトベラ科……1235
キク科……1236

参考図書　巻末
索引　巻末

凡例

1）分類はＡＰＧⅡ体系に従い、科名・学名の属名・和名は大場秀章著（植物分類表）に従いました。
2）種間雑種には×印を使い、命名者名は略しました。
3）図の中に、生育していた場所及び期日（西暦）が示してあるので、樹木の場合は今でもその場所に行けば、その植物を確認できます。
4）和名が似た種、近似種については、例えばオカルカヤ、メカルカヤ、メリケンカルカヤ等、また、ヤナギイノコズチ、ヒナタイノコズチ、イノコズチ、ハチジョウイノコズチ等その相違点がよく分かるように、全体または部分を同じ頁に描いてあります。図を比較しながら同定してください。
5）小さい部分を㎜単位で示しています。これは専門的に詳しく知りたい人へのためで、初心者は小さい構造体であるという程度の理解でよいと思います。
6）タイトル種については全種左下の同じ場所に分布を表記しています。同じページに登場するタイトル種以外の種については、左下以外の場所に適宜分布を表記しています。
7）分布の「九・目」は「九州植物目録」（初島住彦、2004）の略、「鹿・目」は「鹿児島県植物目録」（初島住彦、1986）の略です。
8）外国名では欧（ヨーロッパ）、阿（アフリカ）、亜（アジア）、米（主としてアメリカ合衆国）、南米等の略称を用いました。
　　九州の産地名では以下の略称を用いました。福（福岡）、大（大分）、長（長崎）、佐（佐賀）、熊（熊本）、宮（宮崎）、鹿（鹿児島）。
　　鹿児島の薩南諸島・南西諸島では、竹（竹島）、黒（黒島）、硫（硫黄島）、種（種子島）、屋（屋久島）、口之（口之島）、中（中之島）、平（平島）、諏（諏訪之瀬島）、悪（悪石島）、小（小宝島）、宝（宝島）、奄大（奄美大島）、喜（喜界島）、加（加計呂麻島）、徳（徳之島）、口永（口永良部島）、沖永（沖永良部島）、与（与論島）、向島（宇治群島の向島）、奄群（奄美群島）。その他、甑（甑島）、県森（鹿児島県民の森）、フラワーパーク（かごしまフラワーパーク）、あまり知られてない所は省略していません。
9）植物の用途で食物・薬草については「野草を食べる」「食べる野草と薬草」から転記させて頂きました。詳しくは、同書をご覧ください。
10）九州には自生していない植物でも、描く機会を得たものは参考までに記載しました。

植物各部の用語解説

A 全体

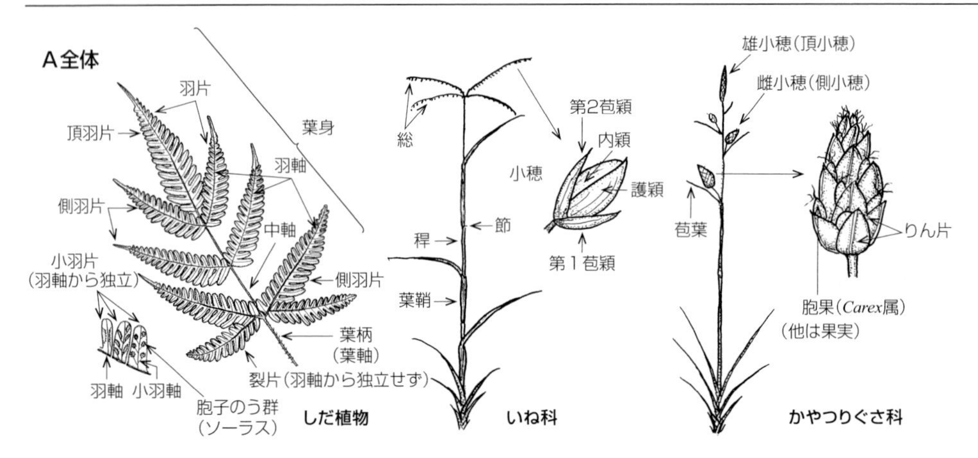

B 部分
●花のつくり

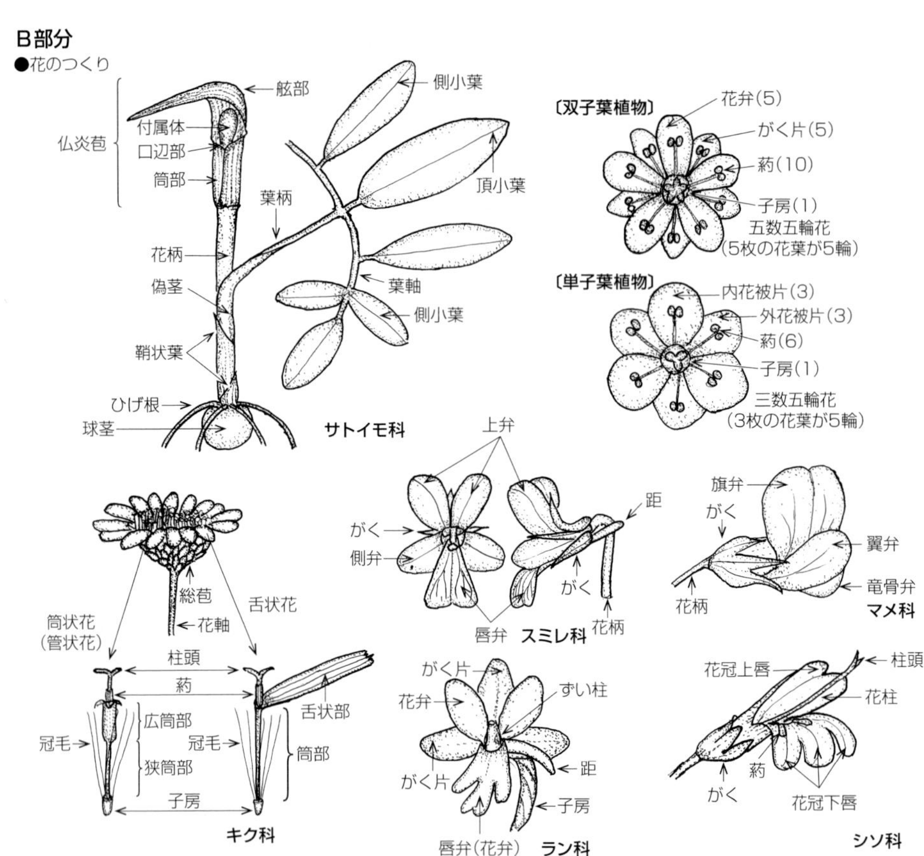

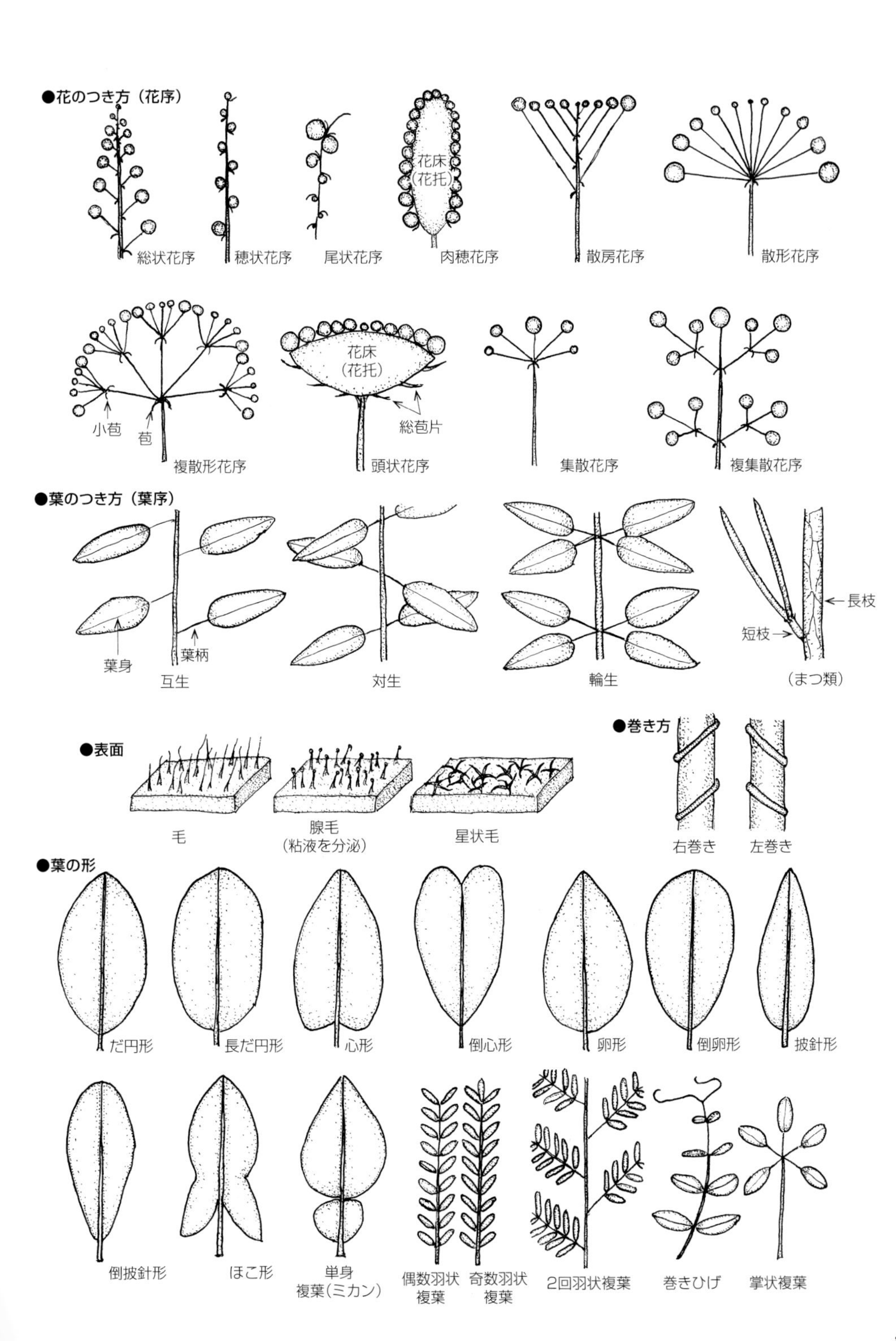
●花のつき方（花序）
総状花序
穂状花序
尾状花序
花床
（花托）
肉穂花序
散房花序
散形花序
小苞
苞
複散形花序
花床
（花托）
総苞片
頭状花序
集散花序
複集散花序
●葉のつき方（葉序）
葉身
葉柄
互生
対生
輪生
長枝
短枝
（まつ類）
●表面
毛
腺毛
（粘液を分泌）
星状毛
●巻き方
右巻き
左巻き
●葉の形
だ円形
長だ円形
心形
倒心形
卵形
倒卵形
披針形
倒披針形
ほこ形
単身
複葉（ミカン）
偶数羽状
複葉
奇数羽状
複葉
2回羽状複葉
巻きひげ
掌状複葉

図解・九州の植物　上巻

マツバラン　[マツバラン科　マツバラン属] *Psilotum nudum*

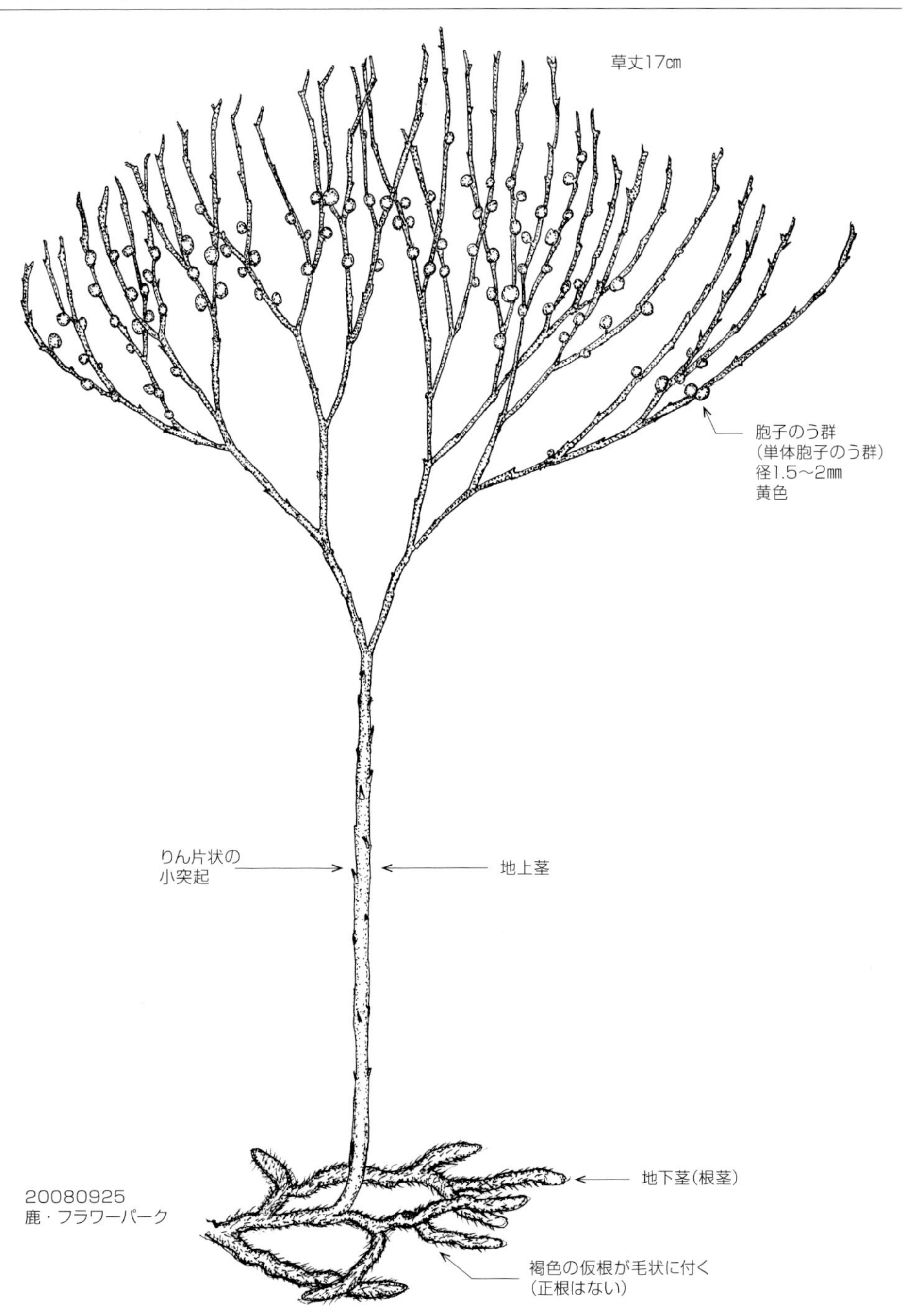

草丈17cm

胞子のう群
（単体胞子のう群）
径1.5～2mm
黄色

りん片状の
小突起

地上茎

20080925
鹿・フラワーパーク

地下茎（根茎）

褐色の仮根が毛状に付く
（正根はない）

分布　｜　九・目……各県　対馬（南は奄群）
　　　　　鹿・目……甑　長　県本土中部以南（加治木以南）　屋　種　吐　奄群

オオハナワラビ　[ハナヤスリ科　ハナワラビ属]　　Botrychium japonicum

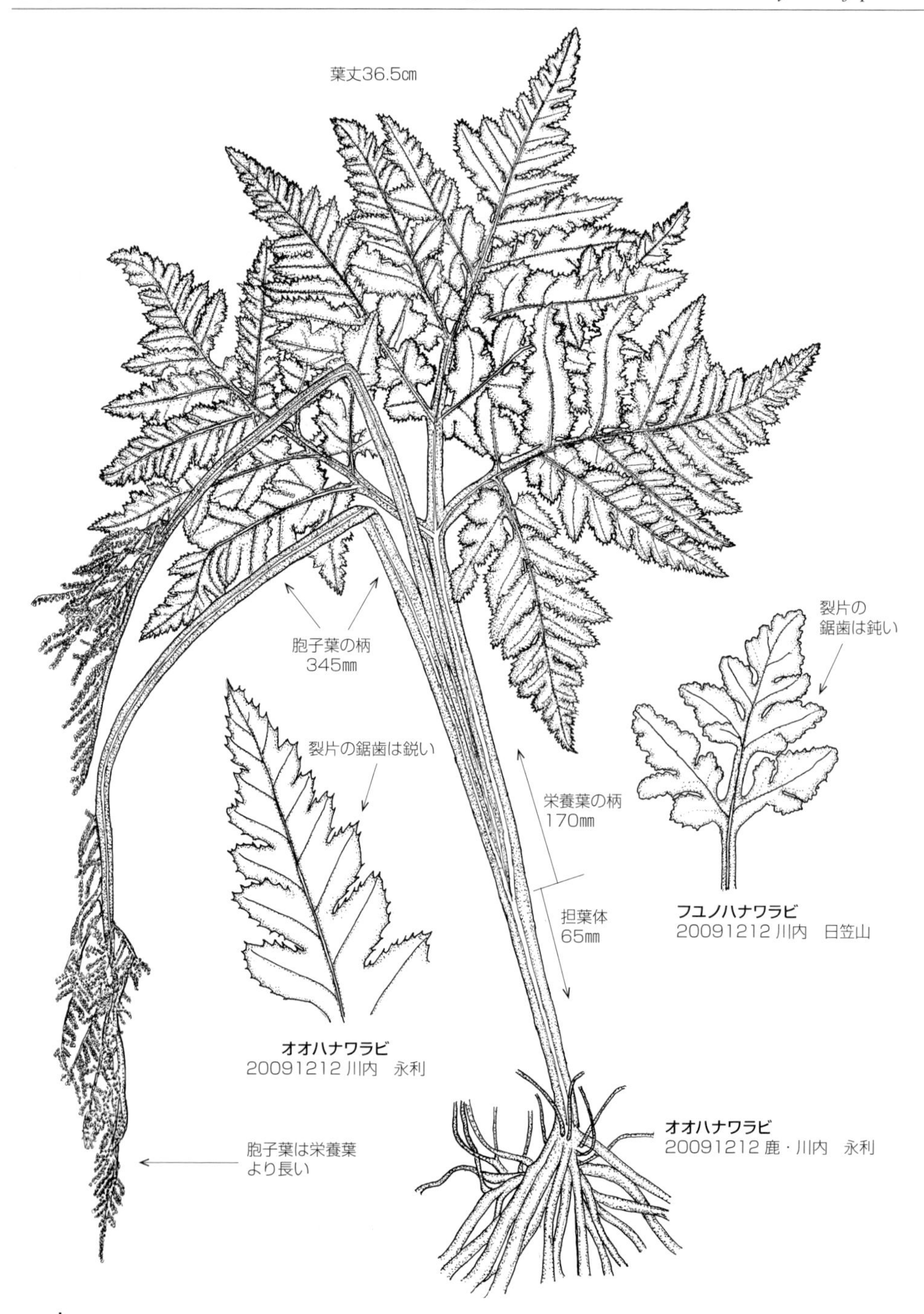

フユノハナワラビ　[ハナヤスリ科　ハナワラビ属]　　　*Botrychium ternatum*

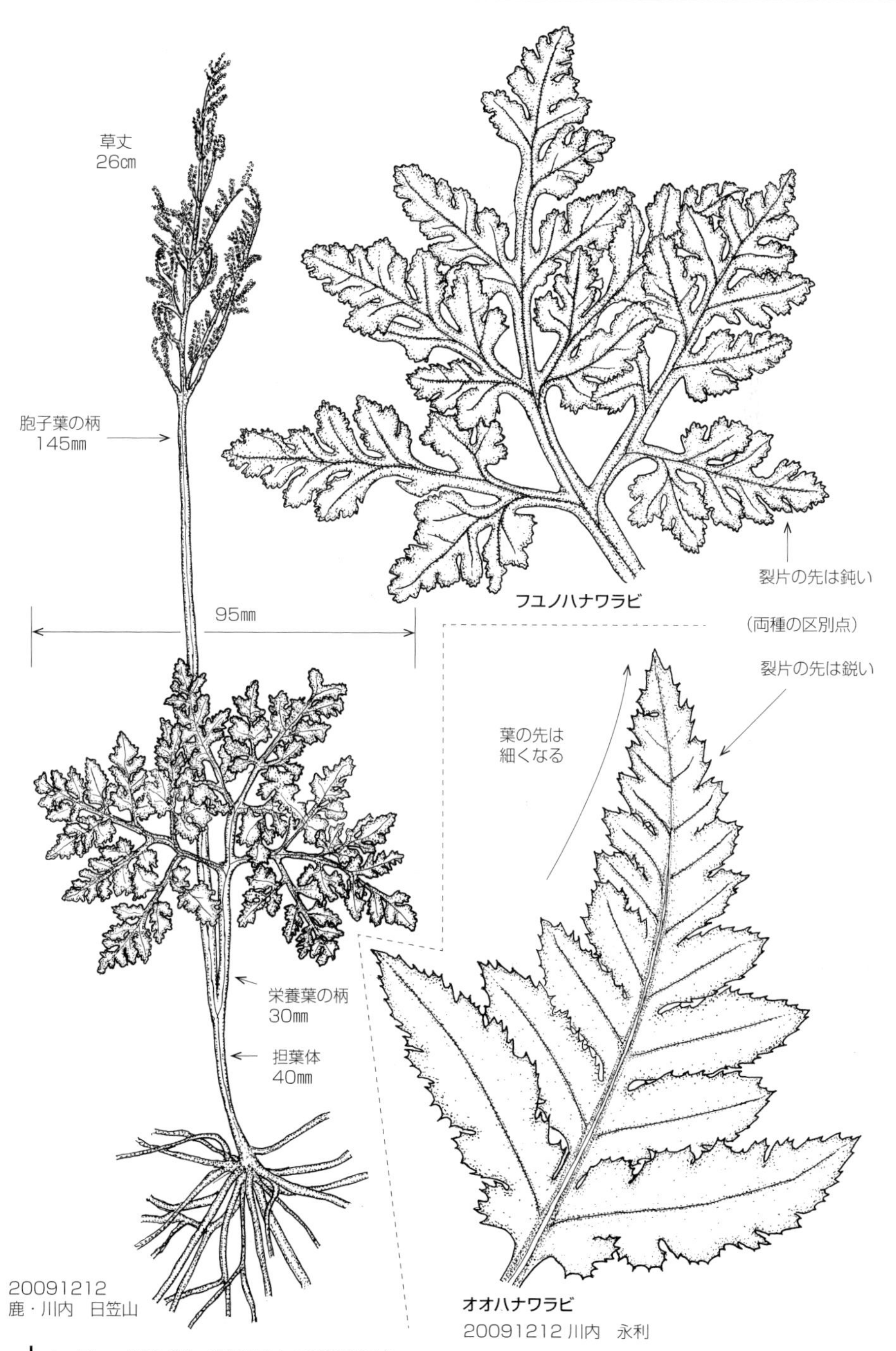

草丈 26cm
胞子葉の柄 145mm
95mm
栄養葉の柄 30mm
担葉体 40mm
20091212 鹿・川内 日笠山

フユノハナワラビ
裂片の先は鈍い
（両種の区別点）
裂片の先は鋭い
葉の先は細くなる

オオハナワラビ
20091212 川内 永利

分布　九・目……各県（種　南限は奄大の湯湾岳頂上）
　　　　鹿・目……県本土中・北部（南は高隈山・開聞岳）　甑　種　奄大（湯湾岳頂上）

コヒロハハナヤスリ　[ハナヤスリ科　ハナヤスリ属]　　*Ophioglossum petiolatum*

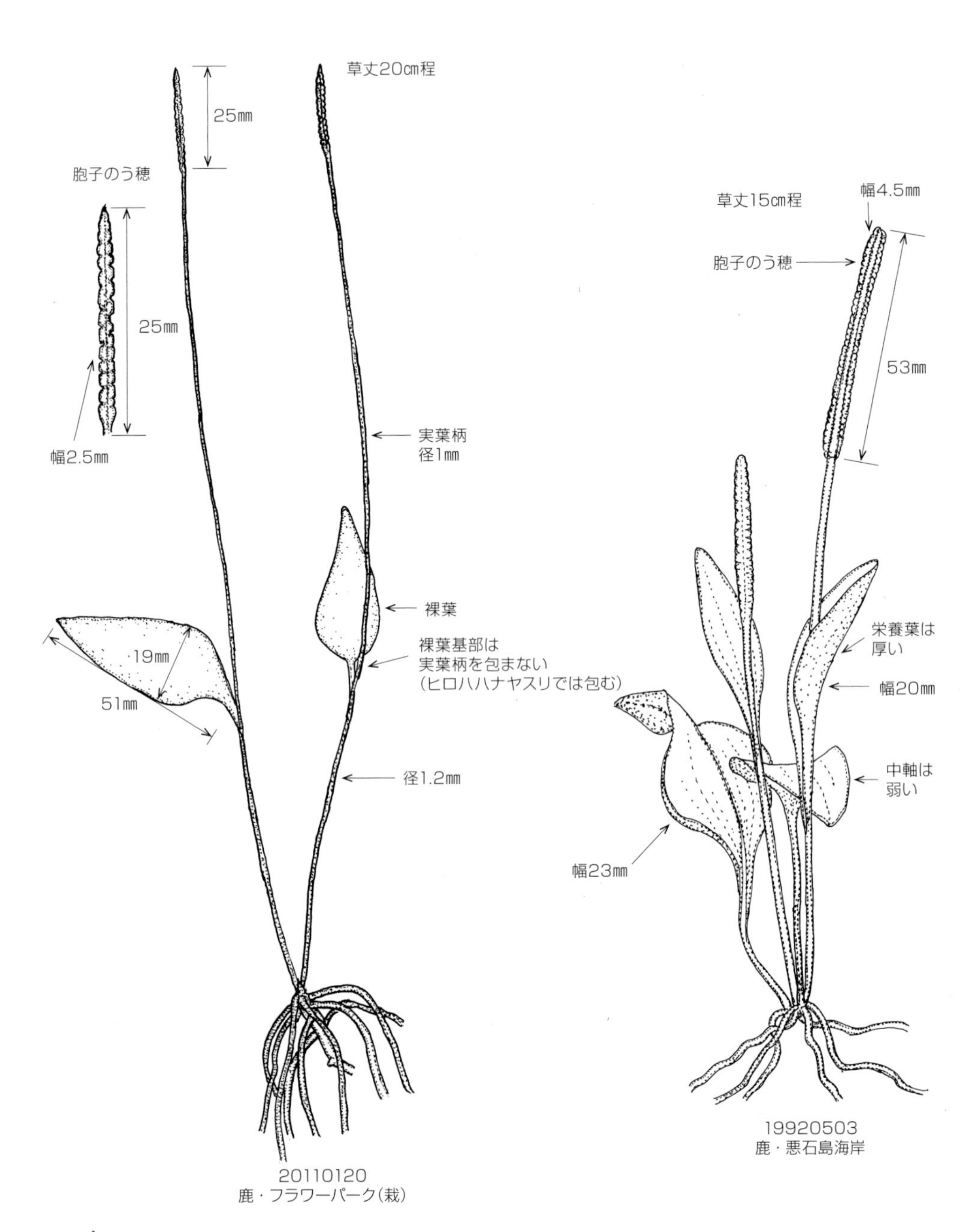

分布　九・目……各県（南は奄群）
　　　鹿・目……県本土　種　黒　中　悪　喜　奄大

ハマハナヤスリ　[ハナヤスリ科　ハナヤスリ属]　*Ophioglossum thermale*

コハナヤスリ　[ハナヤスリ科　ハナヤスリ属]
Ophioglossum thermale var. nipponicum

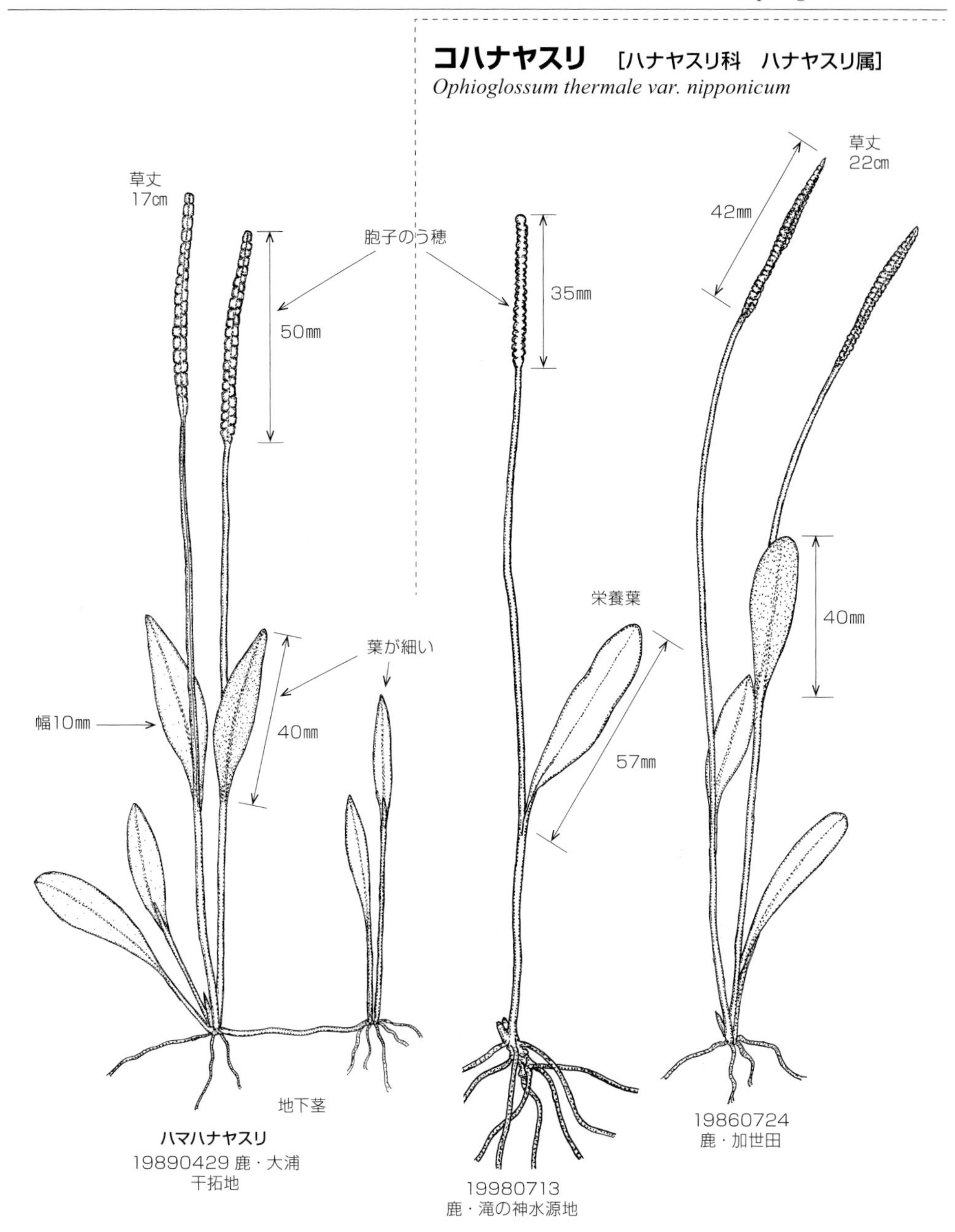

ハマハナヤスリ
19890429 鹿・大浦干拓地

19980713 鹿・滝の神水源地

19860724 鹿・加世田

本変種はハマハナヤスリと区別されないこともある

分布　九・目……各県（南は鹿の大根占）
　　　鹿・目……冠岳　桜島　山川（竹山）　馬毛島

分布　九・目……佐　長　を除く各県（南は奄大）
　　　鹿・目……大浦干拓　種　屋　諏　奄大

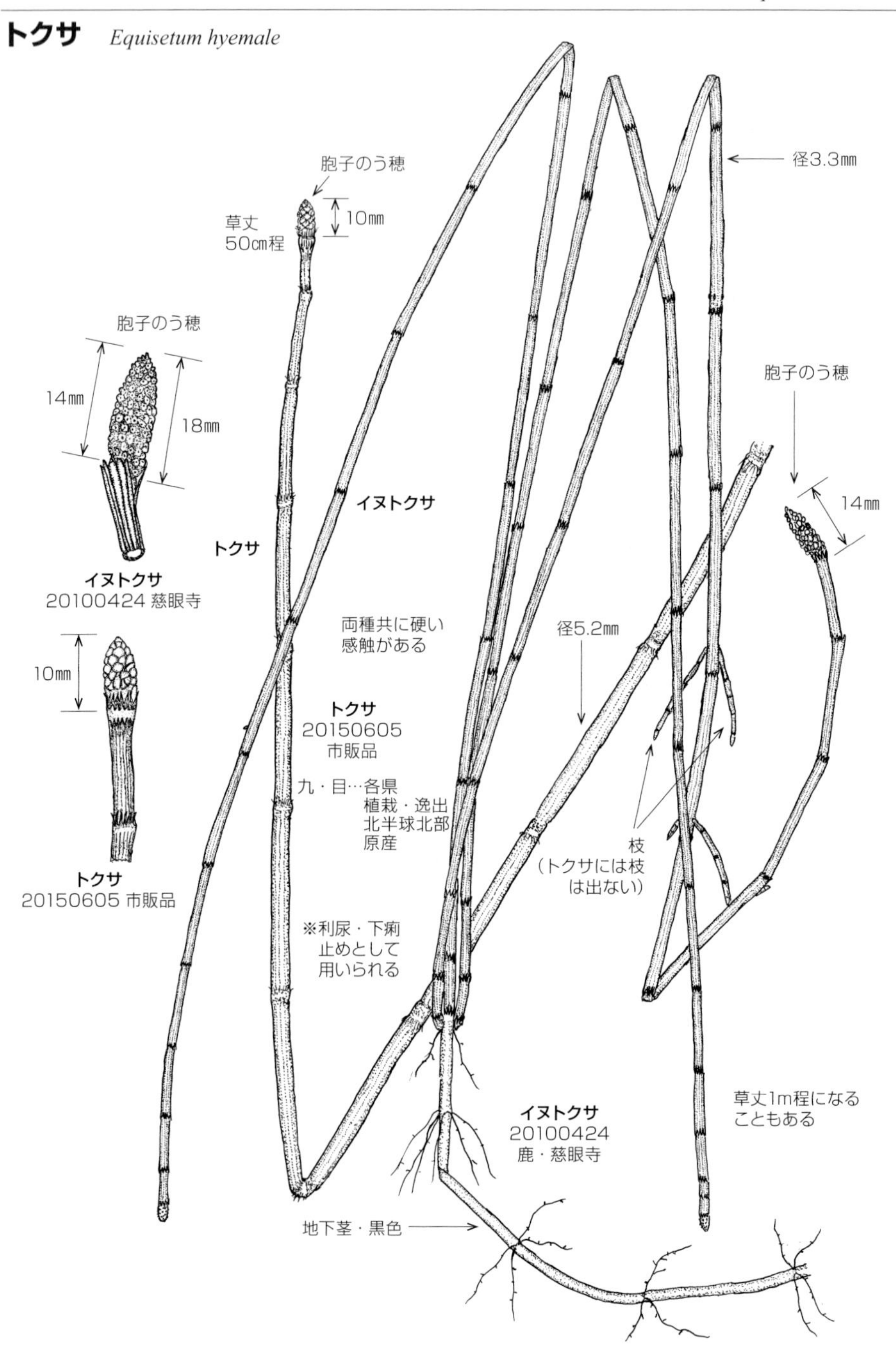

スギナ　［トクサ科　トクサ属］　*Equisetum arvense*

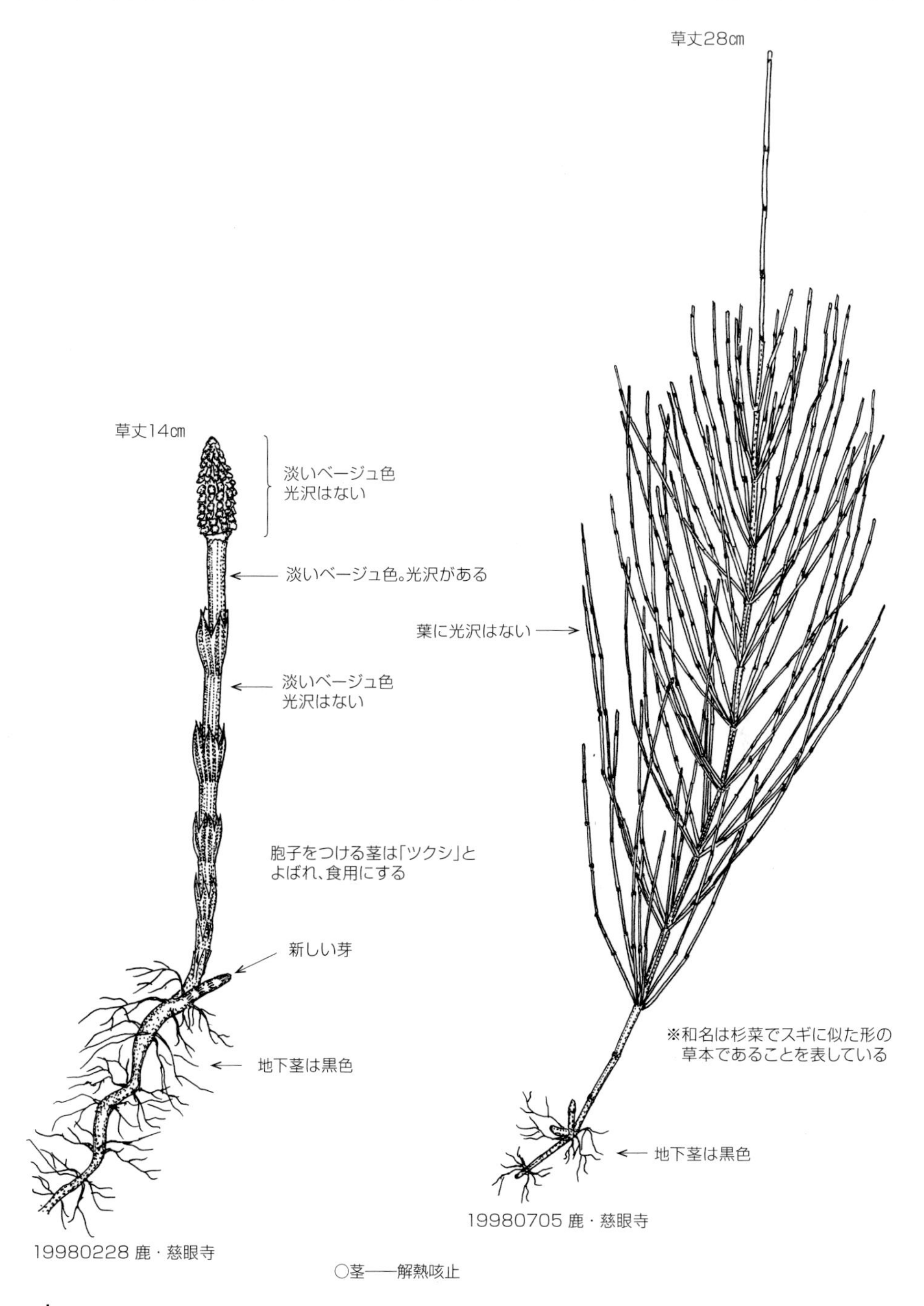

○茎——解熱咳止

分布　九・目……各県（南は屋）
　　　　鹿・目……県本土各地　甑　屋　種　諏

リュウビンタイ [リュウビンタイ科 リュウビンタイ属] *Angiopteris lygodiifolia*

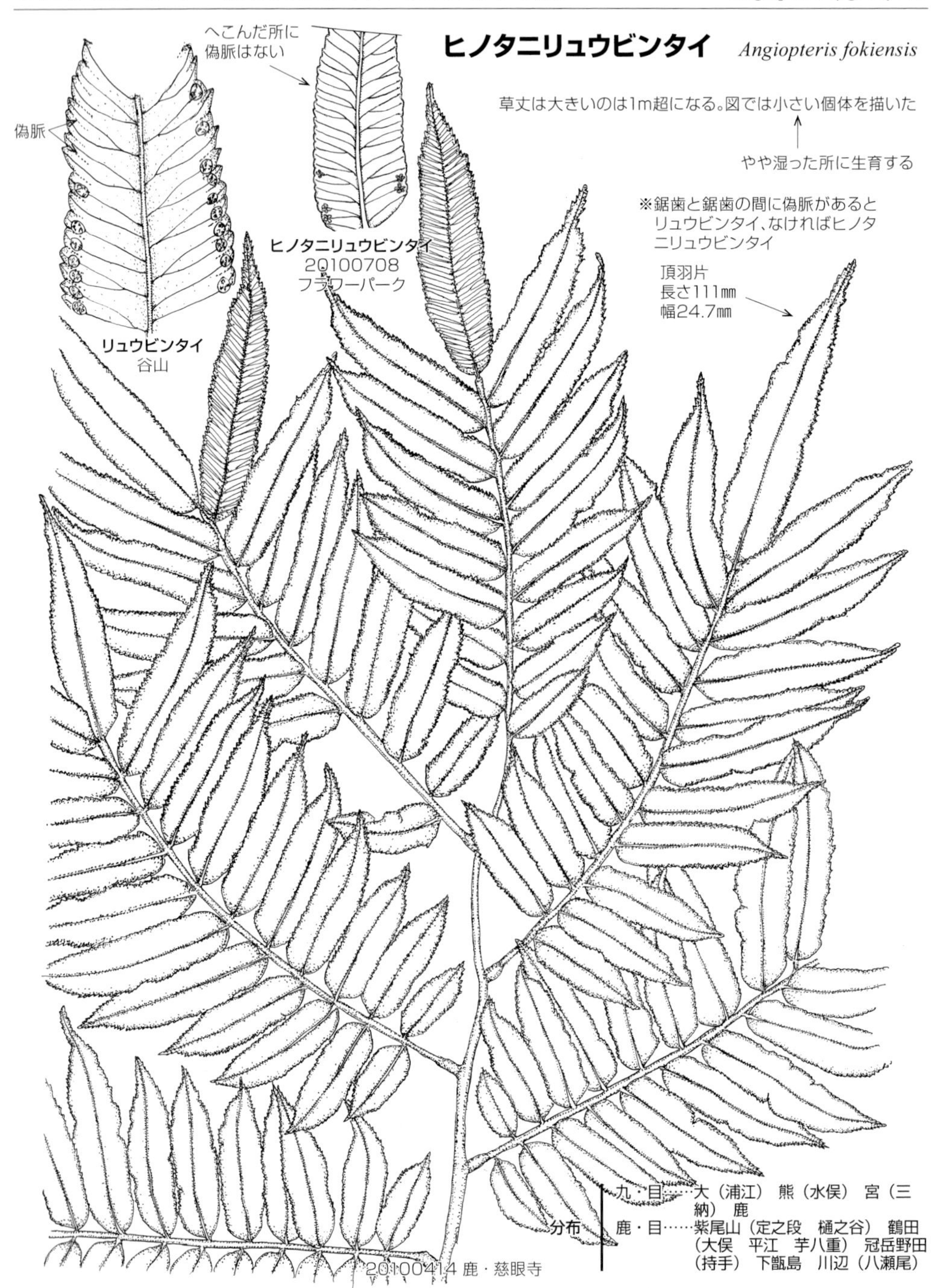

ヒノタニリュウビンタイ *Angiopteris fokiensis*

偽脈

へこんだ所に偽脈はない

リュウビンタイ 谷山

ヒノタニリュウビンタイ 20100708 フラワーパーク

草丈は大きいのは1m超になる。図では小さい個体を描いた

やや湿った所に生育する

※鋸歯と鋸歯の間に偽脈があるとリュウビンタイ、なければヒノタニリュウビンタイ

頂羽片 長さ111mm 幅24.7mm

20100414 鹿・慈眼寺

分布 九・目……熊（天草 水俣）宮（三納以南）鹿
鹿・目……各地

分布 九・目……大（浦江）熊（水俣）宮（三納）鹿
鹿・目……紫尾山（定之段 樋之谷）鶴田（大俣 平江 芋八重）冠岳野田（持手）下甑島 川辺（八瀬尾）

シロヤマゼンマイ　[ゼンマイ科　ゼンマイ属]　　*Osmunda banksiifolia*

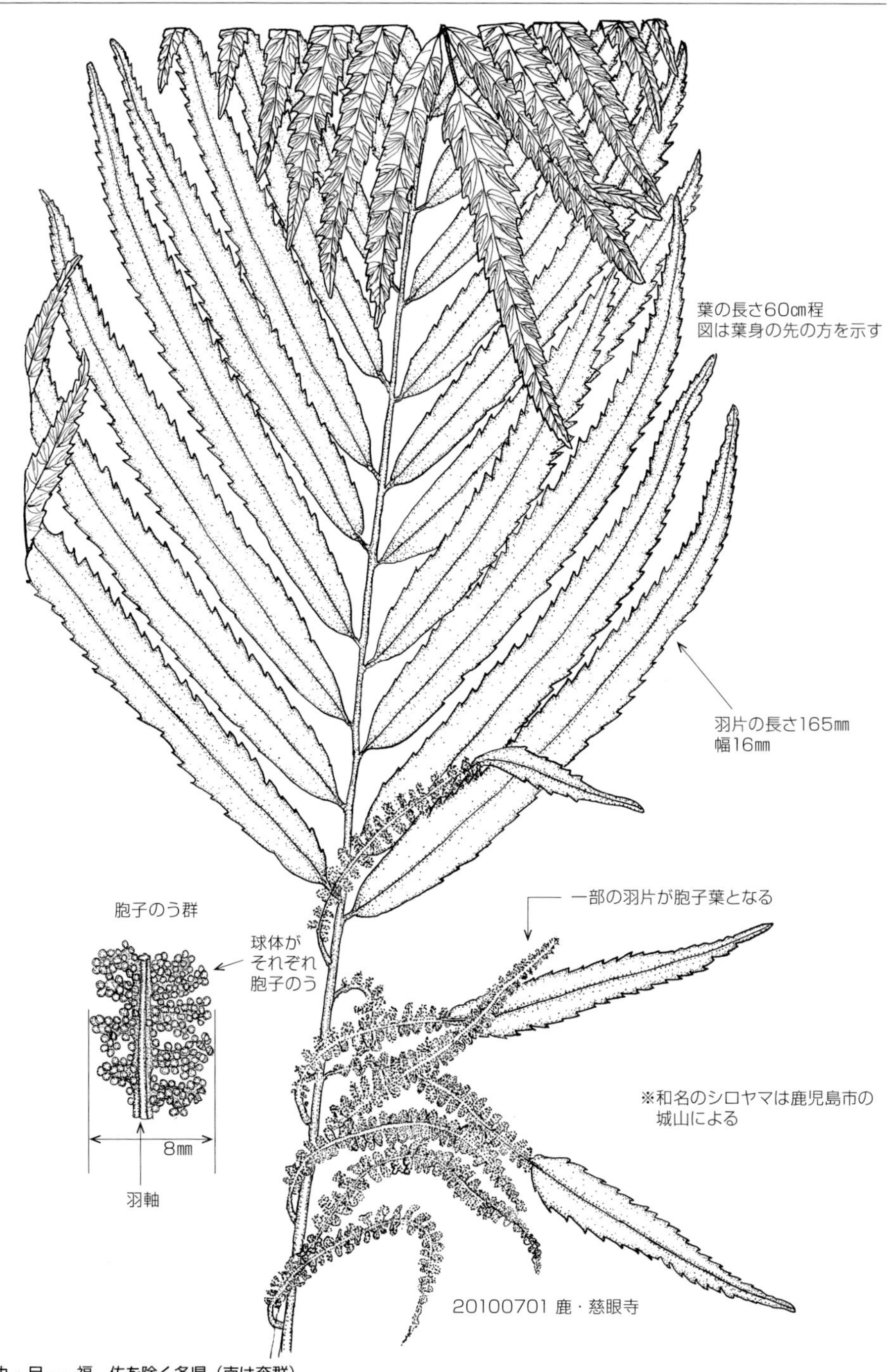

葉の長さ60cm程
図は葉身の先の方を示す

羽片の長さ165mm
幅16mm

胞子のう群
球体がそれぞれ胞子のう
8mm
羽軸

一部の羽片が胞子葉となる

※和名のシロヤマは鹿児島市の城山による

20100701 鹿・慈眼寺

分布　九・目……福　佐を除く各県（南は奄群）
　　　　鹿・目……県本土中部以南　甑　屋　種　黒　中　喜　奄大　徳　沖永

ゼンマイ [ゼンマイ科 ゼンマイ属] *Osmunda japonica*

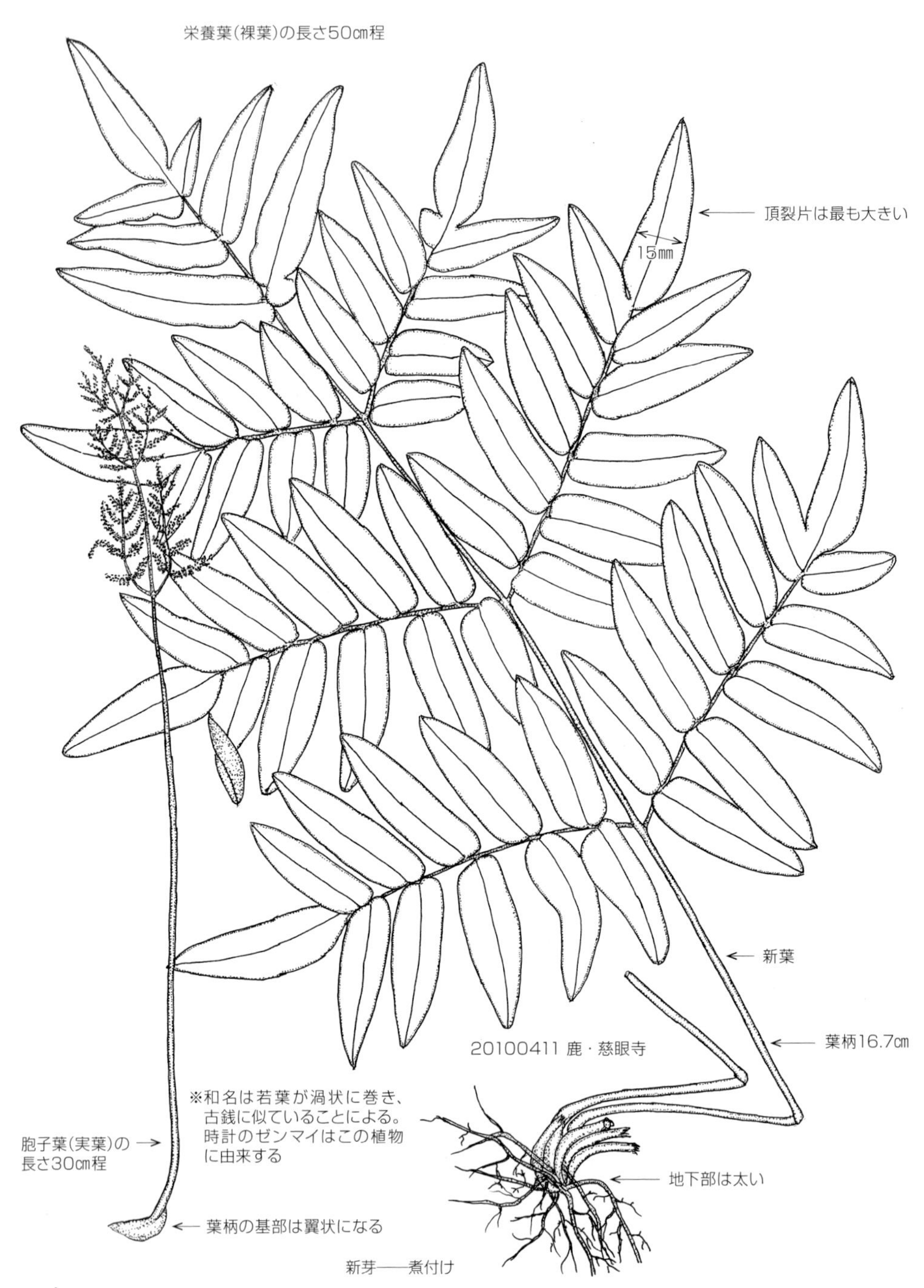

コシダ　[ウラジロ科　コシダ属]　　*Dicranopteris linearis*

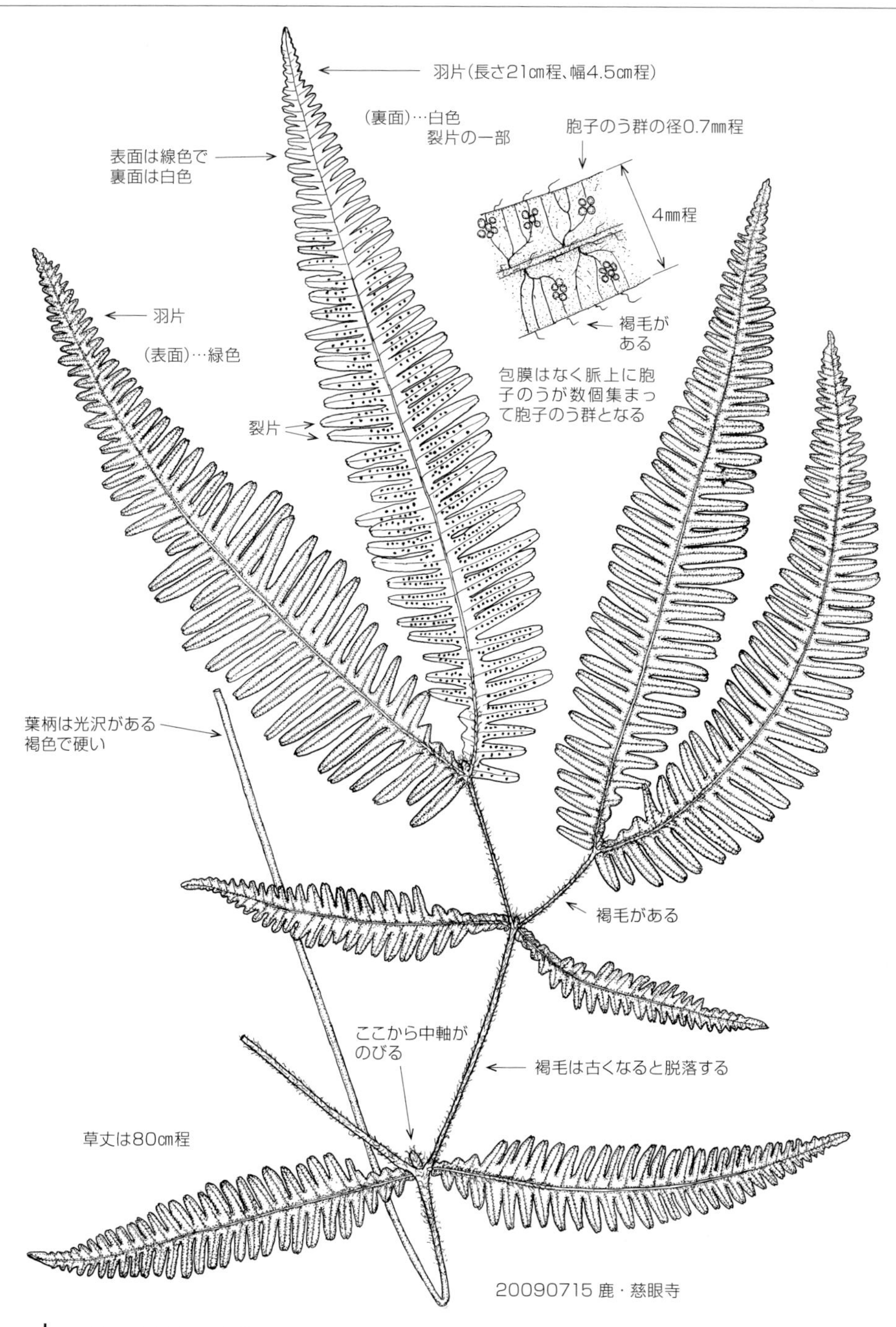

20090715 鹿・慈眼寺

分布　九・目……各県（南は奄群）
　　　鹿・目……各地

ウラジロ　［ウラジロ科　ウラジロ属］　　　*Gleichenia japonica*

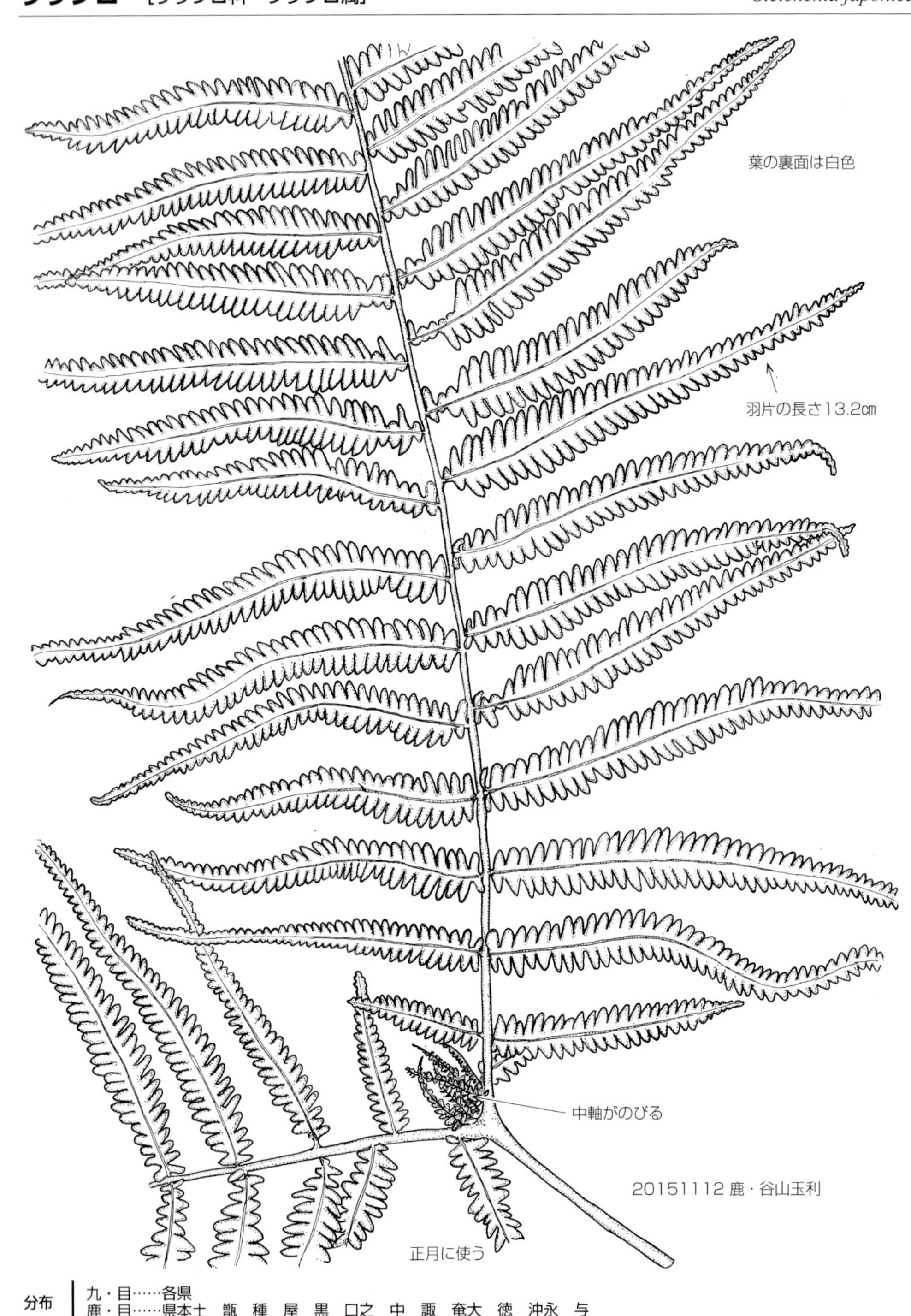

葉の裏面は白色

羽片の長さ13.2㎝

中軸がのびる

20151112 鹿・谷山玉利

正月に使う

分布　｜九・目……各県
　　　｜鹿・目……県本土　甑　種　屋　黒　口之　中　諏　奄大　徳　沖永　与

スジヒトツバ　[ヤブレガサウラボシ科　スジヒトツバ属]　　*Cheiropleuria bicuspis*

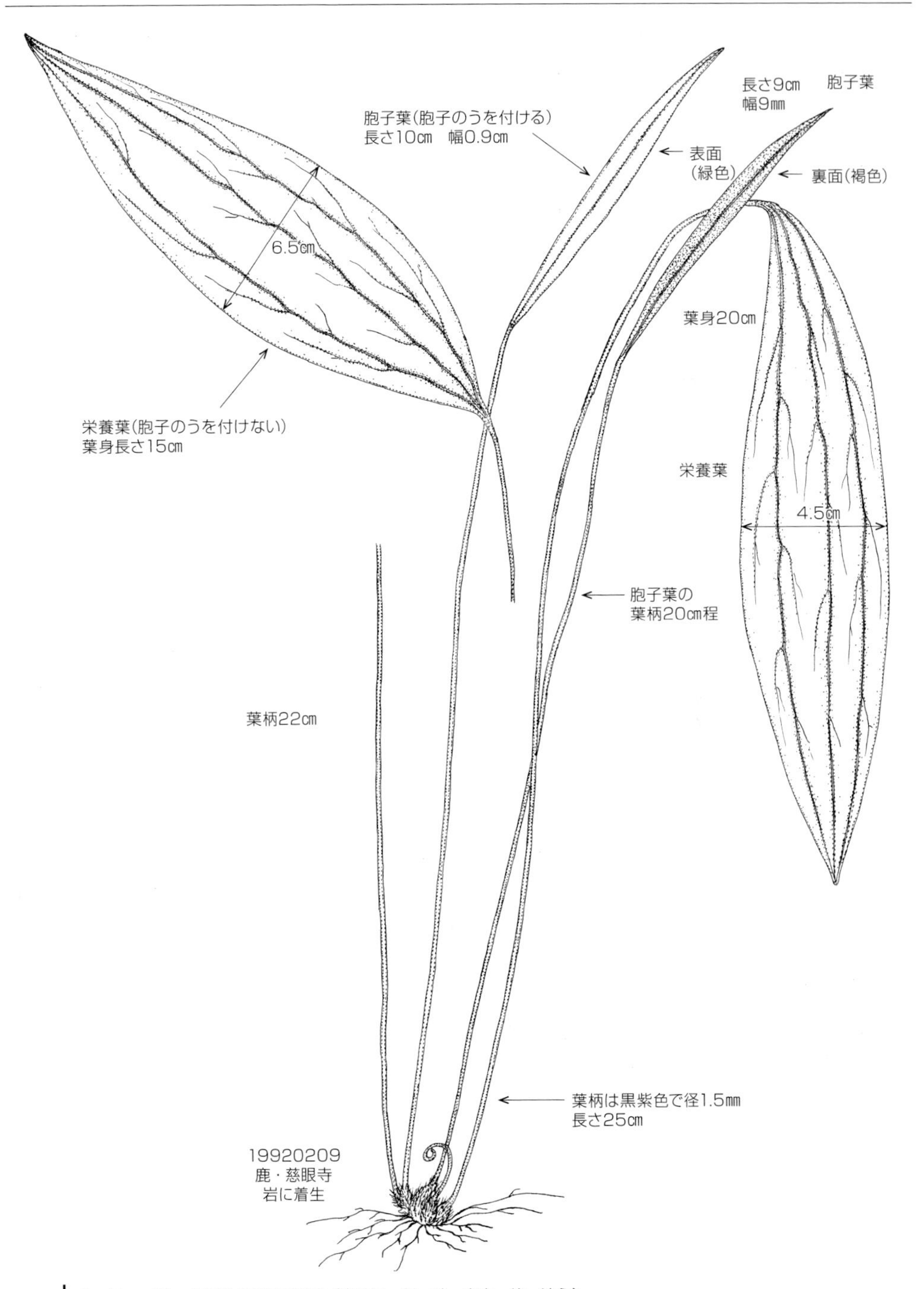

分布　九・目……福、大を除く各県の暖地（南は屋　種　吐　奄大　徳　沖永）
　　　鹿・目……県本土中部以南　薩摩町観音滝（県最北限）屋　種　黒　口之　中　悪　奄大　徳　沖永

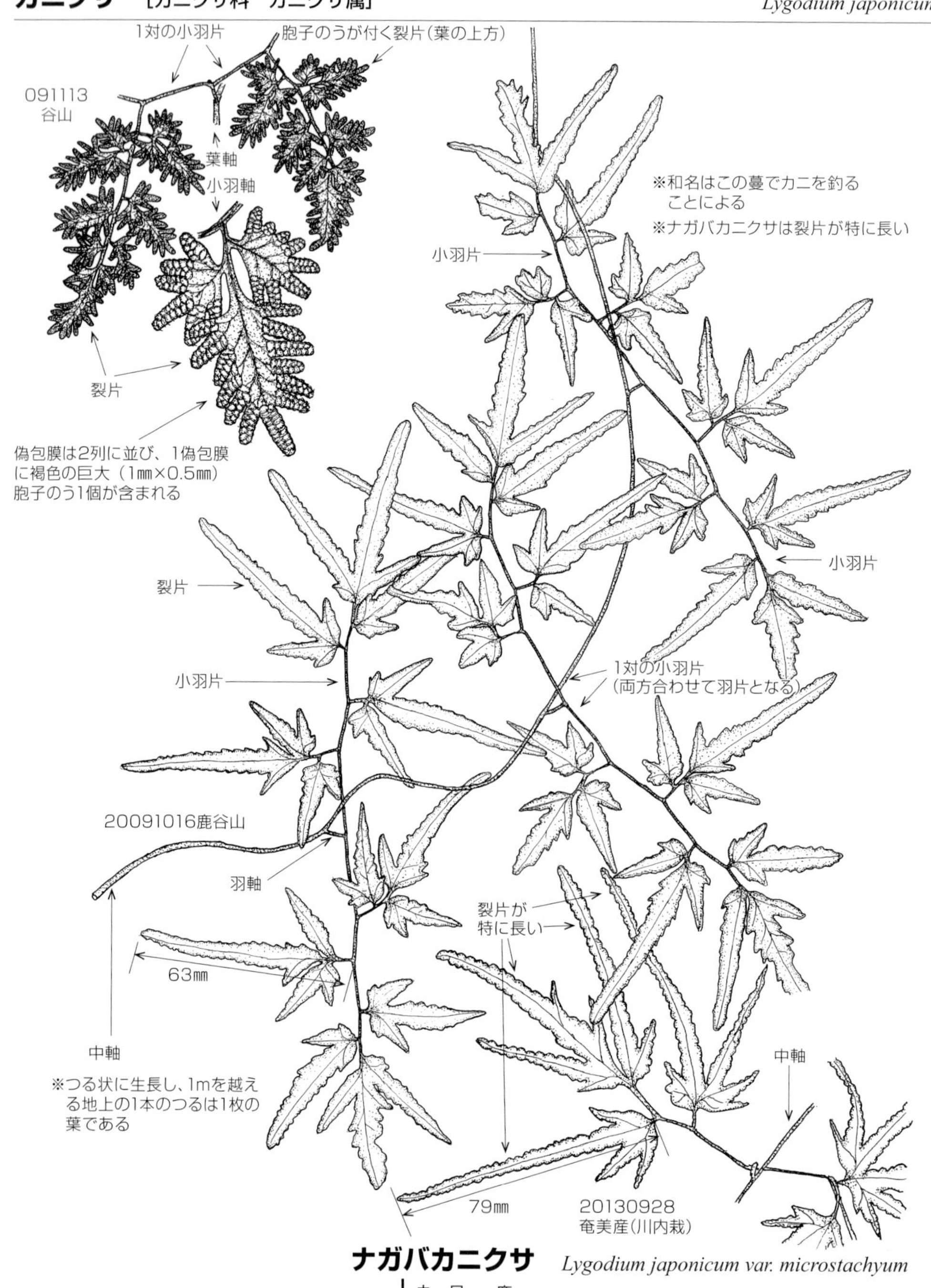

デンジソウ　[デンジソウ科　デンジソウ属]　*Marsilea quadrifolia*

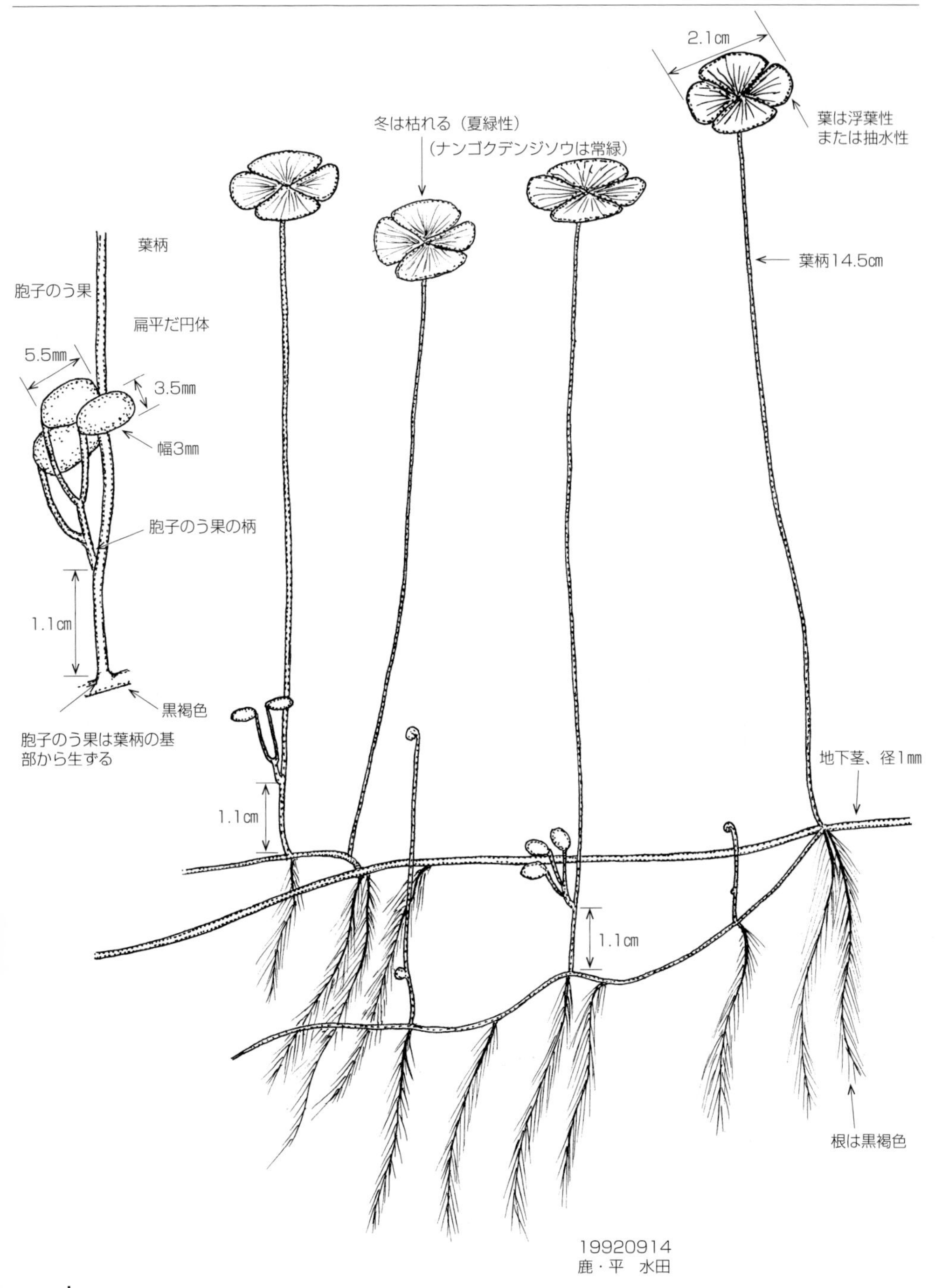

分布
九・目……各県（南は奄群）
鹿・目……甑　県本土　種　平　奄大？

オオキジノオ　[キジノオシダ科　キジノオシダ属]　　*Plagiogyria euphlebia*

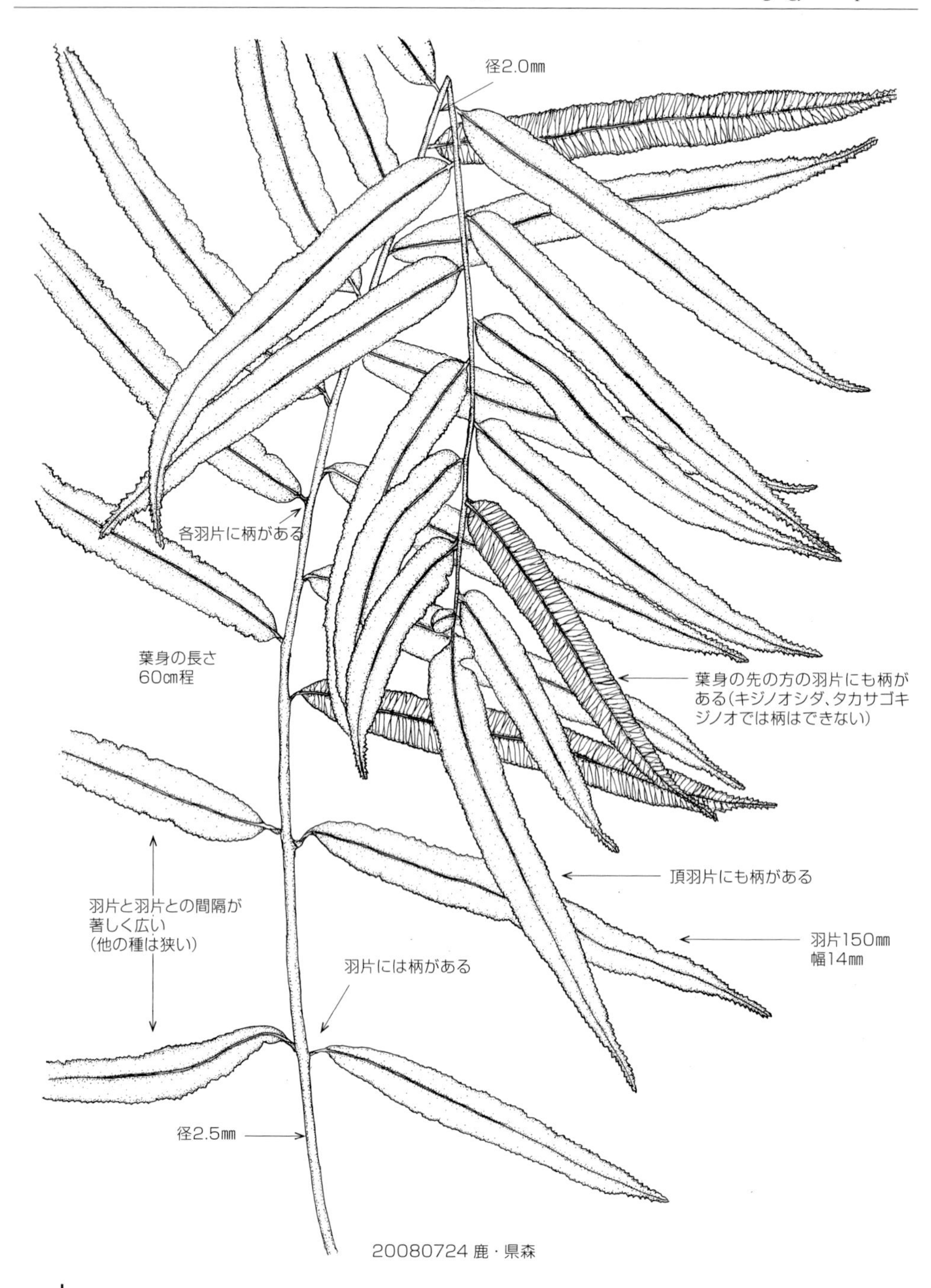

分布　九・目……各県（南限は奄大－湯湾岳）
　　　鹿・目……県本土　甑　屋　種　黒　口永　口之　中　奄大　湯湾岳

キジノオシダ [キジノオシダ科　キジノオシダ属] *Plagiogyria japonica*

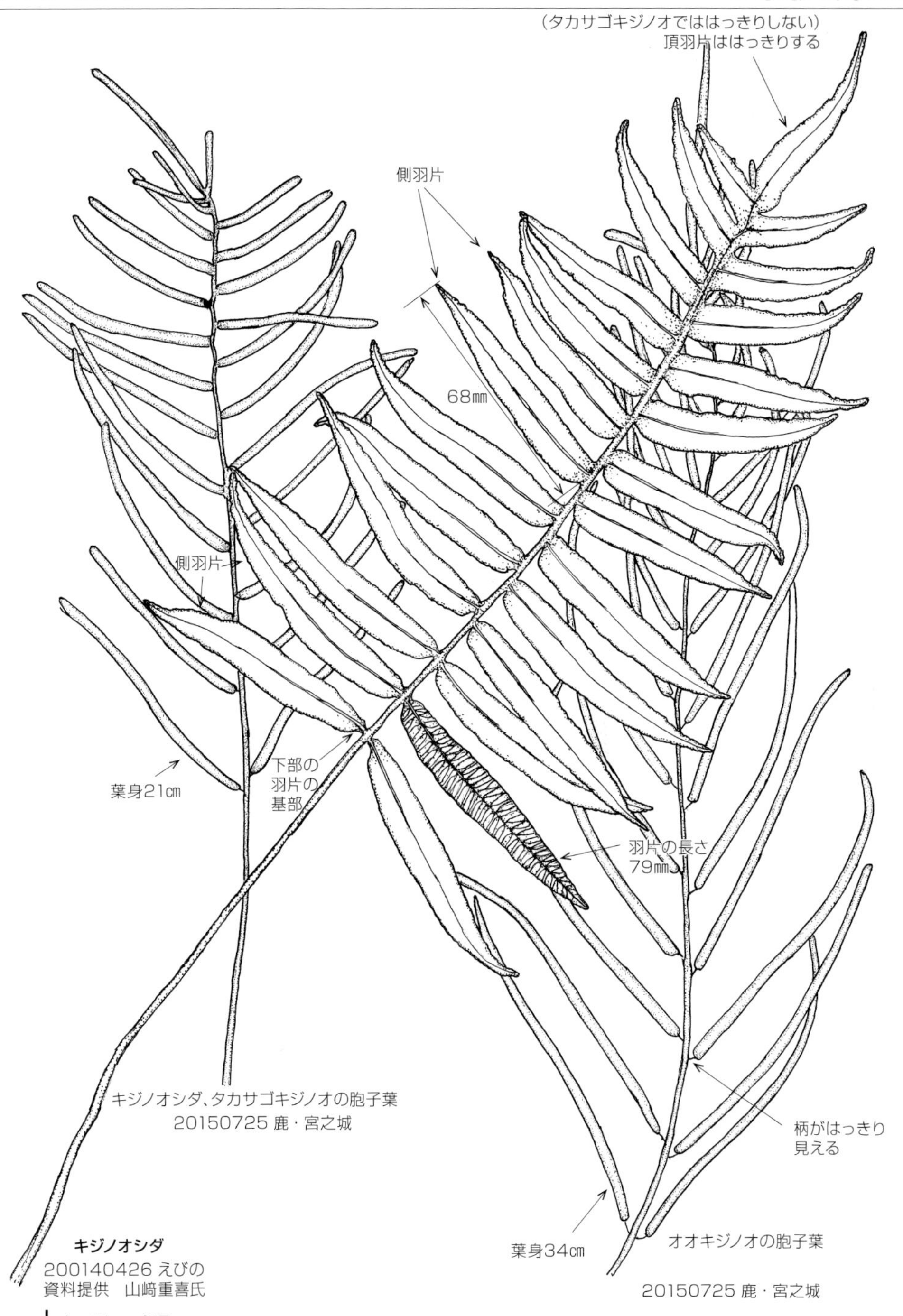

タカサゴキジノオ　［キジノオシダ科　キジノオシダ属］　*Plagiogyria adnata*

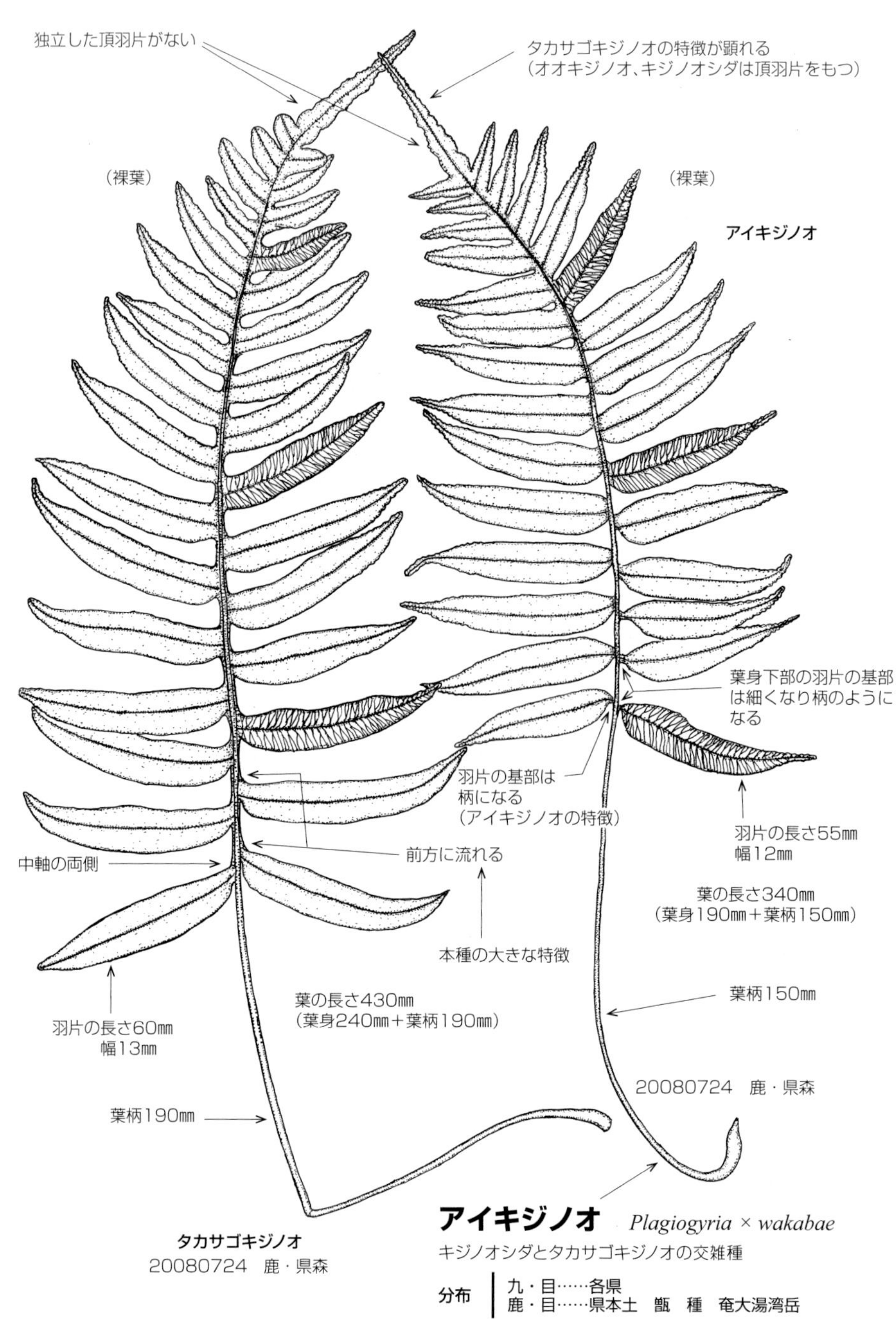

タカサゴキジノオ
20080724　鹿・県森

アイキジノオ　*Plagiogyria × wakabae*
キジノオシダとタカサゴキジノオの交雑種

分布　九・目……各県
　　　鹿・目……県本土　甑　種　奄大湯湾岳

分布　九・目……各県（南は奄大）
　　　鹿・目……県本土　甑　黒　種　屋　奄大

ヘゴ ［ヘゴ科　ヘゴ属］ *Cyathea spinulosa*

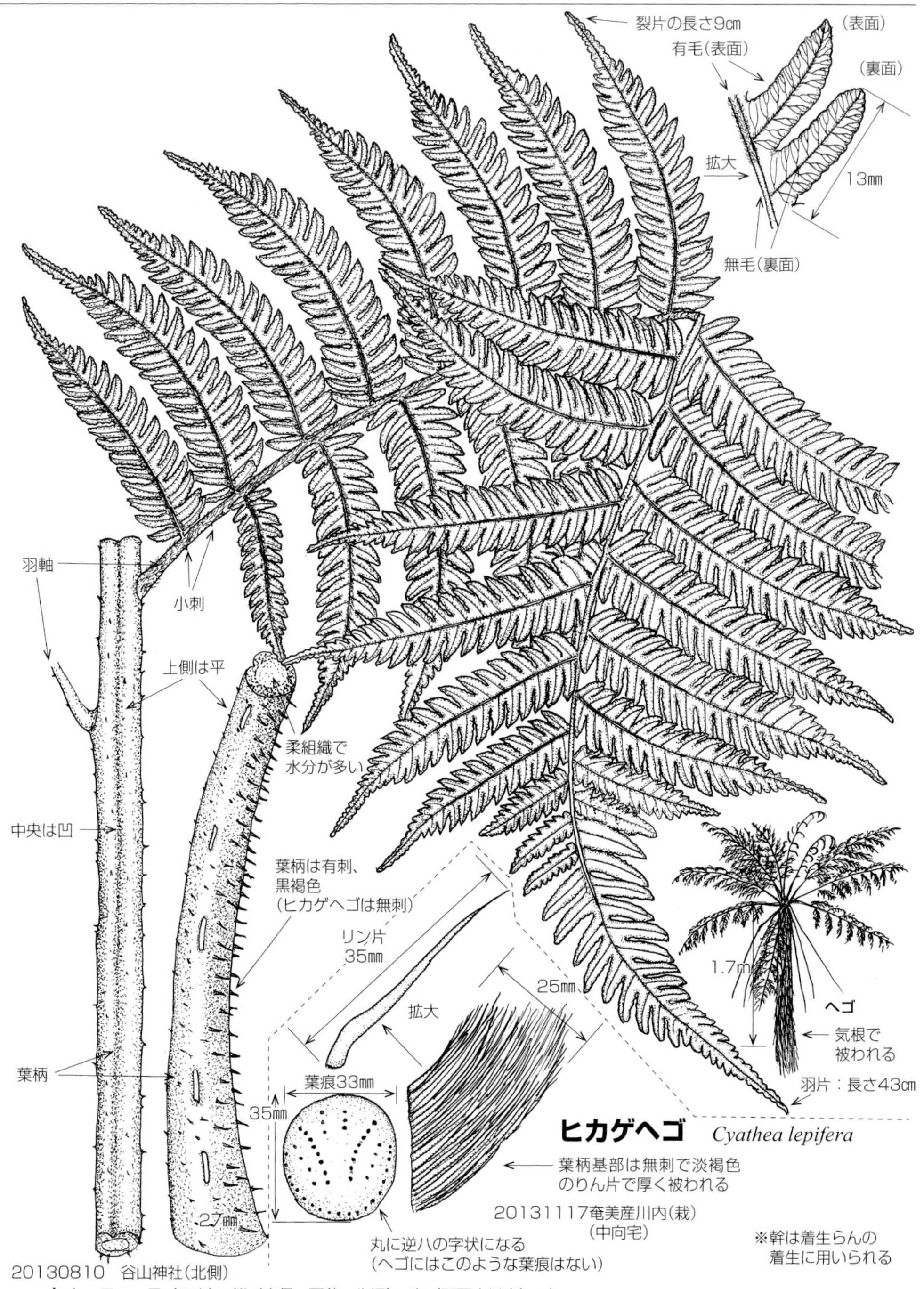

20130810　谷山神社(北側)

ヒカゲヘゴ *Cyathea lepifera*

葉柄基部は無刺で淡褐色のりん片で厚く被われる

丸に逆ハの字状になる（ヘゴにはこのような葉痕はない）

20131117奄美産川内(栽)（中向宅）

※幹は着生らんの着生に用いられる

分布
九・目……長（五島）熊（水俣・天草・牛深）宮（双石山以南）鹿
鹿・目……阿久根（三笠）長島　竜ヶ水　谷山　重富　海潟　大根占　波見　南隈地区　磯間山　笠沙　甑　黒　種　屋　口之　吐　奄群

シンエダウチホングウシダ ［ホングウシダ科　ホングウシダ属］ Lindsaea orbiculata var. commixta

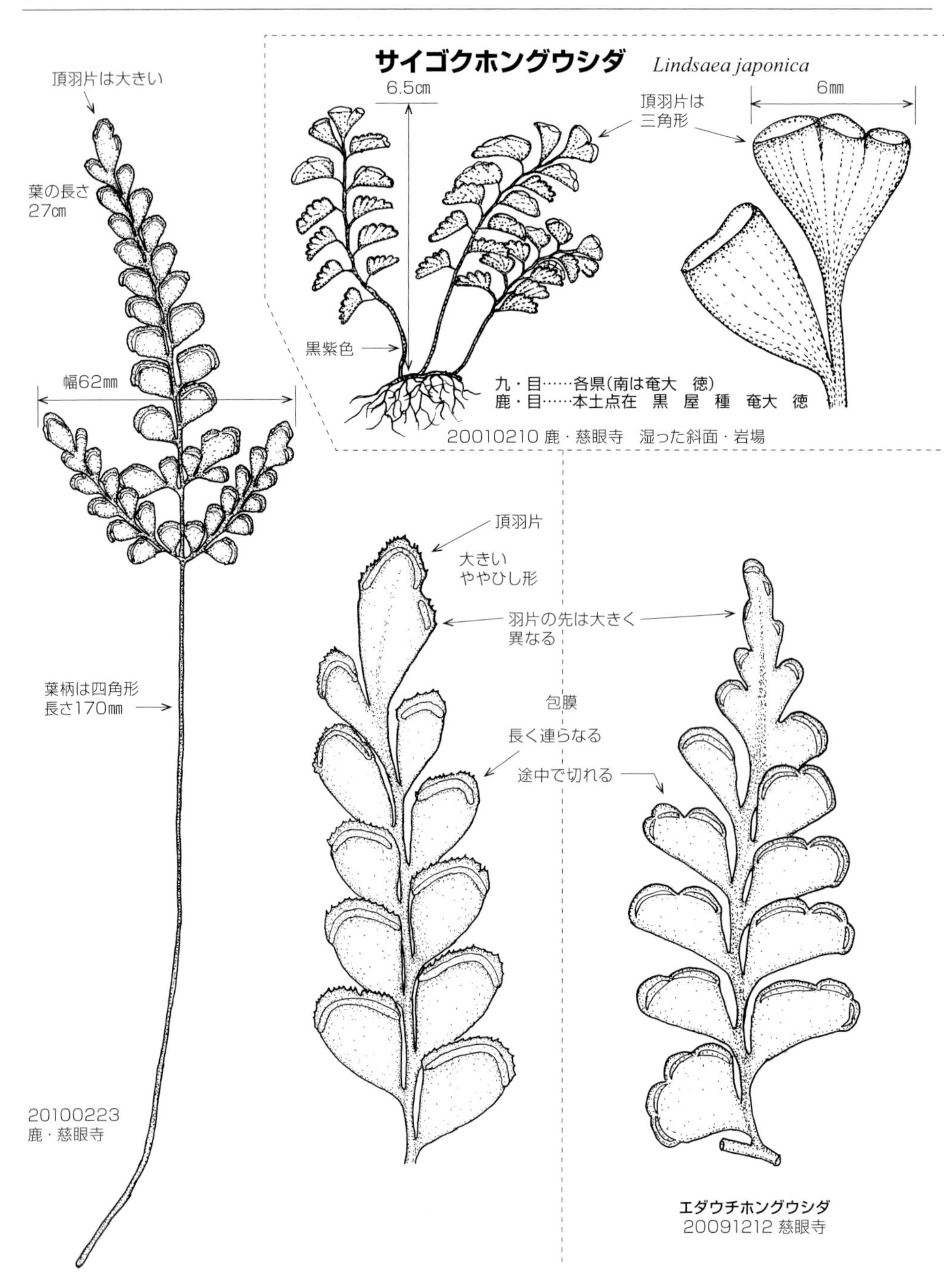

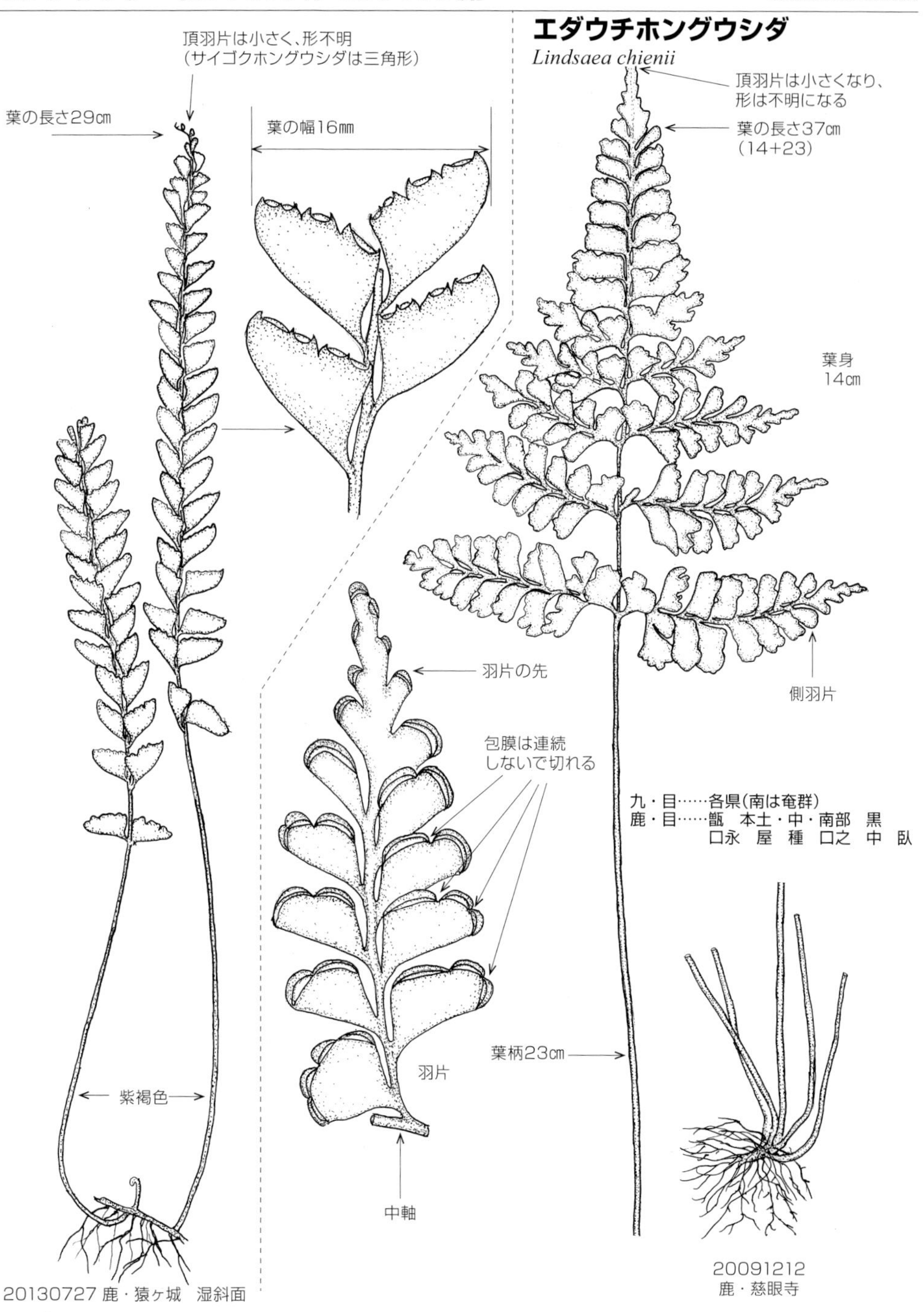

ハマホラシノブ　[ホングウシダ科　ホラシノブ属]　　*Sphenomeris biflora*

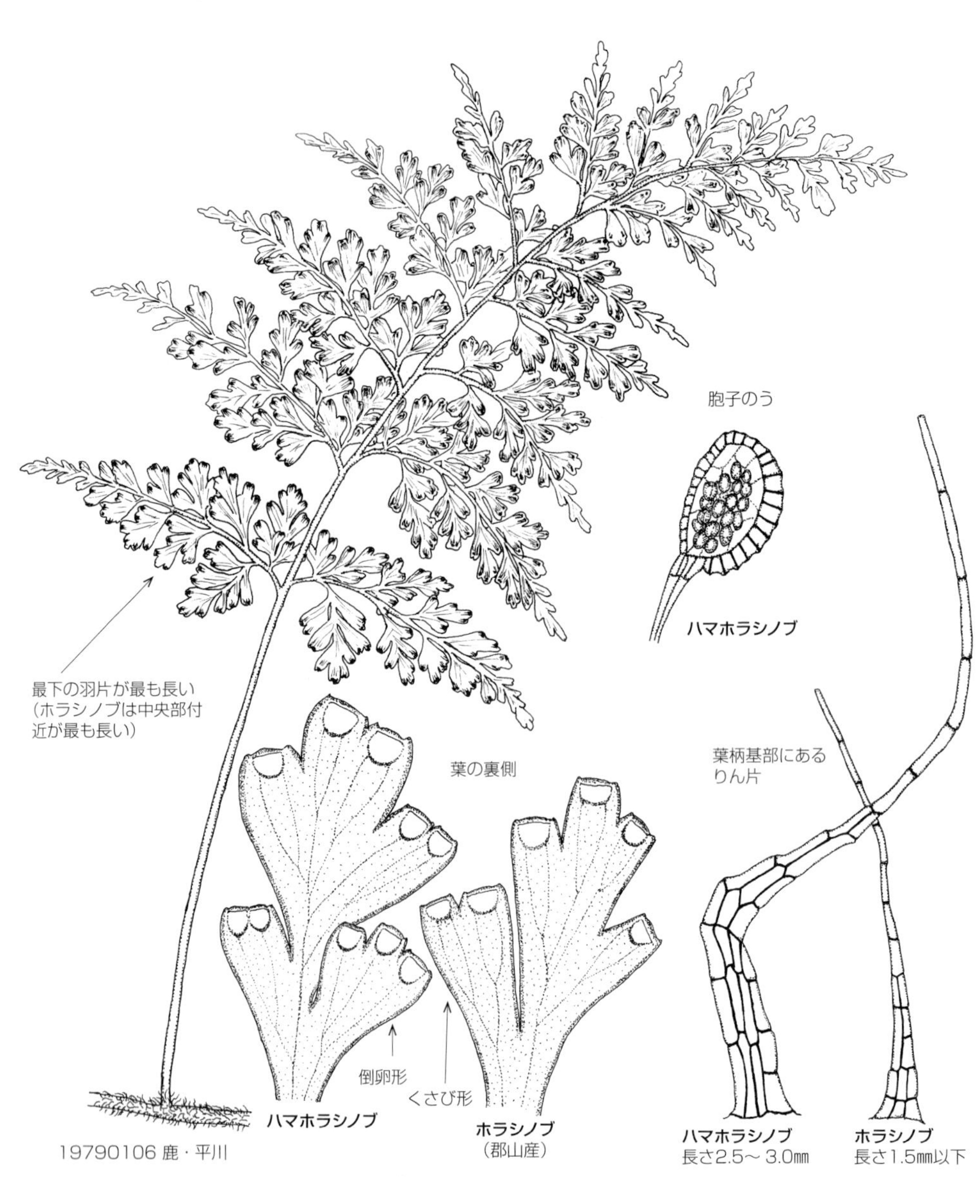

ホラシノブ　*Sphenomeris chinensis*

分布　九・目……大（深島）　熊（天草）　長（南高－小浜　五島－福江島）　鹿
　　　鹿・目……甑　阿久根　長　桜島　志布志（ダグリ岬）以南各地　種　屋　吐　奄群

イヌシダ　［コバノイシカグマ科　コバノイシカグマ属］　　*Dennstaedtia hirsute*

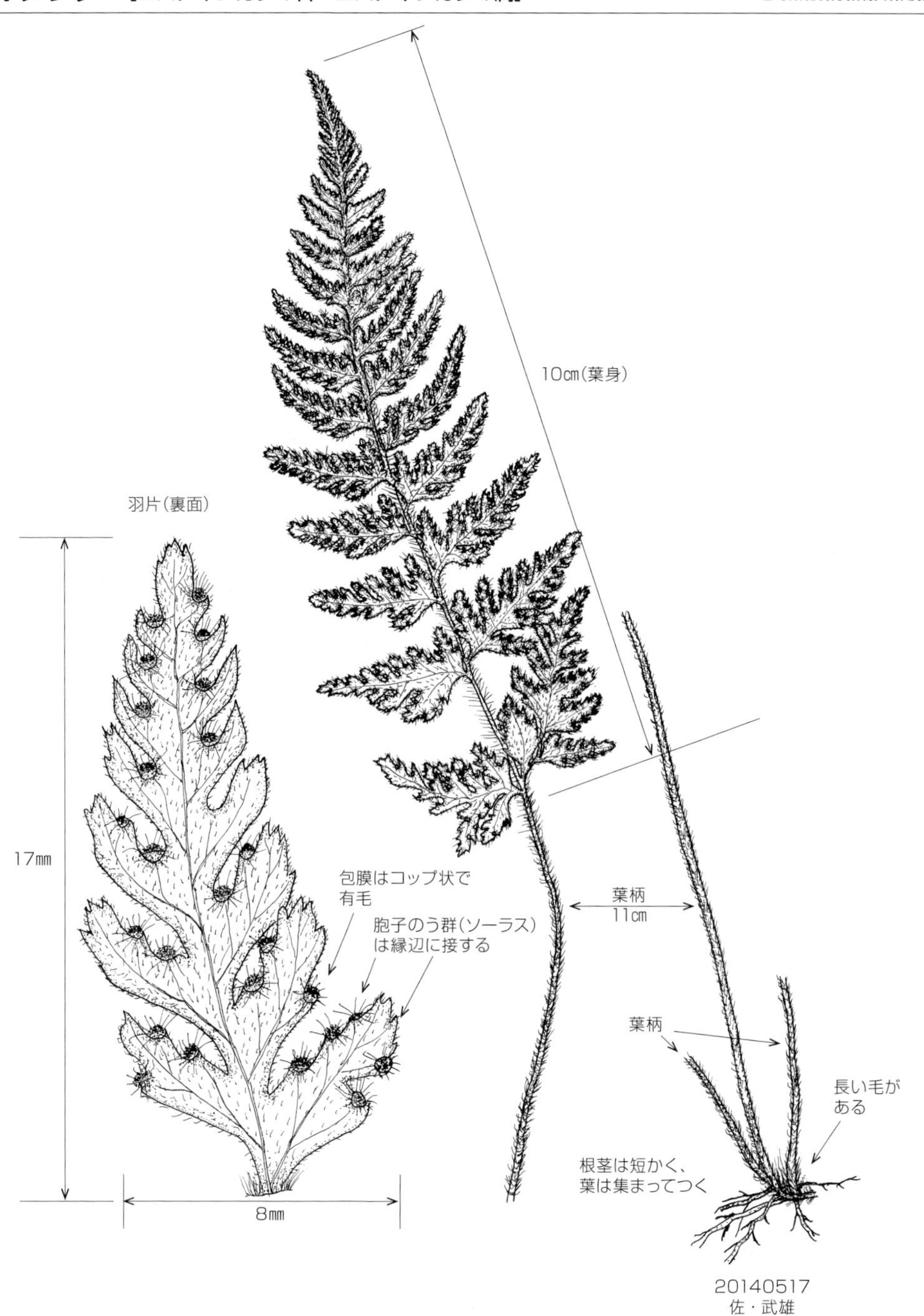

分布　九・目……各県　対馬（南限は屋　種）
　　　鹿・目……県本土各地　屋　種

コバノイシカグマ　[コバノイシカグマ科　コバノイシカグマ属]　*Dennstaedtia scabra*

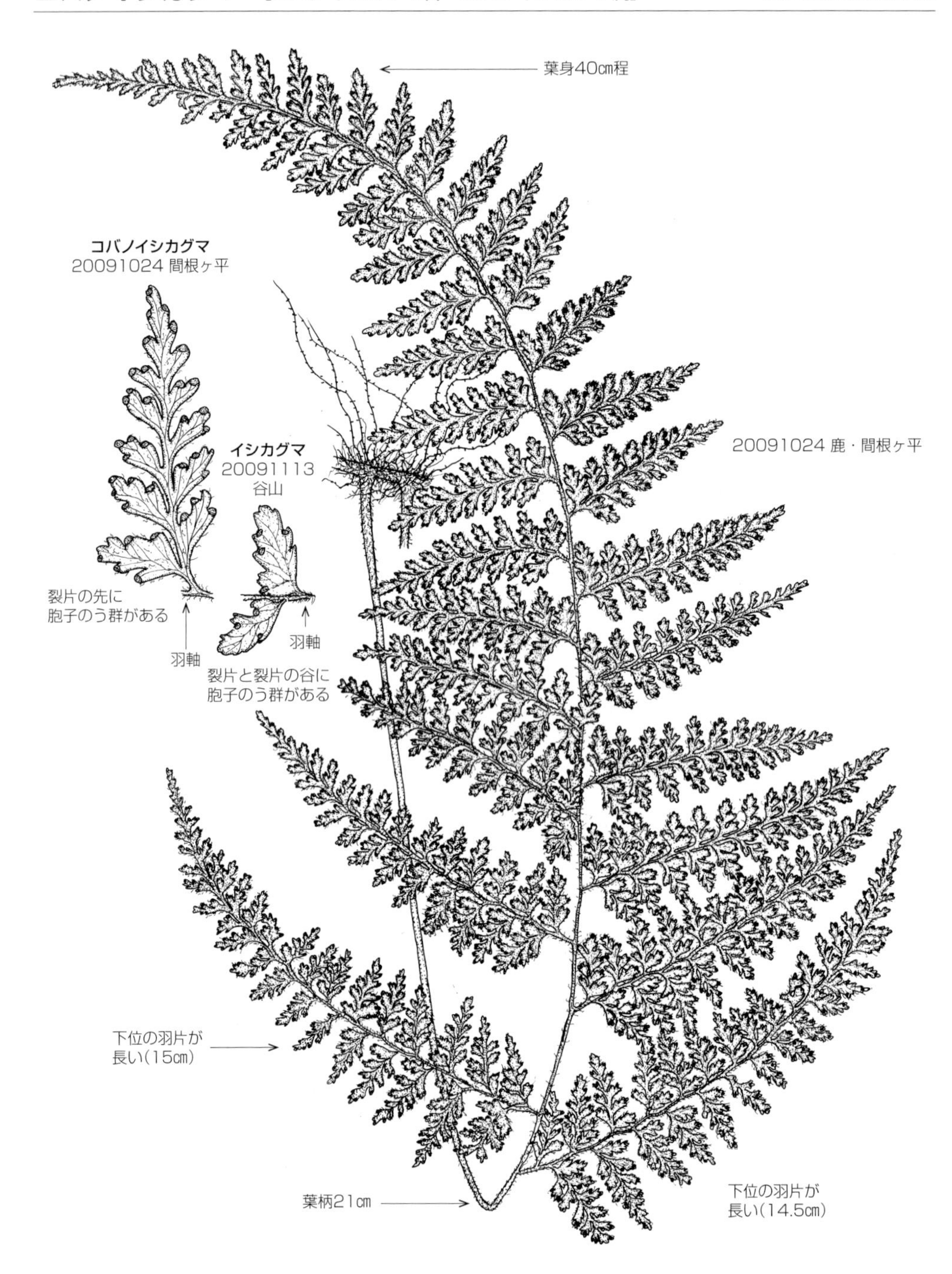

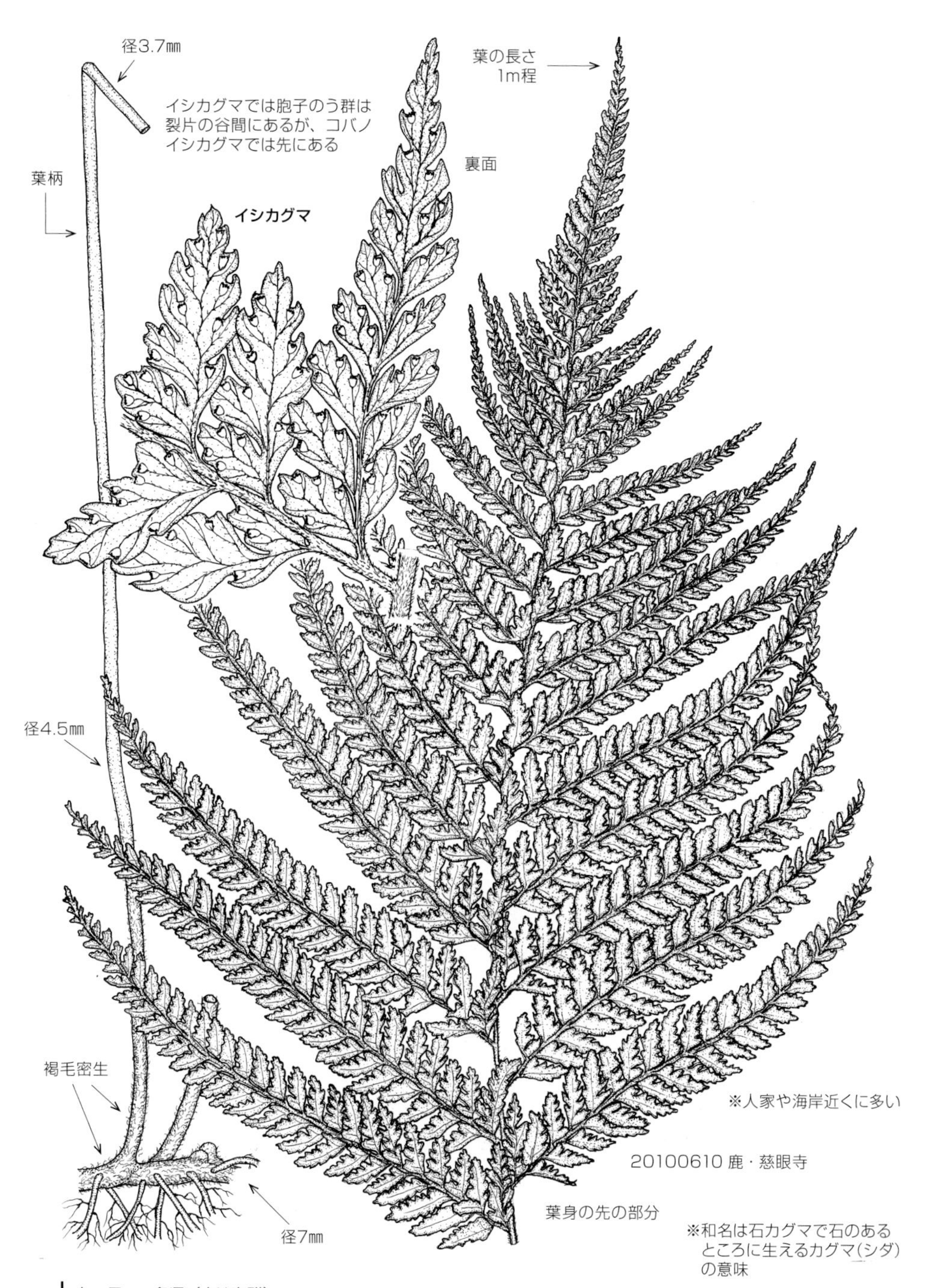

イブスキイシカグマ　[コバノイシカグマ科　フモトシダ属]　*Microlepia strigosa* f. *kawaharae*

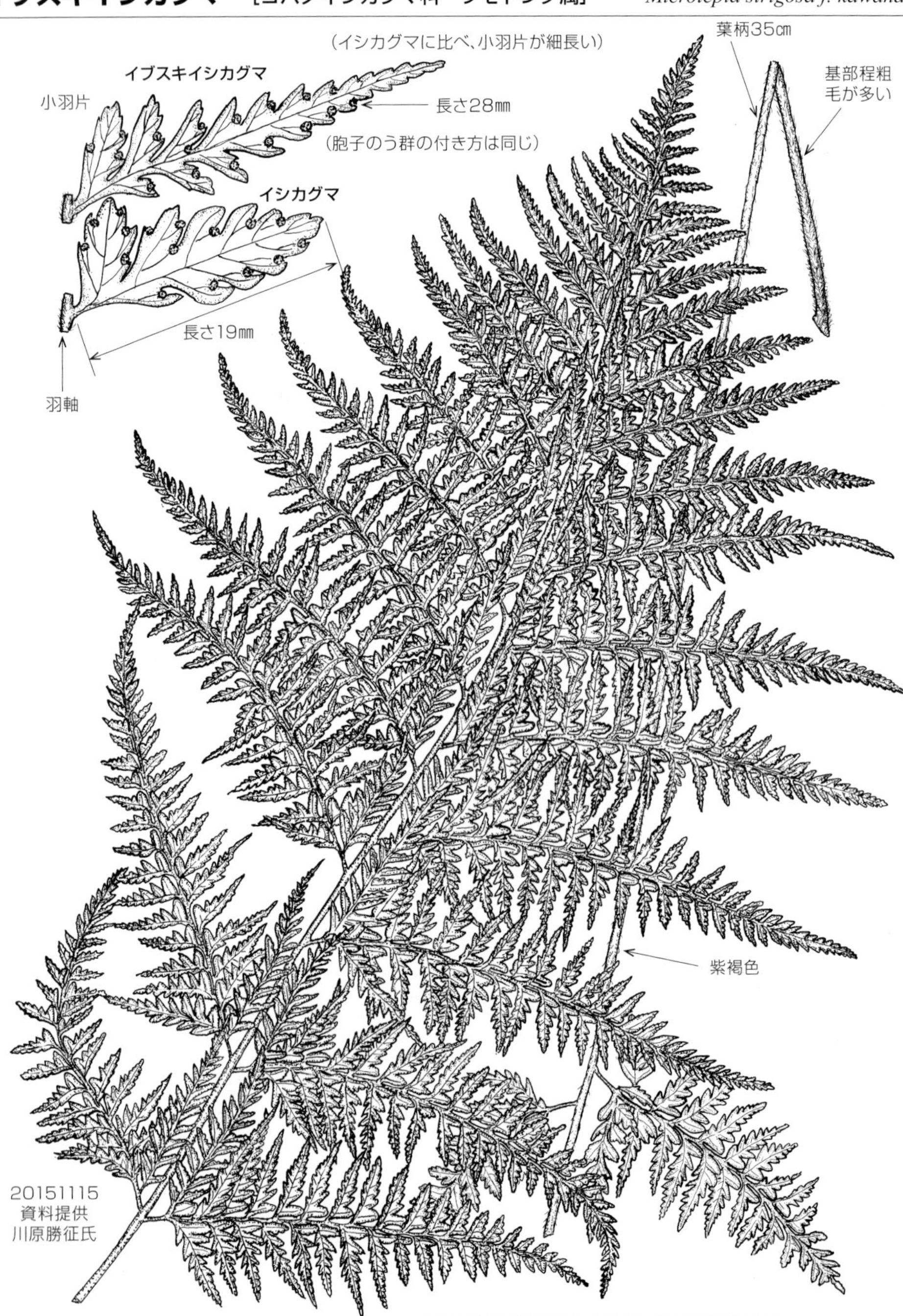

- 小羽片
- イブスキイシカグマ
- （イシカグマに比べ、小羽片が細長い）
- 長さ28㎜
- （胞子のう群の付き方は同じ）
- イシカグマ
- 長さ19㎜
- 羽軸
- 葉柄35㎝
- 基部程粗毛が多い
- 紫褐色
- 20151115 資料提供 川原勝征氏
- ※本品種は川原勝征氏により鹿・指宿で発見された。命名者は中池敏之博士

分布　｜　九・目……記載がない　｜　鹿・目……記載がない

フモトシダ　[コバノイシカグマ科　フモトシダ属]　*Microlepia marginata*

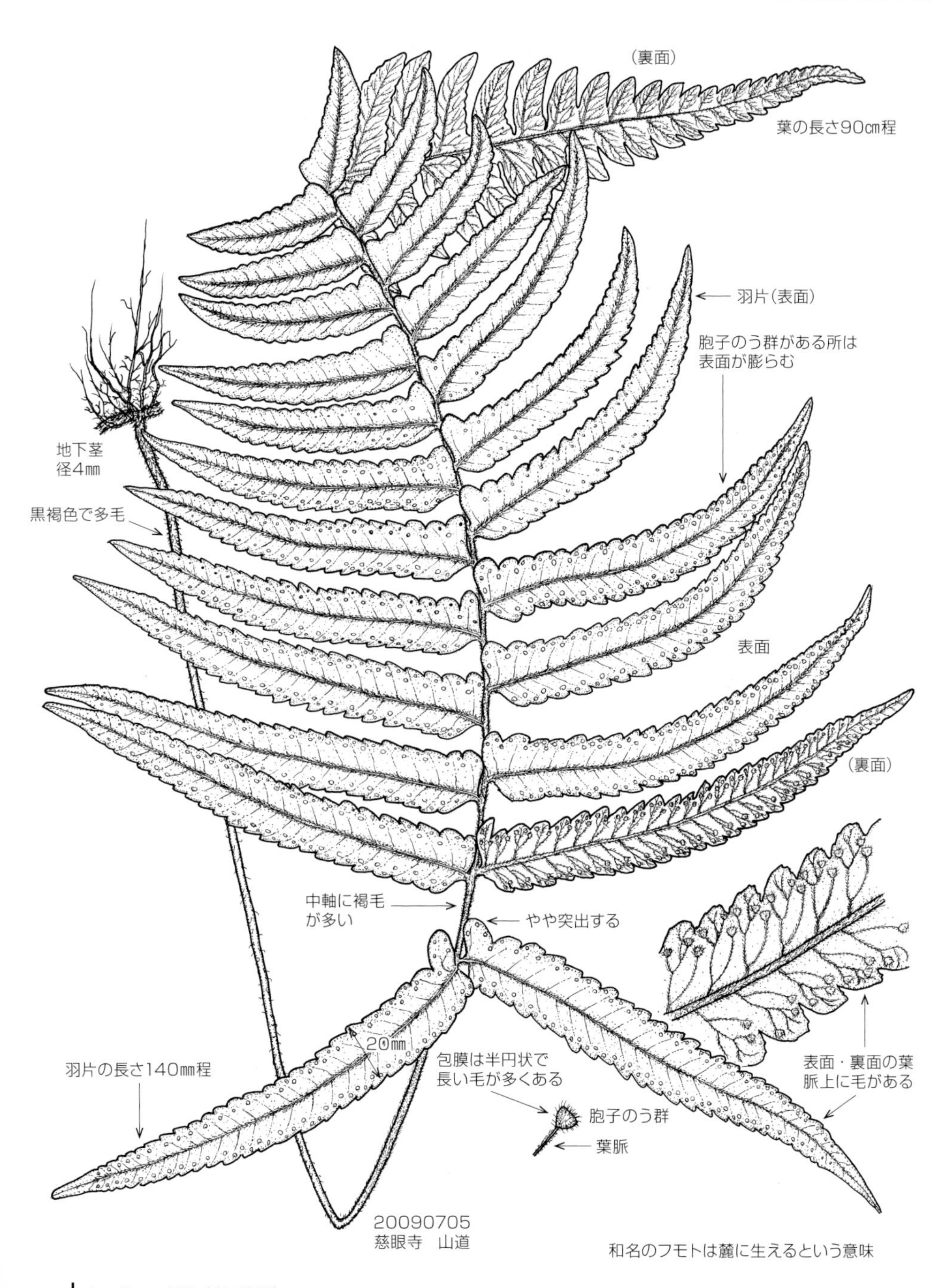

ワラビ　[コバノイシカグマ科　ワラビ属]　*Pteridium aquilinum*

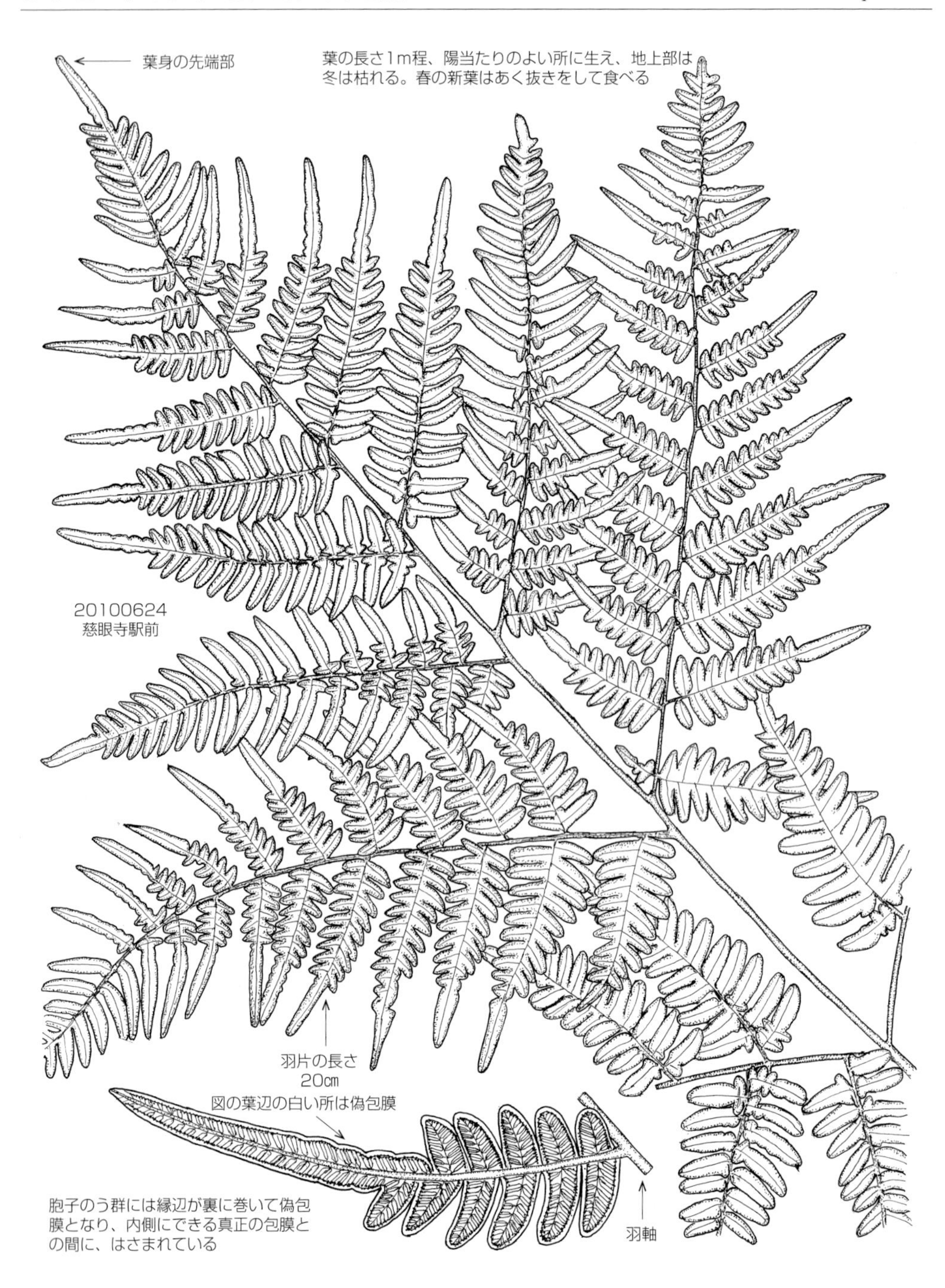

ホウライシダ　[イノモトソウ科　ホウライシダ属]　　　*Adiantum capillus-veneris*

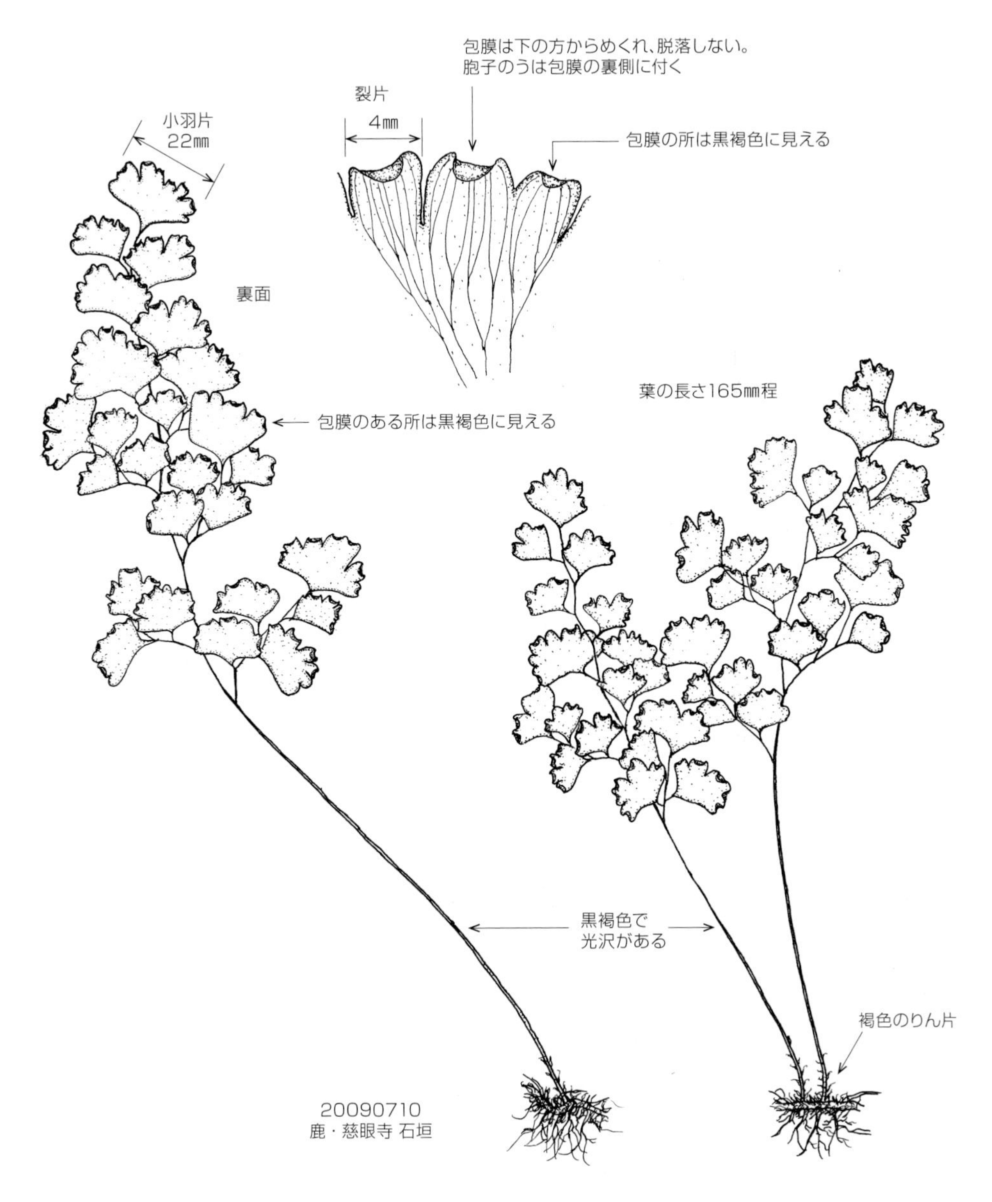

分布
| 九・目 …… 各県　壱岐（南は奄群）
| 鹿・目 …… 県本土中部以南　屋　種　吐　奄群

ヒメウラジロ　[イノモトソウ科　エビガラシダ属]　　　*Cheilanthes argentea*

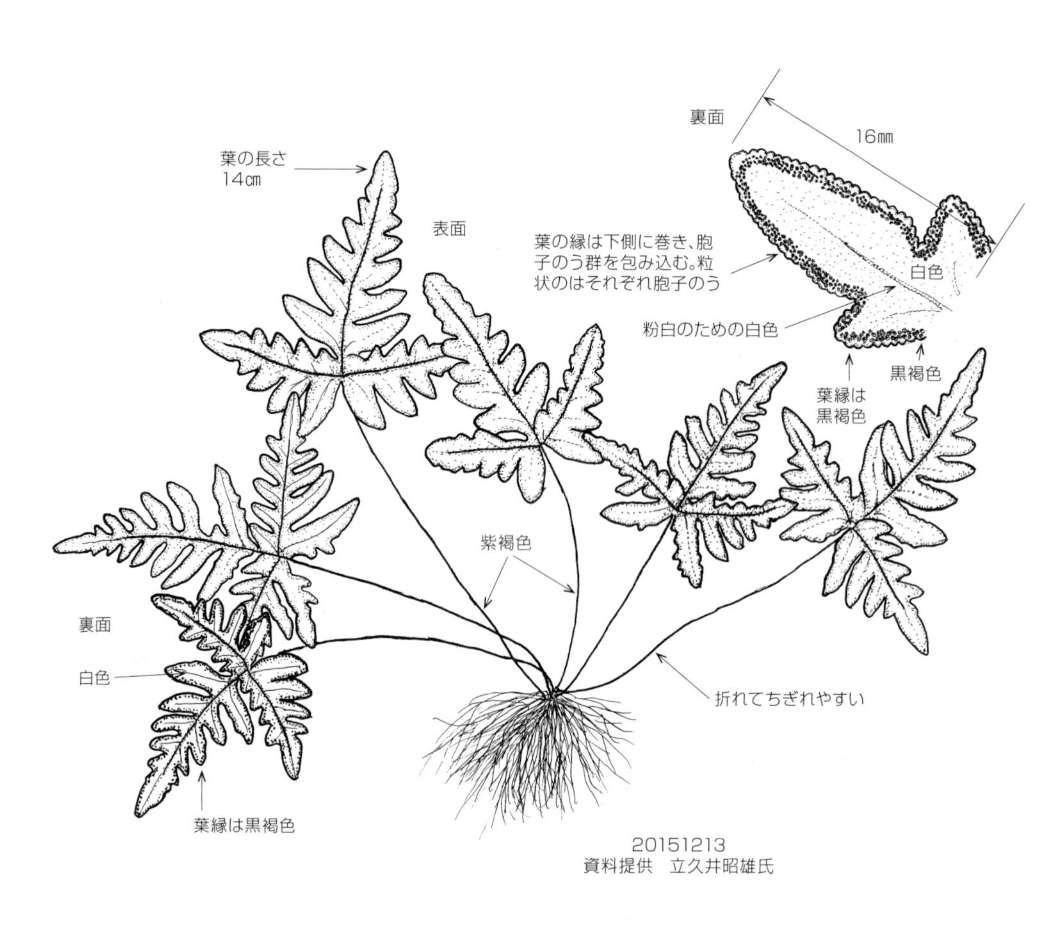

分布　九・目……各県　壱岐
　　　鹿・目……敷根　種

イワガネゼンマイ　[イノモトソウ科　イワガネゼンマイ属]　　*Coniogramme intermedia*

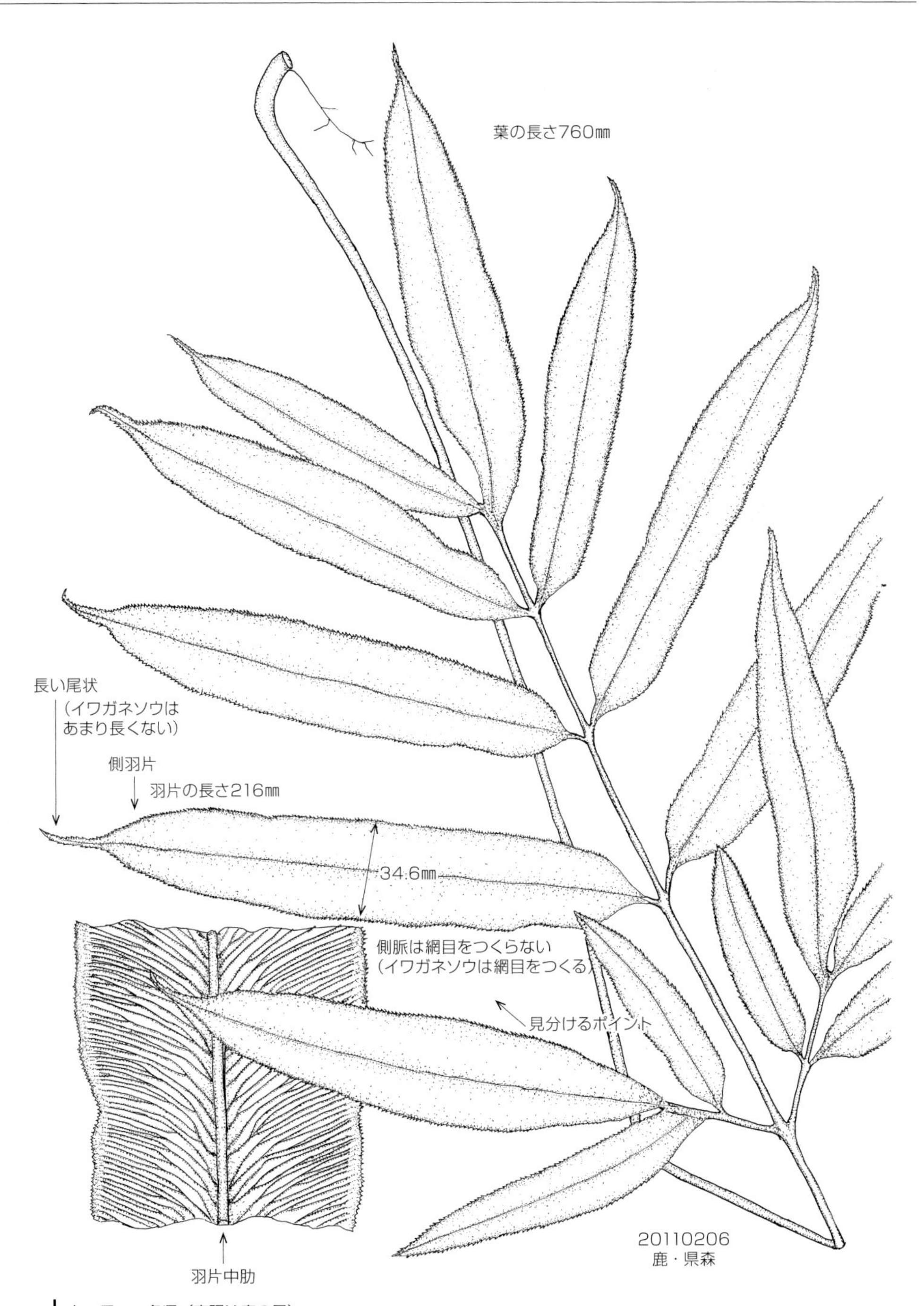

分布　九・目……各県（南限は鹿の屋）
　　　鹿・目……甑　県本土各地　屋

31

イワガネソウ　[イノモトソウ科　イワガネゼンマイ属]　　*Coniogramme japonica*

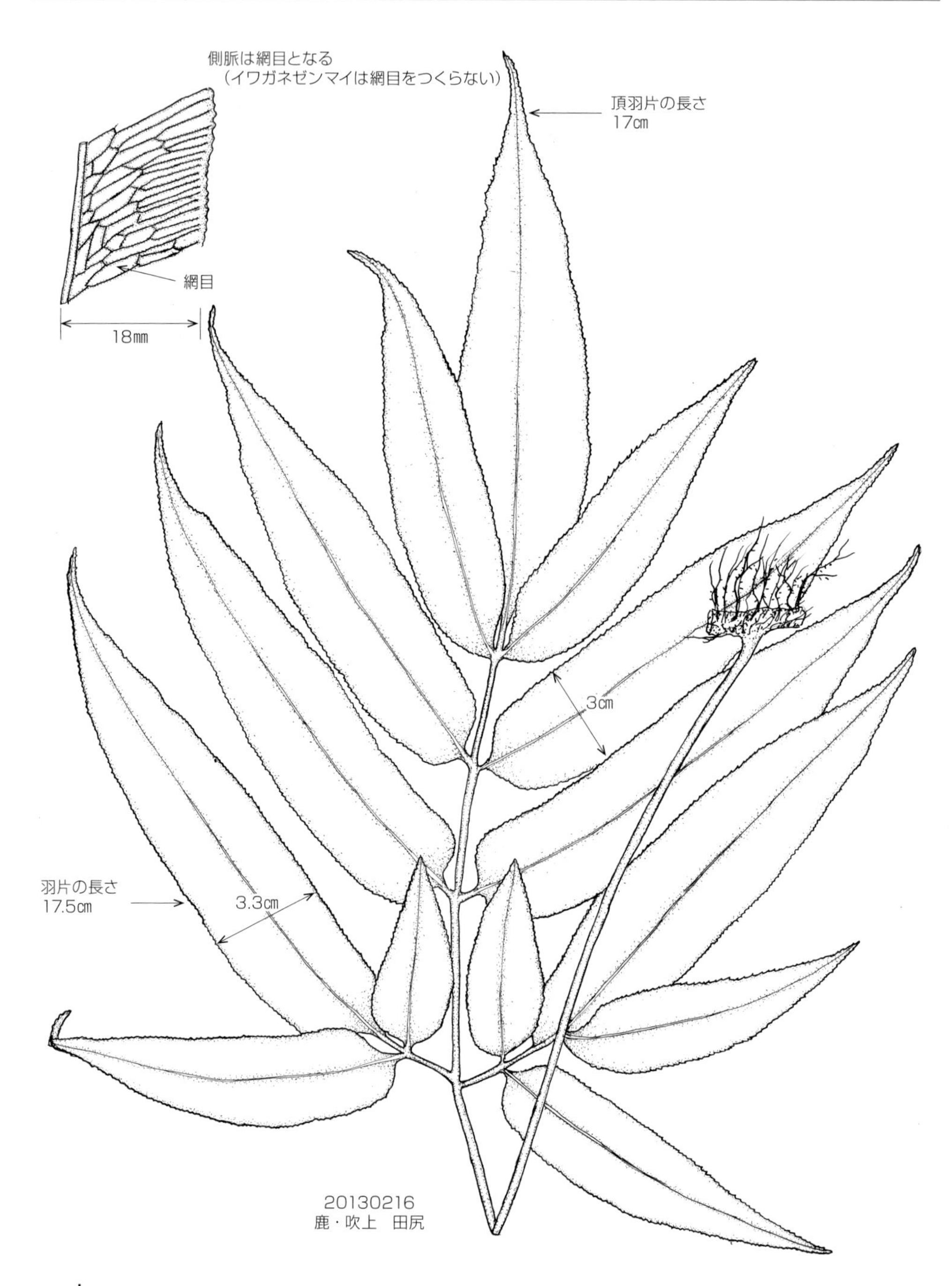

分布
九・目……各県　対馬（南は屋　種）
鹿・目……県本土各地　屋　種

タチシノブ　[イノモトソウ科　タチシノブ属]　*Onychium japonicum*

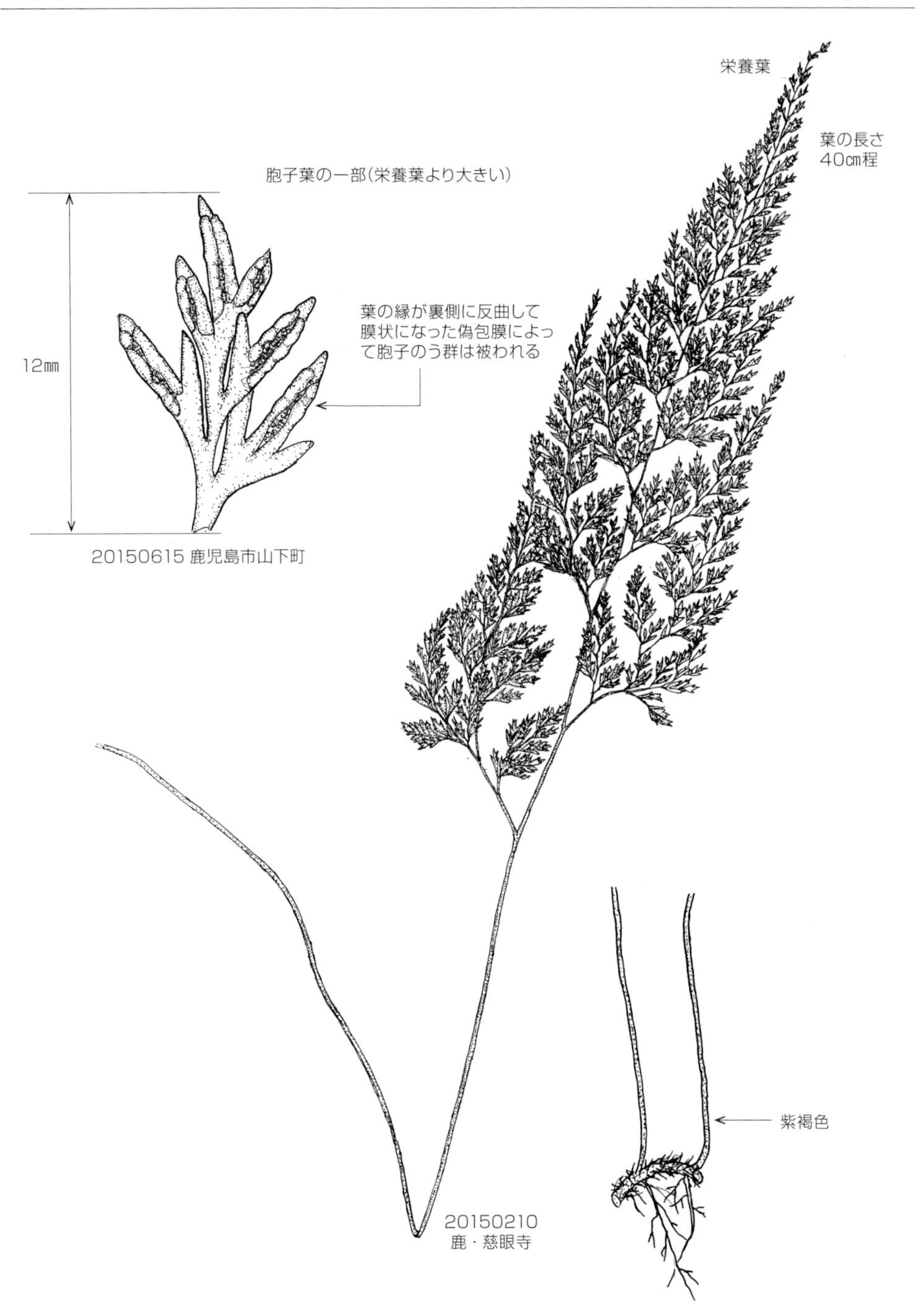

アマクサシダ ［イノモトソウ科　イノモトソウ属］　*Pteris semipinnata*

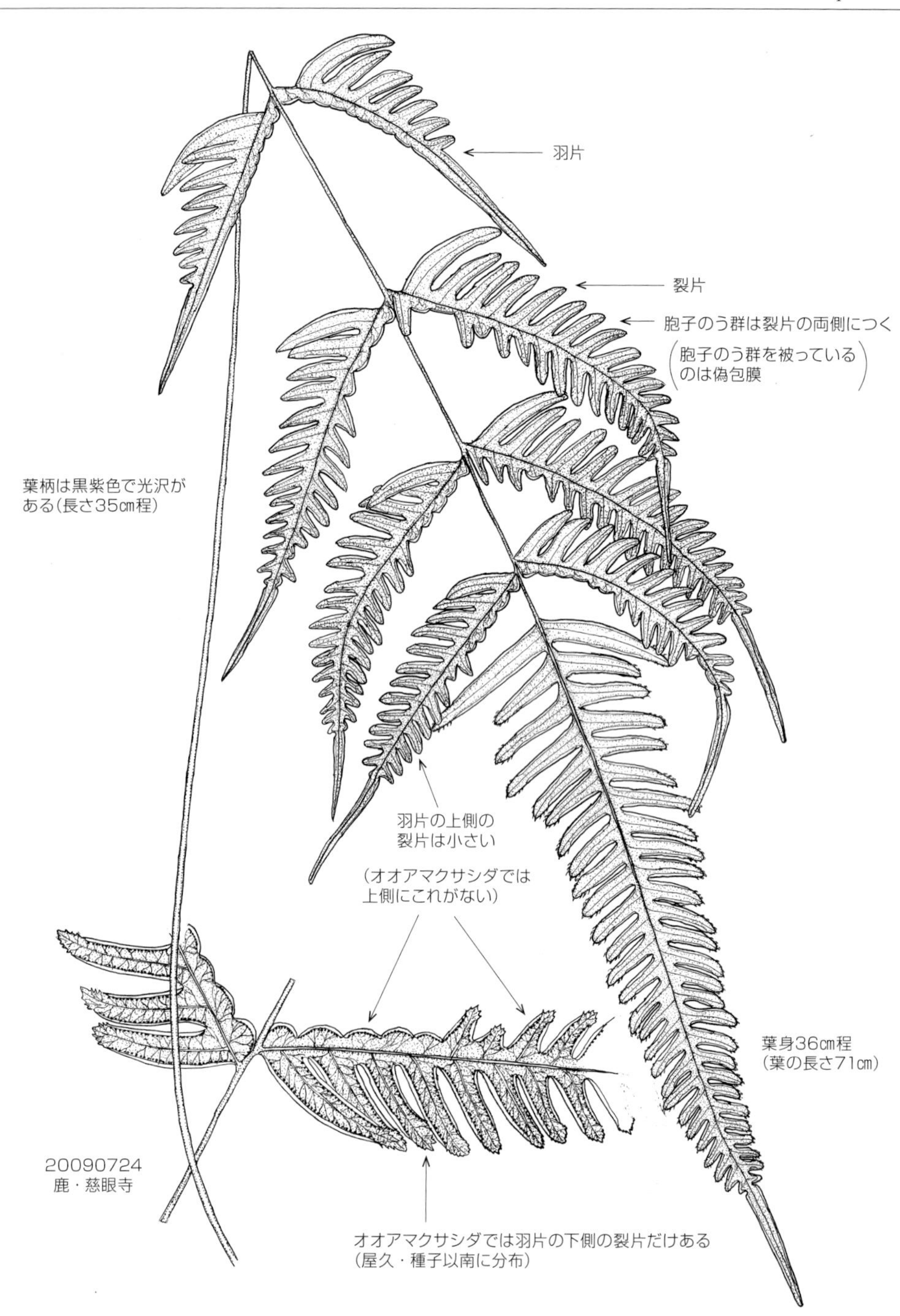

羽片

裂片

胞子のう群は裂片の両側につく
（胞子のう群を被っているのは偽包膜）

葉柄は黒紫色で光沢がある（長さ35㎝程）

羽片の上側の裂片は小さい
（オオアマクサシダでは上側にこれがない）

葉身36㎝程
（葉の長さ71㎝）

20090724
鹿・慈眼寺

オオアマクサシダでは羽片の下側の裂片だけある
（屋久・種子以南に分布）

分布
九・目……各県（南は奄群）
鹿・目……県本土　甑　屋　種　黒　中　宝　奄大　徳　沖永

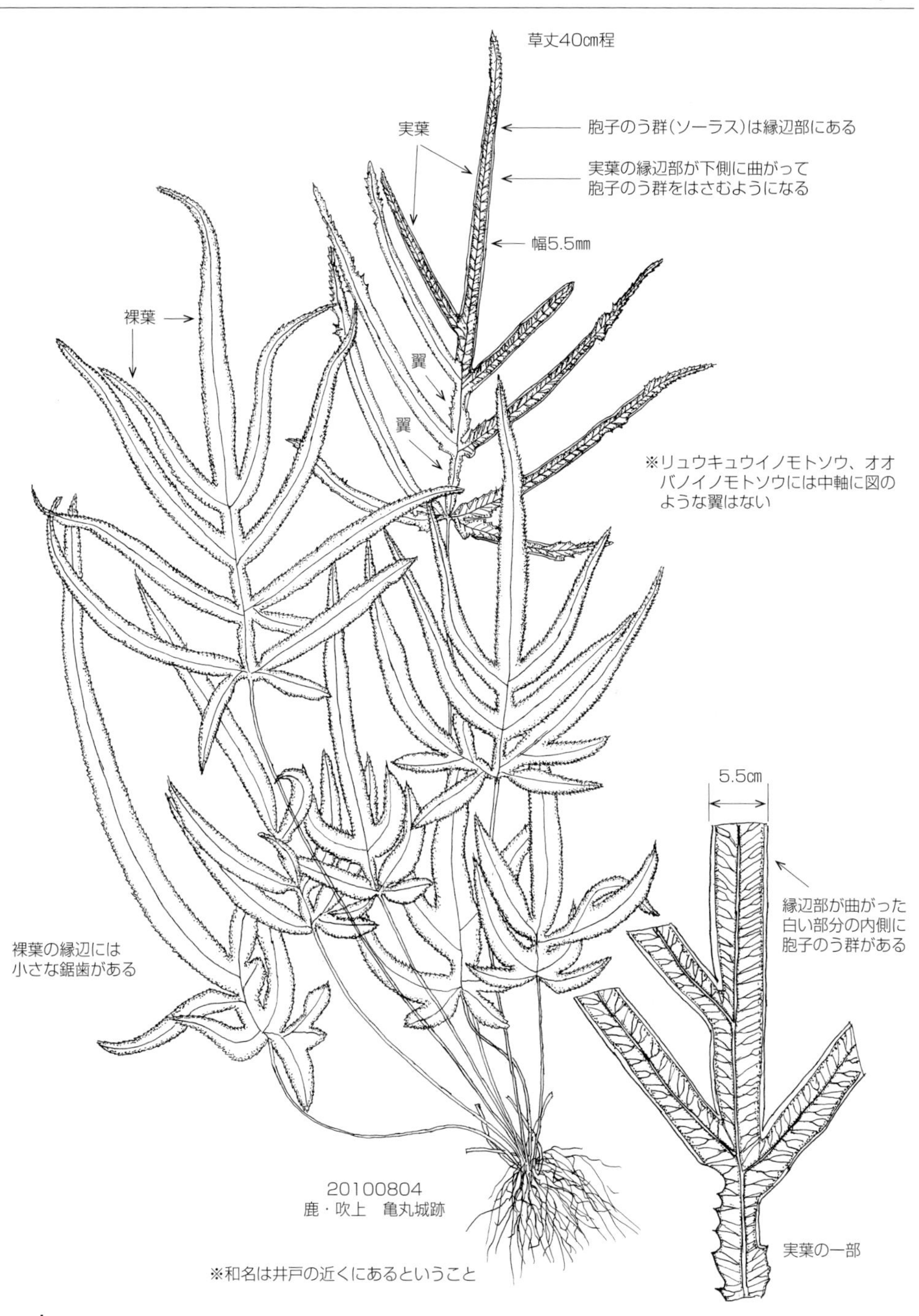

オオバノアマクサシダ　[イノモトソウ科　イノモトソウ属]　*Pteris excelsa* var. *simplicior*

（オオバノハチジョウシダの変種）

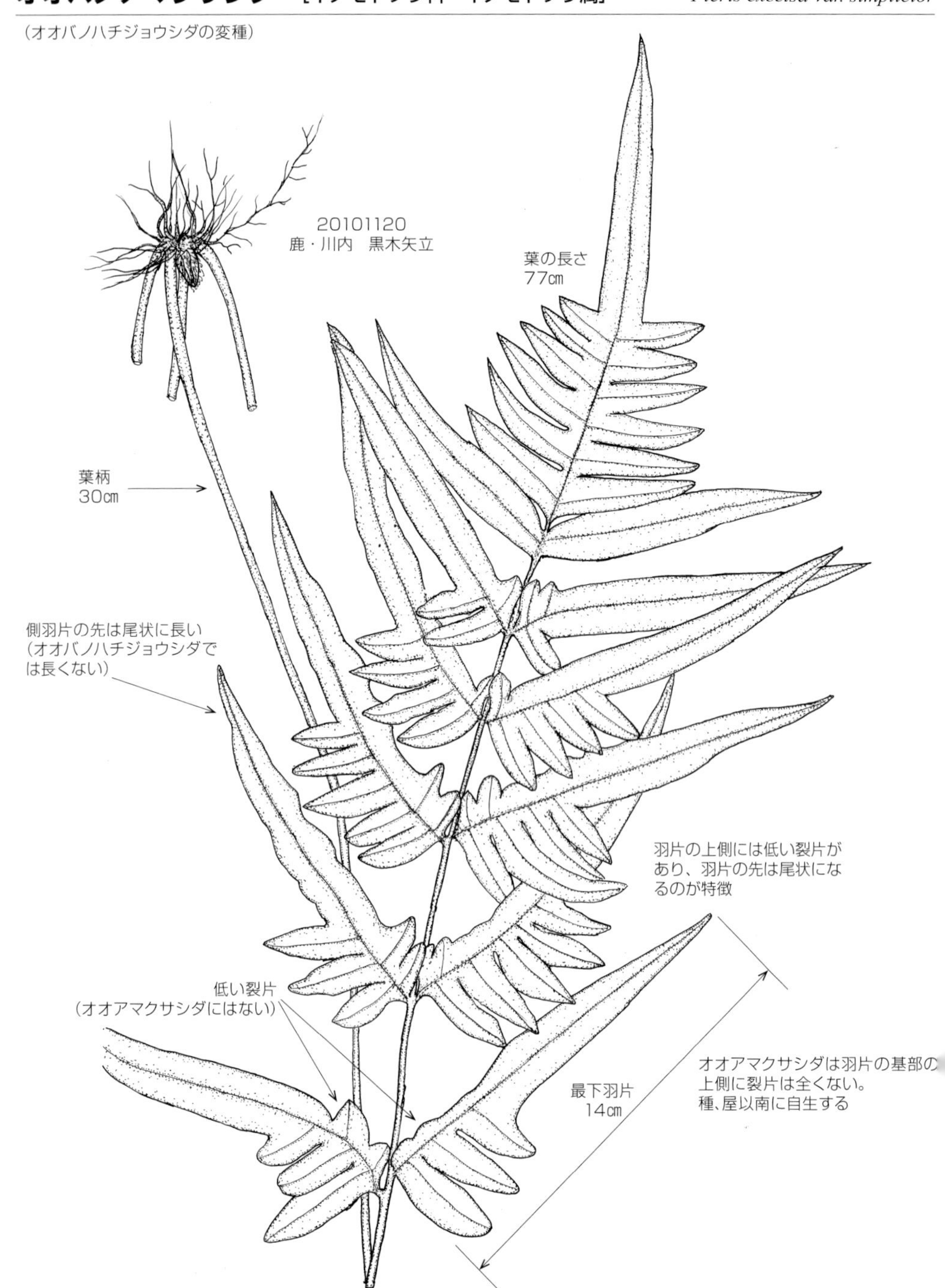

分布　｜九・目……各県　対馬（南限は屋　種）
　　　｜鹿・目……県本土各地点在

オオバノイノモトソウ　[イノモトソウ科　イノモトソウ属]　　*Pteris cretica*

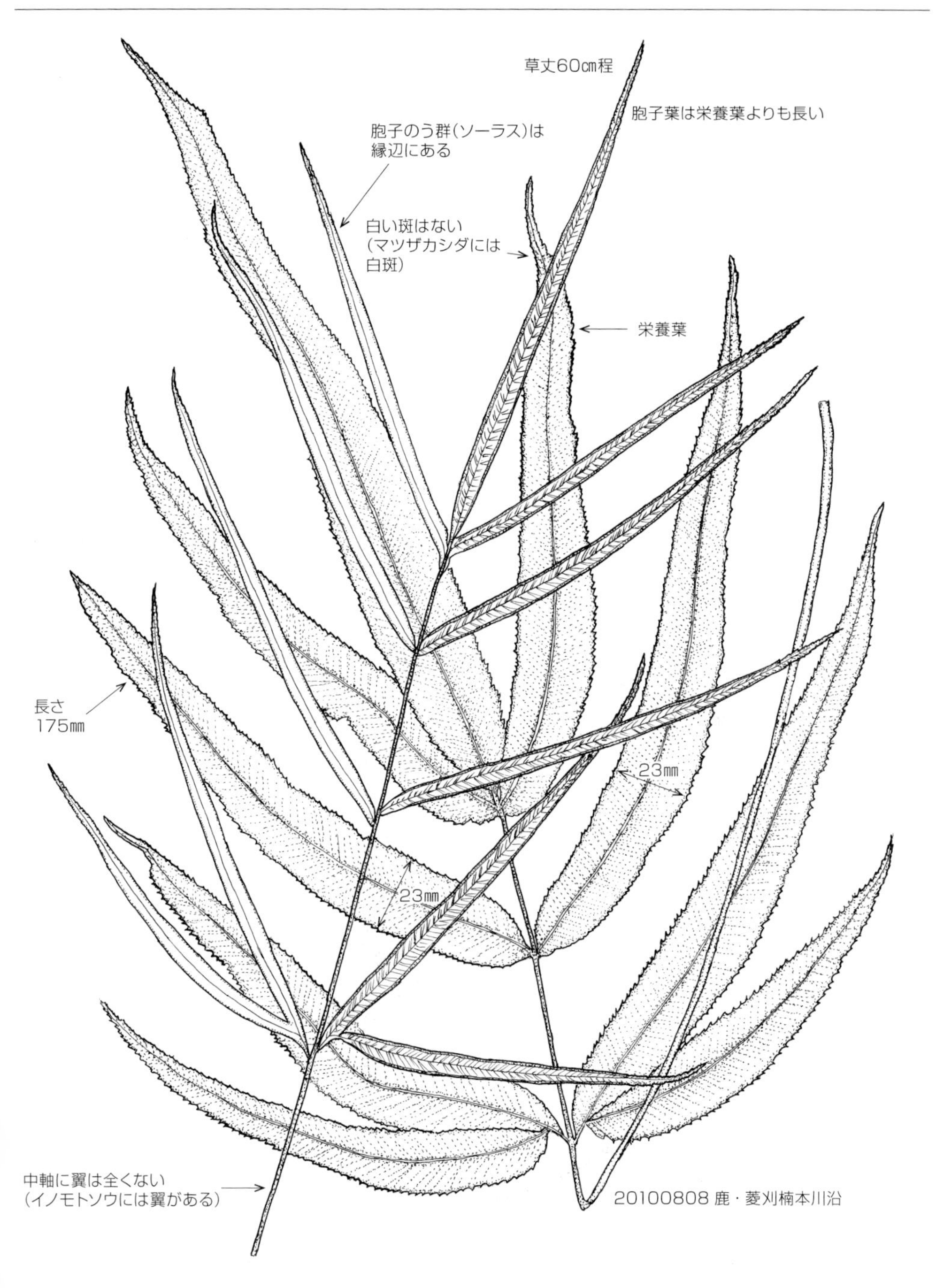

ハチジョウシダモドキ（コハチジョウシダ） ［イノモトソウ科　イノモトソウ属］　*Pteris oshimensis*

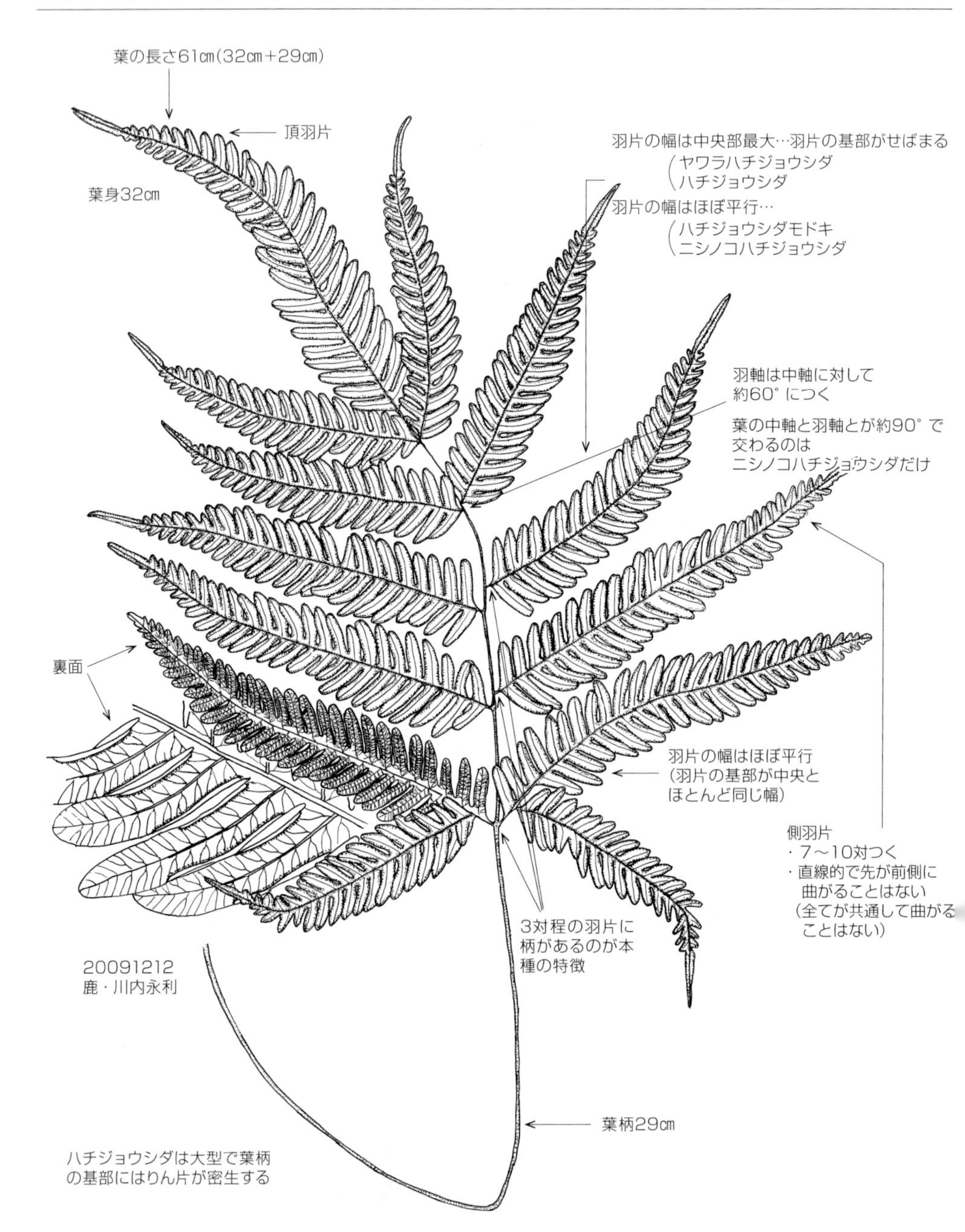

ナチシダ ［イノモトソウ科 イノモトソウ属］　*Pteris wallichiana*

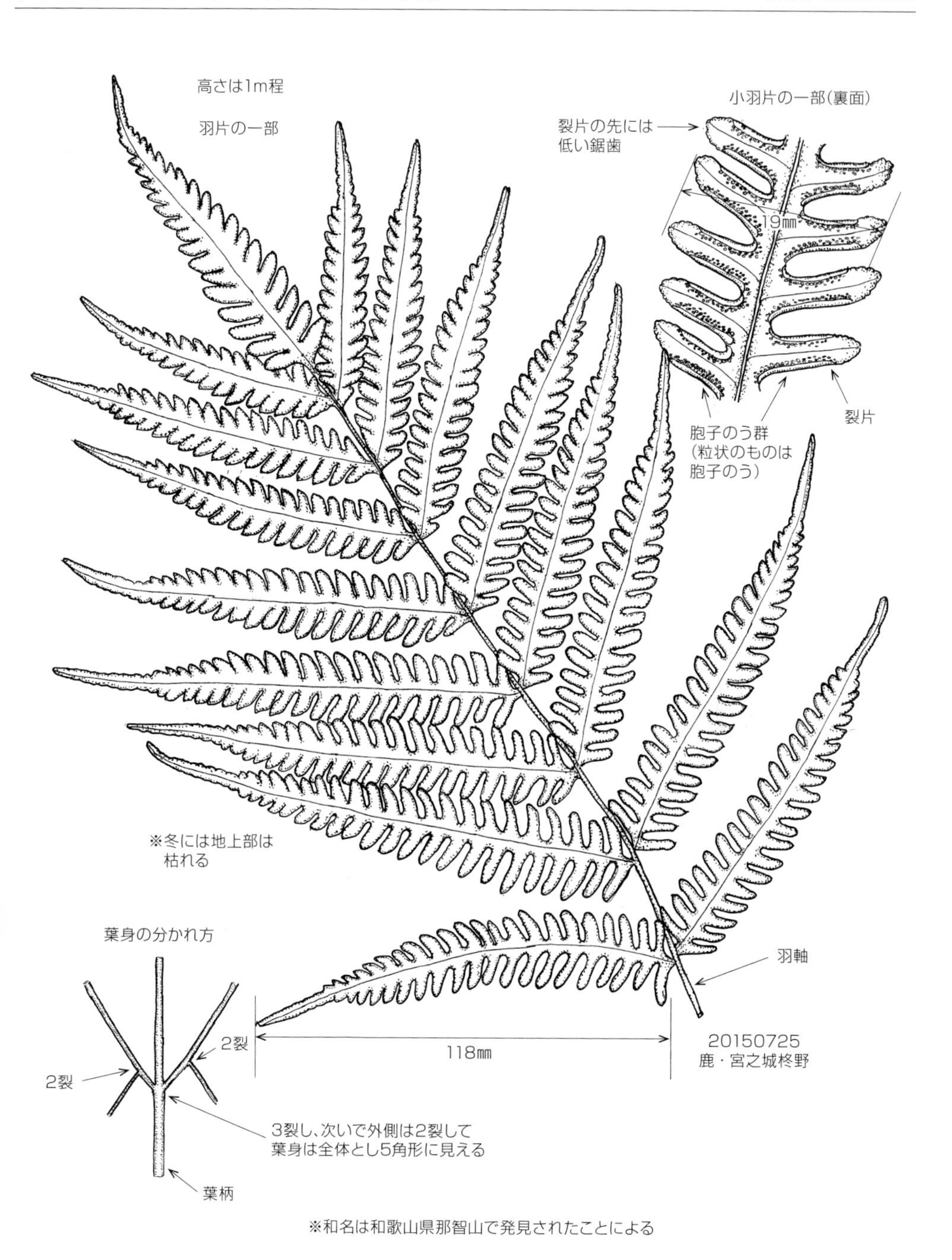

分布　九・目……各県
　　　鹿・目……県本土中・南部　甑　種　屋　黒　口永　口之　中　臥　奄大　徳

マツザカシダ　[イノモトソウ科　イノモトソウ属]　　*Pteris nipponica*

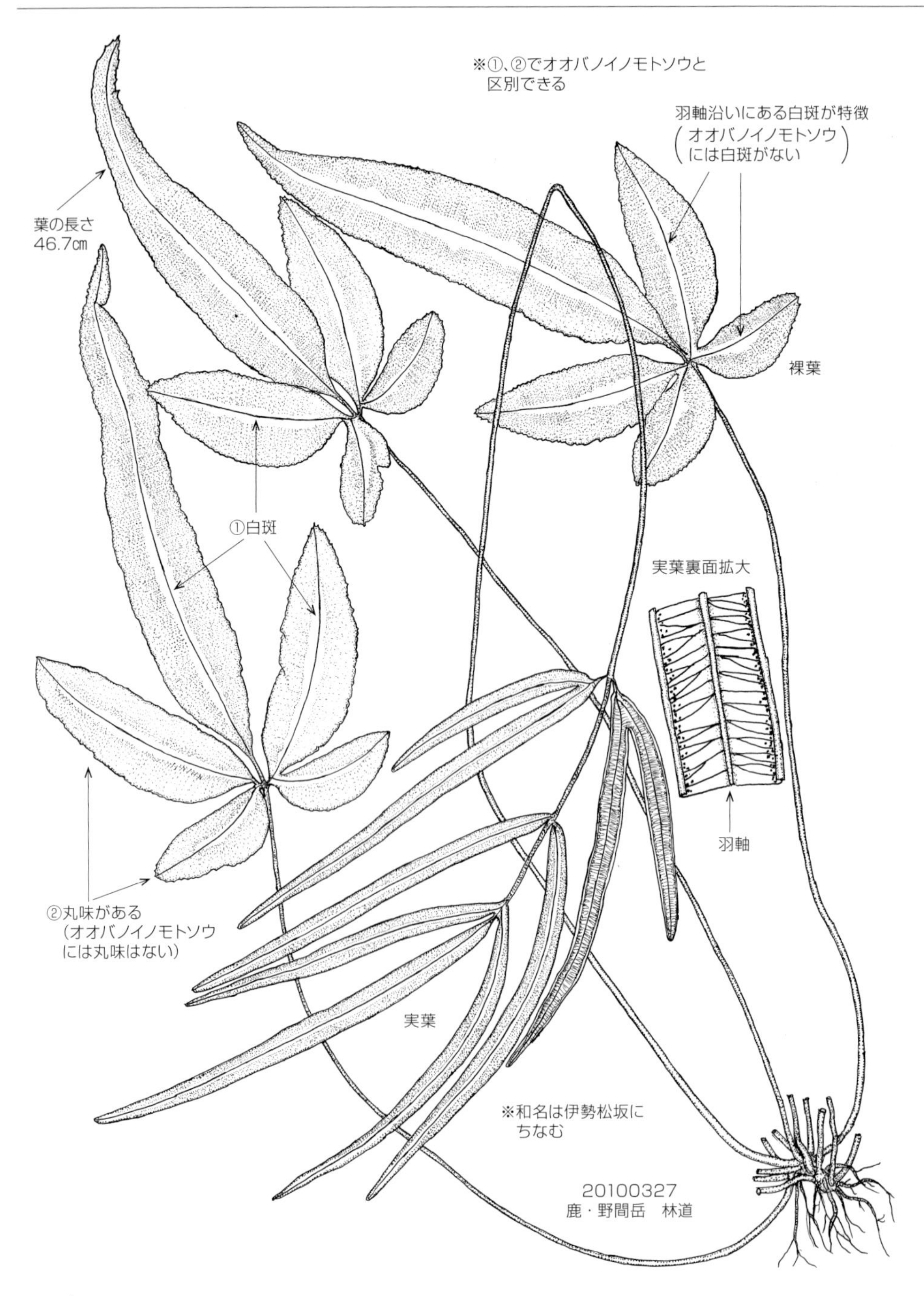

モエジマシダ ［イノモトソウ科　イノモトソウ属］ *Pteris vittata*

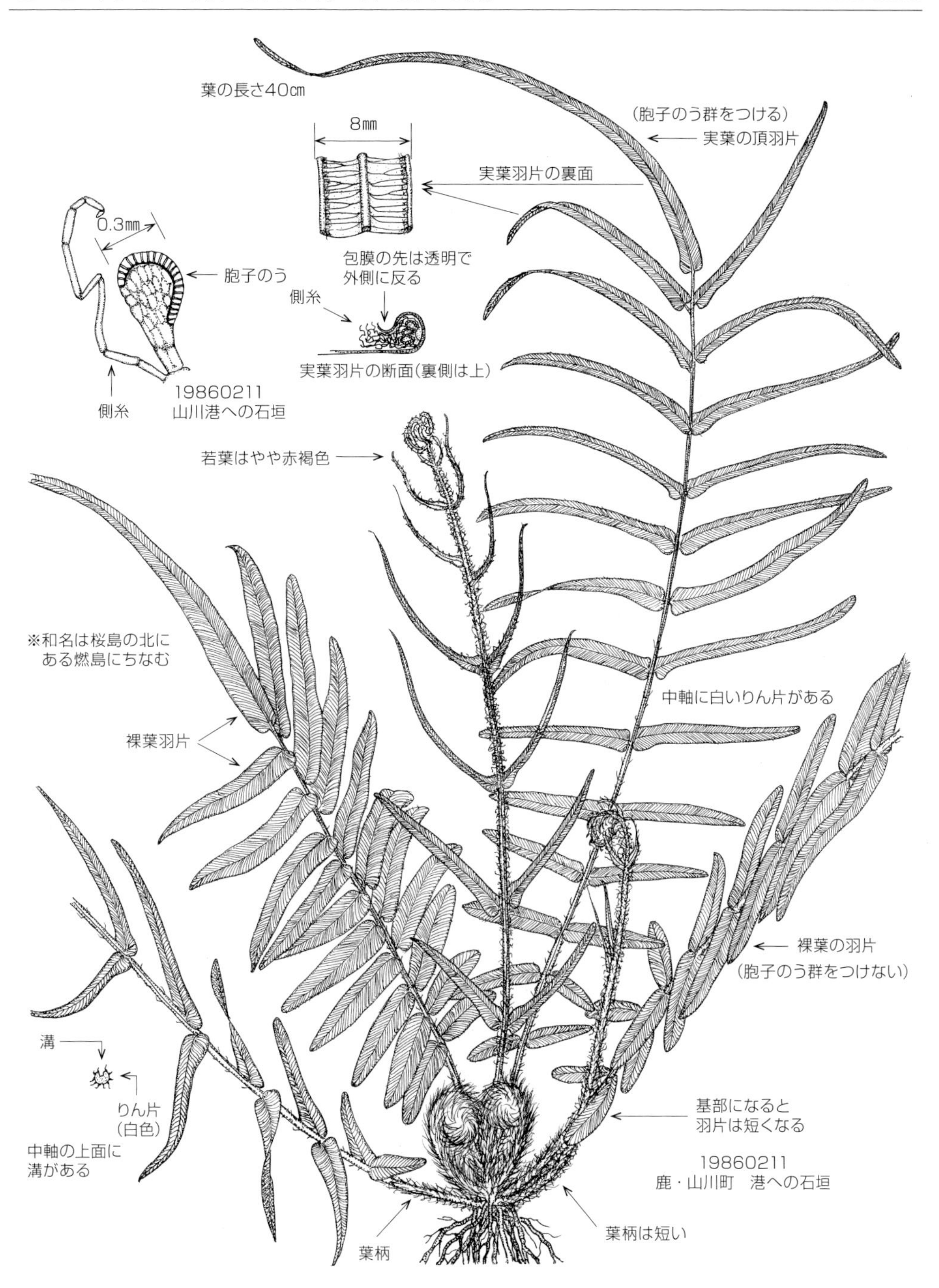

リュウキュウイノモトソウ　[イノモトソウ科　イノモトソウ属]　*Pteris ryukyuensis*

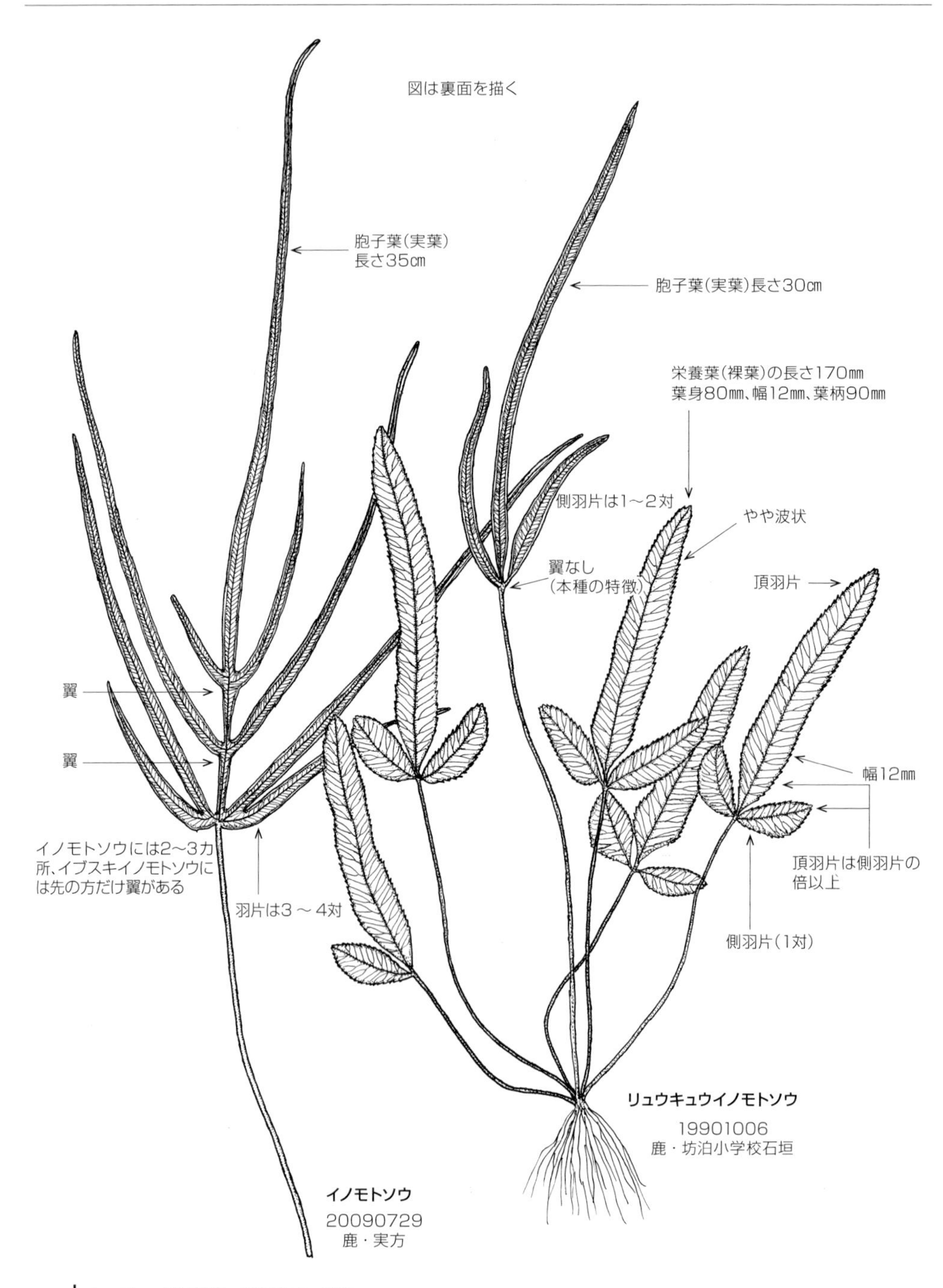

シシラン　[イノモトソウ科　シシラン属]　*Vittaria flexuosa*

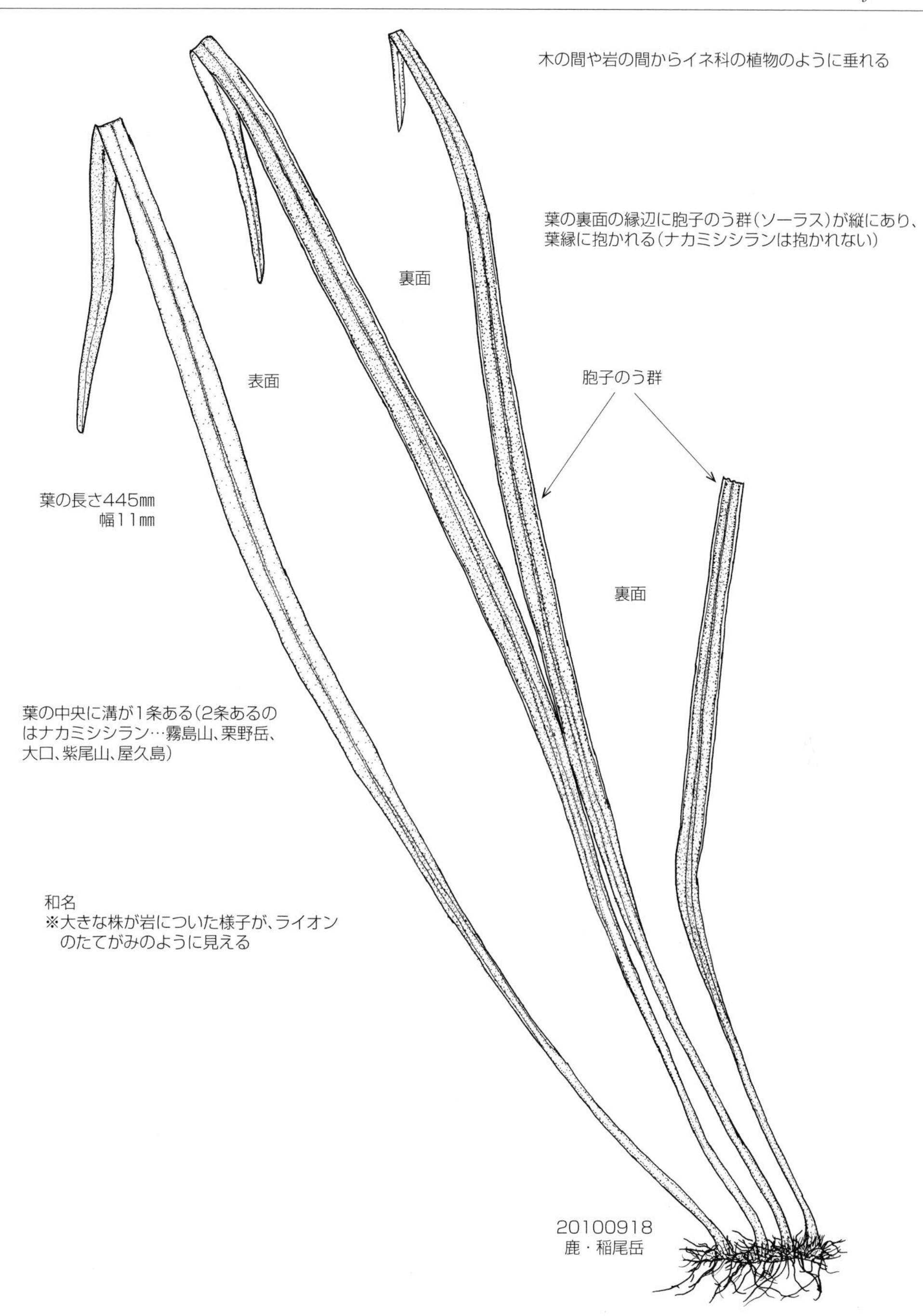

木の間や岩の間からイネ科の植物のように垂れる

葉の裏面の縁辺に胞子のう群（ソーラス）が縦にあり、葉縁に抱かれる（ナカミシシランは抱かれない）

裏面

表面

胞子のう群

葉の長さ445㎜
幅11㎜

裏面

葉の中央に溝が1条ある（2条あるのはナカミシシラン…霧島山、栗野岳、大口、紫尾山、屋久島）

和名
※大きな株が岩についた様子が、ライオンのたてがみのように見える

20100918
鹿・稲尾岳

分布　九・目……各県（南は奄大　徳）
　　　鹿・目……県本土各地　甑　屋　種　黒　口之　中　臥　悪　奄　大　徳

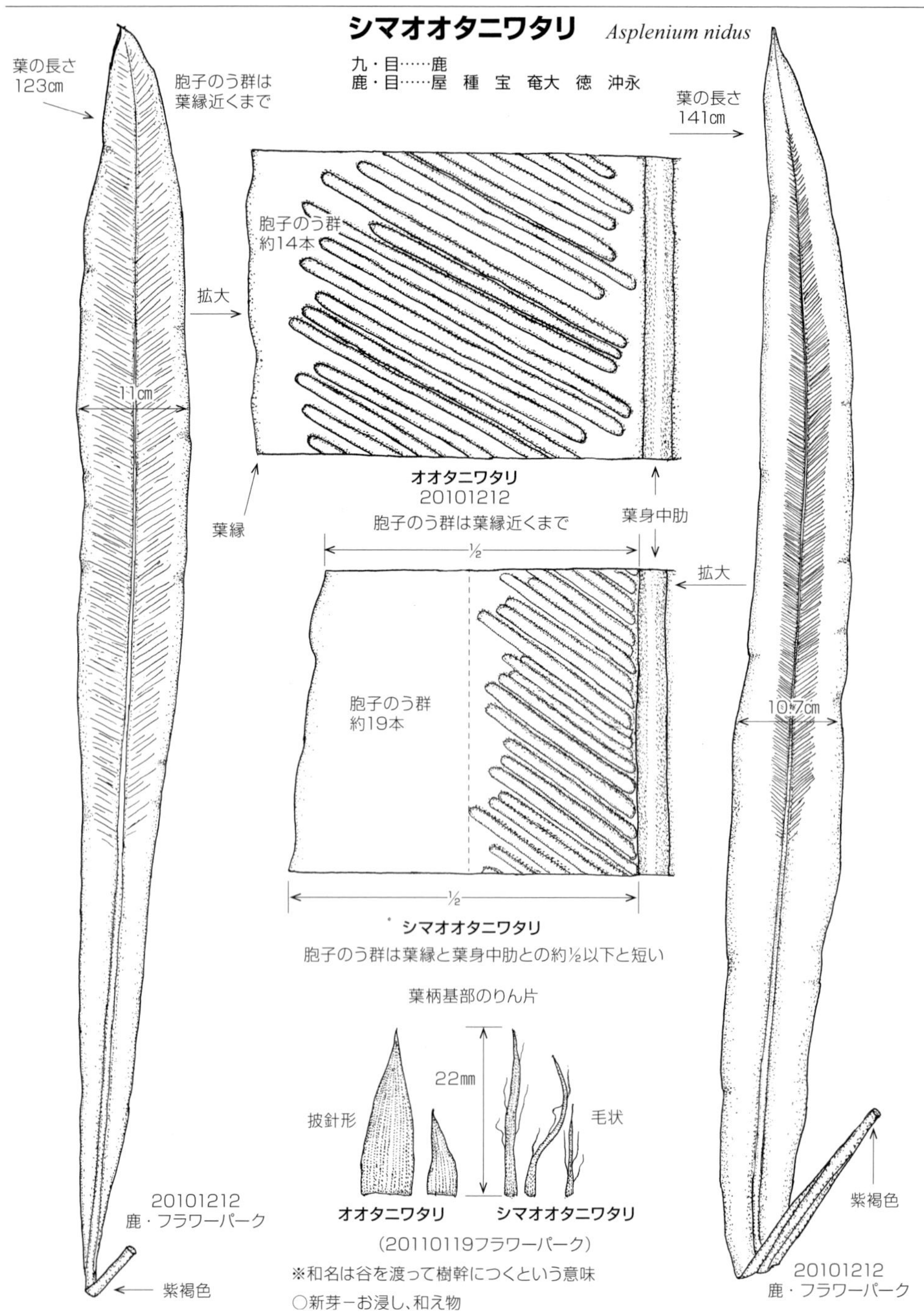

オニヒノキシダ [チャセンシダ科　チャセンシダ属]　　*Asplenium × kenzoi*

ヒノキシダ×クルマシダ

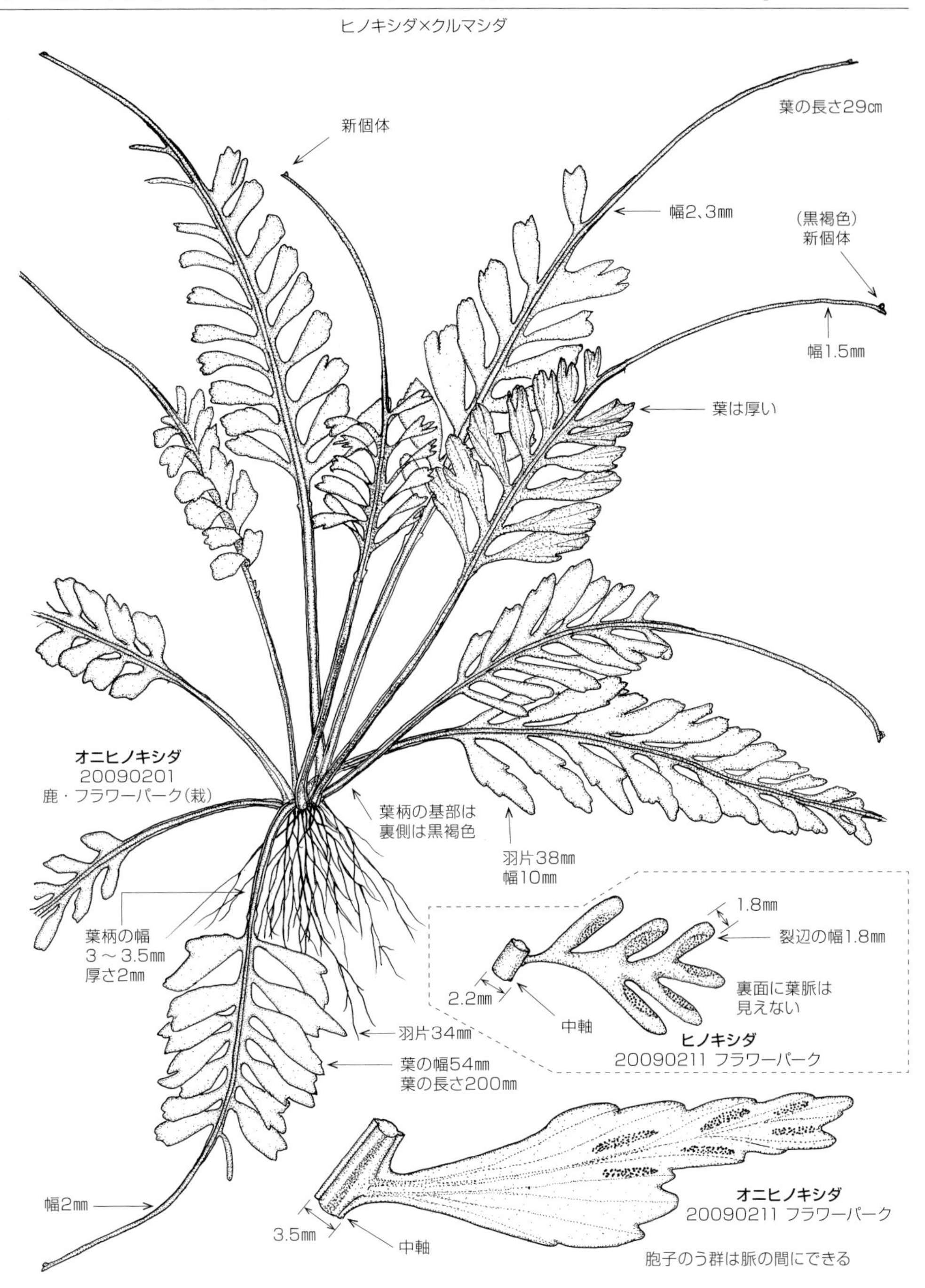

分布　九・目……熊（山江－大河内谷）鹿
　　　鹿・目……田代　屋

クルマシダ　[チャセンシダ科　チャセンシダ属]　　*Asplenium wrightii*

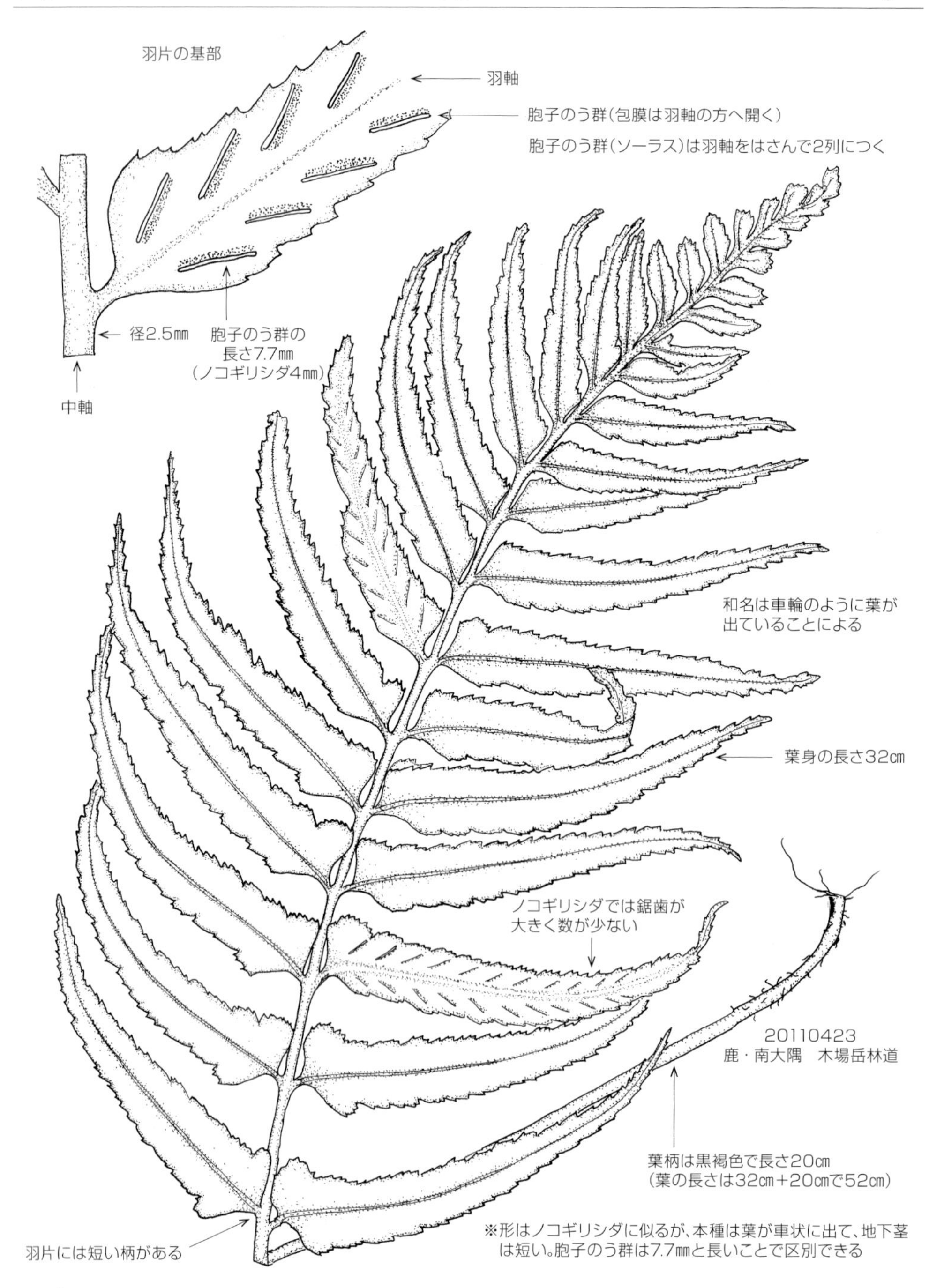

分布
九・目……各県　対馬（南は奄群）
鹿・目……県本土各地　甑　種　屋　黒　口之　悪　奄大

コウザキシダ　[チャセンシダ科　チャセンシダ属]　　*Asplenium ritoense*

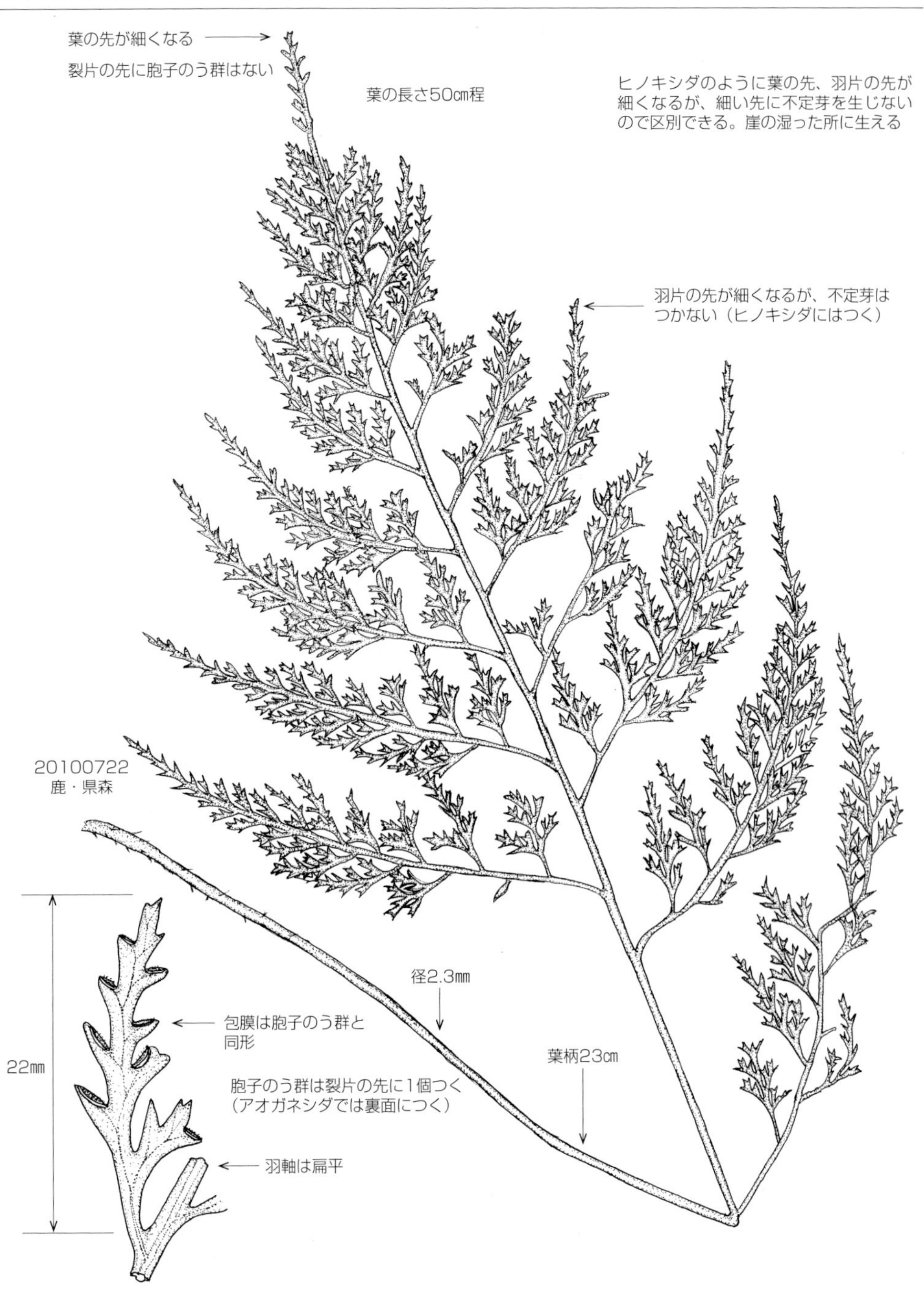

葉の先が細くなる
裂片の先に胞子のう群はない

葉の長さ50cm程

ヒノキシダのように葉の先、羽片の先が細くなるが、細い先に不定芽を生じないので区別できる。崖の湿った所に生える

羽片の先が細くなるが、不定芽はつかない（ヒノキシダにはつく）

20100722
鹿・県森

包膜は胞子のう群と同形

22mm

胞子のう群は裂片の先に1個つく（アオガネシダでは裏面につく）

羽軸は扁平

径2.3mm

葉柄23cm

分布　九・目……各県　対馬　壱岐（南は屋）
　　　鹿・目……県本土中南部　甑　屋　種　奄大（稀）

47

トラノオシダ　[チャセンシダ科　チャセンシダ属]　　*Asplenium incisum*

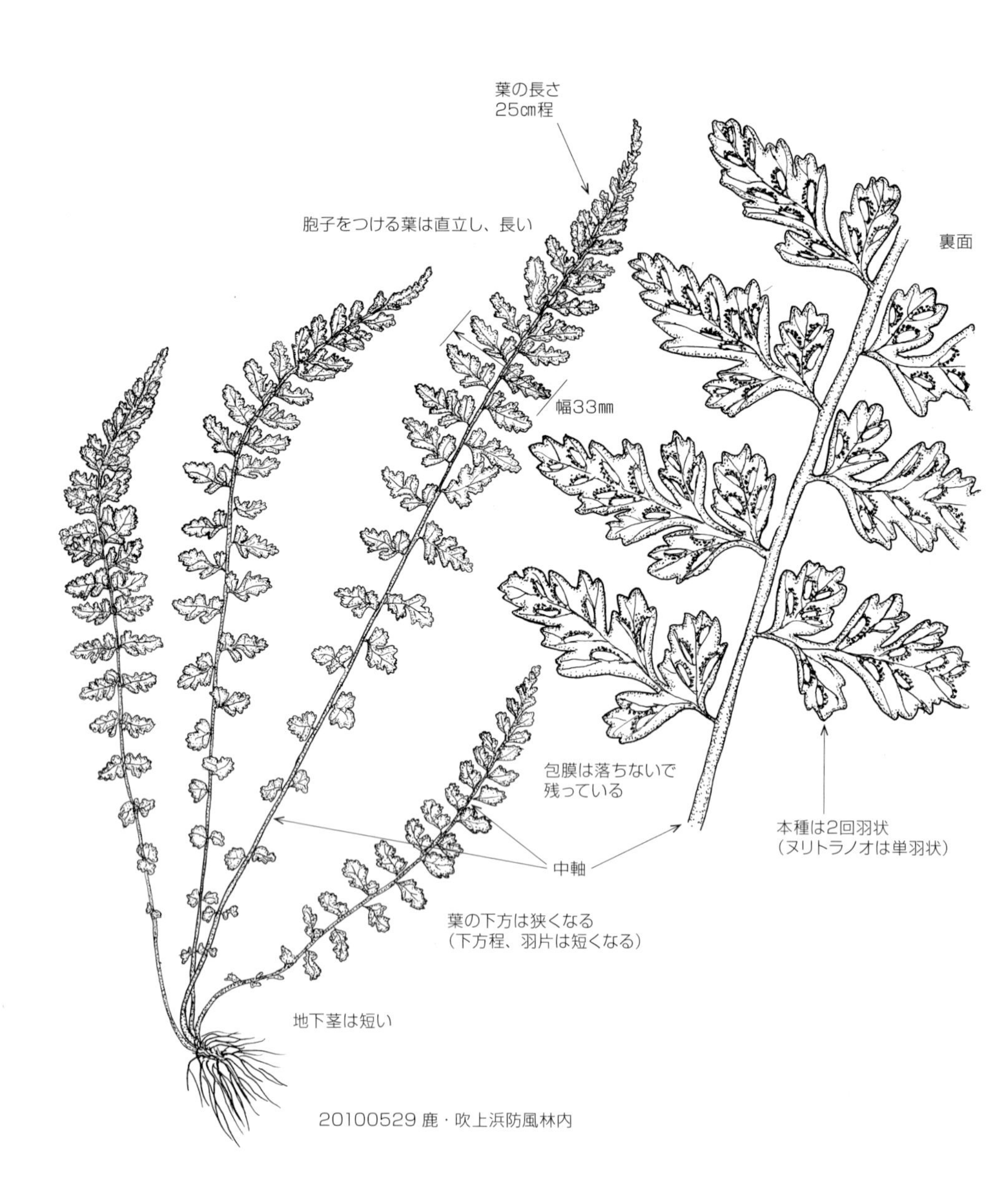

分布　九・目……各県（南は奄群）
　　　鹿・目……県本土各地　甑　屋　種　黒　奄大（稀）

ナンゴクホウビシダ　[チャセンシダ科　チャセンシダ属]　　　*Asplenium cataractarum*

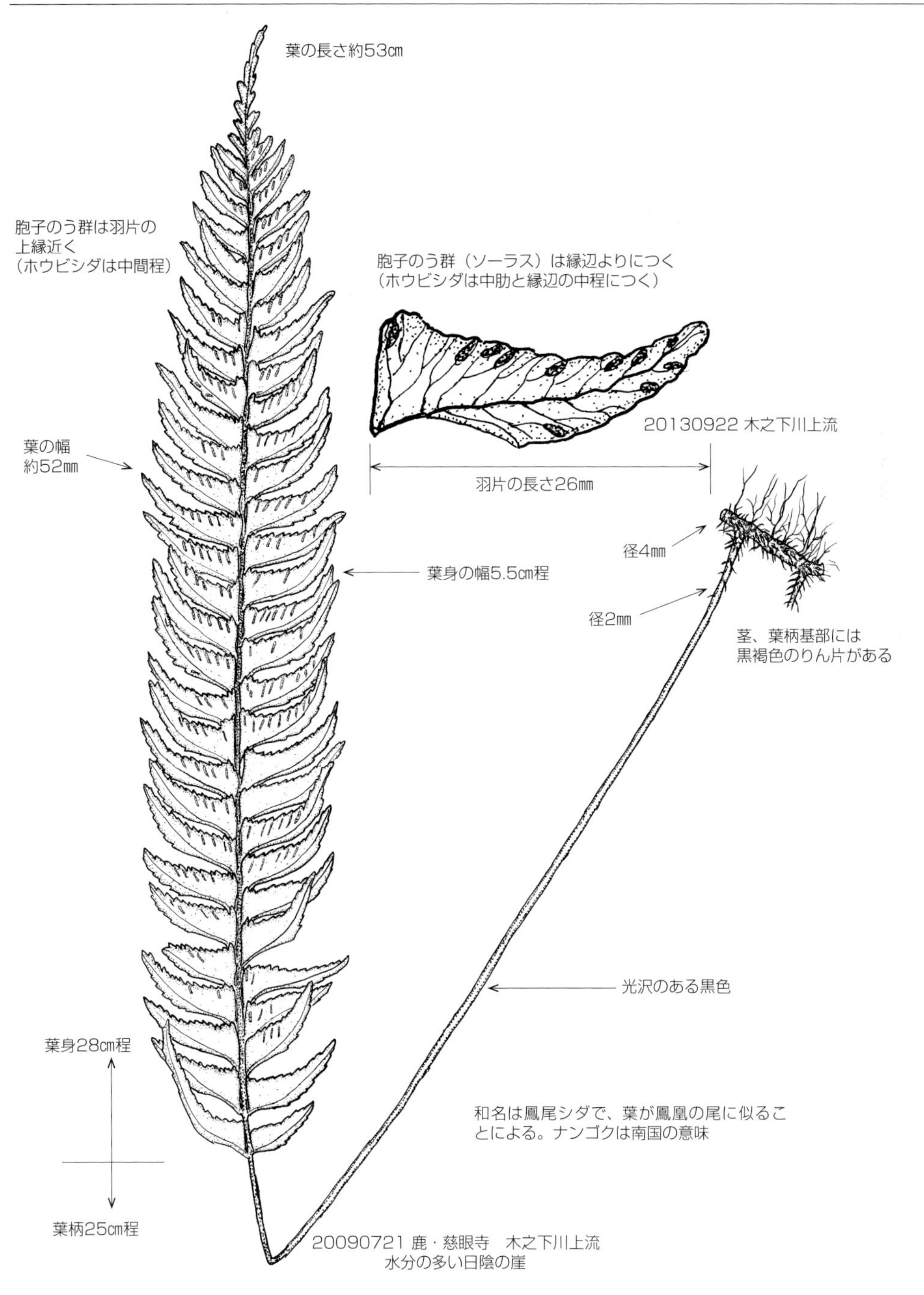

ヒノキシダ　[チャセンシダ科　チャセンシダ属]　　*Asplenium prolongatum*

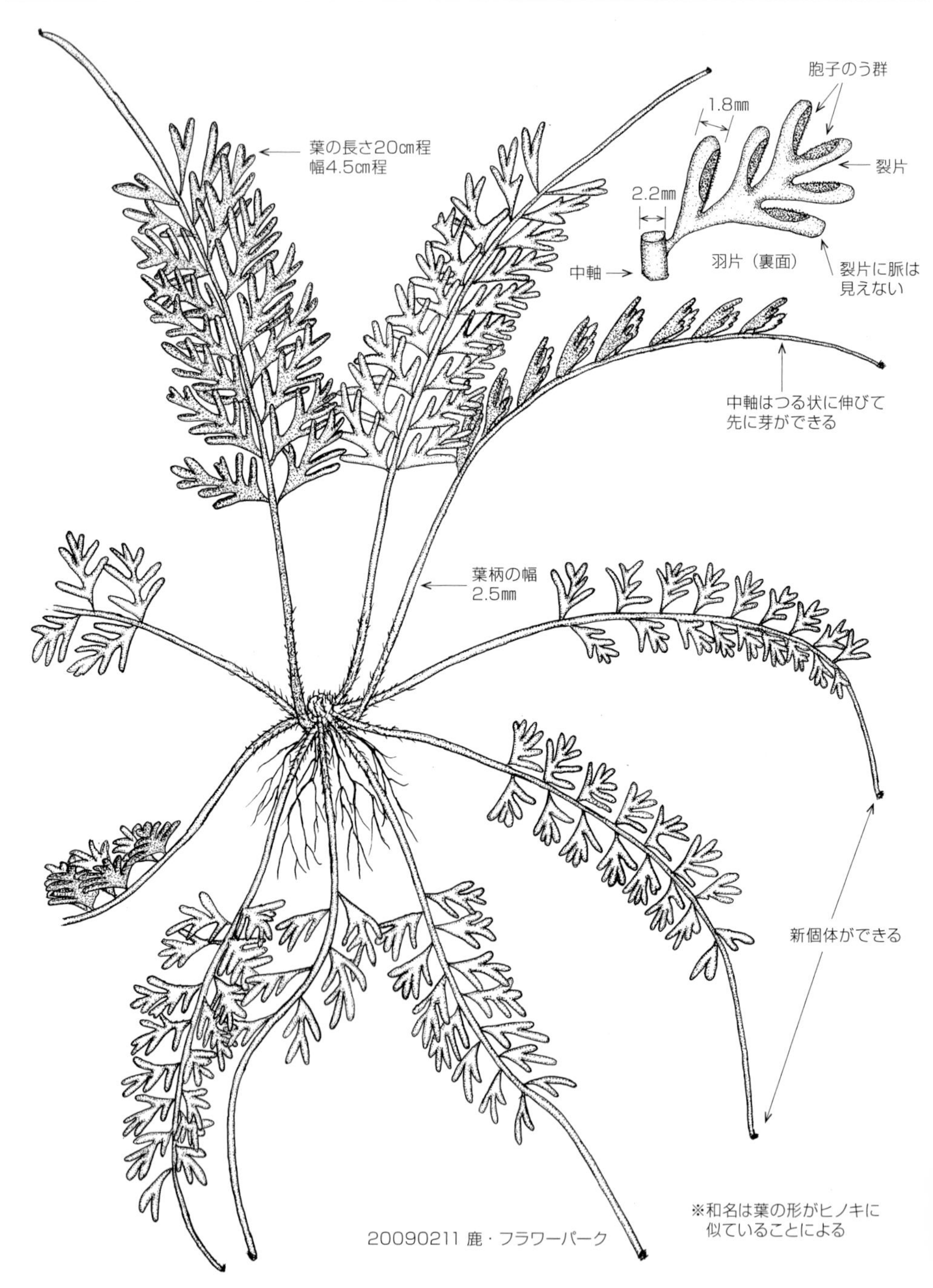

分布　九・目……各県　対馬（南は屋）
　　　鹿・目……県本土各地　屋

タニイヌワラビ　[イワデンダ科　メシダ属]　　　*Athyrium otophorum*

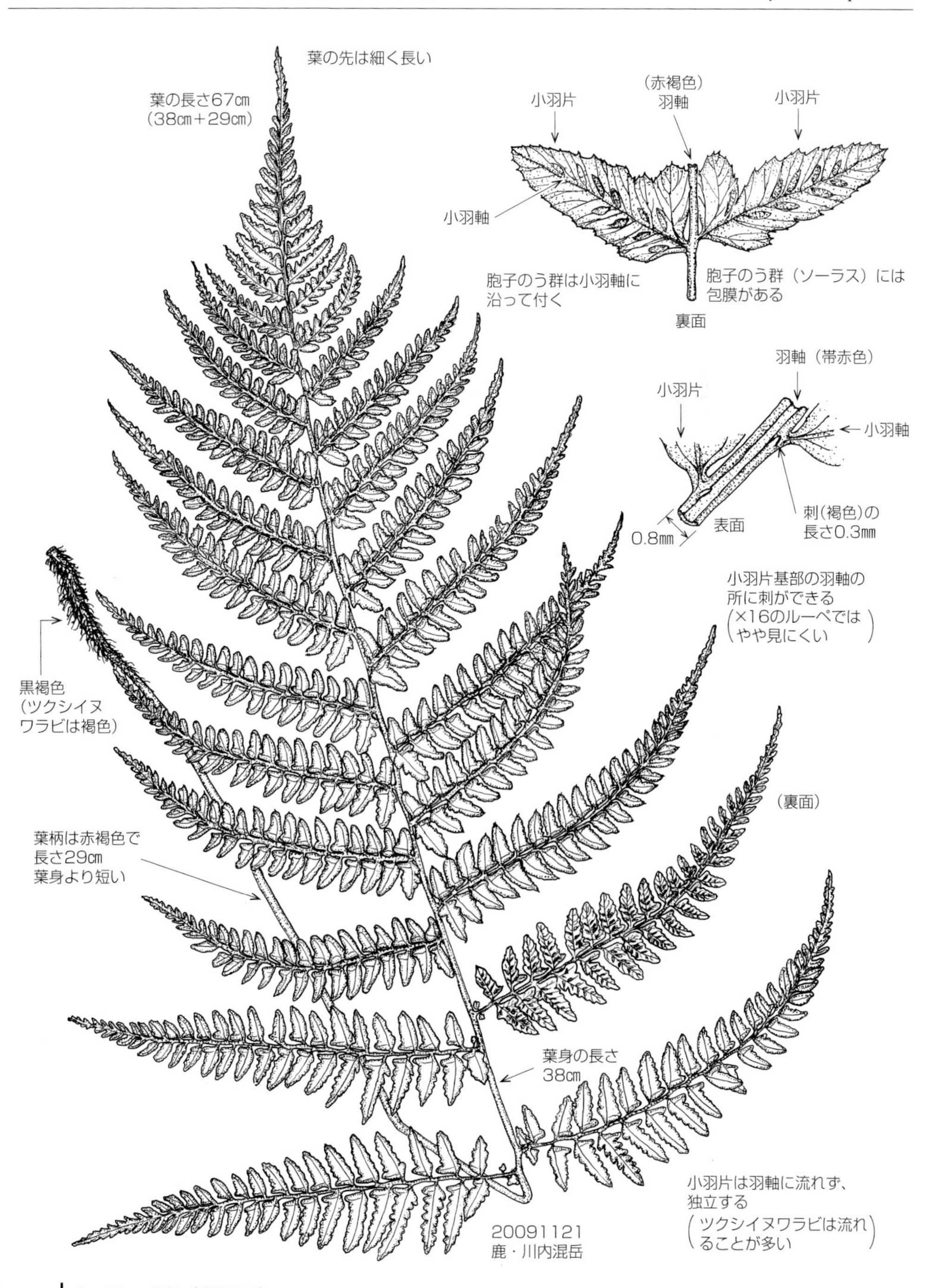

分布　｜九・目……各県（南限は屋）
　　　｜鹿・目……県本土北部　伊作峠　金峰山　高隈山　稲尾岳　甑　屋

シケシダ ［イワデンダ科　オオシケシダ属］ *Deparia japonica*

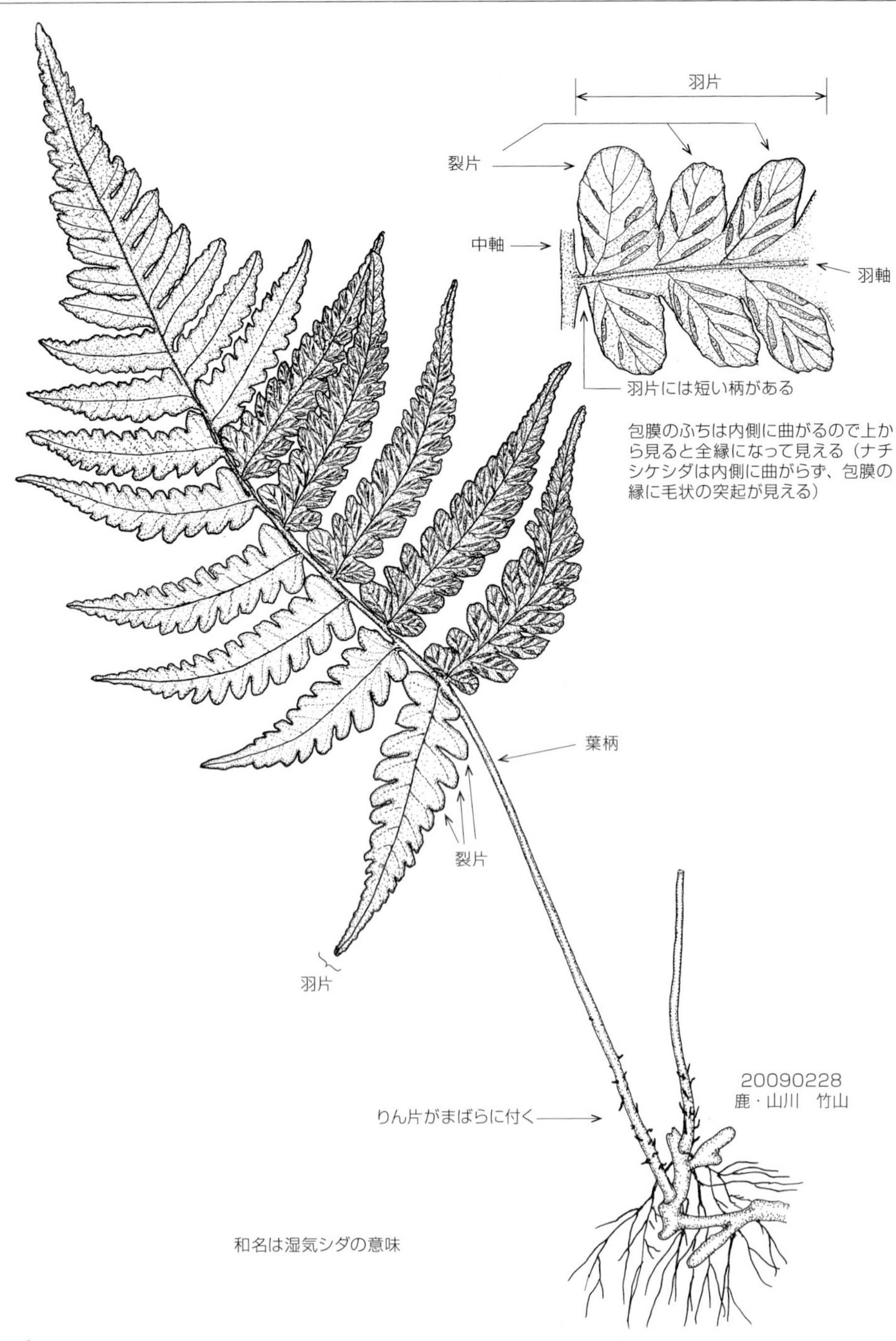

ナチシケシダ　[イワデンダ科　オオシケシダ属]　　*Deparia petersenii*

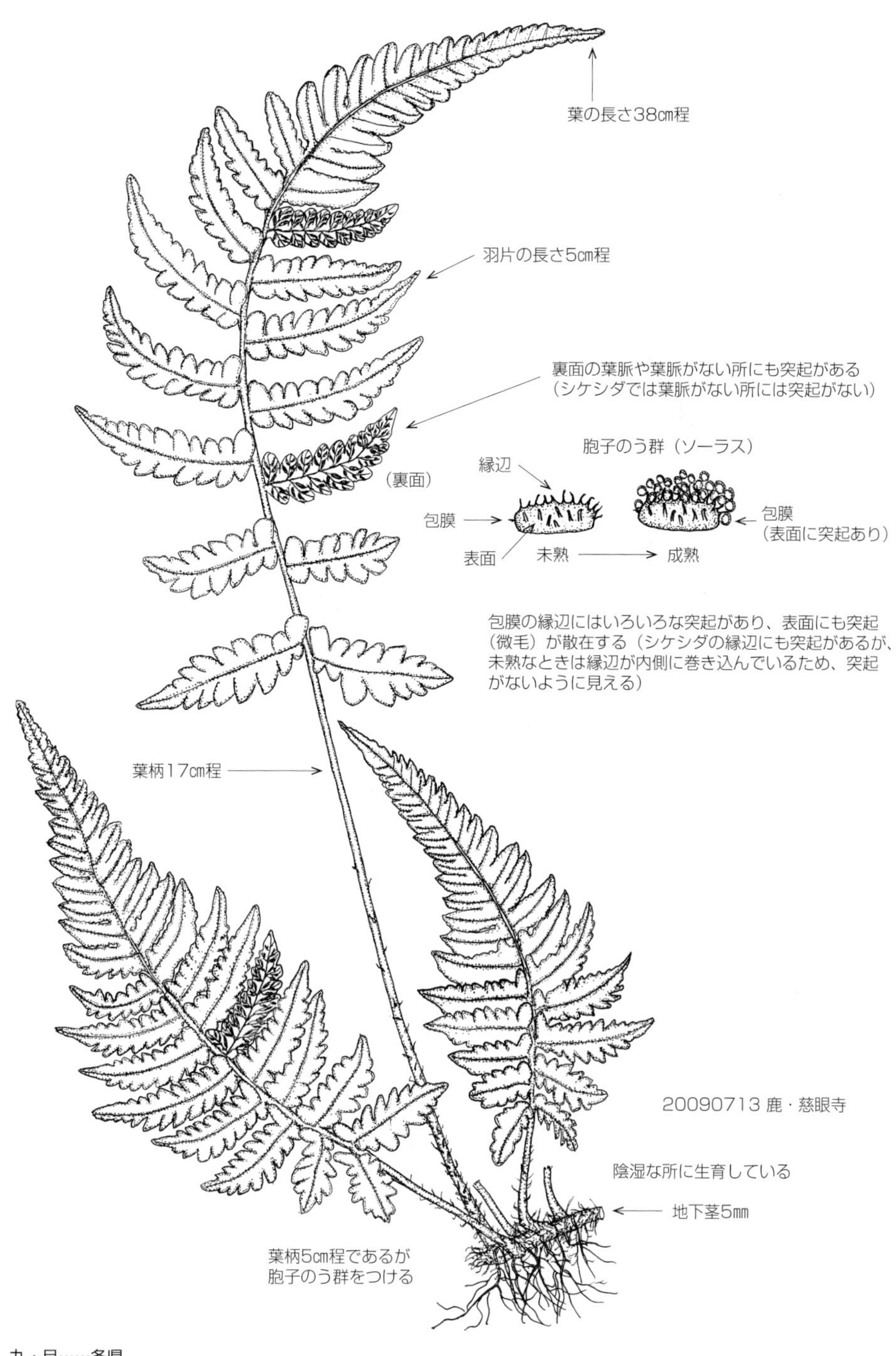

ホソバシケシダ（ヒメシケシダ） ［イワデンダ科　オオシケシダ属］　*Deparia conilii*

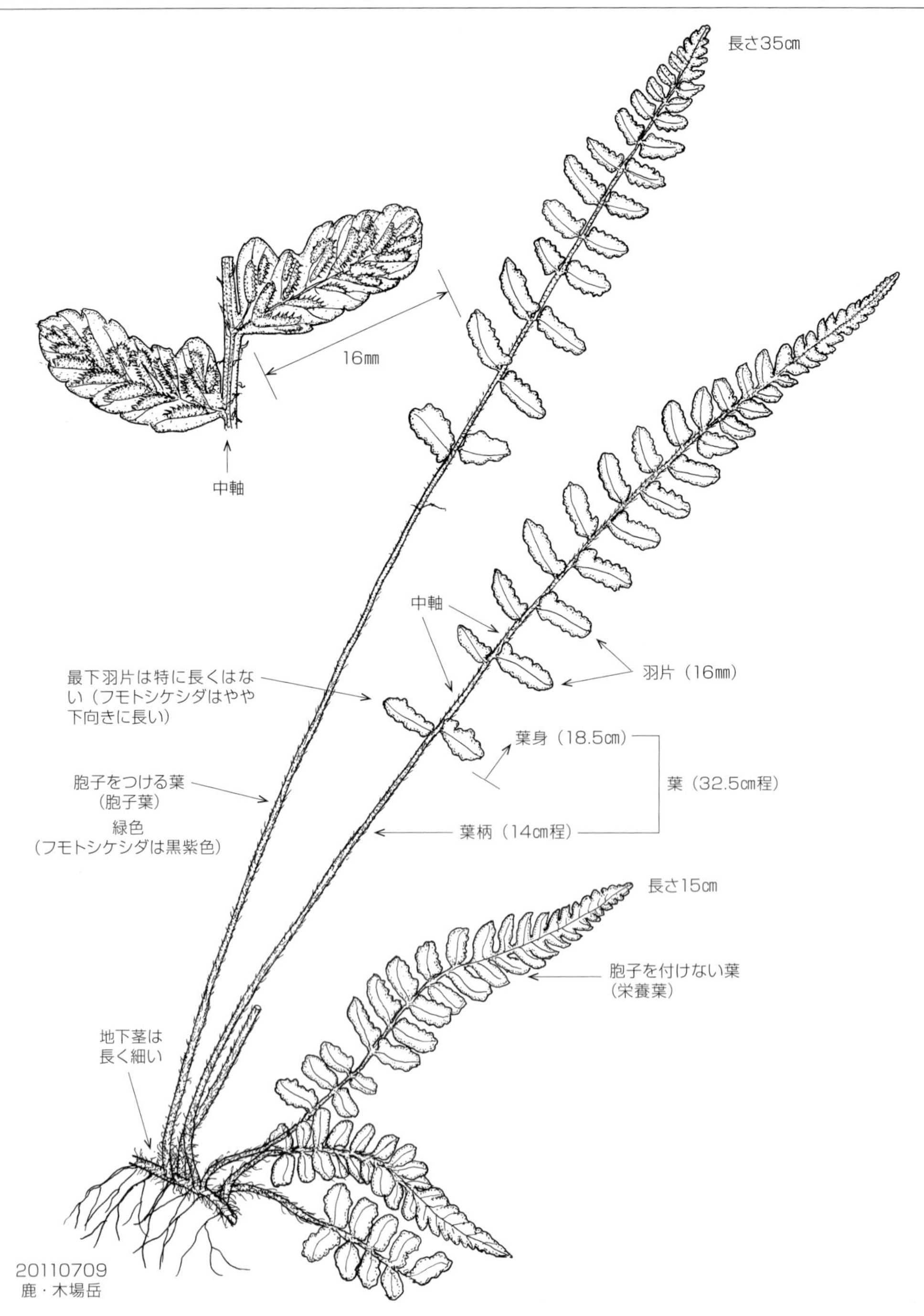

分布　九・目……各県　対馬
　　　鹿・目……県本土中・北部　高隈山　甫与志岳　稲尾岳　野首嶽　磯間岳　甑　屋

コクモウクジャク　[イワデンダ科　ヘラシダ属]　　*Diplazium virescens*

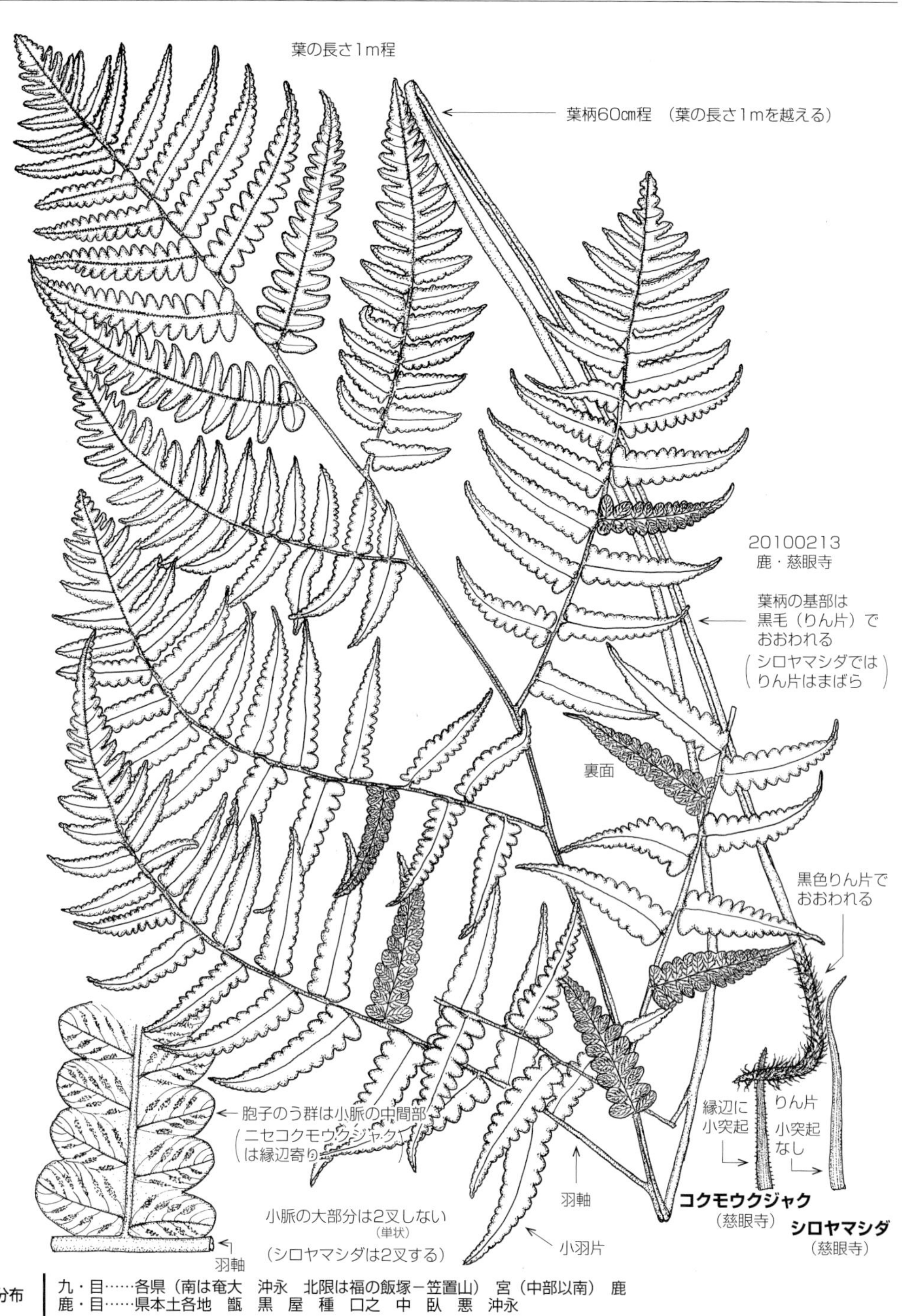

分布
九・目……各県（南は奄大　沖永　北限は福の飯塚－笠置山）　宮（中部以南）　鹿
鹿・目……県本土各地　甑　黒　屋　種　口之　中　臥　悪　沖永

シロヤマシダ　[イワデンダ科　ヘラシダ属]　*Diplazium hachijoense*

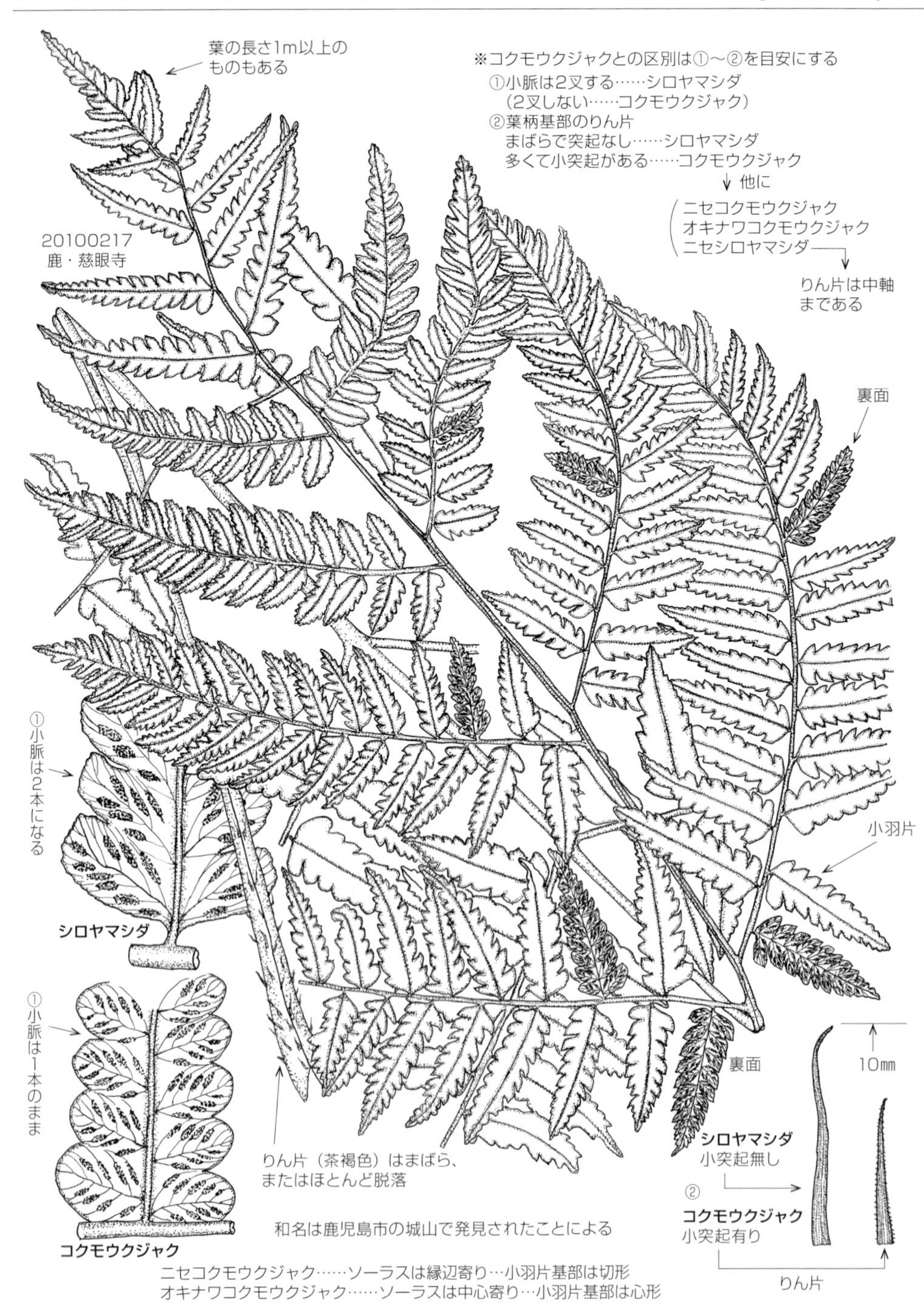

ノコギリシダ ［イワデンダ科　ヘラシダ属］　　*Diplazium wichurae*

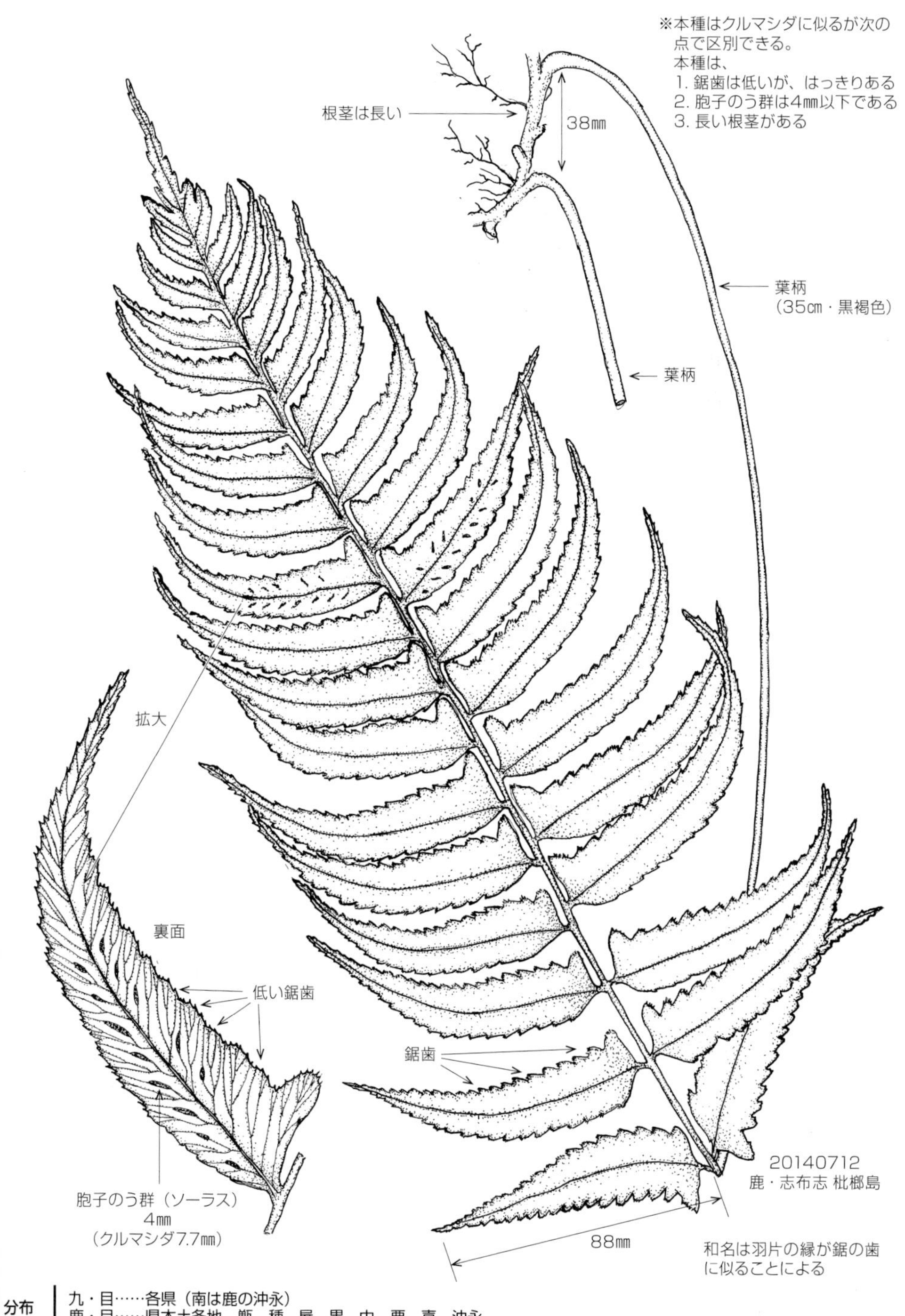

※本種はクルマシダに似るが次の点で区別できる。
本種は、
1. 鋸歯は低いが、はっきりある
2. 胞子のう群は4mm以下である
3. 長い根茎がある

分布　｜　九・目……各県（南は鹿の沖永）
　　　　鹿・目……県本土各地　甑　種　屋　黒　中　悪　喜　沖永

ヘラシダ　[イワデンダ科　ヘラシダ属]　*Diplazium subsinuatum*

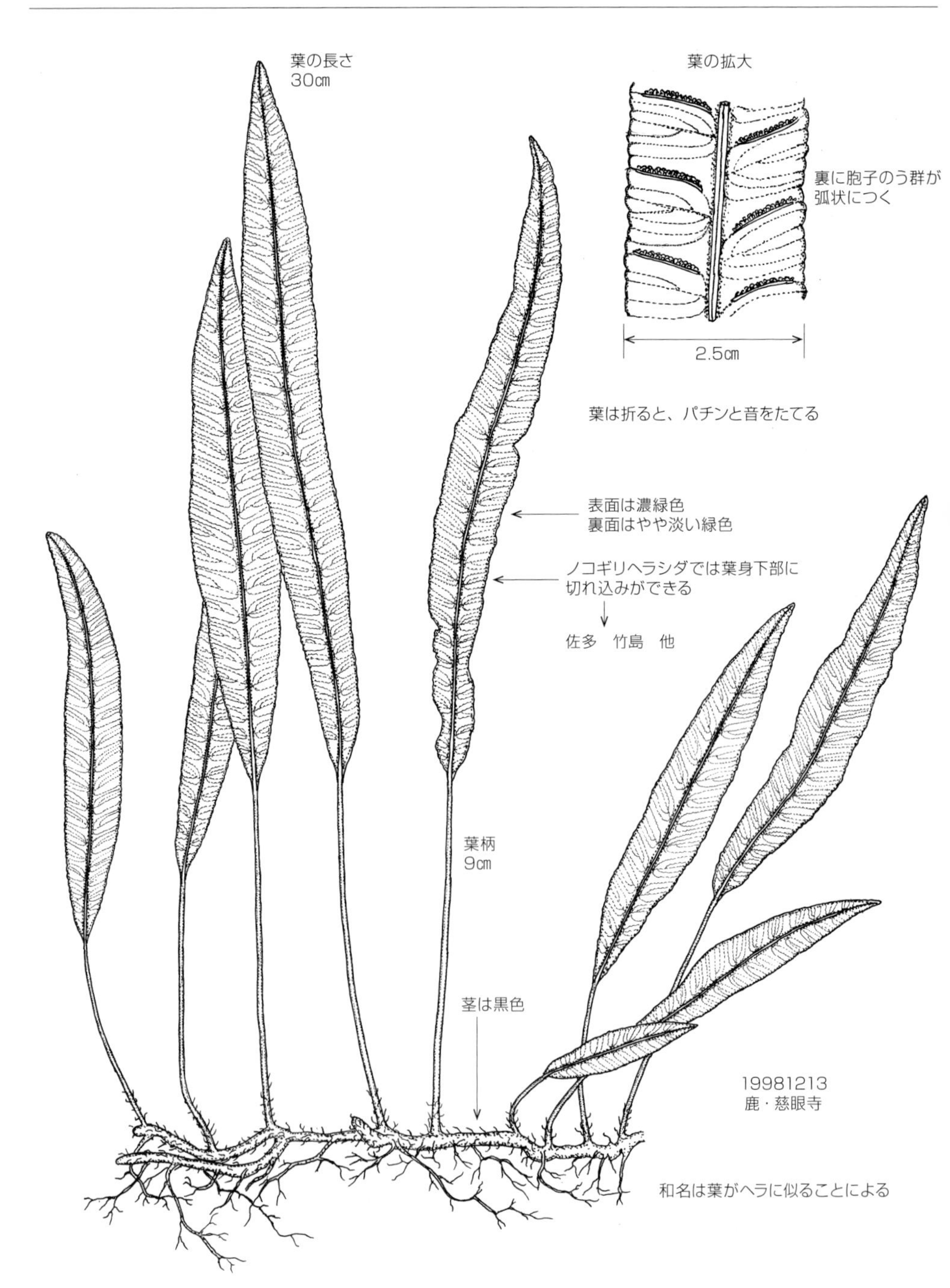

アミシダ　[ヒメシダ科　ミゾシダ属]　　*Stegnogramma griffithii var. wilfordii*

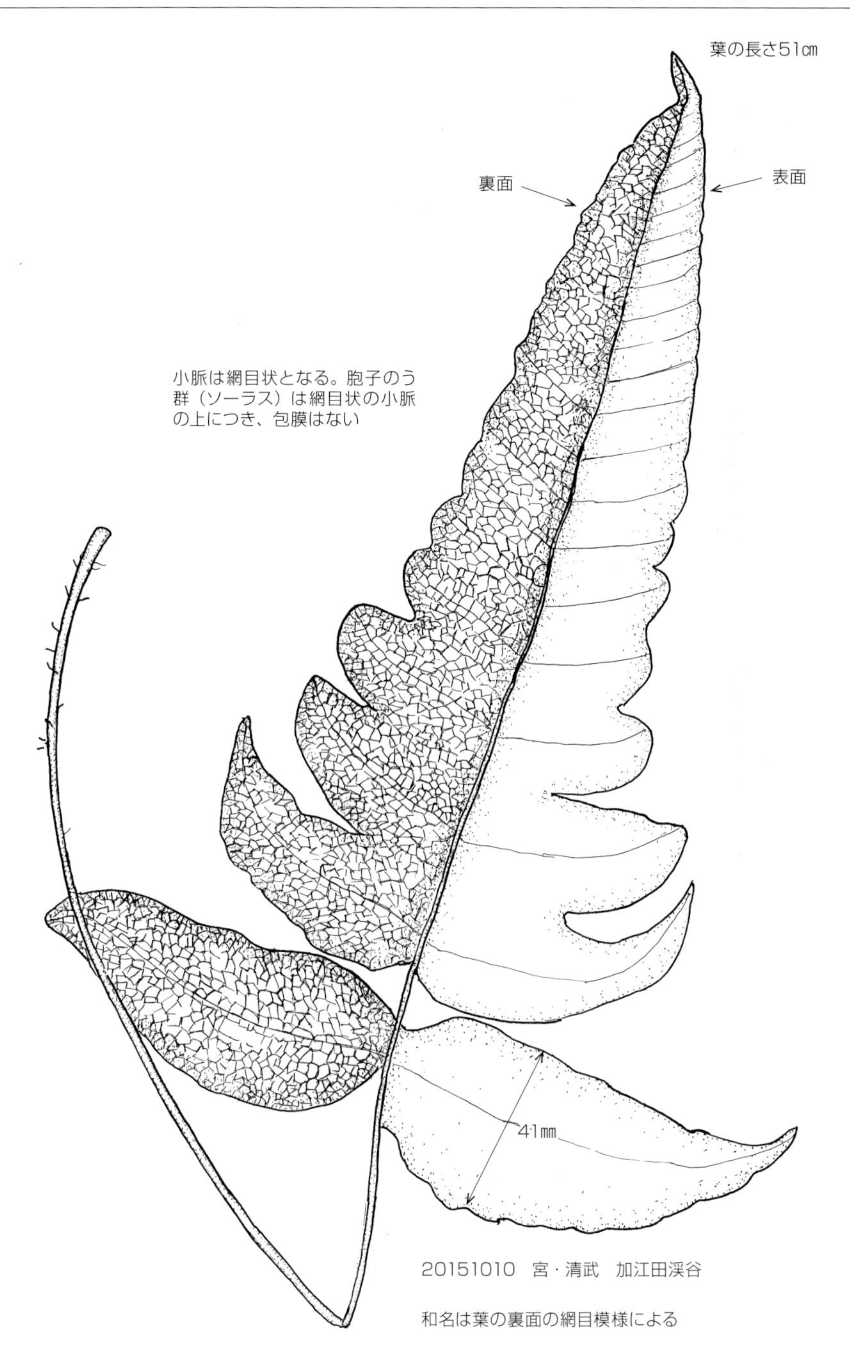

葉の長さ51cm
裏面　表面

小脈は網目状となる。胞子のう群（ソーラス）は網目状の小脈の上につき、包膜はない

41mm

20151010　宮・清武　加江田渓谷
和名は葉の裏面の網目模様による

分布　九・目……佐（多久　岩岳）長（長崎　大串）熊（水俣）宮（中部以南）
　　　　鹿・目……北薩山地　入来　烏帽子岳（平川）伊作峠　甑屋

ミゾシダ　[ヒメシダ科　ミゾシダ属]　　*Stegnogramma pozoi ssp. mollissima*

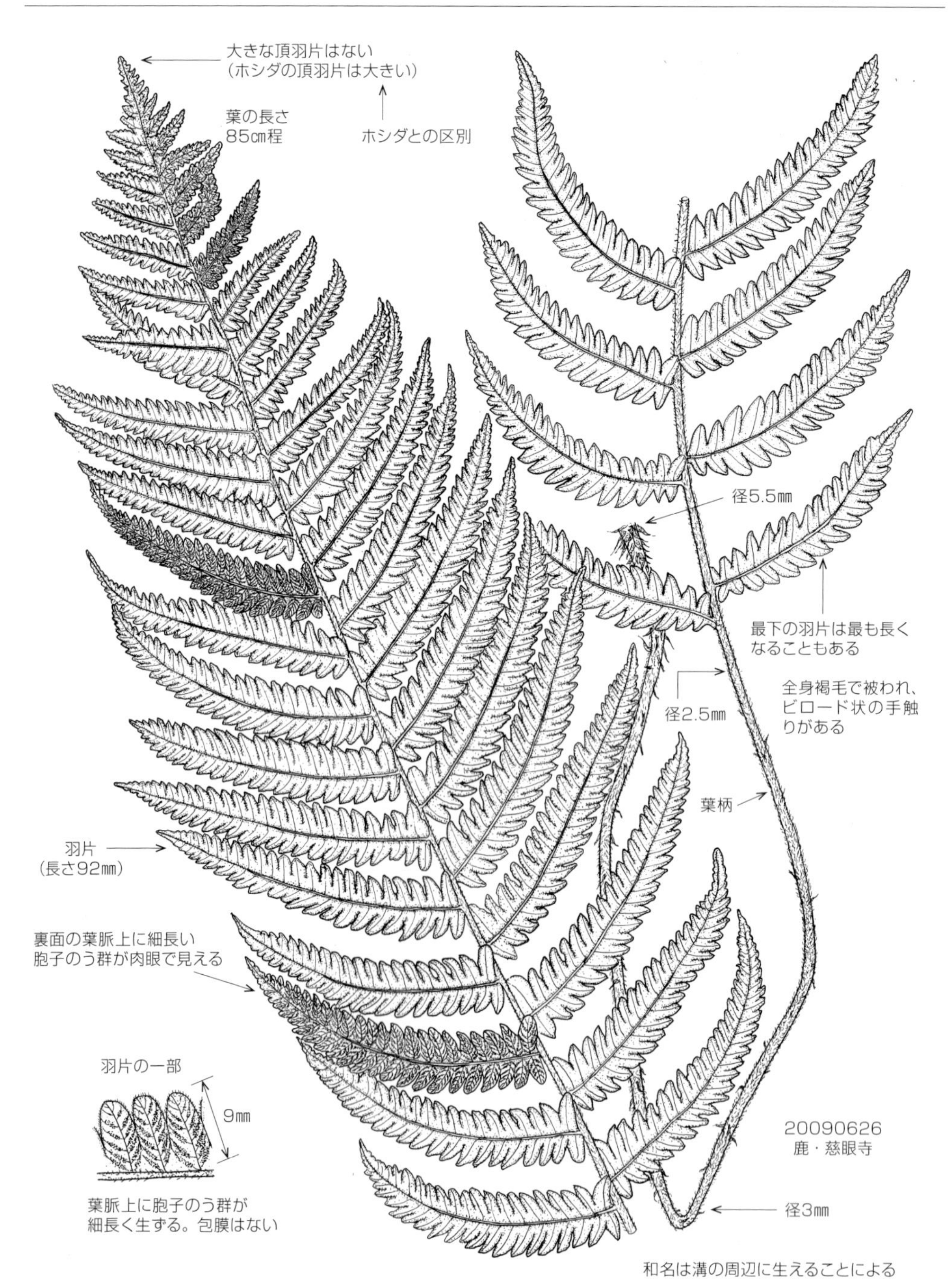

20090626
鹿・慈眼寺

分布
九・目……各県普通（南は奄群）
鹿・目……県本土各地　長島　甑　屋　種　吐　奄大　沖永

イブキシダ　[ヒメシダ科　ヒメシダ属]　　*Thelypteris esquirolii var.glabrata*

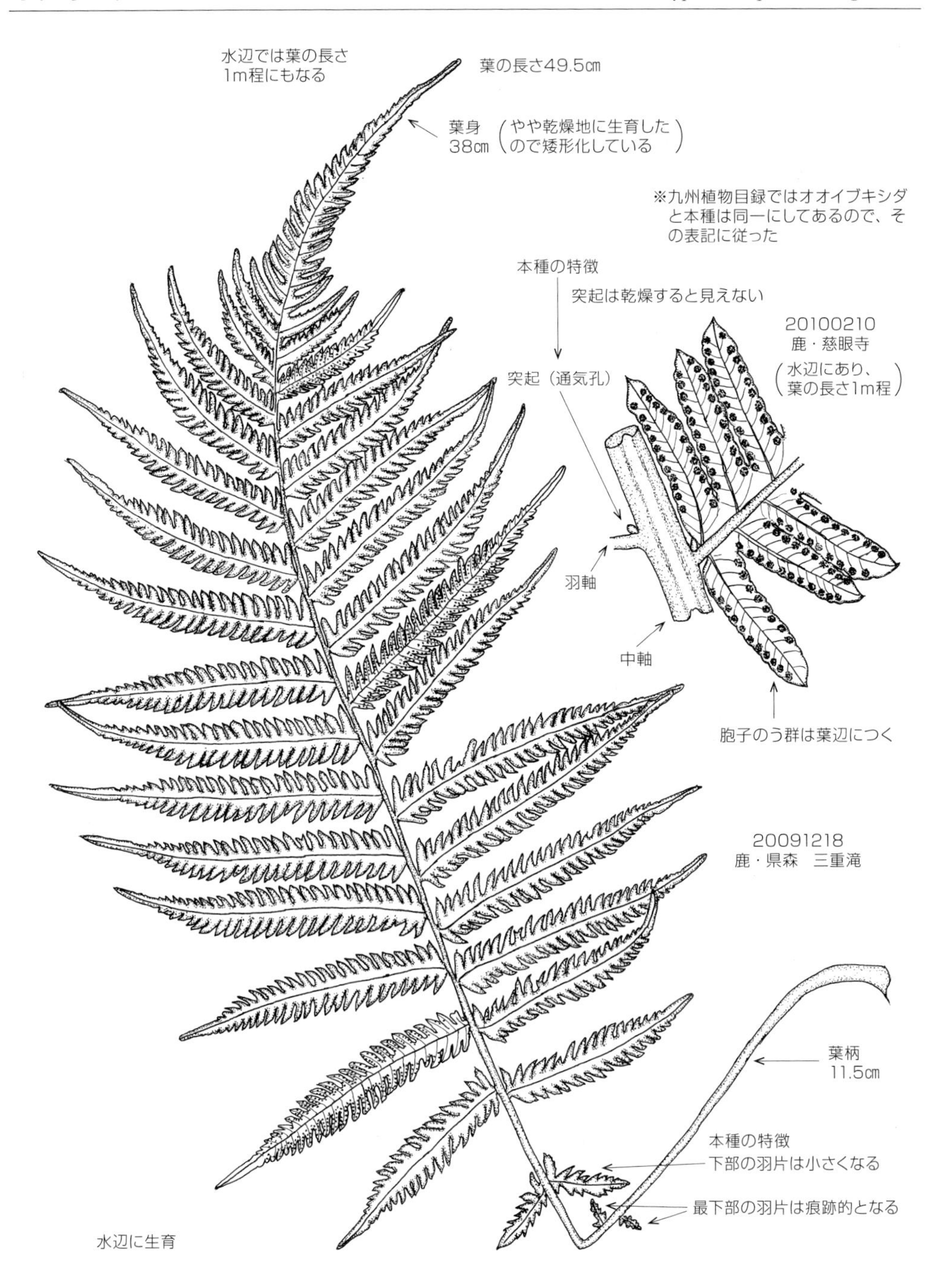

分布
- 九・目……各県（南は奄群）
- 鹿・目……県本土中南部　甑　屋　種　中　奄大　徳

クシノハシダ　[ヒメシダ科　ヒメシダ属]　　　*Thelypteris jaculosa*

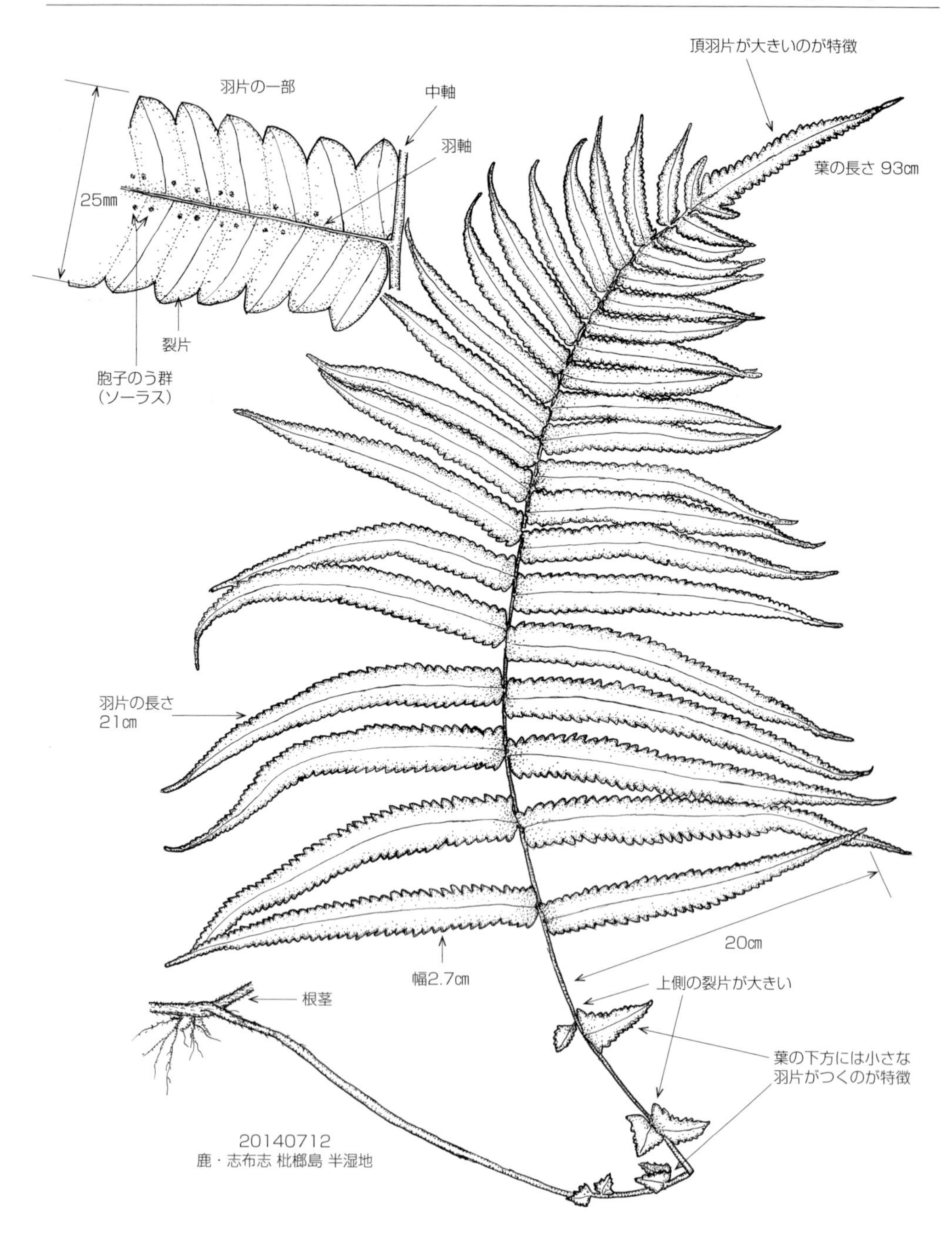

分布	九・目……長（福江島）　熊（人吉）　鹿
	鹿・目……志布志（枇榔島）　大根占　黒　奄大　徳　沖永

ゲジゲジシダ　[ヒメシダ科　ヒメシダ属]　　*Thelypteris decursivepinnata*

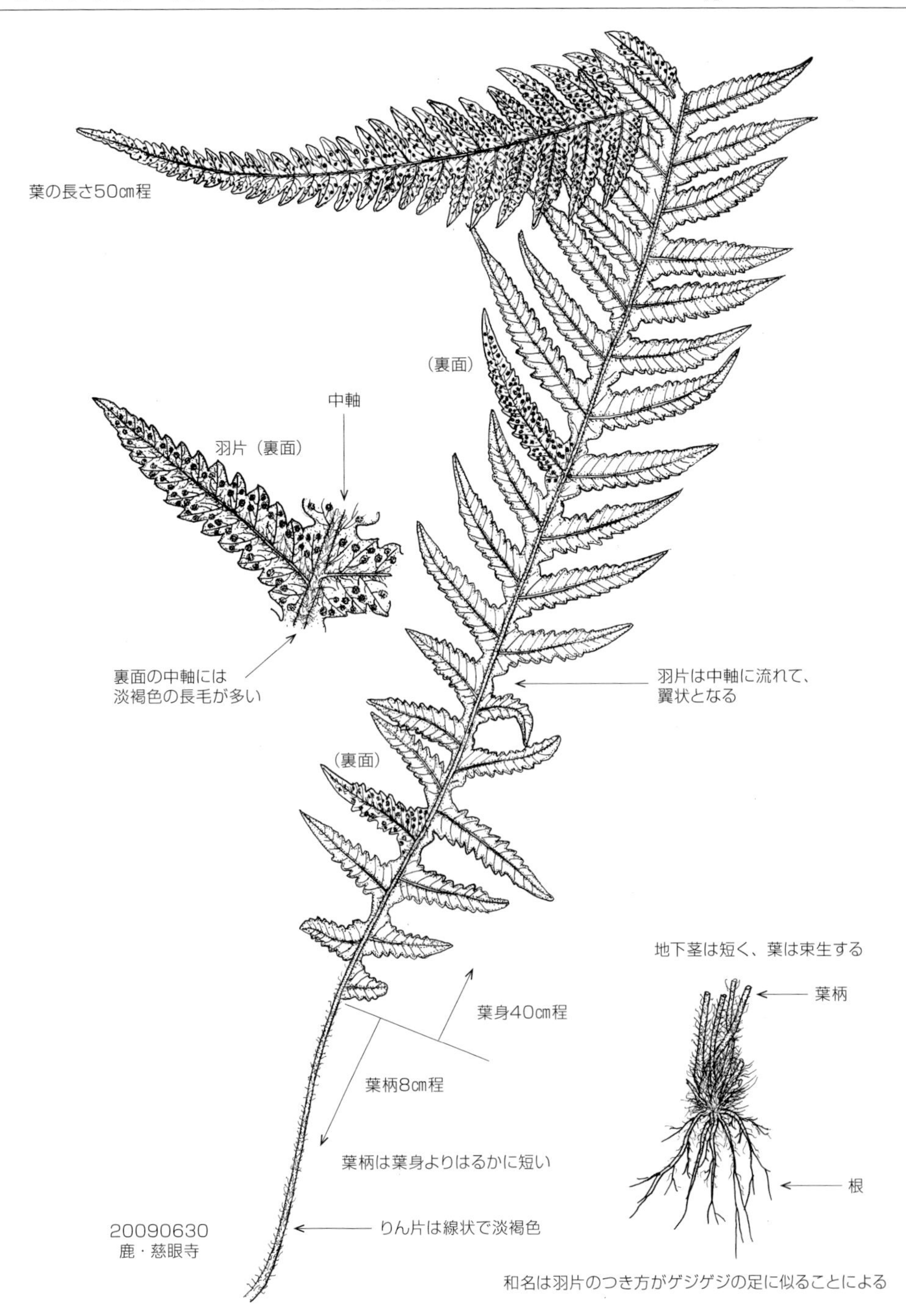

分布　｜ 九・目……各県（南は奄大）
　　　｜ 鹿・目……県本土各地　甑　黒　屋　種　奄大（稀）

コハシゴシダ　[ヒメシダ科　ヒメシダ属]　*Thelypteris angustifrons*

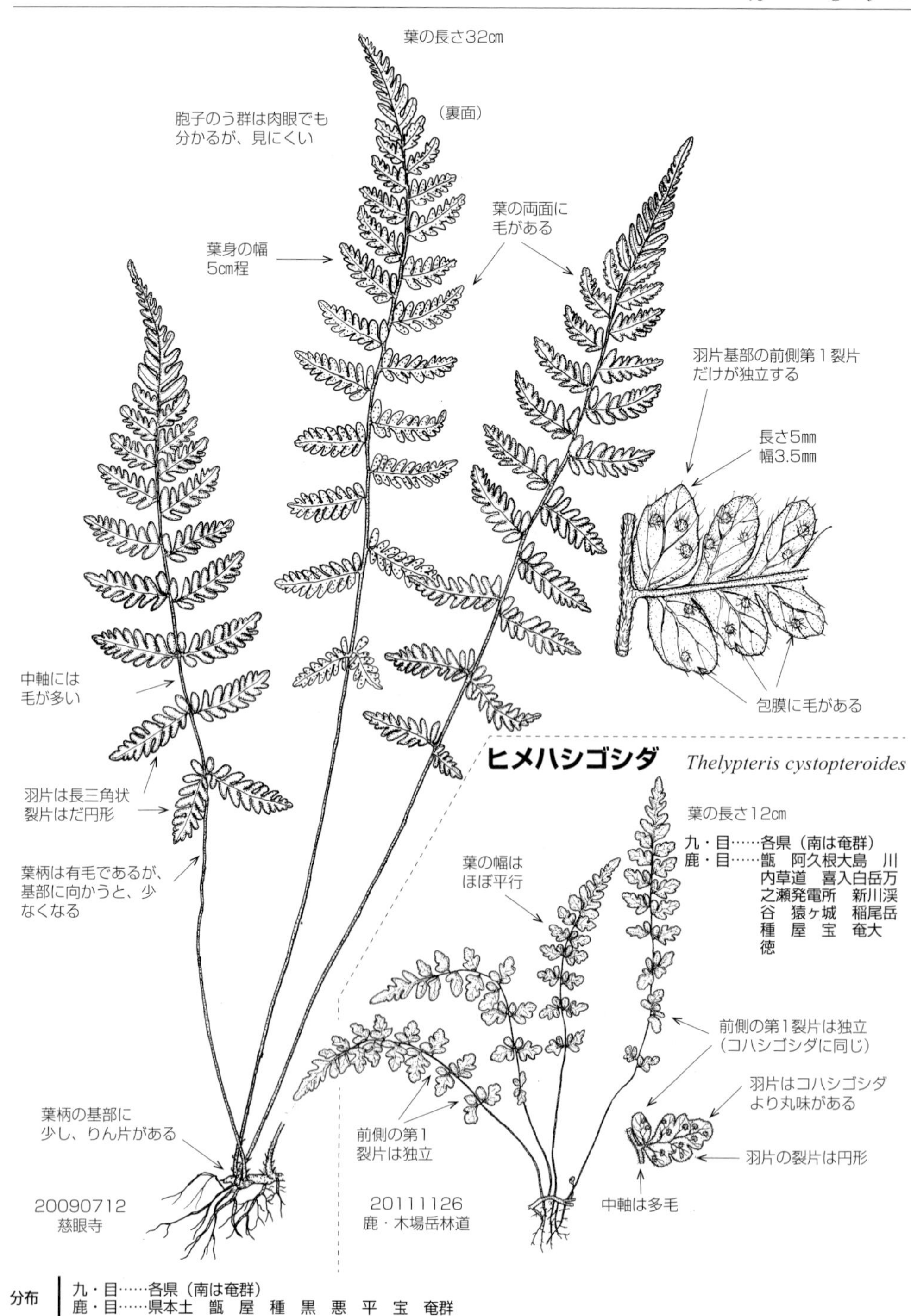

テツホシダ　[ヒメシダ科　ヒメシダ属]　　*Thelypteris interrupta*

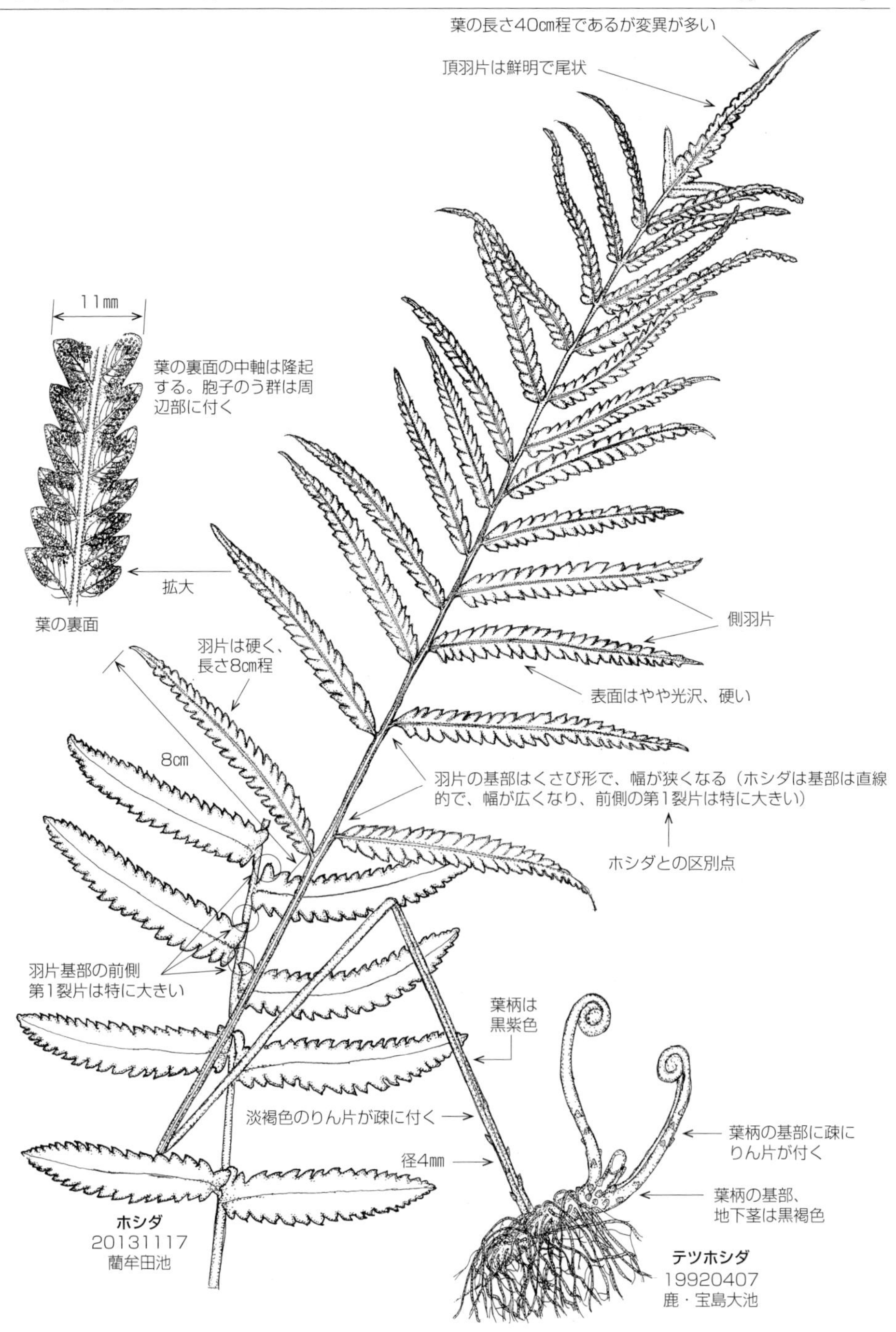

分布　九・目……各県（北限は稀　南限は奄群）
　　　鹿・目……阿久根　川内　市来　藺牟田池　加治木　種　屋　口之　中　宝　奄大　徳　沖永

ハリガネワラビ　[ヒメシダ科　ヒメシダ属]　　*Thelypteris japonica*

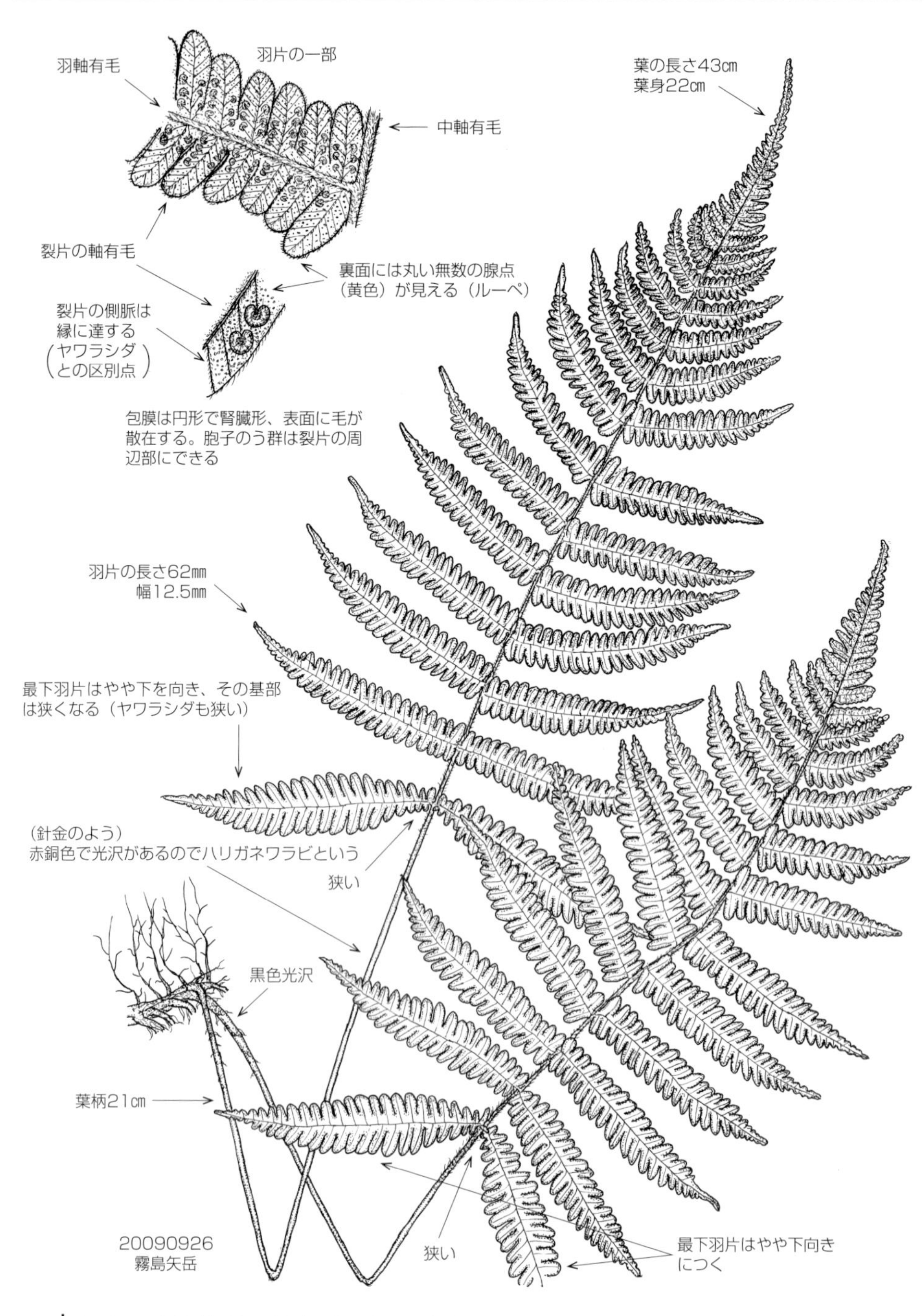

分布
九・目……各県（南は鹿の高隈山　稲尾岳　屋－南限）
鹿・目……大口　霧島山　紫尾山　開聞岳　高隈山　甫与志岳　稲尾岳　屋

ホシダ　［ヒメシダ科　ヒメシダ属］　　　　　　　　　　　　　　　*Thelypteris acuminata*

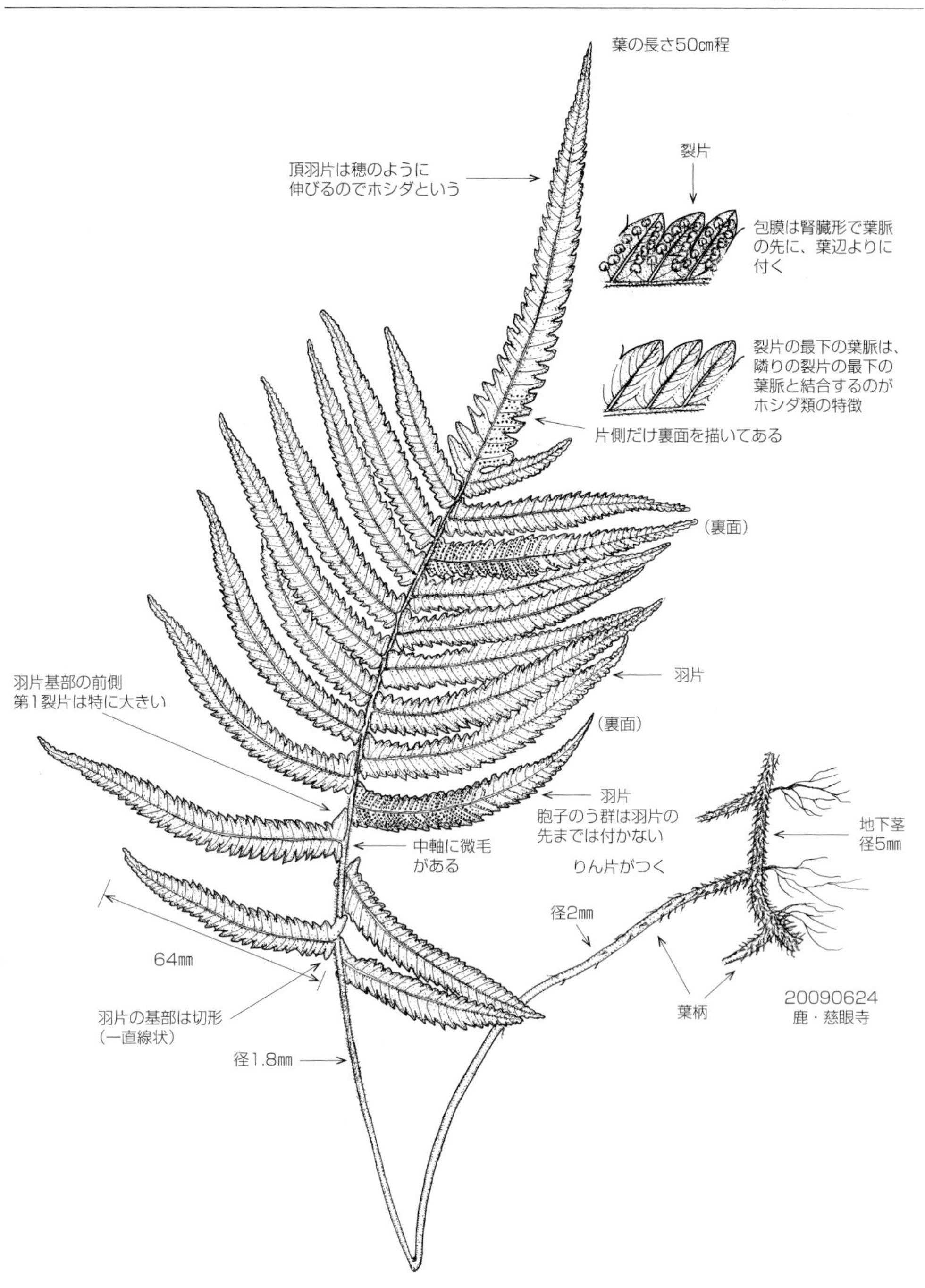

ヤワラシダ　[ヒメシダ科　ヒメシダ属]　　　*Thelypteris laxa*

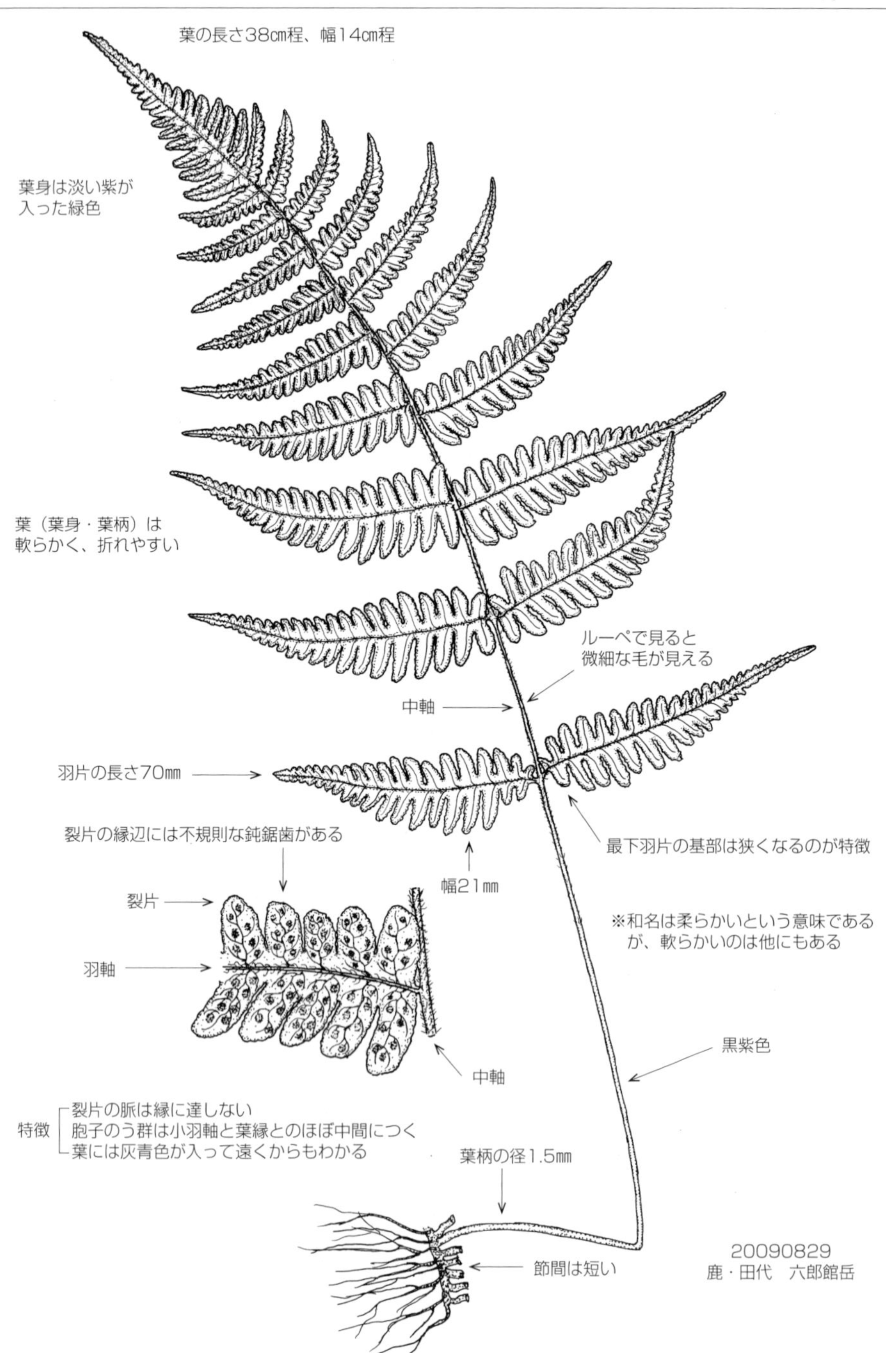

葉の長さ38㎝程、幅14㎝程

葉身は淡い紫が入った緑色

葉（葉身・葉柄）は軟らかく、折れやすい

中軸

ルーペで見ると微細な毛が見える

羽片の長さ70㎜

裂片の縁辺には不規則な鈍鋸歯がある

裂片

羽軸

幅21㎜

中軸

最下羽片の基部は狭くなるのが特徴

※和名は柔らかいという意味であるが、軟らかいのは他にもある

黒紫色

特徴
- 裂片の脈は縁に達しない
- 胞子のう群は小羽軸と葉縁とのほぼ中間につく
- 葉には灰青色が入って遠くからもわかる

葉柄の径1.5㎜

節間は短い

20090829
鹿・田代　六郎館岳

分布
九・目……各県（南は大隅の稲尾岳　屋）
鹿・目……県本土各地　稲尾岳　屋

オオカグマ　[シシガシラ科　コモチシダ属]　　*Woodwardia japonica*

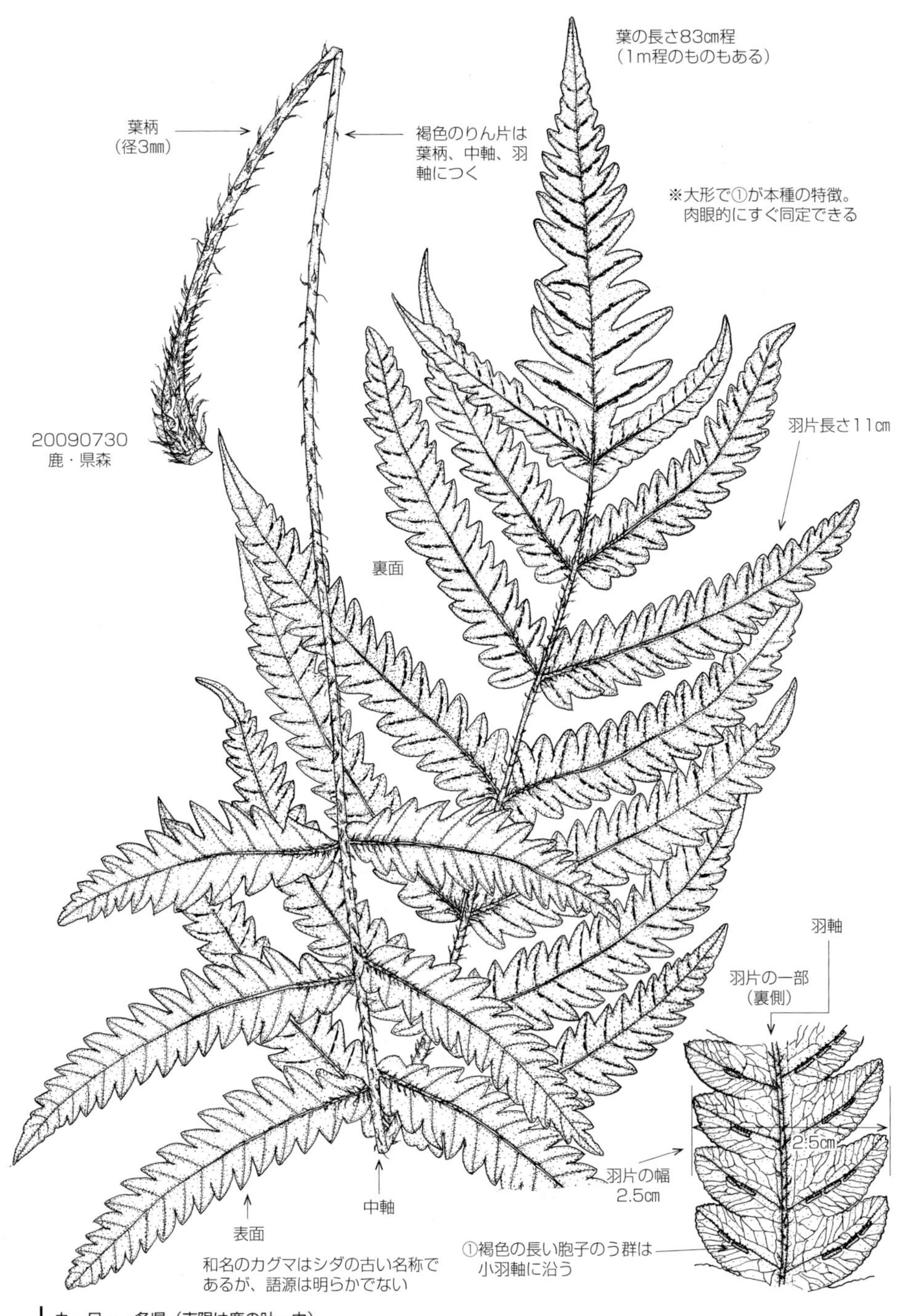

分布　九・目……各県（南限は鹿の吐－中）
　　　鹿・目……県本土各地　種　屋　甑　黒　中

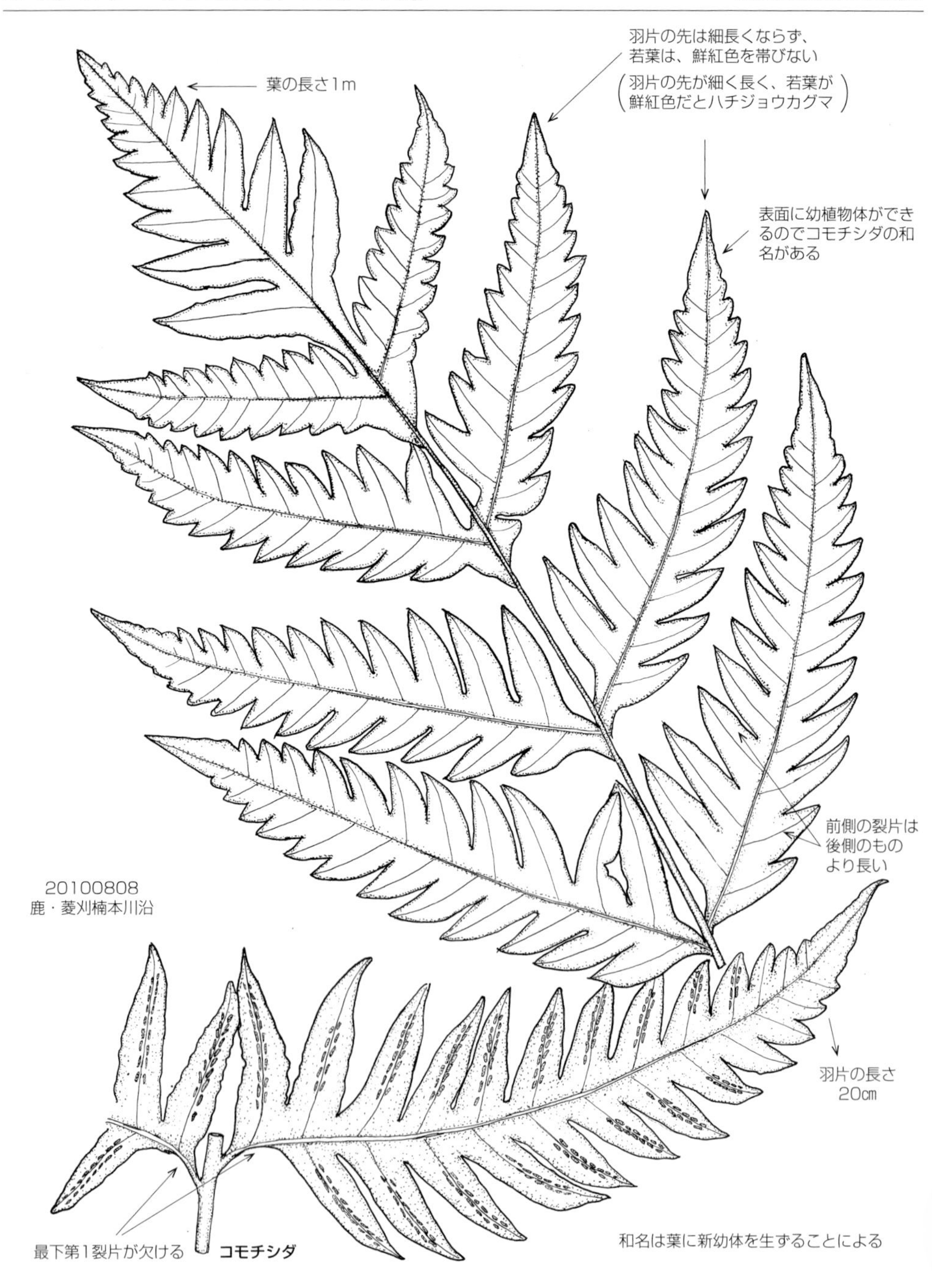

ハチジョウカグマ（タイワンコモチシダ） [シシガシラ科　コモチシダ属] *Woodwardia orientalis* var. *formosana*

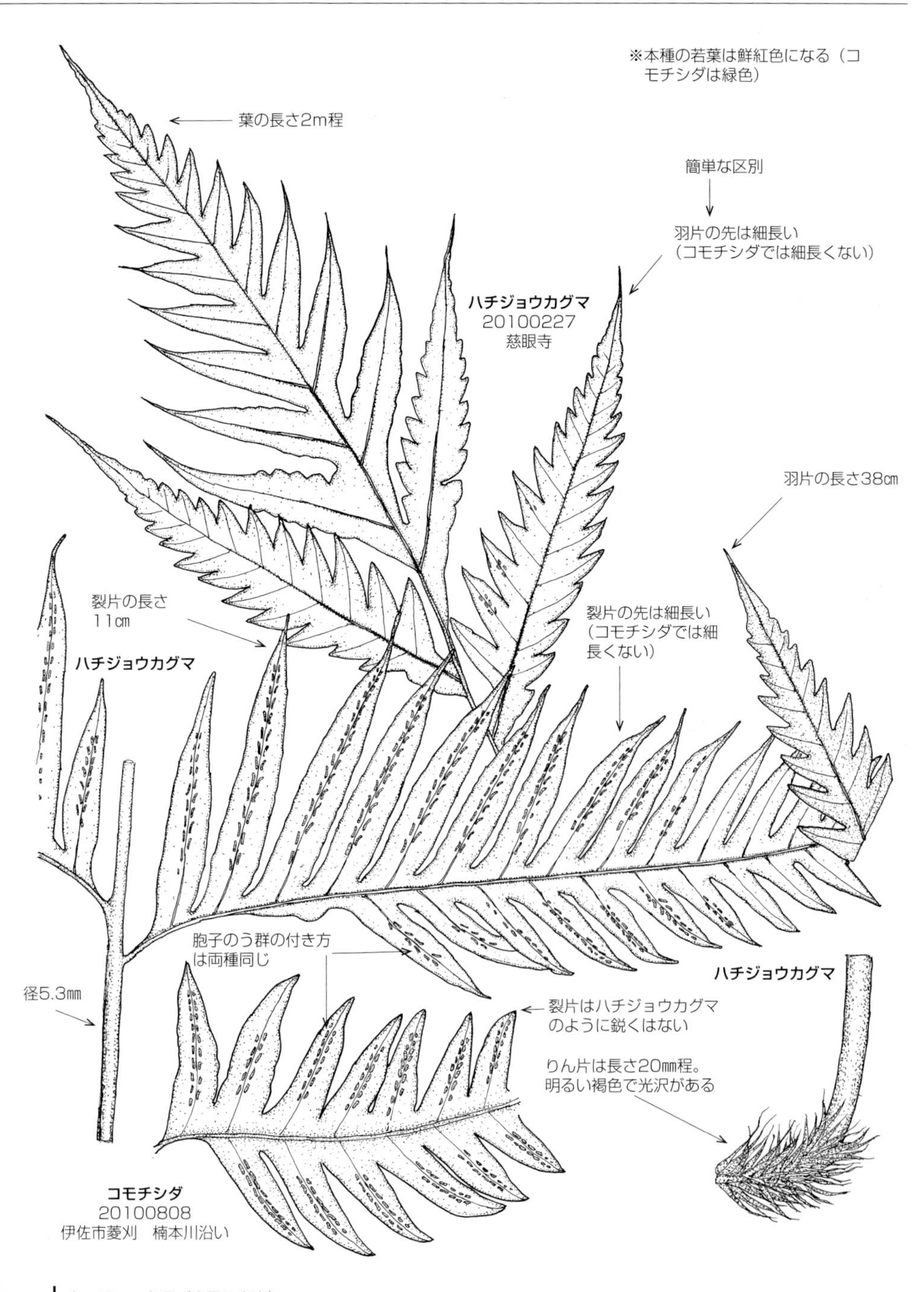

分布 ｜ 九・目……各県（南限は奄大）
　　　鹿・目……県本土中南部　甑　屋　種　吐（宝を除く）奄群

オオカナワラビ ［オシダ科　カナワラビ属］　*Arachniodes amabilis*

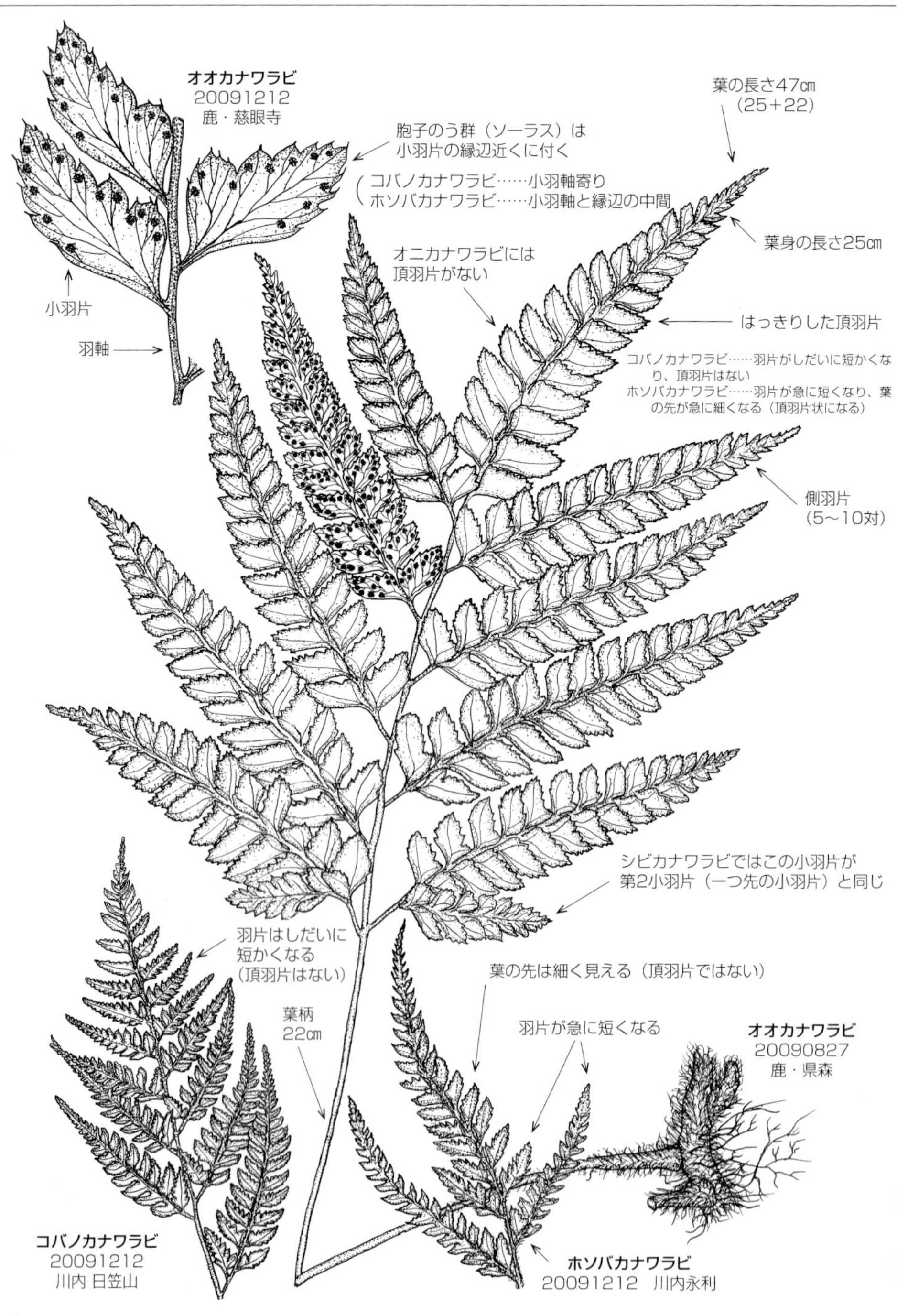

分布　九・目……各県（南は奄群）
　　　鹿・目……県本土各地　甑　黒　種　屋

コバノカナワラビ　[オシダ科　カナワラビ属]　　　*Arachniodes sporadosora*

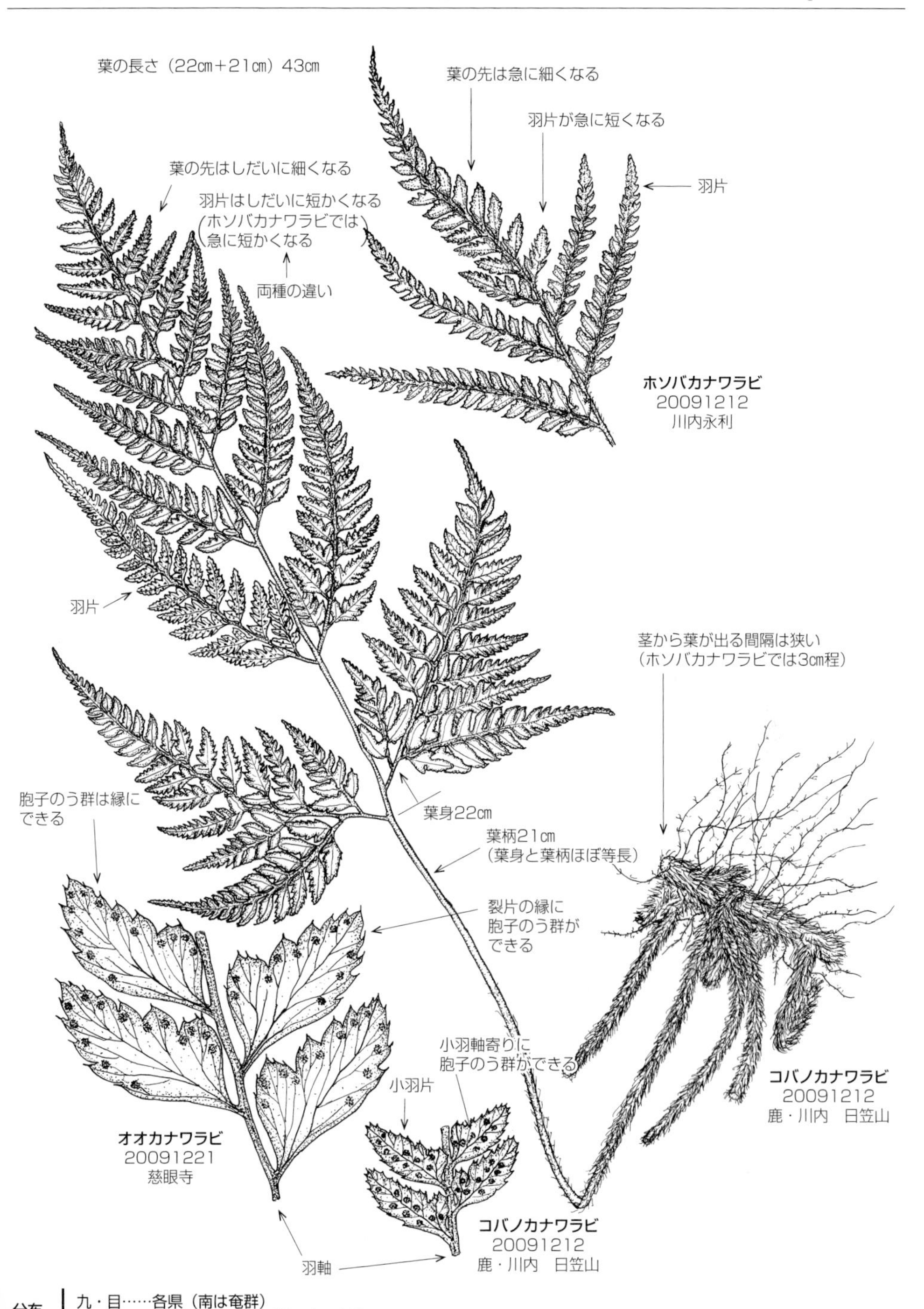

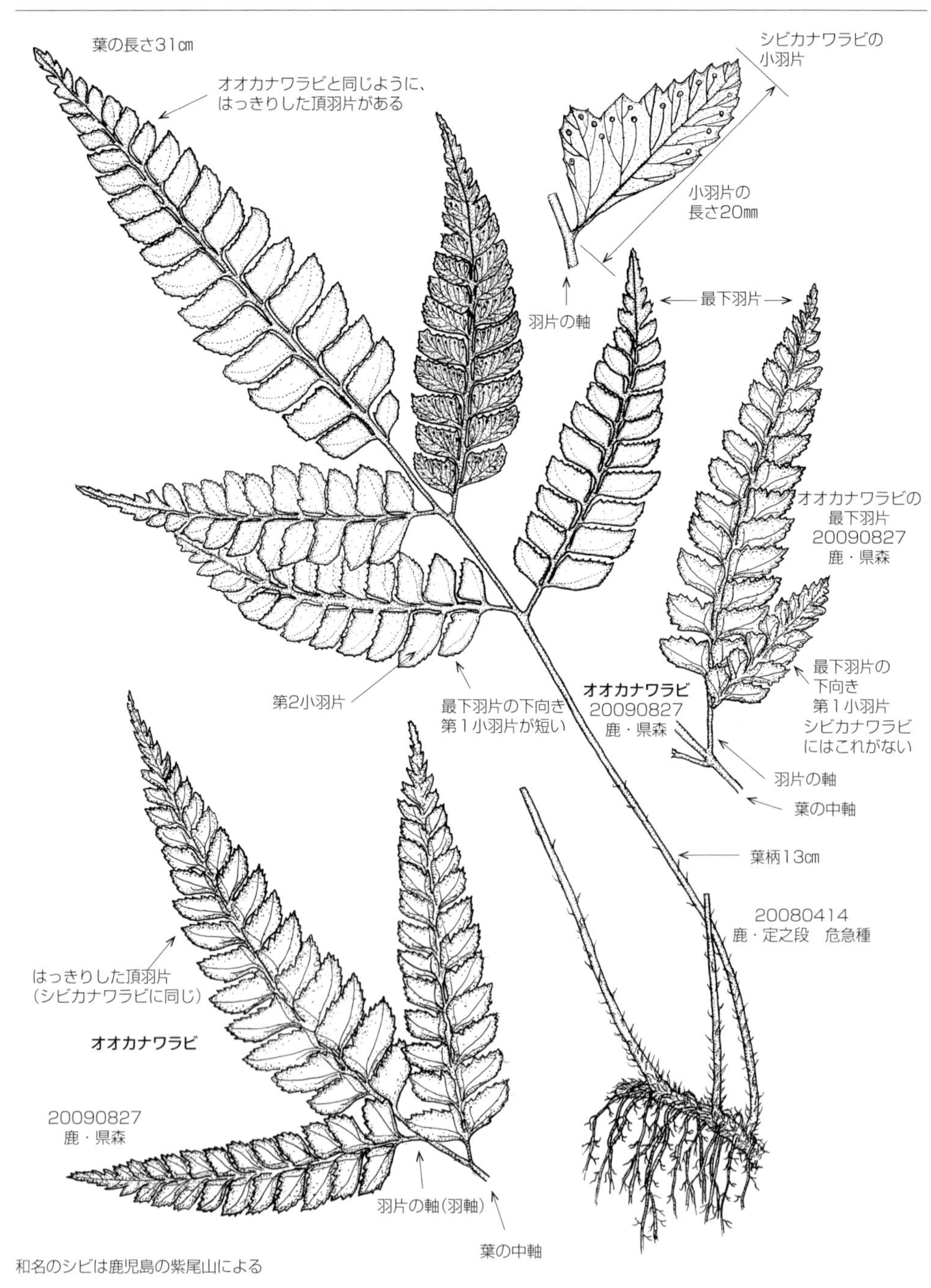

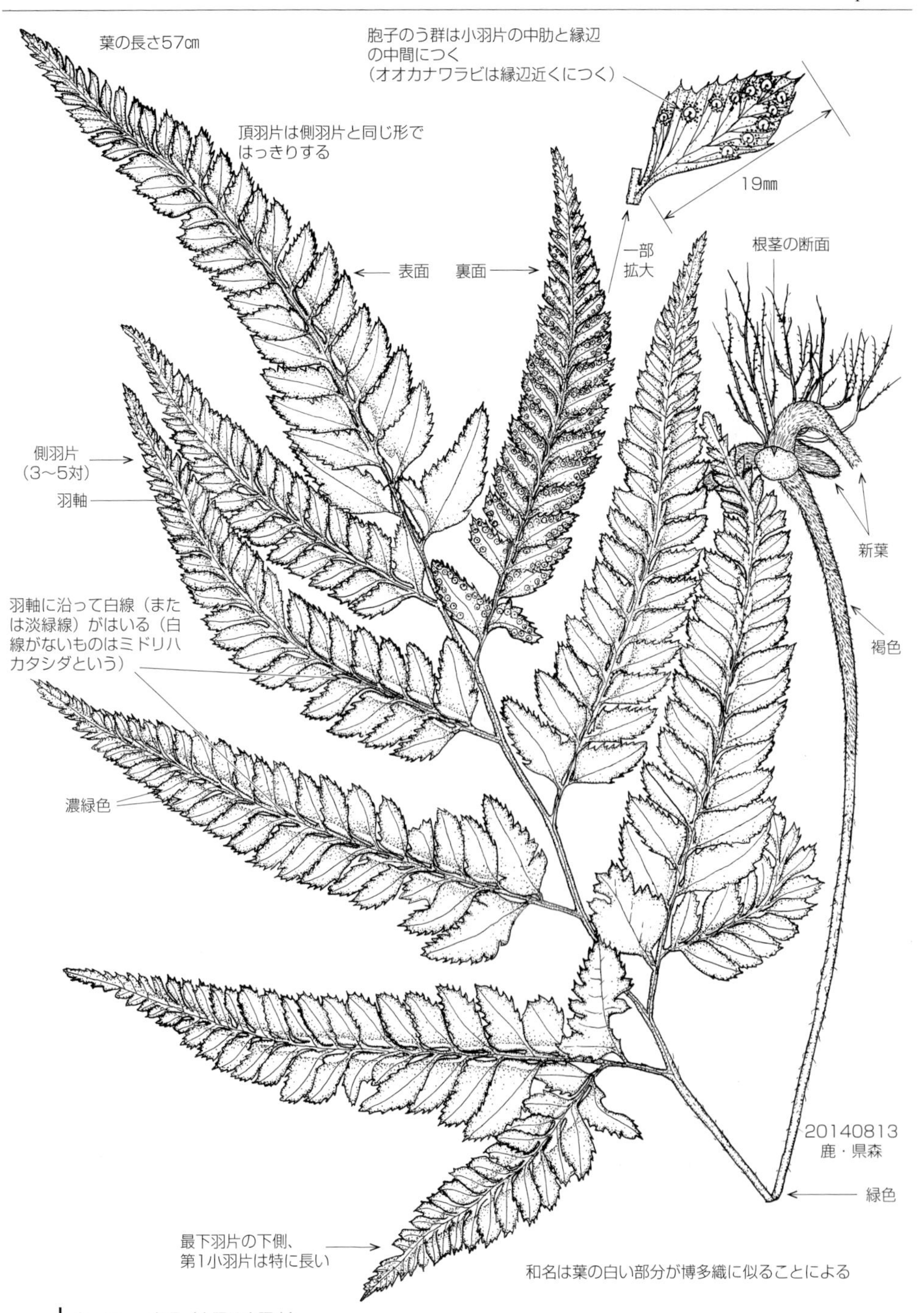

ホソバカナワラビ　[オシダ科　カナワラビ属]　　*Arachniodes aristata*

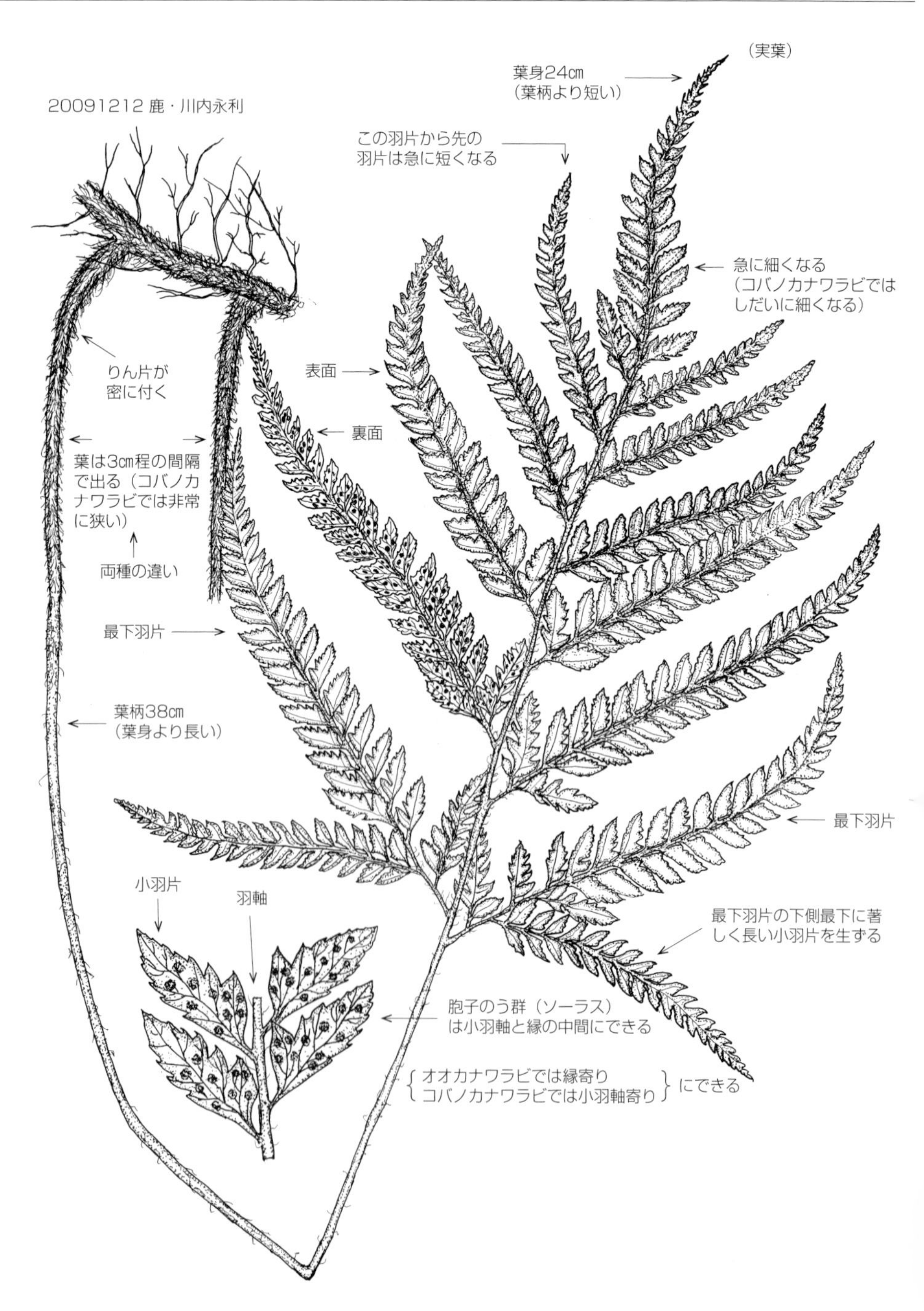

分布
九・目……各県（南は奄群）
鹿・目……県本土各地 甑 向島 屋 種 吐 奄 大 徳

サツマシダ　[オシダ科　カツモウイノデ属]　*Ctenitis sinii*

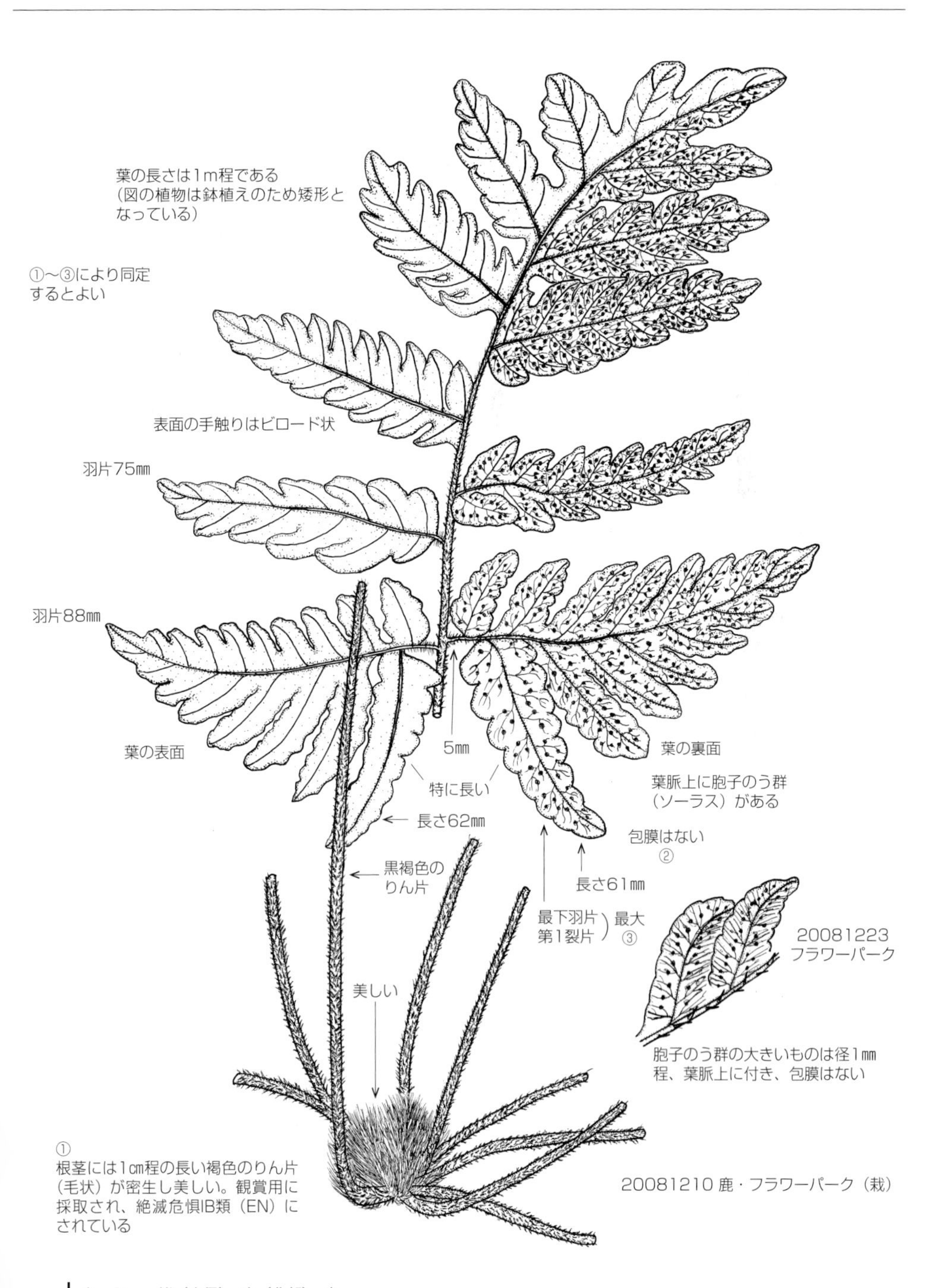

分布　九・目……熊（水俣）宮（北部）鹿
　　　鹿・目……樋之谷　鶴田　出水　大口　高尾野

シラガシダ　[オシダ科　カツモウイノデ属]　*Ctenitis maximowicziana*

（キヨスミヒメワラビ）

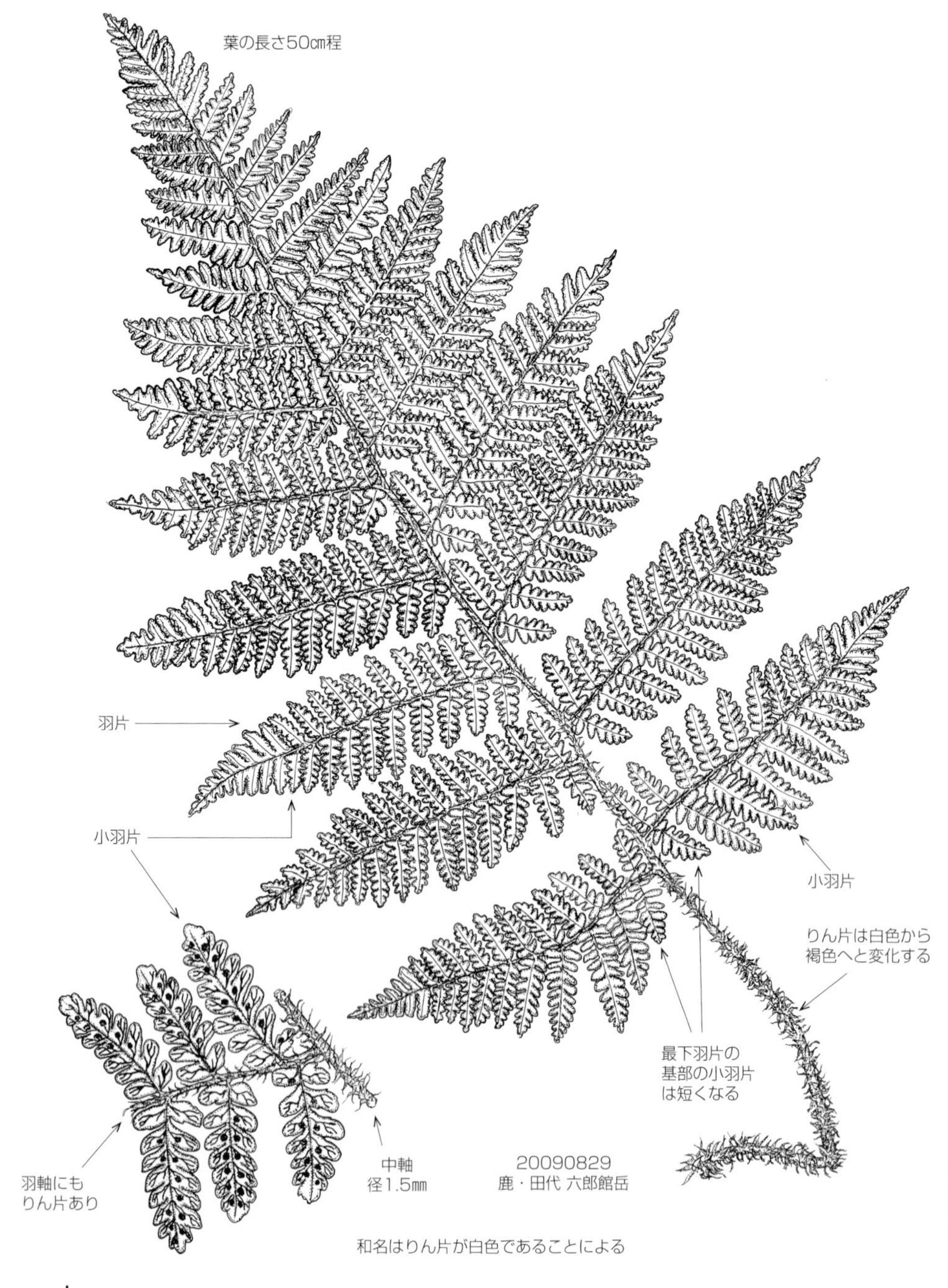

葉の長さ50cm程
羽片
小羽片
小羽片
りん片は白色から褐色へと変化する
最下羽片の基部の小羽片は短くなる
羽軸にもりん片あり
中軸 径1.5mm
20090829
鹿・田代 六郎館岳
和名はりん片が白色であることによる

分布
九・目……各県（南限は屋）
鹿・目……県本土中北部　高隈山　田代（南限）　甑

イズヤブソテツ　[オシダ科　ヤブソテツ属]　　*Cyrtomium fortunei var. atropunctatum*

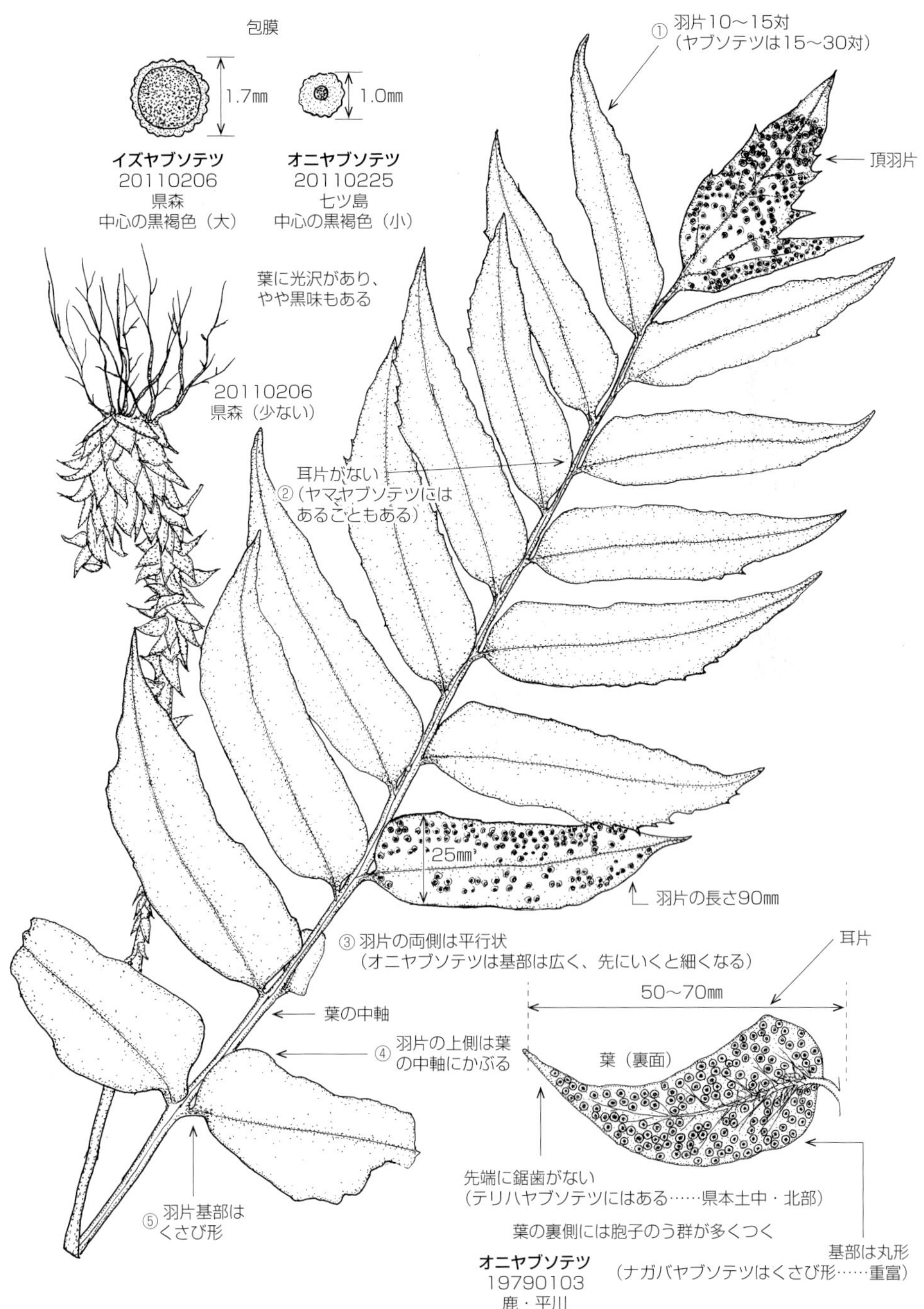

オニヤブソテツ　[オシダ科　ヤブソテツ属]　*Cyrtomium falcatum*

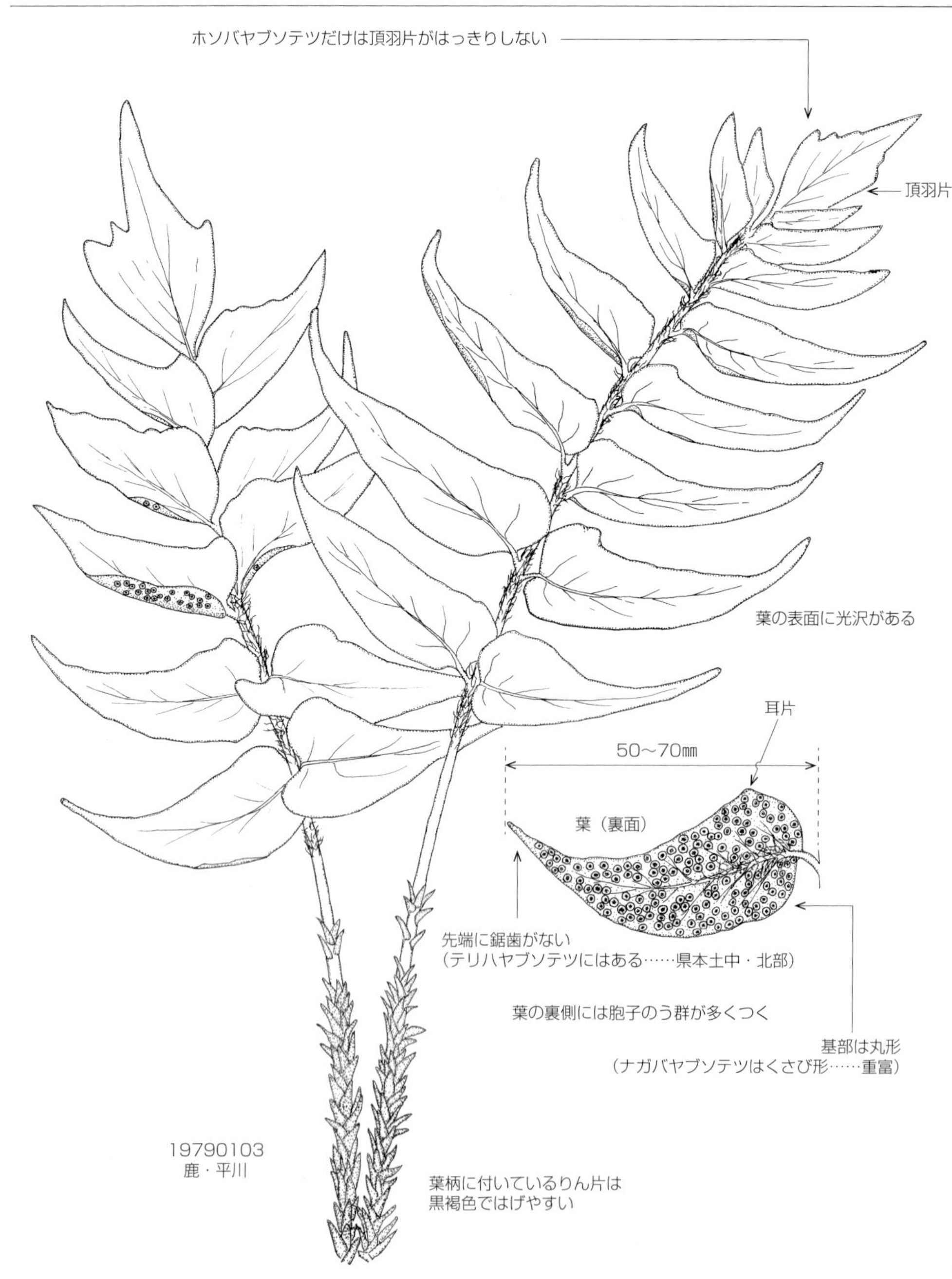

分布　九・目……各県（南は奄群）
　　　鹿・目……各地近海地　まれに内陸に侵入（蒲生　祁答院）

ヒロハヤブソテツ　[オシダ科　ヤブソテツ属]　*Cyrtomium macrophyllum var. macrophyllum*

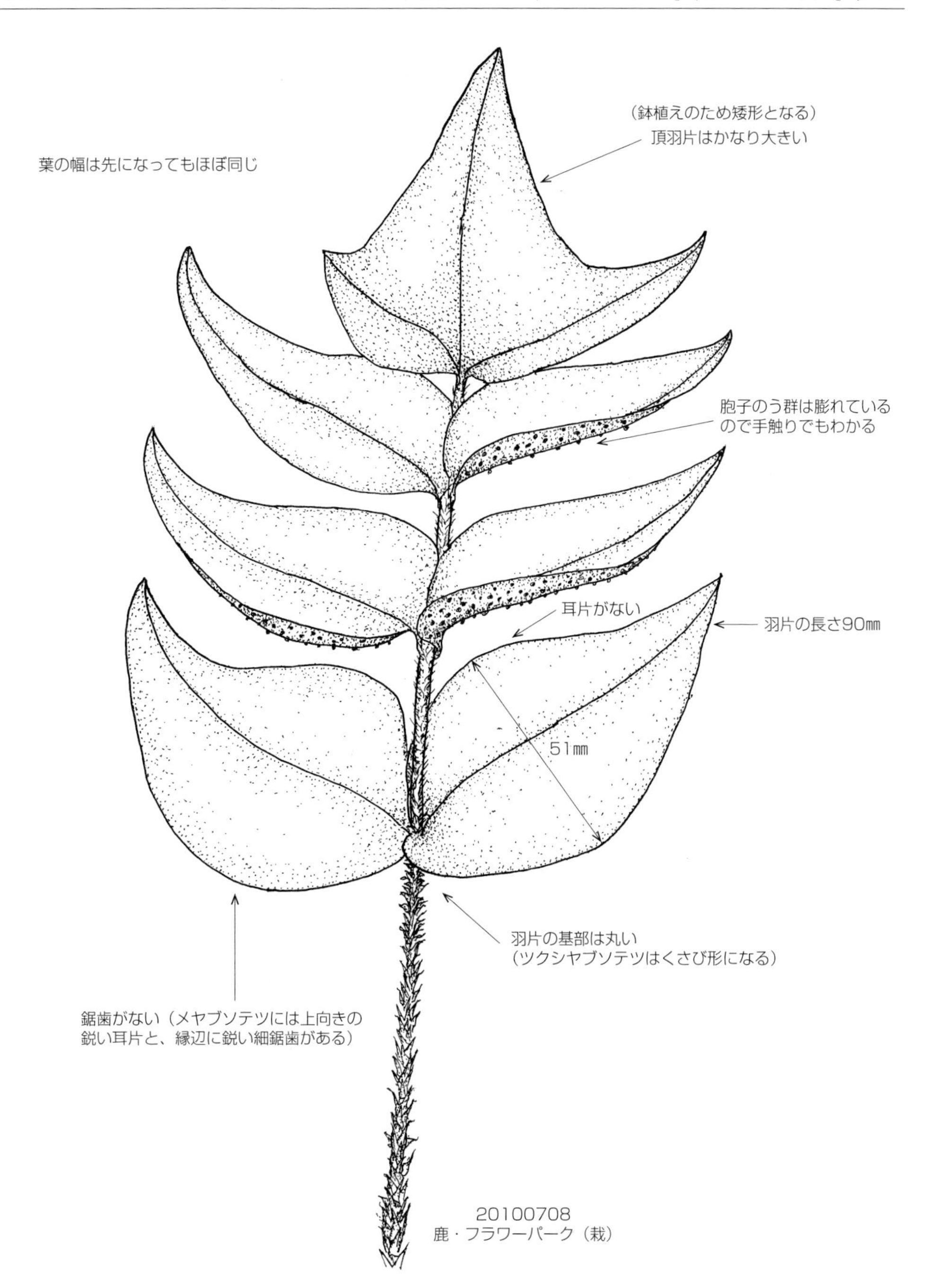

分布　｜　九・目……各県（南は宮の都城－金御岳　鹿の金峰山－南限）
　　　　鹿・目……大口奥十曽　菱刈　吉松川添　金峰山　入来峠

ヤマヤブソテツ　[オシダ科　ヤブソテツ属]　*Cyrtomium fortunei var. clivicola*

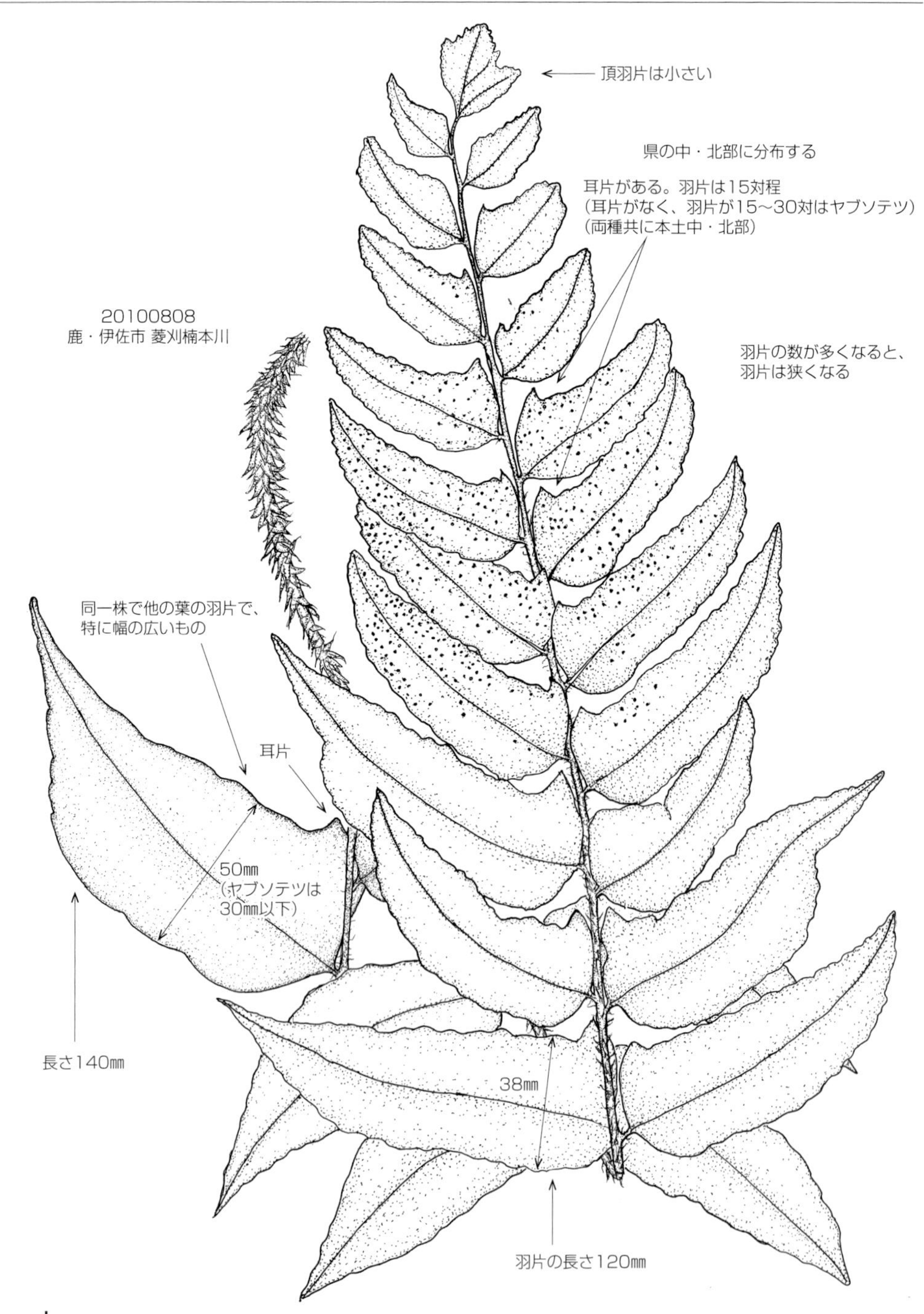

分布　九・目……各県　対馬（南限は鹿の高隈山）
　　　鹿・目……県本土中北部

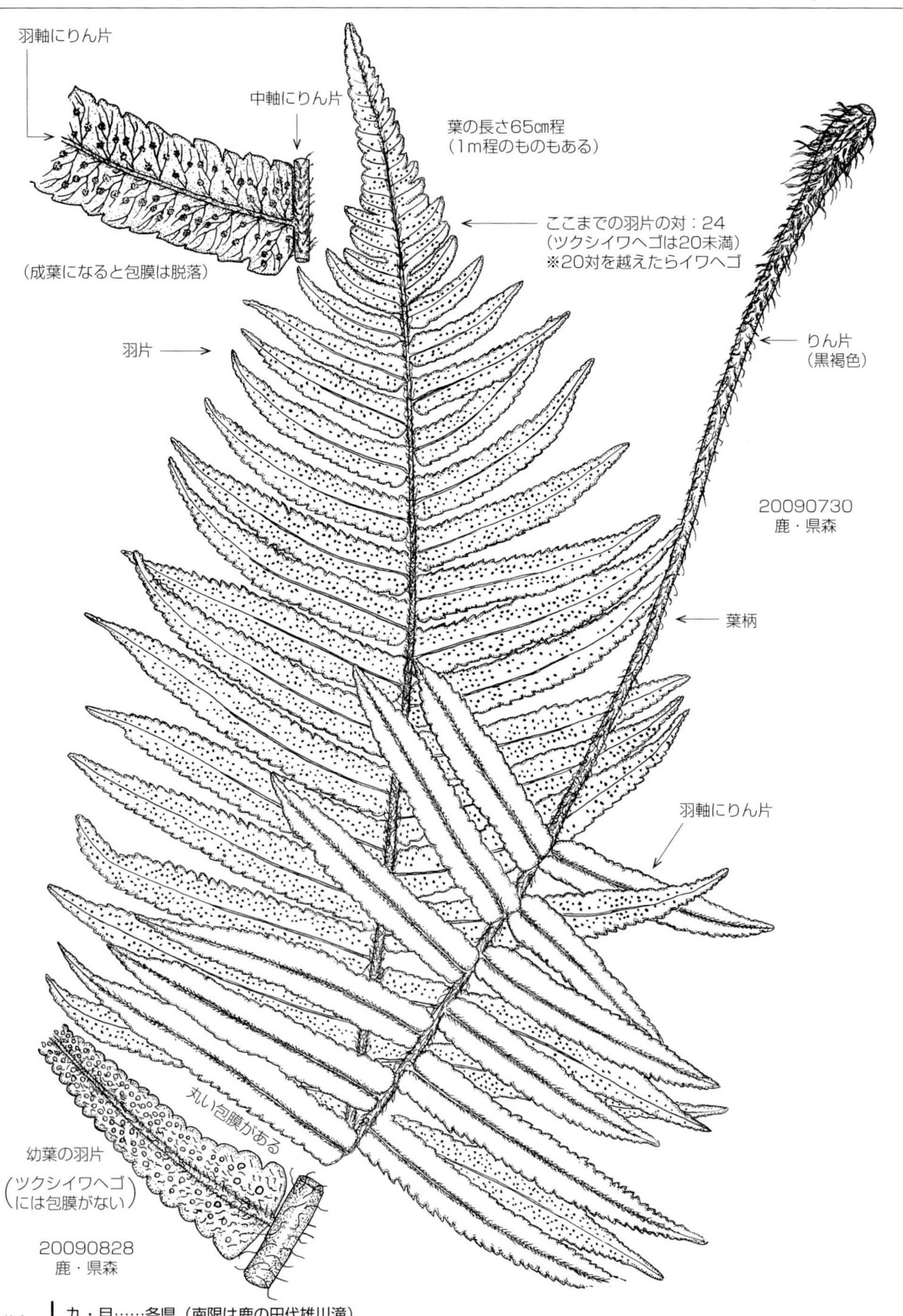

オオイタチシダ　[オシダ科　オシダ属]　　*Dryopteris pacifica*

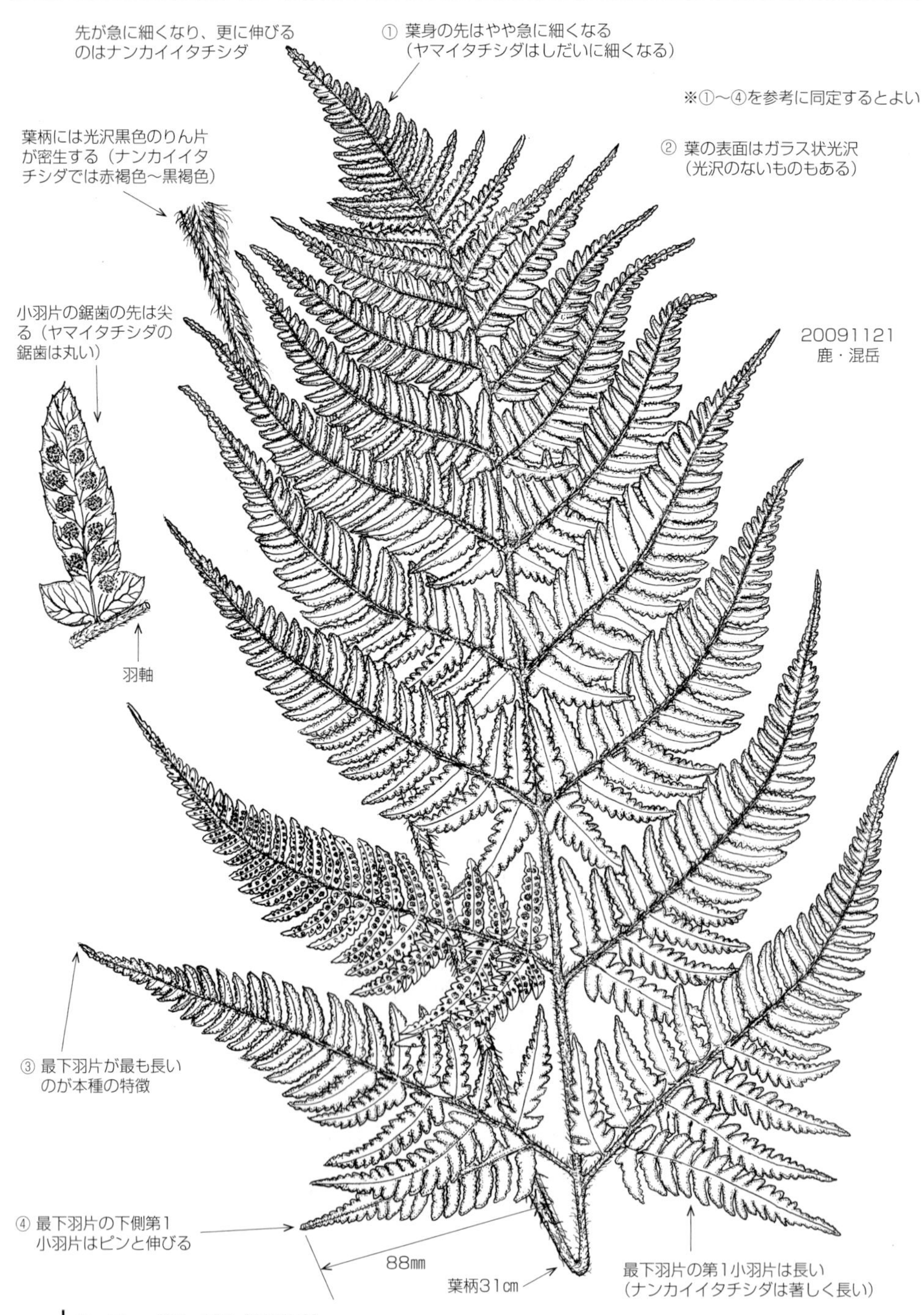

シビイタチシダ　[オシダ科　オシダ属]

Dryopteris shibipedis

ギフベニシダとオオイタチシダの交雑種。2007年版の環境省レッドリストでは絶滅種として記載されたが、最近になって生存が判明した

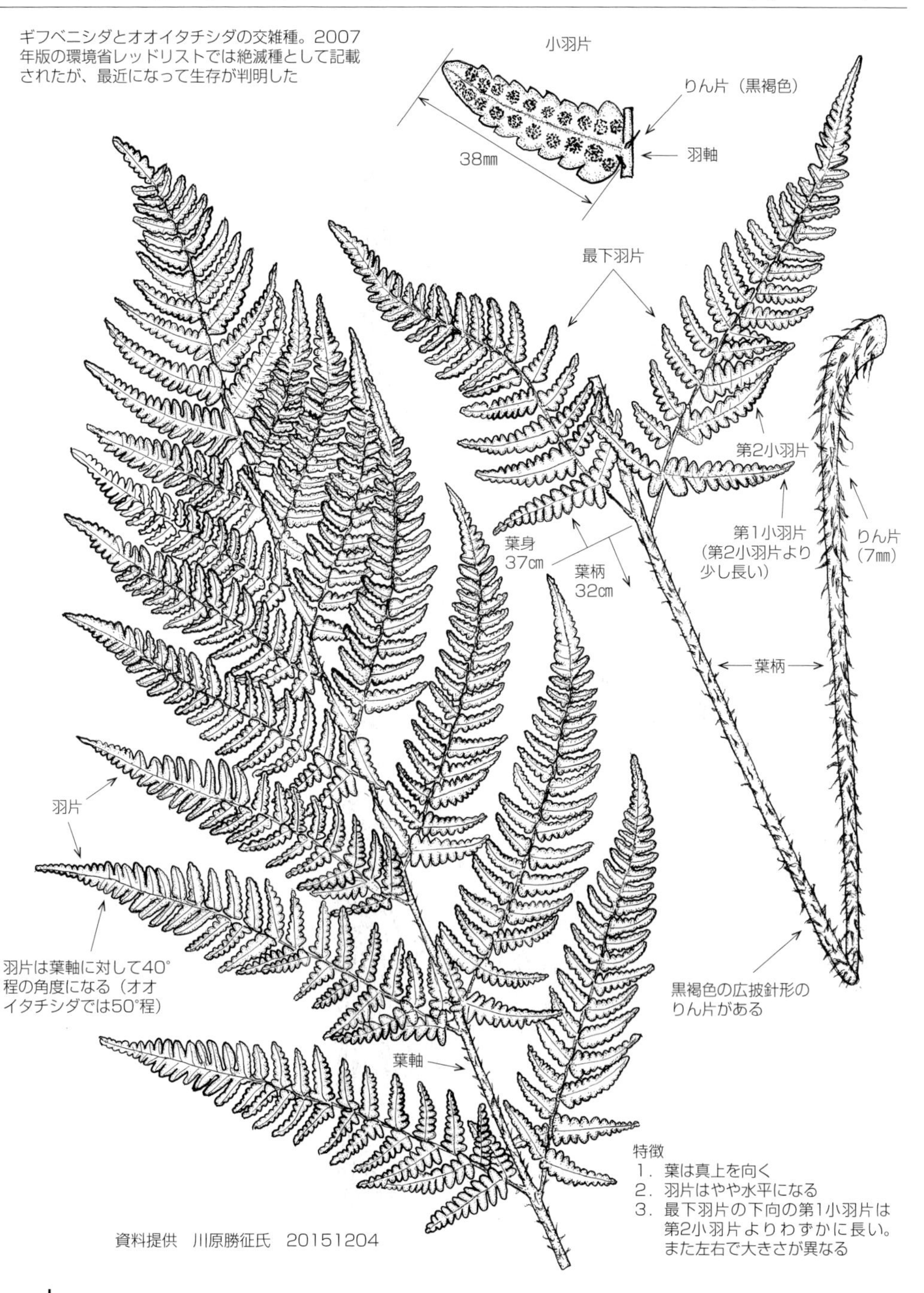

資料提供　川原勝征氏　20151204

特徴
1. 葉は真上を向く
2. 羽片はやや水平になる
3. 最下羽片の下向の第1小羽片は第2小羽片よりわずかに長い。また左右で大きさが異なる

分布　九・目……記載がない
　　　　鹿・目……記載がない

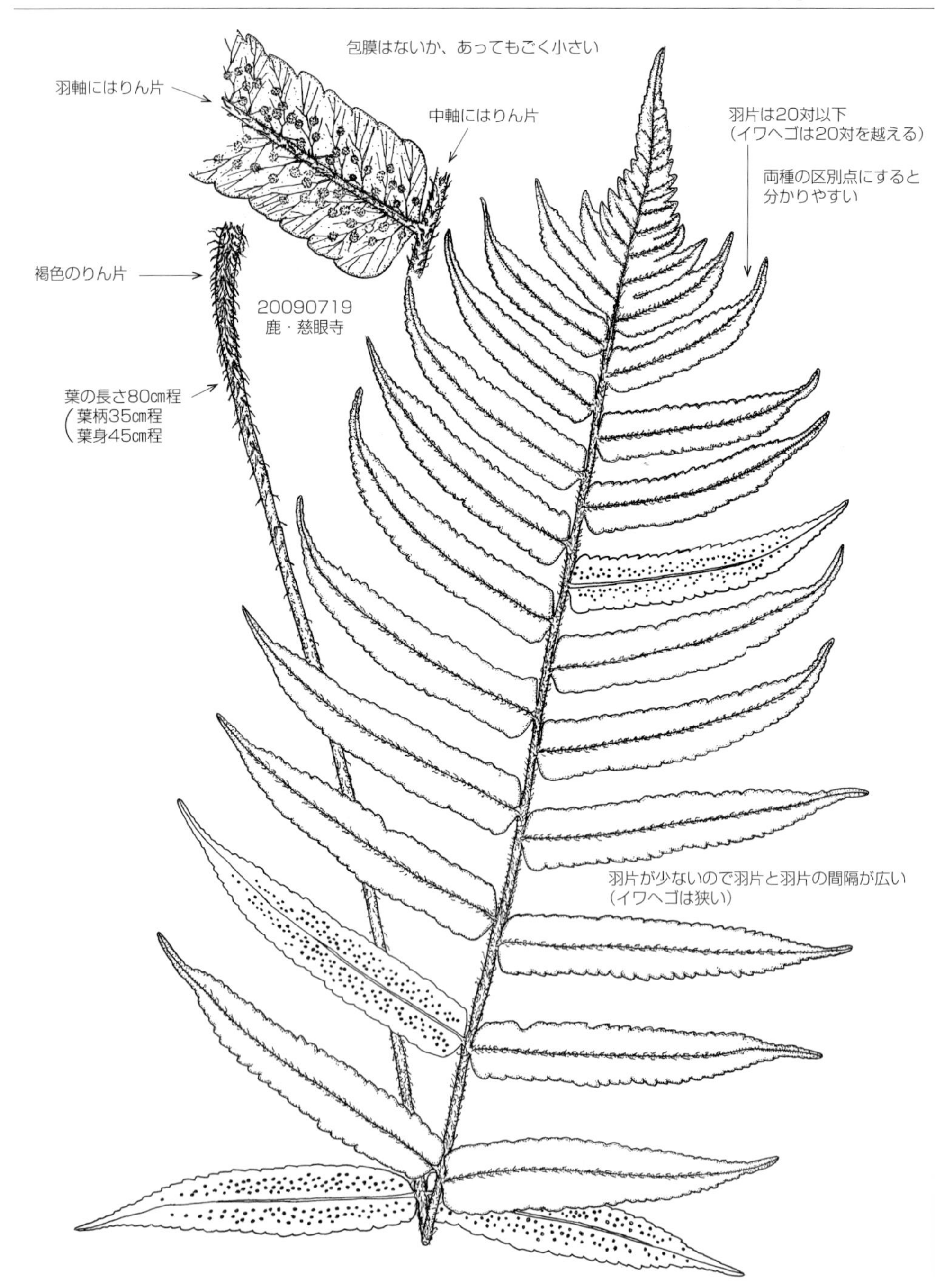

ナガサキシダ　[オシダ科　オシダ属]　　*Dryopteris sieboldii*

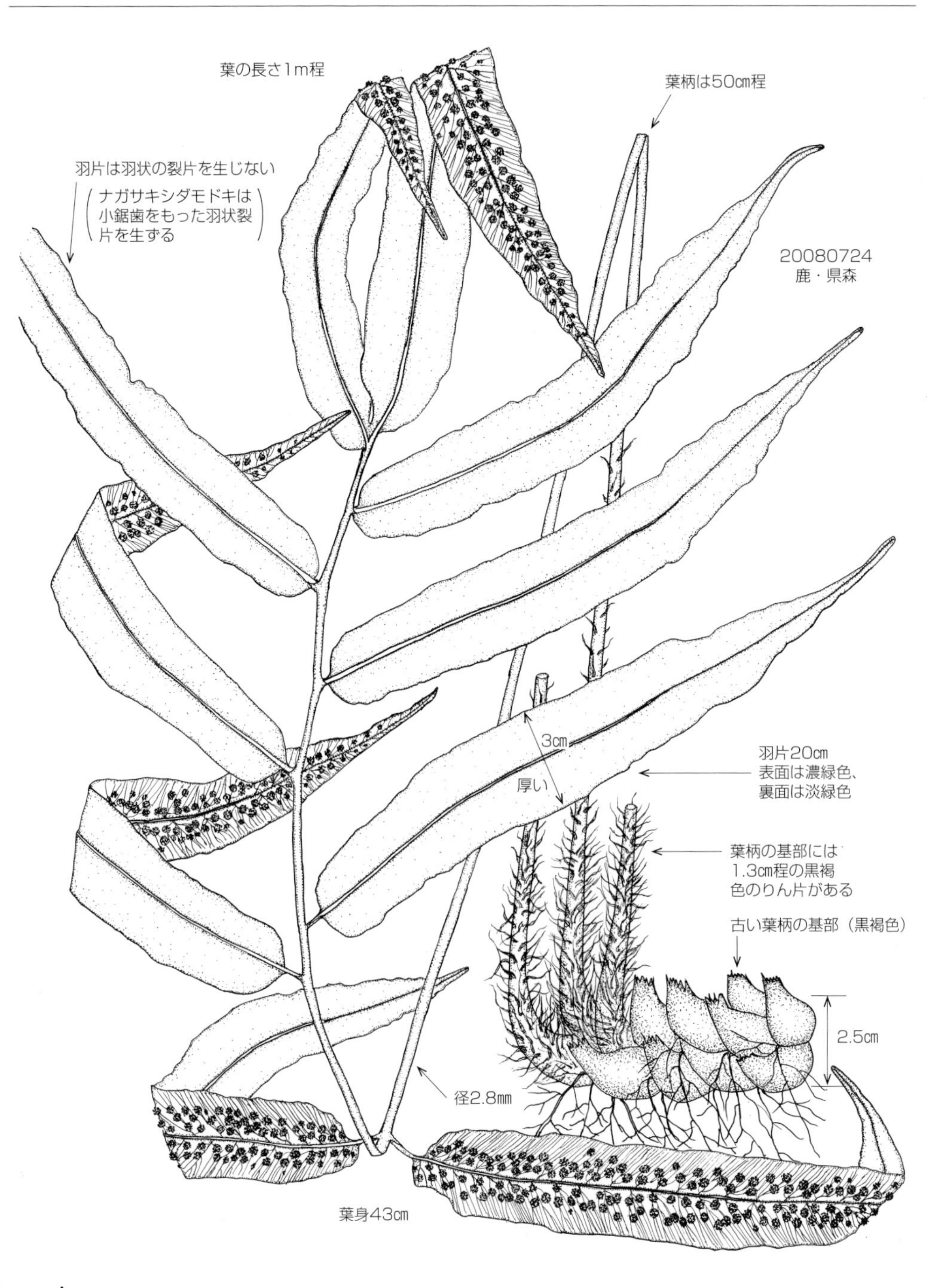

分布
九・目……各県（南限は鹿の知覧）
鹿・目……県本土北中部　辻岳　知覧　甑

ナガサキシダモドキ　[オシダ科　オシダ属]　　*Dryopteris* × *toyamae*

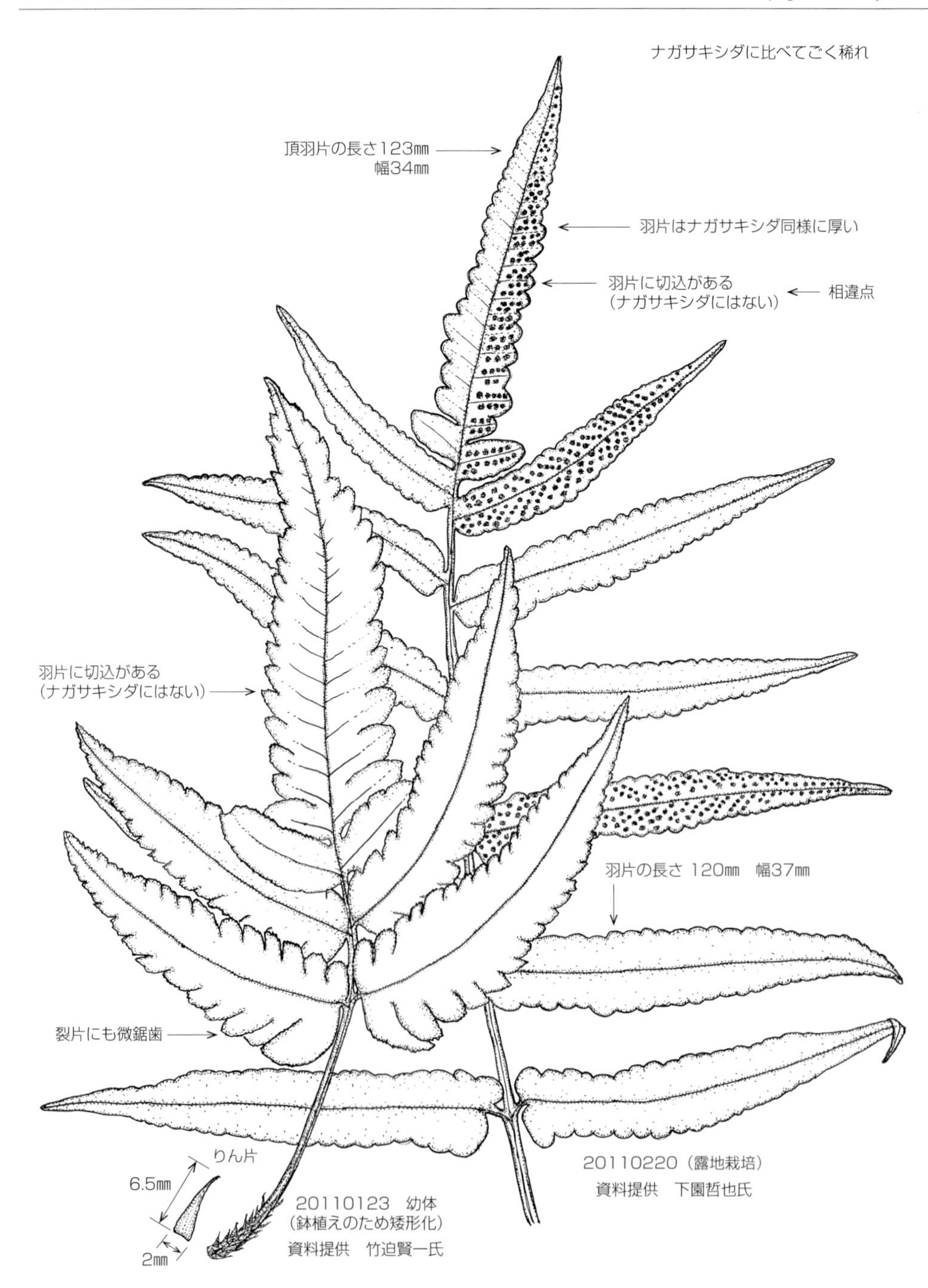

ナガバノイタチシダ　[オシダ科　オシダ属]　*Dryopteris sparsa*

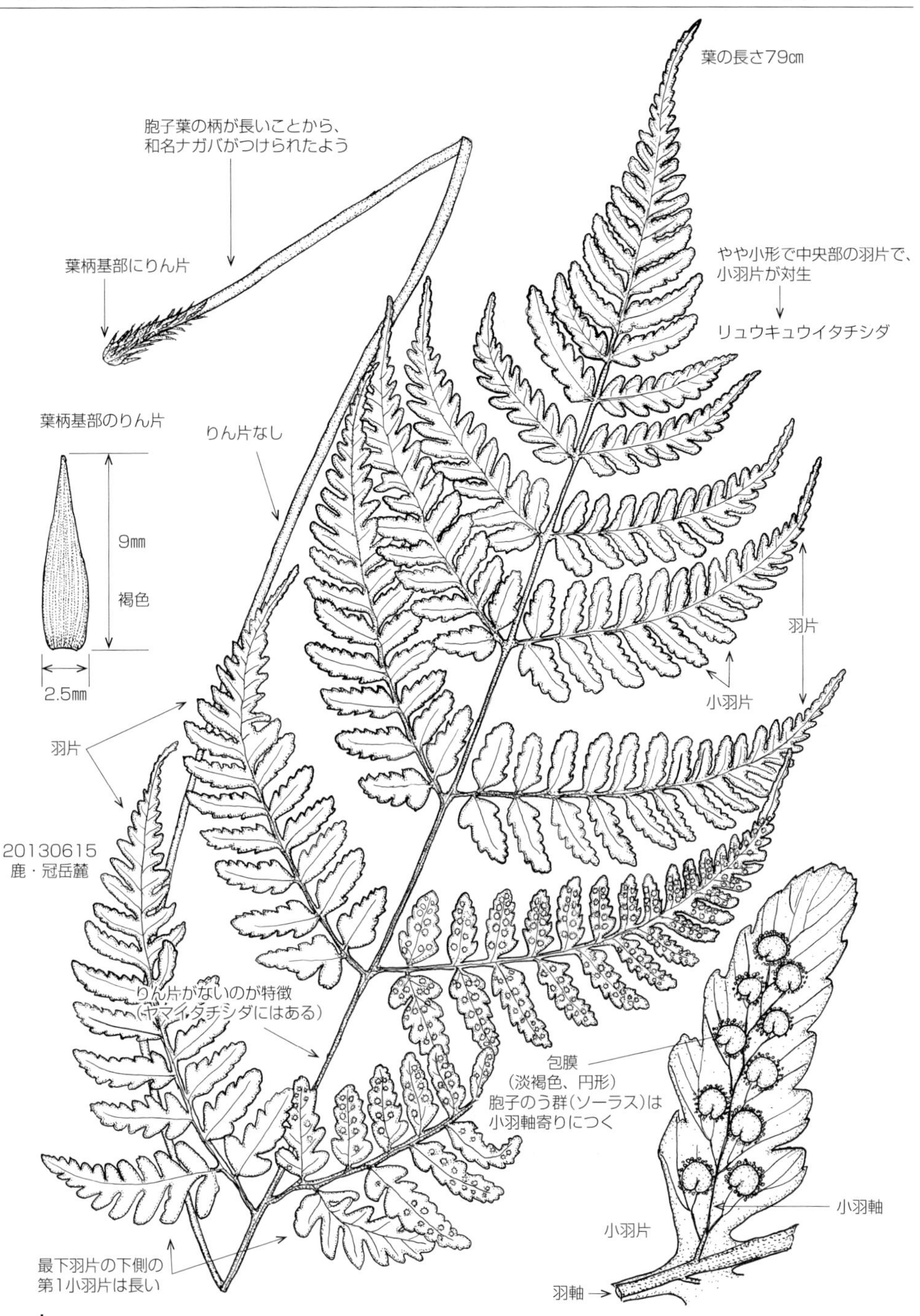

分布
九・目……各県（南は奄群）
鹿・目……県本土各地　甑　屋　種　黒　口　永　中　臥　悪　奄　大　徳

ナンカイイタチシダ　[オシダ科　オシダ属]　*Dryopteris varia*

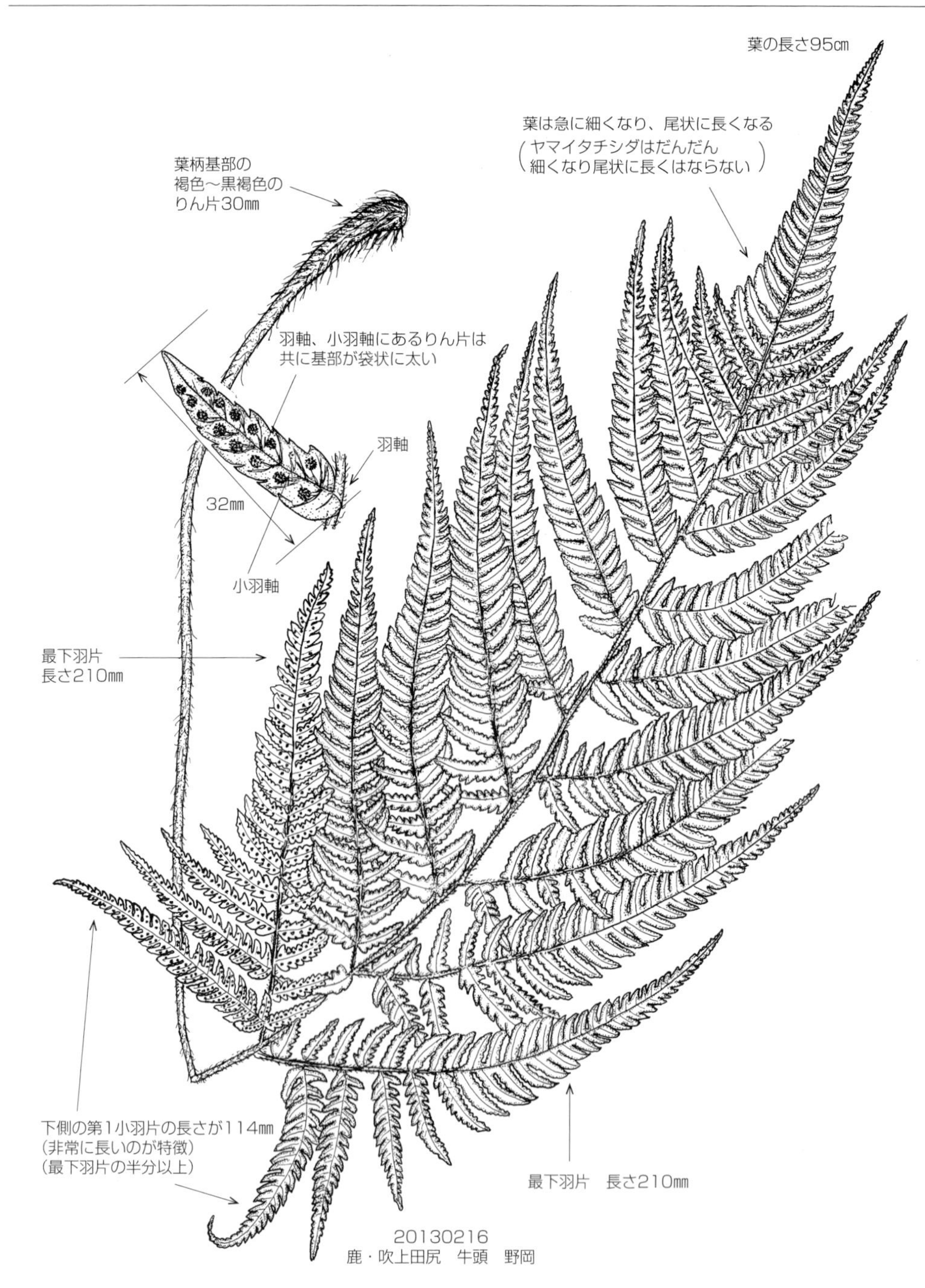

20130216
鹿・吹上田尻　牛頭　野岡

分布　九・目……各県（南は鹿の奄群）
　　　鹿・目……獅子島　長　甑　大口（田代）以南　屋　種　吐　奄大　徳　沖永

ニセヨゴレイタチシダ　[オシダ科　オシダ属]　　*Dryopteris hadanoi*

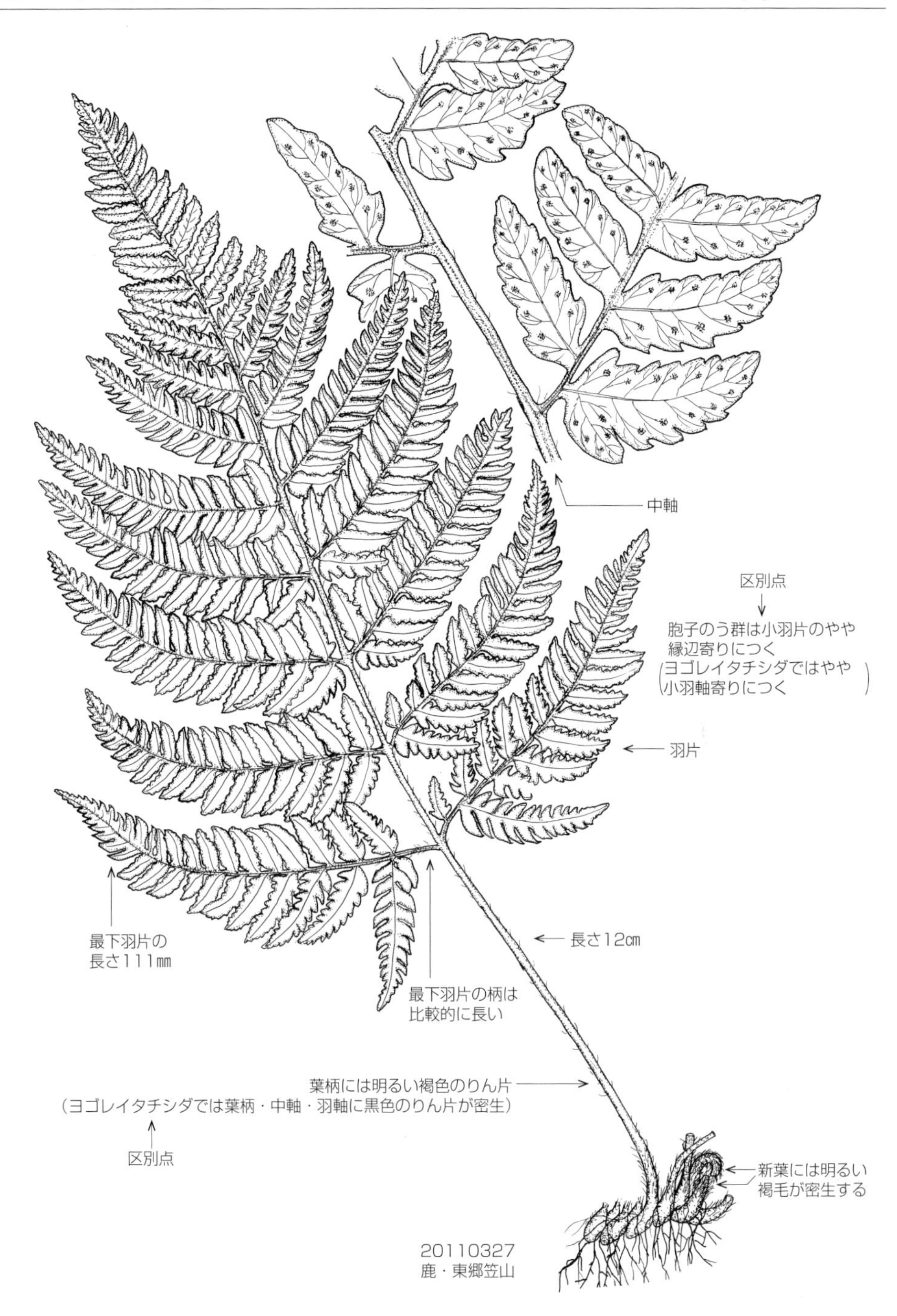

分布　九・目……大（弥生　佐伯　宗太郎）宮（北浦）鹿
　　　鹿・目……東郷笠山　市来川上

ヤマイタチシダ　[オシダ科　オシダ属]　　　*Dryopteris bissetiana*

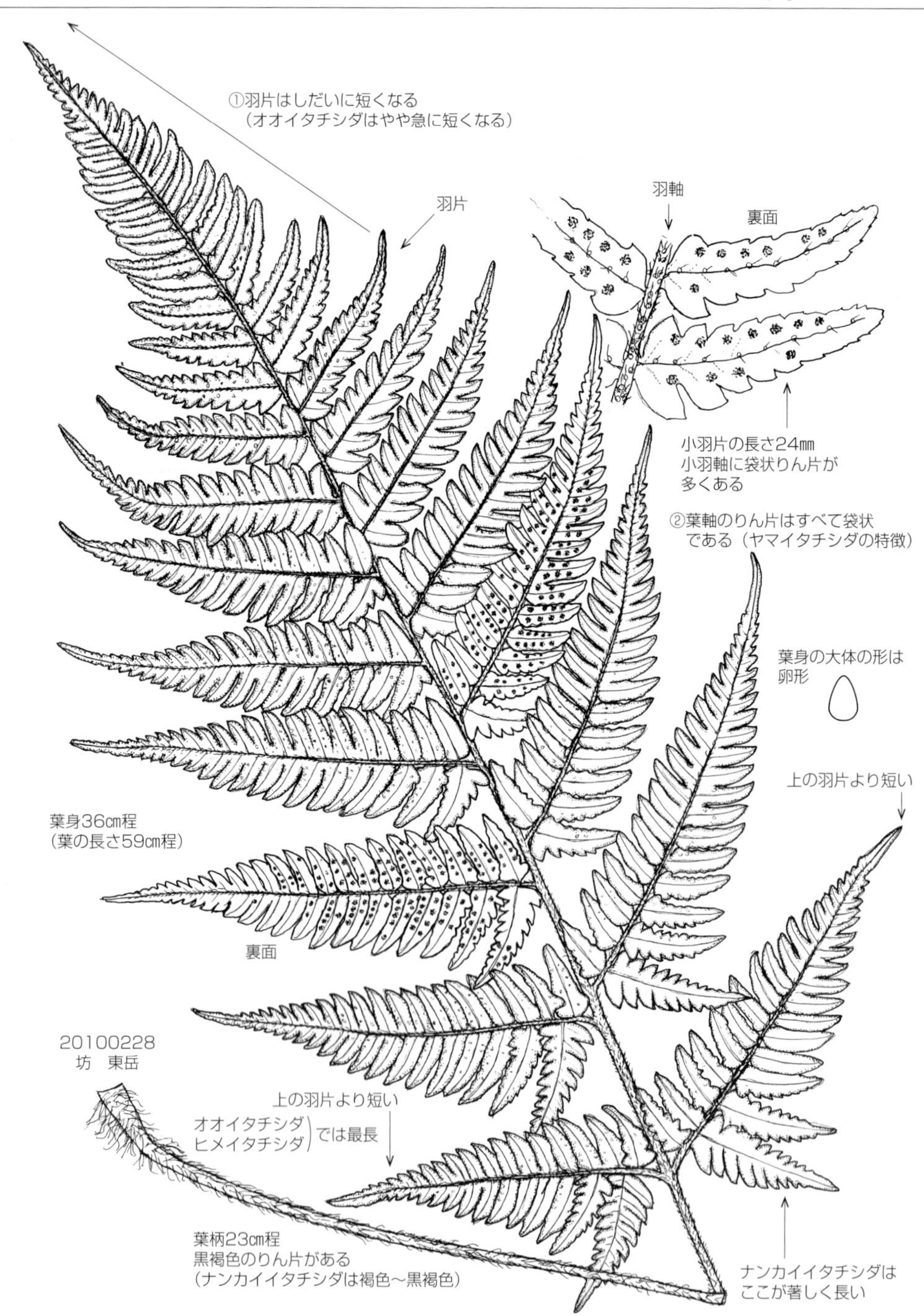

アマミデンダ　[オシダ科　イノデ属]　*Polystichum obae*

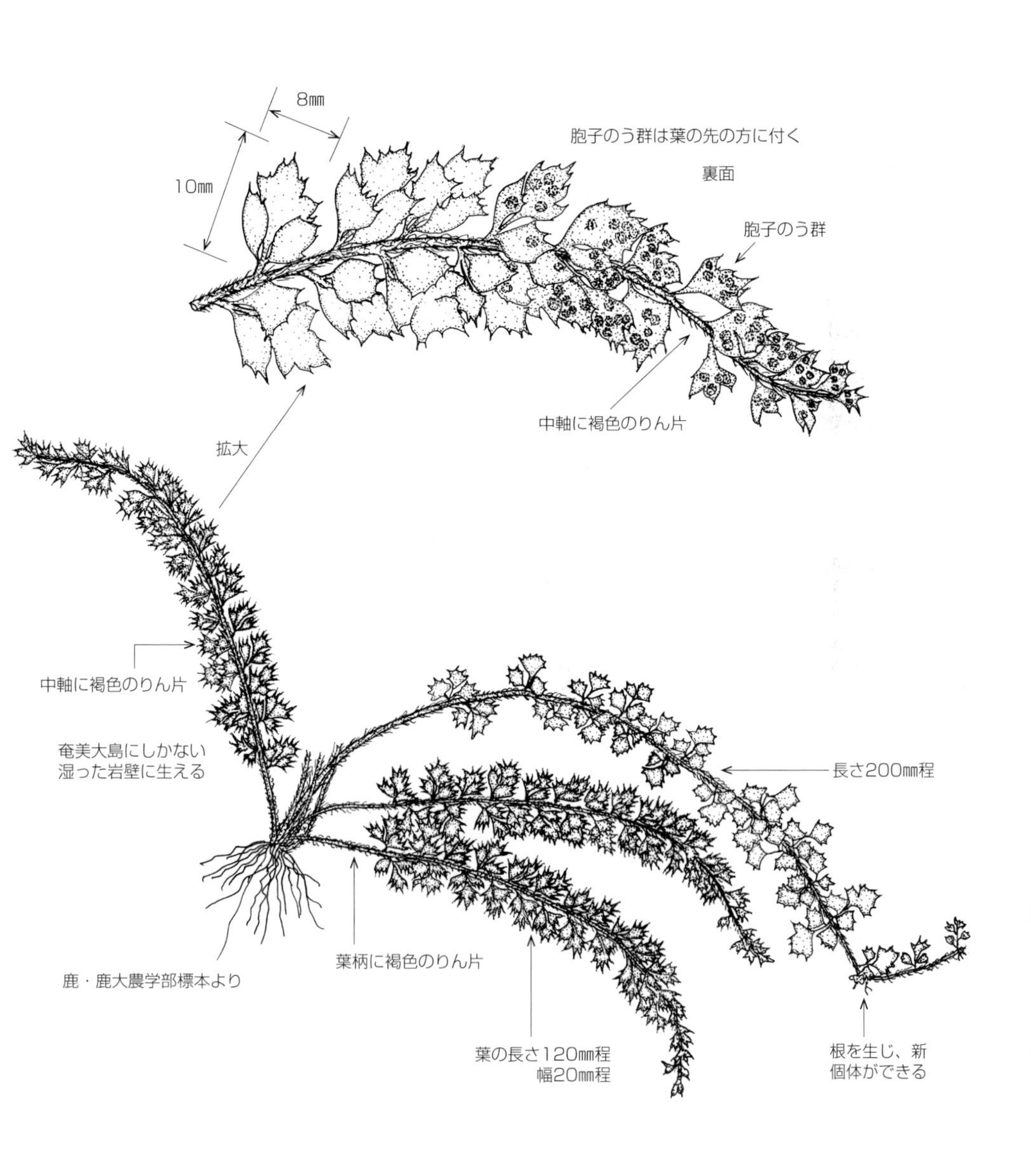

分布 | 九・目……鹿（奄美特産）
　　 | 鹿・目……奄大（住用川上流）

イノデ ［オシダ科　イノデ属］

Polystichum polyblepharum

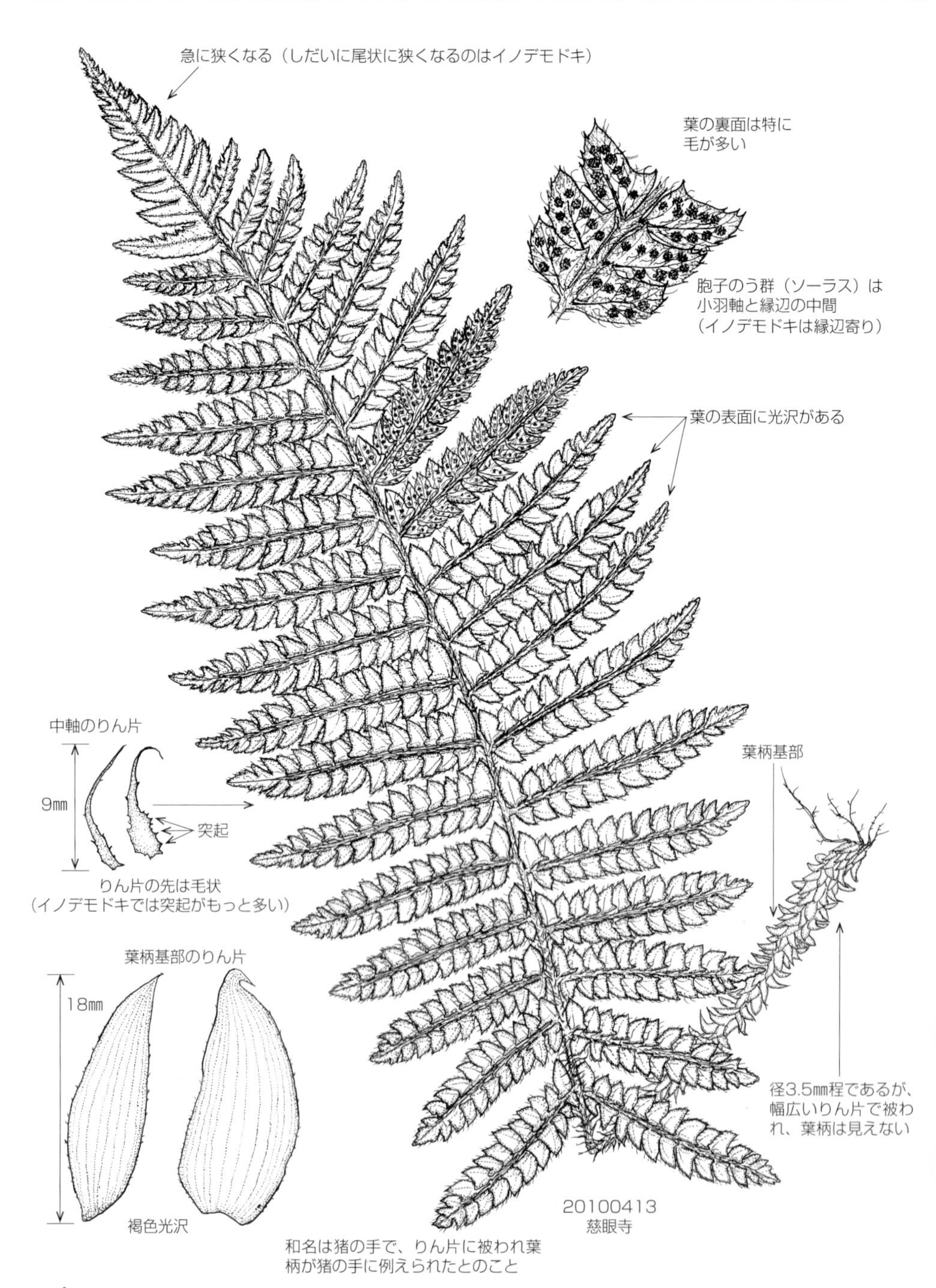

イノデモドキ　[オシダ科　イノデ属]　　*Polystichum tagawanum*

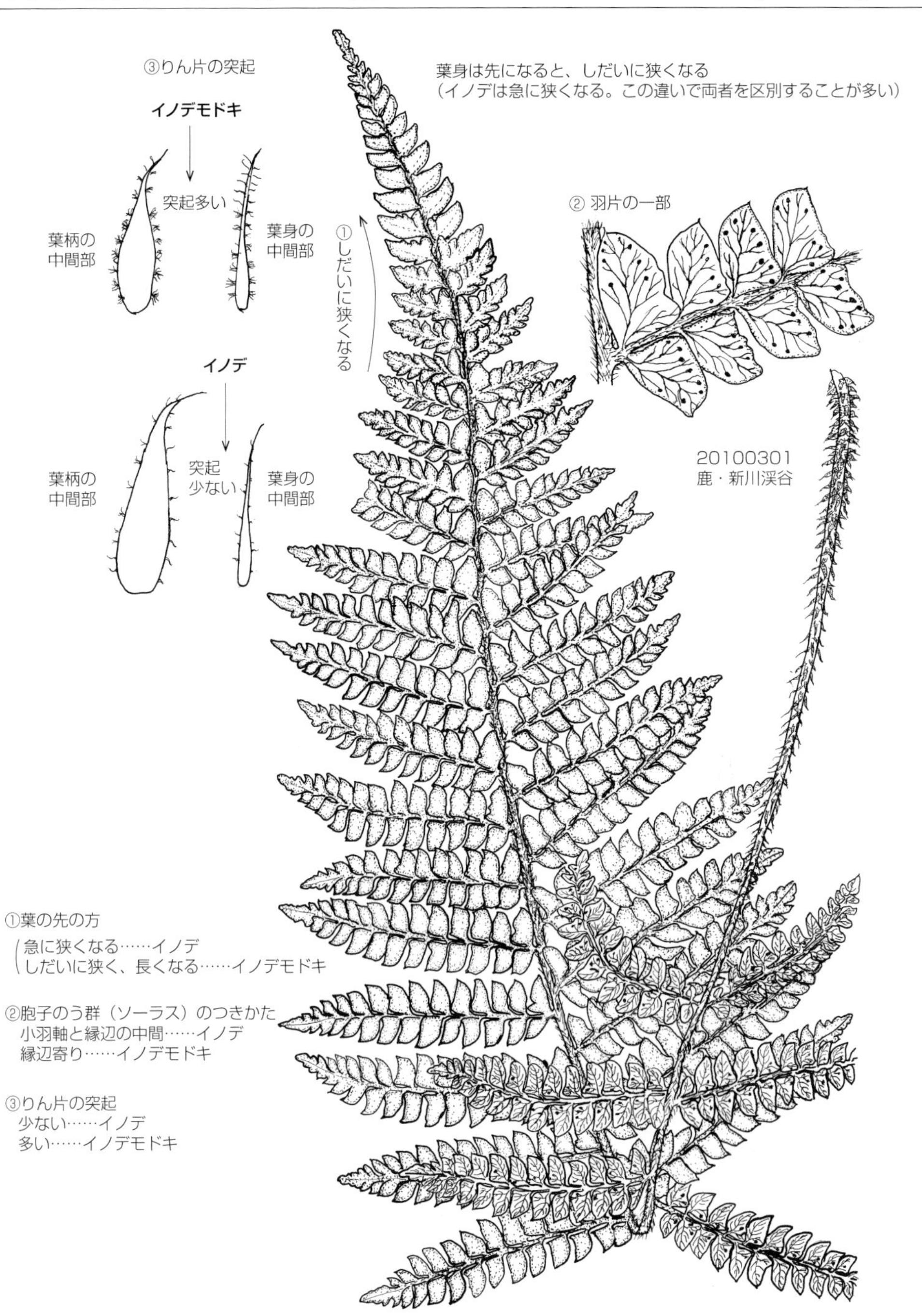

オリヅルシダ　[オシダ科　イノデ属]　*Polystichum lepidocaulon*

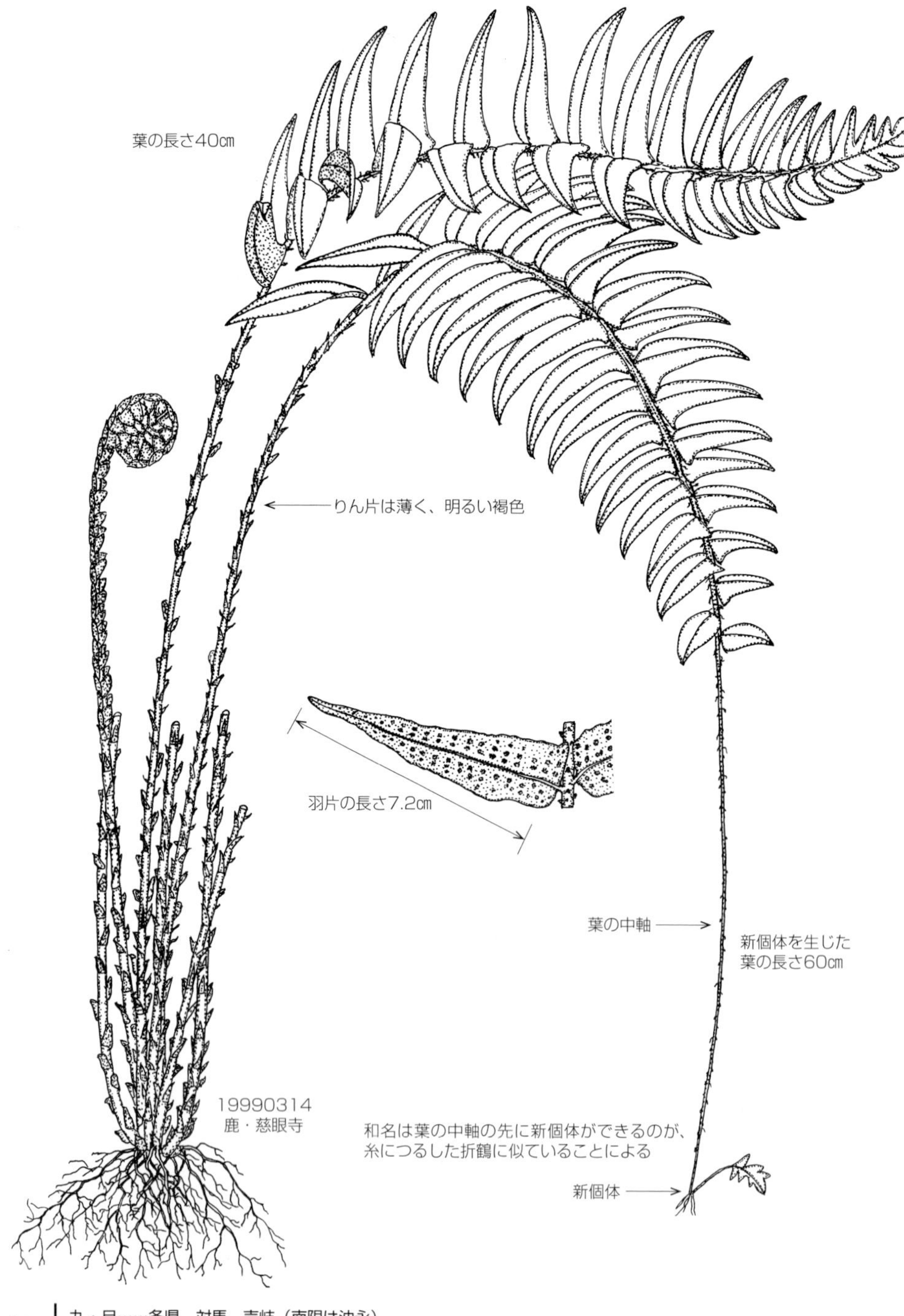

ジュウモンジシダ　[オシダ科　イノデ属]　　*Polystichum tripteron*

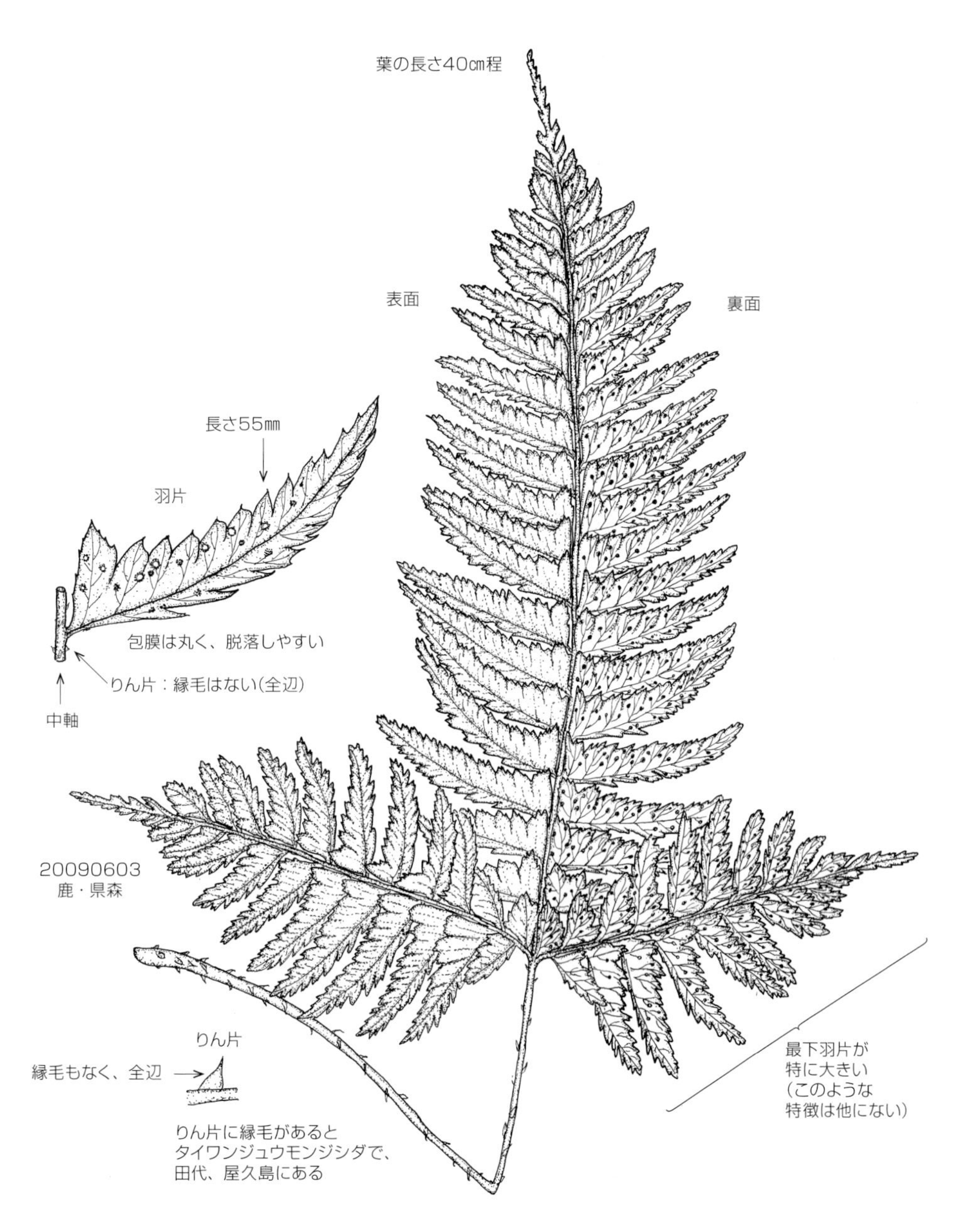

分布
九・目……各県（南限は鹿の稲尾岳　木場岳）
鹿・目……県本土各地　谷山（熊ヶ岳）　稲尾岳　木場岳

ヘツカシダ　［ツルキジノオ科　ヘツカシダ属］　*Bolbitis subcordata*

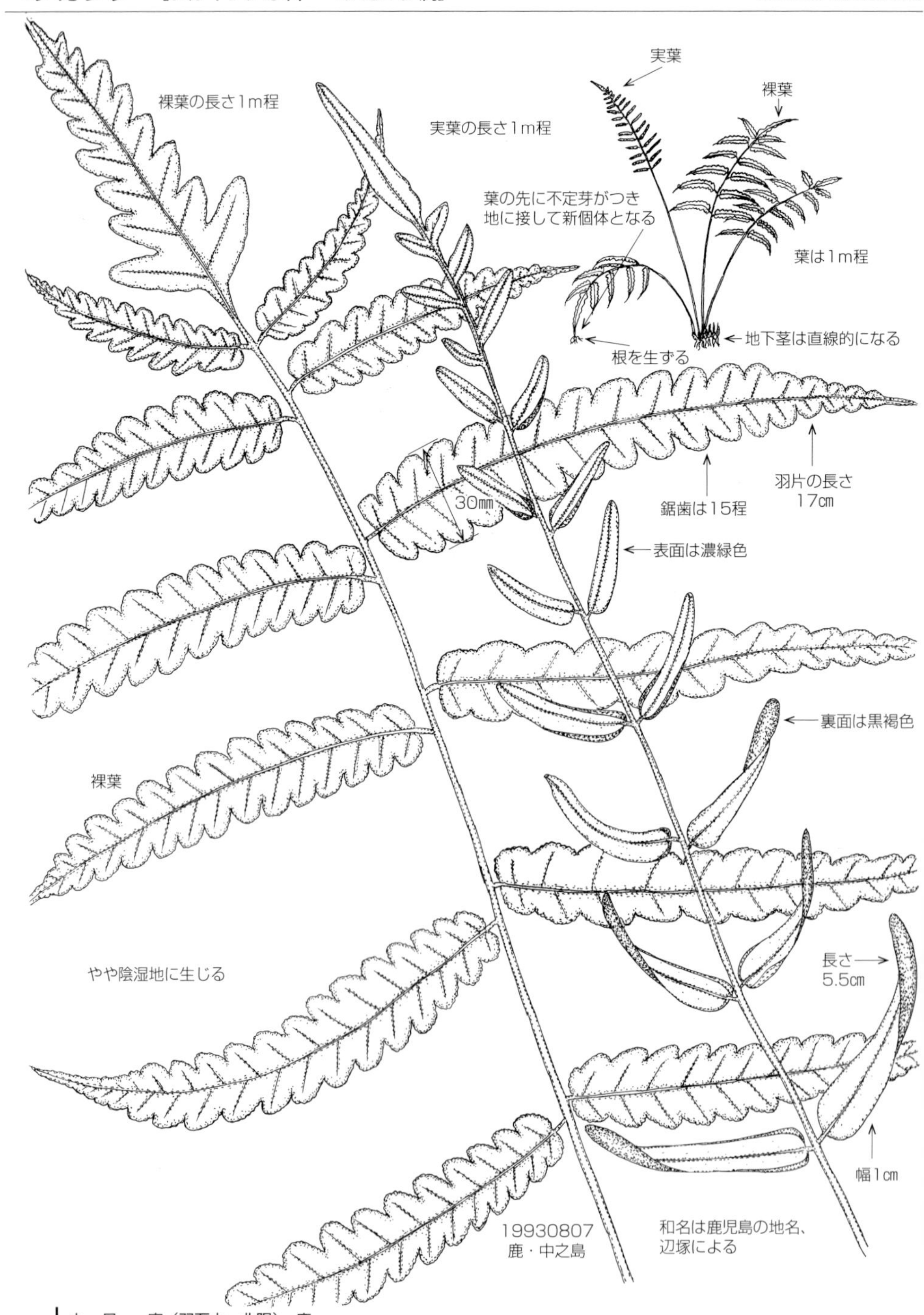

98

タマシダ ［ツルシダ科　タマシダ属］　　*Nephrolepis cordifolia*

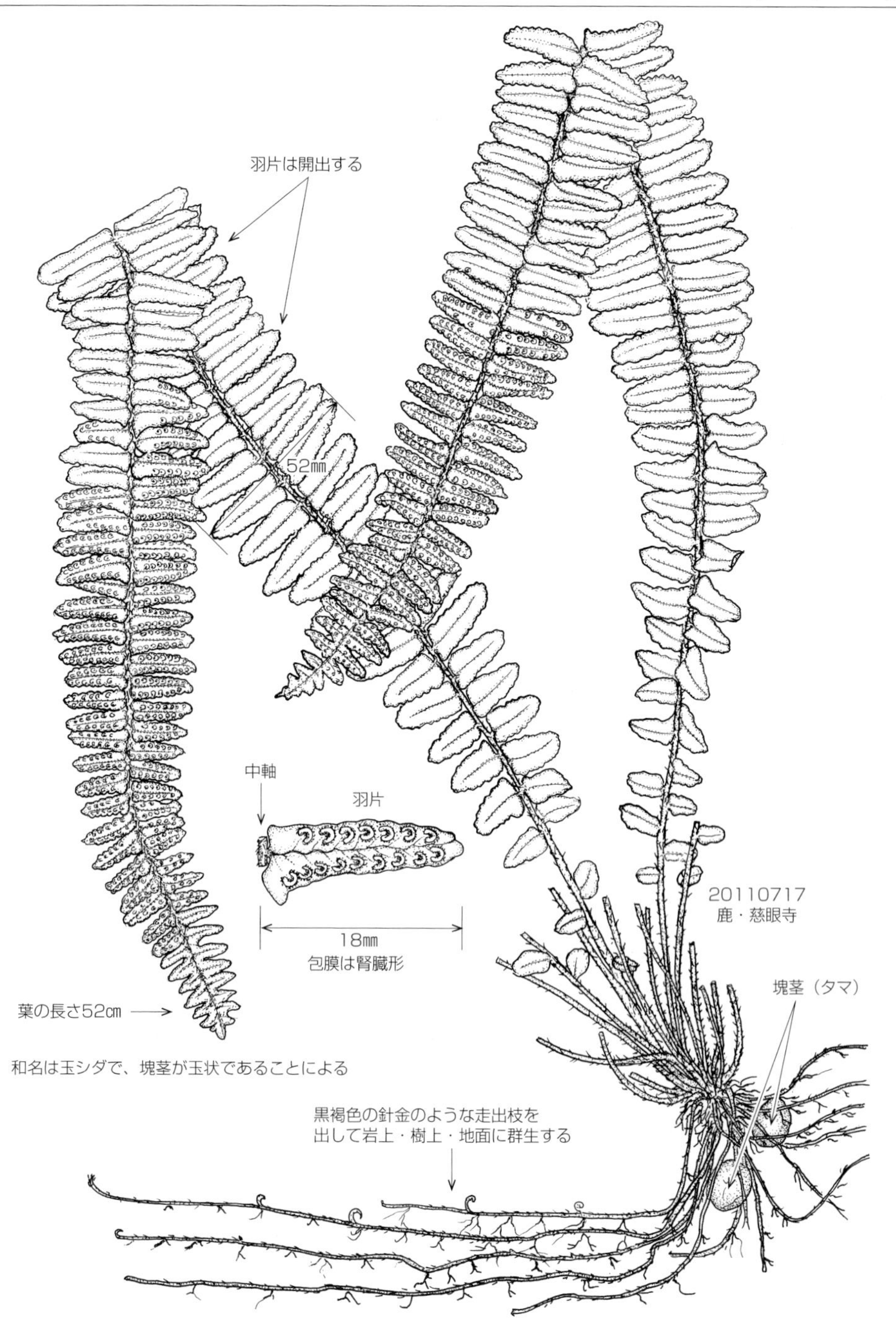

分布　九・目……福を除く　各県（南は奄群）
　　　　鹿・目……甑　霧島丸尾　柊野　長島　県本土中・南部以南

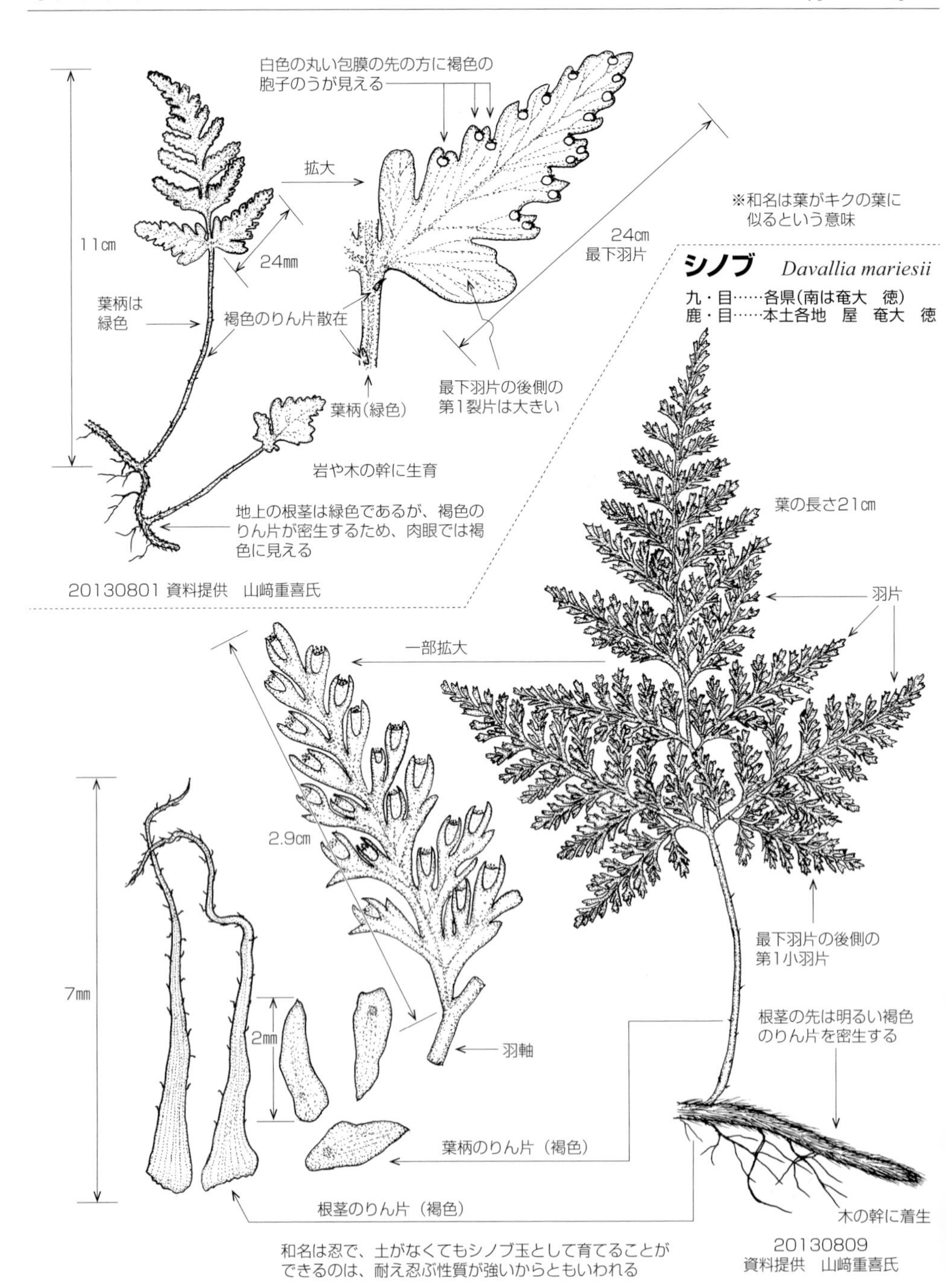

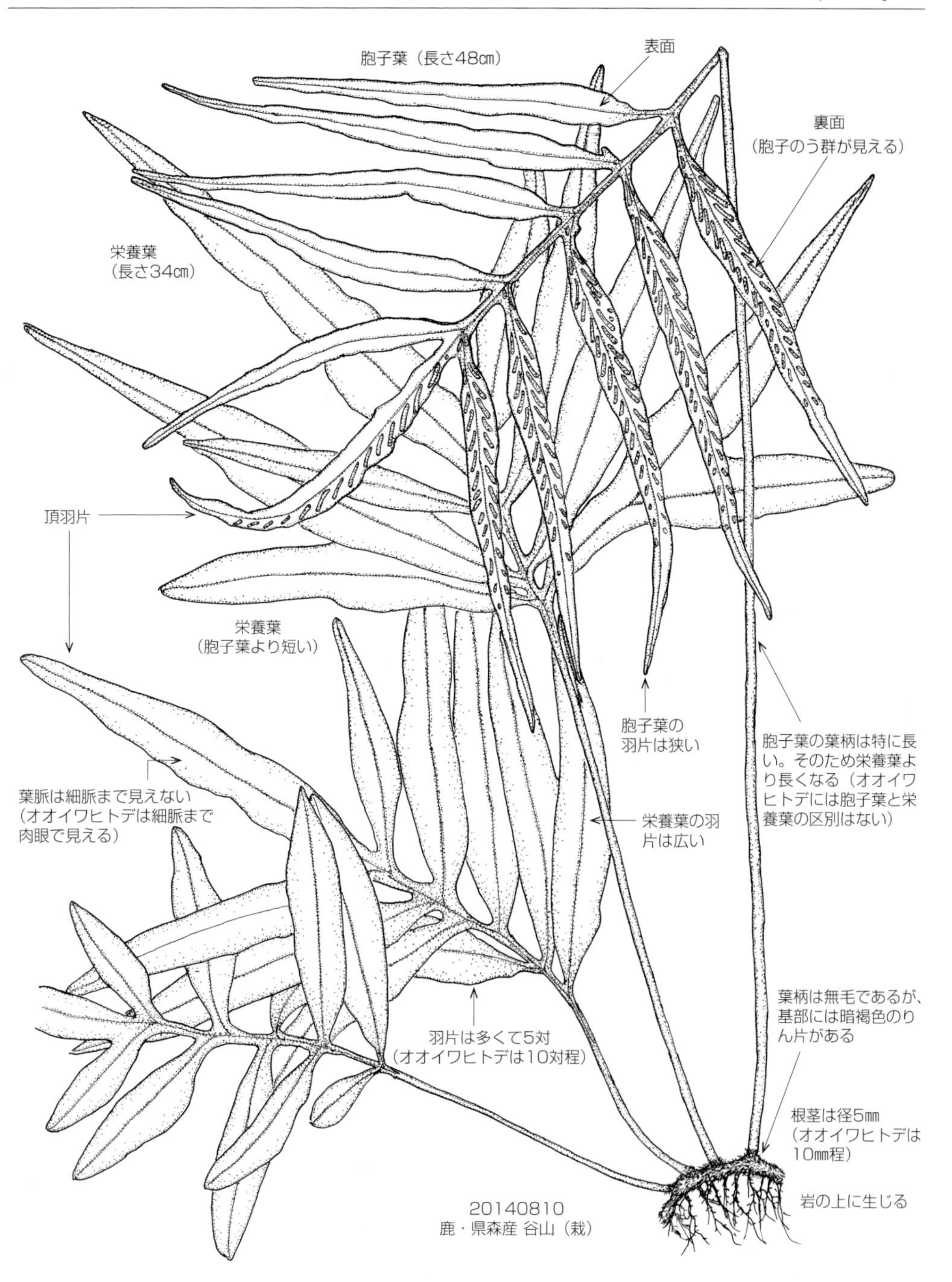

オオイワヒトデ　［ウラボシ科　イワヒトデ属］　*Colysis pothifolia*

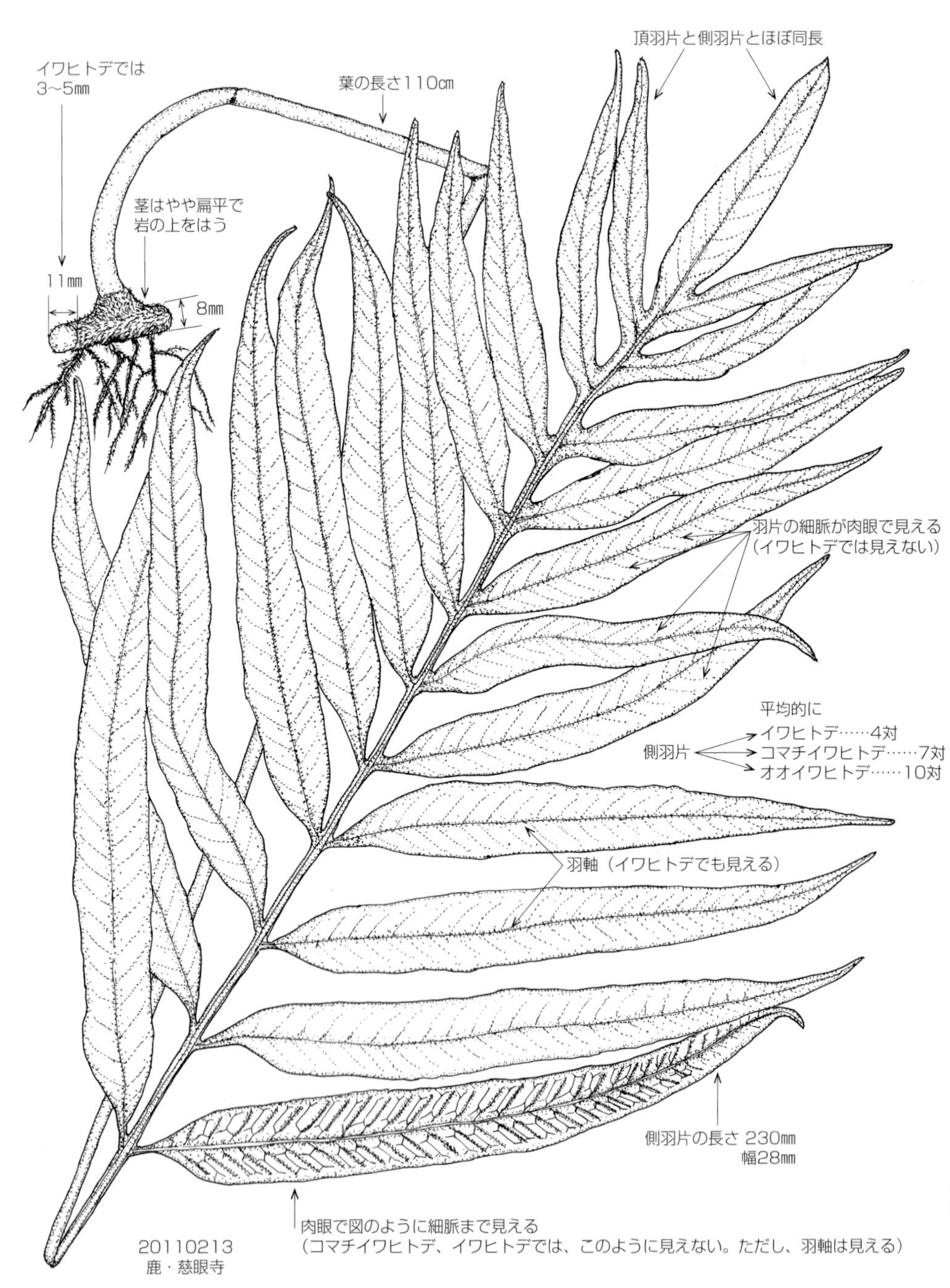

分布　九・目……各県　壱岐（福は志摩－壇ノ浦　南は奄群）
　　　鹿・目……県本土中部以南　甑　宇治群島　屋　種　吐　奄群

オオバヤリノホラン　[ウラボシ科　イワヒトデ属]　　　*Colysis wrightii var. henryi*

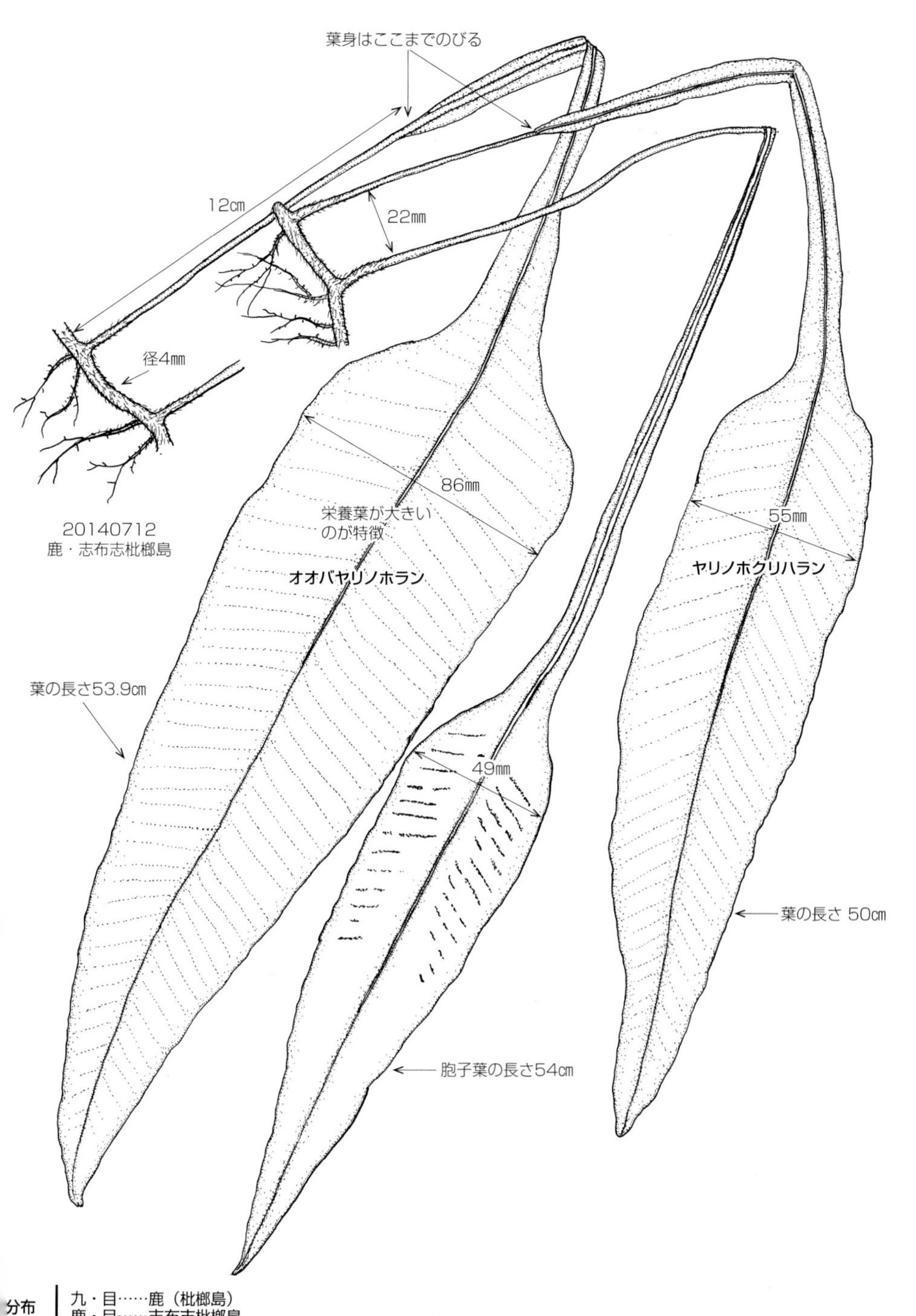

コマチイワヒトデ　[ウラボシ科　イワヒトデ属]　*Colysis elegans*

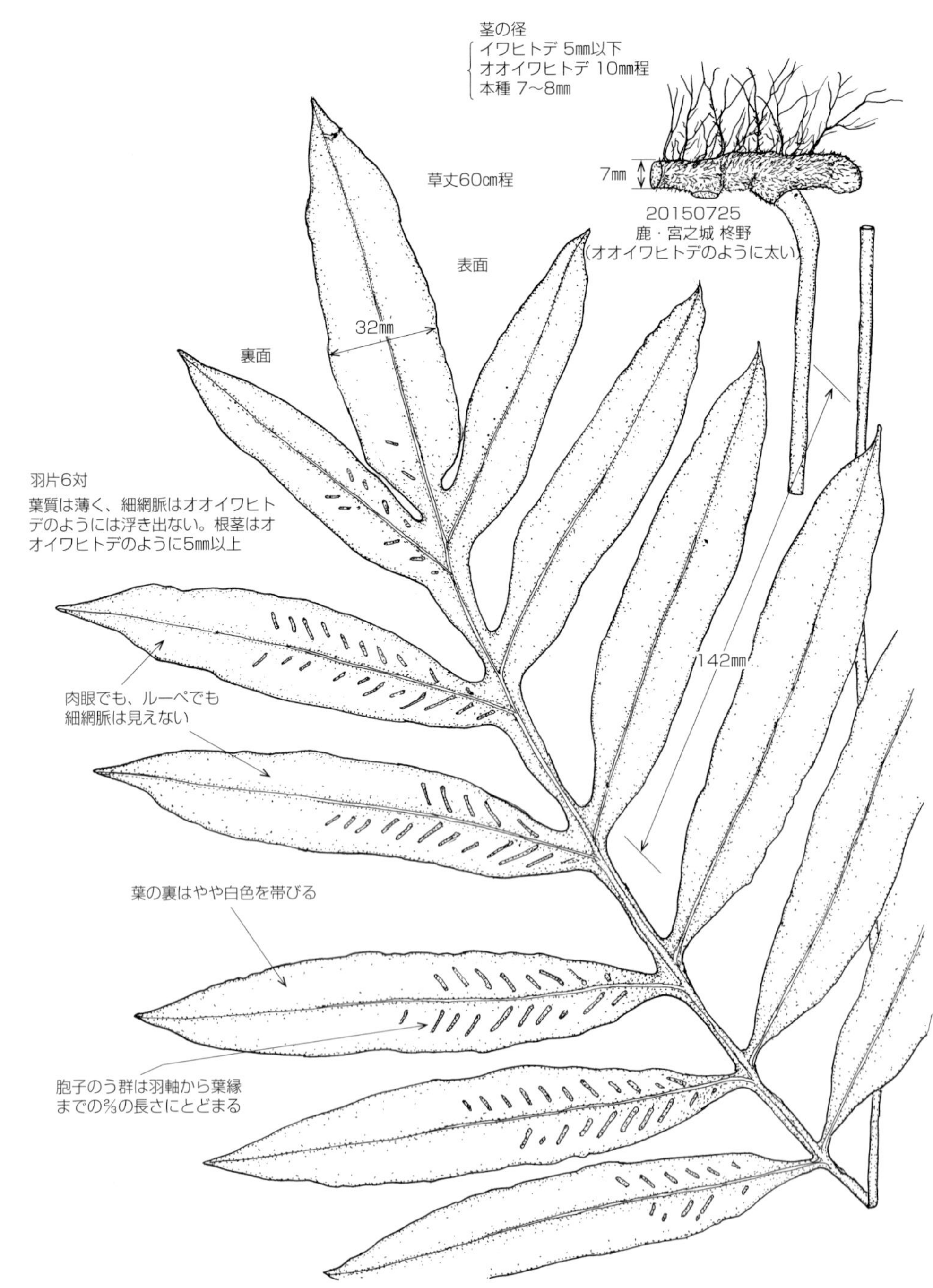

分布　九・目……鹿
　　　鹿・目……鶴田（大俣）　宮之城（柊野）　大口（荒川内）　錫山　花尾山　甑

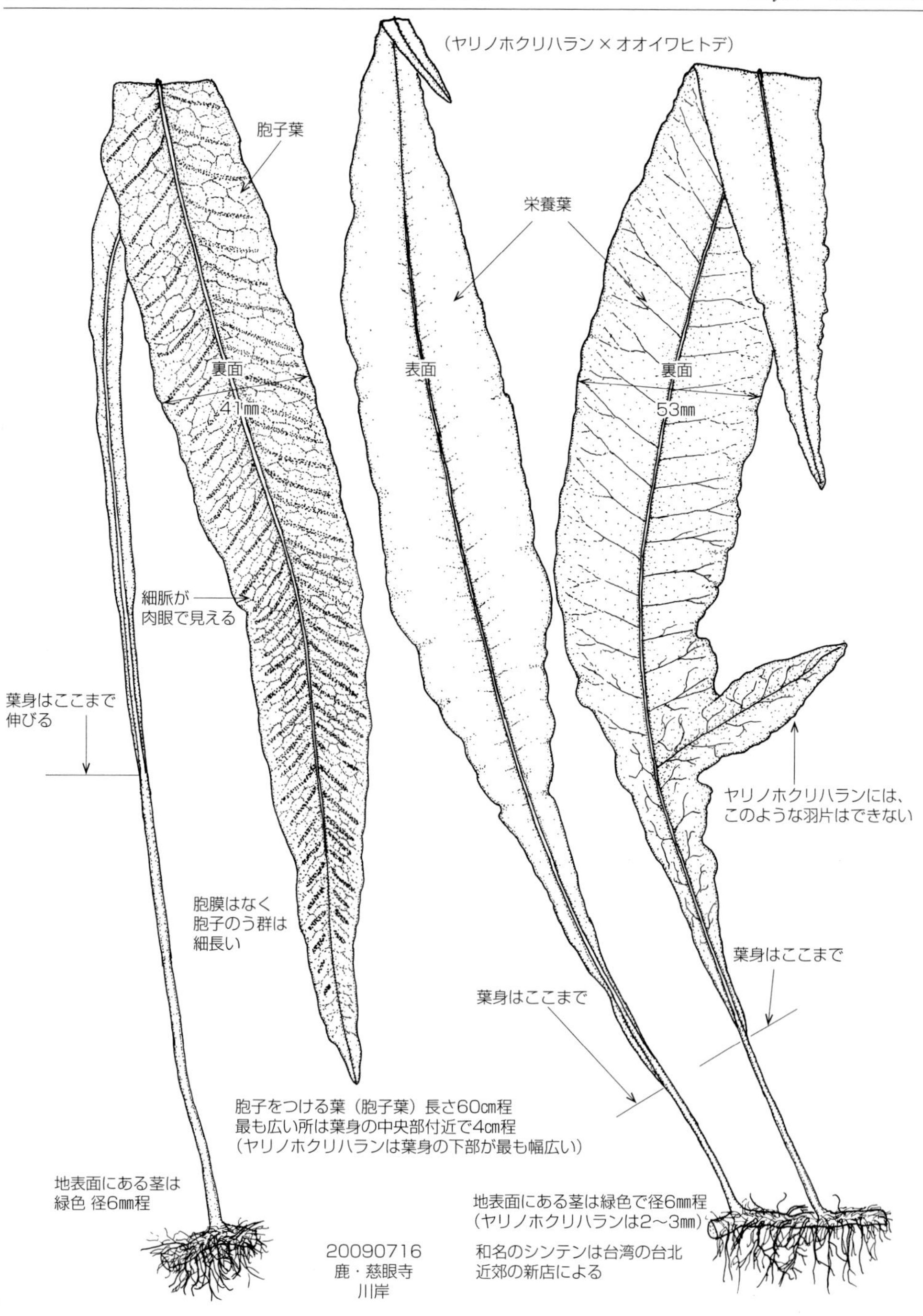

ヤリノホクリハラン ［ウラボシ科　イワヒトデ属］ *Colysis wrightii*

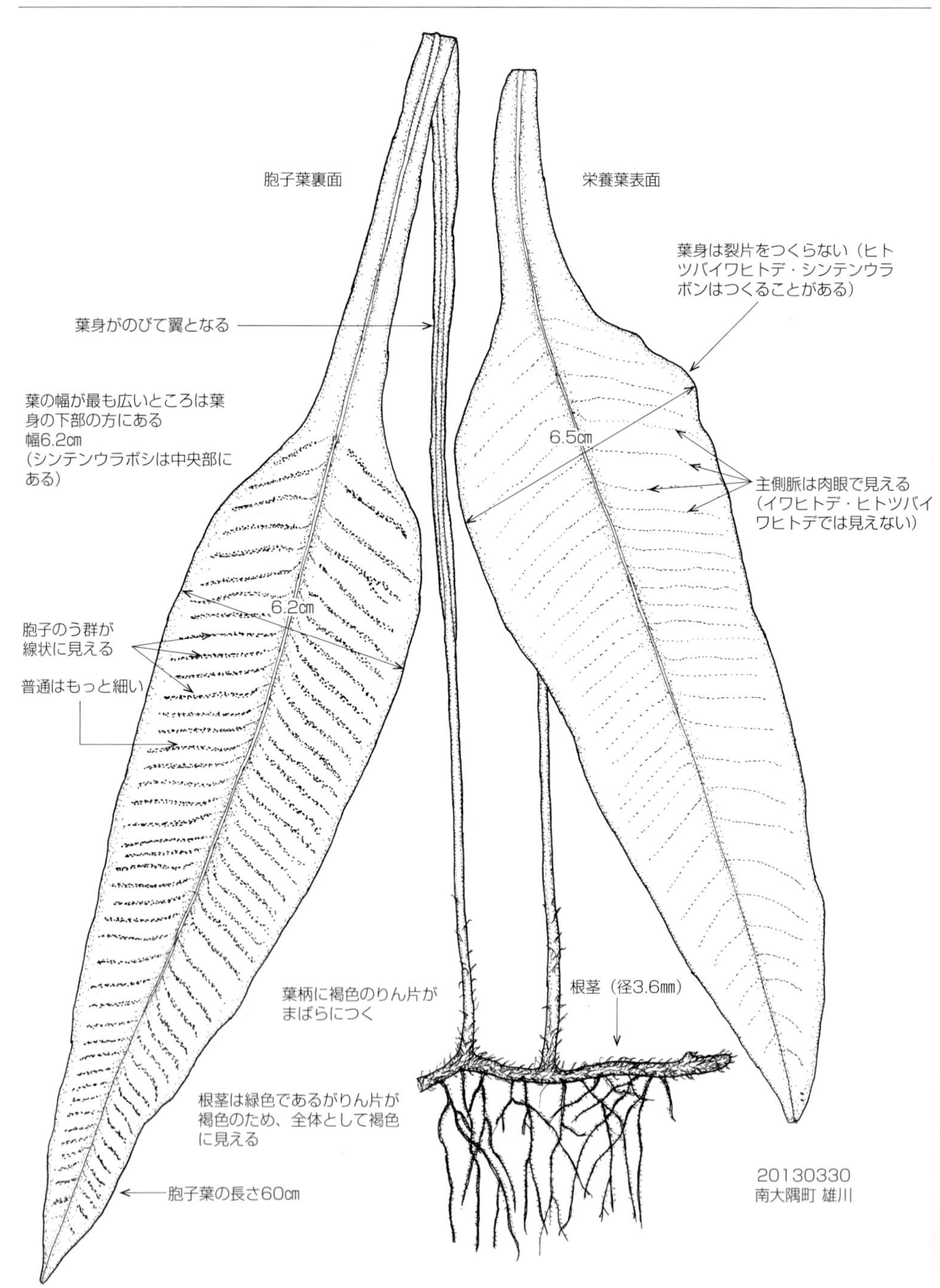

ミツデウラボシ　[ウラボシ科　ミツデウラボシ属]　　*Crypsinus hastatus*

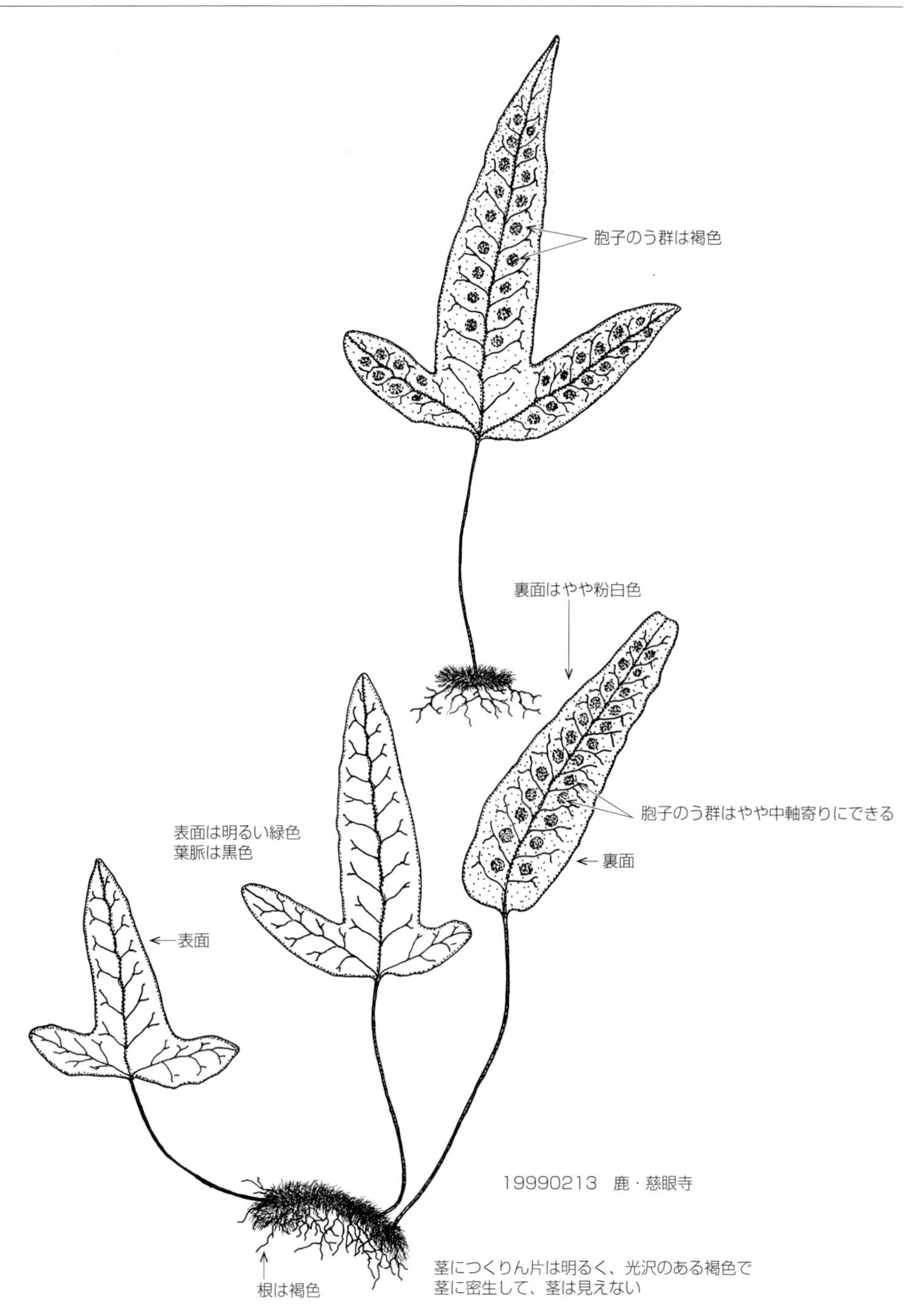

分布　九・目……各県普通（南は沖永）
　　　鹿・目……県本土　甑　屋　種　黒　硫　口之　中　臥　奄大　徳　沖永

マメヅタ　[ウラボシ科　マメヅタ属]　*Lemmaphyllum microphyllum*

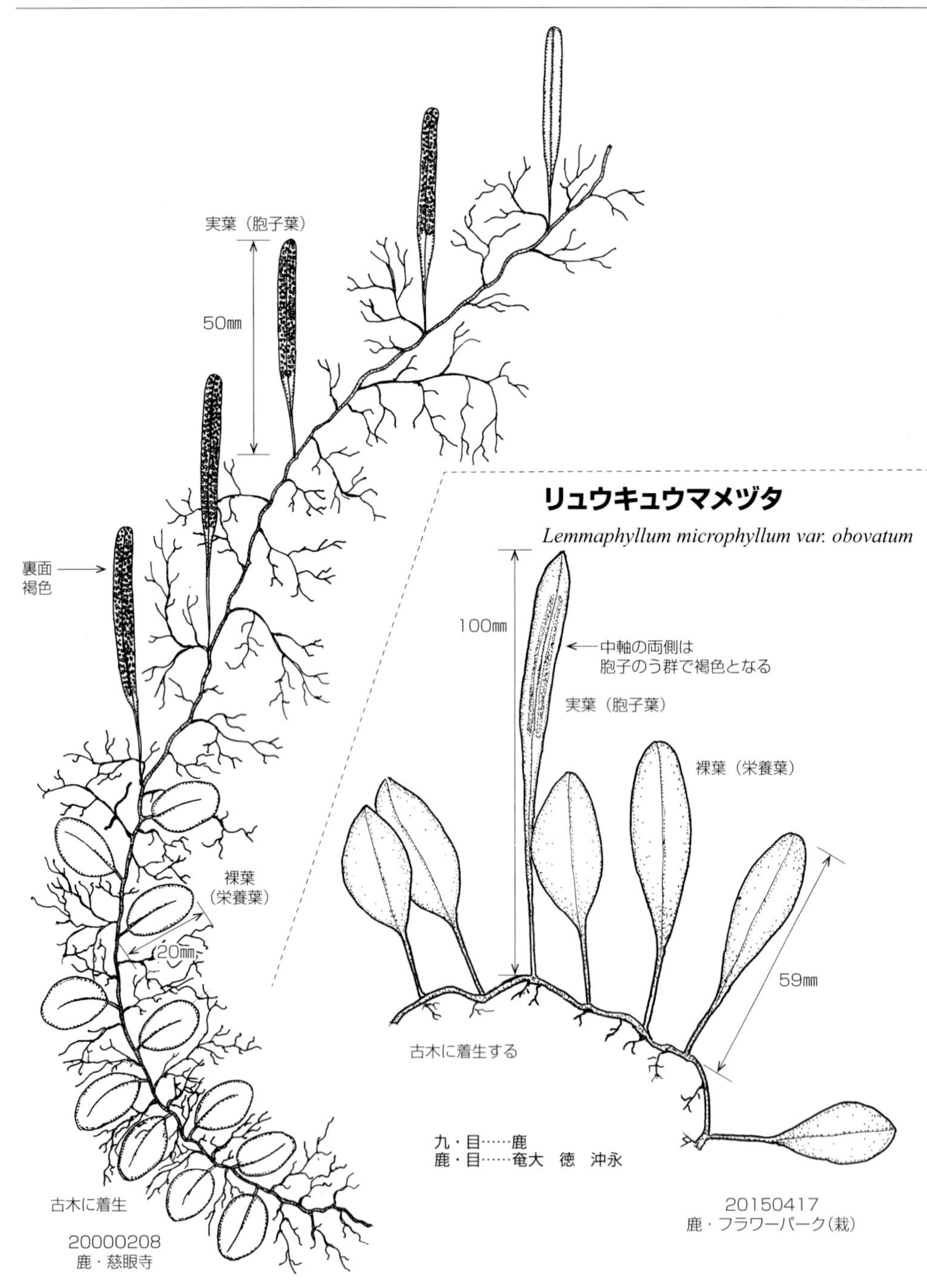

リュウキュウマメヅタ
Lemmaphyllum microphyllum var. obovatum

ノキシノブ [ウラボシ科　ノキシノブ属] *Lepisorus thunbergianus*

コウラボシ　*Lepisorus uchiyamae*

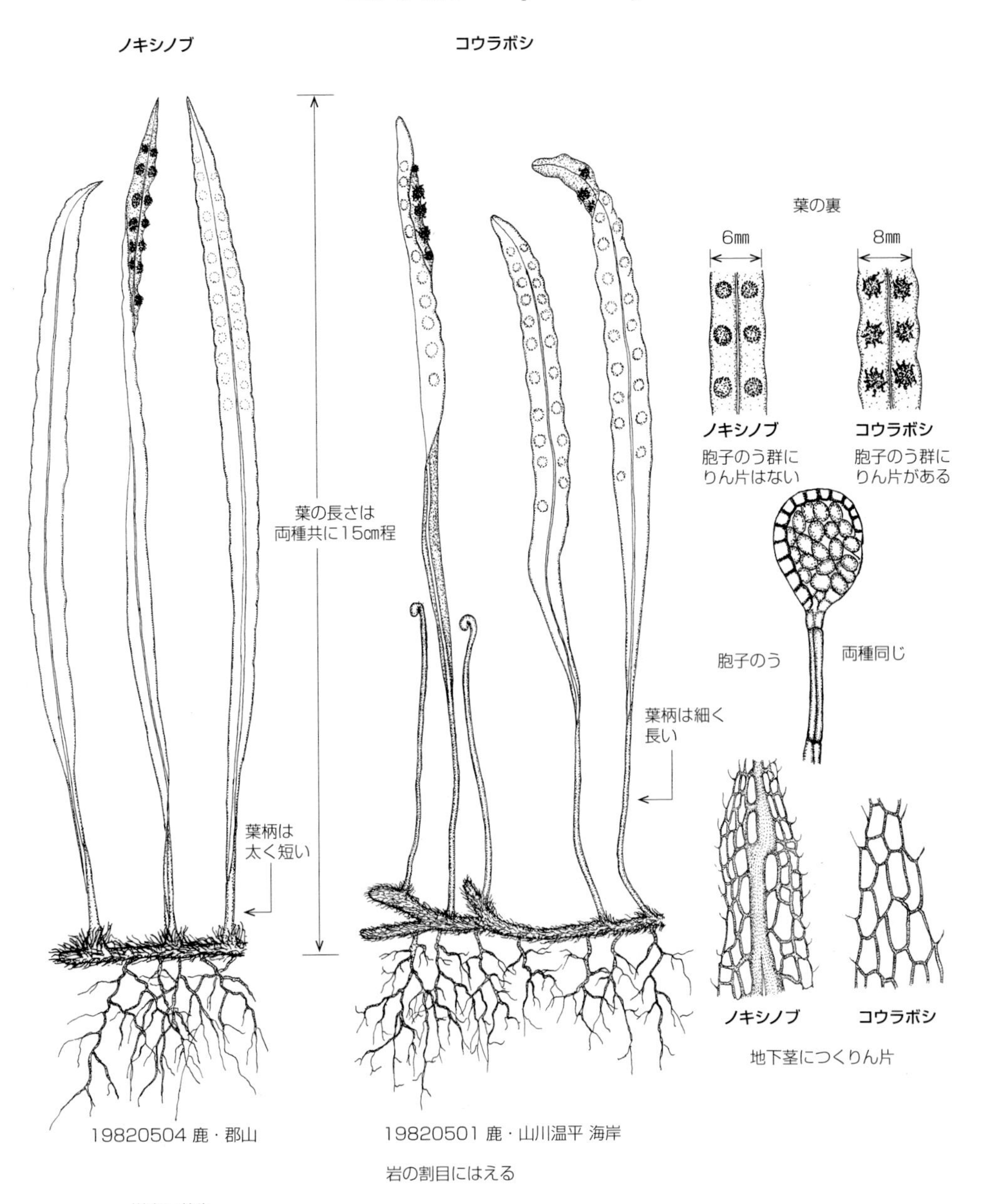

ヒメノキシノブ　[ウラボシ科　ノキシノブ属]　*Lepisorus onoei*

ツクシノキシノブ　*Lepisorus tosaensis*
ミヤマノキシノブ　*Lepisorus ussuriensis var. distans*

①〜④がツクシノキシノブの特徴

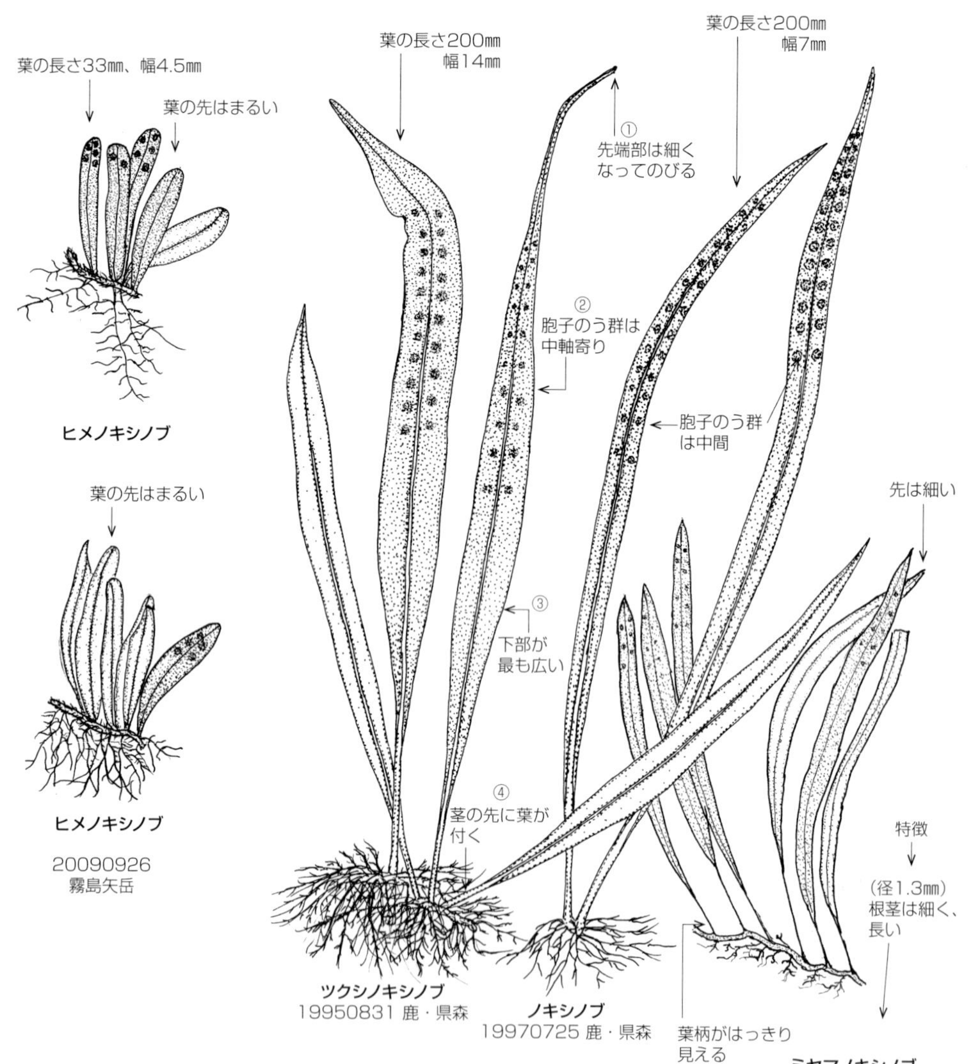

ツクシノキシノブ
九・目……福(立花)　大(深耶馬溪 藤河内)　熊(南肥)　宮(各地)　鹿
鹿・目……大口(羽月 間根ヶ平)　出水　横川　溝辺　入来峠　加治木　大
　　　　隅大川原　志布志(新田山)　垂水(鹿大演習林)

ミヤマノキシノブ
九・目……各県
鹿・目……肥後国境山地　紫尾山　霧島山　金
　　　　峰山　開聞岳　高隈山　稲尾岳　屋

分布　九・目……各県
　　　鹿・目……甑　県本土各地　黒　屋　奄大　徳

イワヤナギシダ　[ウラボシ科　サジラン属]　*Loxogramme salicifolia*

岩や崖の湿った所に生える。県内広く分布する。サジランは
北方系で霧島、大口、垂水（鹿大演習林）等で分布は狭い

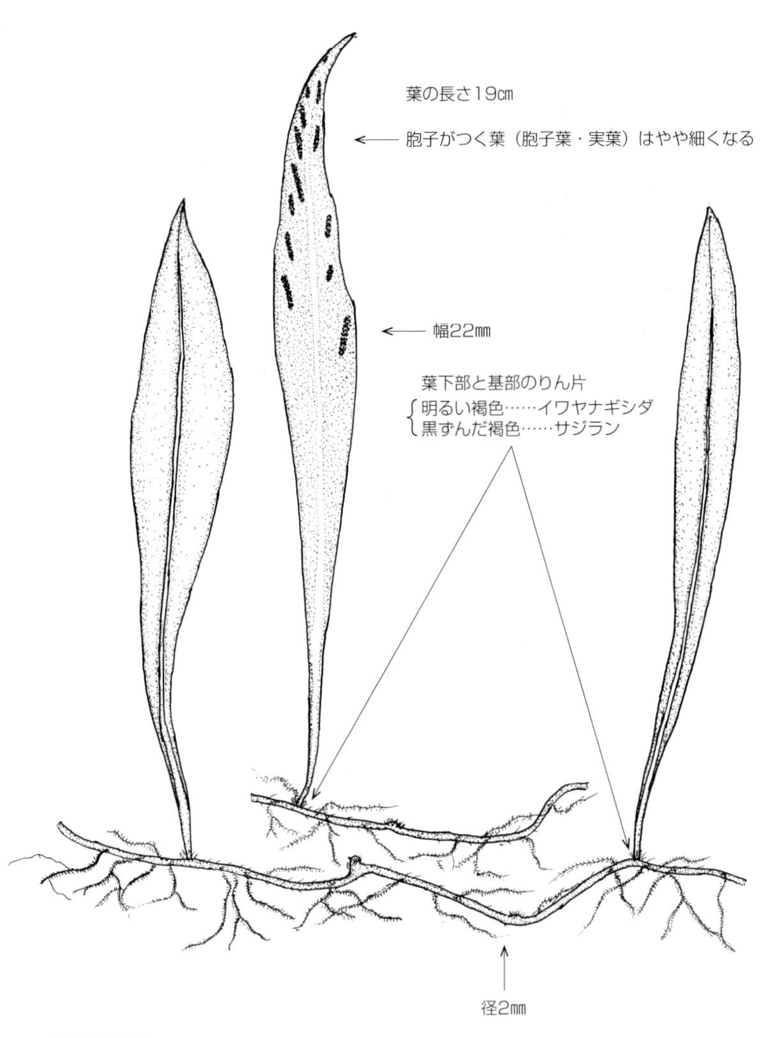

葉の長さ19cm

← 胞子がつく葉（胞子葉・実葉）はやや細くなる

← 幅22mm

葉下部と基部のりん片
{ 明るい褐色……イワヤナギシダ
{ 黒ずんだ褐色……サジラン

径2mm

20100722
鹿・県森

分布
九・目……各県（稍稀）　南は徳
鹿・目……県本土各地　甑　向島　屋　種　黒　口之　臥　奄大　徳

クリハラン　[ウラボシ科　ヌカボシクリハラン属]　*Microsorium ensatum*

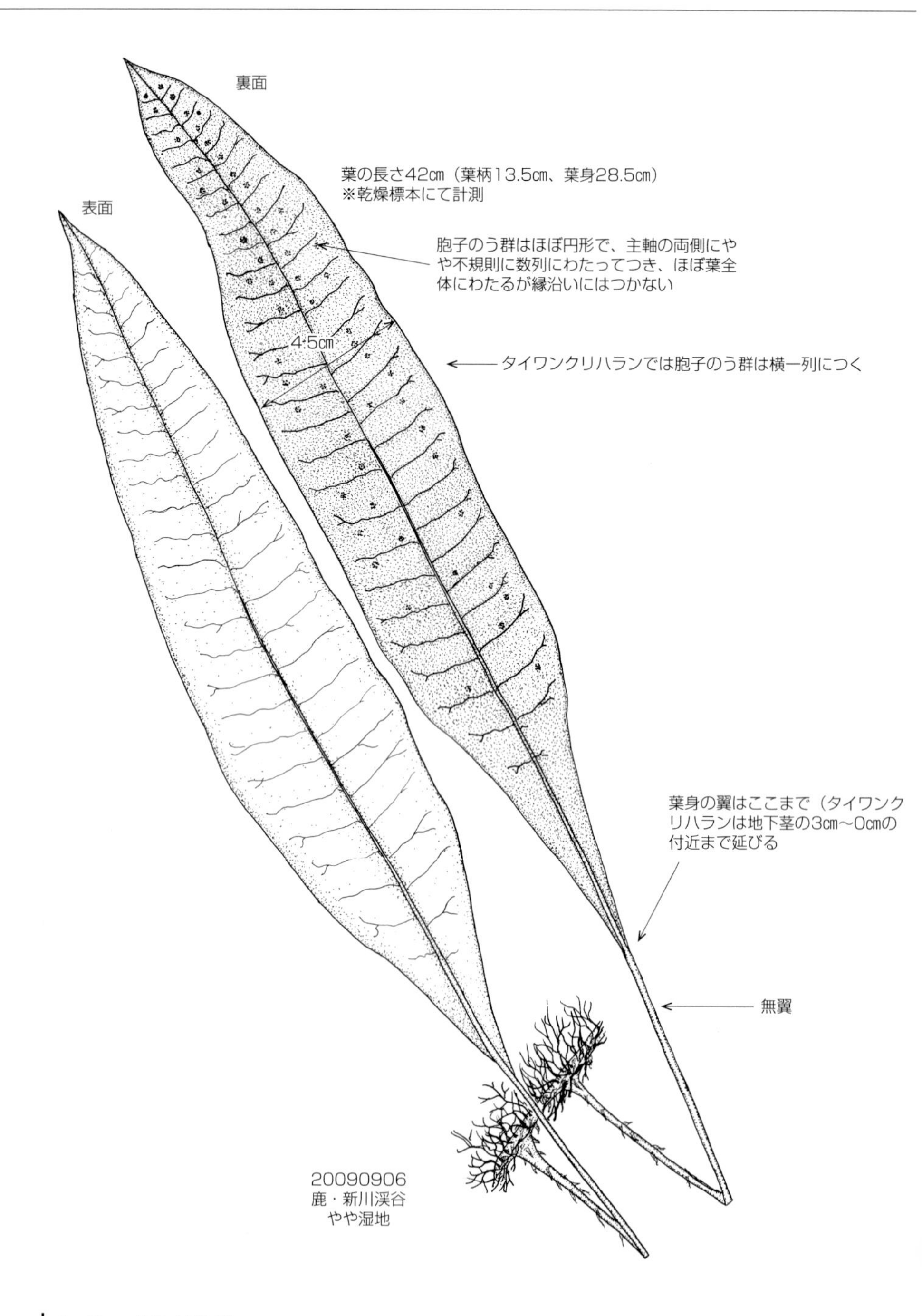

ヌカボシクリハラン ［ウラボシ科　ヌカボシクリハラン属］　*Microsorium buergerianum*

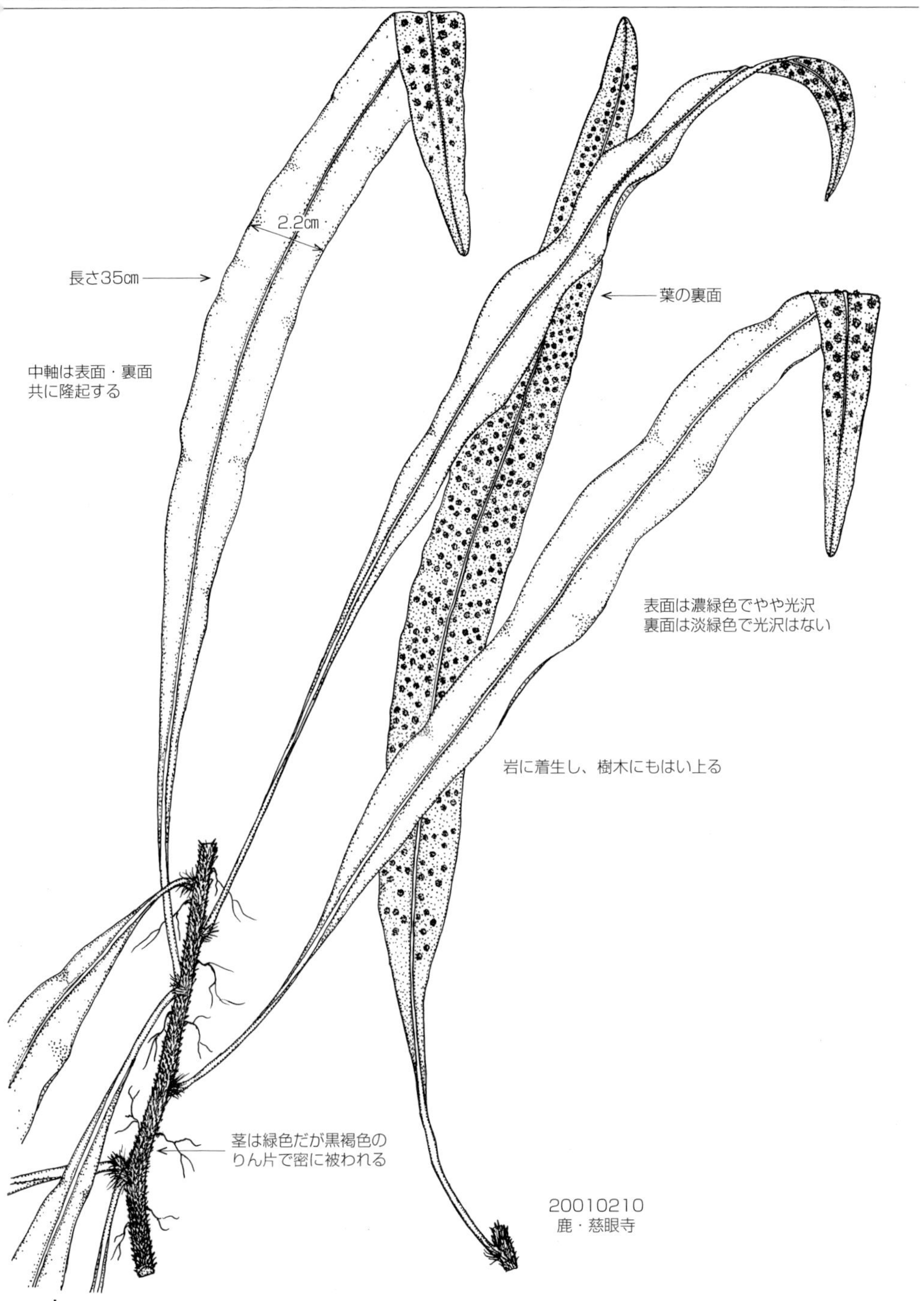

ヒトツバ　[ウラボシ科　ヒトツバ属]　　　*Pyrrosia lingua*

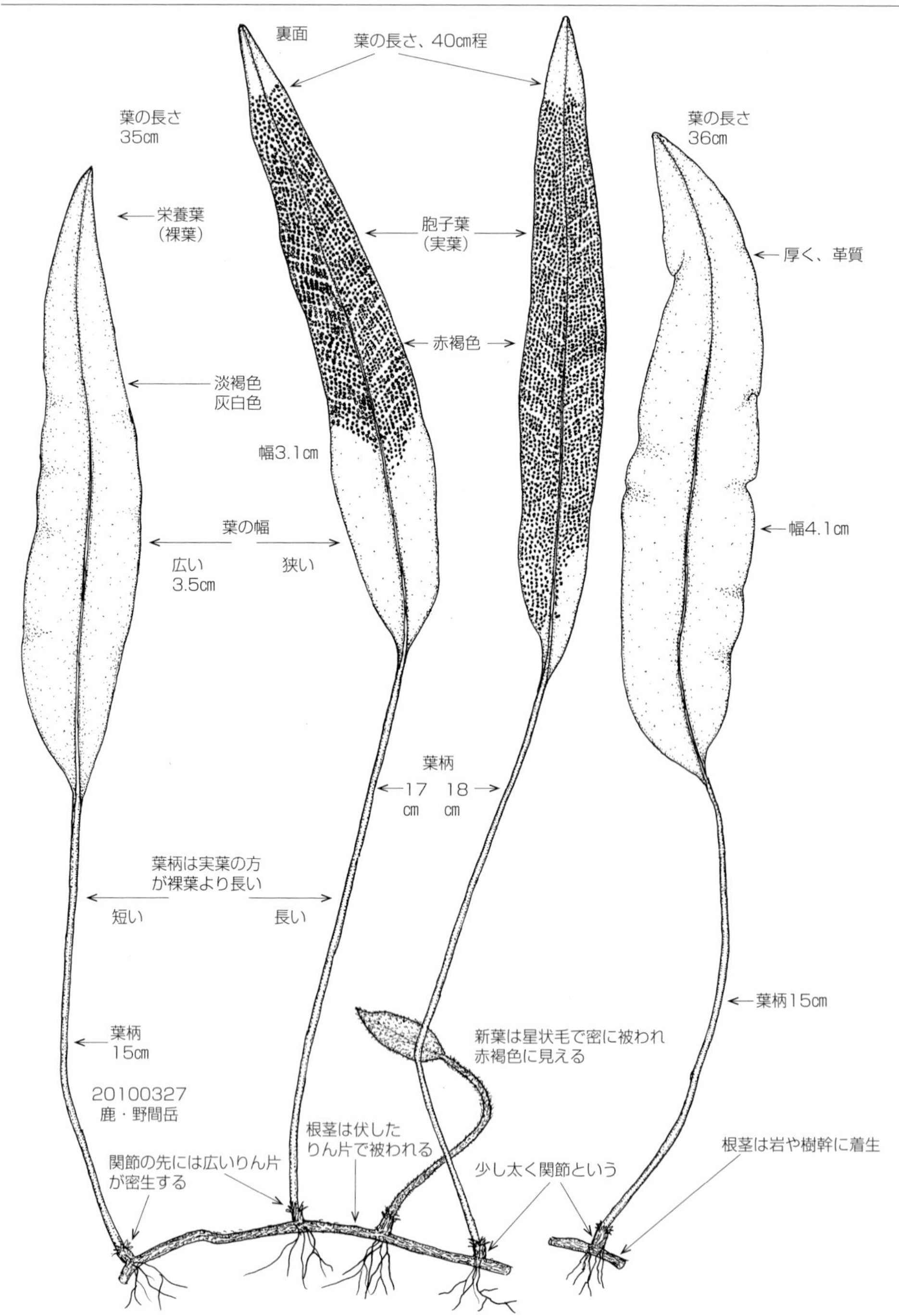

分布　｜九・目……各県（普通　南は奄群）
　　　｜鹿・目……県本土　甑　宇治群島　屋　種　吐　奄大　徳　沖永

イチョウ　[イチョウ科　イチョウ属]　　*Ginkgo biloba*

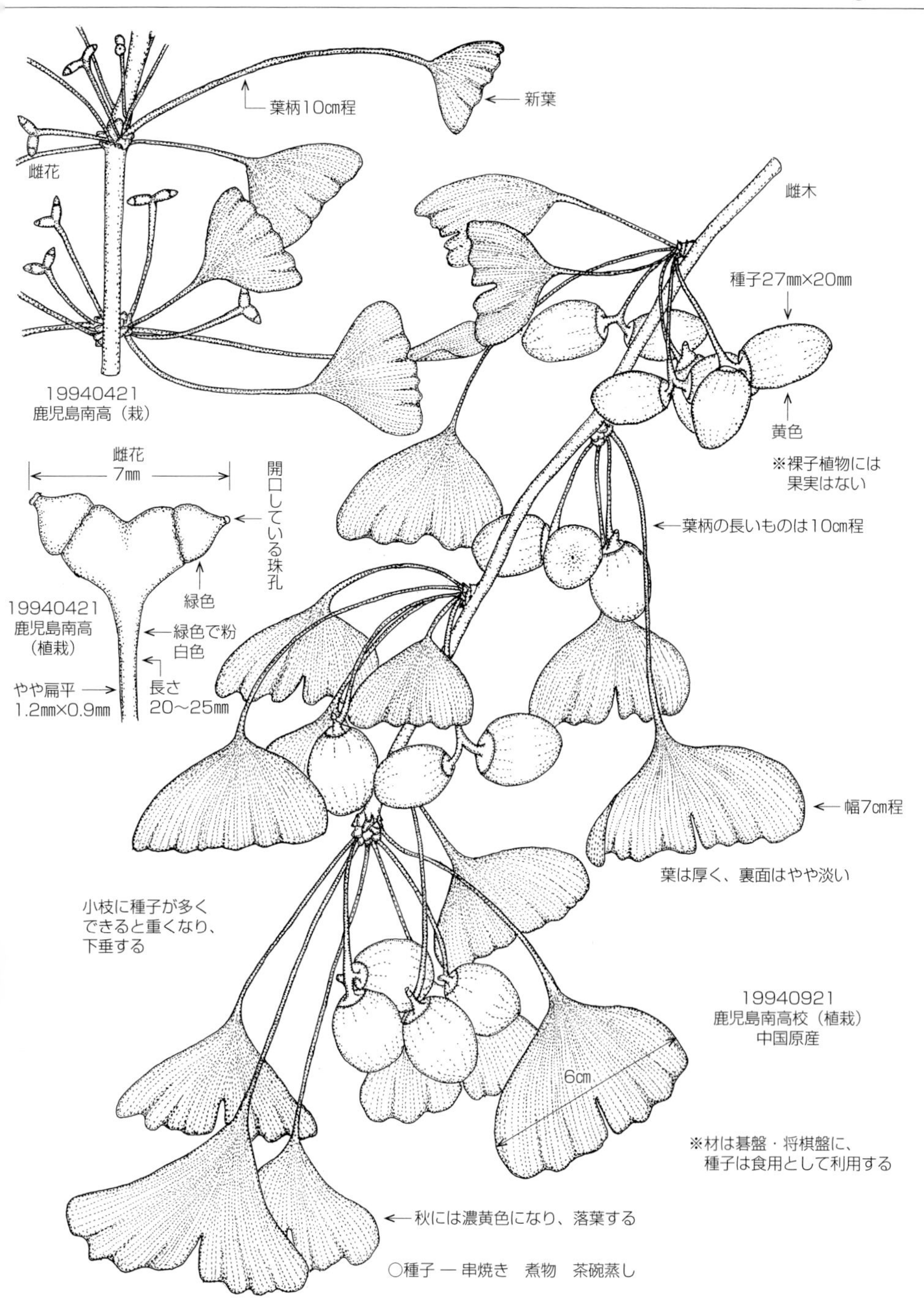

分布　九・目……記載がない
　　　鹿・目……記載がない

モミ [マツ科　モミ属]

Abies firma

葉先は幼木では鋭く2尖裂するが、成木になると、2鋭裂または鈍裂、老令では凹頭になる。毬果に近い枝では鈍頭で分裂しない（ツガは2円頭）

ツガ　*Tsuga sieboldii*

九・目……各県（南は高隈山　屋）
鹿・目……霧島山　布計（天狗岩）　屋

20091024
間根ヶ平

拡大（裏面）

気孔帯（白色）

長さ12mm　幅2.6mm

雌雄同株

拡大

裏　表

24mm

20110203
鹿・谷山

※葉の先の2刺は成木になると鈍になり、ツガに似てくる

中肋の両側は白色で気孔帯

苞りん片は種子りん片より出ることも出ないこともある（上側）

苞りん片の先端が少し見える（下側）

種子りん片（下側）
33mm

28mm

苞りん片

種子りん片　22mm

翼が付いた種子

種子がある所は凹　種子りん片

※地上に落ちた種子・種子りん片・苞りん片をスケッチ、計測した

雄花群

濃黄色

先は鈍2頭

濃黄色

褐色

22mm

19mm

裏　表
花序に近い葉
20130322

分布
九・目……各県（南限は屋　北西限は対馬）
鹿・目……霧島山　布計　紫尾山　高隈山　甫与志岳　稲尾岳　屋

アカマツ [マツ科 マツ属] *Pinus densiflora*

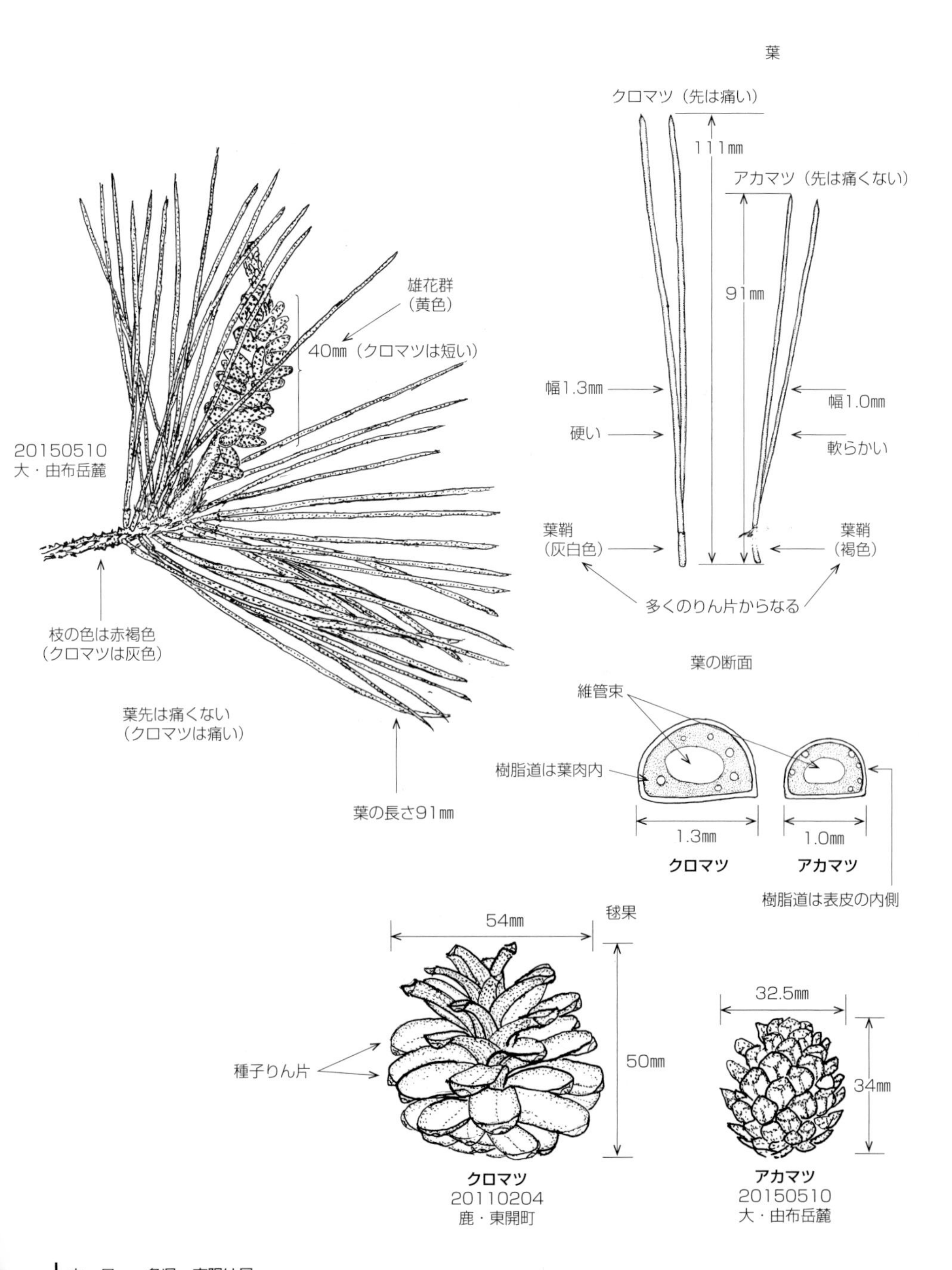

クロマツ [マツ科　マツ属] *Pinus thunbergii*

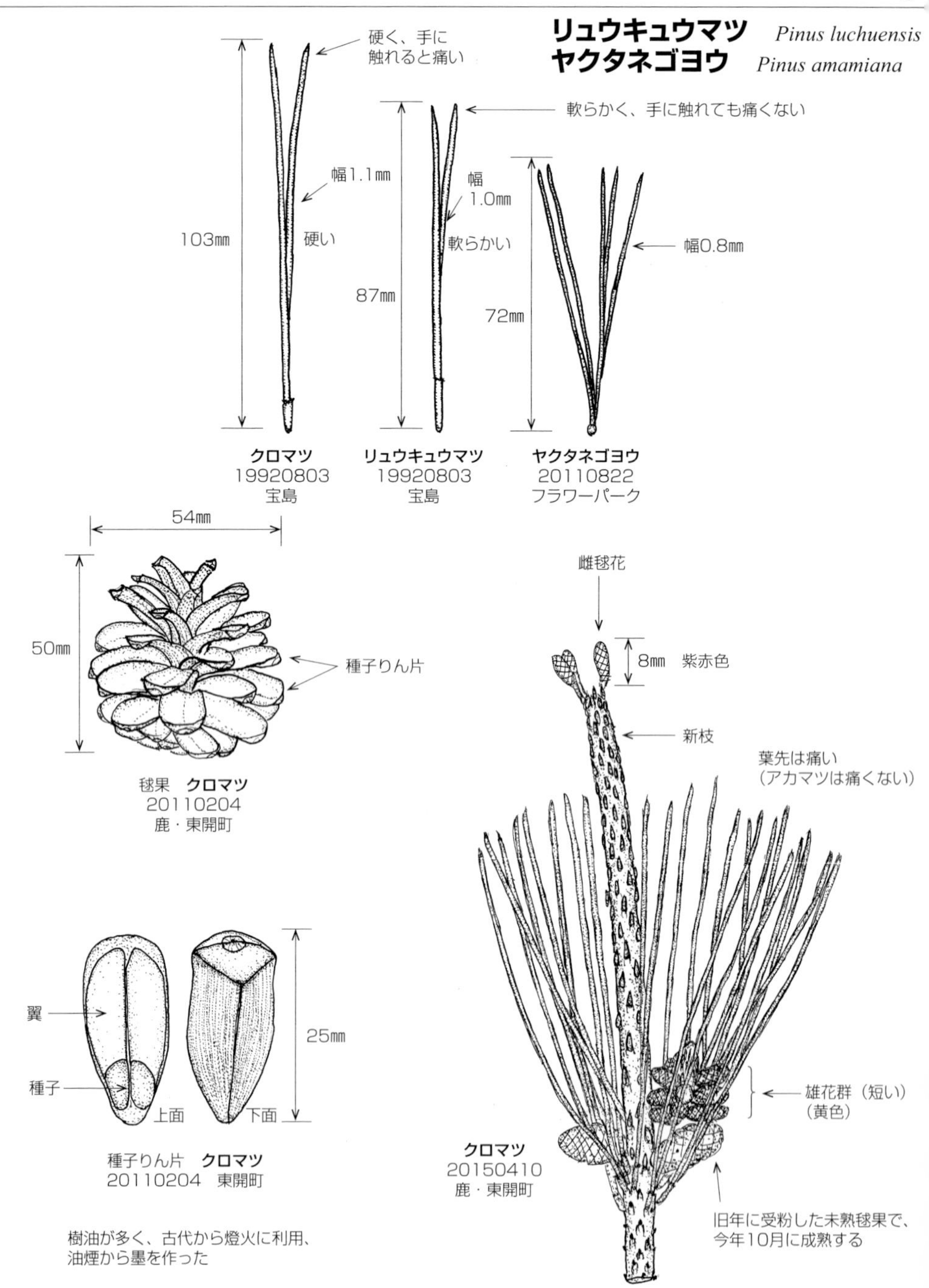

ナギ ［マキ科　ナギ属］ *Nageia nagi*

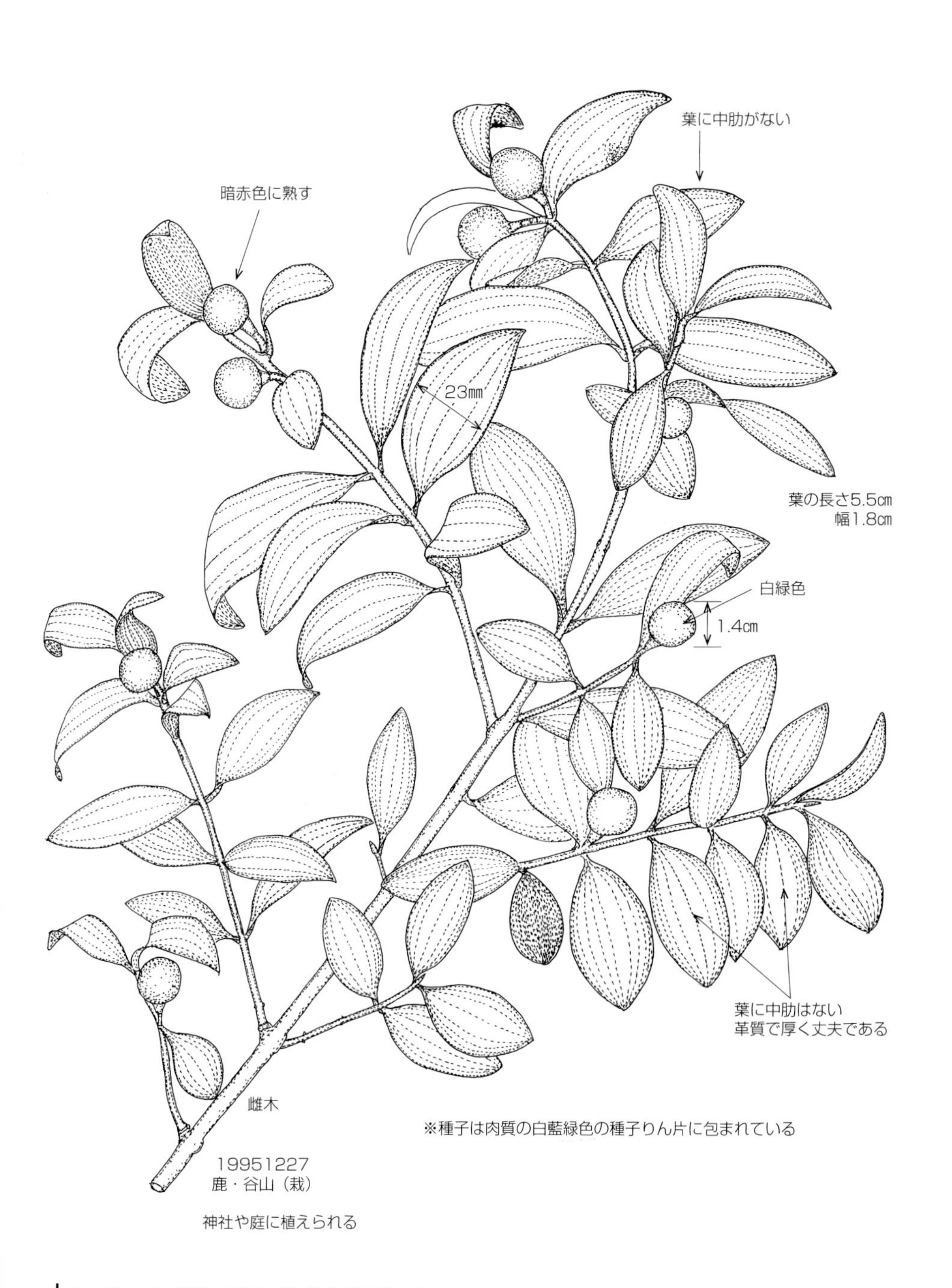

分布
九・目……長（五島　平戸）宮（加江田以南）鹿
鹿・目……高隈山　高山　内之浦　田代　錫山　野間岳　坊津　鰻池　甑　屋　種　黒　中　奄大　徳　沖永

イヌマキ [マキ科　マキ属] *Podocarpus macrophyllus*

ラカンマキ *Podocarpus macrophyllus var. maki*

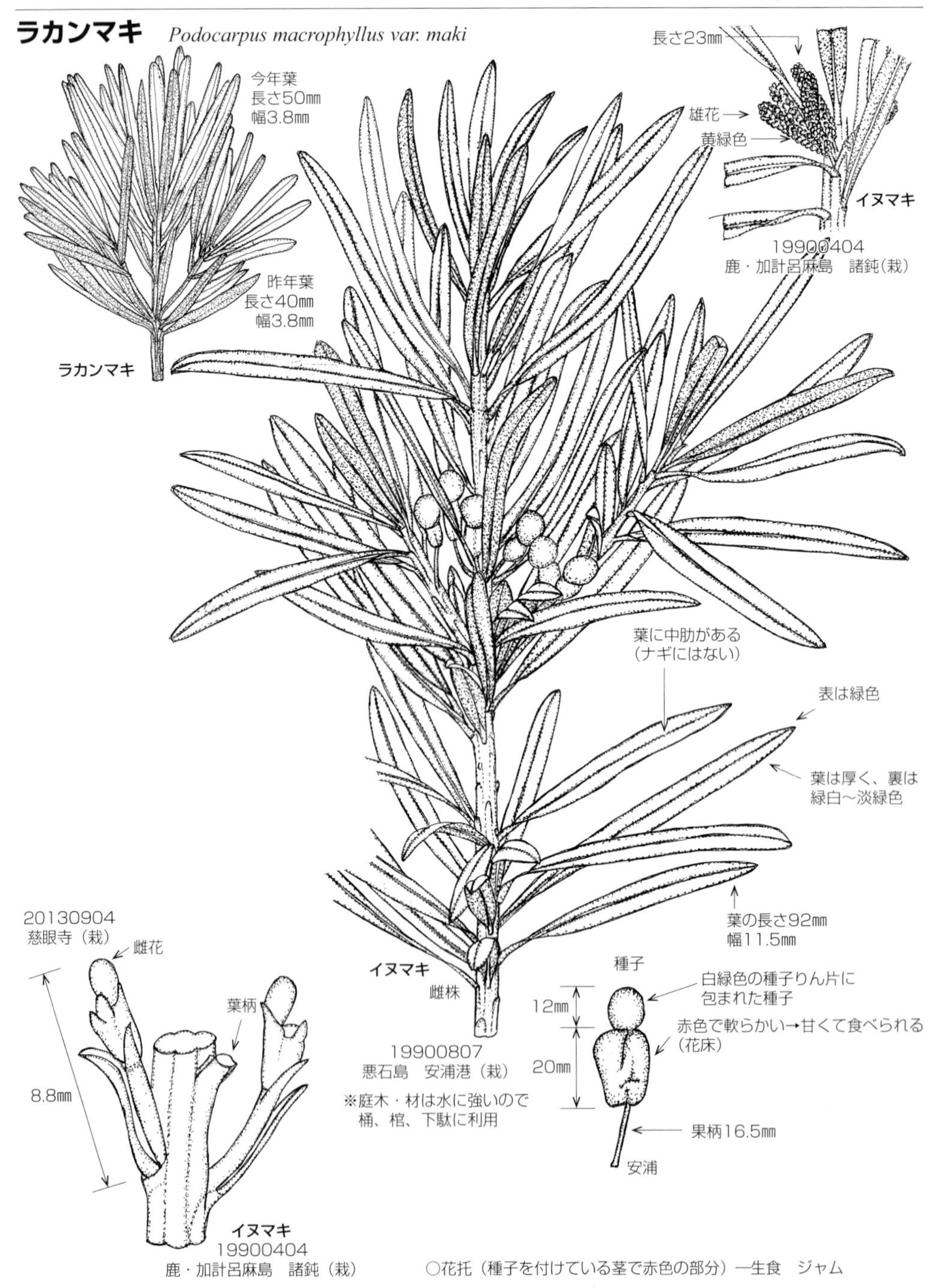

コウヤマキ　[コウヤマキ科　コウヤマキ属]　　*Sciadopitys verticillata*

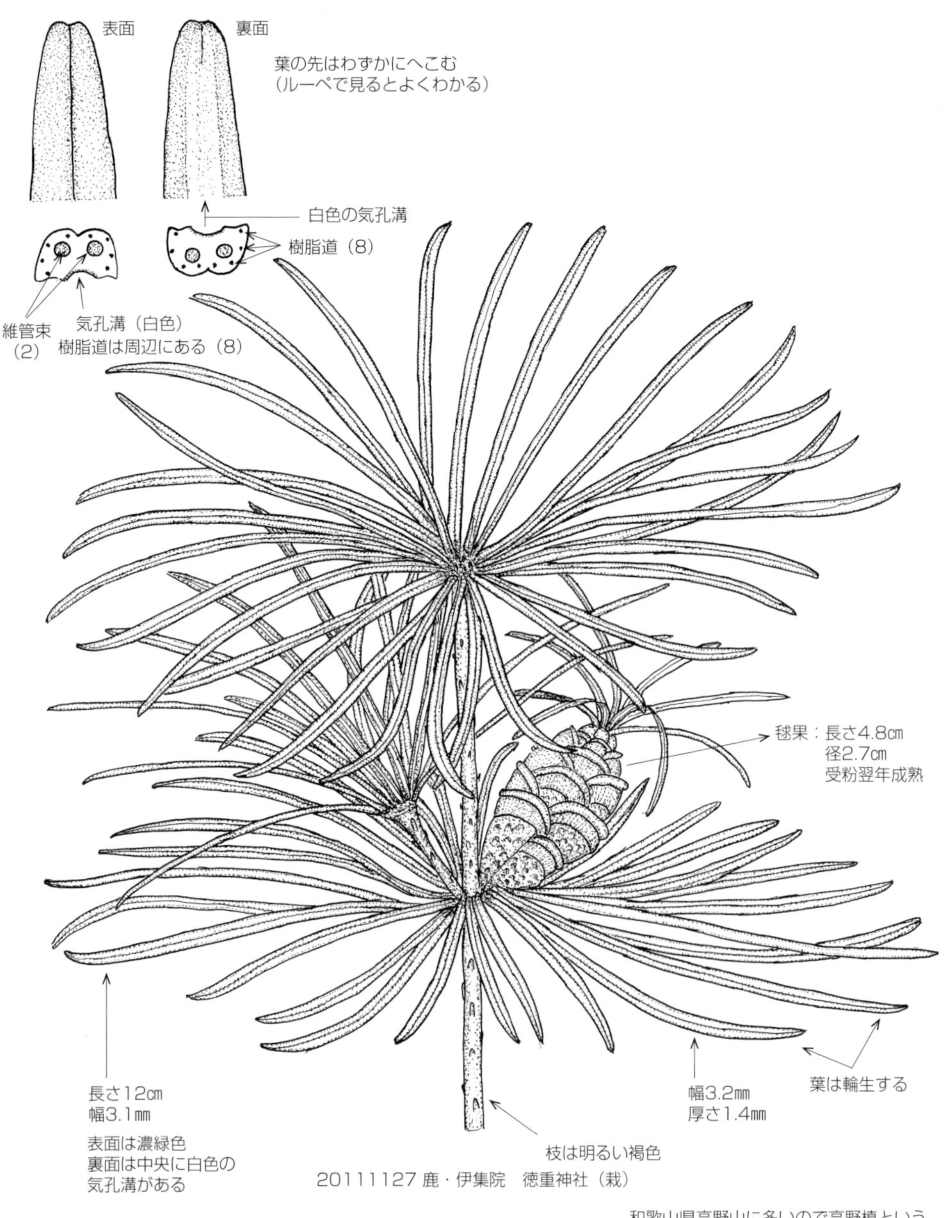

分布　九・目……宮（市房山　椎葉大河内　尾鈴山　傾山）
　　　　 鹿・目……記載がない

イヌガヤ　[イチイ科　イヌガヤ属]　*Cephalotaxus harringtonia*

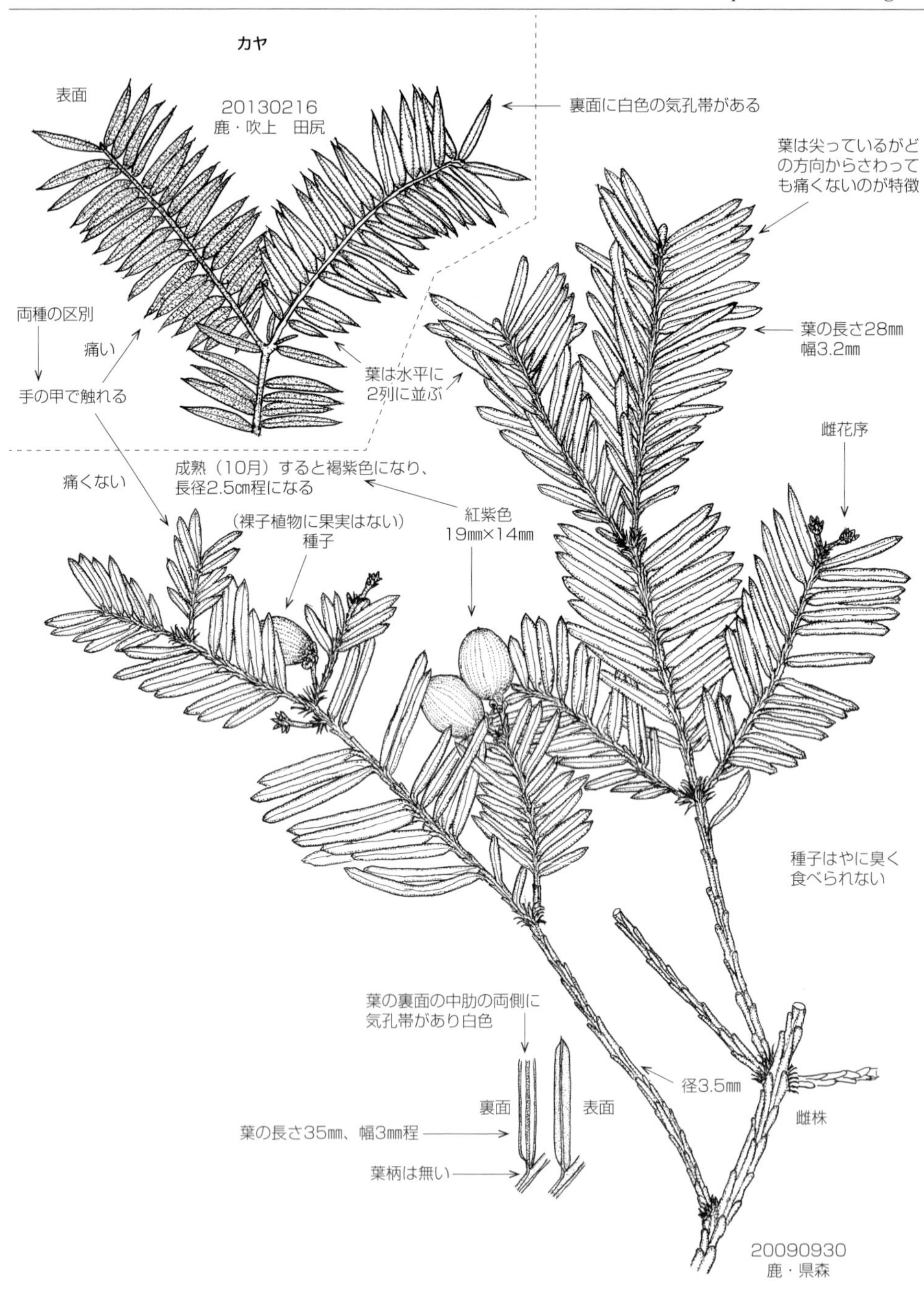

分布　九・目……各県（南限は屋）
　　　鹿・目……県本土各地　野間岳　開聞岳　甫与志岳　稲尾岳　屋

カヤ　[イチイ科　カヤ属]　　　*Torreya nucifera*

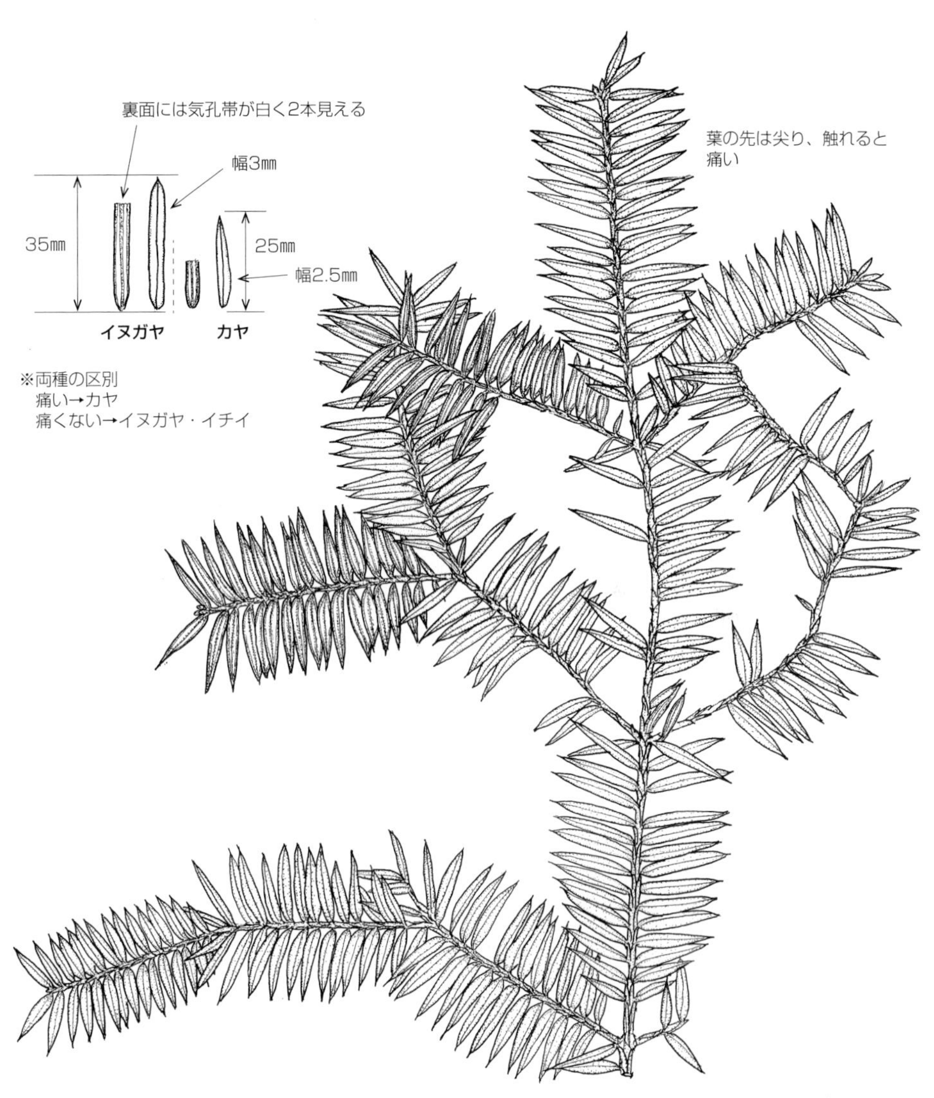

裏面には気孔帯が白く2本見える
幅3mm
35mm
イヌガヤ
25mm
幅2.5mm
カヤ

※両種の区別
　痛い→カヤ
　痛くない→イヌガヤ・イチイ

葉の先は尖り、触れると痛い

20130216 鹿・吹上（田尻野岡）

○種子 — 生食、炒る

※碁盤、将棋盤としては最上とされる。
　彫刻、くし、数珠に利用される

分布　九・目……各県（南限は屋）
　　　　鹿・目……県本土各地（南は稲尾岳　枯木岳、薩摩は磯街道）

ヒノキ [ヒノキ科 ヒノキ属] *Chamaecyparis obtusa*

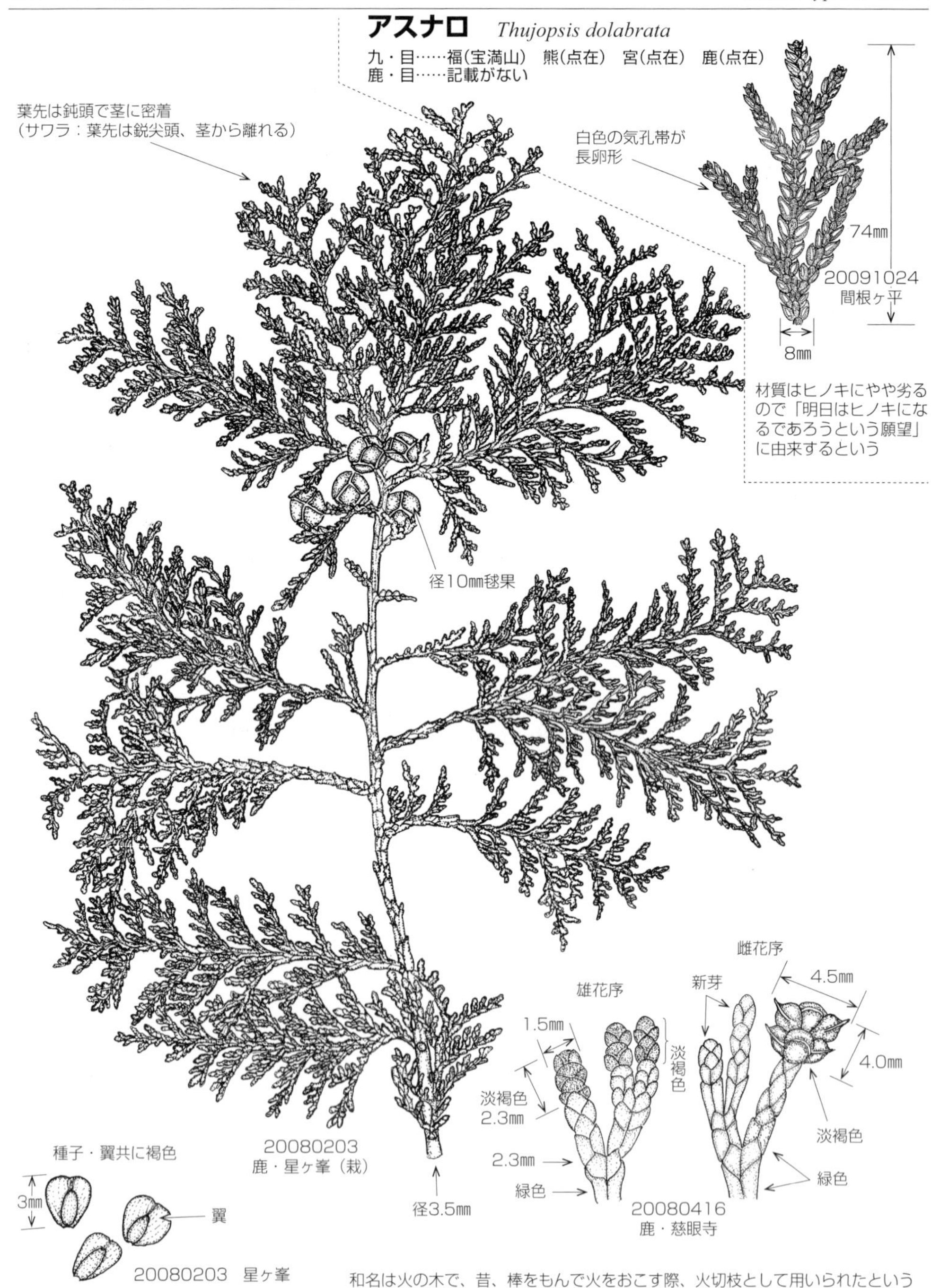

アスナロ *Thujopsis dolabrata*
九・目……福(宝満山) 熊(点在) 宮(点在) 鹿(点在)
鹿・目……記載がない

材質はヒノキにやや劣るので「明日はヒノキになるであろうという願望」に由来するという

葉先は鈍頭で茎に密着(サワラ:葉先は鋭尖頭、茎から離れる)

白色の気孔帯が長卵形

74mm 20091024 間根ヶ平 8mm

径10mm毬果

雄花序 1.5mm 淡褐色 2.3mm 2.3mm 緑色

雌花序 新芽 4.5mm 淡褐色 4.0mm 淡褐色 緑色

20080416 鹿・慈眼寺

種子・翼共に褐色 3mm 翼 20080203 星ヶ峯

20080203 鹿・星ヶ峯(栽) 径3.5mm

和名は火の木で、昔、棒をもんで火をおこす際、火切枝として用いられたという

分布 九・目……福・大(犬ヶ岳 英彦山) 大(玖珠-尾鹿尾根、傾山) 宮(日之影 霧島山-丸岡山) 鹿
鹿・目……霧島(ヒナモリ岳 丸岡山) 屋

スギ ［ヒノキ科　スギ属］ *Cryptomeria japonica*

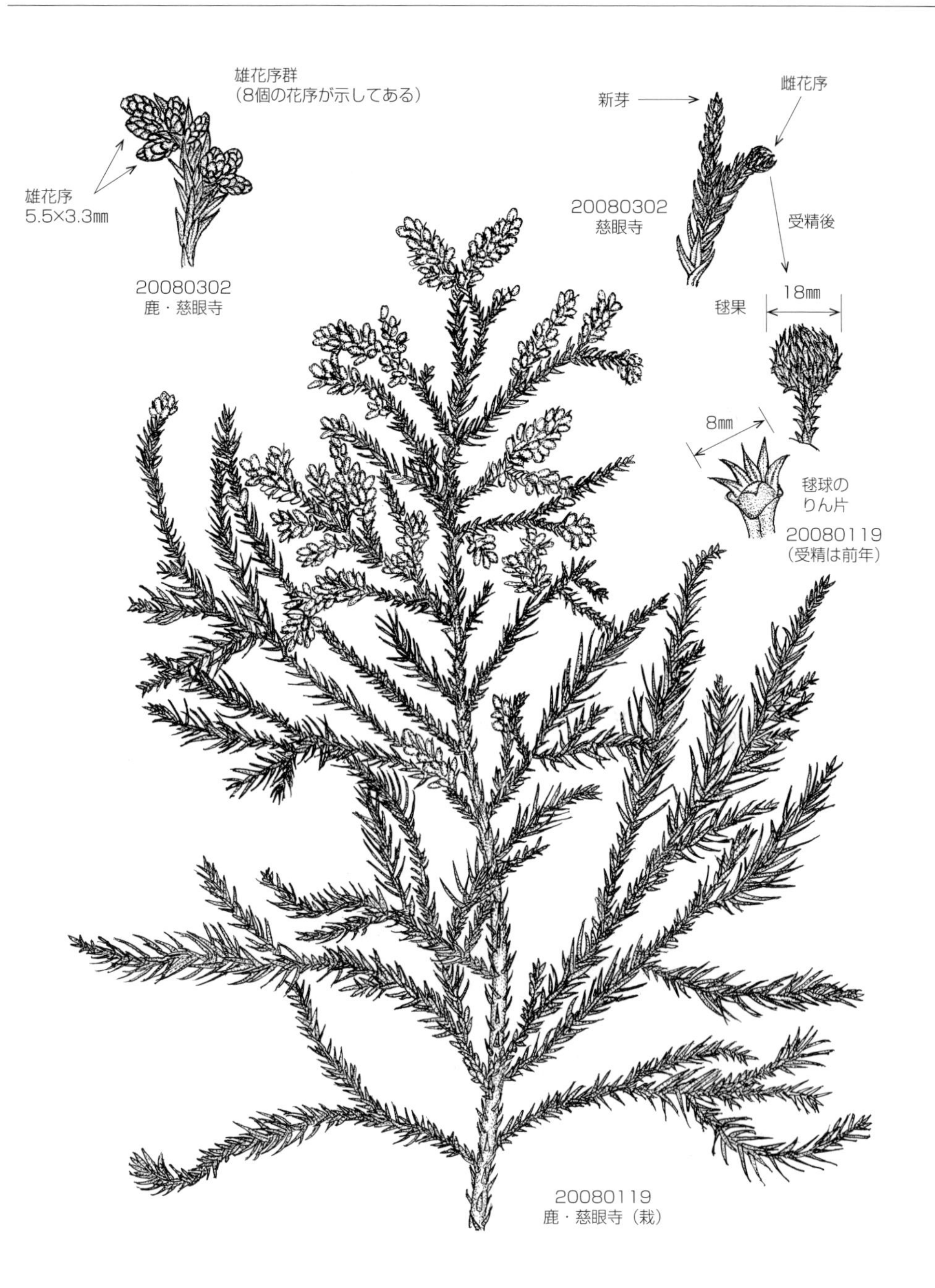

分布 │九・目……宮（鬼ノ目山）　大（玖珠－八幡）　鹿
　　　　鹿・目……屋

コウヨウザン　[ヒノキ科　コウヨウザン属]　　*Cunninghamia lanceolata*

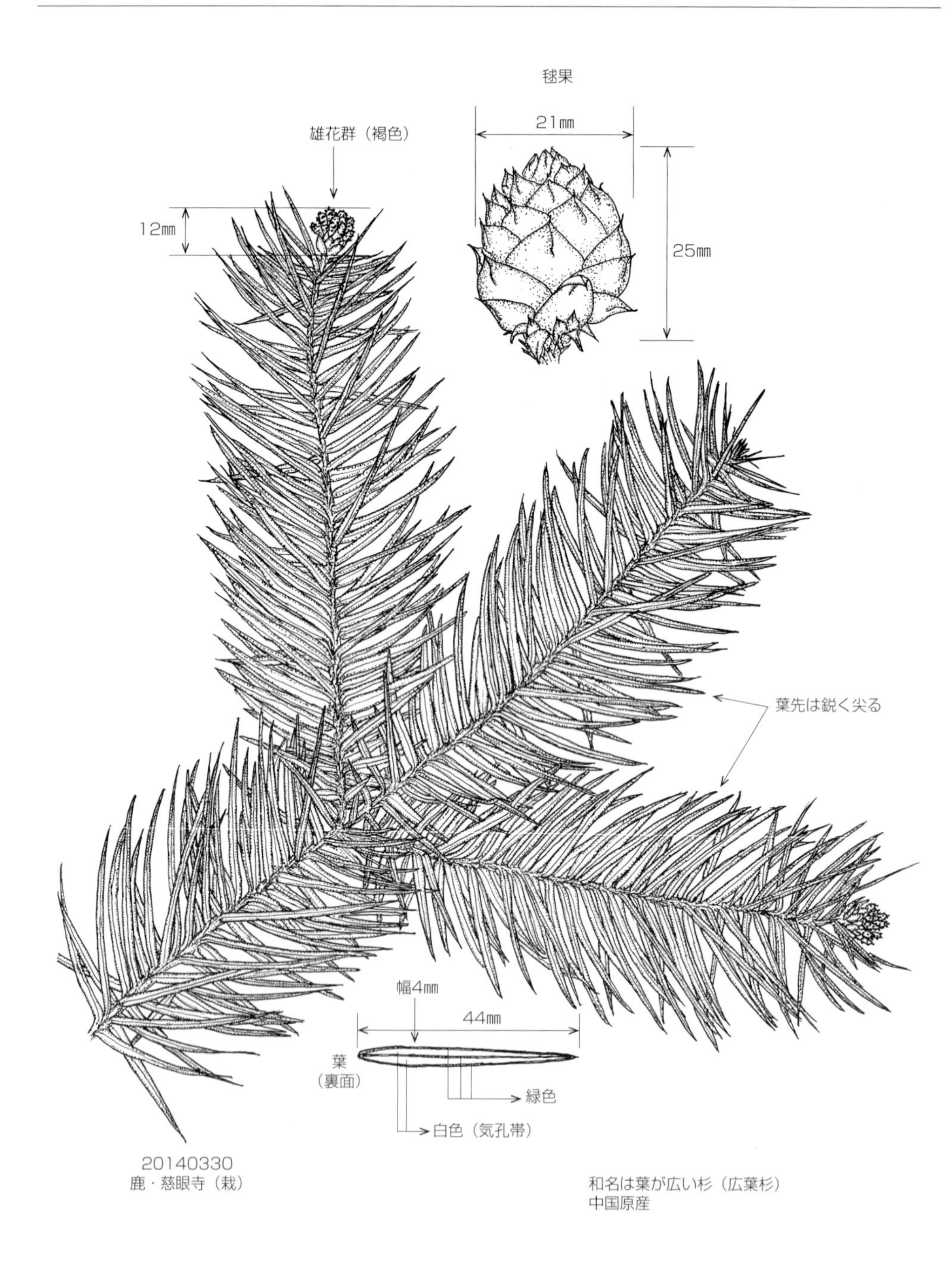

ハイネズ　[ヒノキ科　ネズミサシ属]　　*Juniperus conferta*

オキナワハイネズ
Juniperus taxifolia var. lutchuensis

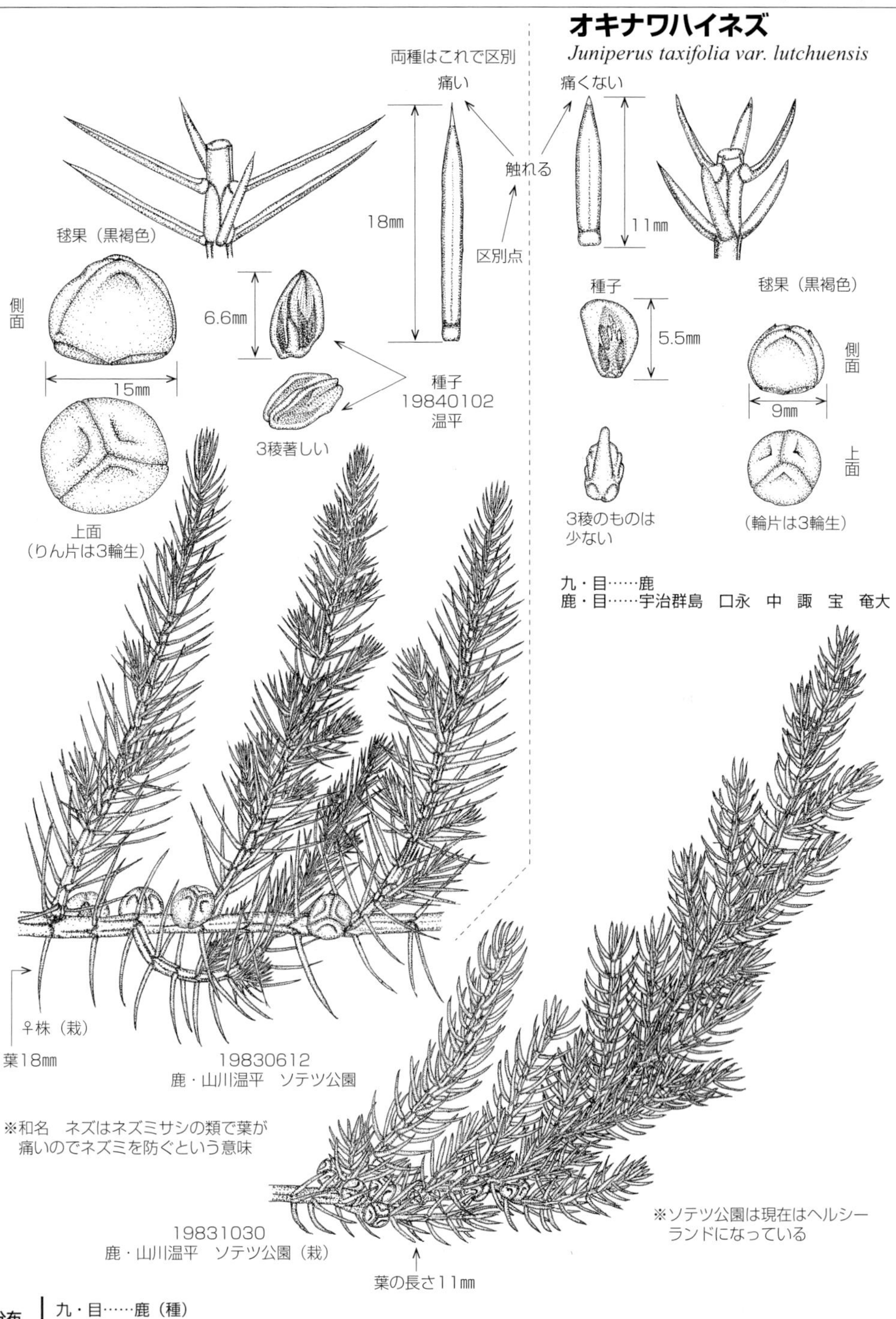

※和名　ネズはネズミサシの類で葉が痛いのでネズミを防ぐという意味

※ソテツ公園は現在はヘルシーランドになっている

分布　九・目……鹿（種）
　　　鹿・目……種

ヒメコウホネ　[スイレン科　コウホネ属]　　　　　　　　　　　　*Nuphar subintegerrimum*

がくに包まれた果実（がく2枚は除いた）

花の時はがくは黄色であるが、果実になると緑色になる

中の果実の径は5.5mm

径6mm

水面より出る（コウホネも同じ）

135mm

葉の裏面も緑色（ヒメシロアサザは赤紫色）

水面に浮かぶ（コウホネの葉は水面より出る）

※水位が下るとヒメコウホネの葉も水面より出ることになる

径2.5mm（葉柄の先）

幼葉は内巻き

114mm

82mm

20091002 鹿・川内　天神池

38mm

がく片は5枚黄色

黄緑色　径6mm

花

薬　4mm
花糸　9mm

おしべ

先は丸い（コウホネは鋭い）

10mm

柱頭（柱頭盤）

23mm

黄色
がく片
黄緑色

36mm

地下茎の先端に葉が付く
地下茎は白色

葉痕（茶褐色）

20mm

根は白色
径4.5mm

和名は、地下茎が太く、白く横にはうので、川骨といわれるようになった

分布　九・目……福（星野－麻生池　久山－大谷）大（宇佐　中津）熊（球磨－相良）宮（北、中、西部）鹿
　　　鹿・目……大口（羽月　西太良）川内（上地）蘭牟田

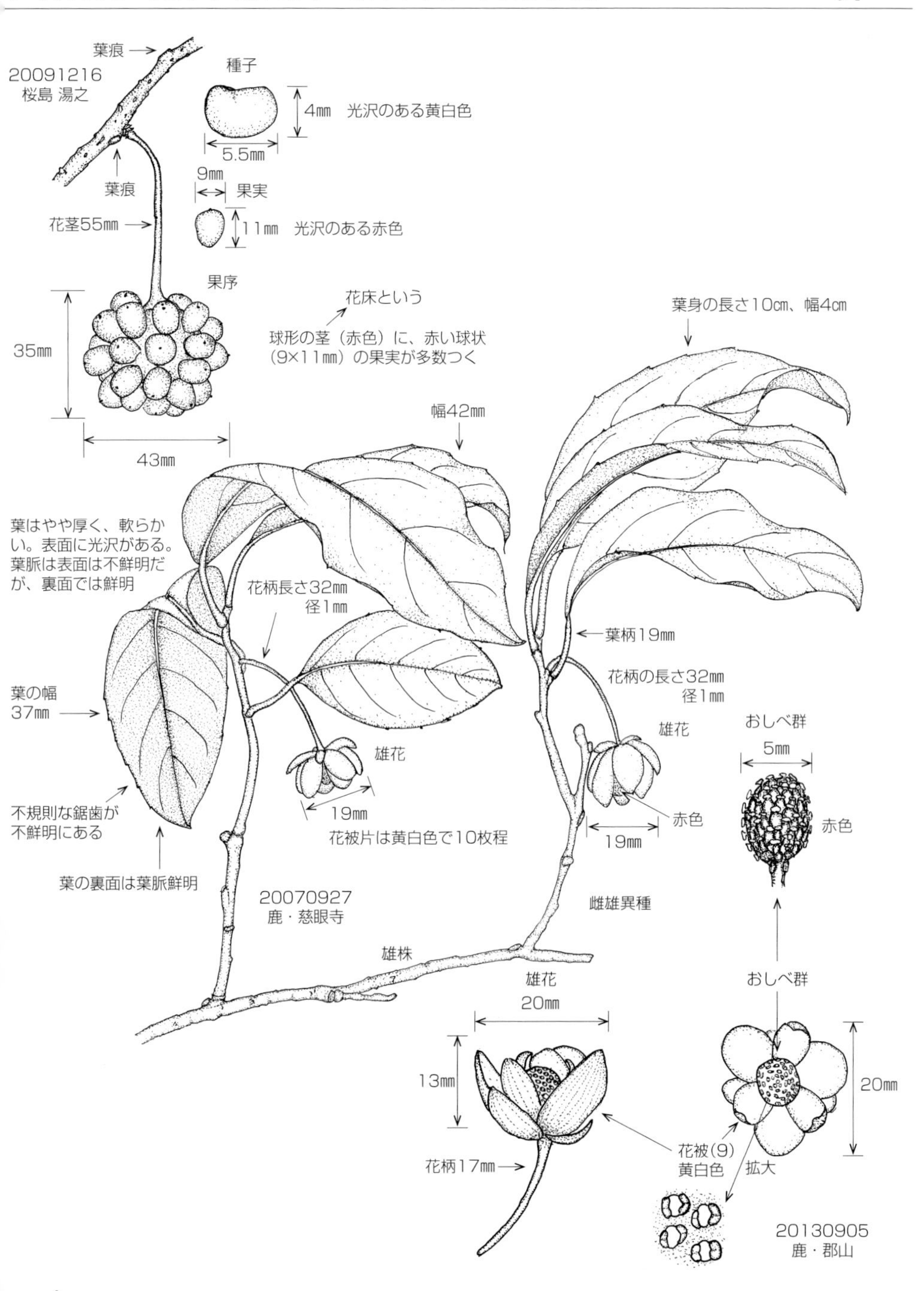

ドクダミ　[ドクダミ科　ドクダミ属]　　　　　*Houttuynia cordata*

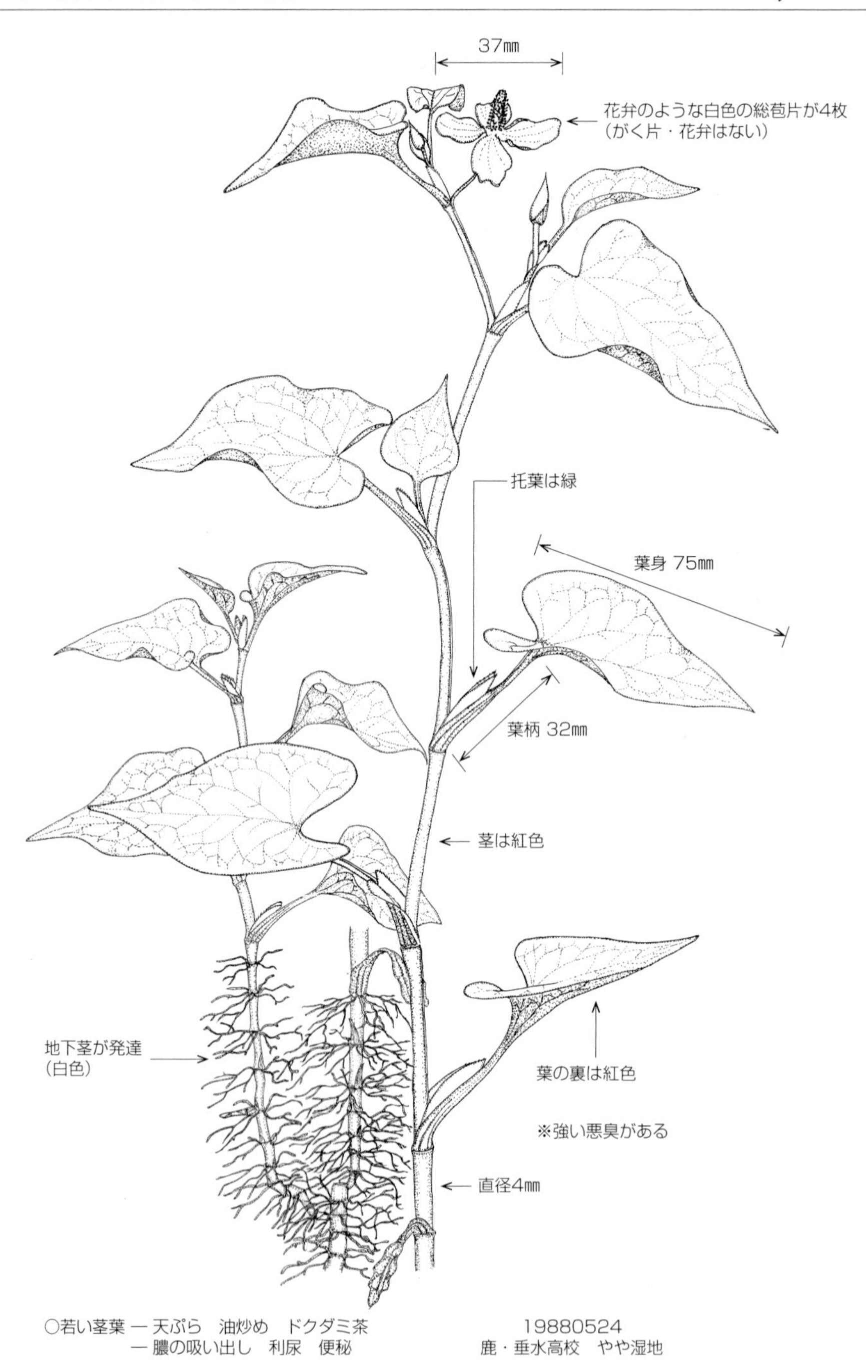

○若い茎葉 — 天ぷら　油炒め　ドクダミ茶
　　　　 — 膿の吸い出し　利尿　便秘

19880524
鹿・垂水高校　やや湿地

分布　｜九・目……各県（南は奄群）
　　　｜鹿・目……県本土各地　甑　黒

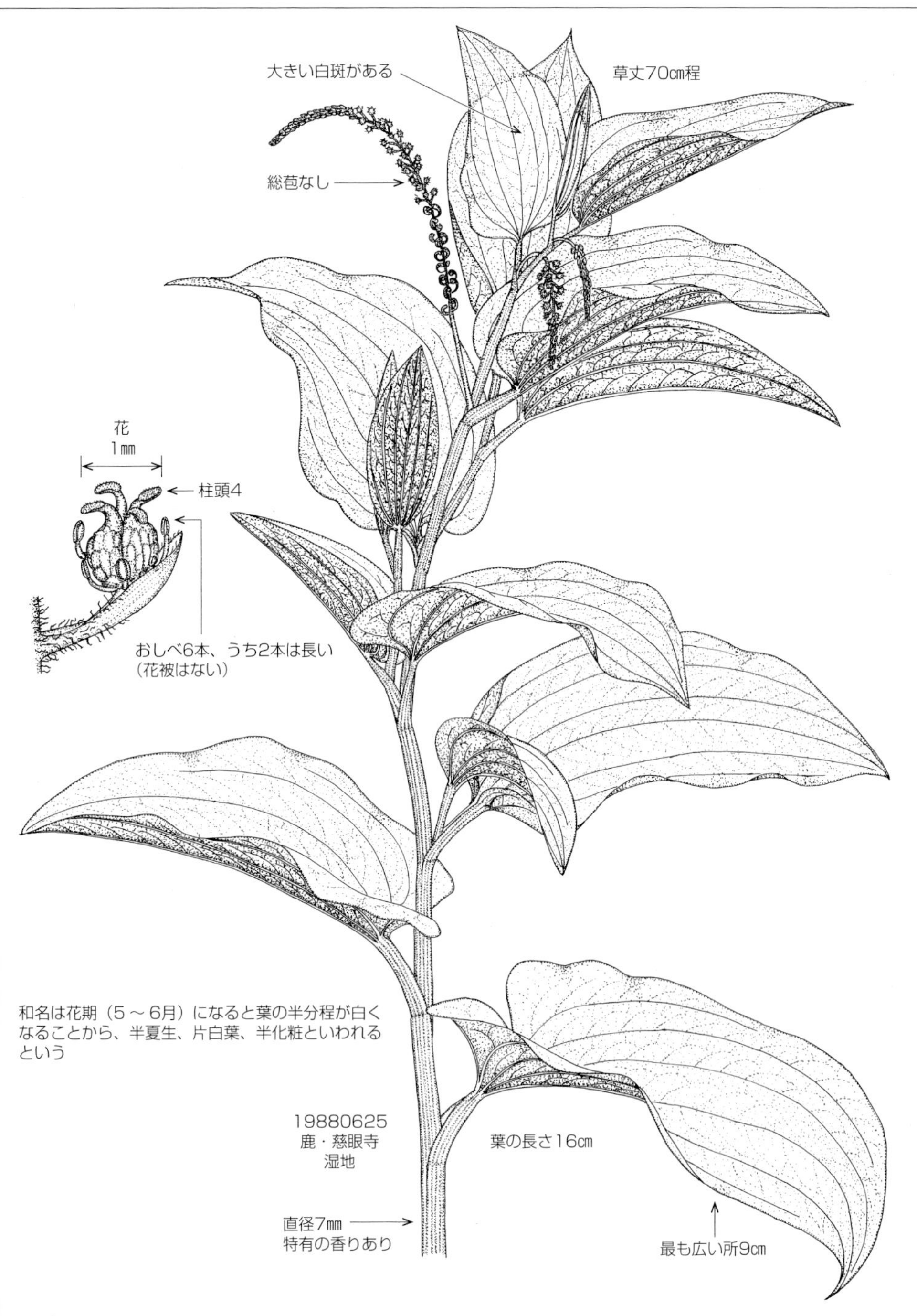

サダソウ ［コショウ科　サダソウ属］ *Peperomia jaonica*

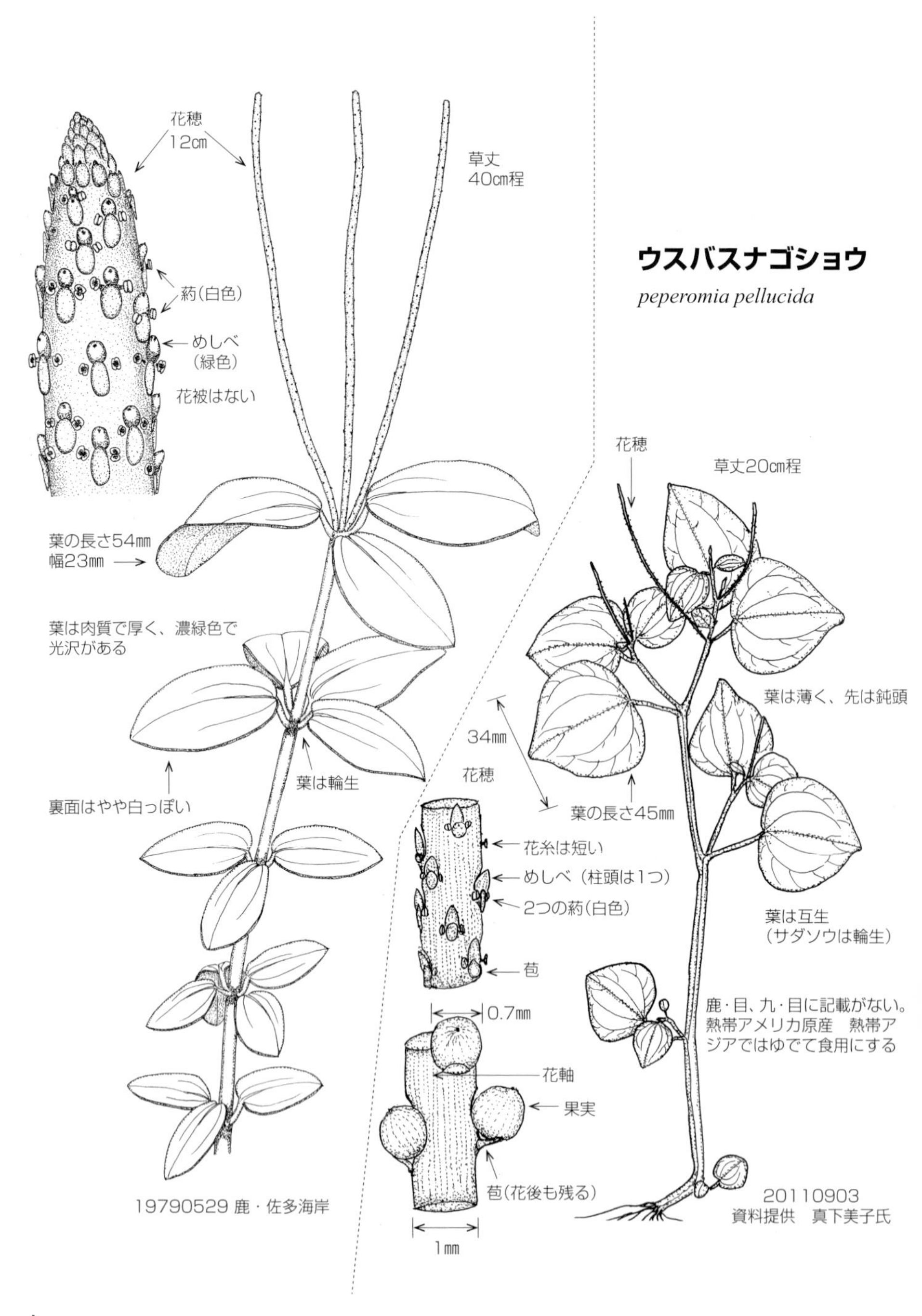

ウスバスナゴショウ
peperomia pellucida

分布　九・目……大（深島）　宮（高島以南の島嶼）　鹿
　　　鹿・目……志布志枇榔島　竜ヶ水　大根占　辺塚　佐多岬　甑　屋　黒　悪　宝　奄群

フウトウカズラ ［コショウ科　コショウ属］　　　*Piper kadsura*

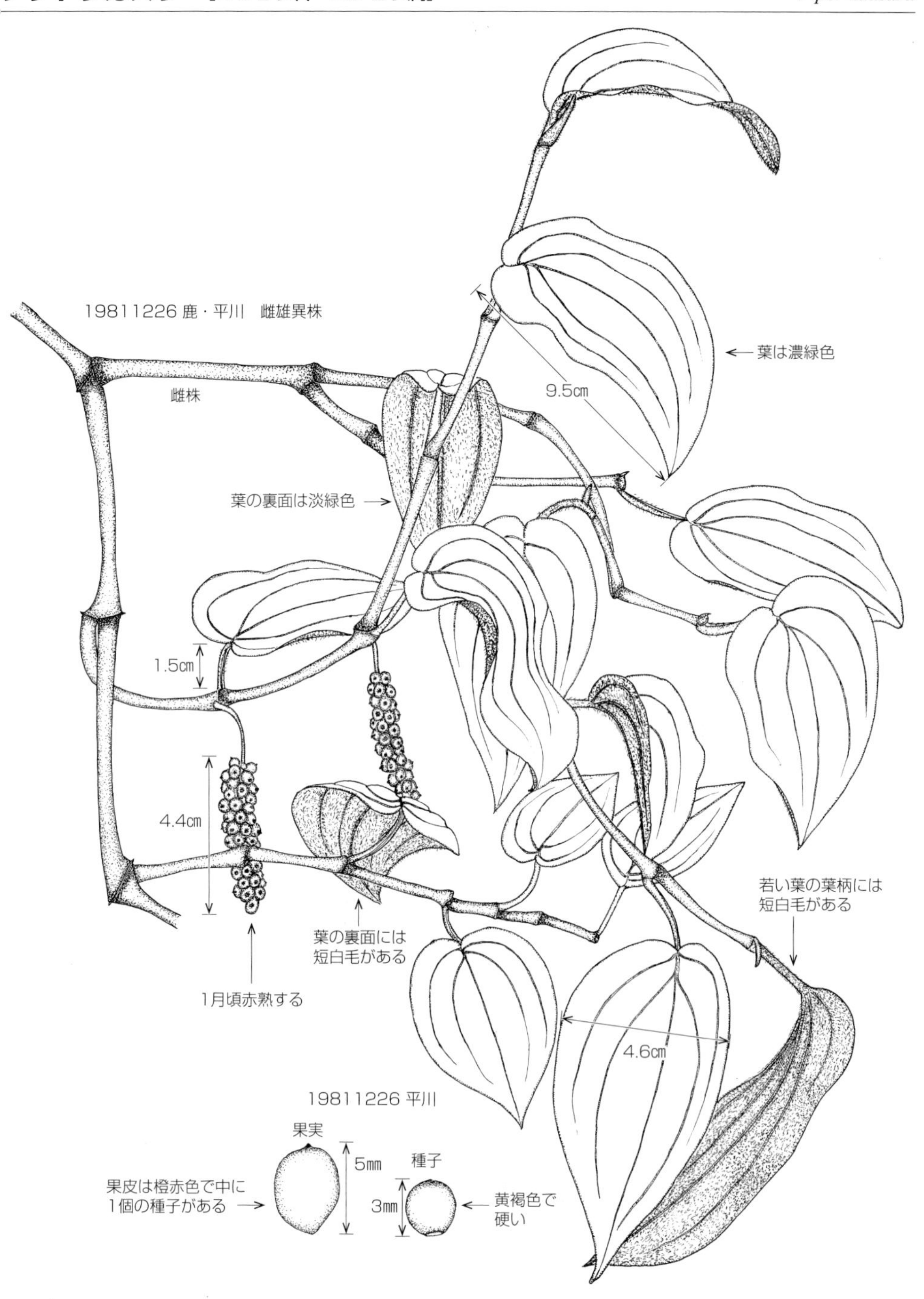

分布　九・目……各県（南は奄群）
　　　鹿・目……県本土北部を除く各地

ウマノスズクサ　［ウマノスズクサ科　ウマノスズクサ属］　*Aristolochia debilis*

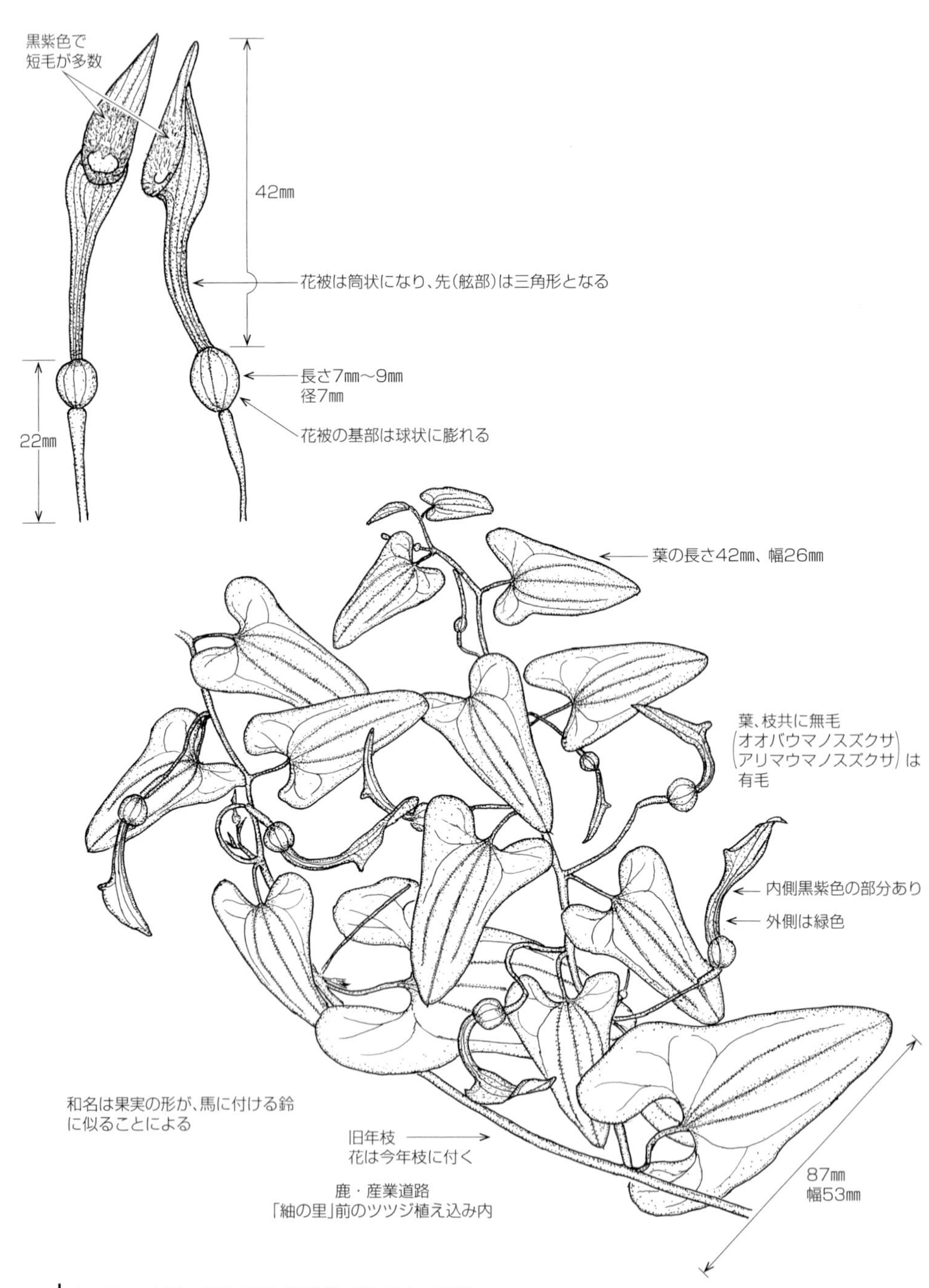

オオバウマノスズクサ　[ウマノスズクサ科　ウマノスズクサ属]　*Aristolochia kaempferi*

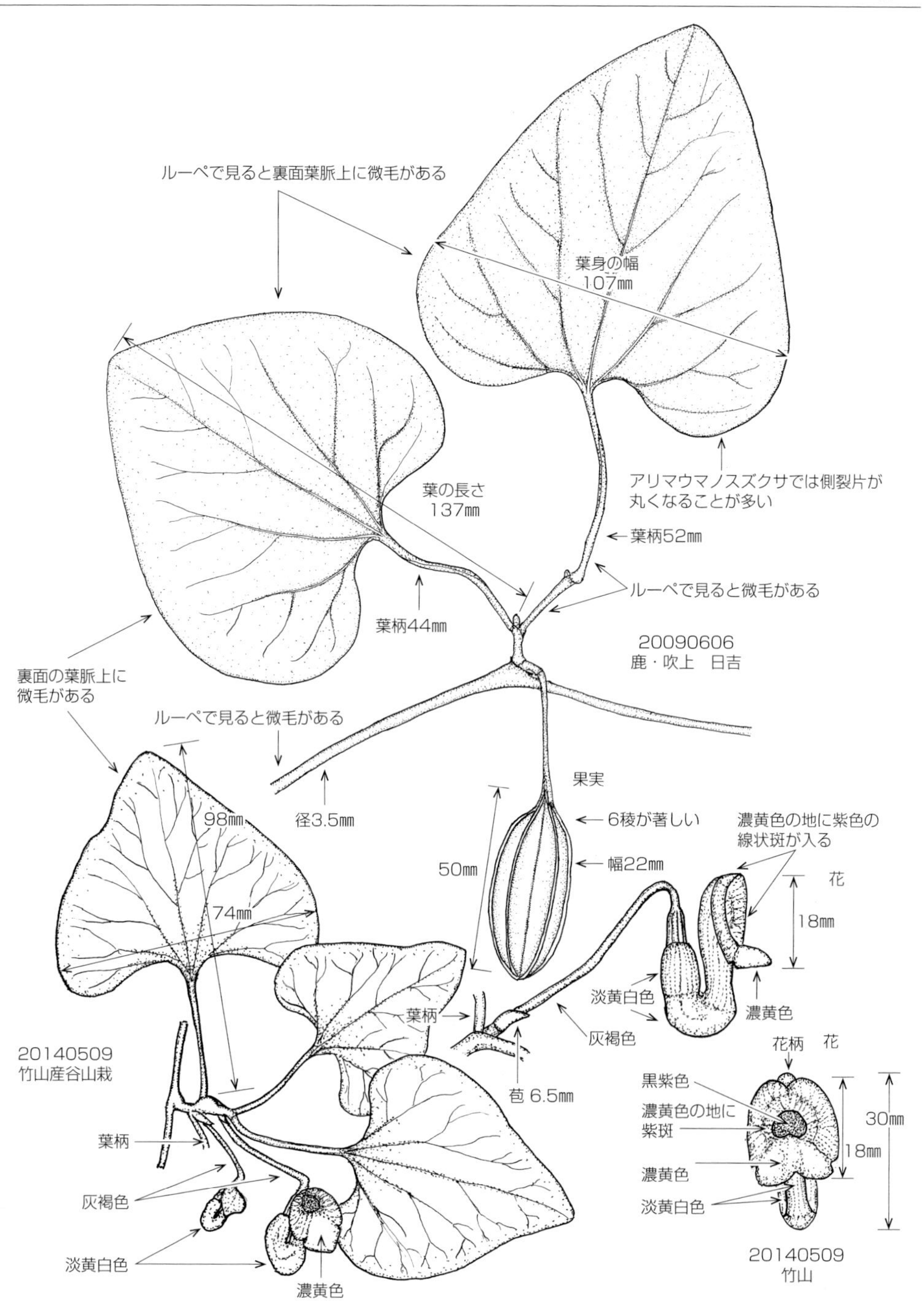

ウンゼンカンアオイ　[ウマノスズクサ科　カンアオイ属]　　*Asarum unzen*

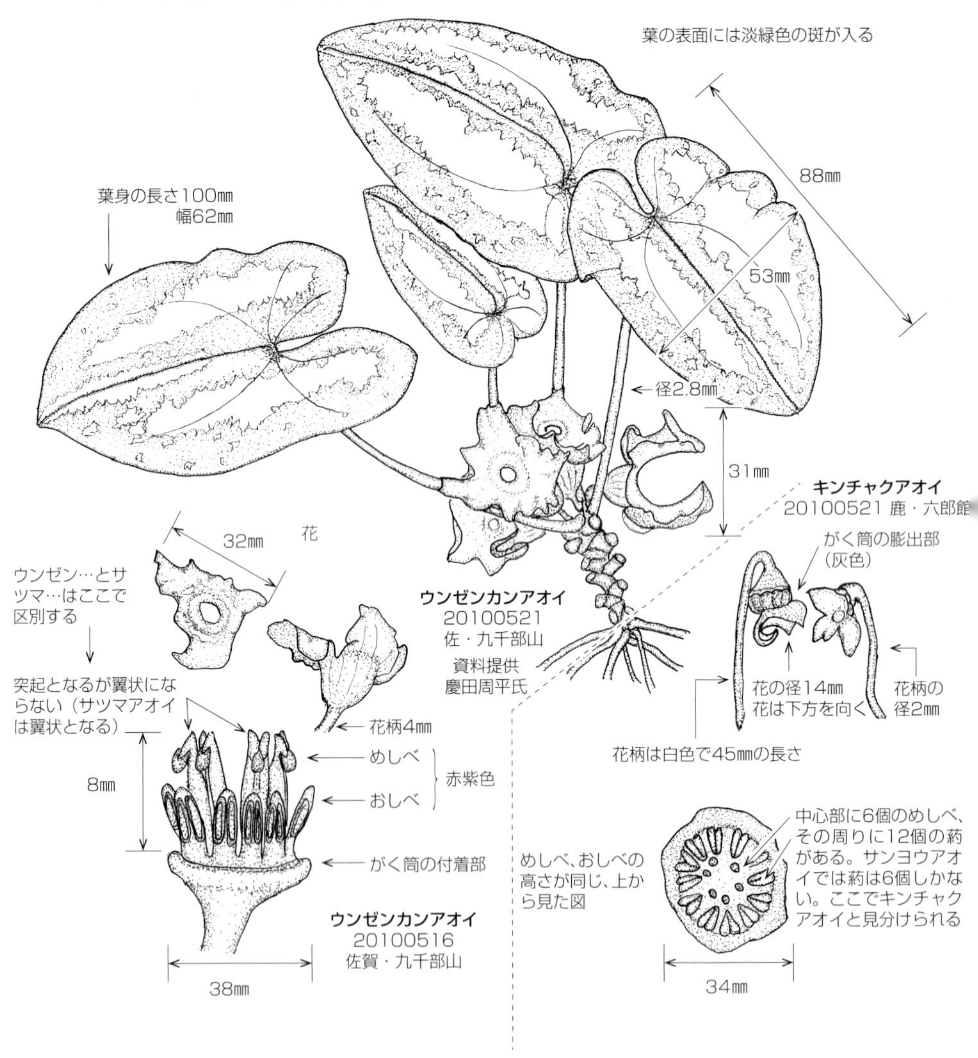

分布　九・目……福（古処山　香春山）　佐（東部に点在）　長（雲仙　佐世保　平戸　五島）　熊（甲佐岳　天草　芦北　水俣　権現岳）　鹿
　　　鹿・目……獅子島　長島　阿久根（笠山）　大口－五里　高隈山－横岳

キンチャクアオイ ［ウマノスズクサ科　カンアオイ属］ *Asarum hexalobum var. perfectum*

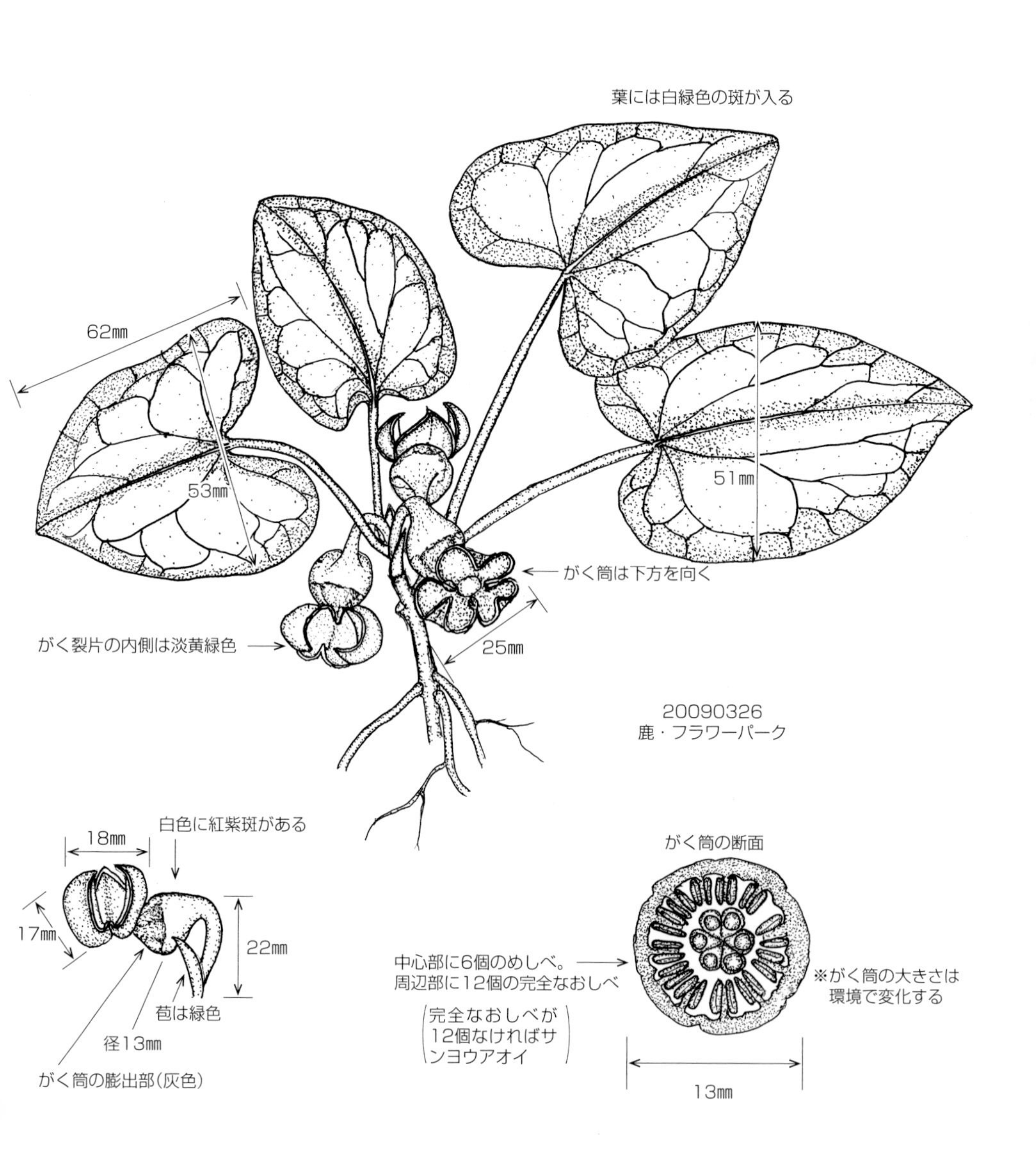

分布
九・目……長を除く各県（南限は鹿の野首嶽　亀ヶ丘）　熊（白髪岳以北）　宮（北は日向まで　内陸は須木）　鹿
鹿・目……大口（田代の冷水　五里　羽月）　鶴田　紫尾山　東郷　川辺高田　磯間山　長尾山　野間岳　蔵多山　下山
　　　　　岳　亀ヶ丘　宮田山（松山）御岳　高山二股　国見山　甫与志岳　稲опа岳　辺塚　辻岳　野首嶽（東側）　甑
　　　　　（尾岳）

サンヨウアオイ　[ウマノスズクサ科　カンアオイ属]　　　*Asarum hexalobum*

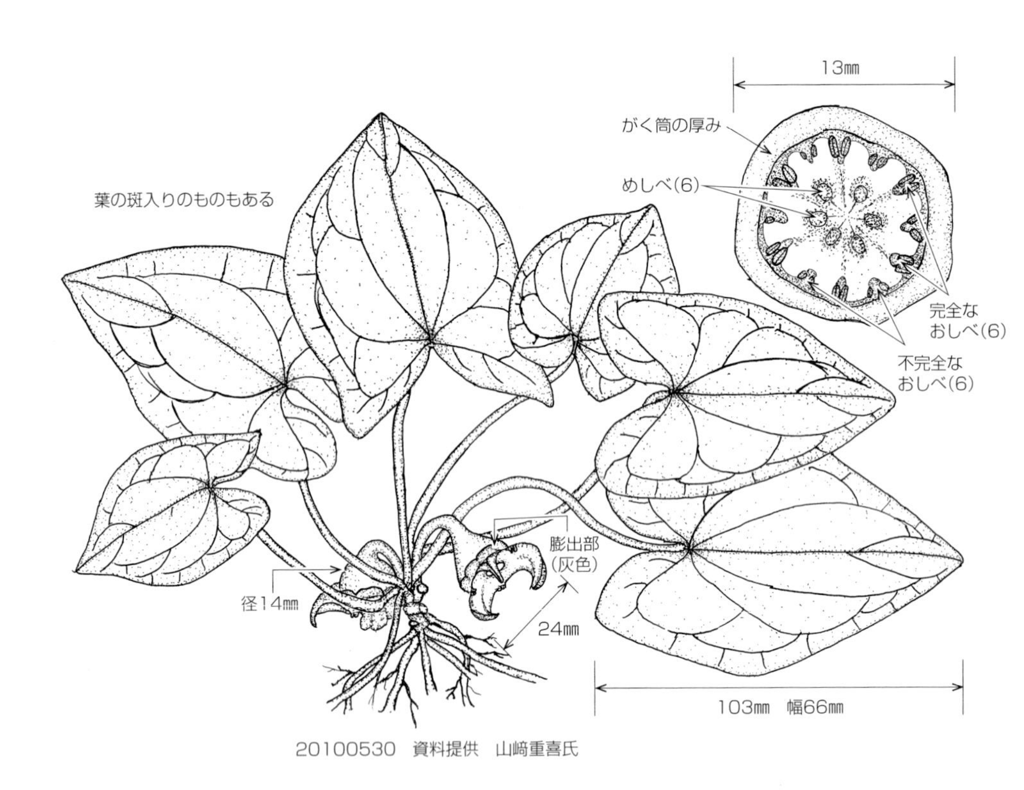

20100530　資料提供　山﨑重喜氏

分布　九・目……長を除く各県（南限は鹿の大口　県境の山地）
　　　鹿・目……大口（布計　奥十曽　ケヤキ平）

ツクシアオイ　[ウマノスズクサ科　カンアオイ属]　*Asarum kiusianum*

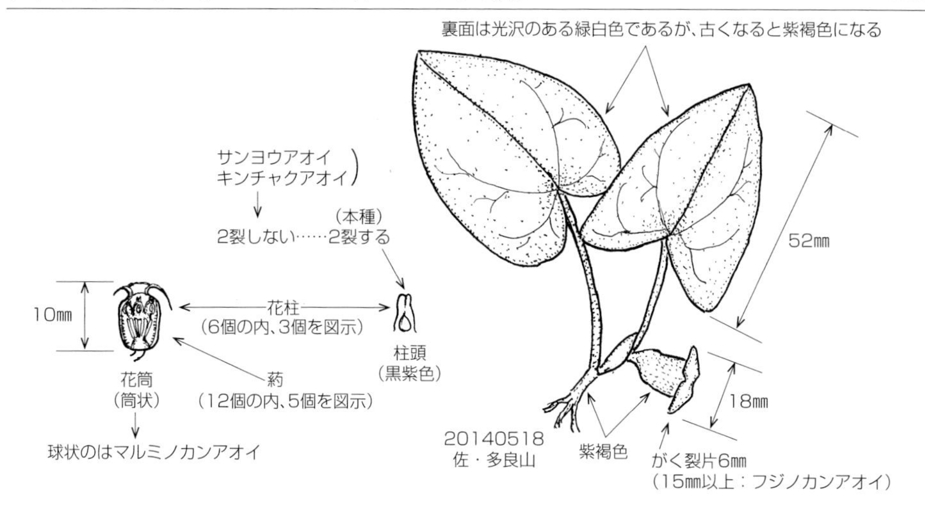

マルミノカンアオイ　*Asarum subglobosum*

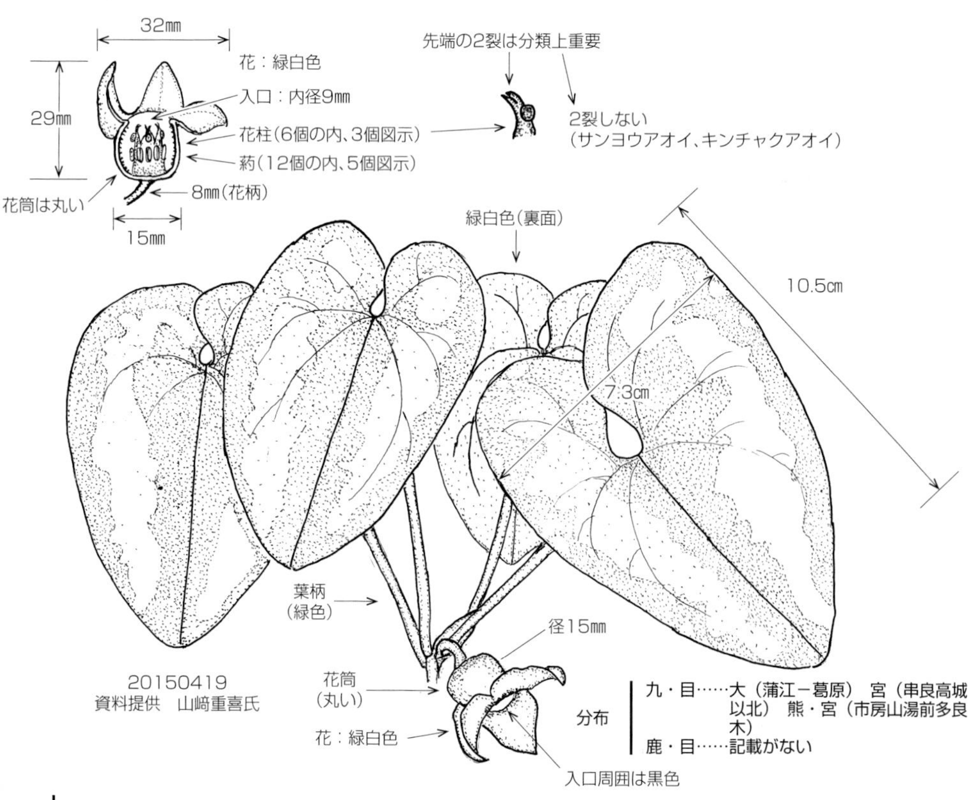

分布 | 九・目……佐（県南に点在）　熊（小岱山　天草　八代ー竹内峠　権現岳）宮（北部）鹿（紫尾山）
鹿・目……記載がない

トカラカンアオイ　[ウマノスズクサ科　カンアオイ属]　*Asarum tokarense*

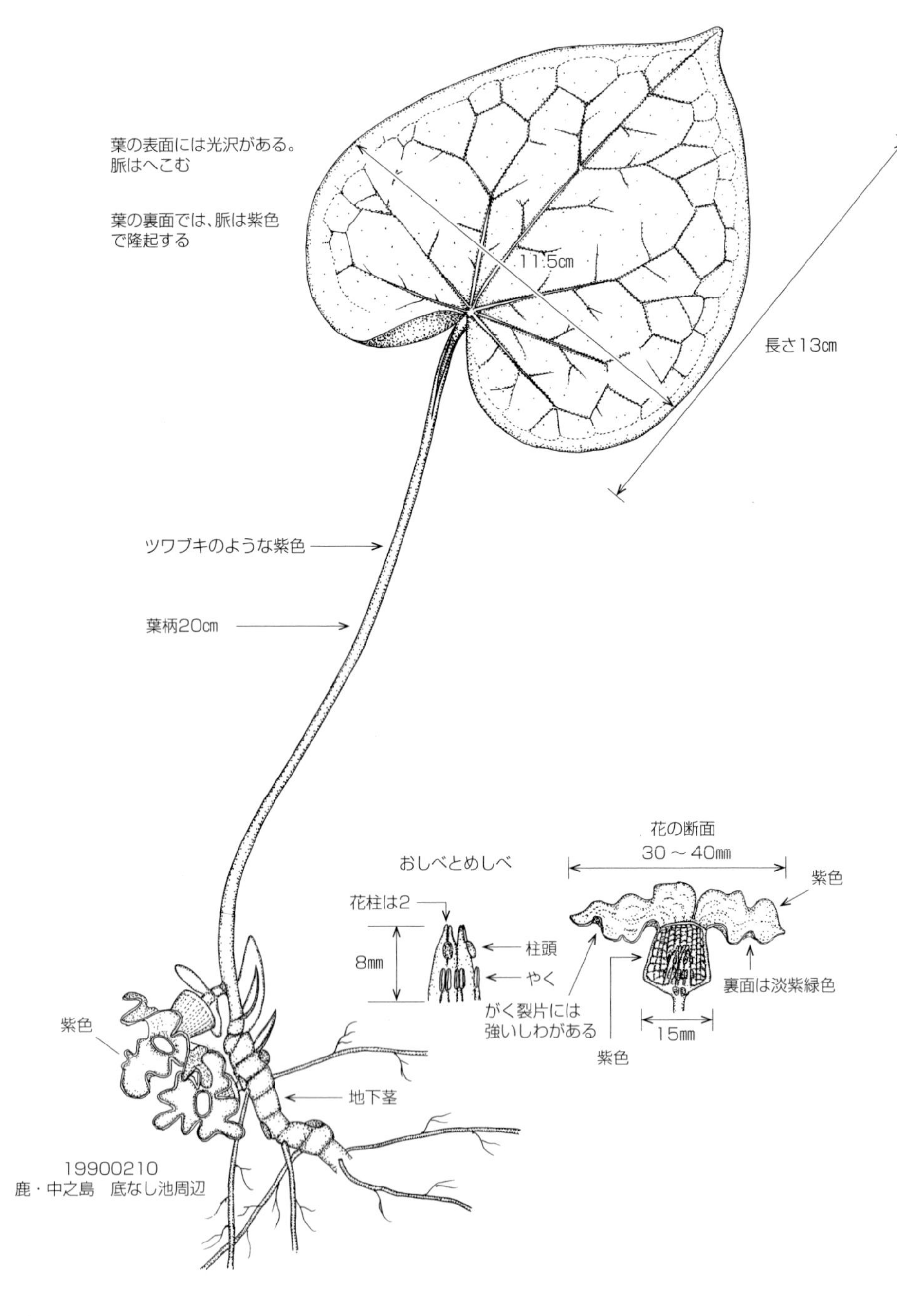

トクノシマカンアオイ ［ウマノスズクサ科　カンアオイ属］ *Asarum simile*

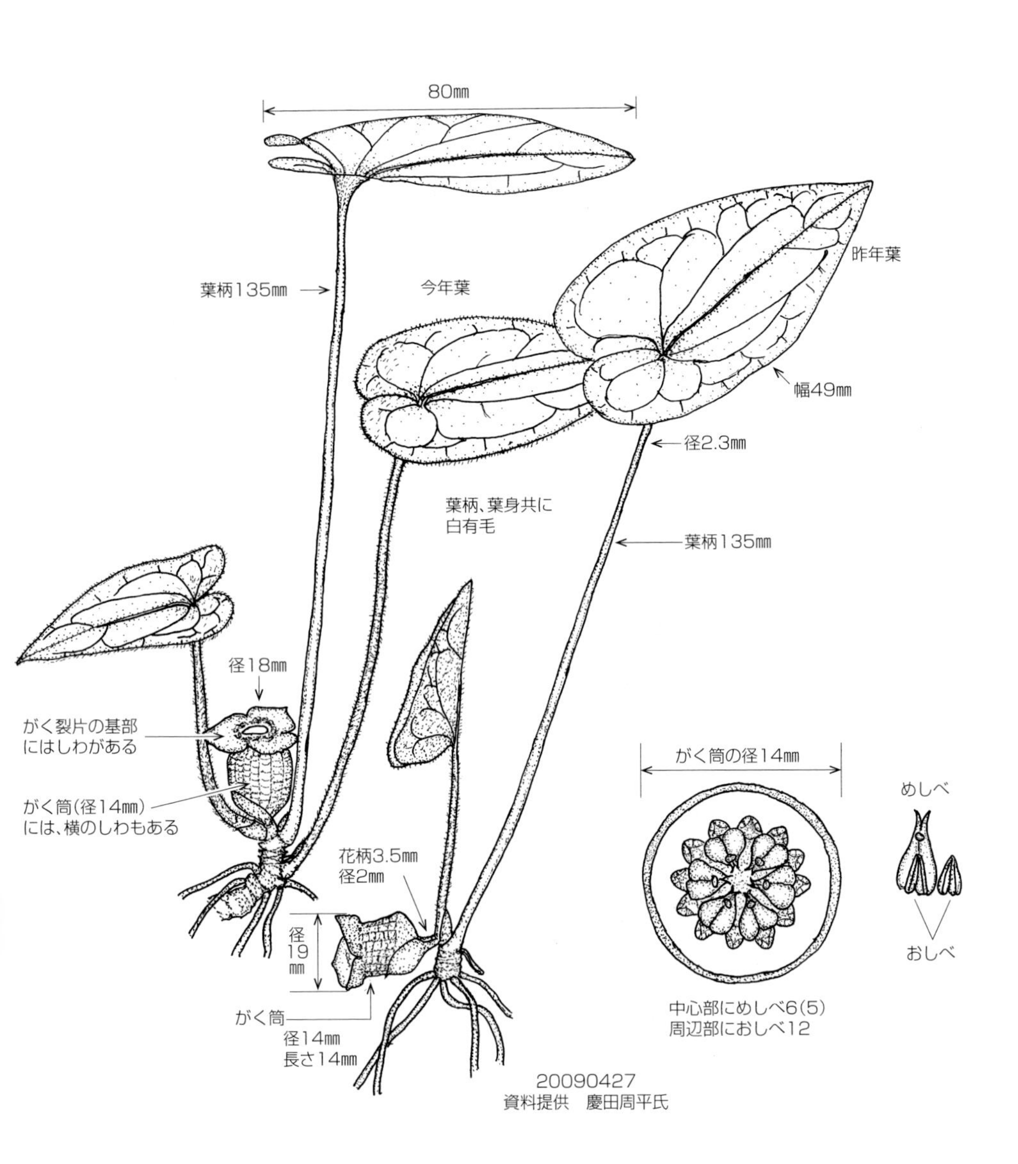

ハツシマカンアオイ　[ウマノスズクサ科　カンアオイ属]　　Asarum hatsushimae

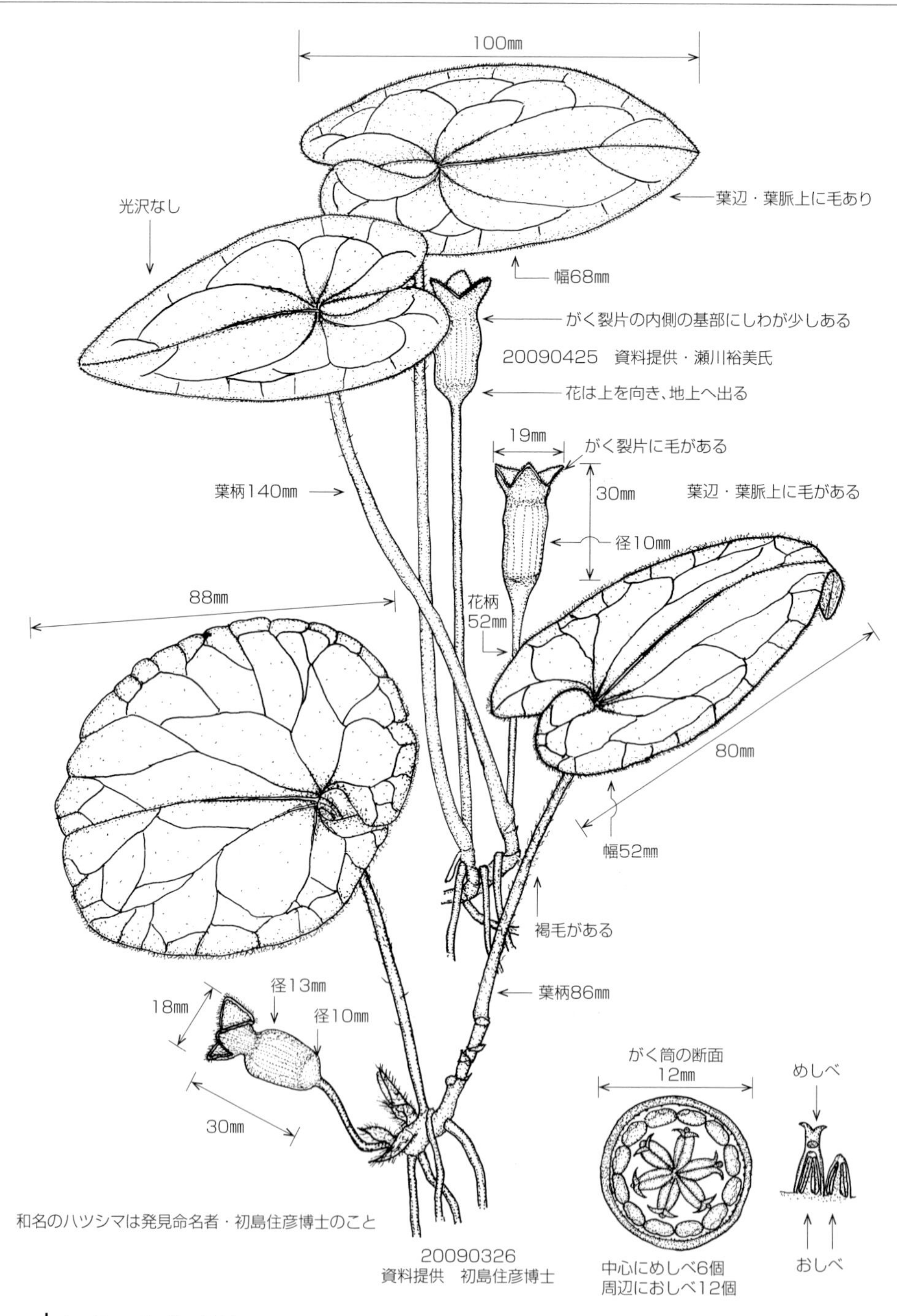

フタバアオイ　[ウマノスズクサ科　カンアオイ属]　　*Asarum caulescens*

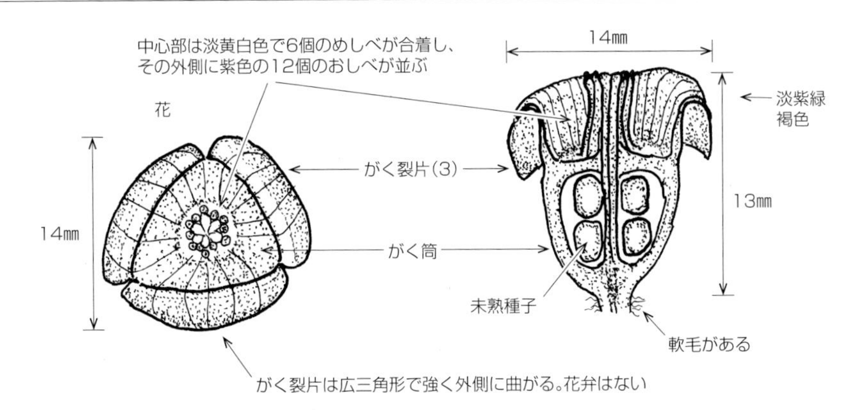

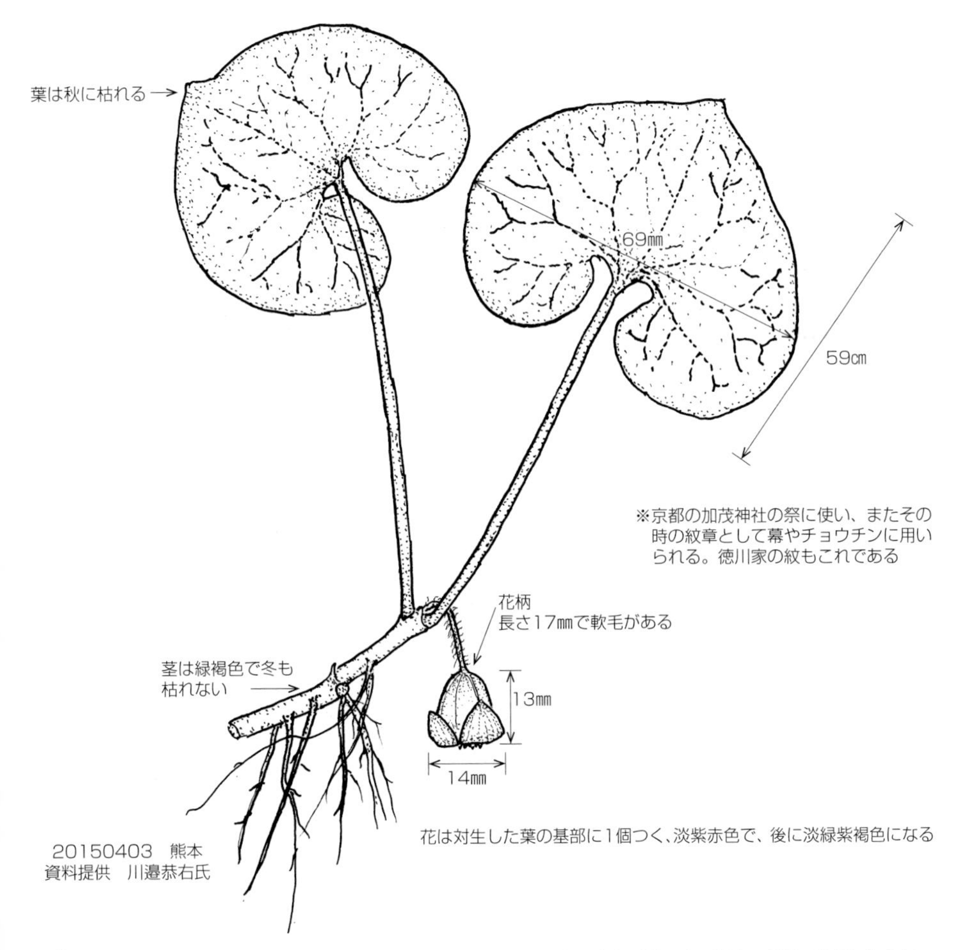

※京都の加茂神社の祭に使い、またその時の紋章として幕やチョウチンに用いられる。徳川家の紋もこれである

20150403　熊本
資料提供　川邉恭右氏

分布 ｜ 九・目……福（英彦山　犬岳　宝満山）　大（点在）　熊（各地　南は球磨－渡）　宮（須木－南限、以北には点在）
　　　｜ 鹿・目……記載がない

ヤクシマカンアオイ（オニカンアオイ）　[ウマノスズクサ科　カンアオイ属]　*Asarum yakusimense*

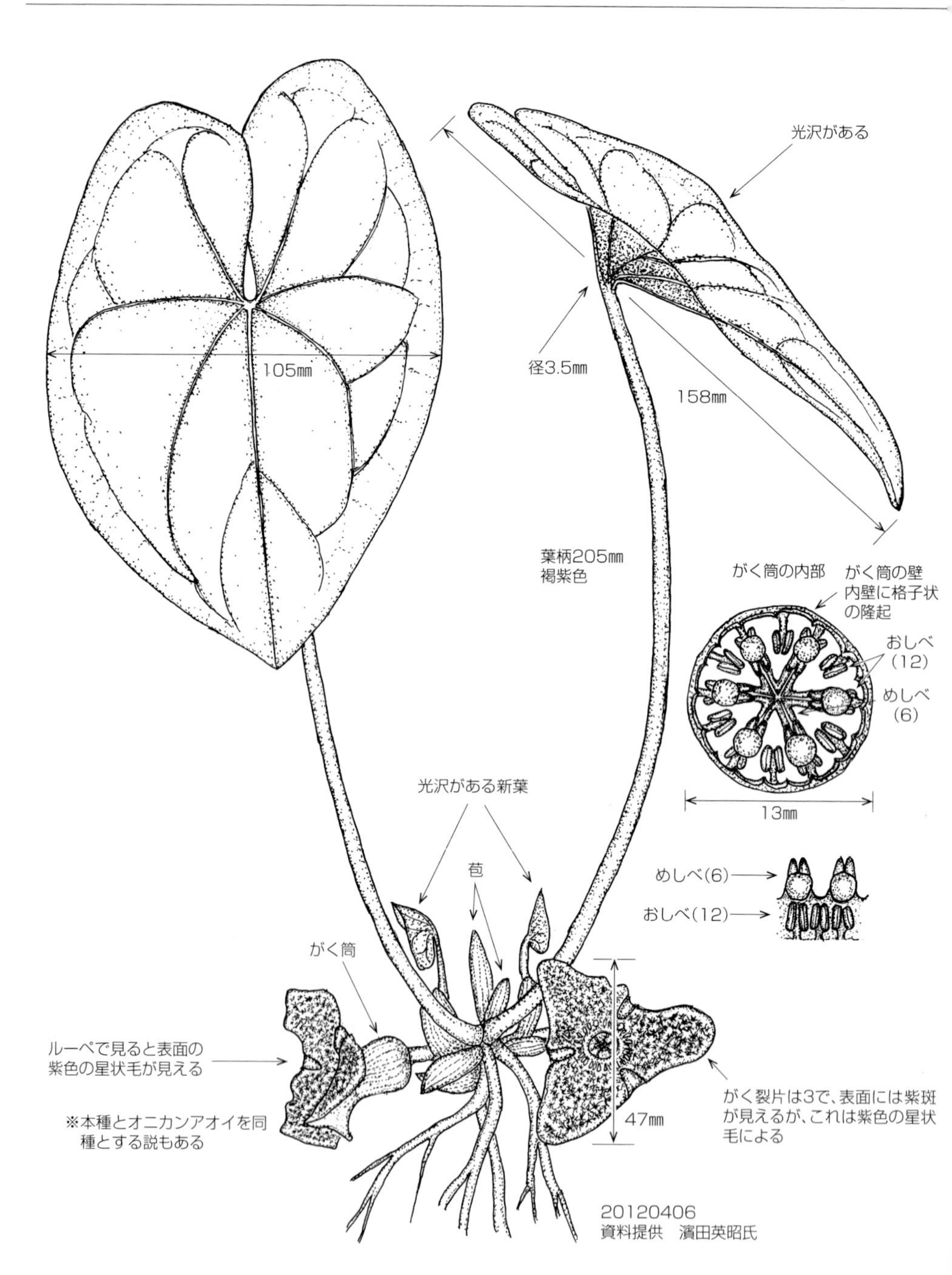

コブシ　[モクレン科　モクレン属]　　*Magnolia kobus*

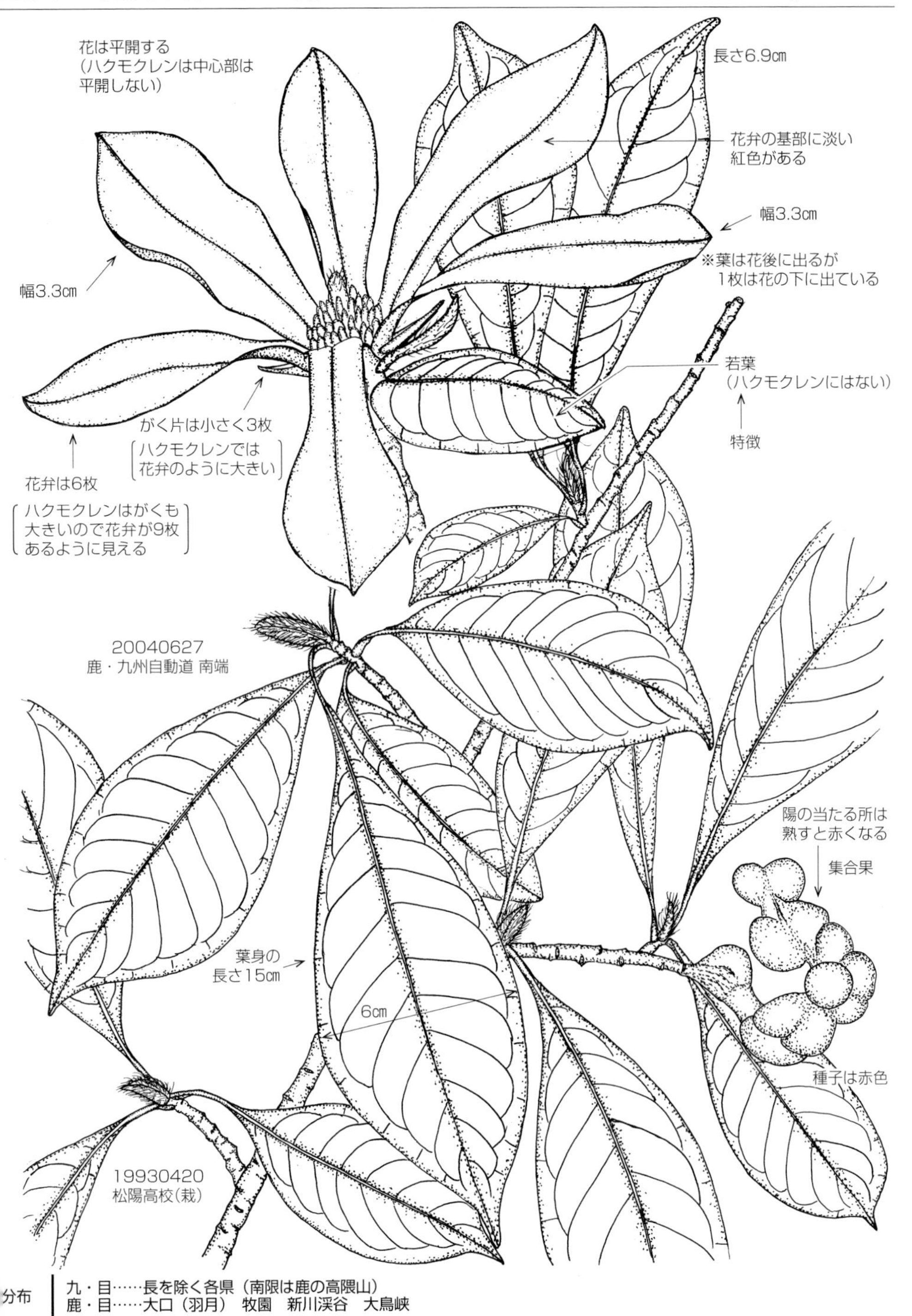

タイサンボク　[モクレン科　モクレン属]　　*Magnolia grandiflora*

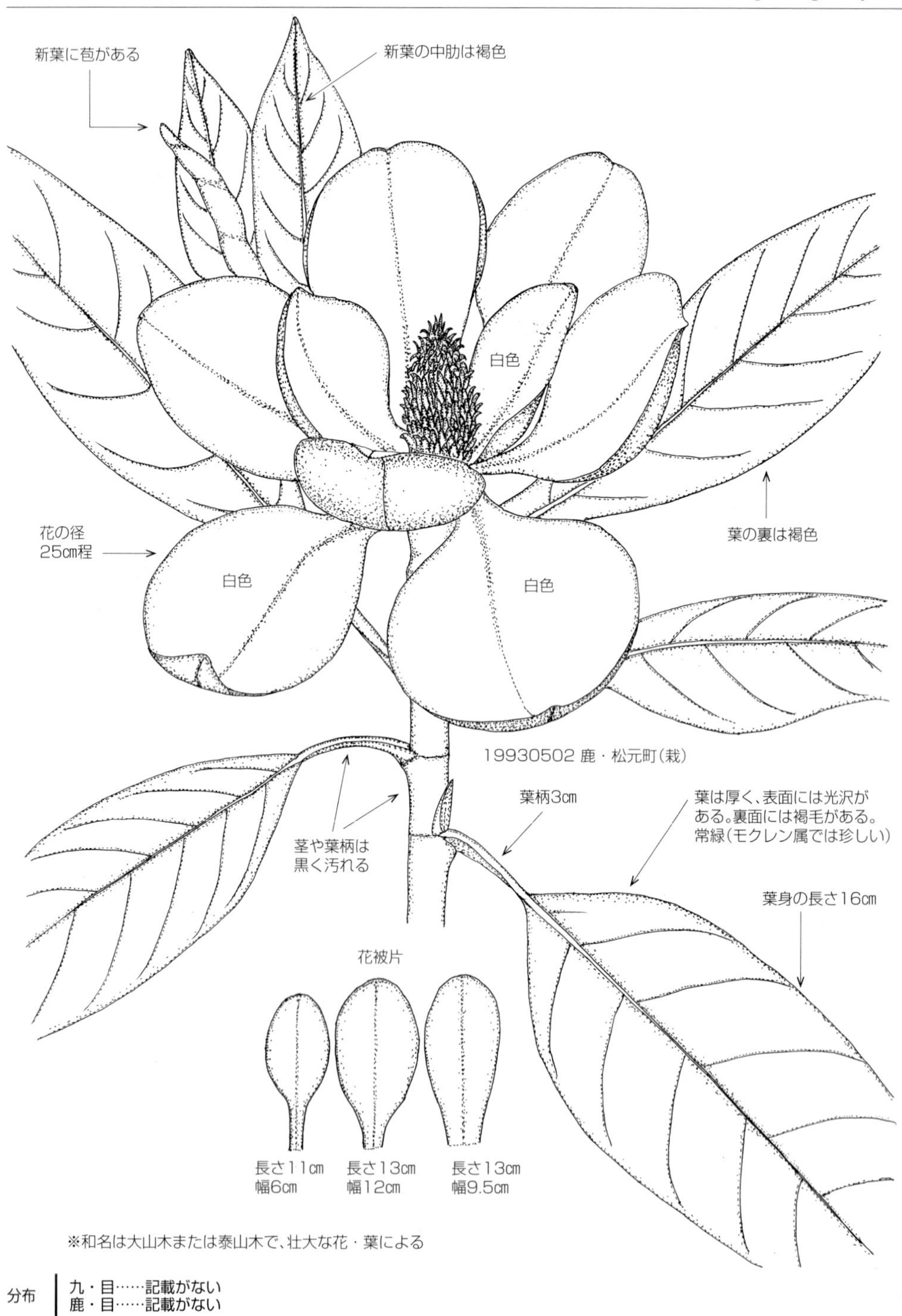

ハクモクレン　[モクレン科　モクレン属]　　*Magnolia heptapeta*

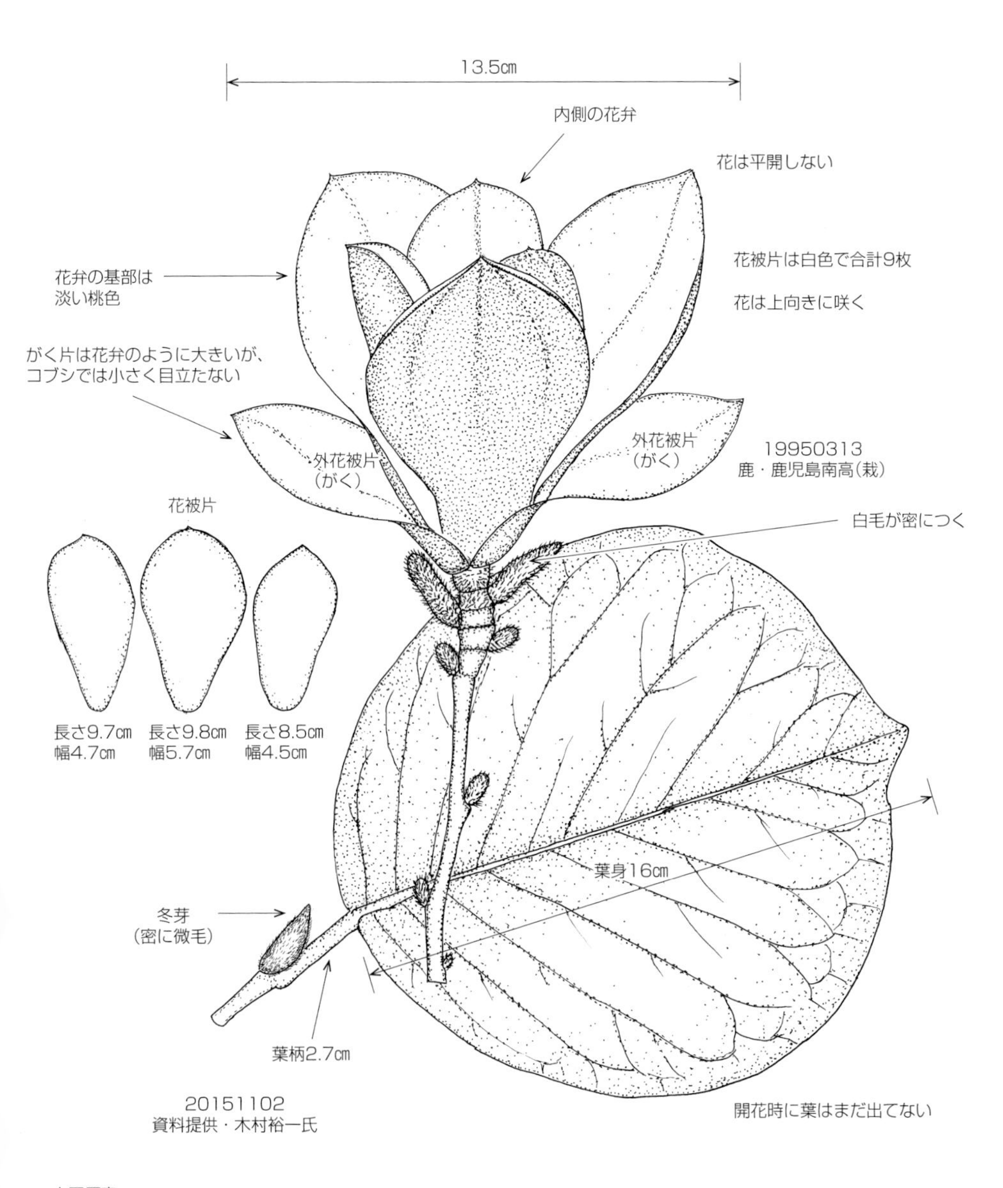

中国原産
庭園樹に利用される

分布　九・目……記載がない
　　　鹿・目……記載がない

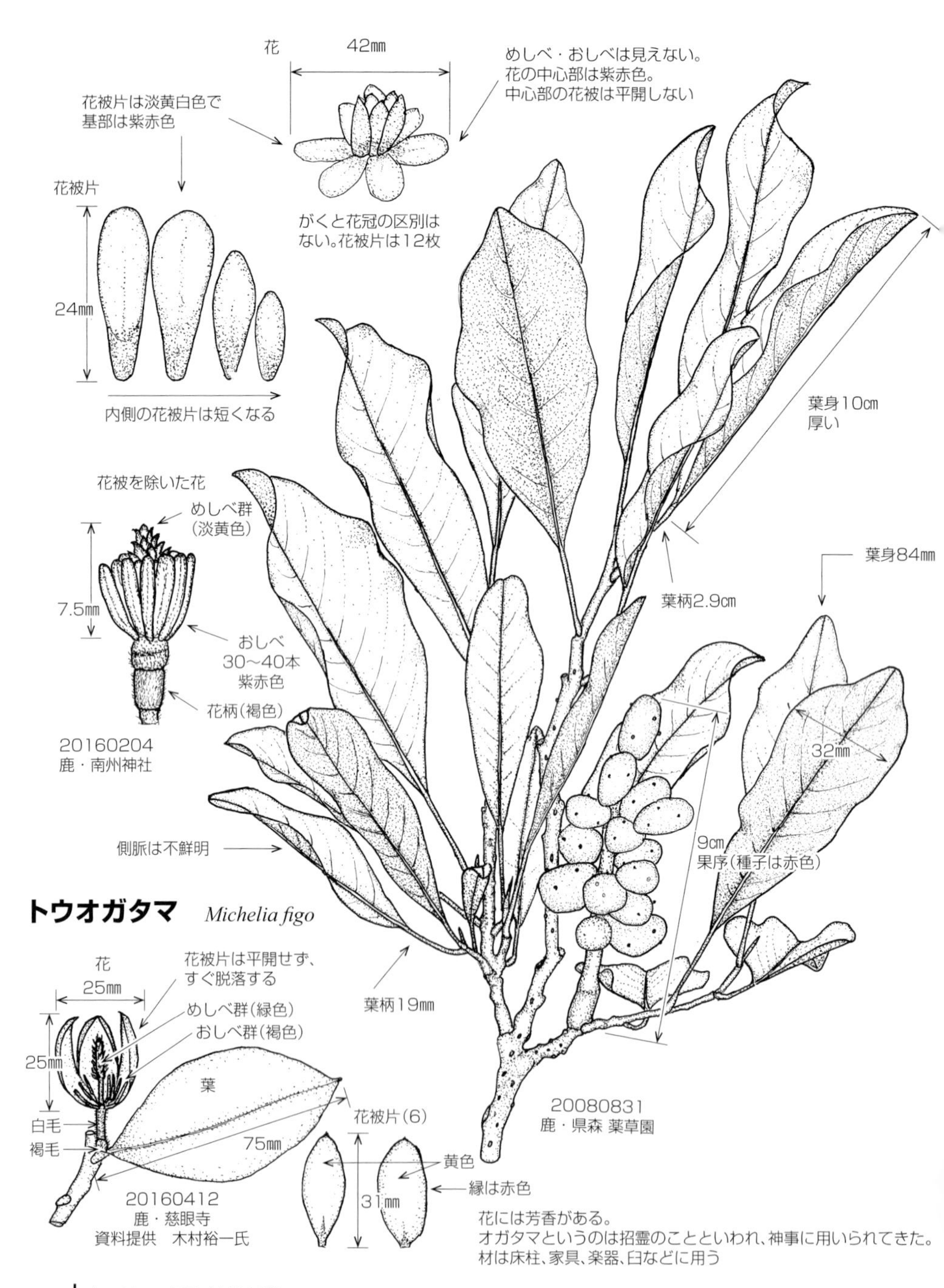

クスノキ [クスノキ科 ニッケイ属] *Cinnamomum camphora*

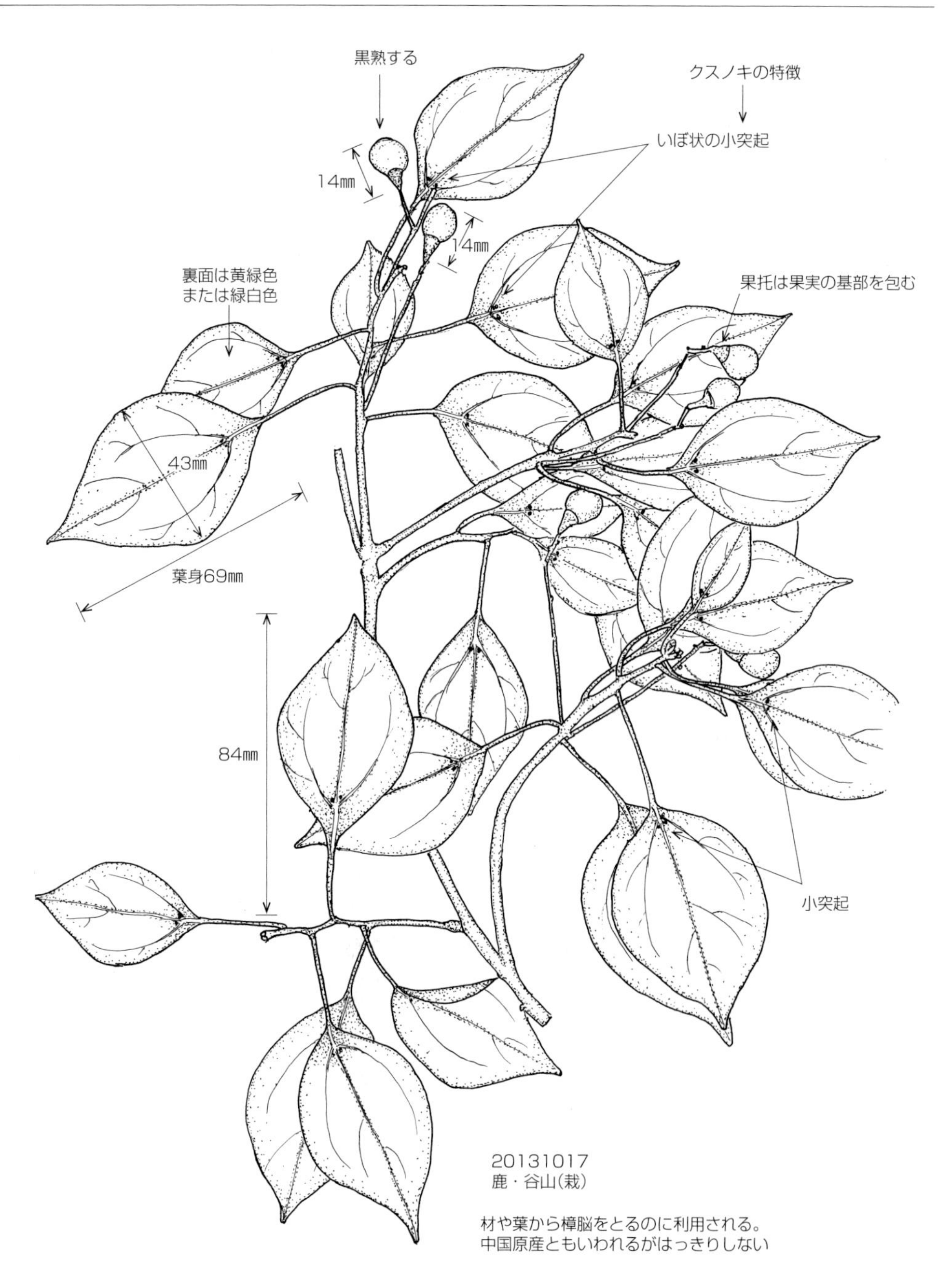

20131017
鹿・谷山(栽)

材や葉から樟脳をとるのに利用される。
中国原産ともいわれるがはっきりしない

分布　九・目……各県（南限は屋　種）
　　　鹿・目……甑　県本土　屋　種　吐（逸出または栽）　徳（逸出）

ニッケイ　[クスノキ科　ニッケイ属]　*Cinnamomum okinawaense*

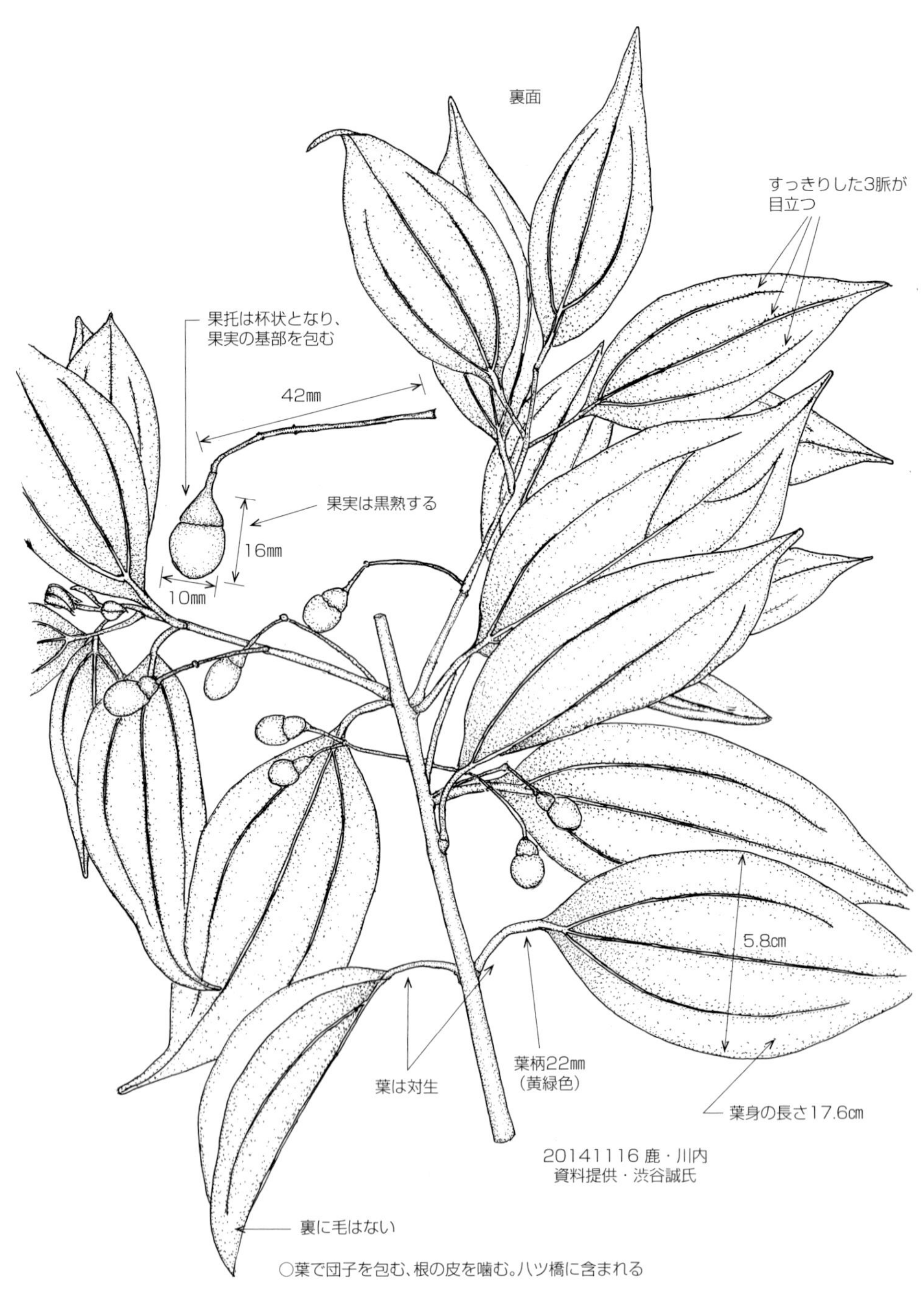

分布　九・目……鹿のみ記載
　　　鹿・目……徳（犬田布岳）　逸出品として紫尾山、阿久根（大滝）がある

マルバニッケイ [クスノキ科 ニッケイ属] *Cinnamomum daphnoides*

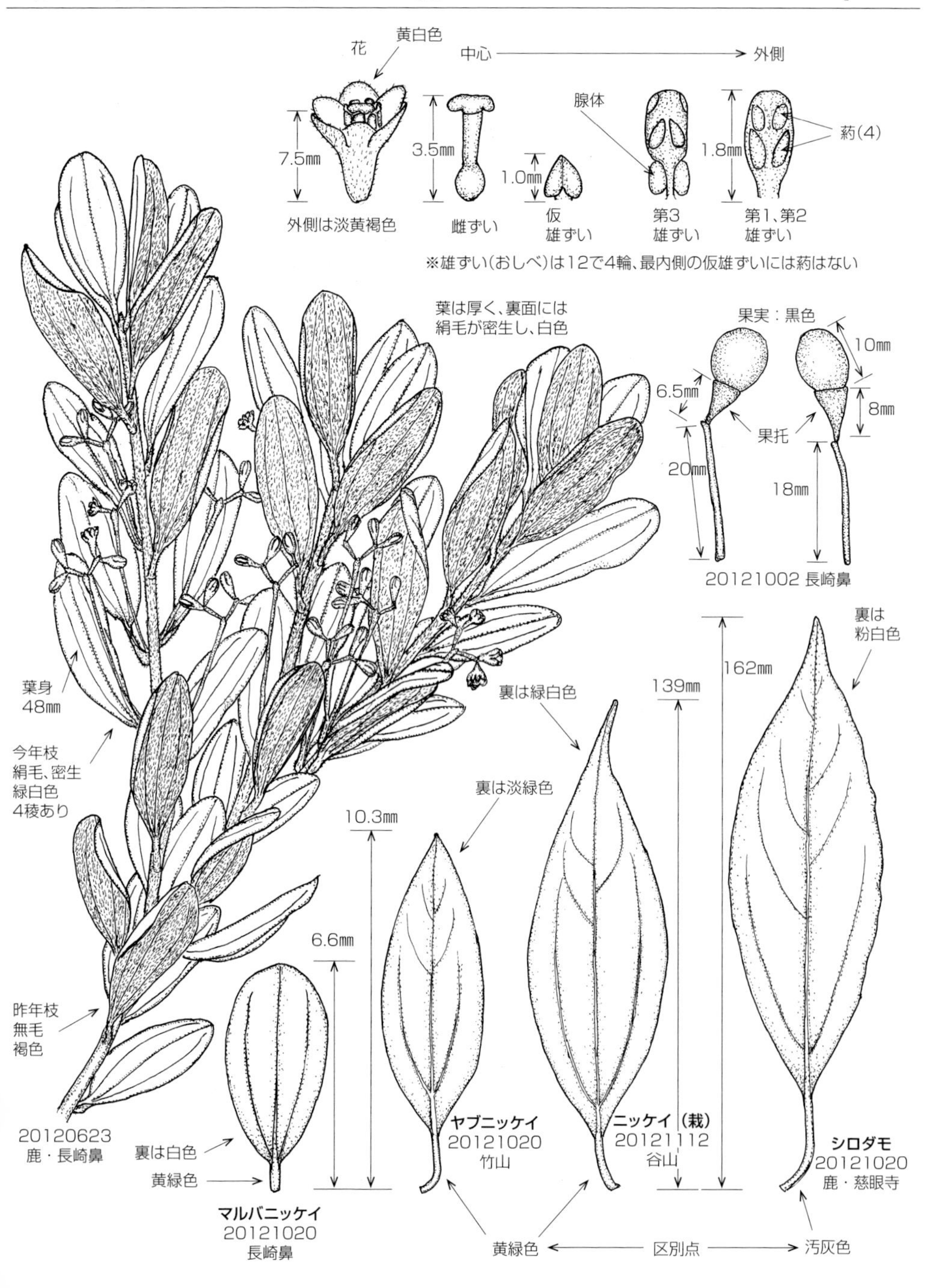

ヤブニッケイ　［クスノキ科　ニッケイ属］　　*Cinnamomum tenuifolium*

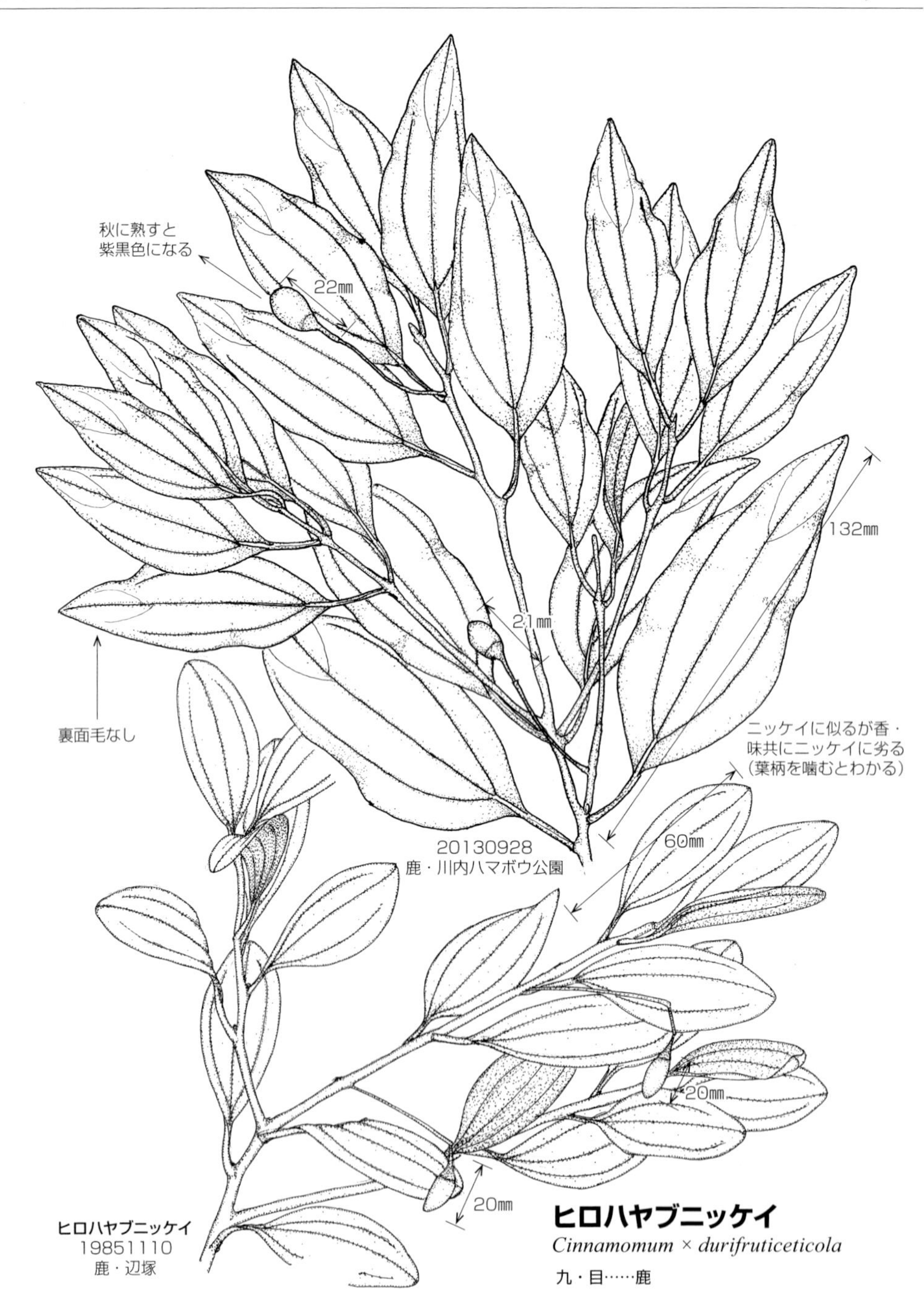

分布　｜九・目……各県（南は奄群）
　　　｜鹿・目……各地

ゲッケイジュ　[クスノキ科　ゲッケイジュ属]　*Laurus nobilis*

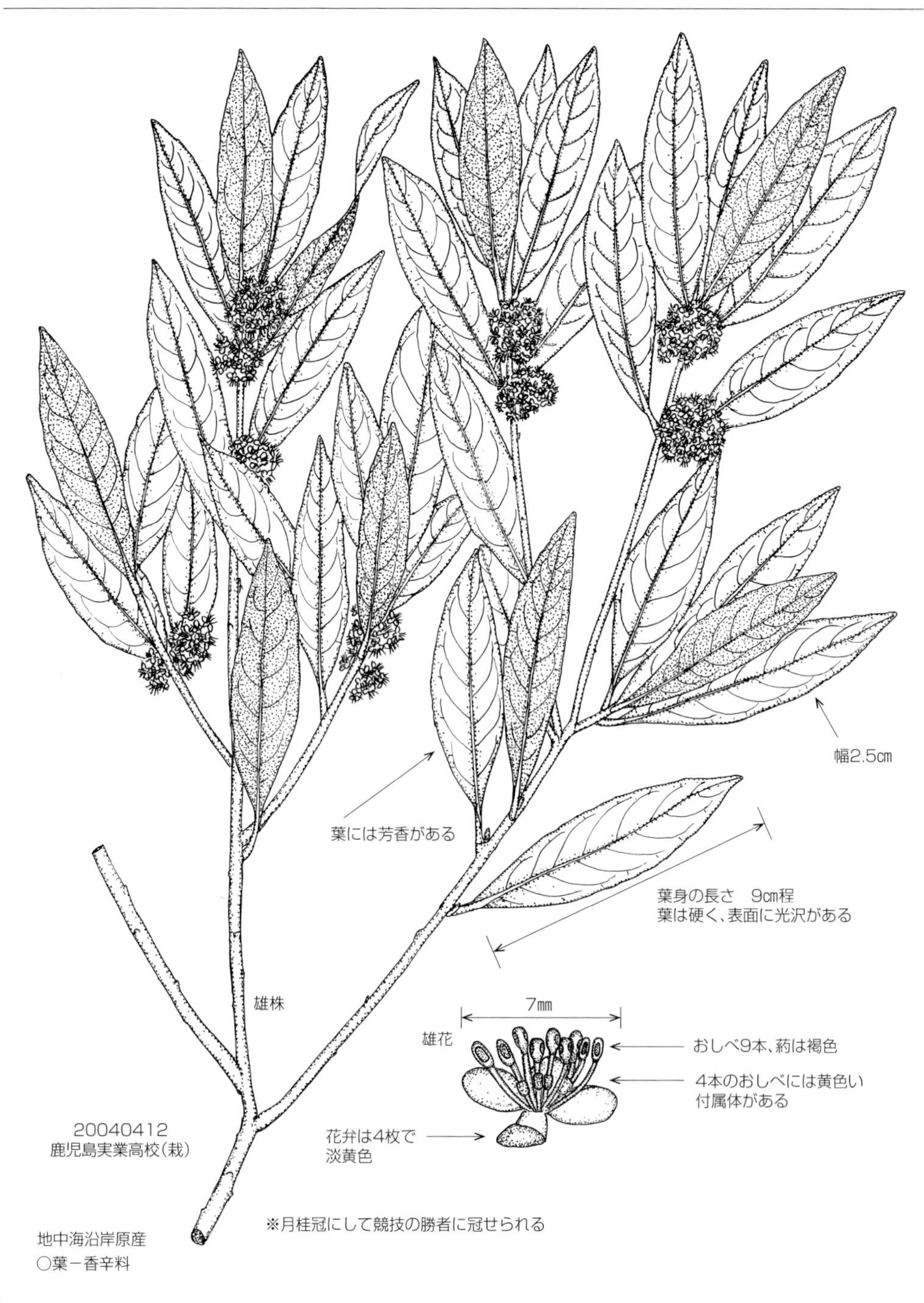

シロモジ　[クスノキ科　クロモジ属]　　　　　　　　　　　　　　　*Lindera triloba*

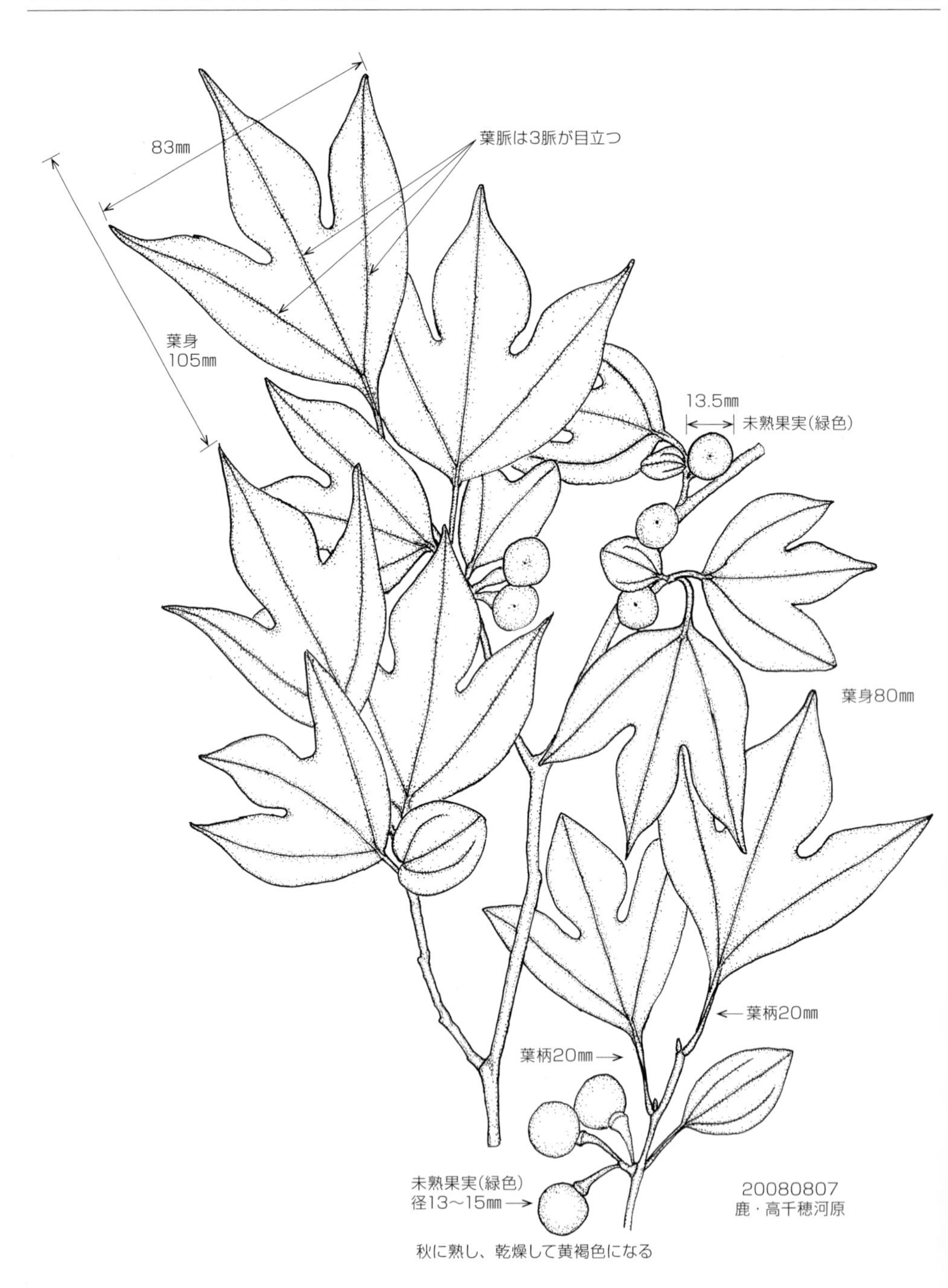

分布　｜九・目……各県（南限は大隅の稲尾岳）
　　　｜鹿・目……霧島　布計　紫尾山　高隈山　甫与志岳　稲尾岳

カゴノキ　[クスノキ科　ハマビワ属]　*Litsea coreana*

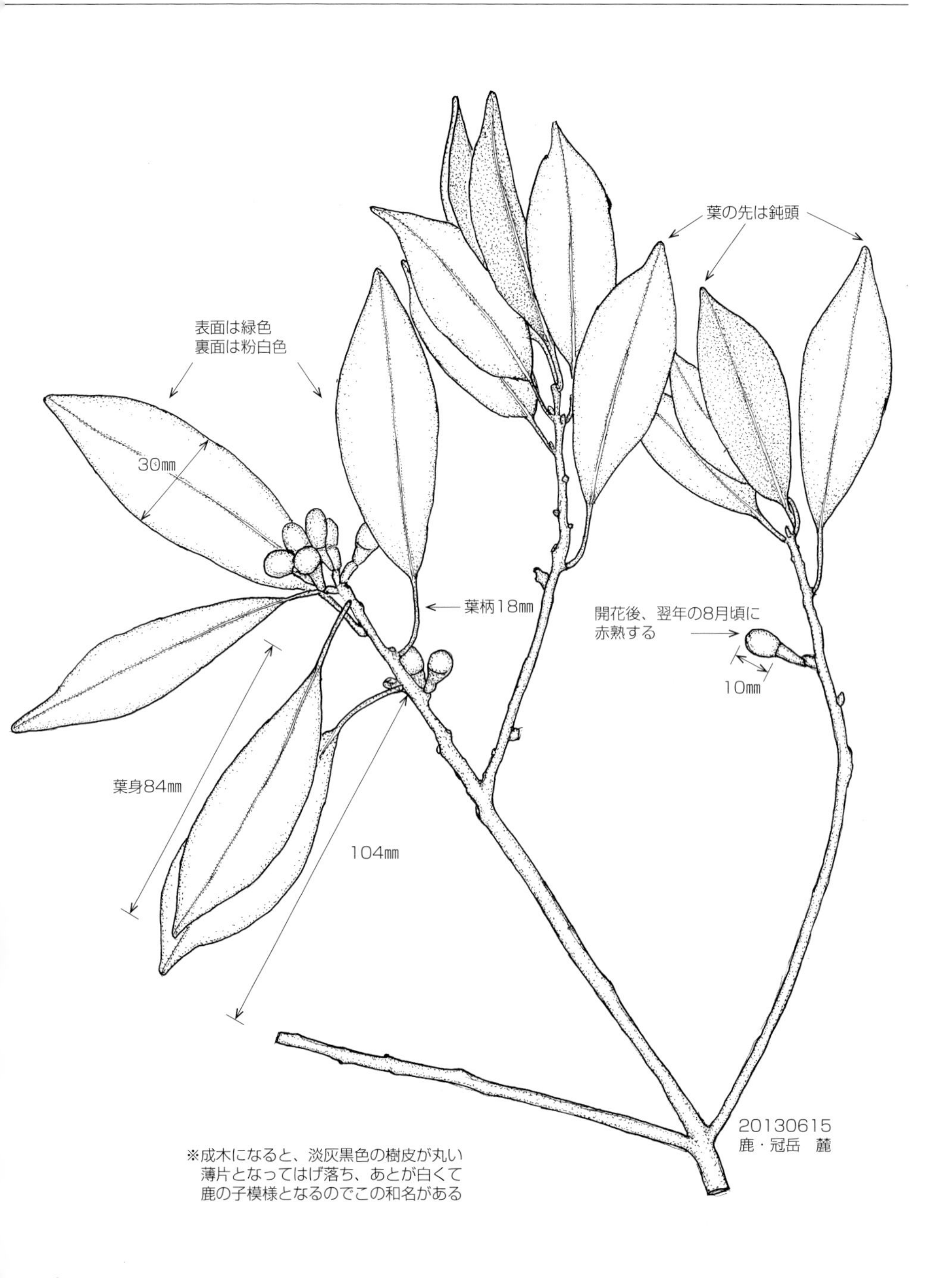

155

ハマビワ　[クスノキ科　ハマビワ属]　　*Litsea japonica*

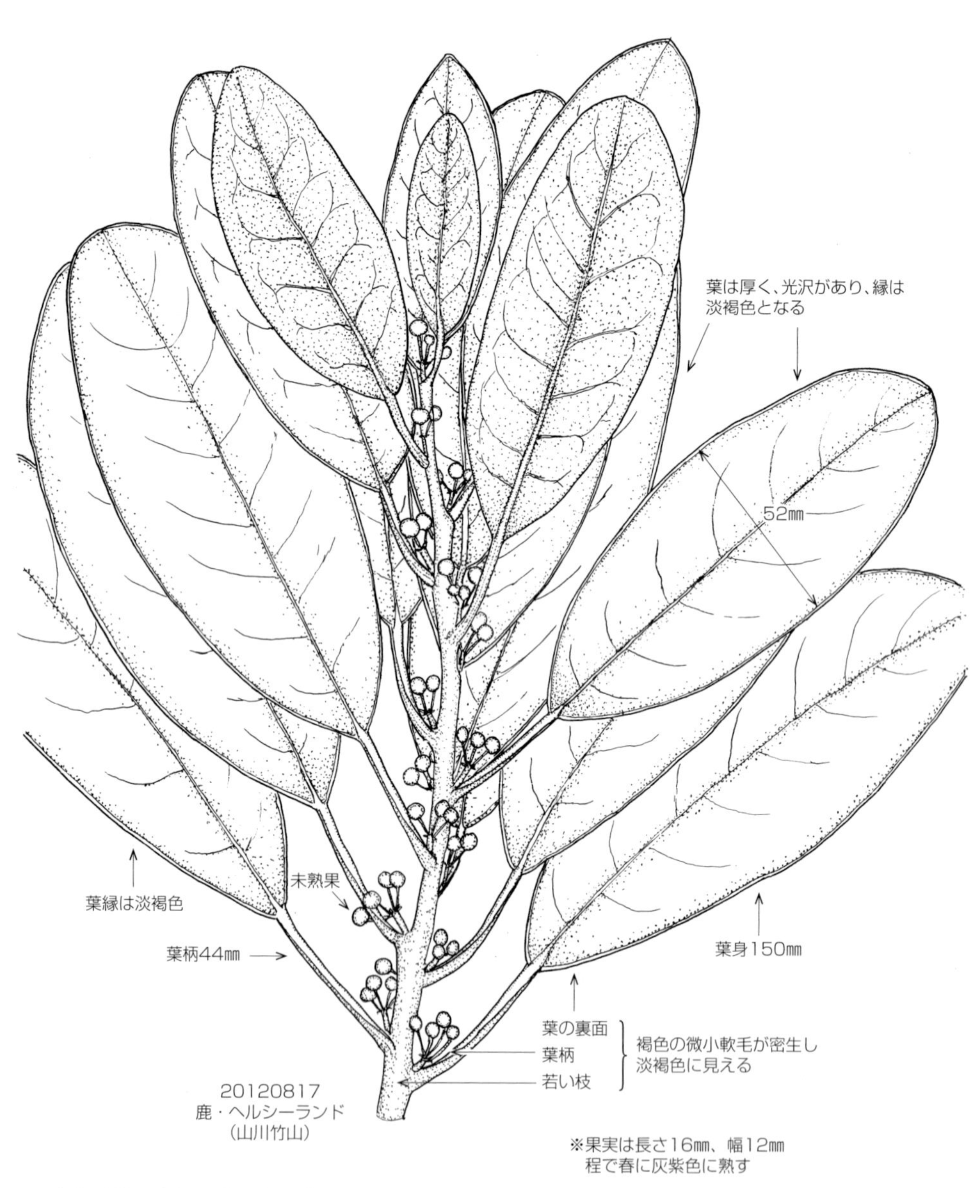

葉は厚く、光沢があり、縁は淡褐色となる

52mm

葉縁は淡褐色
未熟果
葉柄44mm
葉身150mm
葉の裏面
葉柄
若い枝
褐色の微小軟毛が密生し淡褐色に見える

20120817
鹿・ヘルシーランド
（山川竹山）

※果実は長さ16mm、幅12mm程で春に灰紫色に熟す

和名は浜辺に生育し、葉はビワの葉に似ることによる

分布　九・目……各県（南は奄群）
　　　鹿・目……各地近海地

バリバリノキ　[クスノキ科　ハマビワ属]　　*Litsea acuminata*

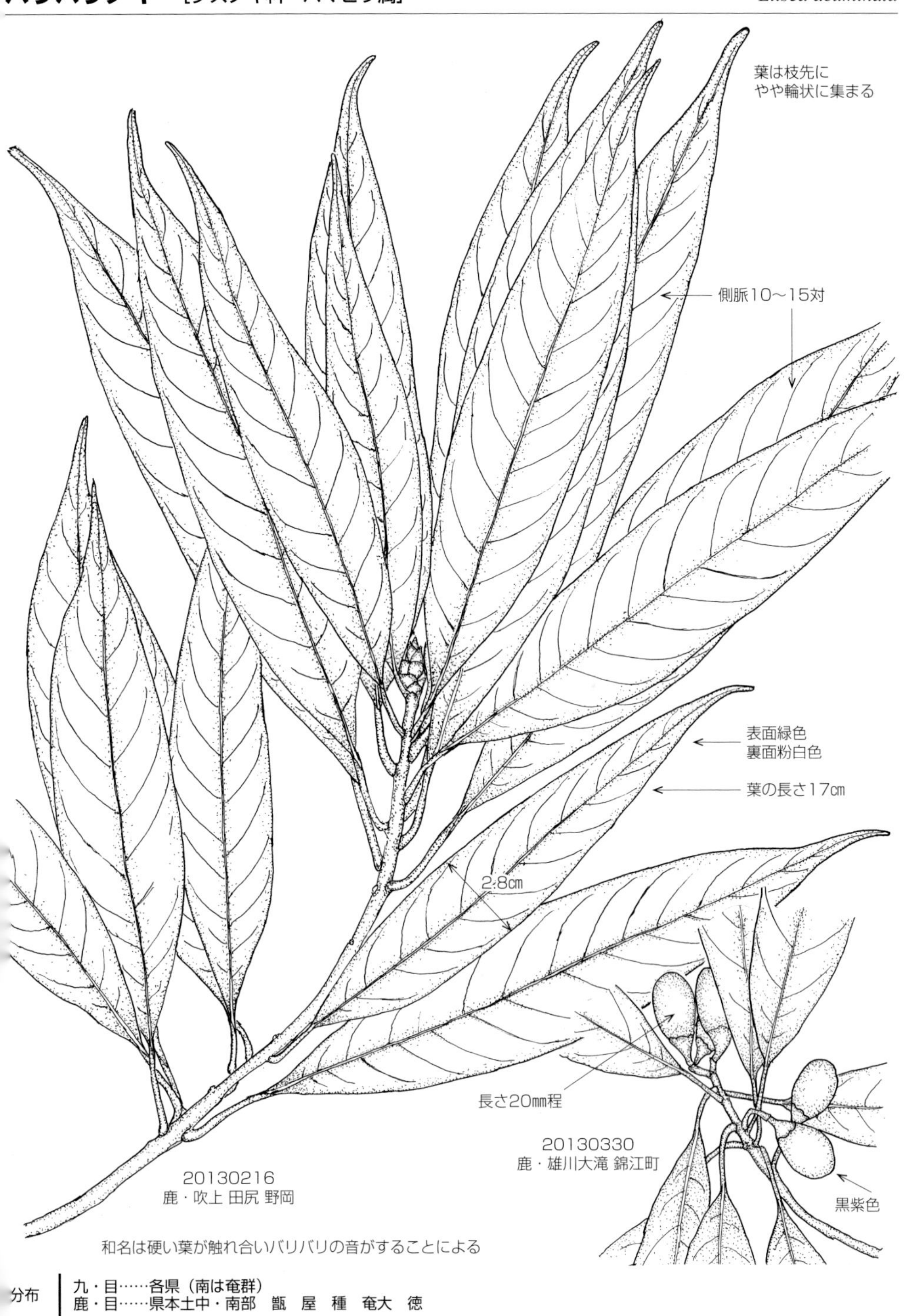

イヌガシ　[クスノキ科　シロダモ属]　　*Neolitsea aciculata*

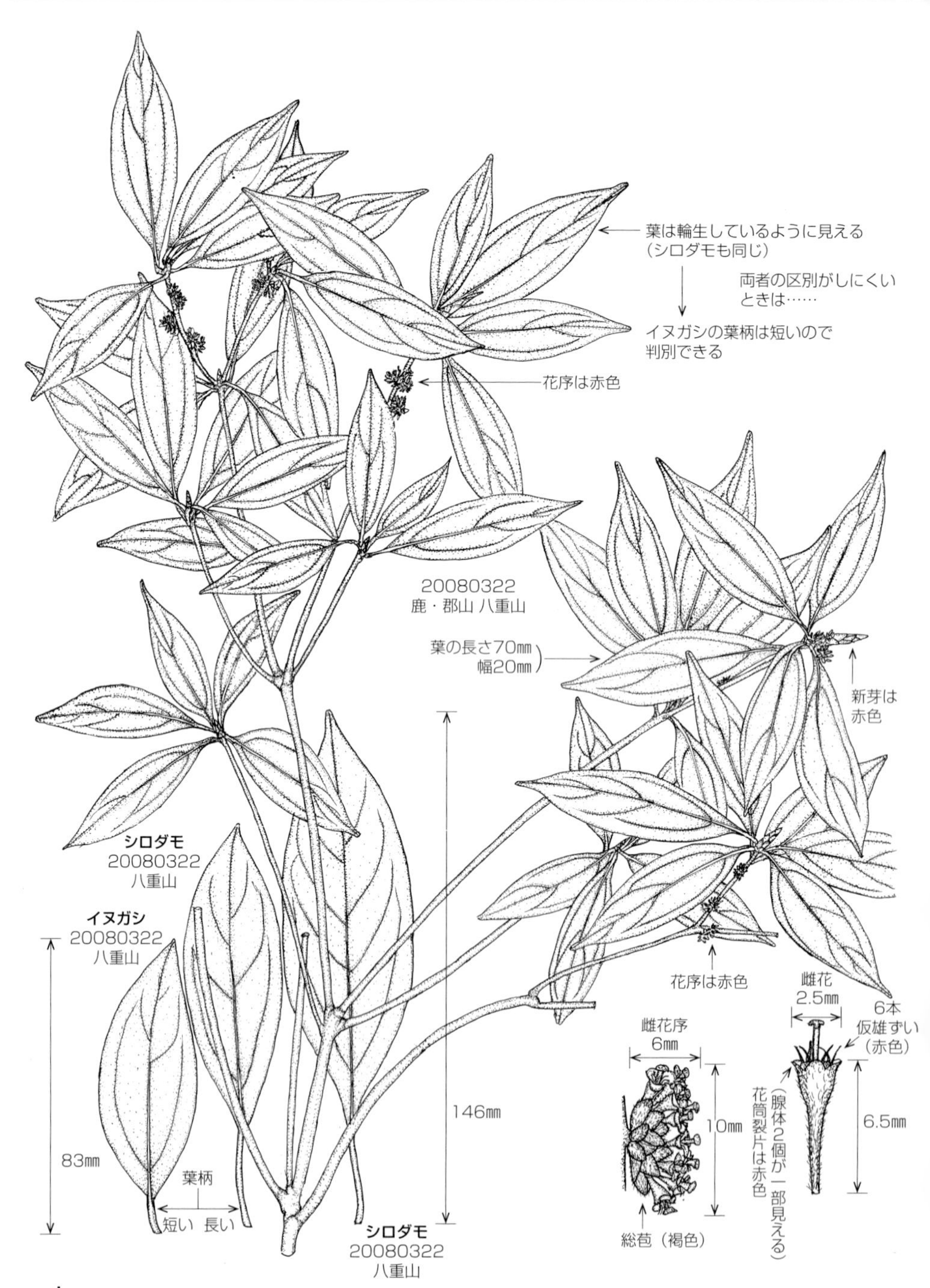

シロダモ [クスノキ科 シロダモ属] *Neolitsea sericea*

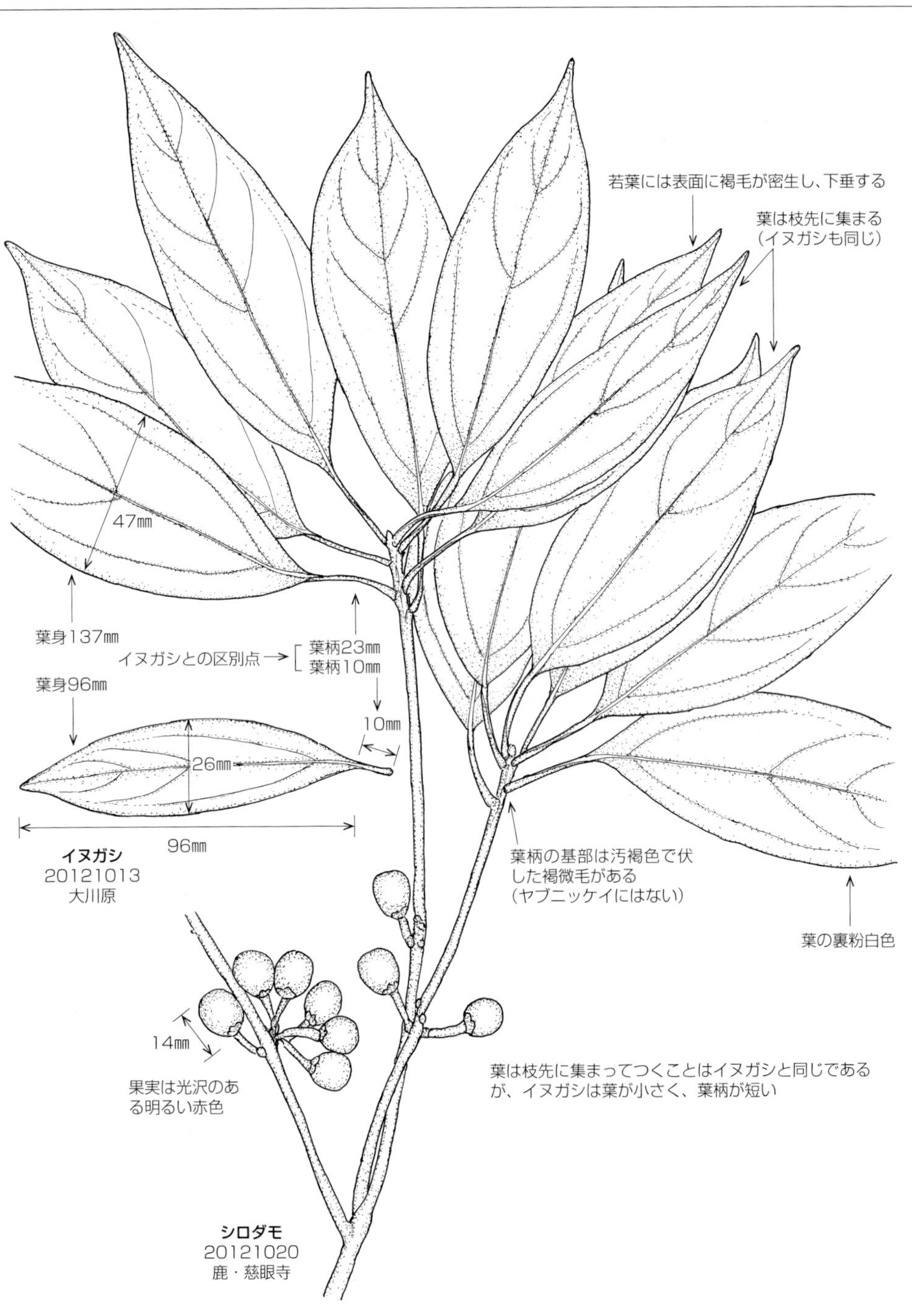

ヒトリシズカ　[センリョウ科　チャラン属]　　　*Chloranthus japonicus*

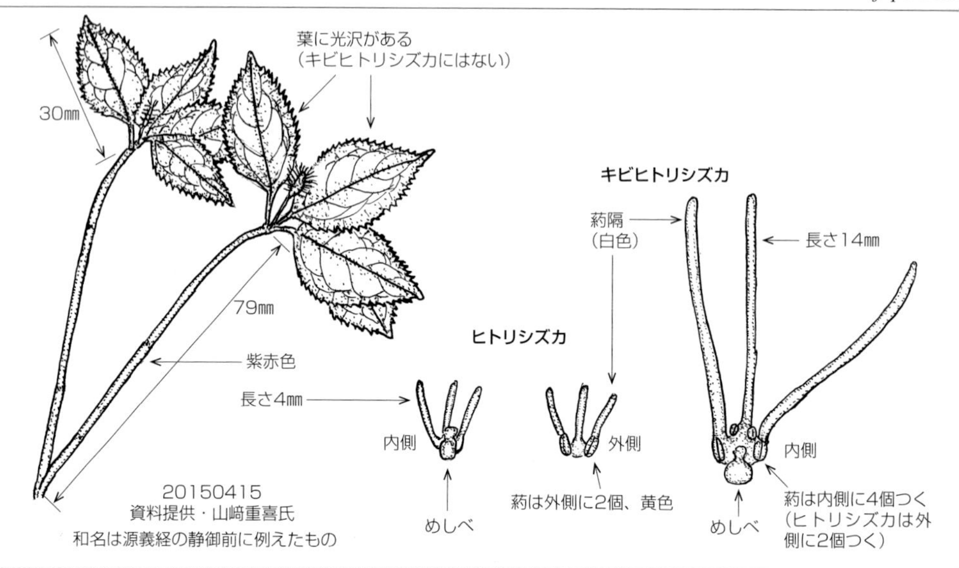

キビヒトリシズカ　*Chloranthus fortunei*

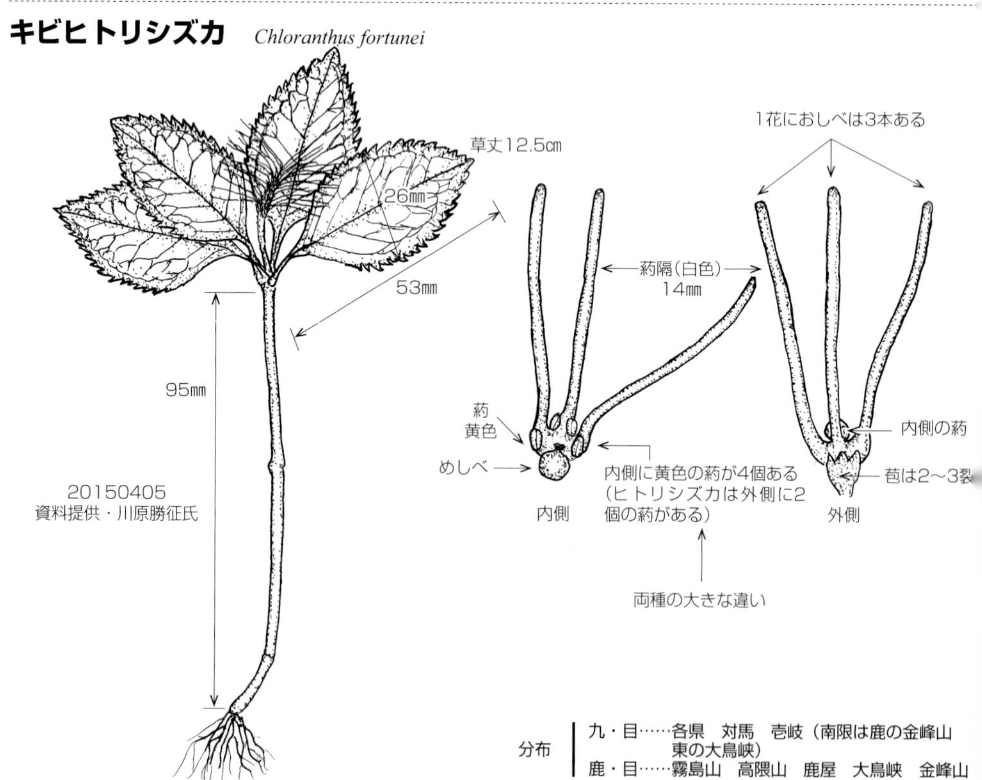

分布　九・目……各県　対馬　壱岐（南限は鹿の金峰山　東の大鳥峡）
　　　鹿・目……霧島山　高隈山　鹿屋　大鳥峡　金峰山

分布　九・目……福（八幡　津屋崎　玄海島　能古島）長（対馬　壱岐　五島）
　　　鹿・目……記載がない

センリョウ　[センリョウ科　センリョウ属]　*Sarcandra glabra*

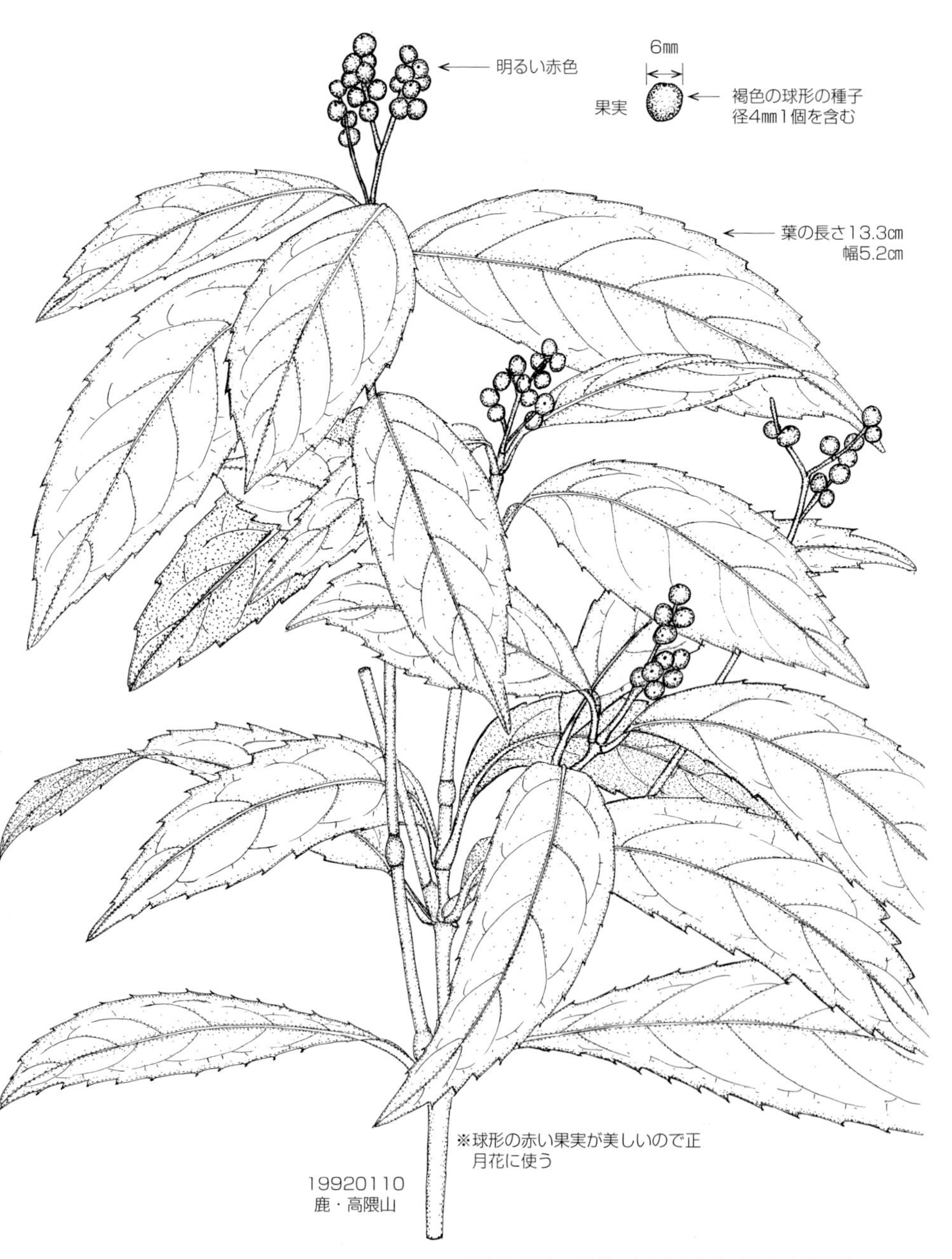

明るい赤色

6mm
果実
褐色の球形の種子
径4mm1個を含む

葉の長さ13.3cm
幅5.2cm

※球形の赤い果実が美しいので正月花に使う

19920110
鹿・高隈山

和名は千両というが、さくらそう科の万両とは縁は遠い

分布　九・目……各県（南は奄群）
　　　鹿・目……甑　県本土中・南部　屋　種　黒　硫　口永　口之　中　臥　悪　奄大　徳　沖永

マツモ（キンギョモ）　[マツモ科　マツモ属]　　　*Ceratophyllum demersum*

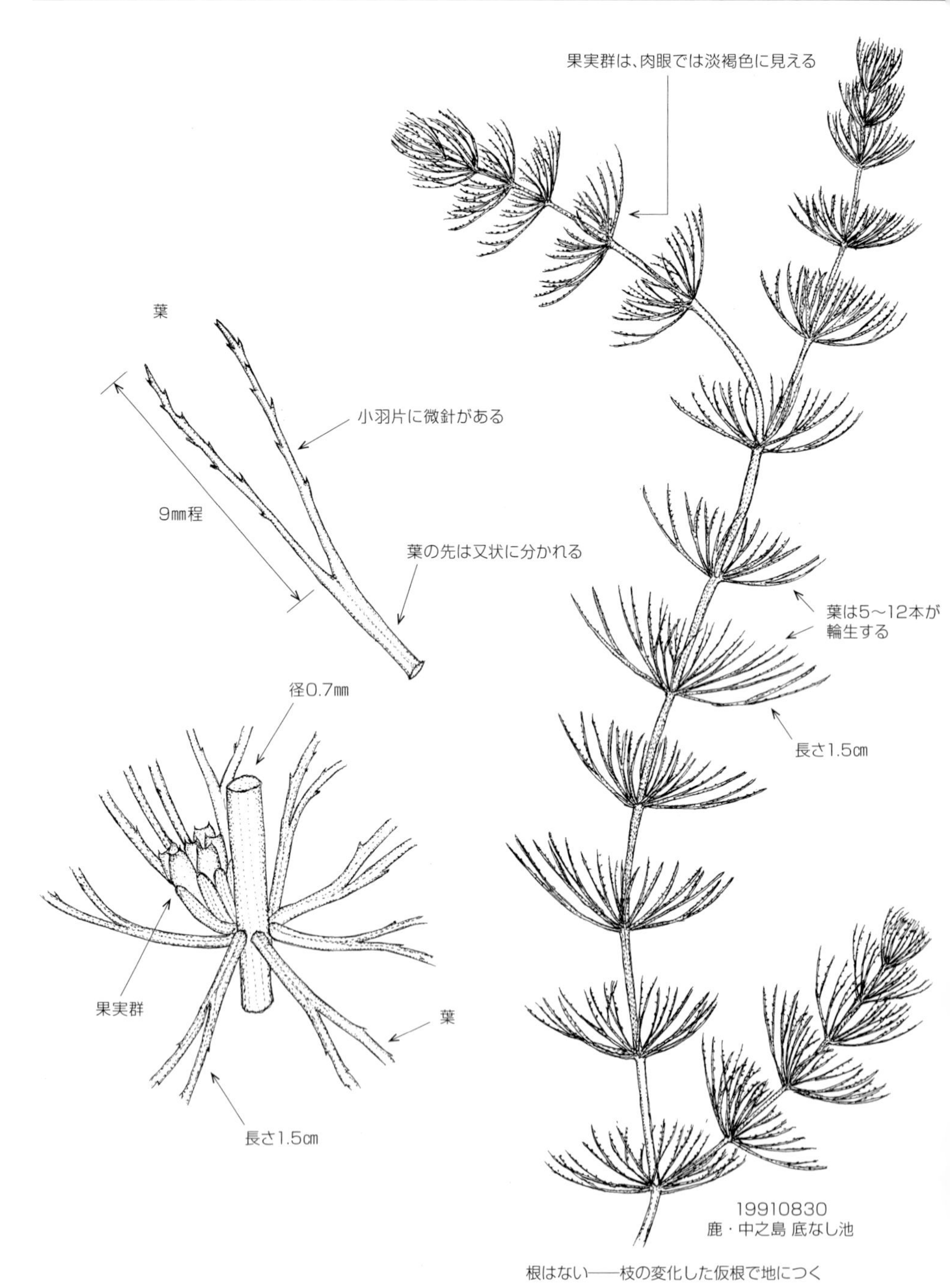

分布　｜九・目……各県（南は奄群）
　　　｜鹿・目……各地

ショウブ [ショウブ科 ショウブ属] *Acorus calamus*

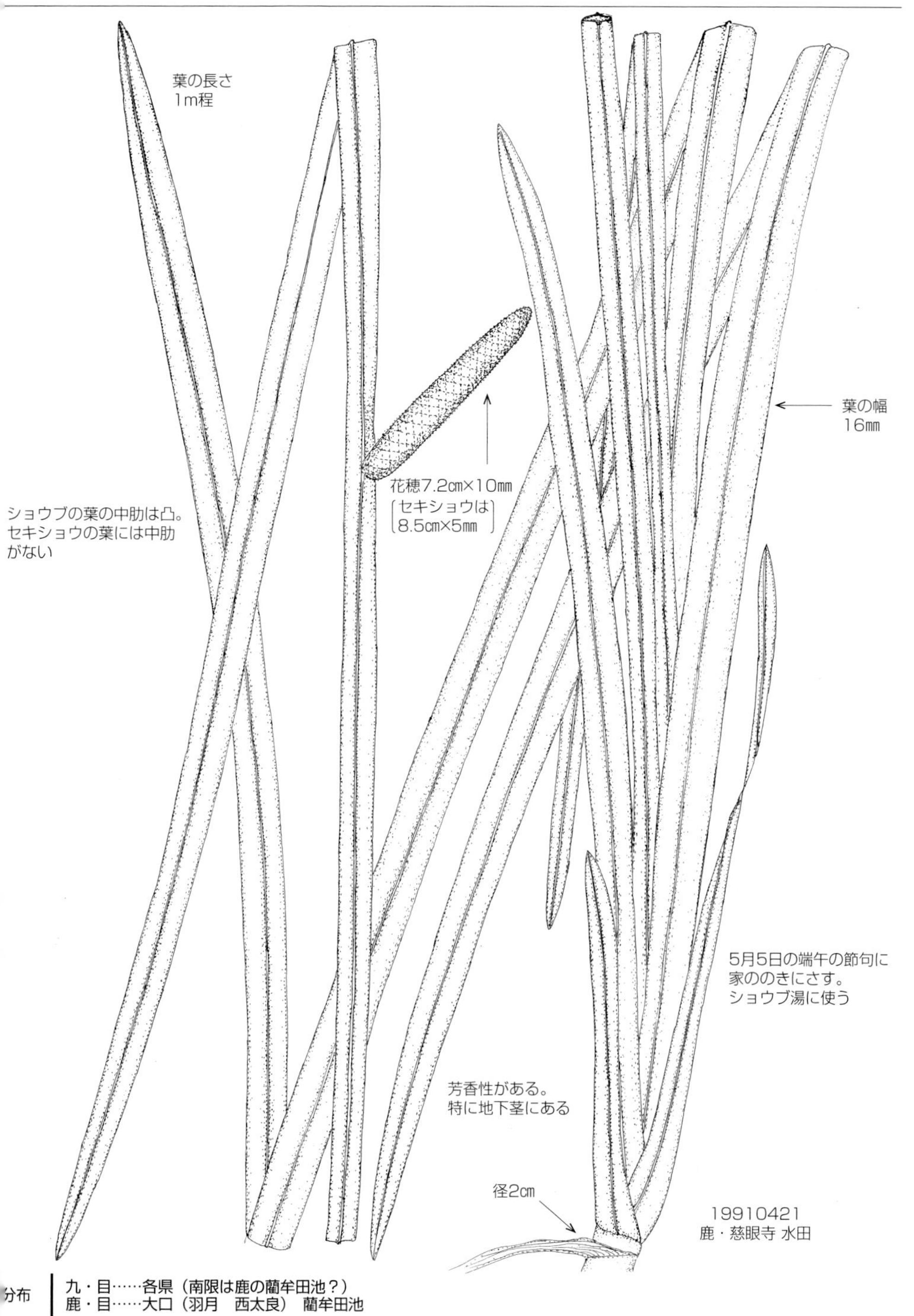

葉の長さ
1m程

葉の幅
16mm

ショウブの葉の中肋は凸。
セキショウの葉には中肋
がない

花穂7.2cm×10mm
[セキショウは
8.5cm×5mm]

5月5日の端午の節句に
家ののきにさす。
ショウブ湯に使う

芳香性がある。
特に地下茎にある

径2cm

19910421
鹿・慈眼寺 水田

分布　九・目……各県（南限は鹿の藺牟田池？）
　　　鹿・目……大口（羽月　西太良）　藺牟田池

セキショウ　［ショウブ科　ショウブ属］　　*Acorus gramineus*

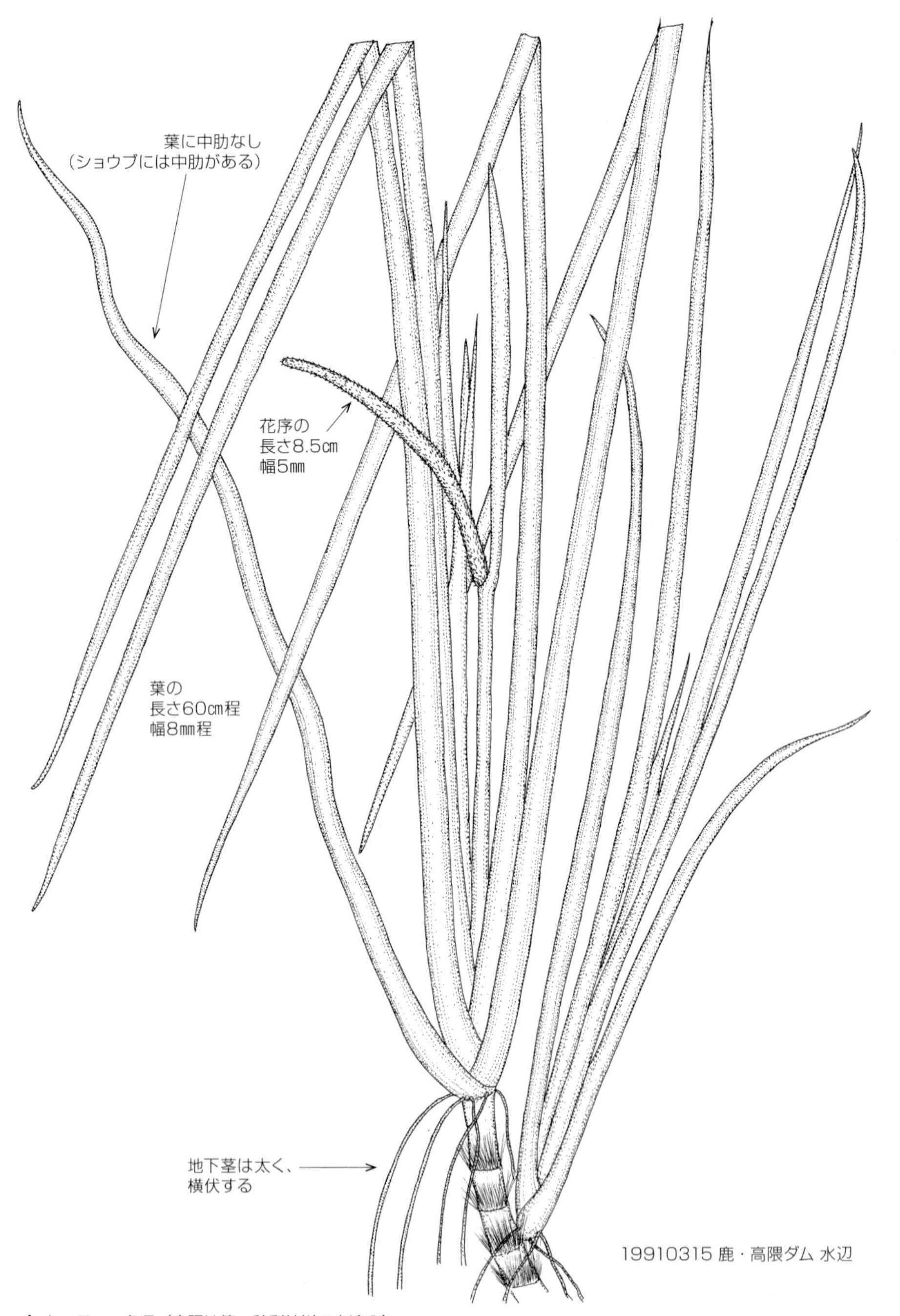

葉に中肋なし
（ショウブには中肋がある）

花序の
長さ8.5cm
幅5mm

葉の
長さ60cm程
幅8mm程

地下茎は太く、
横伏する

19910315 鹿・高隈ダム 水辺

分布　｜　九・目……各県（南限は徳－秋利神川の上流？）
　　　｜　鹿・目……長島　大口(奥十曽　布計)　樋脇　宮之城　山崎　冠岳　万之瀬発電所　新川渓谷　重富　垂水(鹿大演習林)
　　　　　　　　　　辺塚　花瀬　黒島　屋　種　徳

164

クワズイモ　[サトイモ科　クワズイモ属]　*Alocasia odora*

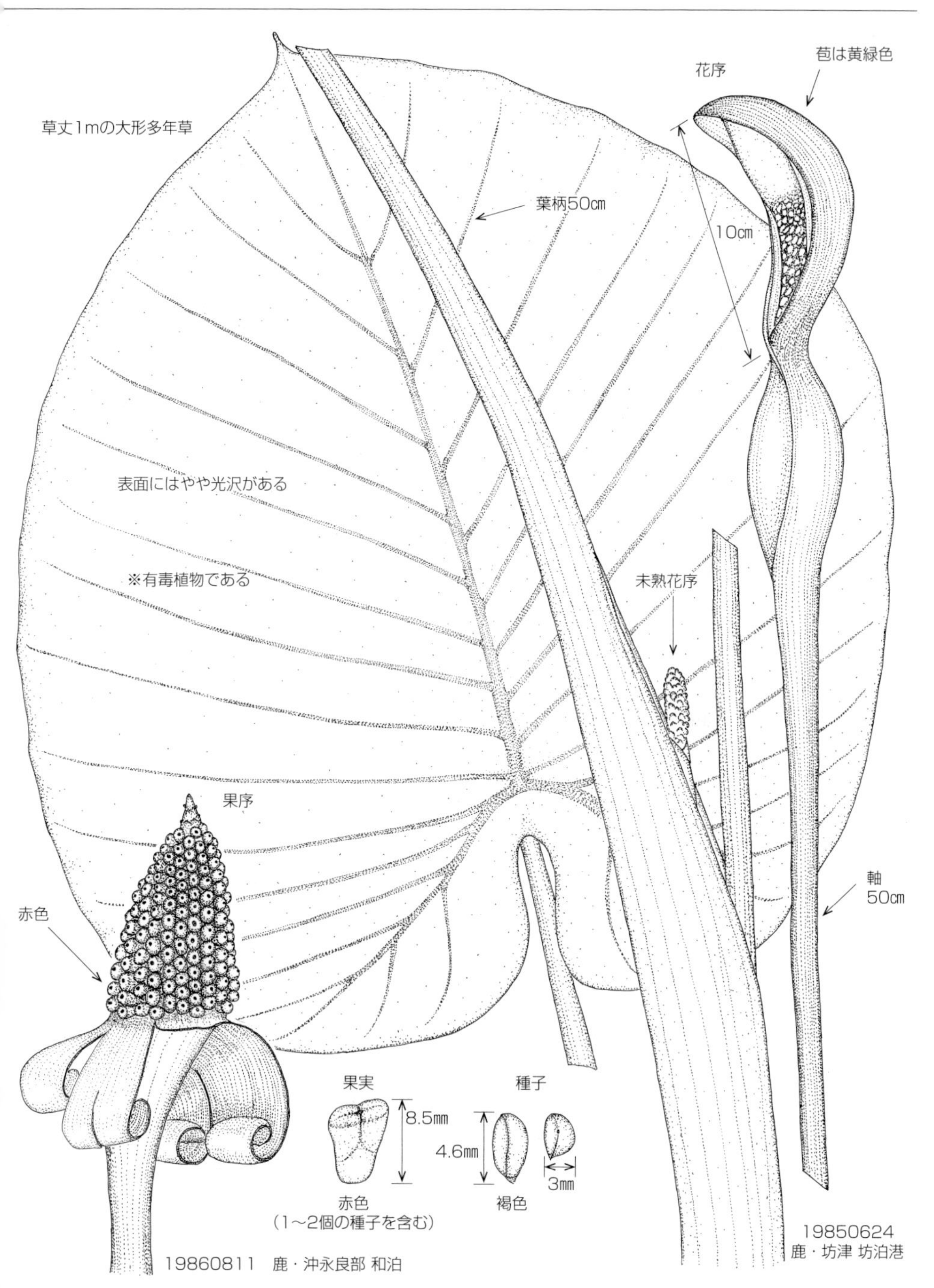

分布
九・目……長（男女群島　福江島　西北限）　熊（牛深）　宮（延岡－島野浦島、東の北限）　鹿
鹿・目……阿久根（桑島）　志布志枇榔島　燃島　指宿　山川　坊津　根占　辺塚　佐多　甑　宇治群島　屋　種　吐　奄　大

ヤマコンニャク ［サトイモ科 コンニャク属］ *Amorphophallus kiusianus*

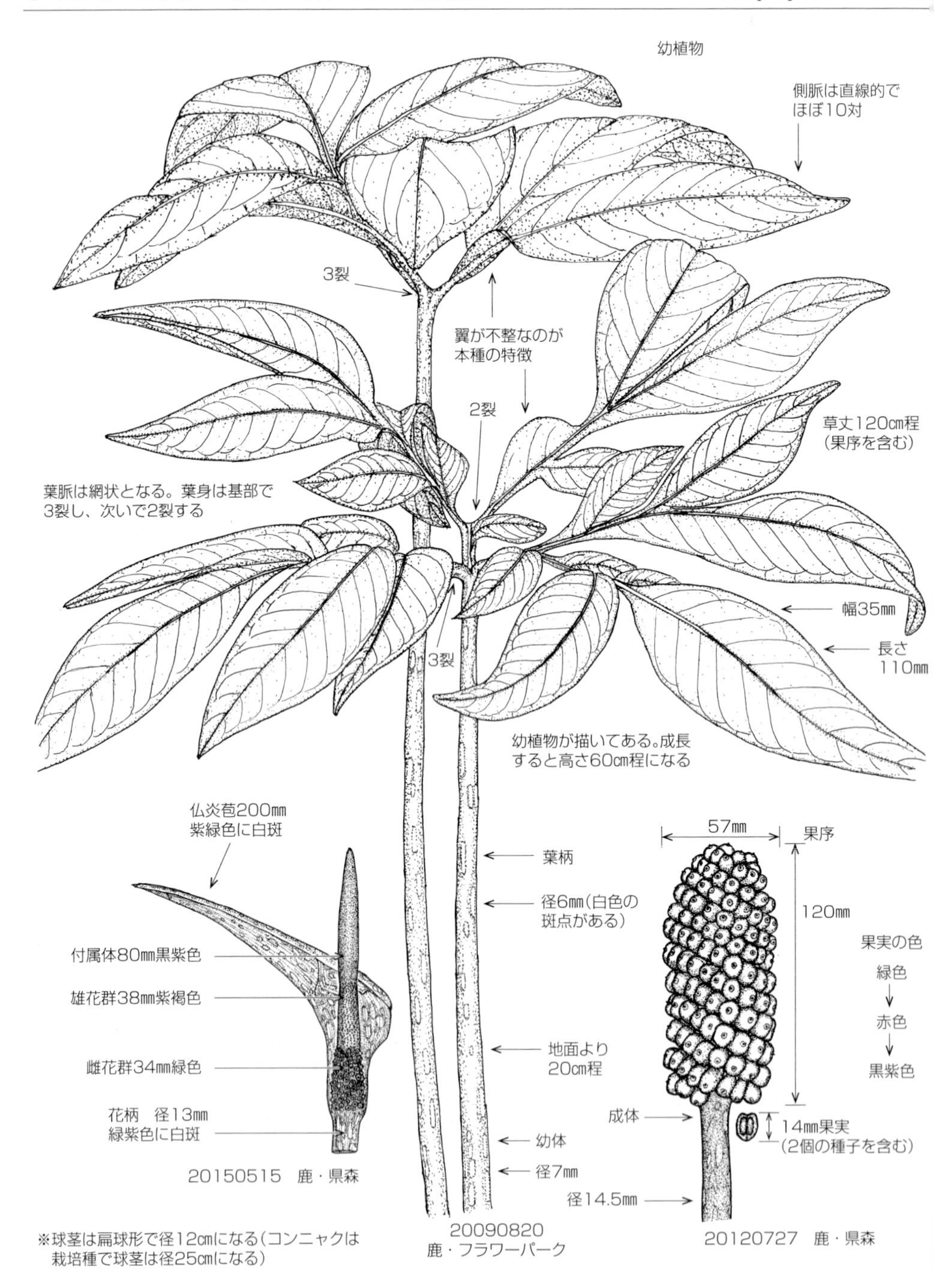

※球茎は扁球形で径12cmになる（コンニャクは
栽培種で球茎は径25cmになる）

分布
九・目……長（福江島 北限） 鹿
鹿・目……城山 住吉池 伊作 金峰山 烏帽岳 指宿 山川 頴娃 枚聞神社 冠岳 花尾山 紫尾山 種 屋 中

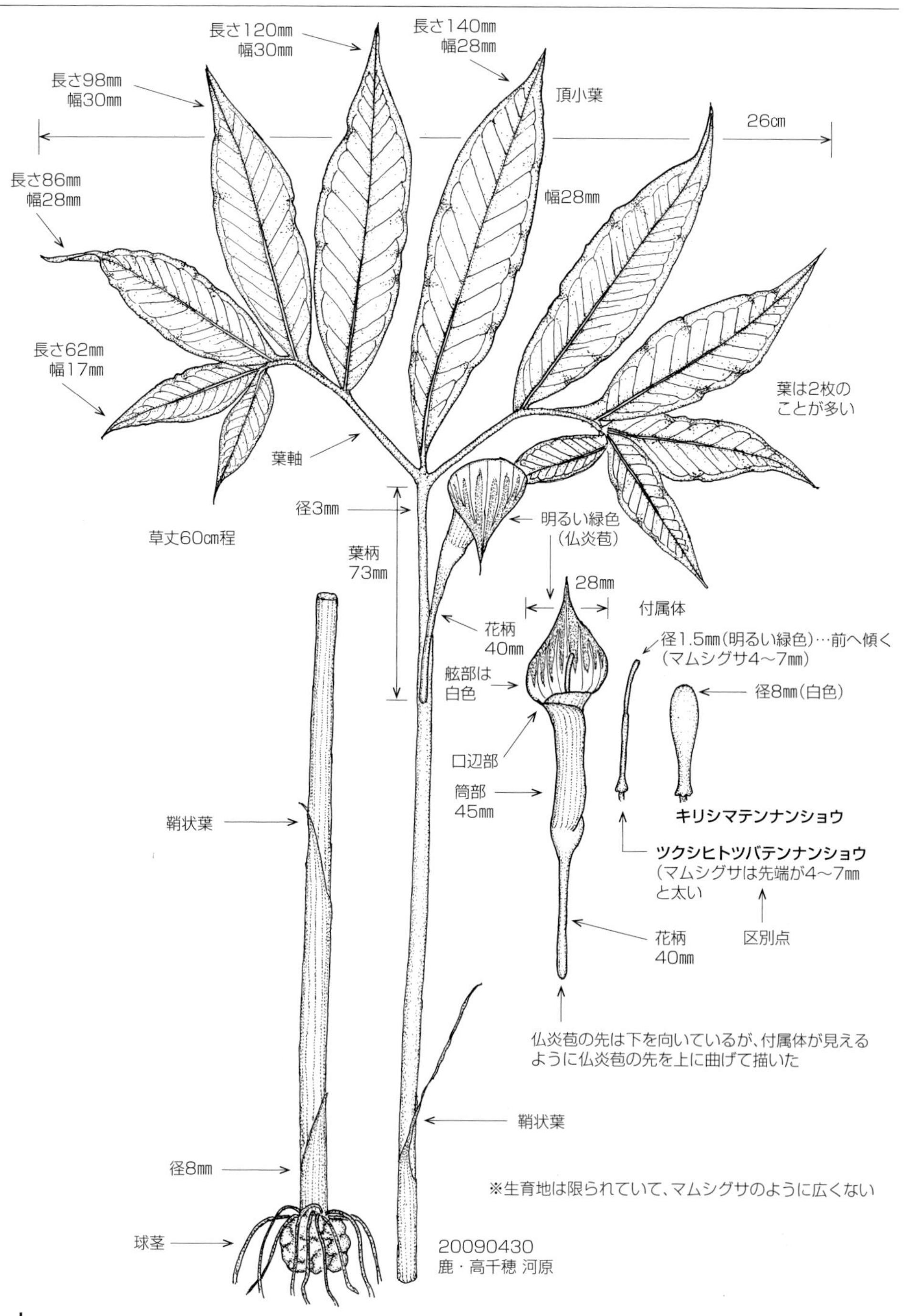

ナンゴクウラシマソウ　［サトイモ科　テンナンショウ属］　*Arisaema thunbergii ssp. thunbergii*

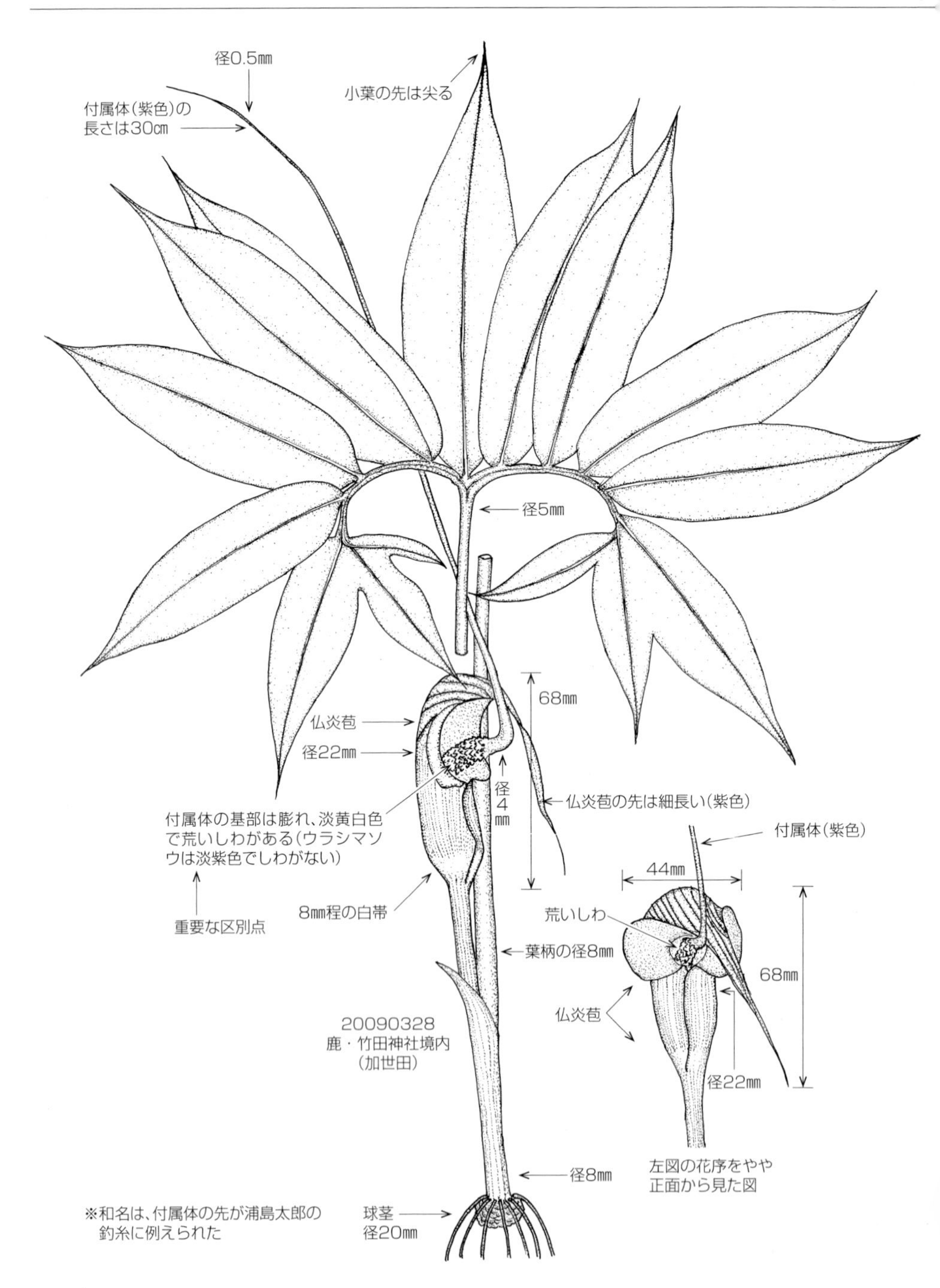

ヒメテンナンショウ（キリシマテンナンショウ） ［サトイモ科　テンナンショウ属］ *Arisaema sazensoo*

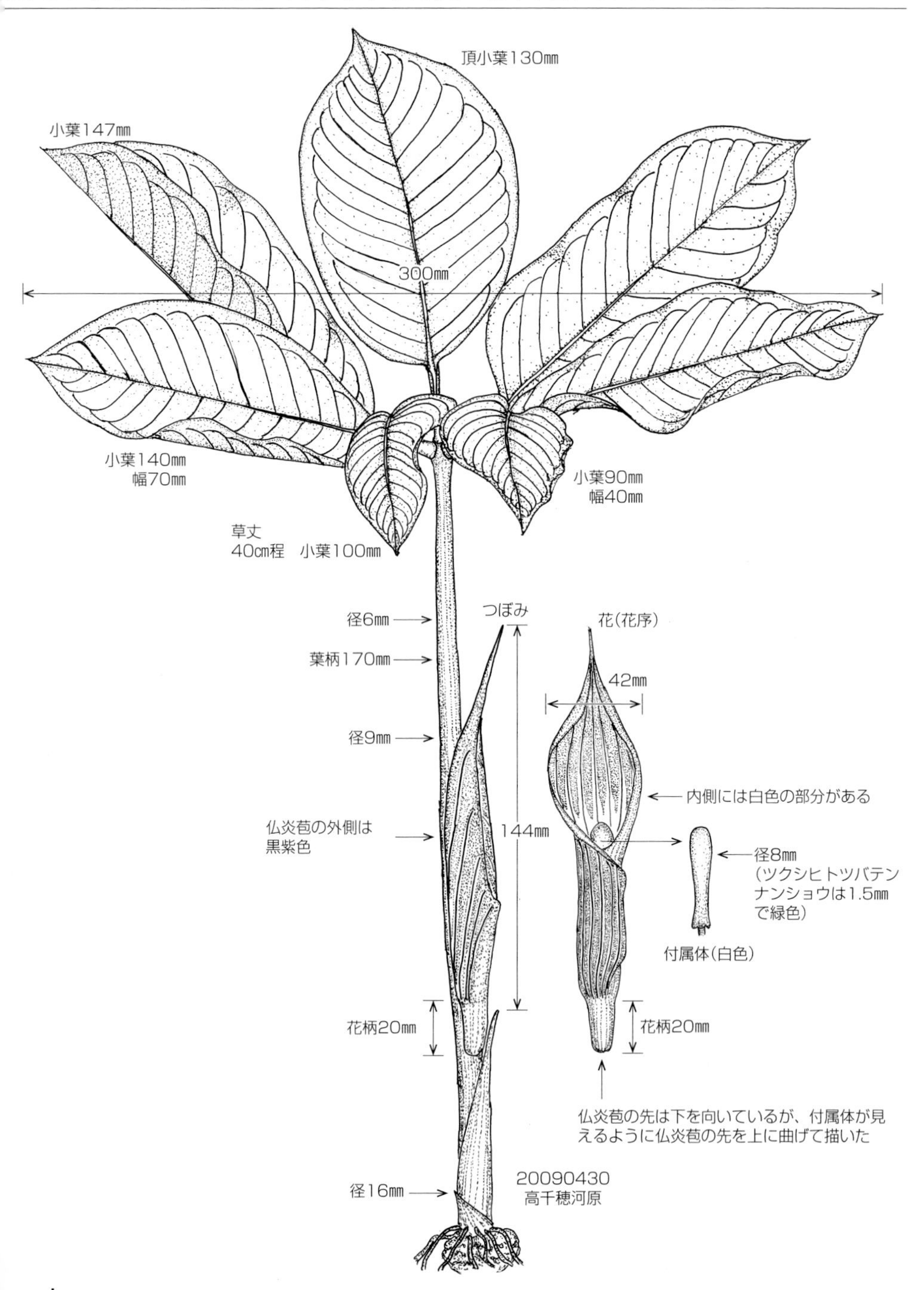

分布　九・目……福（平尾台）　佐（稀）　長（雲仙岳　多良岳）　熊（水俣　上村　五家荘　水上）　宮（鰐塚山～白岩山）　鹿
　　　鹿・目……霧島山　紫尾山　敷根　蒲生　烏帽子岳　冠岳　猿ヶ城　高隈山　根占　甑屋

マムシグサ　[サトイモ科　テンナンショウ属]　　*Arisaema serratum*

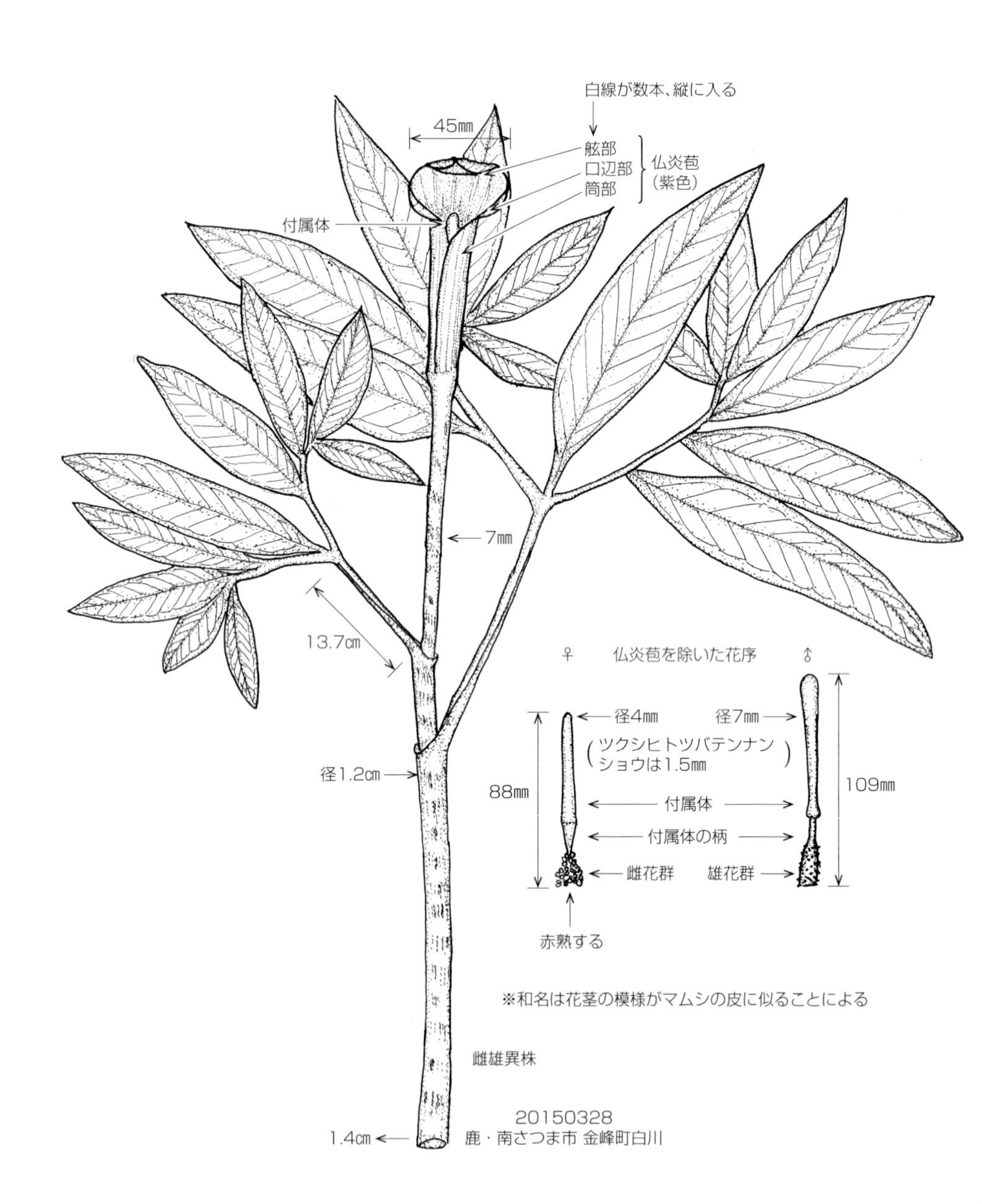

分布　九・目……各県（南は屋　種　黒）
　　　鹿・目……甑　県本土　屋　種　黒　中

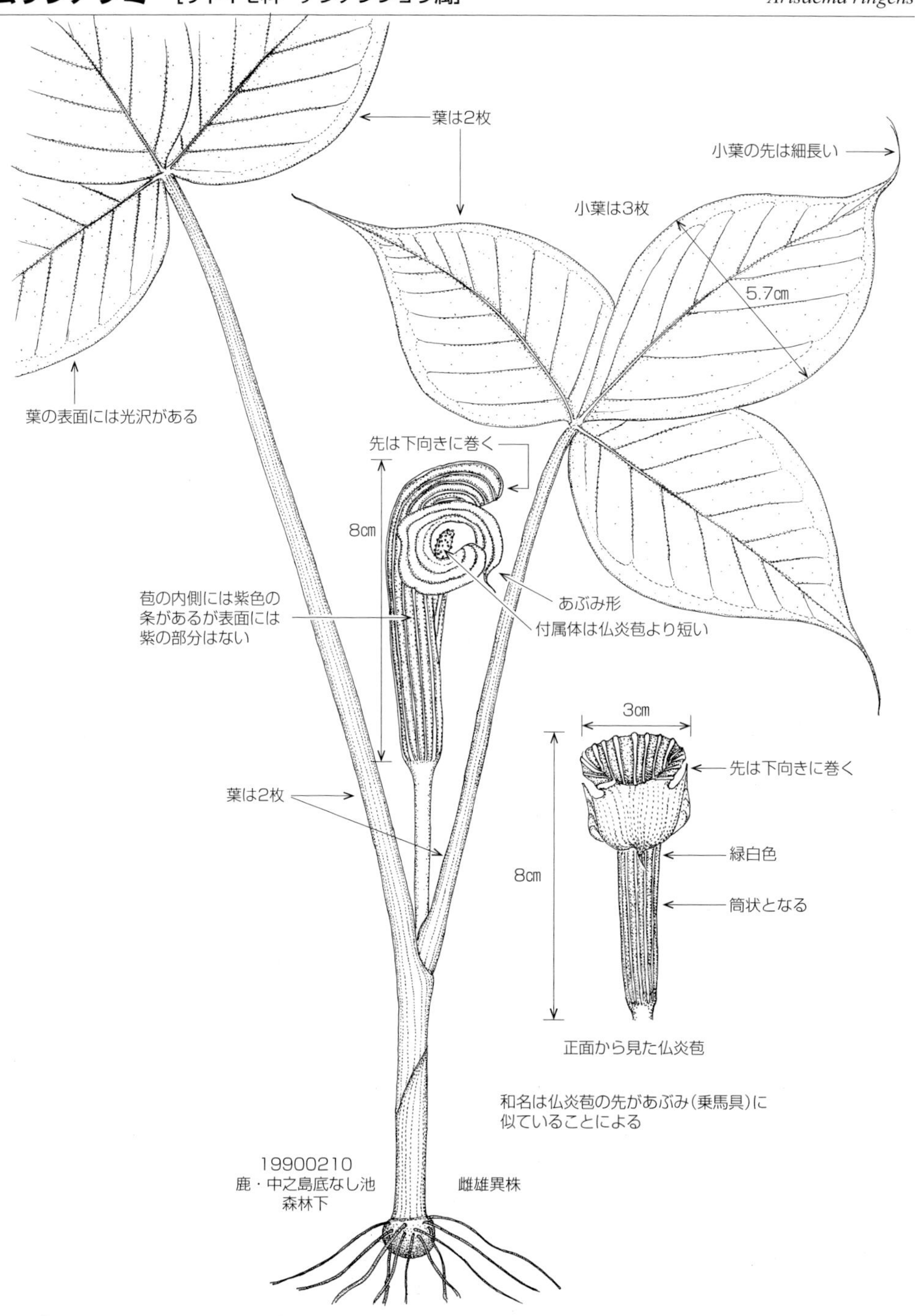

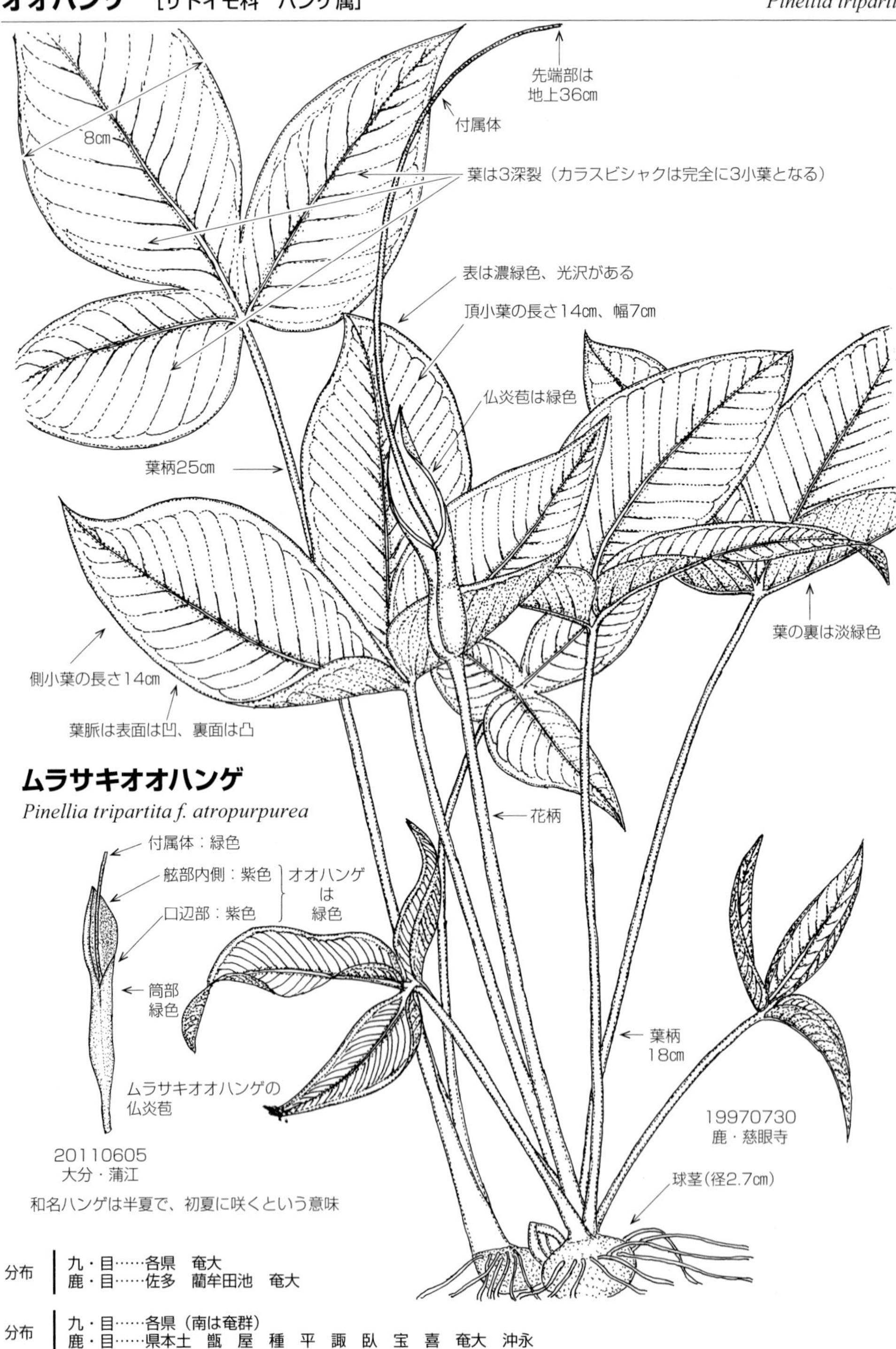

カラスビシャク　[サトイモ科　ハンゲ属]　　*Pinellia ternata*

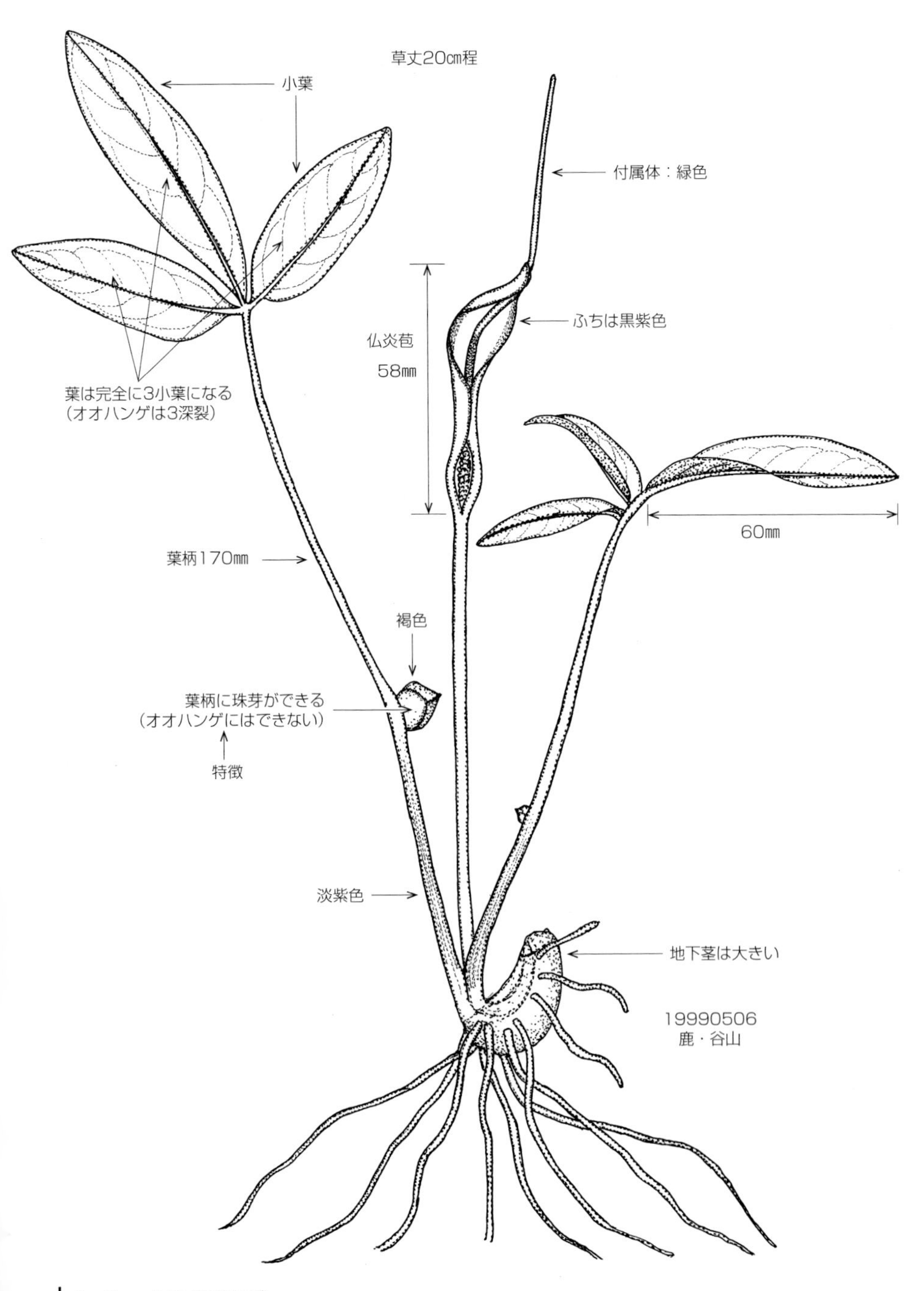

分布
- 九・目……各県（南は奄群）
- 鹿・目……県本土　黒　沖永　与

リュウキュウハンゲ　[サトイモ科　リュウキュウハンゲ属]　*Typhonium divaricatum*

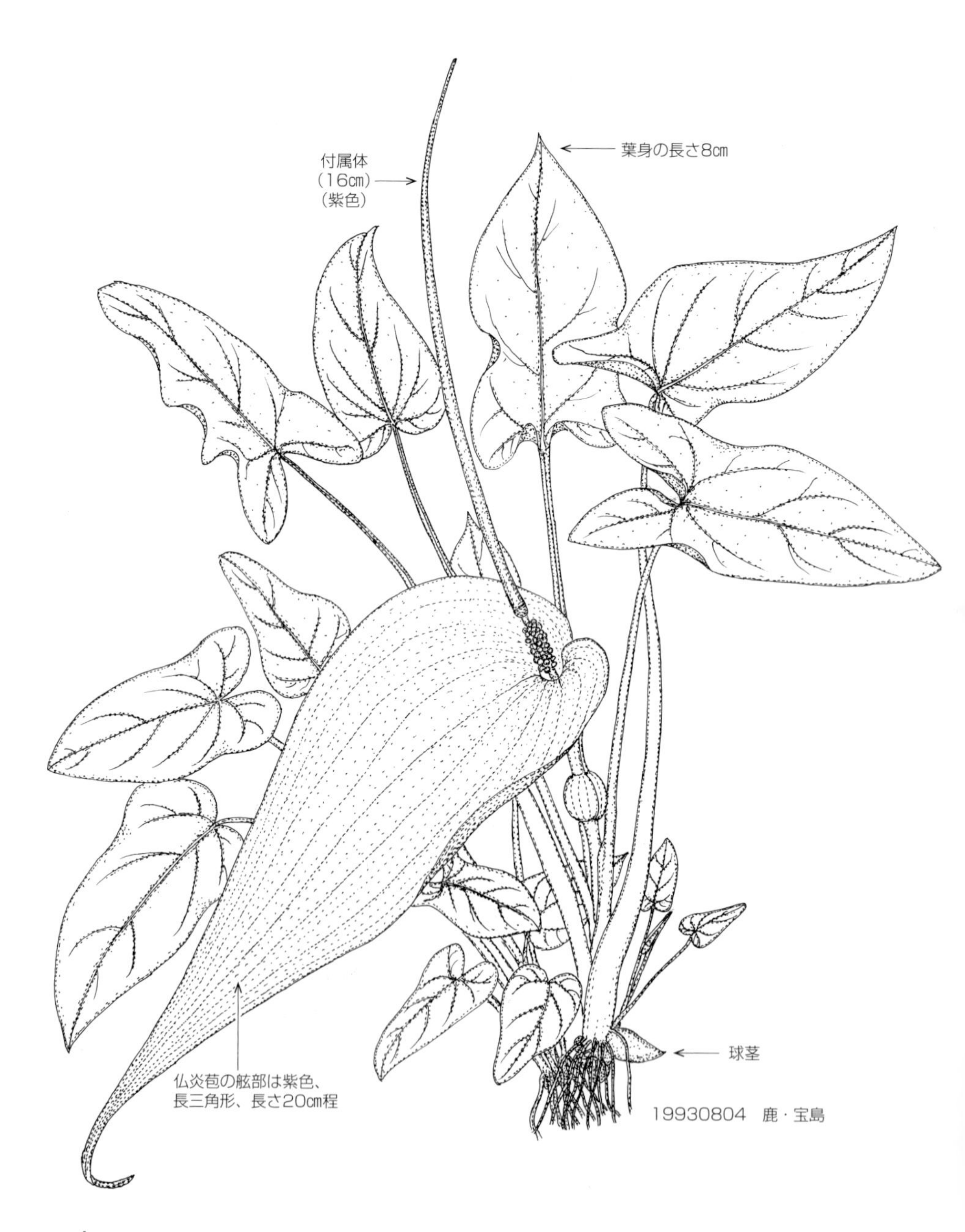

分布　九・目……鹿
　　　鹿・目……鹿児島　山川　根占　佐多　種　奄群

ヘラオモダカ　[オモダカ科　サジオモダカ属]　　*Alisma canaliculatum*

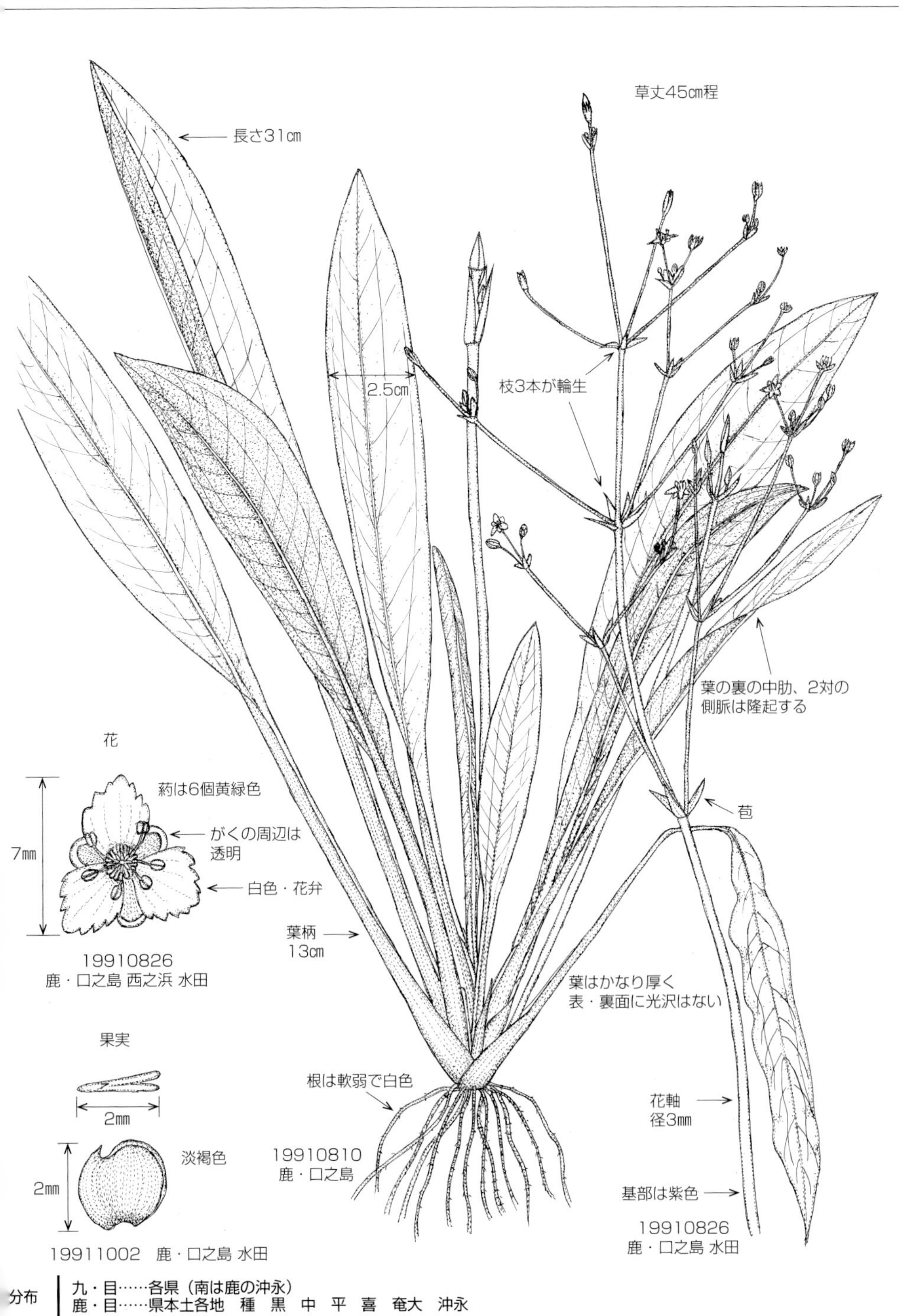

ウリカワ　[オモダカ科　オモダカ属]　　　　　　　　　　　　　　　　　　　　Sagittaria pygmaea

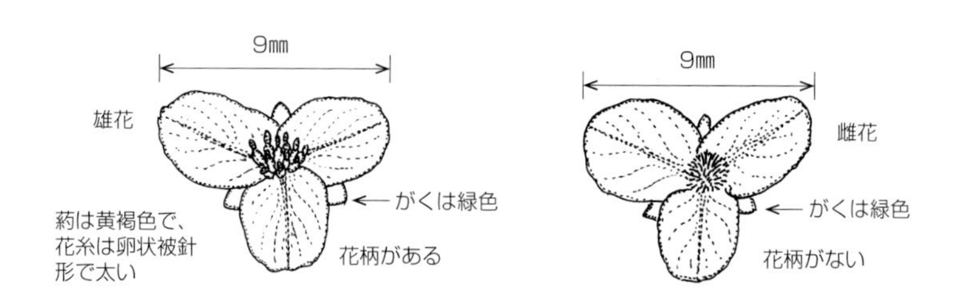

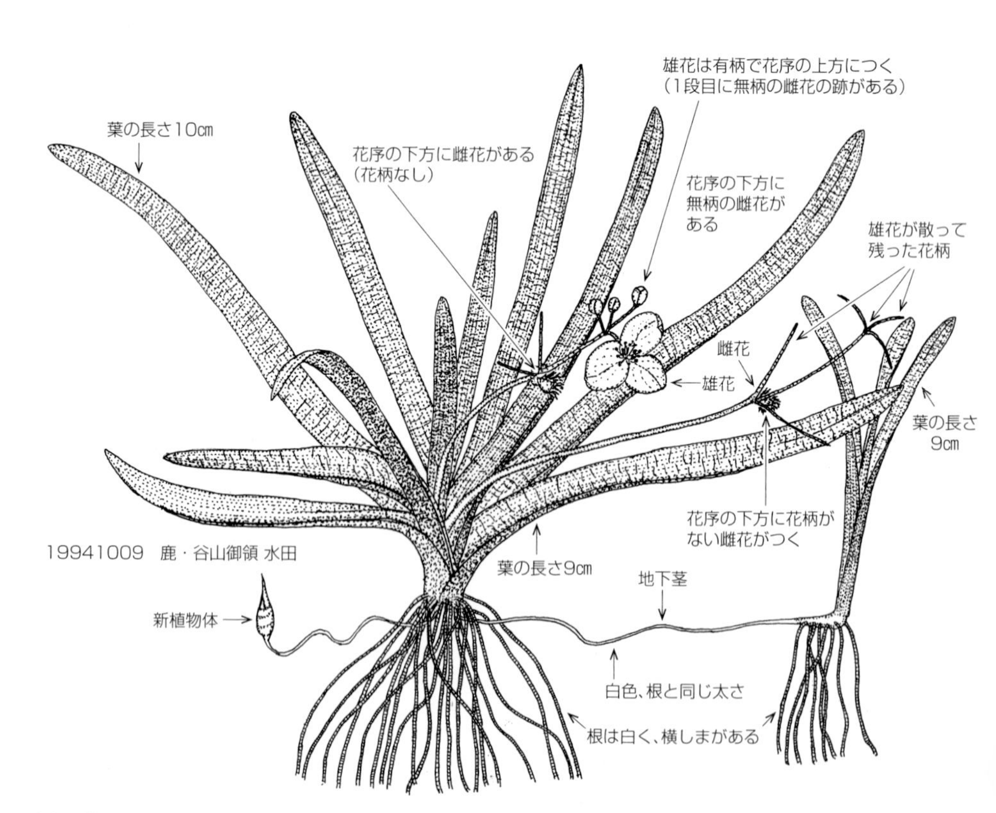

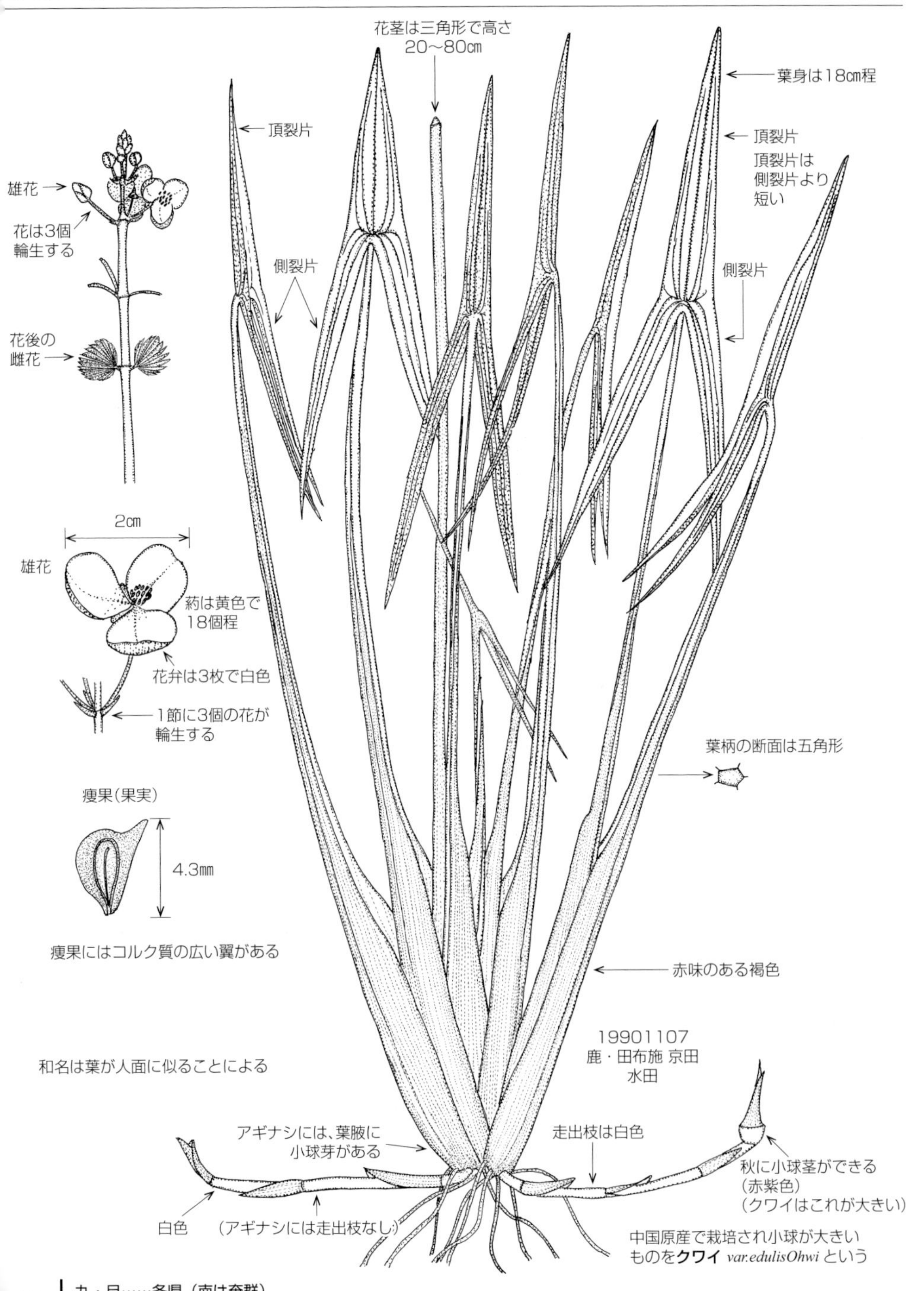

スブタ（ナガバスブタ） ［トチカガミ科　スブタ属］　　*Blyxa echinosperma*

マルミスブタ　*Blyxa aubertii*

種子

1.4mm

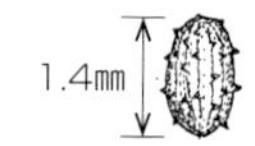

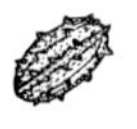

尾状の長い突起なし
19911123　平島　水田
（ミカワスブタは突起なく平滑）

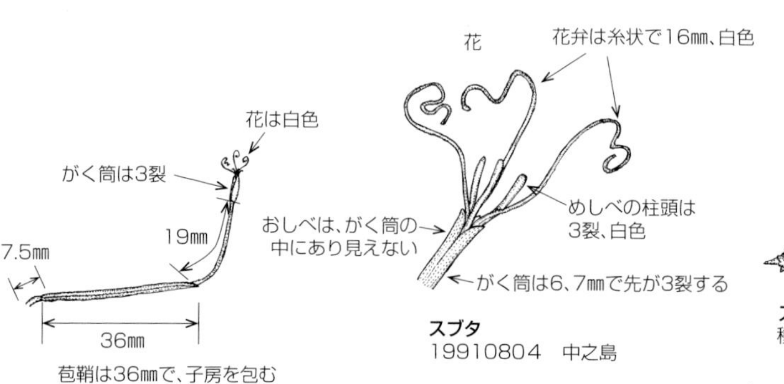

花

花弁は糸状で16mm、白色

花は白色

がく筒は3裂

19mm

めしべの柱頭は3裂、白色

おしべは、がく筒の中にあり見えない

7.5mm

がく筒は6、7mmで先が3裂する

36mm

苞鞘は36mmで、子房を包む

スブタ
19910804　中之島

スブタ
19910804　中之島

種子

2.5mm

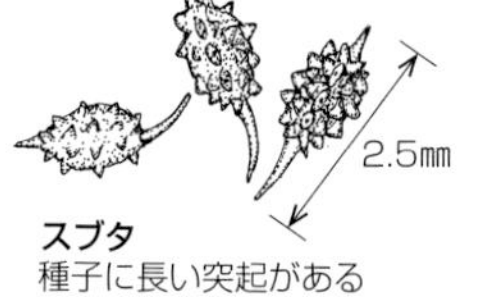

スブタ
種子に長い突起がある
19910804　中之島
（マルミスブタには長い突起はない）

白色の花は水面に出る

子房は苞鞘に包まれる

葉の中肋部はやや濃緑色
葉は波状になる

水面下浅い沼地に生える

花は水面に出る

葉の長さ7.3cm、薄くて軟弱で水上に出ることはない

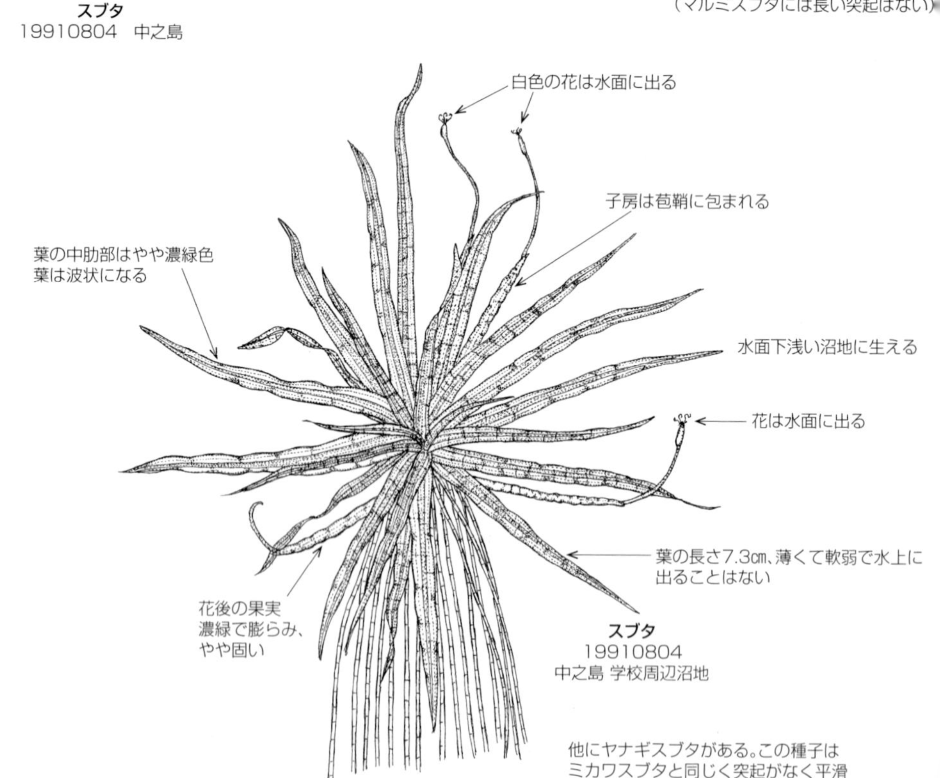

スブタ
19910804
中之島　学校周辺沼地

花後の果実
濃緑で膨らみ、やや固い

他にヤナギスブタがある。この種子はミカワスブタと同じく突起がなく平滑

和名は、多くの葉が出ている状態が、女子の乱れ髪（スブタという地域がある）を思わせるという意味らしい

分布　｜　九・目……各県（南は奄群）
　　　｜　鹿・目……県本土　甑　種　屋　奄大　徳　沖永

オオカナダモ ［トチカガミ科　オオカナダモ属］ *Egeria densa*

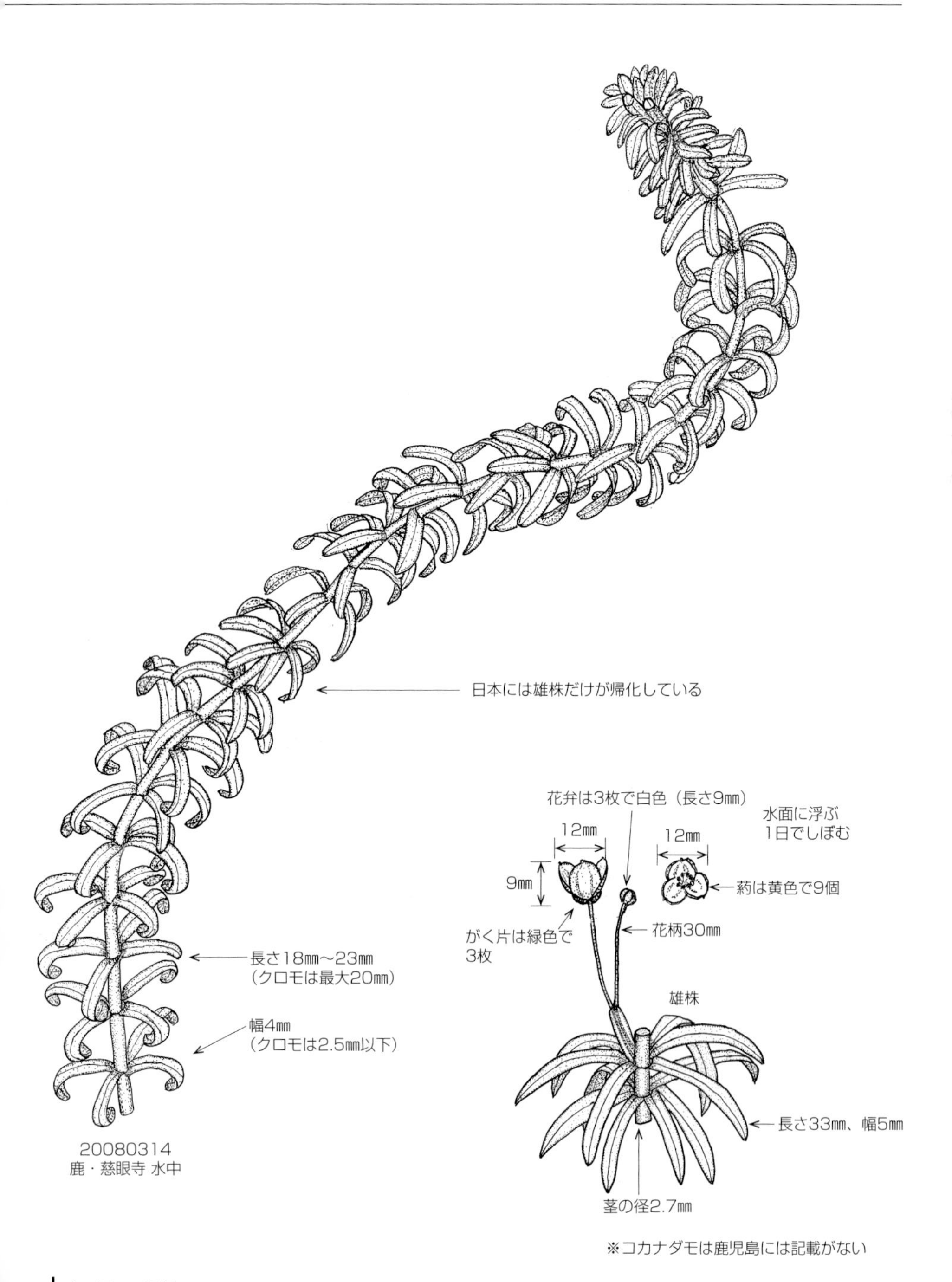

← 日本には雄株だけが帰化している

花弁は3枚で白色（長さ9mm）
12mm　12mm
9mm
がく片は緑色で3枚
花柄30mm
水面に浮ぶ　1日でしぼむ
← 葯は黄色で9個

雄株

← 長さ18mm～23mm（クロモは最大20mm）
← 幅4mm（クロモは2.5mm以下）

← 長さ33mm、幅5mm
茎の径2.7mm

20080314
鹿・慈眼寺 水中

※コカナダモは鹿児島には記載がない

分布　九・目……各県
　　　鹿・目……高山　北米原産

ウミヒルモ ［トチカガミ科　ウミヒルモ属］ *Halophila ovali*

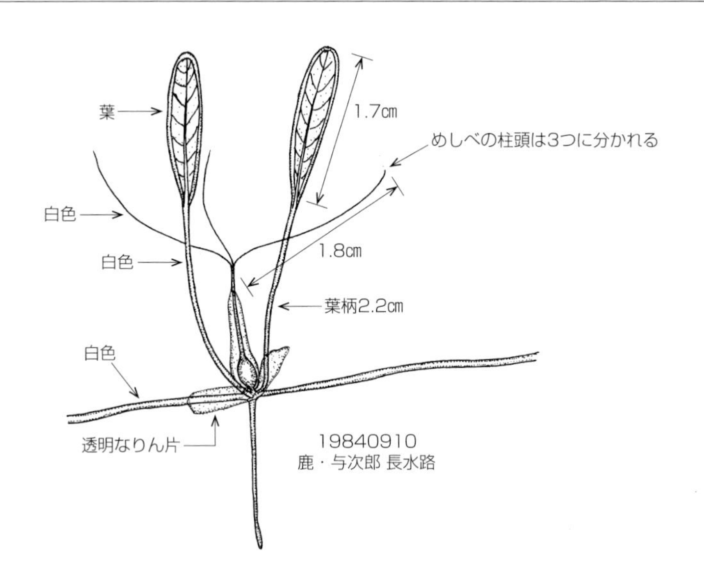

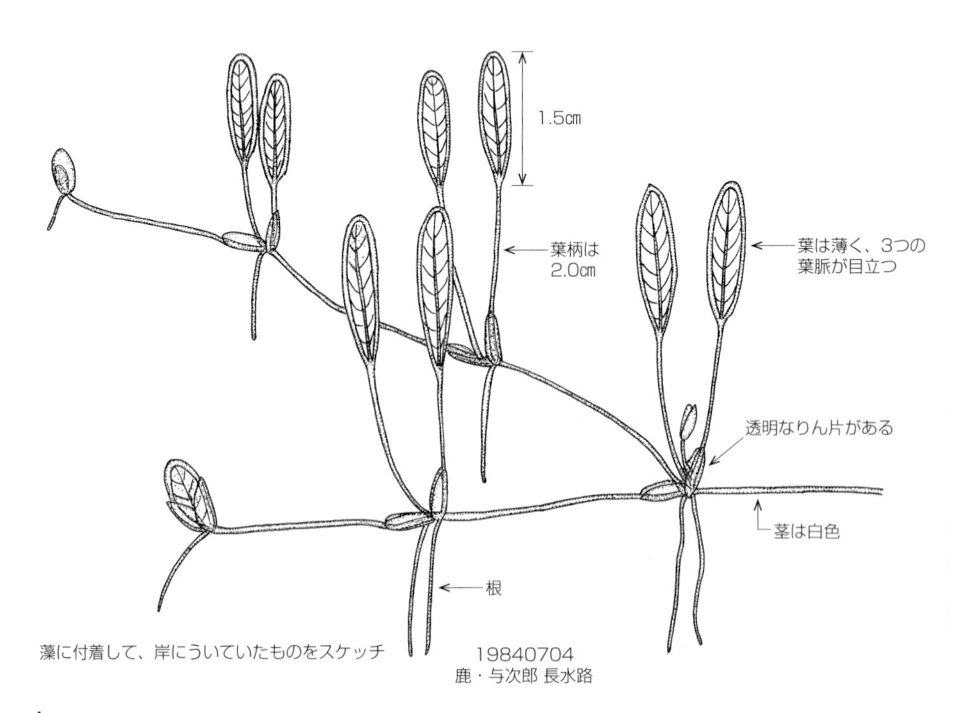

分布　九・目……福（福岡）　佐（鎮西）　大（姫島）　長（長崎　大村　五島）　熊（天草）　宮（北浦　南郷）　鹿
　　　鹿・目……燃島　喜　奄大　海中

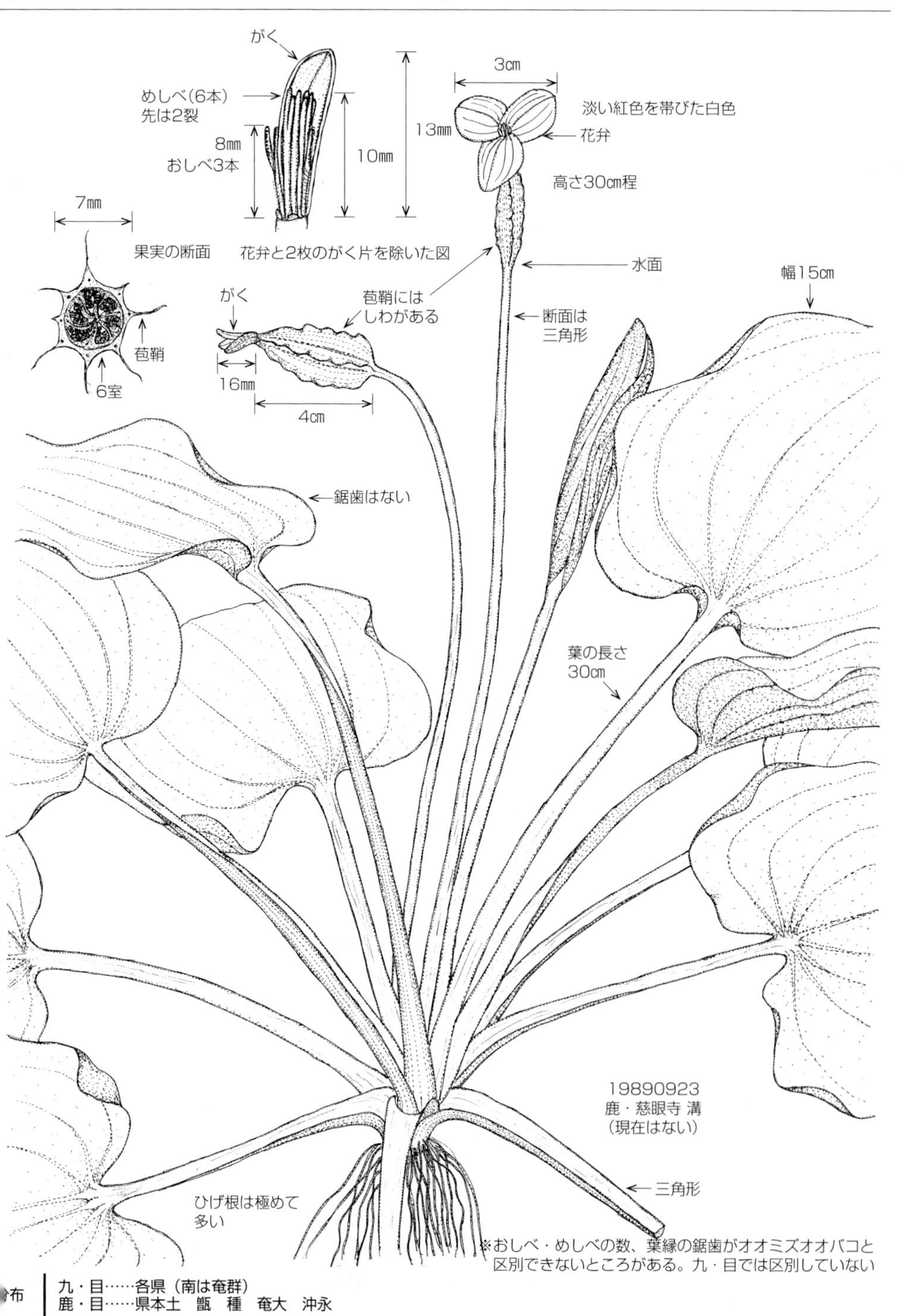

セキショウモ ［トチカガミ科　セキショウモ属］　　Vallisneria asiatica

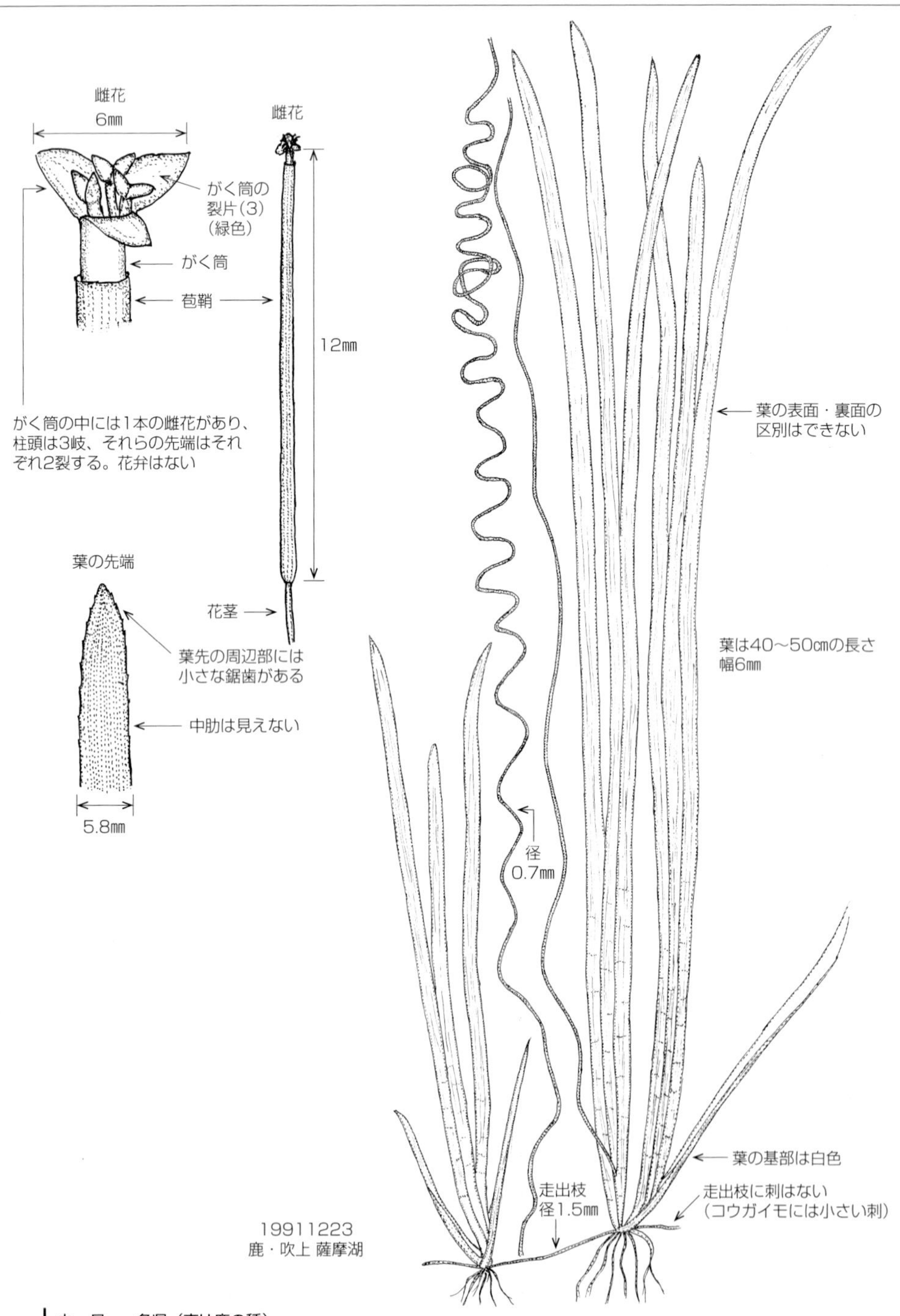

分布　│　九・目……各県（南は鹿の種）
　　　│　鹿・目……大口　藺牟田池　荒崎　田布施　伊作　東市来　鰻池　甑　種（宝満池）　中

シバナ　[シバナ科　シバナ属]

Triglochin maritimum

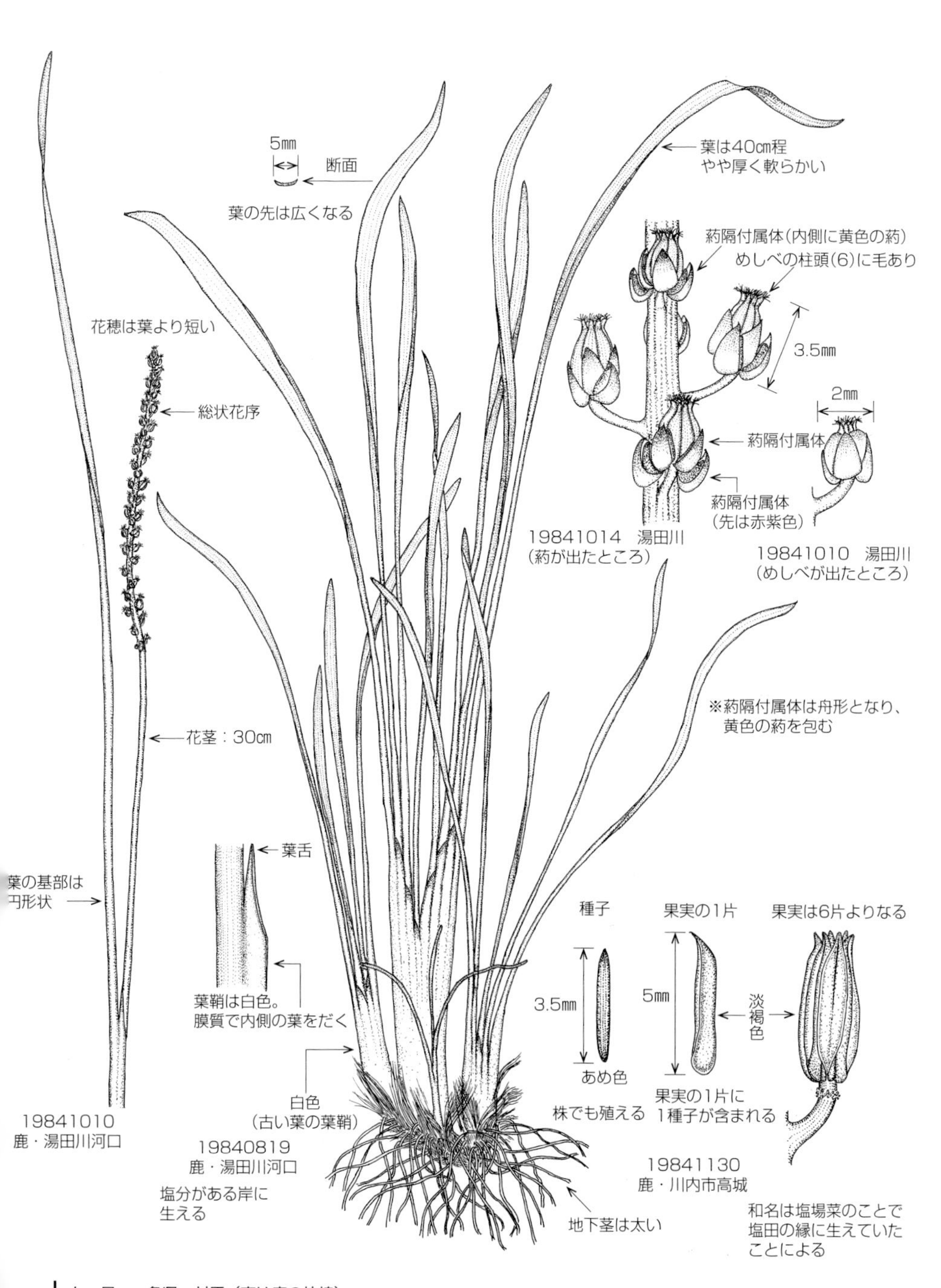

カワツルモ　［カワツルモ科　カワツルモ属］　*Ruppia maritima*

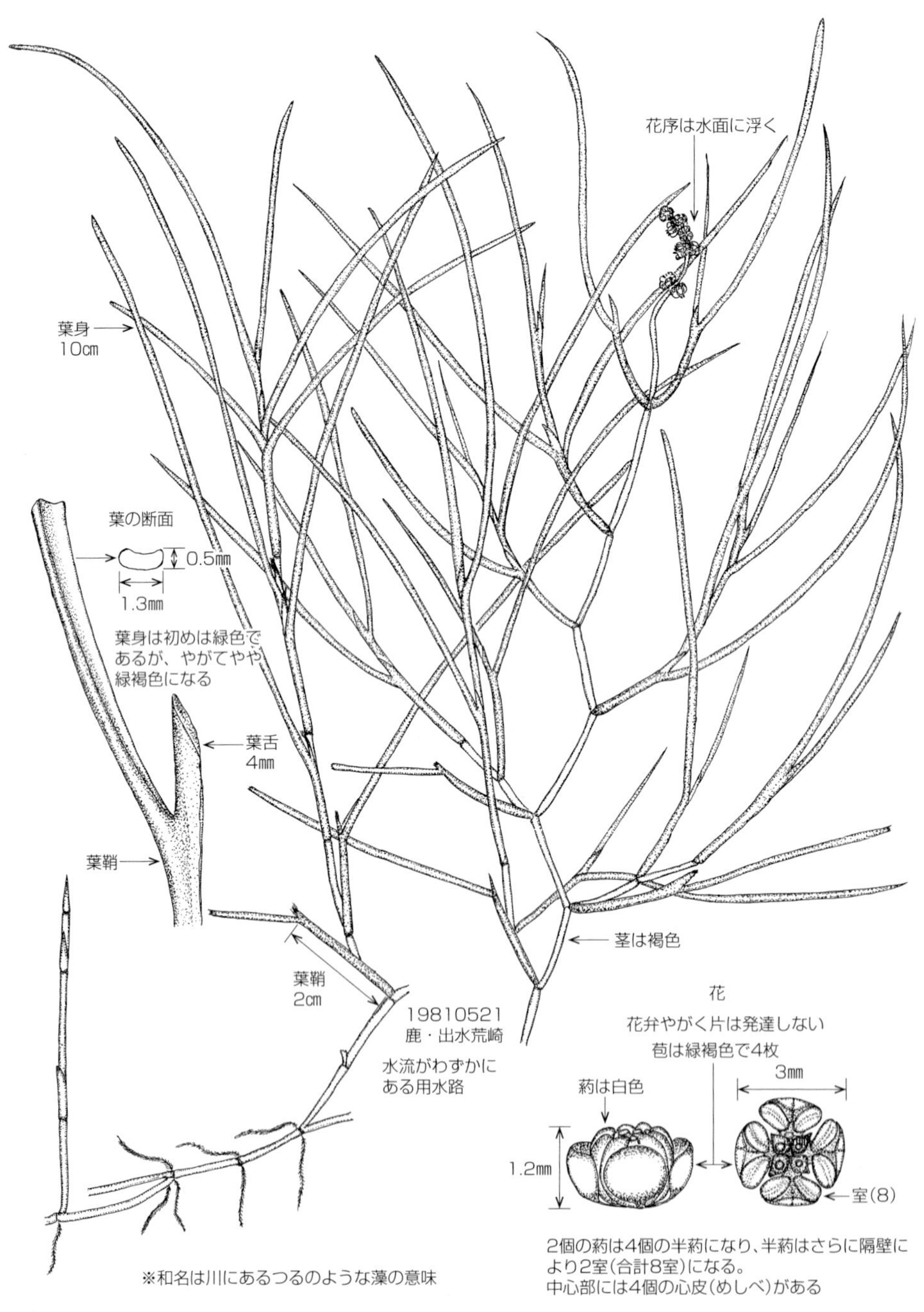

花序は水面に浮く

葉身 10cm

葉の断面　0.5mm　1.3mm

葉身は初めは緑色であるが、やがてやや緑褐色になる

葉舌 4mm

葉鞘

葉鞘 2cm

19810521
鹿・出水荒崎
水流がわずかにある用水路

茎は褐色

花
花弁やがく片は発達しない
苞は緑褐色で4枚
葯は白色
3mm
1.2mm
室(8)

2個の葯は4個の半葯になり、半葯はさらに隔壁により2室(合計8室)になる。
中心部には4個の心皮(めしべ)がある

※和名は川にあるつるのような藻の意味

分布　｜　九・目……各県　対馬　（南は鹿の種）
　　　　鹿・目……荒崎　阿久根　海潟　甑　種

ヒルムシロ　[ヒルムシロ科　ヒルムシロ属]　　*Potamogeton distinctus*

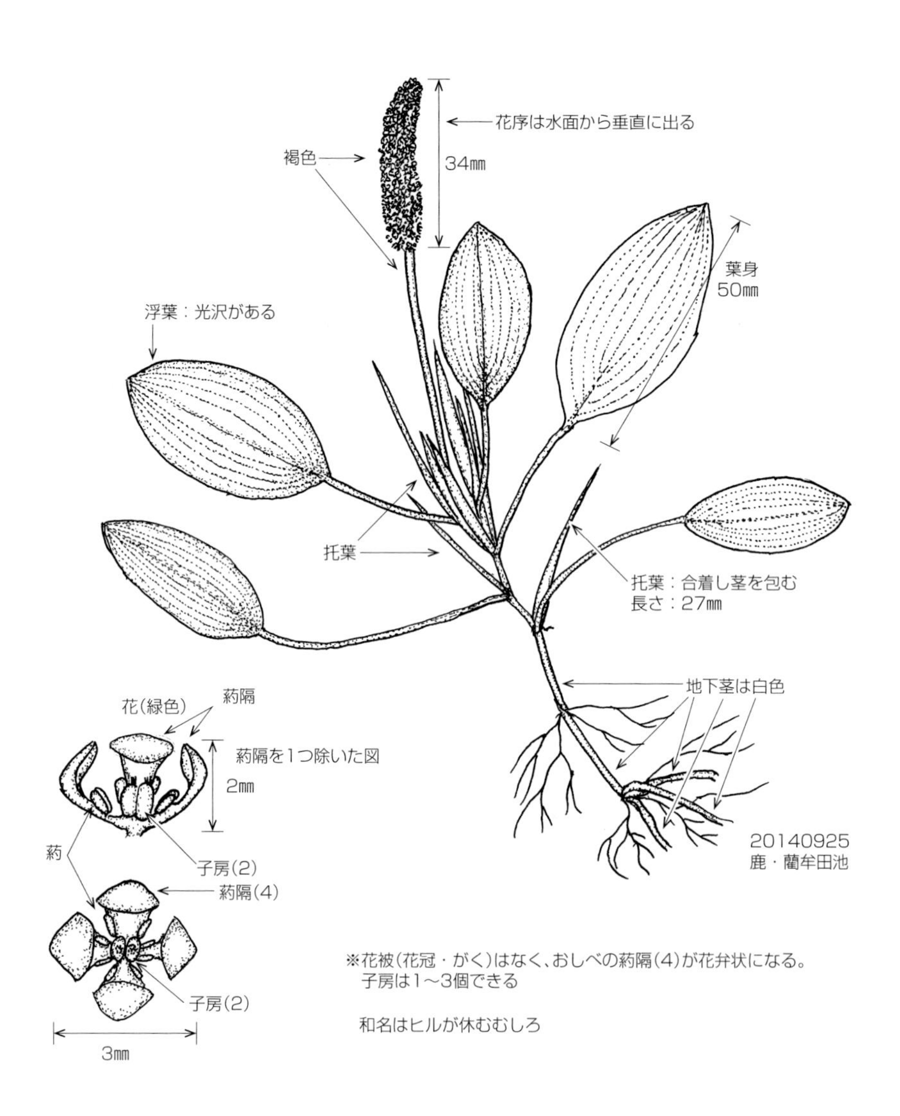

※花被（花冠・がく）はなく、おしべの葯隔（4）が花弁状になる。
　子房は1〜3個できる

和名はヒルが休むむしろ

分布　九・目……各県（南は奄群）
　　　鹿・目……各地

ホソバミズヒキモ [ヒルムシロ科　ヒルムシロ属]　　*Potamogeton octandrum*

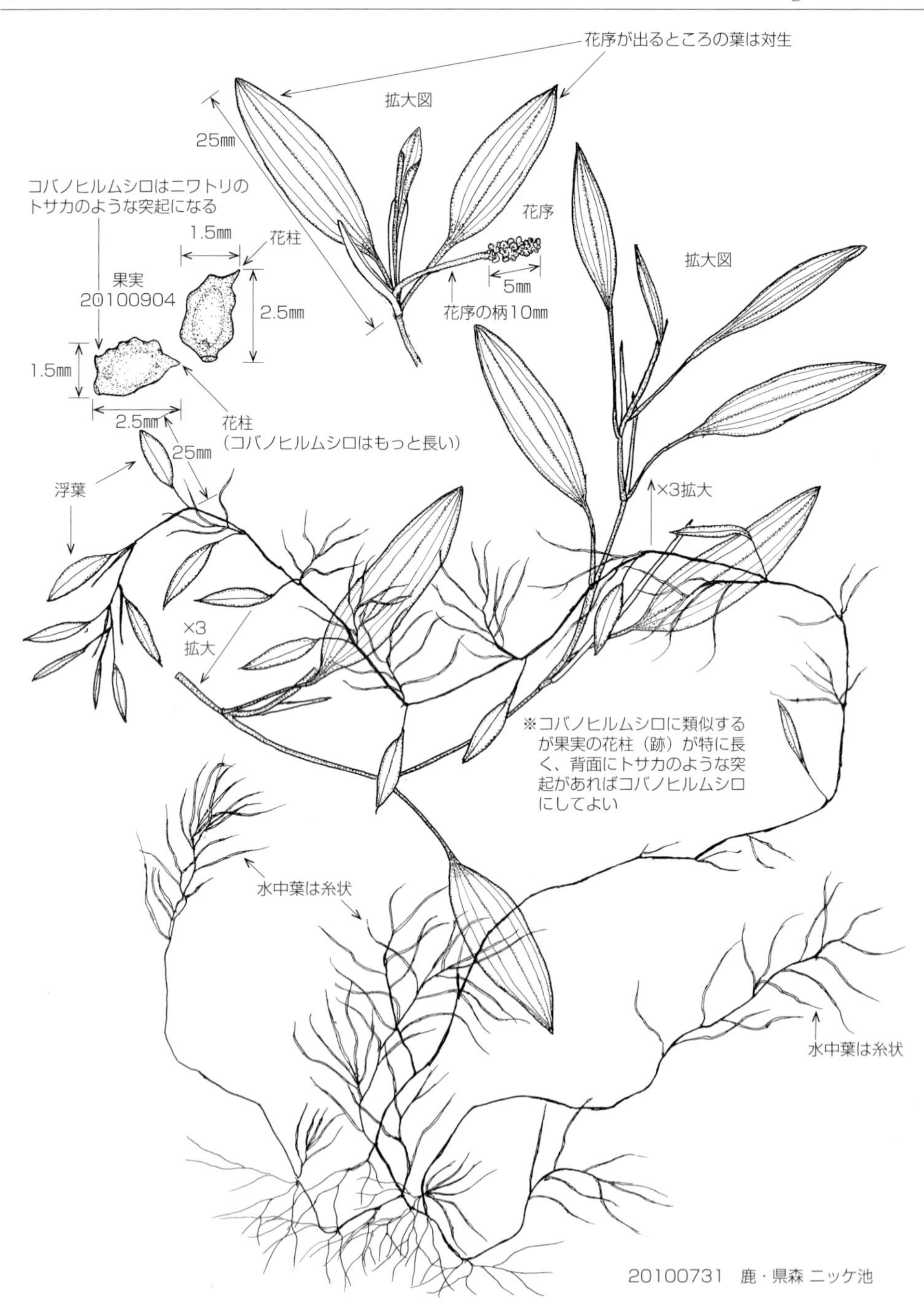

分布　九・目……各県（南は都城　串間）
　　　鹿・目……日吉町の日置

ヤナギモ　[ヒルムシロ科　ヒルムシロ属]　　*Potamogeton oxyphyllus*

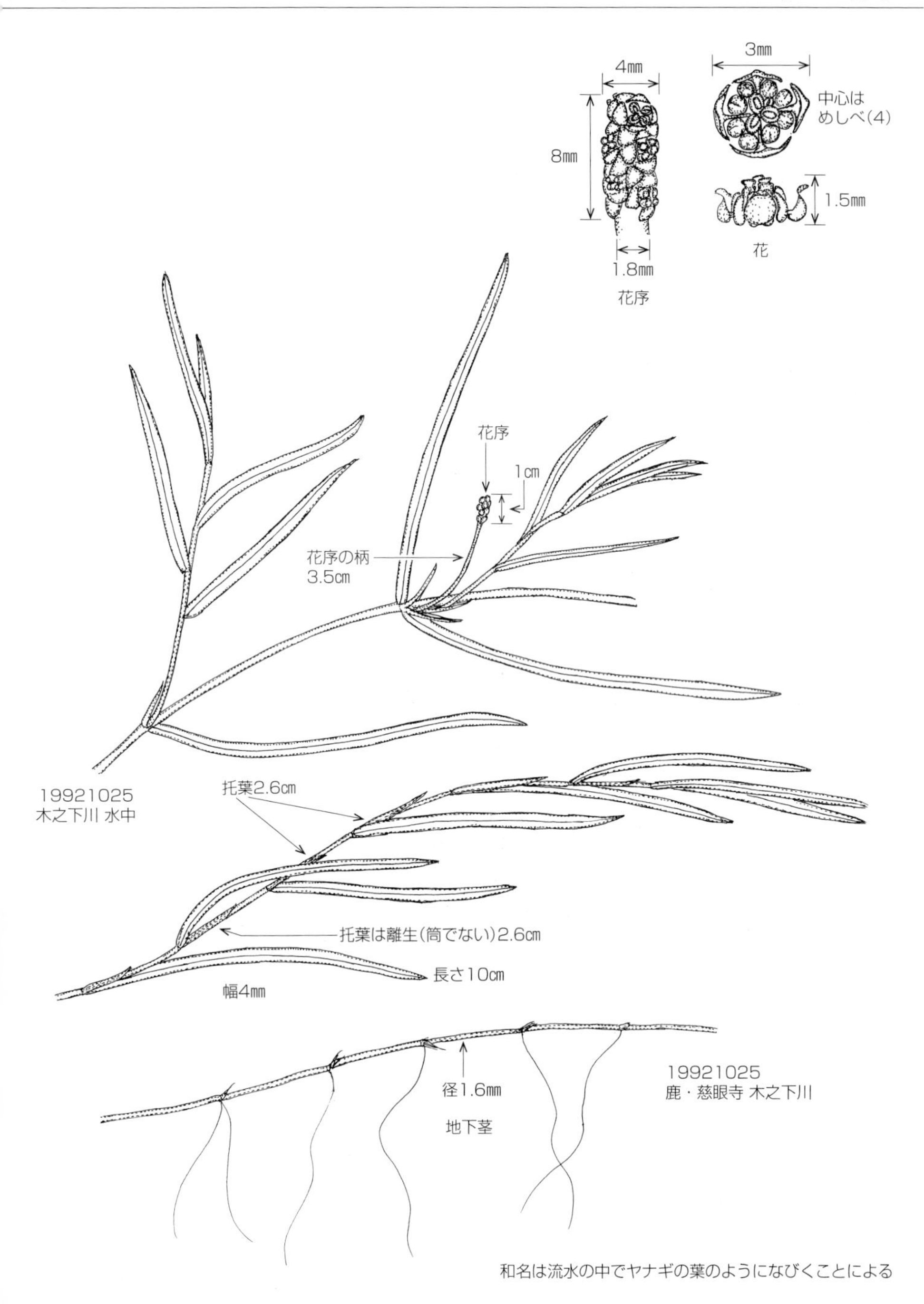

和名は流水の中でヤナギの葉のようになびくことによる

分布　九・目……各県（南は奄大－住用川）
　　　鹿・目……甑　県本土各地　種（馬毛島）　奄大

アマモ ［アマモ科　アマモ属］ *Zostera marina*

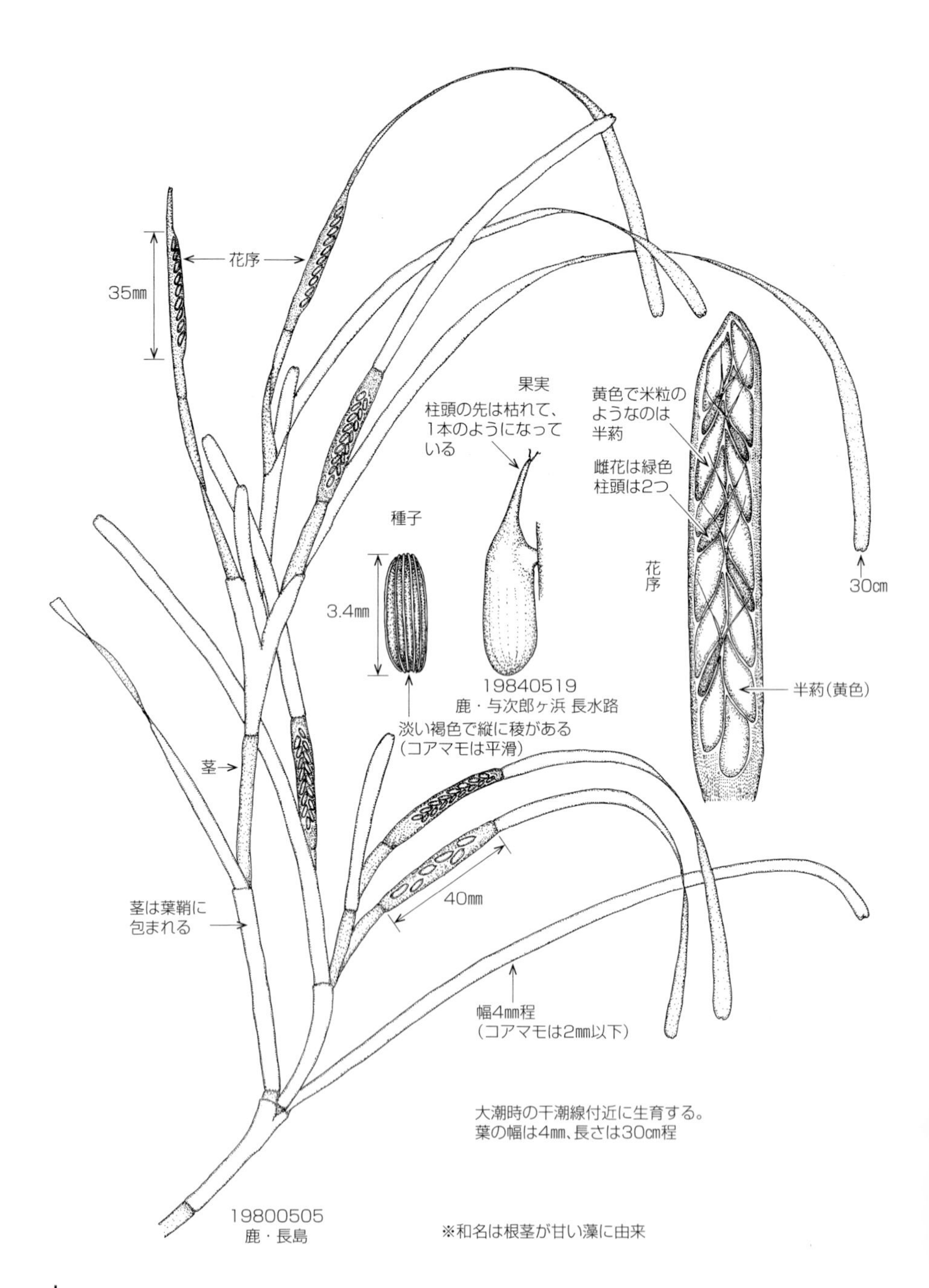

分布　九・目……各県　対馬（南限は奄大－湯湾）
　　　鹿・目……甑　鹿児島　桜島　海潟　奄大

ソクシンラン　[ノギラン科　ソクシンラン属]　　　　　　　　　　　　　　　*Aletris spicata*

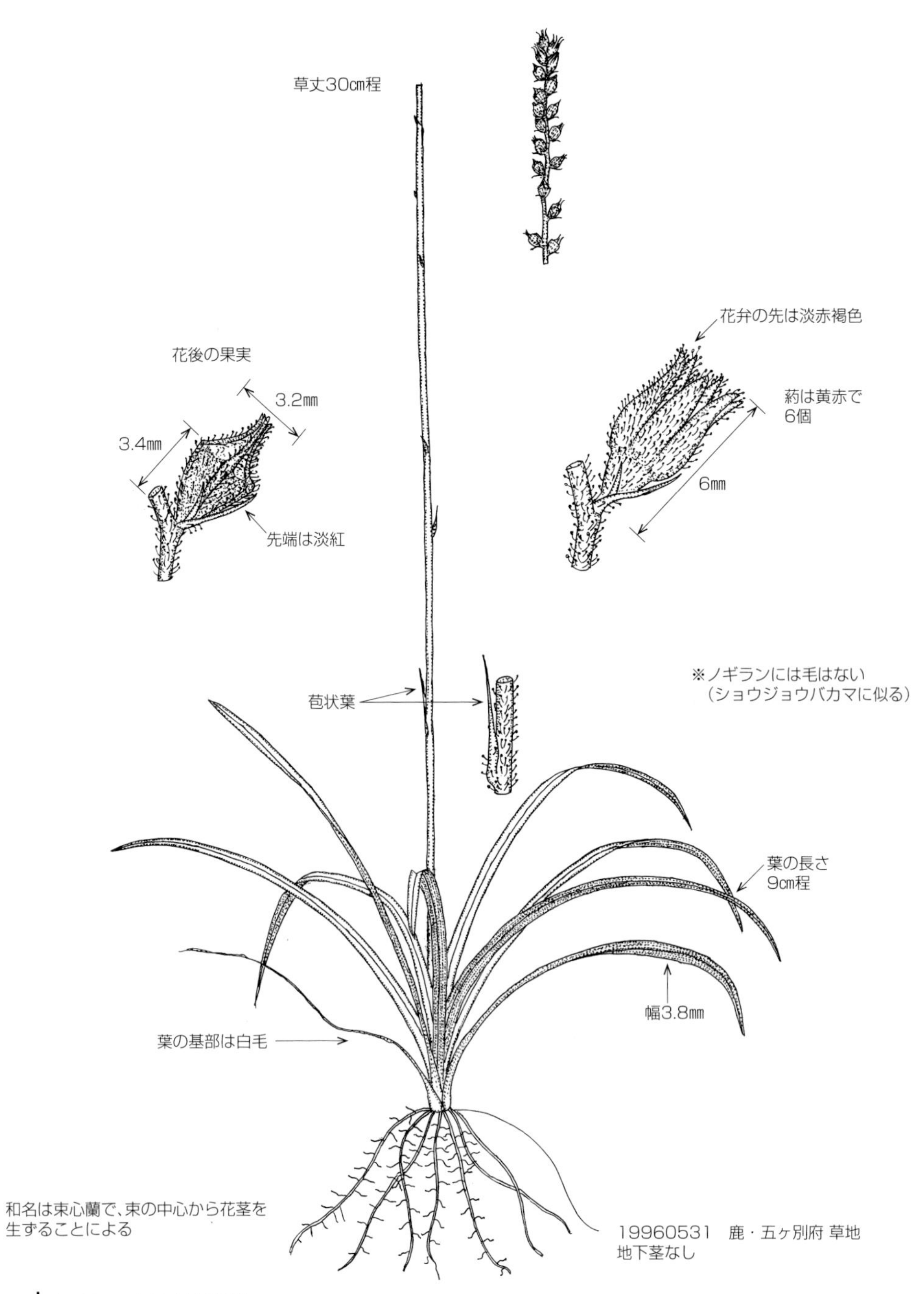

189

オニドコロ　[ヤマノイモ科　ヤマノイモ属]　*Dioscorea tokoro*

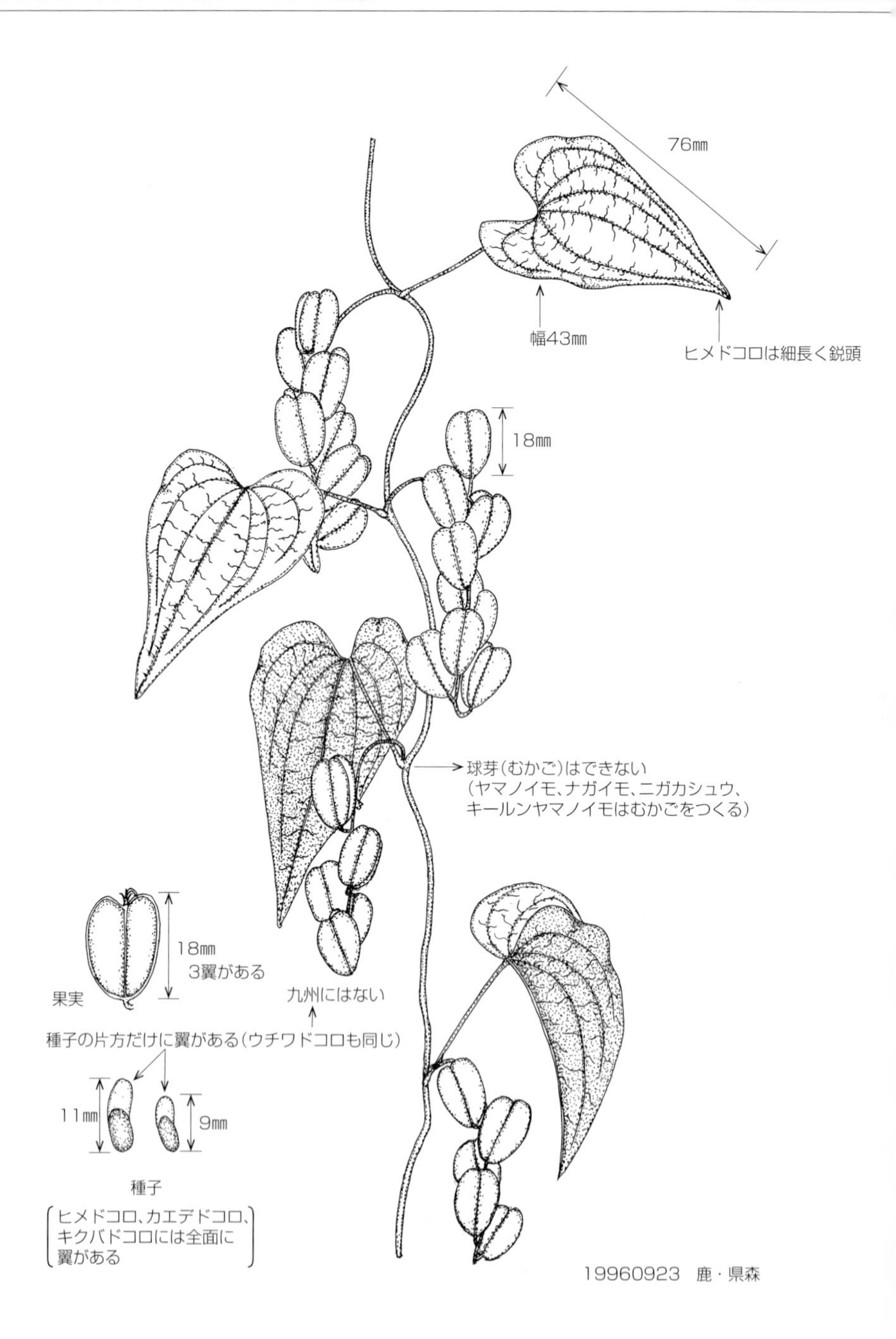

分布　九・目……各県（南限は屋　種）
　　　鹿・目……甑　県本土　種　屋

カエデドコロ [ヤマノイモ科　ヤマノイモ属] *Dioscorea quinqueloba*

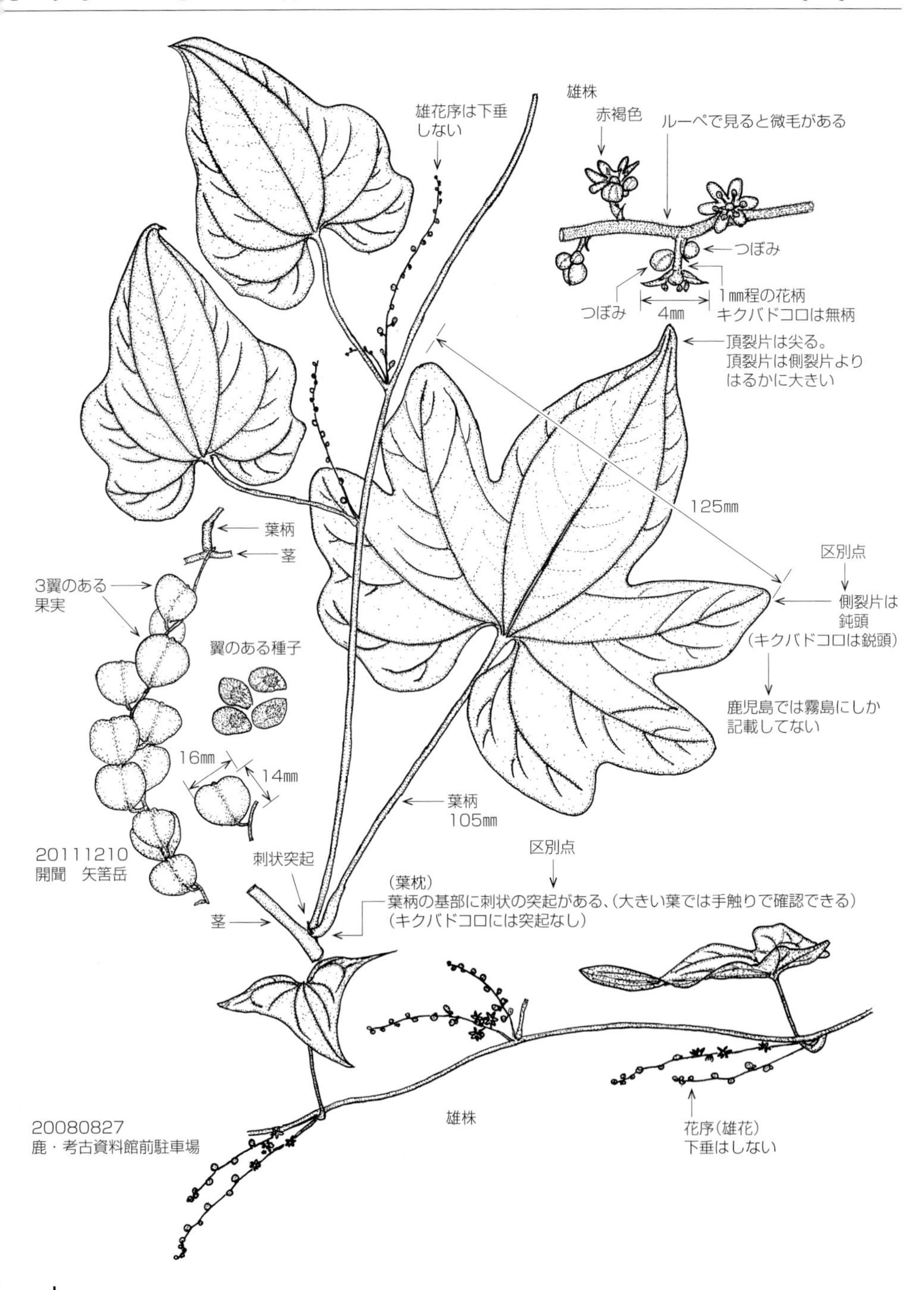

キールンヤマノイモ　[ヤマノイモ科　ヤマノイモ属]　　*Dioscorea pseudojaponica*

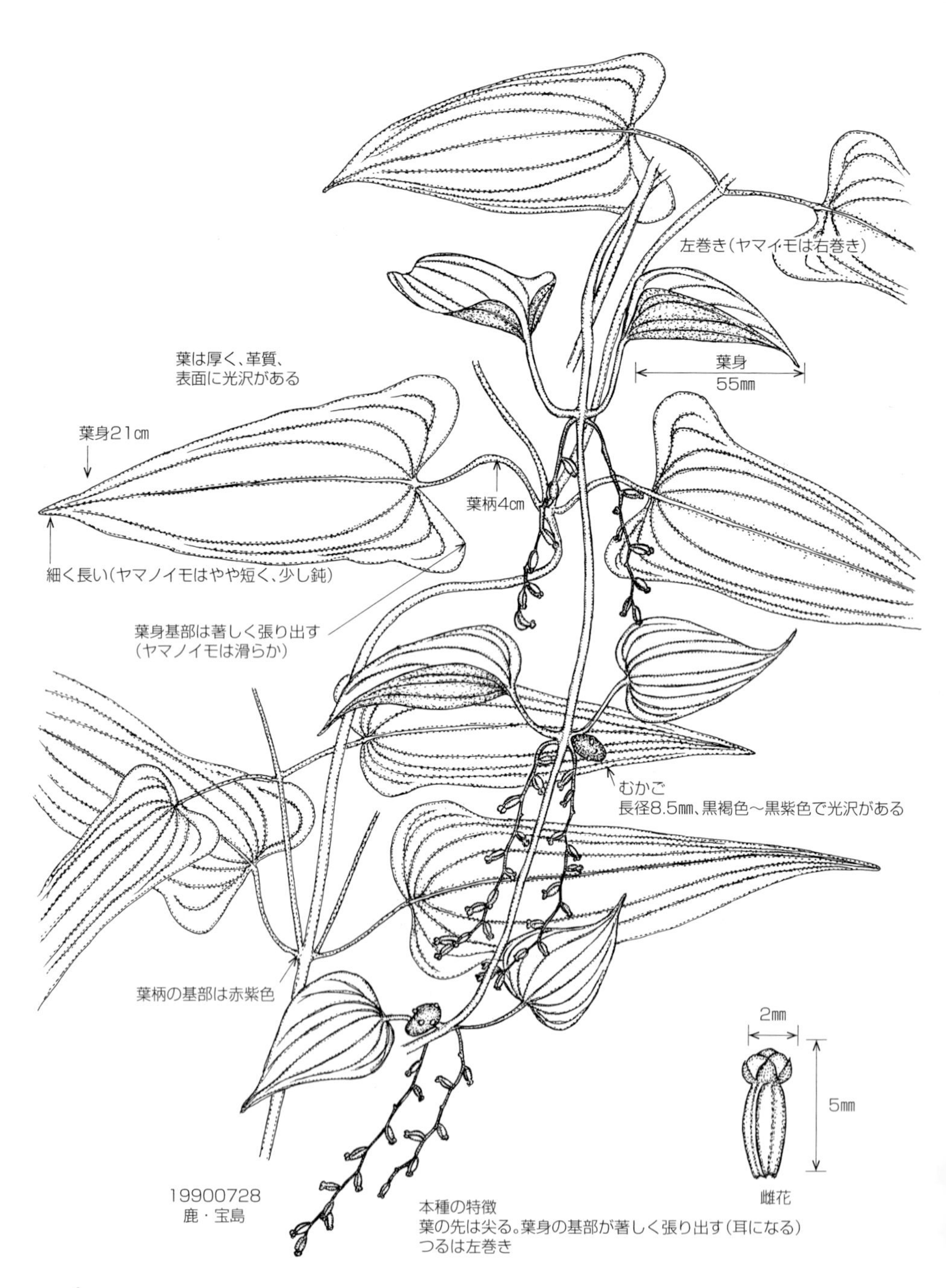

マルバドコロ（ニガカシュウ） ［ヤマノイモ科　ヤマノイモ属］ *Dioscorea bulbifera*

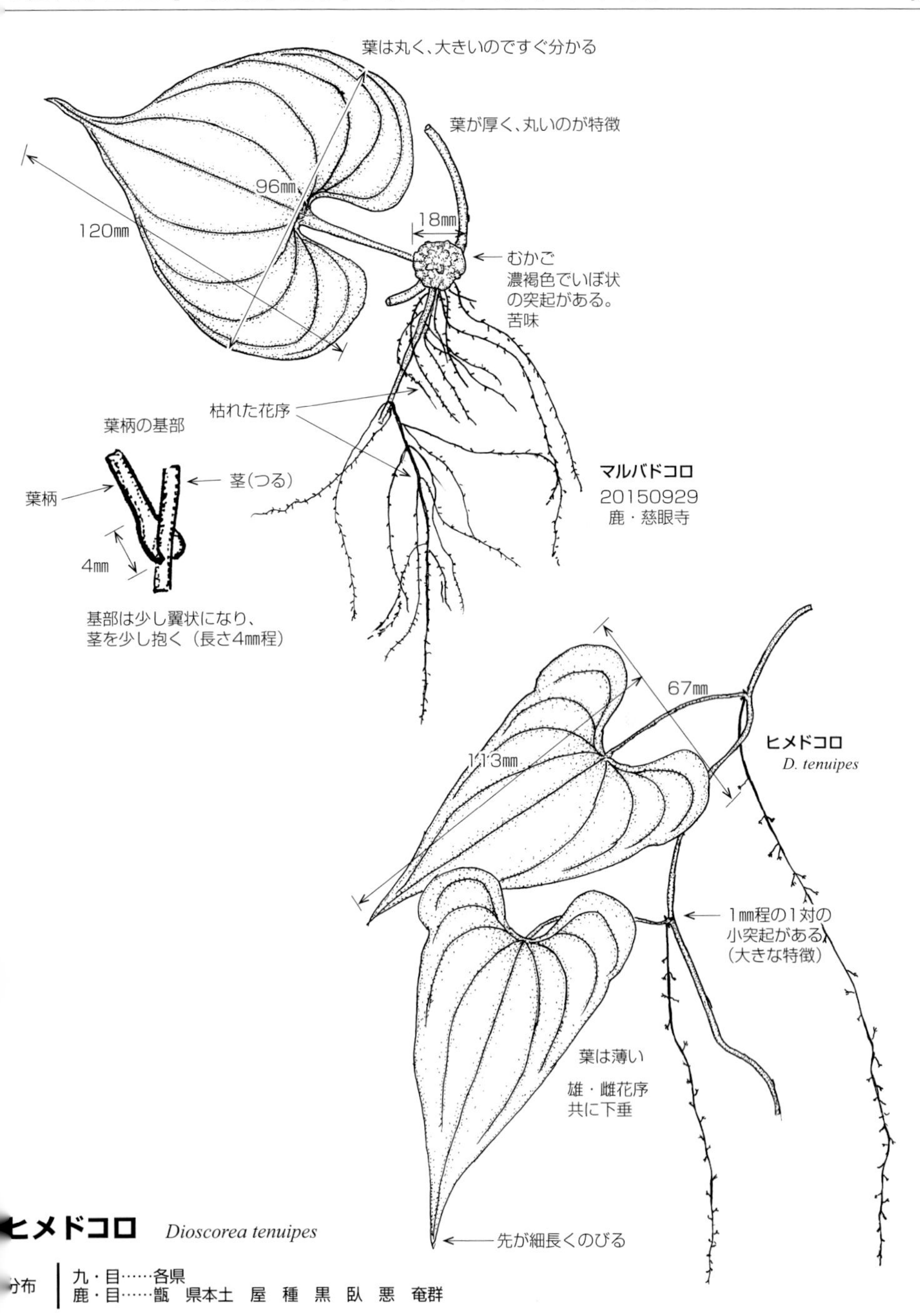

ヒメドコロ　*Dioscorea tenuipes*

分布 ｜ 九・目……各県
　　　鹿・目……甑　県本土　屋　種　黒　臥　悪　奄群

分布 ｜ 九・目……各県
　　　鹿・目……甑　県本土　県本土南限は野首嶽　竹山　屋

ヤマノイモ [ヤマノイモ科 ヤマノイモ属] *Dioscorea japonica*

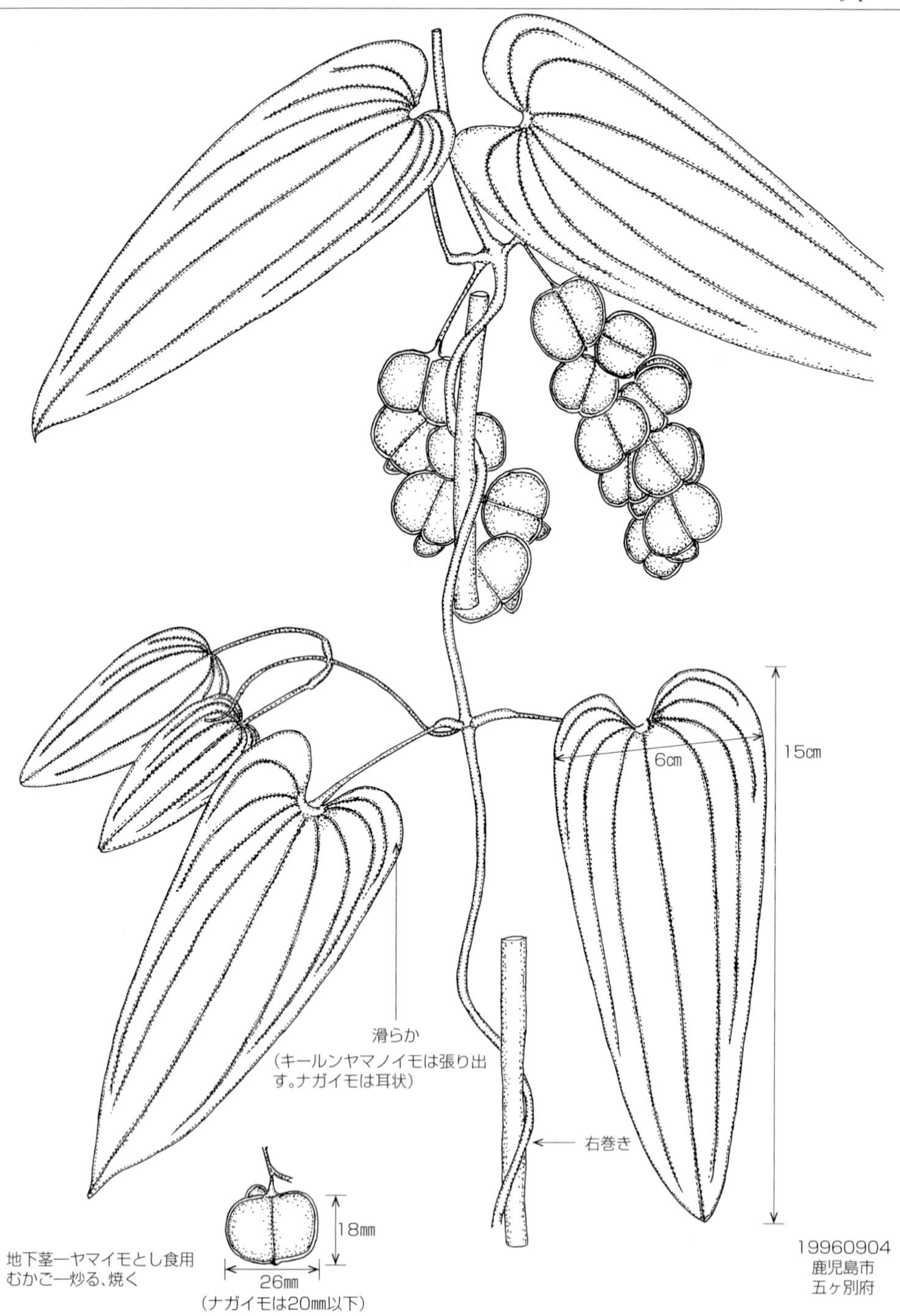

アダン [タコノキ科　タコノキ属]

Pandanus odoratissimus

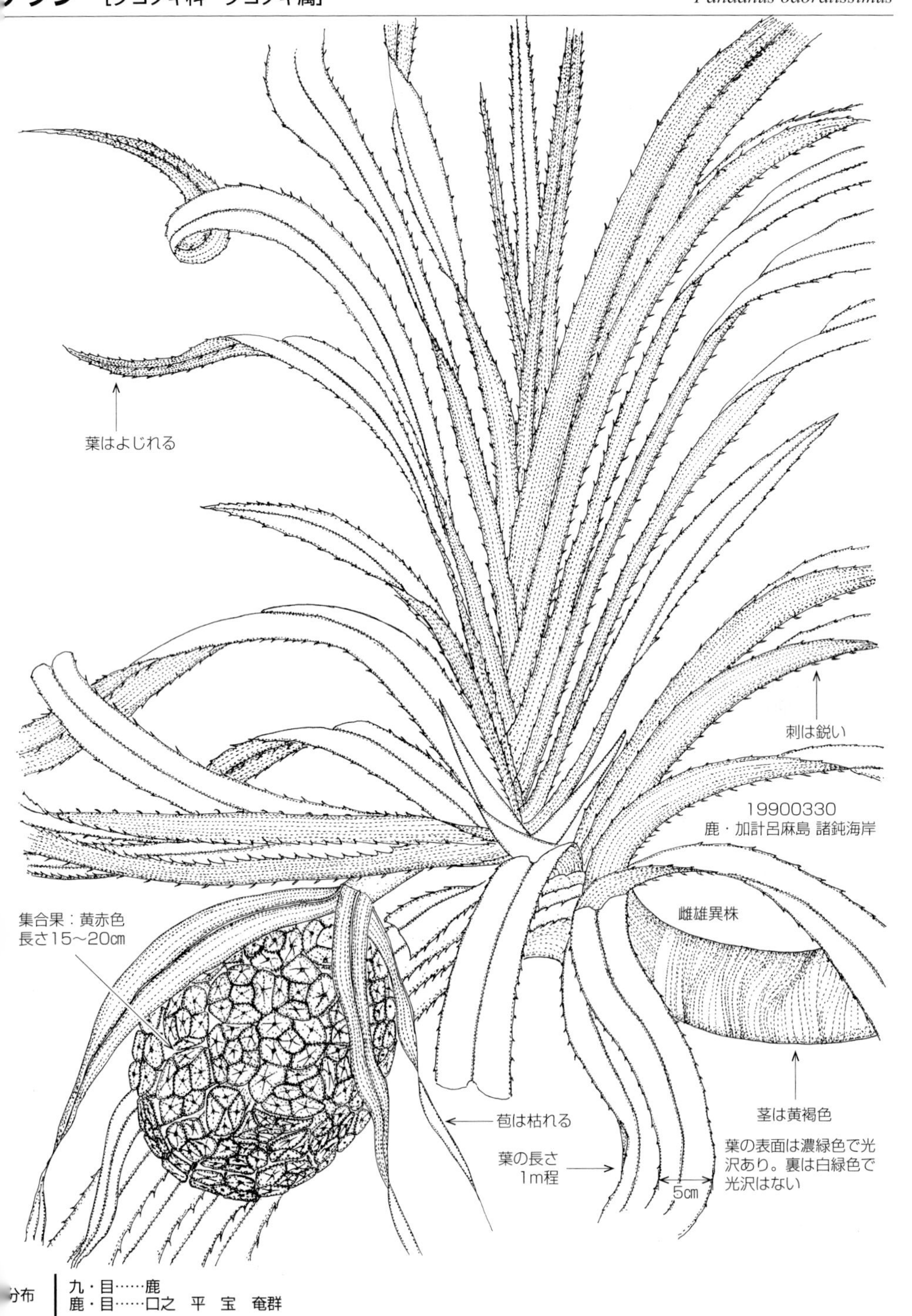

シライトソウ　[シュロソウ科　シライトソウ属]　　*Chionographis japonica*

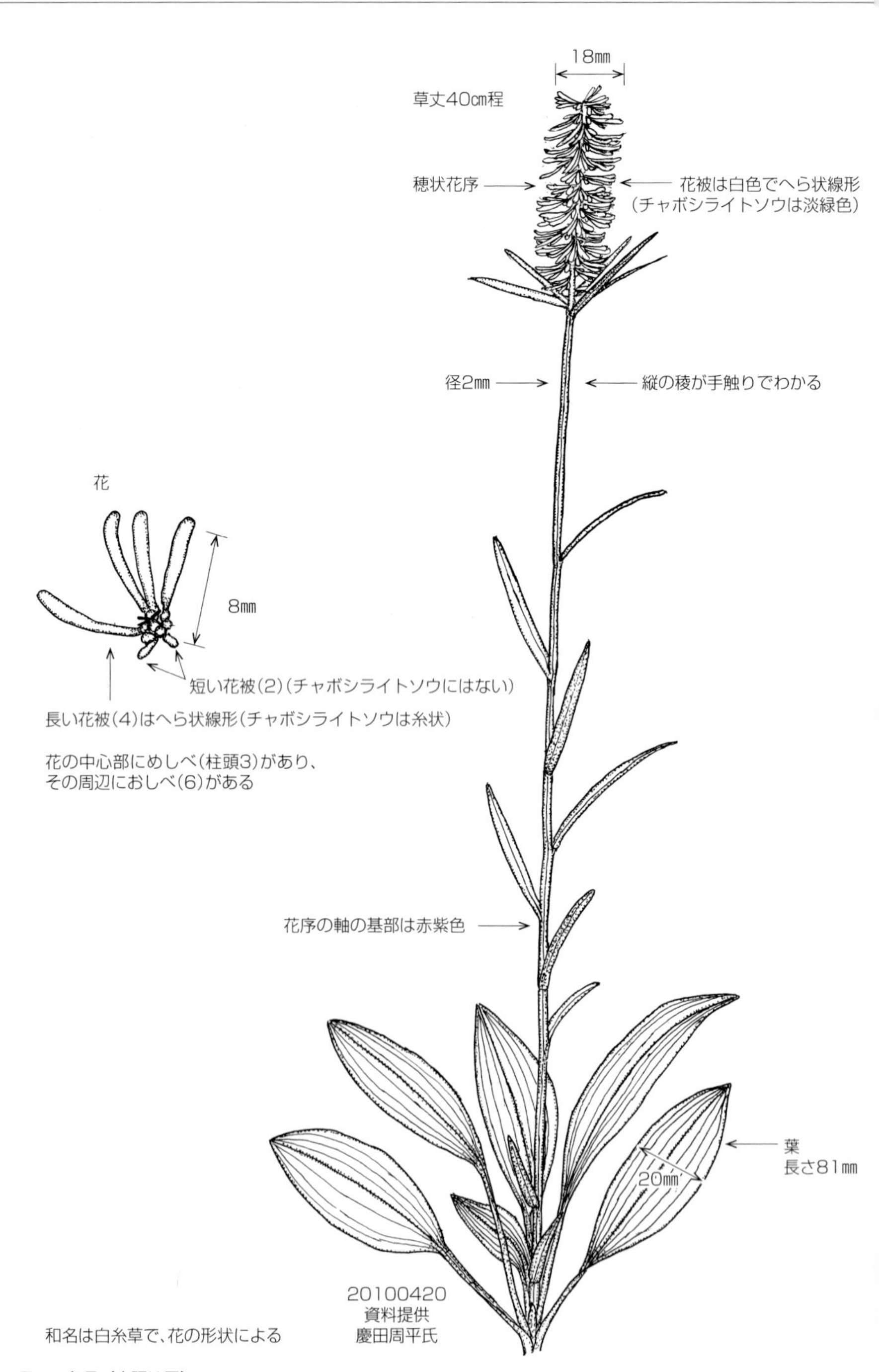

和名は白糸草で、花の形状による

分布　九・目……各県（南限は屋）
　　　鹿・目……甑　霧島山　重富　新川渓谷　大隅大川原　大鳥峡　志布志　高隈山　辺塚　田代　稲尾岳　野尻野　屋

ツクシショウジョウバカマ　　*Heloniopsis orientalis* var. *breviscapa*
【シュロソウ科　ショウジョウバカマ属】

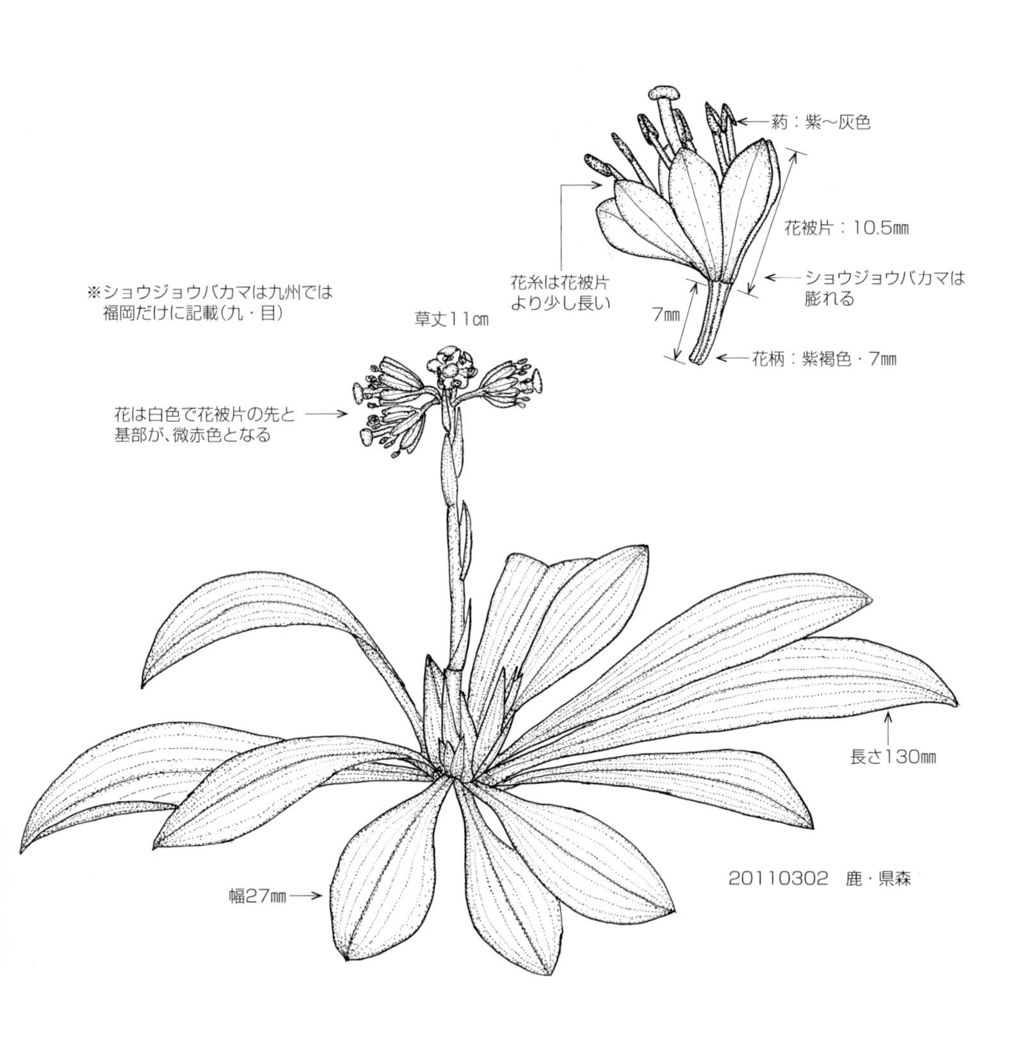

九・目……各県
鹿・目……霧島山　大口　紫尾山　川辺　亀ヶ丘　野間岳　鹿児島市　桜島　犬飼滝　大川原　高隈山　下甑　屋

カラスキバサンキライ　［シオデ科　カラスキバサンキライ属］　*Heterosmilax japonica*

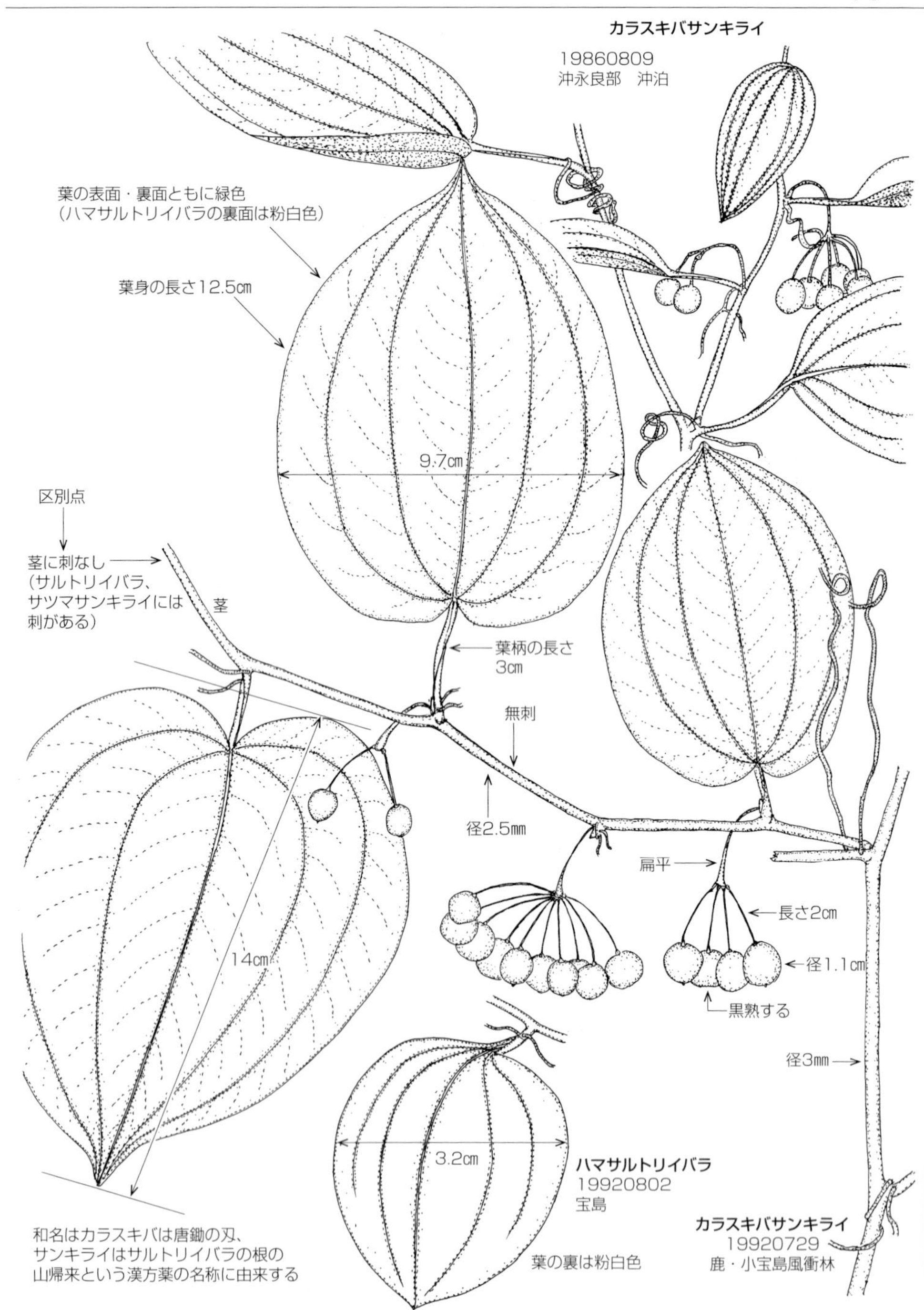

198

サツマサンキライ　[シオデ科　シオデ属]　　*Smilax bracteata*

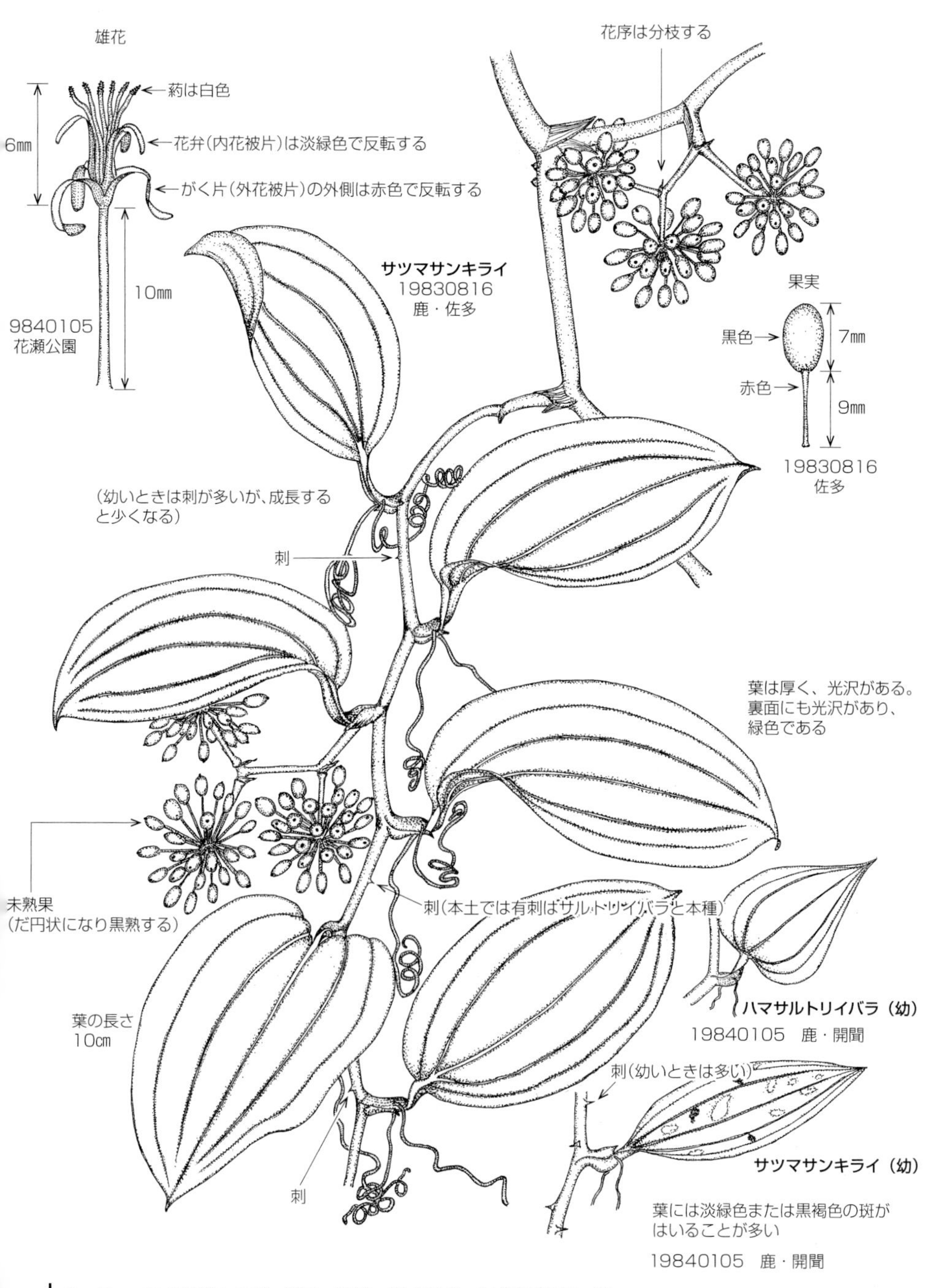

サルトリイバラ　[シオデ科　シオデ属]　　　*Smilax chine*

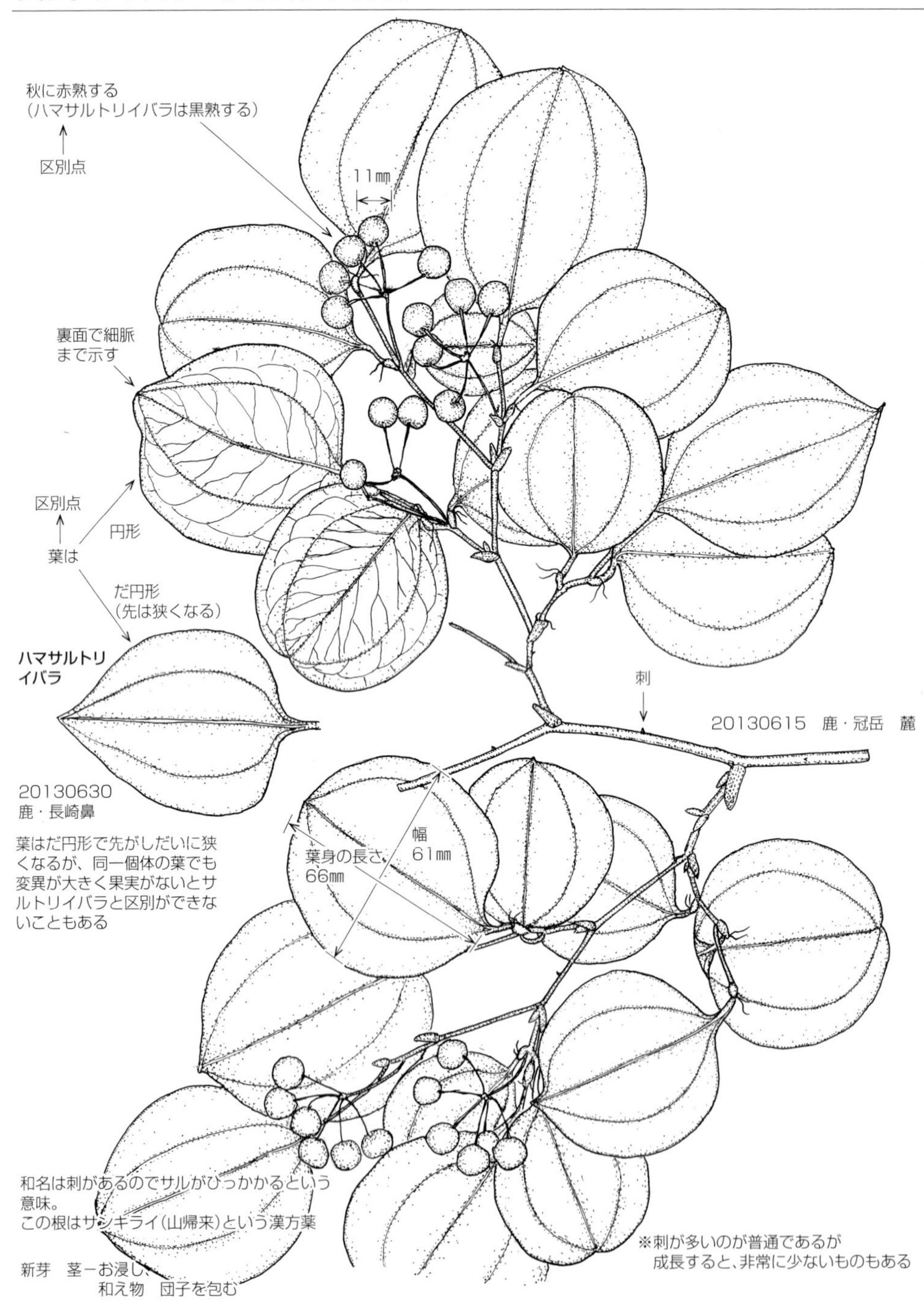

秋に赤熟する
(ハマサルトリイバラは黒熟する)
区別点

11㎜

裏面で細脈
まで示す

区別点
葉は
円形
だ円形
(先は狭くなる)

ハマサルトリ
イバラ

20130630
鹿・長崎鼻

葉はだ円形で先がしだいに狭
くなるが、同一個体の葉でも
変異が大きく果実がないとサ
ルトリイバラと区別ができな
いこともある

刺

20130615　鹿・冠岳　麓

幅
61㎜
葉身の長さ
66㎜

和名は刺があるのでサルがひっかかるという
意味。
この根はサンキライ(山帰来)という漢方薬

新芽　茎ーお浸し
　　　和え物　団子を包む

※刺が多いのが普通であるが
　成長すると、非常に少ないものもある

分布　九・目……各県(南は屋 種 中 悪)
　　　鹿・目……甑 県本土 屋 種 中

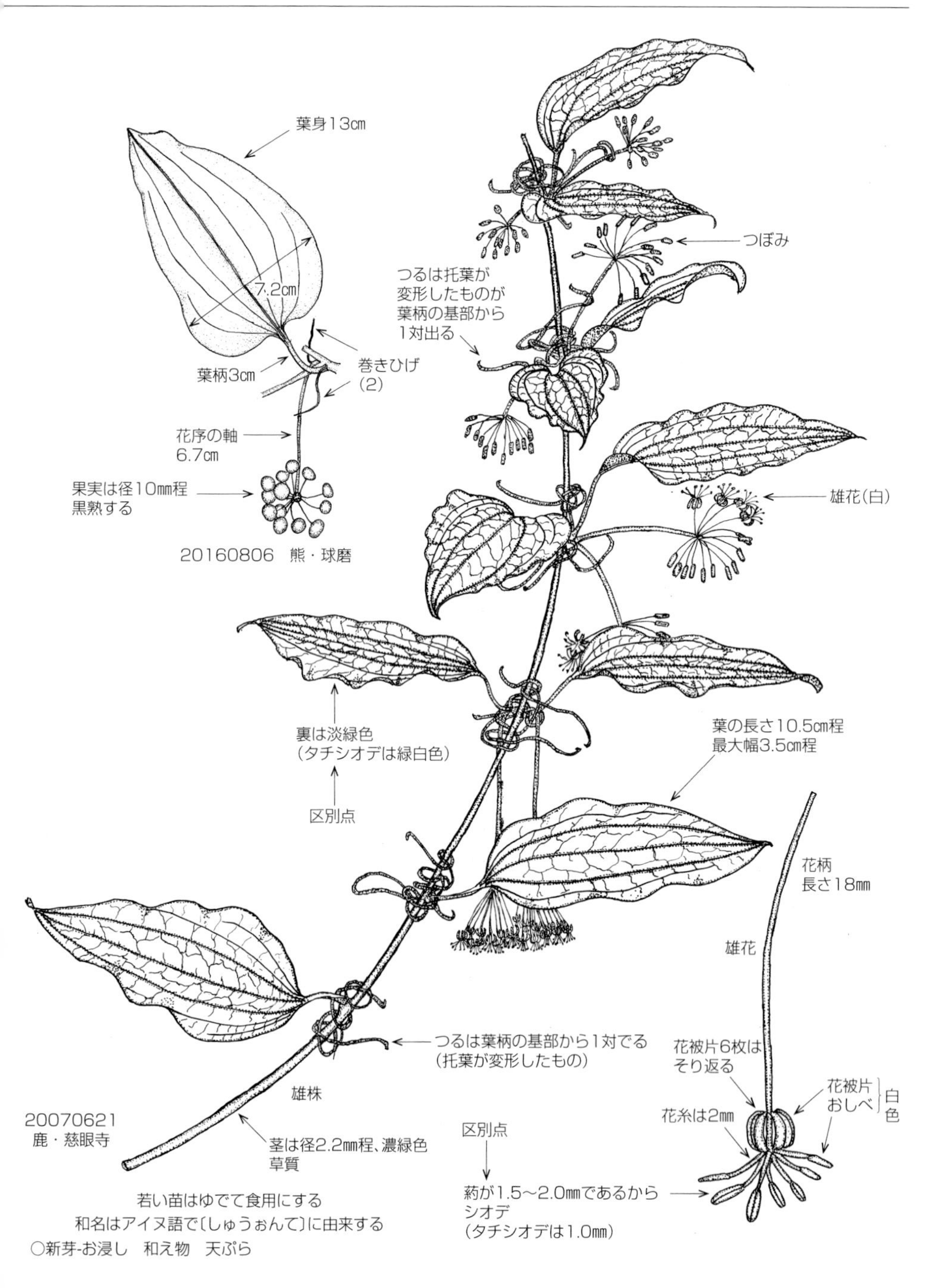

ハマサルトリイバラ [シオデ科 シオデ属] *Smilax sebeana*

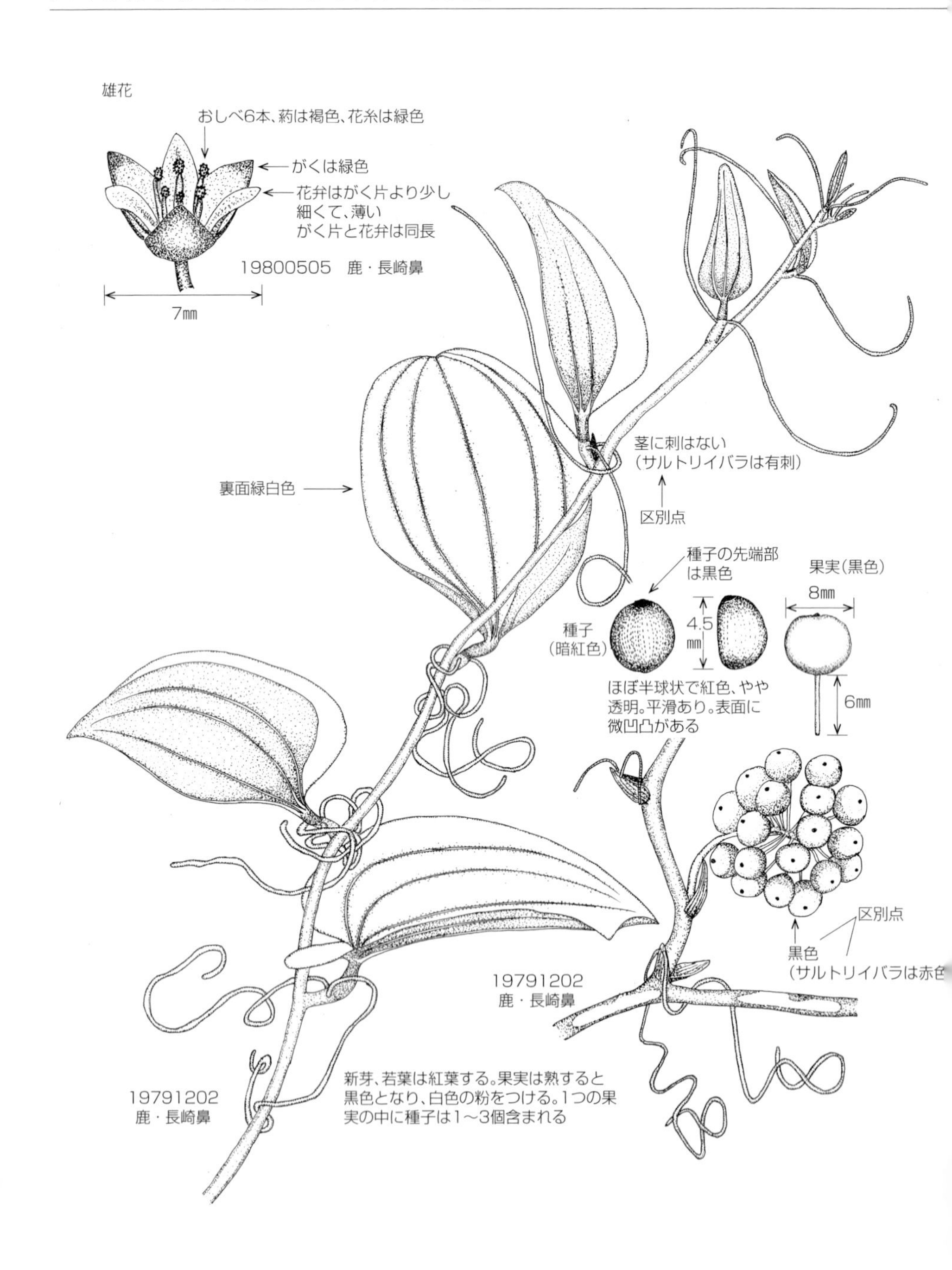

分布　九・目……長（佐世保－黒島北限）　熊（天草）　宮（油津以南）　鹿
　　　鹿・目……阿久根　西方　長島　甑　宇治群島　串木野　内之浦　大根占以南　屋　種　吐　奄群

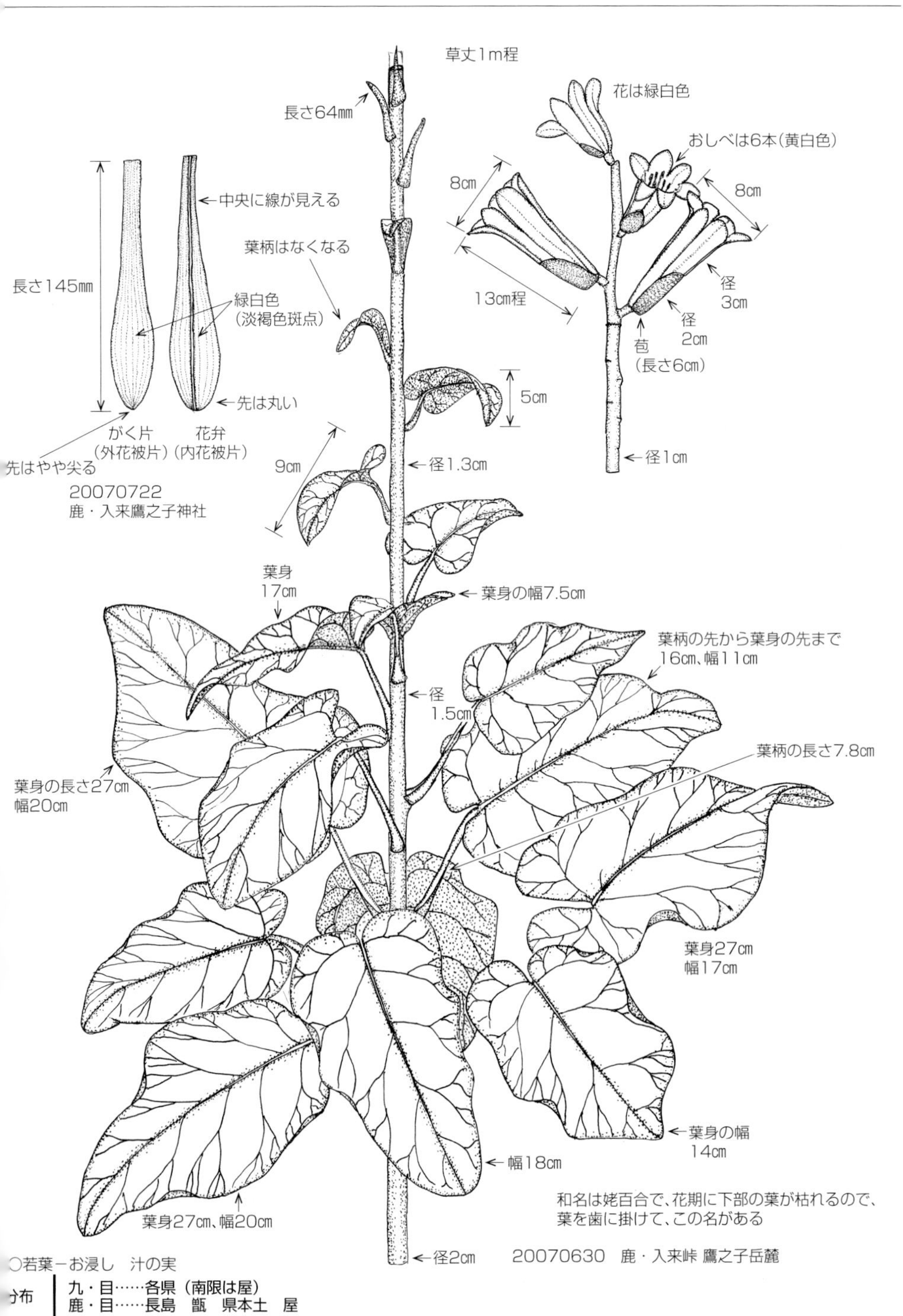

オニユリ ［ユリ科 ユリ属］ *Lilium lancifolium*

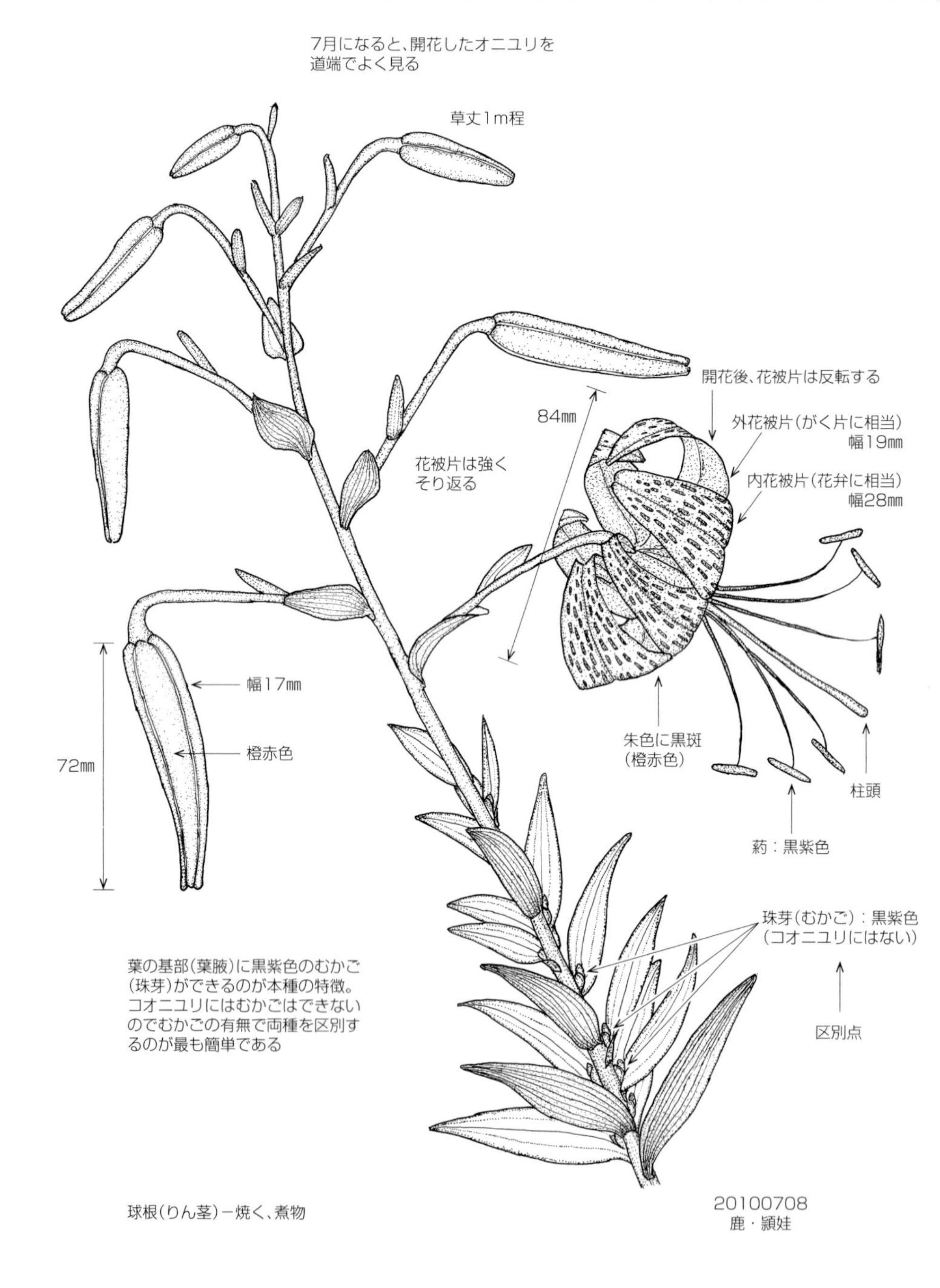

204

カノコユリ ［ユリ科　ユリ属］ *Lilium speciosum*

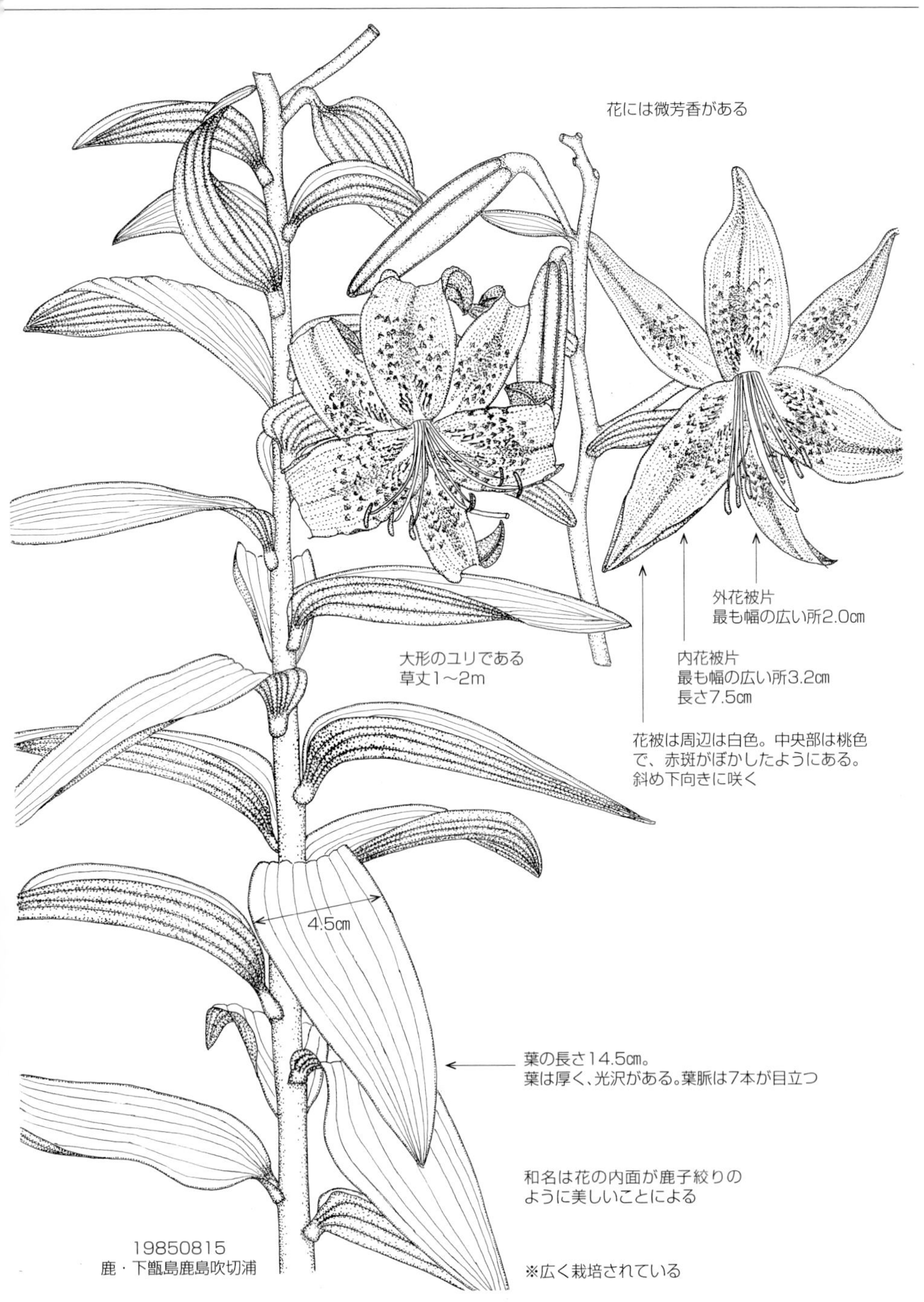

分布　九・目……福（宗像－地蔵峠）長（西彼－野母　松島　大村　九十九島　平戸）鹿
鹿・目……甑　長島　江内（高尾野）串木野（羽島）西市来　西南方（枕崎）

コオニユリ　[ユリ科　ユリ属]　*Lilium leichtlinii*

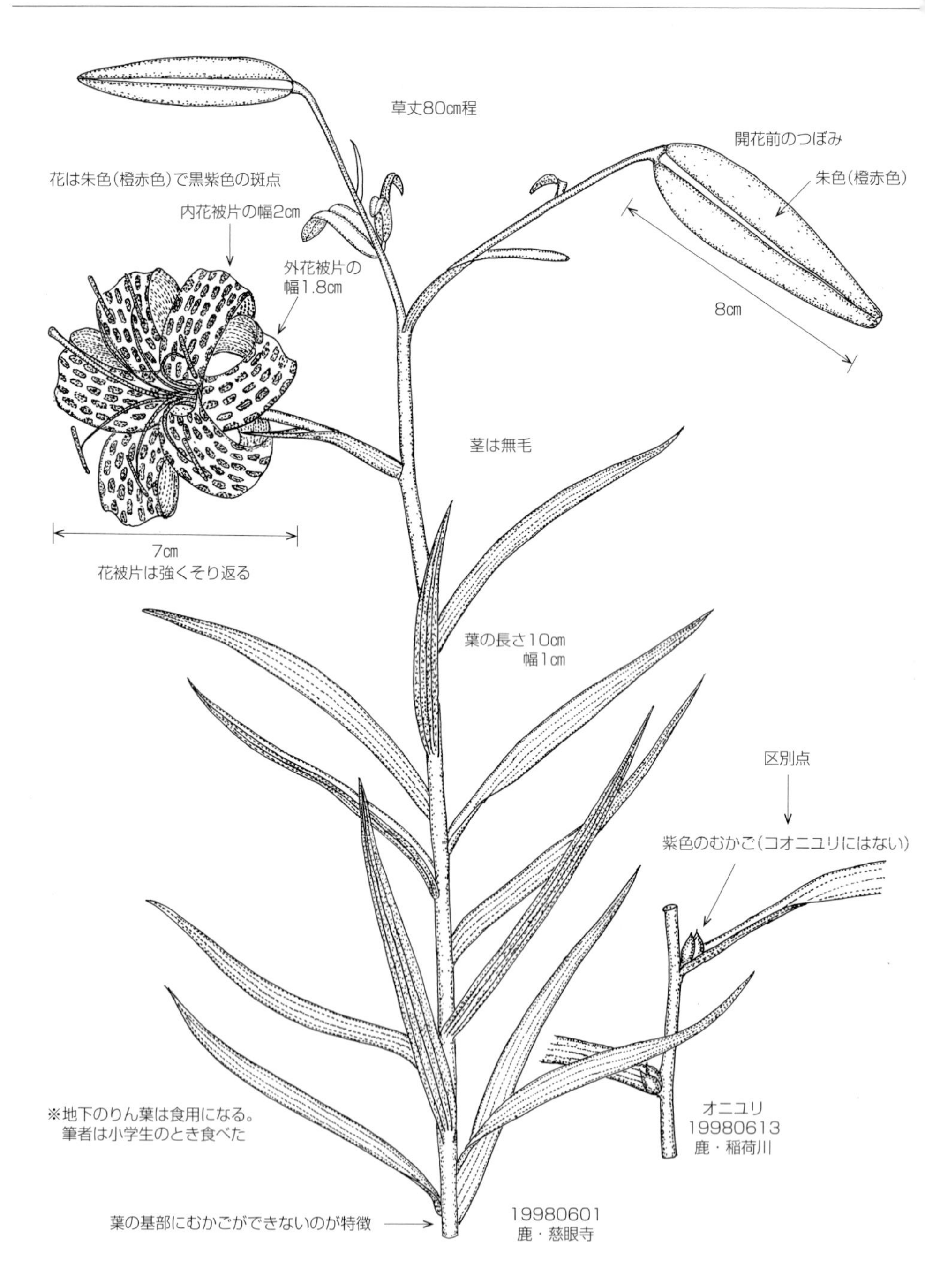

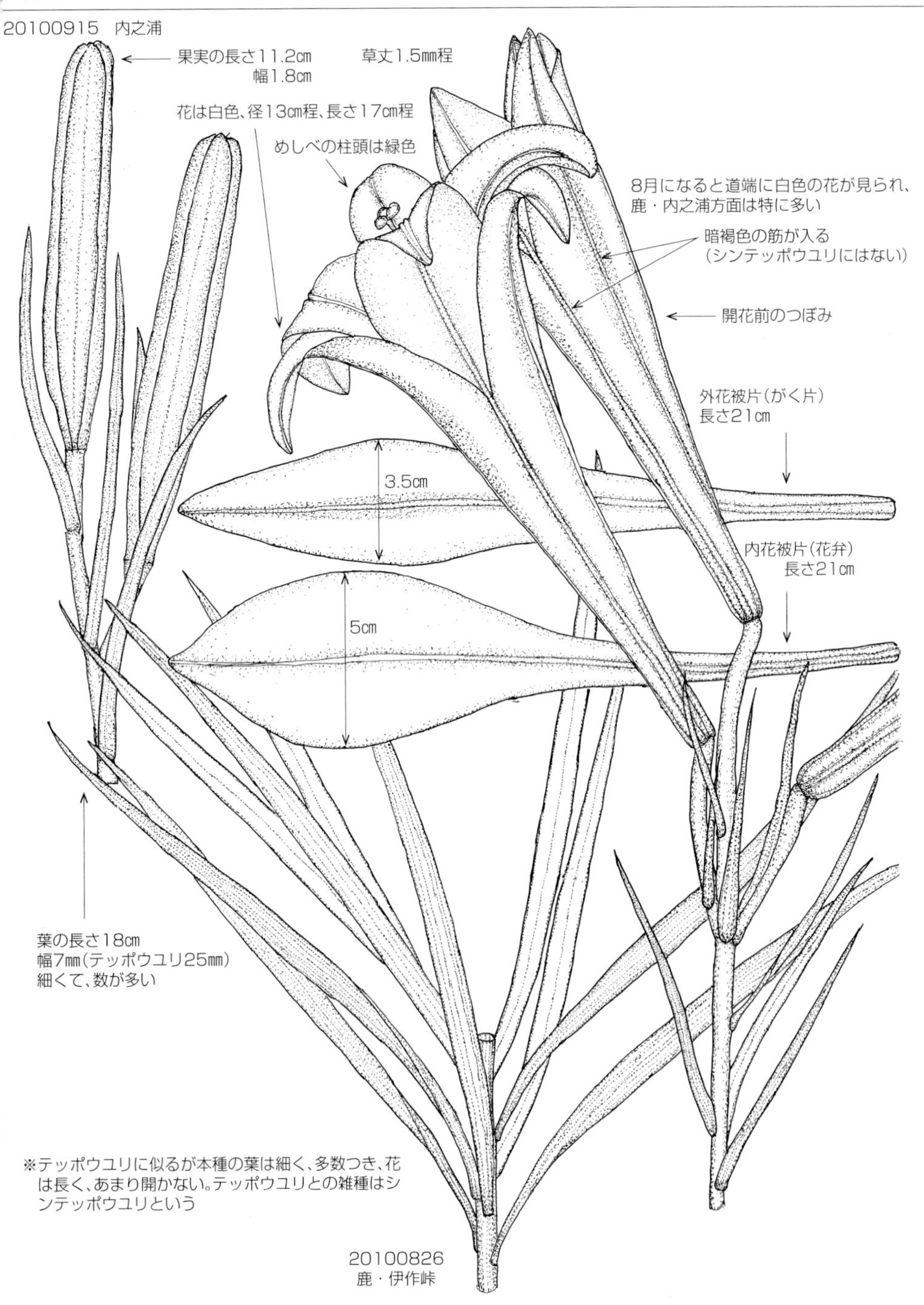

タモトユリ　[ユリ科　ユリ属]　　*Lilium nobilissimum*

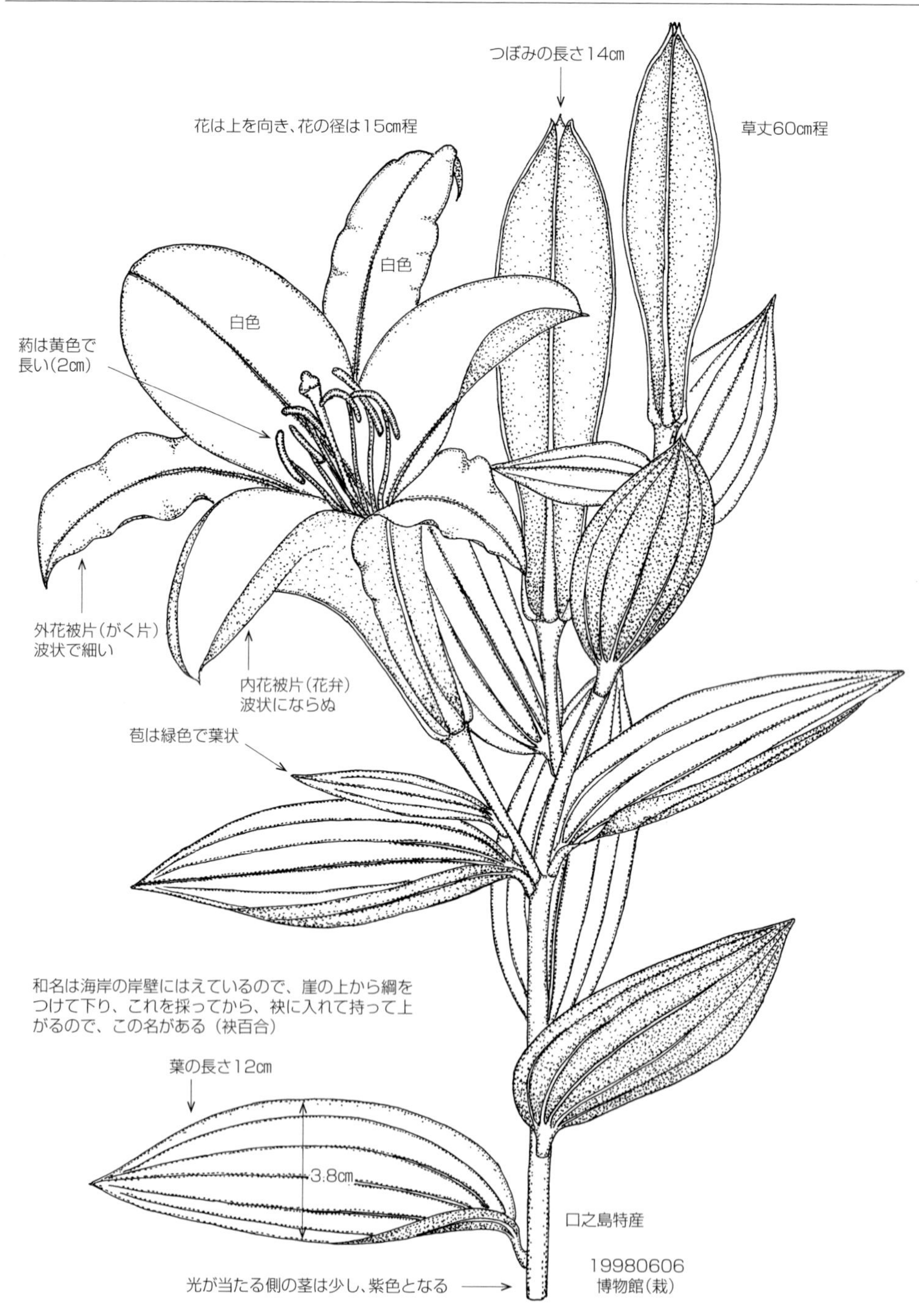

分布　｜九・目……鹿
　　　｜鹿・目……口之島（特産）

テッポウユリ　[ユリ科　ユリ属]　　*Lilium longiflorum*

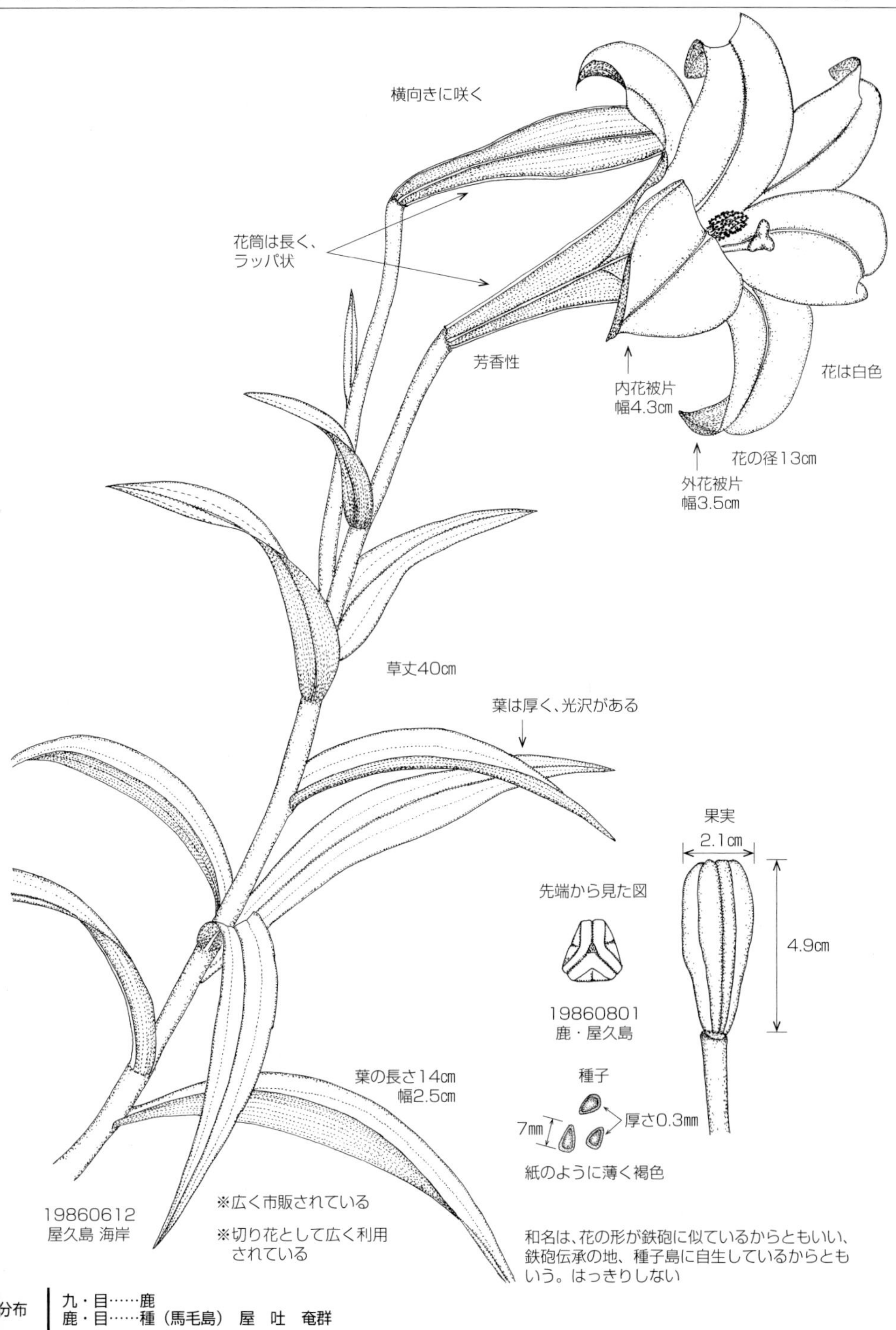

ノヒメユリ　[ユリ科　ユリ属]　　　　　　　　　　　　　　　　　*Lilium callosum*

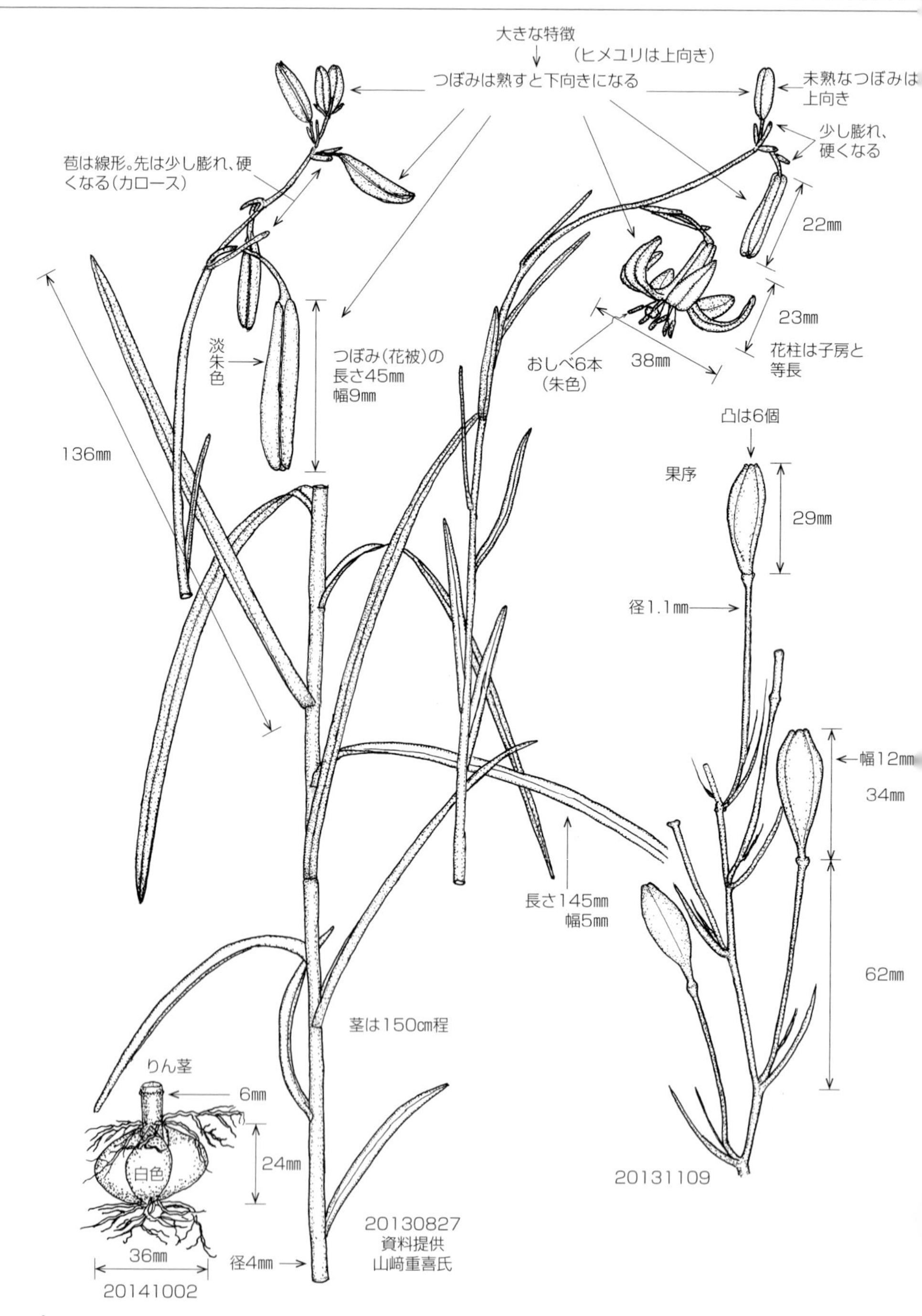

分布
九・目……各県　対馬（南は鹿の内之浦　大中尾　大泊　種　南限）
鹿・目……霧島山　吉松　八重岳　宮之城倉野　樋脇　垂水（鹿大演習林）　内之浦　大中尾　大泊　種

キバナノツキヌキホトトギス　[ユリ科　ホトトギス属]　*Tricyrtis perfoliata*

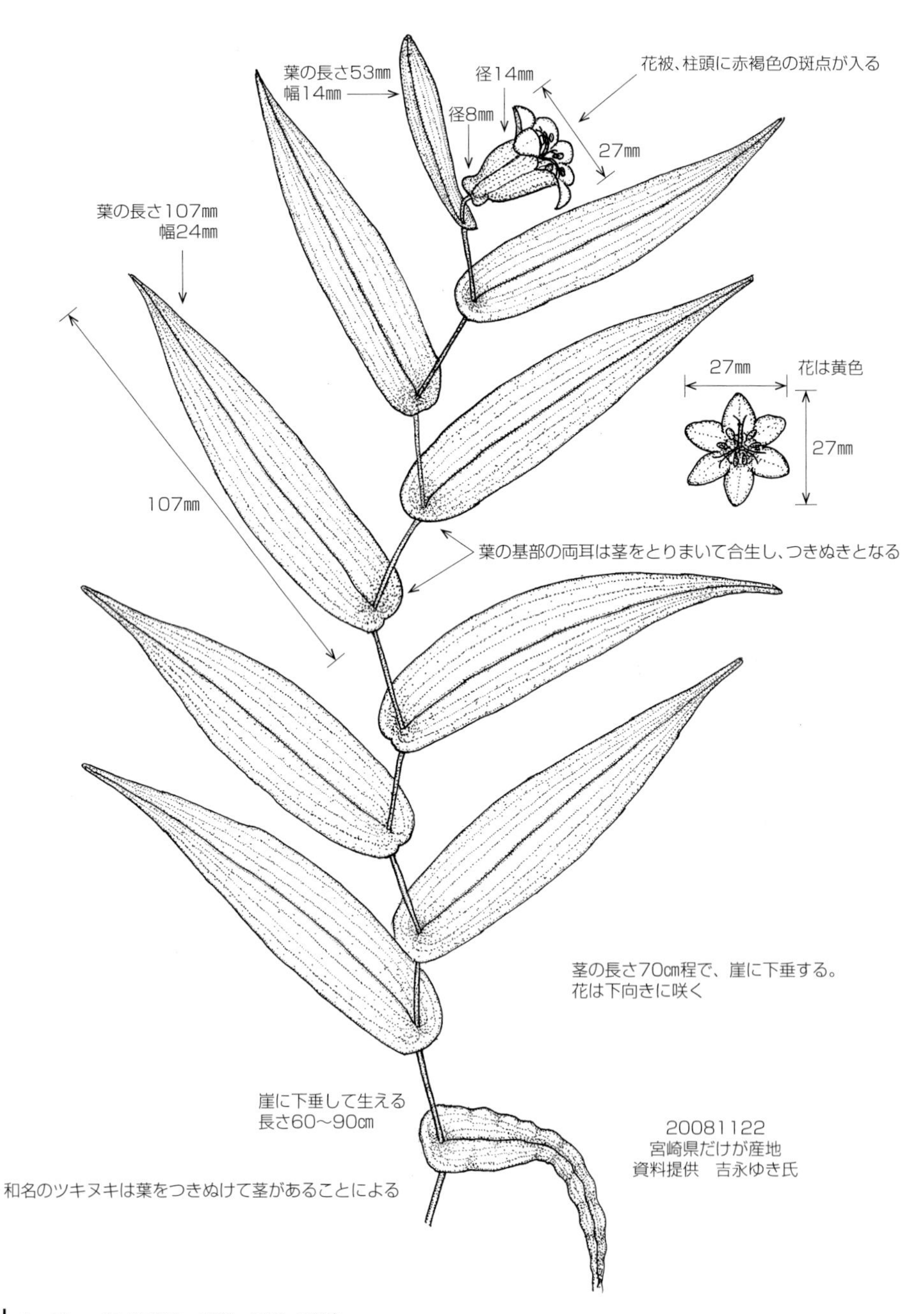

211

キバナノホトトギス　[ユリ科　ホトトギス属]　　　*Tricyrtis flav*

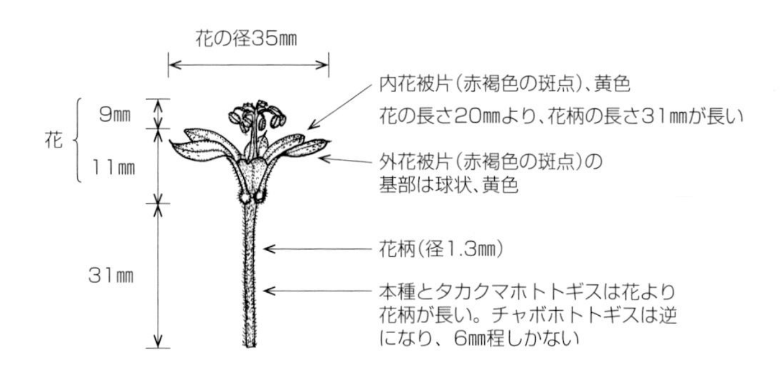

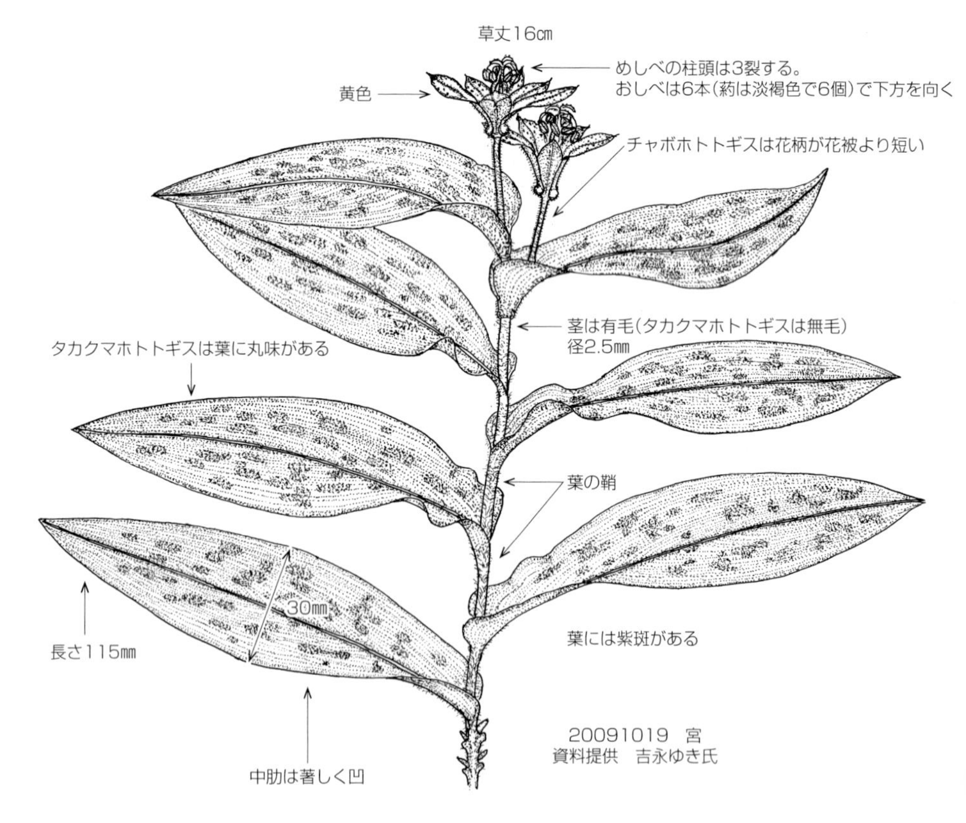

分布　九・目……宮（各地　南限は柳谷）
　　　鹿・目……記載がない

タカクマホトトギス　[ユリ科　ホトトギス属]　*Tricyrtis ohsumiensis*

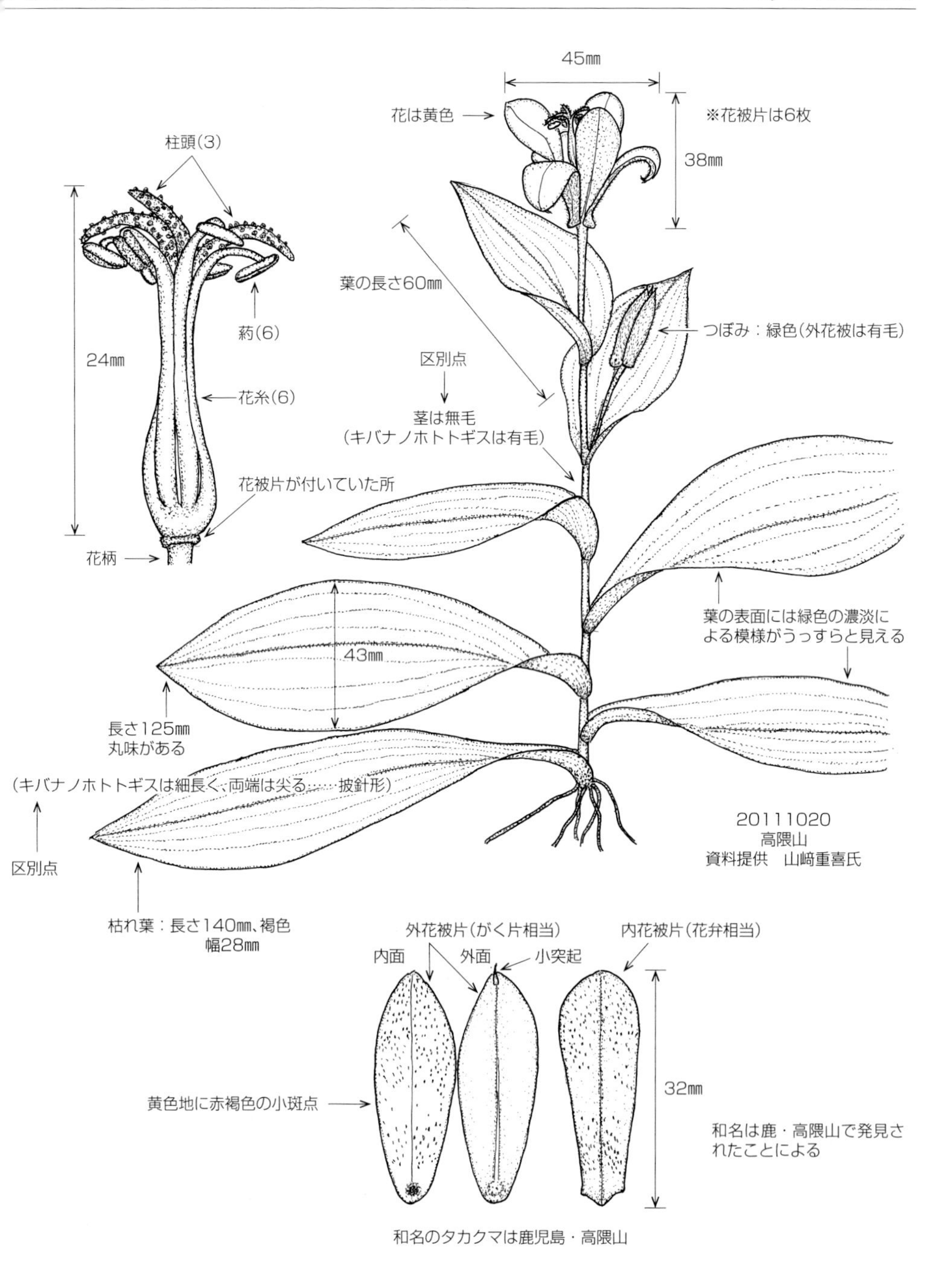

チャボホトトギス　[ユリ科　ホトトギス属]　　*Tricyrits nana*

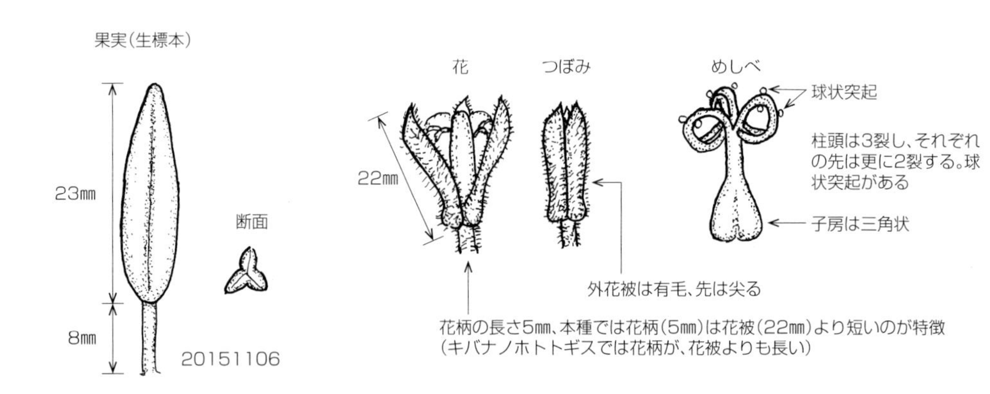

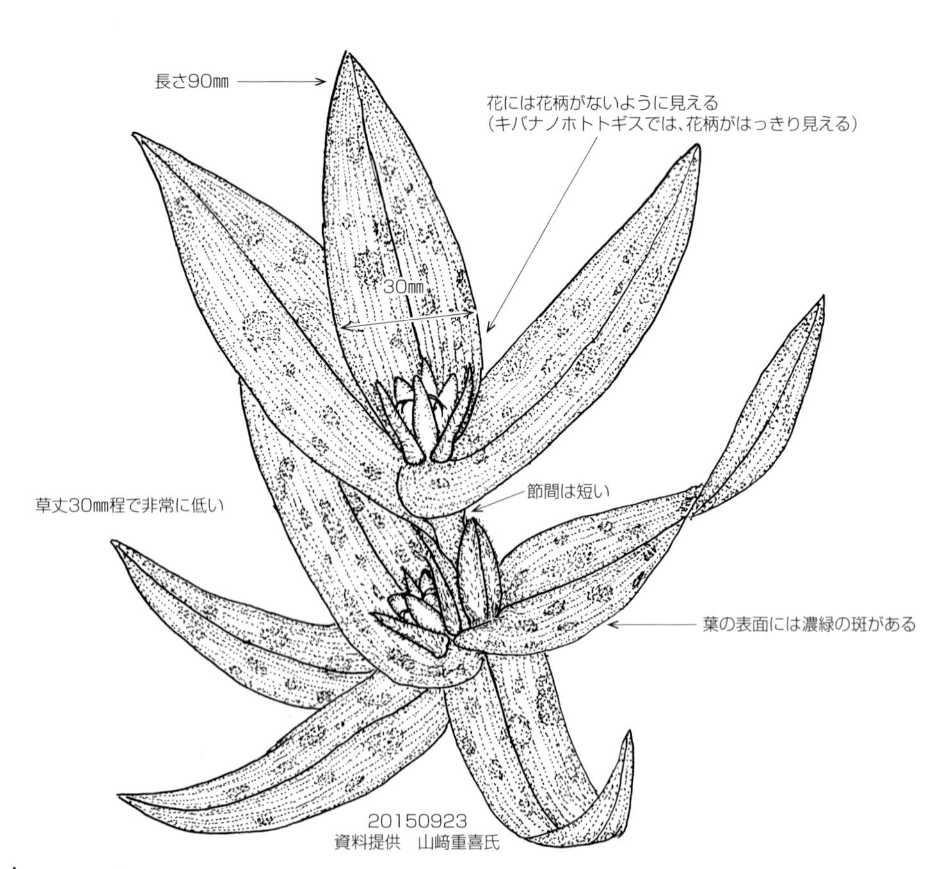

分布　九・目……鹿
　　　鹿・目……大口（ケヤキ平）甑 屋

ホトトギス　[ユリ科　ホトトギス属]　　*Tricyrtis hirta*

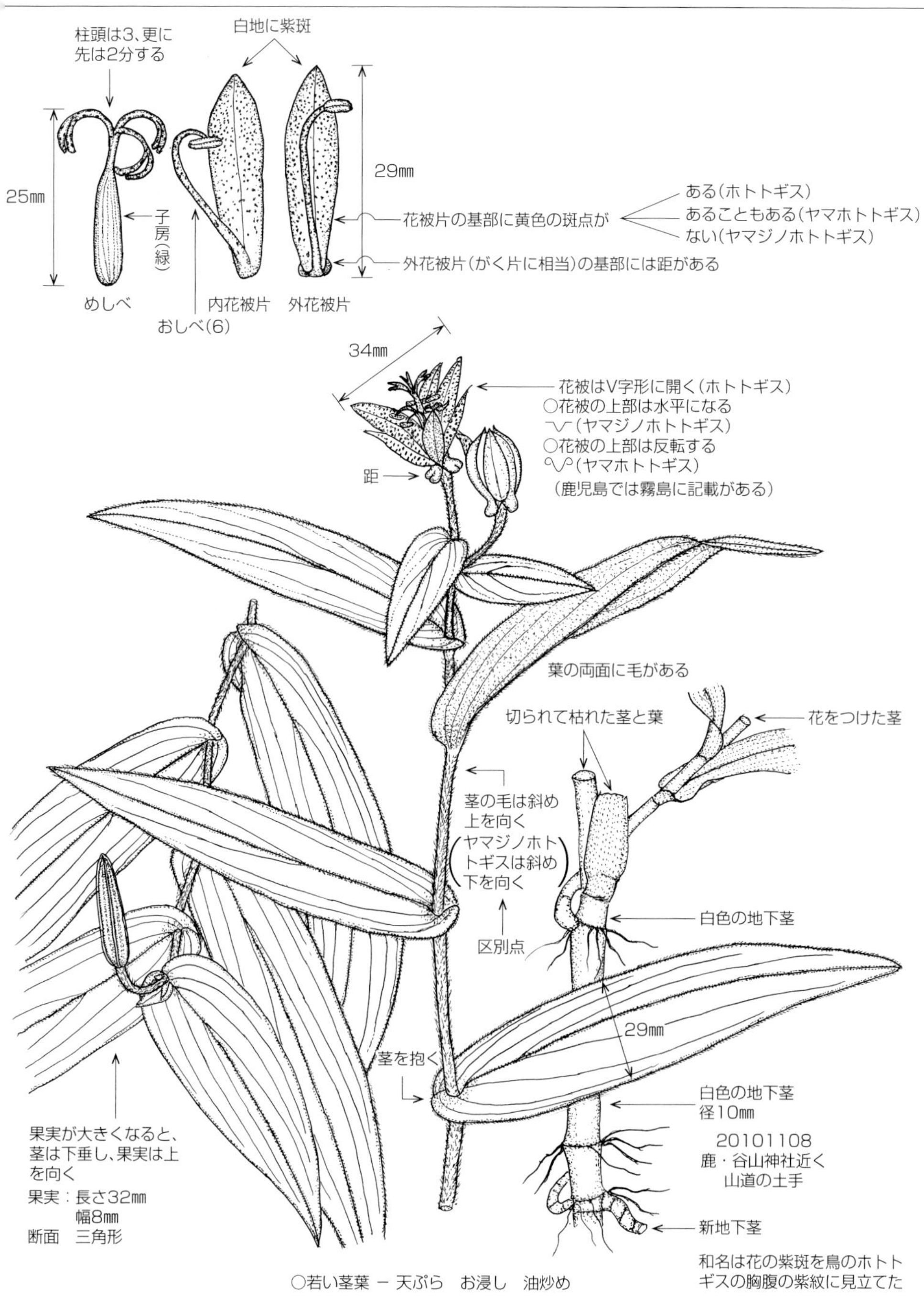

ヤマジノホトトギス　[ユリ科　ホトトギス属]　*Tricyrtis macropoda*

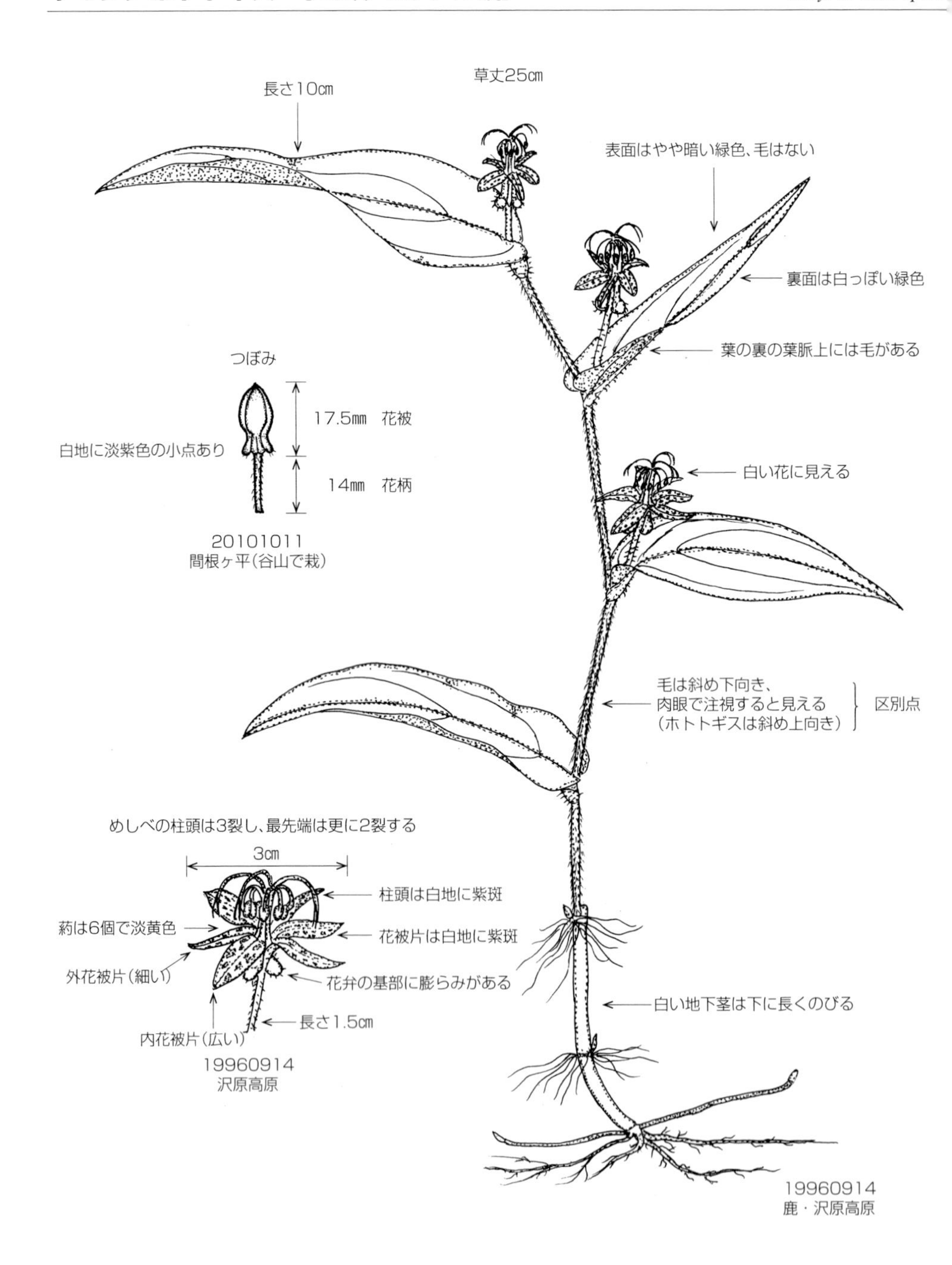

分布　｜　九・目……長を除く各県（南限は鹿の稲尾岳）
　　　｜　鹿・目……県本土

ホウチャクソウ　[イヌサフラン科　チゴユリ属]　*Disporum sessile*

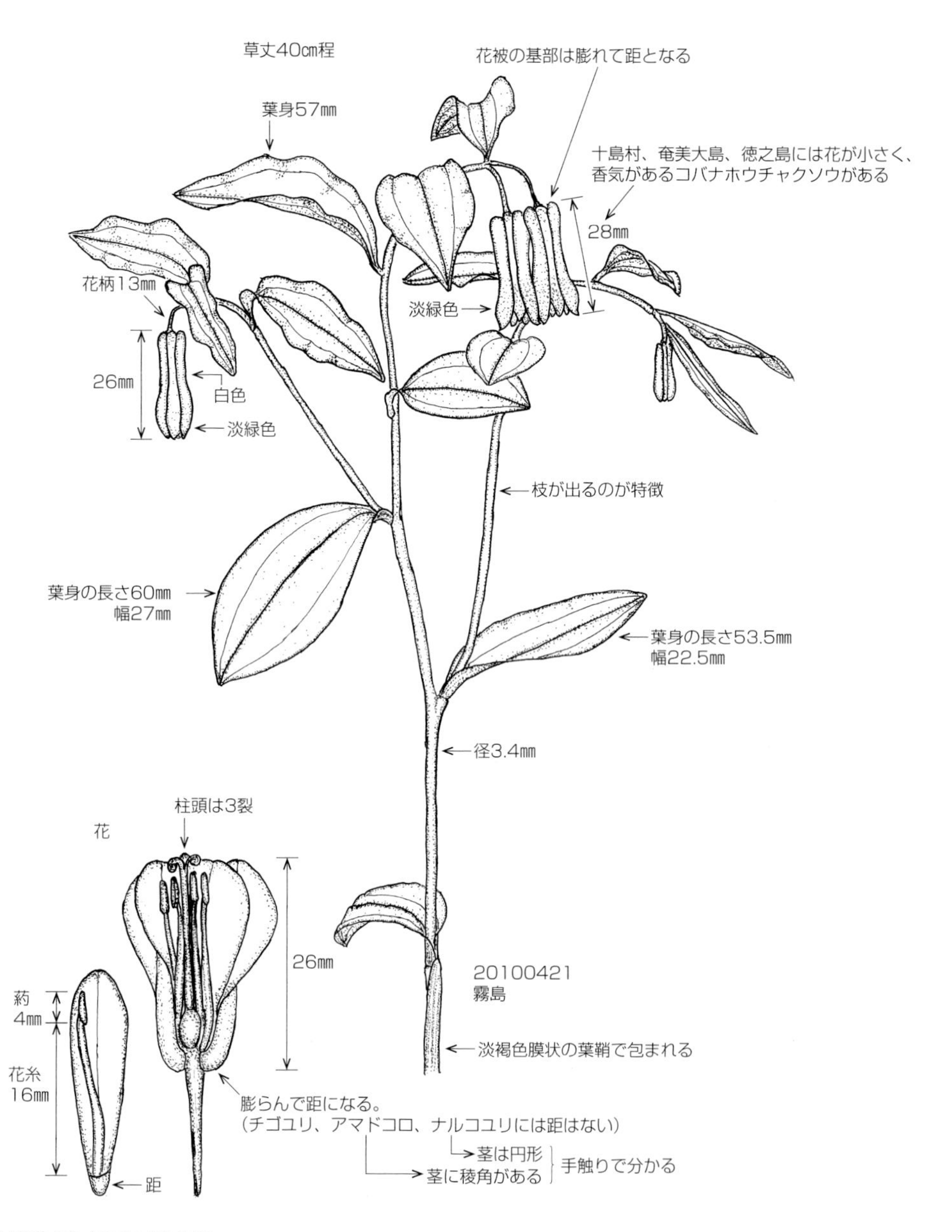

花糸は葯の4倍（チゴユリは2倍）
おしべは花被より少し短い（チゴユリは半分程と短い）
和名は花の形が寺院の軒につるさげられている宝鐸に似ていることによる

布　九・目……各県（南限は鹿の徳）
　　鹿・目……甑　霧島山　大口　鶴田　紫尾山　冠岳　伊集院　金峰山　大川原（大隅）　屋

オキナワチドリ　［ラン科　ヒナラン属］　*Amitostigma lepidum*

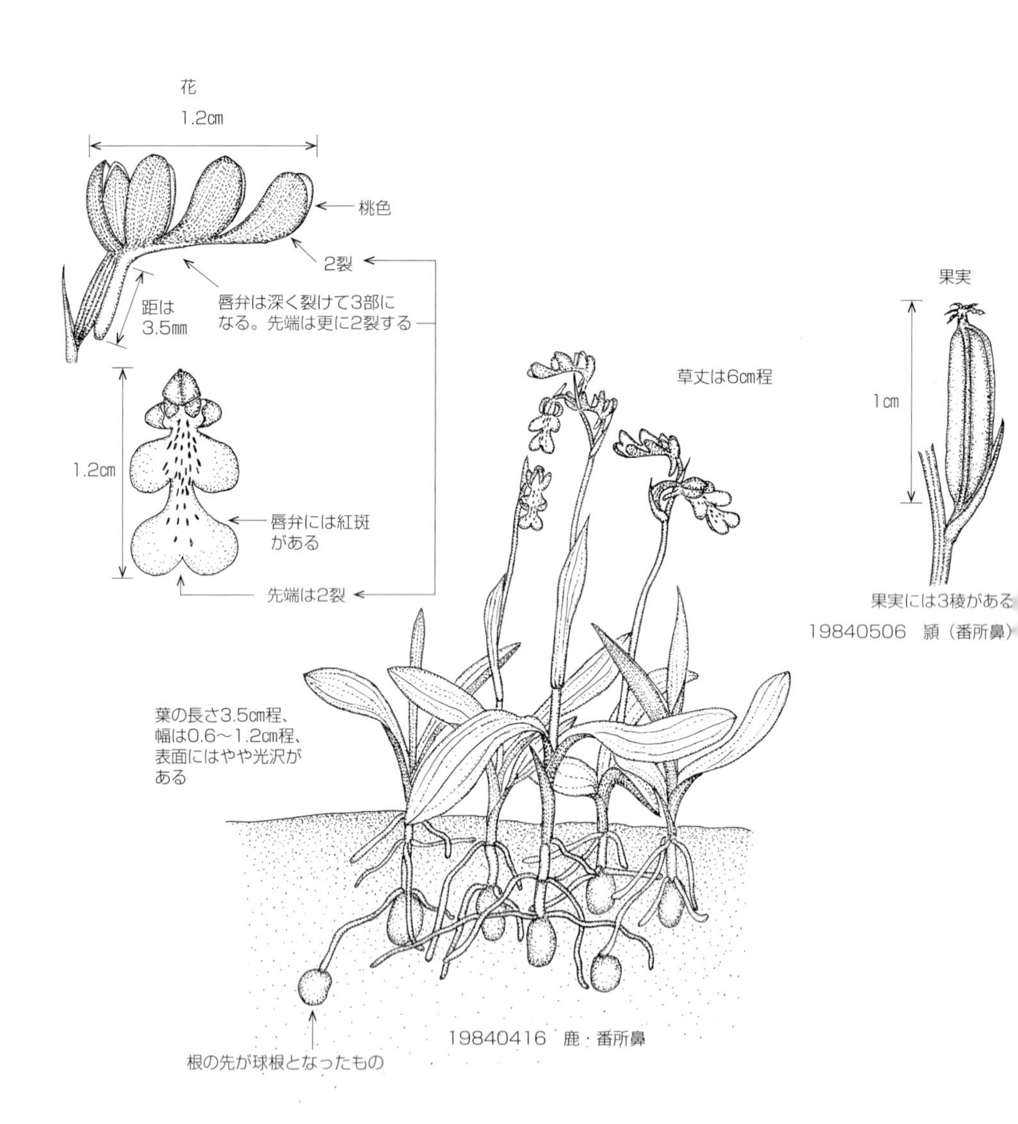

分布｜九・目……鹿
鹿・目……甑　向島　西市来　串木野(照島)　金峰山　加世田　亀ヶ丘　下山岳　竹山(山川)　屋　種　黒　悪　平　諏
宝　奄群

タネガシマムヨウラン [ラン科　タネガシマムヨウラン属]　　*Aphyllorchis montana*

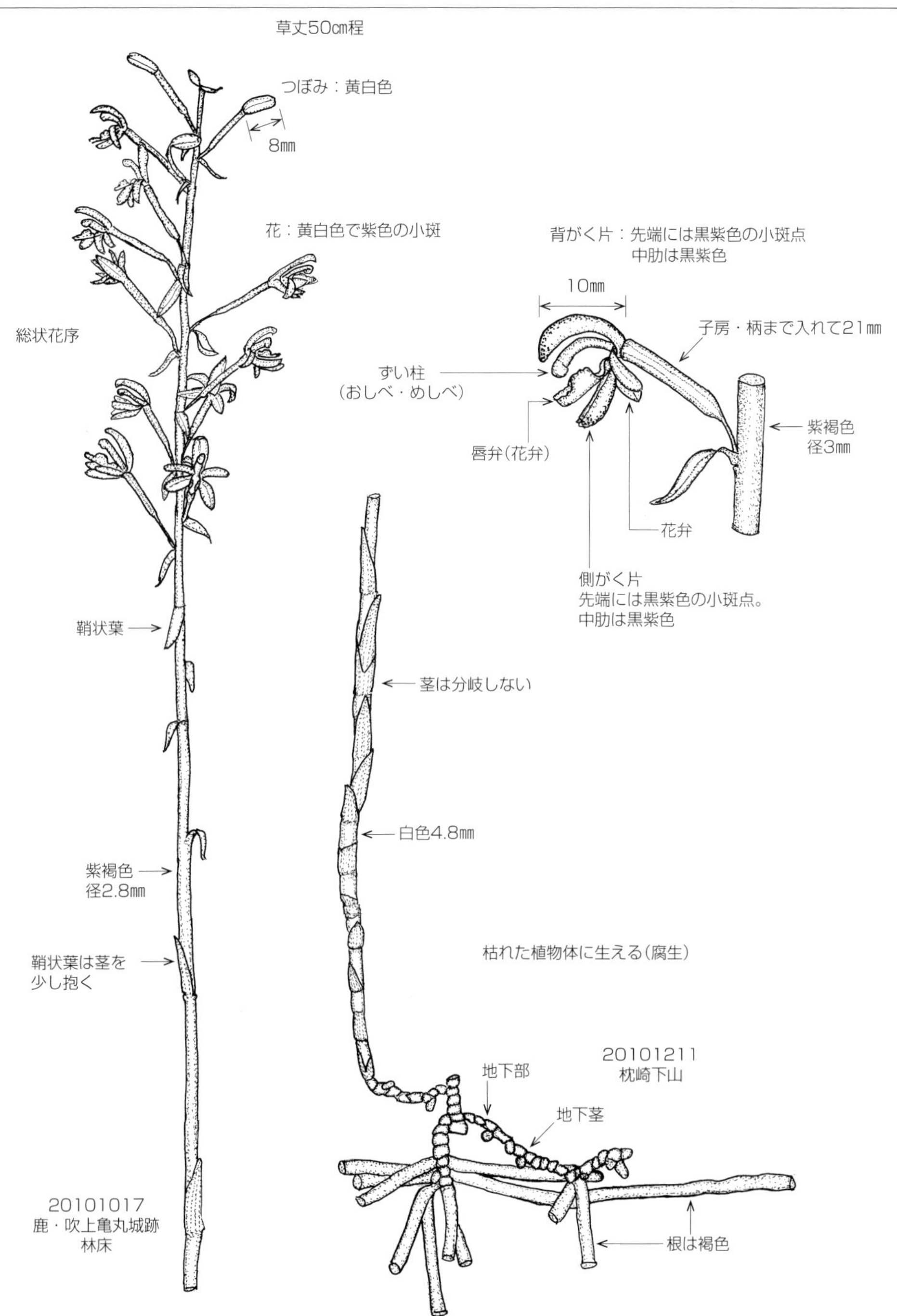

九・目……鹿
鹿・目……高隈山　辺塚　種　屋　口永　中

シラン [ラン科　シラン属] *Bletilla striata*

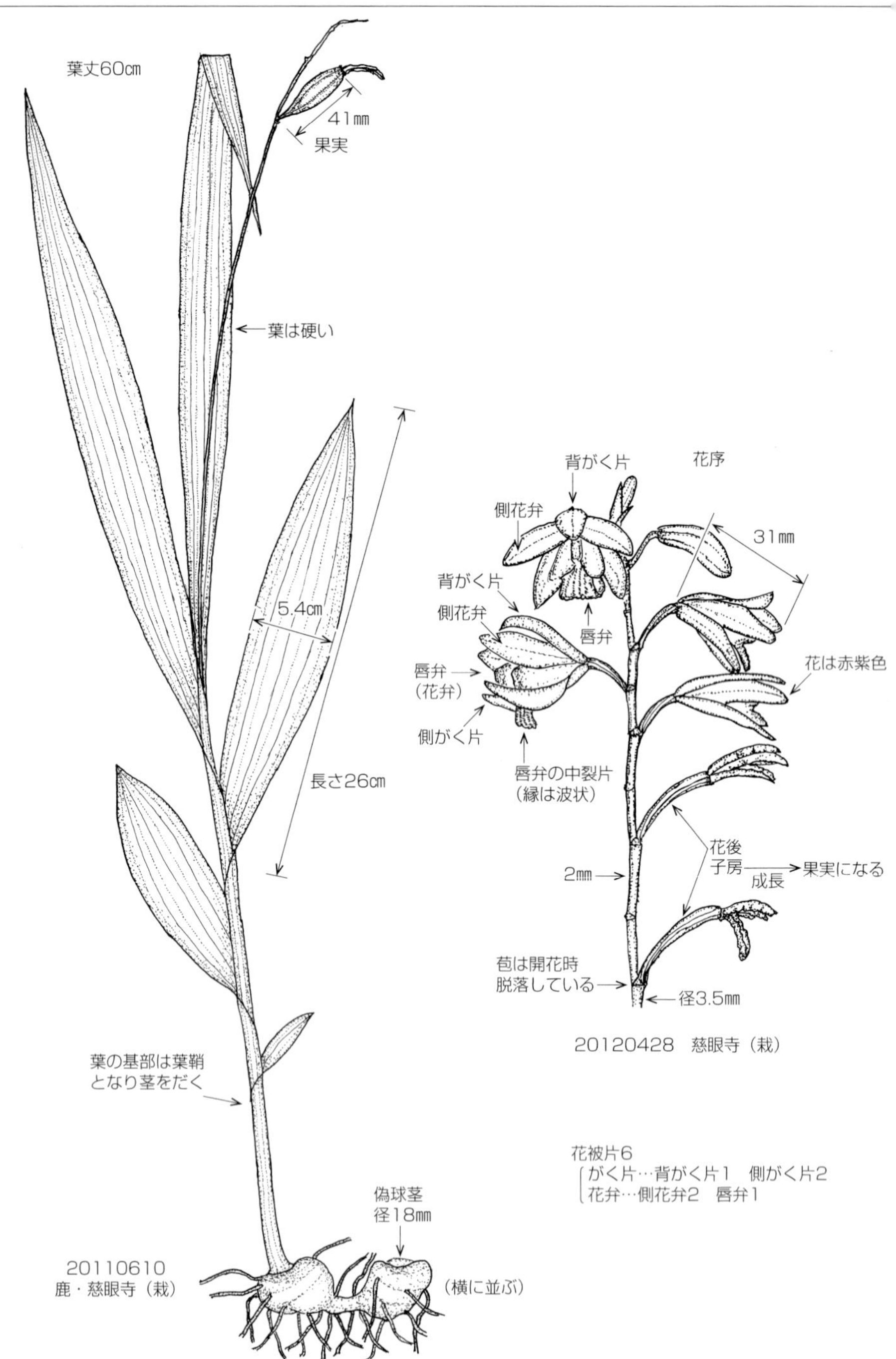

分布　九・目……福（平尾台）　大（稍普通）　佐（大良）　長（大村　長崎　琴海　平戸）　熊（阿蘇）　宮（東米良　川南　北郷－五十鈴川中流　南限）　鹿
鹿・目……東市来　逸出？

エビネ　[ラン科　エビネ属]　　*Calanthe discolor*

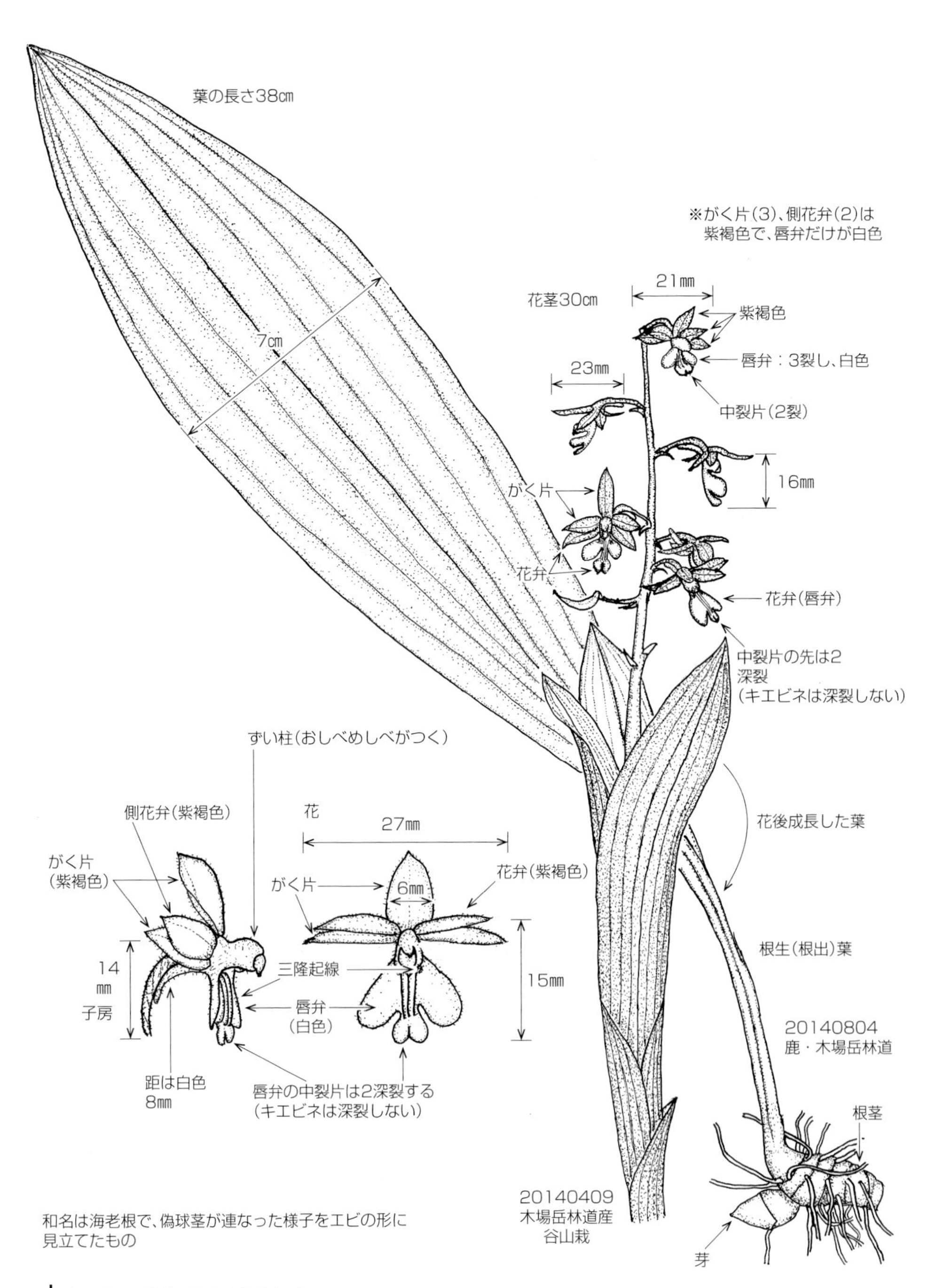

221

キエビネ　[ラン科　エビネ属]　　*Calanthe sieboldi*

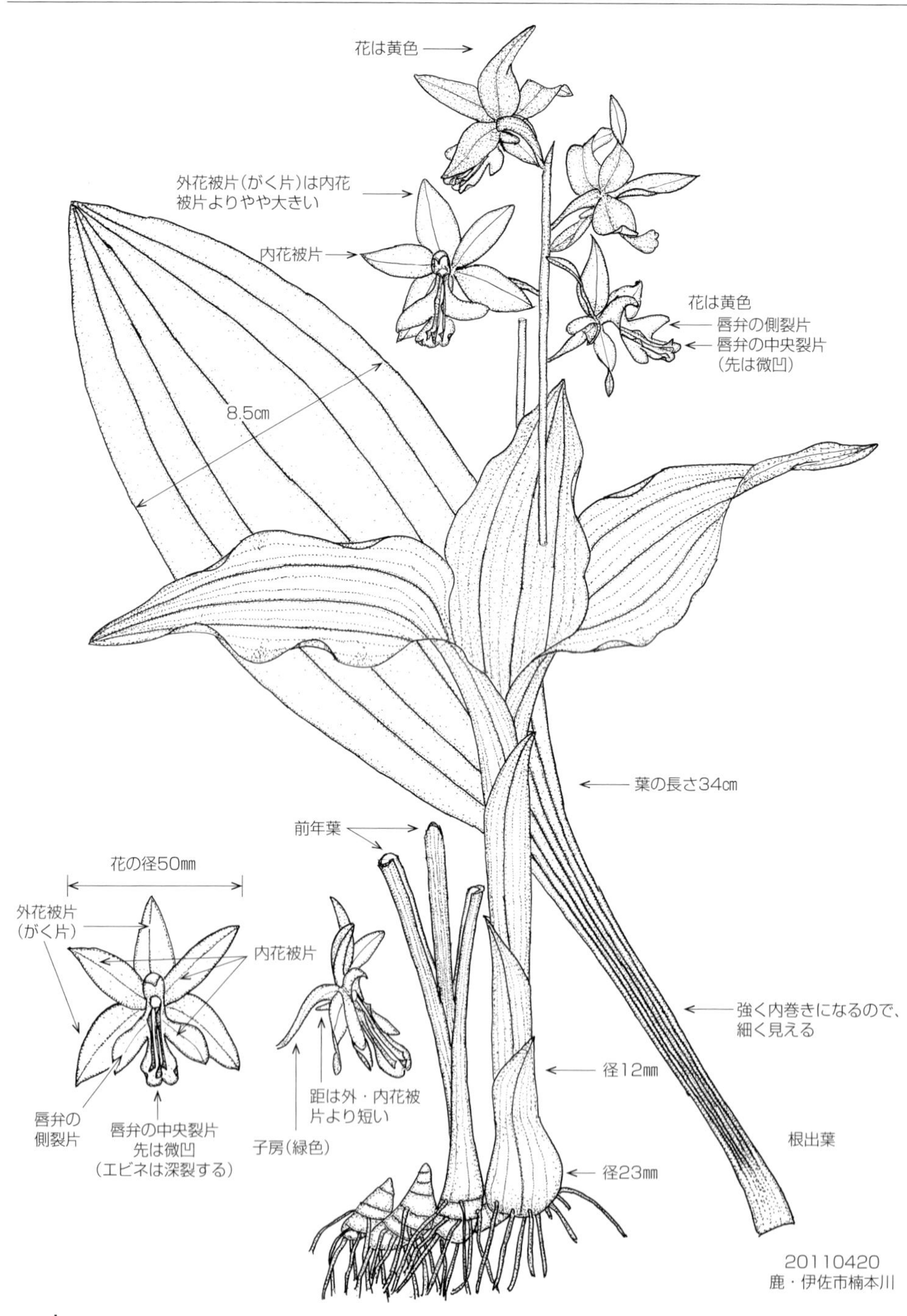

分布　九・目……各県　対馬　壱岐（南は鹿の佐多－大泊　屋）
　　　鹿・目……県本土各地　甑　屋

ツラン ［ラン科　エビネ属］　　　　　　　　　　　　　　　　　　　　　　　　　　　　*Calanthe triplicata*

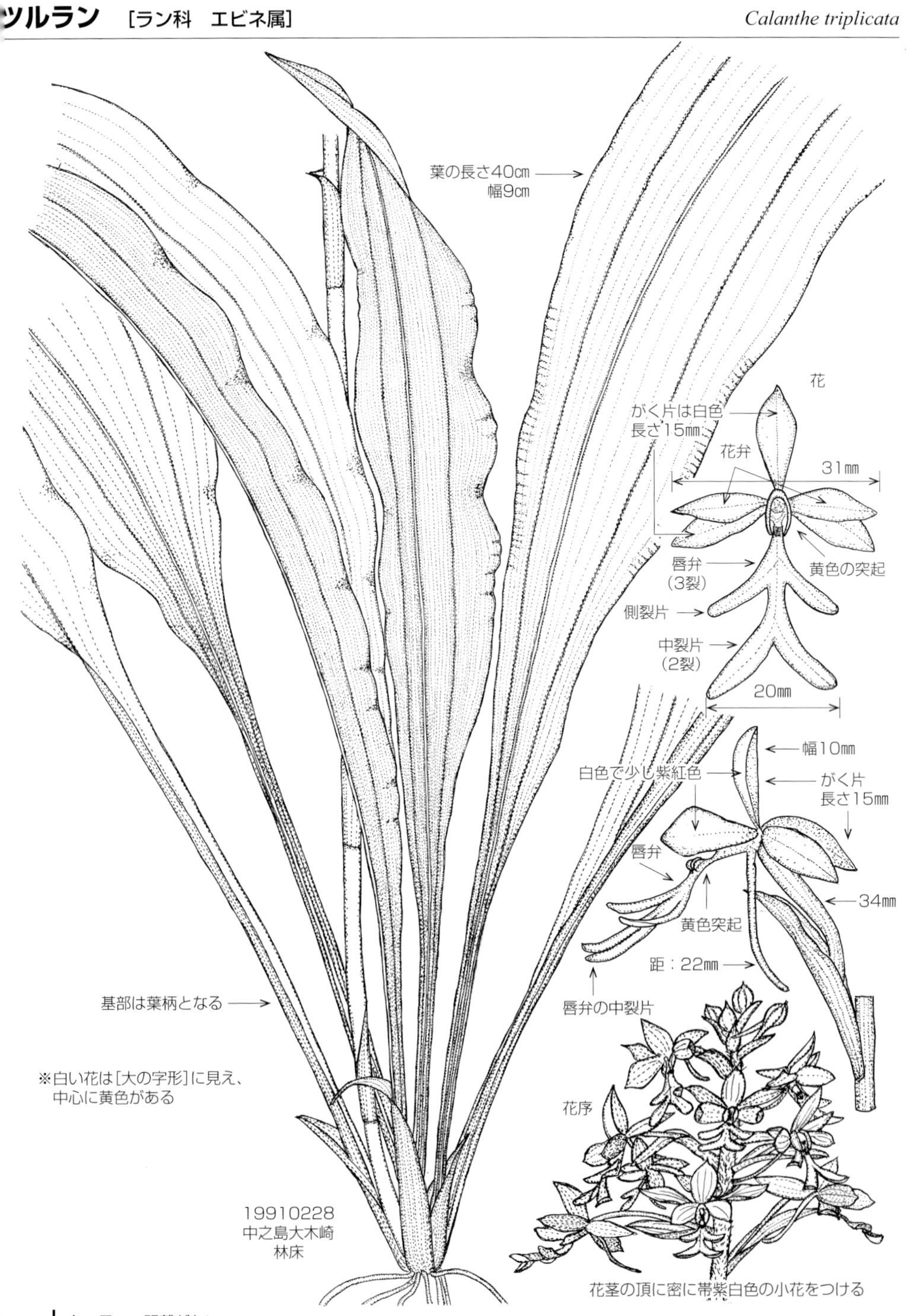

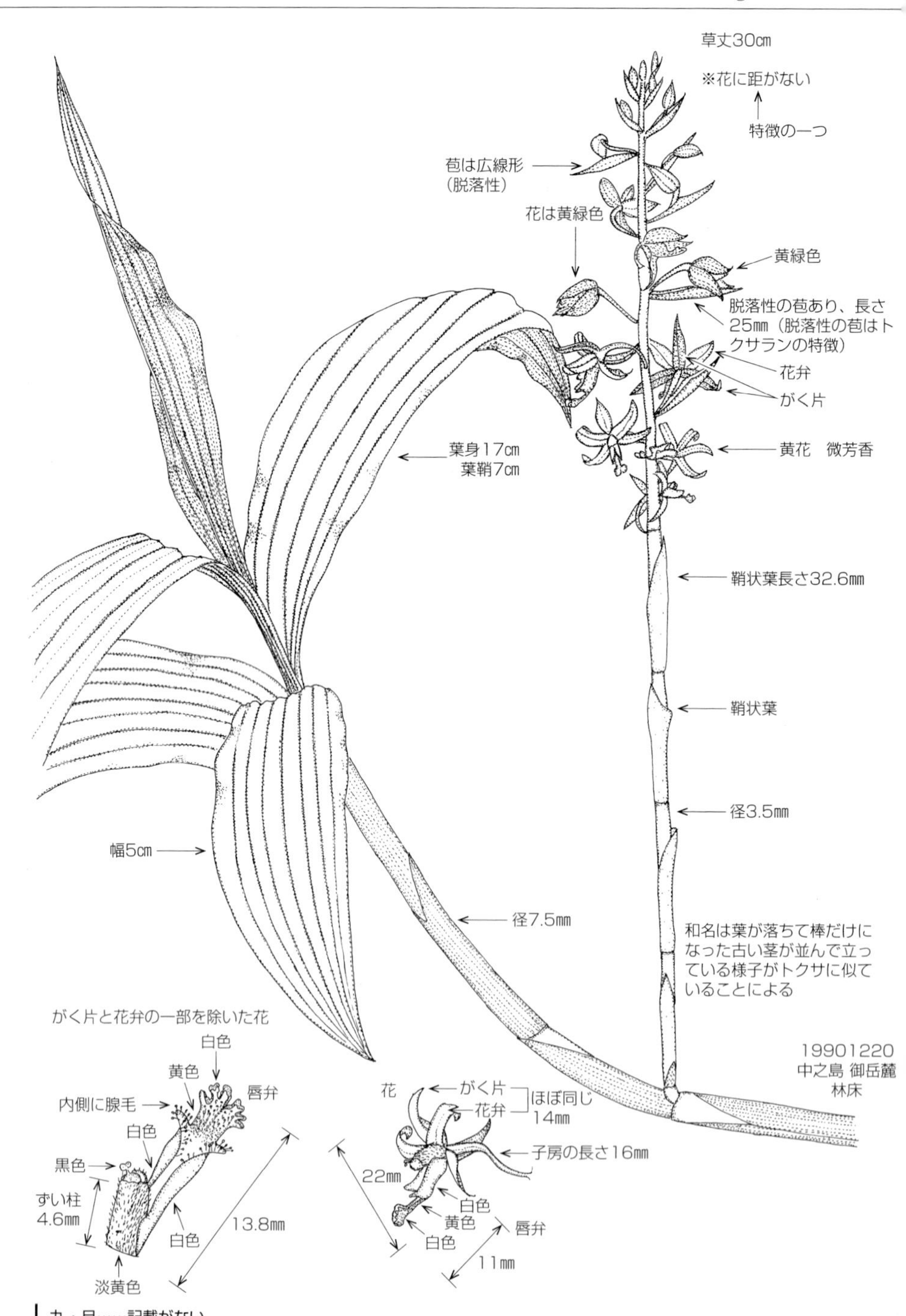

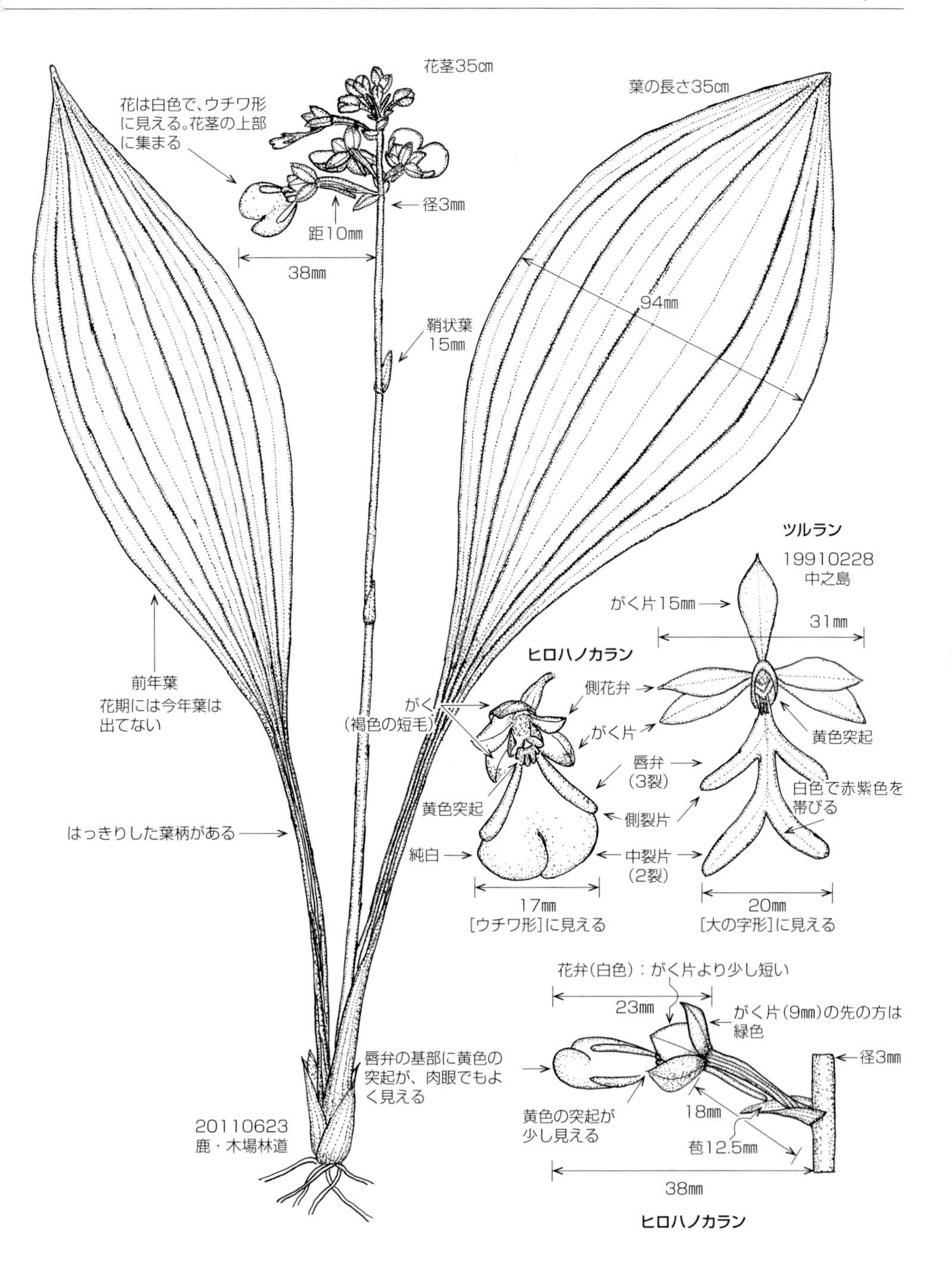

キンラン　[ラン科　キンラン属]　　*Cephalanthera falcata*

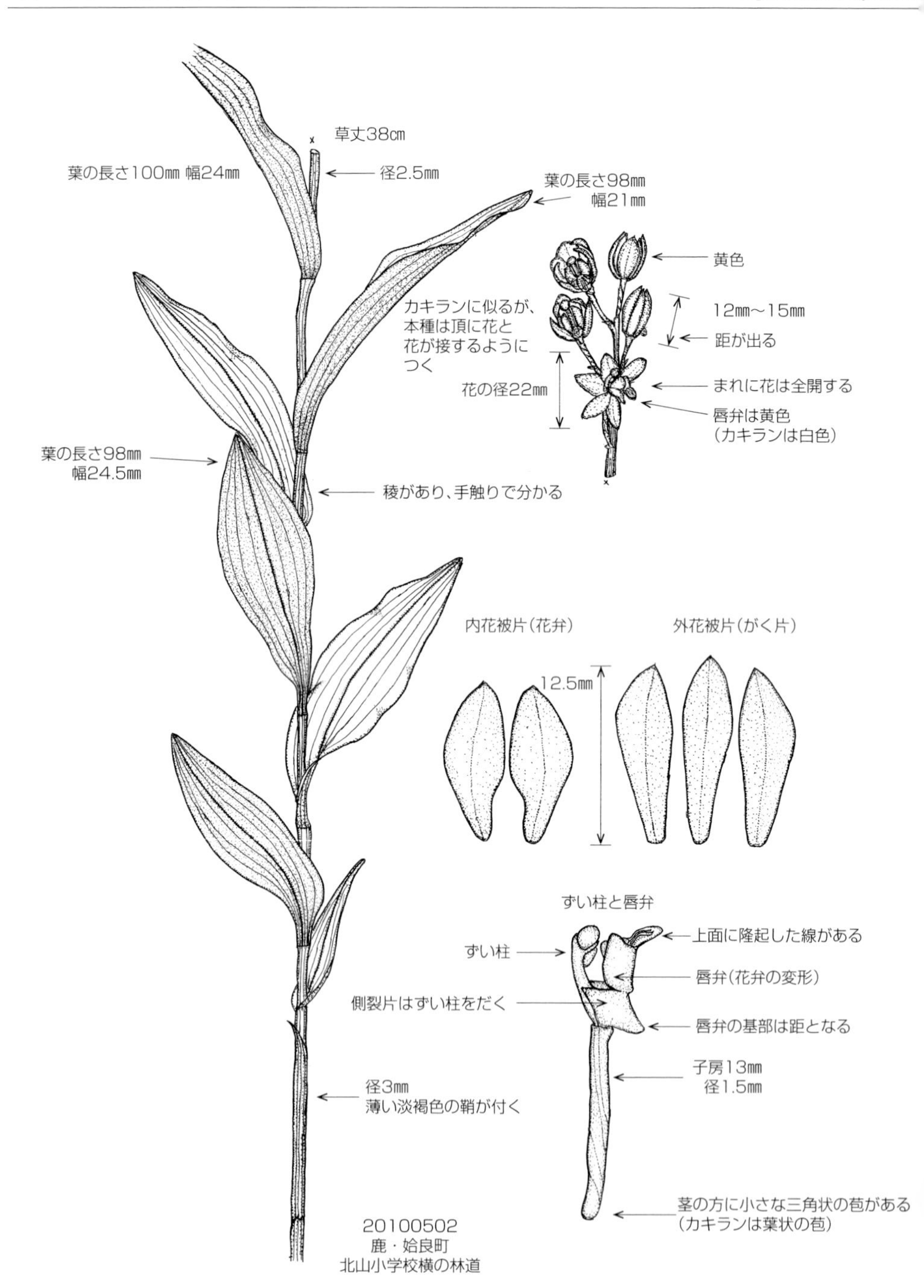

ギンラン [ラン科 キンラン属] *Cephalanthera erecta*

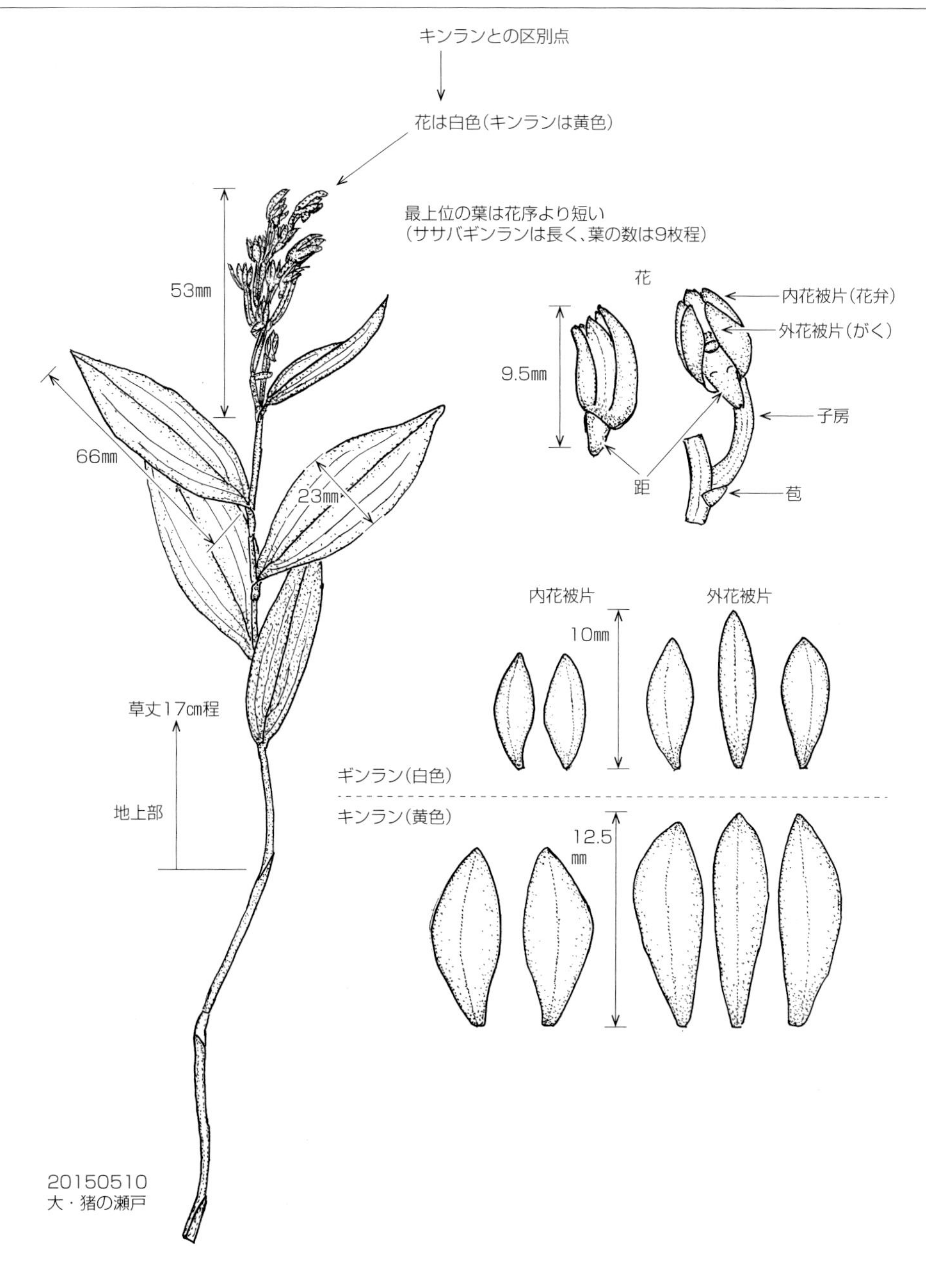

ムカデラン　［ラン科　ムカデラン属］　*Cleisostoma scolopendrifolium*

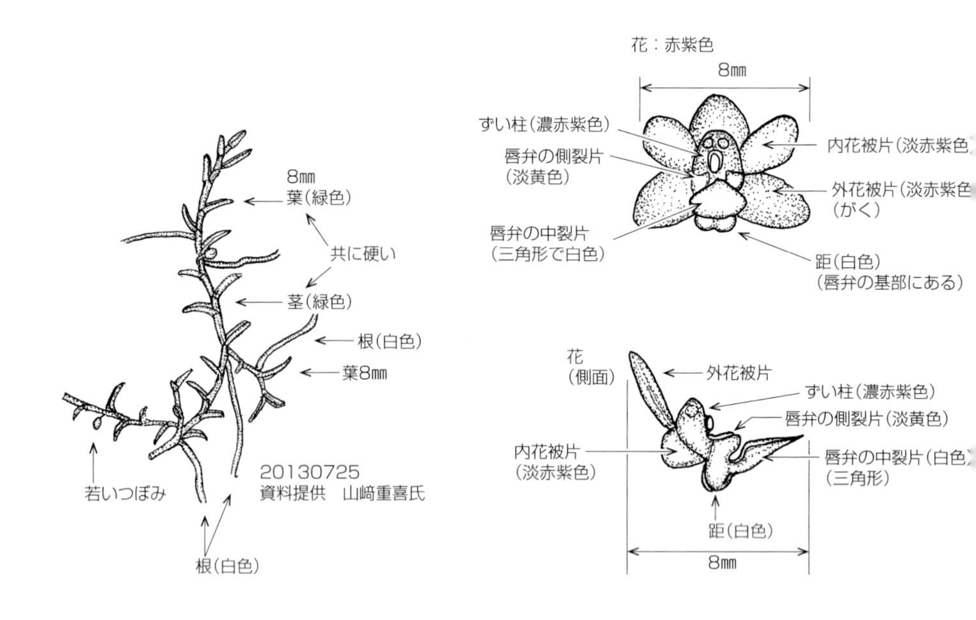

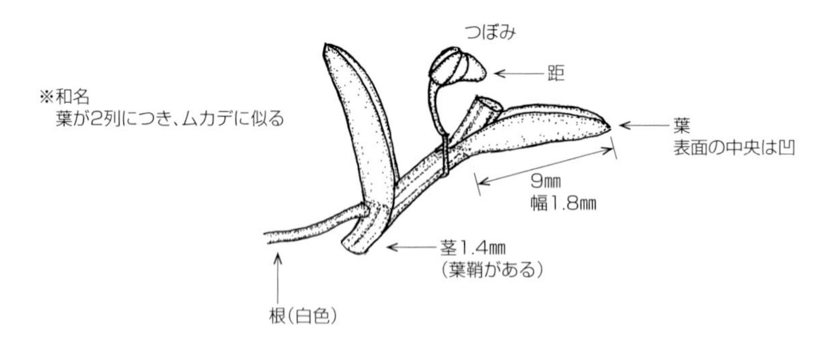

分布　九・目……記載がない
　　　鹿・目……記載がない

シュンラン [ラン科　シュンラン属]　　　*Cymbidium goeringii*

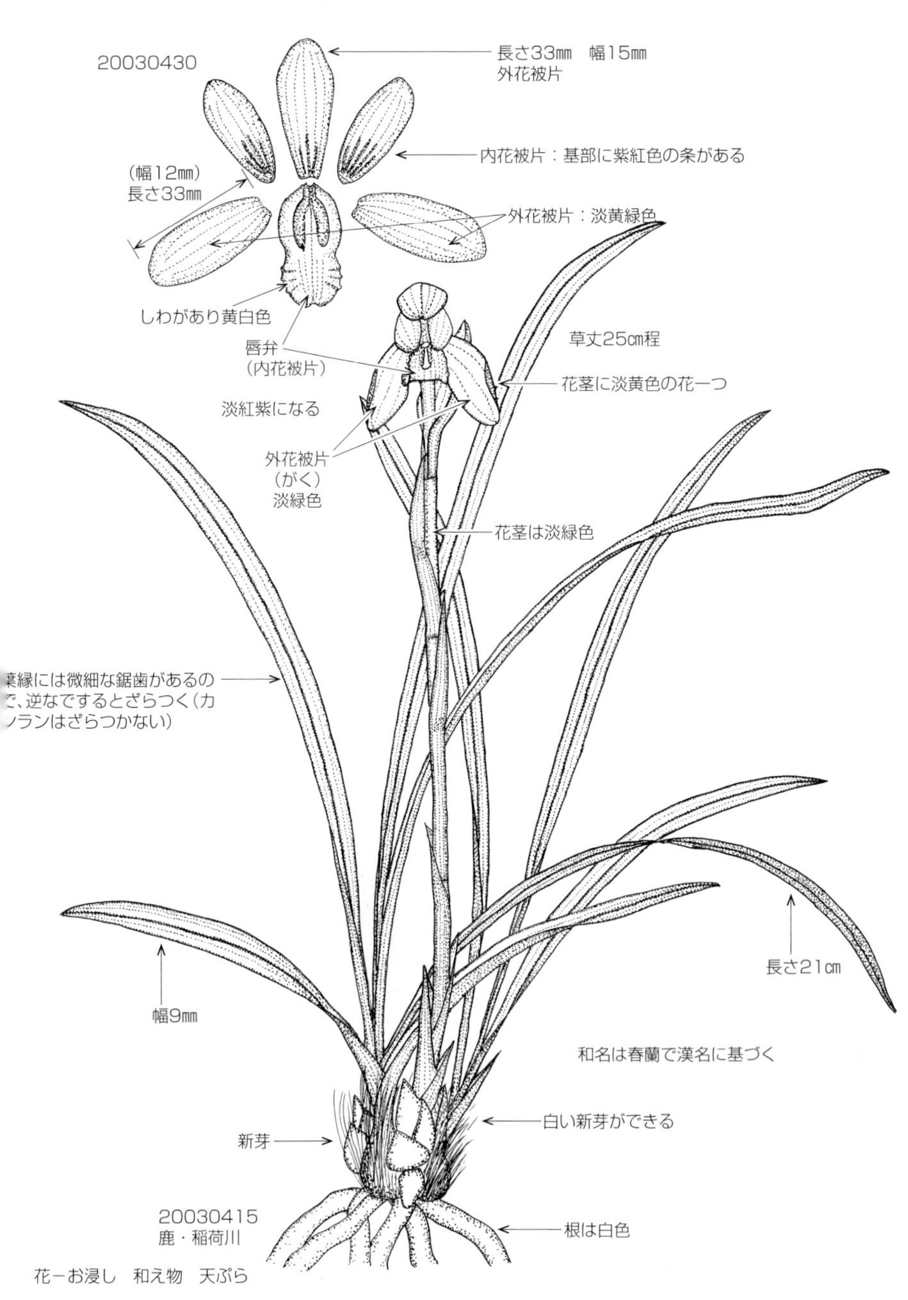

花被（緑色・厚い）

20030430

長さ33mm　幅15mm
外花被片

内花被片：基部に紫紅色の条がある

（幅12mm）
長さ33mm

外花被片：淡黄緑色

しわがあり黄白色

唇弁（内花被片）

淡紅紫になる

外花被片（がく）淡緑色

草丈25cm程

花茎に淡黄色の花一つ

花茎は淡緑色

葉縁には微細な鋸歯があるので、逆なでするとざらつく（カンランはざらつかない）

長さ21cm

幅9mm

和名は春蘭で漢名に基づく

新芽

白い新芽ができる

20030415
鹿・稲荷川

根は白色

花－お浸し　和え物　天ぷら

九・目……記載がない
鹿・目……甑　県本土　種　屋

ナギラン　[ラン科　シュンラン属]　　　*Cymbidium lancifolium*

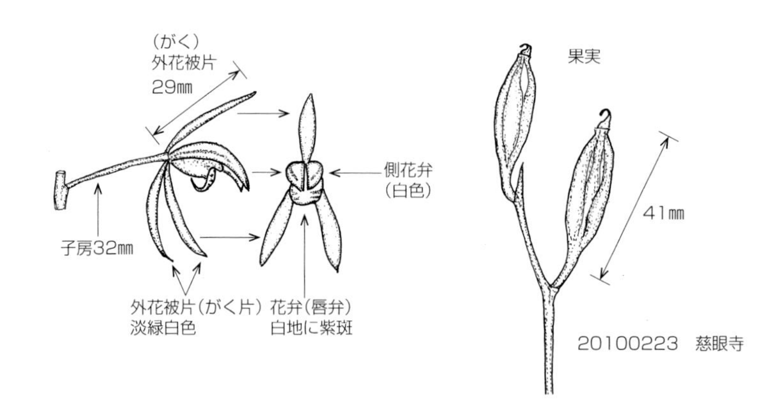

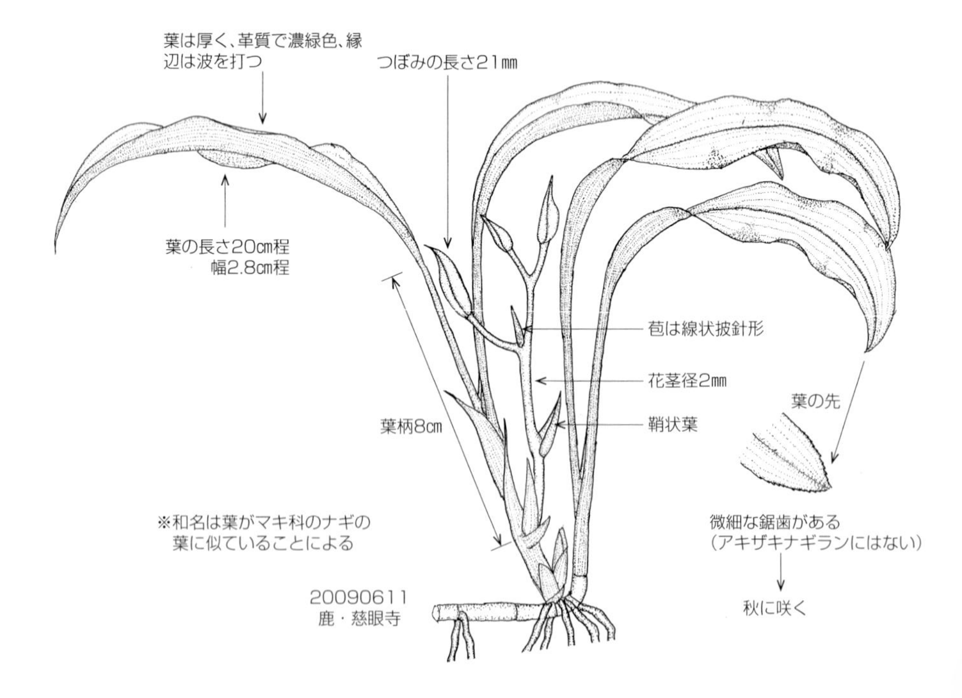

分布　九・目……記載がない
鹿・目……冠岳　伊集院　伊作　金峰山　磯間岳　加治木　高隈山　甫与志岳　辺塚　根占　佐多岬　甑　吐　奄大　徳

ヘツカラン　[ラン科　シュンラン属]　　*Cymbidium dayanum var. austro-japonicum*

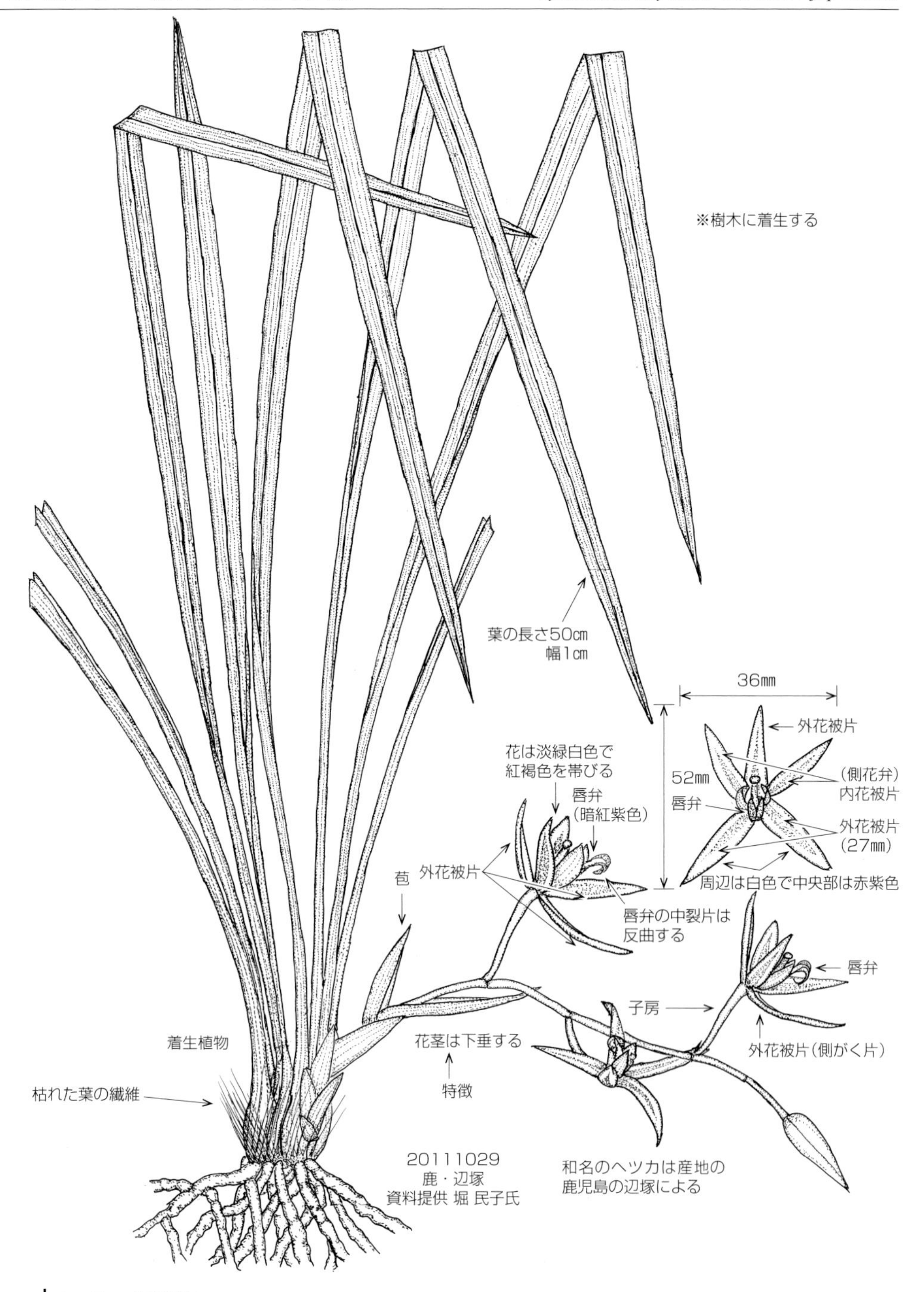

ホウサイラン　[ラン科　シュンラン属]　　　*Cymbidium sinens*

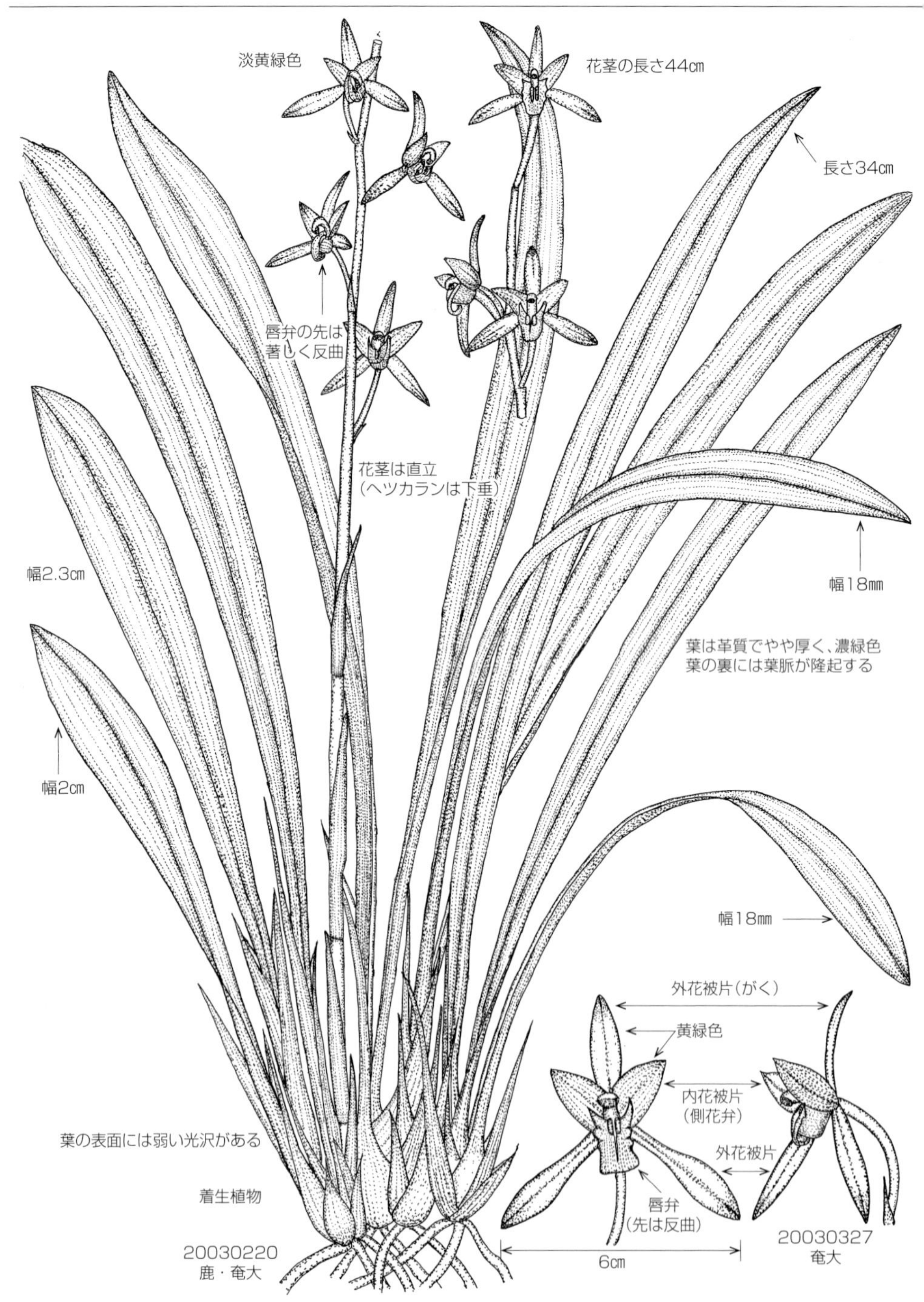

分布　｜九・目……記載がない
　　　｜鹿・目……屋　奄大（共に正宗氏記）

クマガイソウ [ラン科 アツモリソウ属] *Cypripedium japonicum*

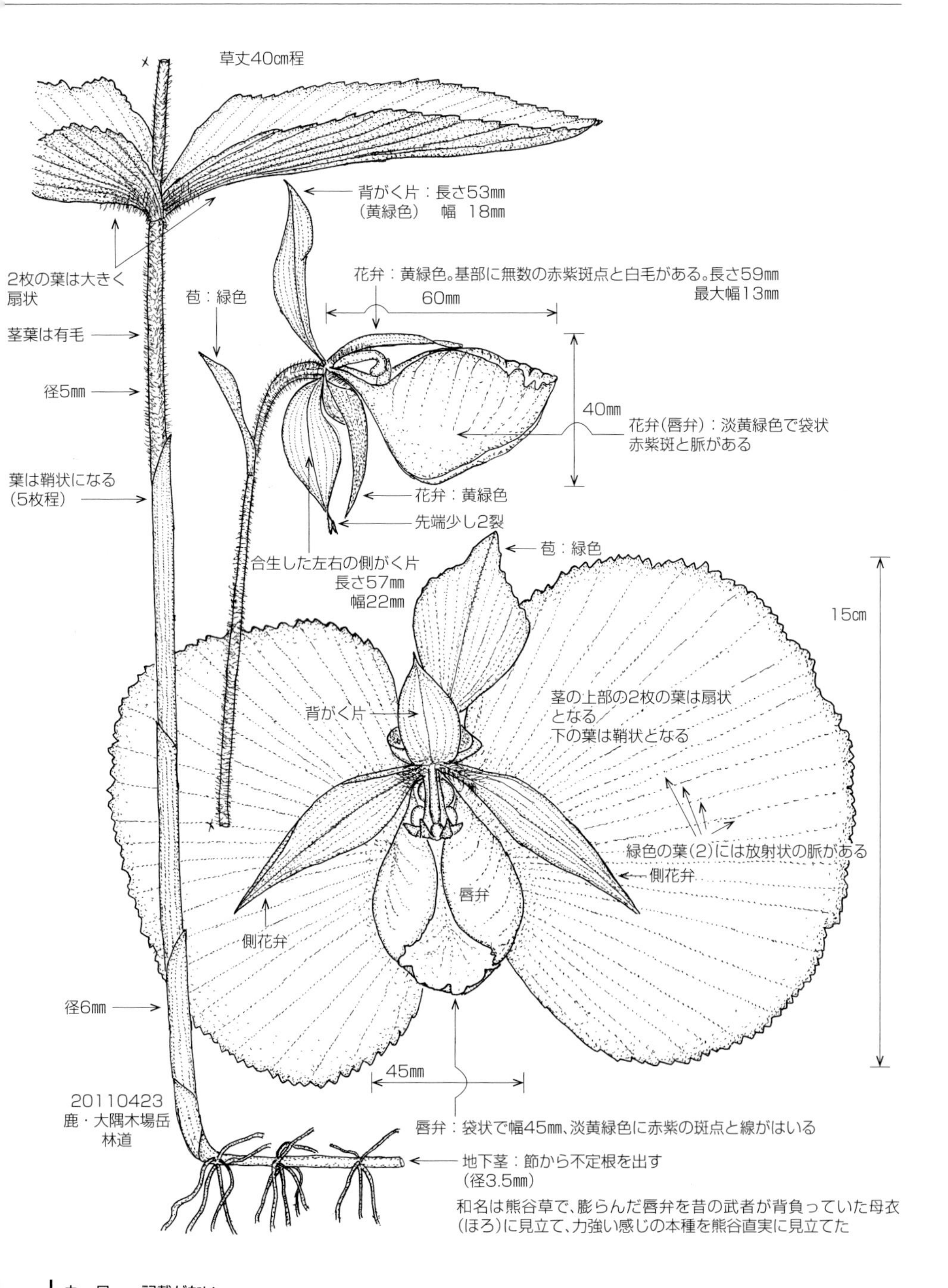

九・目……記載がない
鹿・目……安良岳(横山) 谷山 金峰山 熊ヶ岳 開聞岳 姶良 大川原 高隈山 甫与志岳 辺塚 根占

キバナノセッコク　[ラン科　セッコク属]　*Dendrobium tosaense*

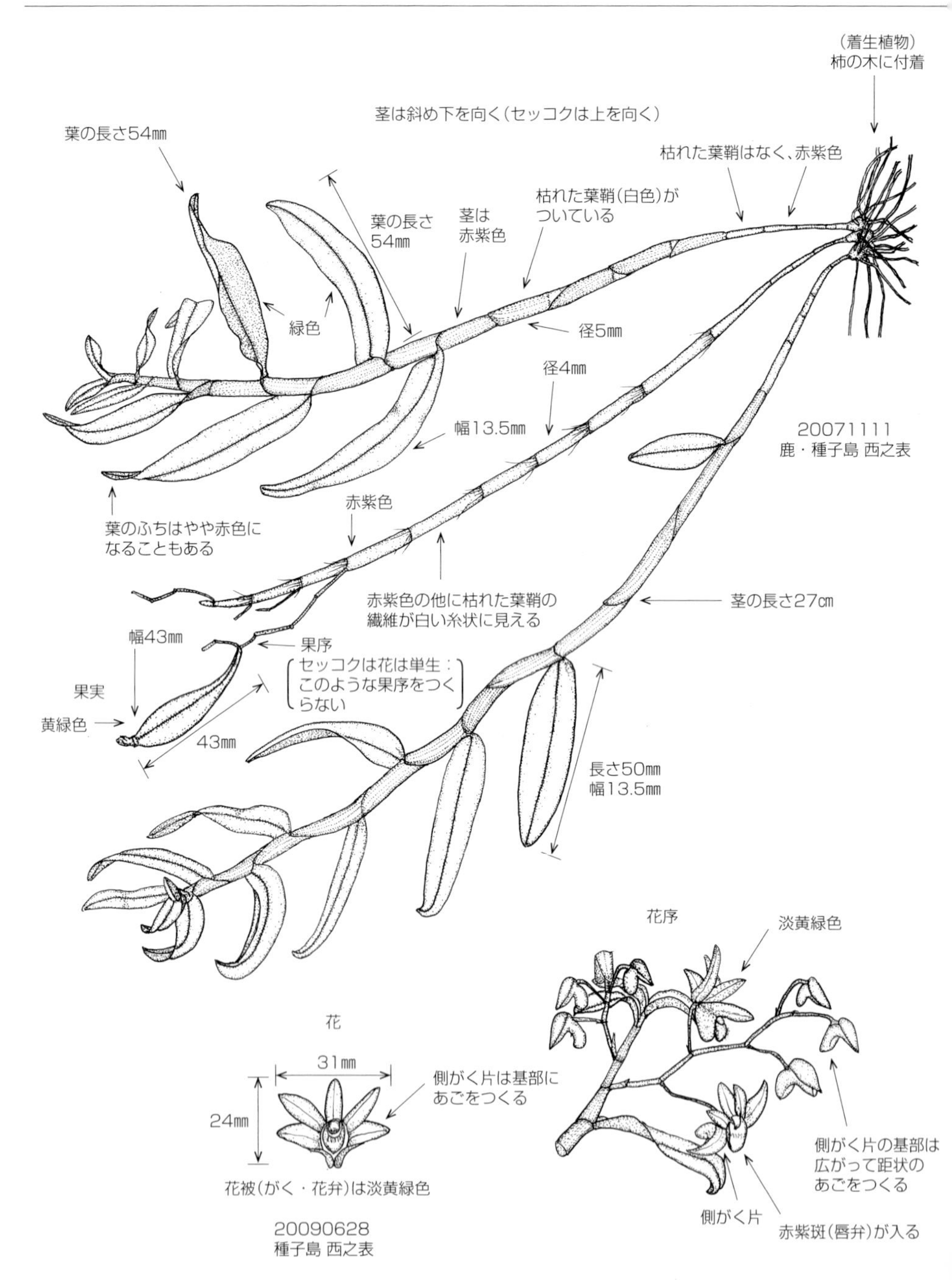

分布　九・目……記載がない
　　　鹿・目……川内(可愛山稜)　冠岳　鹿児島城山　加世田(新田神社)　陳尾(袋内)　枚聞神社(開聞)　高隈山　波見　辺塚
　　　　　　　甑　種　屋　黒　奄大

セッコク [ラン科 セッコク属]

Dendrobium moniliforme

葉のない茎の上部に白い花が1～2個つく。キバナノセッコクは葉のついた茎の上部に黄色の花序をつくる

27mm

花は白色 芳香がある

1. 背がく片(1)
2. 側花弁(2)
3. 側がく片(2)
4. 唇弁(1)

茎の長さ24cm程 → 前年の茎

今年の茎

50mm

花茎に葉はない

茎は上を向く。キバナノセッコクは垂れる

今年の茎

着生植物 (樹木に着生)

20150517 資料提供 山﨑重喜氏

和名は漢名の石斛に由来する

| 分布 | 九・目……記載がない |
| | 鹿・目……霧島山 大口 鶴田 紫尾山 冠岳 伊集院(徳重) 阿多(中岳) 加世田(竹田神社) 野間岳 馬取山 高隈山 野首嶽 甑 屋 種 黒 中 |

235

カキラン ［ラン科　カキラン属］　*Epipactis thunbergi*

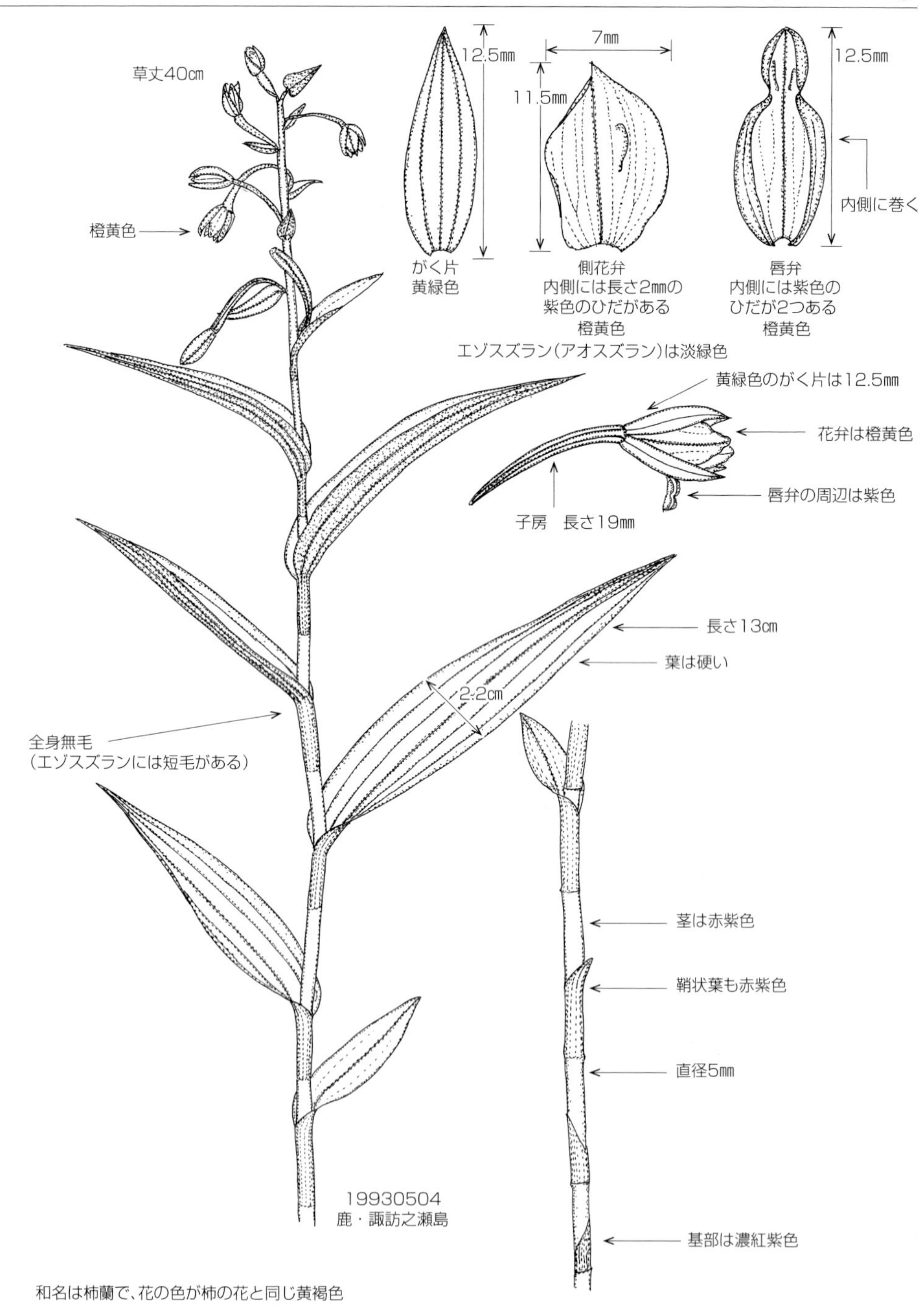

和名は柿蘭で、花の色が柿の花と同じ黄褐色

分布　九・目……各県（南限は九州本土南部）
　　　鹿・目……甑　県本土　種　屋　中　諏　奄大

ツチアケビ [ラン科　ツチアケビ属]　　*Galeola septentrionalis*

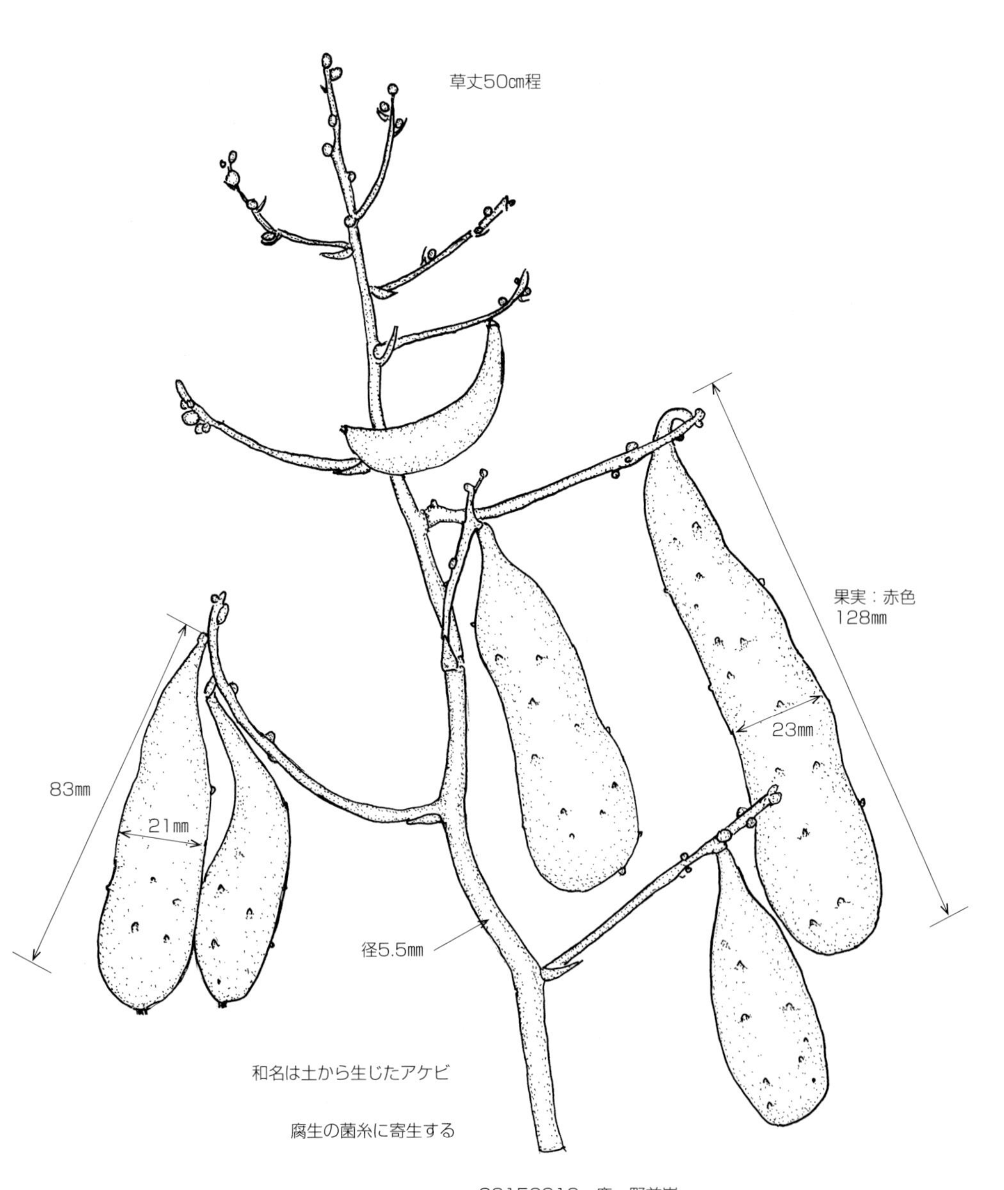

カシノキラン　[ラン科　マツラン属]　　　*Gastrochilus japonicus*

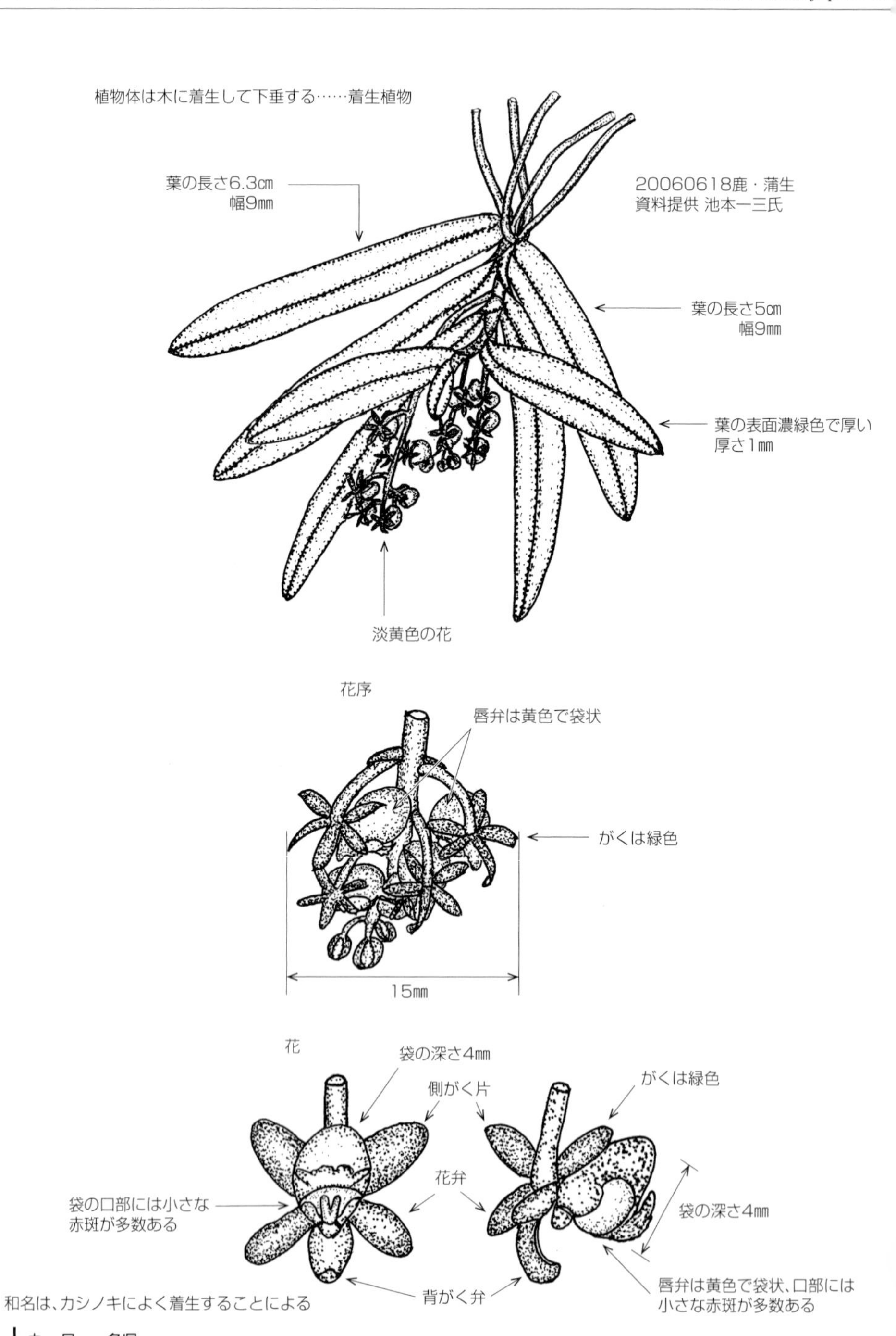

植物体は木に着生して下垂する……着生植物

葉の長さ6.3cm 幅9mm

20060618鹿・蒲生
資料提供　池本一三氏

葉の長さ5cm 幅9mm

葉の表面濃緑色で厚い 厚さ1mm

淡黄色の花

花序
唇弁は黄色で袋状
がくは緑色
15mm

花
袋の深さ4mm
側がく片
花弁
がくは緑色
袋の深さ4mm
袋の口部には小さな赤斑が多数ある
背がく弁
唇弁は黄色で袋状、口部には小さな赤斑が多数ある

和名は、カシノキによく着生することによる

分布　九・目……各県
　　　鹿・目……霧島山　大口田代　紫尾山　ラムネ温泉　高隈山田代　甑　種　屋　奄大　徳

ミヤマウズラ [ラン科 シュスラン属] *Goodyera schlechtendaliana*

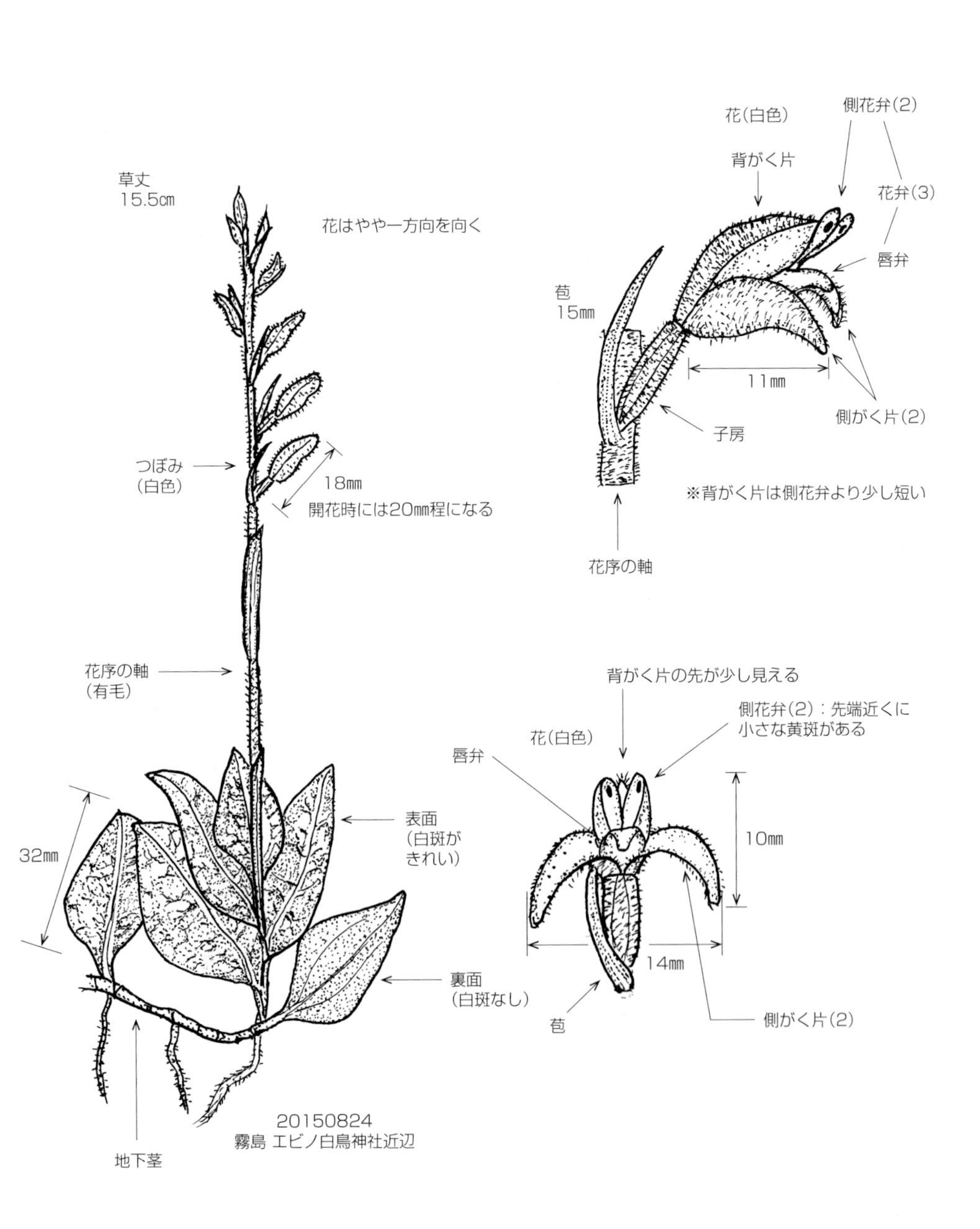

和名は深山ウズラであるが、浅山にもある。ウズラは葉の模様による

分布　九・目……各県
　　　鹿・目……甑 県本土 各地 種 屋 黒 口永 中

サギソウ [ラン科　ミズトンボ属]　　　　　　　　　　　　　　　　　*Habenaria radiata*

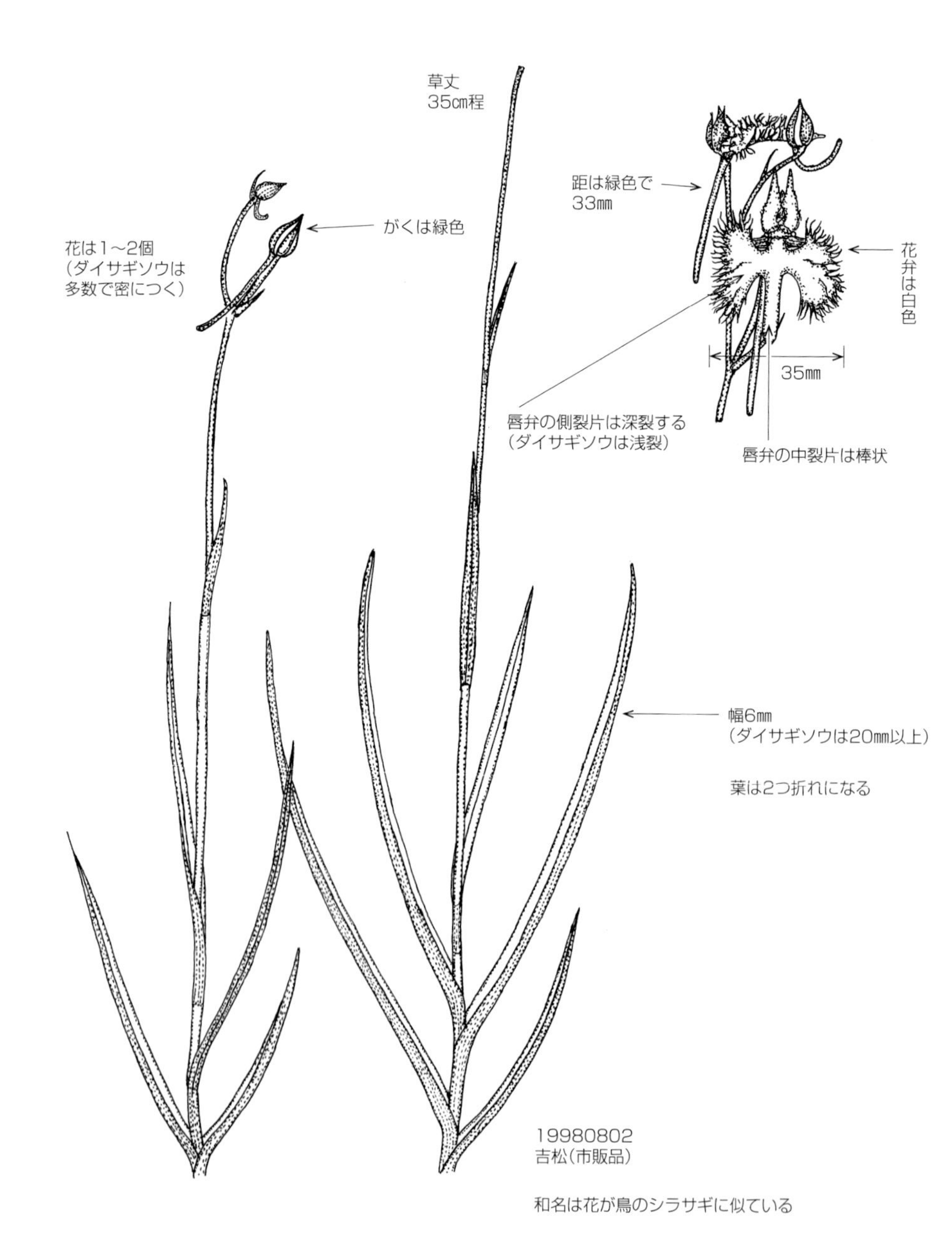

草丈35cm程
がくは緑色
花は1〜2個（ダイサギソウは多数で密につく）
距は緑色で33mm
花弁は白色
35mm
唇弁の側裂片は深裂する（ダイサギソウは浅裂）
唇弁の中裂片は棒状
幅6mm（ダイサギソウは20mm以上）
葉は2つ折れになる
19980802 吉松（市販品）
和名は花が鳥のシラサギに似ている

分布　九・目……各県
　　　鹿・目……大口西太良　川内　隈之城

ムカゴソウ [ラン科 ムカゴソウ属] *Herminium lanceum var. longicrure*

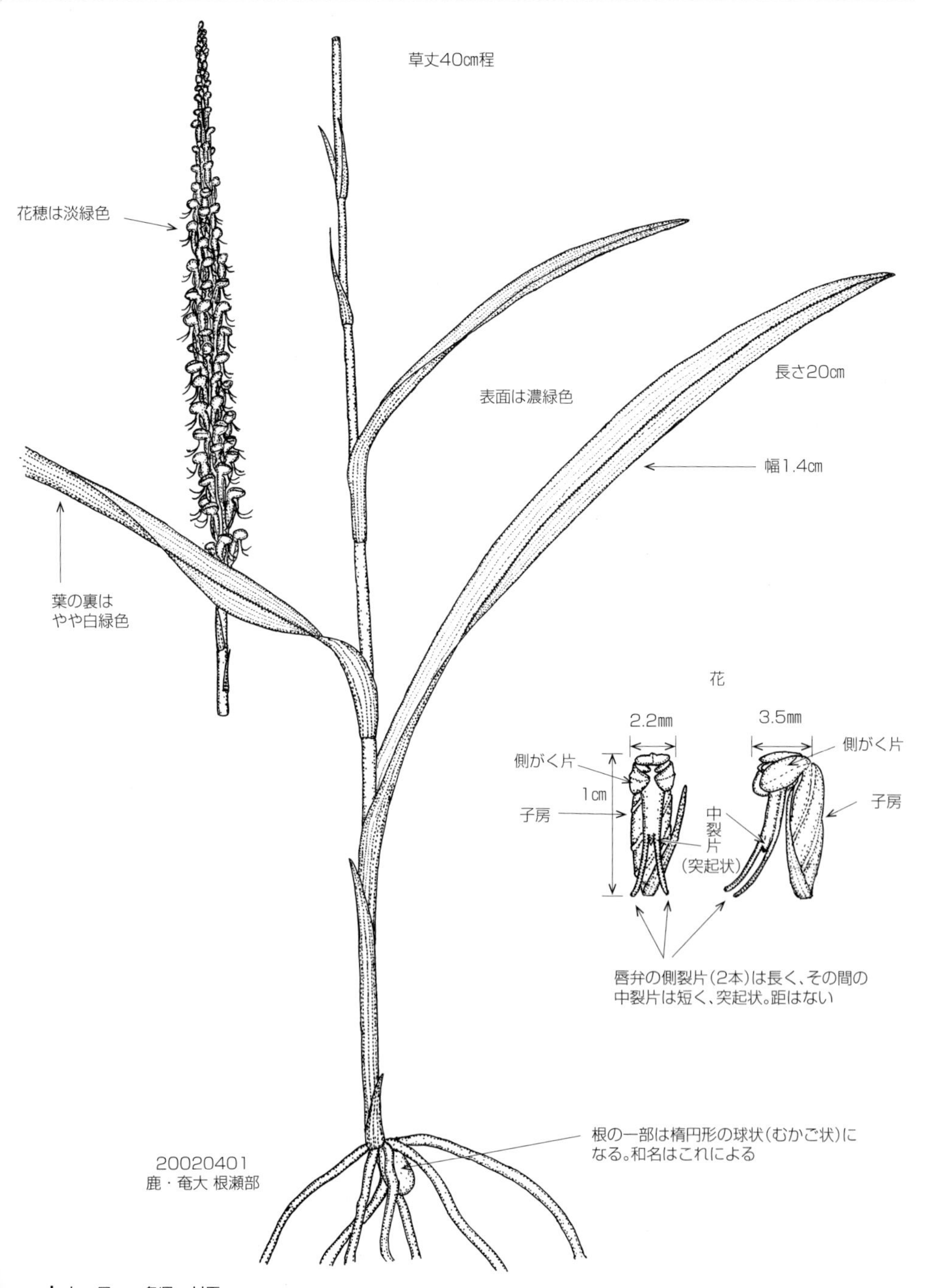

ヤクシマアカシュスラン　[ラン科　ヒメノヤガラ属]　*Hetaeria yakusimensis*

カゲロウラン（オオスミキヌラン）
Hetaeria agyokuana

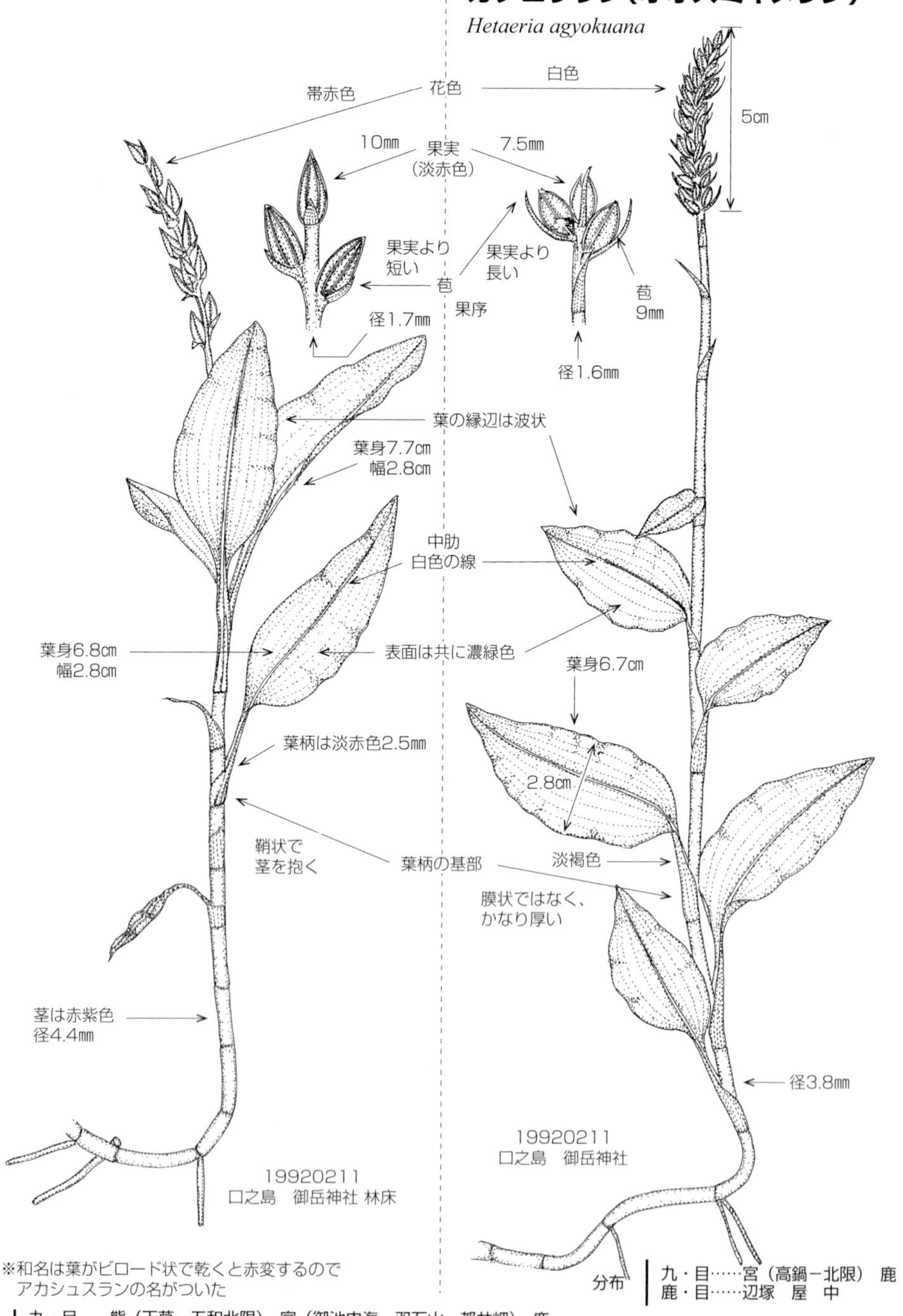

19920211
口之島　御岳神社　林床

19920211
口之島　御岳神社

※和名は葉がビロード状で乾くと赤変するので
アカシュスランの名がついた

分布　九・目……熊（天草－五和北限）　宮（御池内海　双石山～都井岬）　鹿
　　　鹿・目……遠矢岳　上東郷　川内　磯街道　坊津今岳　垂水　鹿大演習林　高山（二股川）　辺塚　稲尾岳　佐多岬　甑
　　　　　　　　獅子島　種屋　黒　吐　奄大　徳

分布　九・目……宮（高鍋－北限）　鹿
　　　鹿・目……辺塚　屋　中

フウラン　[ラン科　フウラン属]　　　　　　　　　　　　　　　　*Holcoglossum falcatum*

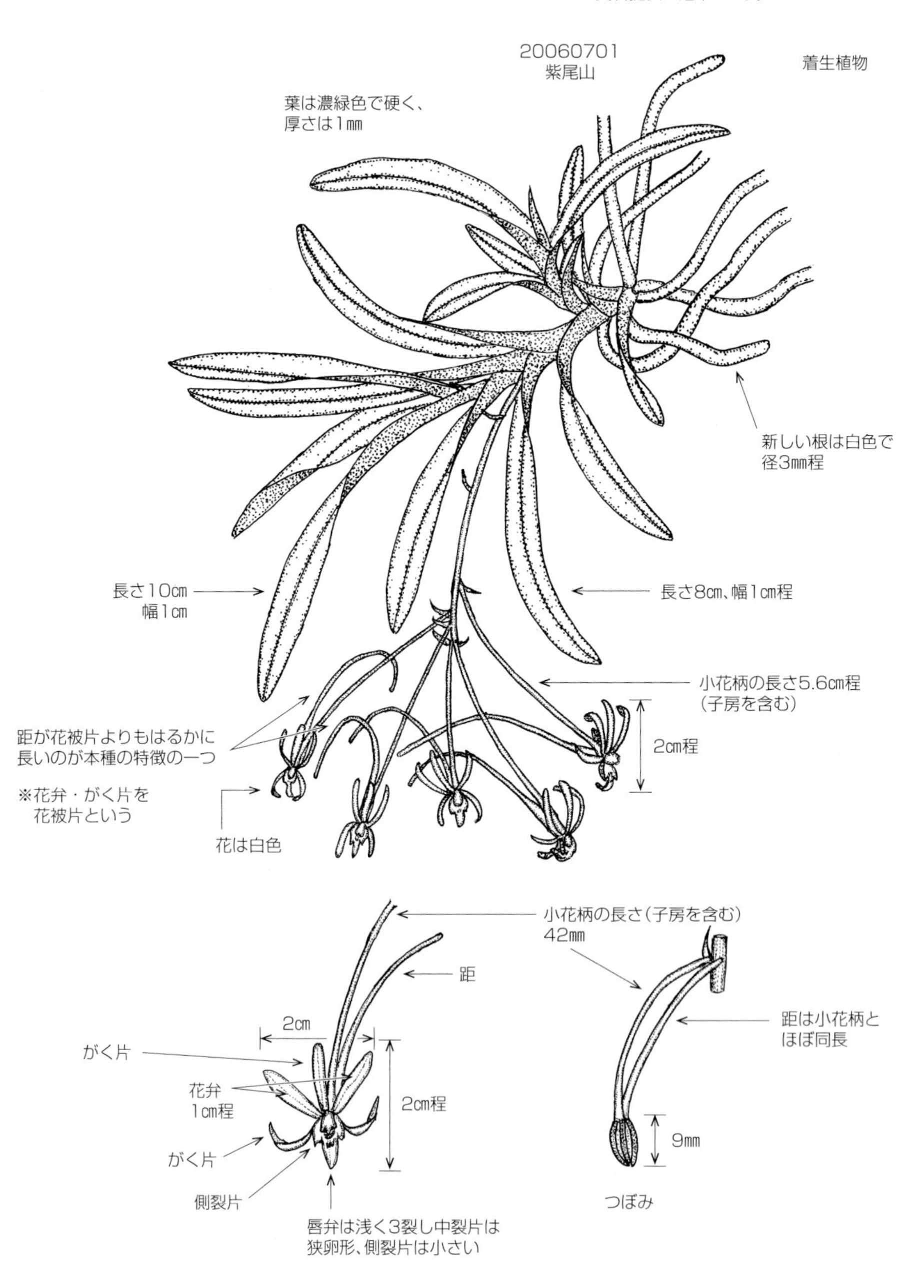

和名は漢名の風蘭にもとづく

　九・目……各県　対馬　壱岐（南は屋　種　奄大　徳）
　鹿・目……甑　紫尾山　冠岳　伊集院（徳重山）　磯間岳　馬取山　下山岳　枚聞神社　高隈山　甫与志岳　辺塚　屋　種
　　　　　　奄大　徳

コクラン　[ラン科　クモキリソウ属]　　*Liparis nervos*

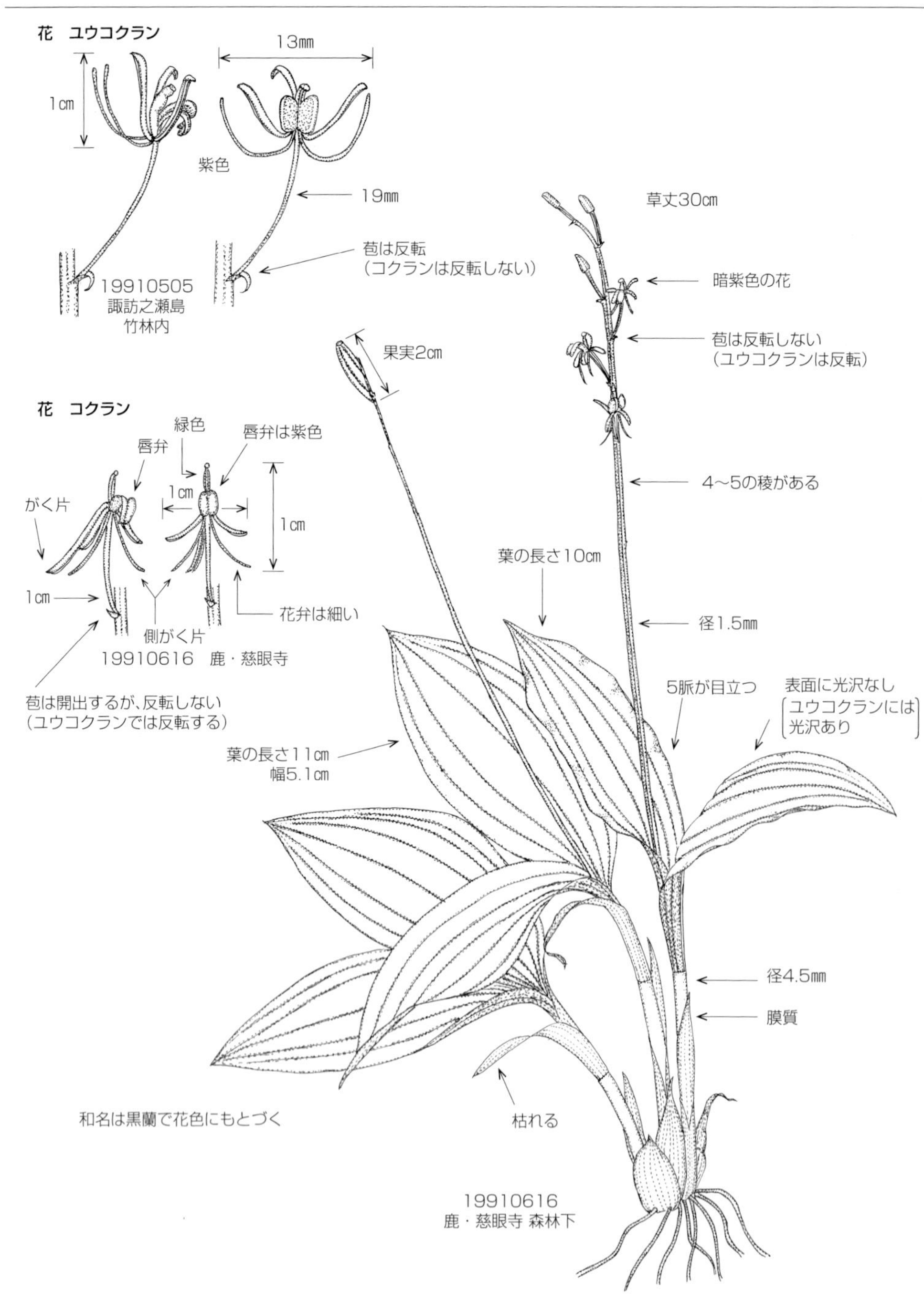

ジガバチソウ　[ラン科　クモキリソウ属]　*Liparis krameri*

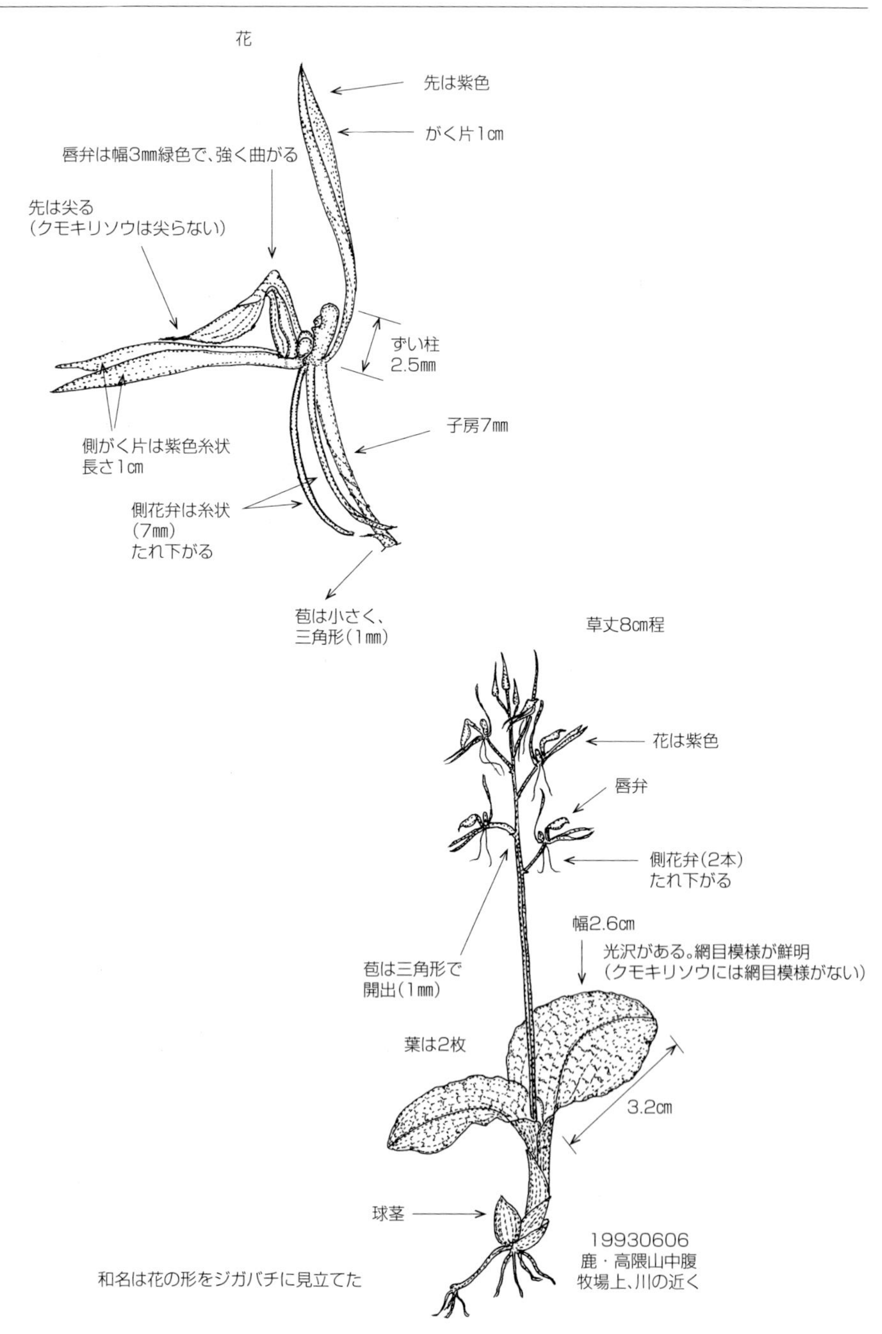

和名は花の形をジガバチに見立てた

分布
九・目……各県　対馬（南限は鹿の黒　屋）
鹿・目……甑　霧島山　紫尾山　高隈山　内之浦　大浦　辺塚　金峰山　亀ヶ岳　黒　屋

245

ユウコクラン　[ラン科　クモキリソウ属]　　*Liparis formosan*

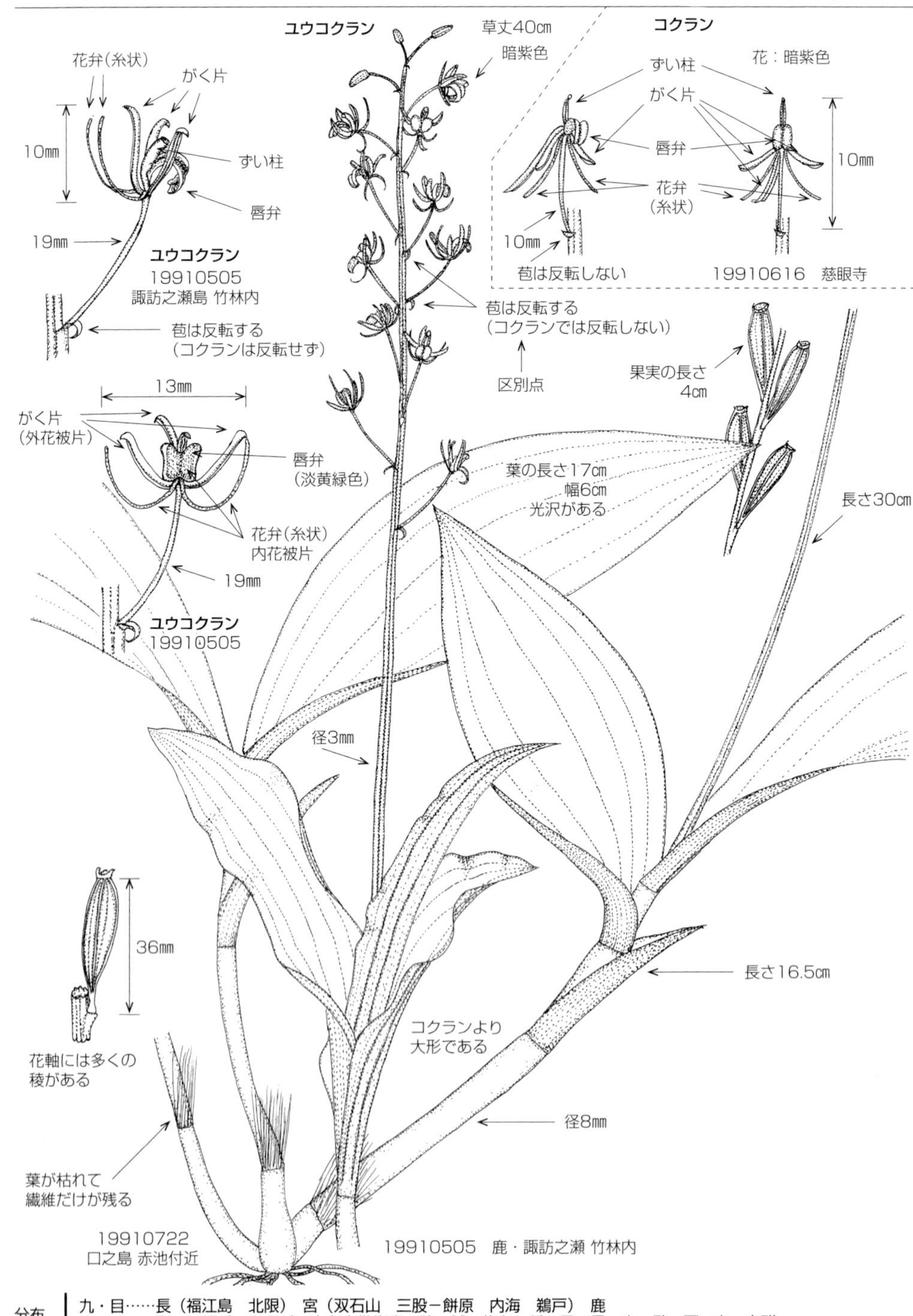

ボウラン [ラン科 ボウラン属] *Luisia teves*

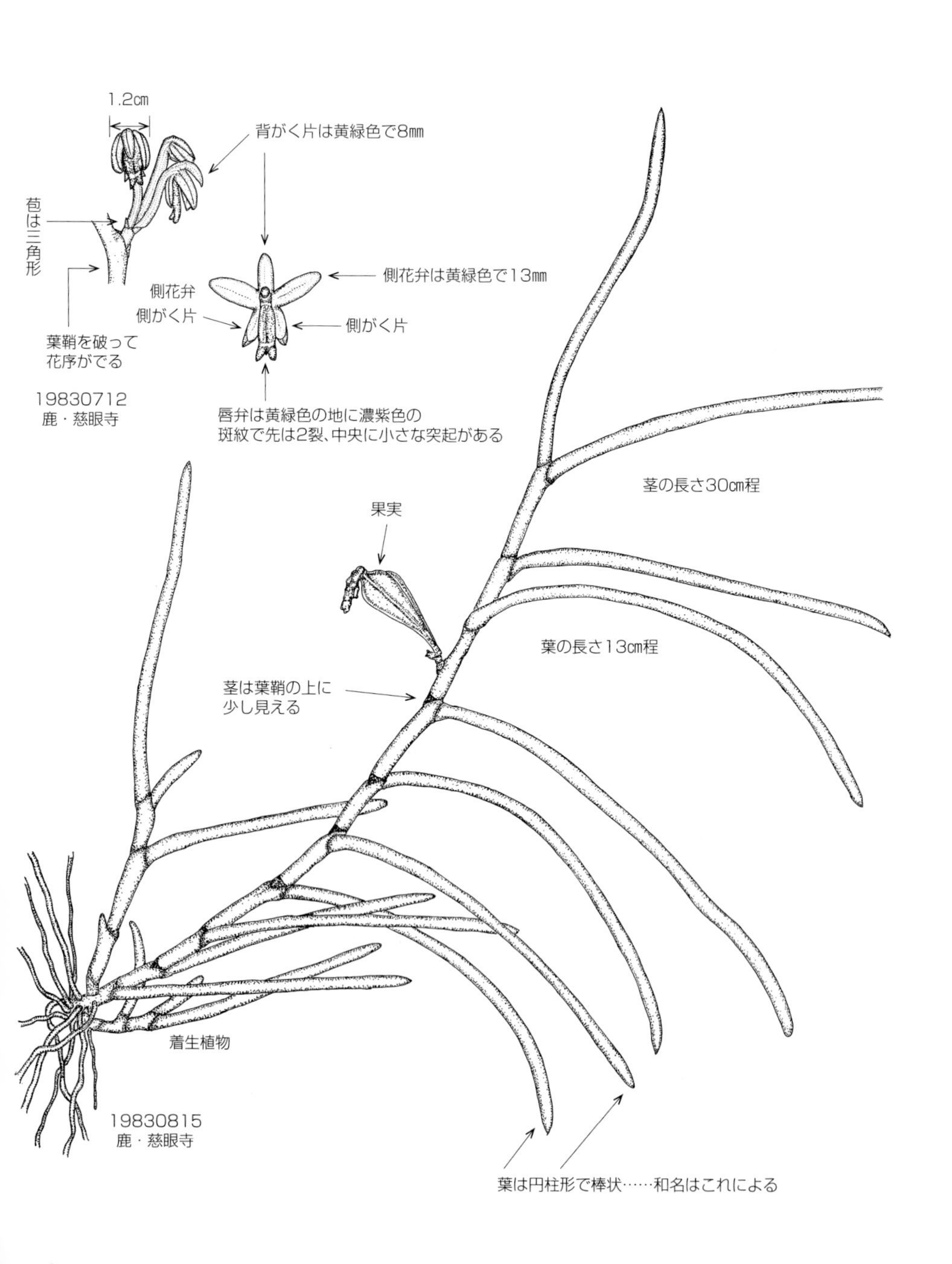

ニラバラン　[ラン科　ニラバラン属]　　*Microtis unifolia*

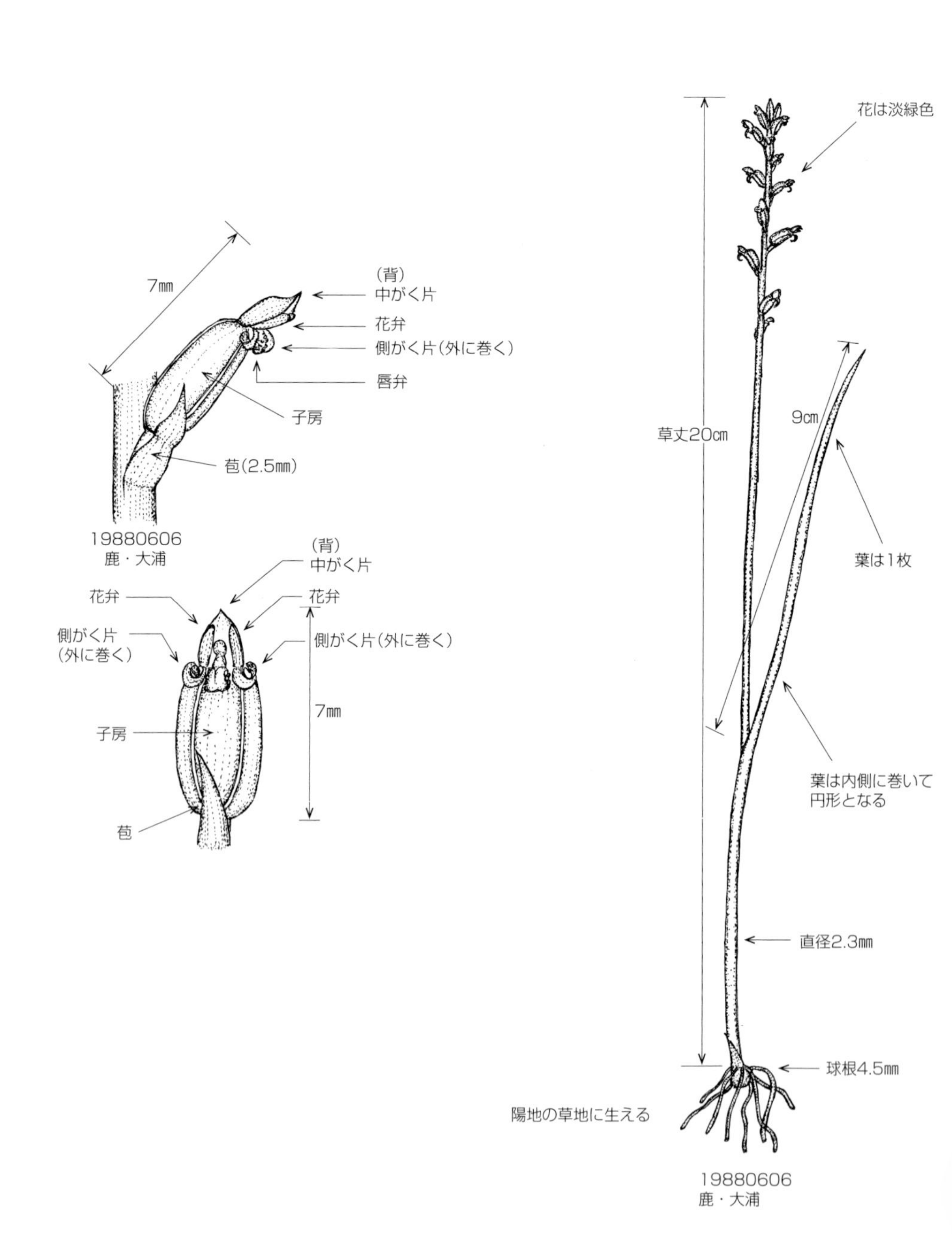

分布　九・目……福（西戸崎）　佐（馬渡島）　長（長崎　佐世保　福島）　熊（南西部　天草）　宮（米ノ山）
　　　鹿・目……谷山　下伊集院　加世田　野間岳　山川　鹿児島　桜島　国分　佐多岬　竹島　屋　種　諏　宝　横当島　喜　奄大

カクチョウラン ［ラン科　ガンゼキラン属］　　*Phaius tankervilleae*

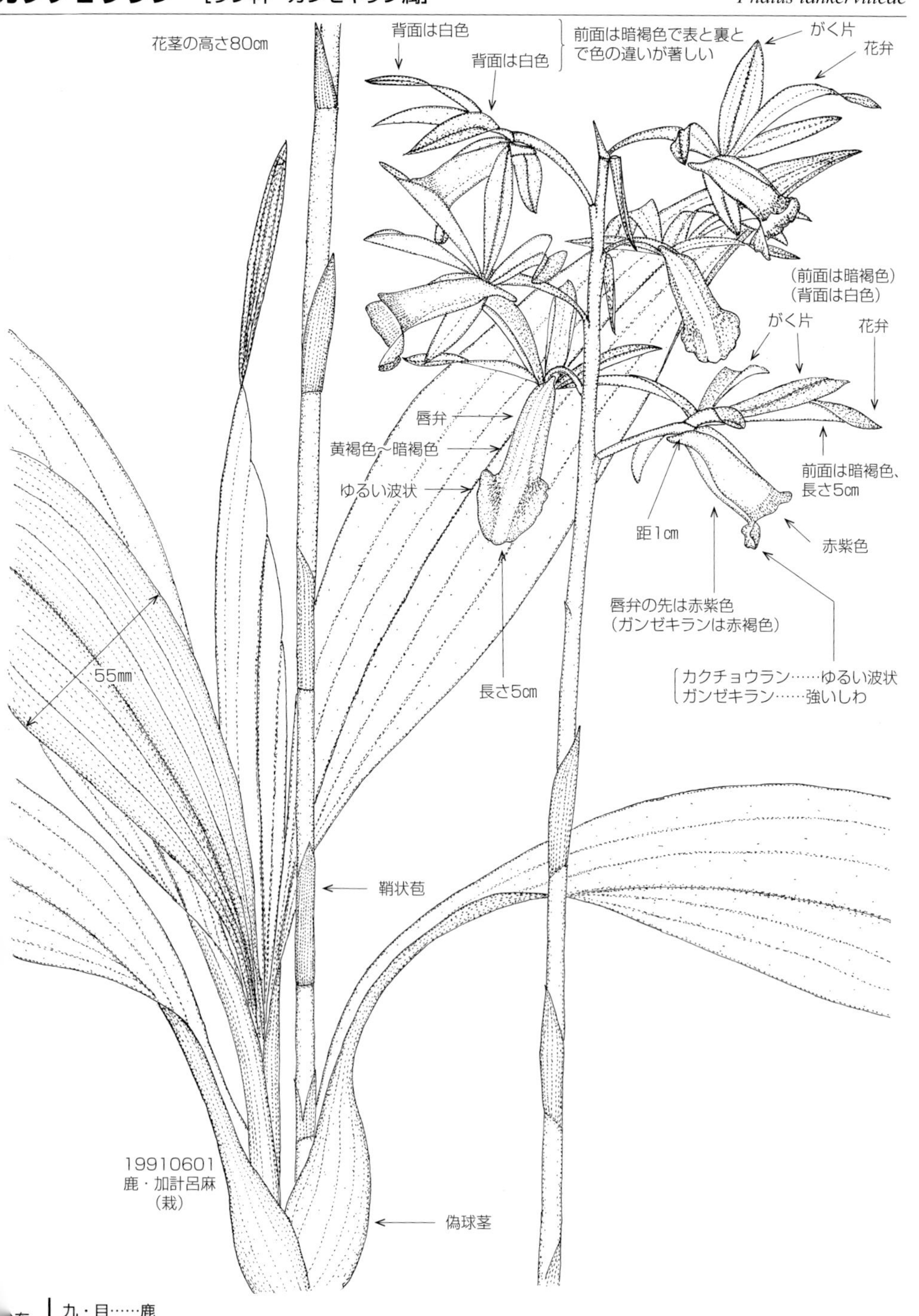

ガンゼキラン　[ラン科　ガンゼキラン属]　　*Phaius flavus*

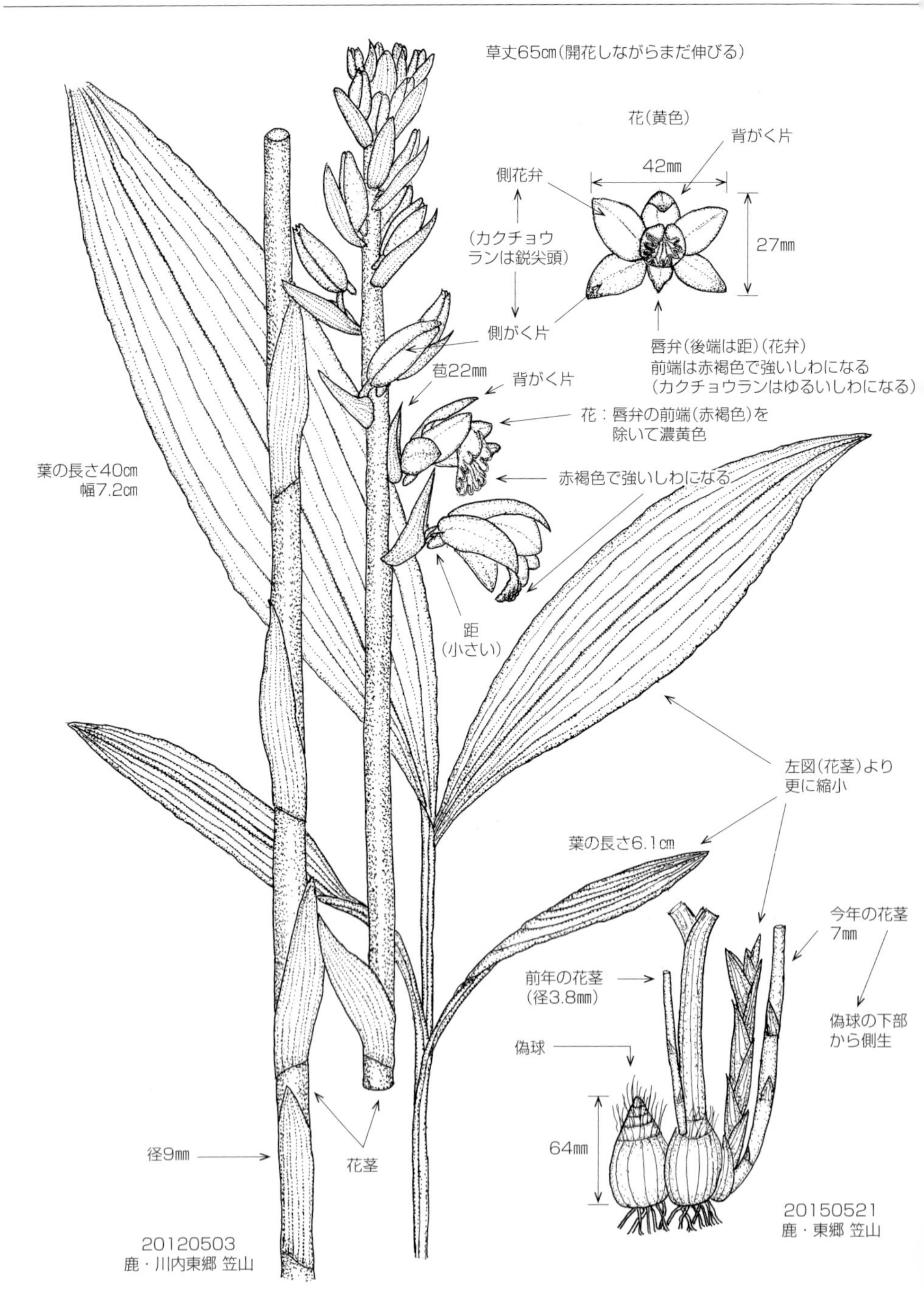

分布　九・目……大(佐伯　臼杵　蒲江)　佐(相知　鹿島)　長(備前各地　対馬)　熊(南肥　天草)　宮(川南以南)　鹿
　　　鹿・目……大口(奥十曽　間根ヶ平)　鶴田(大俣)　紫尾山　安良岳　祁答院　蒲生　入来峠　冠岳　金峰山　烏帽子岳
　　　　　　　　川辺野崎　高隈山　甑　種屋

アマミトンボ（リトウトンボ） [ラン科　ツレサギソウ属] *Platanthera amamiana*

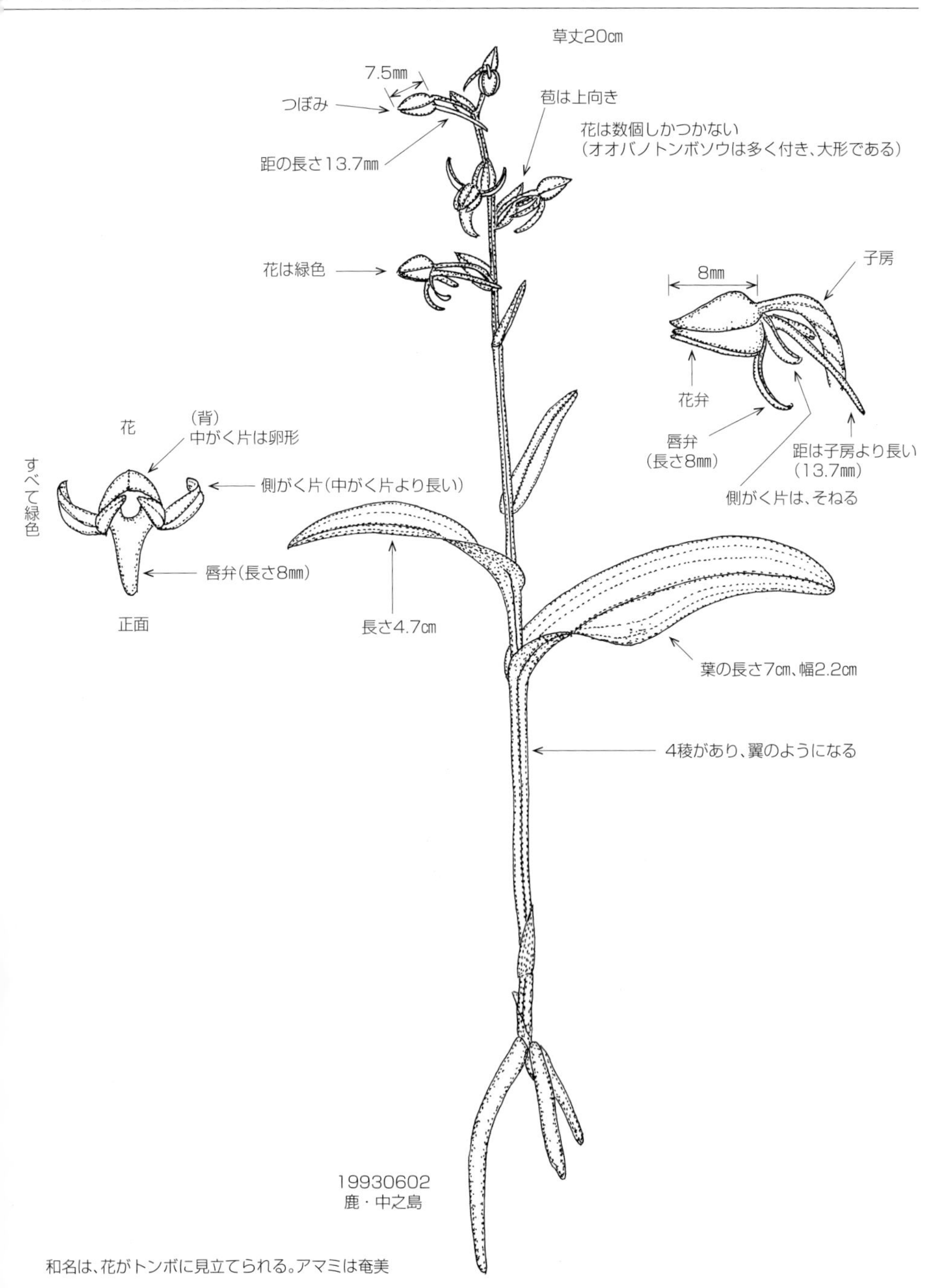

和名は、花がトンボに見立てられる。アマミは奄美

九・目……鹿
鹿・目……黒　硫　臥　平　諏　悪　小宝　宝　奄大（台湾のリトウトンボと同種との説がある）

オオバノトンボソウ（ノヤマトンボ） [ラン科　ツレサギソウ属]　*Platanthera minor*

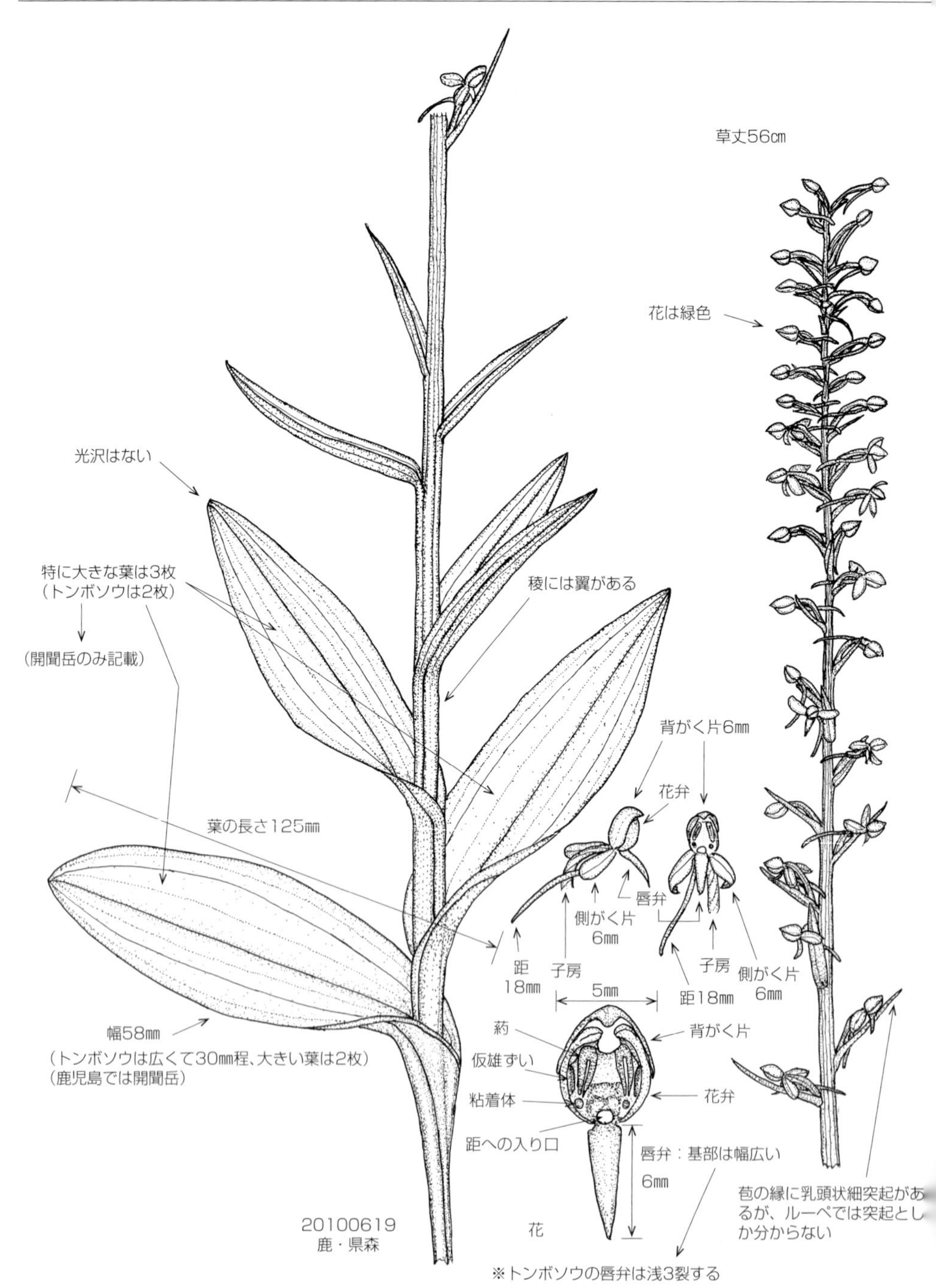

ナゴラン ［ラン科　ナゴラン属］　*Sedirea japonica*

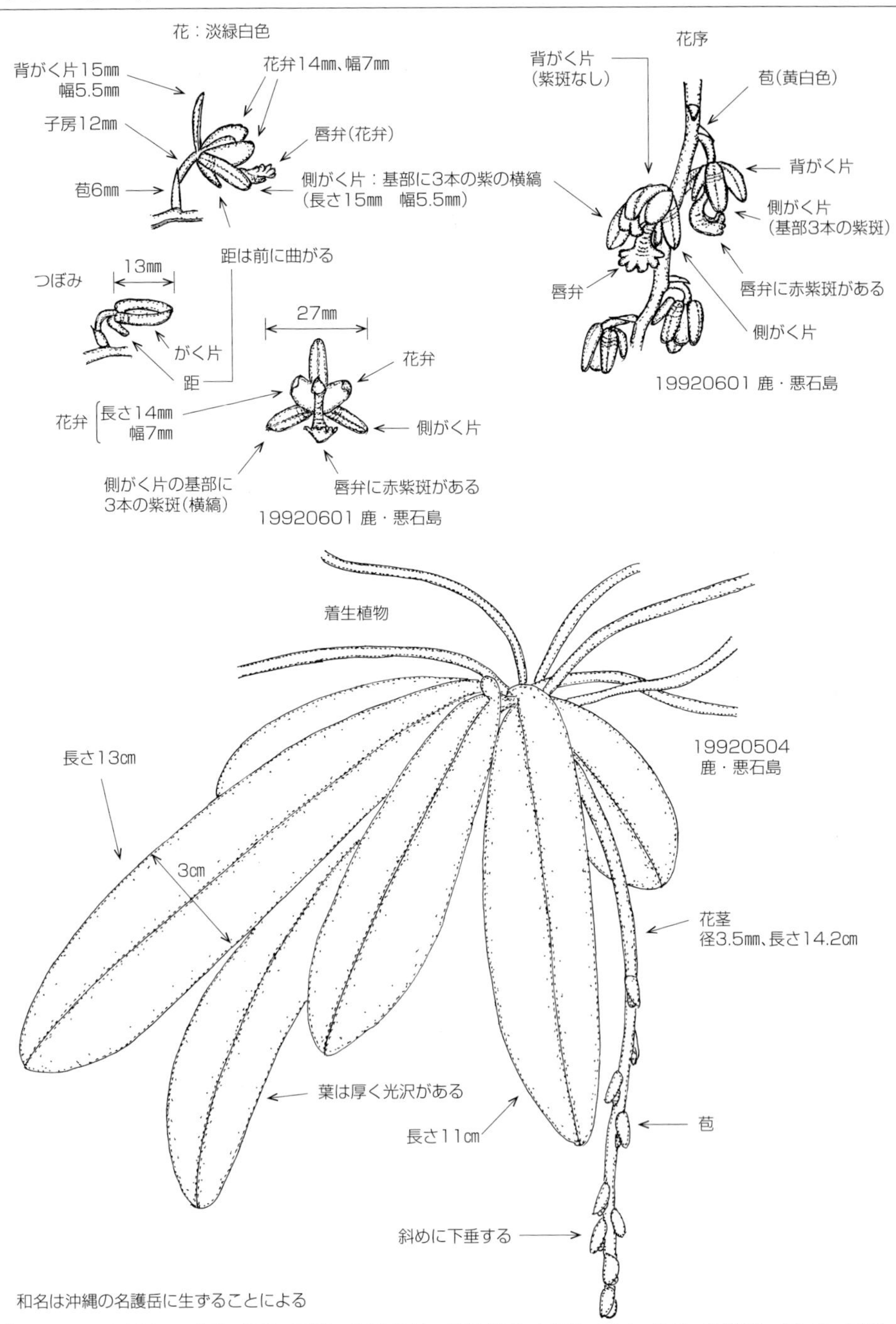

和名は沖縄の名護岳に生ずることによる

分布
九・目……大(津久見　佐伯　清川　傾川)　佐(唐泉山)　長(雲仙岳　福江島　平戸　対馬)　熊(深葉〜市房山　天草)　宮(各地)　鹿
鹿・目……大口(田代)　紫尾山　安良岳　霧島山　丸尾　八重岳　金峰山　高隈山　高山二股　佐多　甑　屋　種　黒　悪　宝　奄大　徳

ネジバナ（ナンゴクネジバナ）　[ラン科　ネジバナ属]　*Spiranthes sinensis var. amoena*

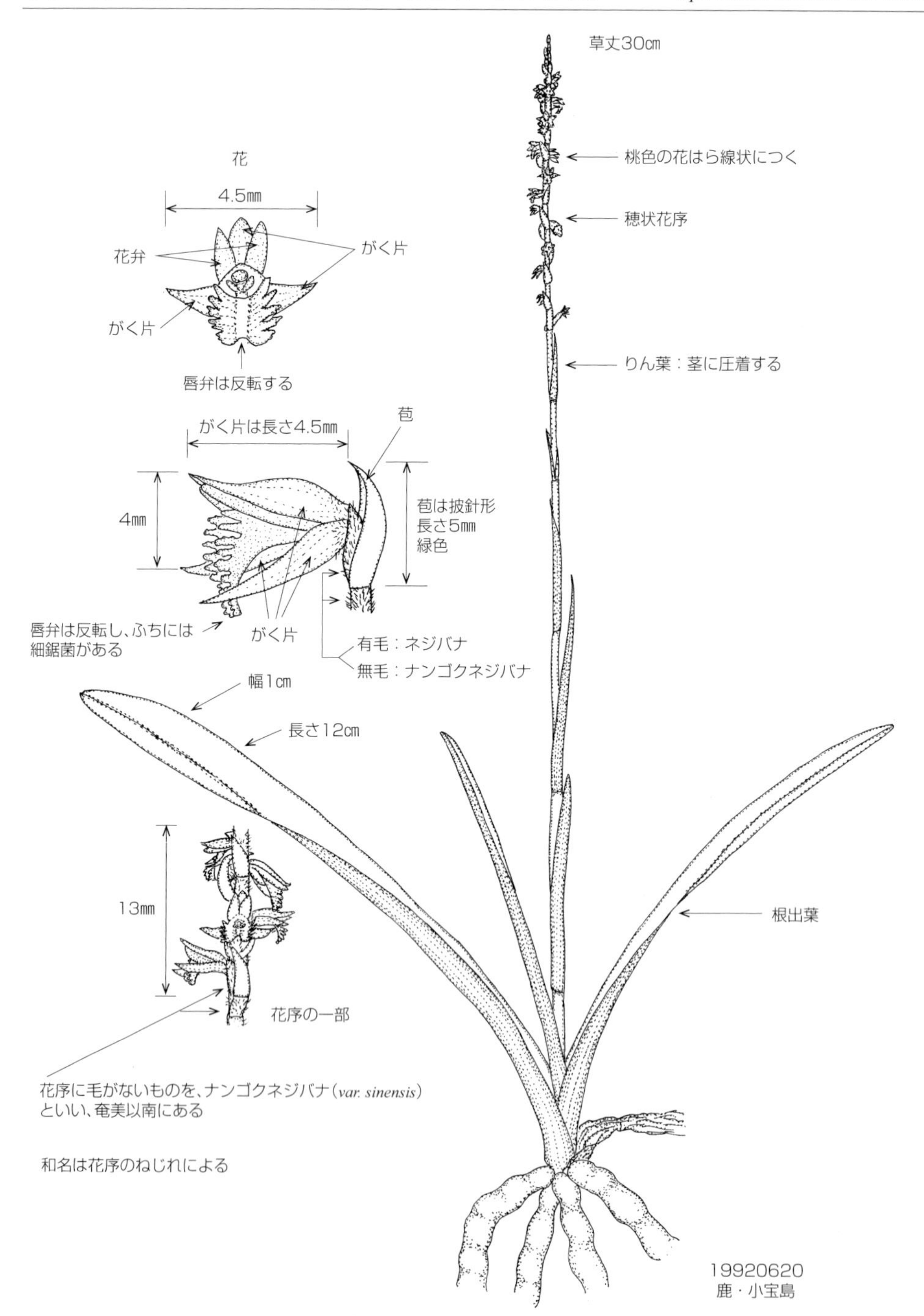

キヌラン（ホソバラン）　[ラン科　キヌラン属]　　*Zeuxine strateumatica*

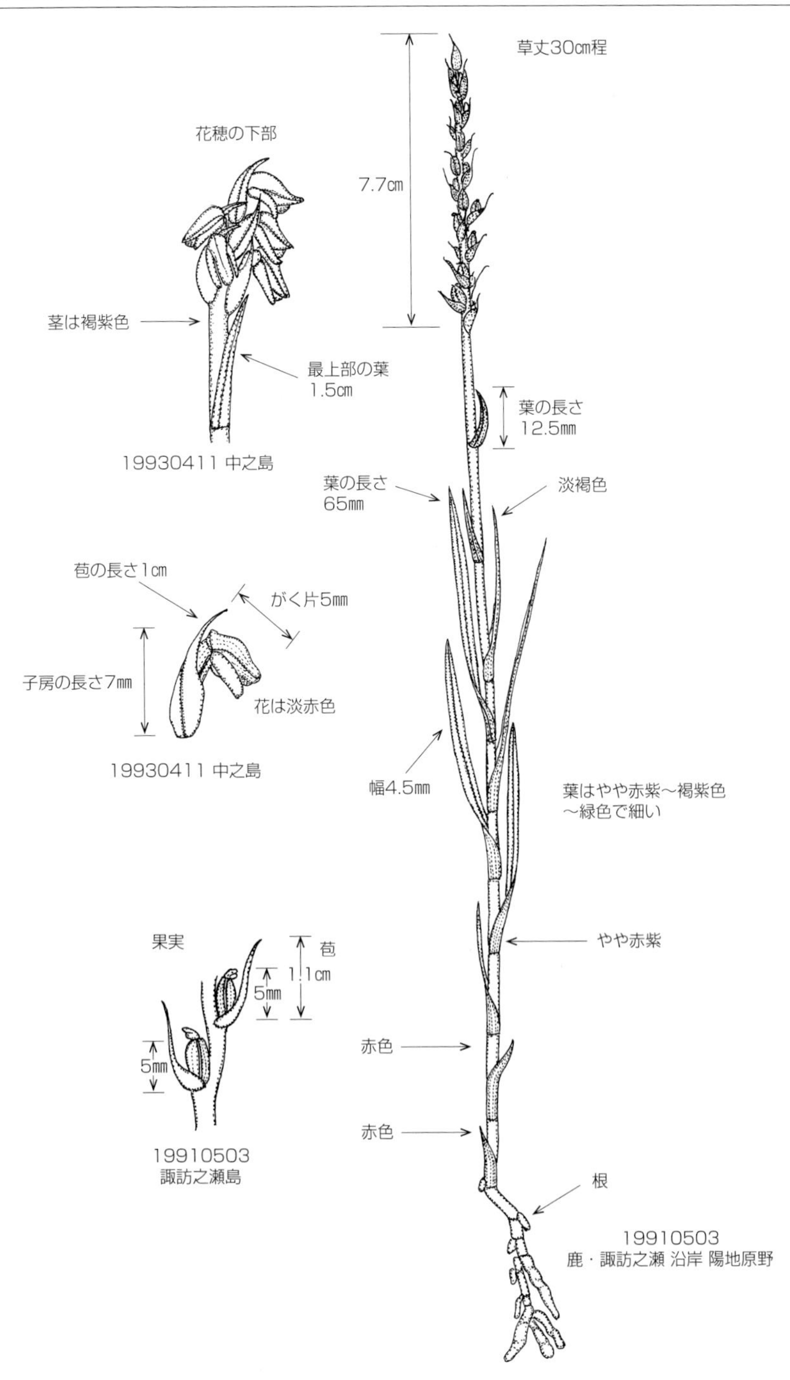

分布　九・目……熊（水俣－北限）　宮（宮崎）　鹿
　　　鹿・目……磯　万之瀬発電所　枕崎　別府（頴娃）　佐多岬　種　吐　沖永　徳

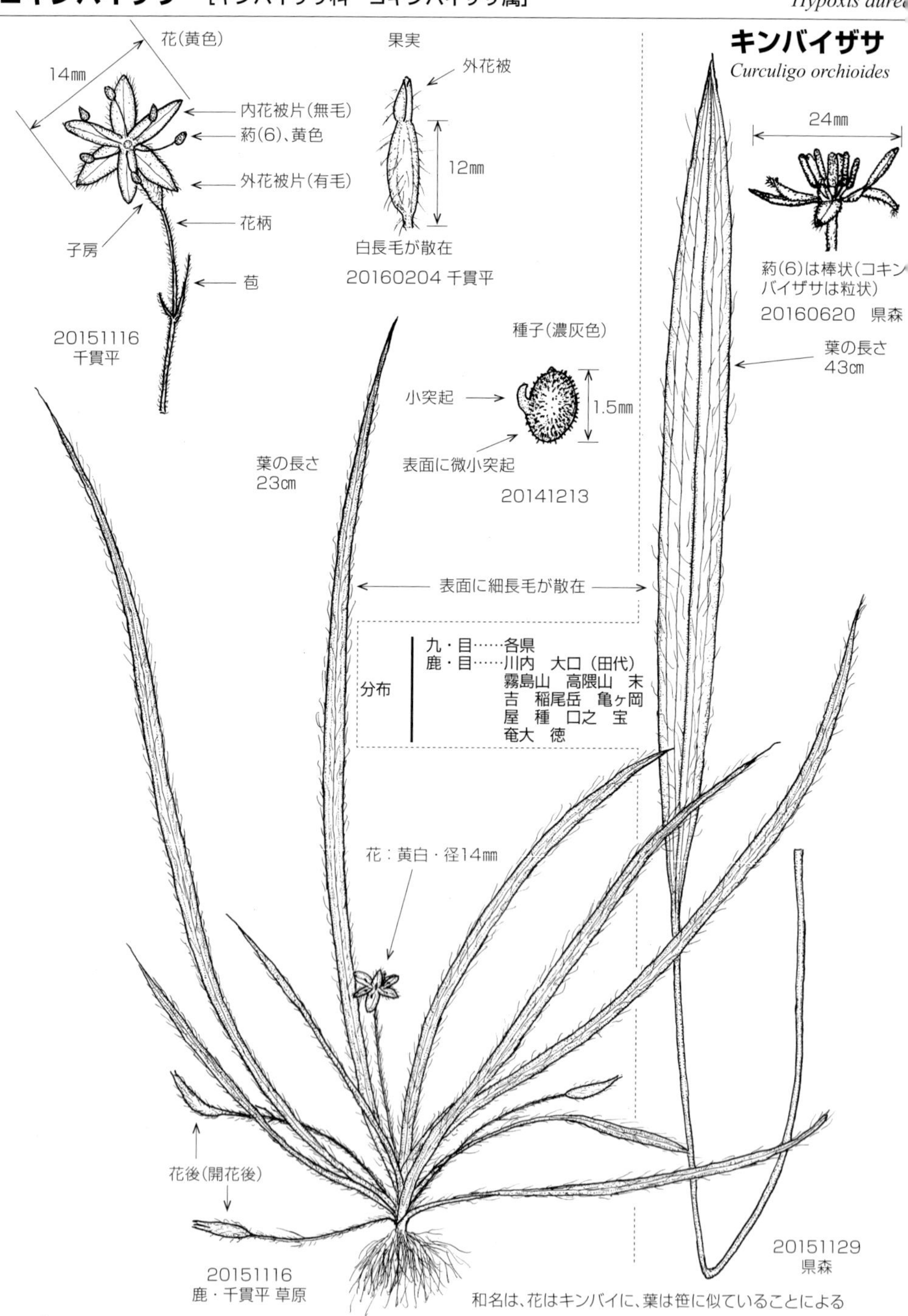

ヒオウギ　[アヤメ科　ヒオウギ属]　　*Belamcanda chinensis*

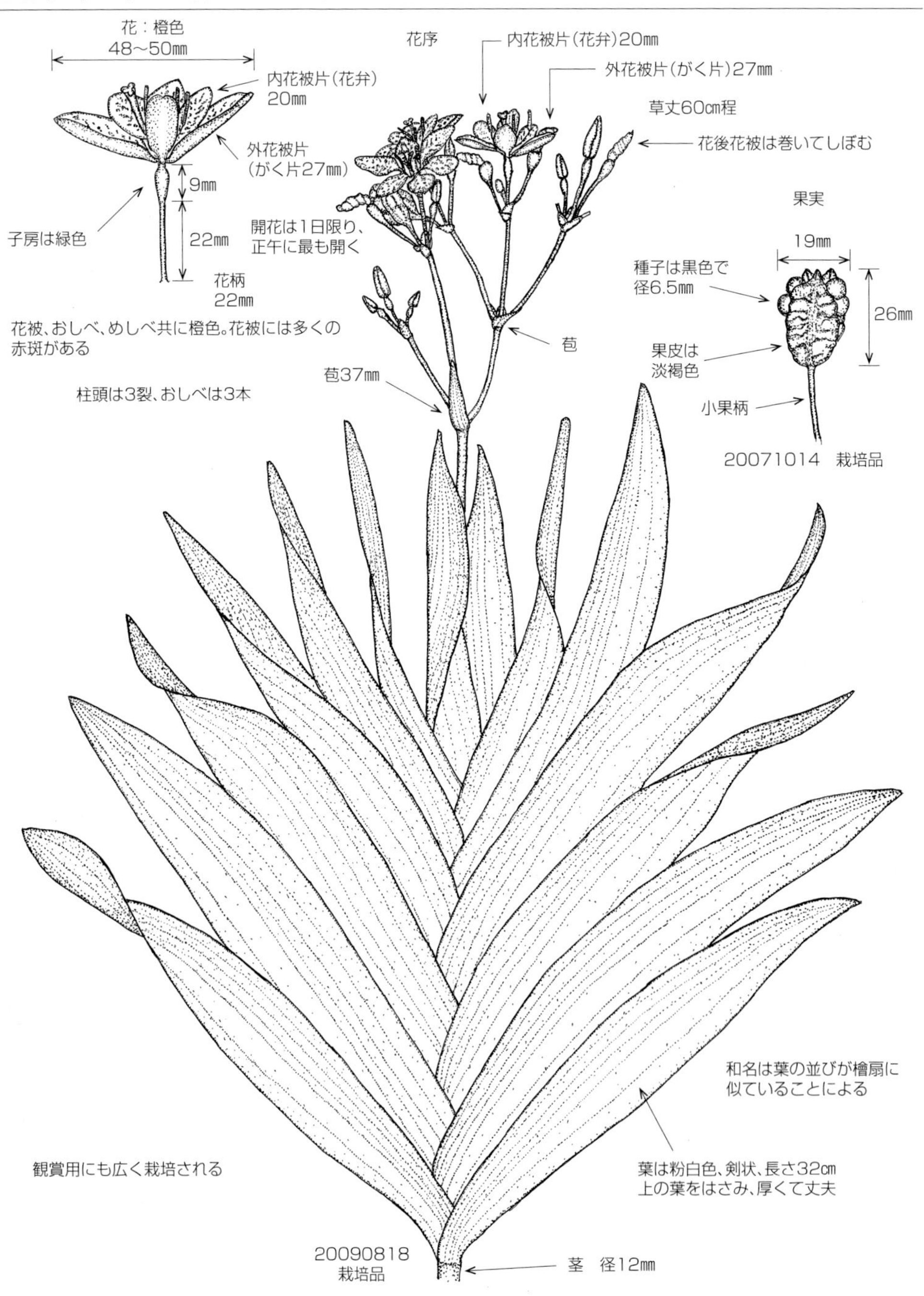

257

ヒメヒオウギズイセン　[アヤメ科　クロコスミア属]　　　*Crocosmiax crocosmiiflor*

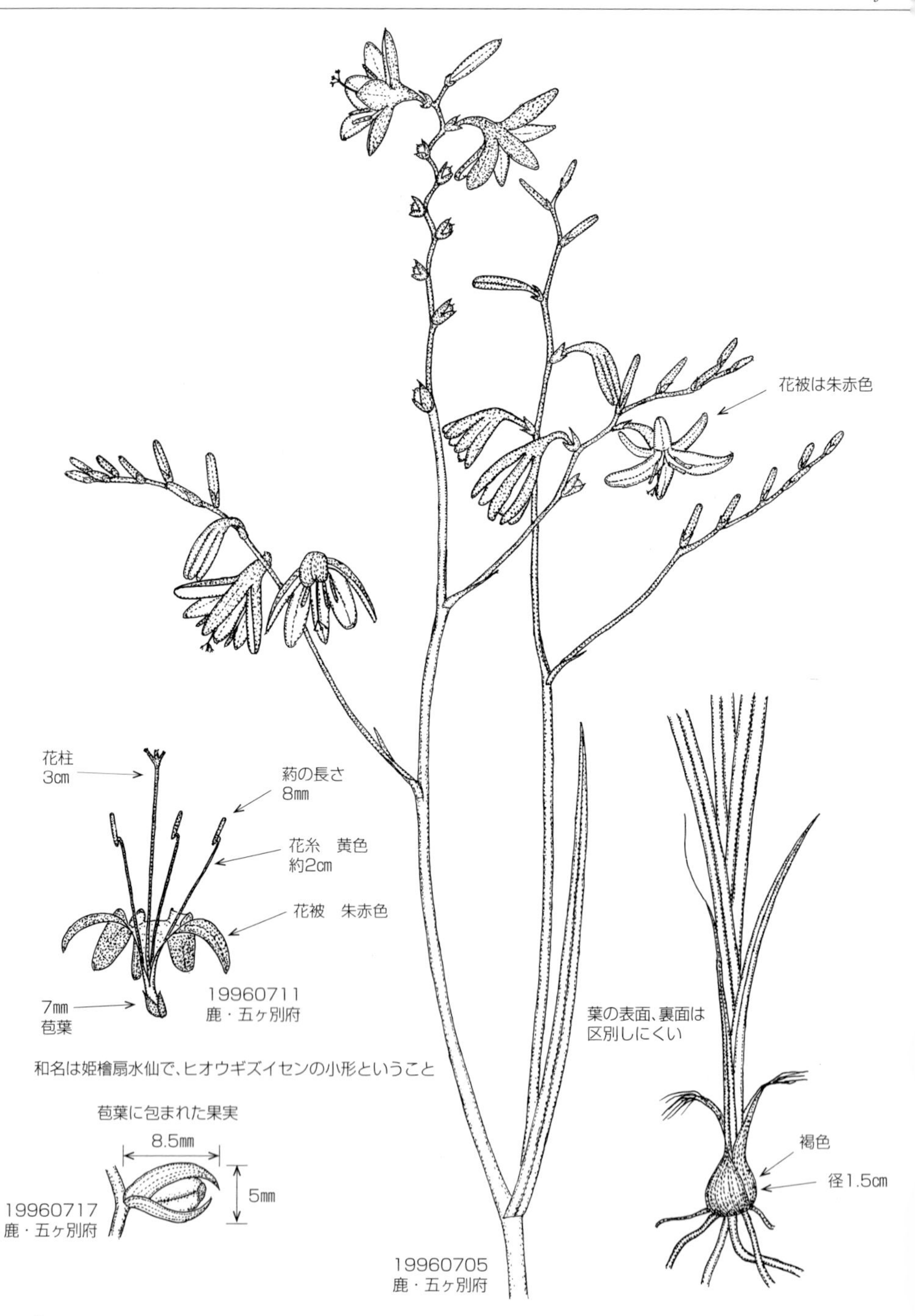

シャガ [アヤメ科　アヤメ属] *Iris japonica*

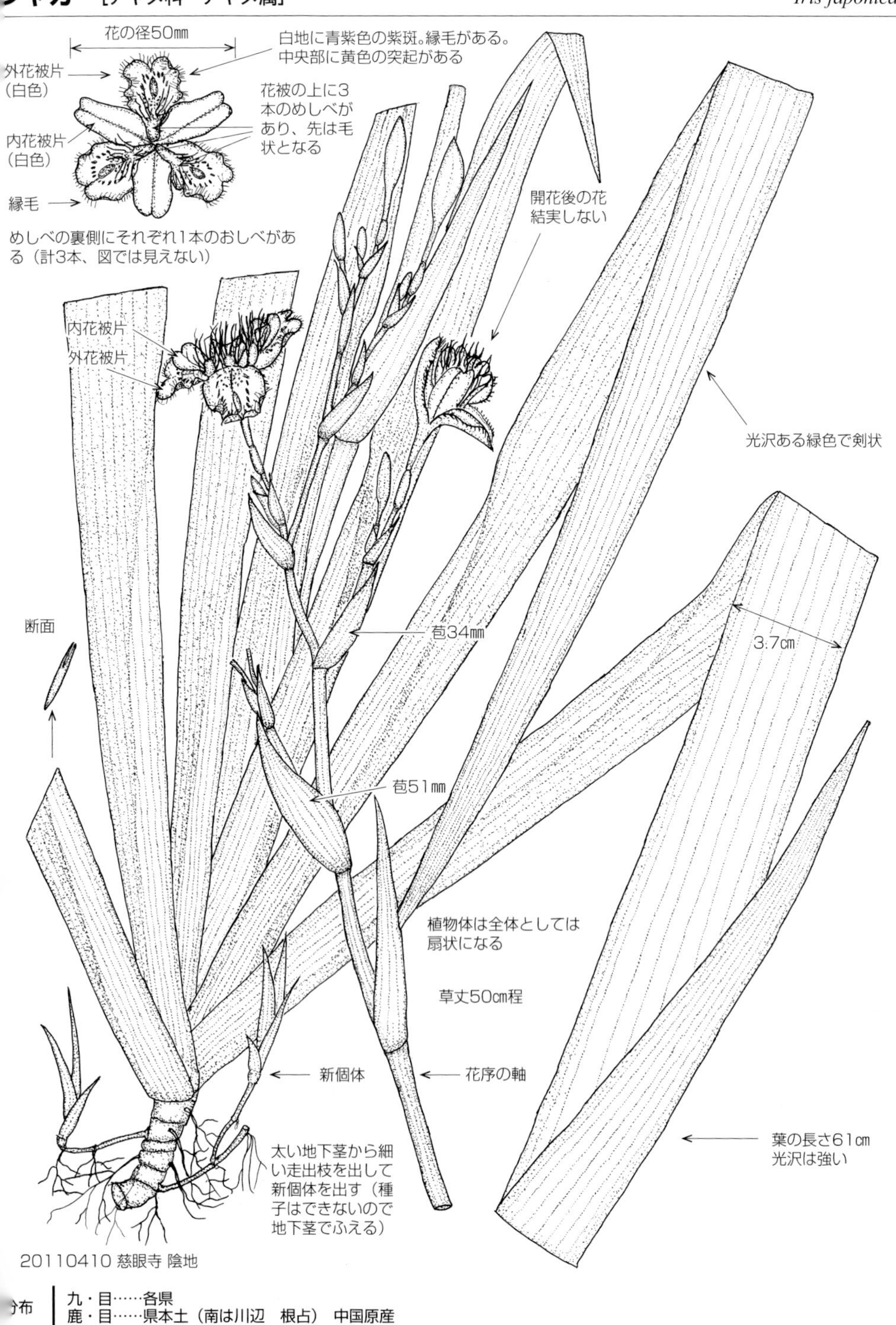

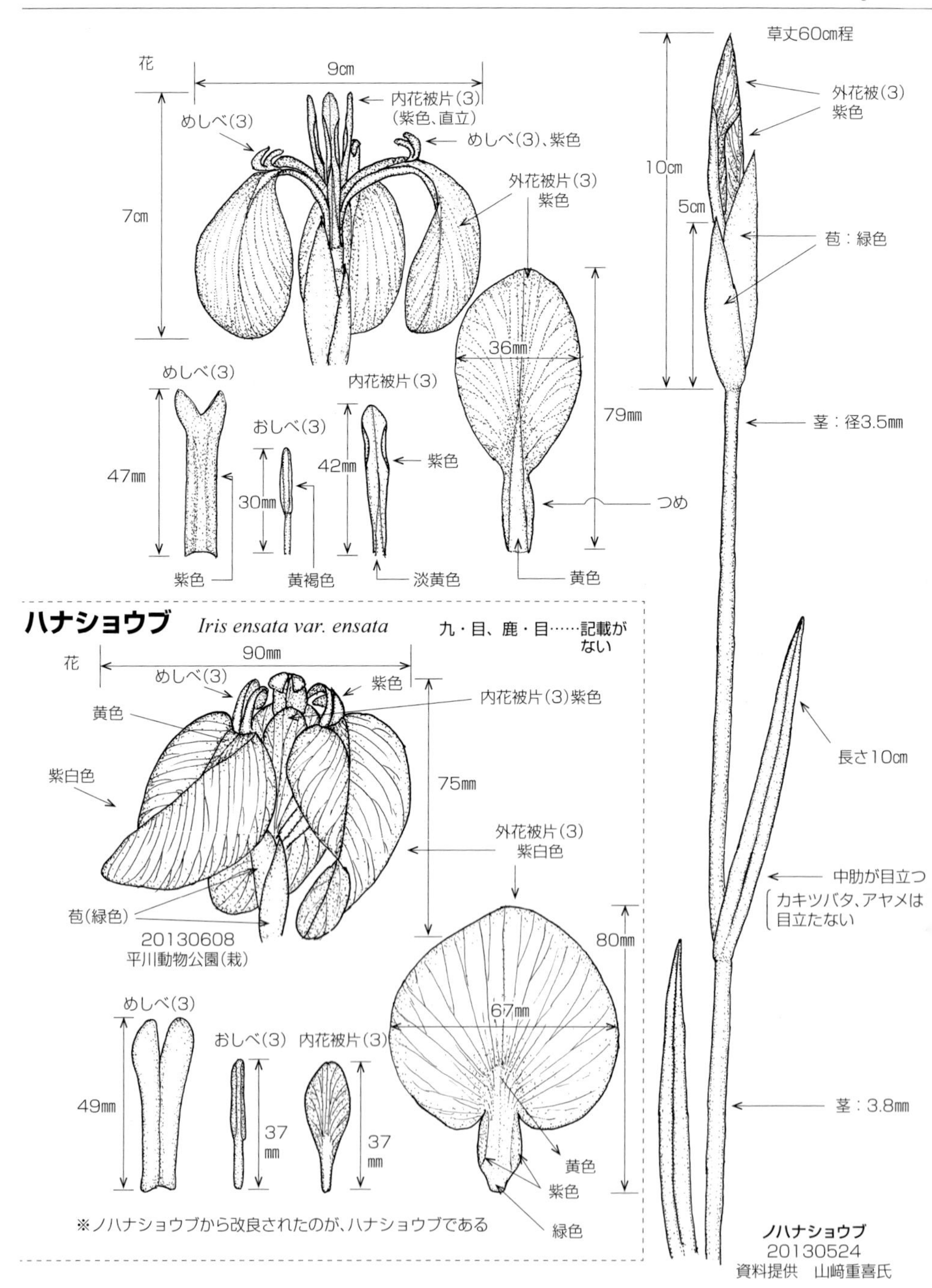

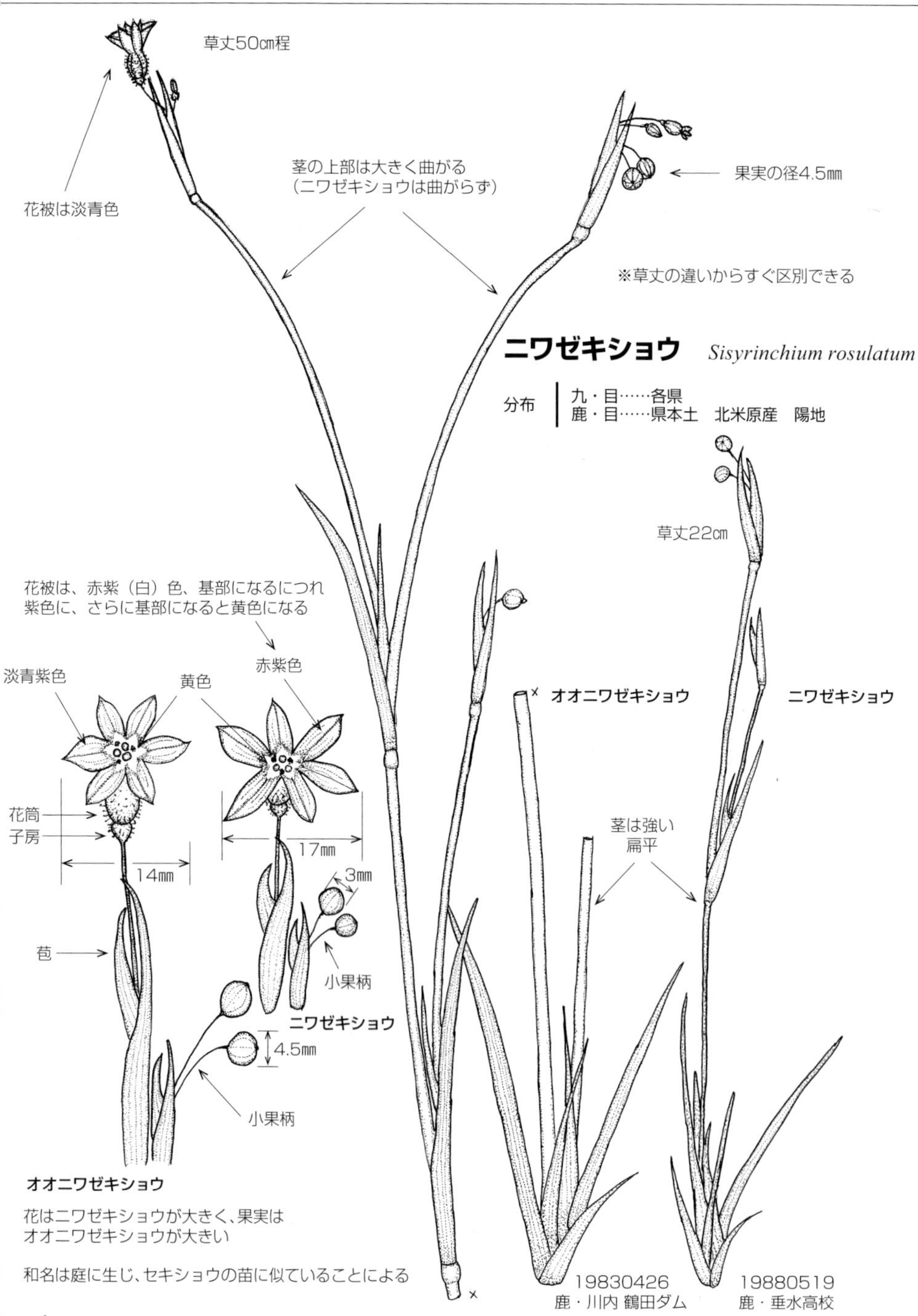

キキョウラン [ワスレグサ科　キキョウラン属]　　*Dianella ensifoli*

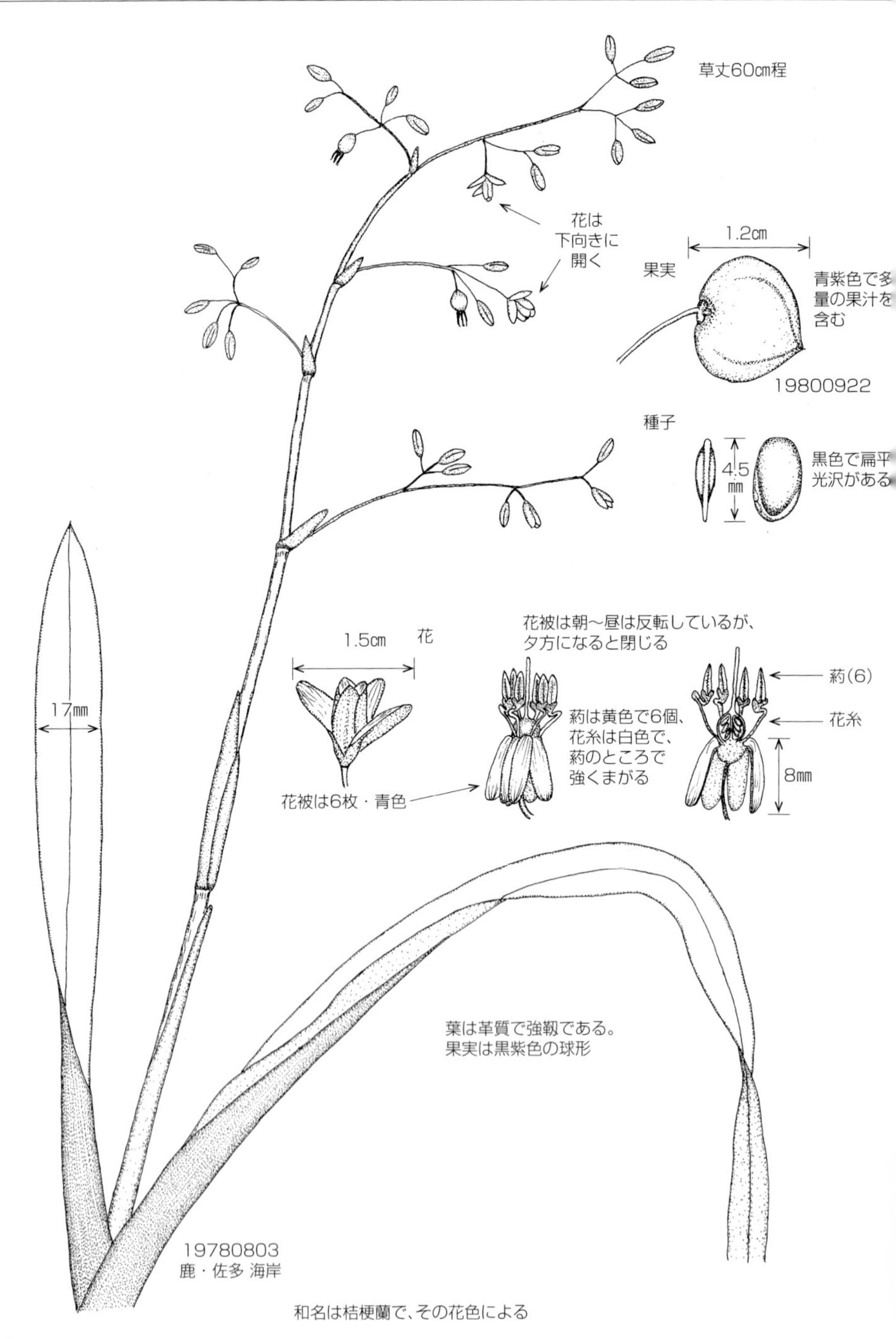

和名は桔梗蘭で、その花色による

分布　九・目……長（五島　西彼）　熊（水俣　牛深）　宮（古江～都井岬）　鹿
　　　鹿・目……長島　甑　磯間岳　竹山　高崎（内之浦）　辺塚　佐多　種　屋　吐　奄群

キスゲ（ユウスゲ）　[ワスレグサ科　ワスレグサ属]　*Hemerocallis thunbergii*

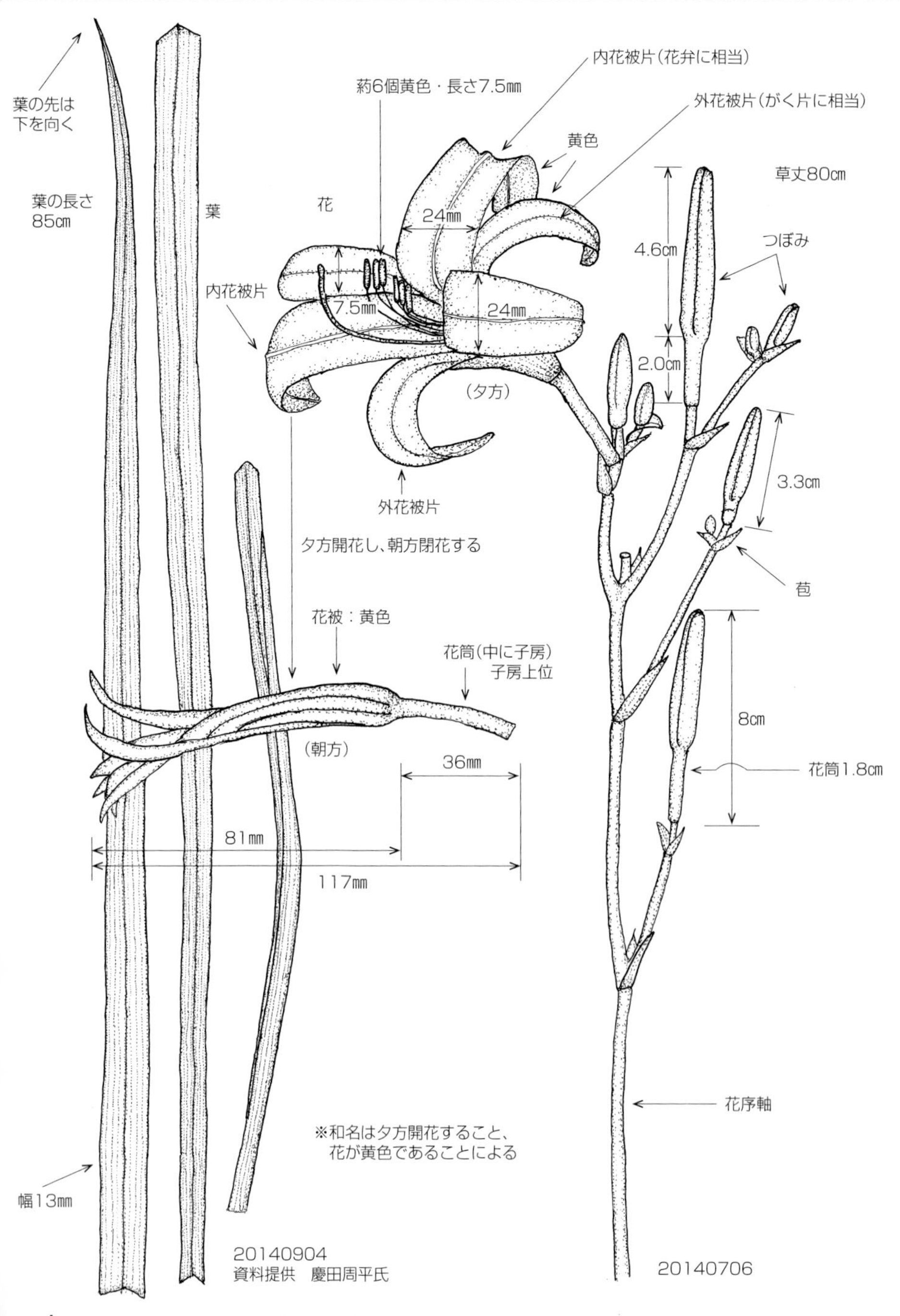

※和名は夕方開花すること、花が黄色であることによる

20140904　資料提供　慶田周平氏

20140706

九・目……各県　対馬　壱岐（南は宮の小林　えびの－沢原高原）（鹿の大口－羽月　種－西表－伊関の海岸砂地）
鹿・目……大口（羽月）吉松（沢原高原）

トキワカンゾウ（アキノワスレグサ）　[ワスレグサ科　ワスレグサ属]　*Hemerocallis fulva* var. *semperviren*

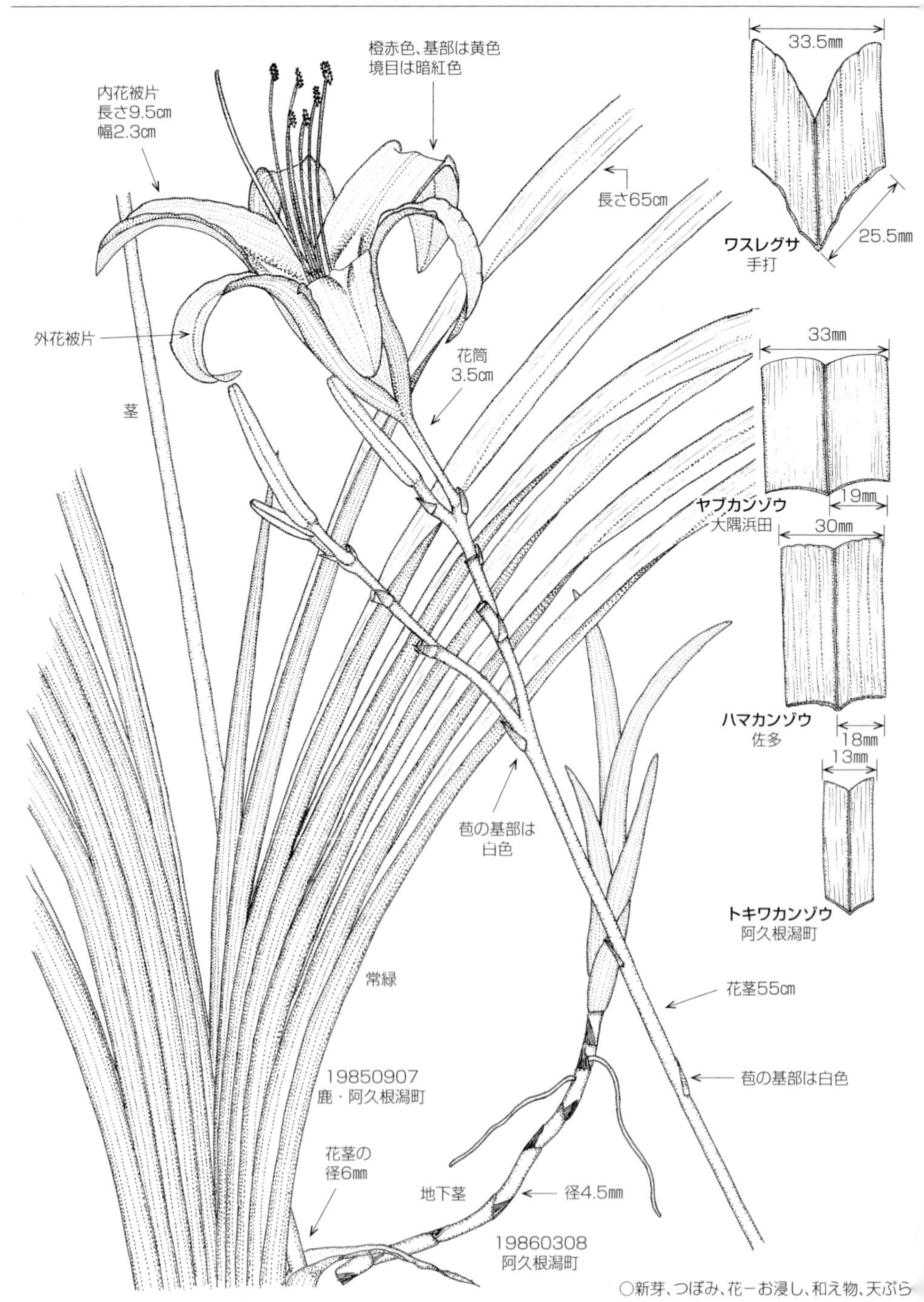

○新芽、つぼみ、花－お浸し、和え物、天ぷら

分布　九・目……鹿（南は奄群）　奄群では薬草が逸出　四倍体で結実しない
　　　鹿・目……県本土中・南部　種　屋　中　平　臥　宝　奄群

ノカンゾウ（ベニカンゾウ） [ワスレグサ科　ワスレグサ属] *Hemerocallis fulva* var. *longituba*

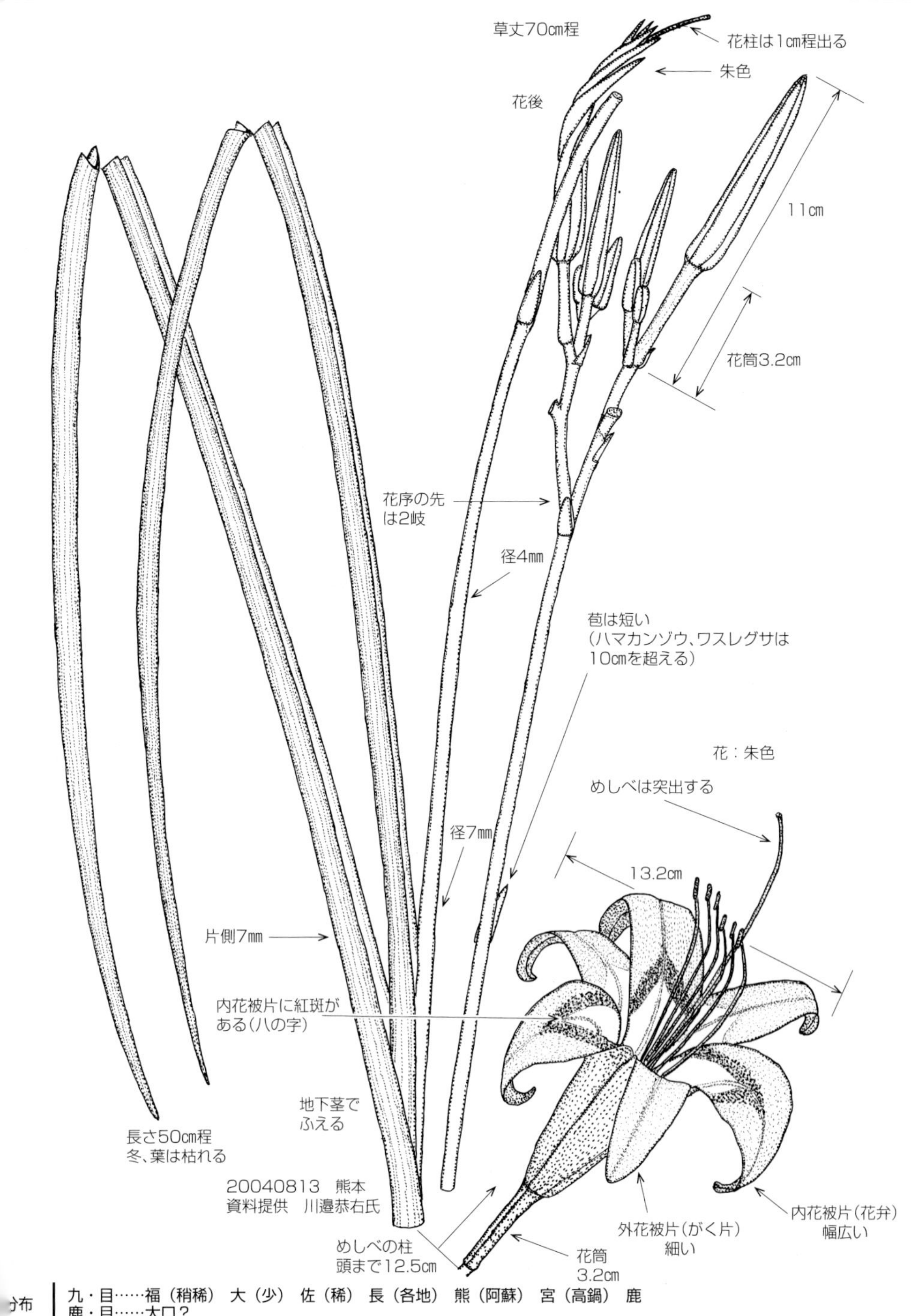

ハマカンゾウ [ワスレグサ科　ワスレグサ属] *Hemerocallis fulva* var. *littorea*

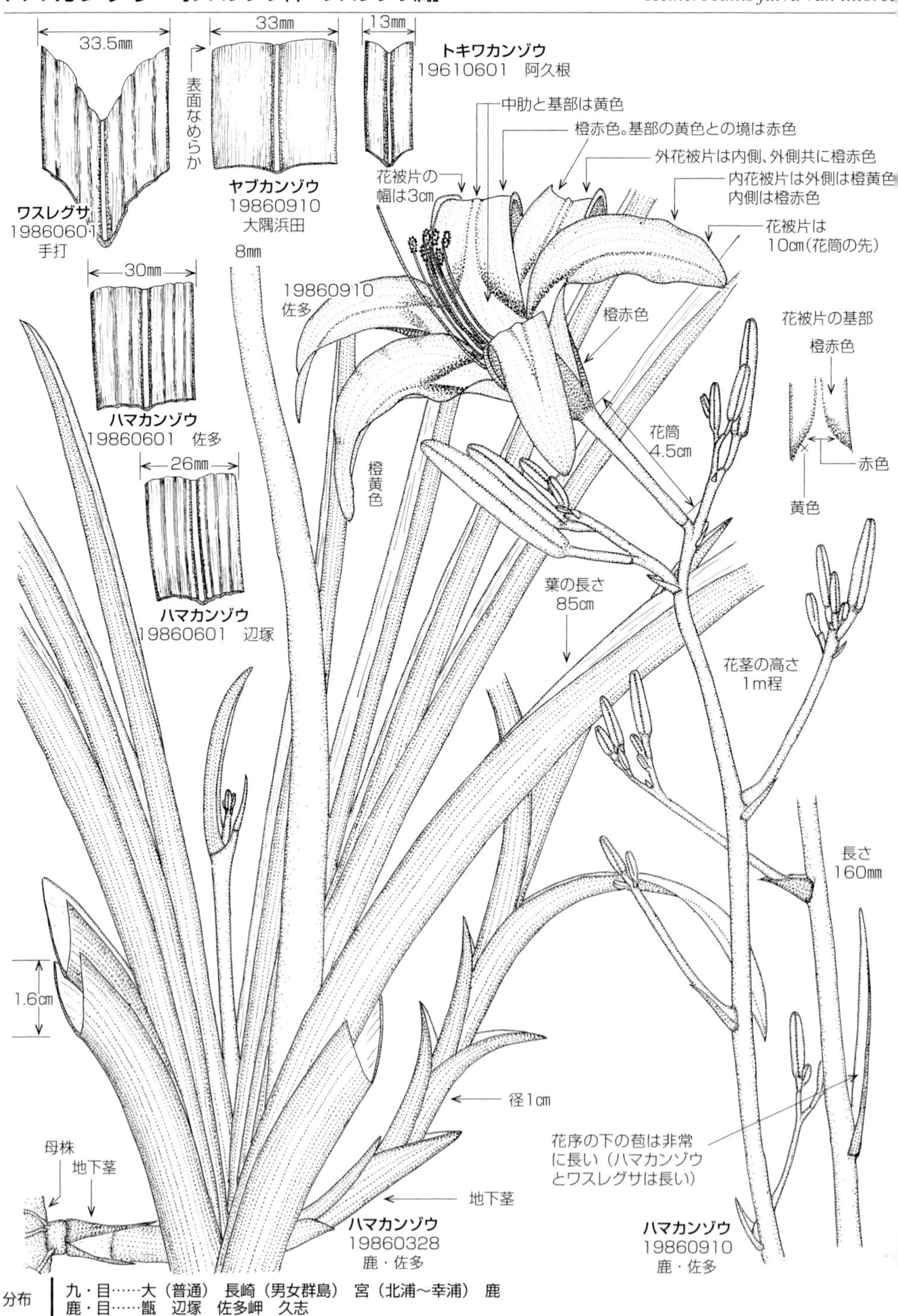

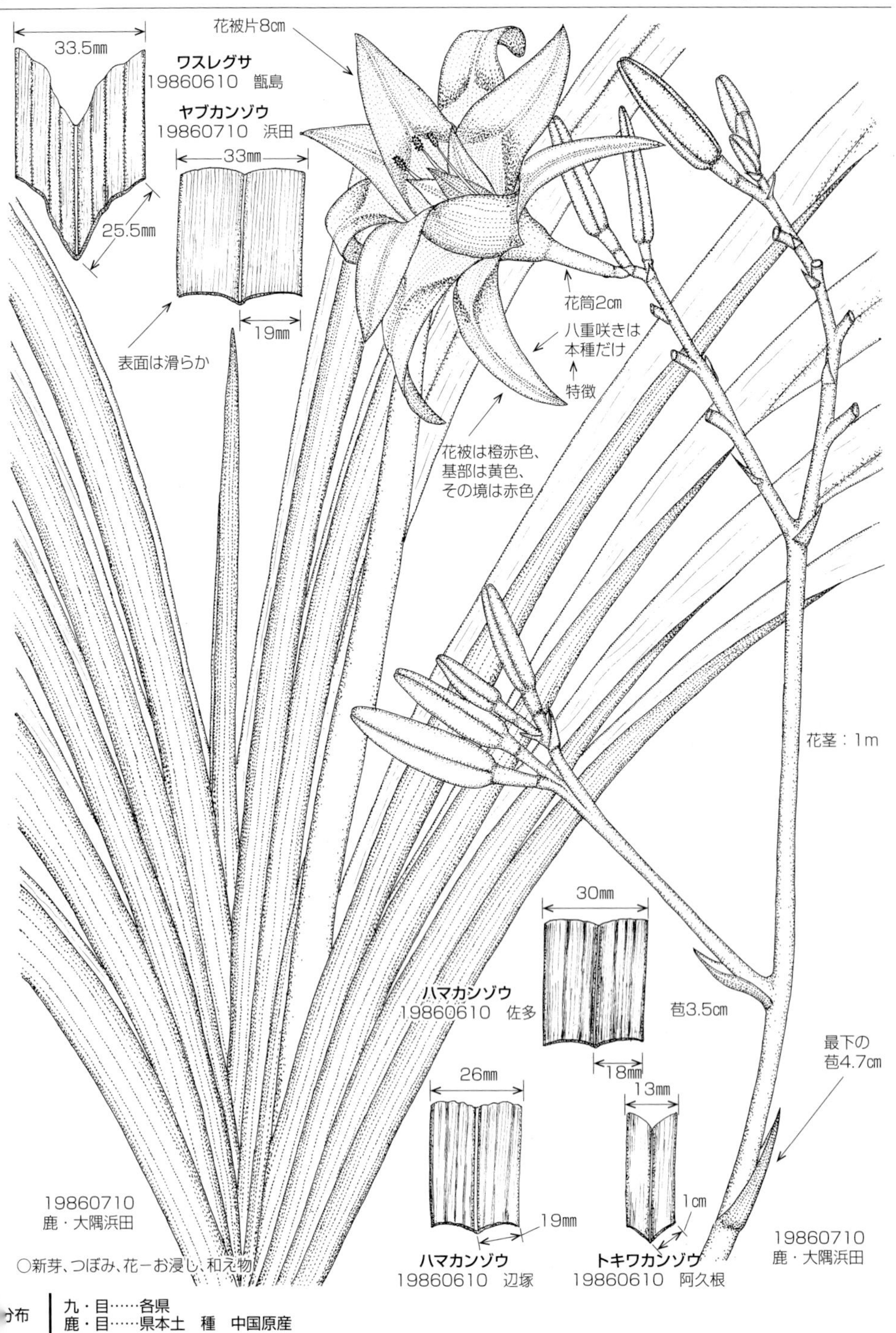

ワスレグサ　[ワスレグサ科　ワスレグサ属]　*Hemerocallis aurantiaca*

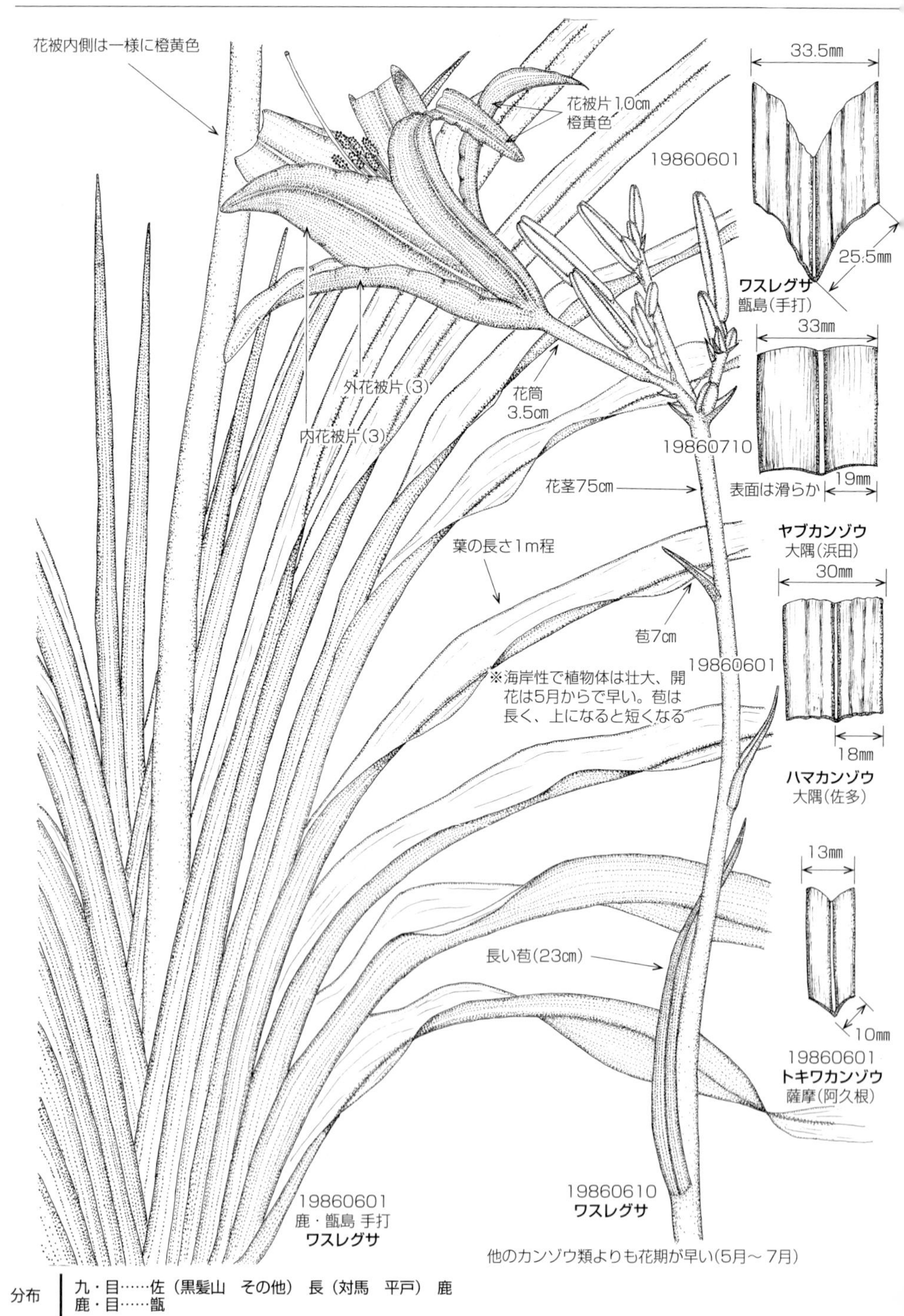

ハマオモト(ハマユウ) [ヒガンバナ科 ハマオモト属] *Crinum asiaticum*

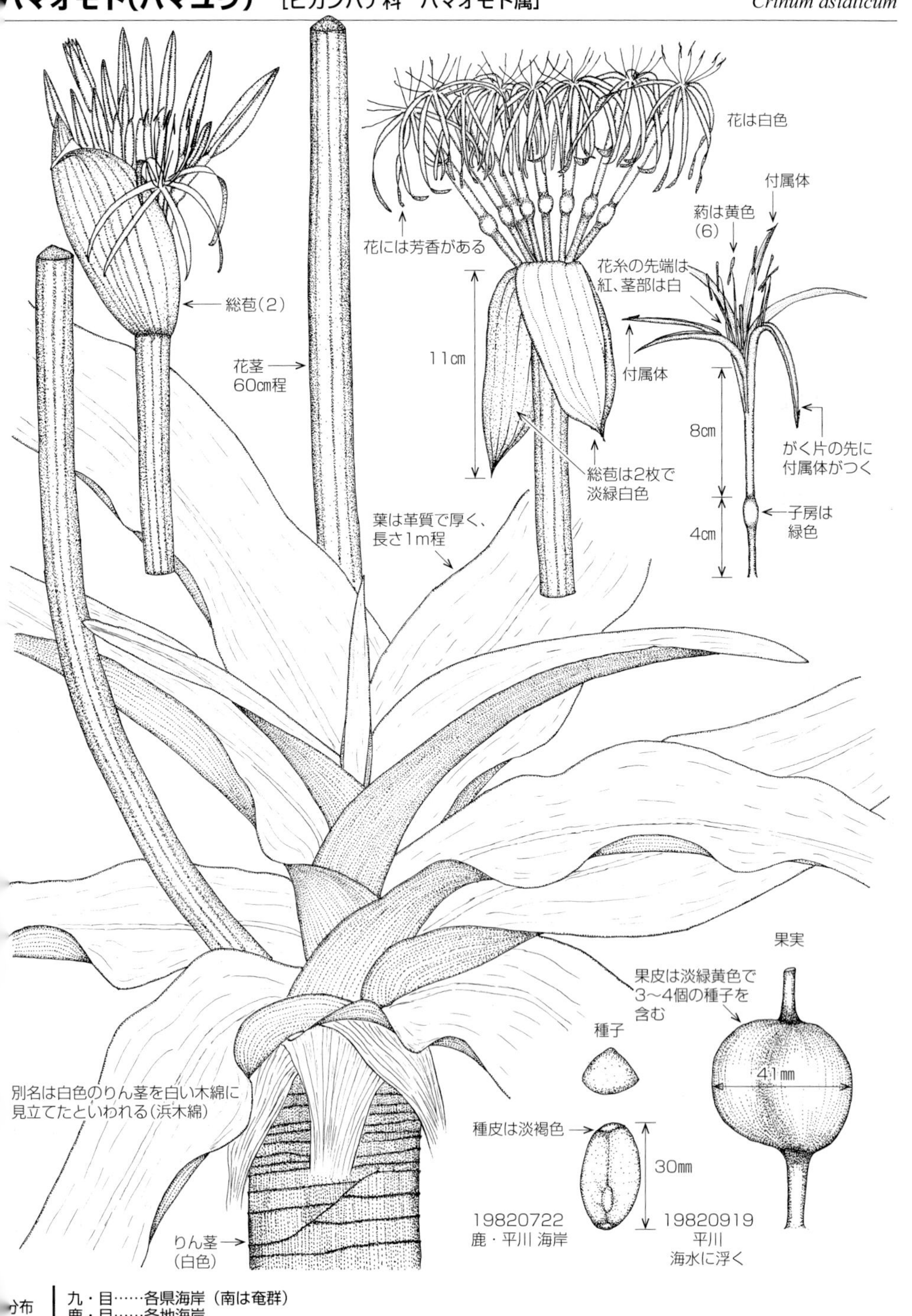

ヒガンバナ（マンジュシャゲ）　[ヒガンバナ科　ヒガンバナ属]　　*Lycoris radiata*

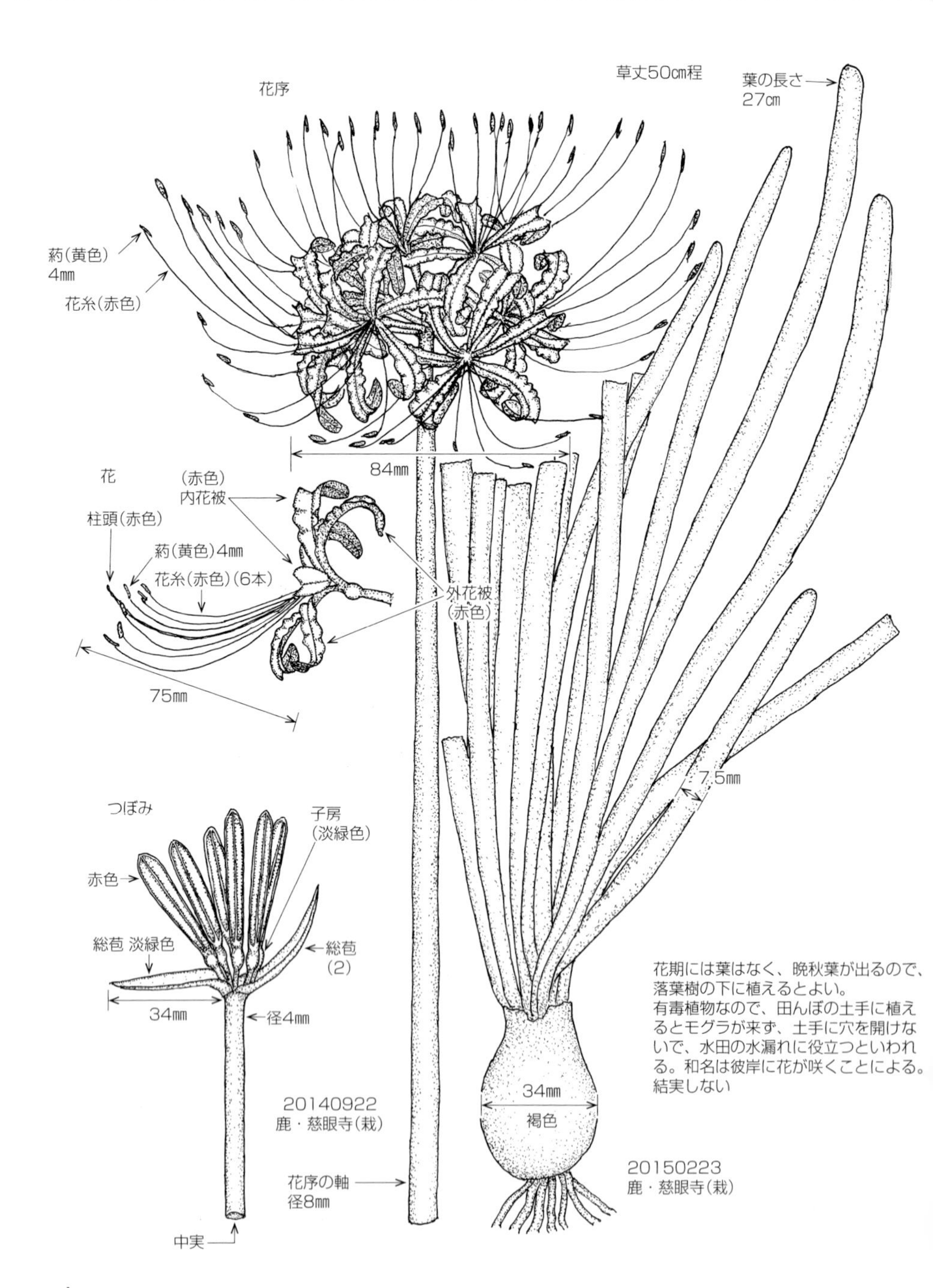

花期には葉はなく、晩秋葉が出るので、落葉樹の下に植えるとよい。
有毒植物なので、田んぼの土手に植えるとモグラが来ず、土手に穴を開けないで、水田の水漏れに役立つといわれる。和名は彼岸に花が咲くことによる。結実しない

分布　九・目……各県（南は奄群）
　　　鹿・目……県本土各地　甑　屋　種　中国原産

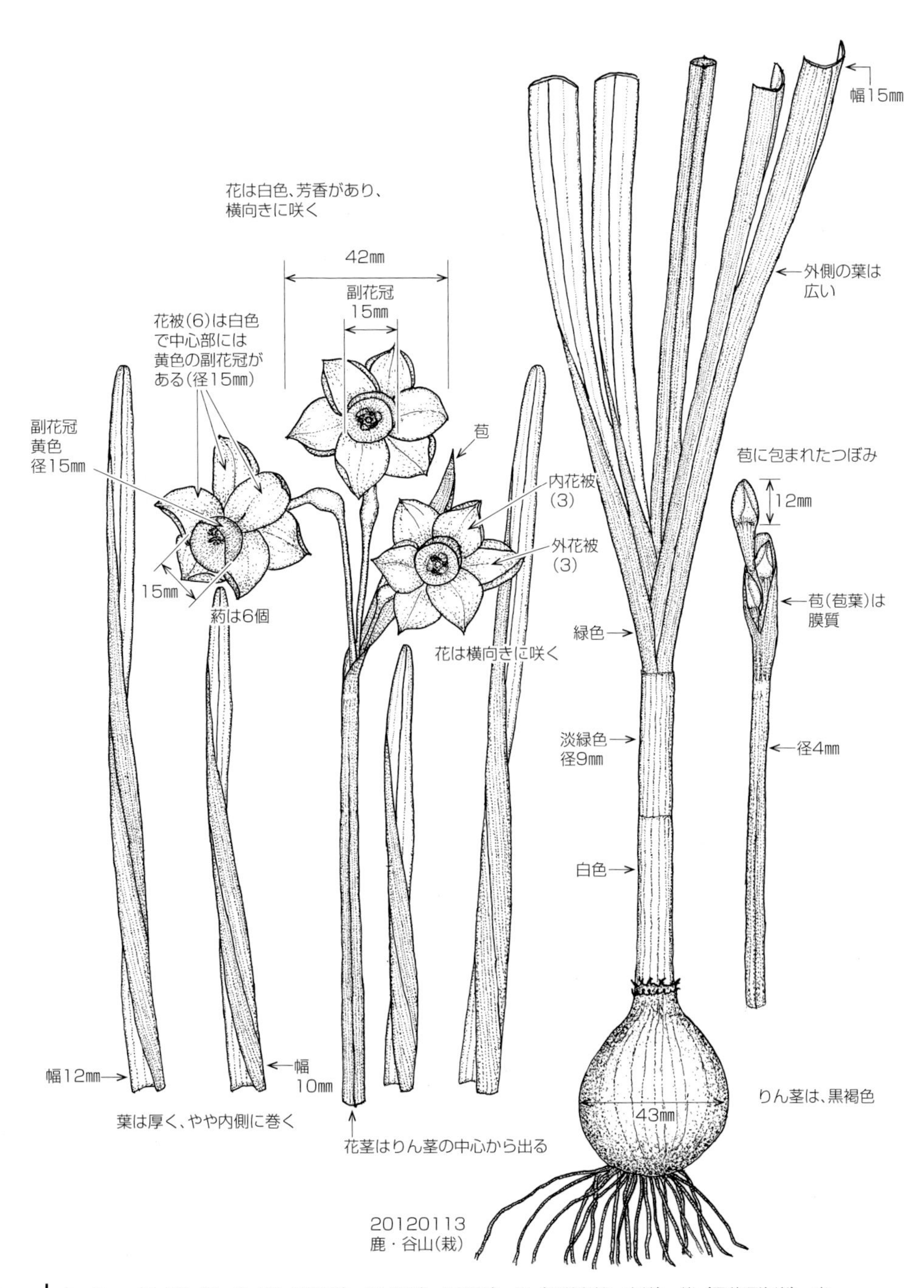

タマムラサキ　[ネギ科　ネギ属]　*Allium pseudojaponicum*

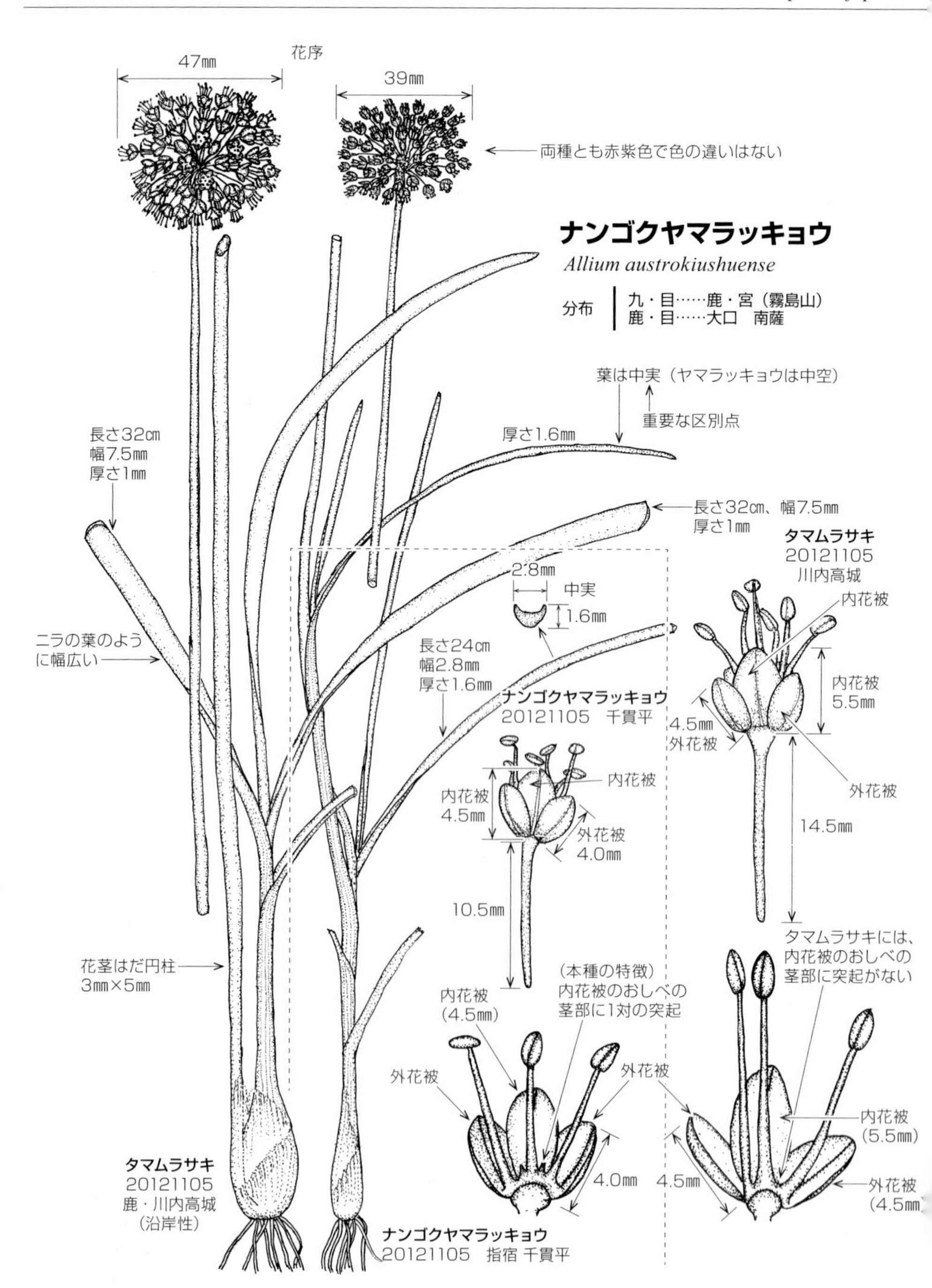

ニラ ［ネギ科　ネギ属］　　　　　　　　　　　　　　　　　　　　　　　　*Allium tuberosum*

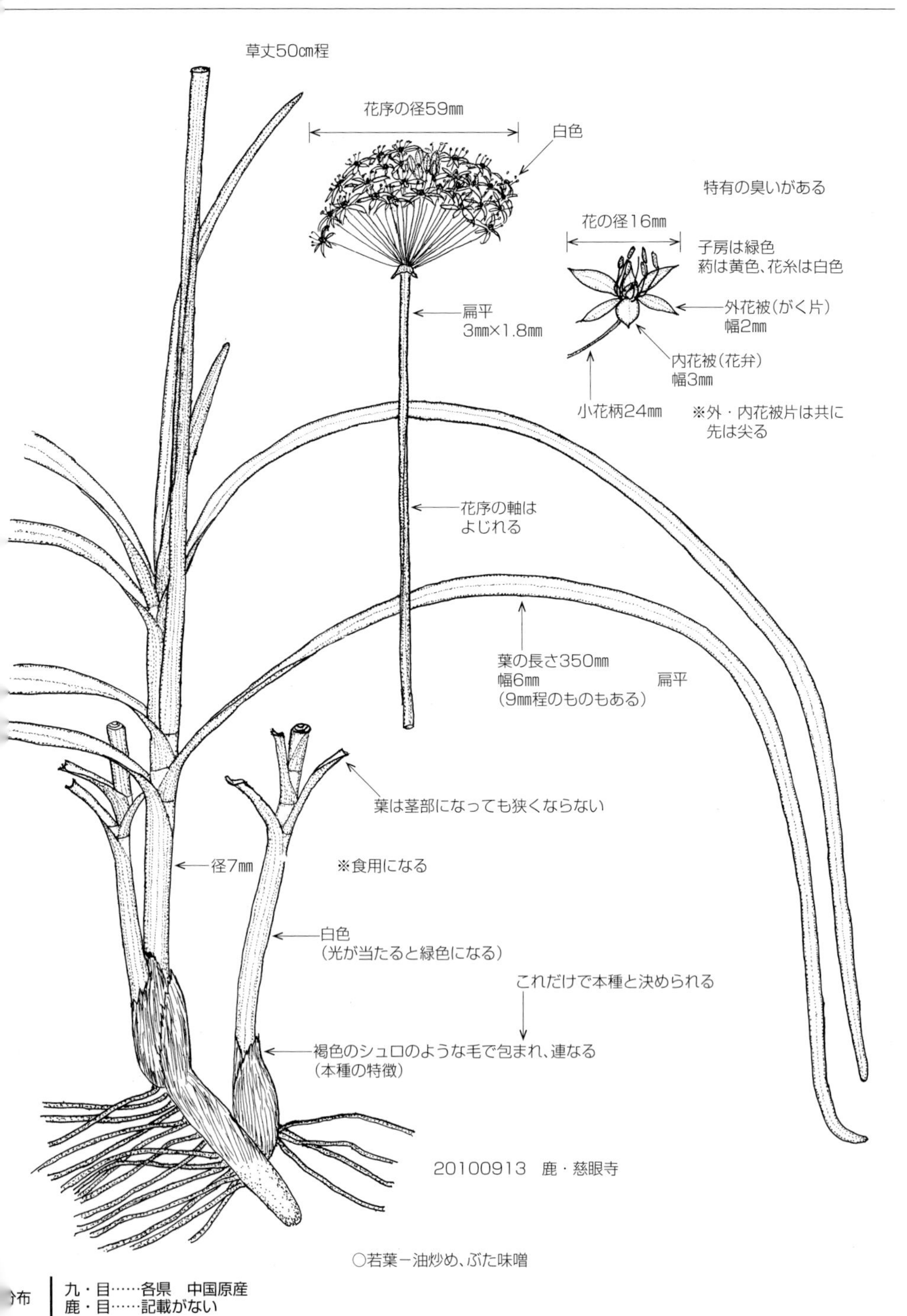

ノビル ［ネギ科　ネギ属］ *Allium macrostemon*

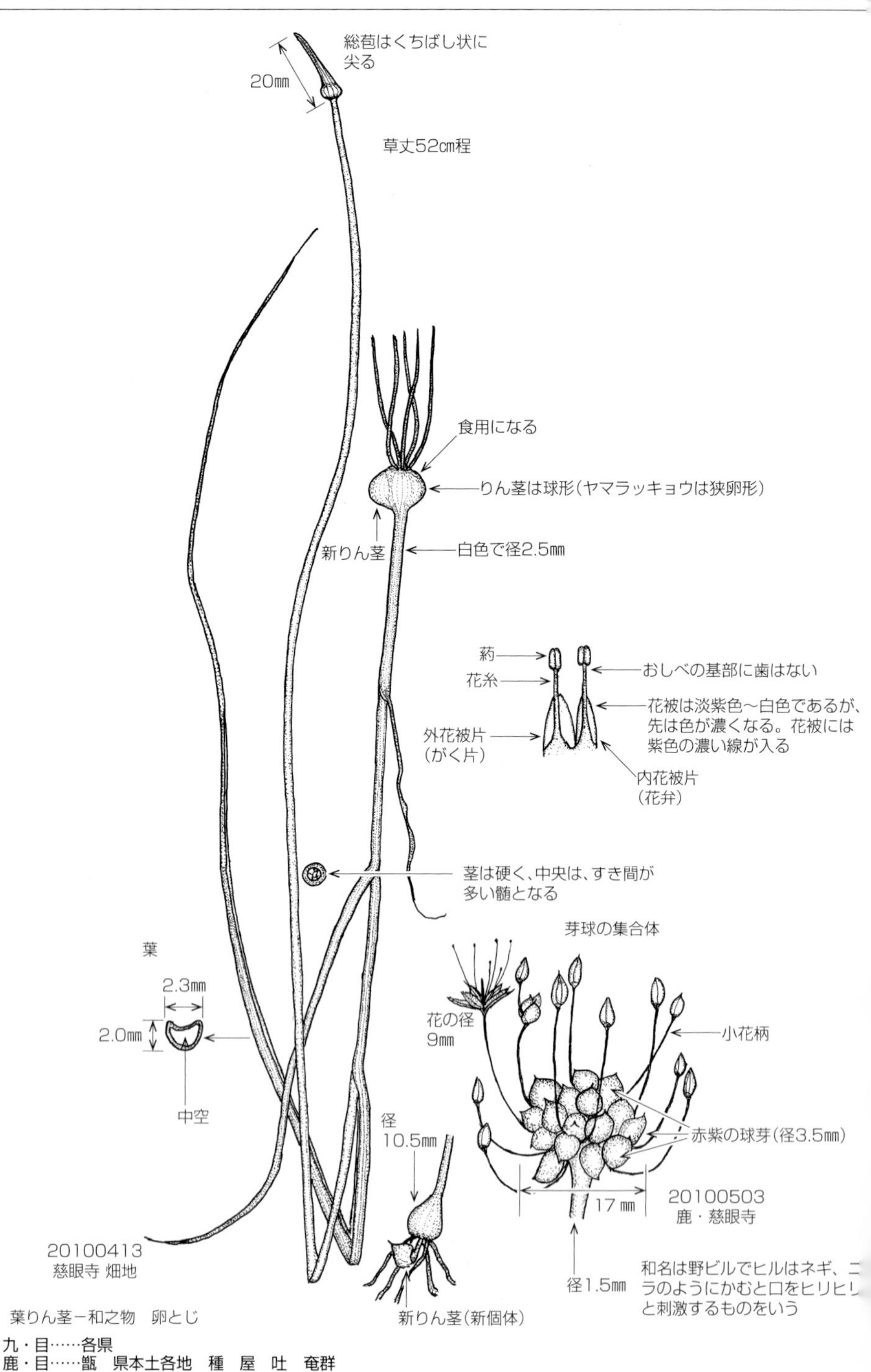

和名は野ビルでヒルはネギ、ニラのようにかむと口をヒリヒリと刺激するものをいう

葉りん茎－和之物　卵とじ

分布　九・目……各県
鹿・目……甑　県本土各地　種　屋　吐　奄群

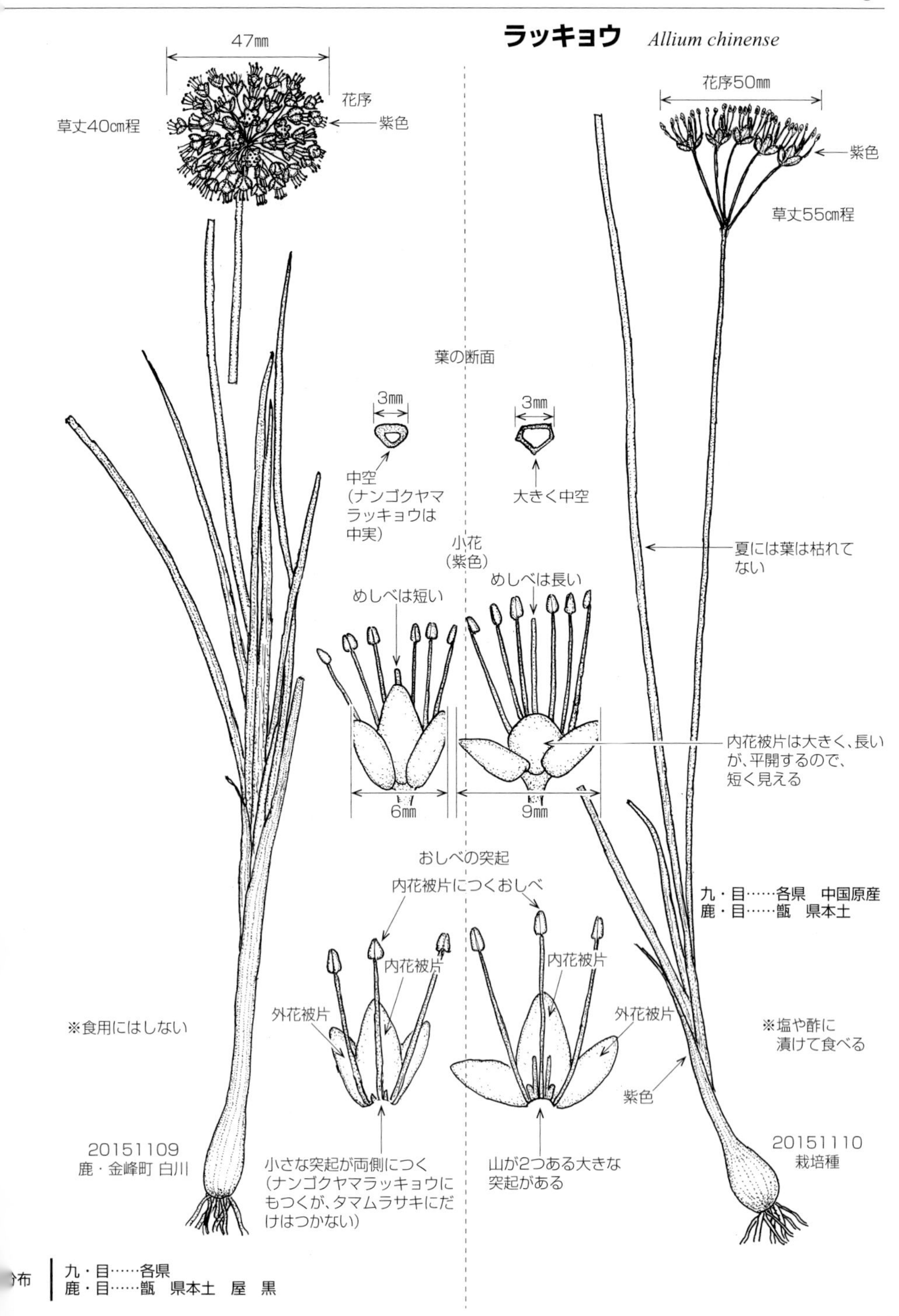

クサスギカズラ ［キジカクシ科　クサスギカズラ属］　*Asparagus cochinchinensi*

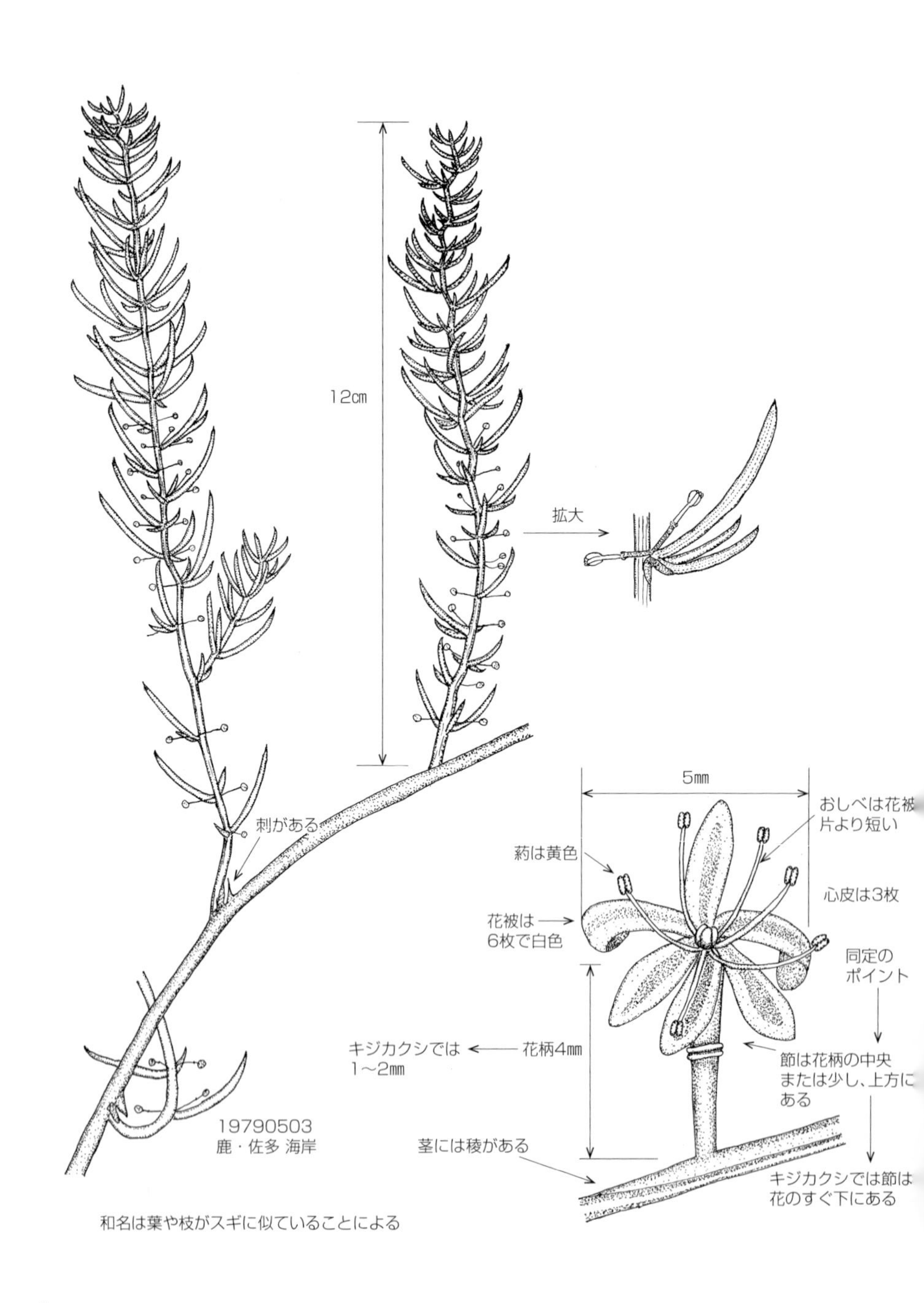

分布
九・目……各県（北部は稀　南は奄群）
鹿・目……各地海岸

ハラン　[キジカクシ科　ハラン属]　*Aspidistra elatior*

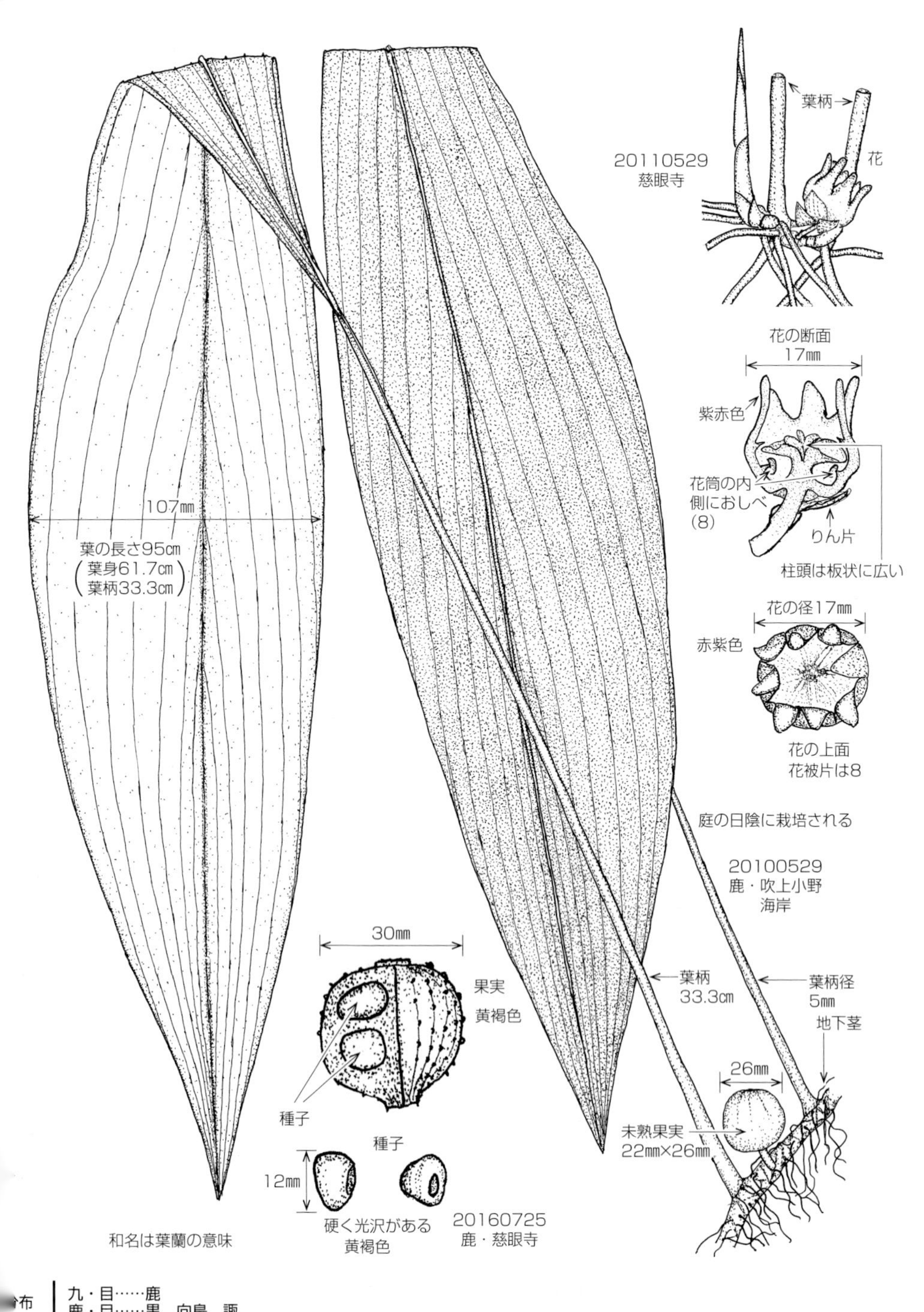

ケイビラン　[キジカクシ科　ケイビラン属]　　*Comospermum yedoens*

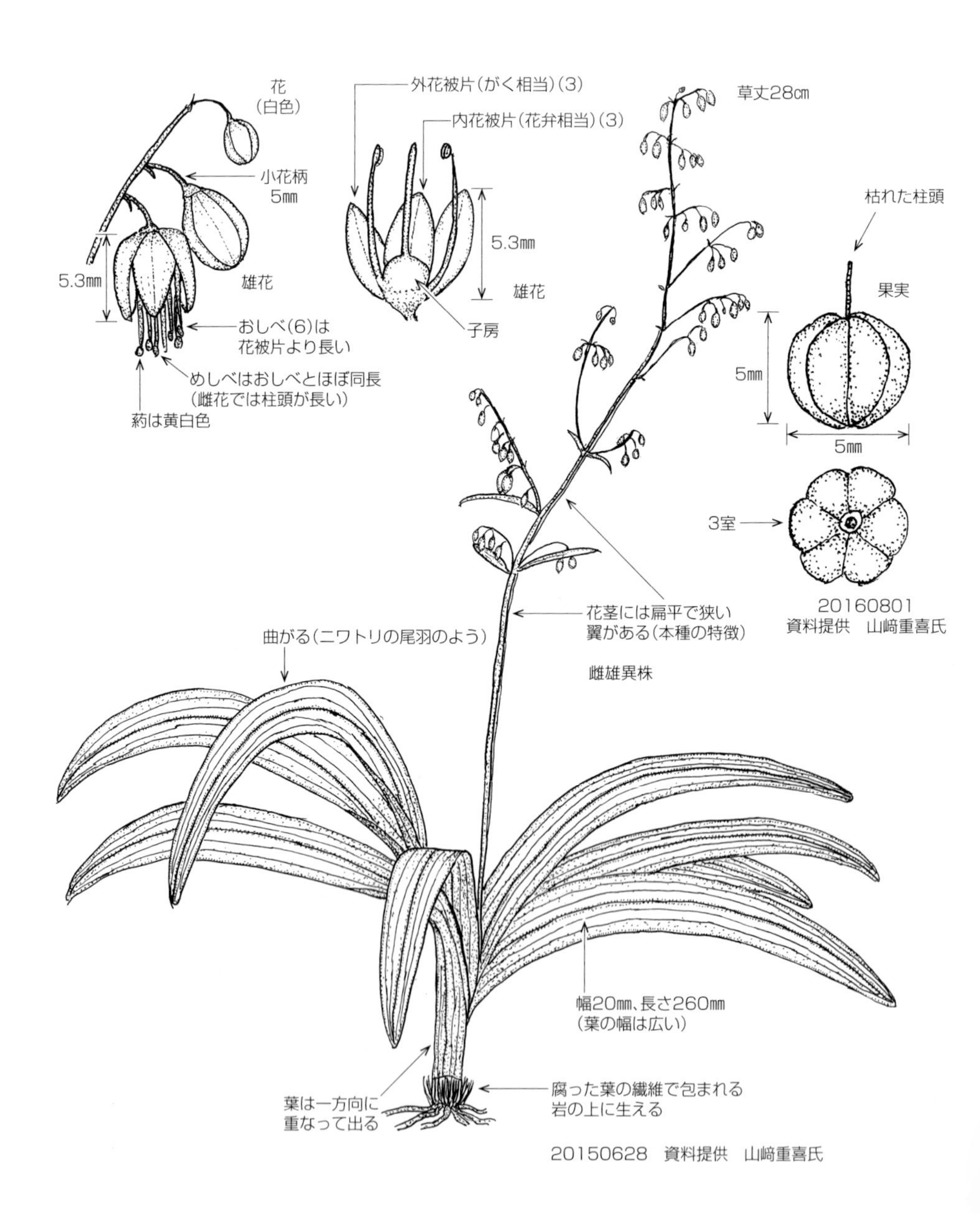

和名は葉のつき方、形が雄鶏の尾に似るので鶏尾蘭という

分布　九・目……大（少）　長（福江島　屋根尾島）　熊（小国　高森　根小浜　狼ヶ宇土　内大臣）　宮（祖母山～幸島）　鹿
　　　鹿・目……甑　黒屋

コバギボウシ　[キジカクシ科　ギボウシ属]　　*Hosta sieboldii*

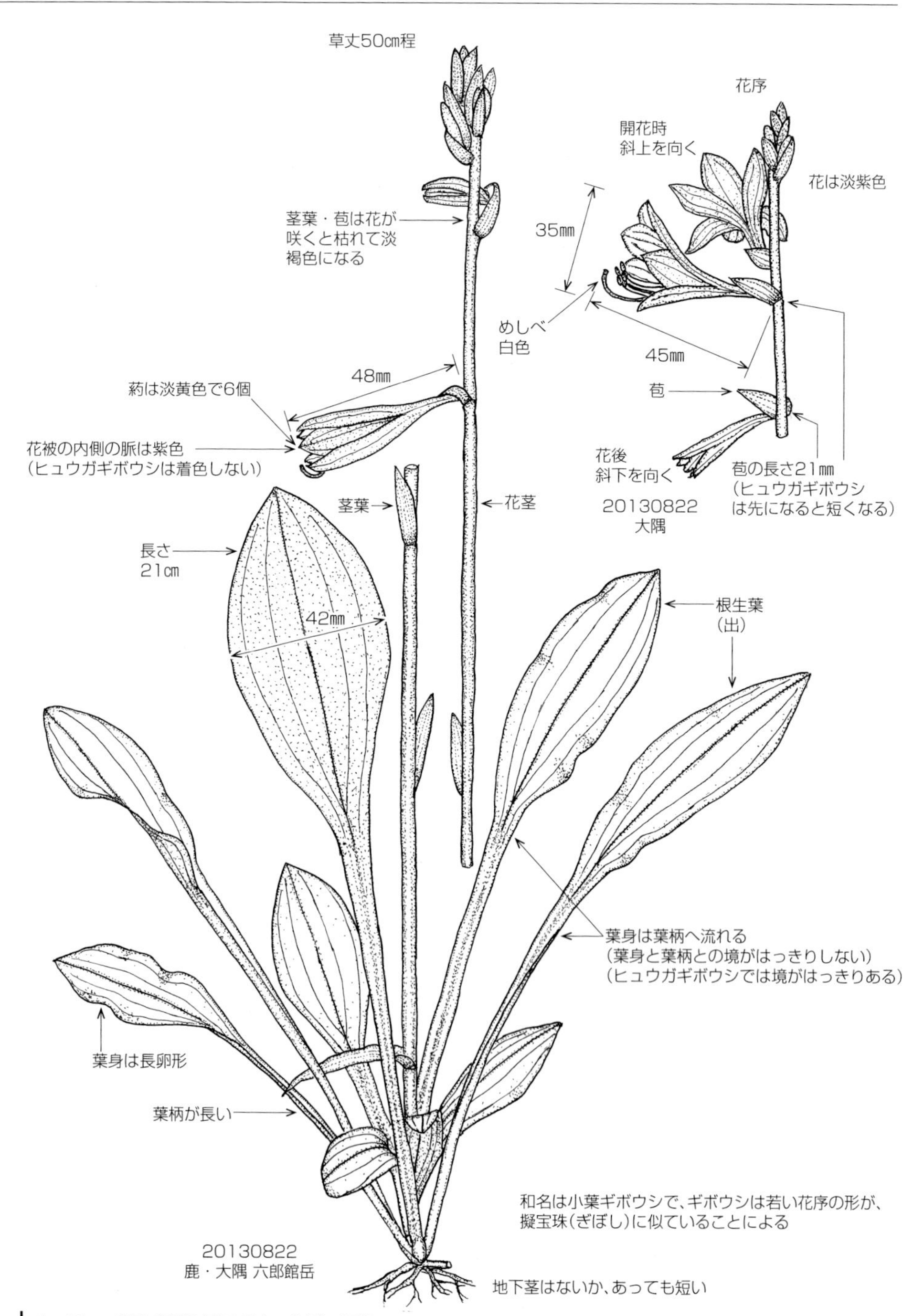

ヒュウガギボウシ　[キジカクシ科　ギボウシ属]　　*Hosta kikut*

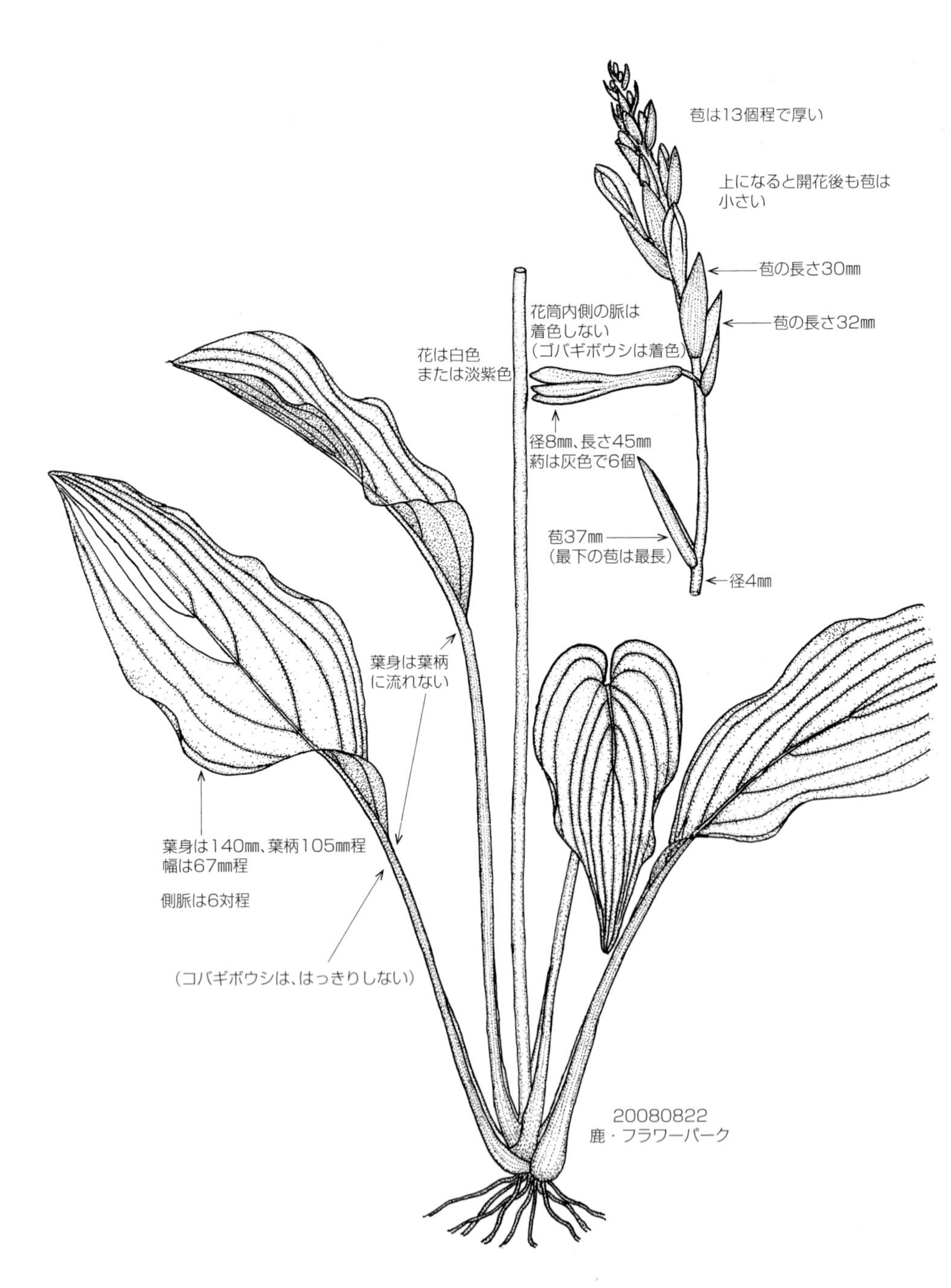

ヒメヤブラン　［キジカクシ科　ヤブラン属］　*Liriope minor*

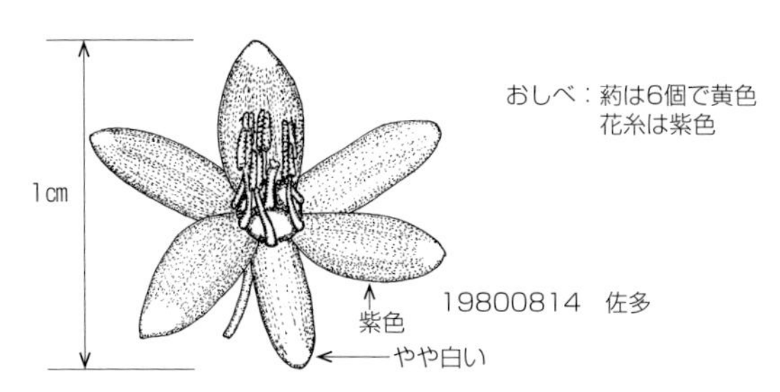

おしべ：葯は6個で黄色　花糸は紫色

1cm

紫色
やや白い

19800814　佐多

花被は紫色、花被の先端部はやや白い
めしべの先端(柱頭)は白色で、花柱は紫色

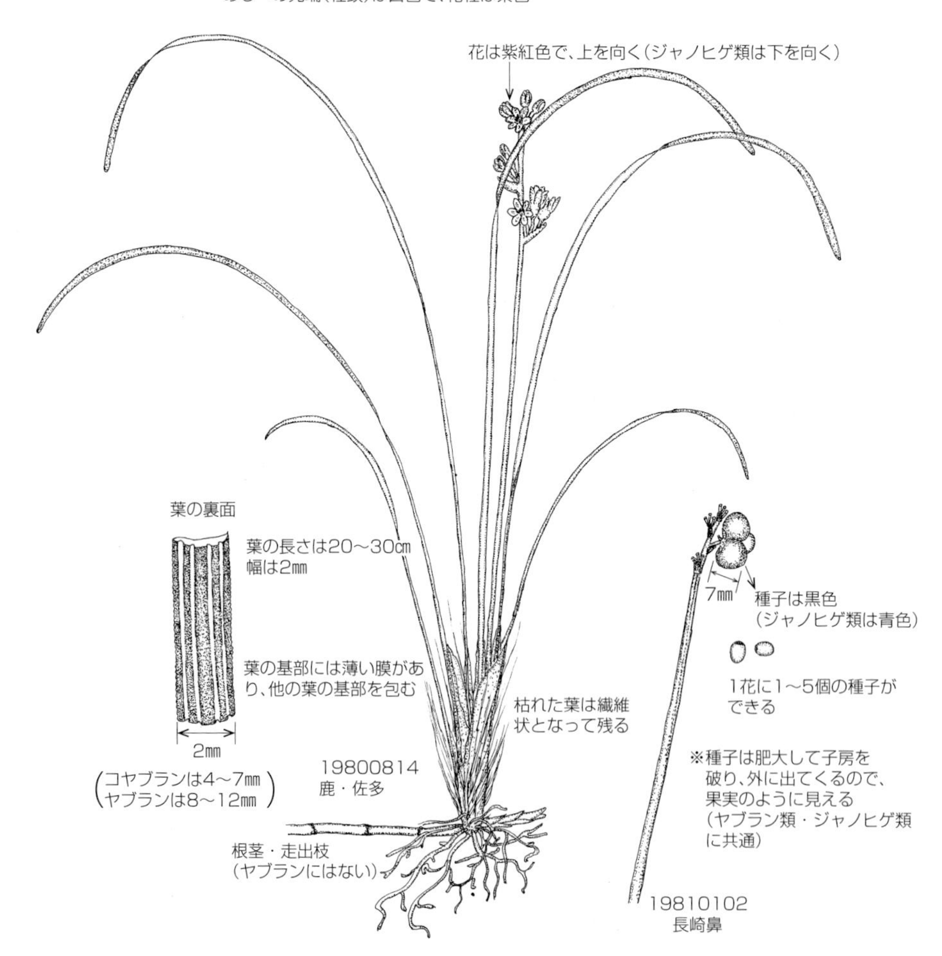

花は紫紅色で、上を向く(ジャノヒゲ類は下を向く)

葉の裏面
葉の長さは20〜30cm　幅は2mm
葉の基部には薄い膜があり、他の葉の基部を包む
枯れた葉は繊維状となって残る

2mm
(コヤブランは4〜7mm　ヤブランは8〜12mm)

19800814　鹿・佐多

根茎・走出枝
(ヤブランにはない)

7mm
種子は黒色
(ジャノヒゲ類は青色)

1花に1〜5個の種子ができる

※種子は肥大して子房を破り、外に出てくるので、果実のように見える
(ヤブラン類・ジャノヒゲ類に共通)

19810102　長崎鼻

九・目……各県（南は奄群）
鹿・目……甑　県本土近海地　種　屋　黒　口之　中　諏　奄群

ヤブラン ［キジカクシ科　ヤブラン属］ *Liriope muscar*

コヤブラン　*Liriope spicata*

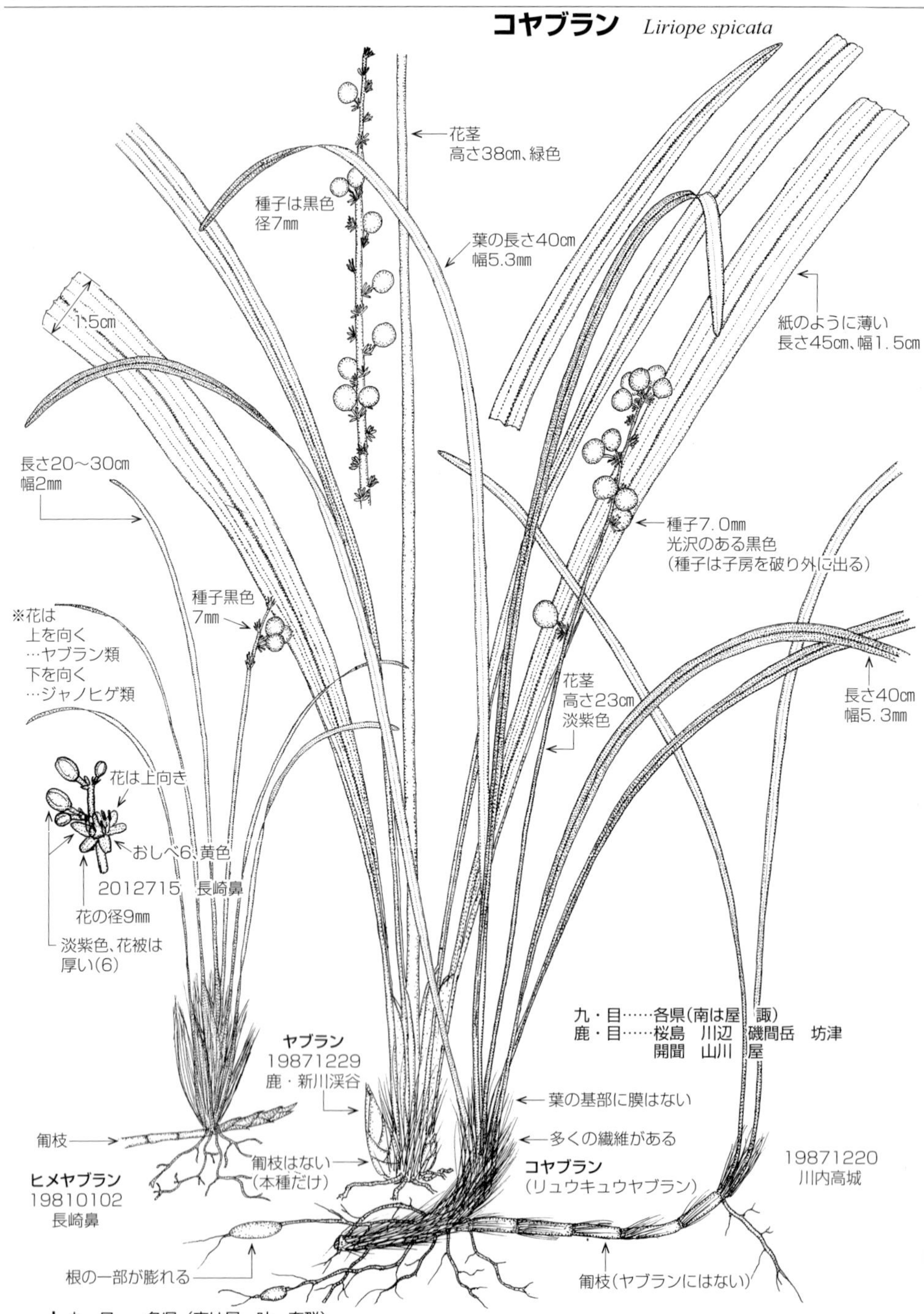

マイヅルソウ　[キジカクシ科　マイヅルソウ属]　*Maianthemum dilatatum*

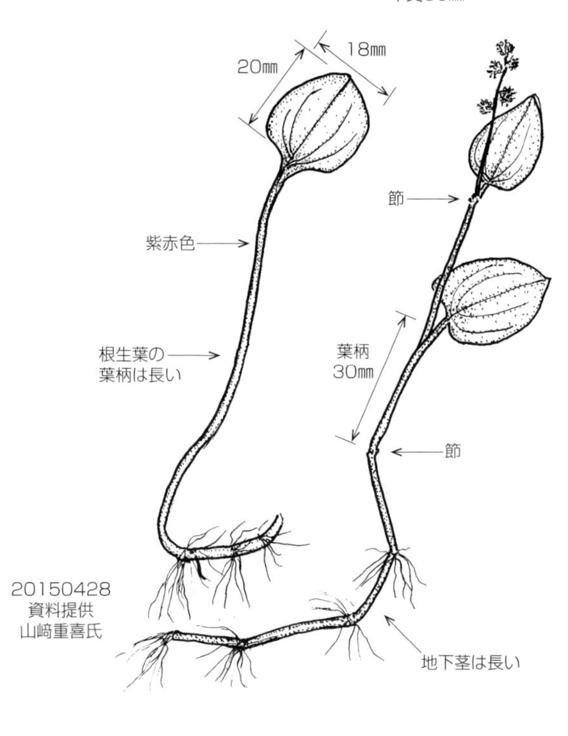

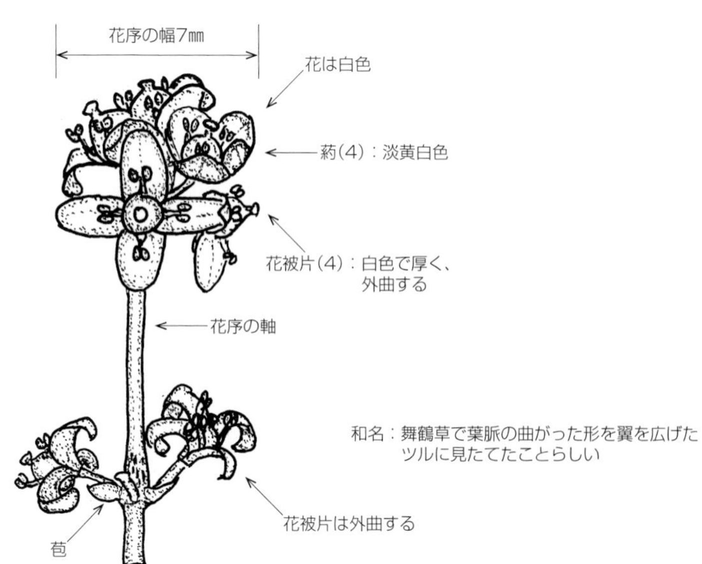

分布　九・目……長（雲仙岳）　大（稍普通）　熊（阿蘇）　宮（祖母山　大崩山　霧島山）　鹿
　　　鹿・目……霧島山　栗野岳　桜島　屋－南限

ジャノヒゲ（リュウノヒゲ）　[キジカクシ科　ジャノヒゲ属]　*Ophiopogon japonicus*

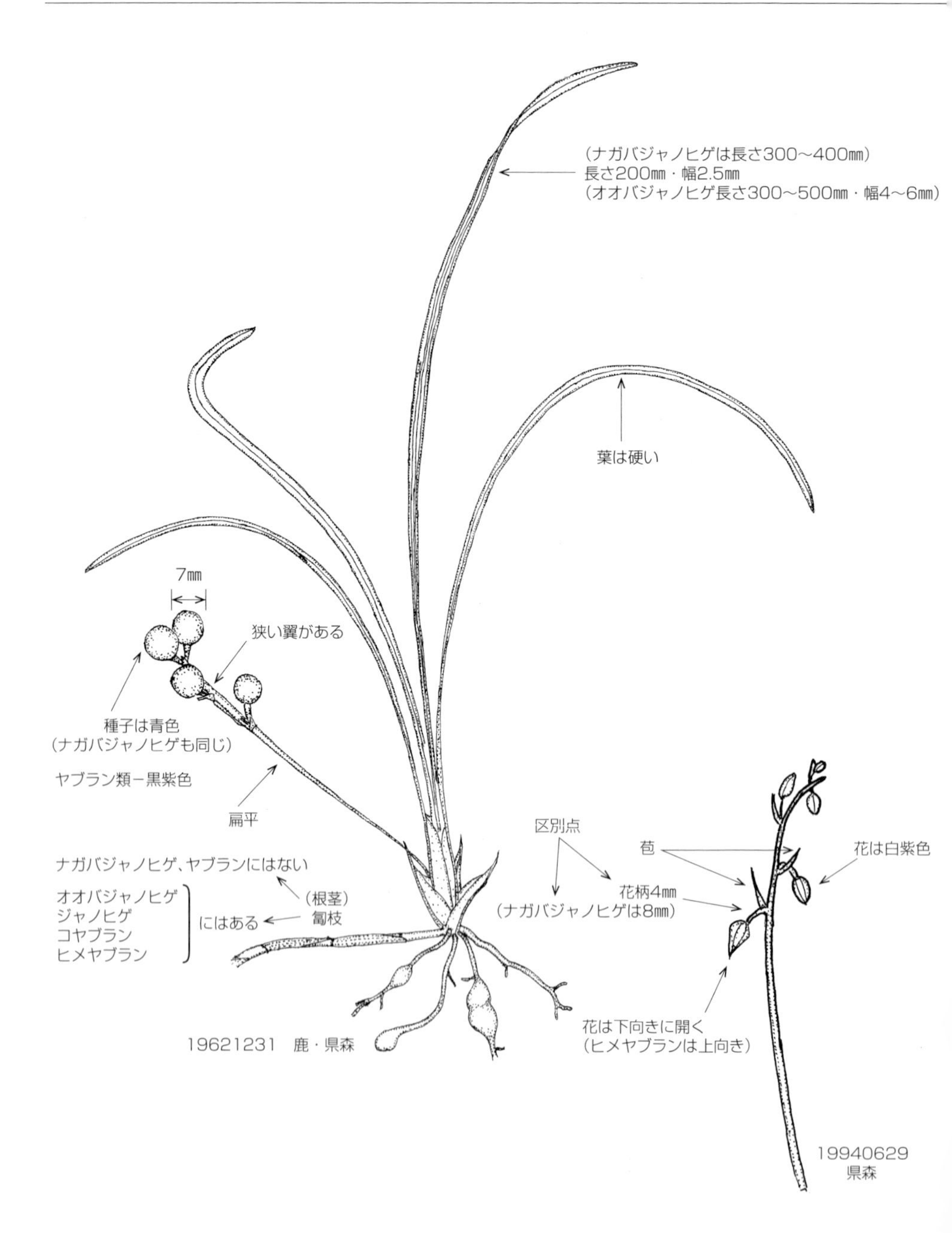

分布　九・目……各県（南限は鹿の坊津　喜・奄大は逸出）
　　　鹿・目……大口奥十曽　鶴田　紫尾山　祁答院　新川渓谷　磯　川辺　秋目　奄大　喜

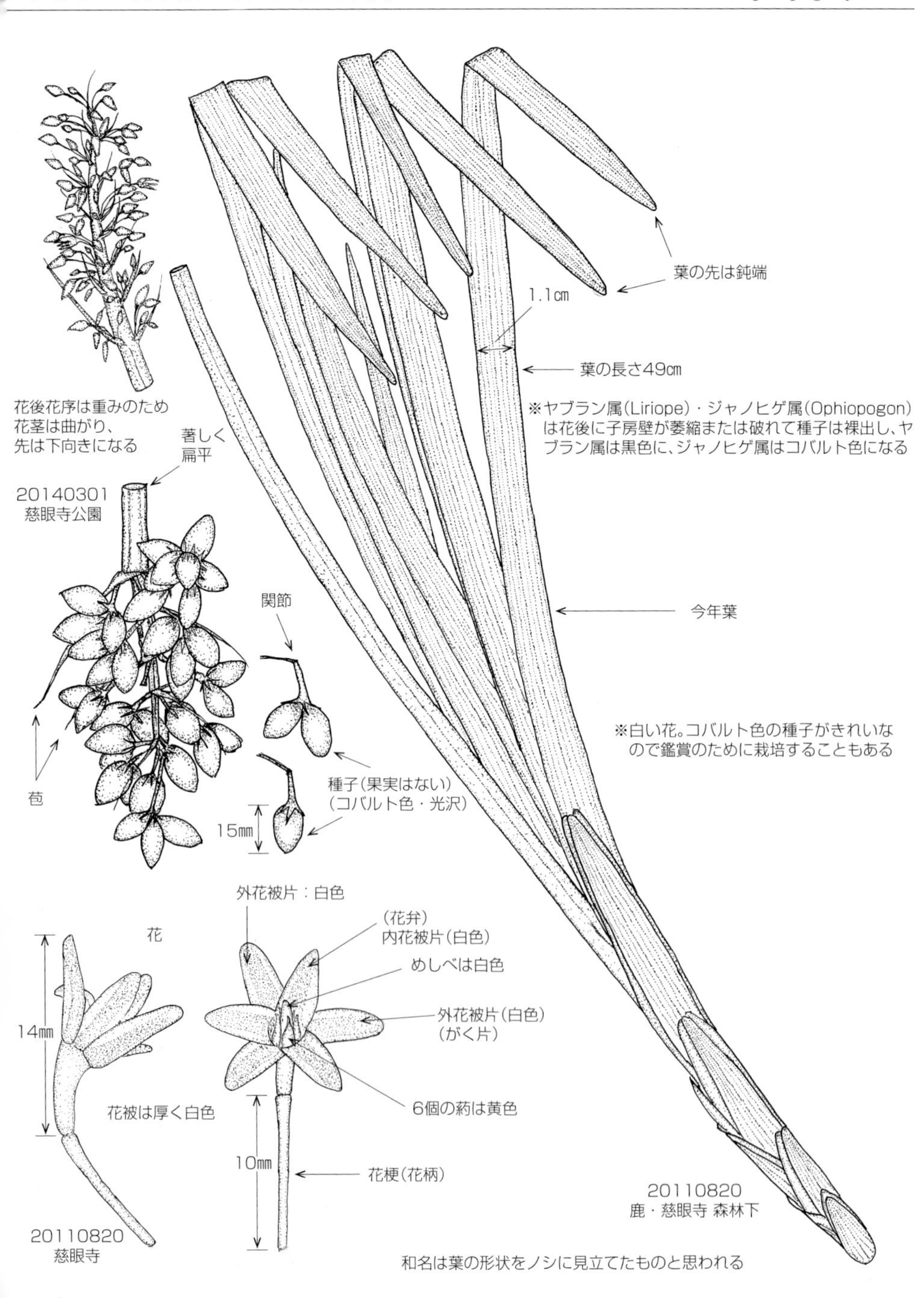

アマドコロ　[キジカクシ科　ナルコユリ属]　*Polygonatum odoratum*

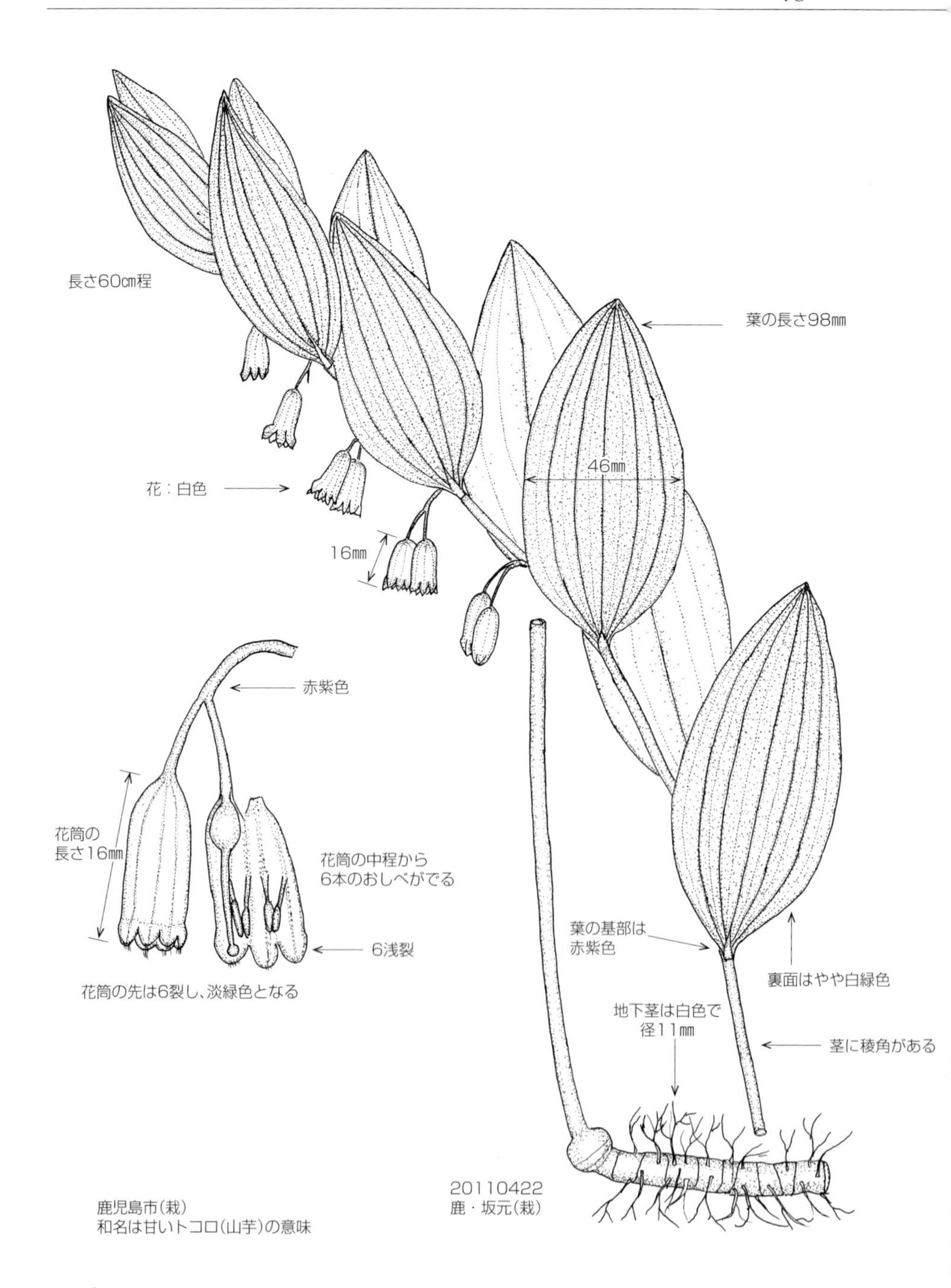

オモト　[キジカクシ科　オモト属]　　　　　　　　　　　　　　　　　　　　　　　*Rohdea japonica*

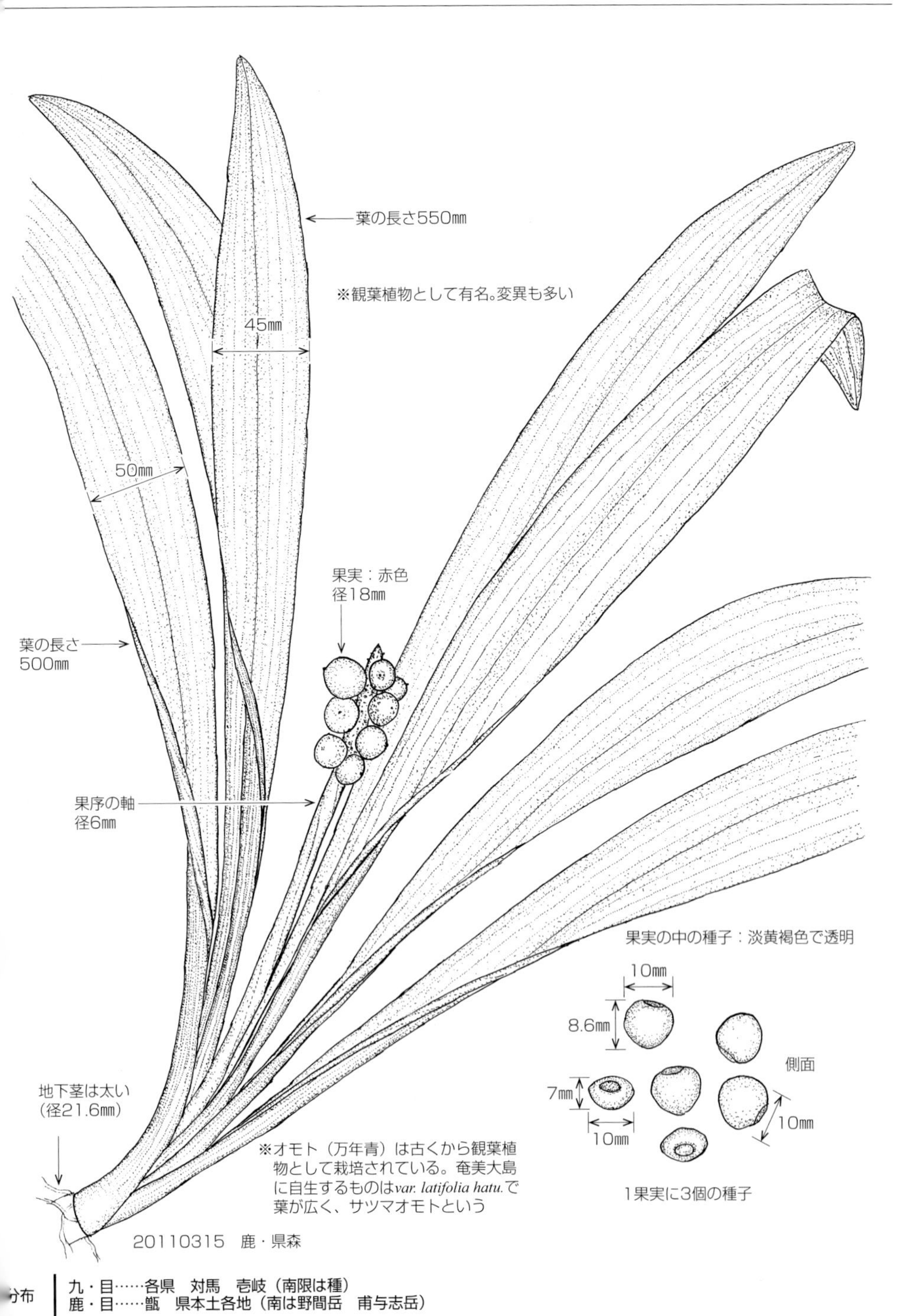

ツルボ　[キジカクシ科　ツルボ属]　　Scilla scilloides

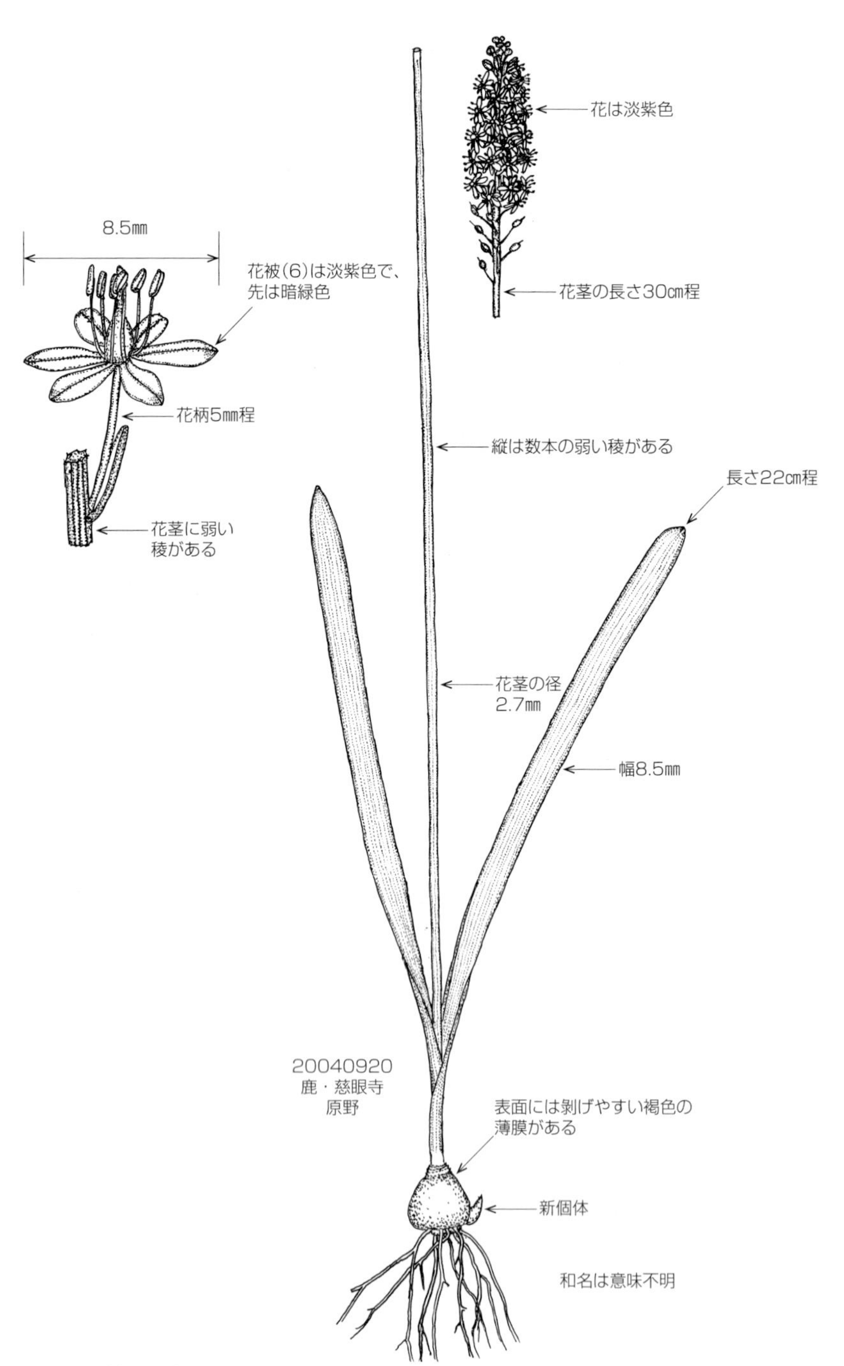

- 8.5mm
- 花被(6)は淡紫色で、先は暗緑色
- 花柄5mm程
- 花茎に弱い稜がある
- 花は淡紫色
- 花茎の長さ30cm程
- 縦は数本の弱い稜がある
- 長さ22cm程
- 花茎の径2.7mm
- 幅8.5mm
- 20040920 鹿・慈眼寺原野
- 表面には剝げやすい褐色の薄膜がある
- 新個体
- 和名は意味不明

分布
- 九・目……各県（南は奄群）
- 鹿・目……県本土　甑屋　種　宝　奄群

クロツグ　[ヤシ科　クロツグ属]　*Arenga engleri*

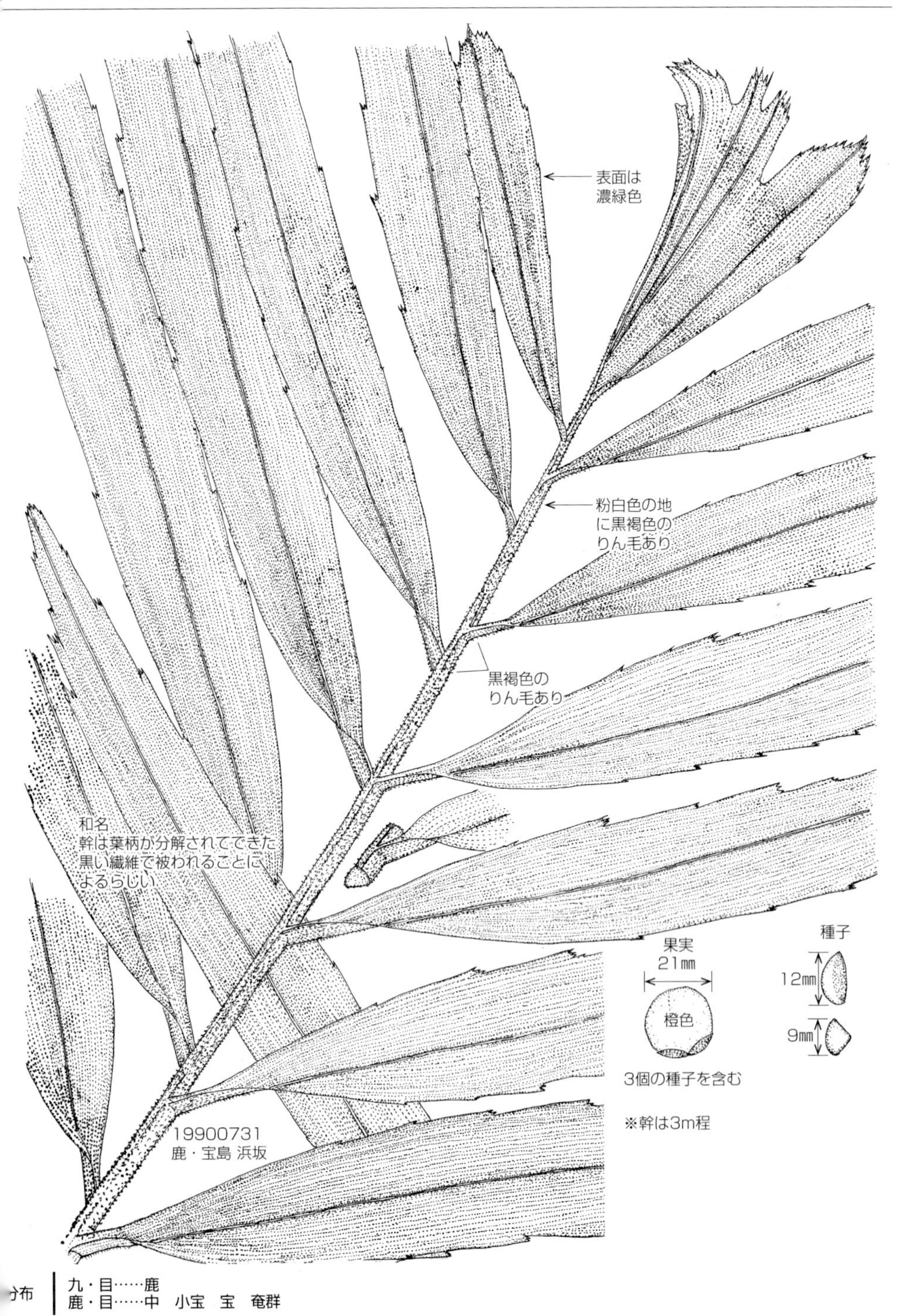

ヒメガマ　[ガマ科　ガマ属]　　　　　　　　　　　　　　　*Typha domingensi*

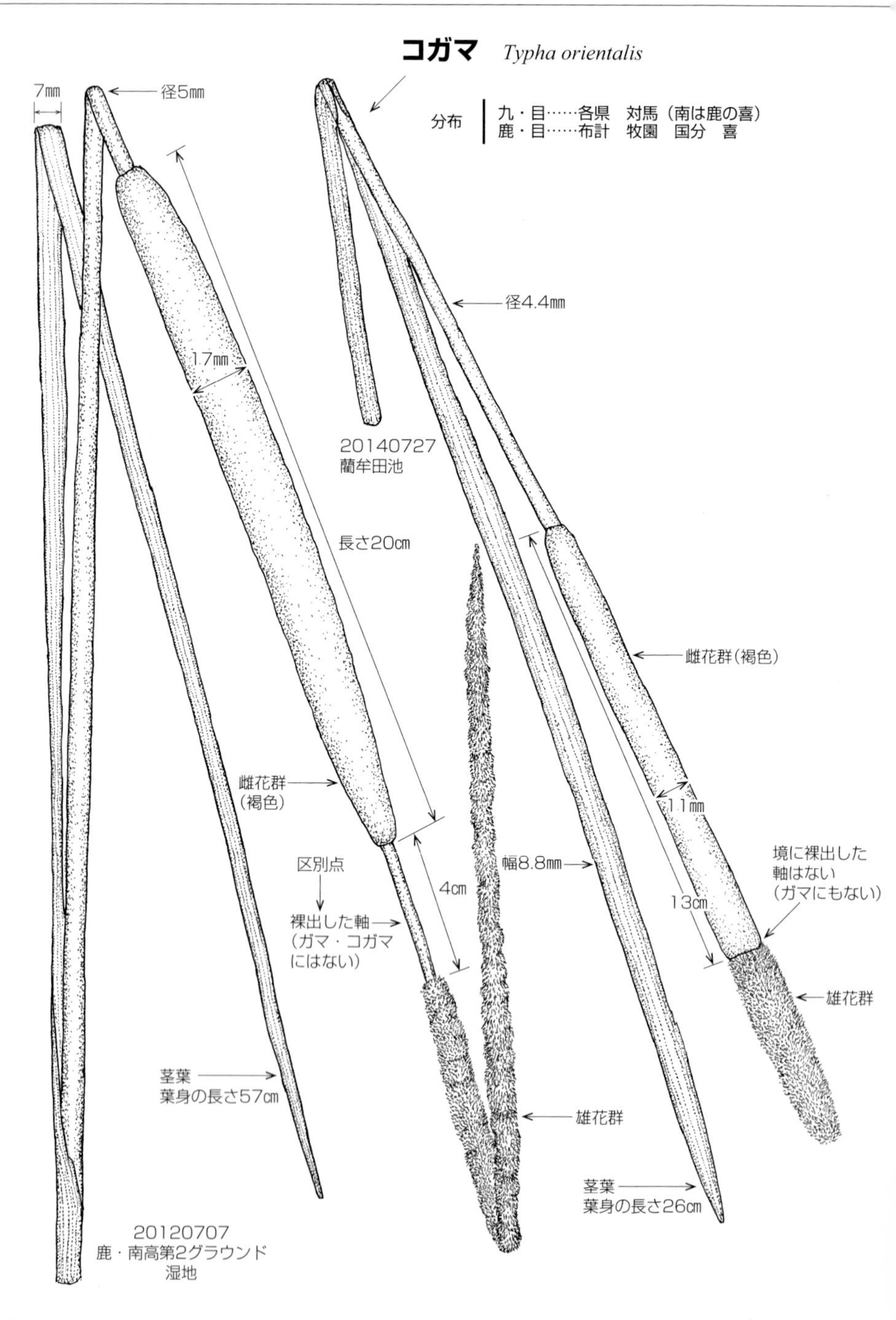

コガマ　*Typha orientalis*

分布　｜ 九・目……各県　対馬（南は鹿の喜）
　　　｜ 鹿・目……布計　牧園　国分　喜

分布　｜ 九・目……各県　対馬（南は奄群）
　　　｜ 鹿・目……県本土各地　喜　奄大　徳　沖永

ナイコククロイヌノヒゲ　［ホシクサ科　ホシクサ属］　*Eriocaulon nakasimanum*

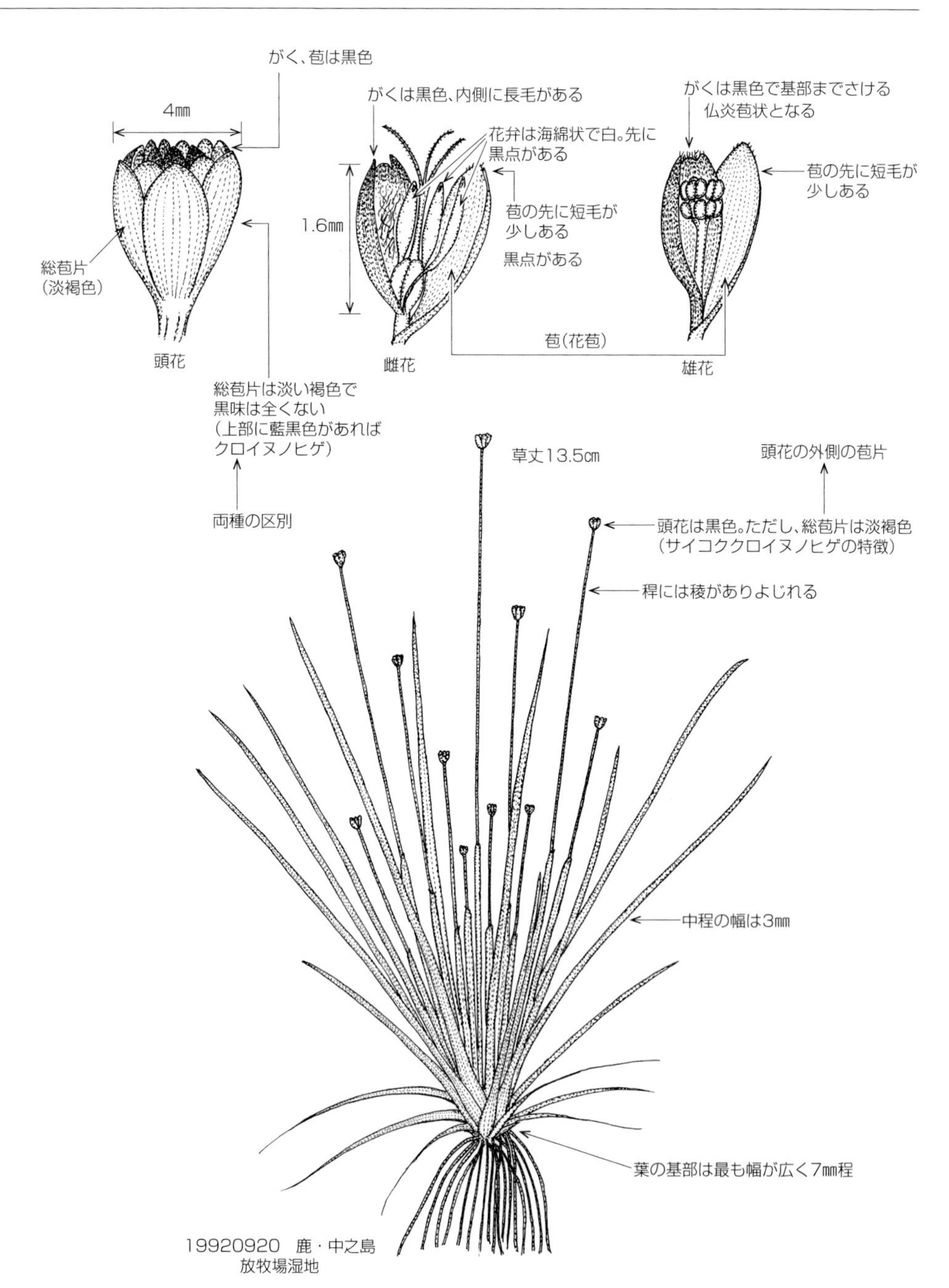

ニッポンイヌノヒゲ　[ホシクサ科　ホシクサ属]　　　*Eriocaulon hondoens*

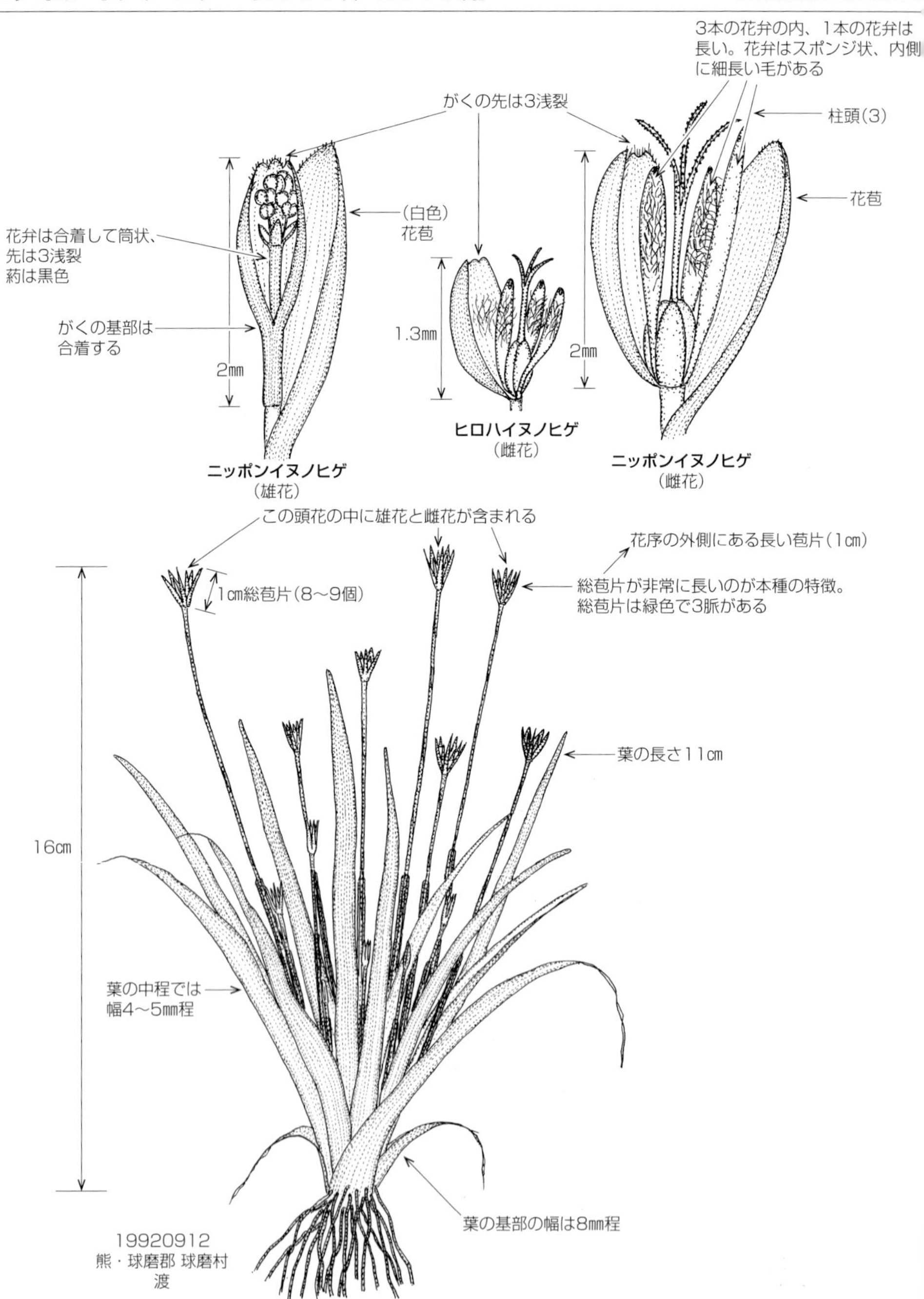

分布　｜九・目……各県　対馬
　　　｜鹿・目……大口（西太良）　藺牟田池　加治木　種

ヒロハイヌノヒゲ　［ホシクサ科　ホシクサ属］　　　　　　　　*Eriocaulon robustius*

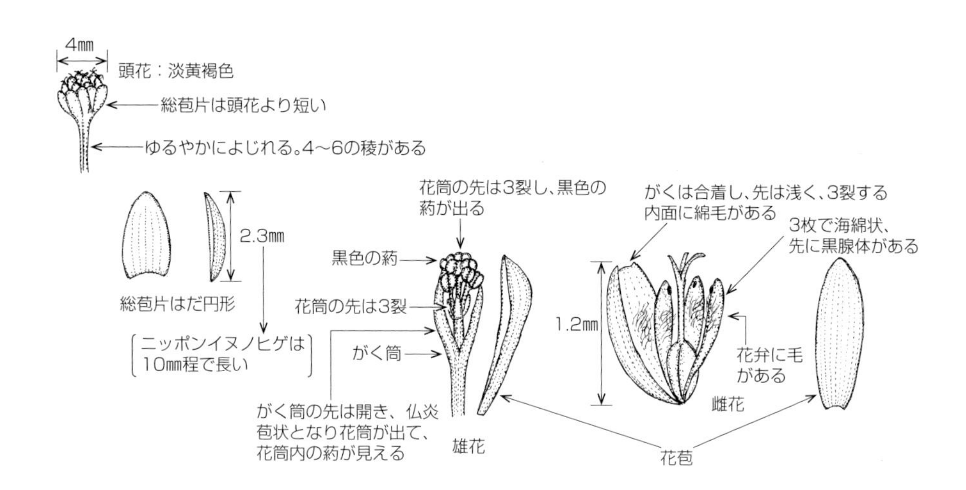
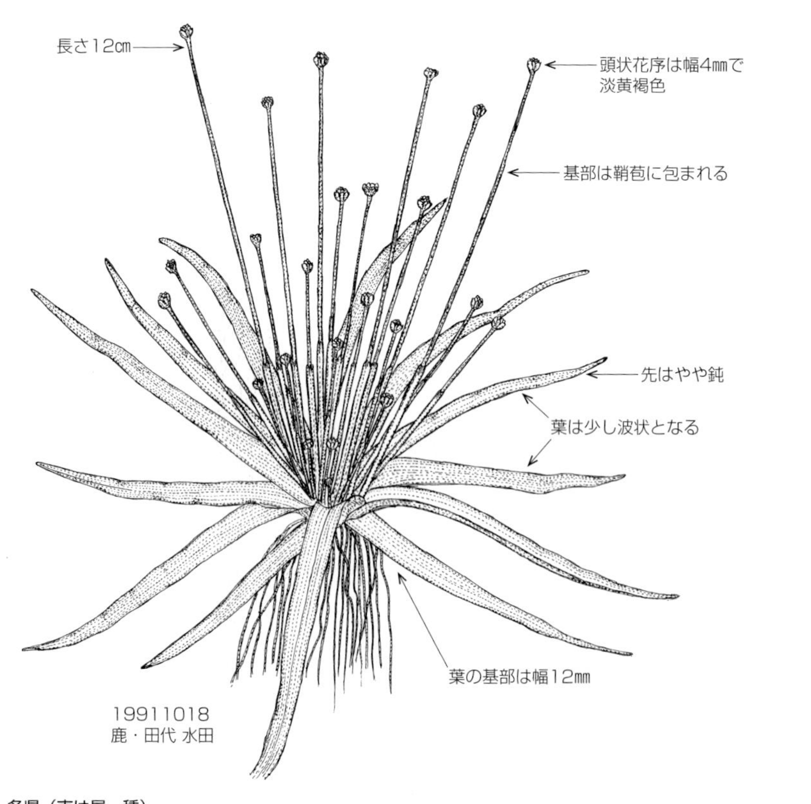

九・目……各県（南は屋　種）
鹿・目……甑　荒崎　宮之城平岩　蘭牟田池　大口羽月　吹上　阿多　高隈　垂水　牧之原　蔵多山

ホシクサ　[ホシクサ科　ホシクサ属]　　*Eriocaulon cinereu*

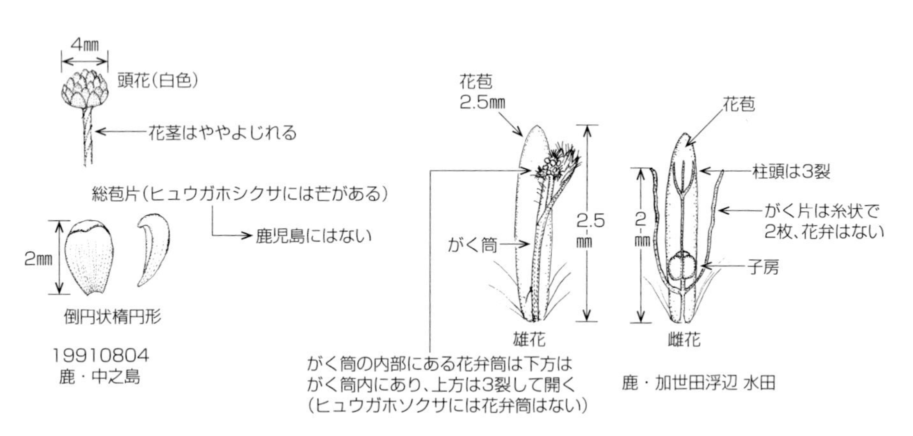

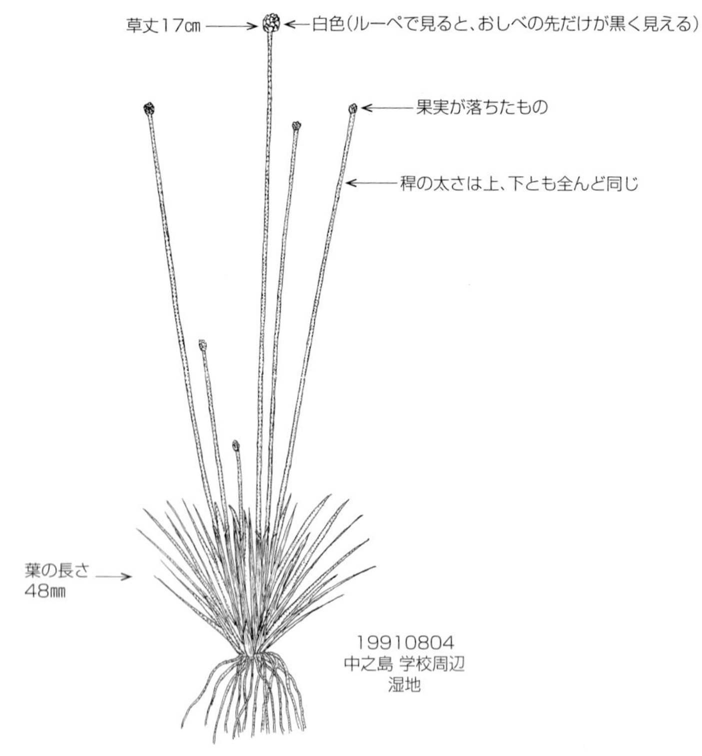

和名は星草で、頭花が星に見立てられたと思われる

分布　九・目……各県（南は奄群）
　　　鹿・目……各地

イ [イグサ科 イグサ属] *Juncus effusus*

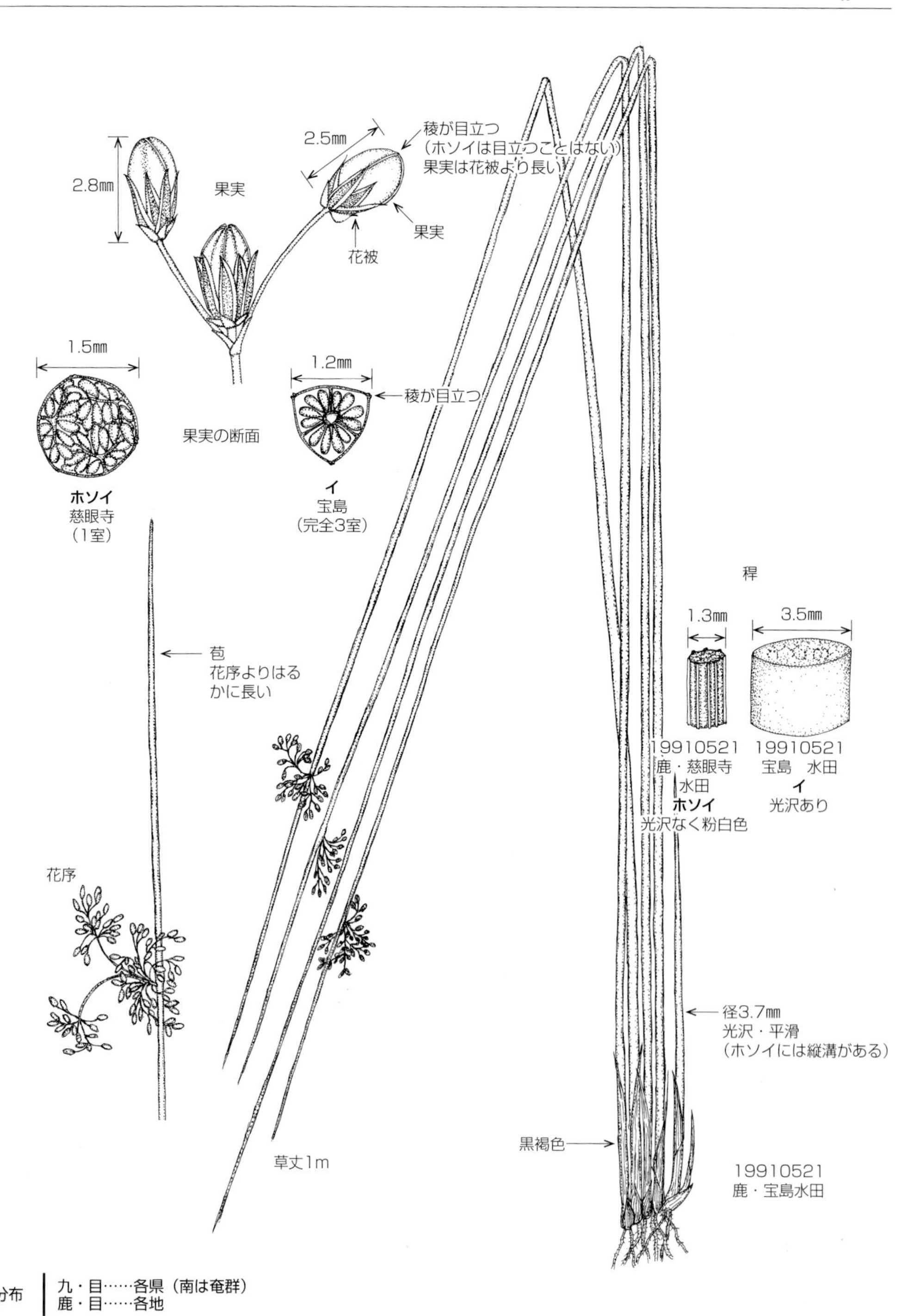

クサイ ［イグサ科　イグサ属］　*Juncus tenuis*

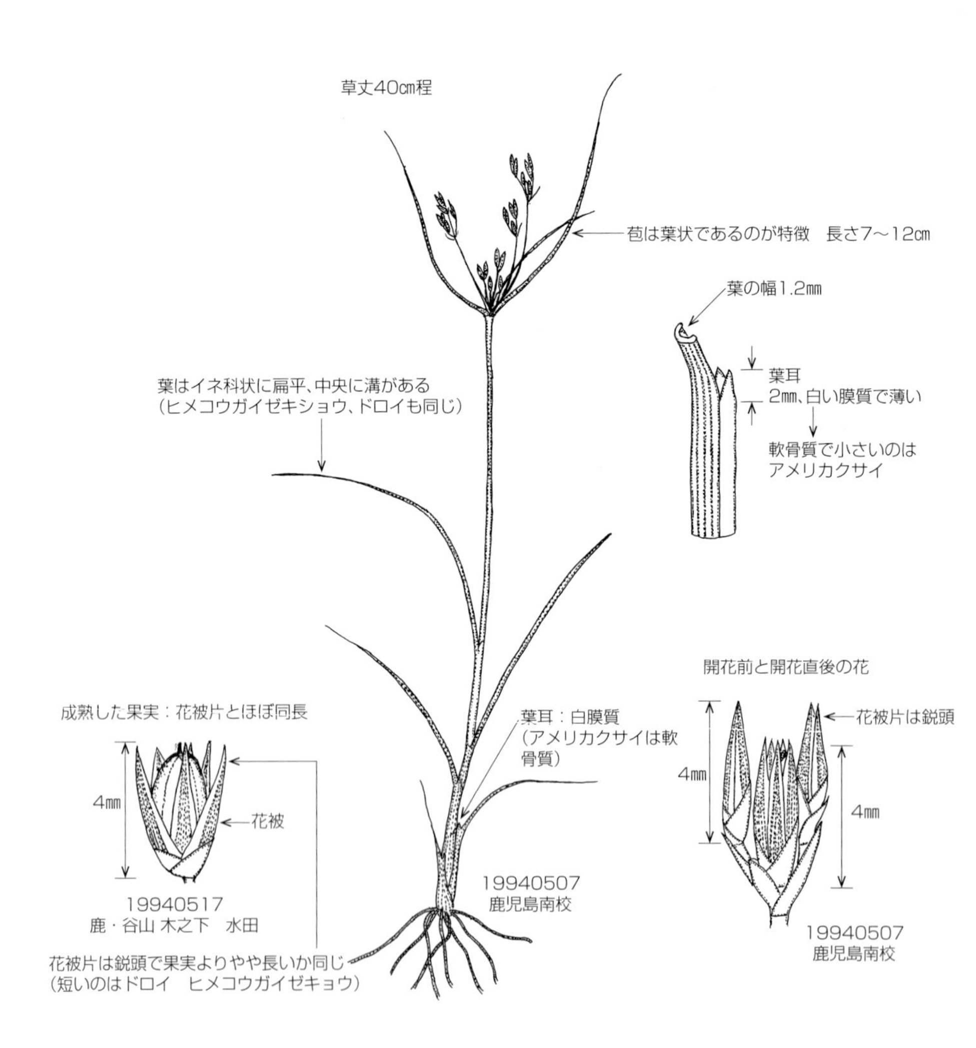

分布
九・目……各県
鹿・目……県本土点在　南米原産

コウガイゼキショウ　[イグサ科　イグサ属]　　*Juncus leschenaultii*

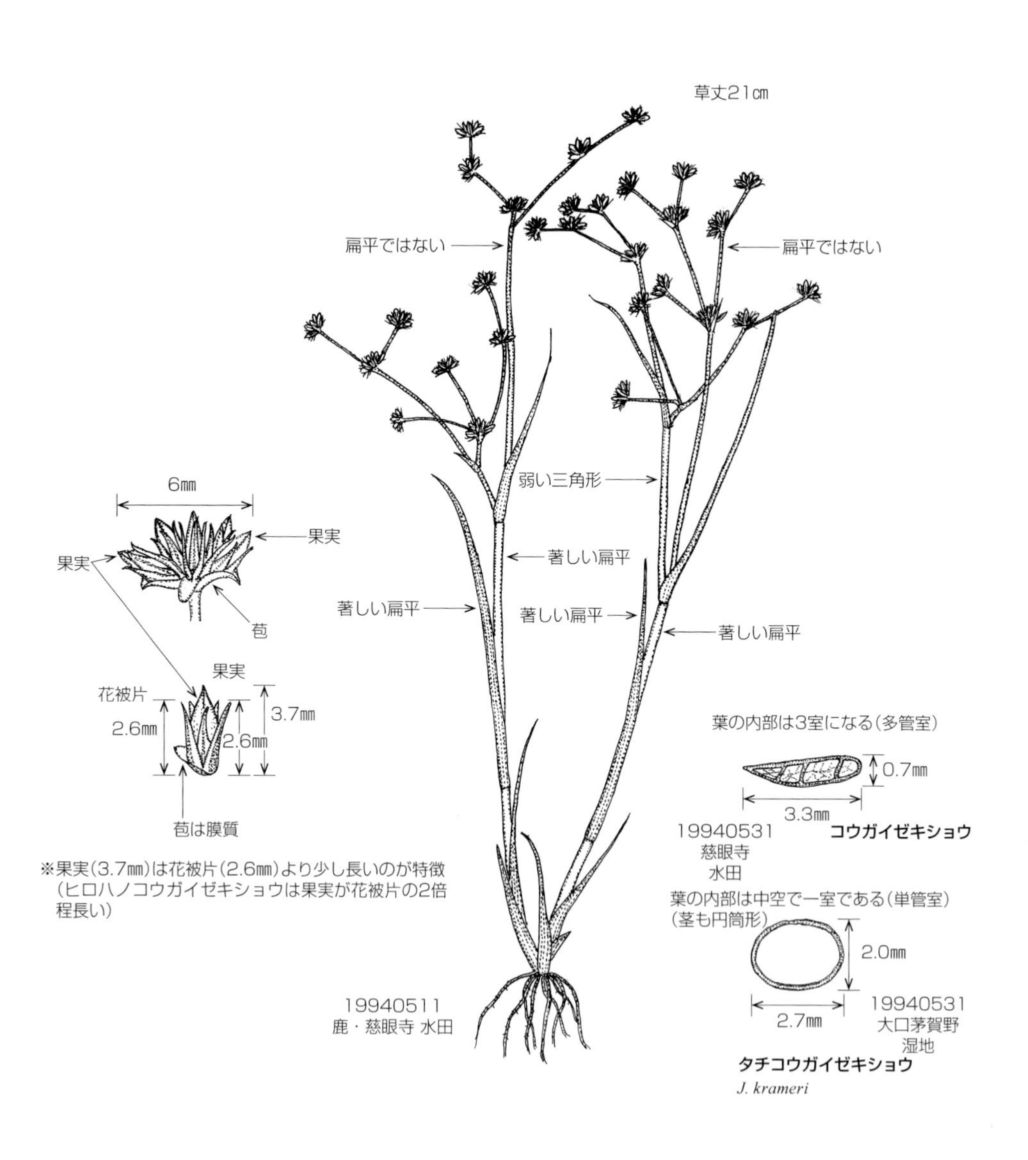

ヒメコウガイゼキショウ　[イグサ科　イグサ属]　　*Juncus bufonius*

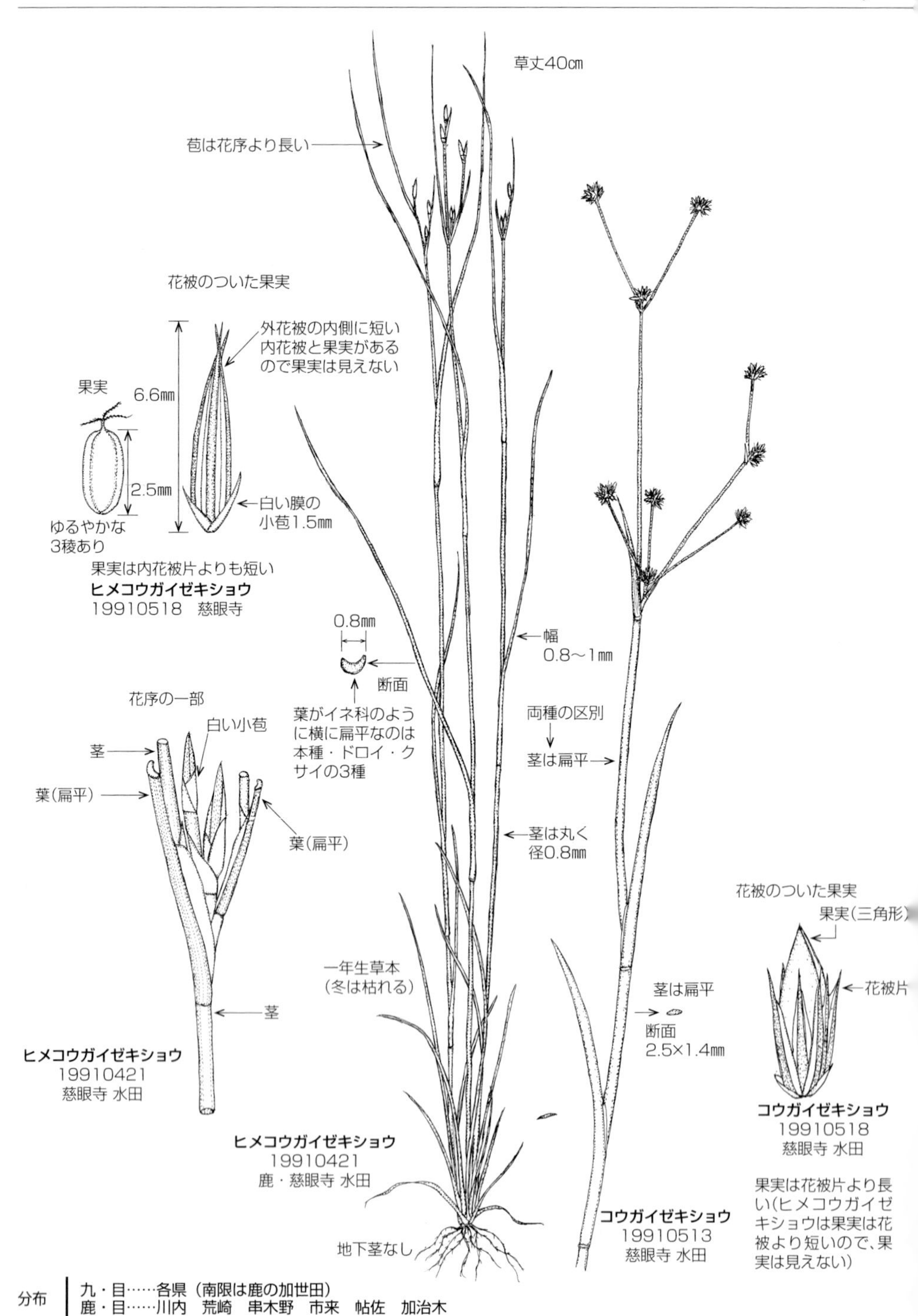

分布　九・目……各県（南限は鹿の加世田）
　　　鹿・目……川内　荒崎　串木野　市来　帖佐　加治木

ホソイ　[イグサ科　イグサ属] *Juncus setchuensis*

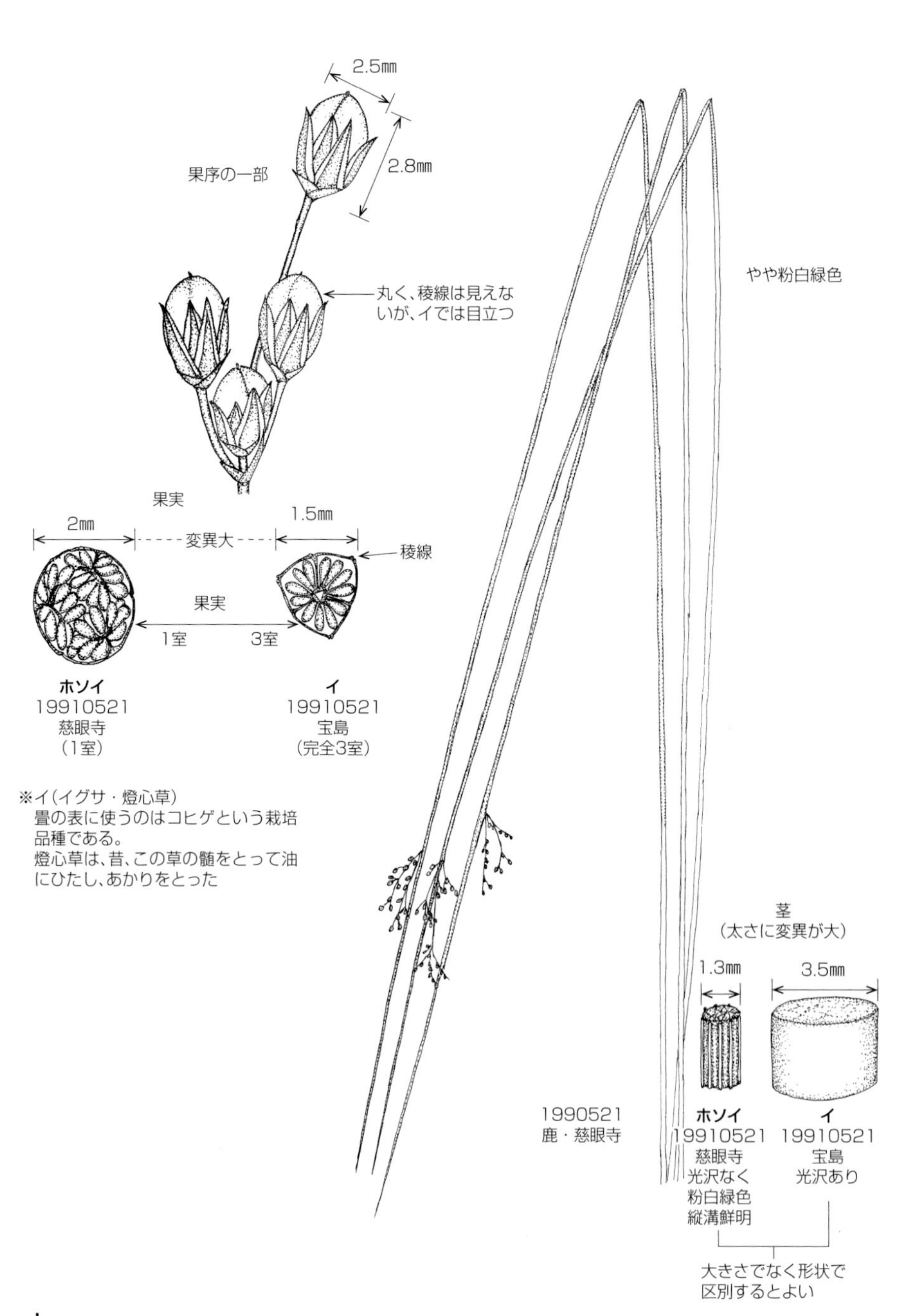

スズメノヤリ [イグサ科 スズメノヤリ属] *Luzula capitat*

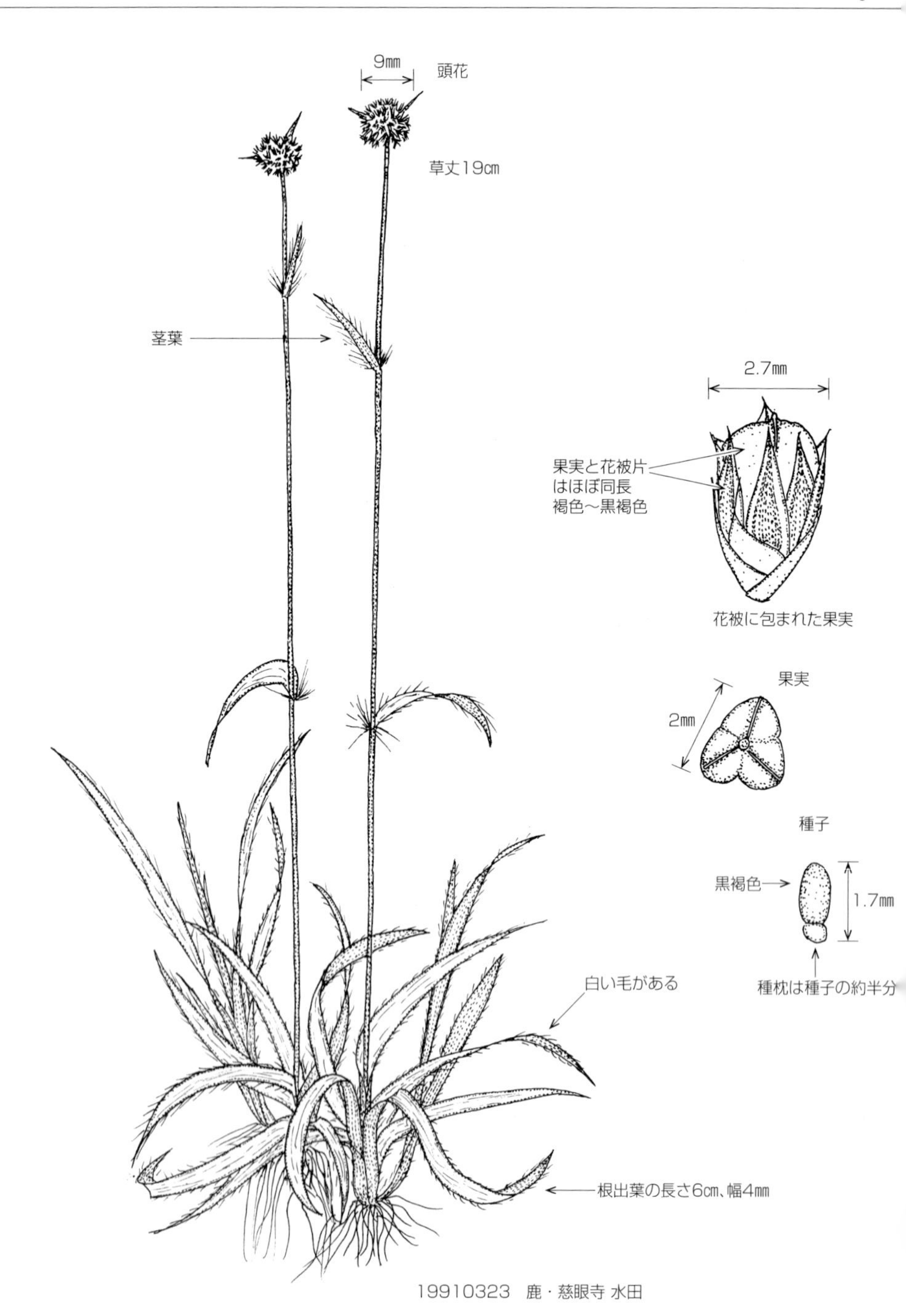

19910323 鹿・慈眼寺 水田

分布 | 九・目……各県（南は吐－口之）
鹿・目……甑 県本土 種 屋 黒 口之 名瀬（帰化）

ヌカボシソウ　[イグサ科　スズメノヤリ属]　*Luzula plumosa*

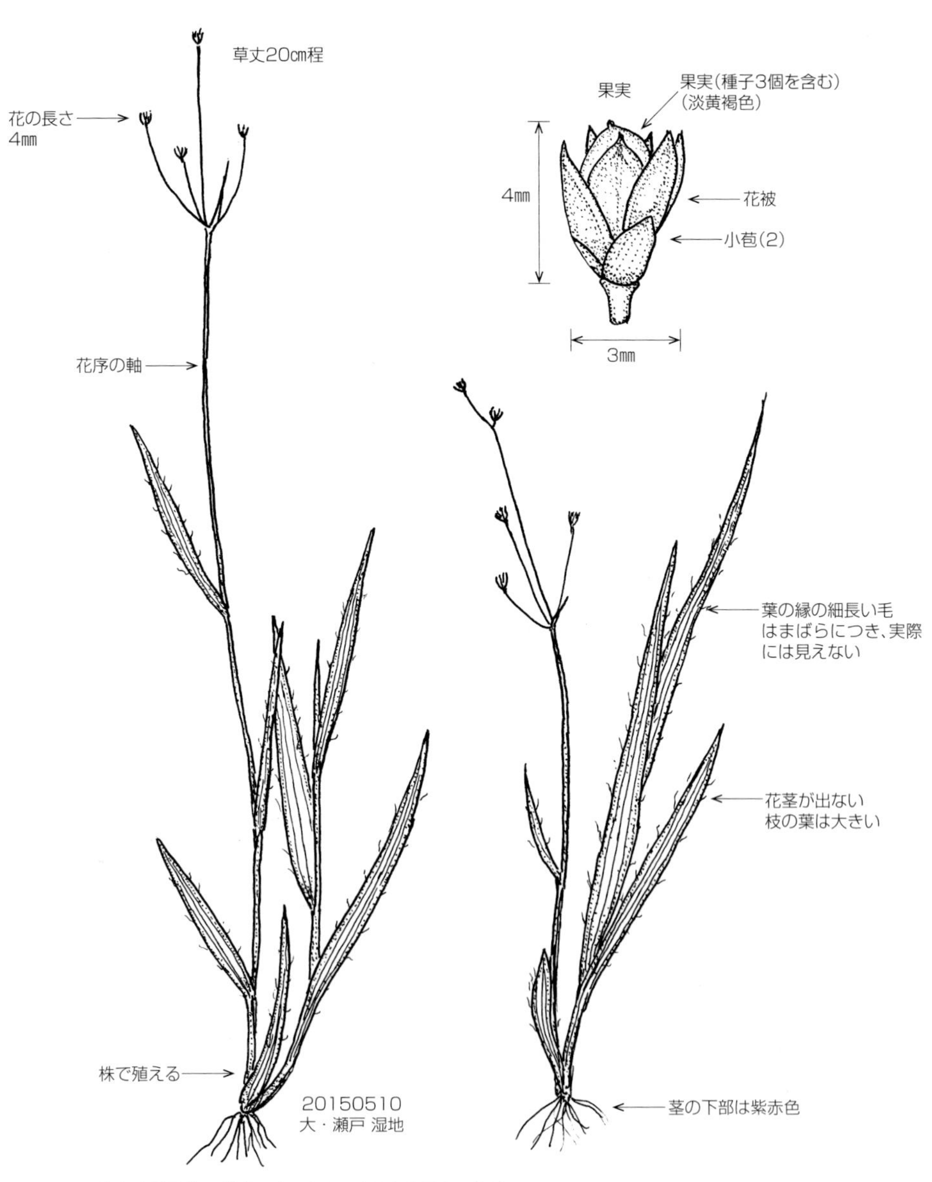

和名は糠星草で、満点に点々とある小星を糠星というが、本種の花序の花が点在する形状を例えたもの

分布　九・目……各県（南は屋　奄大　徳　南限）
　　　鹿・目……紫尾山

イトテンツキ　[カヤツリグサ科　ハタガヤ属]　　*Bulbostylis densa*

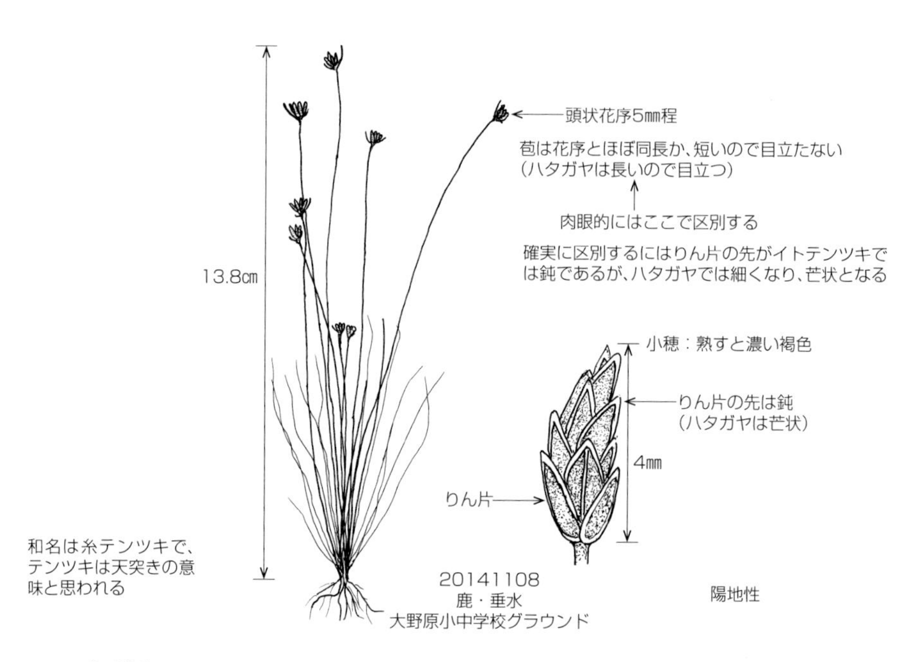

ハタガヤ　*Bulbostylis barbata*

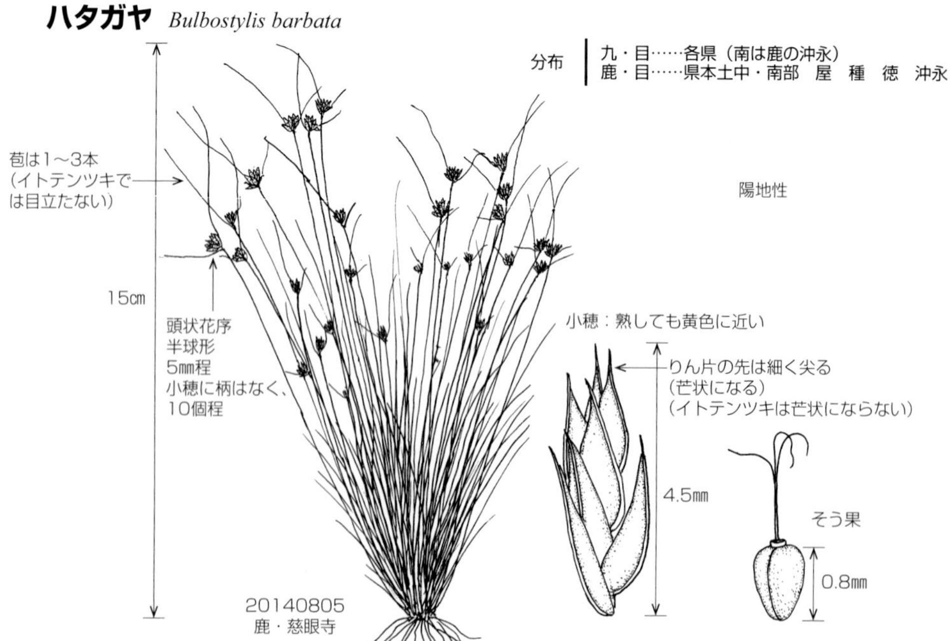

アオスゲ ［カヤツリグサ科　スゲ属］ *Carex leucochlora*

ハマアオスゲ　*Carex fibrillosa*

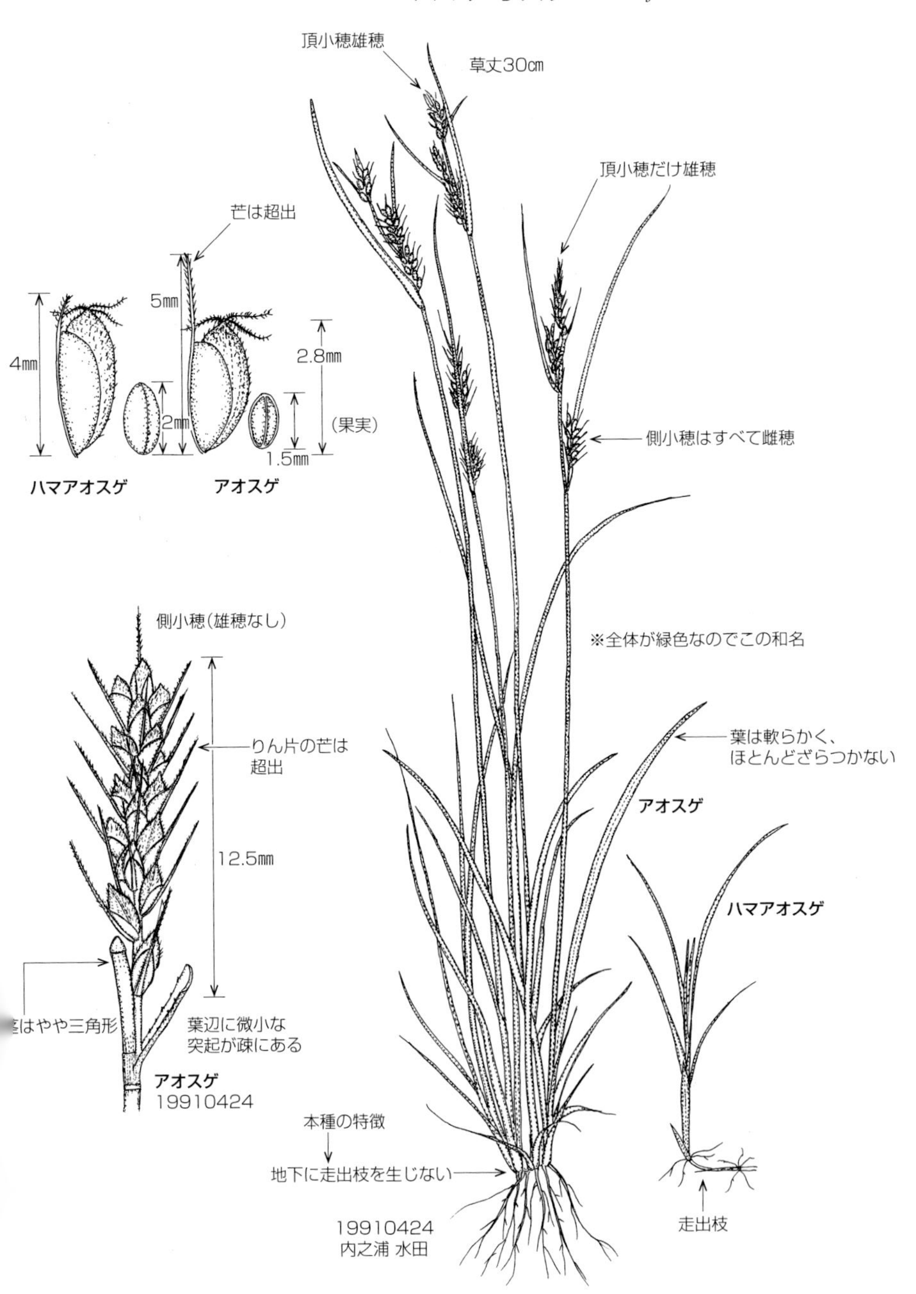

アキカサスゲ　[カヤツリグサ科　スゲ属]　　*Carex nemostachy*

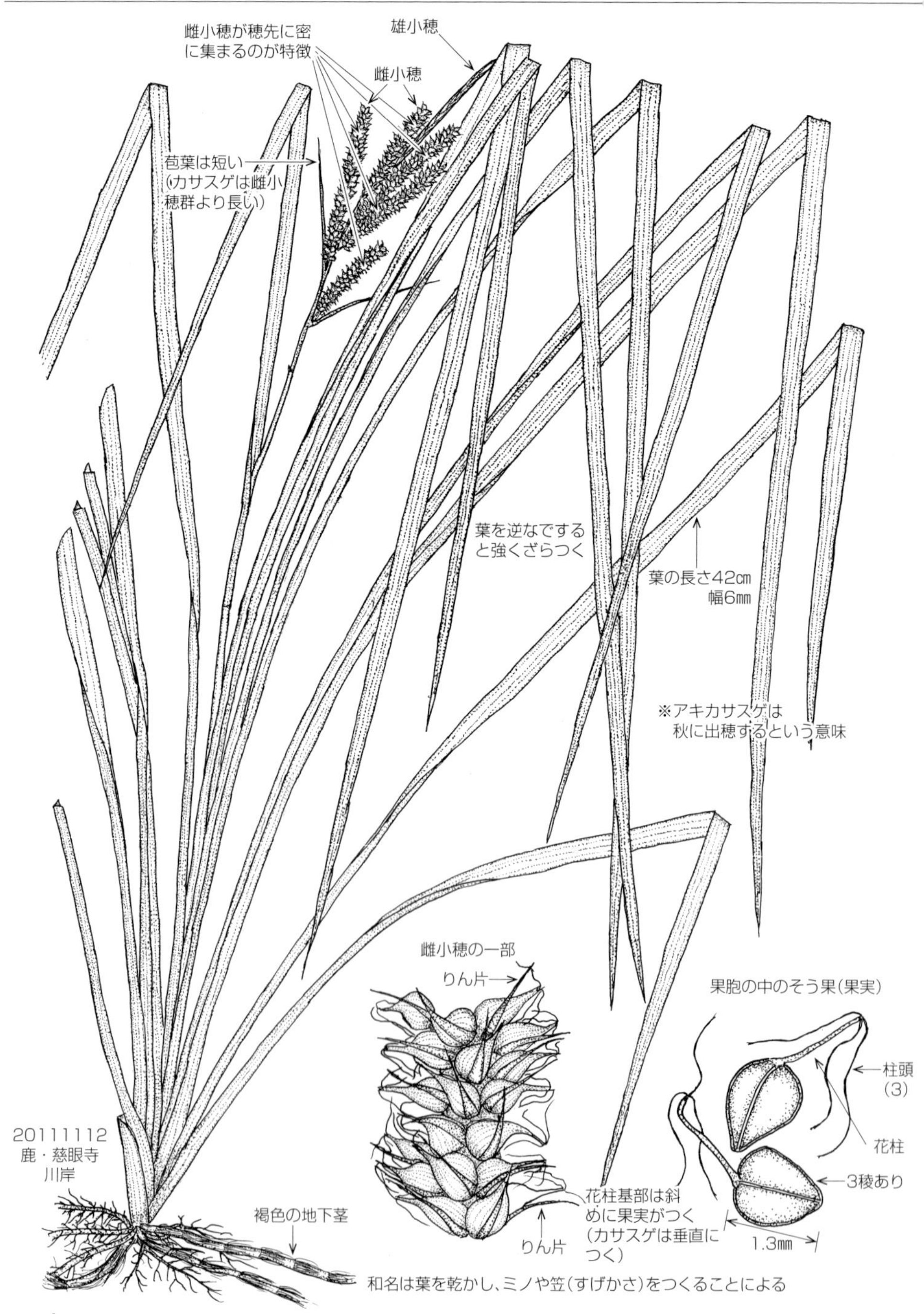

オキナワジュズスゲ　[カヤツリグサ科　スゲ属]　　*Carex ischnostachya*

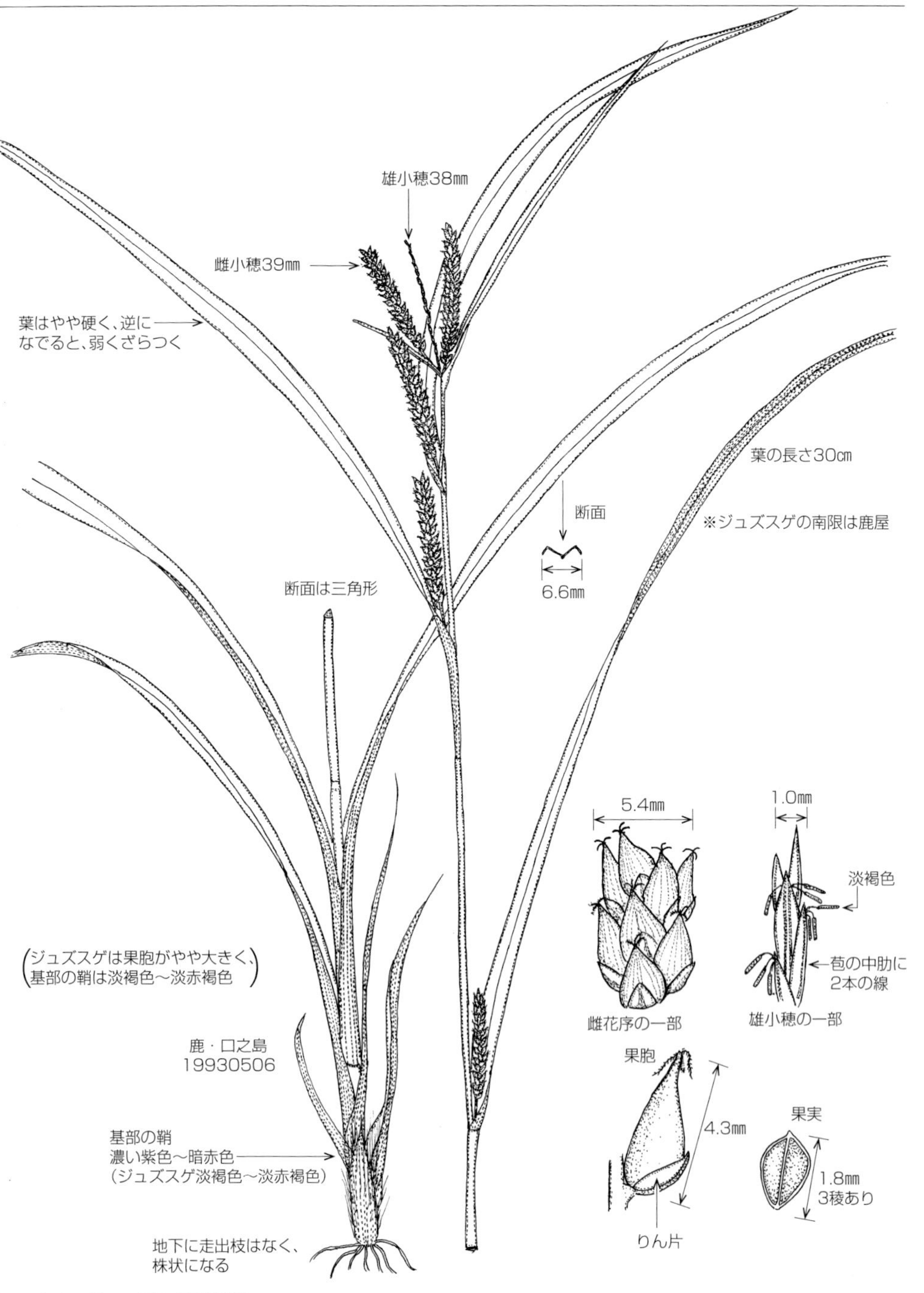

カタスゲ　[カヤツリグサ科　スゲ属]　*Carex macrandrolep*

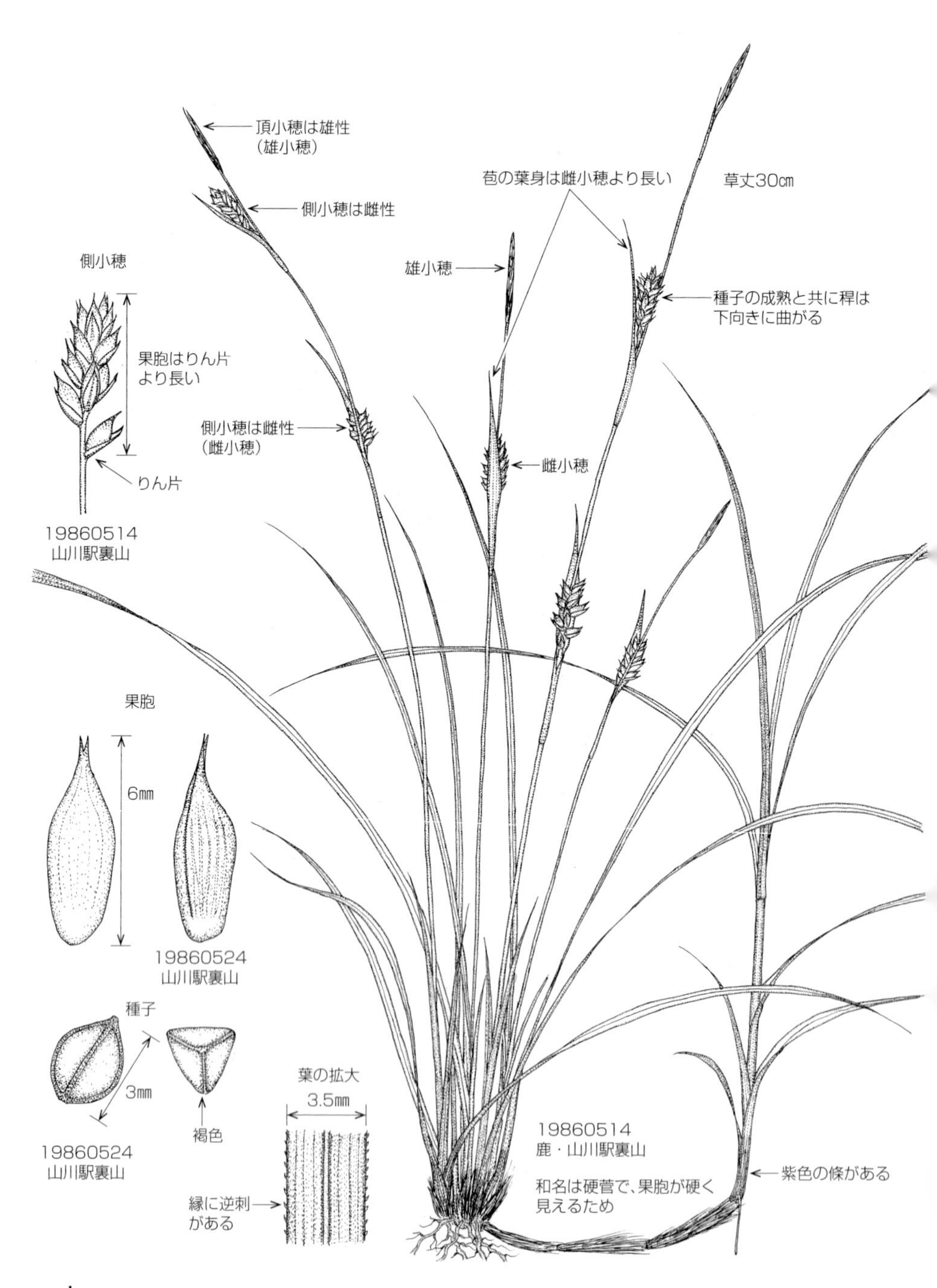

コウボウシバ　[カヤツリグサ科　スゲ属]　　　*Carex pumila*

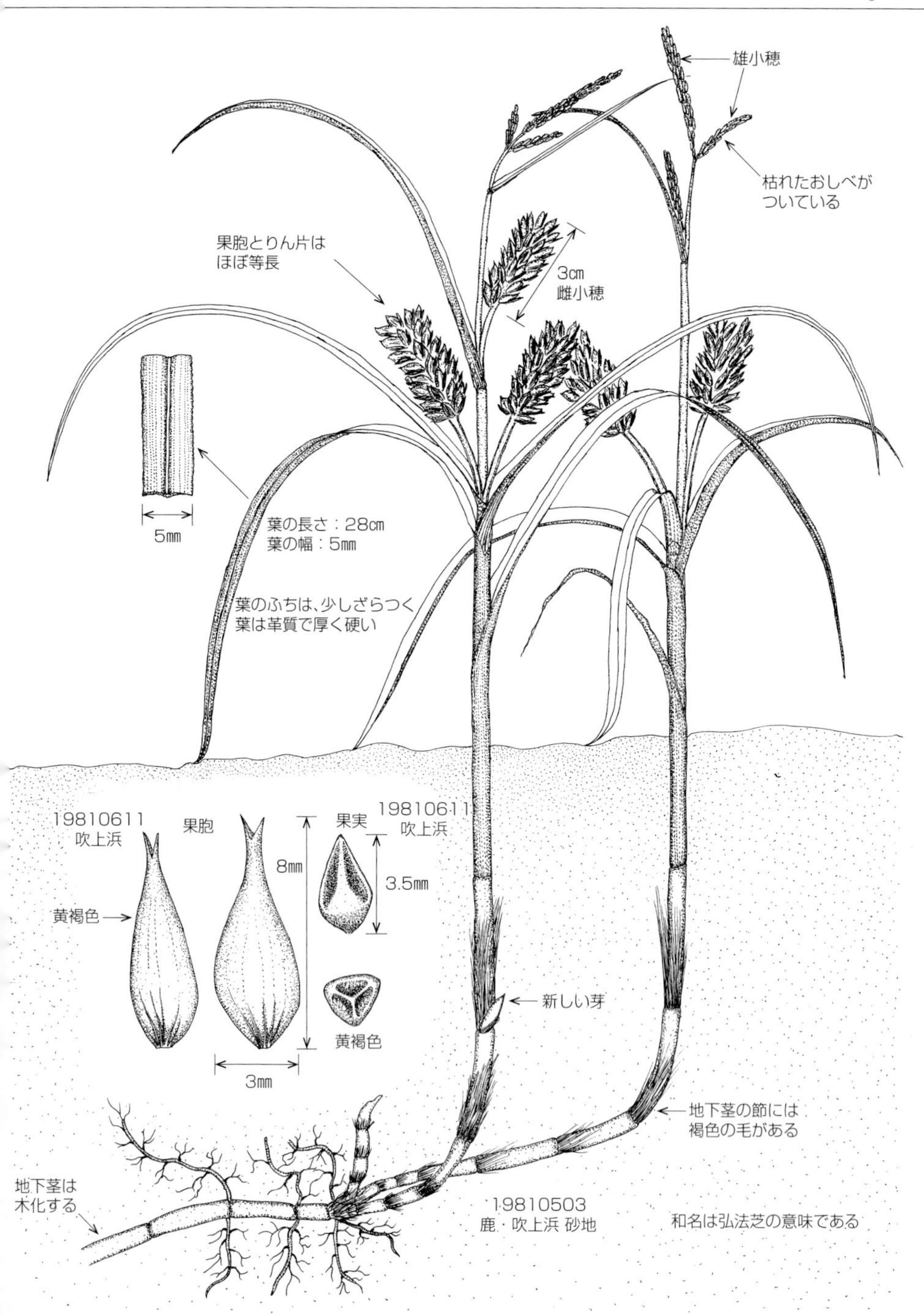

コウボウムギ　［カヤツリグサ科　スゲ属］　　*Carex kobomug*

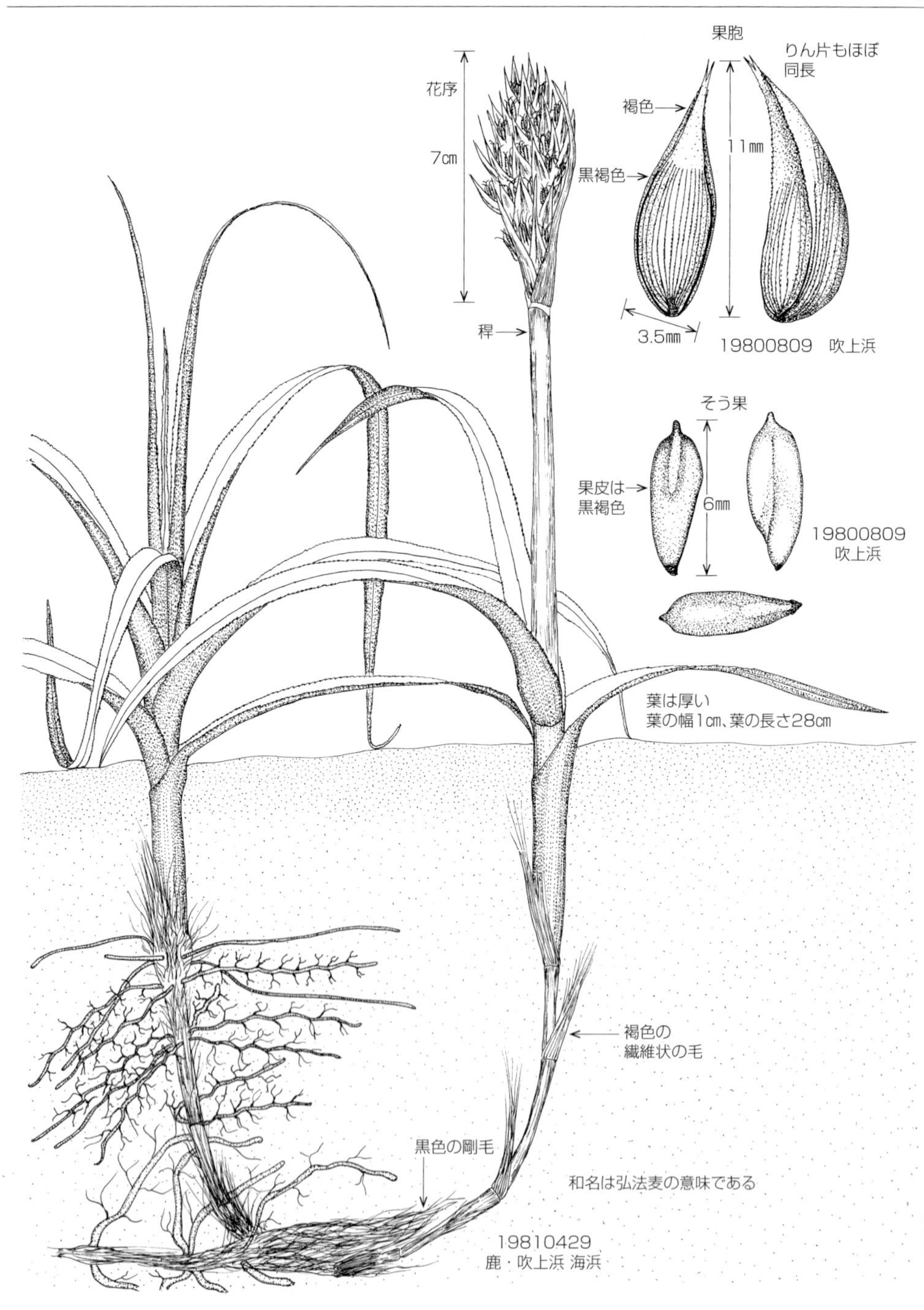

サコスゲ　[カヤツリグサ科　スゲ属]　　　*Carex sakonis*

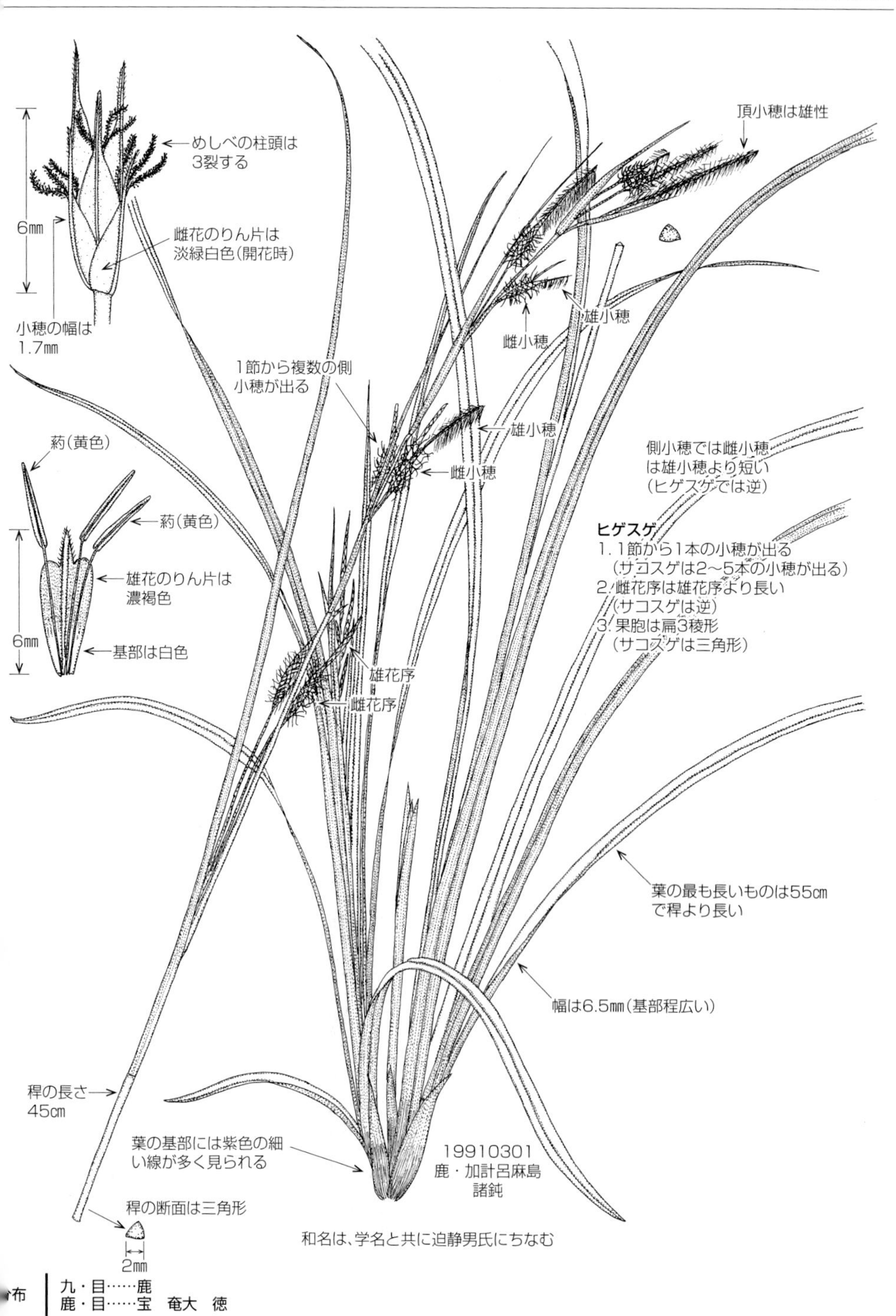

シオクグ　[カヤツリグサ科　スゲ属]　　*Carex scabrifoli*

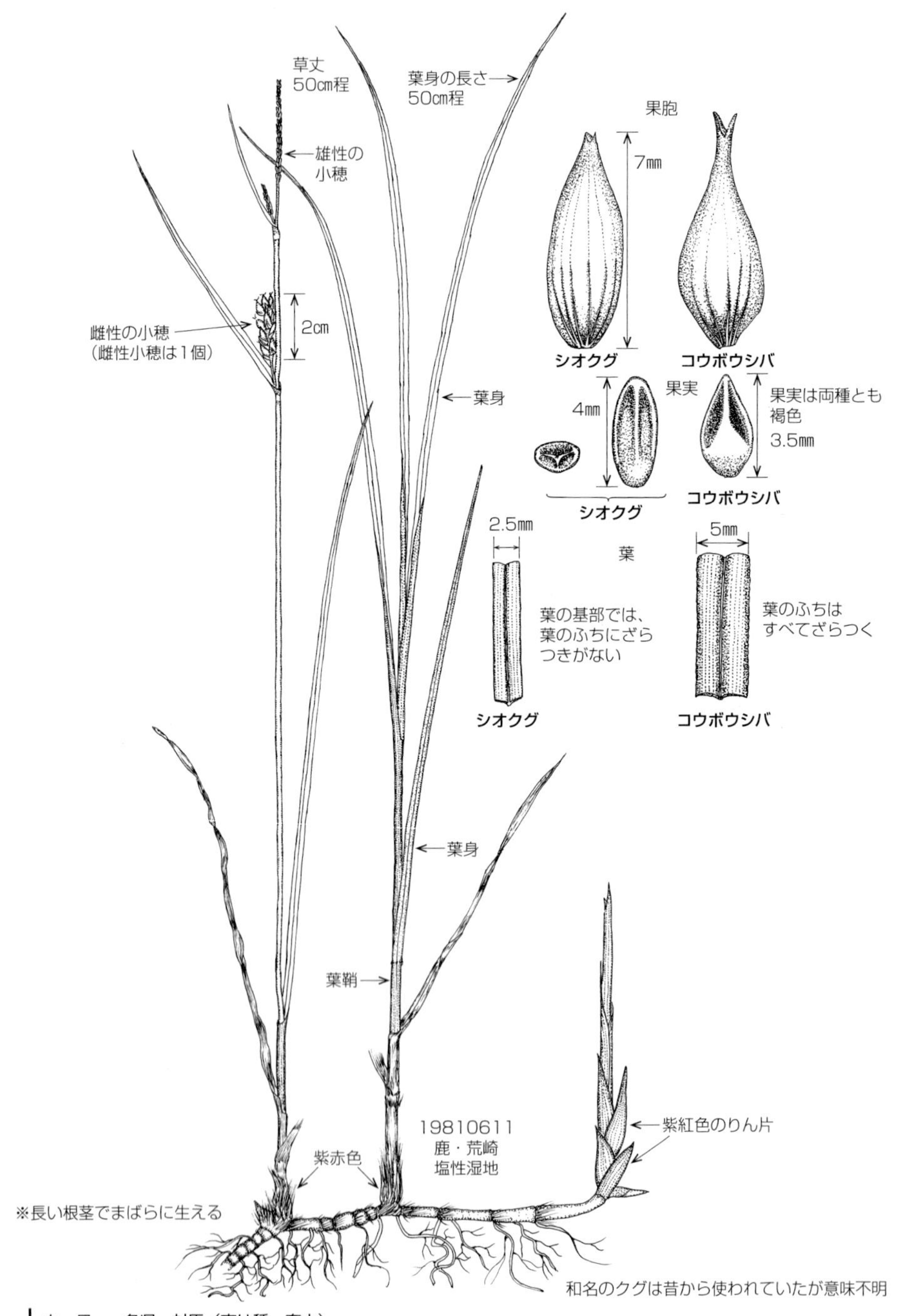

分布　九・目……各県　対馬（南は種　奄大）
　　　鹿・目……荒崎　川内京泊　獅子島　甑　串木野　市来　入来浜　鹿　喜入　枕崎　加治木　種　奄大

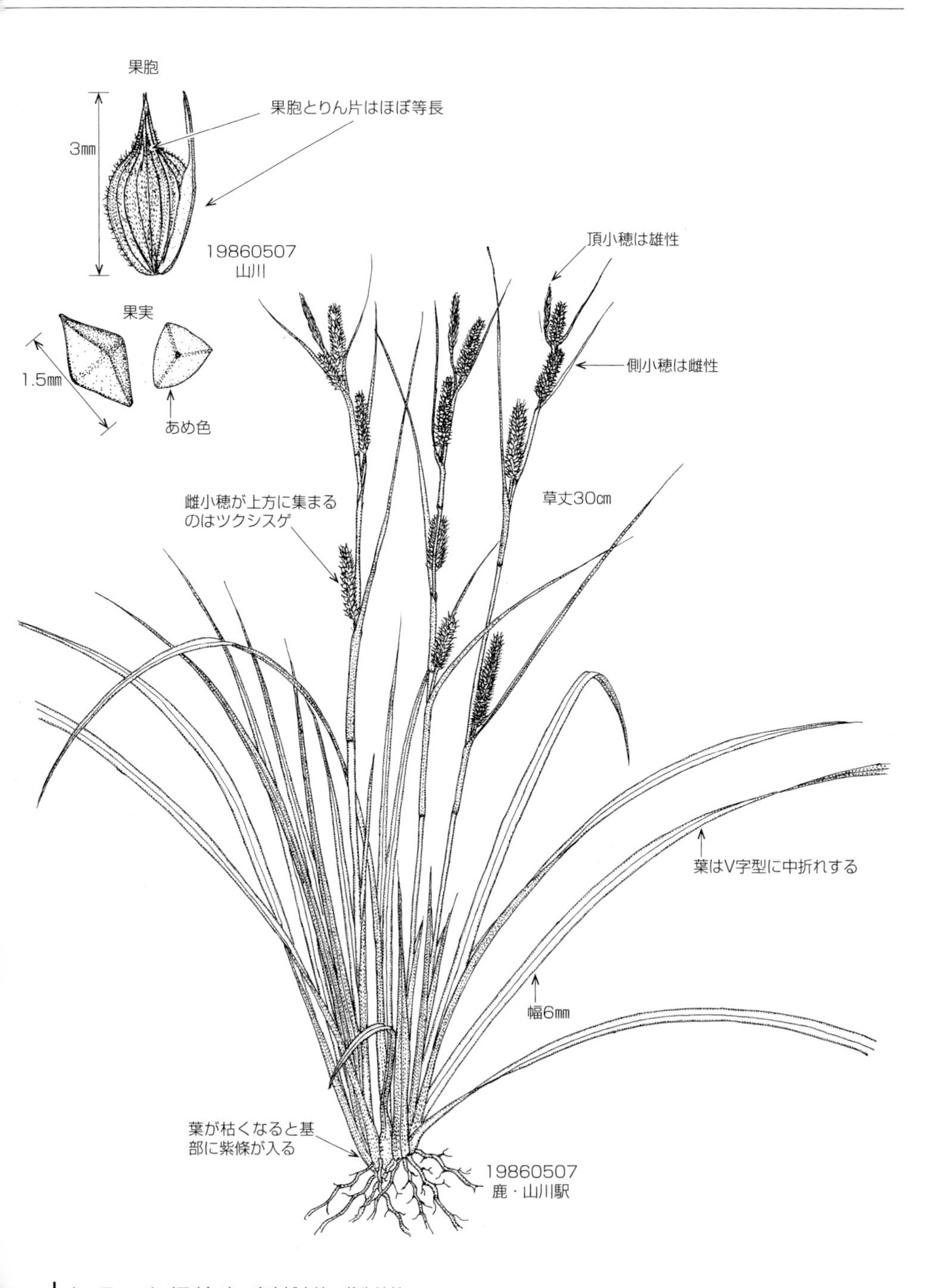

タチスゲ [カヤツリグサ科　スゲ属] *Carex maculat*

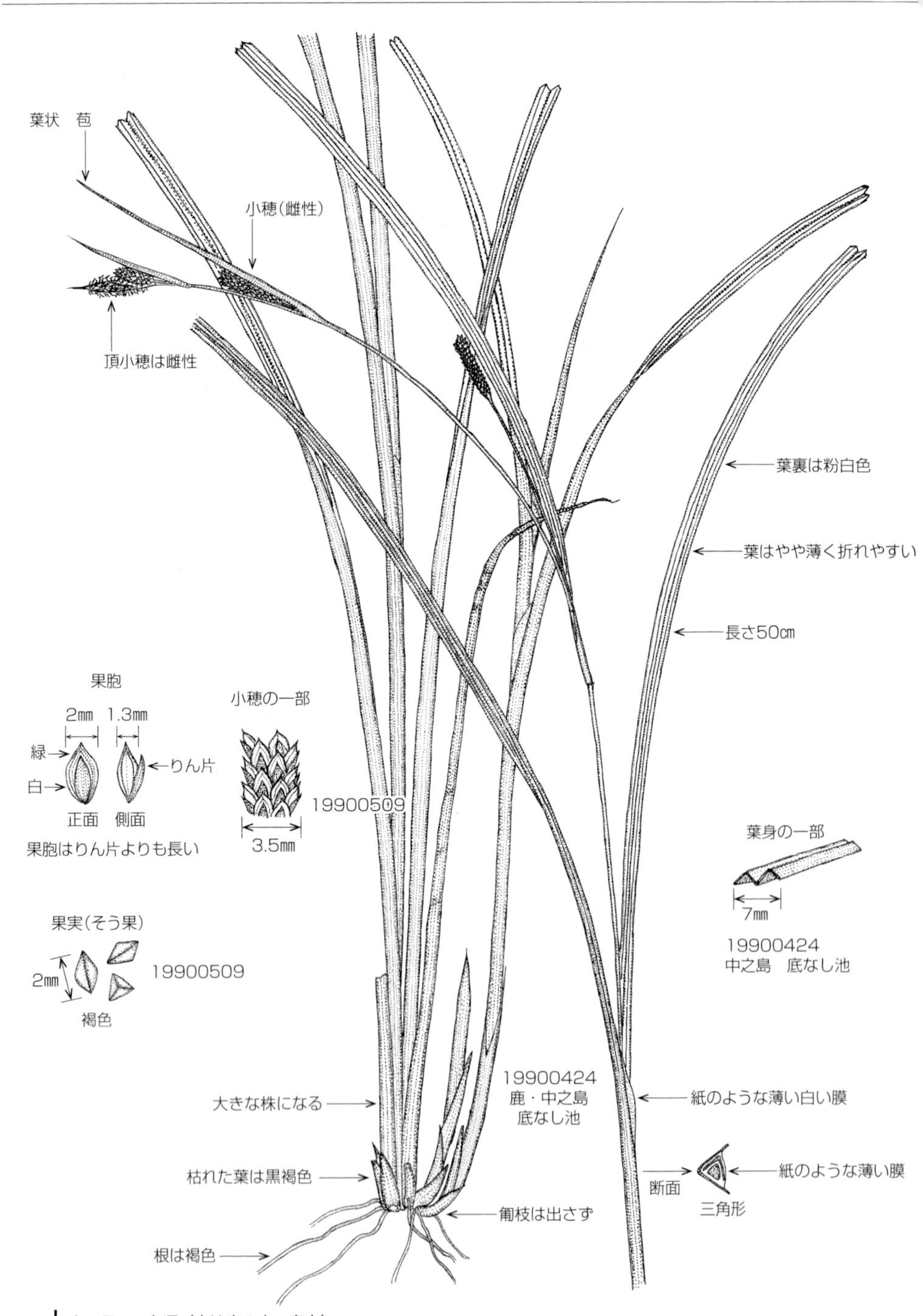

分布　九・目……各県（南は鹿の中　奄大）
　　　鹿・目……霧島山　大口（西太良　羽月）　荒崎　蘭牟田池　冠岳　新川渓谷　加治木　獅子島　長島　種　屋　中

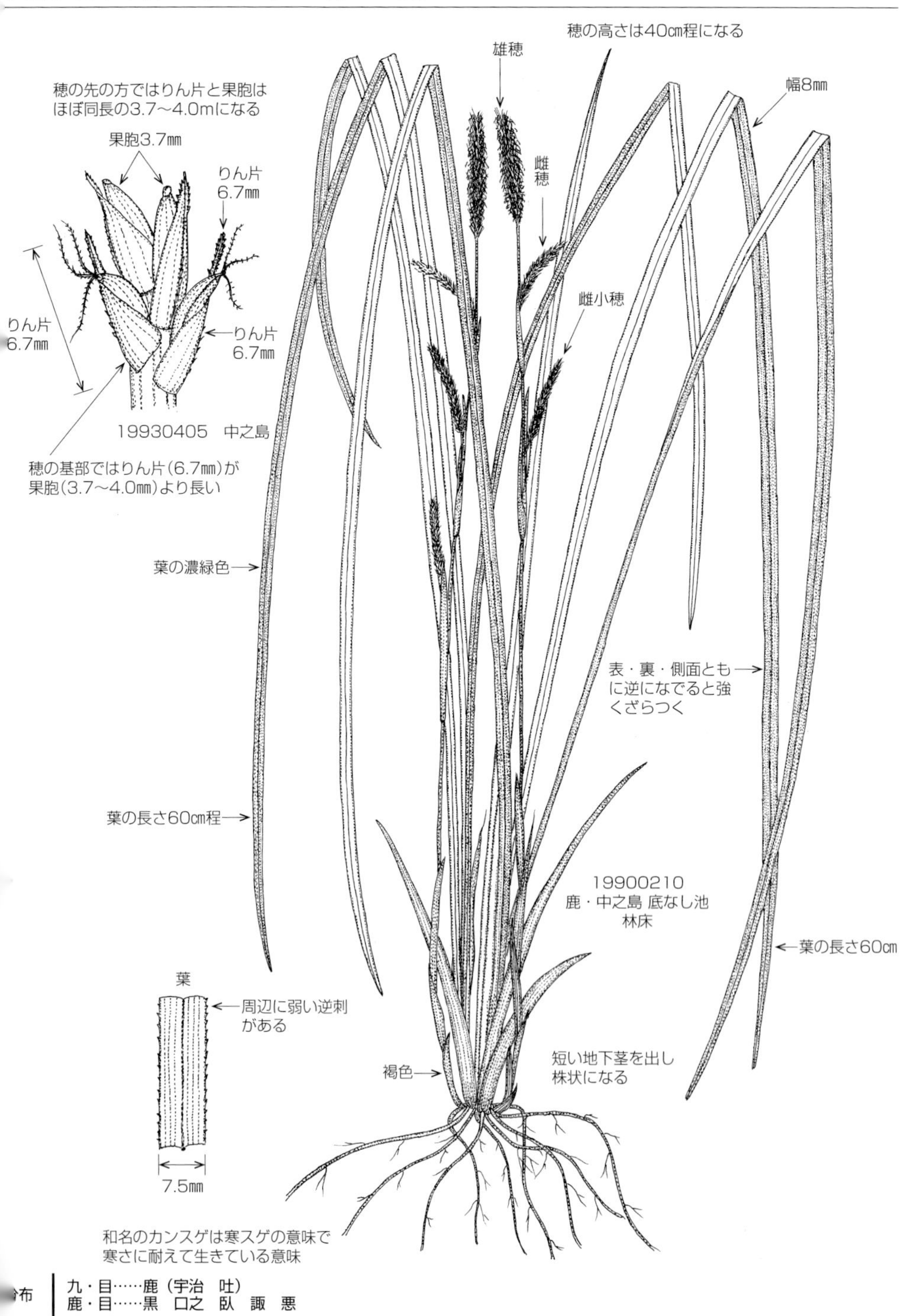

ナキリスゲ　[カヤツリグサ科　スゲ属]　　*Carex lenta*

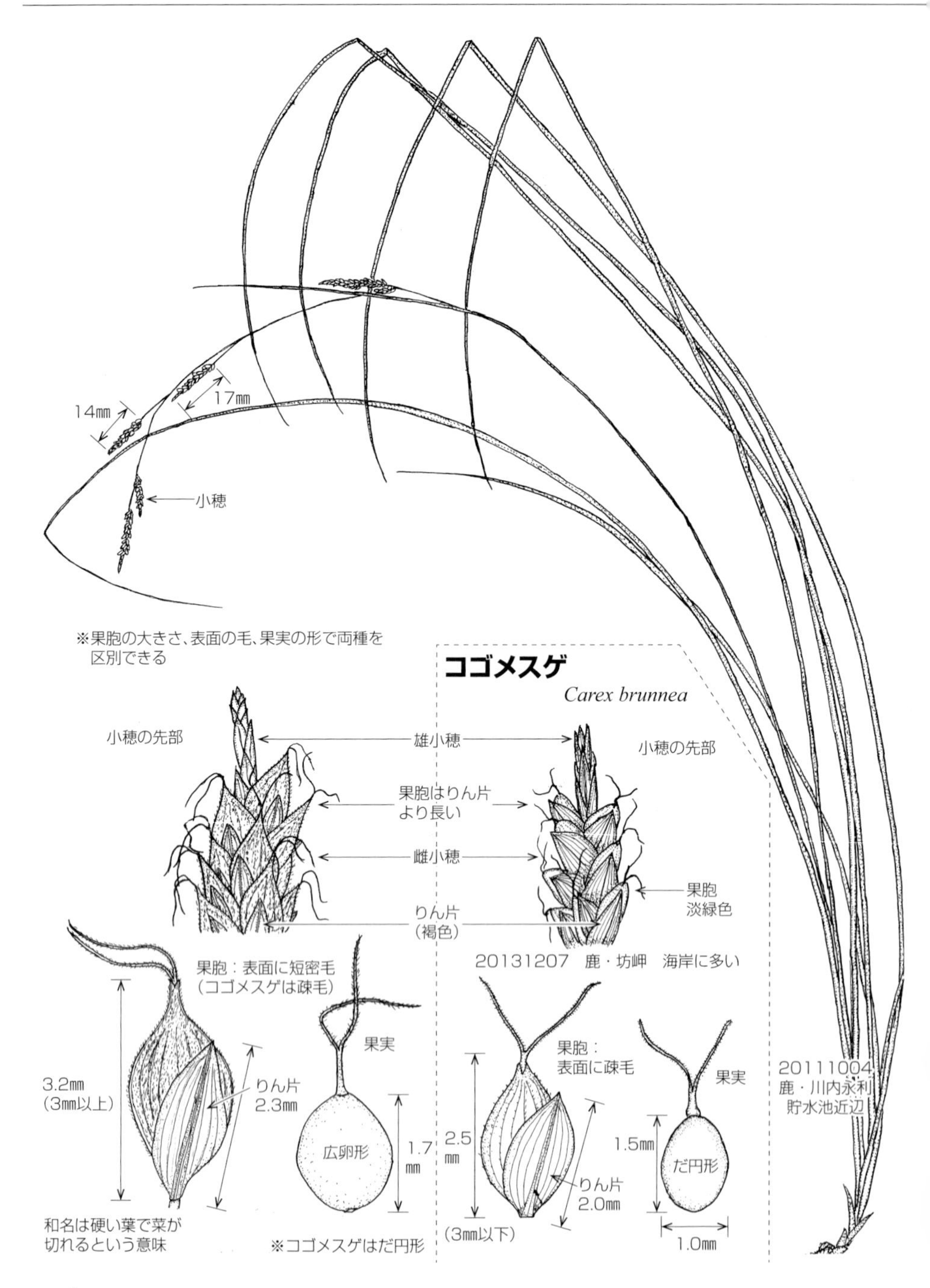

分布　九・目……各県（南は屋　種　宝　南限）
　　　鹿・目……大口布計　阿久根　紫尾山　上伊院　鹿児島城山　猿ヶ城　種　尾　宝

ハマアオスゲ ［カヤツリグサ科　スゲ属］　*Carex fibrillosa*

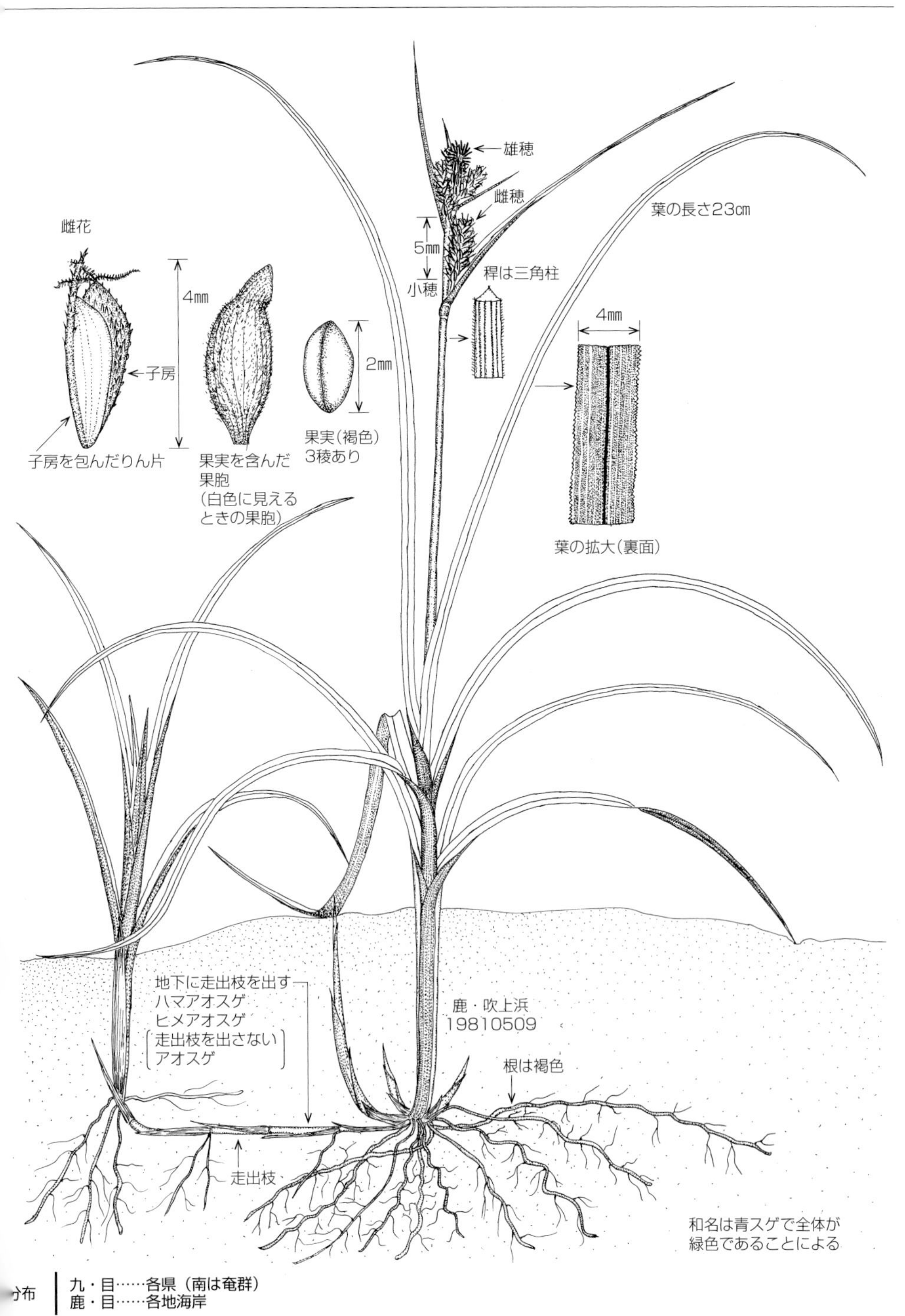

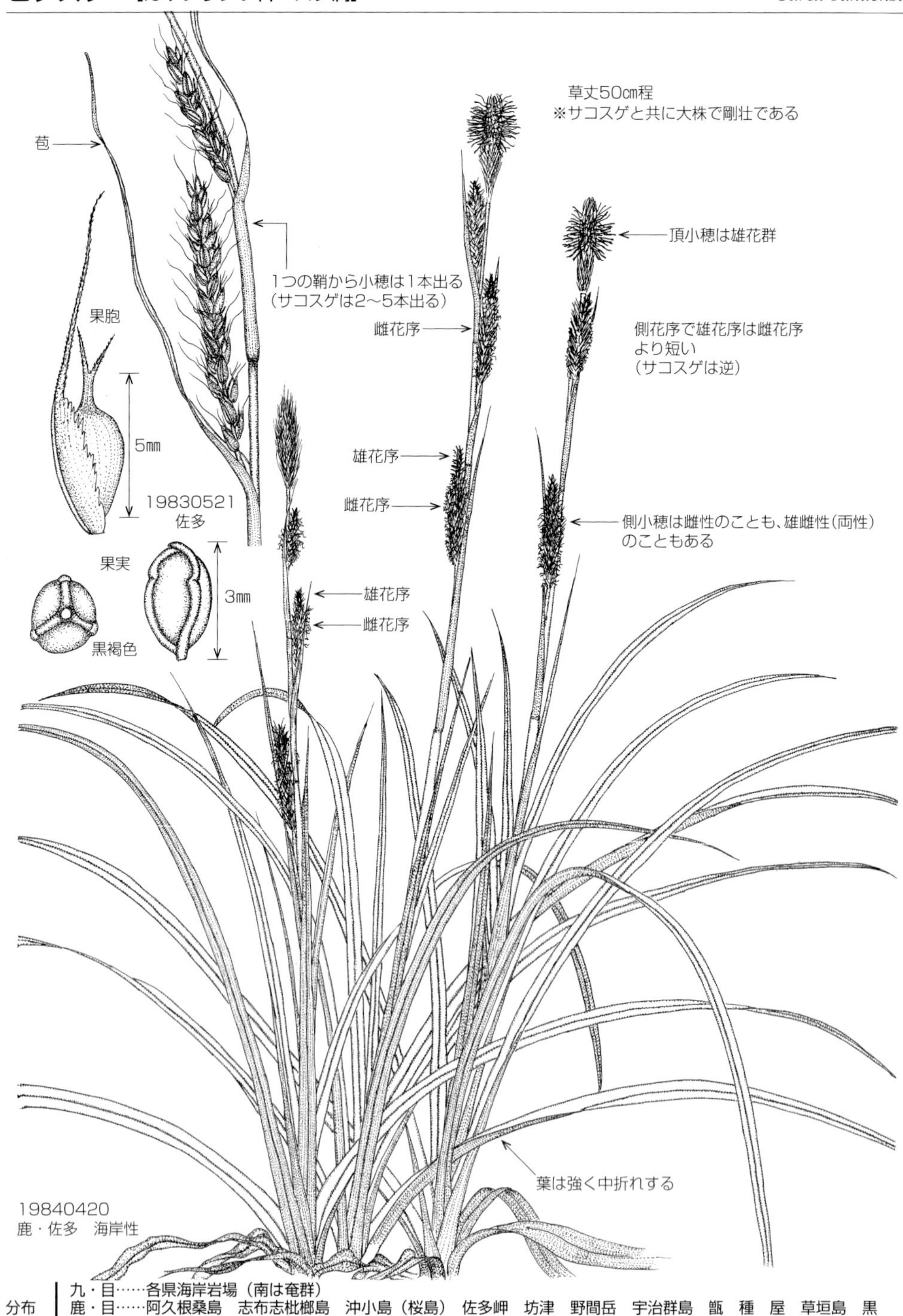

ヒメカンスゲ [カヤツリグサ科 スゲ属] *Carex conica*

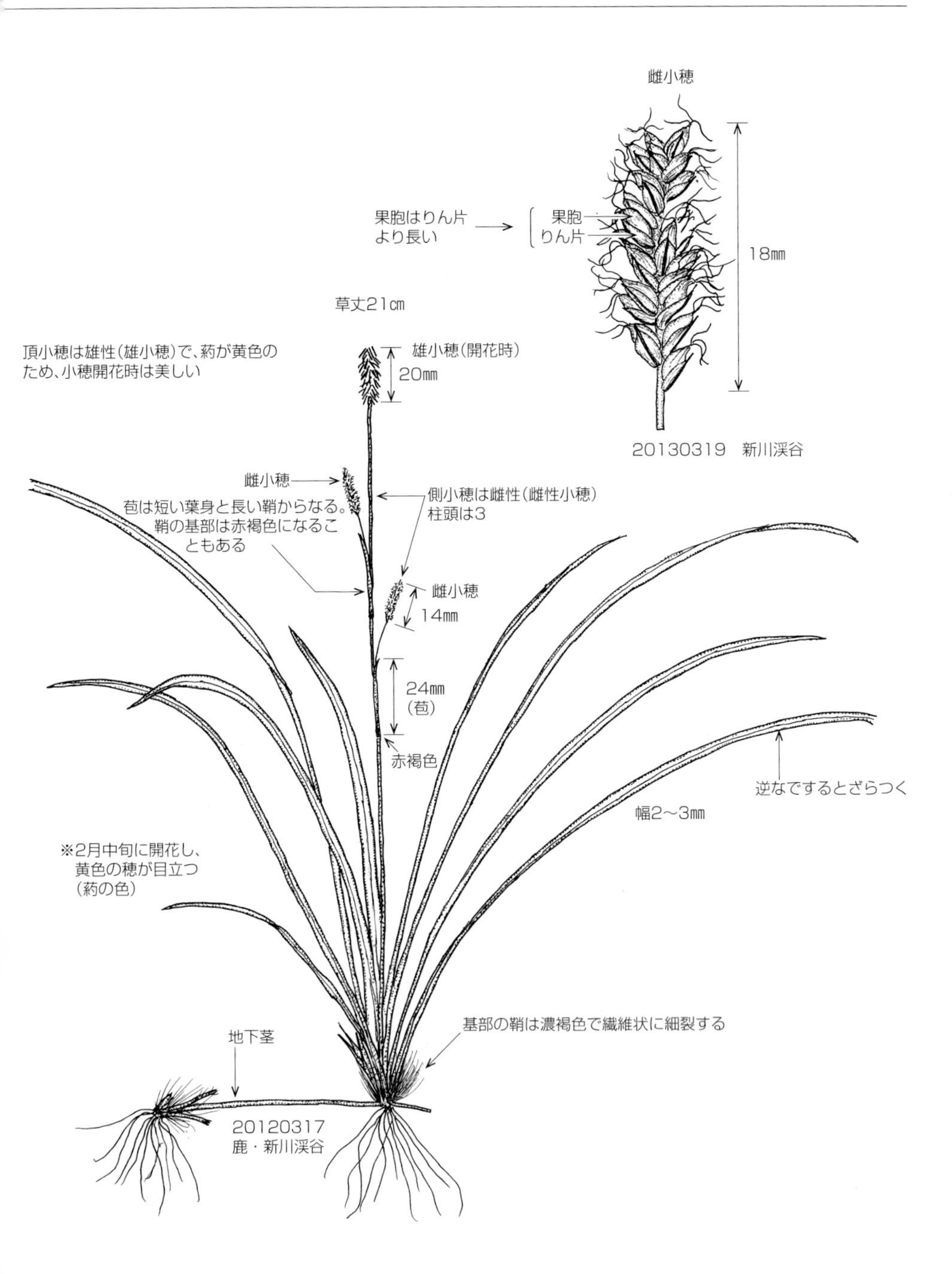

フサナキリスゲ　［カヤツリグサ科　スゲ属］　　*Carex scabriculmis*

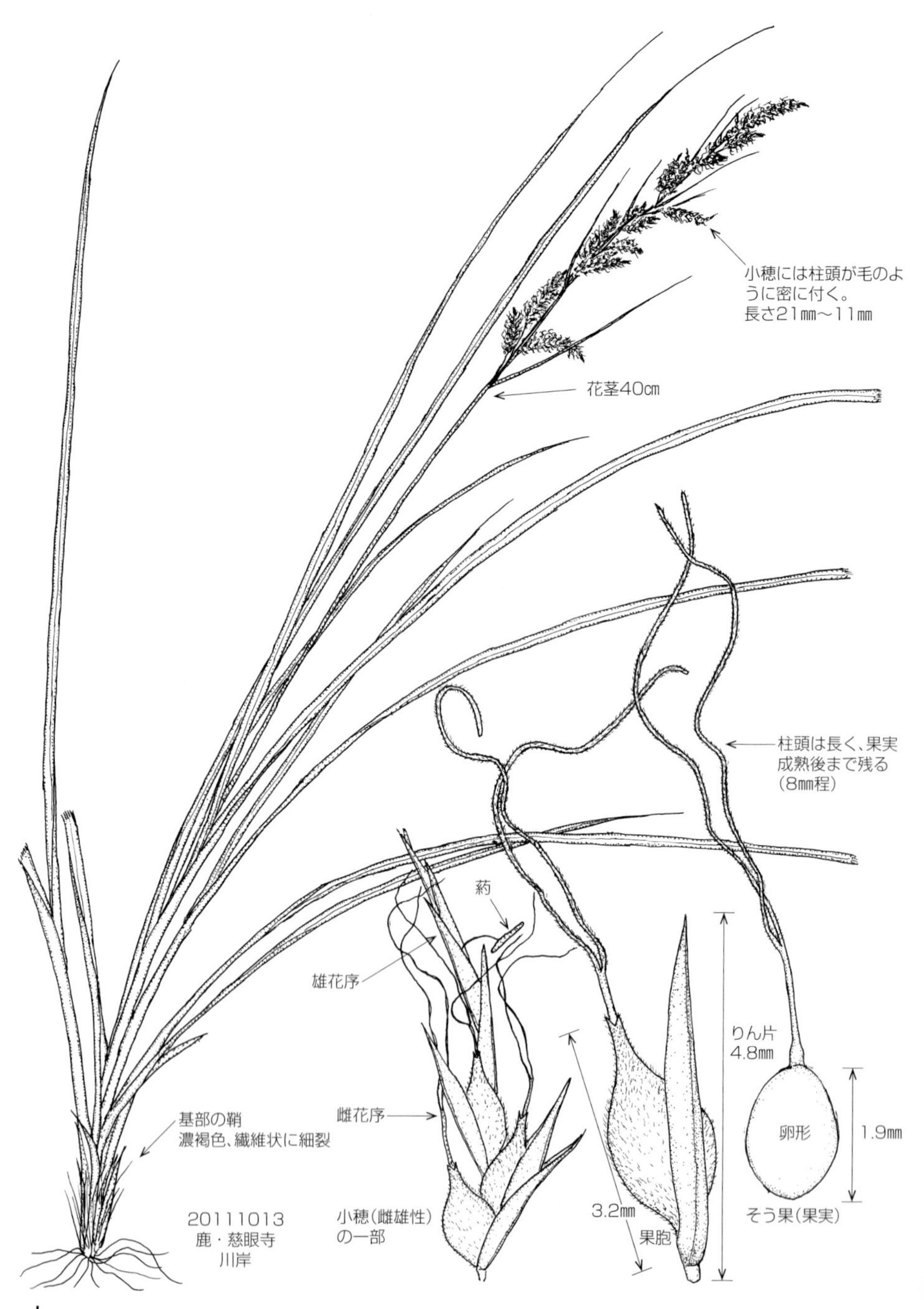

マツバスゲ [カヤツリグサ科　スゲ属]　　*Carex biwensis*

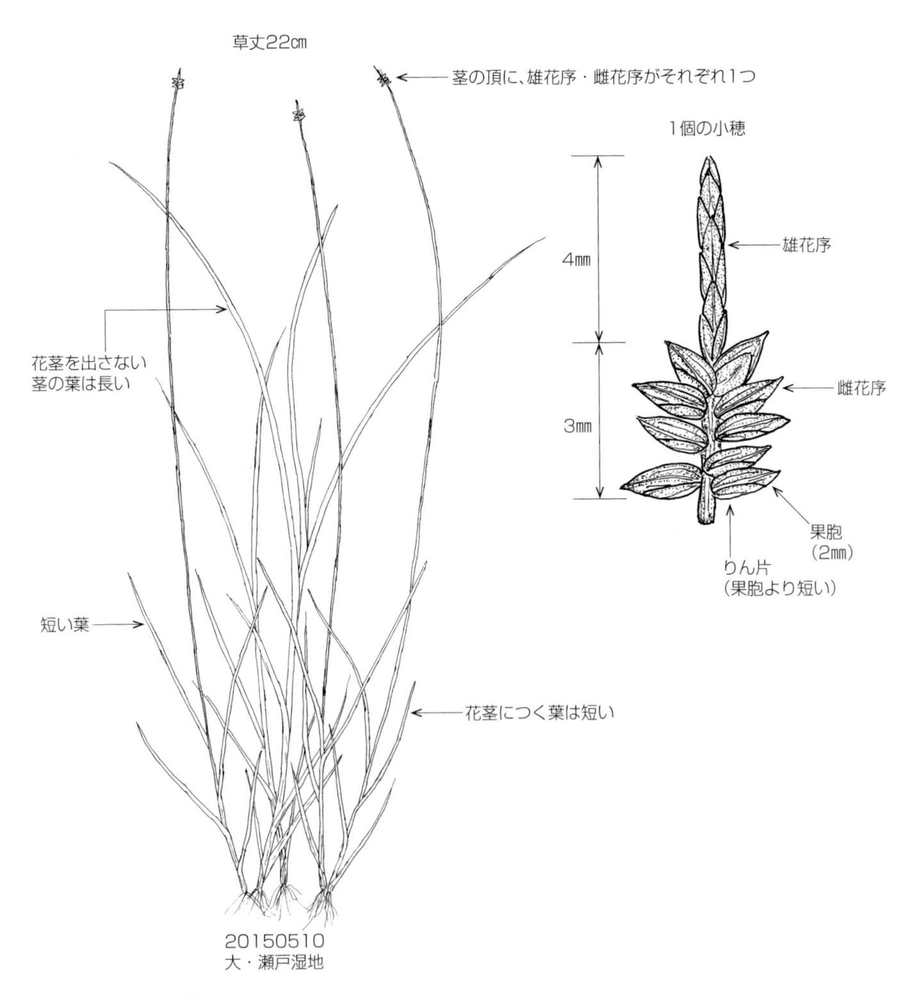

和名は花茎が松葉のように見えることによる

分布　九・目……各県　対馬（南は鹿の藺牟田池　熊ヶ岳　屋　南限　西は宮の山之口の三股・細目川以北）
　　　鹿・目……霧島山　大口（羽月　元古屋）　藺牟田池　大川原（熊ヶ岳）　屋

ヒトモトススキ　［カヤツリグサ科　ヒトモトススキ属］　*Cladium chinens*

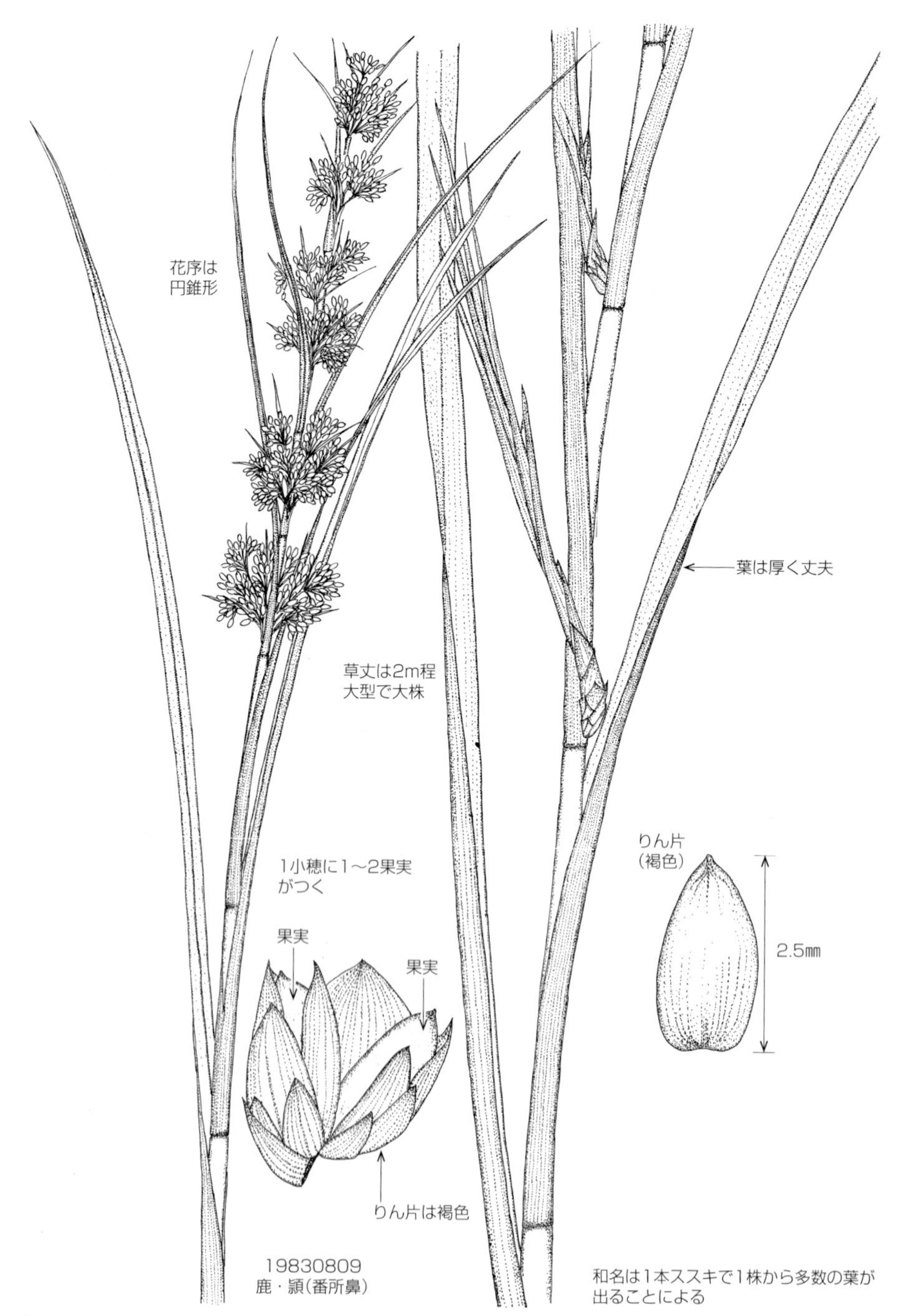

分布
九・目……各県　沿岸地（南は奄群）
鹿・目……甑　県本土中部以南　種　屋　中　宝　奄大　徳

アイダクグ　［カヤツリグサ科　カヤツリグサ属］　*Cyperus brevifolius* var. *brevifolius*

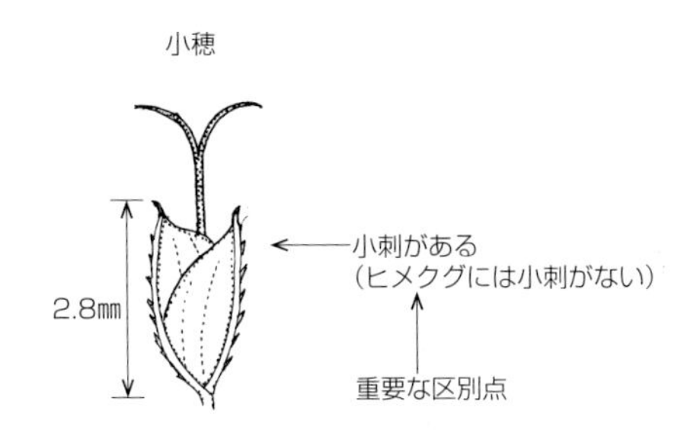

小穂

2.8㎜

小刺がある
（ヒメクグには小刺がない）

重要な区別点

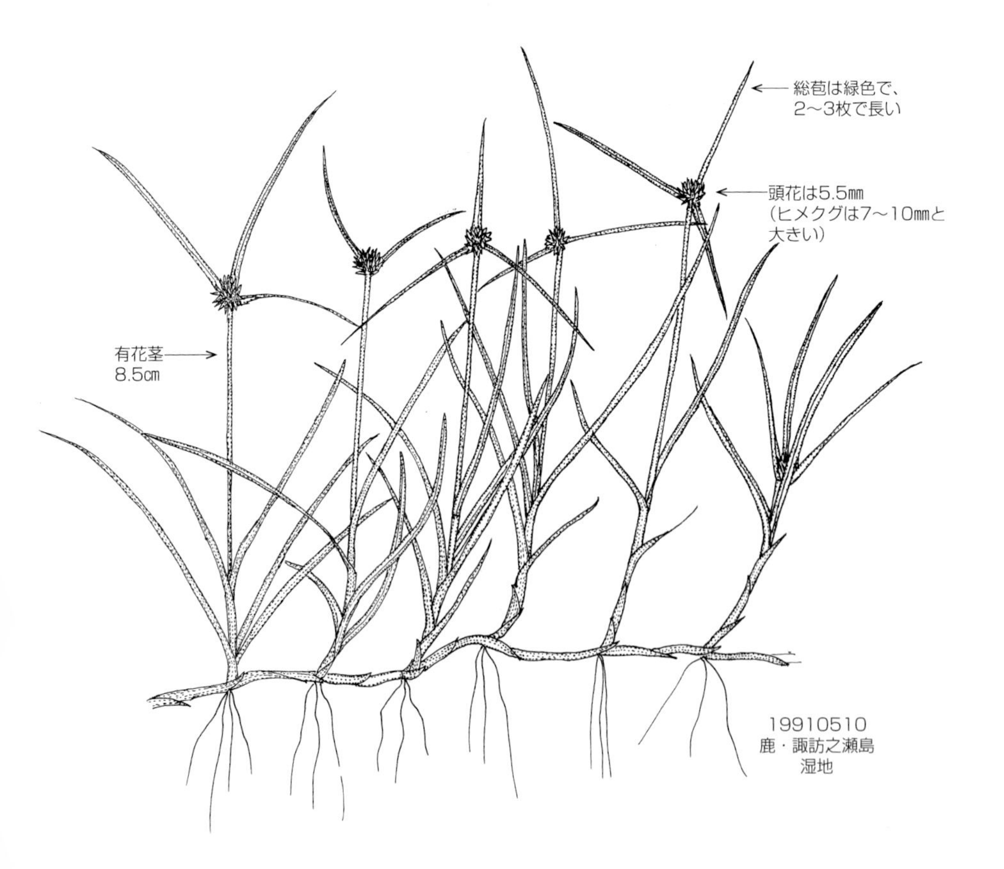

総苞は緑色で、2〜3枚で長い

頭花は5.5㎜
（ヒメクグは7〜10㎜と大きい）

有花茎　8.5㎝

19910510
鹿・諏訪之瀬島
湿地

分布
九・目……各県（南は奄群）
鹿・目……県本土中部以南

アゼガヤツリ　[カヤツリグサ科　カヤツリグサ属]　*Cyperus flavidus*

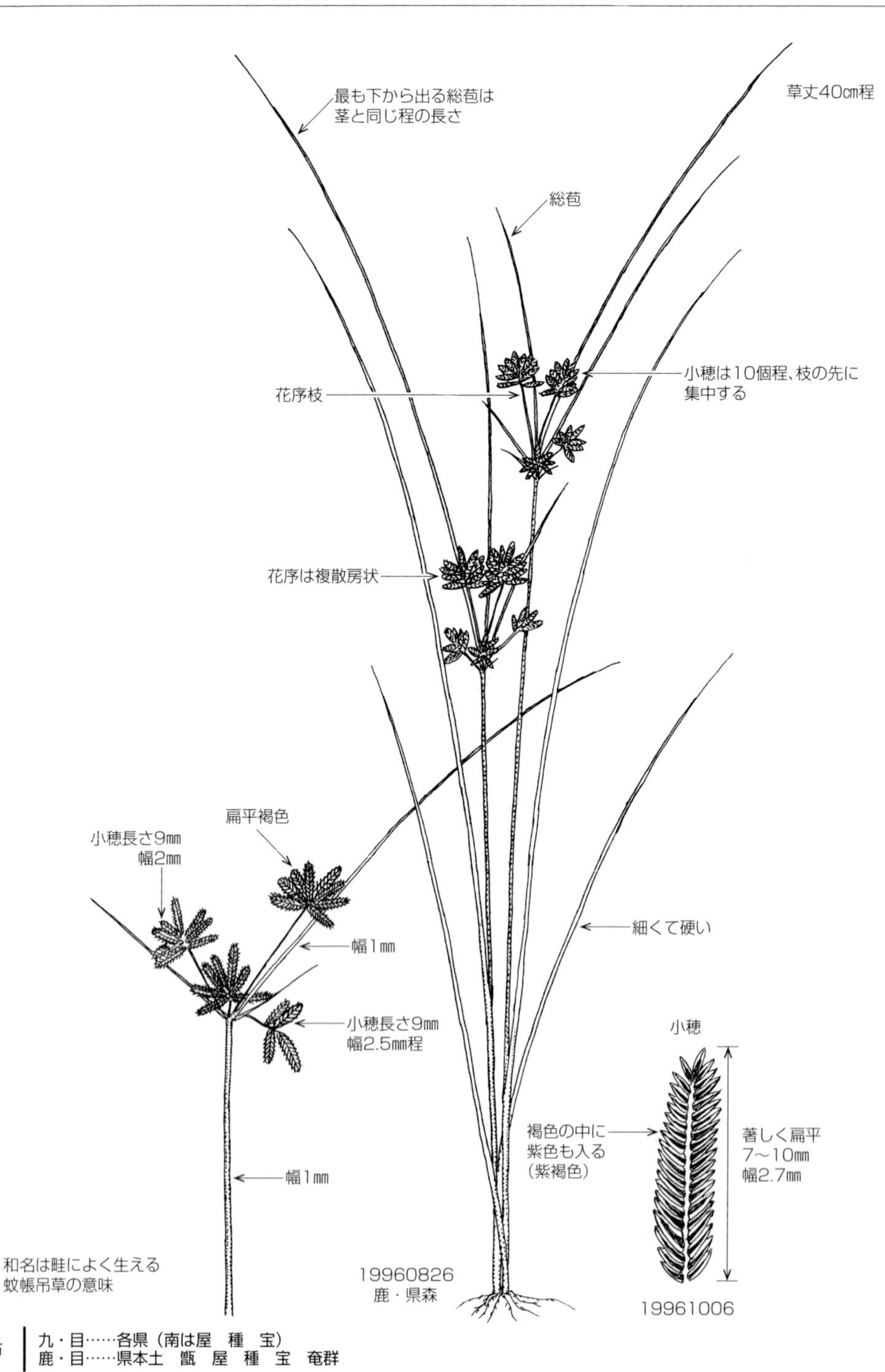

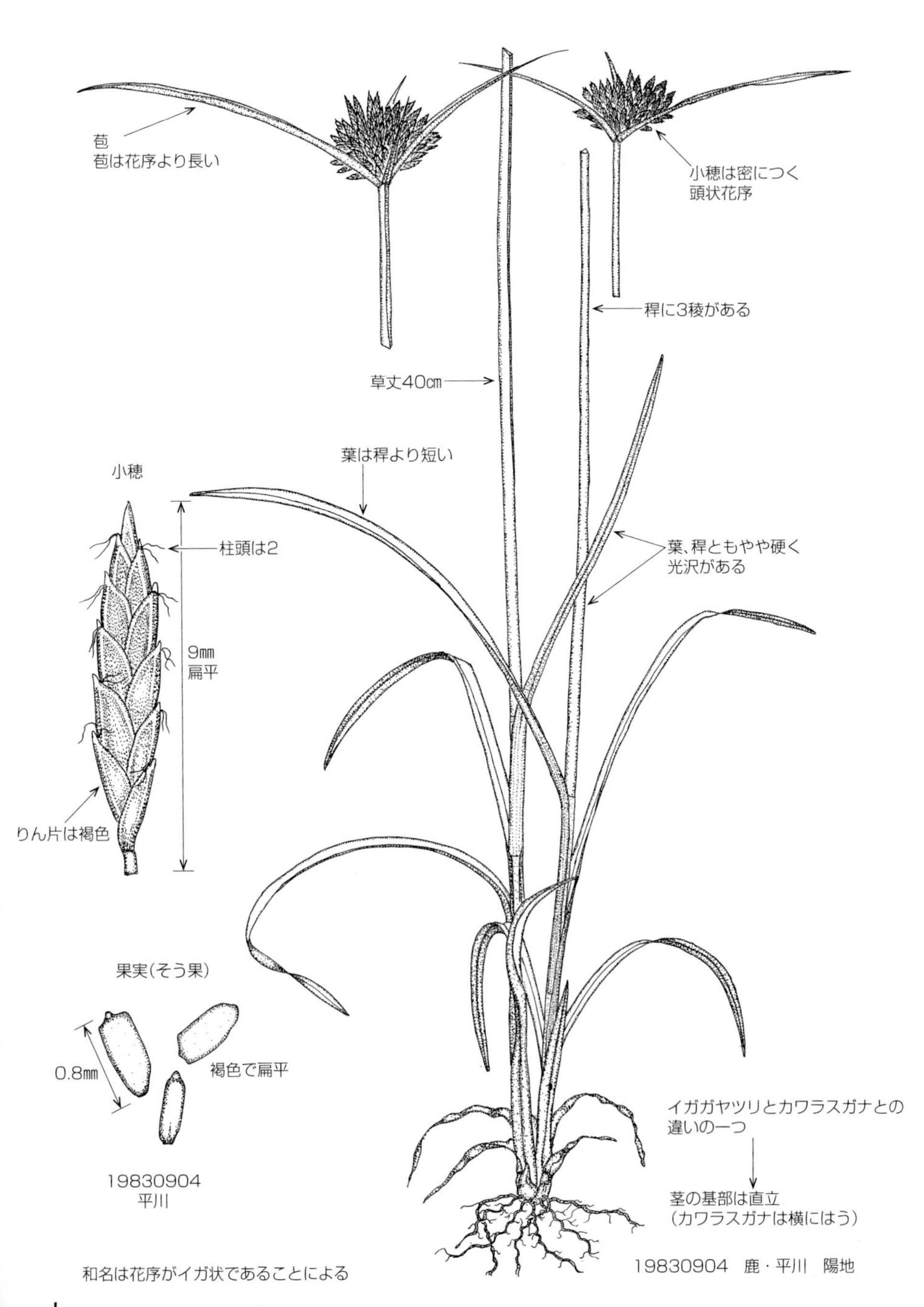

イヌクグ（クグ） ［カヤツリグサ科　カヤツリグサ属］　　　*Cyperus cyperoide*

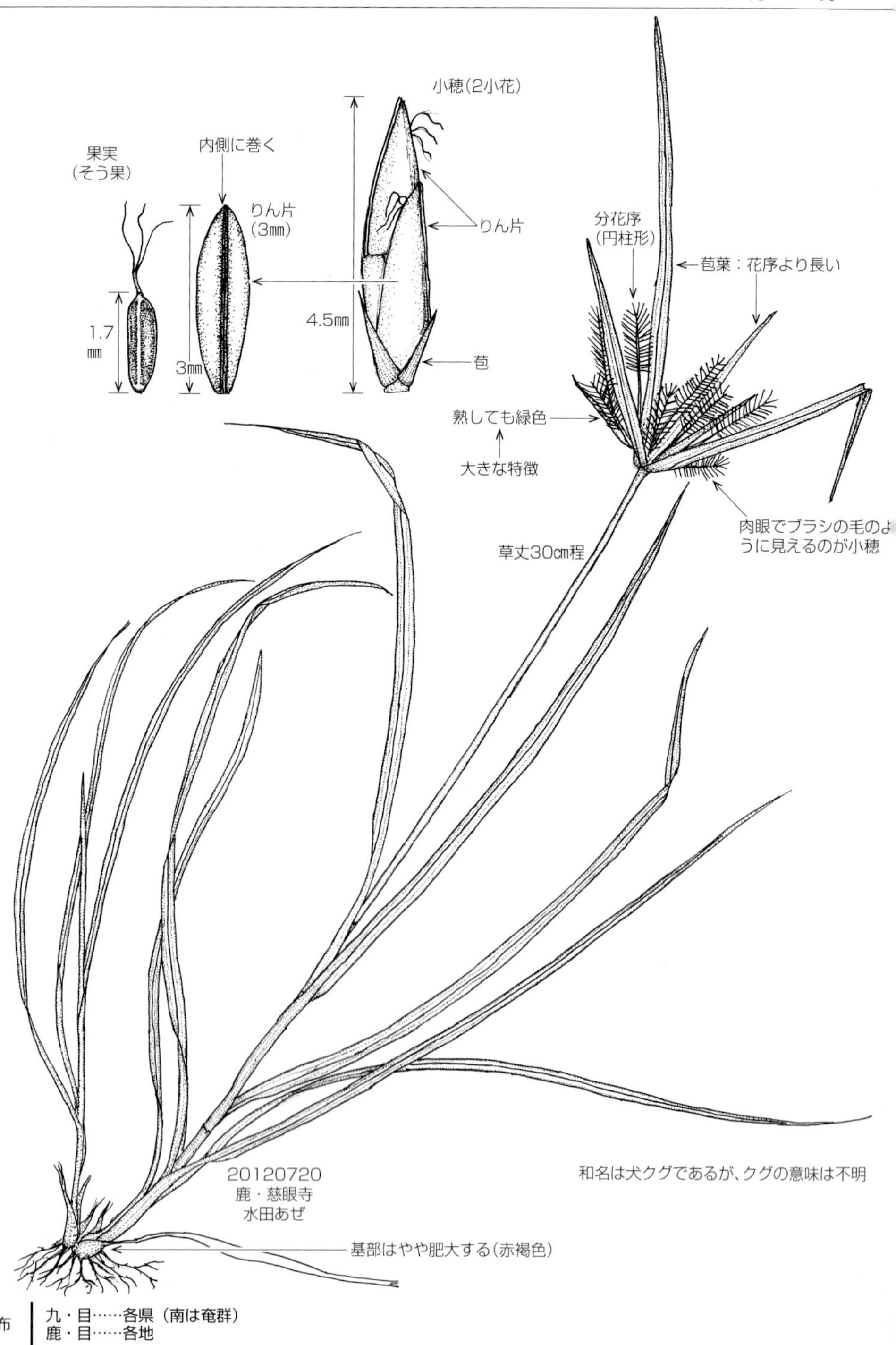

カヤツリグサ　[カヤツリグサ科　カヤツリグサ属]　　*Cyperus microiria*

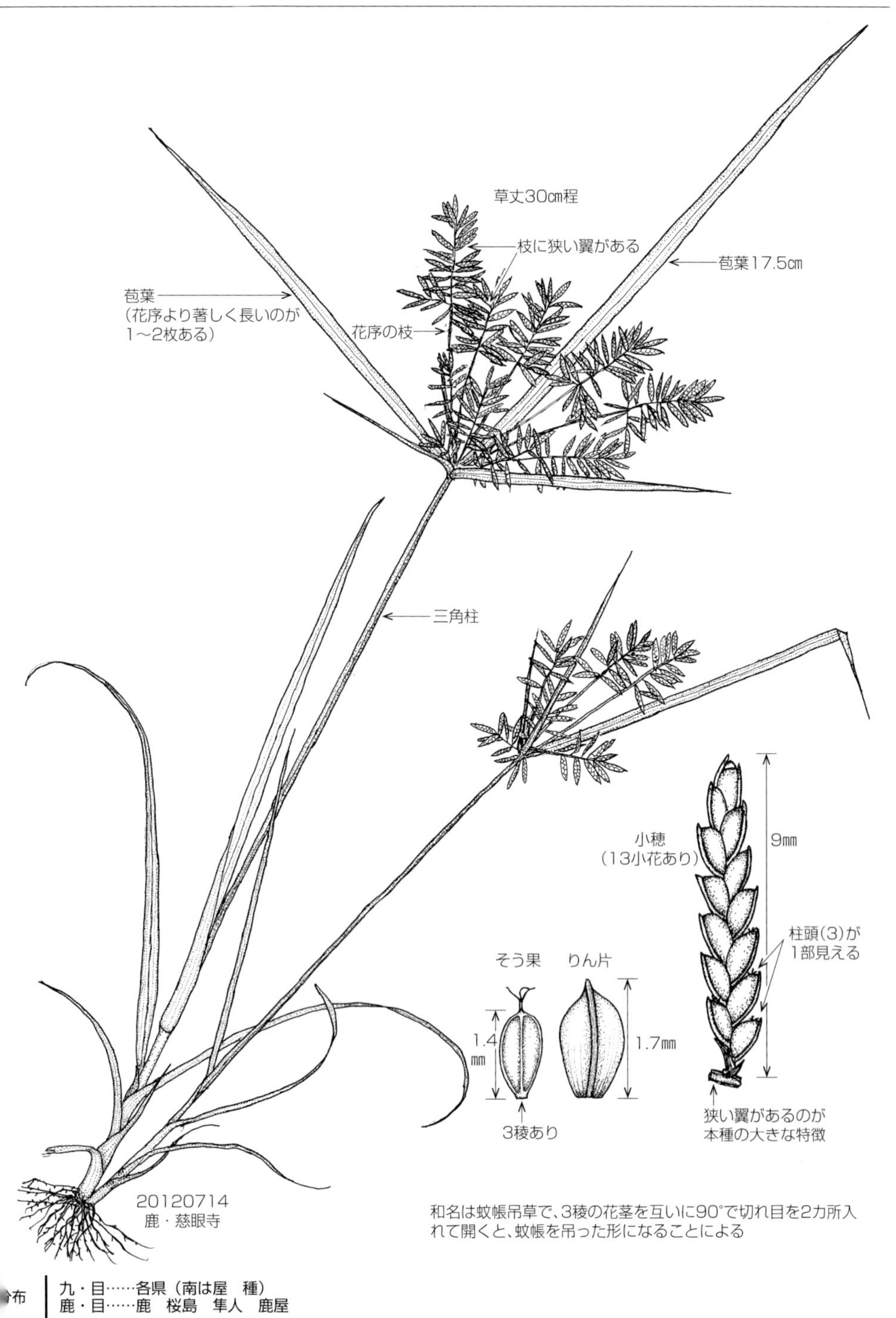

カワラスガナ　［カヤツリグサ科　カヤツリグサ属］　*Cyperus sanguinolentus*

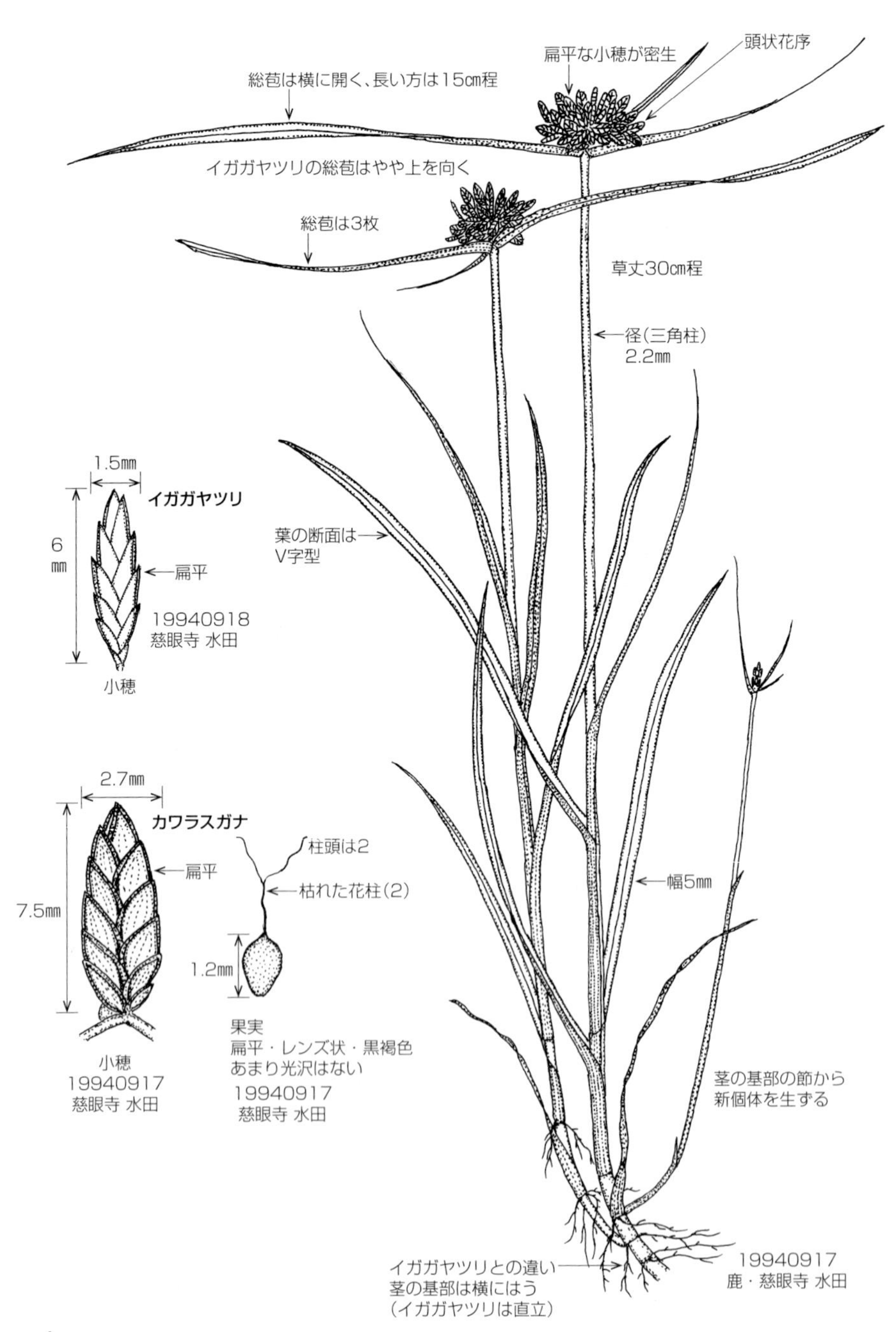

分布　九・目……各県（南は奄群）
　　　鹿・目……県本土　甑　屋　種　宝　奄群

フグガヤツリ [カヤツリグサ科　カヤツリグサ属]　　*Cyperus compressus*

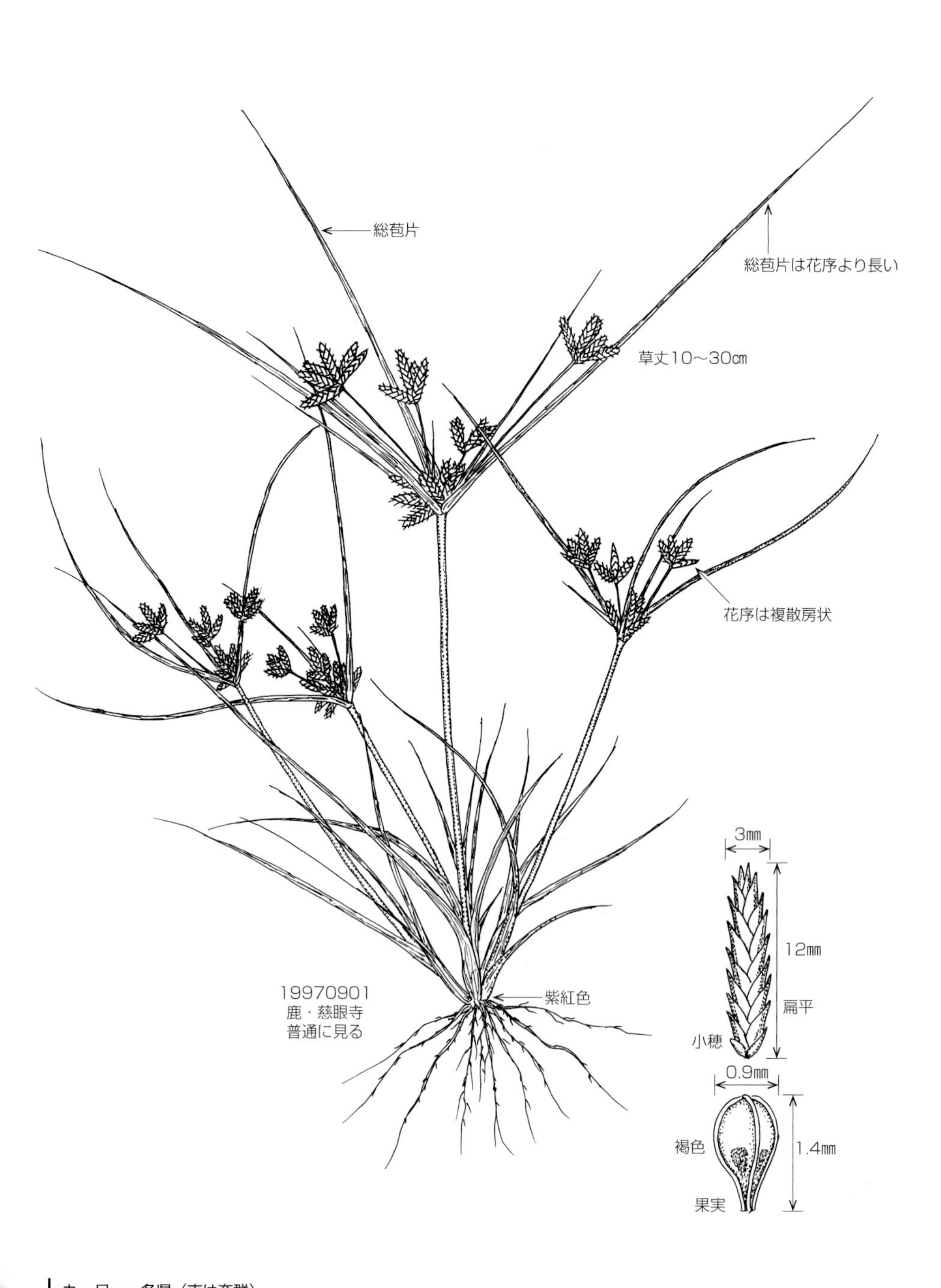

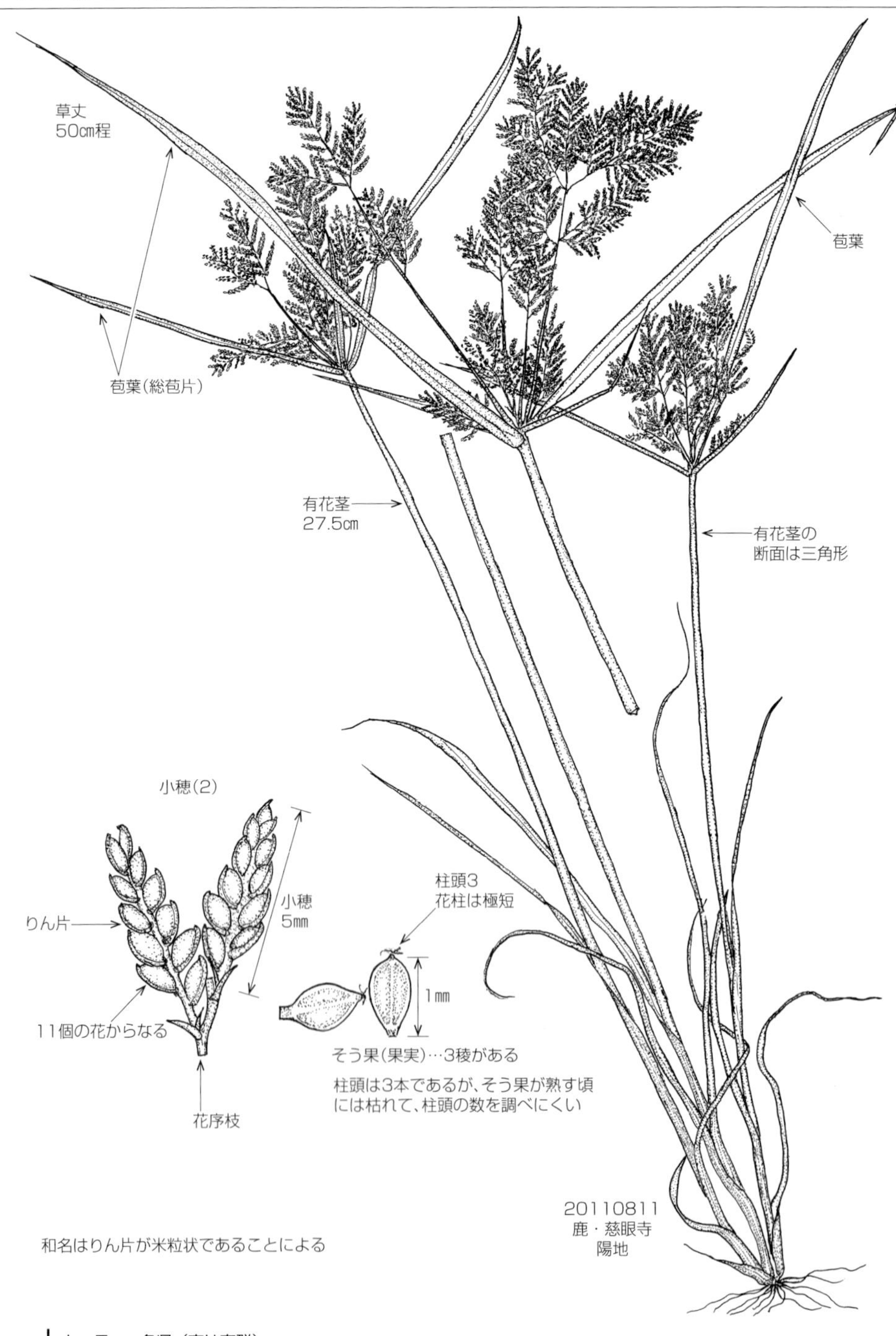

ンチトウ　[カヤツリグサ科　カヤツリグサ属]　　　　　　　　*Cyperus monophyllus*

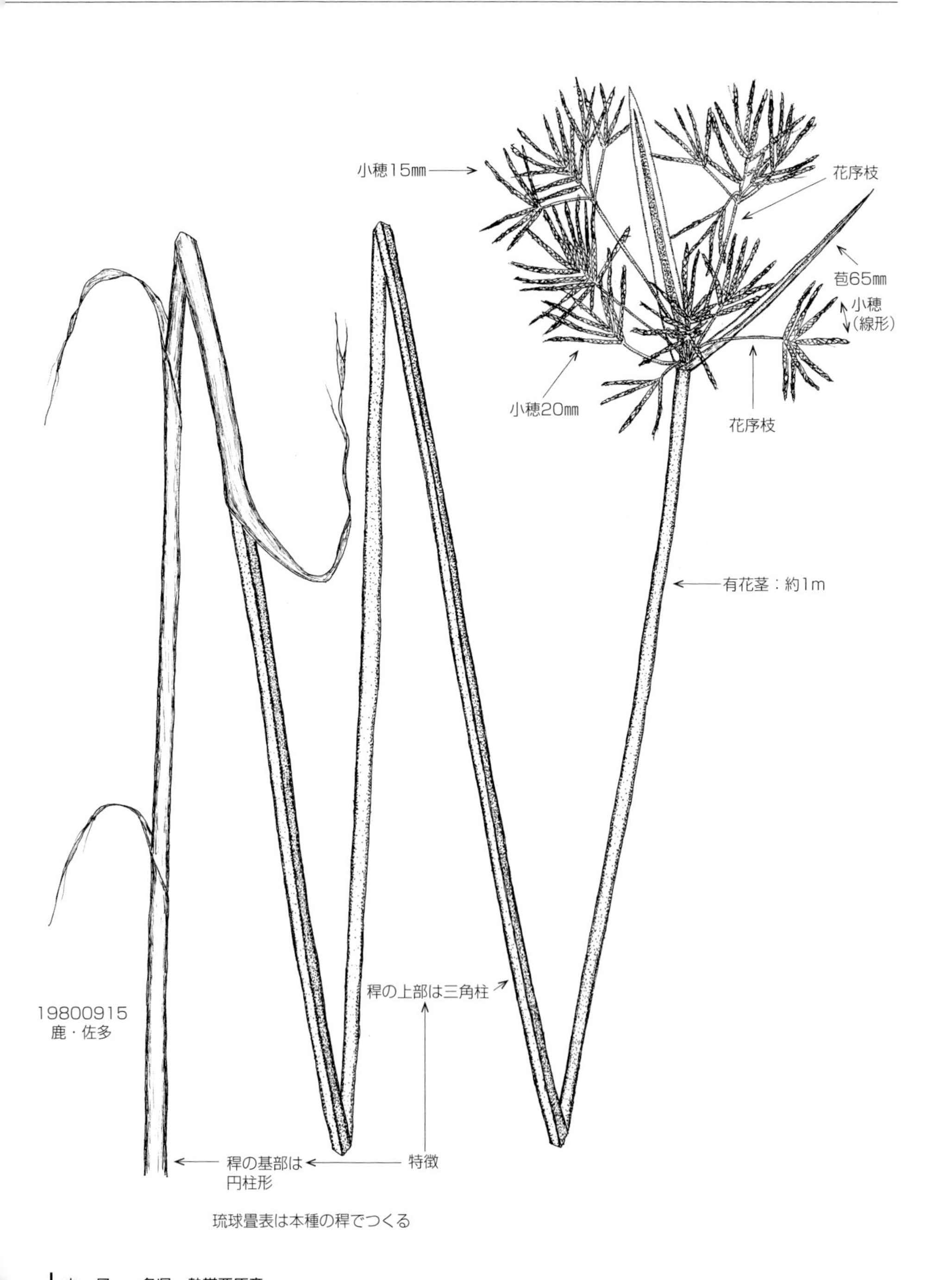

九・目……各県　熱帯亜原産
鹿・目……各地

シュロガヤツリ　[カヤツリグサ科　カヤツリグサ属]　*Cyperus alternifolius*

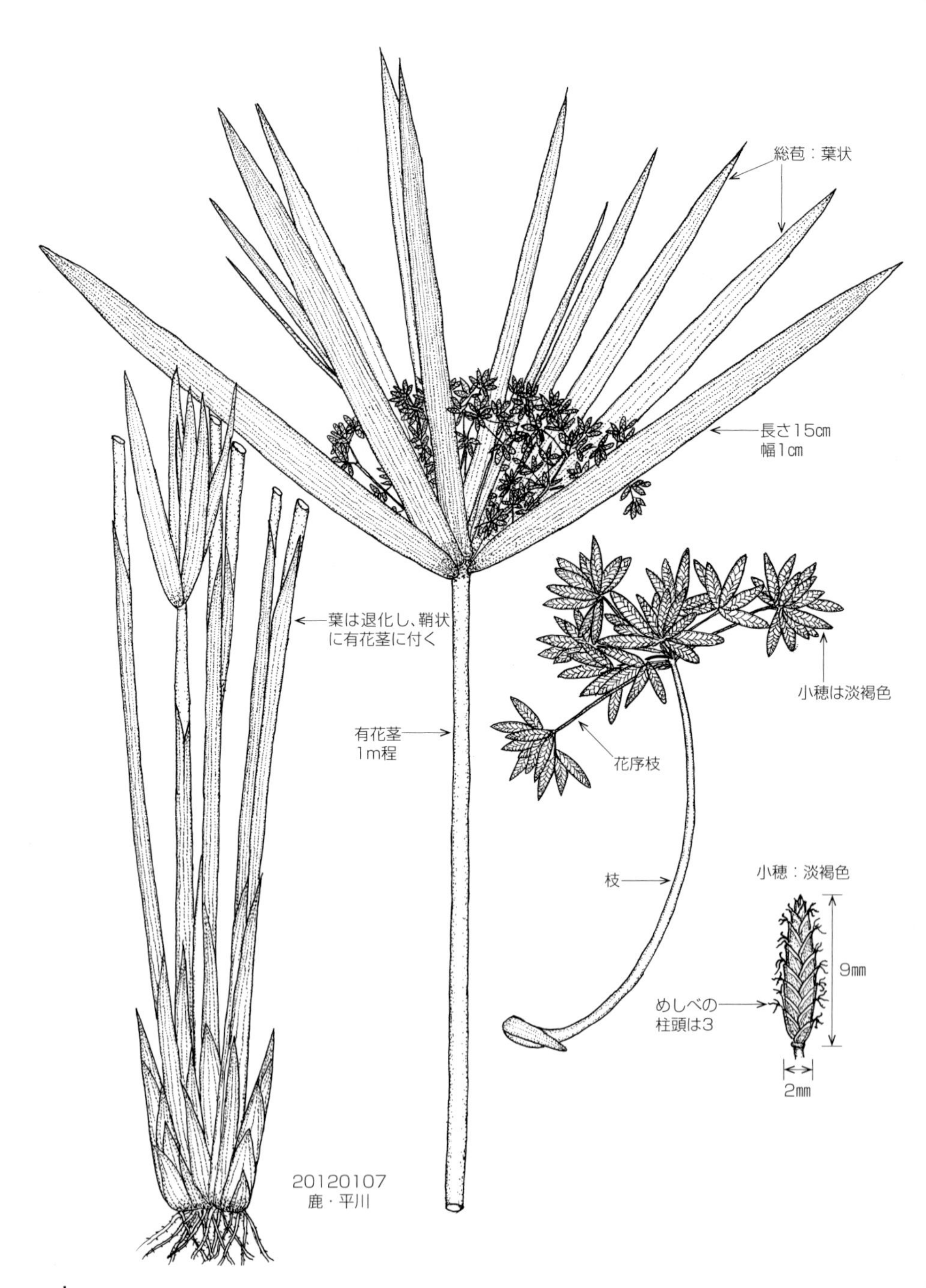

分布　九・目……鹿（県本土　屋　種　奄群　逸出または栽培　アフリカ原産）
　　　鹿・目……記載がない

タマガヤツリ　[カヤツリグサ科　カヤツリグサ属]　*Cyperus difformis*

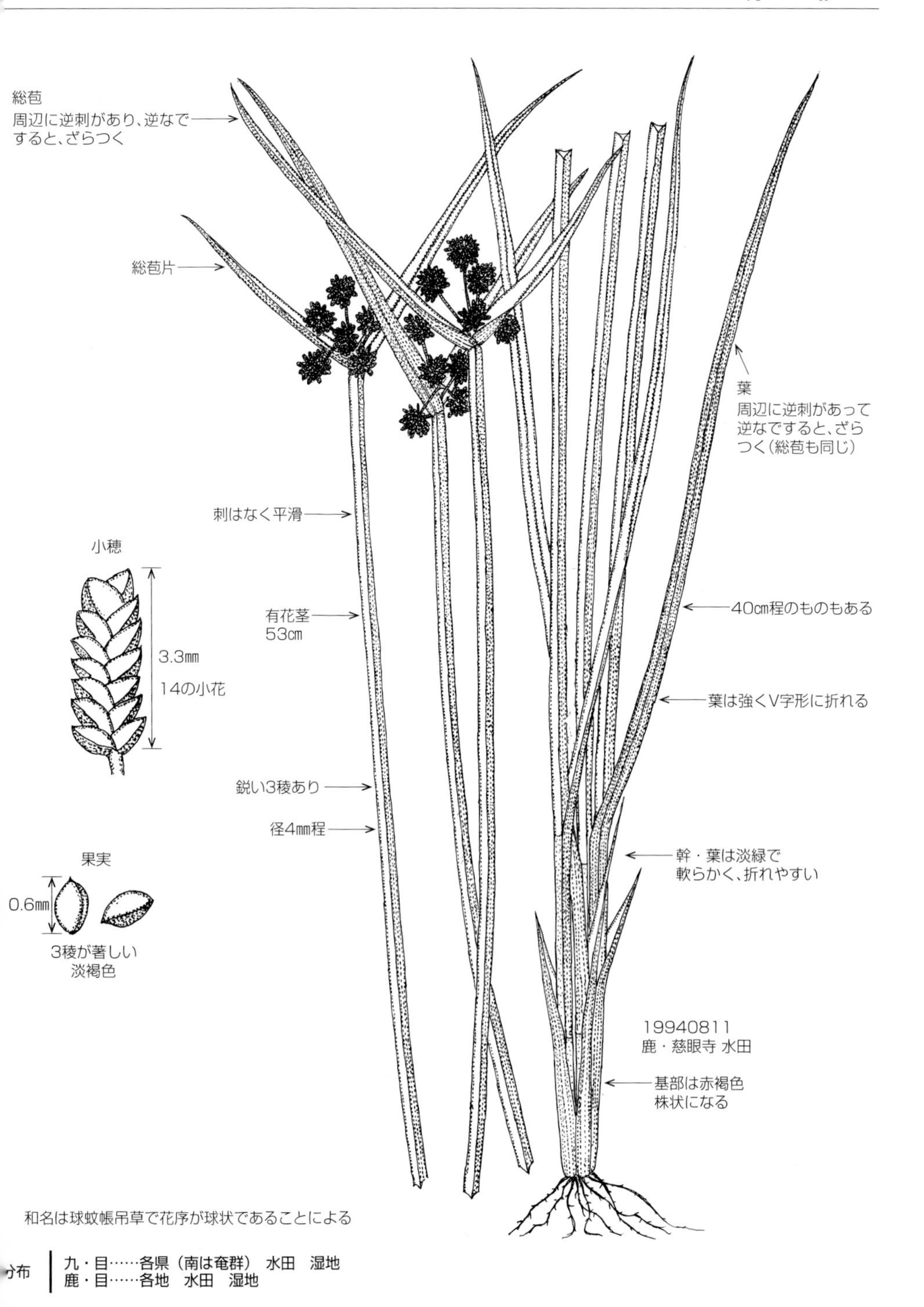

ハマスゲ ［カヤツリグサ科　カヤツリグサ属］　*Cyperus rotundus*

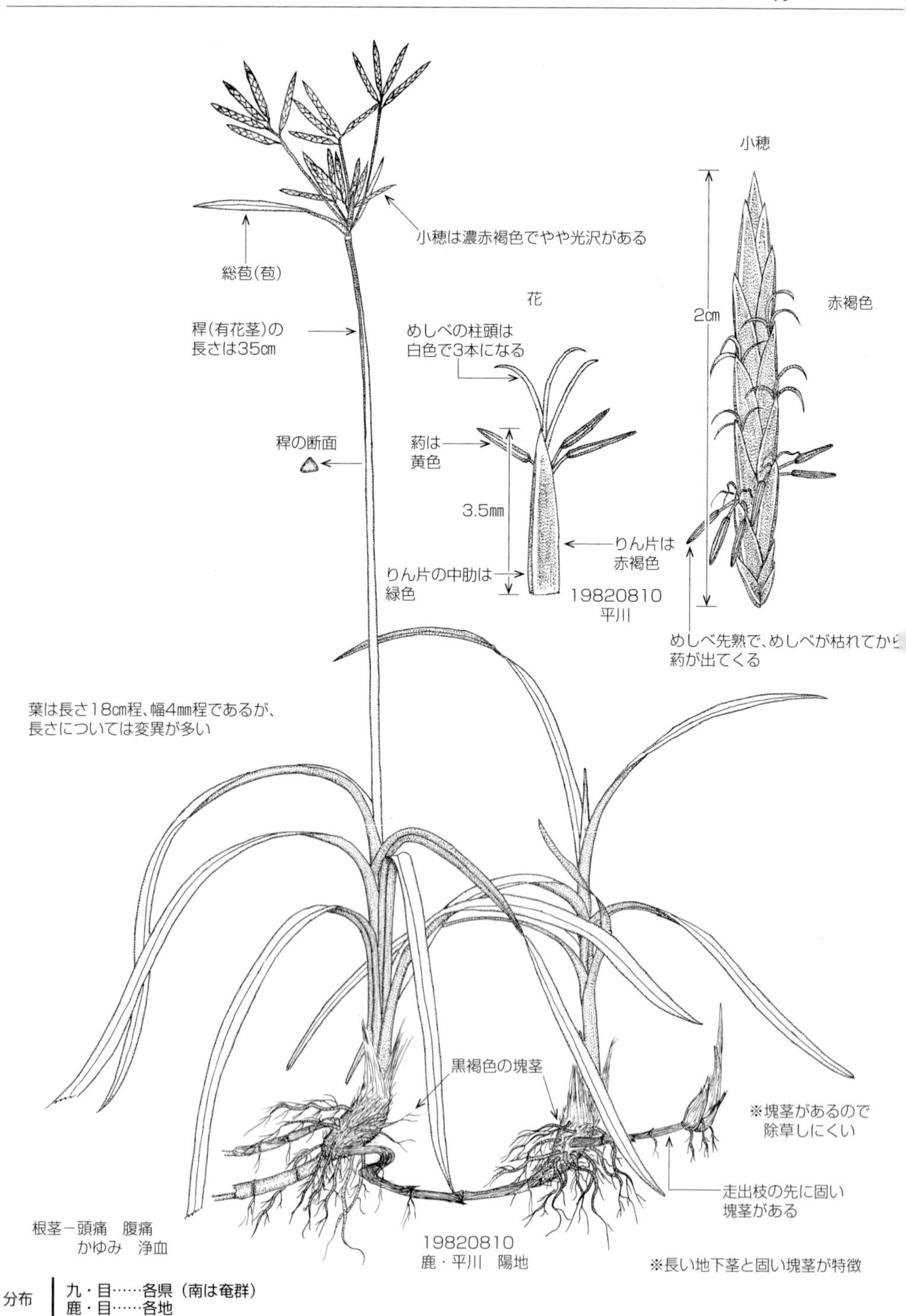

ヒナガヤツリ　[カヤツリグサ科　カヤツリグサ属]　　*Cyperus flaccidus*

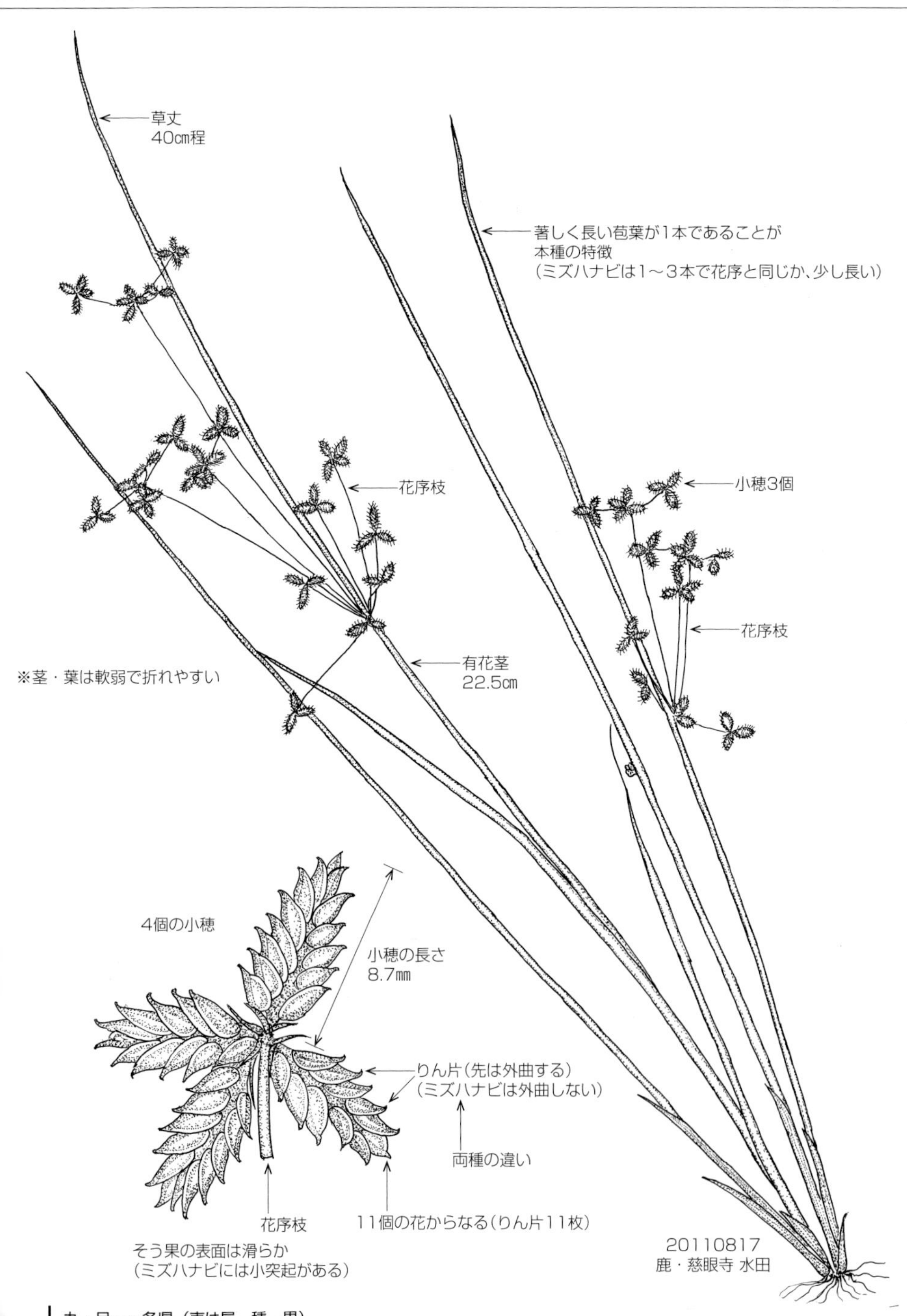

ミズガヤツリ（オオガヤツリ）　［カヤツリグサ科　カヤツリグサ属］　*Cyperus serotinus*

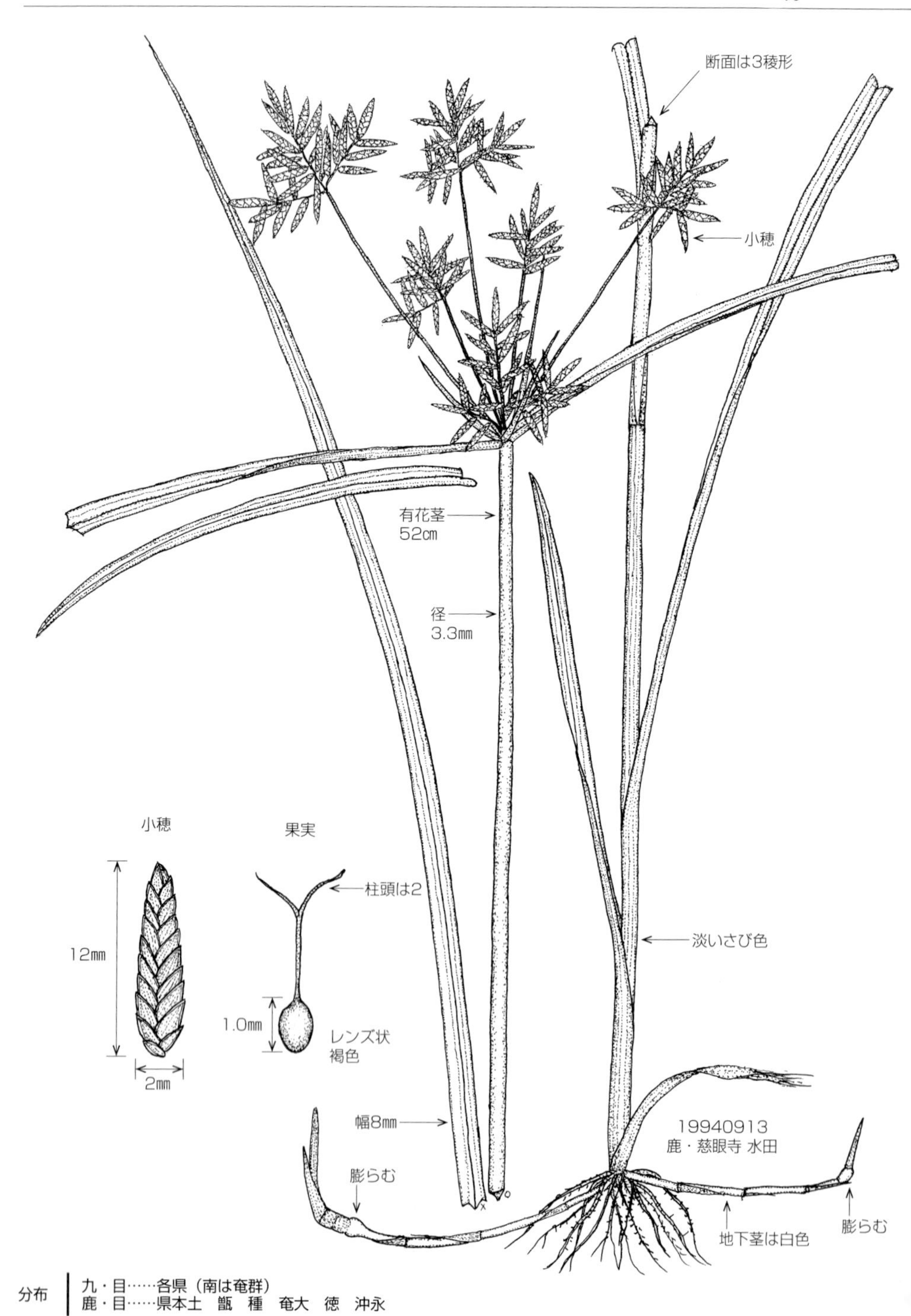

分布　｜九・目……各県（南は奄群）
　　　｜鹿・目……県本土　甑　種　奄大　徳　沖永

ミズハナビ（ヒメガヤツリ）　[カヤツリグサ科　カヤツリグサ属]　　*Cyperus tenuispica*

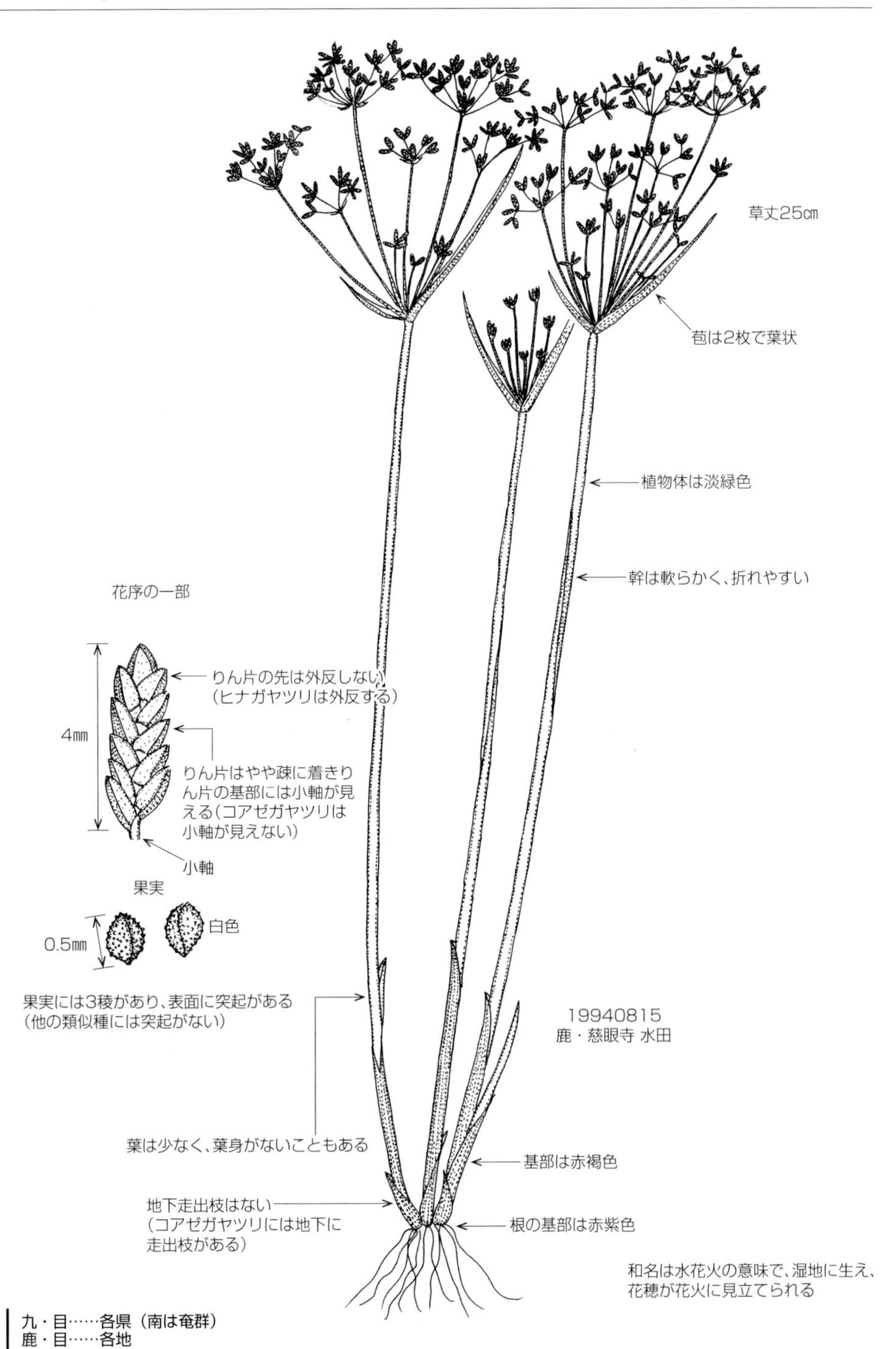

オオハリイ ［カヤツリグサ科　ハリイ属］　*Eleocharis congesta*

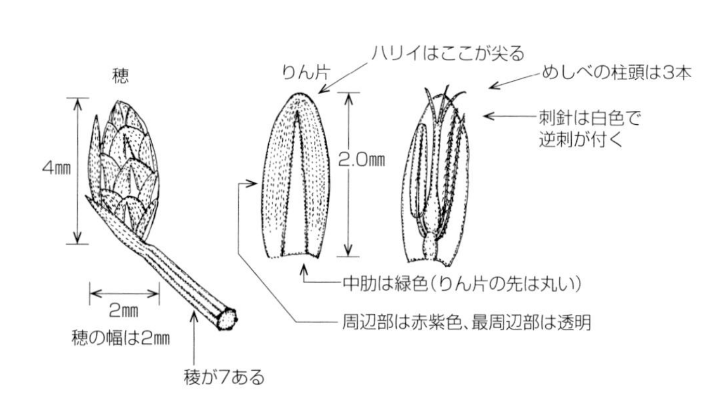

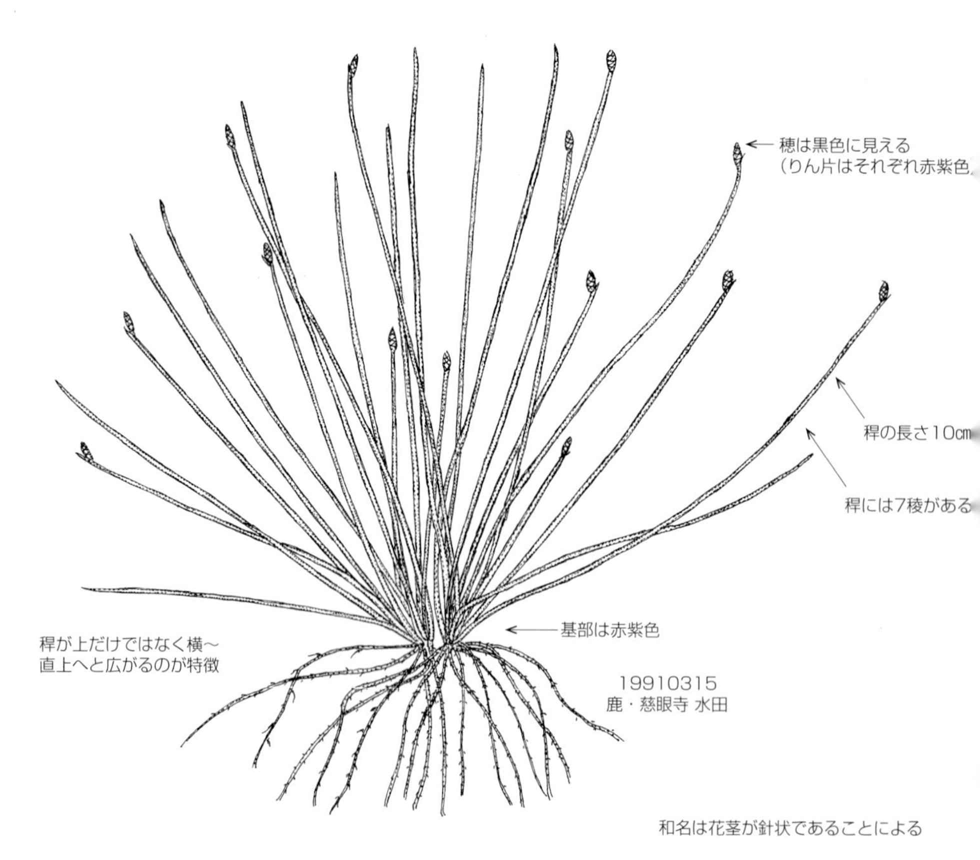

和名は花茎が針状であることによる

分布　九・目……福（稍稀）　大（稀）　熊（稀）　宮（各地点在）　鹿
　　　鹿・目……県本土　種　口永　口之　中　諏　宝　奄大　徳　与

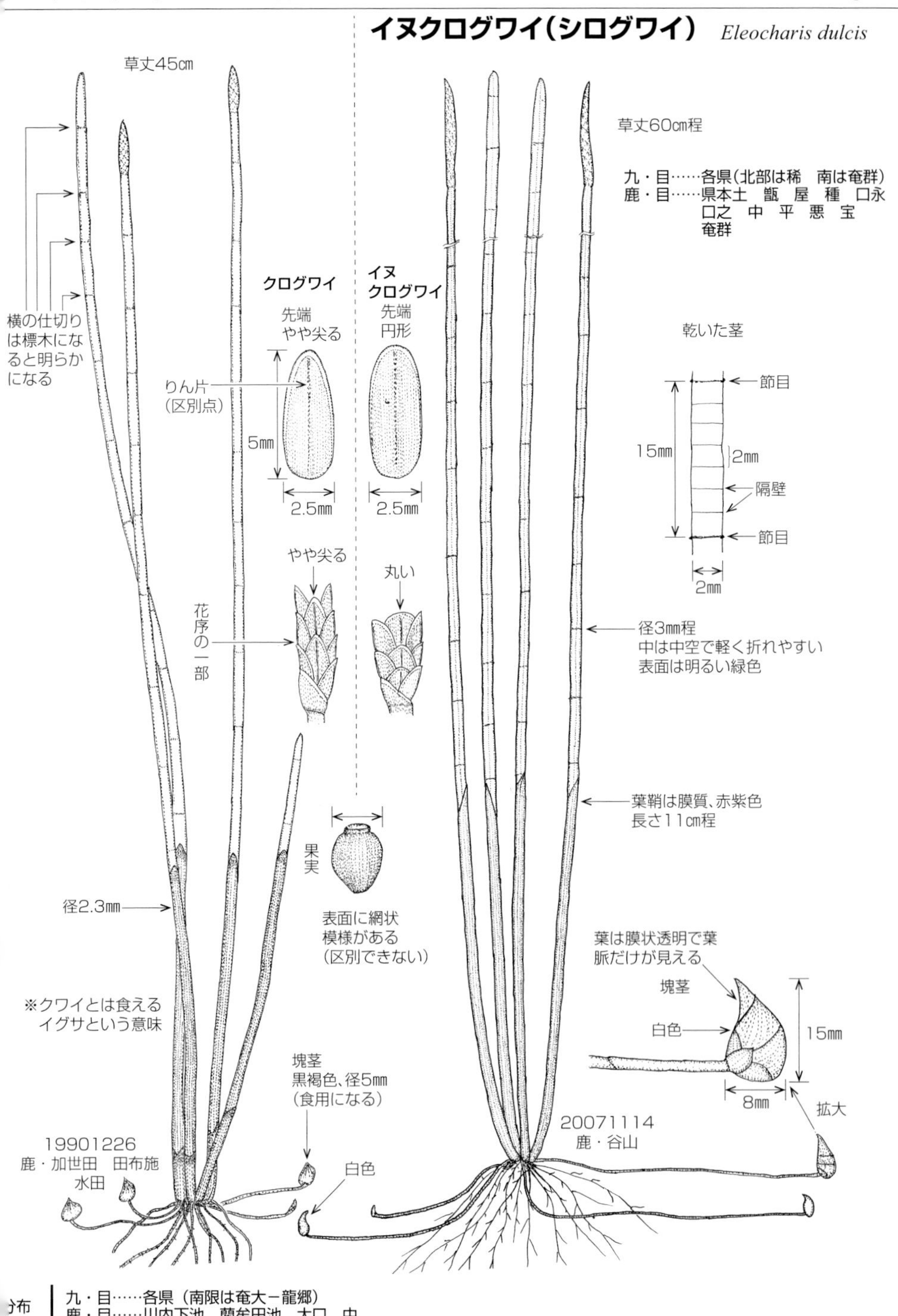

チャボイ　[カヤツリグサ科　ハリイ属]　*Eleocharis parvula*

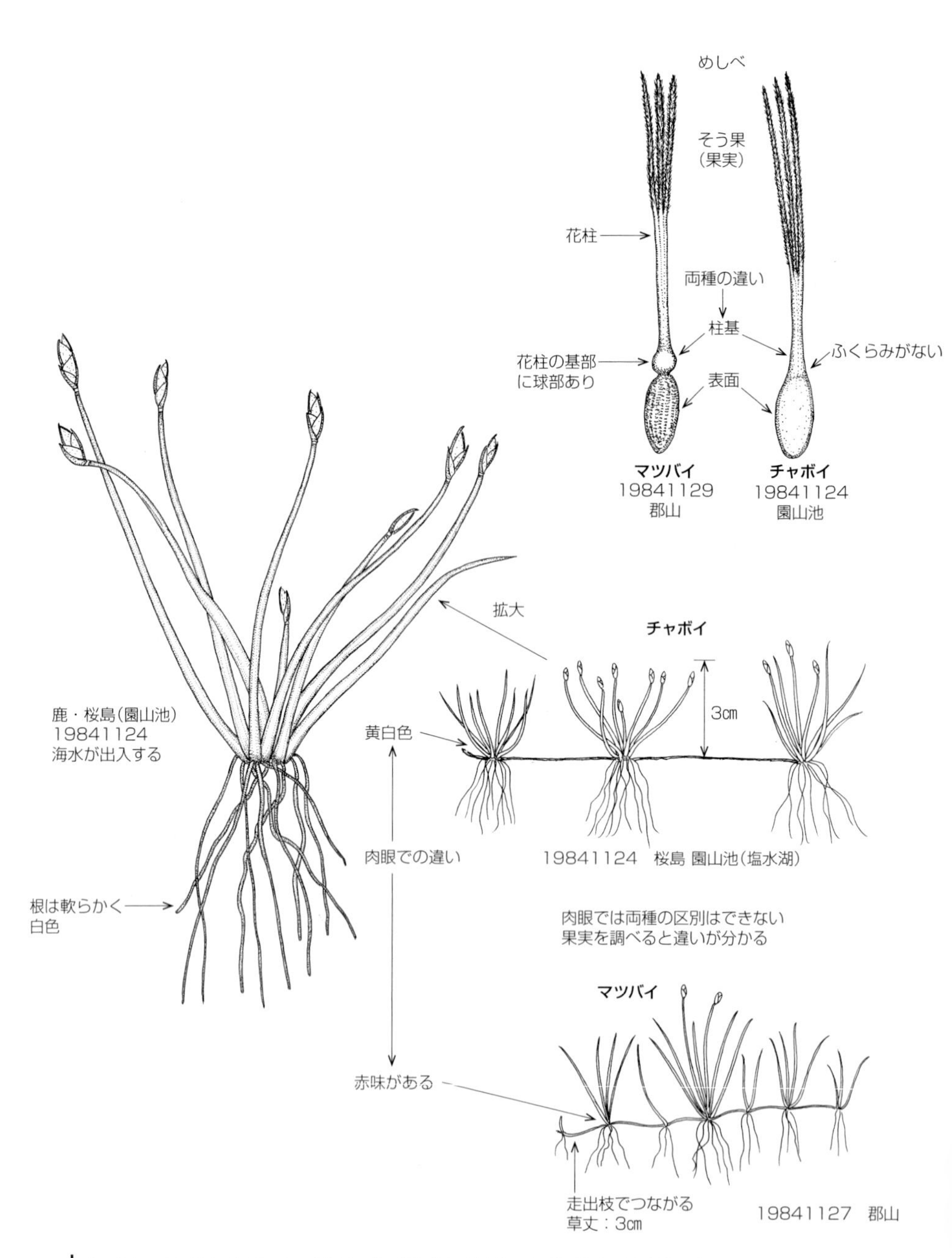

分布　九・目……福（福－今津）　長（対馬）　佐（伊万里－楠久）　宮（佐土原－富田浜）　鹿
　　　鹿・目……荒崎　隼人　桜島園山池　海岸湿地

ハリイ ［カヤツリグサ科　ハリイ属］　　　*Eleocharis pellucida*

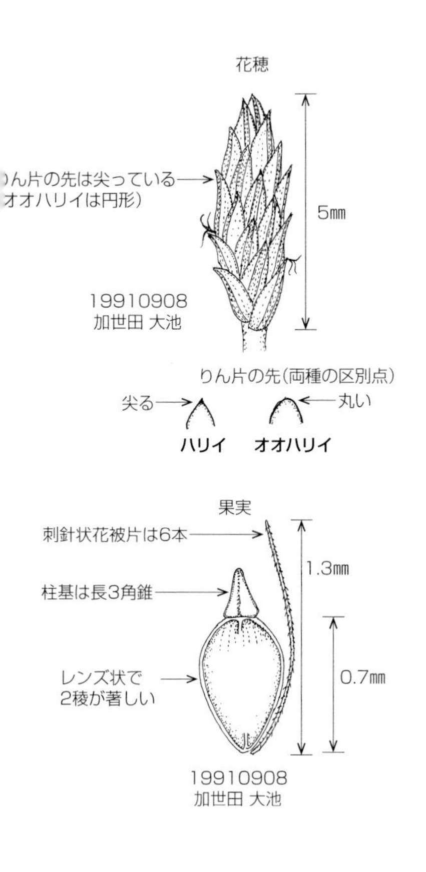
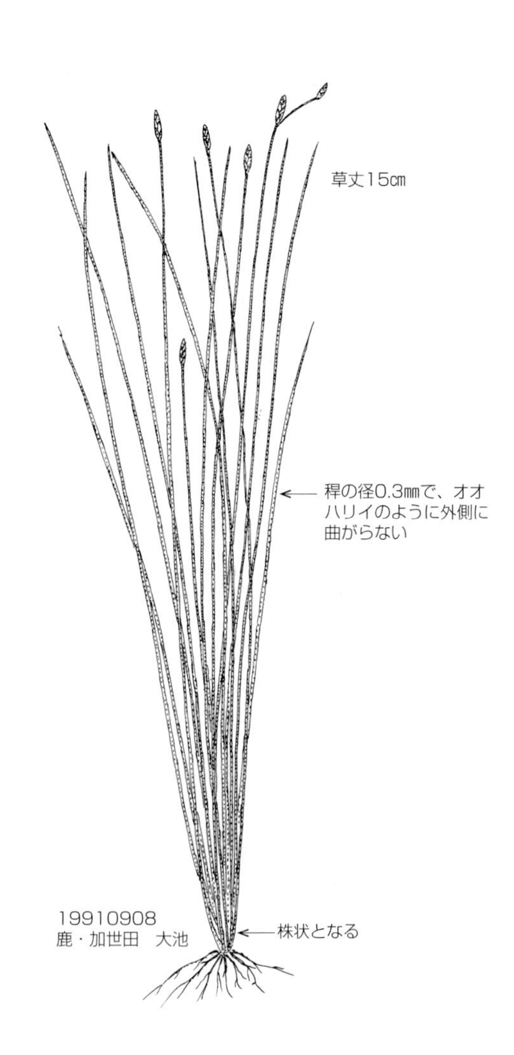

九・目……各県（南は奄群）
鹿・目……県本土　種　屋　宝　奄群

マシカクイ ［カヤツリグサ科　ハリイ属］　　　*Eleocharis tetraquetra*

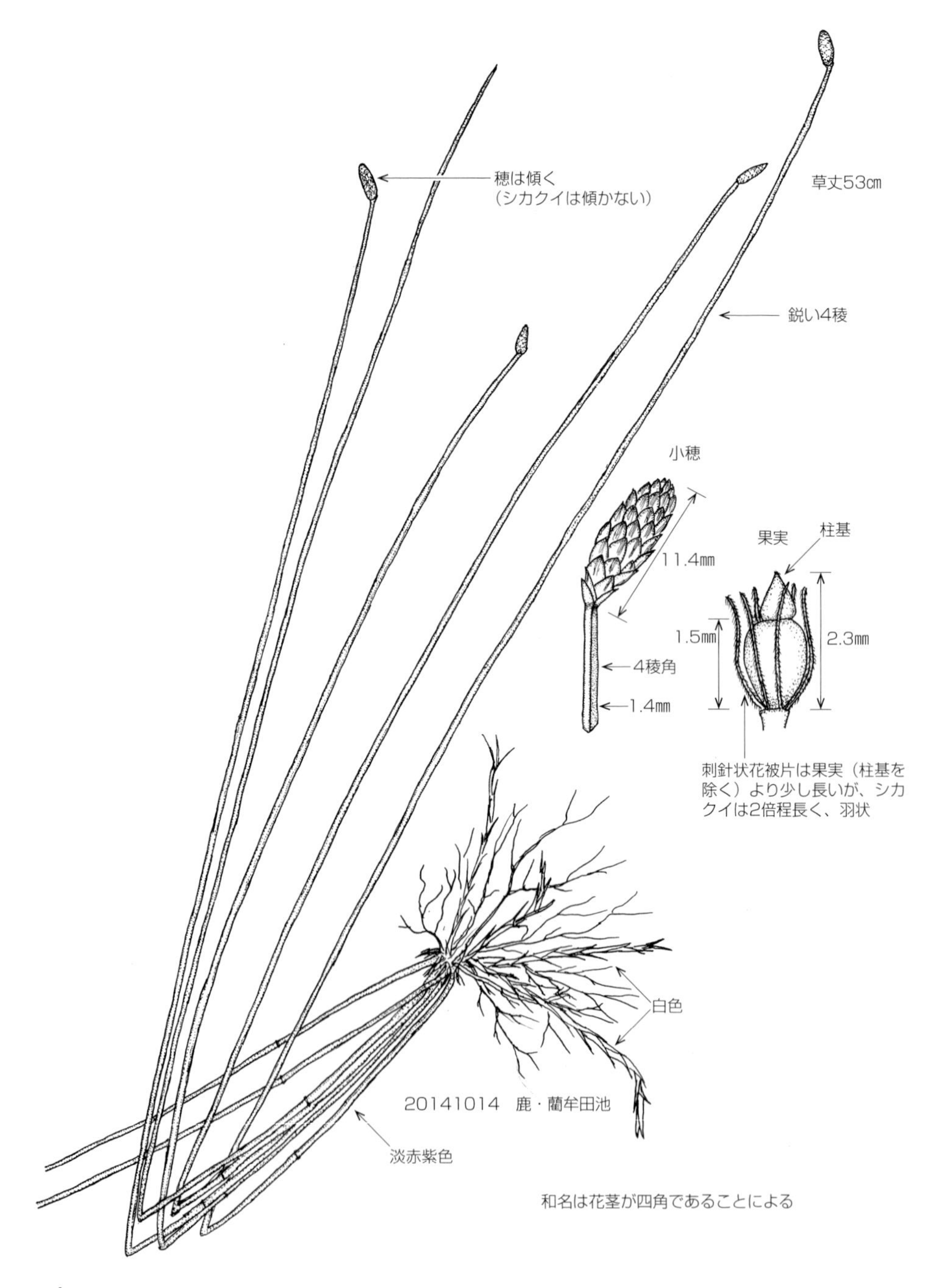

マツバイ　[カヤツリグサ科　ハリイ属]　　　*Eleocharis acicularis*

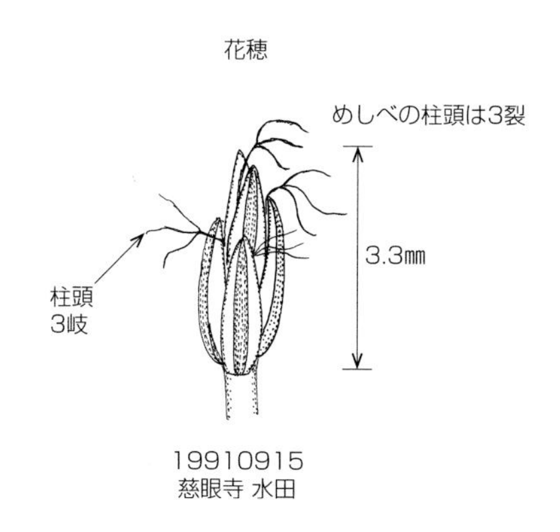

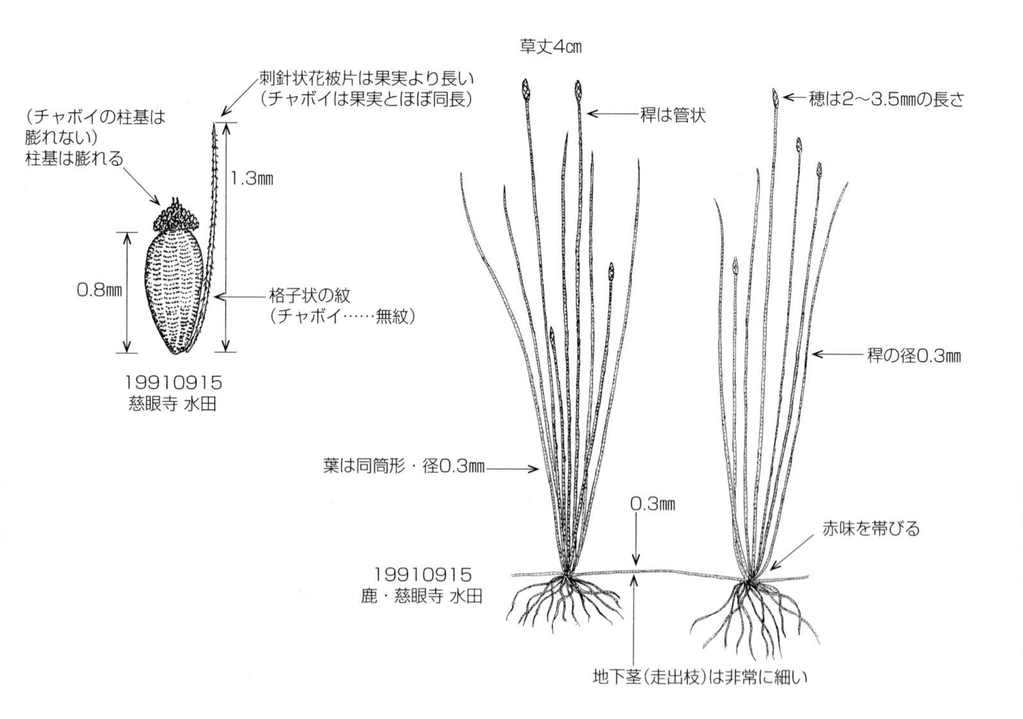

イソヤマテンツキ　[カヤツリグサ科　テンツキ属]　*Fimbristylis ferruginea var.siebold*

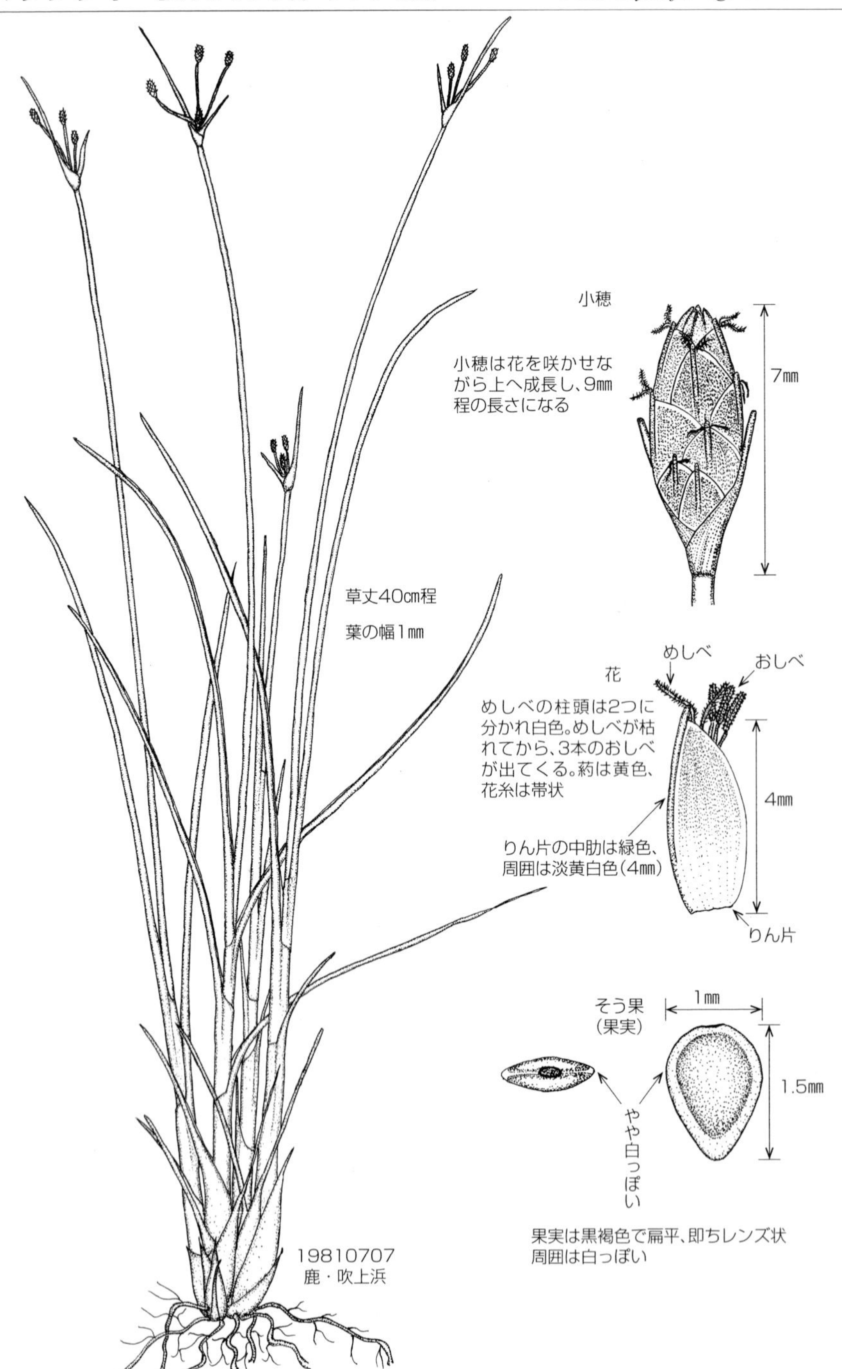

小穂

小穂は花を咲かせながら上へ成長し、9mm程の長さになる

7mm

草丈40cm程
葉の幅1mm

花　めしべ　おしべ

めしべの柱頭は2つに分かれ白色。めしべが枯れてから、3本のおしべが出てくる。葯は黄色、花糸は帯状

りん片の中肋は緑色、周囲は淡黄白色(4mm)

4mm

りん片

そう果（果実）　1mm

やや白っぽい

1.5mm

果実は黒褐色で扁平、即ちレンズ状
周囲は白っぽい

19810707
鹿・吹上浜

分布　｜九・目……各県海岸（南は奄群）
　　　｜鹿・目……各地海岸

フグテンツキ　[カヤツリグサ科　テンツキ属]　*Fimbristylis dichotoma var. floribunda*

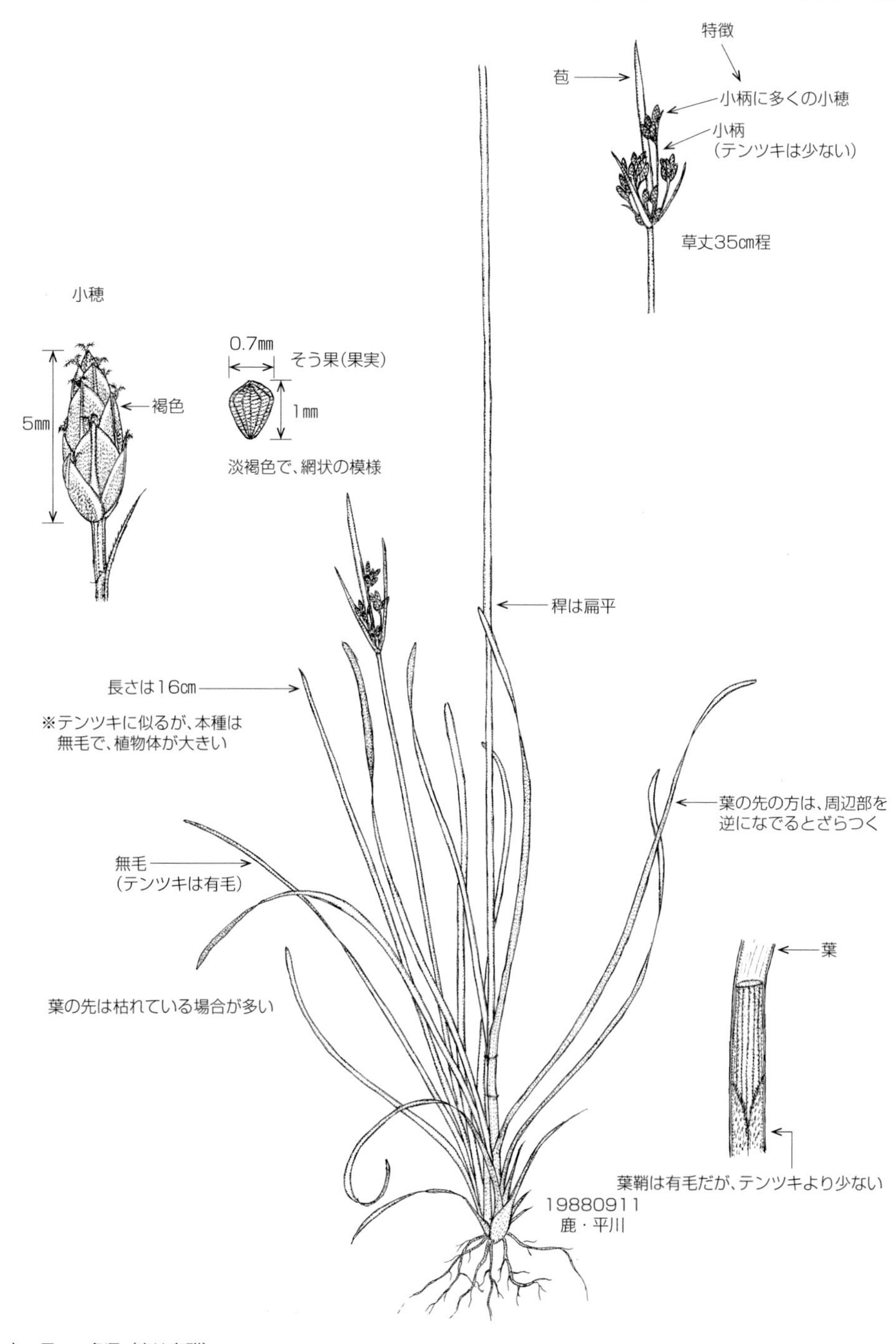

九・目……各県（南は奄群）
鹿・目……各地

クロテンツキ　[カヤツリグサ科　テンツキ属]　　*Fimbristylis diphylloide*

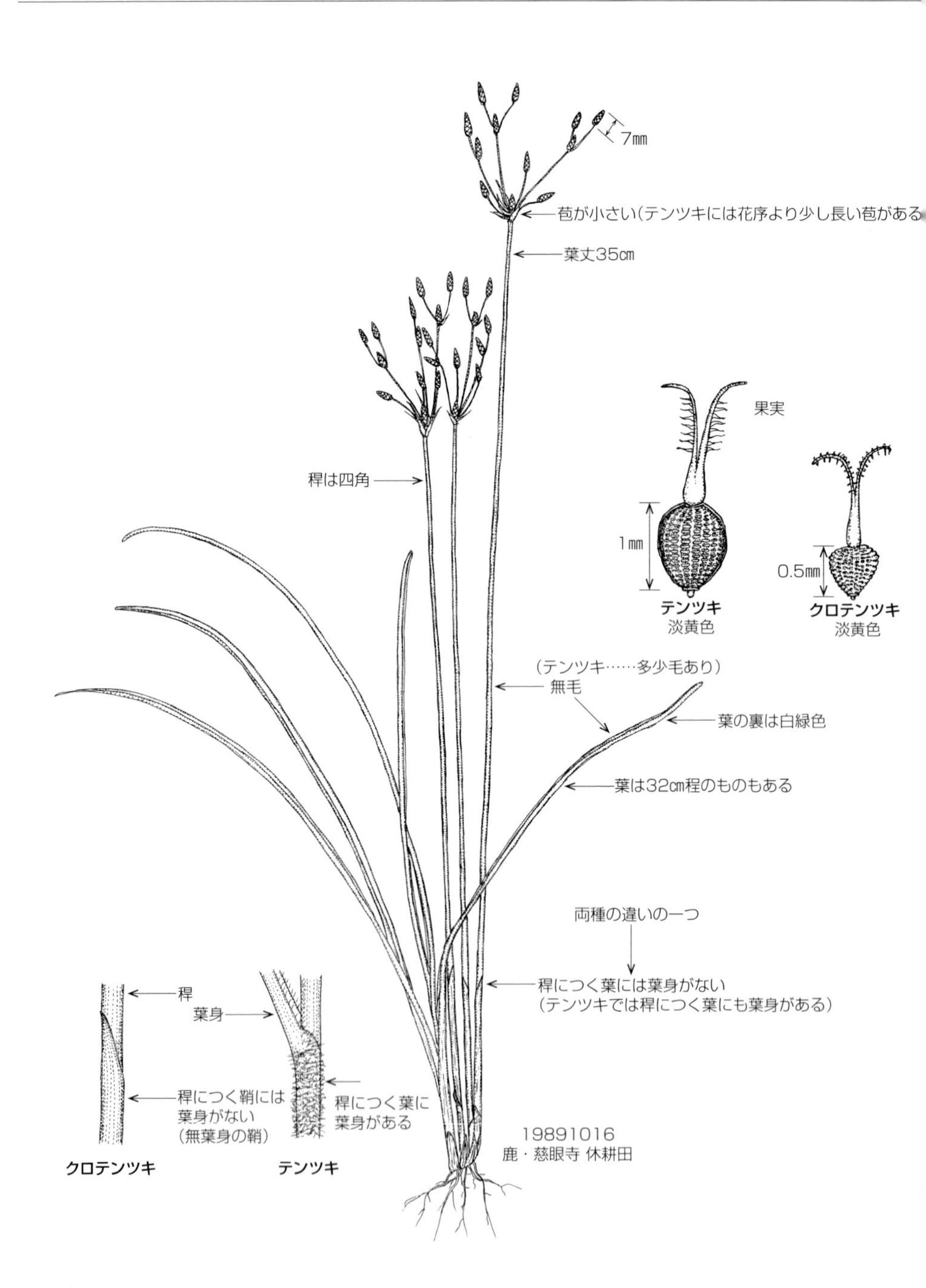

分布　九・目……各県（南限は奄大－湯湾岳頂上）
　　　鹿・目……県本土中・北部　種　奄大

シオカゼテンツキ　[カヤツリグサ科　テンツキ属]　　*Fimbristylis cymosa*

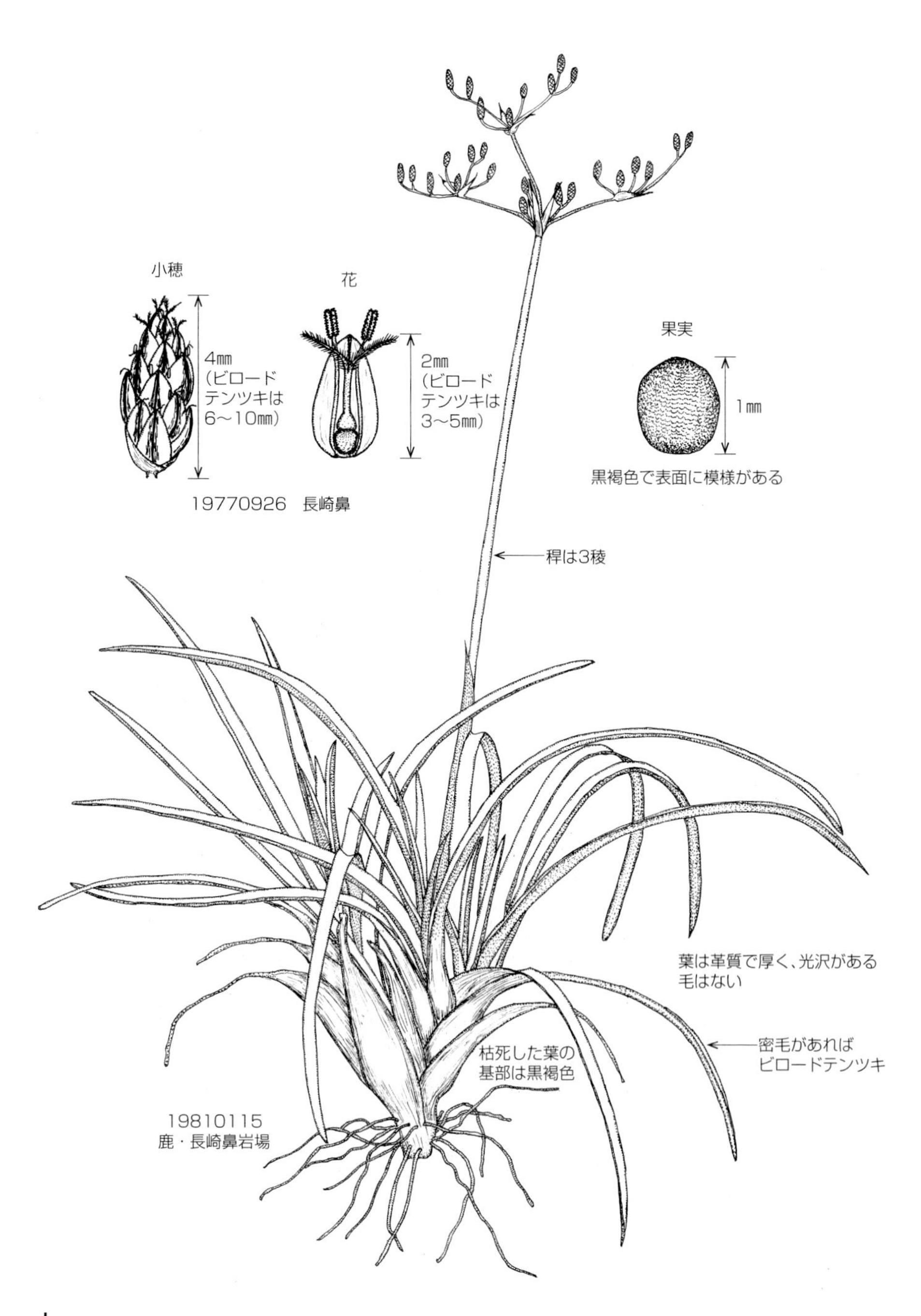

分布
九・目……各県海岸岩場（南は奄群）　北は長（時津　福江島）　佐（呼子）　宮（北浦）　大（深島）　鹿
鹿・目……佐多岬　串木野　大浦　枕崎　長崎鼻　屋　種　吐　奄大

テンツキ　[カヤツリグサ科　テンツキ属]　　*Fimbristylis dichotoma*

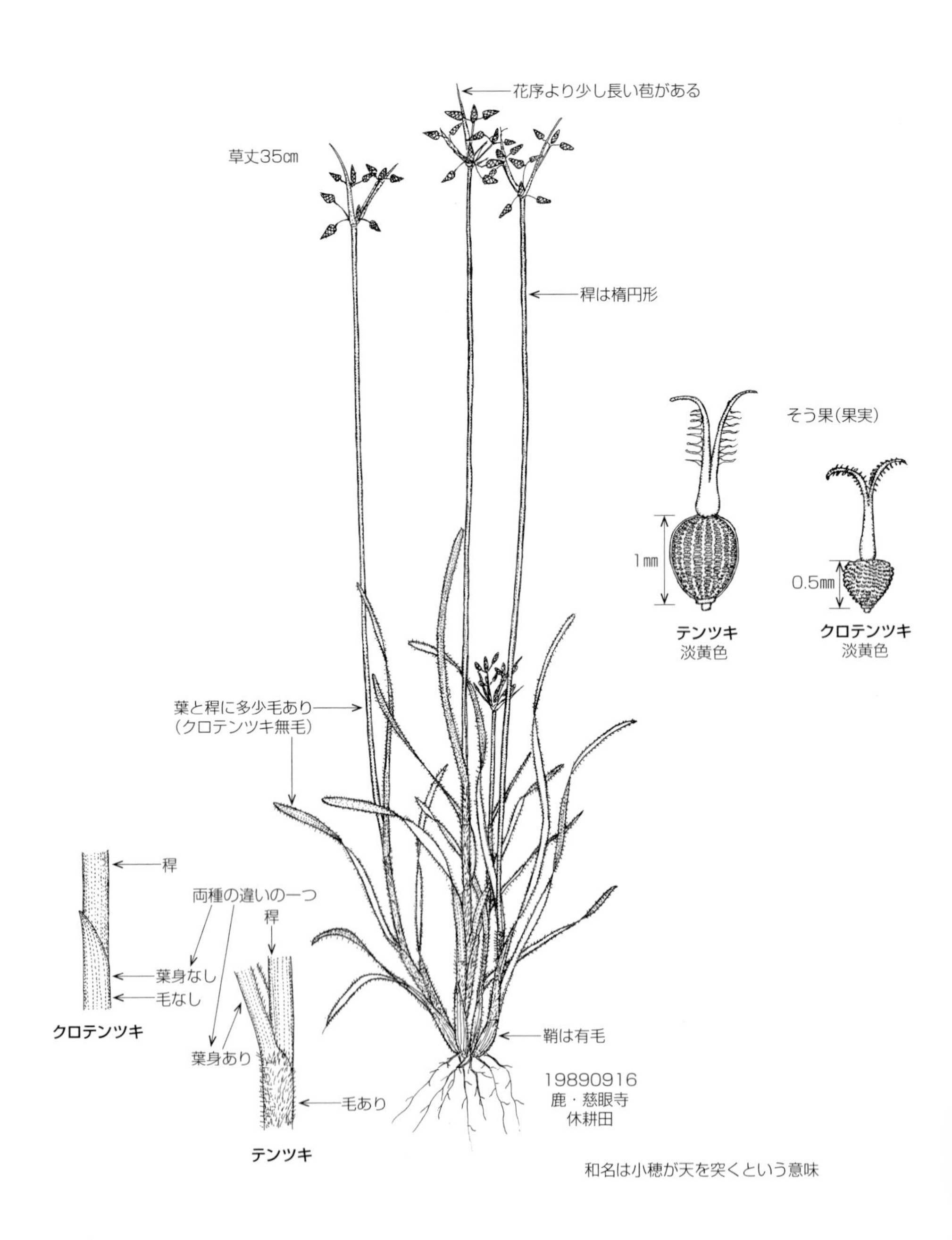

分布
九・目……各県（南は奄群）
鹿・目……県本土　種　平　中　奄大

ナガボテンツキ [カヤツリグサ科　テンツキ属]　　*Fimbristylis longispica*

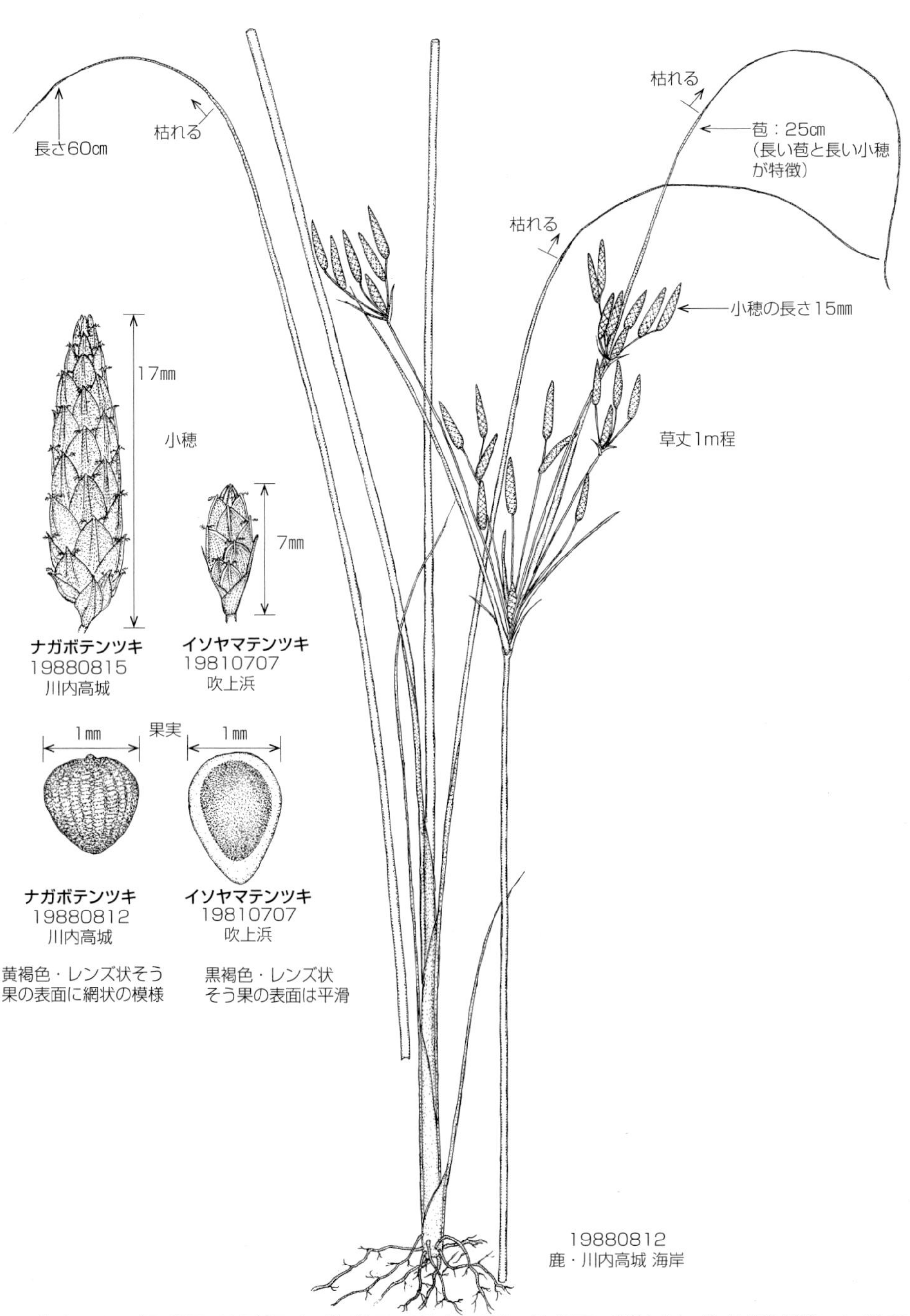

九・目……福（曽根　遠賀川河口）佐（鎮西　馬渡島　玄海）長（対馬　肥前各地）熊（有明海沿岸）宮（串間）鹿
鹿・目……川内　阿久根　出水－荒崎　種

347

ヒデリコ　[カヤツリグサ科　テンツキ属]　　　*Fimbristylis miliacea*

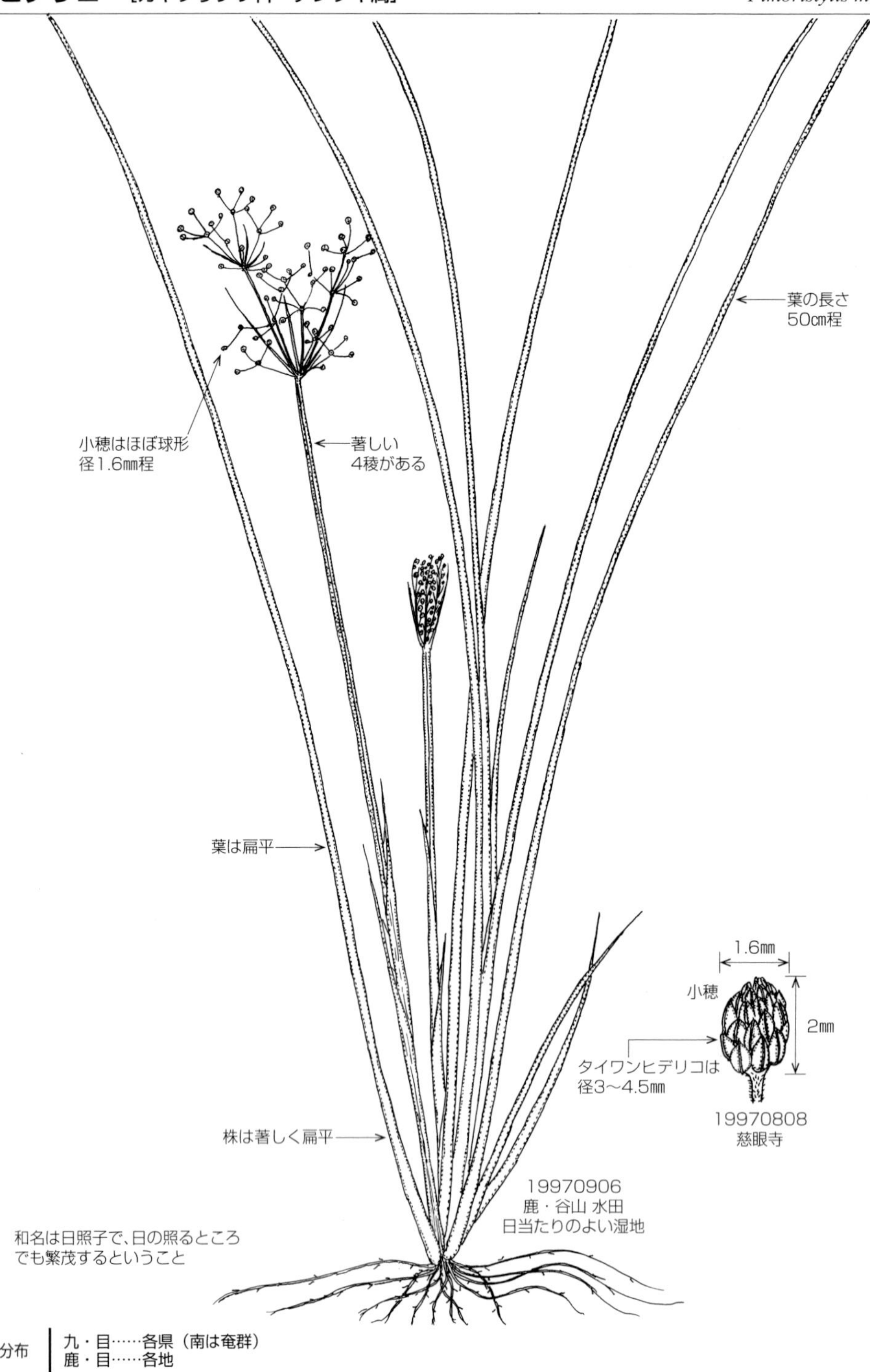

ビロードテンツキ　[カヤツリグサ科　テンツキ属]　　　*Fimbristylis sericea*

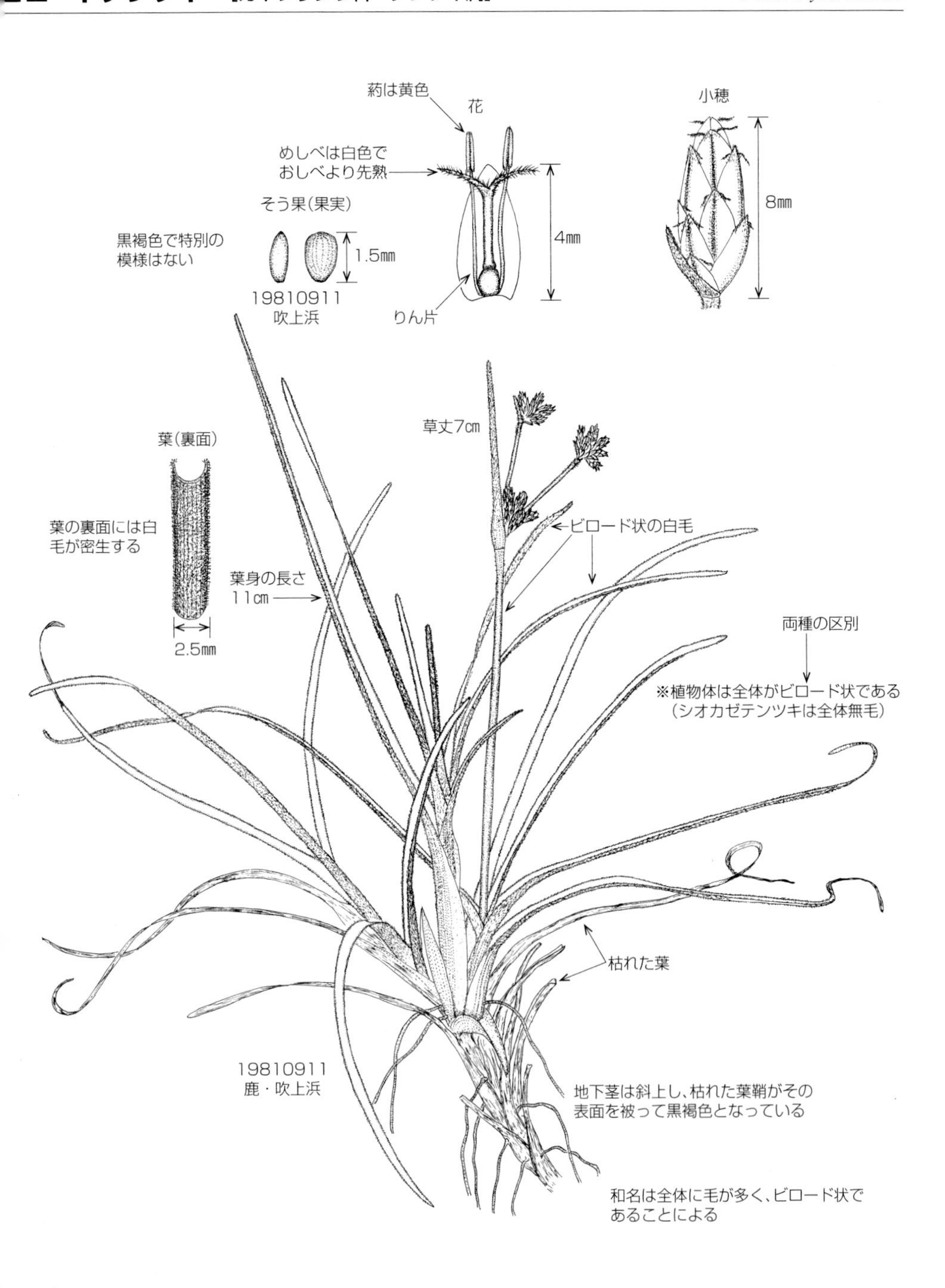

349

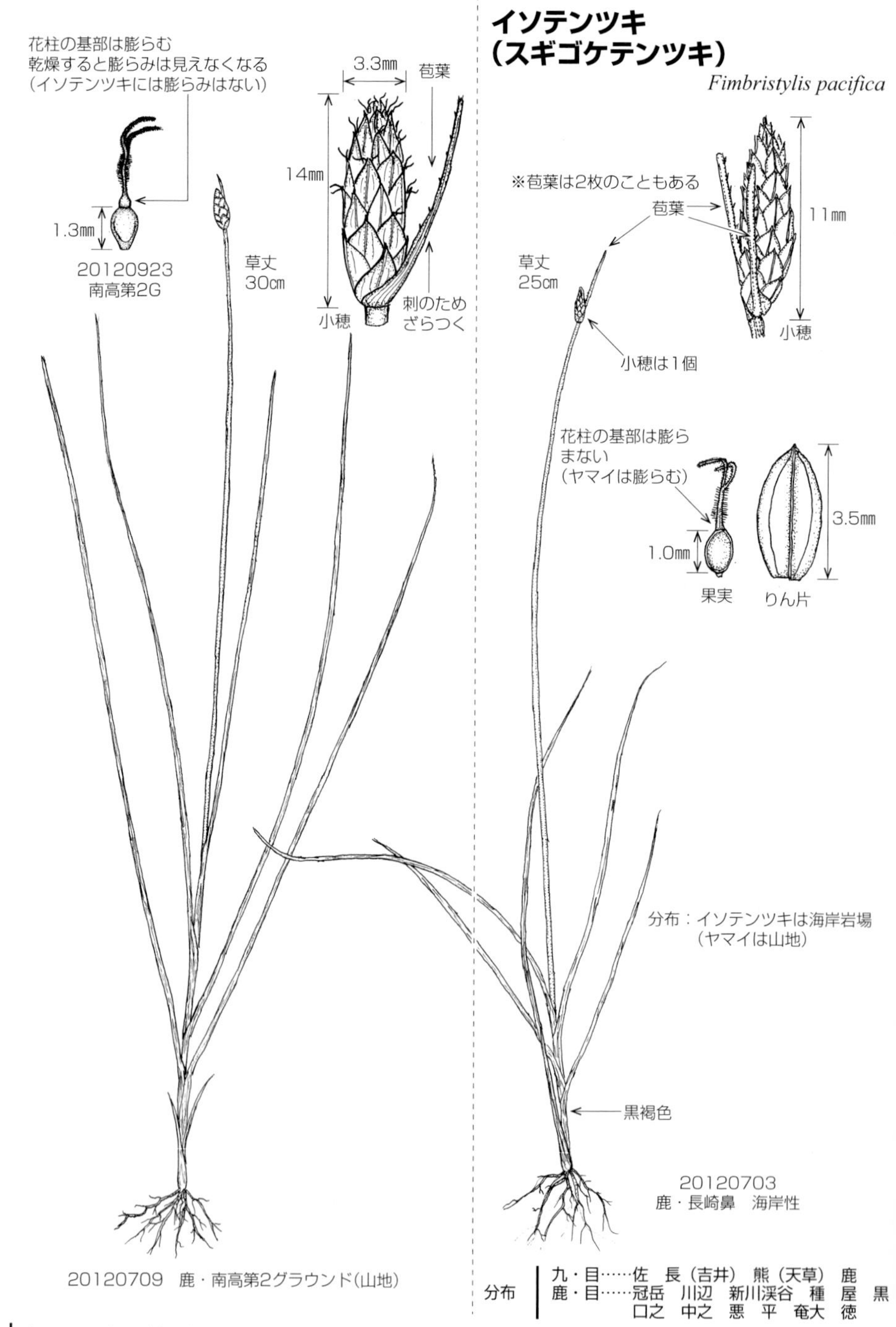

ヤリテンツキ　[カヤツリグサ科　テンツキ属]　*Fimbristylis ovata*

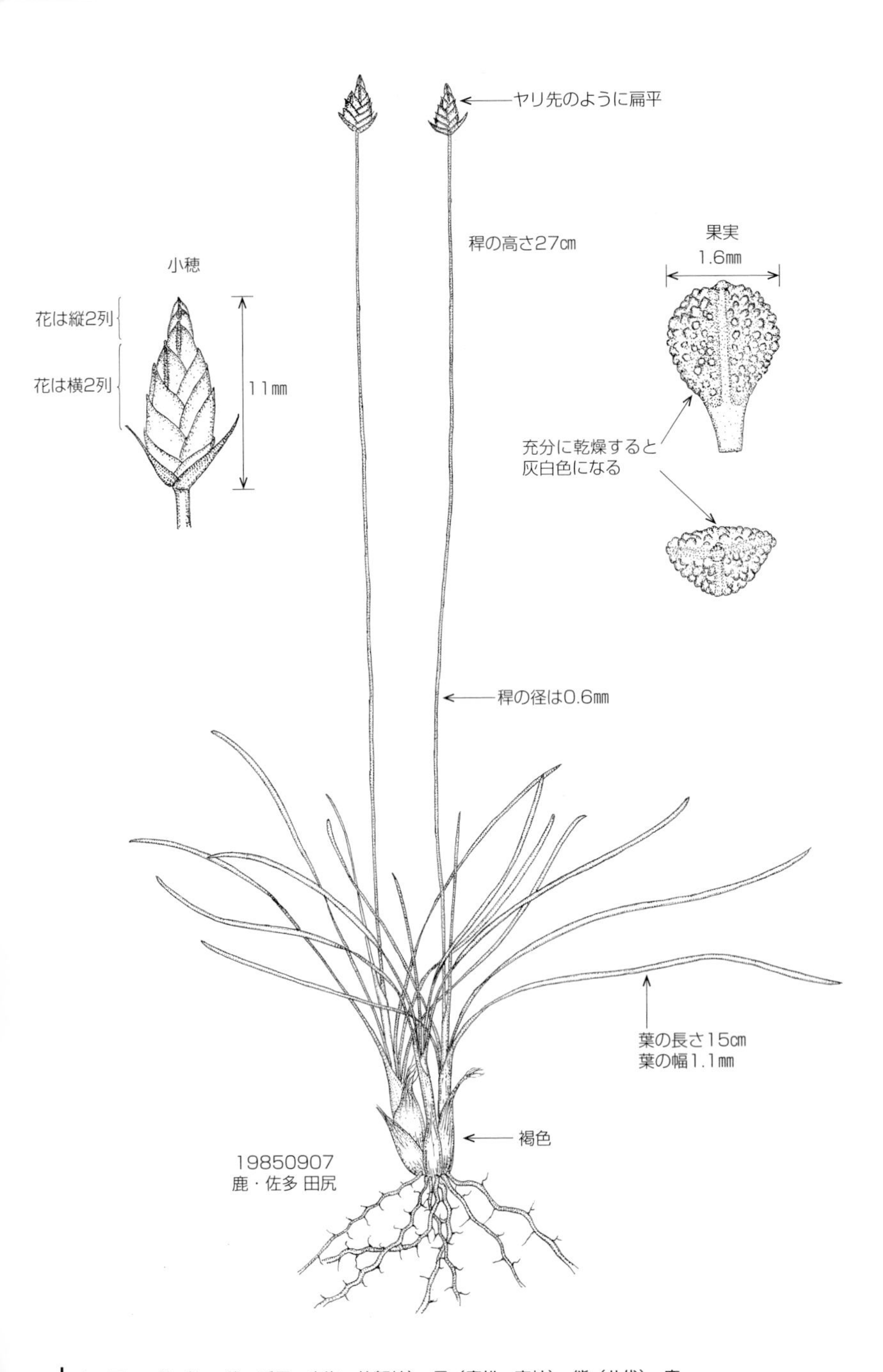

分布
九・目……佐（七ッ釜　呼子　玄海ー値賀崎）長（鷹松　壱岐）熊（八代）鹿
鹿・目……甑　西方　桜島　山川成川　枕崎　種　屋　口之　中　悪　奄群

ヒンジガヤツリ　[カヤツリグサ科　ヒンジガヤツリ属]　*Lipocarpha microcephala*

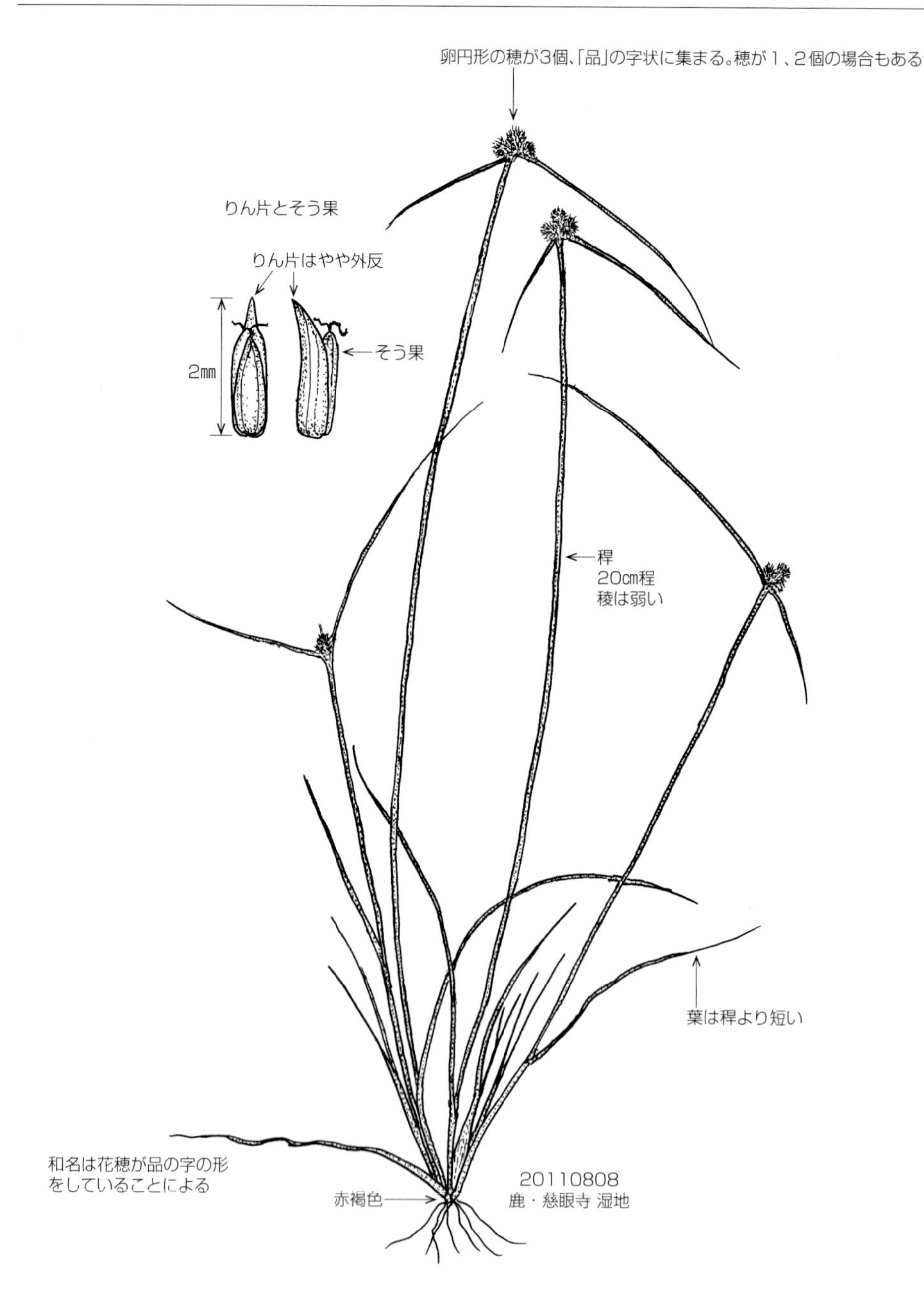

イヌノハナヒゲ　[カヤツリグサ科　ミカヅキグサ属]　　*Rhynchospora chinensis*

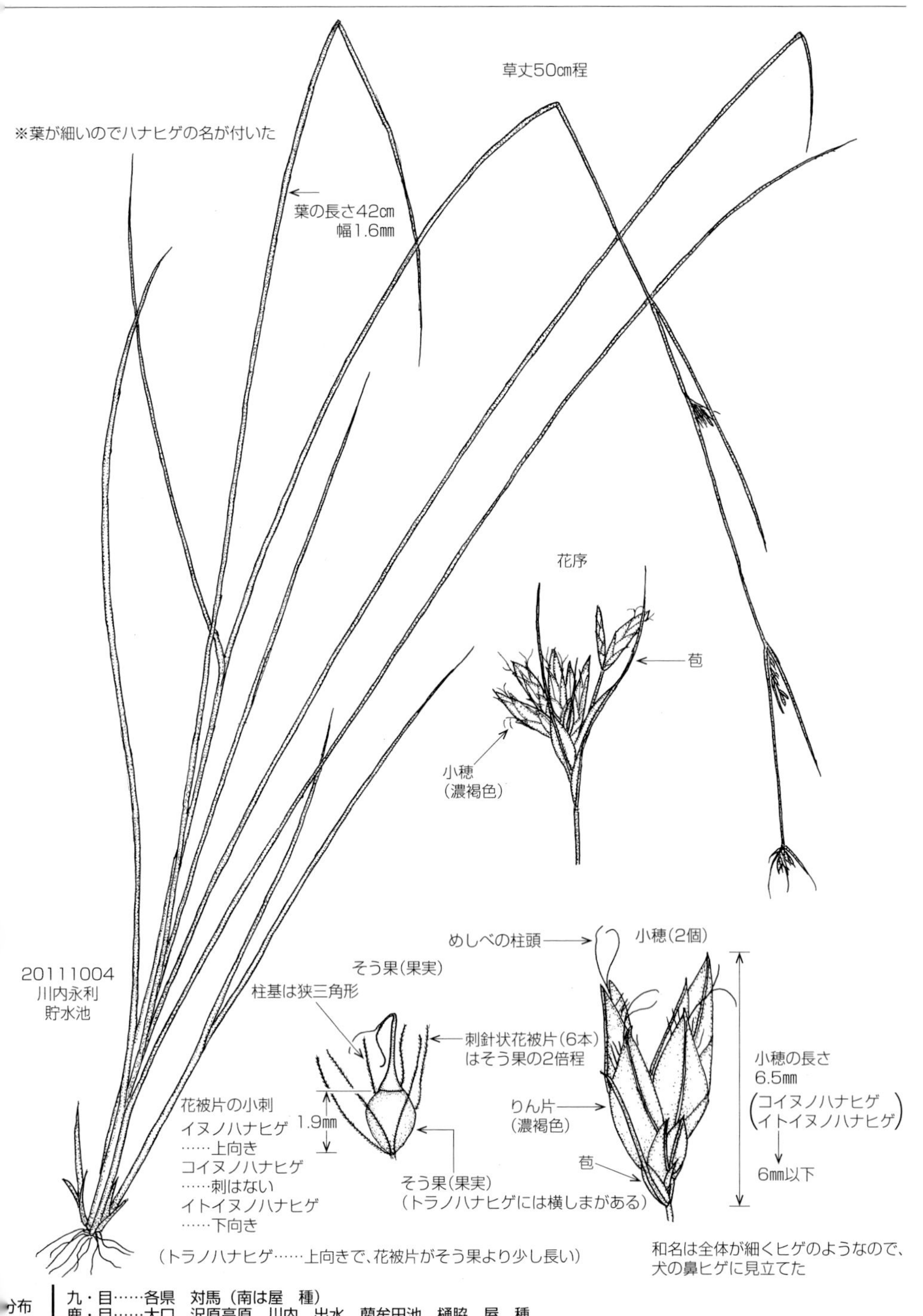

イヌホタルイ ［カヤツリグサ科　フトイ属］　*Schoenoplectus juncoides*

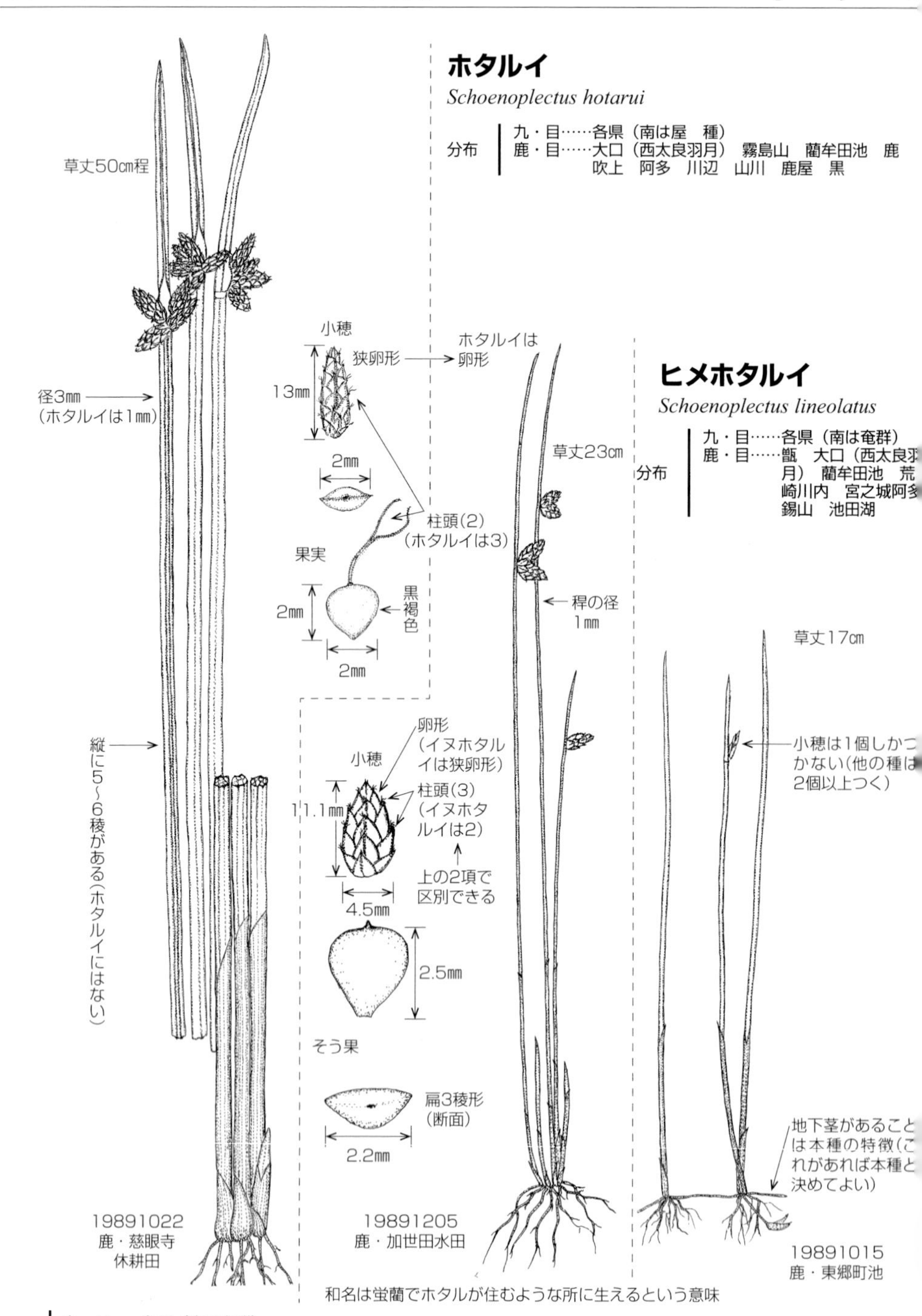

和名は蛍藺でホタルが住むような所に生えるという意味

分布　九・目……各県（南は奄群）
　　　鹿・目……甑　県本土　屋　種　黒　口永　平　宝　奄群

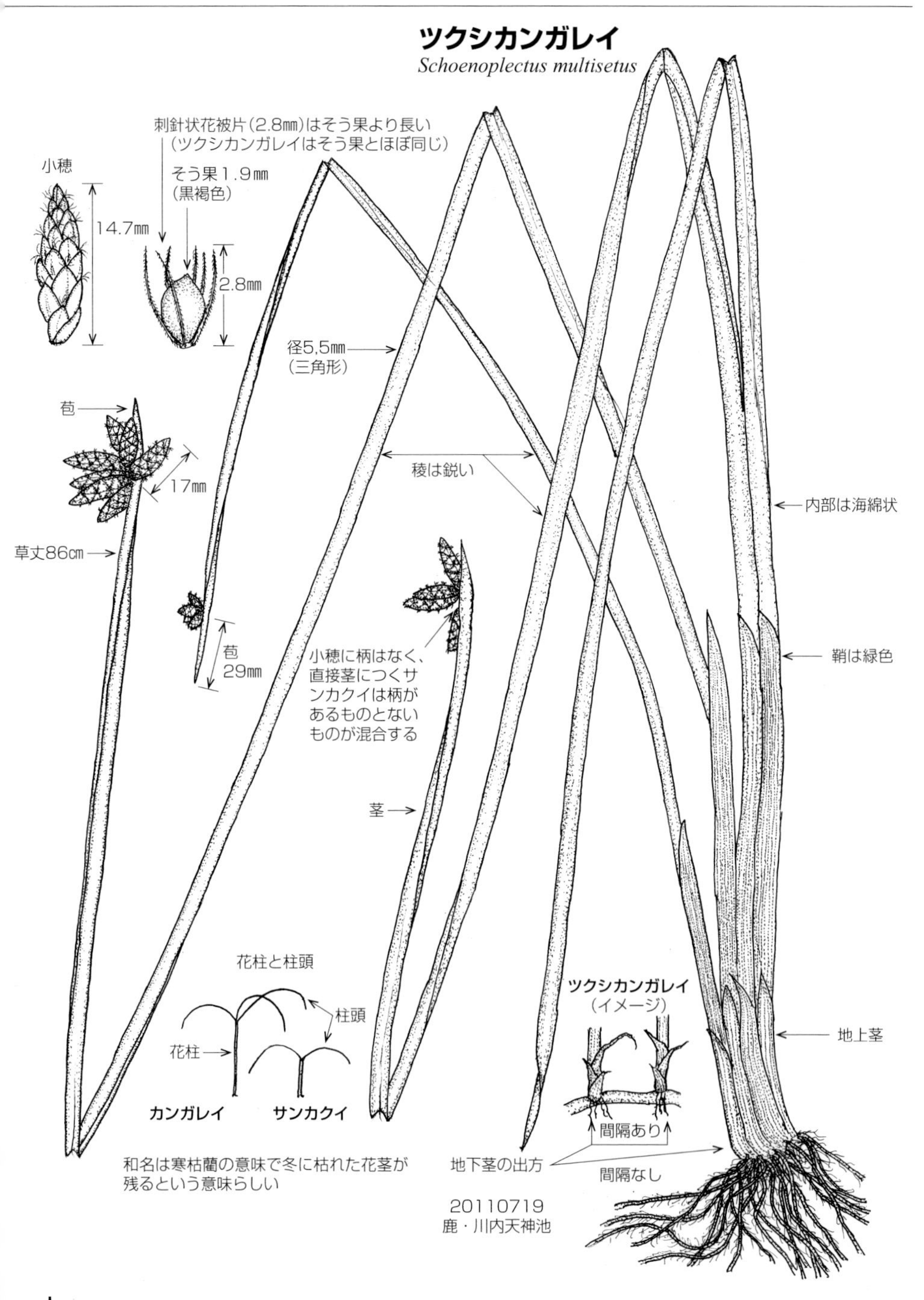

サンカクイ　[カヤツリグサ科　フトイ属]　　　*Schoenoplectus triqueter*

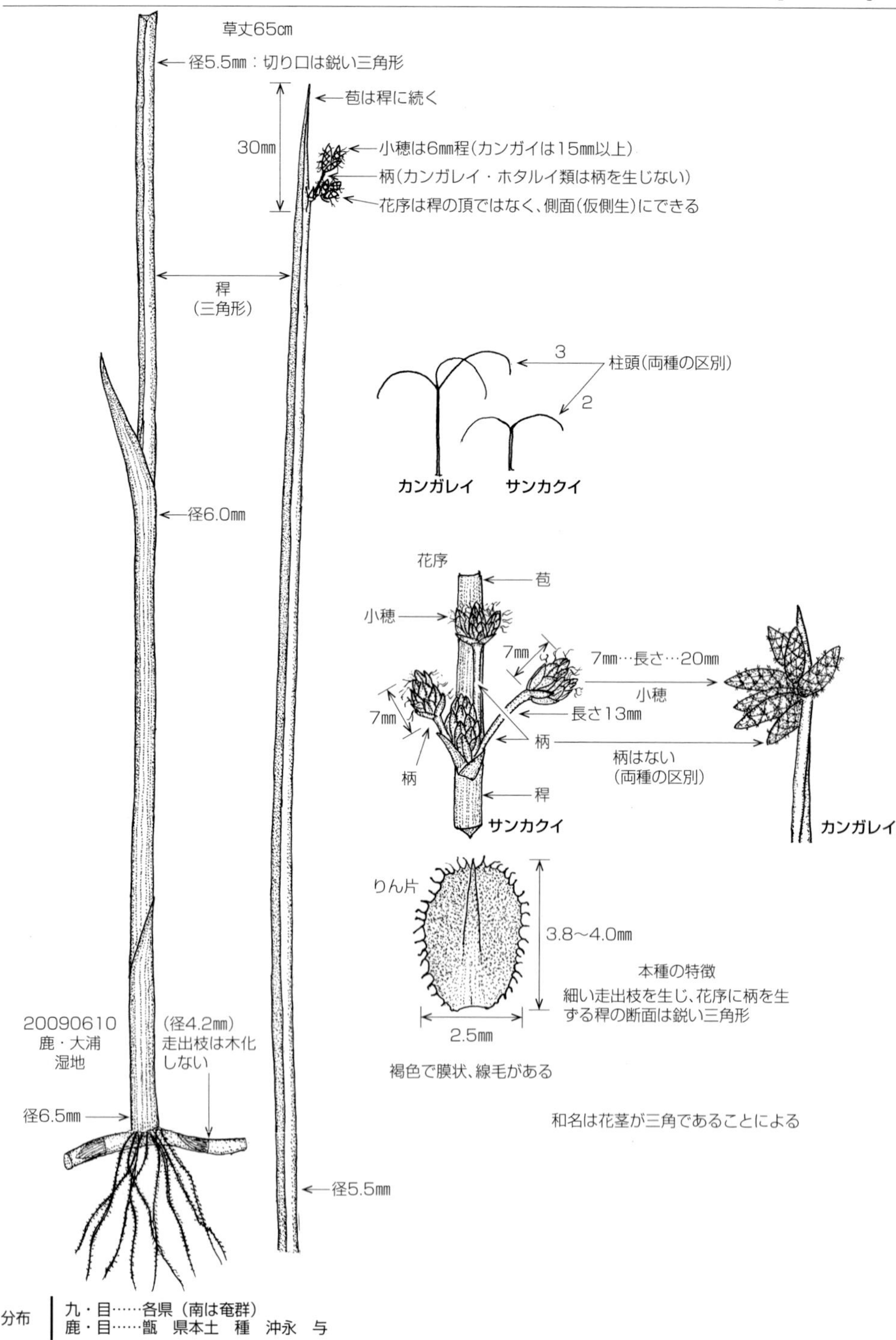

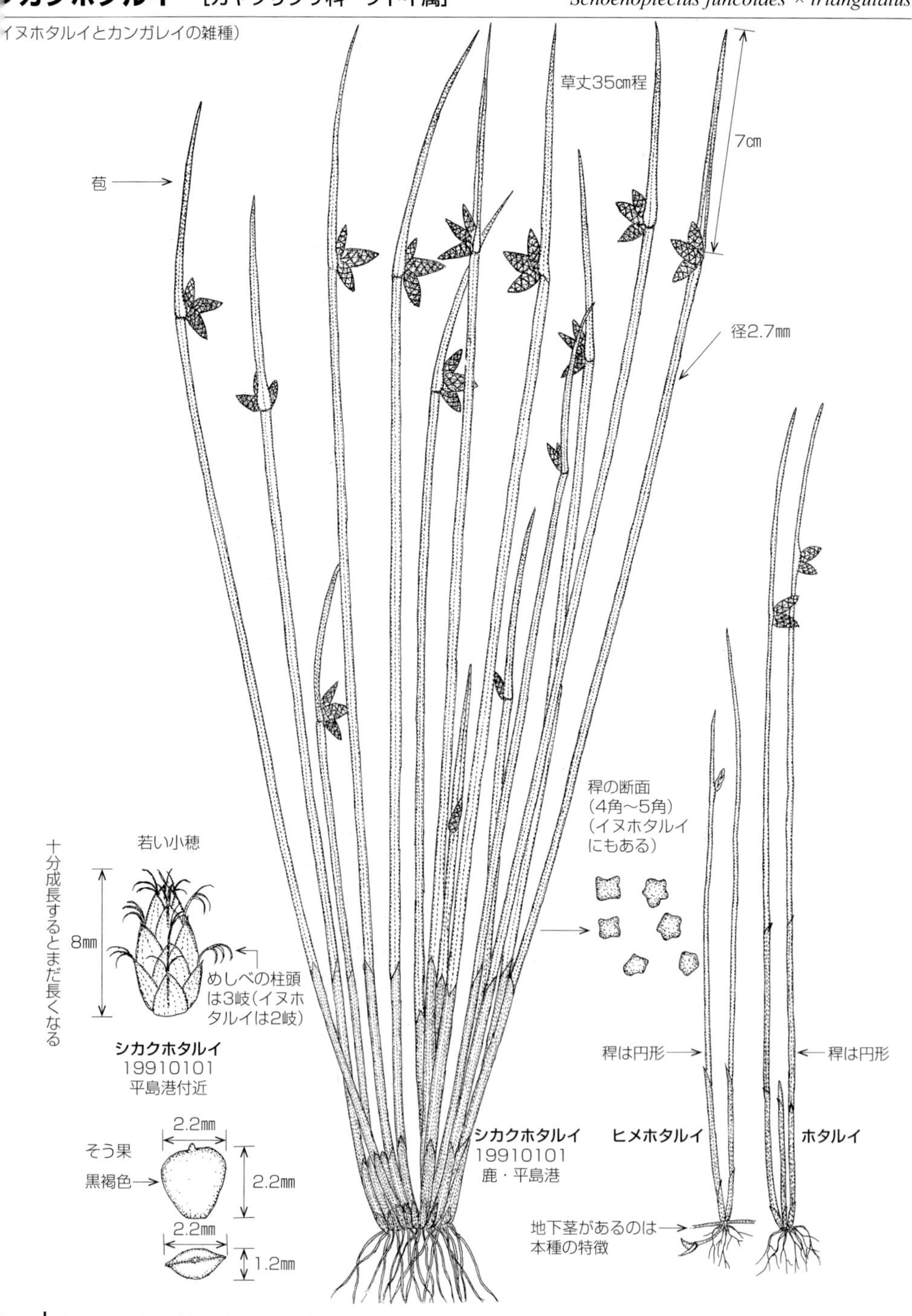

フトイ　[カヤツリグサ科　フトイ属]　　*Schoenoplectus tabernaemontani*

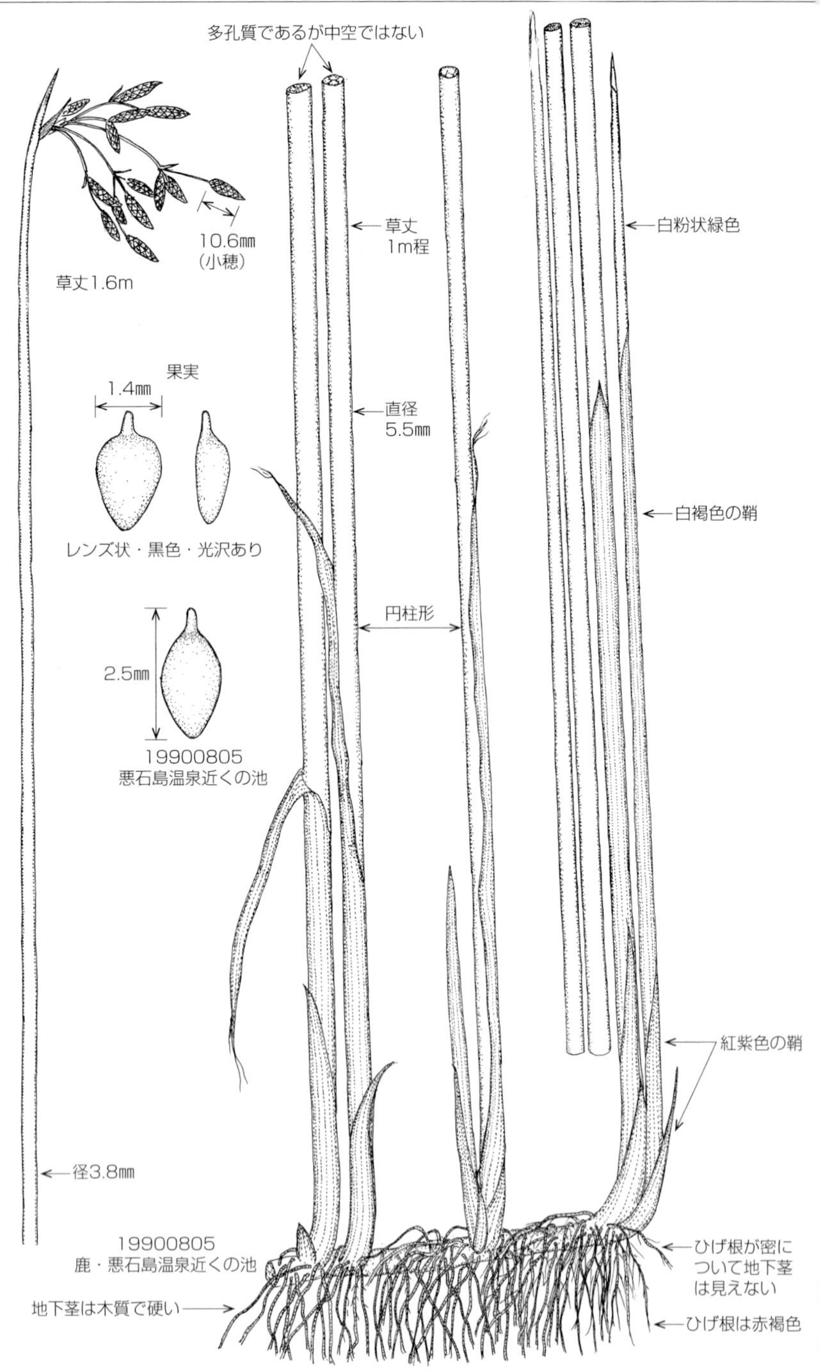

オオシンジュガヤ ［カヤツリグサ科　シンジュガヤ属］　*Scleria terrestris*

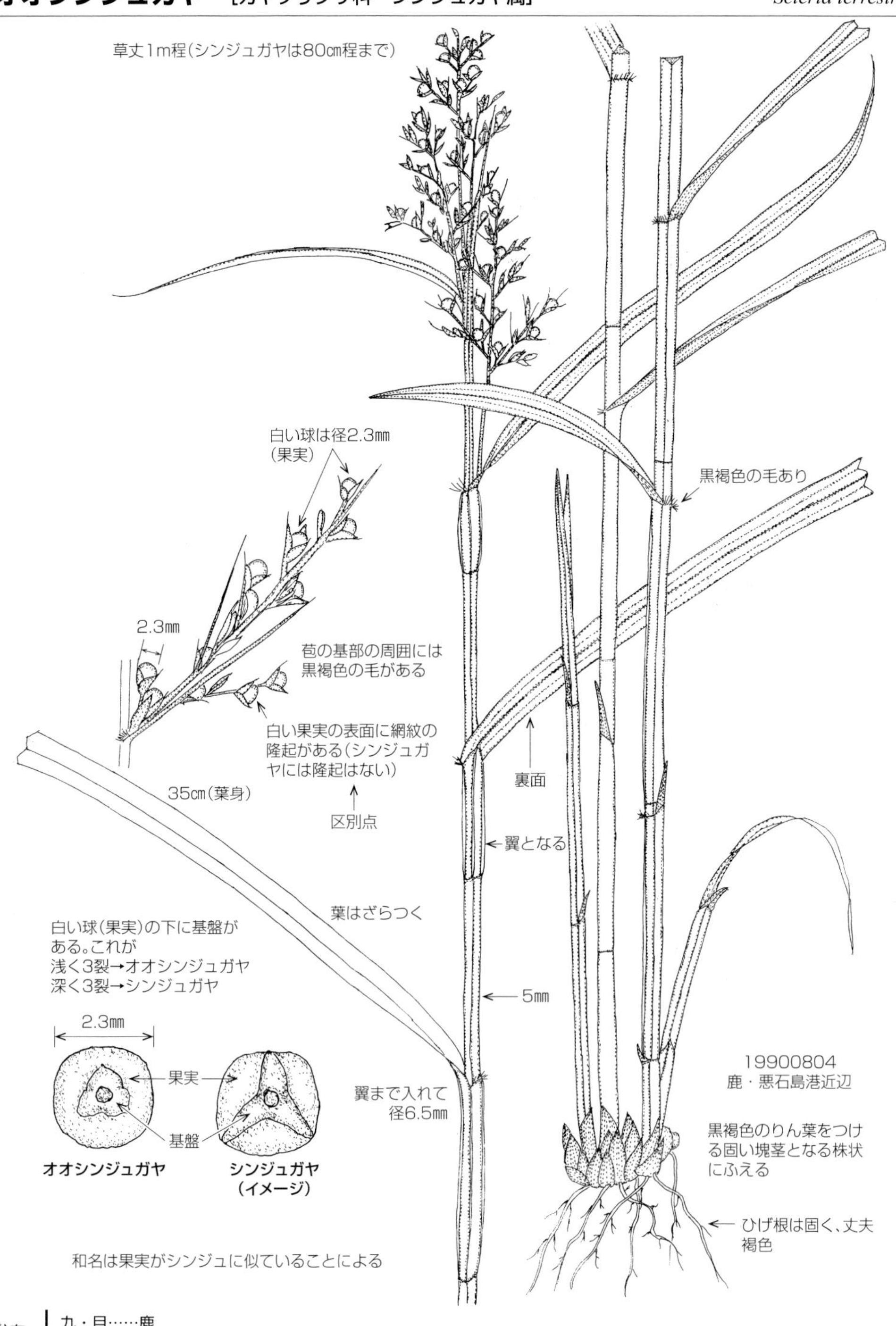

アオカモジグサ　[イネ科　カモジグサ属]　*Agropyron ciliare* var. *minus*

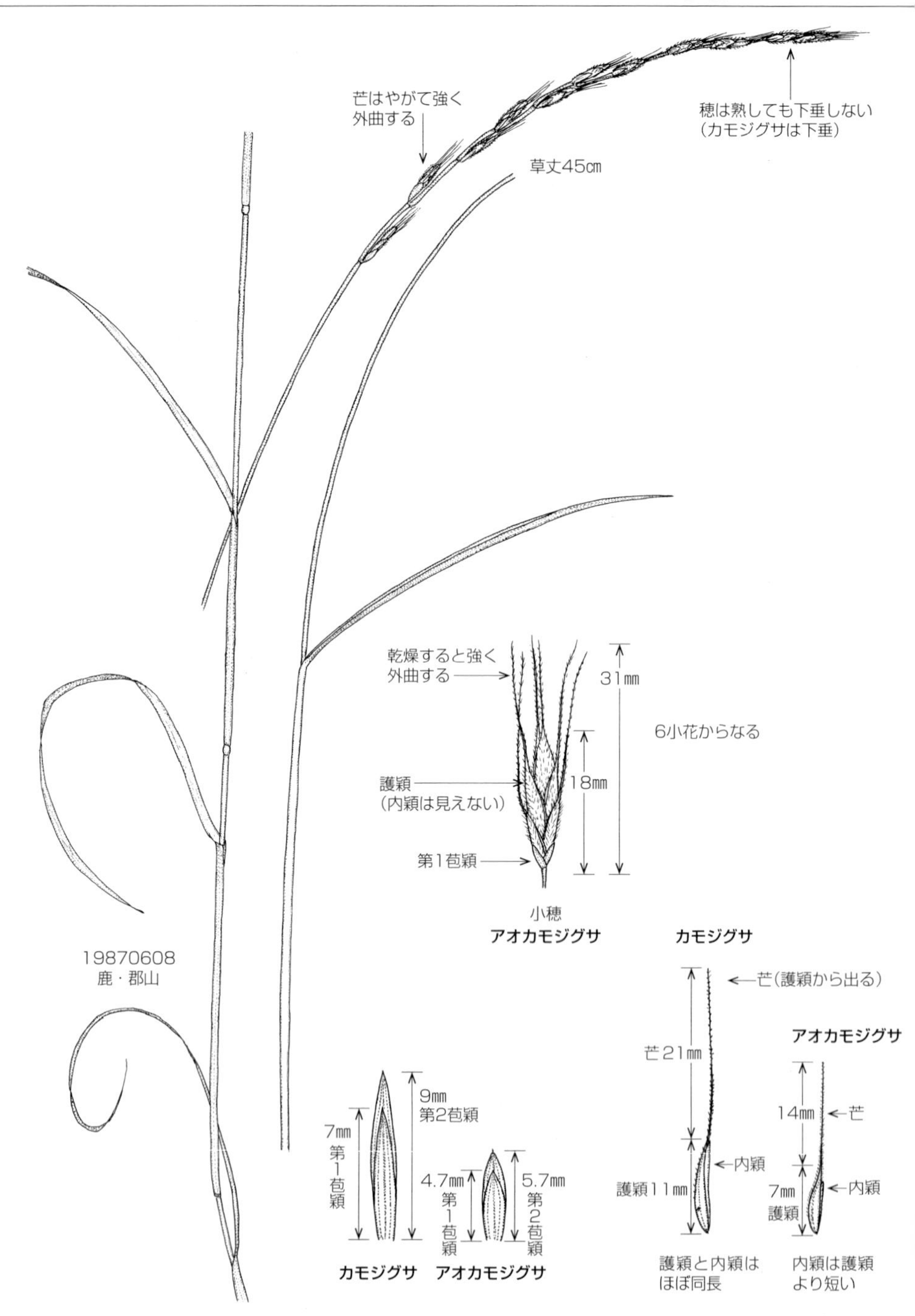

カモジグサ　[イネ科　カモジグサ属]　*Agropyron tsukushiense* var. *transiens*

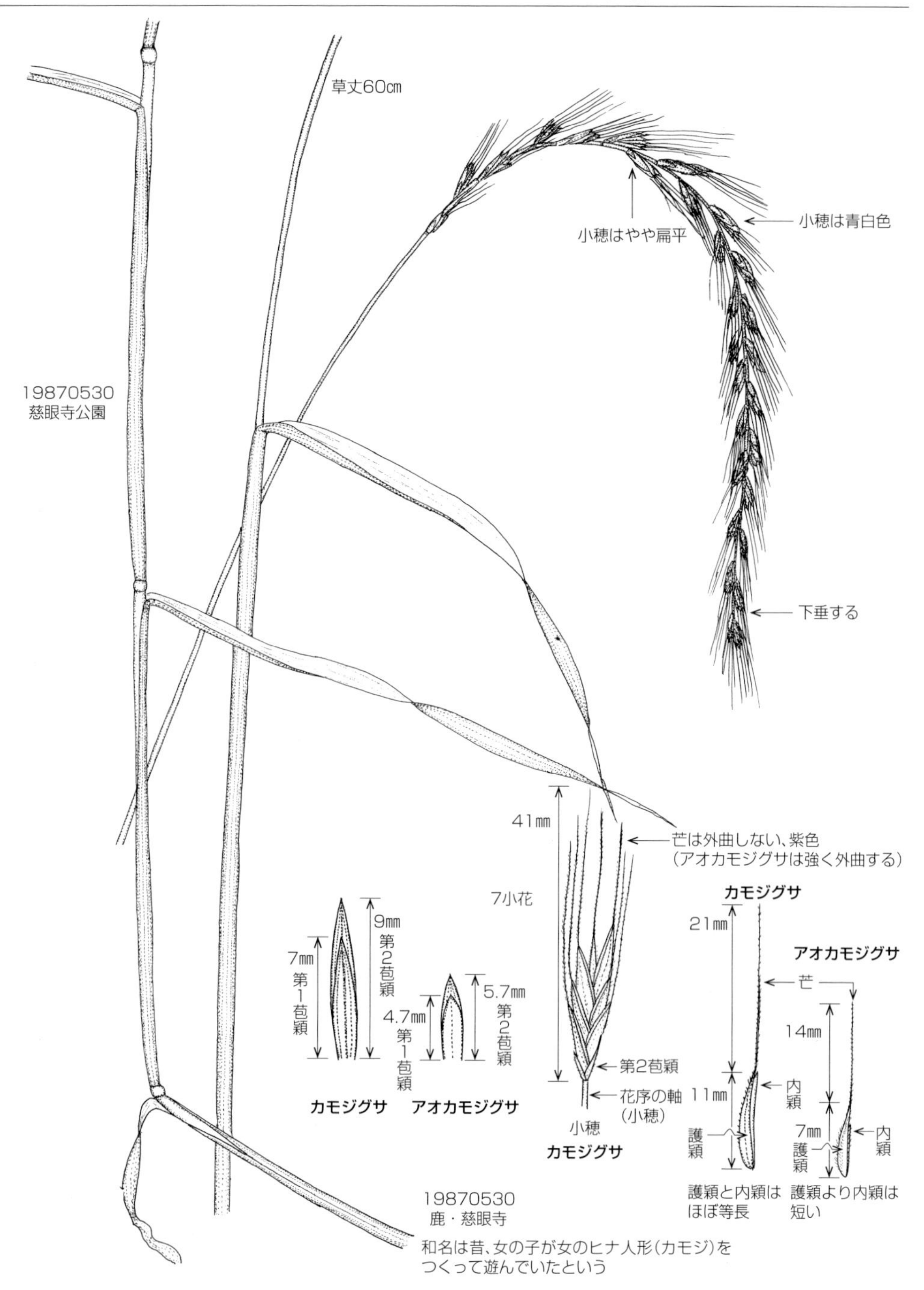

コヌカグサ [イネ科 ヌカボ属] *Agrostis gigantea*

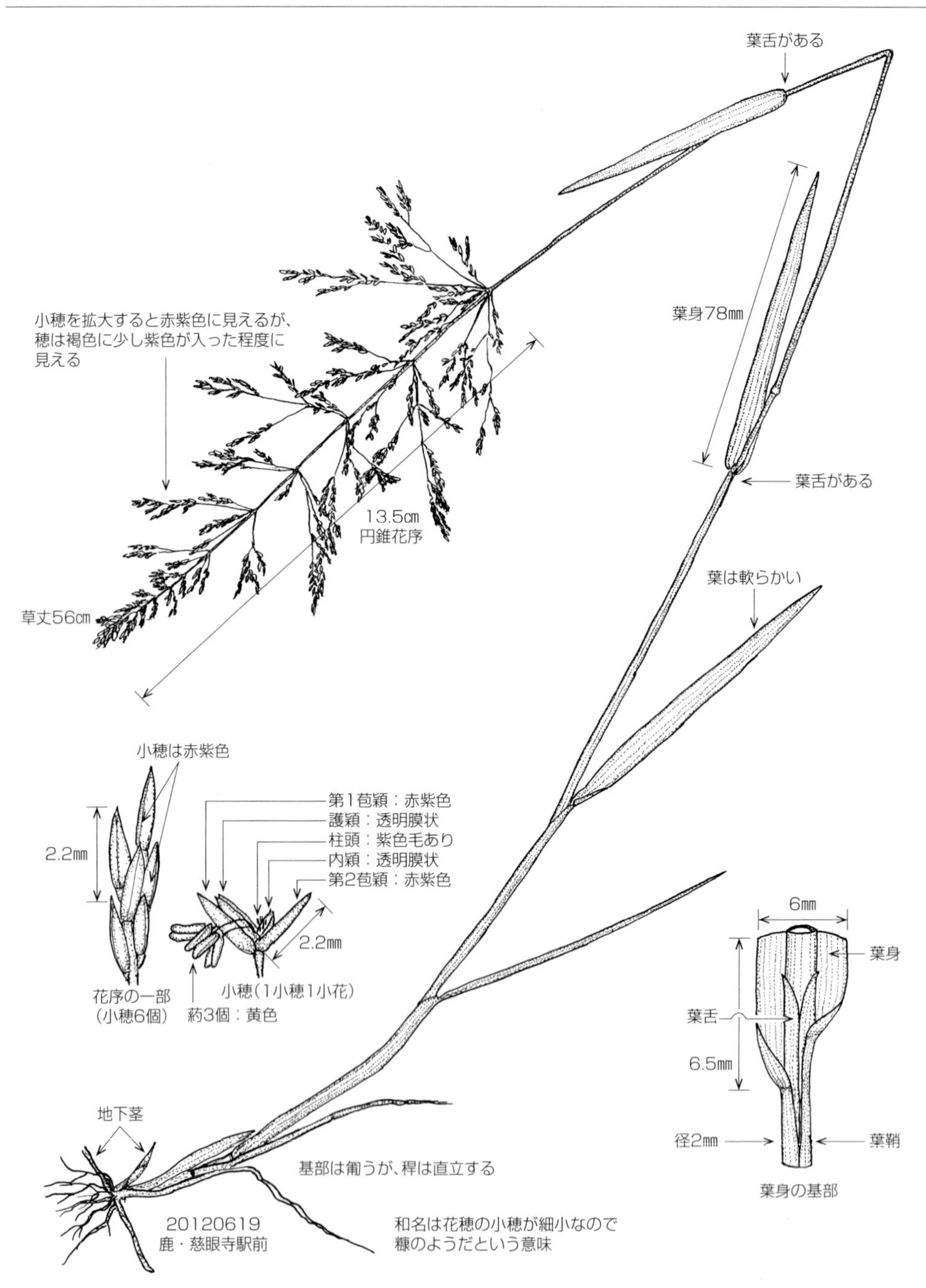

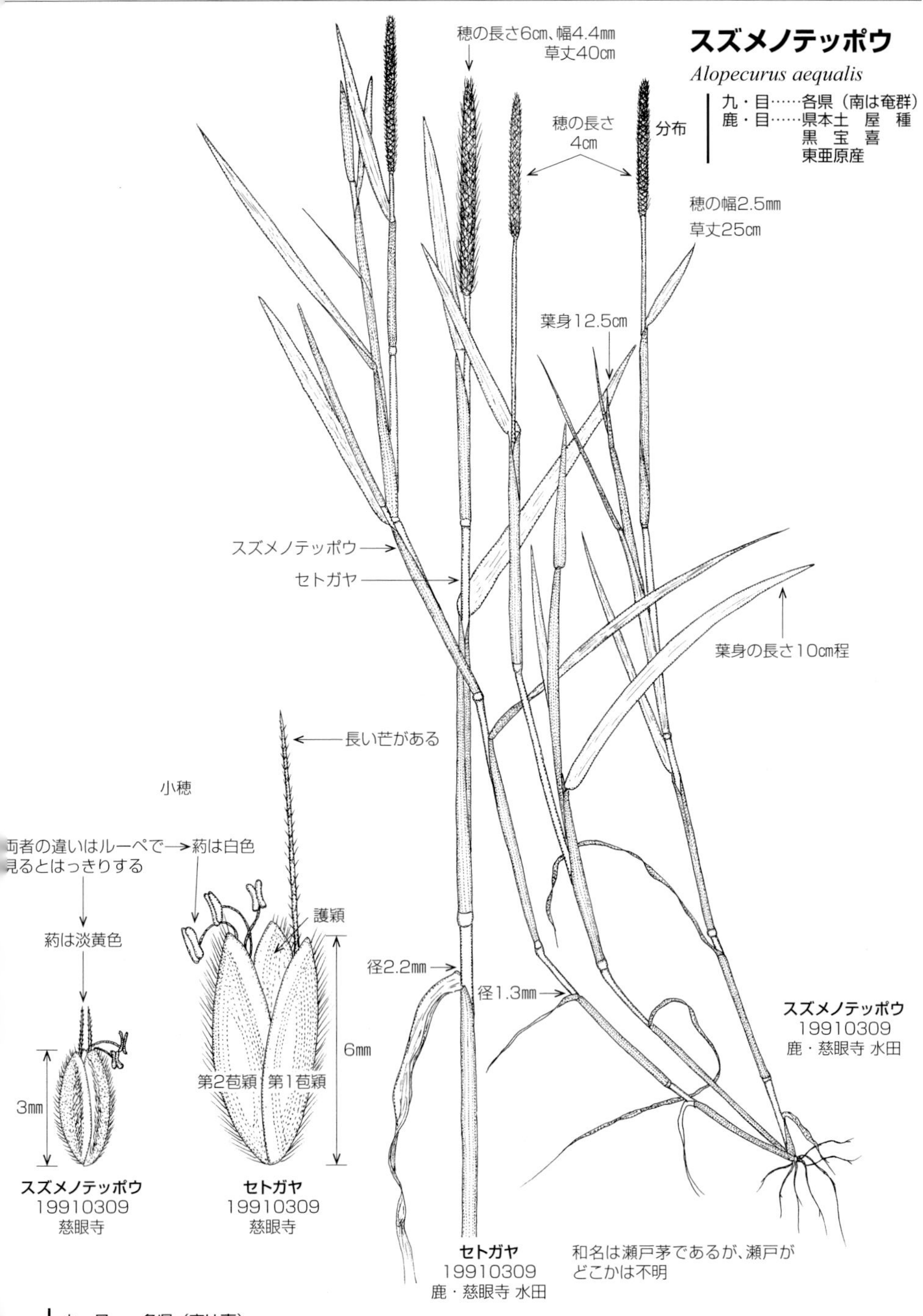

コブナグサ　[イネ科　コブナグサ属]　*Arthraxon hispidus*

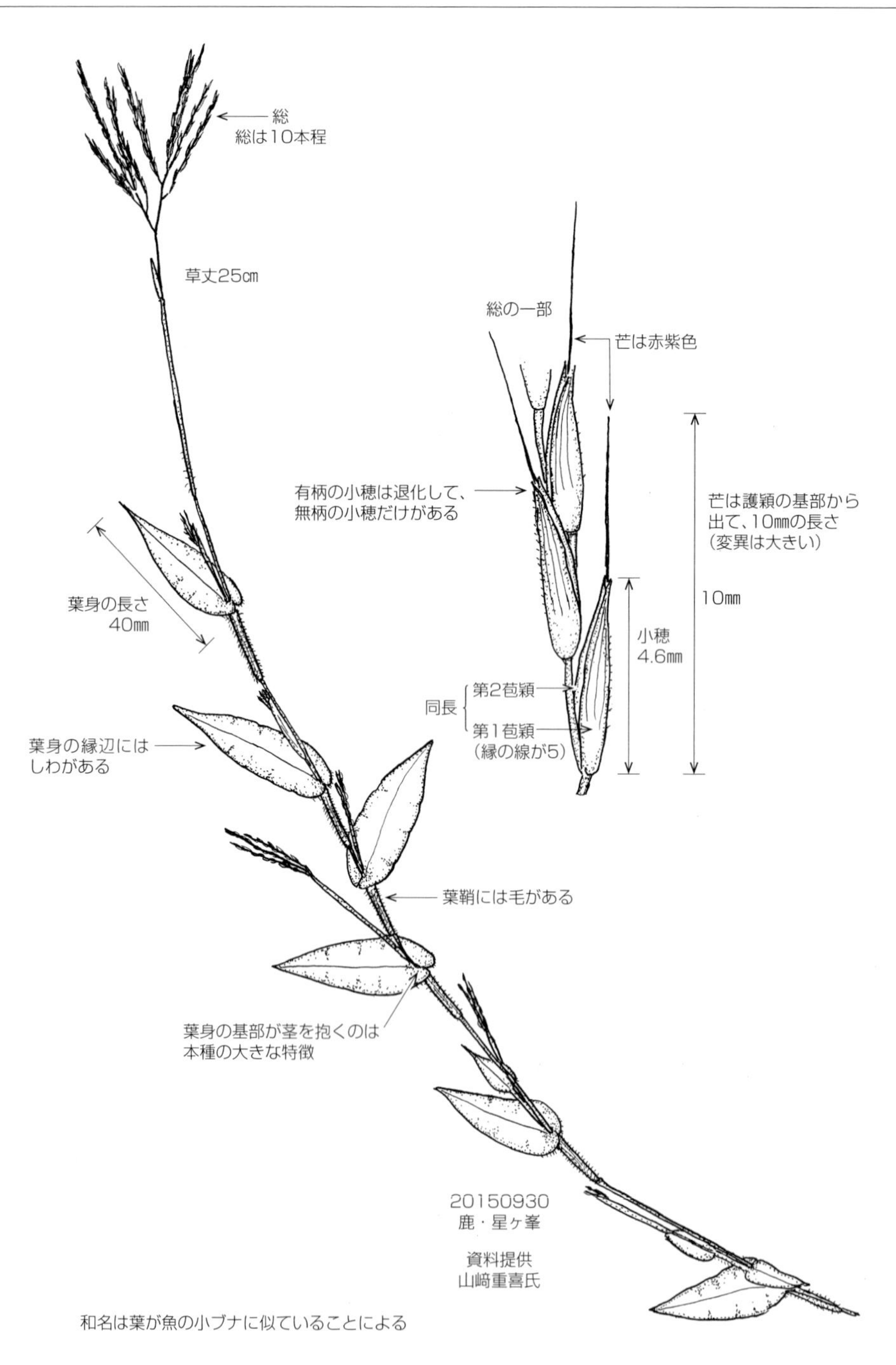

ホウオウチク　[イネ科　ホウライチク属]　*Bambusa glaucescens f. elegans*

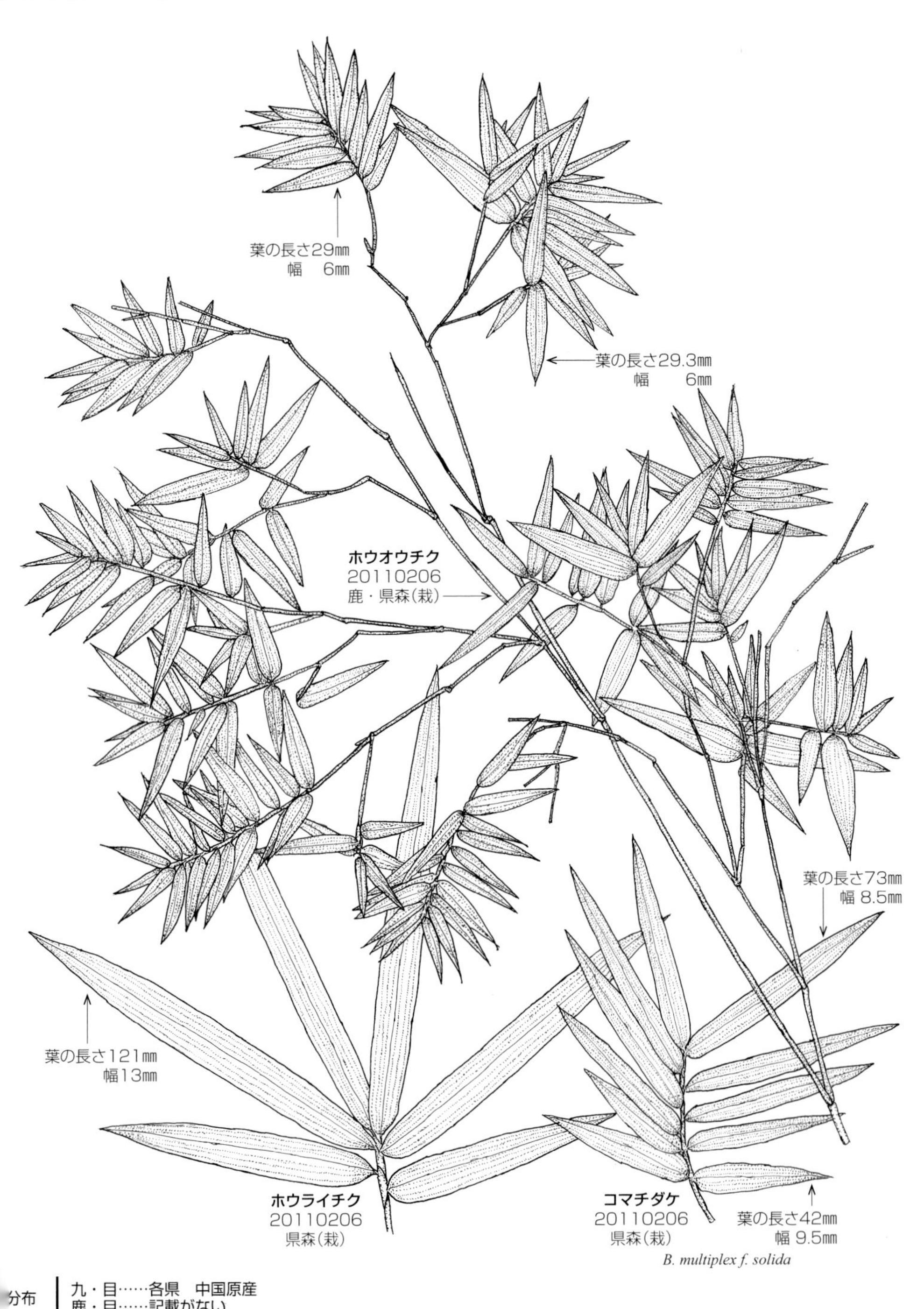

葉の長さ29mm　幅 6mm

葉の長さ29.3mm　幅 6mm

ホウオウチク
20110206
鹿・県森(栽)

葉の長さ73mm　幅 8.5mm

葉の長さ121mm　幅13mm

ホウライチク
20110206
県森(栽)

コマチダケ
20110206
県森(栽)

葉の長さ42mm　幅 9.5mm

B. multiplex f. solida

分布　九・目……各県　中国原産
　　　鹿・目……記載がない

ホウライチク　[イネ科　ホウライチク属]　　*Bambusa multiplex*

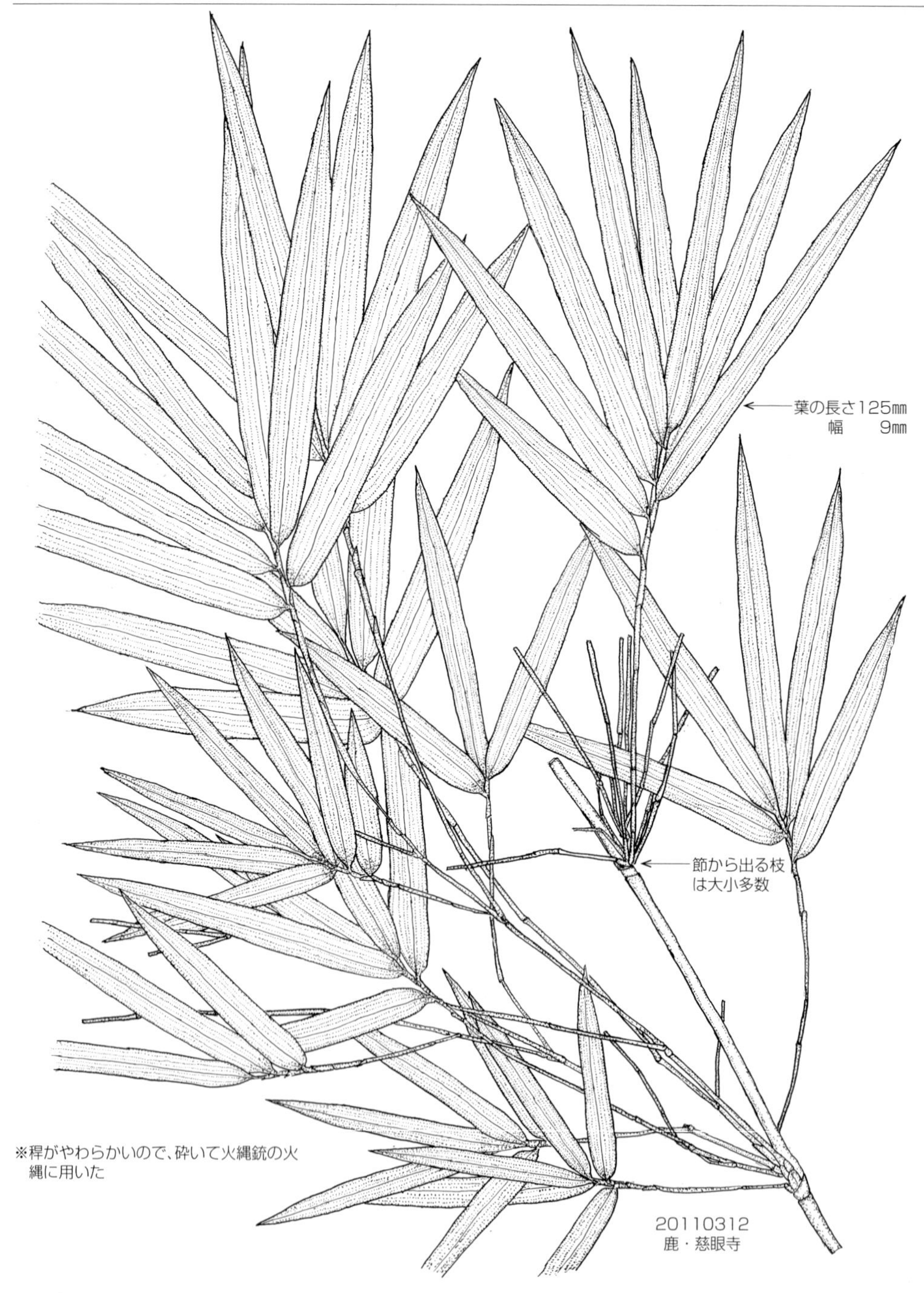

→ 葉の長さ125㎜　幅　9㎜

→ 節から出る枝は大小多数

※稈がやわらかいので、砕いて火縄銃の火縄に用いた

20110312
鹿・慈眼寺

分布　｜九・目……福を除く各県（栽培または逸出）
　　　｜鹿・目……甑　県本土中部以南　東南アジア原産

カズノコグサ（ミノゴメ） [イネ科　ミノゴメ属]　　　　　　　　　*Beckmannia syzigache*

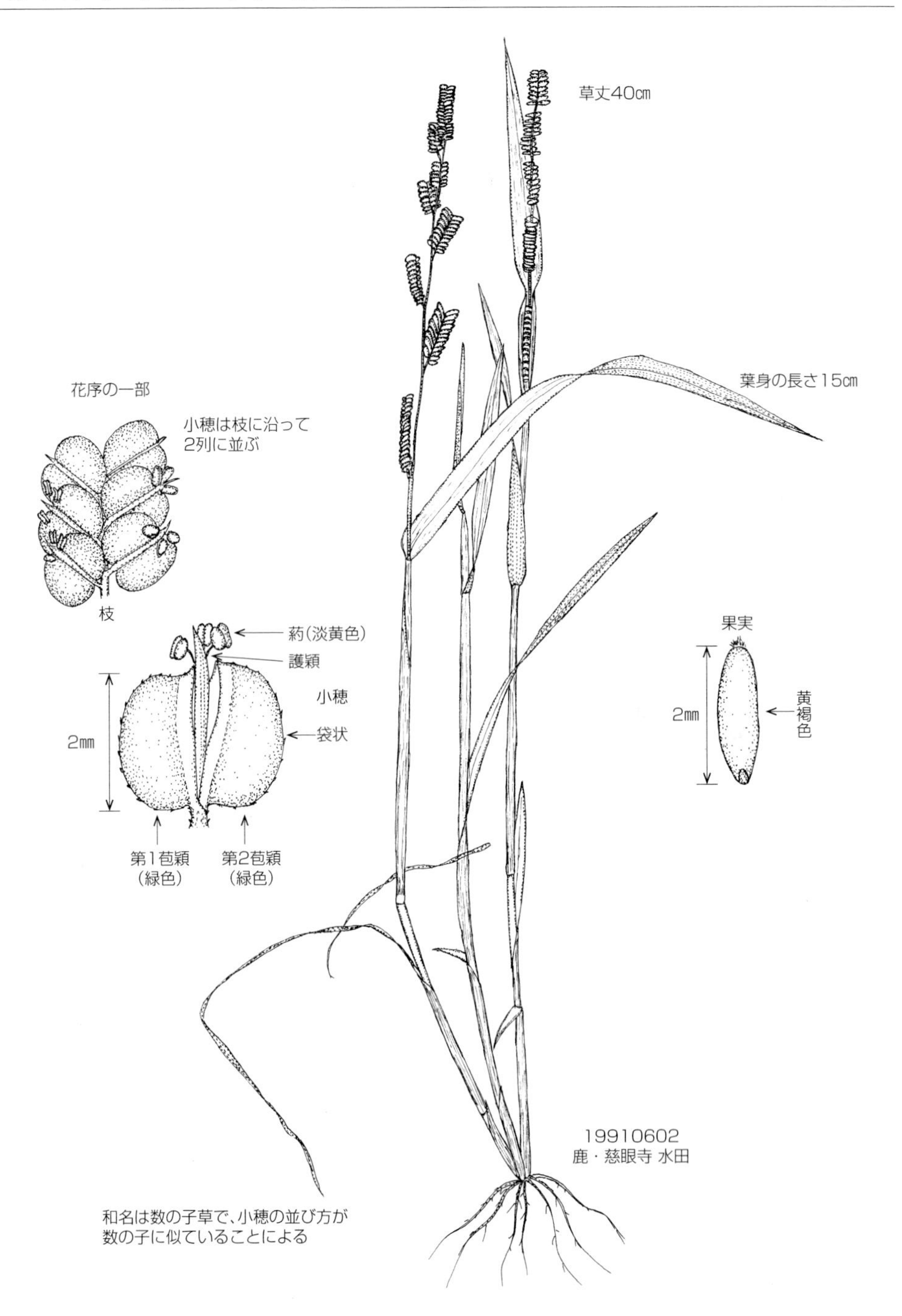

ヒメアブラススキ　[イネ科　ヒメアブラススキ属]　*Bothriochloa parviflor*

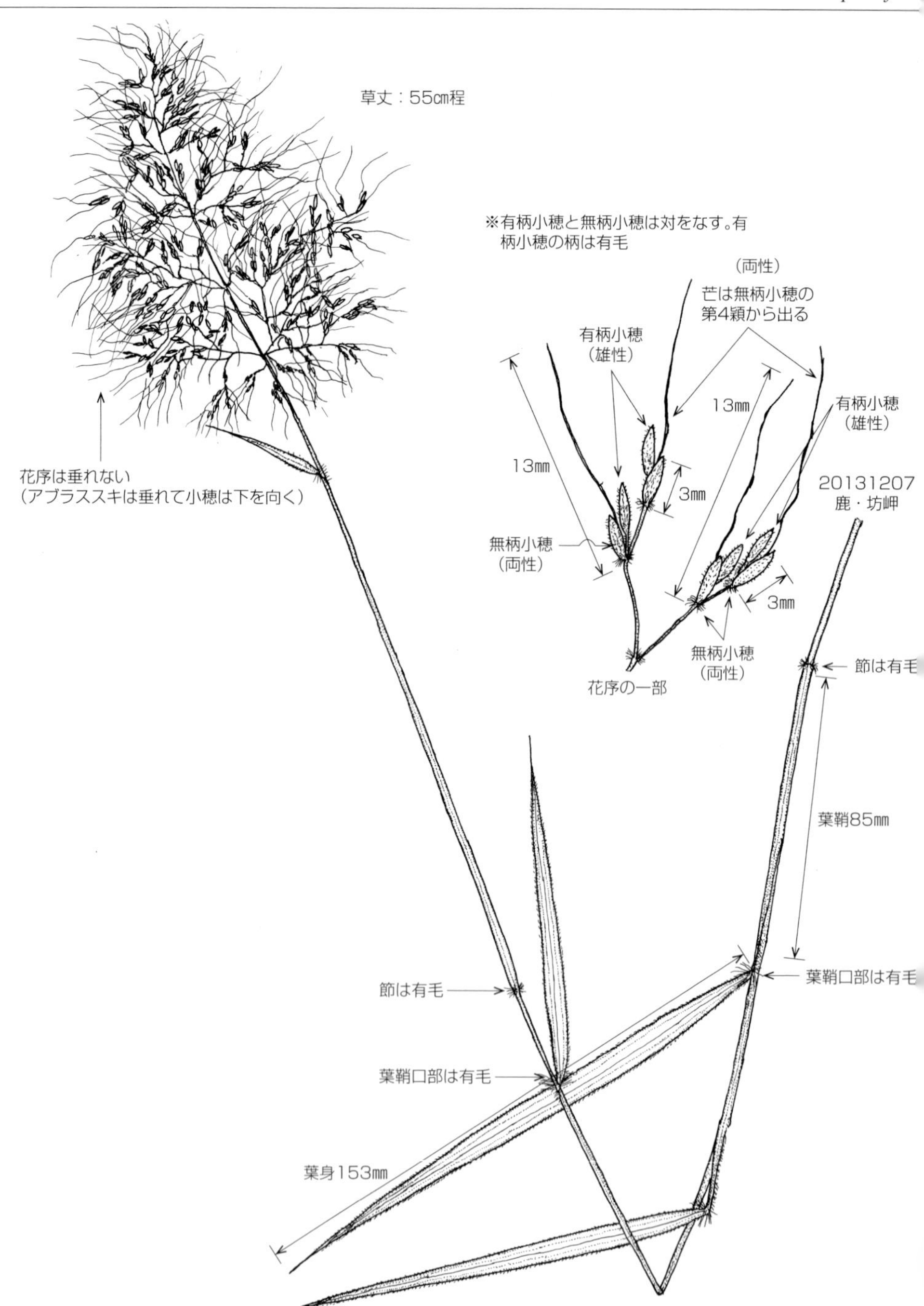

分布　｜　九・目……各県（南は奄群）
　　　｜　鹿・目……県本土　甑　屋　種　悪　宝　奄群（与論を除く）

ヤマカモジグサ　[イネ科　ヤマカモジグサ属]　　*Brachypodium sylvaticum*

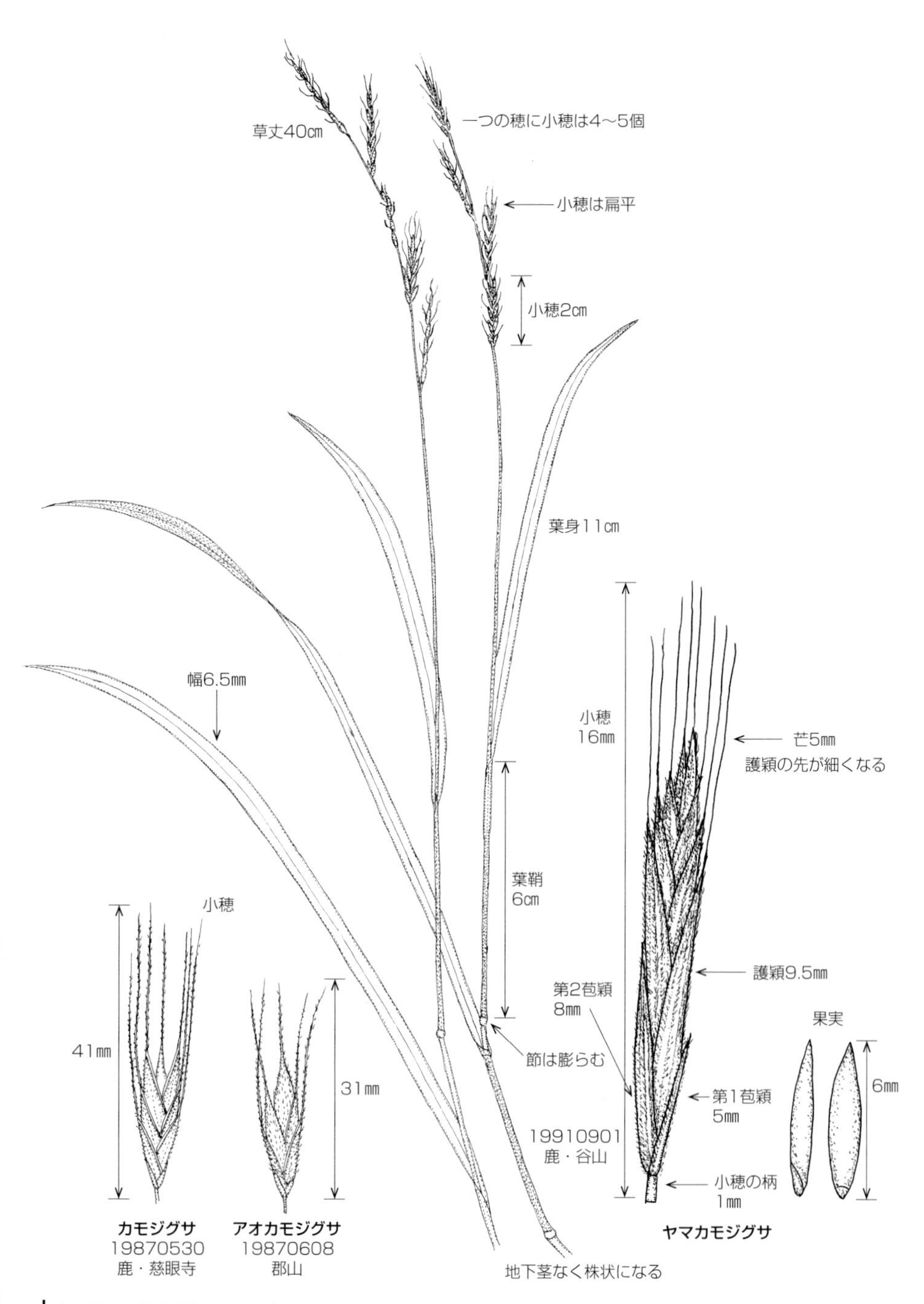

ヒメコバンソウ　[イネ科　コバンソウ属]　　*Briza mino*

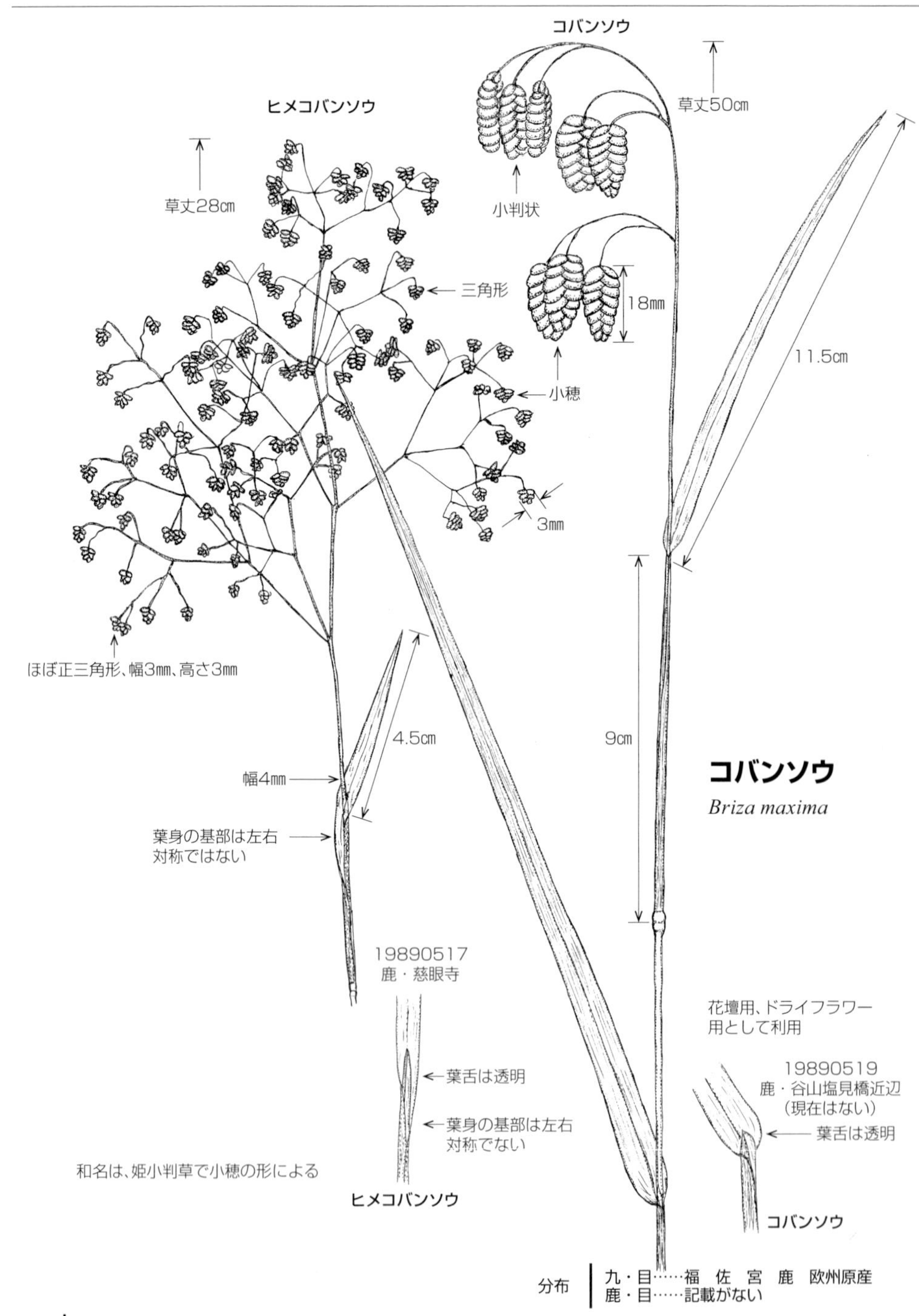

イヌムギ [イネ科 スズメノチャヒキ属] *Bromus catharticus*

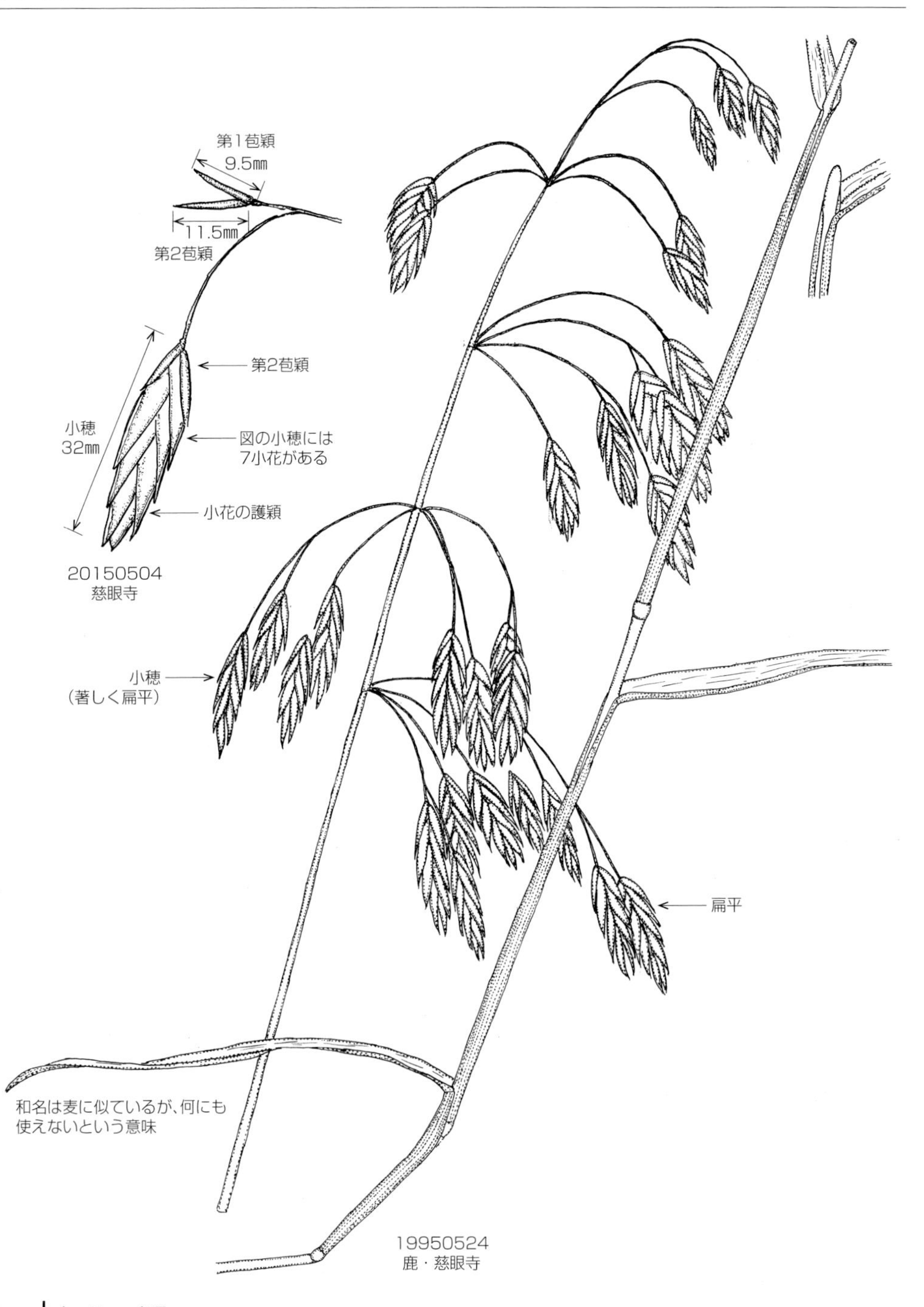

キツネガヤ　[イネ科　スズメノチャヒキ属]　　*Bromus pauciflorus*

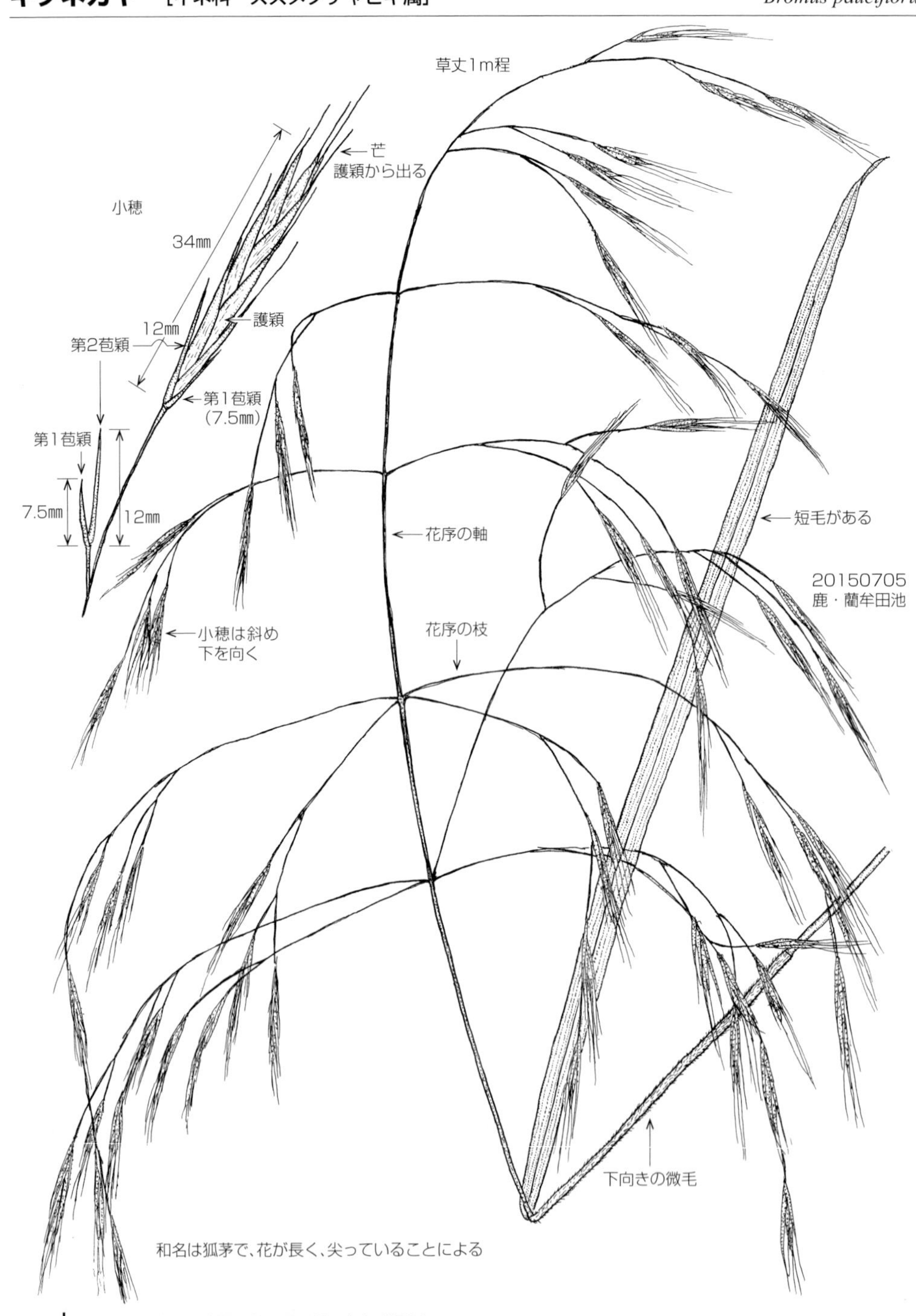

シンクリノイガ [イネ科 クリノイガ属] *Cenchrus echinatus*

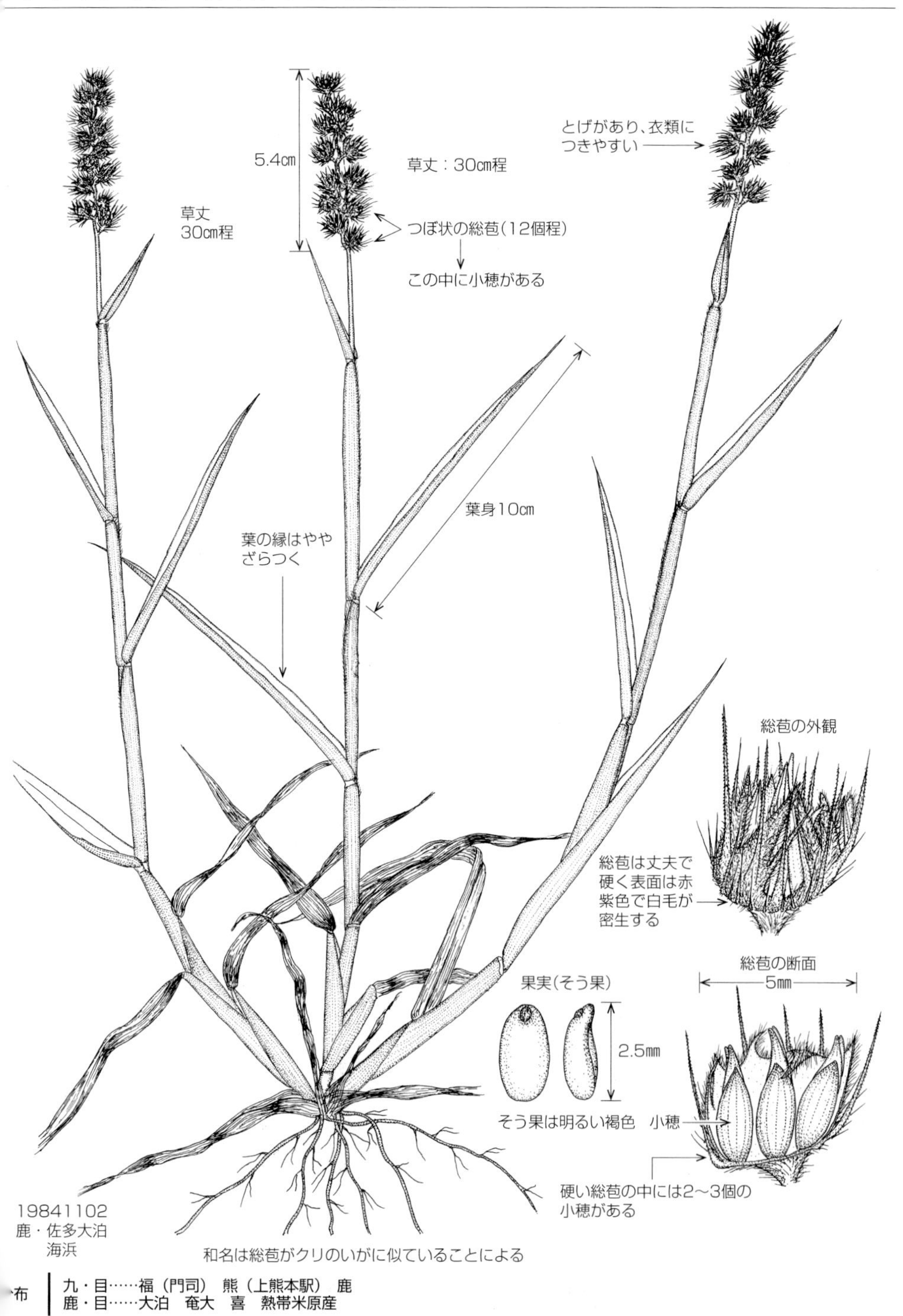

シカクダケ（シホウチク） [イネ科　カンチク属] *Chimonobambusa quadrangularis*

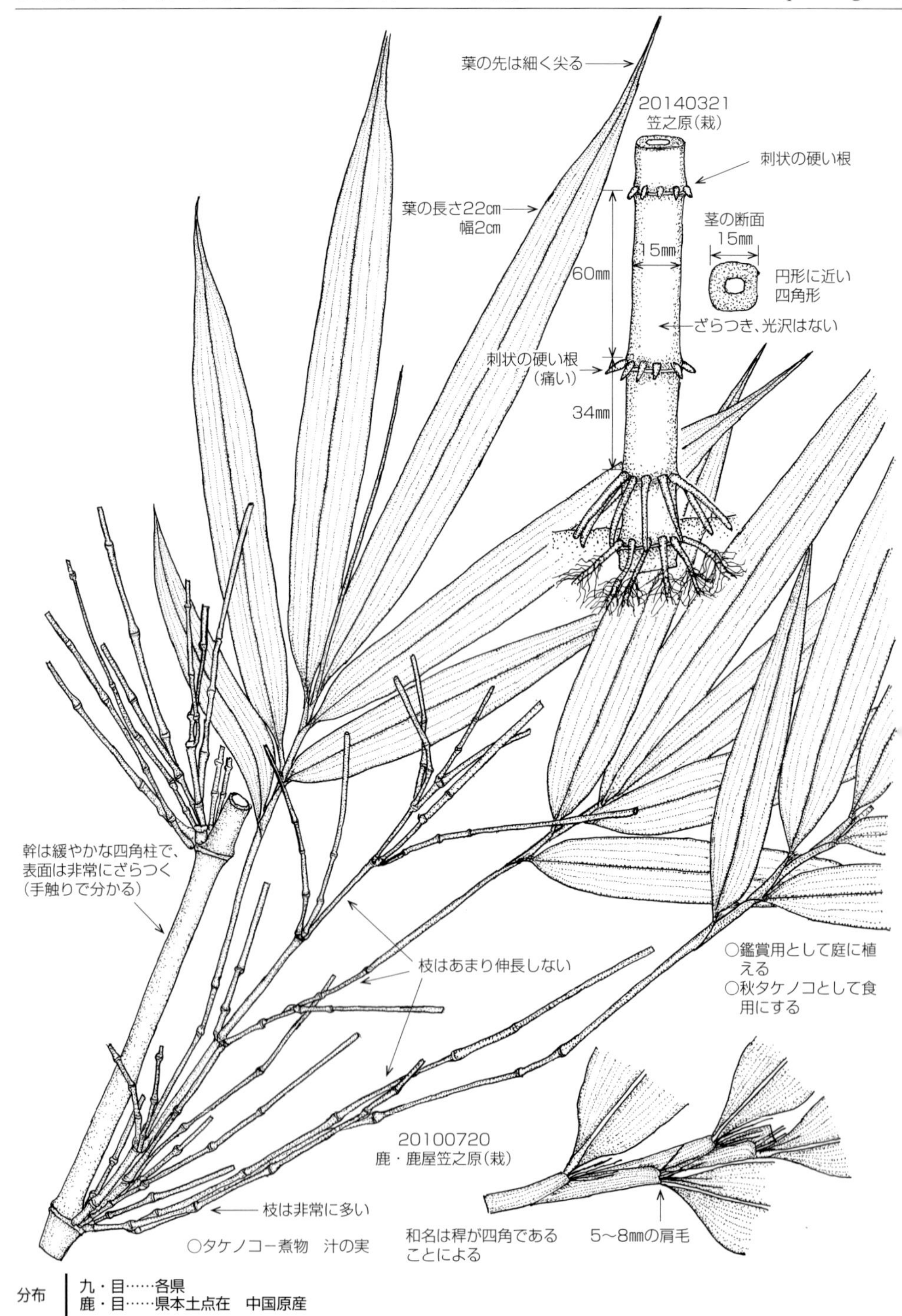

チョウセンガリヤス [イネ科 チョウセンガリヤス属] *Cleistogenes hackelii*

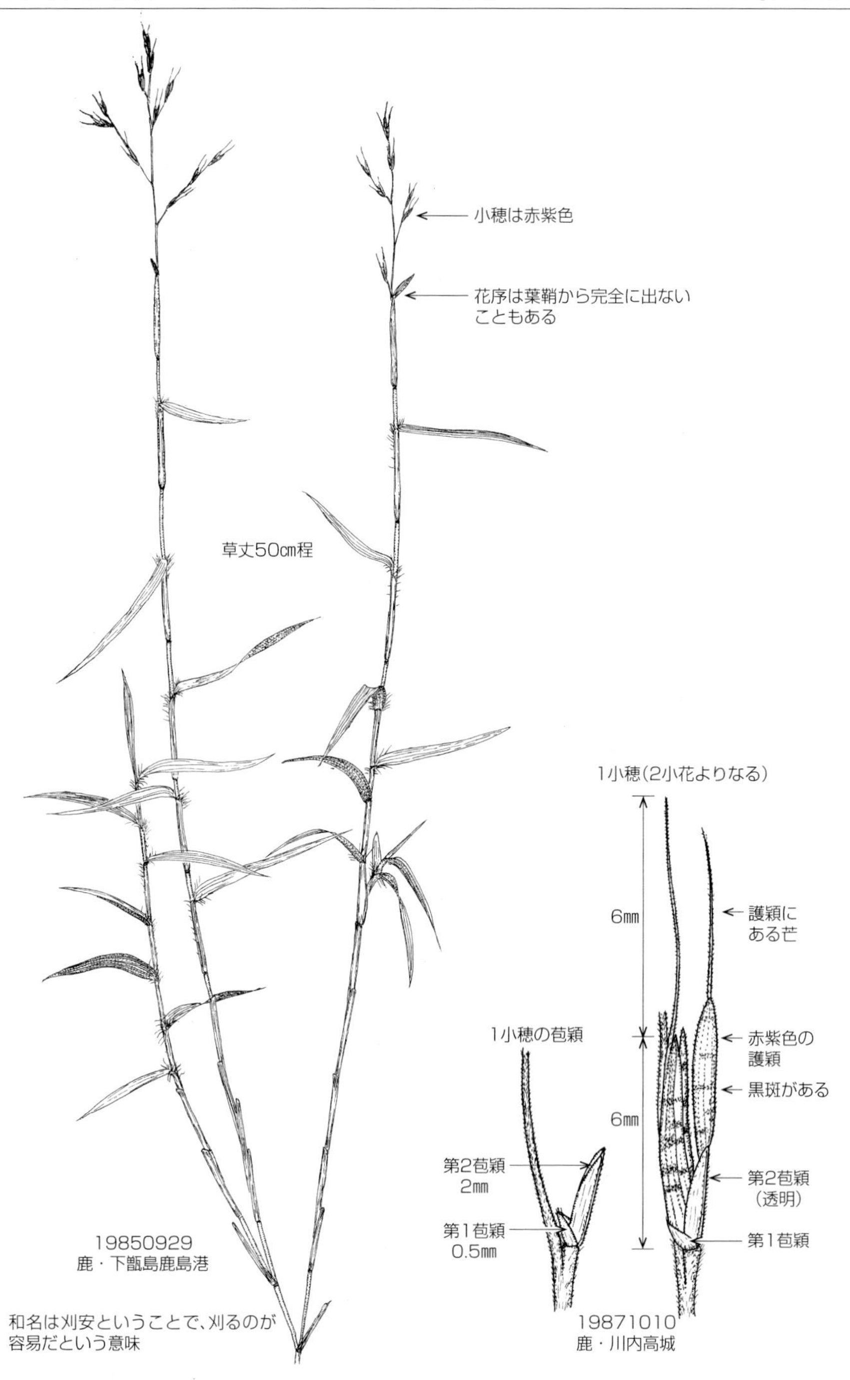

ジュズダマ　[イネ科　ジュズダマ属]　　*Coix lacryma-job*

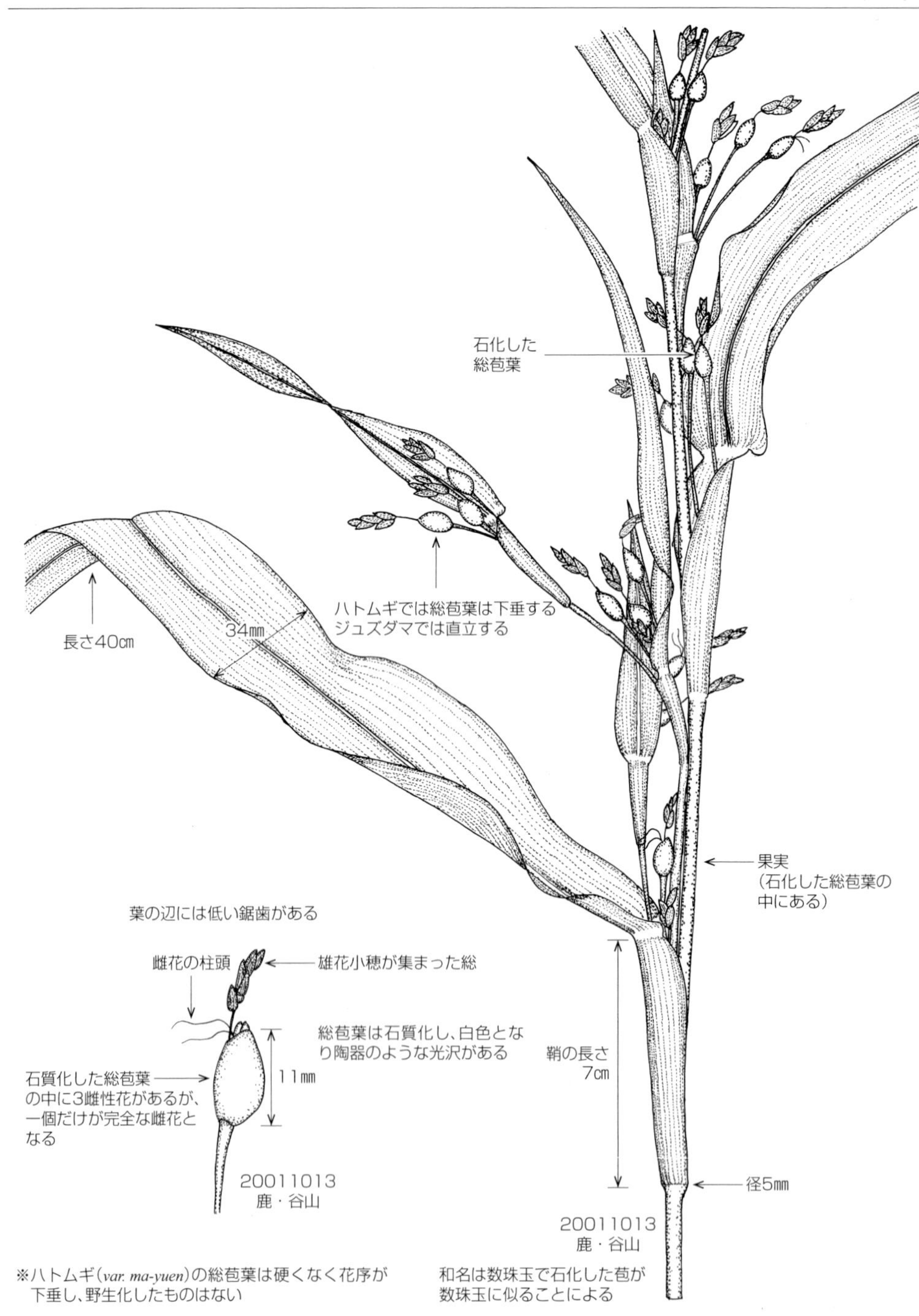

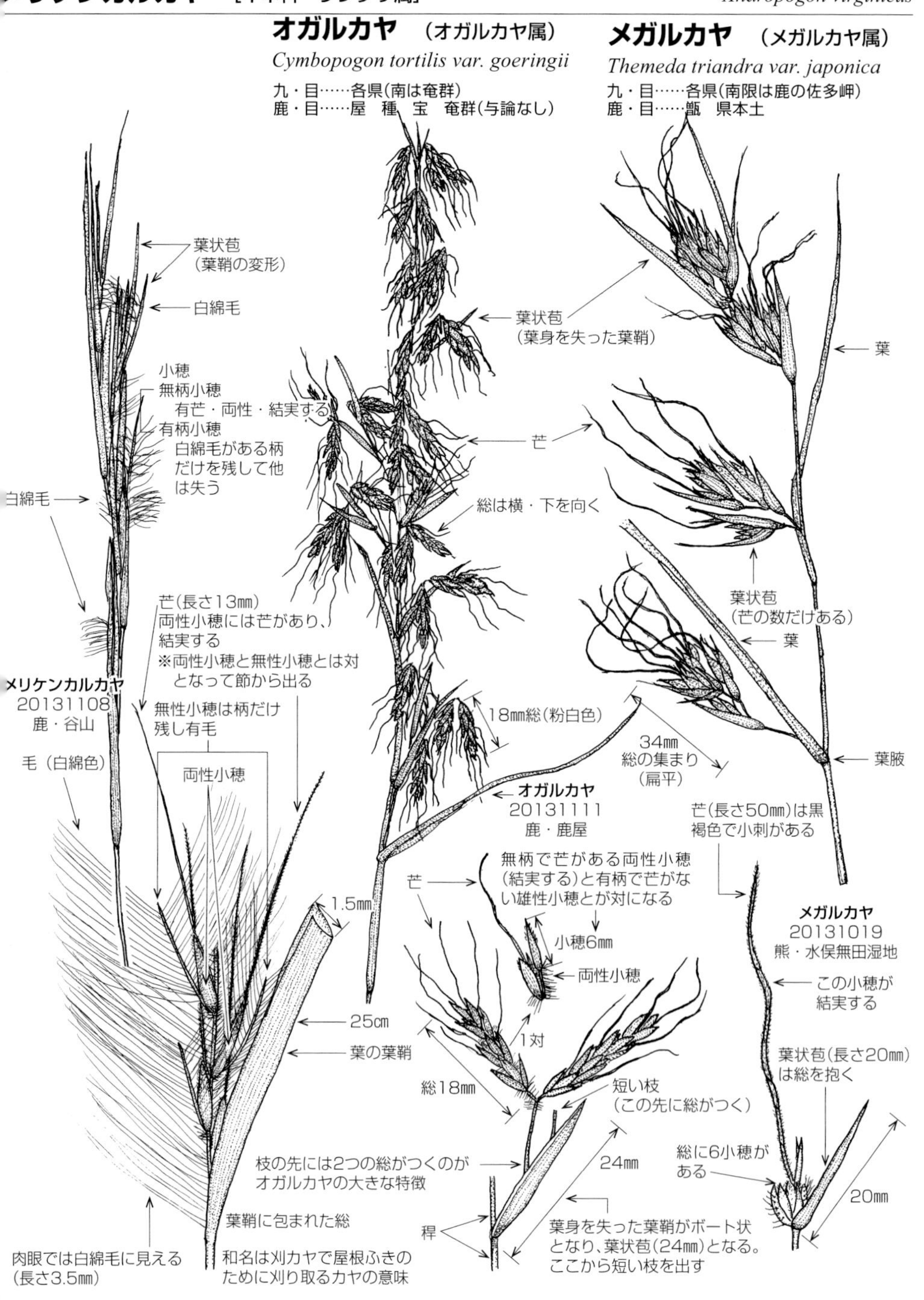

ギョウギシバ　[イネ科　ギョウギシバ属]　*Cynodon dactylon*

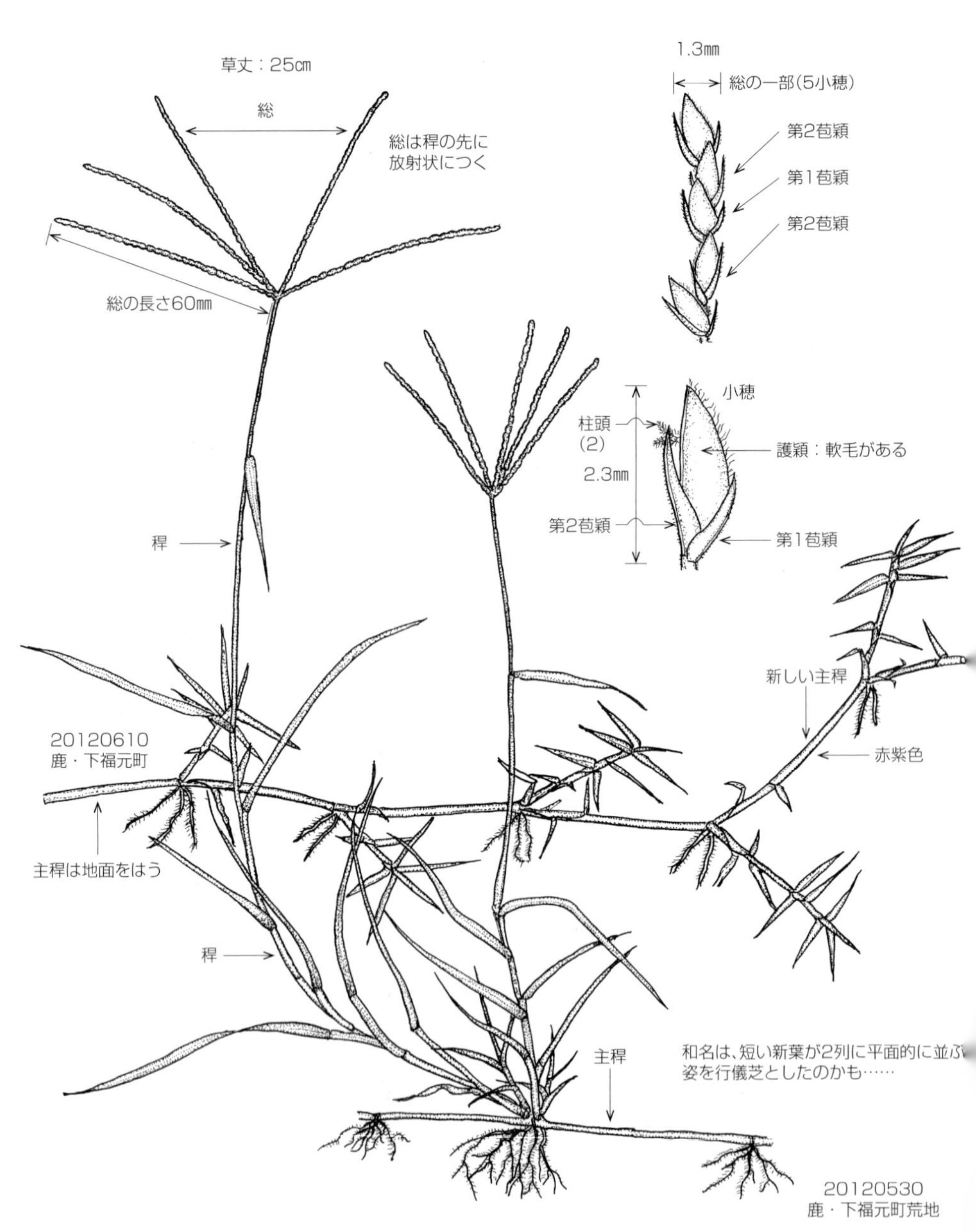

※6月にはまだオヒシバ・メヒシバ・アキメヒシバ・コメヒシバは出穂していない

分布　九・目……各県
　　　鹿・目……各地

カモガヤ ［イネ科 カモガヤ属］ *Dactylis glomerata*

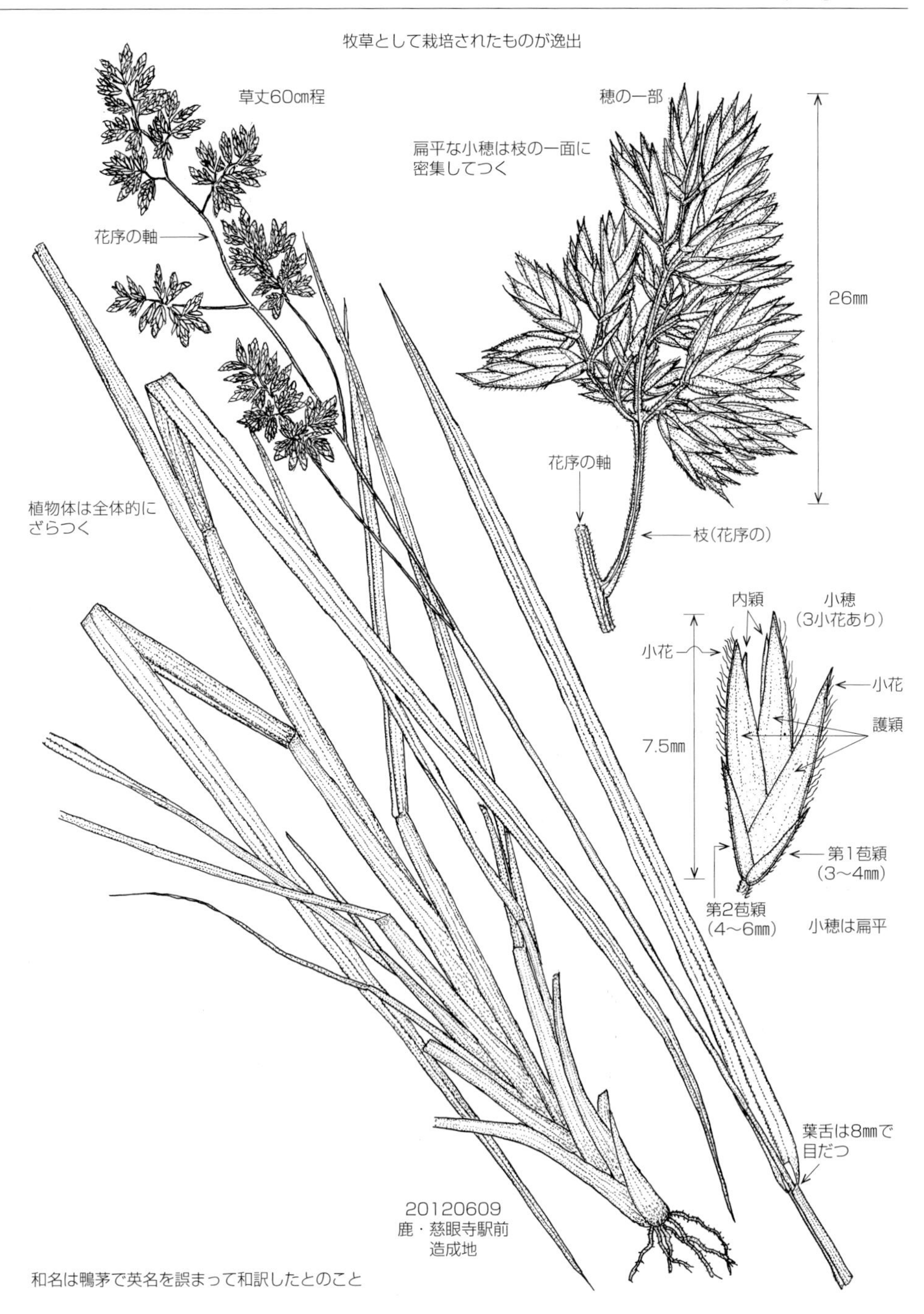

和名は鴨茅で英名を誤まって和訳したとのこと

分布
九・目……各県（牧草として栽培または逸出）
鹿・目……霧島山　西方　鹿児島　欧州原産

アキメヒシバ ［イネ科　メヒシバ属］ *Digitaria violascens*

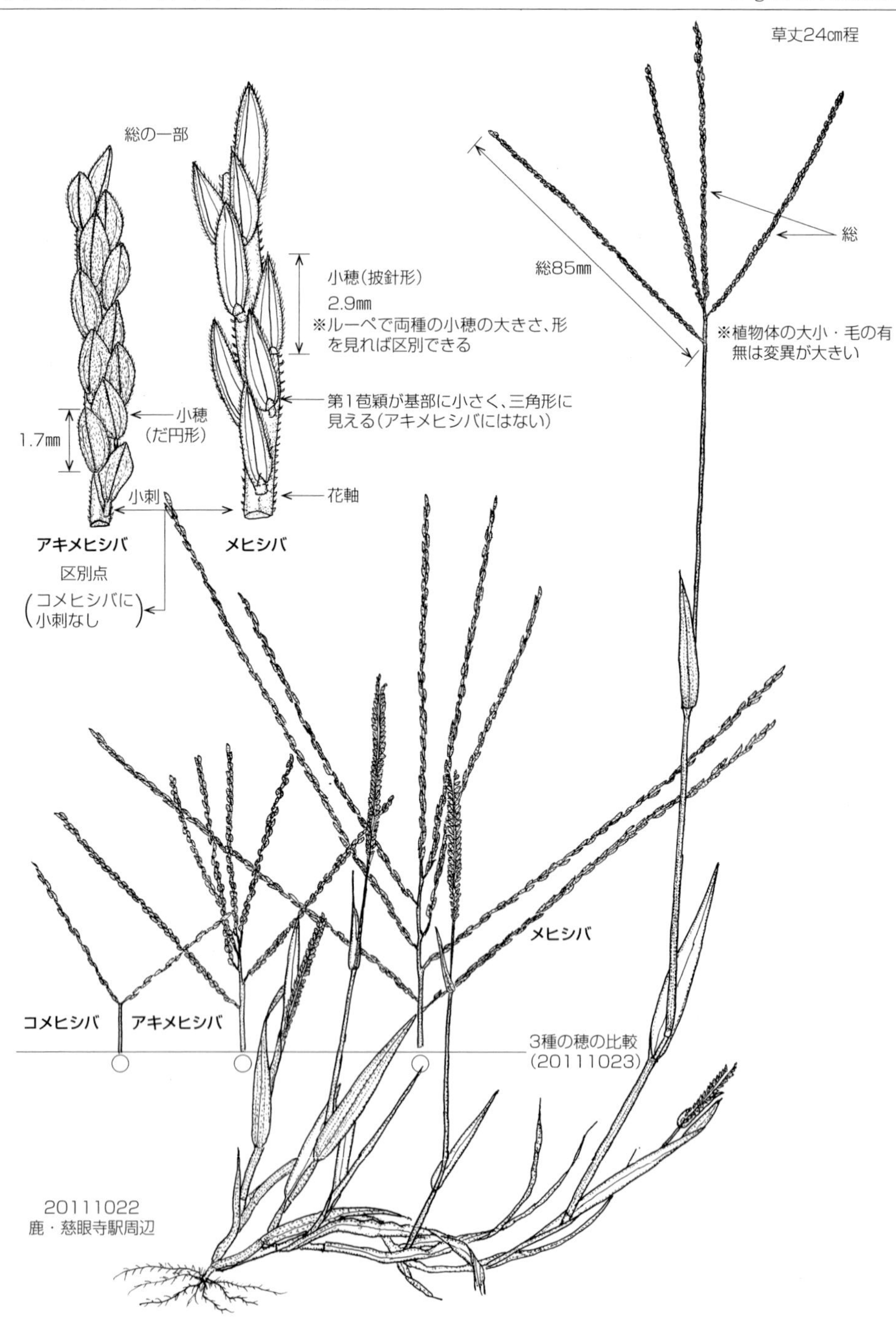

分布
九・目……各県（南は奄群）
鹿・目……各地

コメヒシバ　[イネ科　メヒシバ属]　　*Digitaria timorensis*

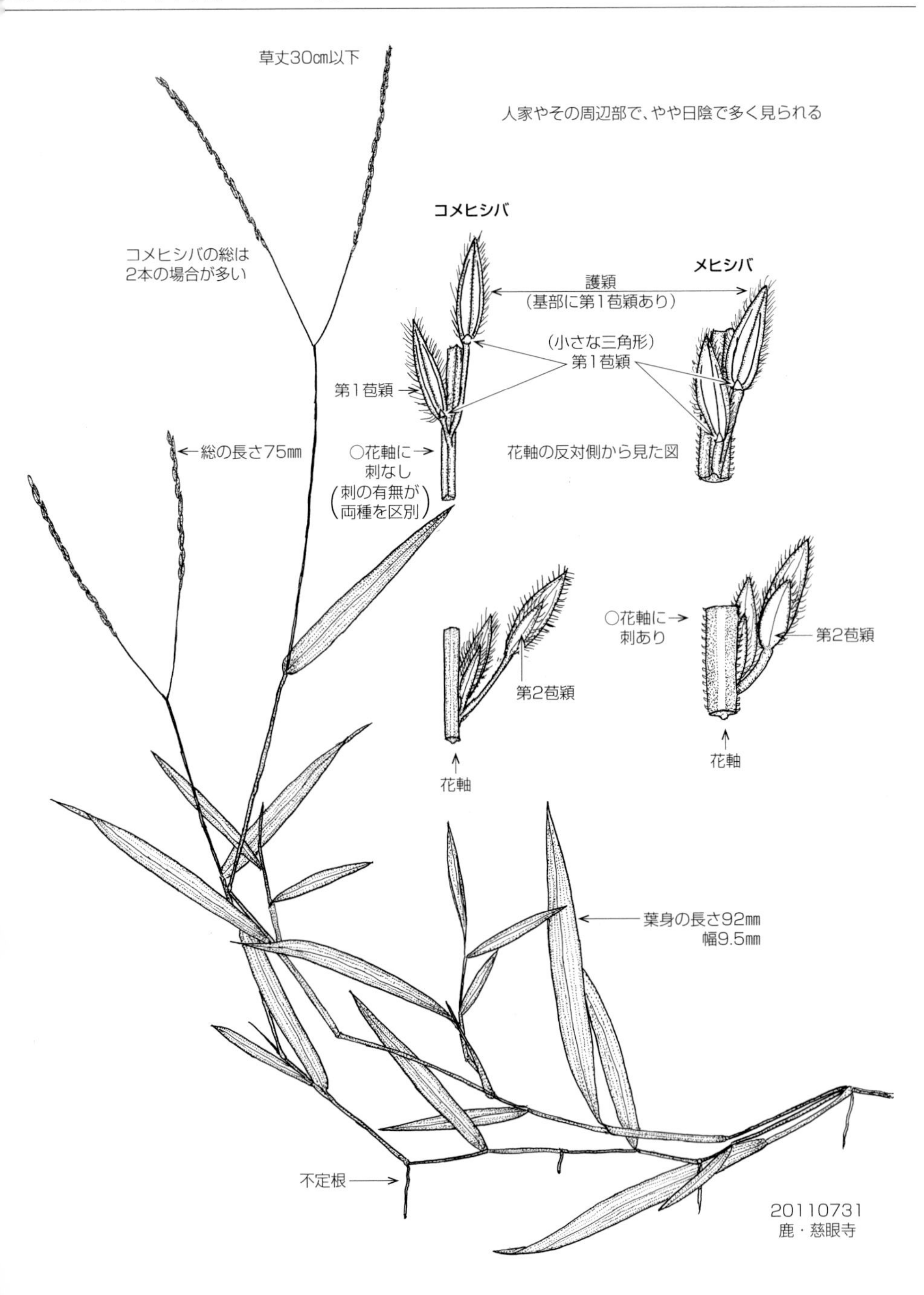

ヘンリーメヒシバ　[イネ科　メヒシバ属]　　*Digitaria henry*

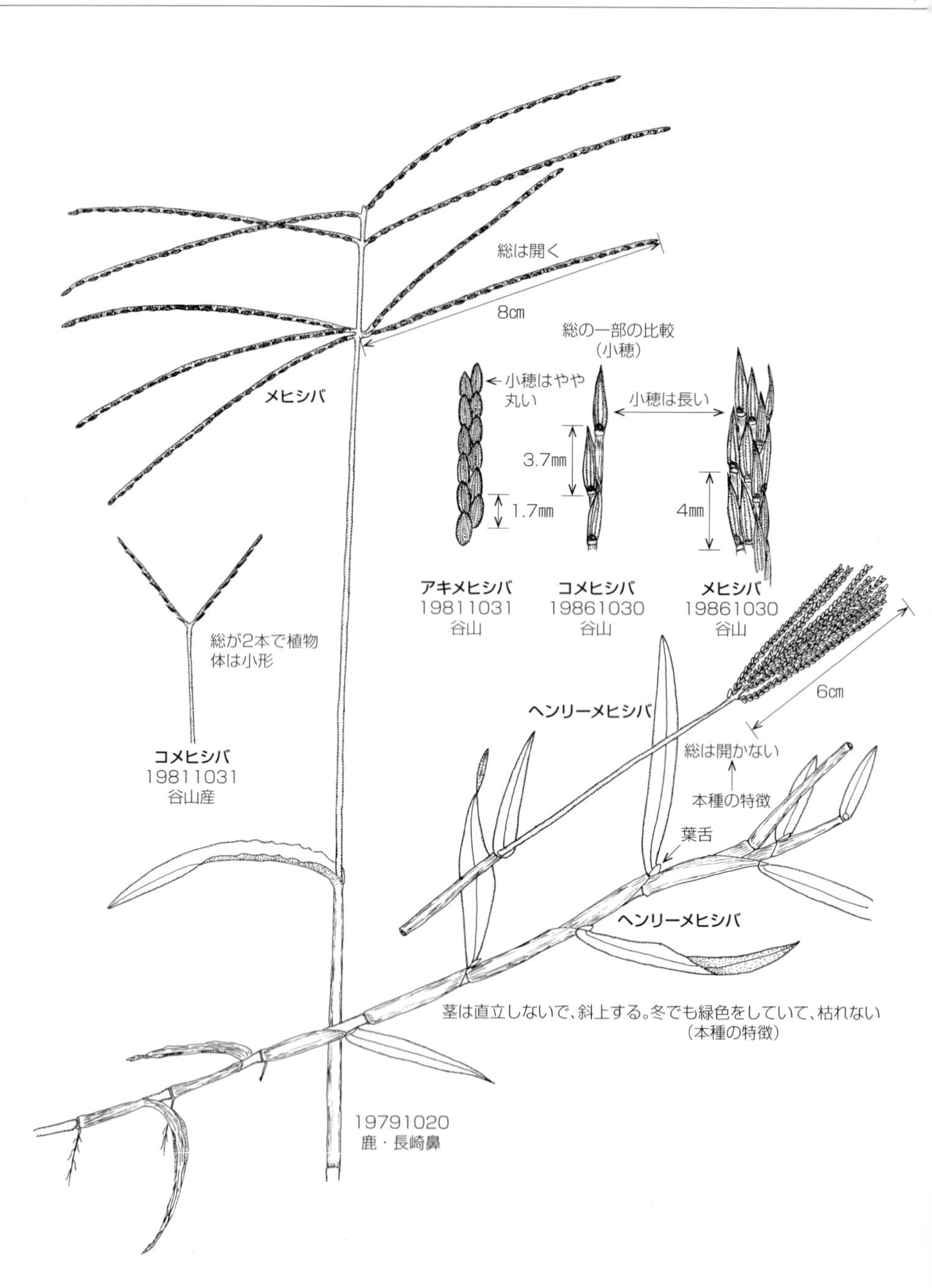

メヒシバ　[イネ科　メヒシバ属]

Digitaria ciliaris

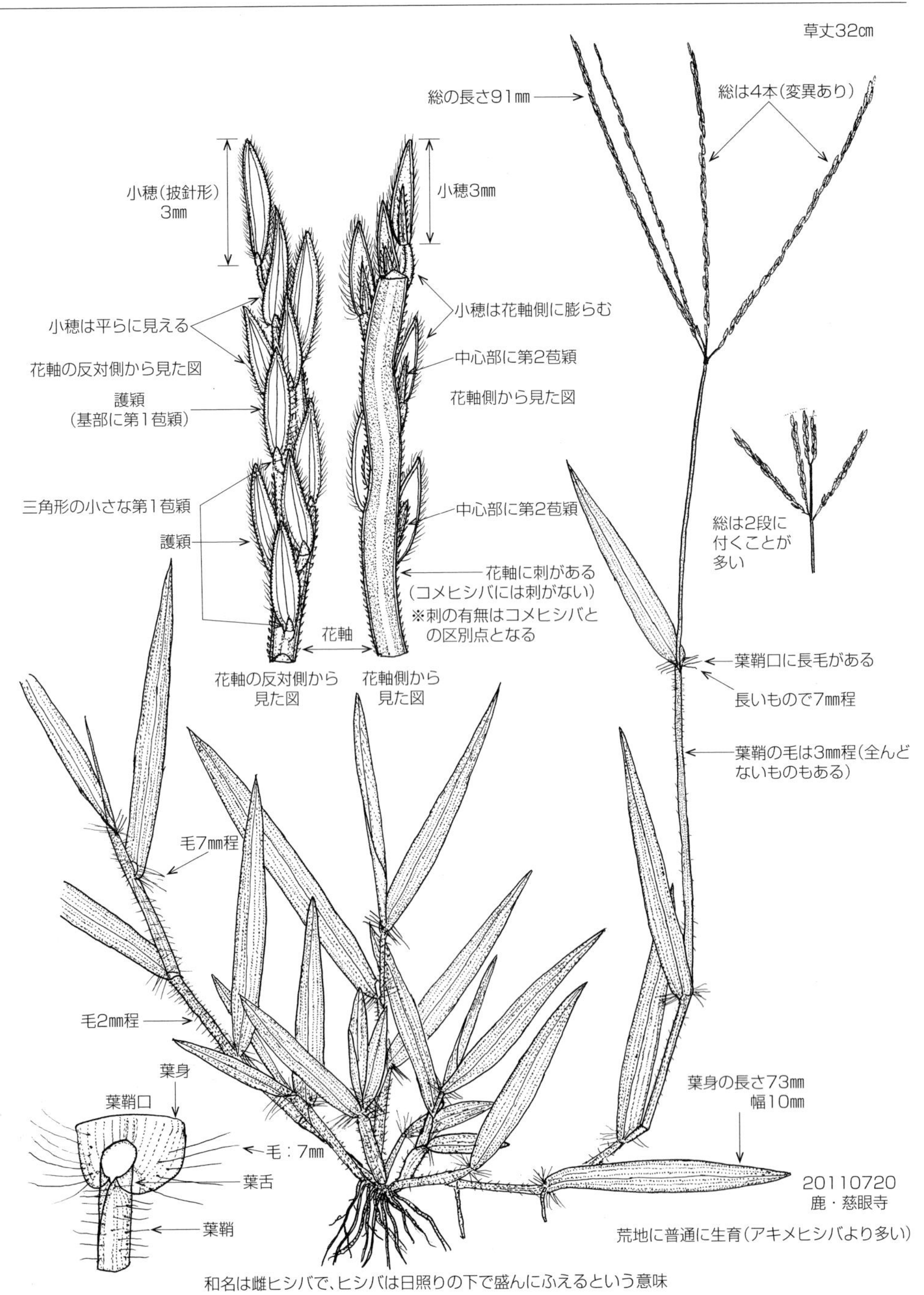

和名は雌ヒシバで、ヒシバは日照りの下で盛んにふえるという意味

分布　九・目……各県（南は奄群）
　　　鹿・目……各地

カリマタガヤ　[イネ科　カリマタガヤ属]　　　　　　　　　　　　　　　　　　*Dimeria ornithopoda*

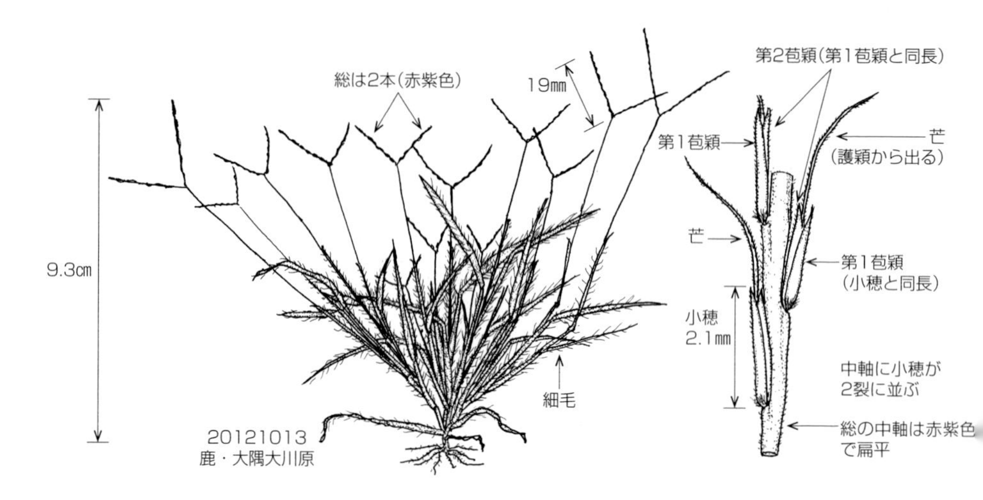

日当たりの良い草地に群生し、秋には赤紫色の総のために、草地が赤く見えることがある。
和名は雁股ガヤで花穂が二つになっていることによる

分布　九・目……各県（南は奄大　徳）
　　　鹿・目……甑　県本土　屋　種　口永　中　徳　奄大

イヌビエ　[イネ科　イヌビエ属]

Echinochloa crusgalli var. caudata

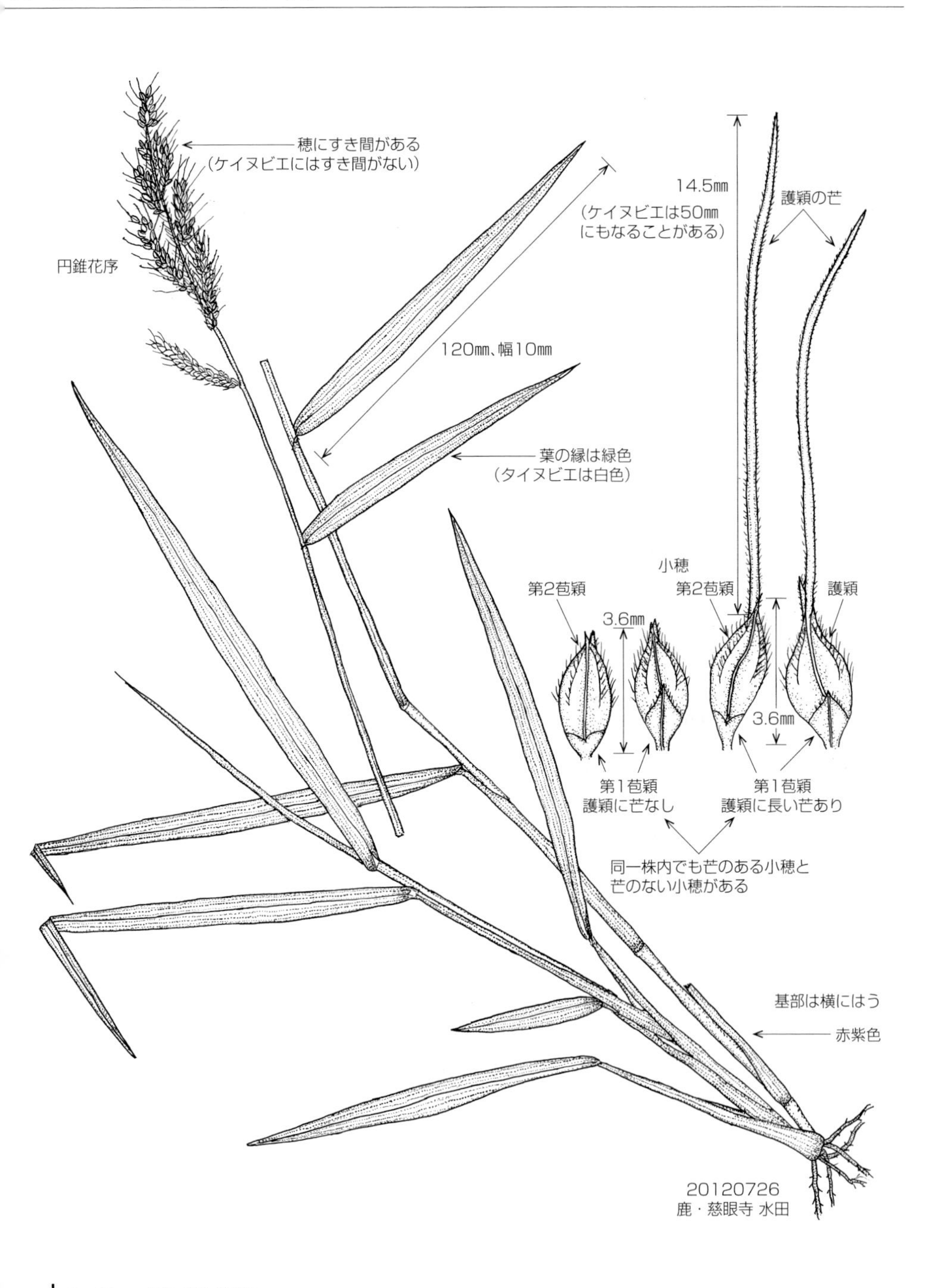

ケイヌビエ　[イネ科　イヌビエ属]　　　*Echinochloa crusgalli* var. *aristata*

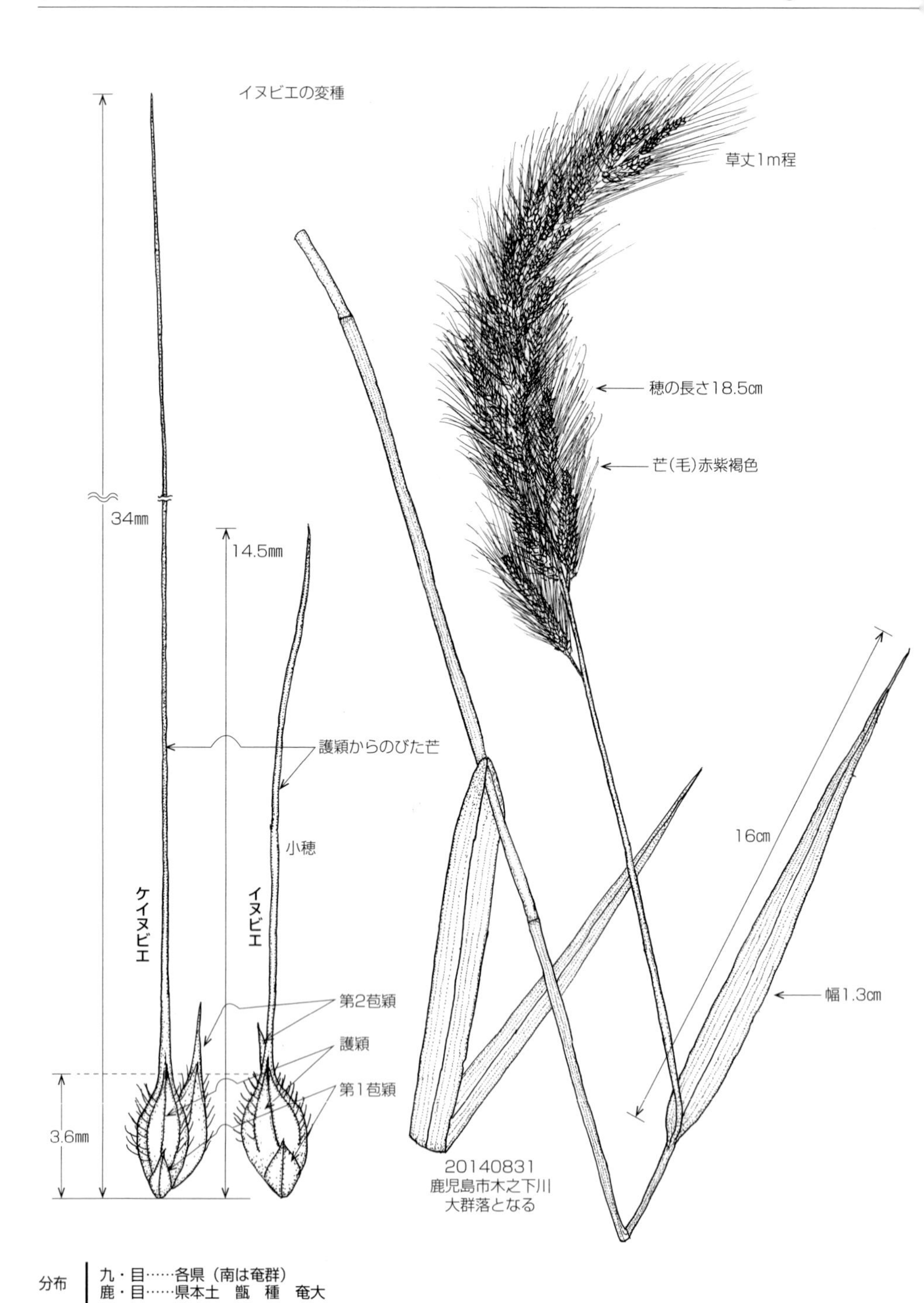

オヒシバ　[イネ科　オヒシバ属]　　*Eleusine indica*

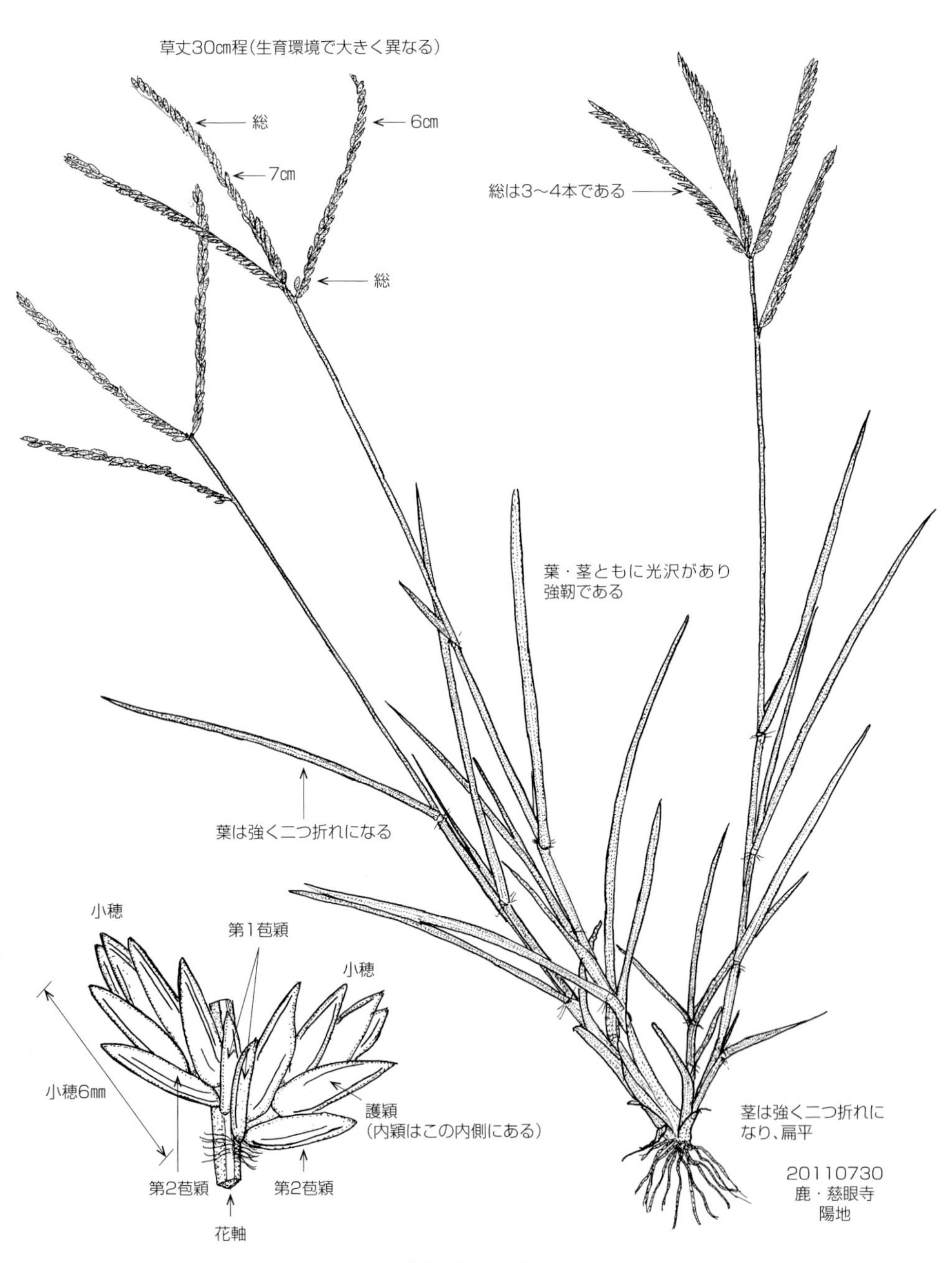

※和名は雄ヒシバで、ヒシバは日照りの下で盛んに繁茂することによる

九・目……各県（南は鹿の種）
鹿・目……各地

カゼクサ　[イネ科　スズメガヤ属]　*Eragrostis ferruginea*

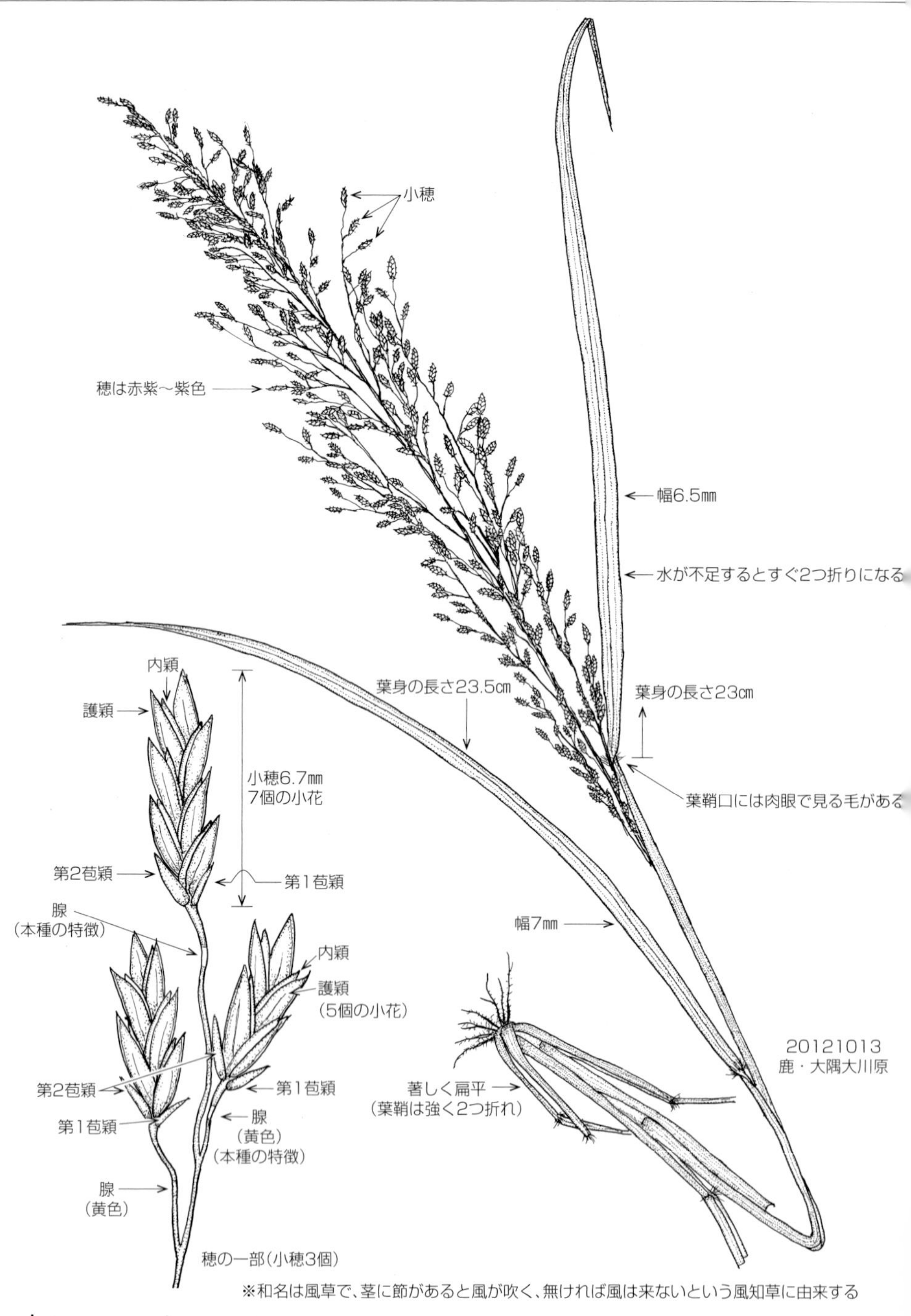

※和名は風草で、茎に節があると風が吹く、無ければ風は来ないという風知草に由来する

分布　九・目……各県（南は鹿の種）
　　　鹿・目……甑　県本土各地　種

コスズメガヤ　[イネ科　スズメガヤ属]　　*Eragrostis poaeoides*

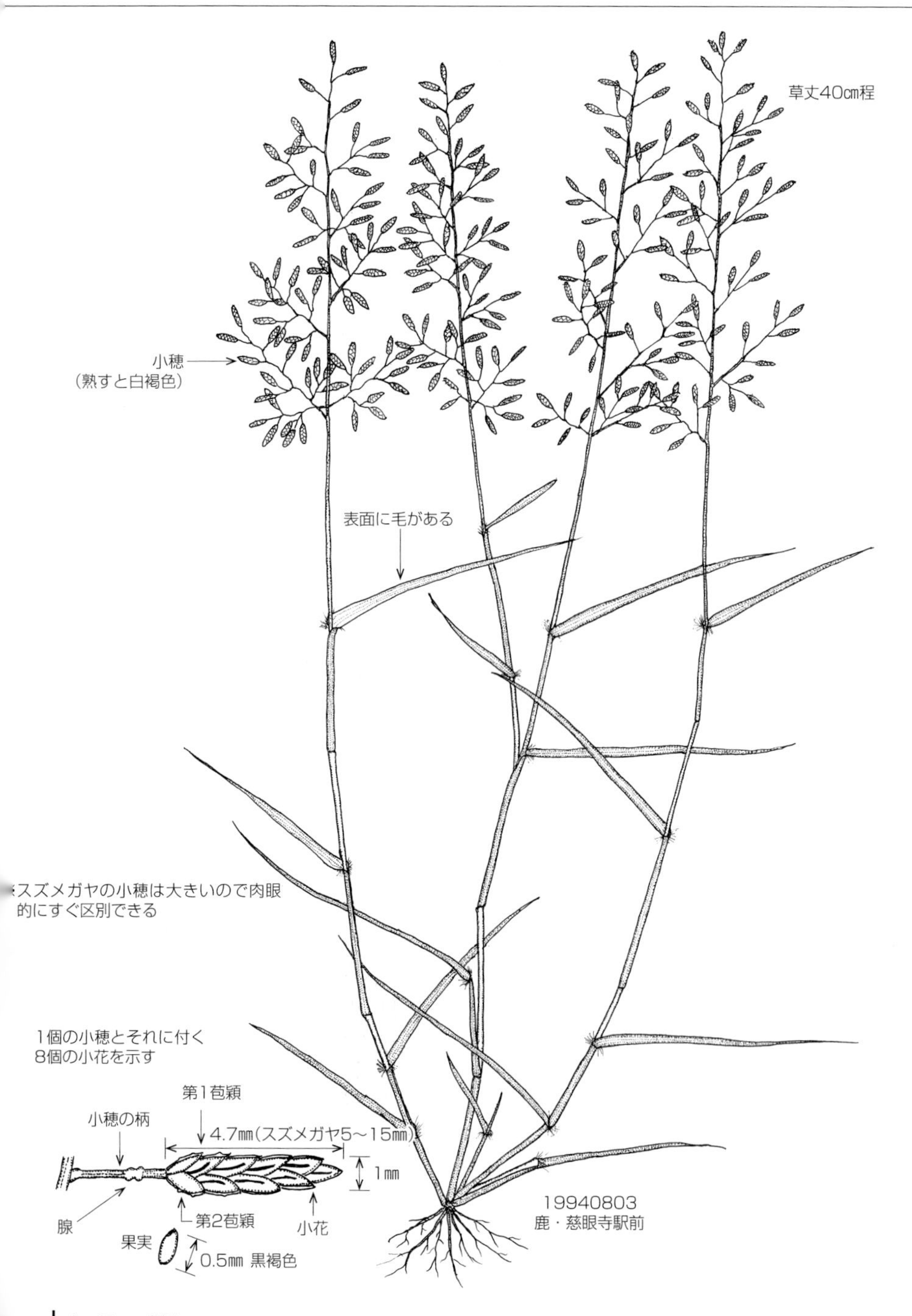

ニワホコリ　[イネ科　スズメガヤ属]　　　*Eragrostis multicauli*

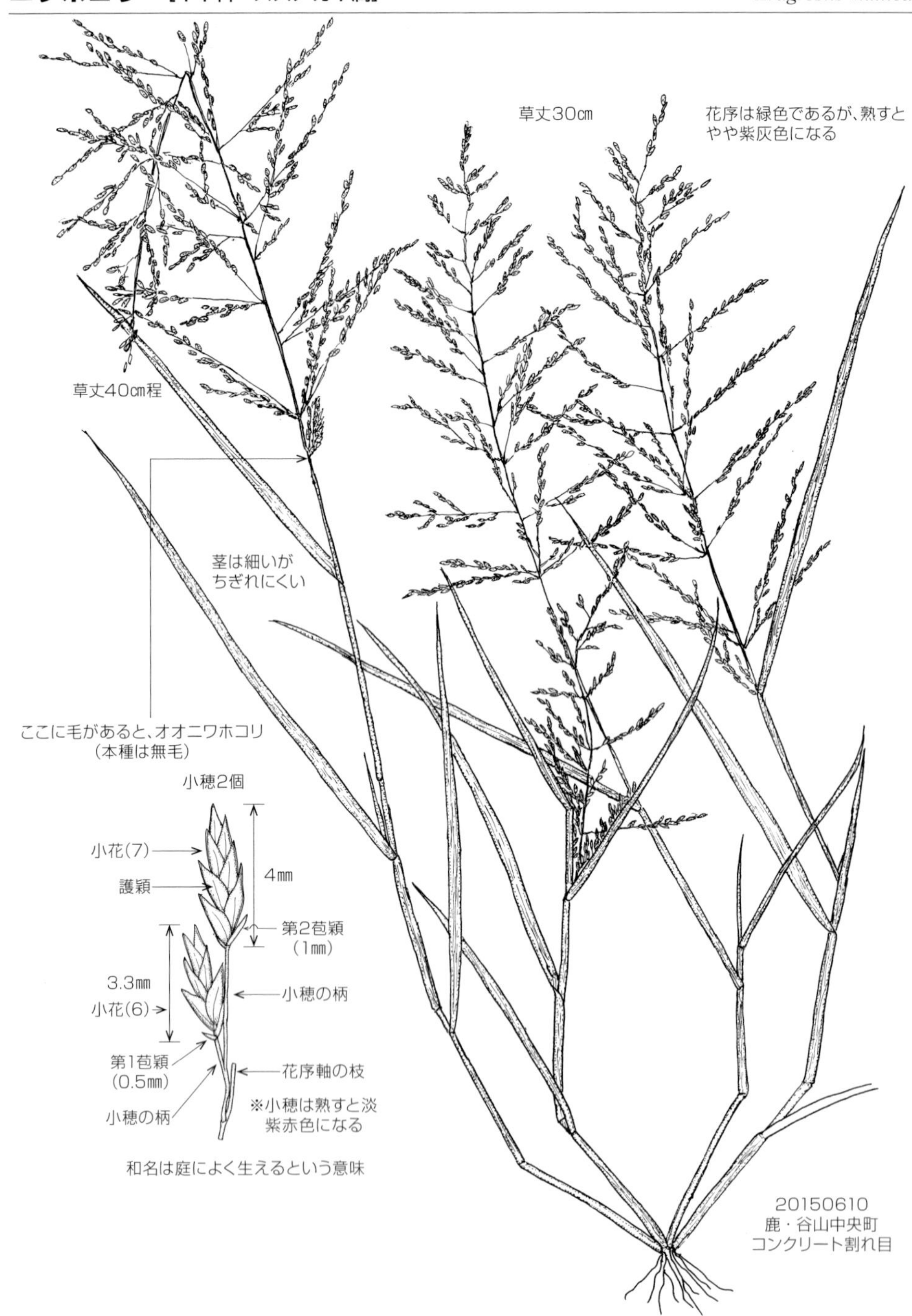

ウンヌケモドキ [イネ科　ウンヌケ属]　　*Eulalia quadrinervis*

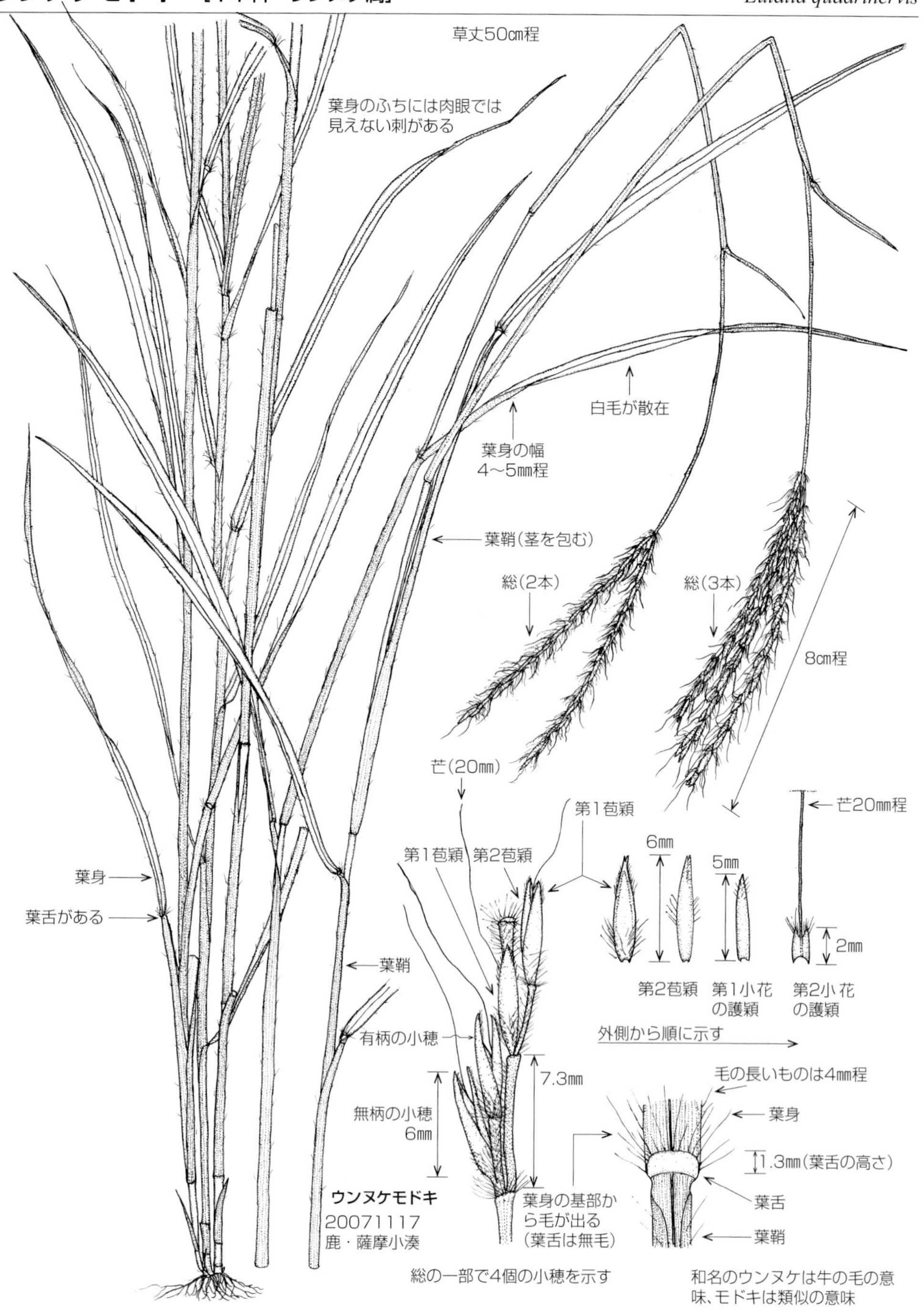

九・目……福(稍普通)　大(臼杵 津久見 蒲江)　佐(嬉野)　長(肥前 県本土各地)　熊(八代 天草 人吉)　宮(北浦〜宮崎)
鹿
鹿・目……荒崎　樋脇　野間岳

ムツオレグサ　[イネ科　ドジョウツナギ属]　　*Glyceria acutiflora*

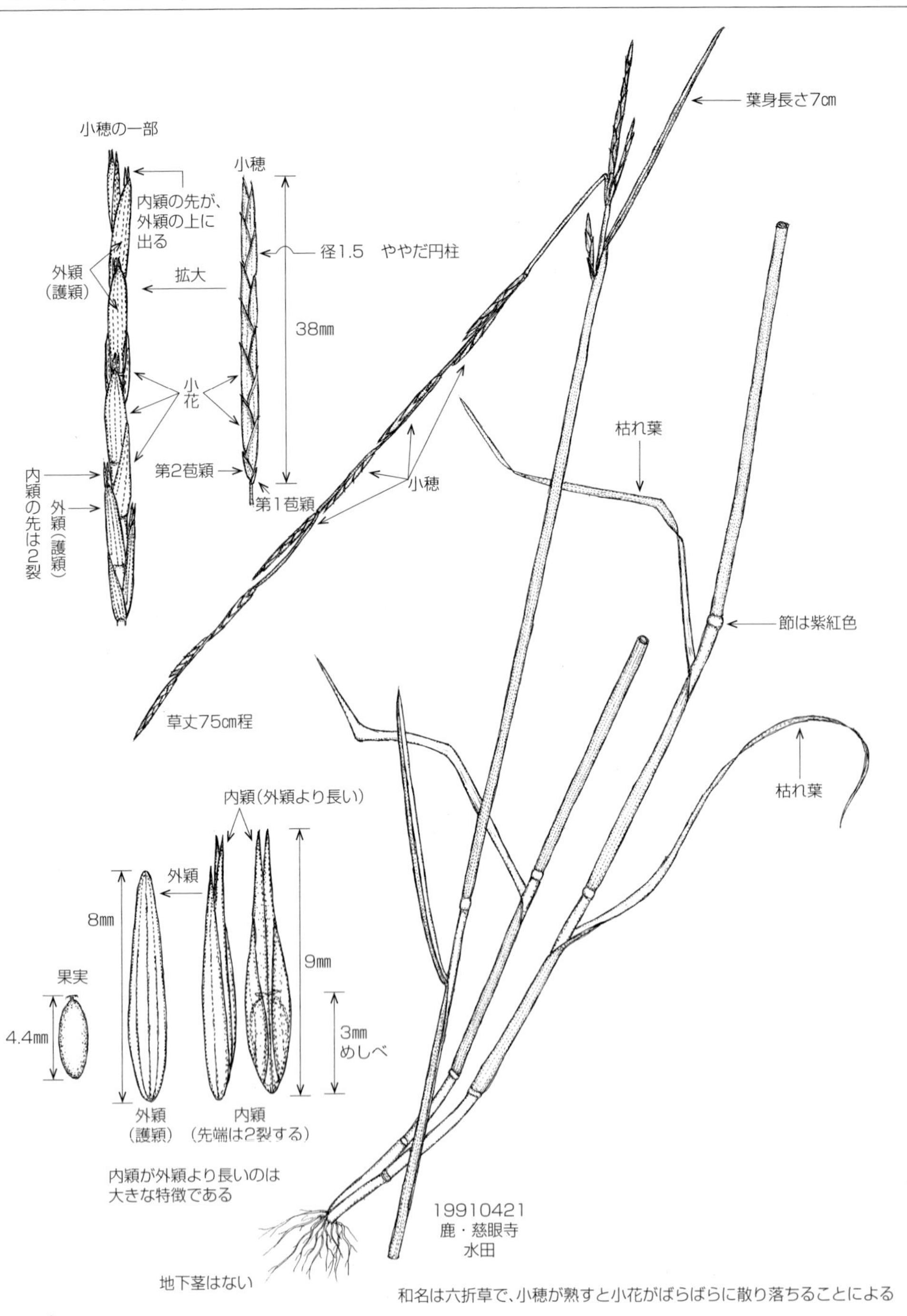

和名は六折草で、小穂が熟すと小花がばらばらに散り落ちることによる

分布　九・目……各県（南限は鹿の奄大）
　　　鹿・目……県本土　屋　種　奄大（西仲間）

コバノウシノシッペイ [イネ科 ウシノシッペイ属] *Hemarthria sibirica*

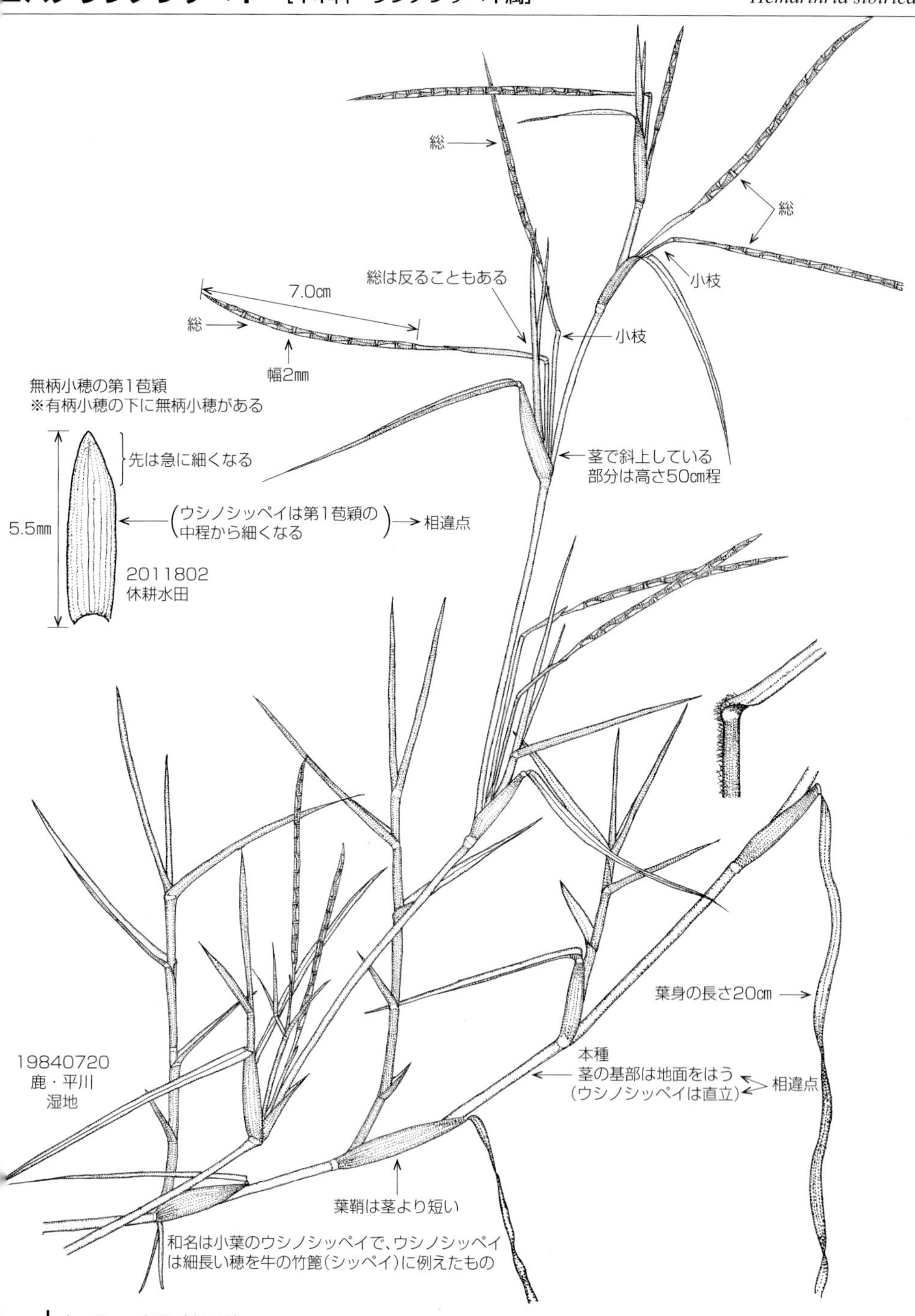

チガヤ　[イネ科　チガヤ属]　　　　　　　　　　　　　　　　　　　　　　　　　　　　　　　　　　*Imperata cylindrica*

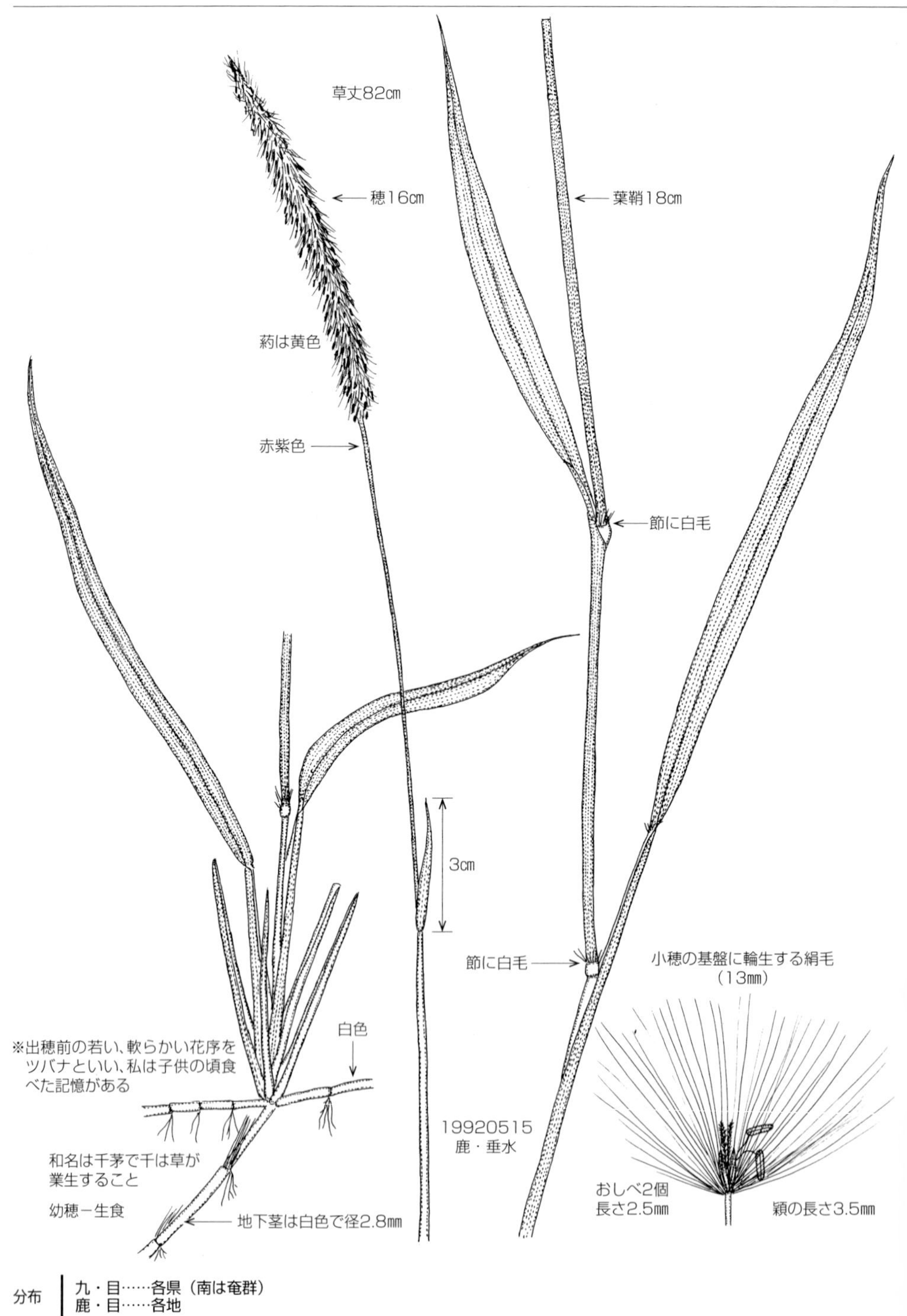

チゴザサ　[イネ科　チゴザサ属]　*Isachne globosa*

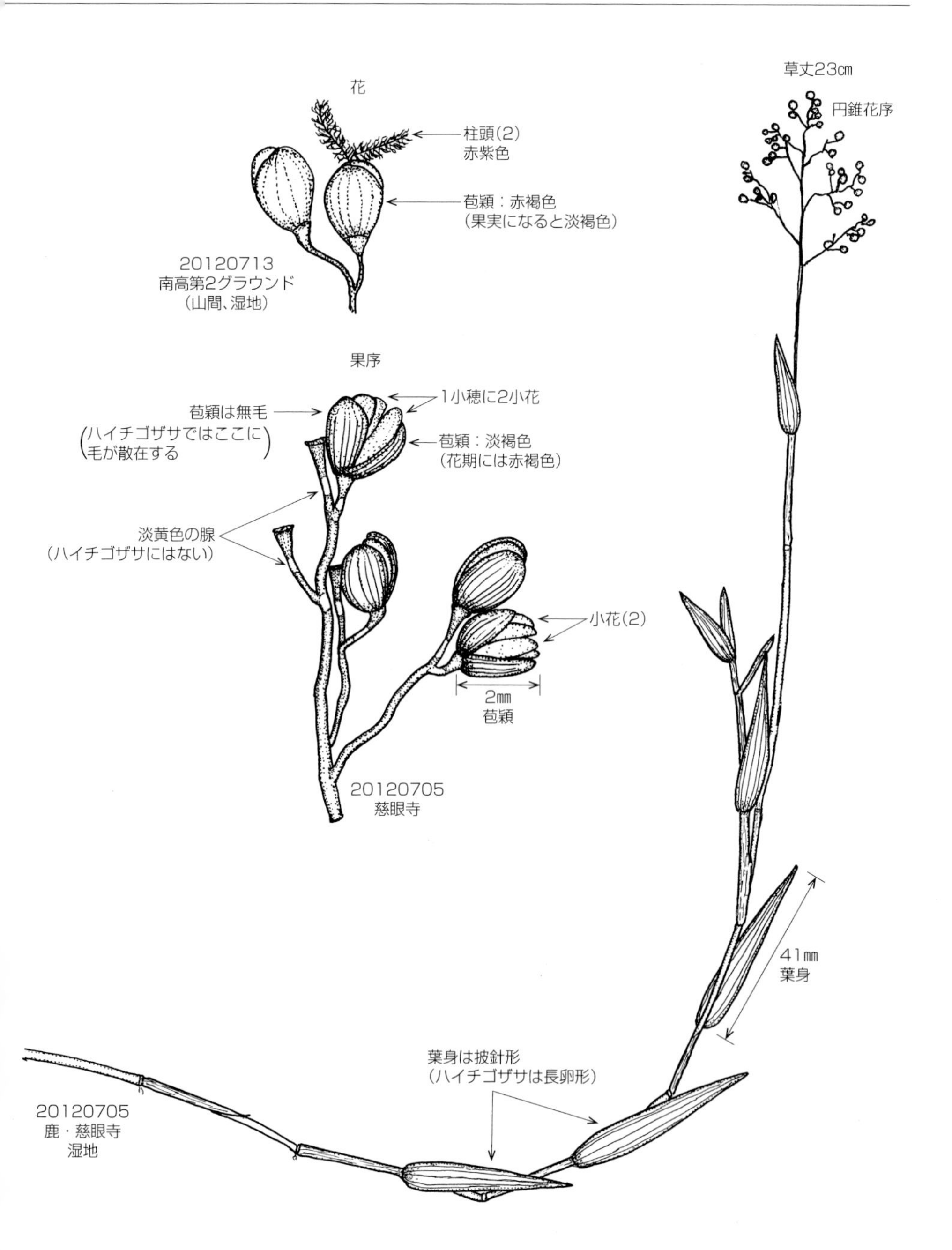

和名は稚児笹で、植物体が小形であることによる

| 九・目 …… 各県（南は奄群） |
| 鹿・目 …… 甑　県本土　屋　種　口之　中　宝　奄群 |

カモノハシ　[イネ科　カモノハシ属]　　*Ischaemum aristatum* var. *glaucum*

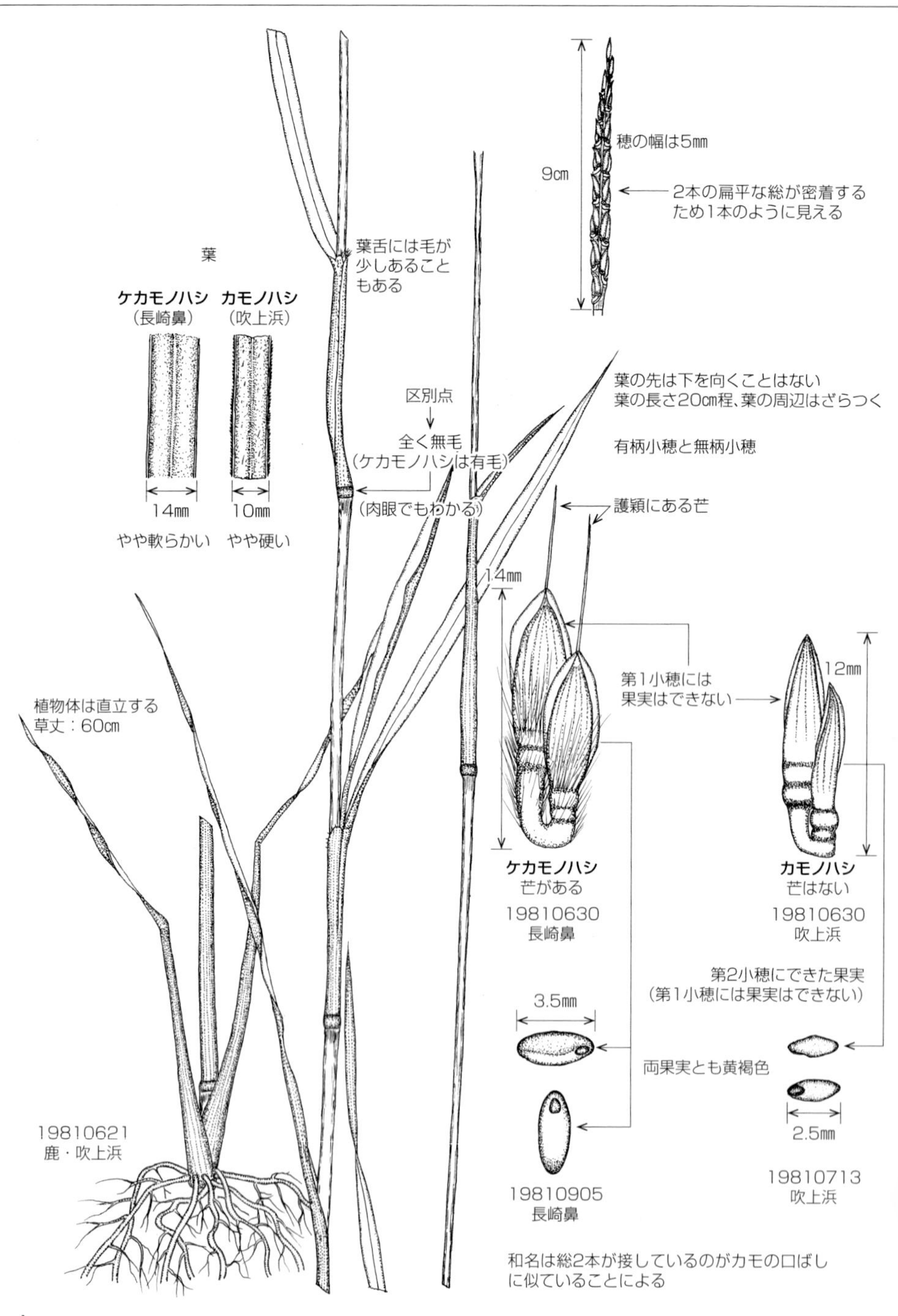

ケカモノハシ [イネ科　カモノハシ属]   *Ischaemum anthephoroides*

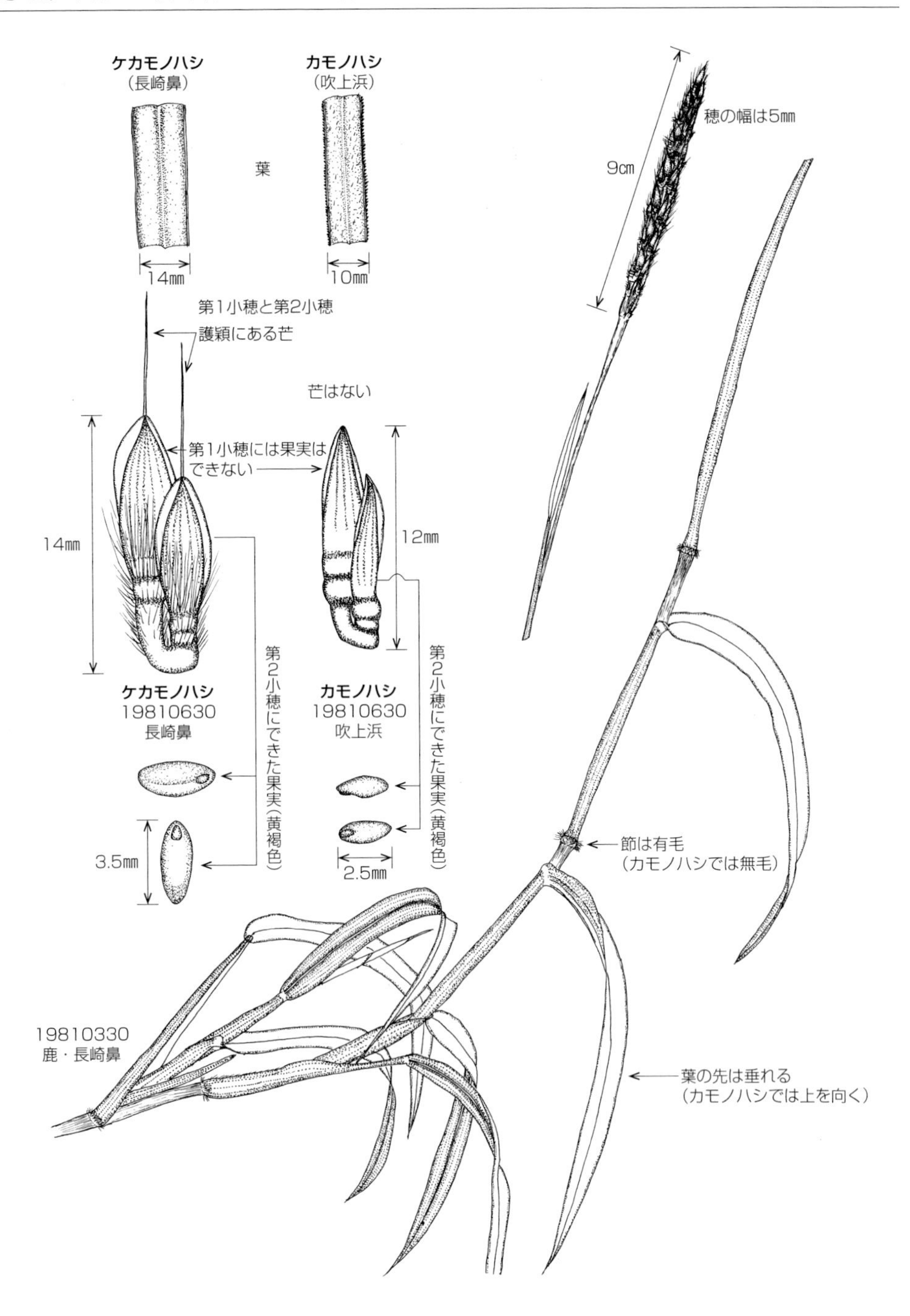

ツクシケカモノハシ　[イネ科　カモノハシ属]　*Ischaemum anthephoroides* var. *eriostachyum*

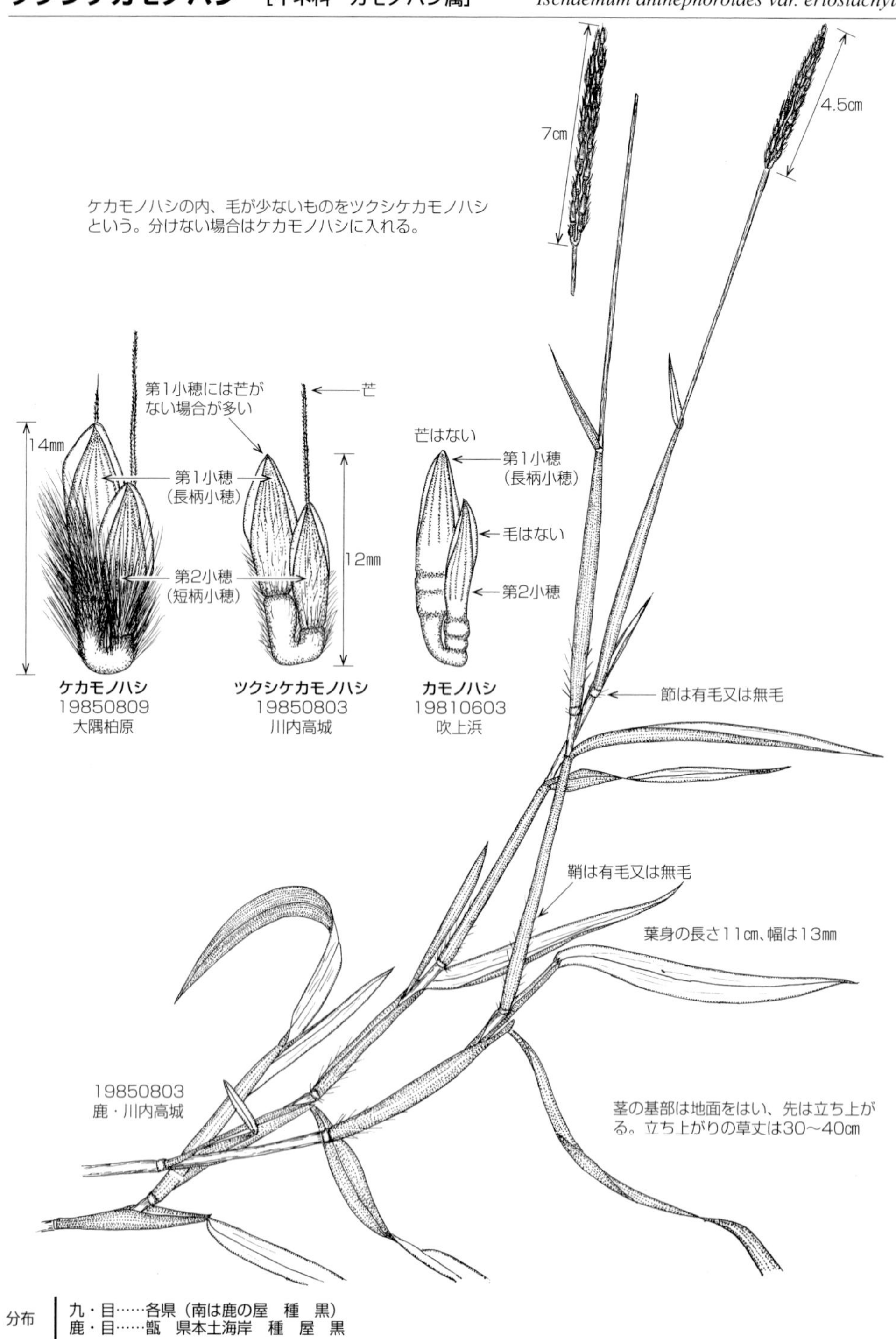

ケカモノハシの内、毛が少ないものをツクシケカモノハシという。分けない場合はケカモノハシに入れる。

分布
九・目……各県（南は鹿の屋　種　黒）
鹿・目……甑　県本土海岸　種　屋　黒

ハナカモノハシ　[イネ科　カモノハシ属]　　　　　　　　　　　　　　　*Ischaemum aureum*

タイワンカモノハシ
Ischaemum aristatum var. *aristatum*

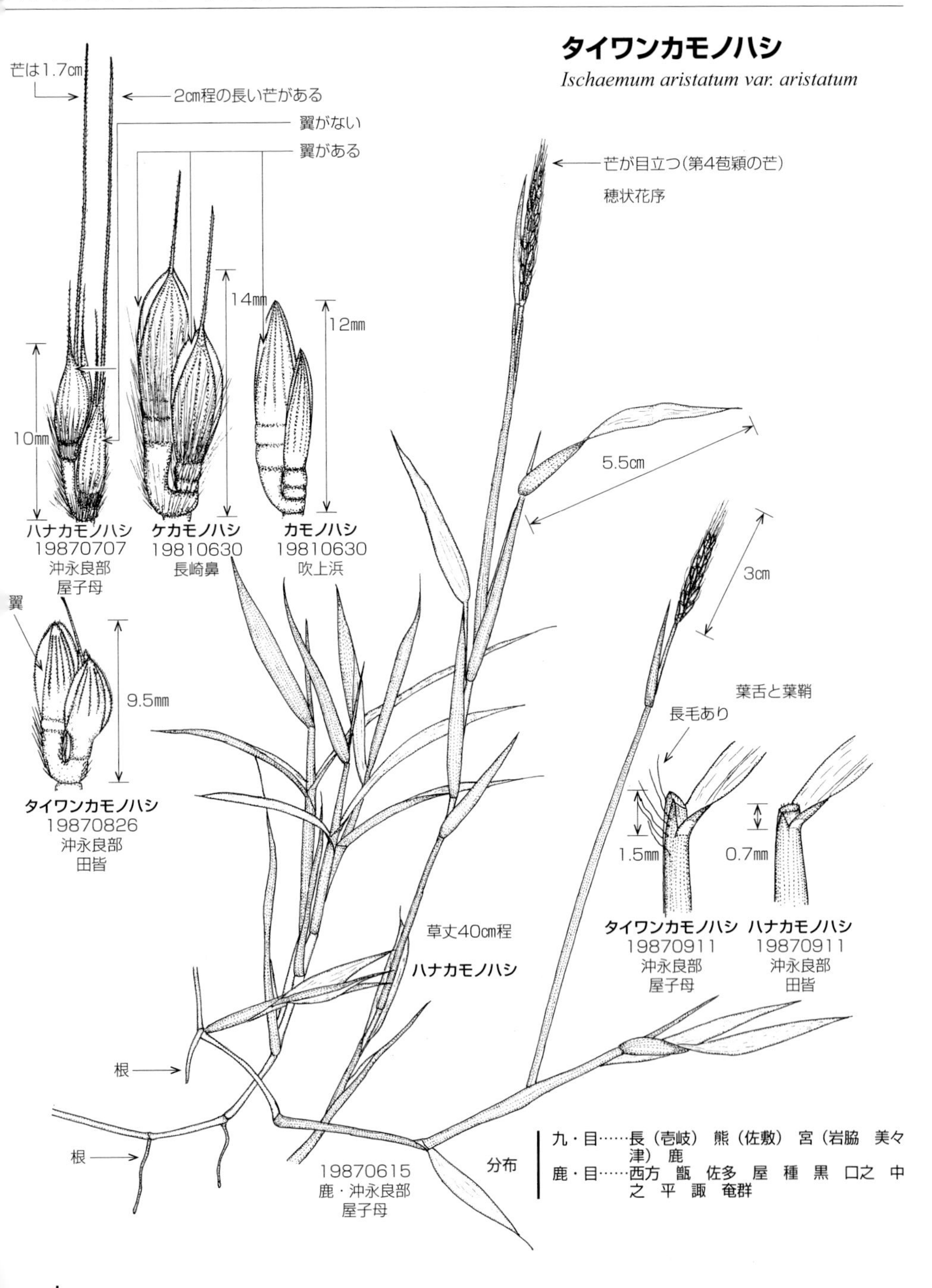

アシカキ　[イネ科　サヤヌカグサ属]　　*Leersia japonica*

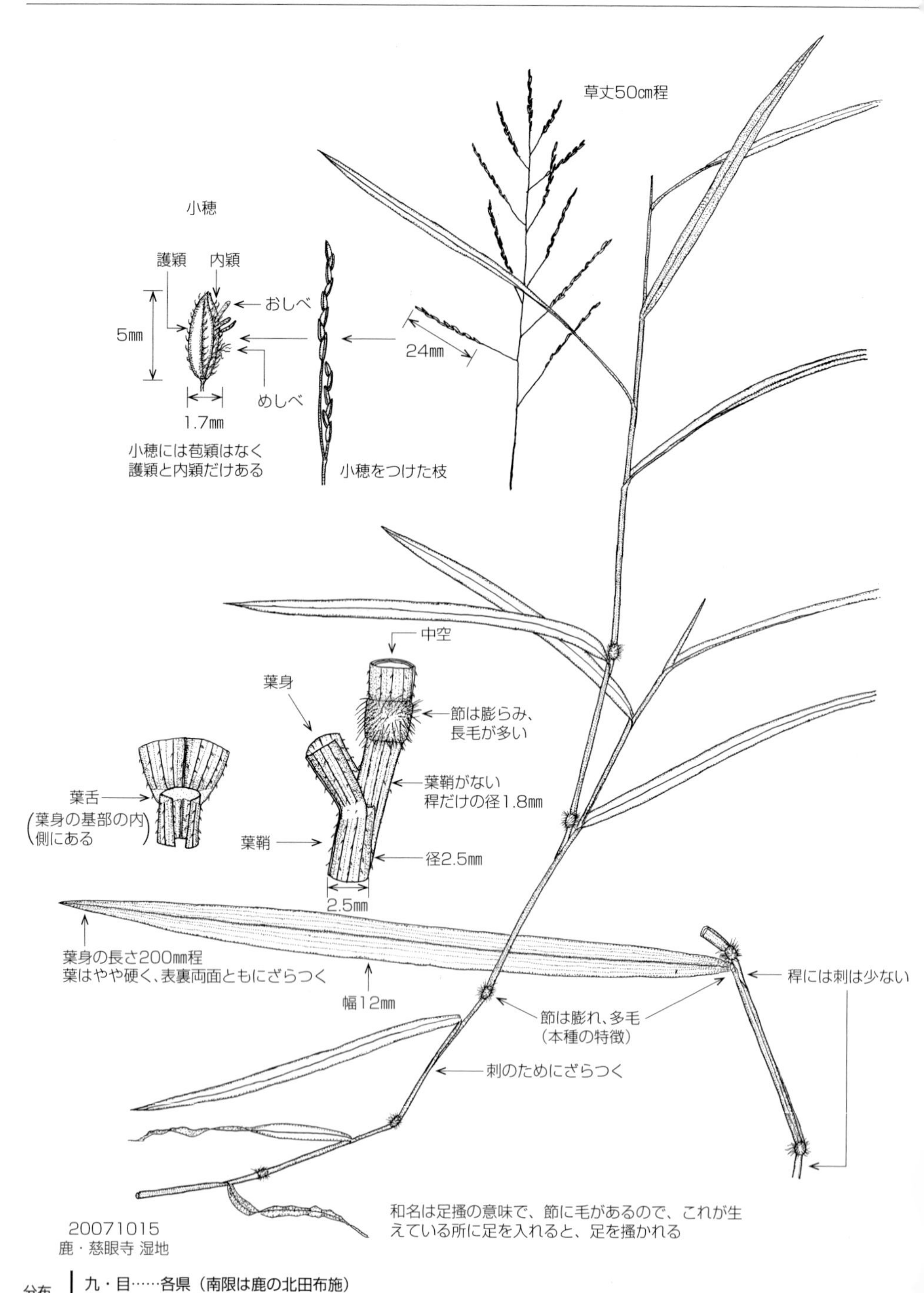

ハイシバ　[イネ科　ハイシバ属]　　　　　　　　　　*Lepturus repens*

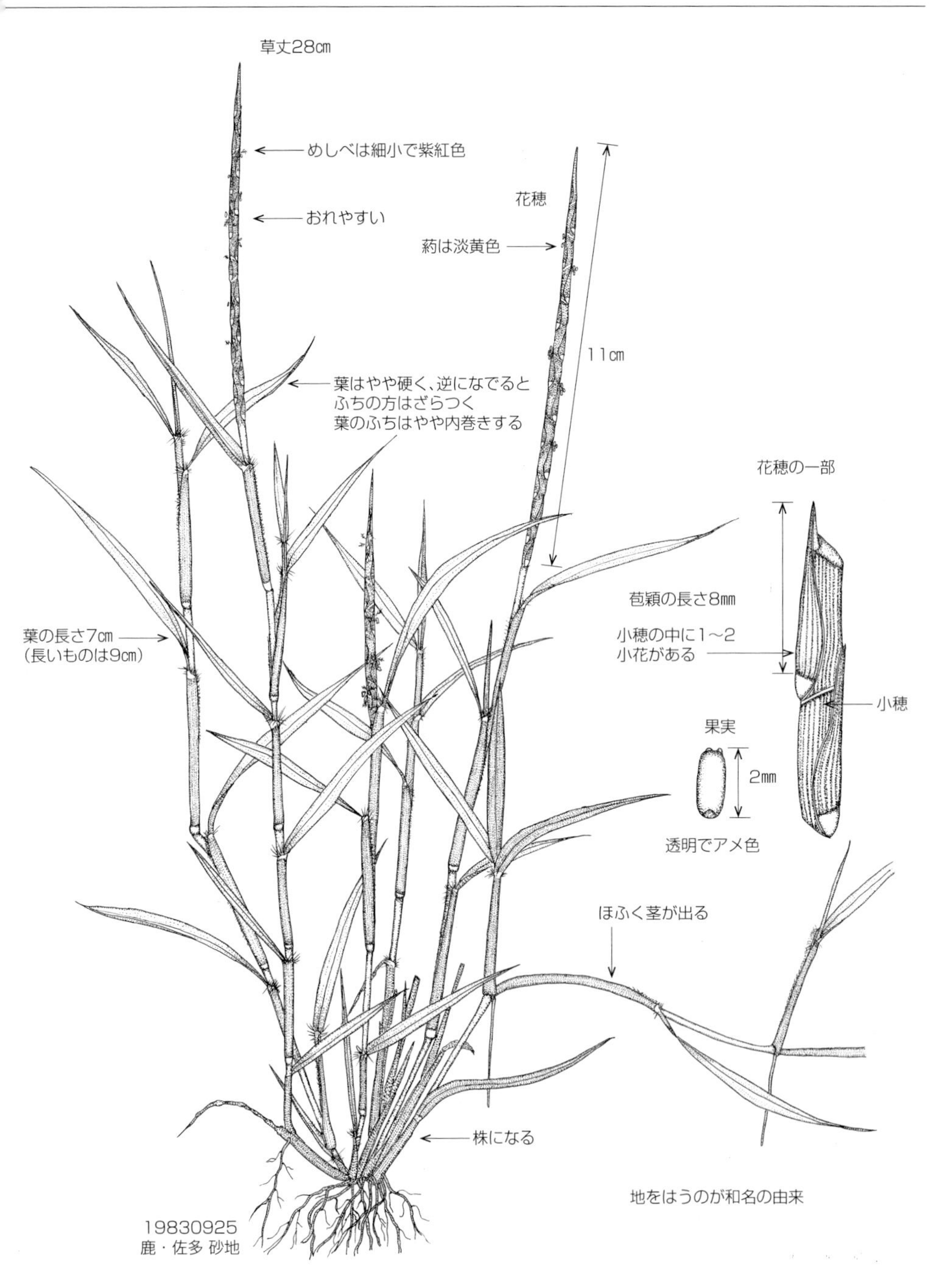

ササクサ [イネ科 ササクサ属] *Lophatherum gracile*

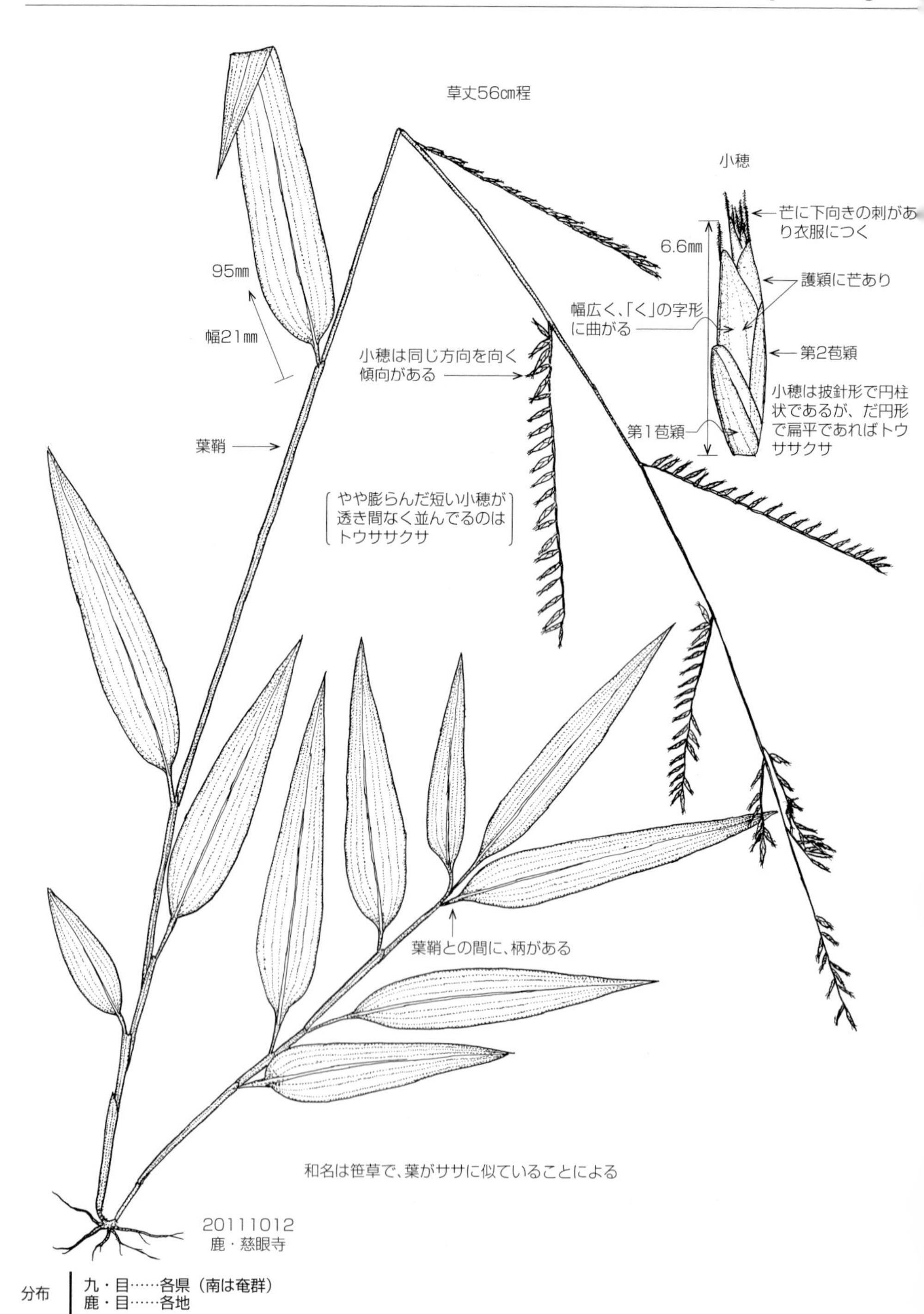

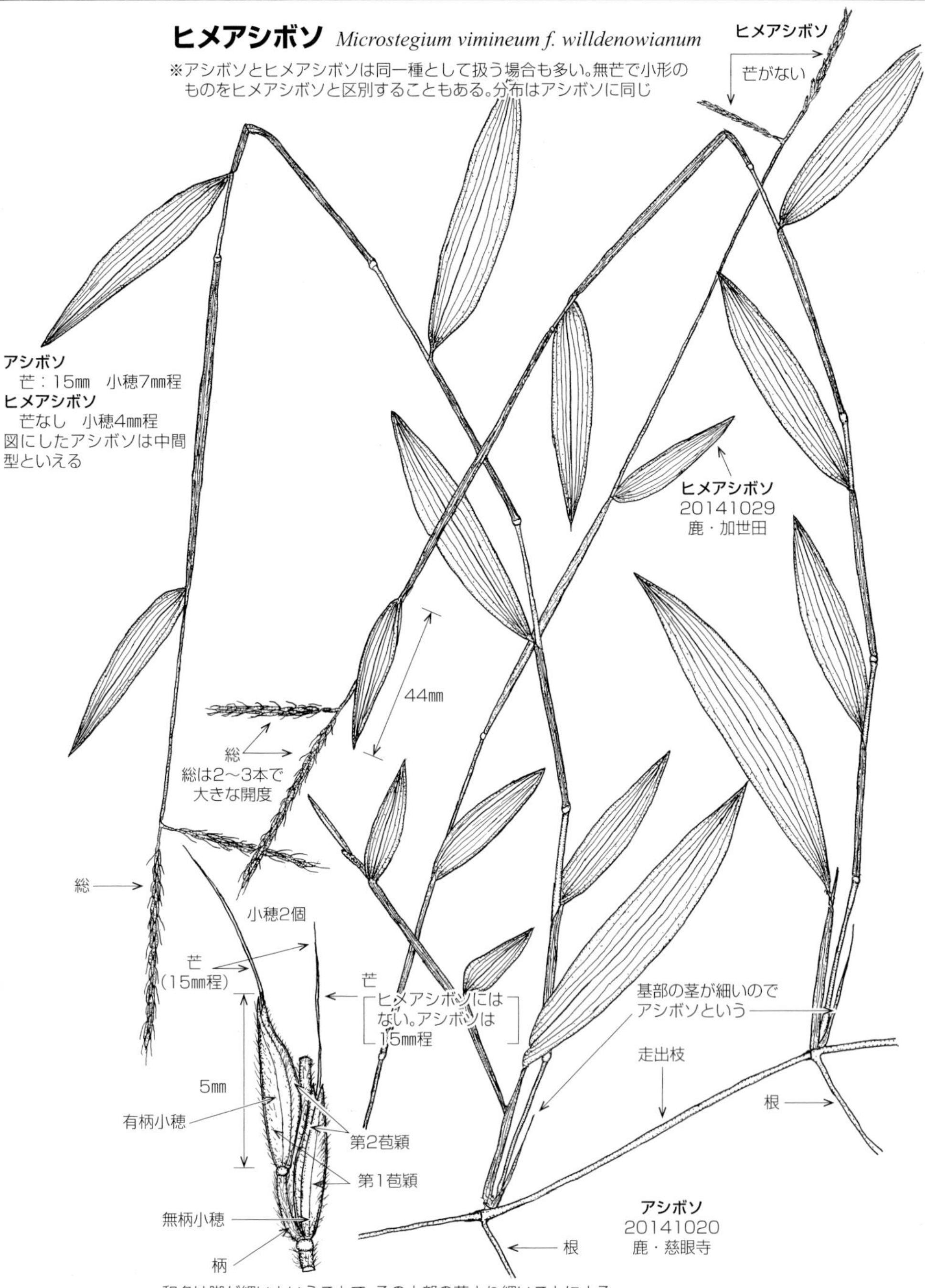

ササガヤ　[イネ科　アシボソ属]　　*Microstegium japonicum*

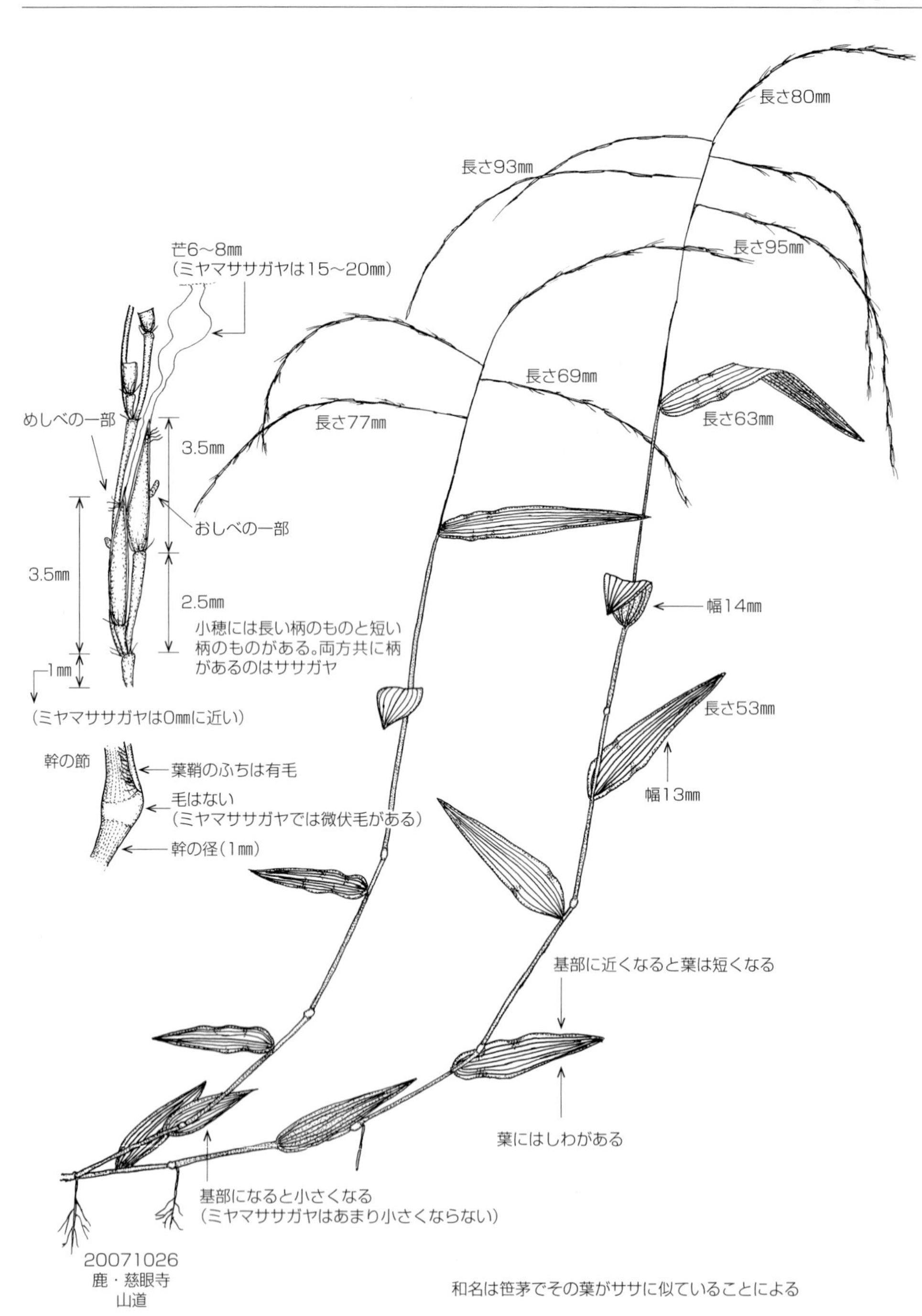

オギ　[イネ科　ススキ属]　　　*Miscanthus sacchariflorus*

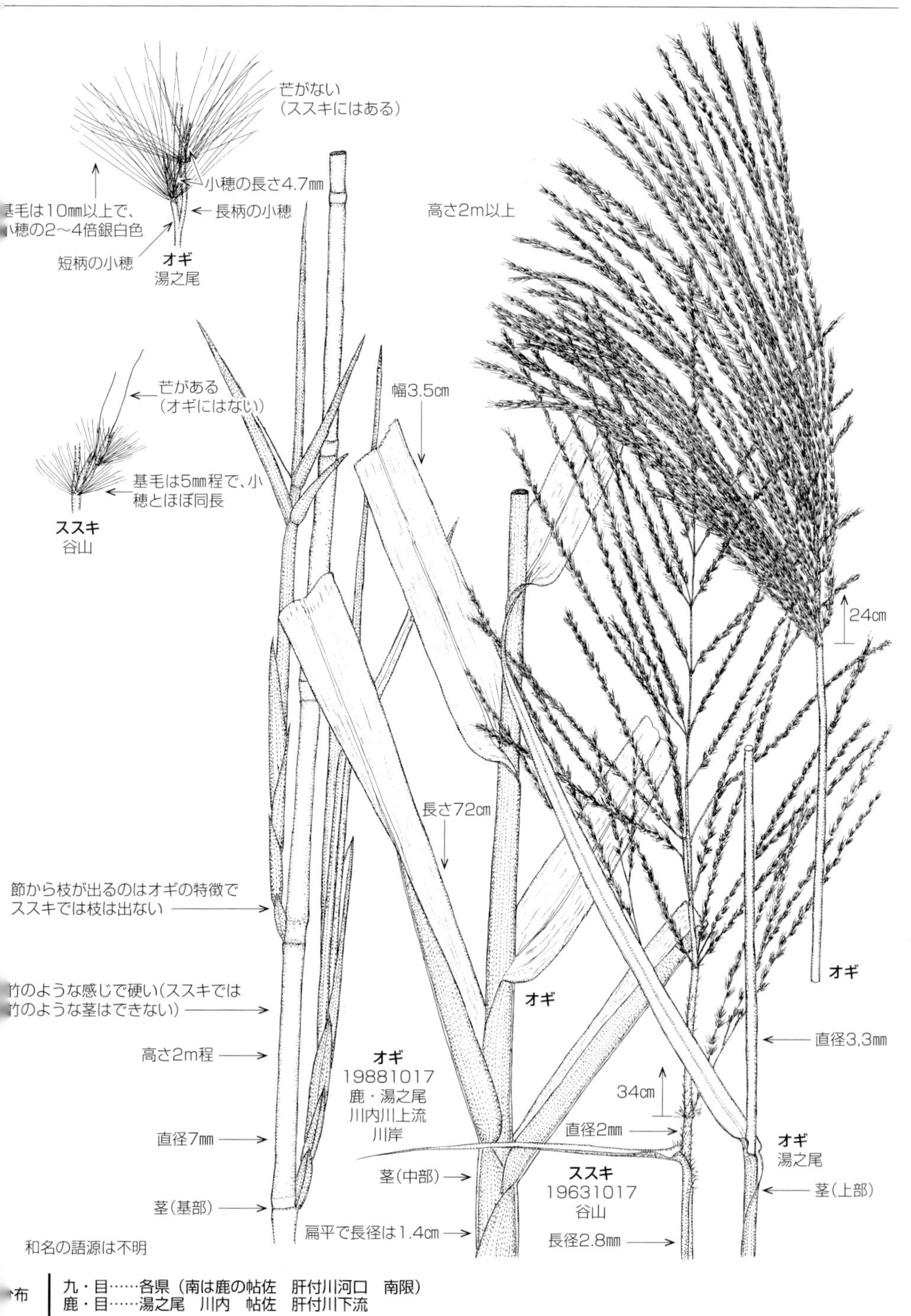

ススキ　[イネ科　ススキ属]　*Miscanthus sinensis*

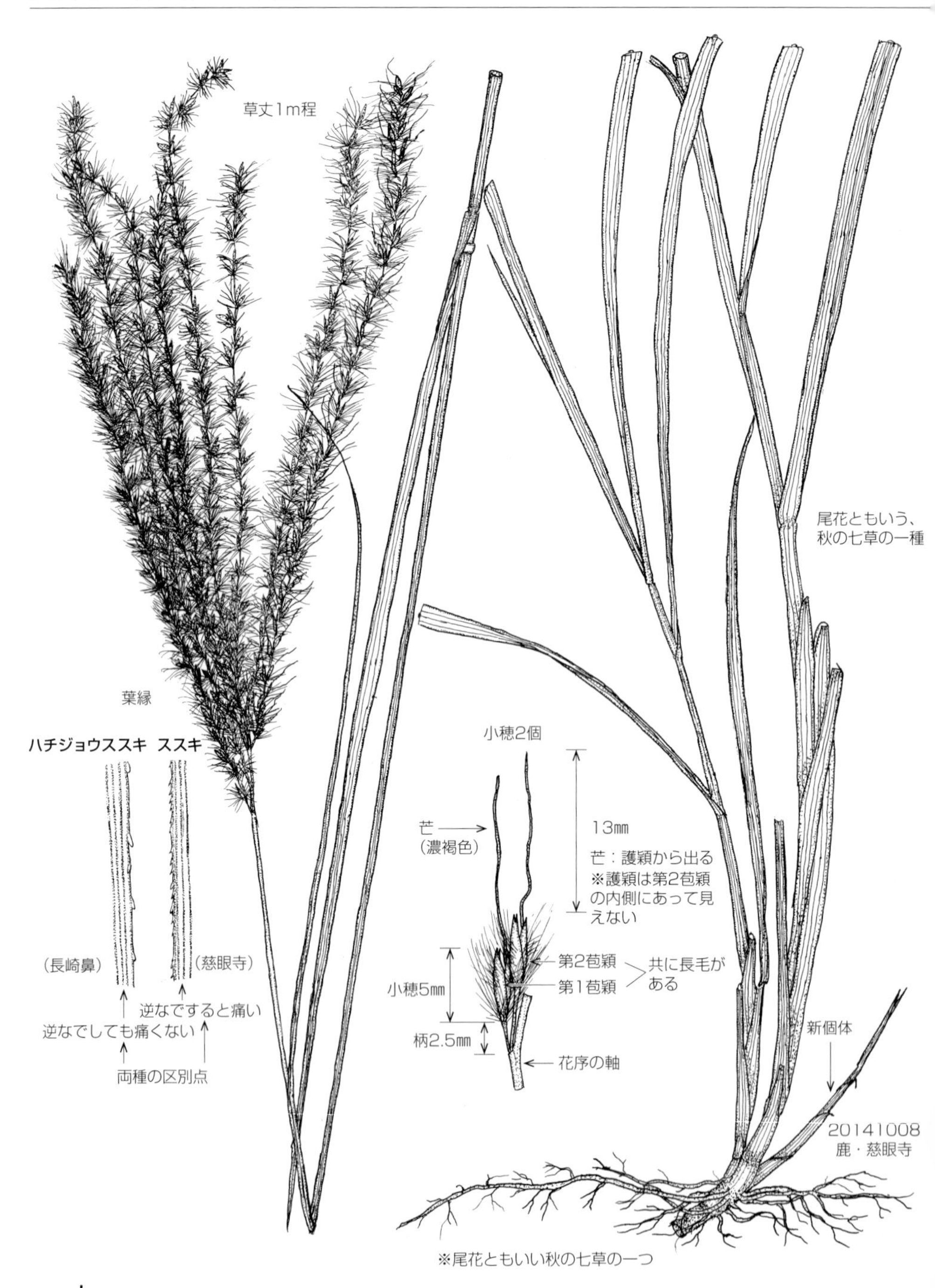

トキワススキ　[イネ科　ススキ属]　*Miscanthus floridulus*

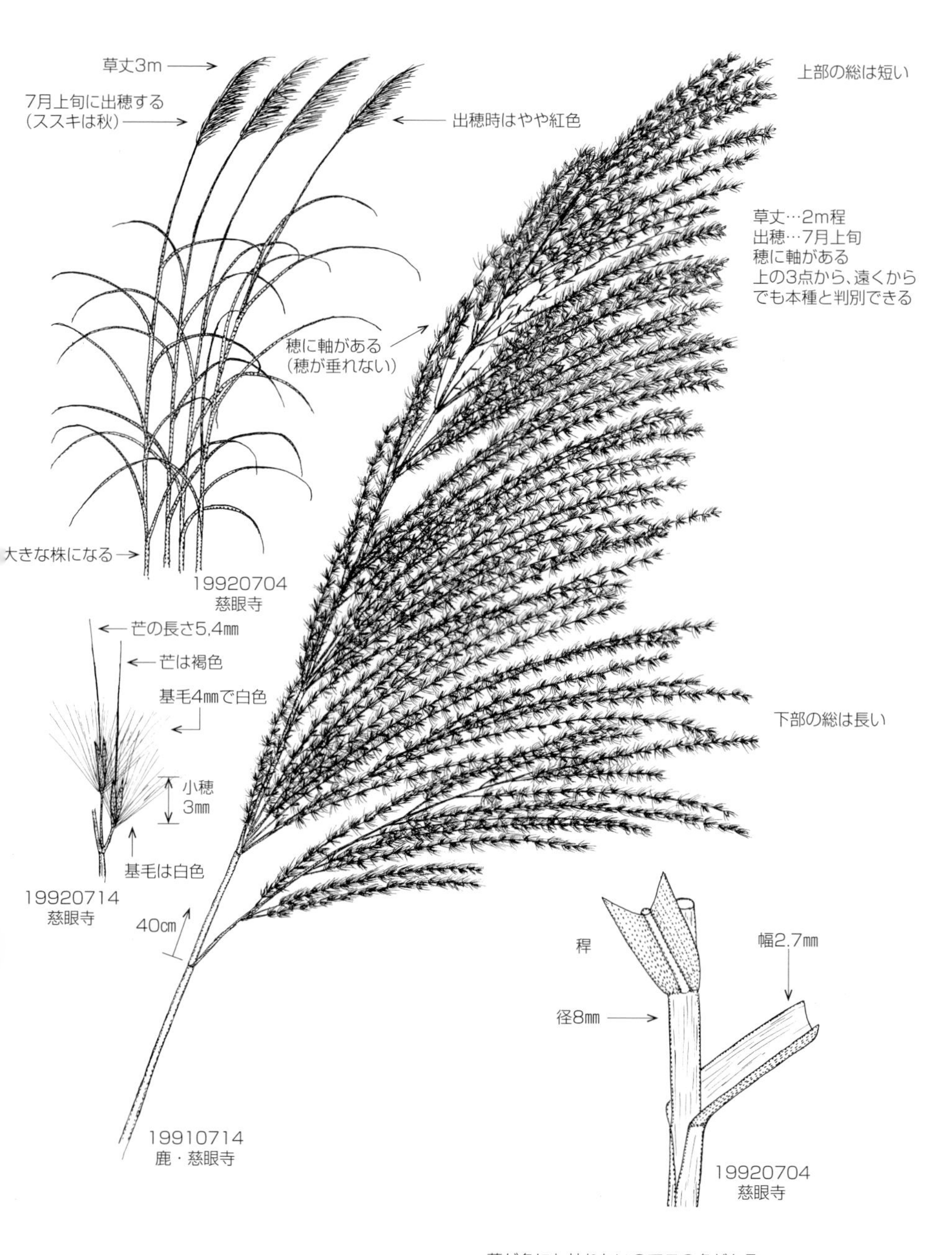

葉が冬にも枯れないのでこの名がある

| 布 | 九・目……各県　対馬　壱岐（南は屋　種　奄群は栽？）
鹿・目……甑　県本土中・南部　種　奄大　徳　与（奄群はいずれも逸出？） |

ハチジョウススキ　[イネ科　ススキ属]　*Miscanthus condensatus*

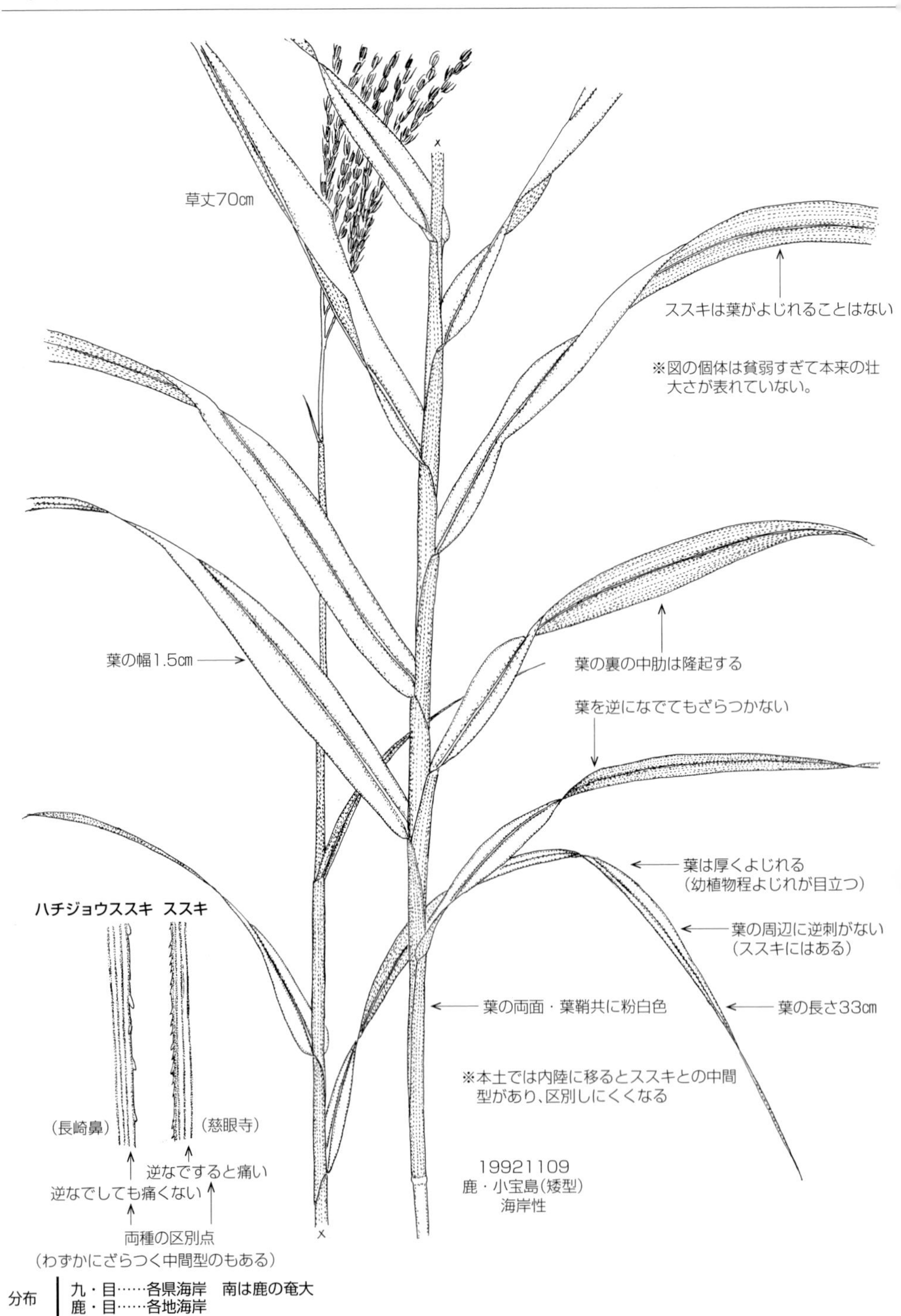

エダウチチヂミザサ　[イネ科　チヂミザサ属]　　*Oplismenus compositus*

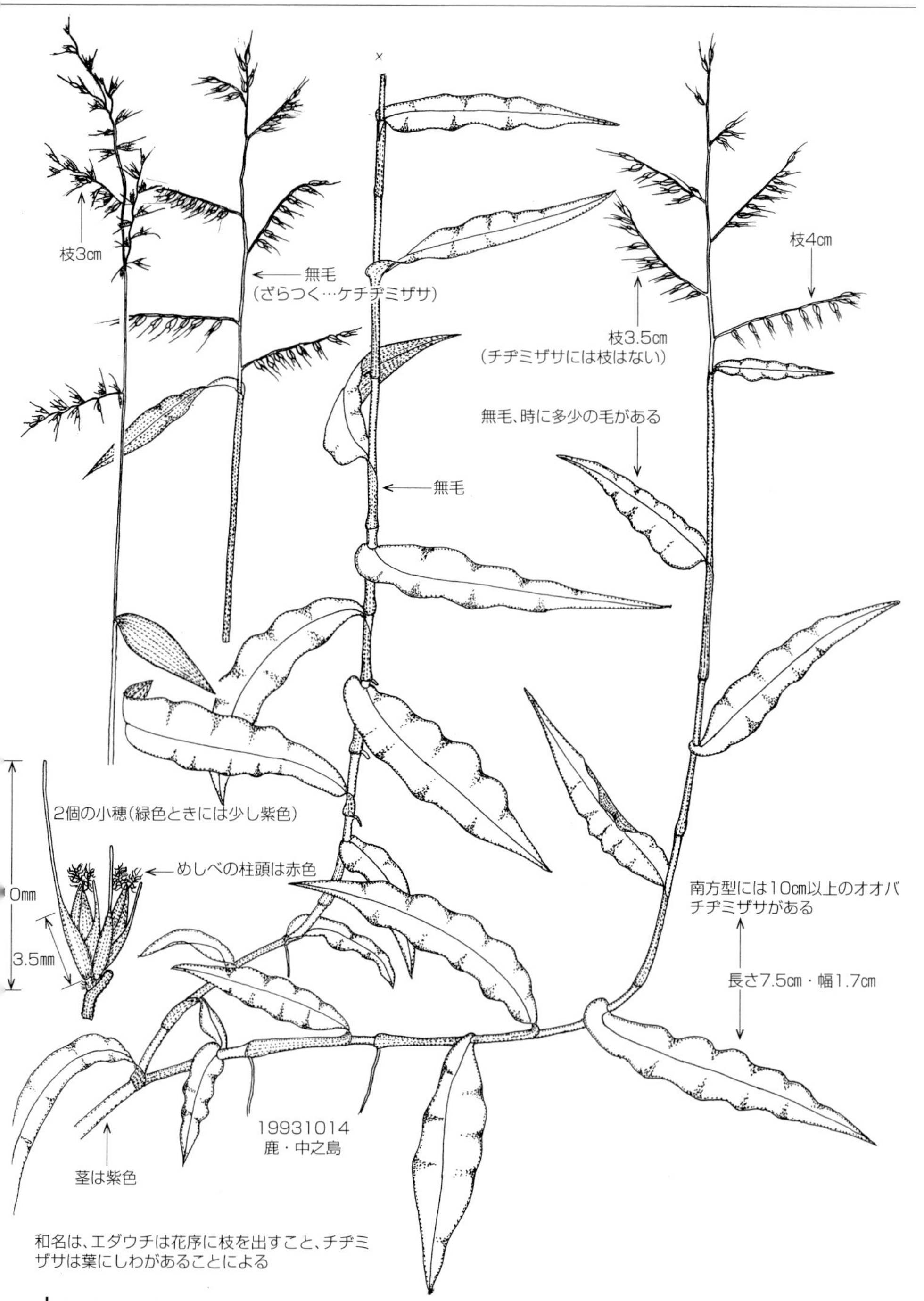

和名は、エダウチは花序に枝を出すこと、チヂミザサは葉にしわがあることによる

チヂミザサ（ケチヂミザサ）　[イネ科　チヂミザサ属]　　*Oplismenus undulatifolius*

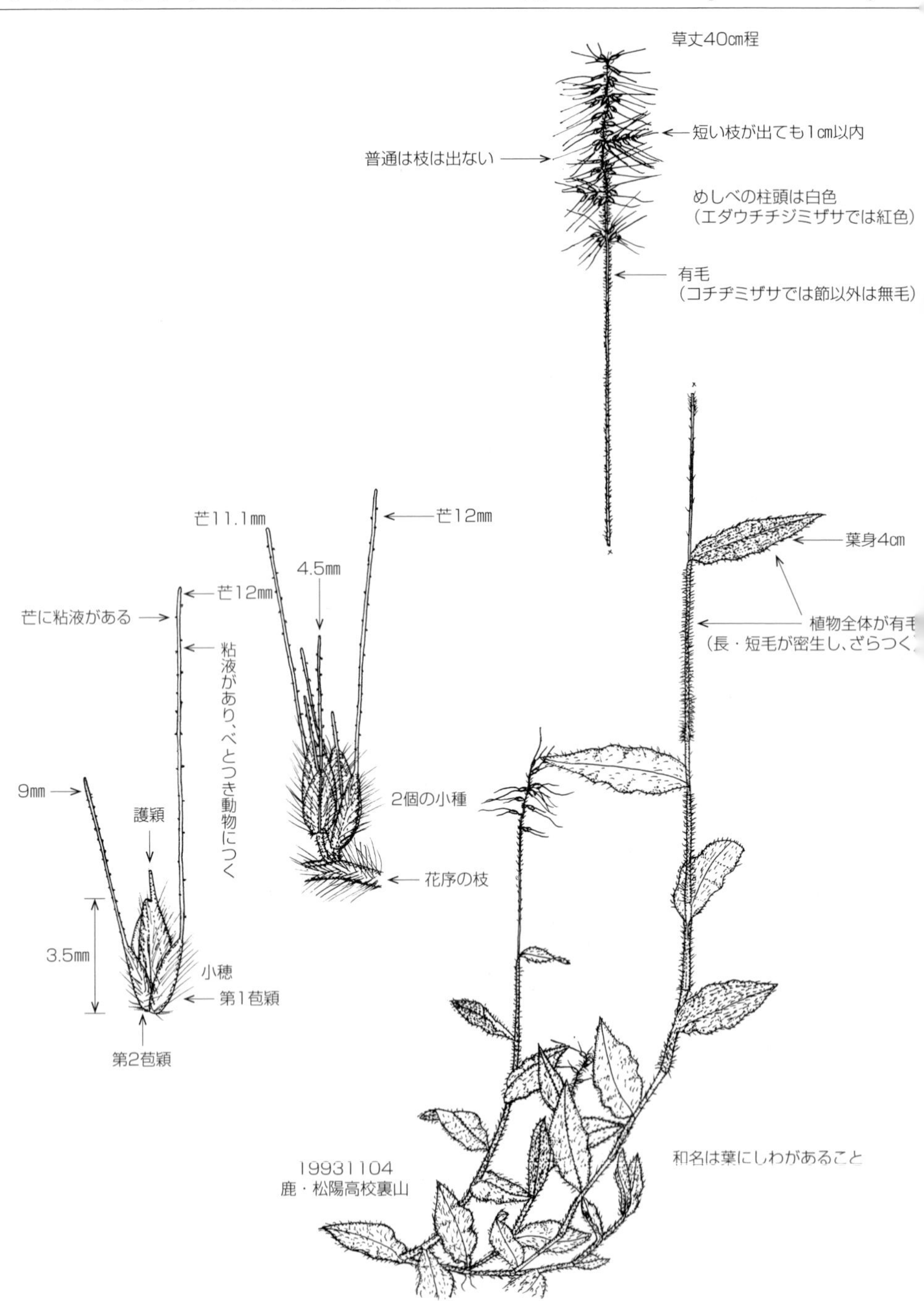

ヌカキビ ［イネ科　キビ属］　　　　　　　　　　　　　　　　　　　　　　　　　*Panicum bisuleatum*

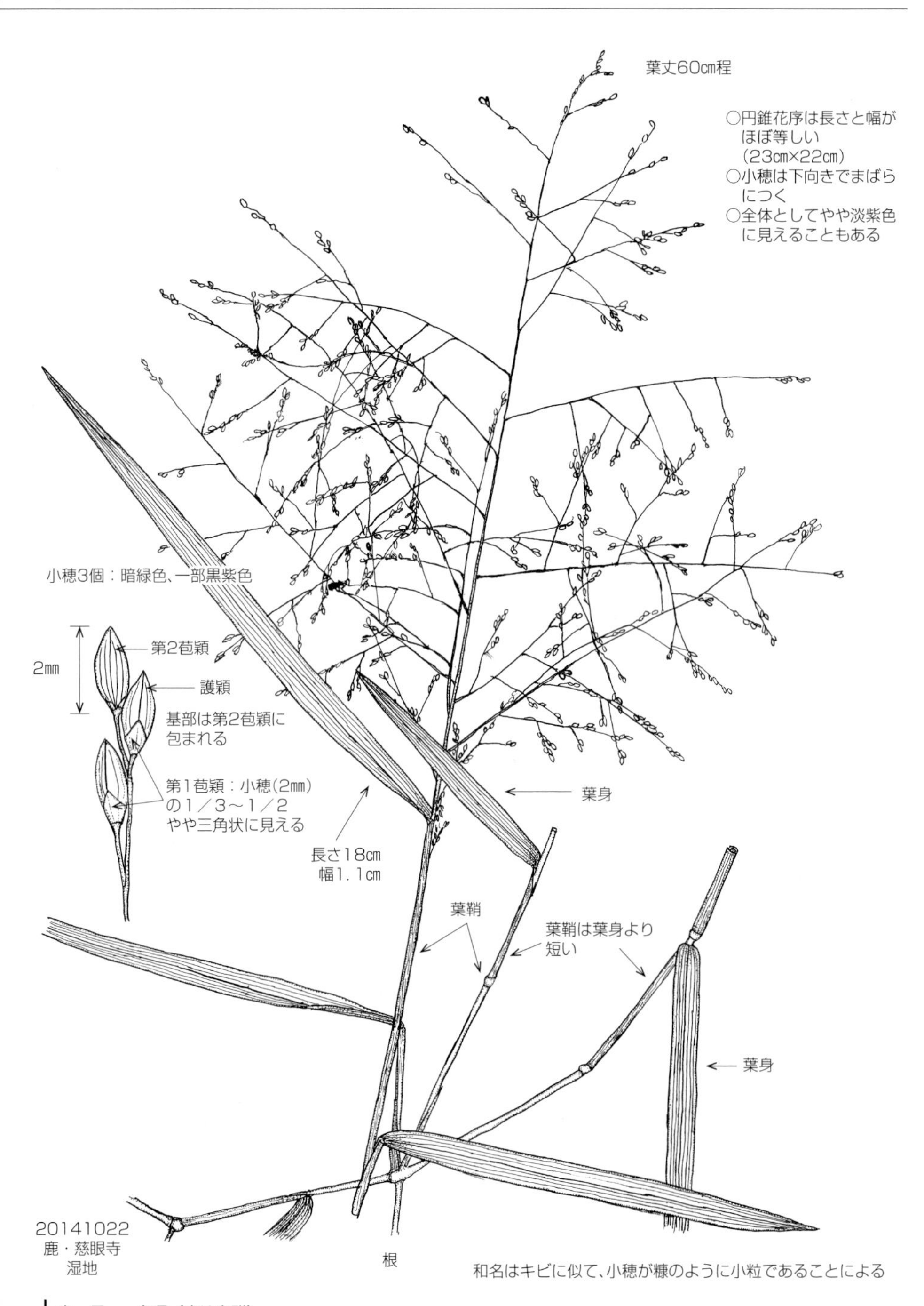

葉丈60cm程

○円錐花序は長さと幅がほぼ等しい（23cm×22cm）
○小穂は下向きでまばらにつく
○全体としてやや淡紫色に見えることもある

小穂3個：暗緑色、一部黒紫色

2mm

第2苞穎
護穎
基部は第2苞穎に包まれる
第1苞穎：小穂(2mm)の1/3〜1/2やや三角状に見える

葉身
長さ18cm
幅1.1cm

葉鞘
葉鞘は葉身より短い
葉身

20141022
鹿・慈眼寺
湿地

根

和名はキビに似て、小穂が糠のように小粒であることによる

分布　九・目……各県（南は奄群）
　　　鹿・目……県本土　甑　屋　種　悪　奄　大　徳

ハイキビ ［イネ科　キビ属］　　　*Panicum repens*

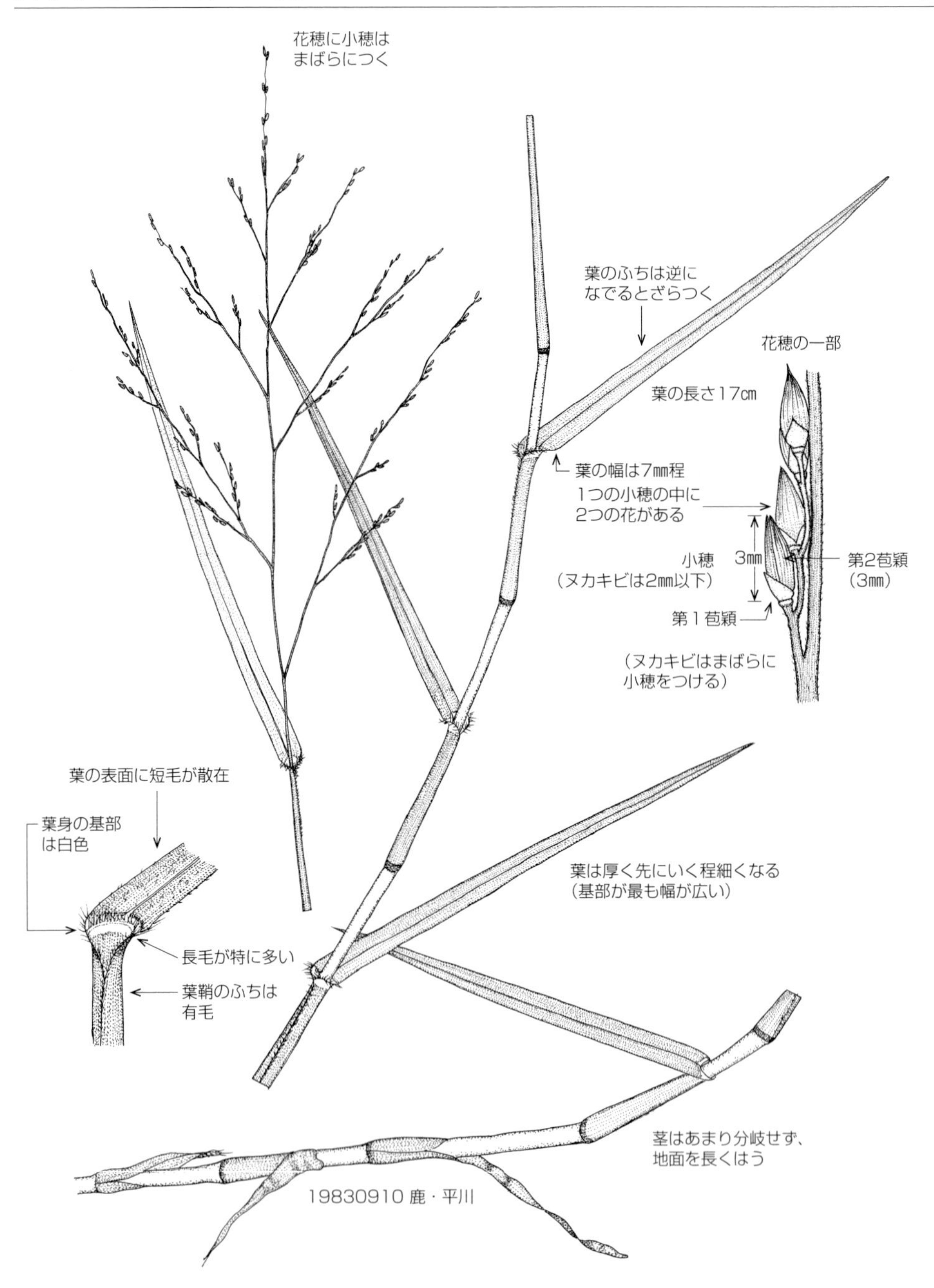

分布　九・目……長（加津佐　諫早　大村）熊（水俣　天草）大（津久見　溝江）宮（各地）鹿
　　　鹿・目……各地海岸

アメリカスズメノヒエ　[イネ科　スズメノヒエ属]　*Paspalum notatum*

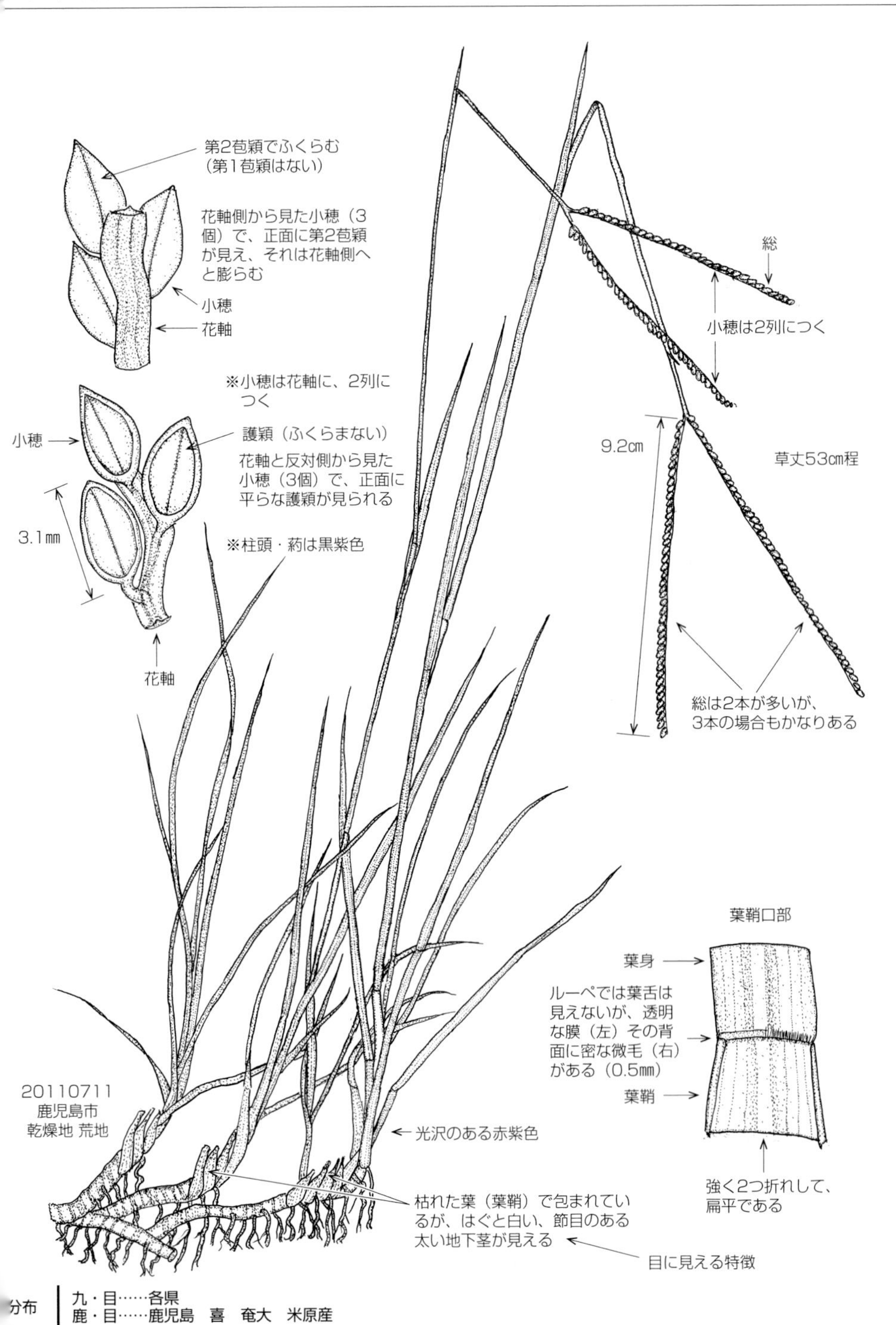

キシュウスズメノヒエ ［イネ科 スズメノヒエ属］ *Paspalum distichum*

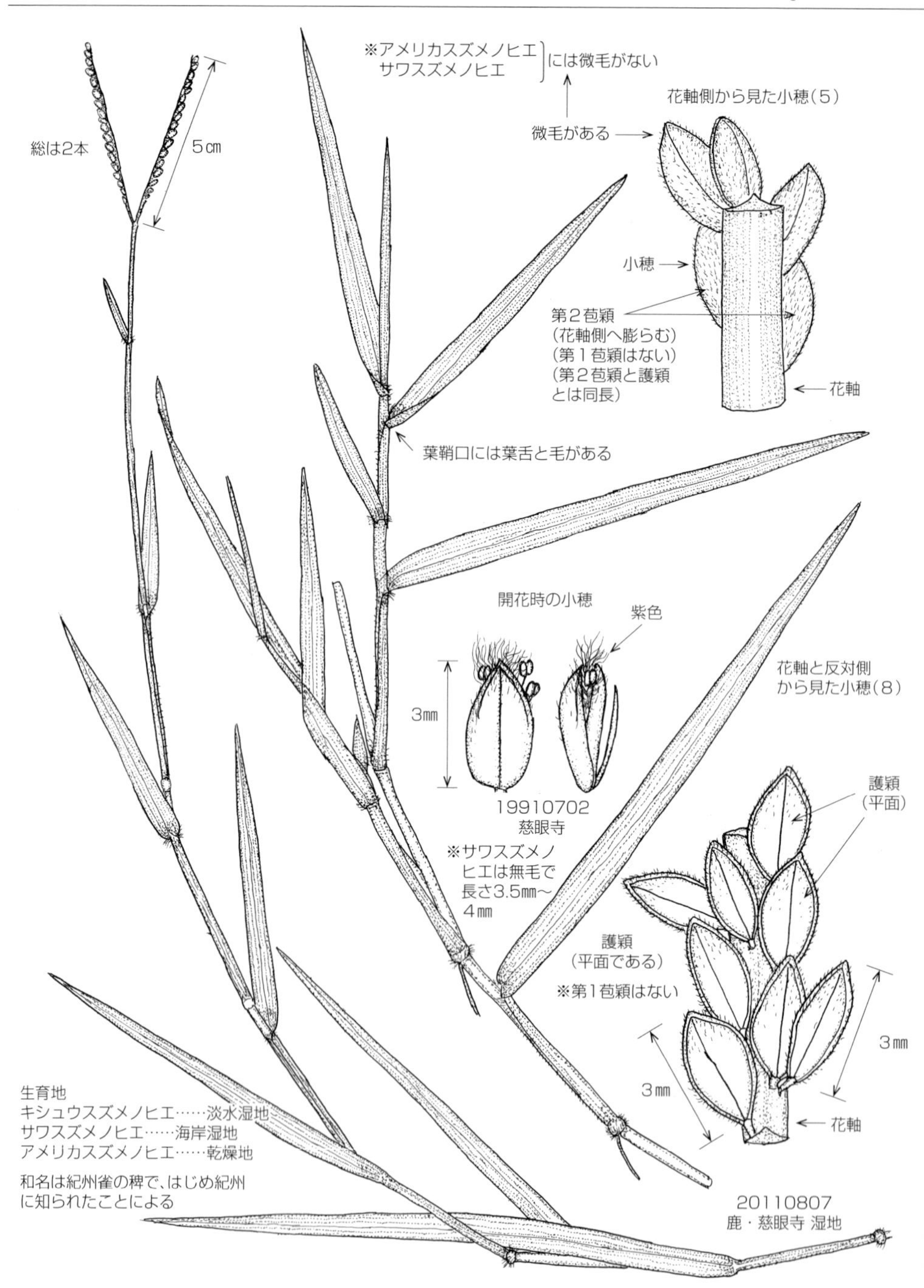

シマスズメノヒエ　［イネ科　スズメノヒエ属］　　*Paspalum dilatatum*

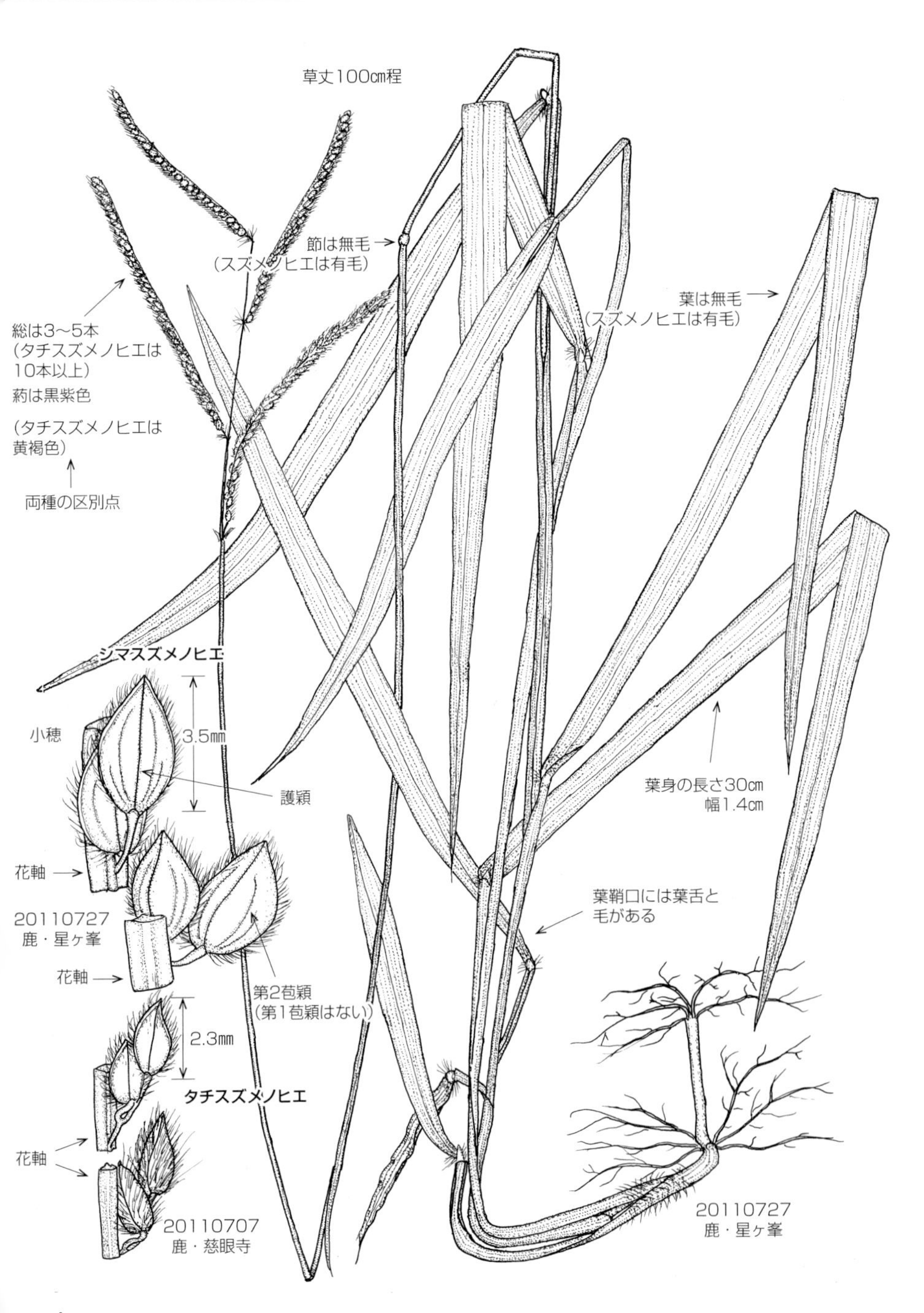

スズメノコビエ　[イネ科　スズメノヒエ属]　　*Paspalum scrobiculatum*

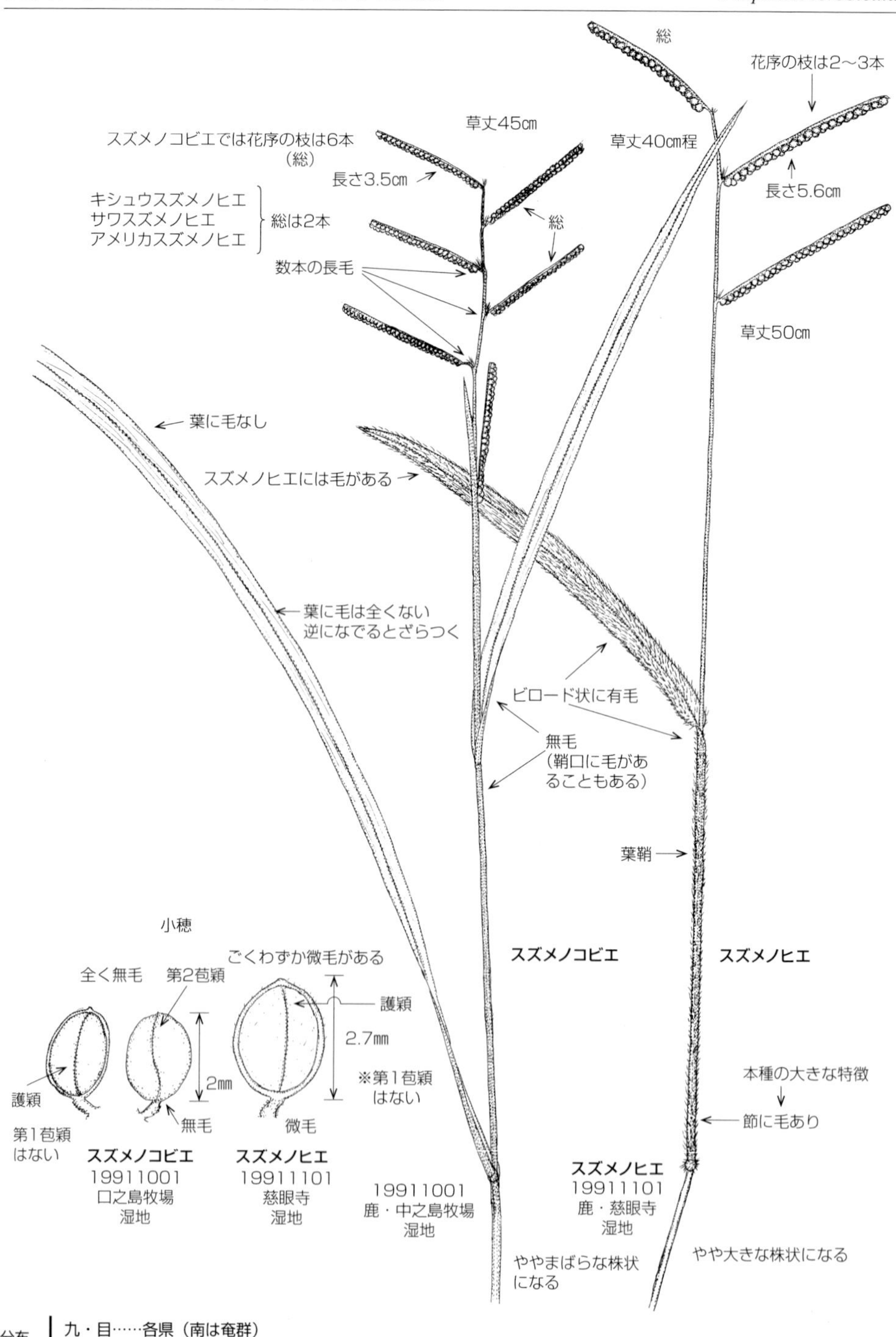

分布　九・目……各県（南は奄群）
　　　鹿・目……甑　県本土　種　屋　吐　奄大

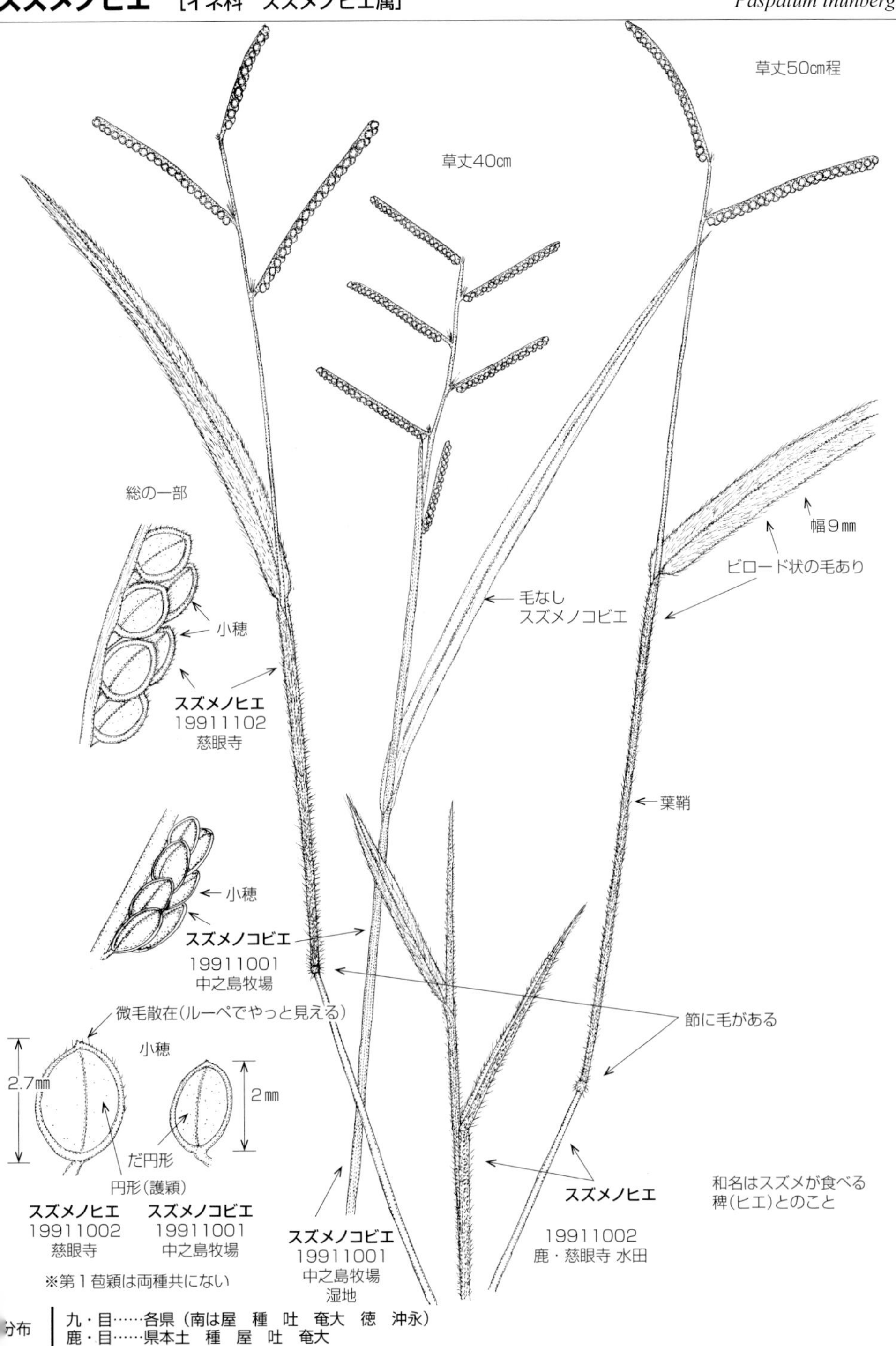

タチスズメノヒエ　[イネ科　スズメノヒエ属]　　*Paspalum urvillei*

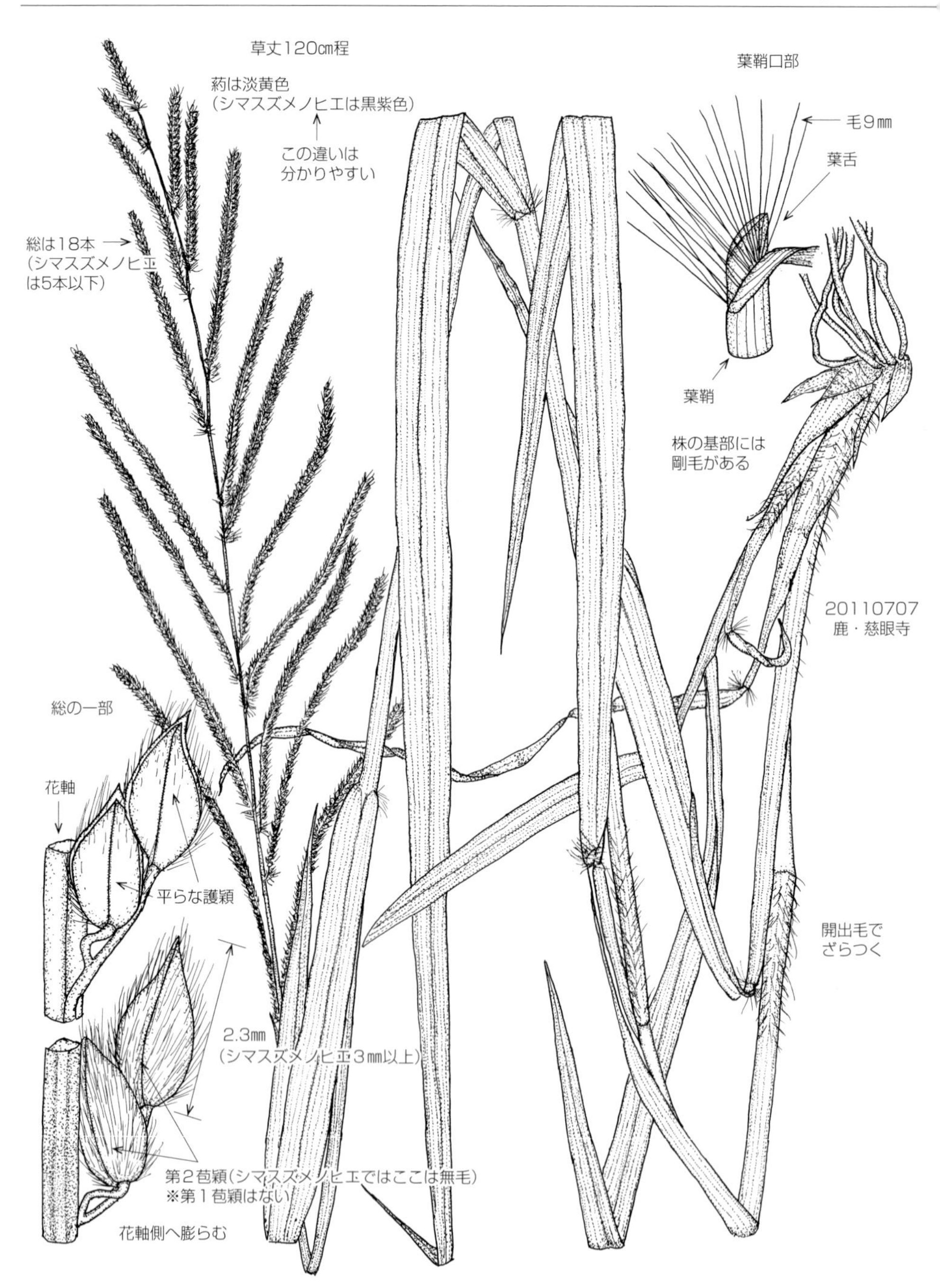

草丈120㎝程

葯は淡黄色
（シマスズメノヒエは黒紫色）
この違いは分かりやすい

総は18本
（シマスズメノヒエ
は5本以下）

総の一部

花軸

平らな護穎

2.3mm
（シマスズメノヒエ3mm以上）

第2苞穎（シマスズメノヒエではここは無毛）
※第1苞穎はない

花軸側へ膨らむ

葉鞘口部
毛9mm
葉舌
葉鞘

株の基部には
剛毛がある

20110707
鹿・慈眼寺

開出毛で
ざらつく

分布　九・目……各県（南は奄群）
　　　鹿・目……県本土　屋　奄大　沖永　南米原産

シマチカラシバ　[イネ科　チカラシバ属]　　　　　　　　　　　　　　　*Pennisetum sordidum*

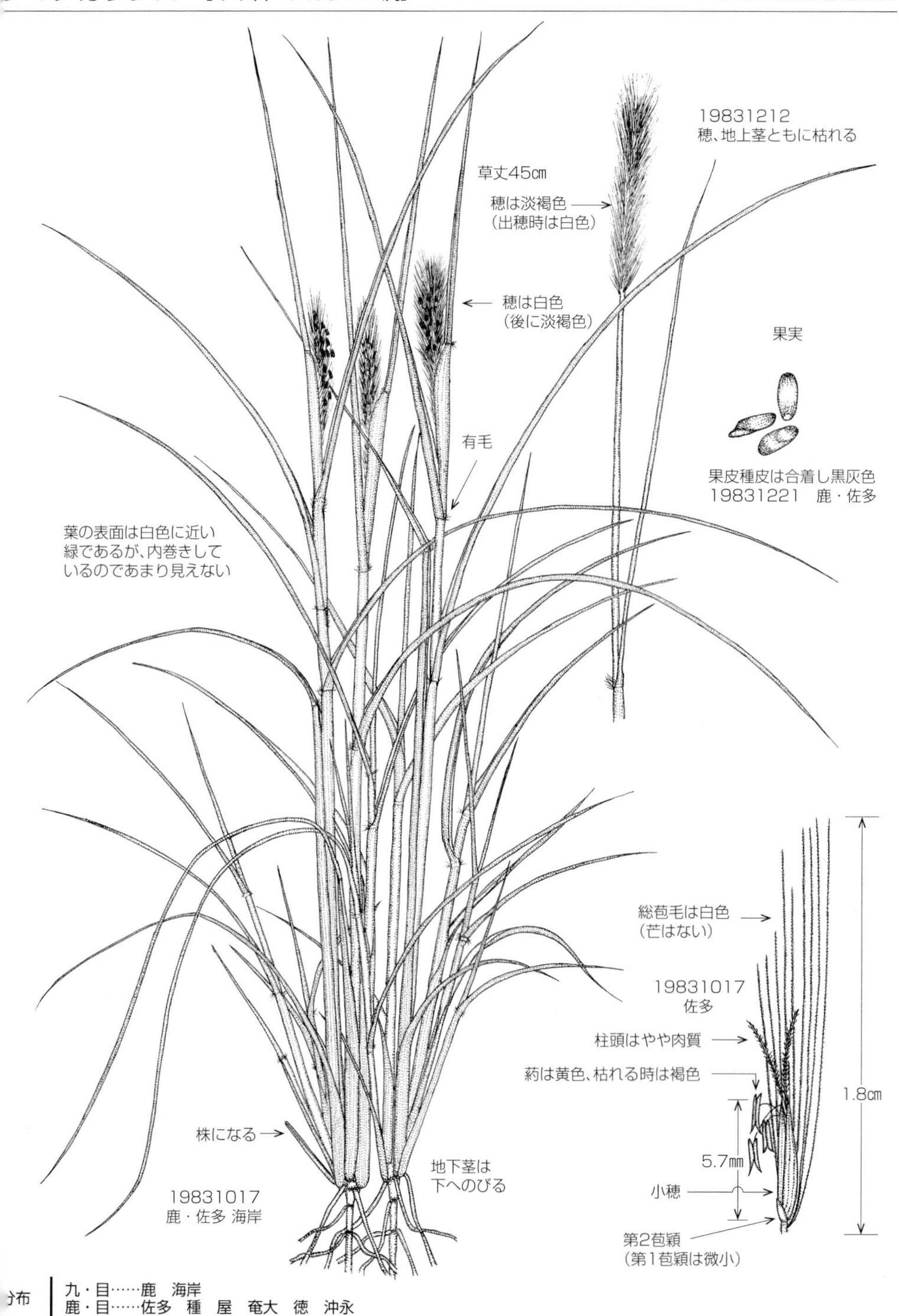

チカラシバ　[イネ科　チカラシバ属]　　*Pennisetum alopecuroides*

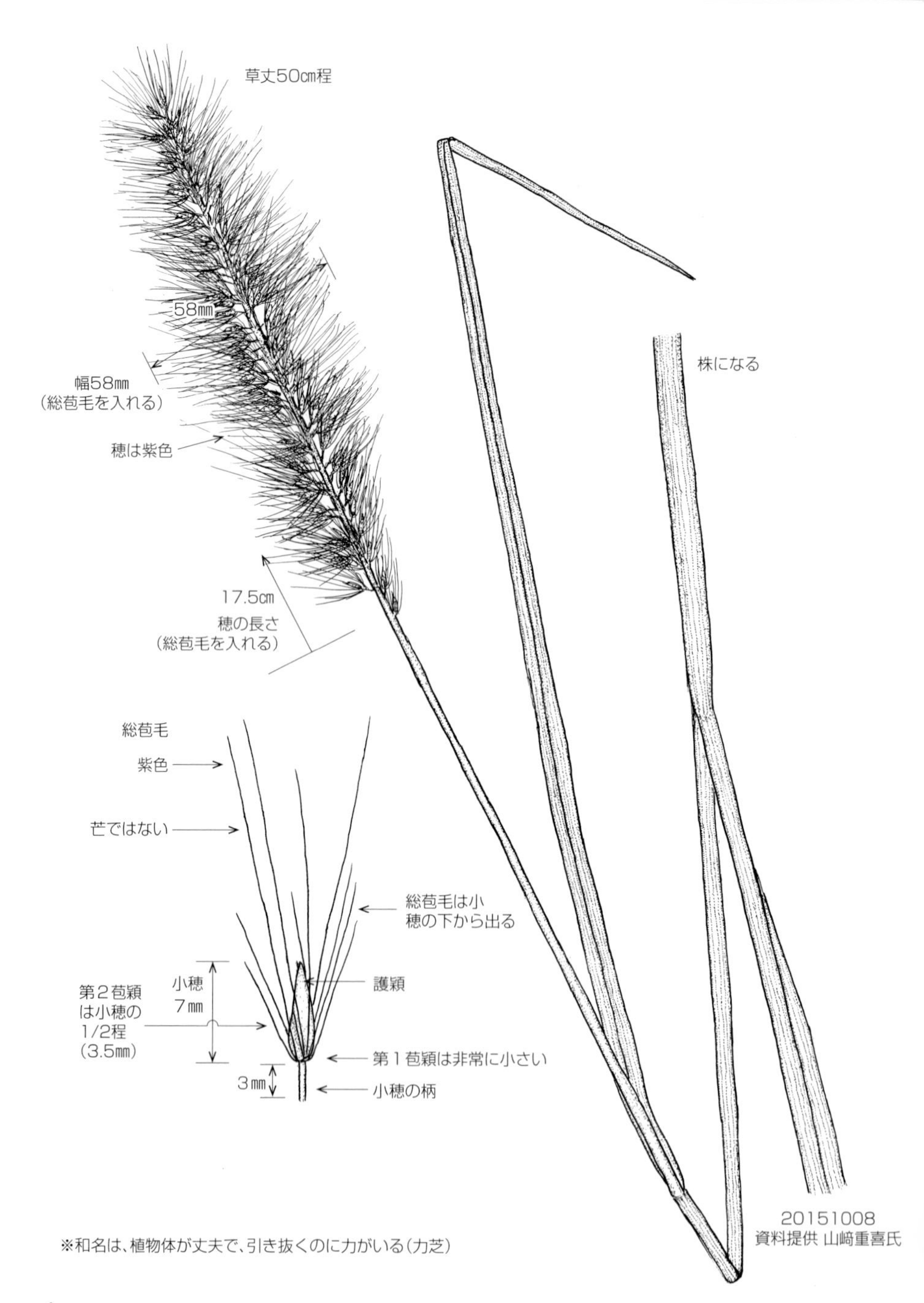

草丈50cm程

58mm

幅58mm
（総苞毛を入れる）

穂は紫色

17.5cm
穂の長さ
（総苞毛を入れる）

総苞毛
紫色
芒ではない
総苞毛は小穂の下から出る
護穎
小穂 7mm
第2苞穎は小穂の1/2程（3.5mm）
第1苞穎は非常に小さい
3mm
小穂の柄

株になる

20151008
資料提供 山﨑重喜氏

※和名は、植物体が丈夫で、引き抜くのに力がいる（力芝）

分布　九・目……各県
　　　鹿・目……各地

アイアシ　[イネ科　アイアシ属]　　　　　　　　　　　　　　　　　*Phacelurus latifolius*

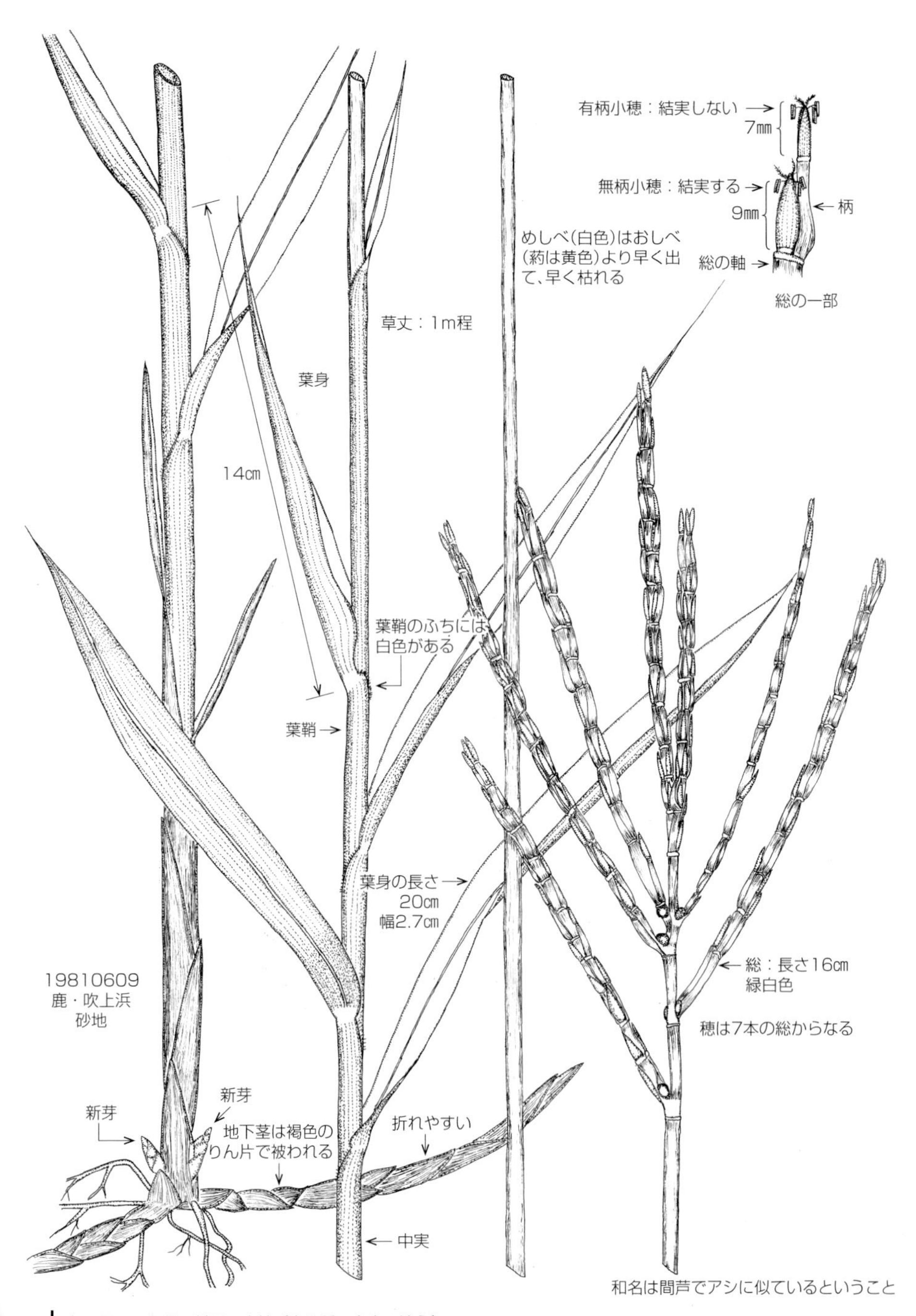

ハチク [イネ科 マダケ属] *Phyllostachys nigra* var. *henonis*

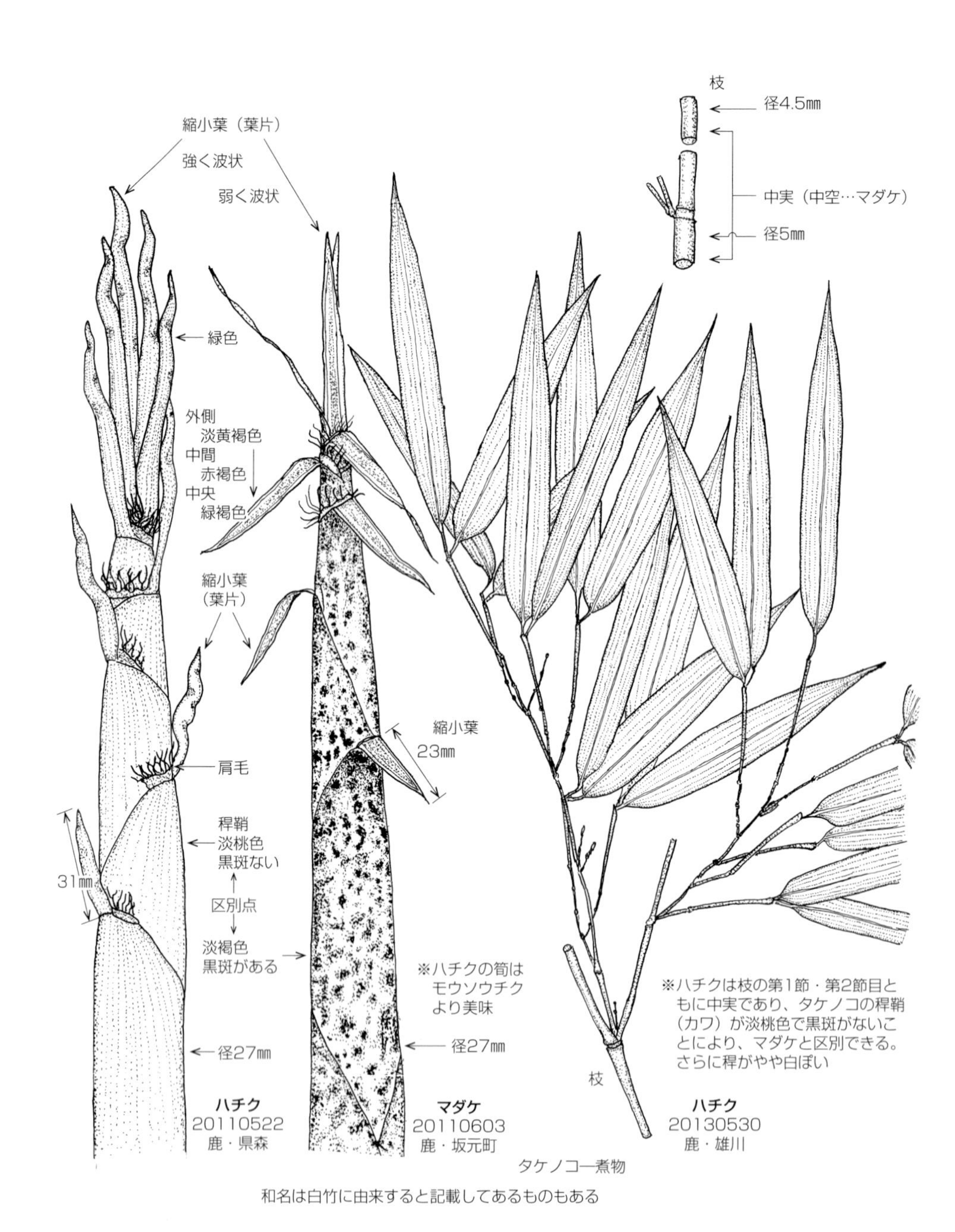

和名は白竹に由来すると記載してあるものもある

分布　九・目……各県　中国原産
　　　鹿・目……県本土　種

マダケ ［イネ科　マダケ属］　*Phyllostachys bambusoides*

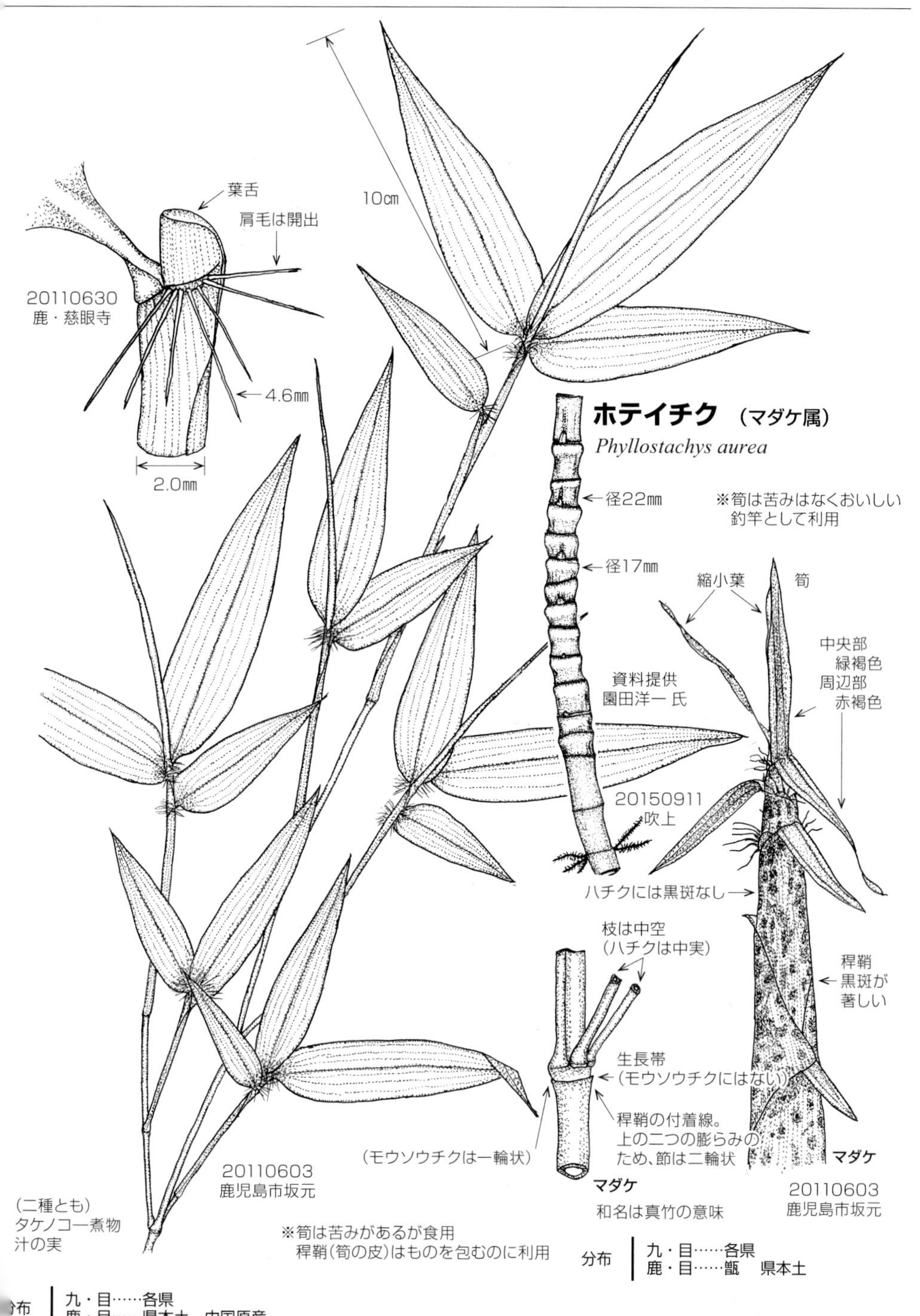

モウソウチク　［イネ科　マダケ属］　　　*Phyllostachys edulis*

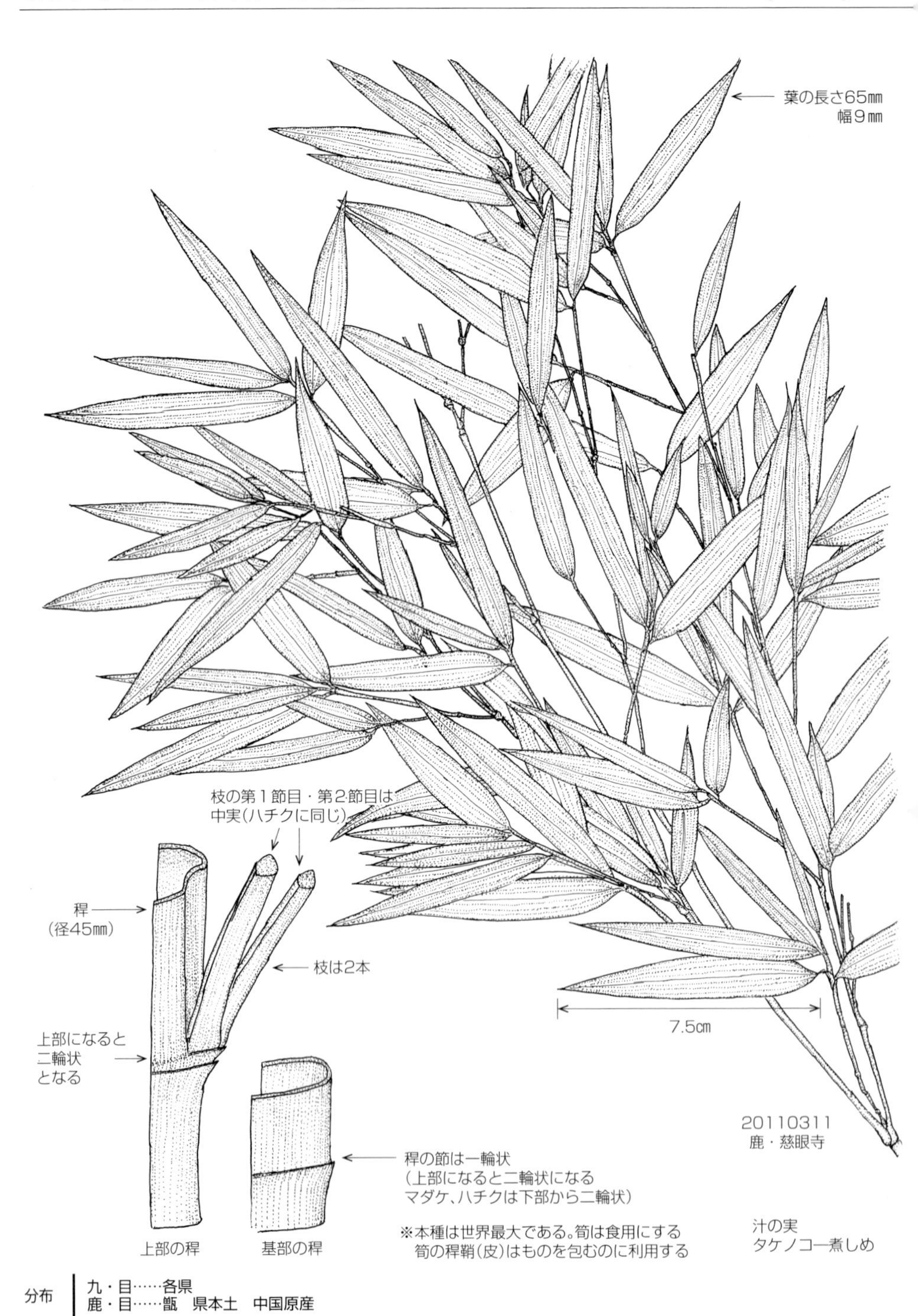

分布　｜九・目……各県
　　　　鹿・目……甑　県本土　中国原産

ギボウシノ　[イネ科　メダケ属]　　　*Pleioblastus kodzumae*

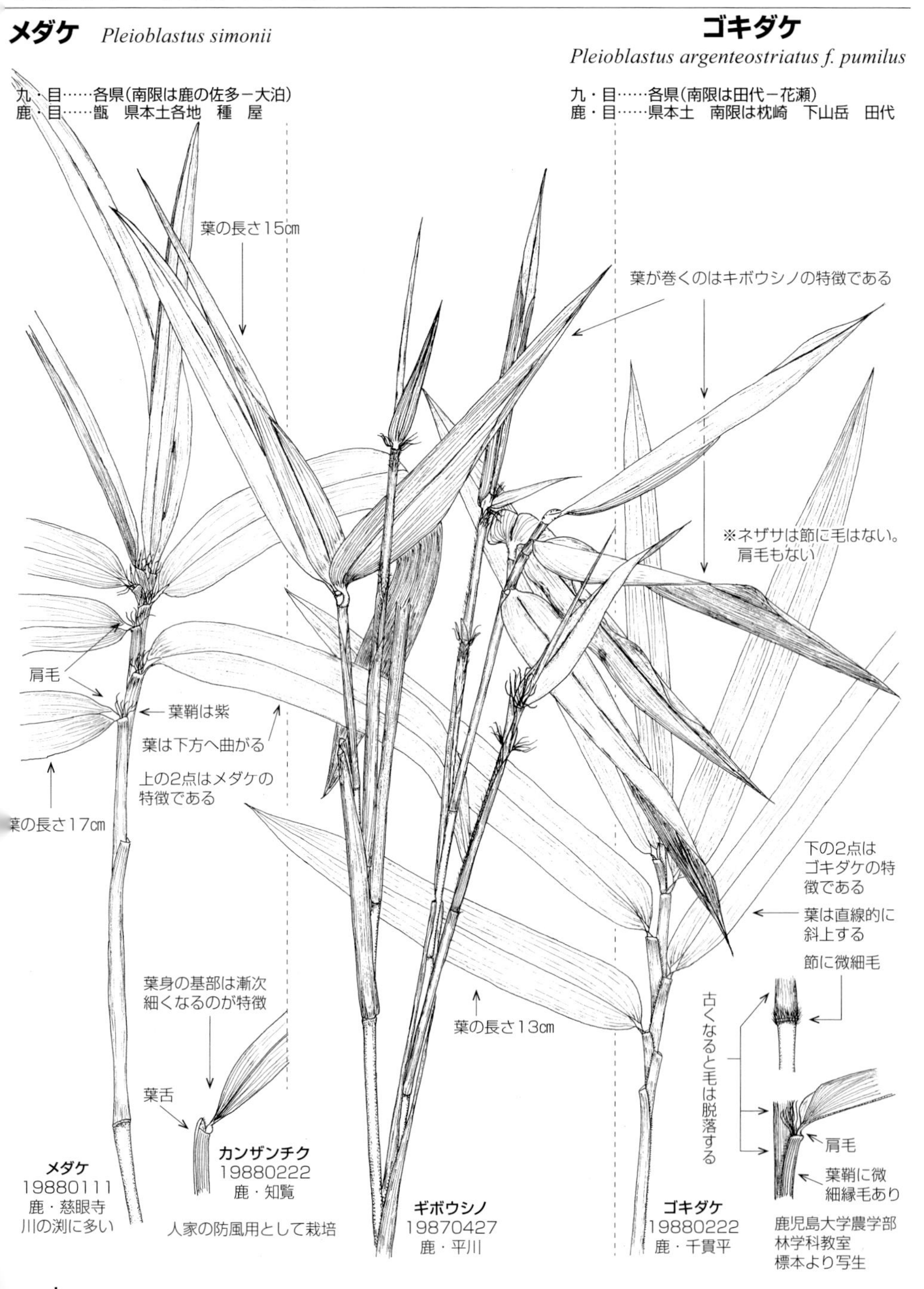

リュウキュウチク（タイミンチク）［イネ科　メダケ属］ *Pleioblastus linearis*

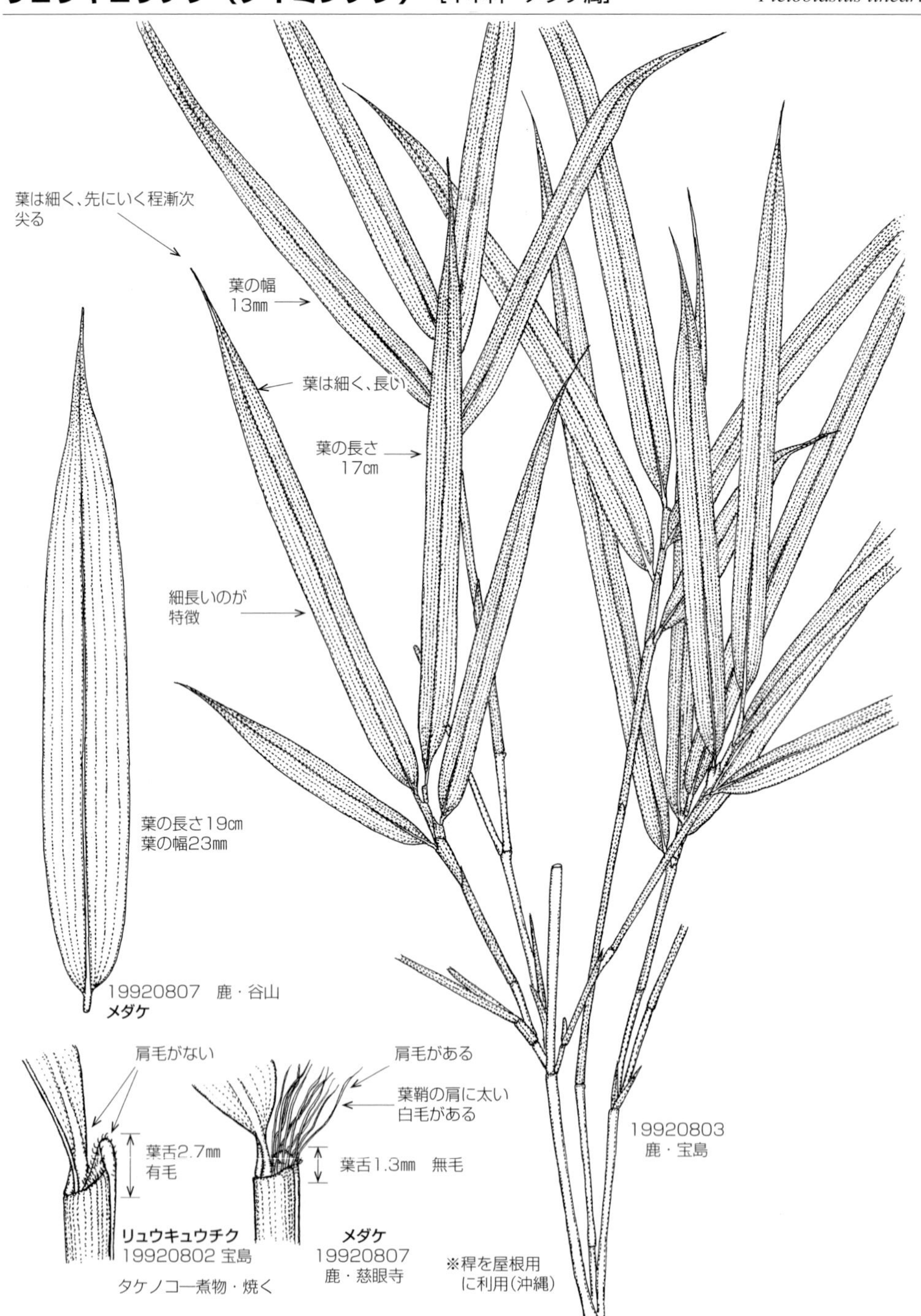

分布　九・目……長（森山　佐世保）熊（牛深）大（別府　高島　安心院）
鹿・目……甑　東市来　伊集院　大浦　宇治群島　草垣島　枕崎　山川　垂水　高隈渓谷　根占　内之浦　辺塚　佐多大泊　屋　種　吐　奄群

スズメノカタビラ　[イネ科　ナガハグサ属]　*Poa annua*

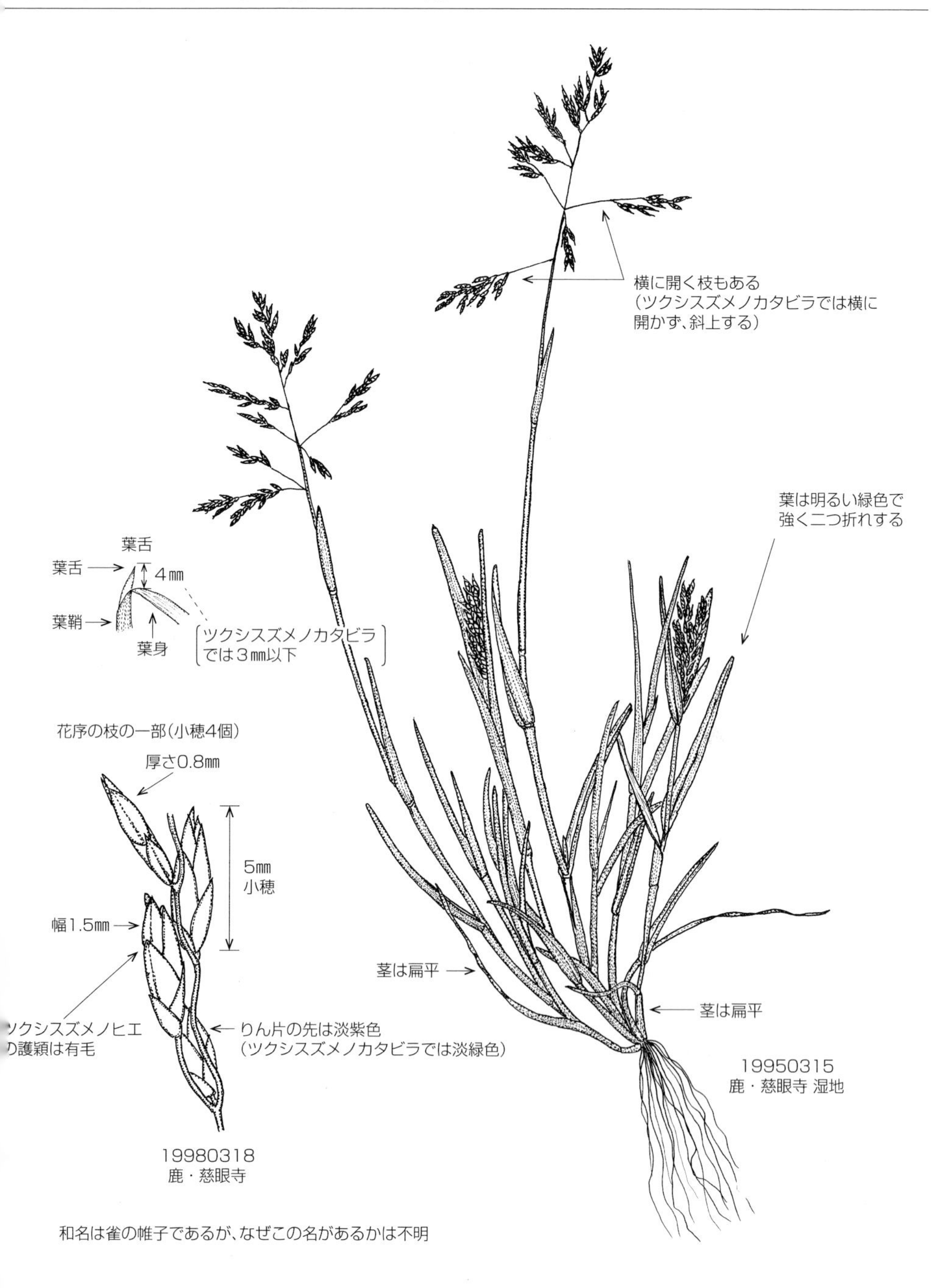

横に開く枝もある
（ツクシスズメノカタビラでは横に開かず、斜上する）

葉は明るい緑色で強く二つ折れする

葉舌
葉舌 — 4mm
葉鞘
葉身
ツクシスズメノカタビラでは3mm以下

花序の枝の一部（小穂4個）
厚さ0.8mm
5mm 小穂
幅1.5mm
ツクシスズメノヒエの護穎は有毛
りん片の先は淡紫色
（ツクシスズメノカタビラでは淡緑色）

茎は扁平
茎は扁平

19980318
鹿・慈眼寺

19950315
鹿・慈眼寺 湿地

和名は雀の帷子であるが、なぜこの名があるかは不明

| 九・目……各県（南は奄群） |
| 鹿・目……各地　欧州原産 |

ミゾイチゴツナギ　[イネ科　ナガハグサ属]　*Poa acroleuca*

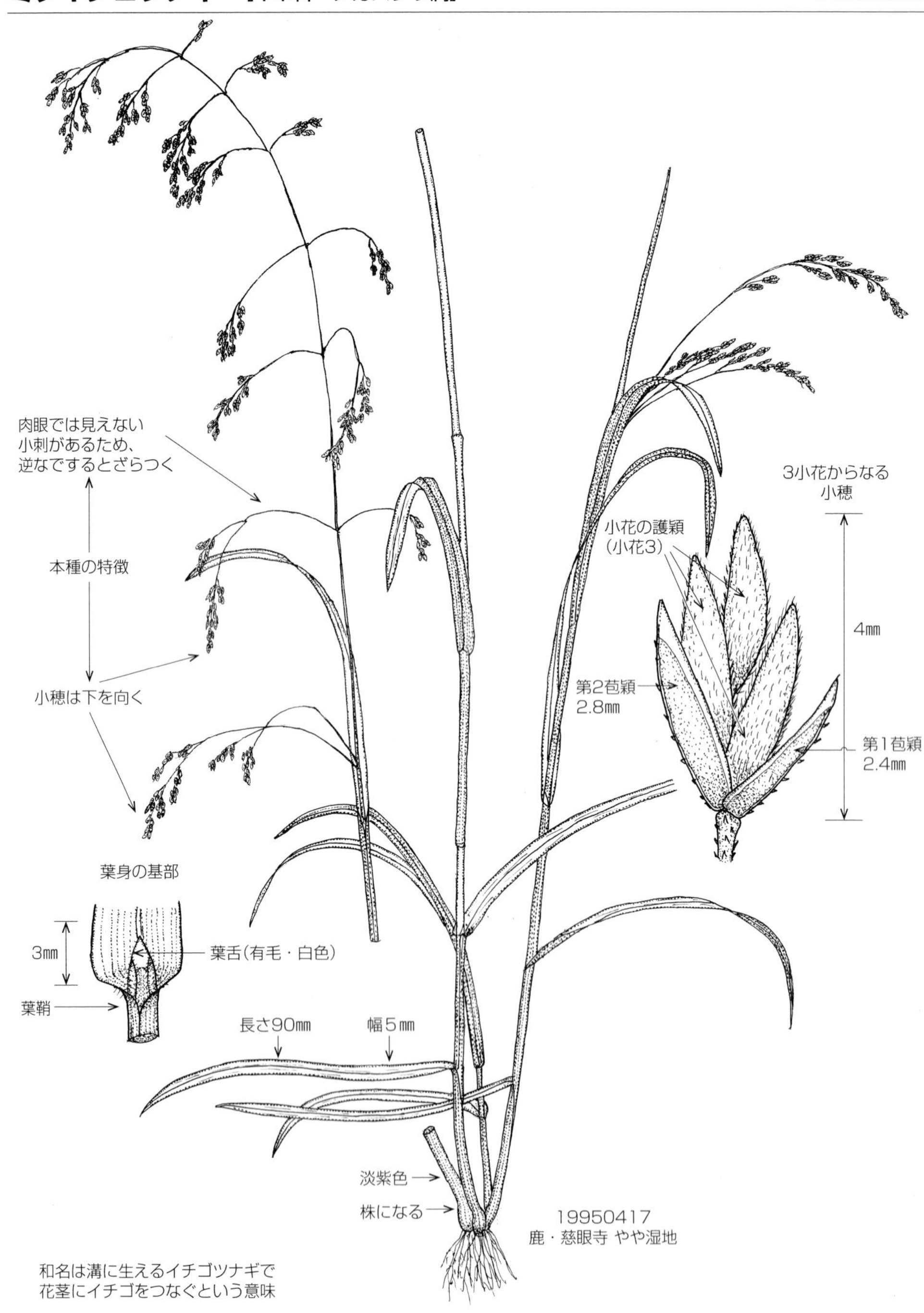

イタチガヤ [イネ科 イタチガヤ属] *Poginatherum crinitum*

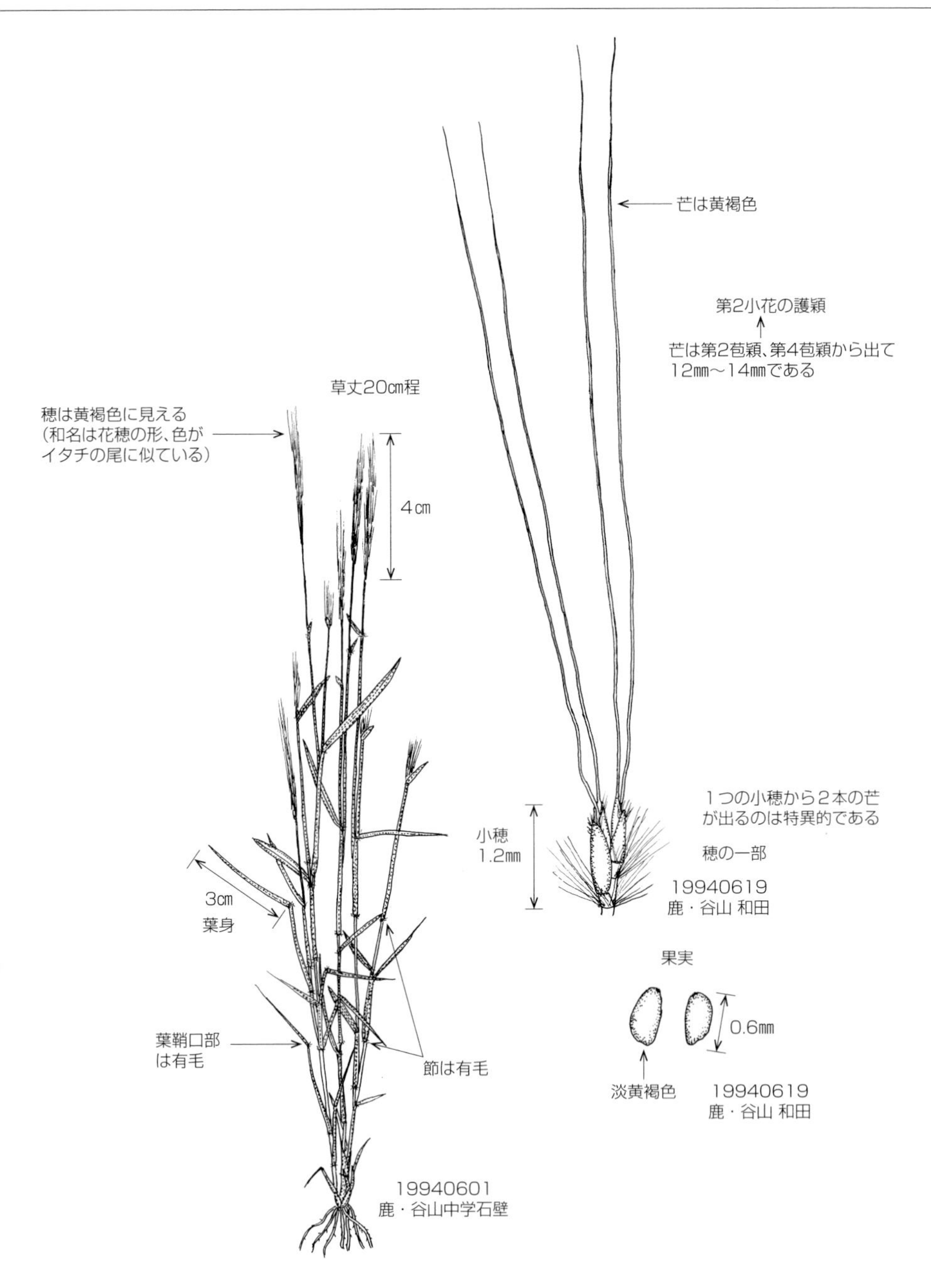

分布 九・目……各県（南は奄群）
　　 鹿・目……各地

ハマヒエガエリ　[イネ科　ヒエガエリ属]　　　*Polypogon monspeliensis*

ヒエガエリ　*Polypogon fugax*

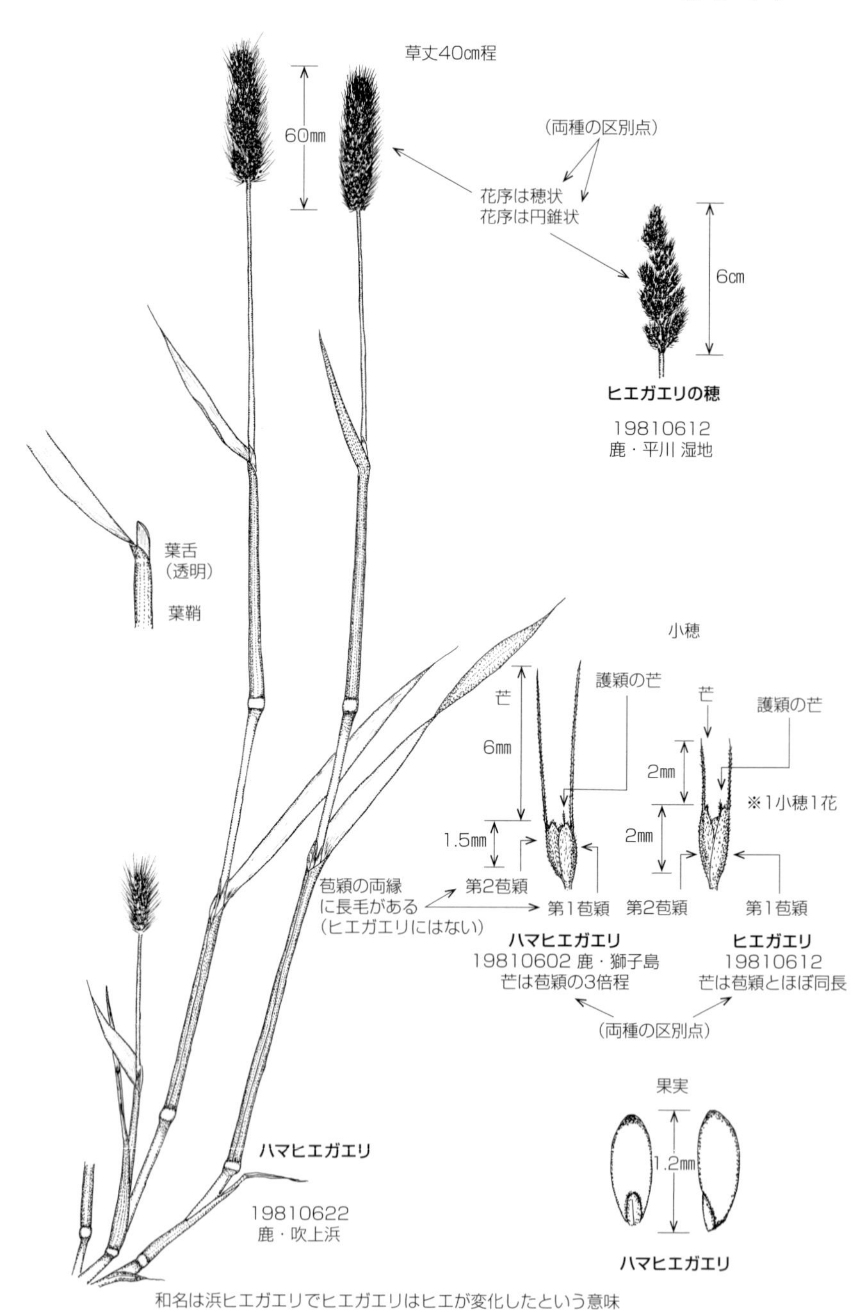

ヤダケ ［イネ科　ヤダケ属］　　*Pseudosasa japonica*

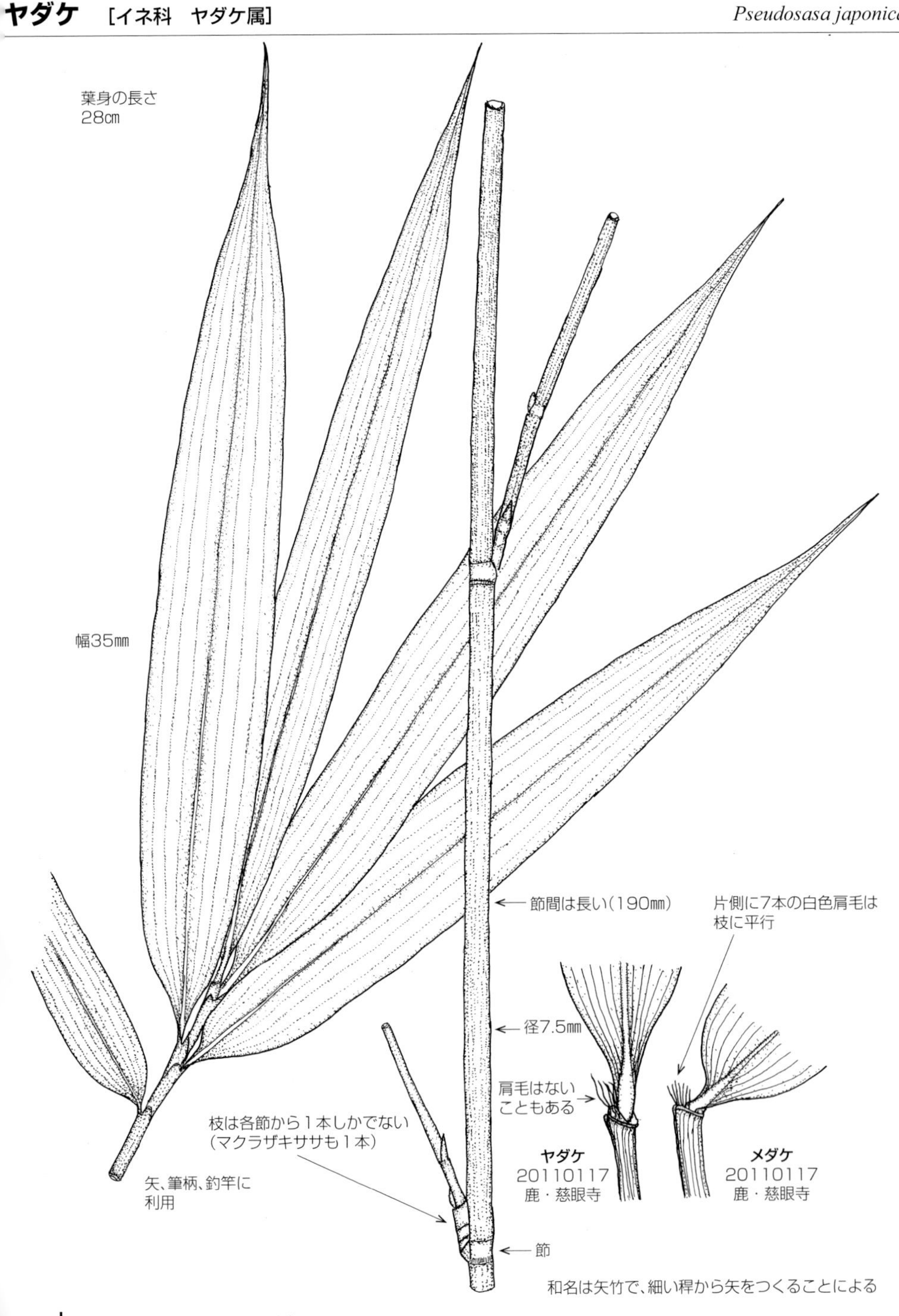

ナンゴクワセオバナ ［イネ科　ワセオバナ属］ *Saccharum spontaneum*

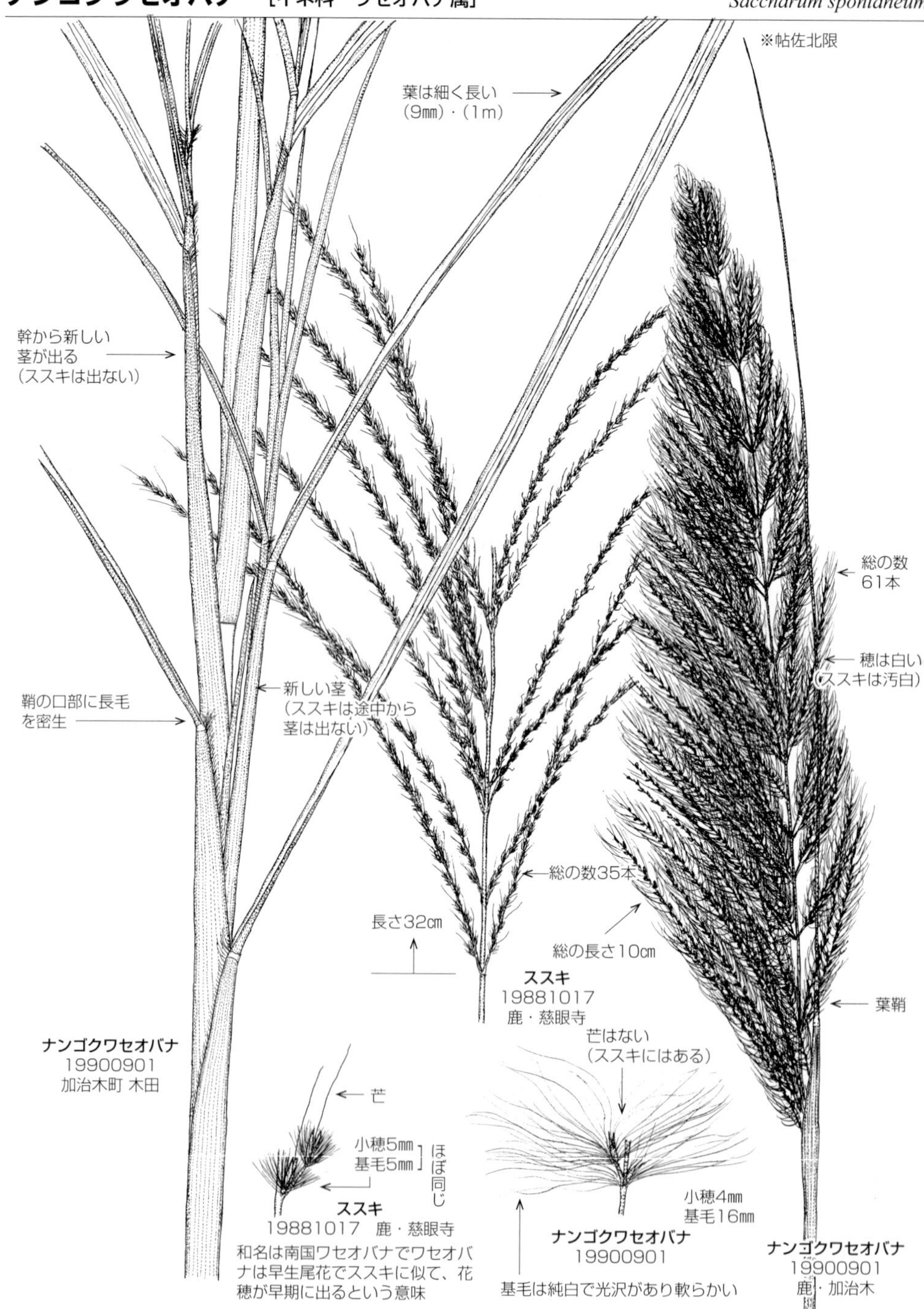

和名は南国ワセオバナでワセオバナは早生尾花でススキに似て、花穂が早期に出るという意味

分布　九・目……鹿（帖佐、北限）　南は奄大
　　　鹿・目……加治木　住吉池付近　喜　奄大（笠利）

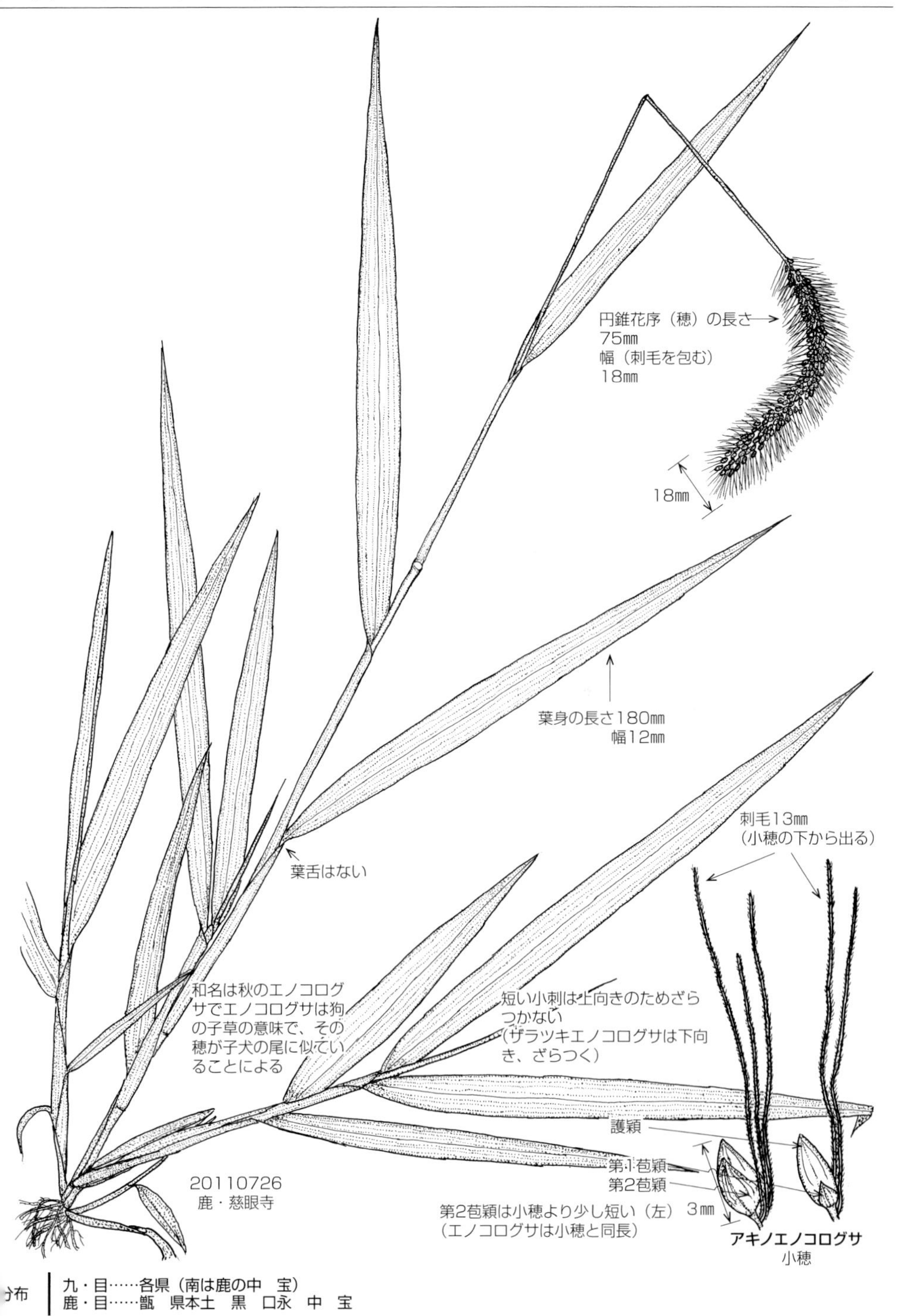

キンエノコロ　[イネ科　エノコログサ属]　*Setaria glauca*

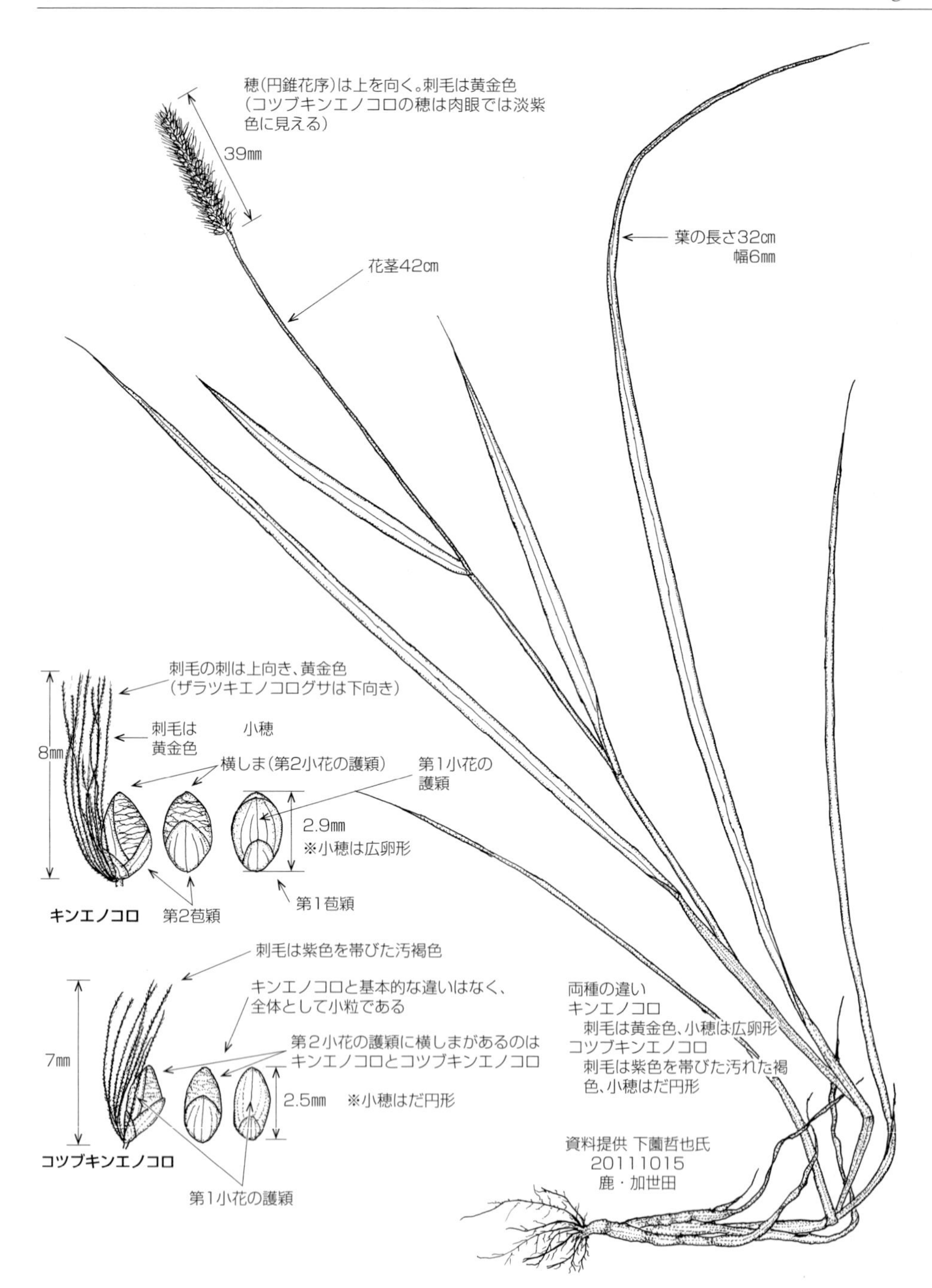

分布　九・目……各県（南は奄群）
　　　鹿・目……県本土散在（希）

コツブキンエノコロ [イネ科　エノコログサ属]　*Setaria pallide-fusca*

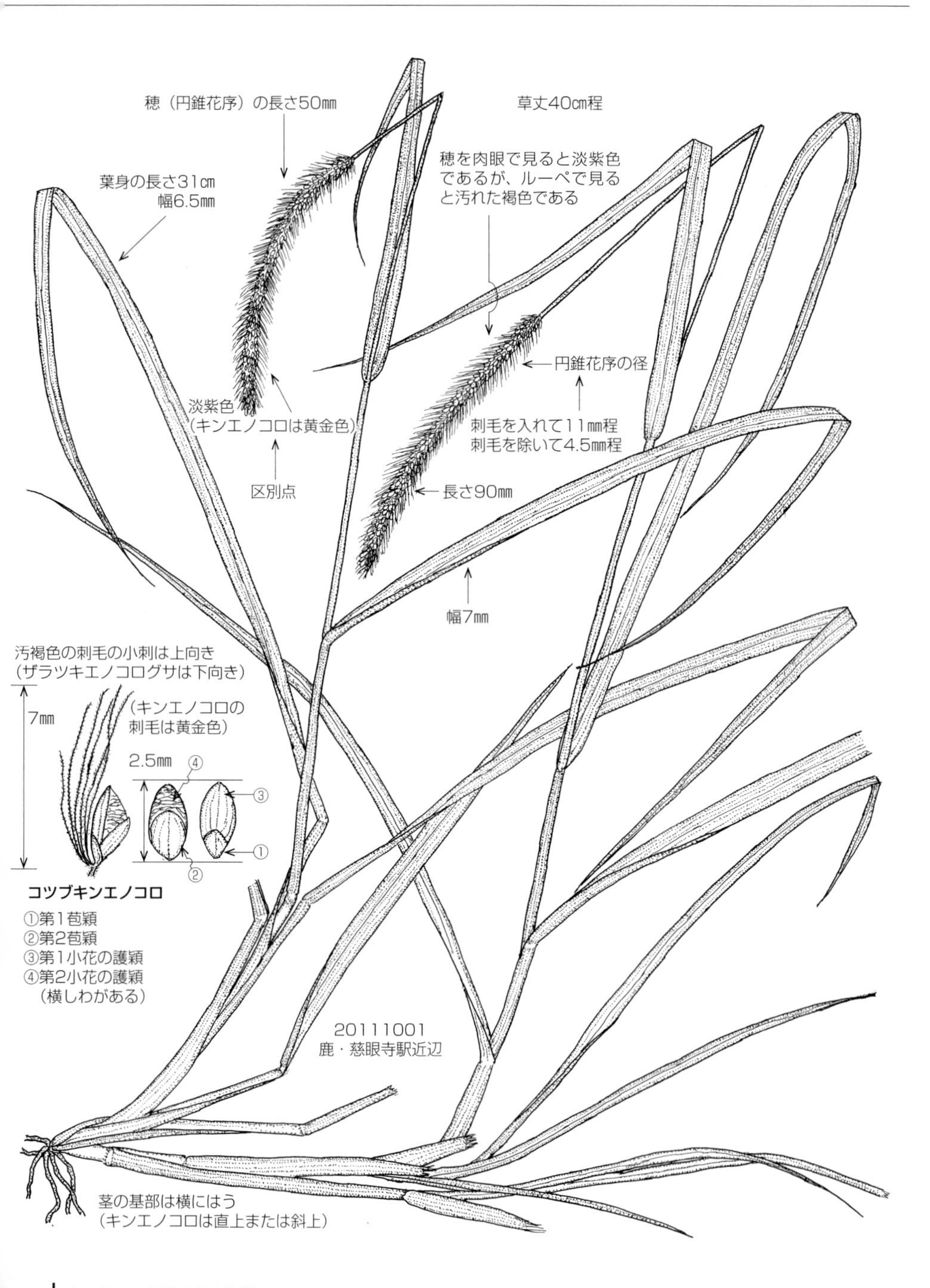

ハマエノコロ　[イネ科　エノコログサ属]　　*Setaria viridis* var. *pachystachys*

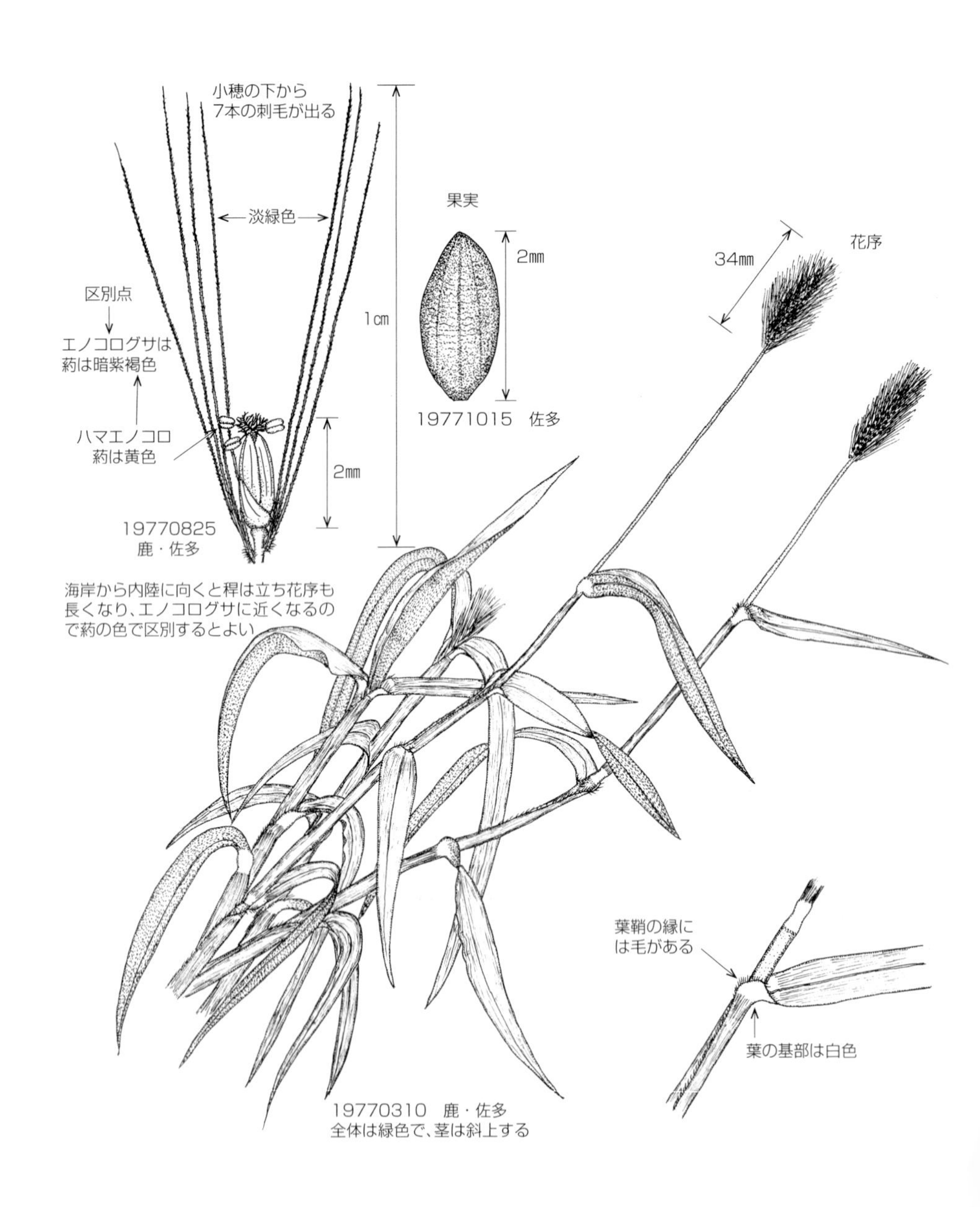

分布　九・目……各県海岸（南は奄群）
　　　鹿・目……各地海岸

オカメザサ　[イネ科　オカメザサ属]　　*Shibataea kumasaca*

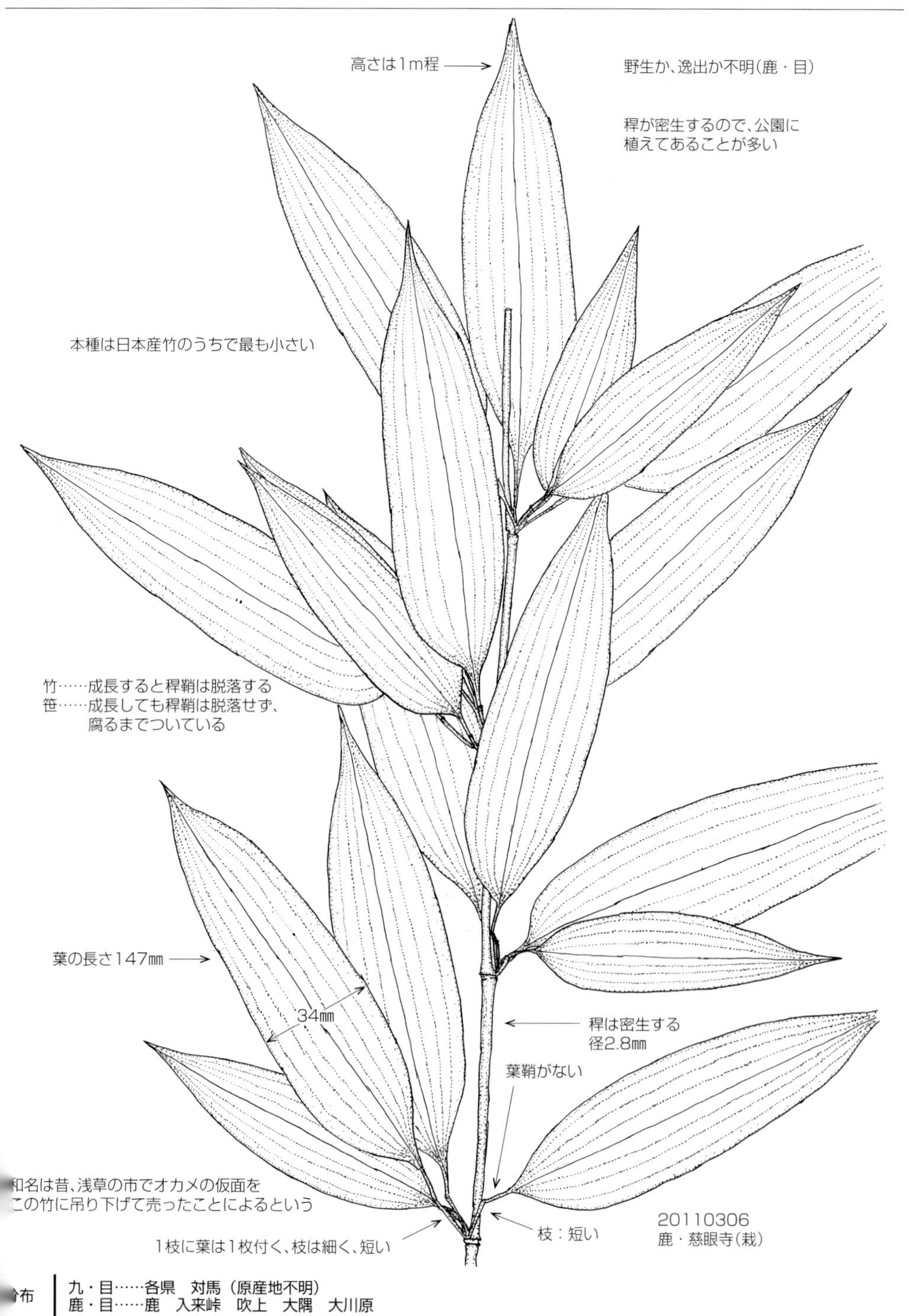

- 高さは1m程
- 野生か、逸出か不明(鹿・目)
- 稈が密生するので、公園に植えてあることが多い
- 本種は日本産竹のうちで最も小さい
- 竹……成長すると稈鞘は脱落する
- 笹……成長しても稈鞘は脱落せず、腐るまでついている
- 葉の長さ147mm
- 34mm
- 稈は密生する 径2.8mm
- 葉鞘がない
- 和名は昔、浅草の市でオカメの仮面をこの竹に吊り下げて売ったことによるという
- 1枝に葉は1枚付く、枝は細く、短い
- 枝：短い
- 20110306 鹿・慈眼寺(栽)

布 ｜ 九・目……各県　対馬（原産地不明）
　　 鹿・目……鹿　入来峠　吹上　大隅　大川原

ヒメモロコシ　[イネ科　モロコシ属]　　　　　　　　　　　　　　　　　　*Sorghum halepense* f. *muticum*

（セイバンモロコシの変種）

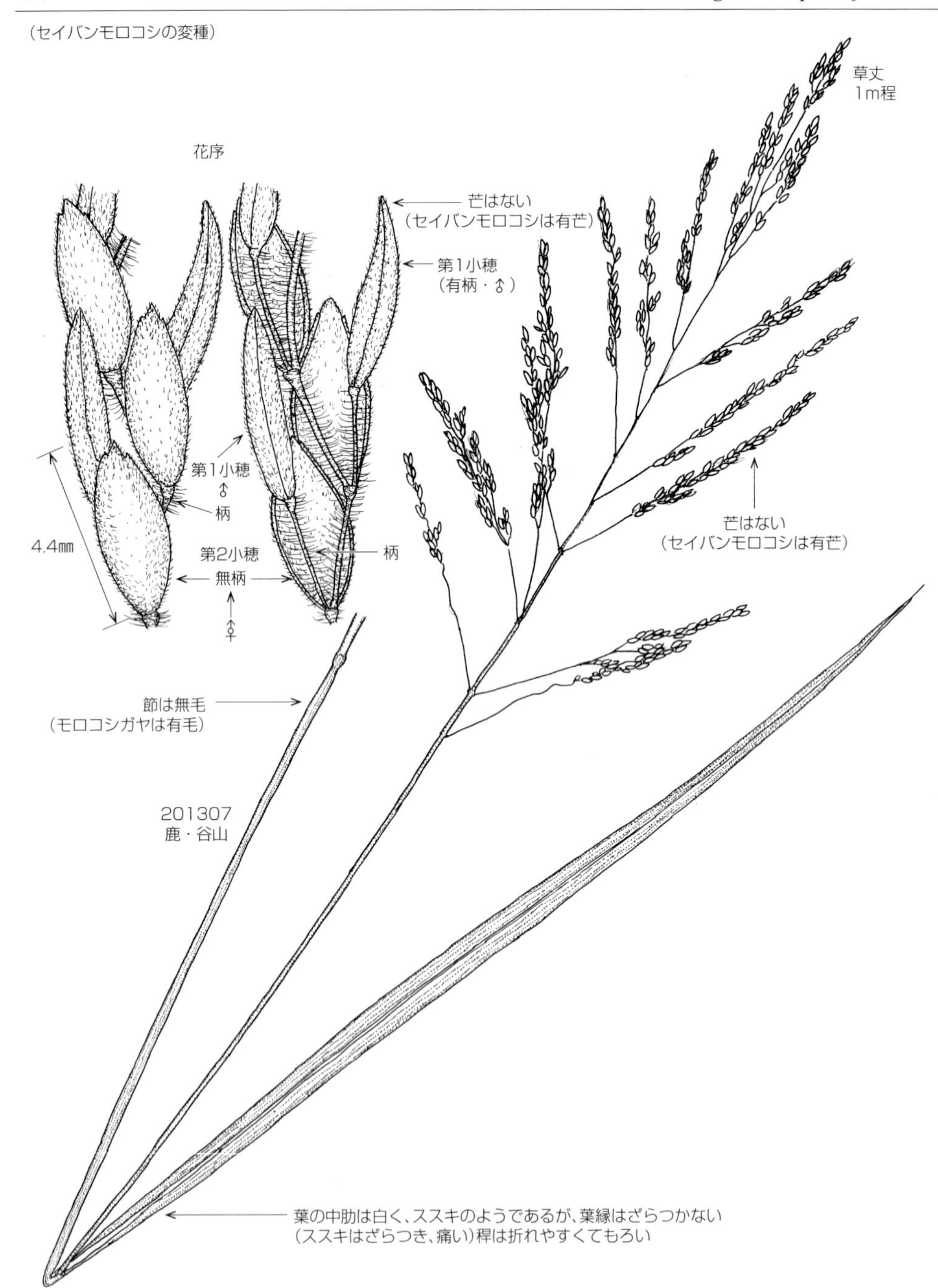

ツキイゲ　[イネ科　ツキイゲ属]　　*Spinifex littoreus*

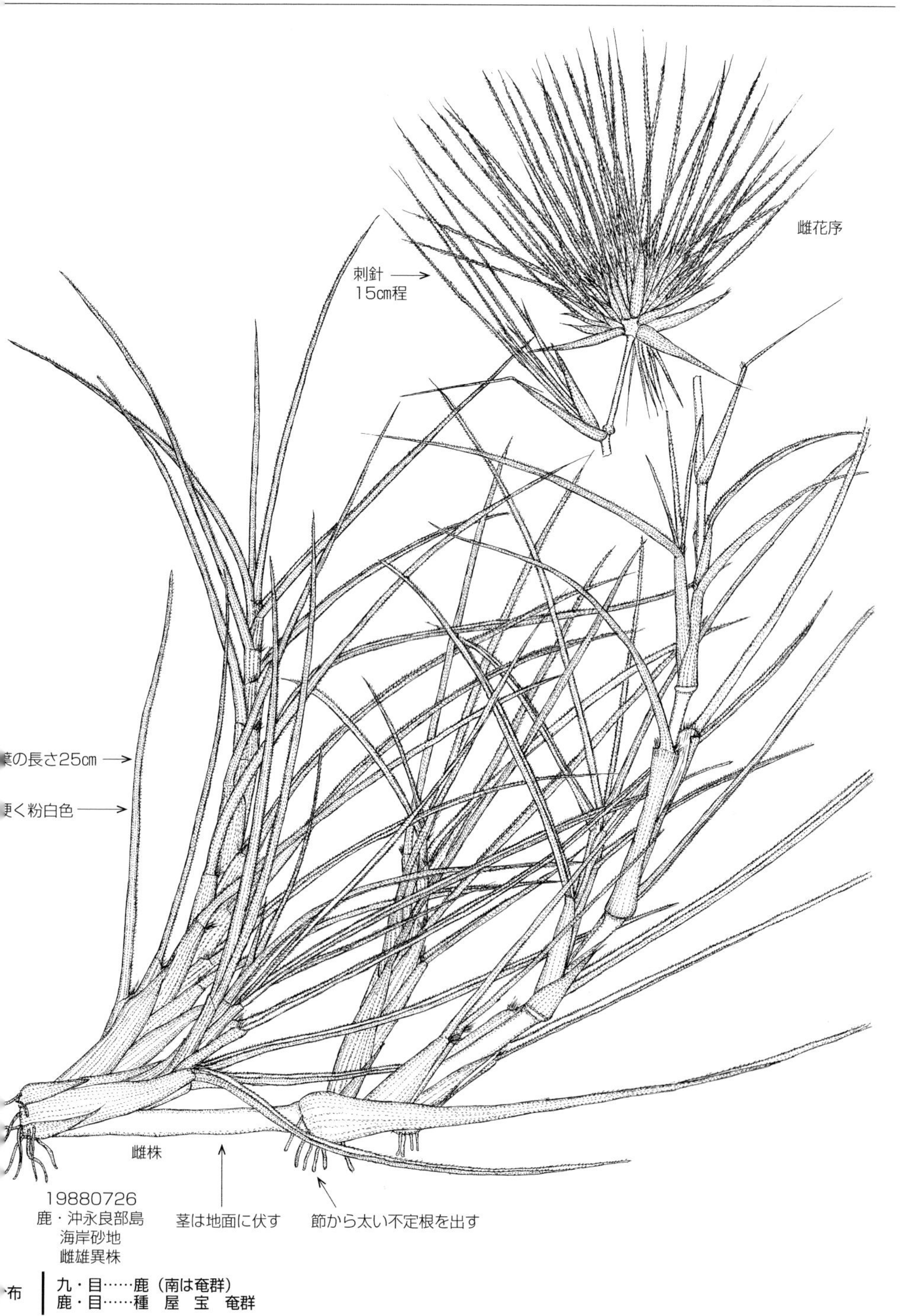

雌花序
刺針 →
15cm程
葉の長さ25cm →
硬く粉白色 →
雌株
19880726
鹿・沖永良部島
海岸砂地
雌雄異株
茎は地面に伏す
節から太い不定根を出す
分布
九・目……鹿（南は奄群）
鹿・目……種　屋　宝　奄群

ソナレシバ　[イネ科　ネズミノオ属]　　　　*Sporobolus virginicus*

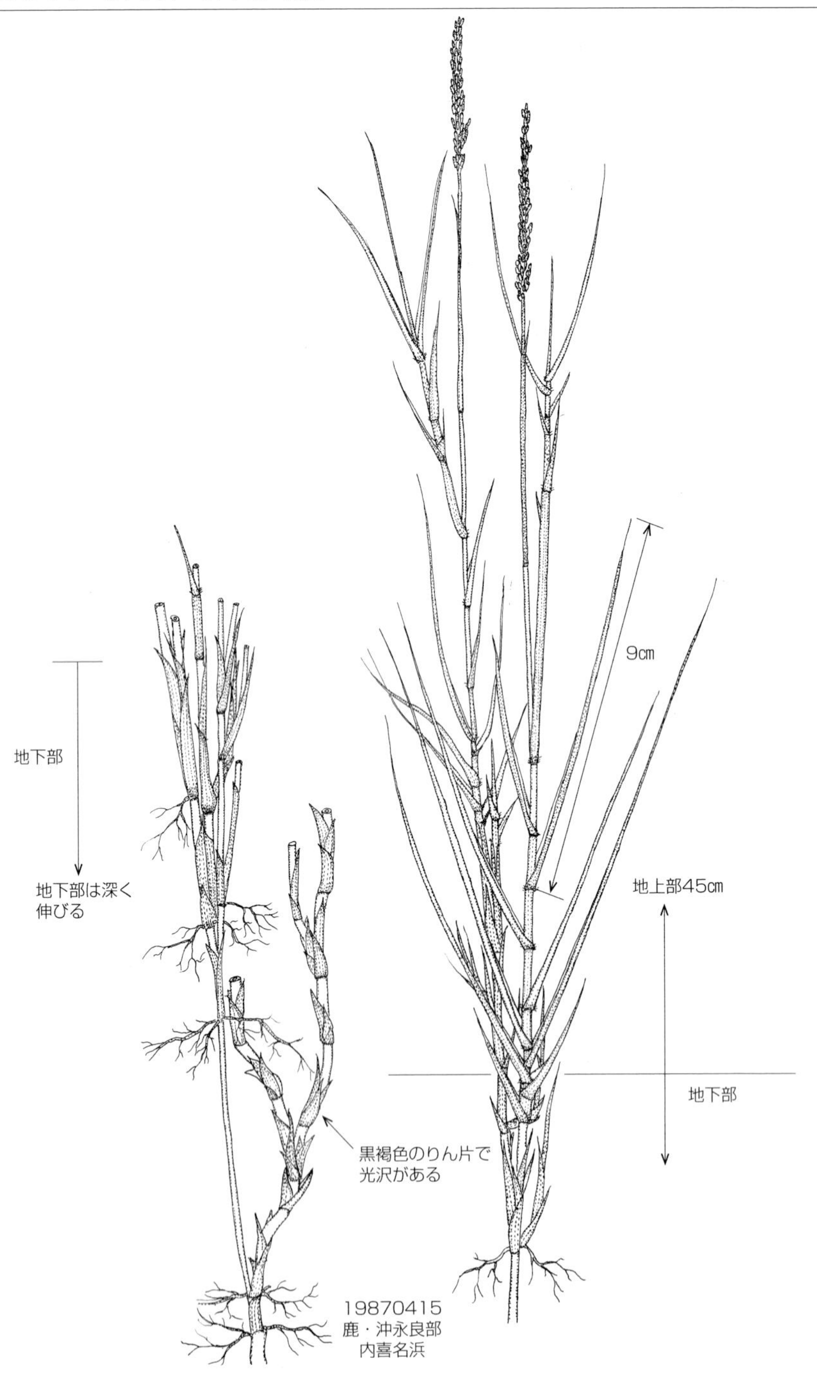

分布　九・目……鹿
　　　鹿・目……枕崎　種　奄群

ネズミノオ ［イネ科　ネズミノオ属］　*Sporobolus fertilis*

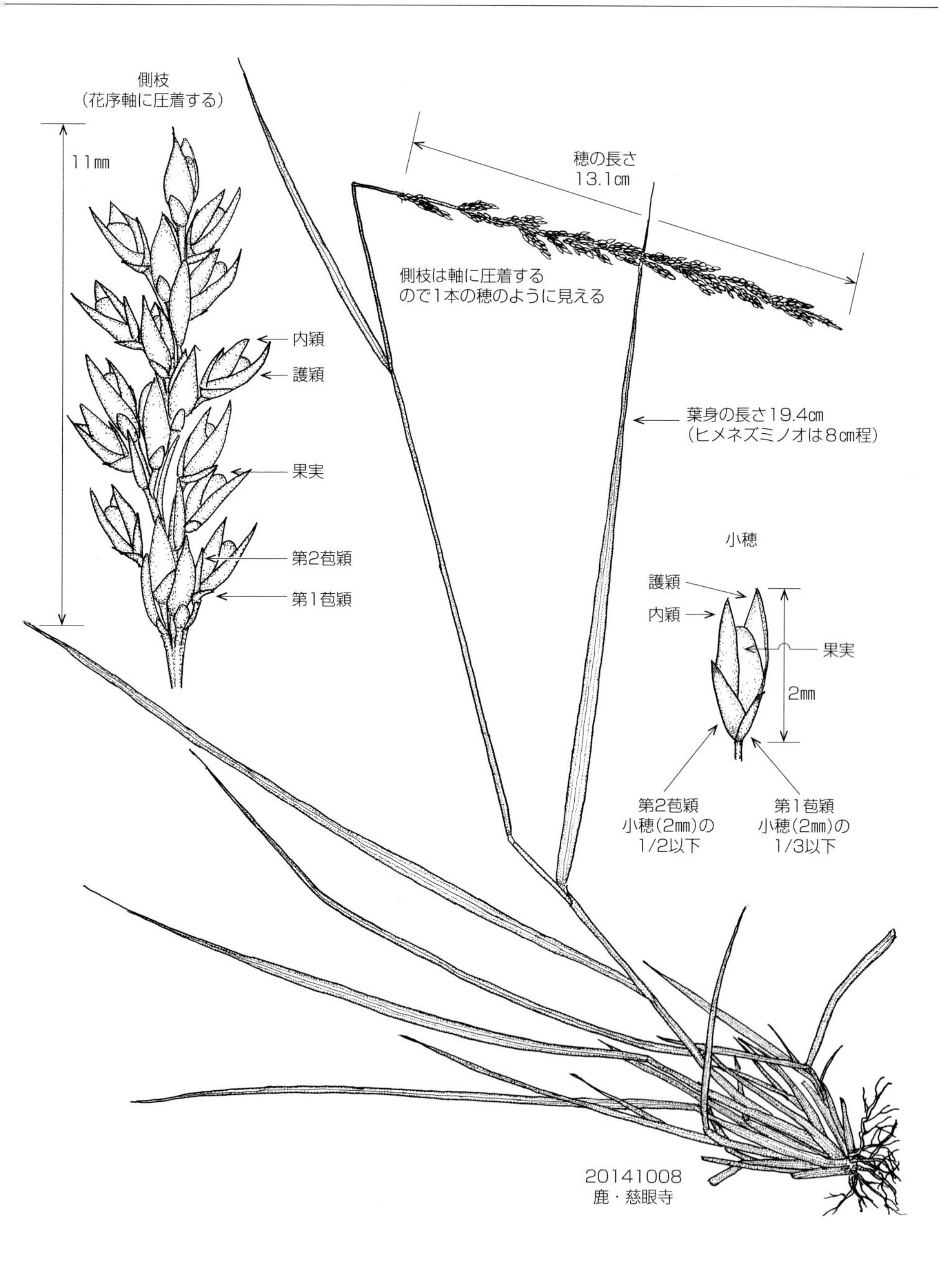

和名は、花穂が細長く、ネズミの尾に見立てたもの

分布
九・目……各県（南は奄群）
鹿・目……各地普通

クロイワザサ [イネ科　クロイワザサ属] *Thuarea involuta*

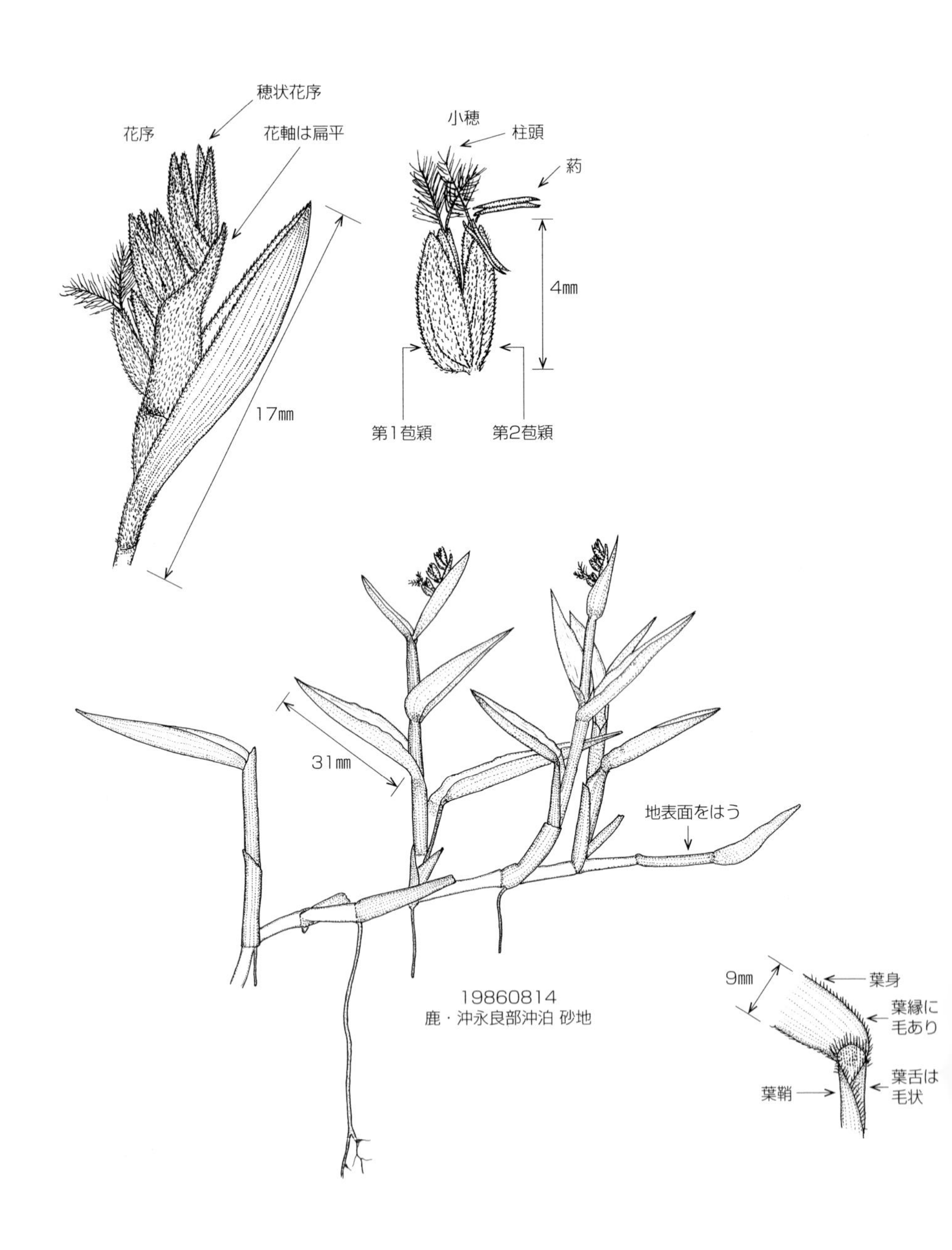

分布　九・目……鹿
　　　鹿・目……中　平　宝　奄群

カニツリグサ　[イネ科　カニツリグサ属]　　　*Trisetum bifidum*

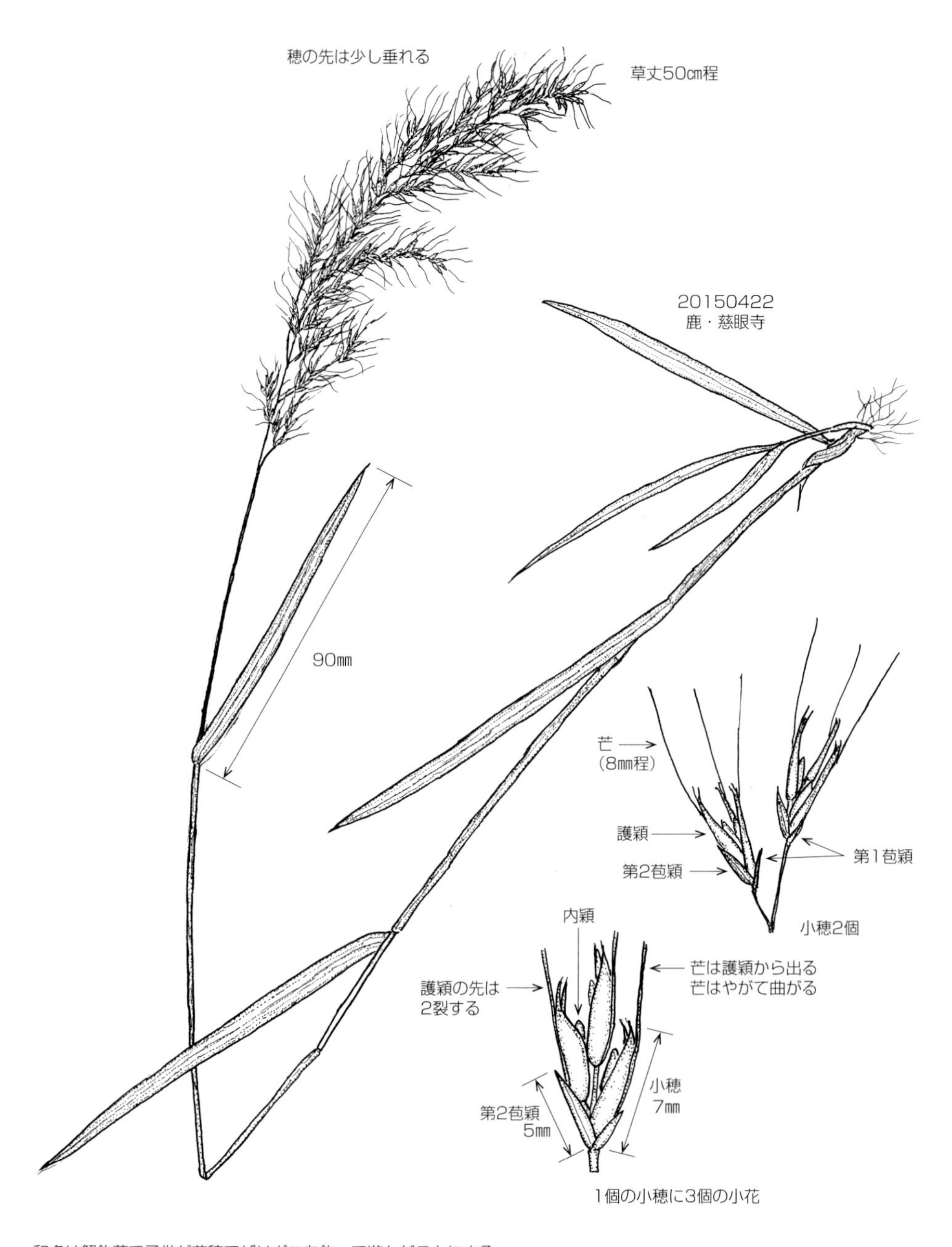

和名は蟹釣草で子供が花穂でザリガニを釣って遊んだことによる

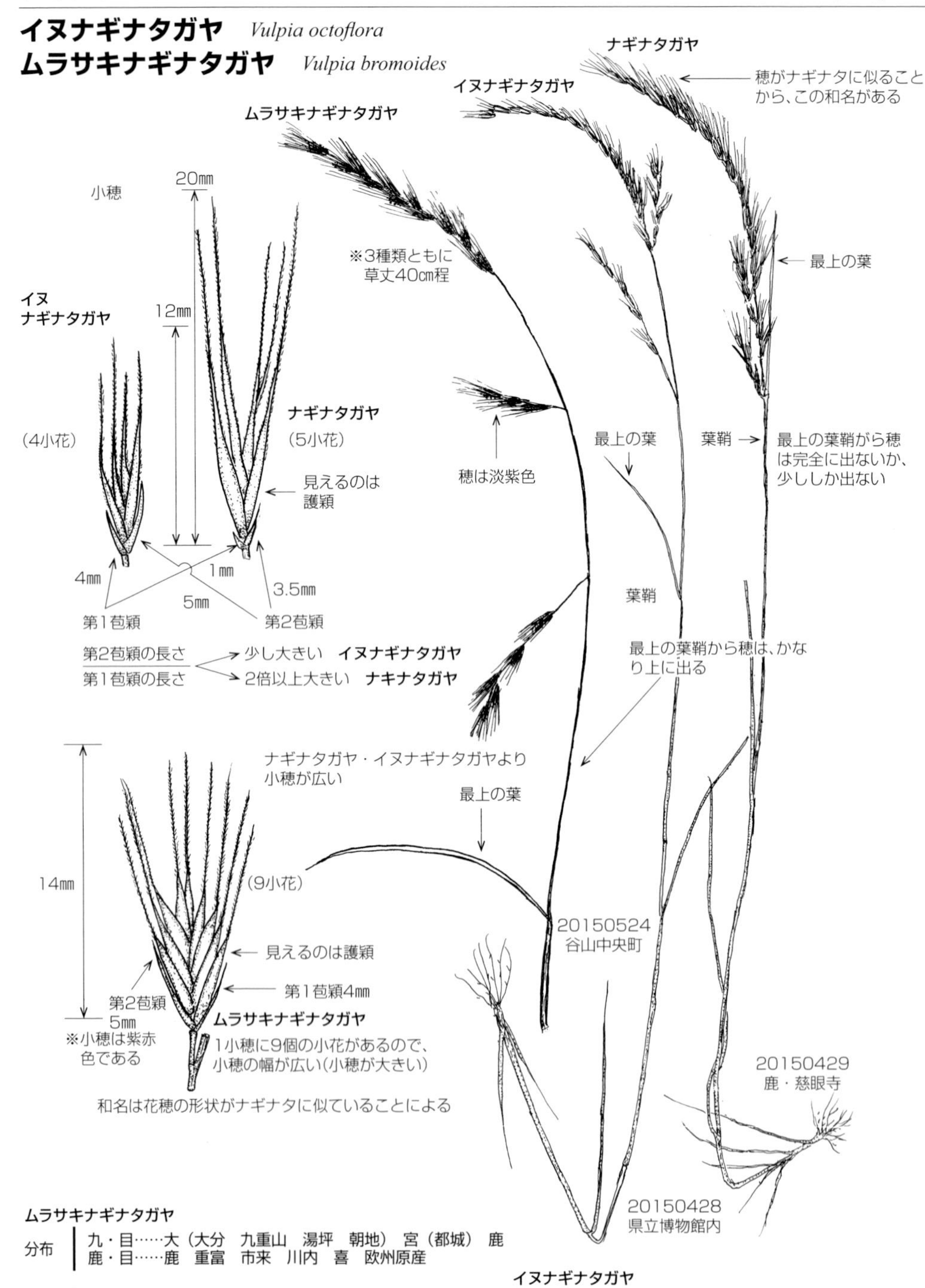

オニシバ　[イネ科　シバ属]　　　*Zoysia macrostachya*

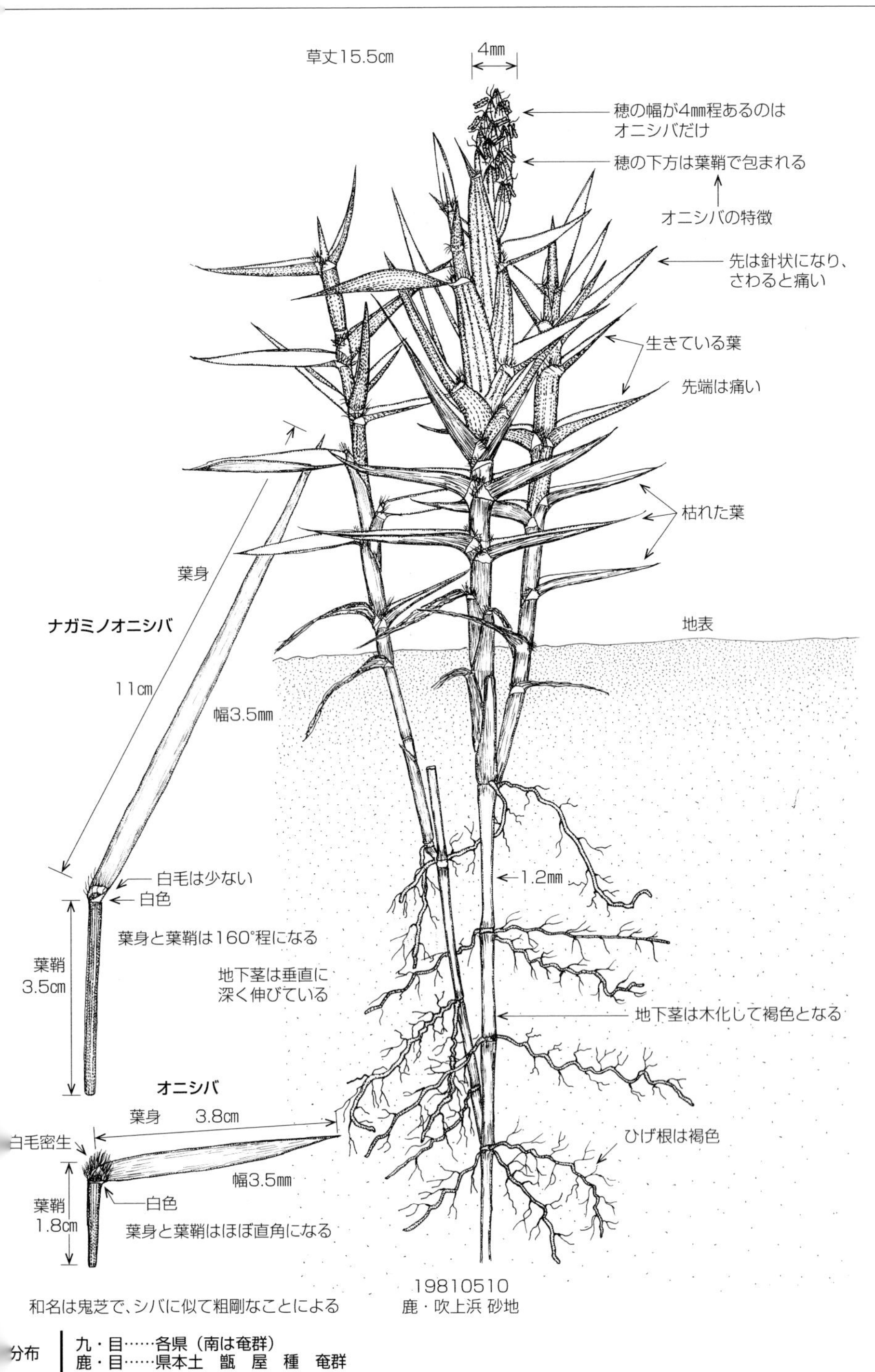

コウライシバ　[イネ科　シバ属]　　*Zoysia matrella*

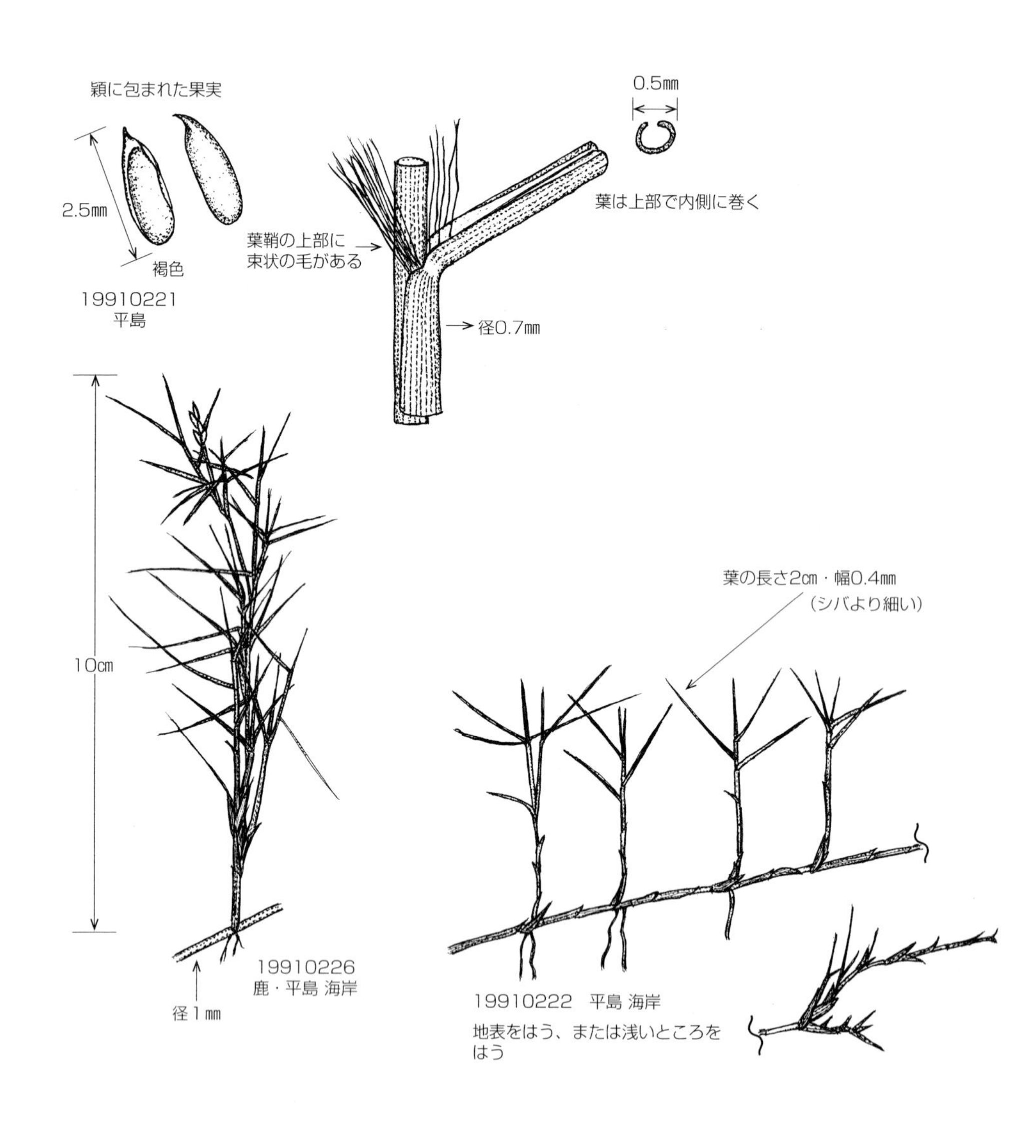

※芝生をつくるのに用いる
　高麗芝の意味であるが、朝鮮にはない。南方のものの栽培品と思われる
　シバより美しく、芝生として用いられる

分布　｜　九・目……長（五島　北松－五月　平戸　壱岐、北限）　熊（天草）　鹿
　　　｜　鹿・目……長島　甑　阿久根　串木野　長崎鼻　佐多　屋　種以南の海岸

コオニシバ　[イネ科　シバ属]　　　　　　　　　　　　　　　　　　　　　　　　　　　　　　*Zoysia sinica*

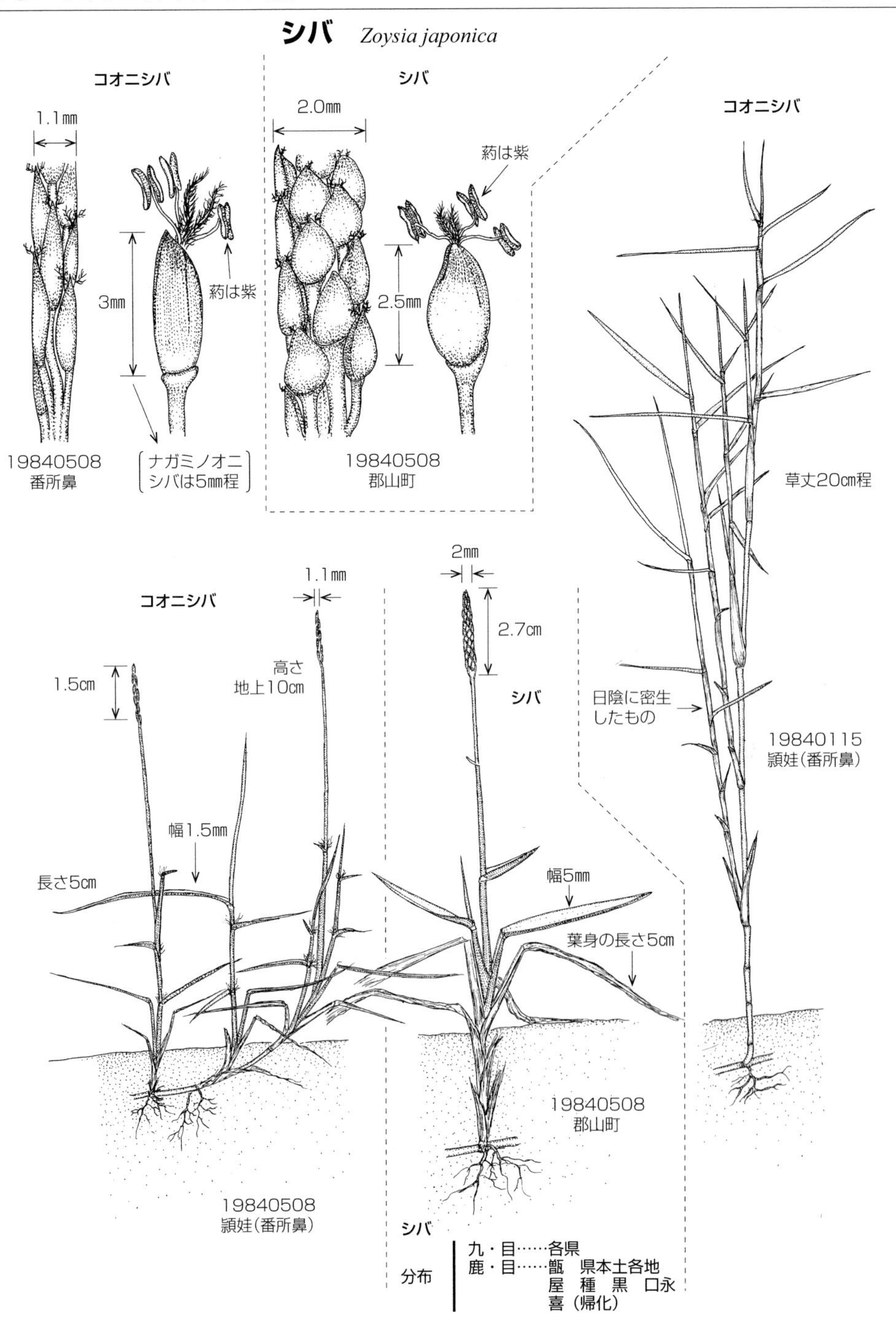

ナガミノオニシバ　[イネ科　シバ属]　*Zoysia sinica* var. *nipponica*

(コオニシバの変種)

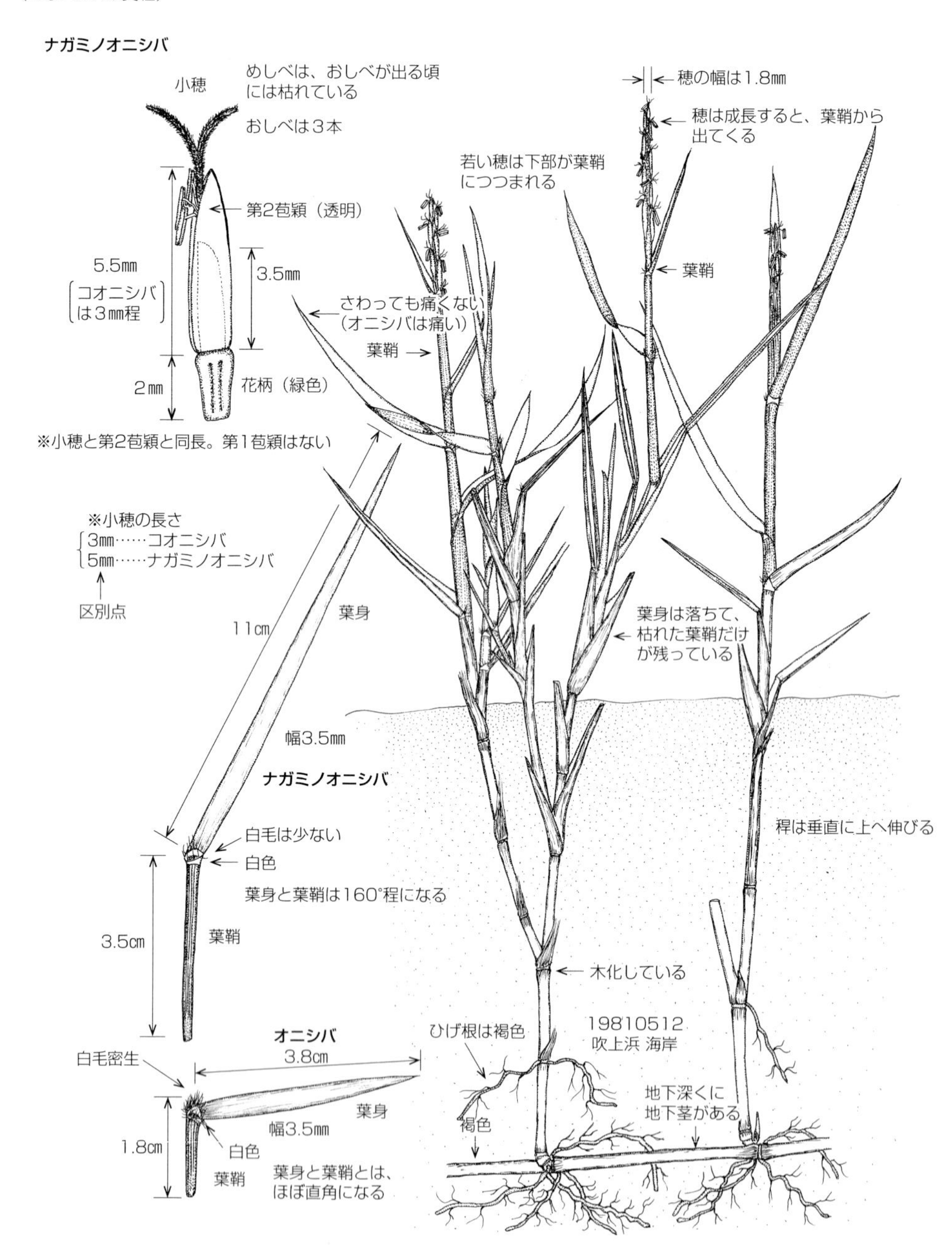

分布　九・目……各県　対馬　壱岐　(南は屋の宮之浦川河口)
　　　鹿・目……川内　阿久根　市来　喜入　山川　枕崎　長崎鼻　桜島　甑　屋　宝

シマツユクサ [ツユクサ科　ツユクサ属]   *Commelina diffusa*

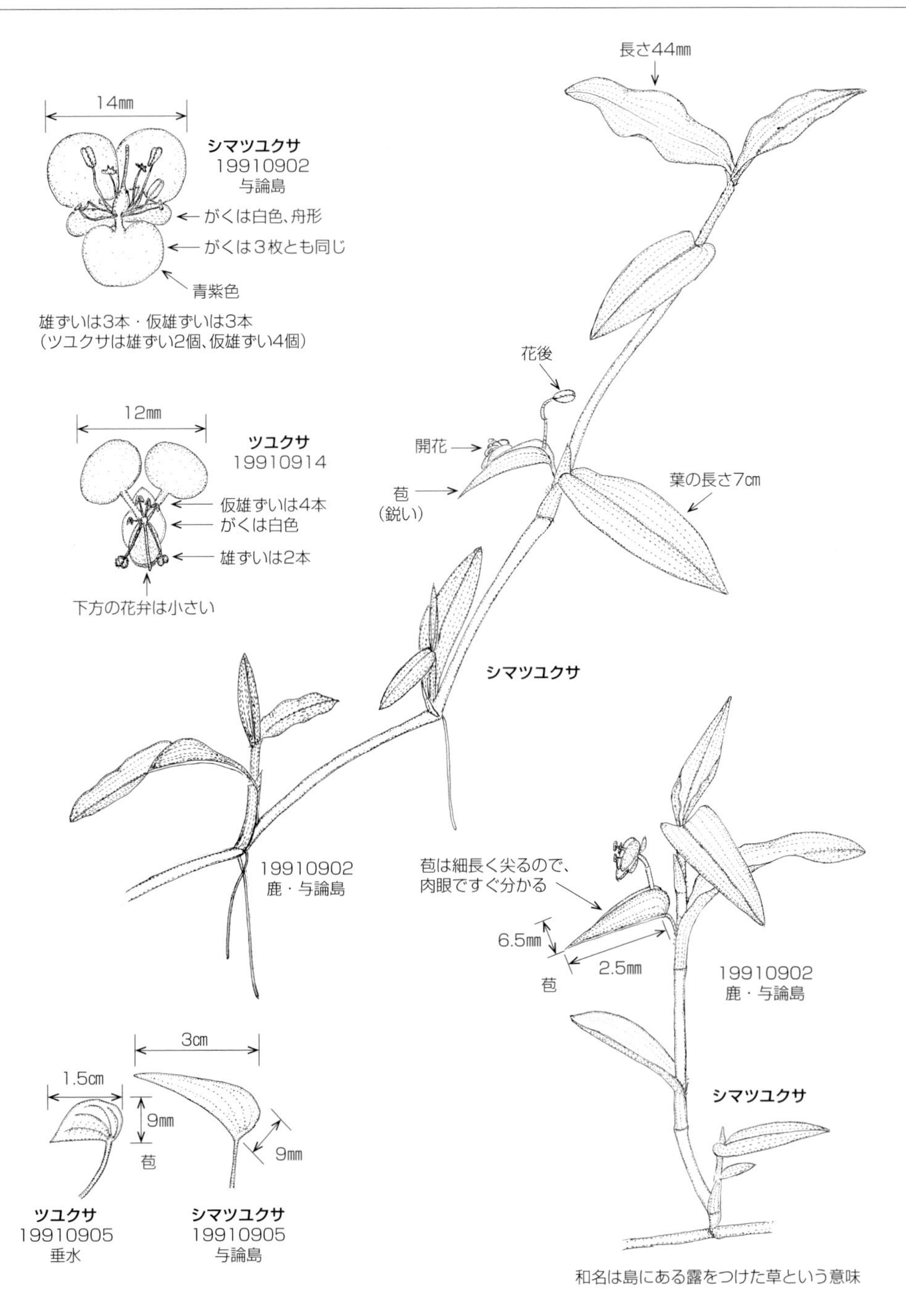

ホウライツユクサ　[ツユクサ科　ツユクサ属]　　*Commelina auriculata*

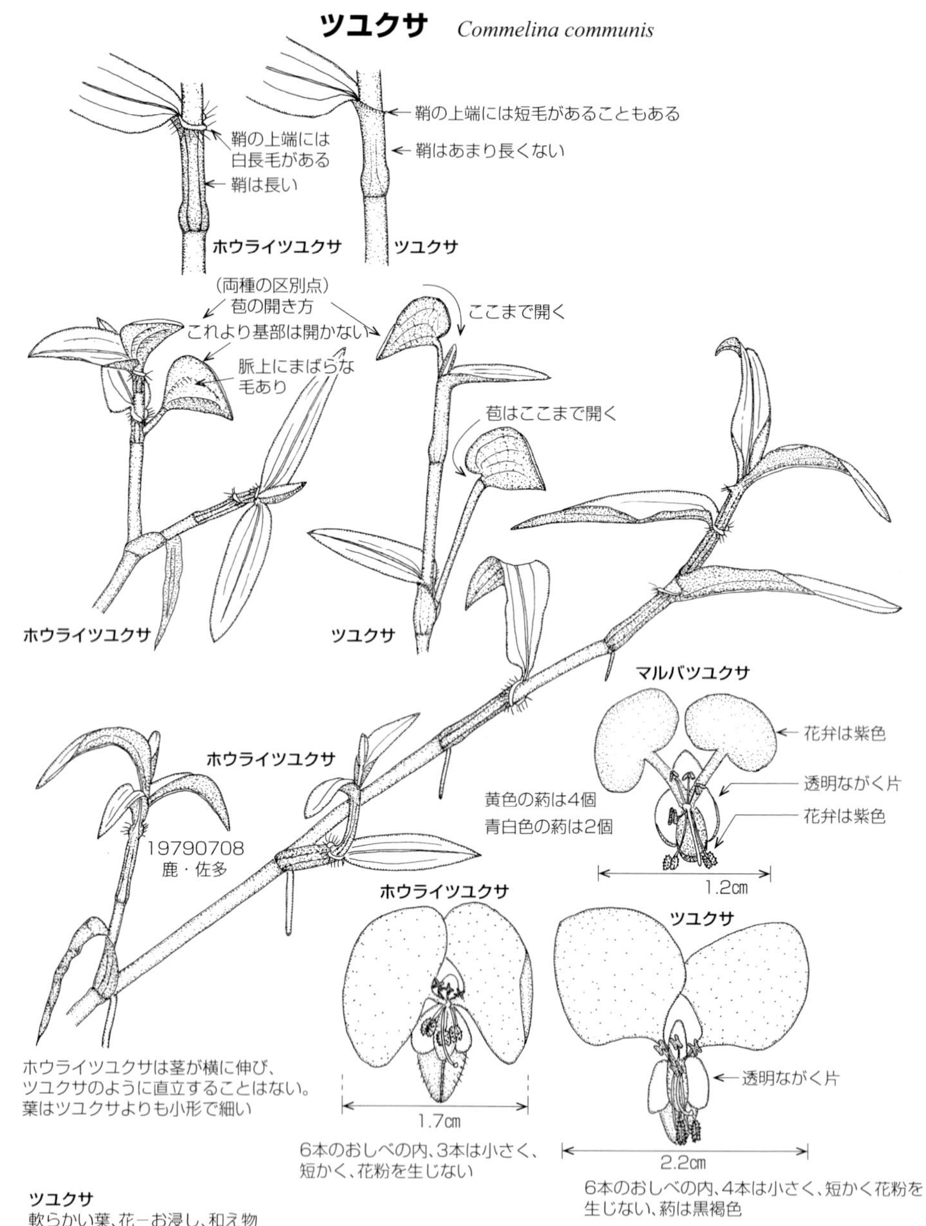

マルバツユクサ　［ツユクサ科　ツユクサ属］　*Commelina benghalensis*

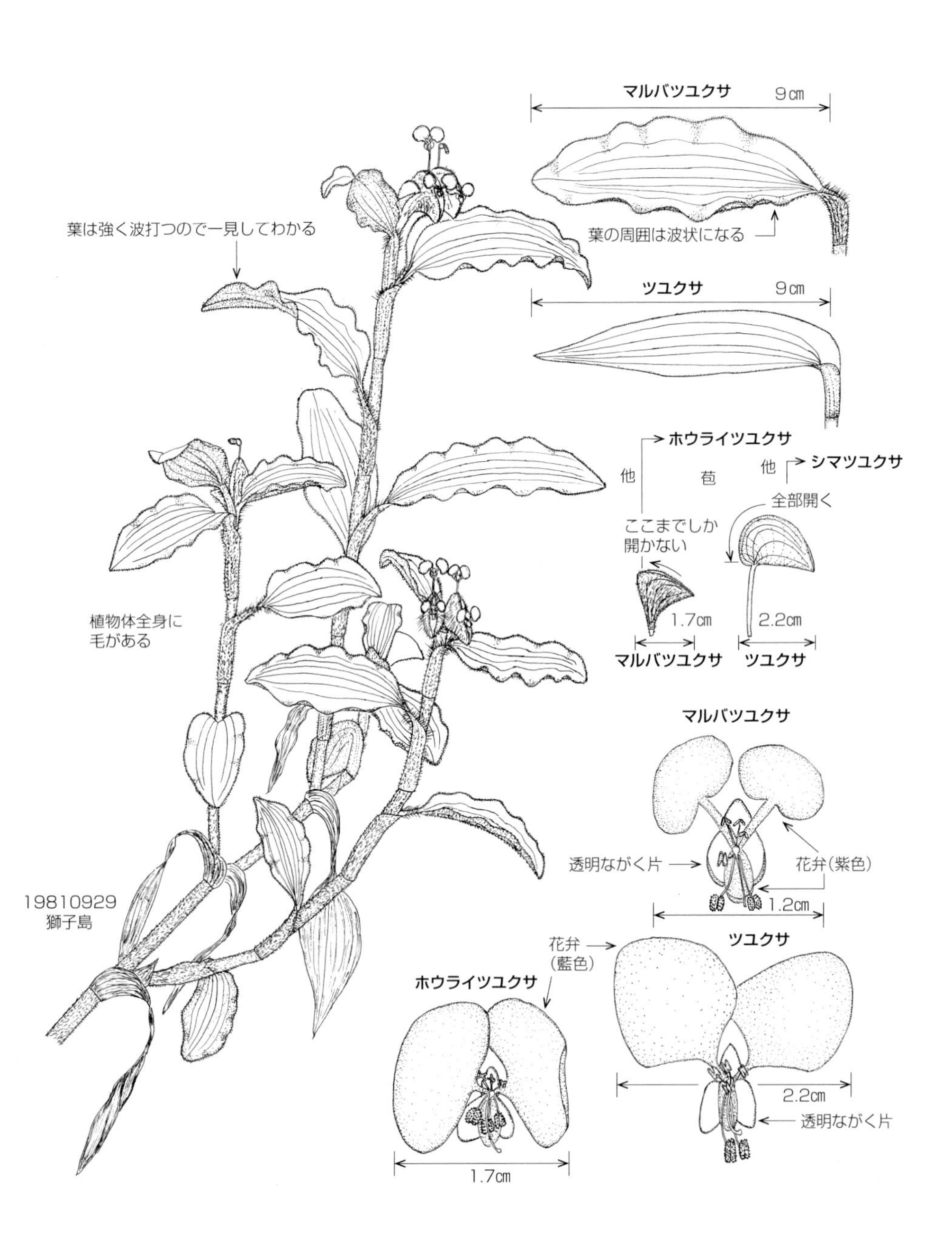

分布
九・目……各県（南は奄群）　熱帯亜原産
鹿・目……甑　長島　獅子島　県本土　屋　種　吐　奄群

イボクサ　[ツユクサ科　イボクサ属]　*Murdannia keisak*

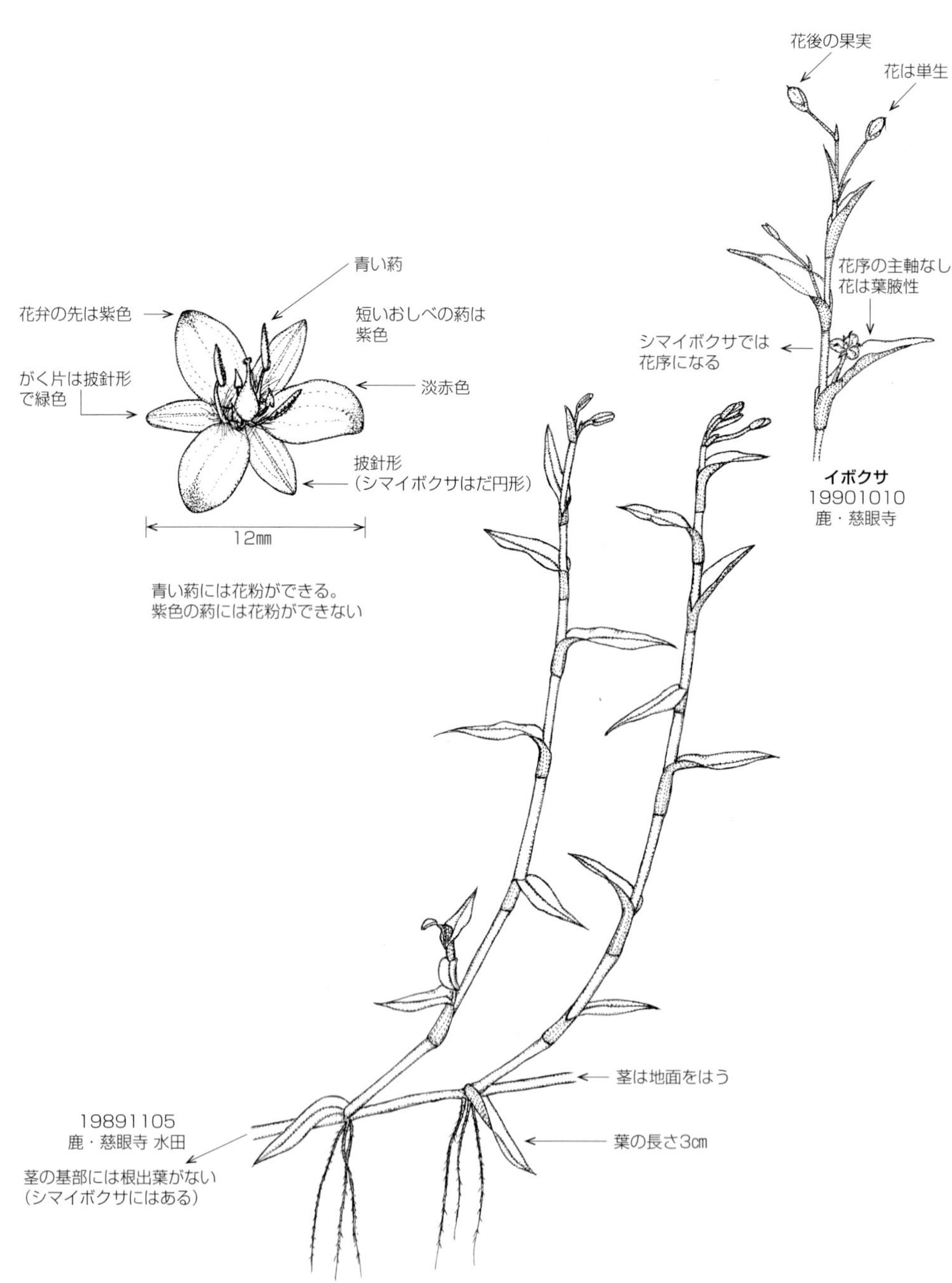

シマイボクサ　[ツユクサ科　イボクサ属]　*Murdannia loriformis*

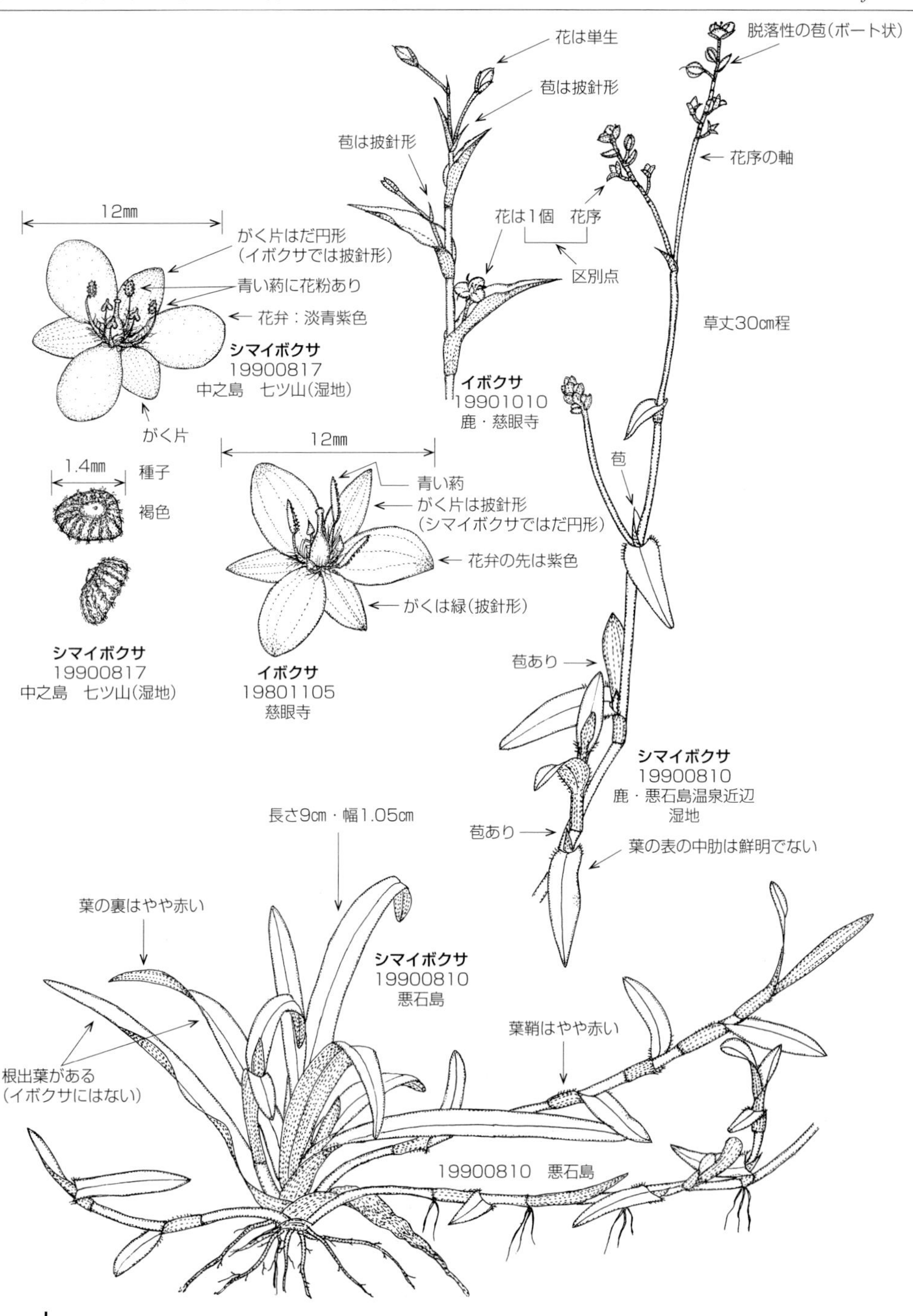

コヤブミョウガ　[ツユクサ科　ヤブミョウガ属]　*Pollia japonca var. minor*

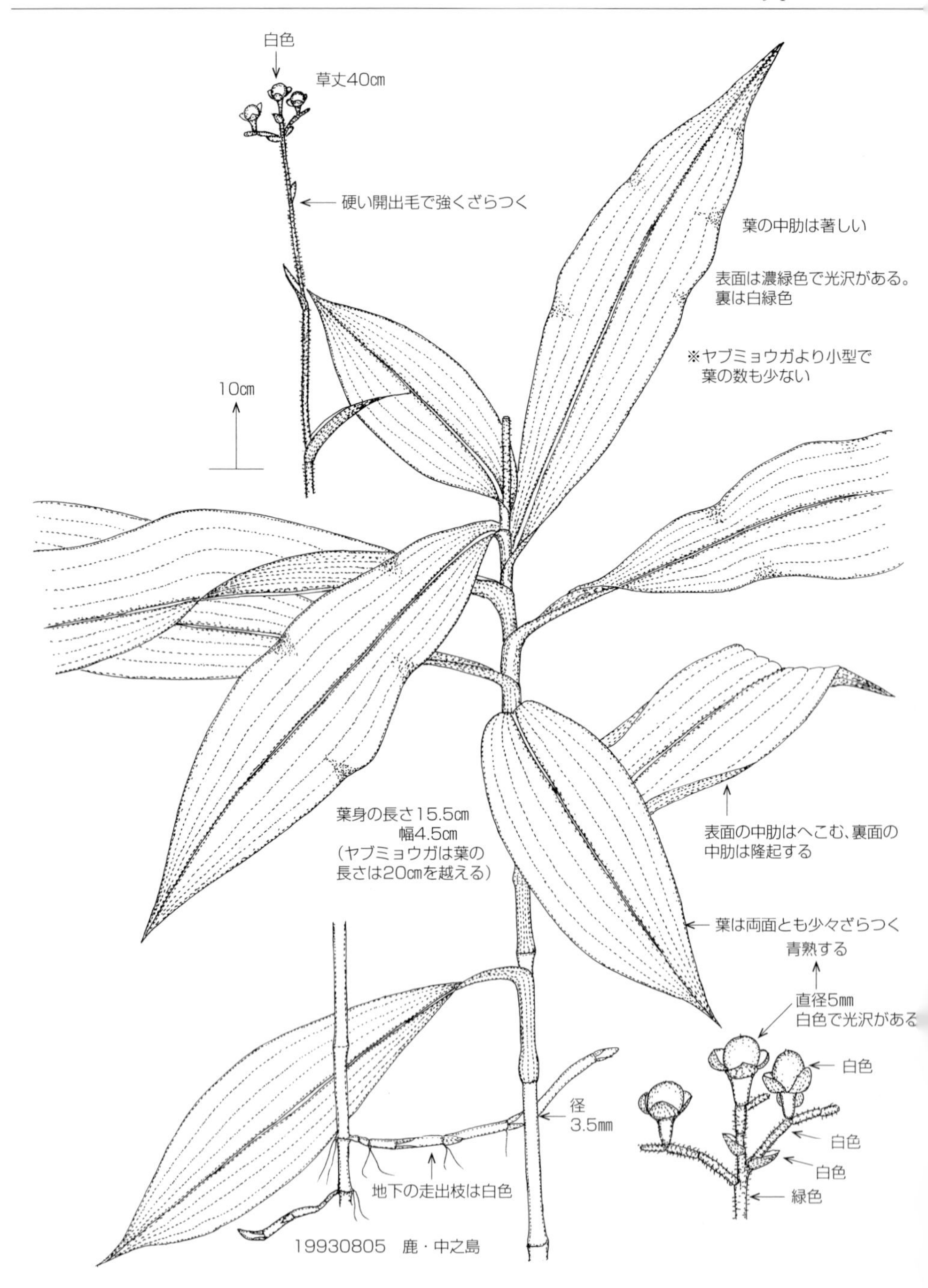

分布　九・目……熊（天草－牛深北限）鹿
　　　鹿・目……甑　向島　入来峠　開聞神社　屋　黒　吐　奄大

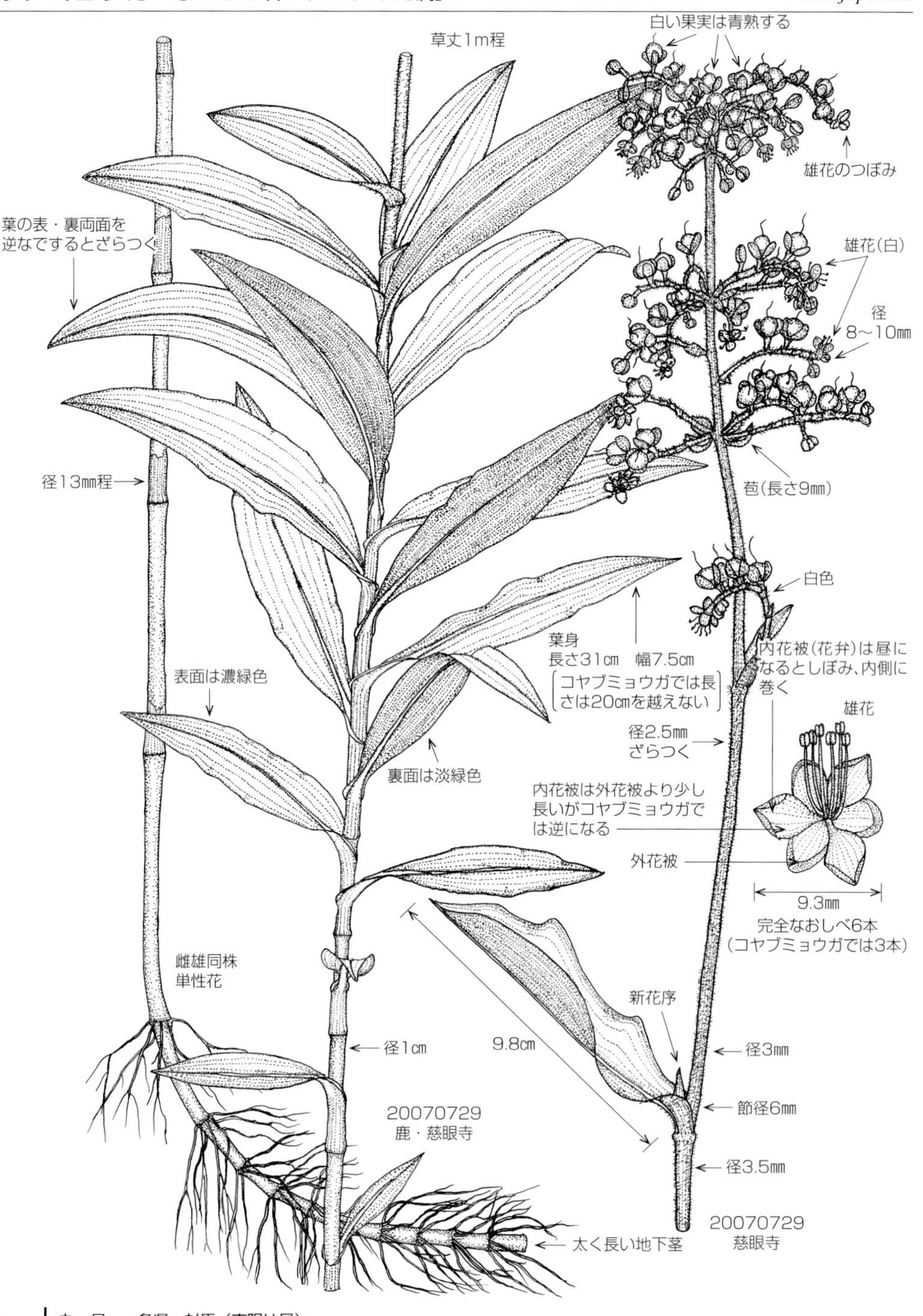

トキワツユクサ（ノハカタカラクサ）　[ツユクサ科　ムラサキツユクサ属]　*Tradescantia fluminensis*

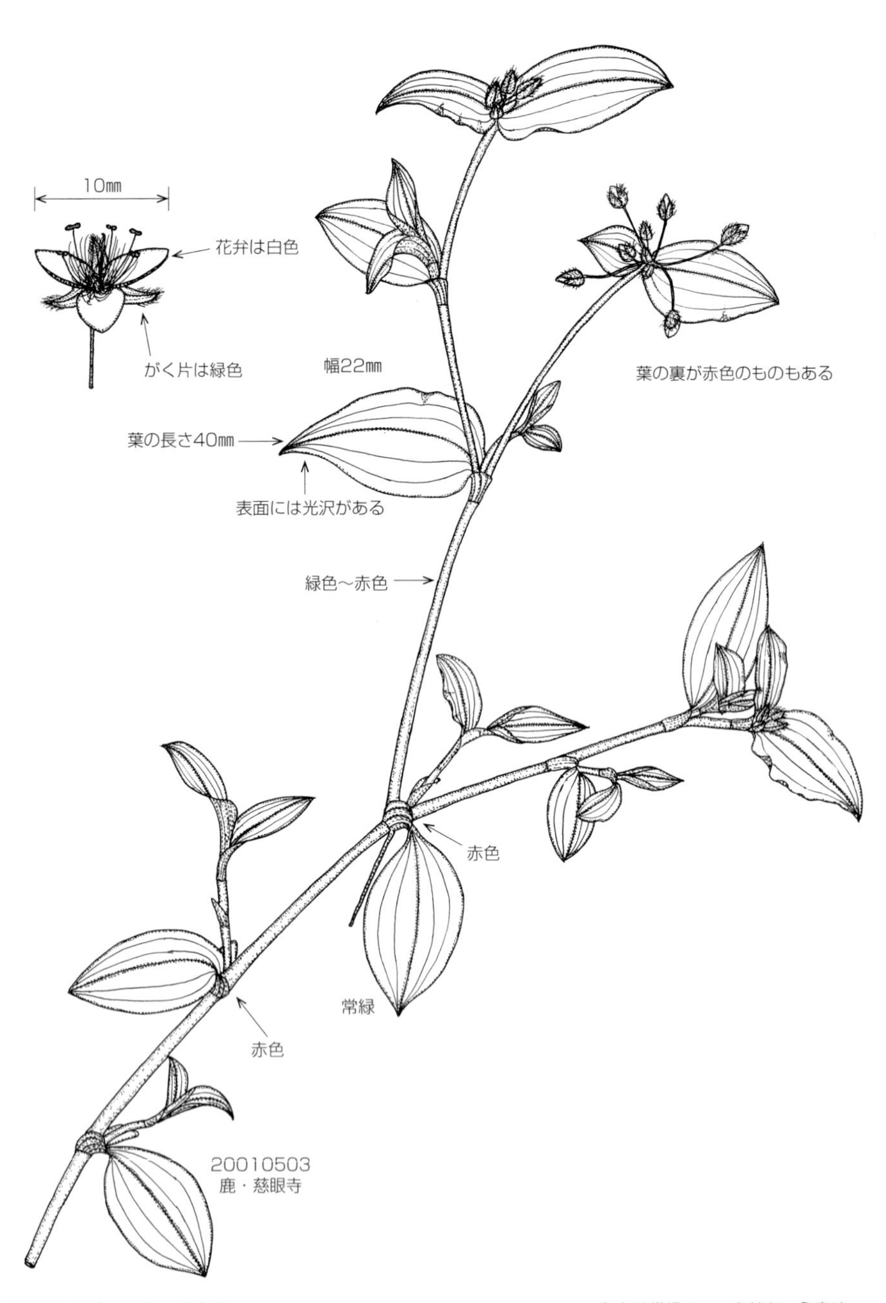

10mm
花弁は白色
がく片は緑色
幅22㎜
葉の長さ40㎜
表面には光沢がある
緑色〜赤色
葉の裏が赤色のものもある
赤色
常緑
赤色
20010503
鹿・慈眼寺

軟らかい茎葉－お浸し、和え物　　　　和名は常緑のツユクサという意味

分布　九・目……各県
　　　鹿・目……鹿　吹上　根占　南米原産

ホテイアオイ　[ミズアオイ科　ホテイアオイ属]　*Eichhornia crassipes*

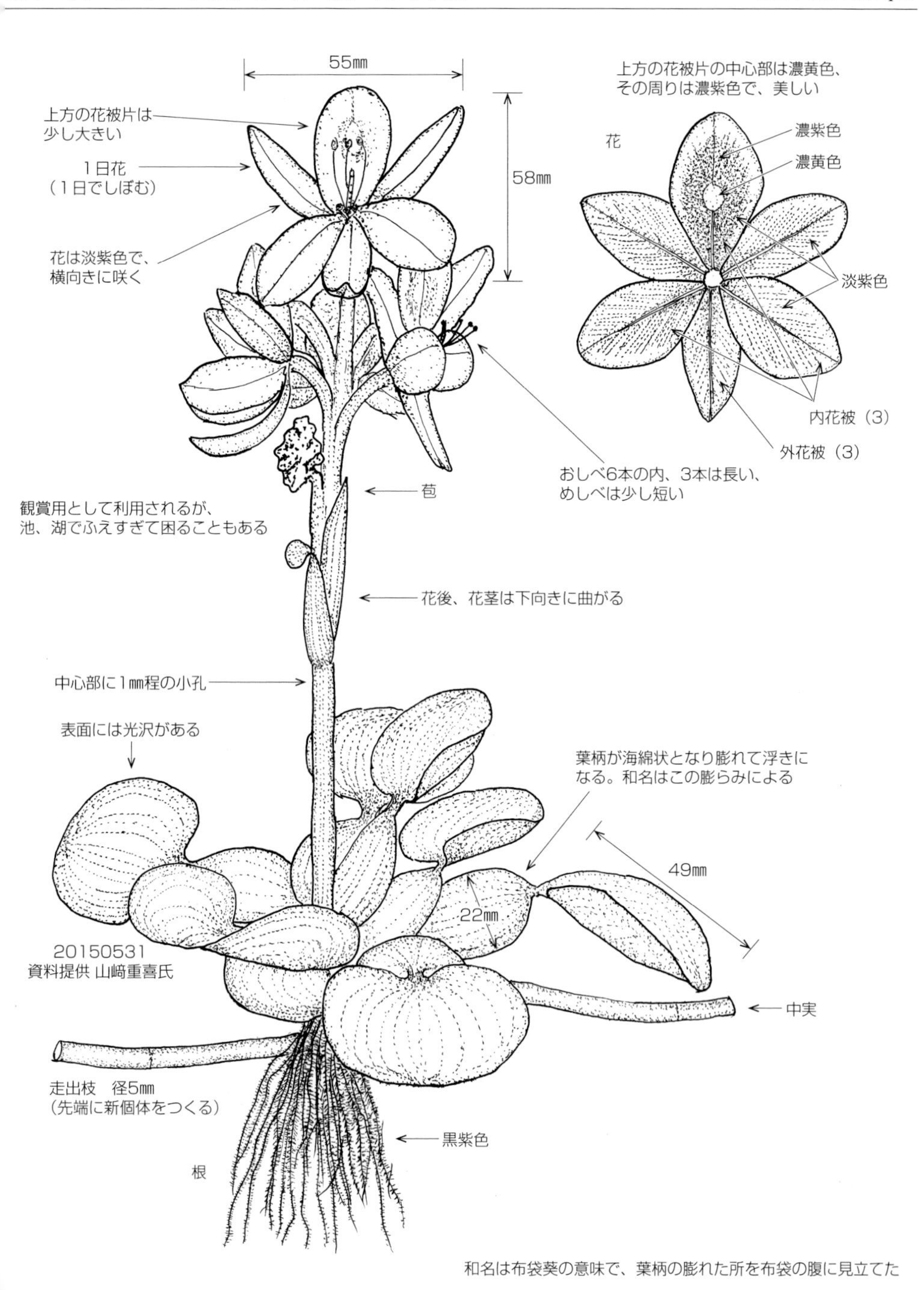

コナギ　[ミズアオイ科　ミズアオイ属]　*Monochoria vaginalis* var. *plantaginea*

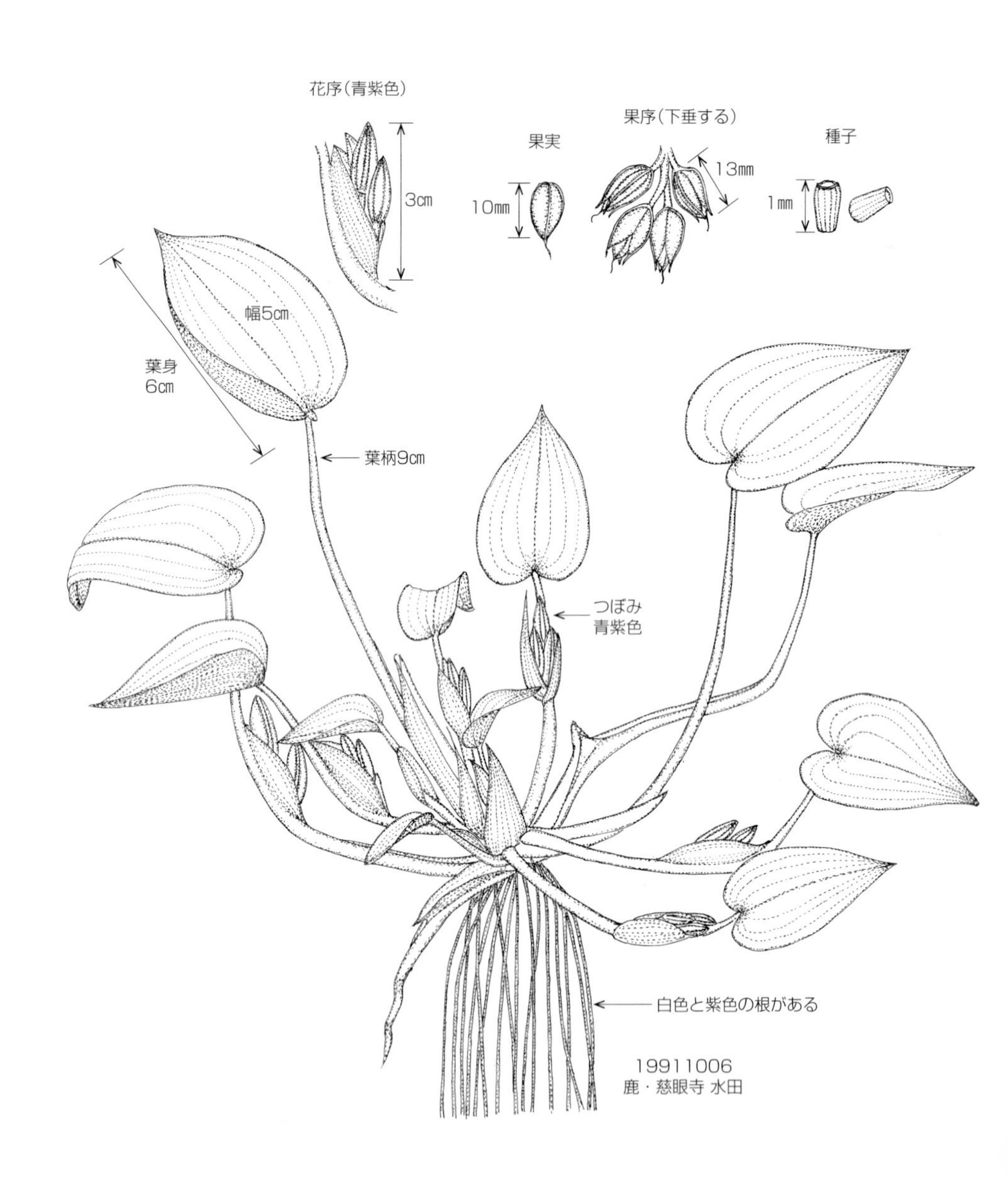

和名は小形のナギ(ミズアオイの古名)という意味
○若葉－お浸し　和え物

分布　九・目……各県（南は奄群）
　　　鹿・目……各地

タヌキアヤメ　[タヌキアヤメ科　タヌキアヤメ属]　　*Philydrum lanuginosum*

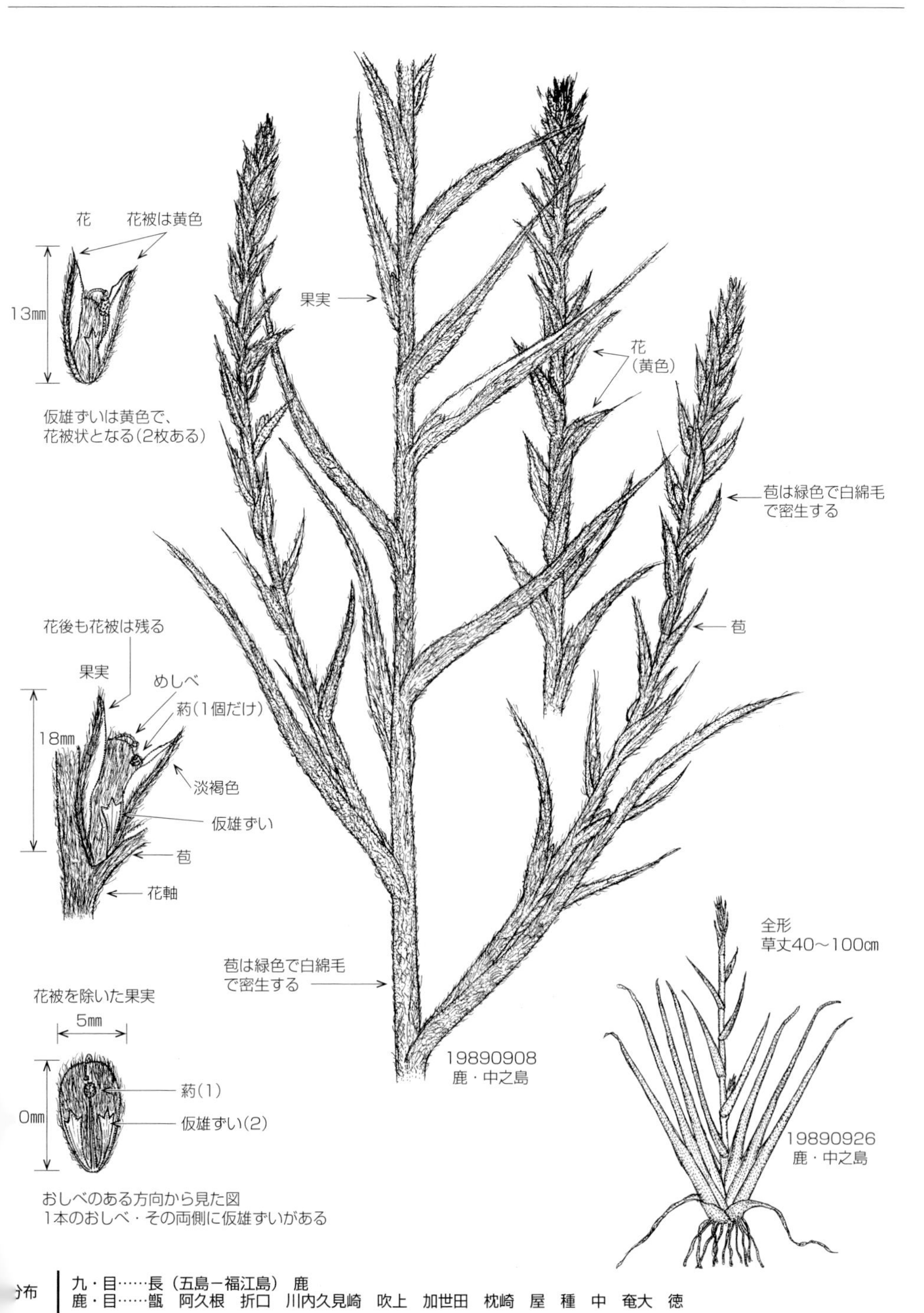

アオノクマタケラン　[ショウガ科　ハナミョウガ属]　*Alpinia intermedia*

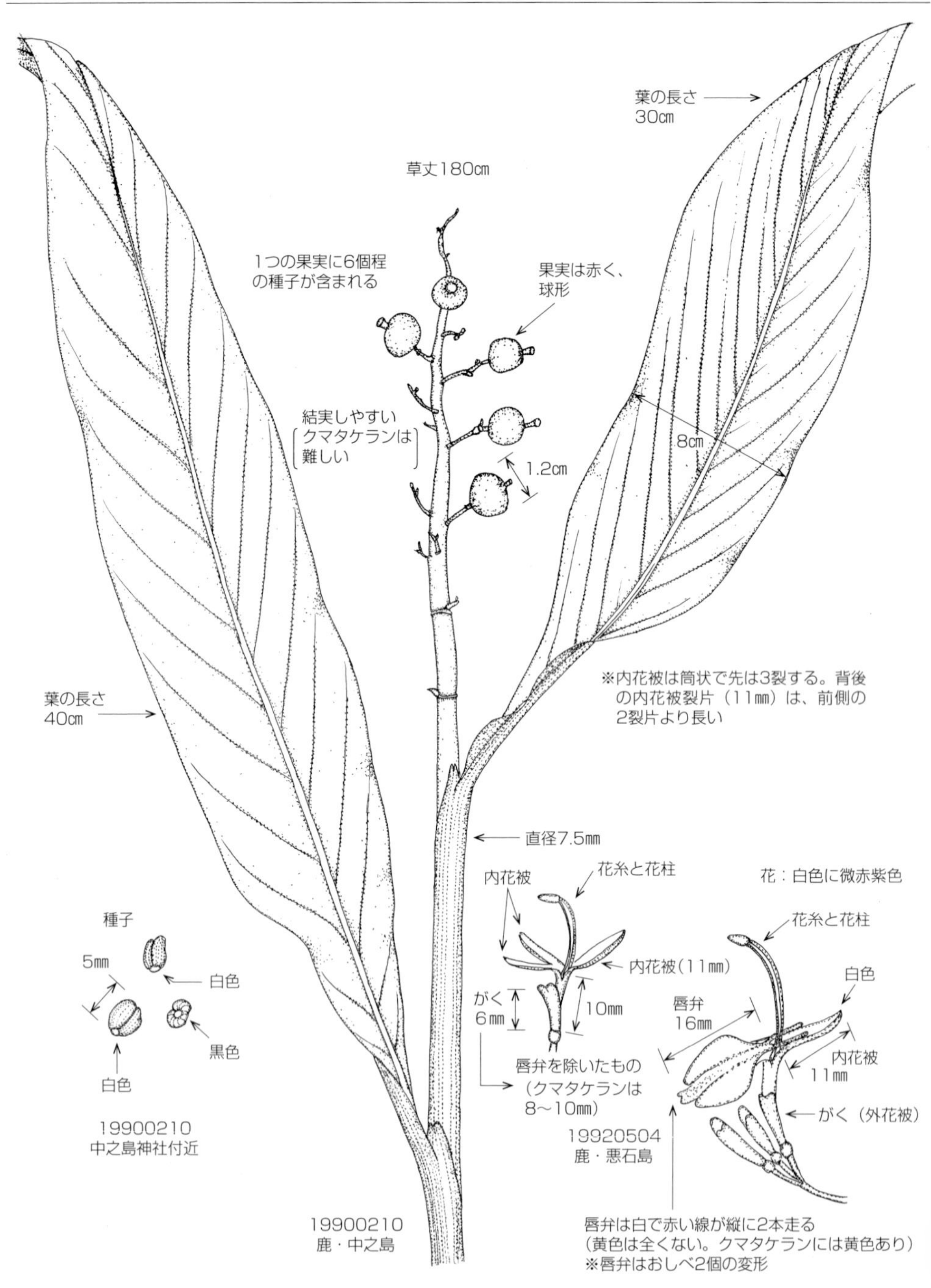

キフゲットウ　[ショウガ科　ハナミョウガ属]　　*Alpinia zerumbet*

(ゲットウの品種)

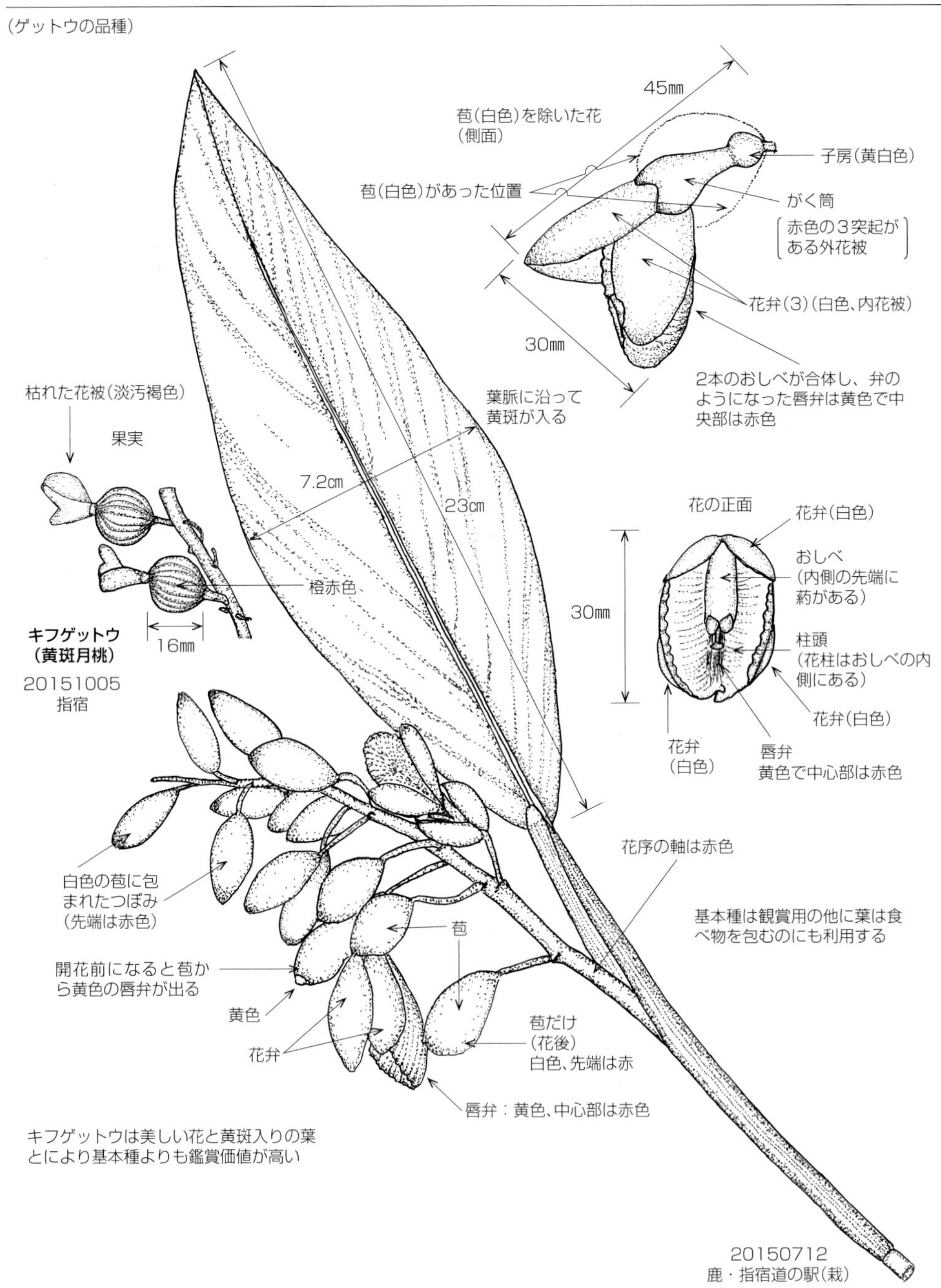

和名は黄斑月桃に由来する
※基本種ゲットウの分布

分布 ｜ 九・目……鹿　熱帯亜原産　栽培または逸出
　　　｜ 鹿・目……佐多（大泊）種　屋　奄群

クマタケラン　[ショウガ科　ハナミョウガ属]　*Alpinia formosana*

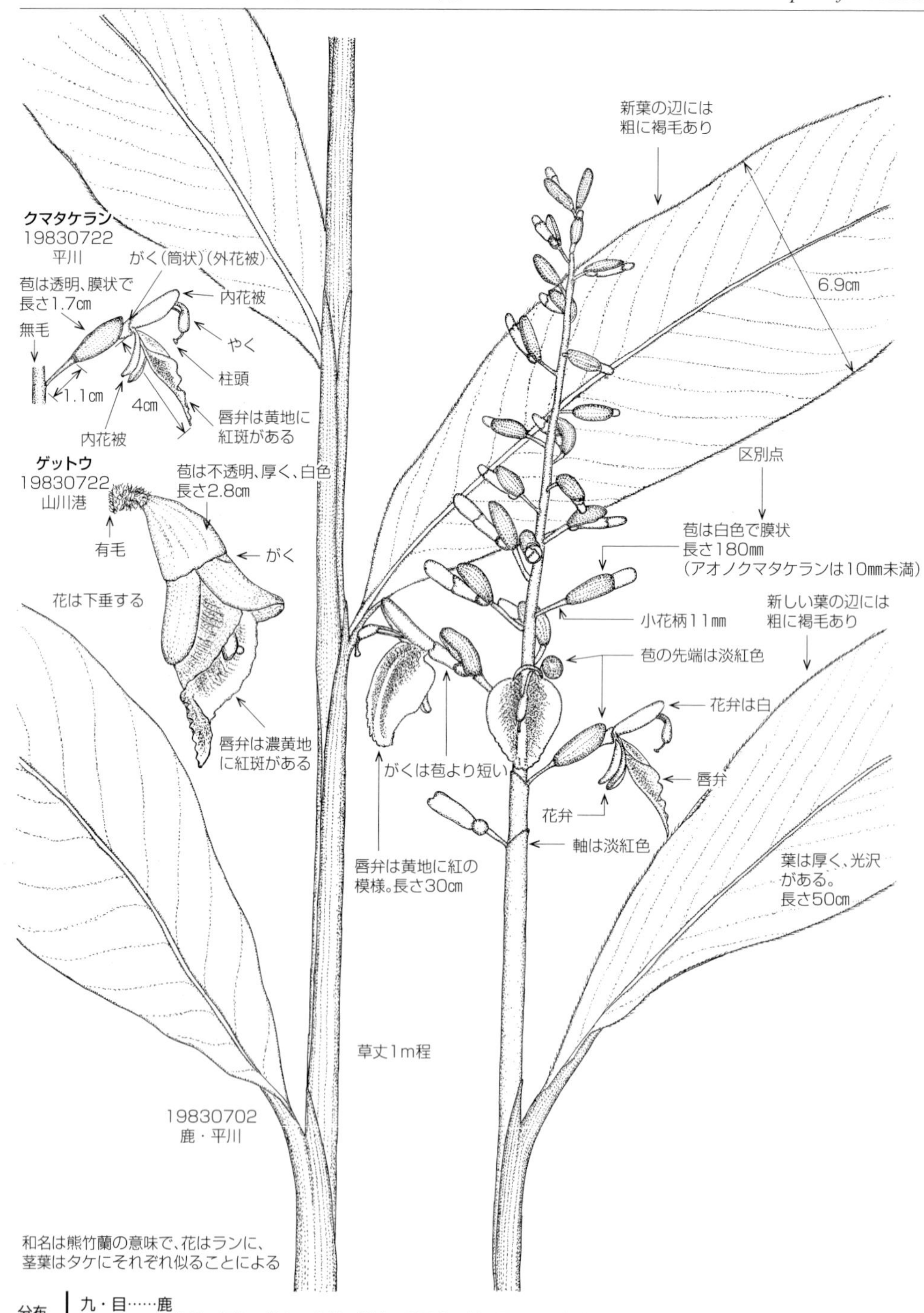

ハナミョウガ　[ショウガ科　ハナミョウガ属]　*Alpinia japonica*

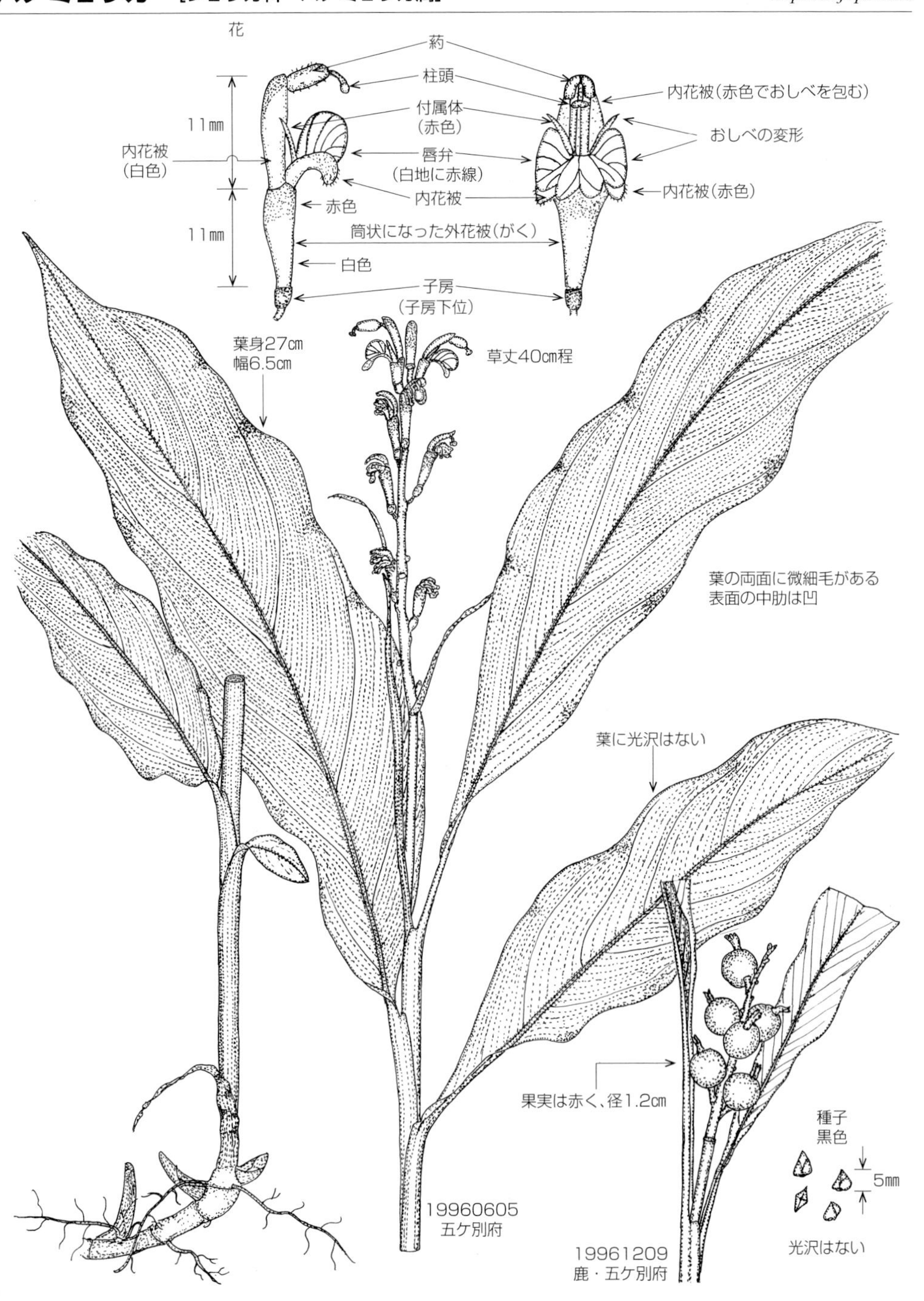

ミョウガ　[ショウガ科　ショウガ属]　　*Zingiber mioga*

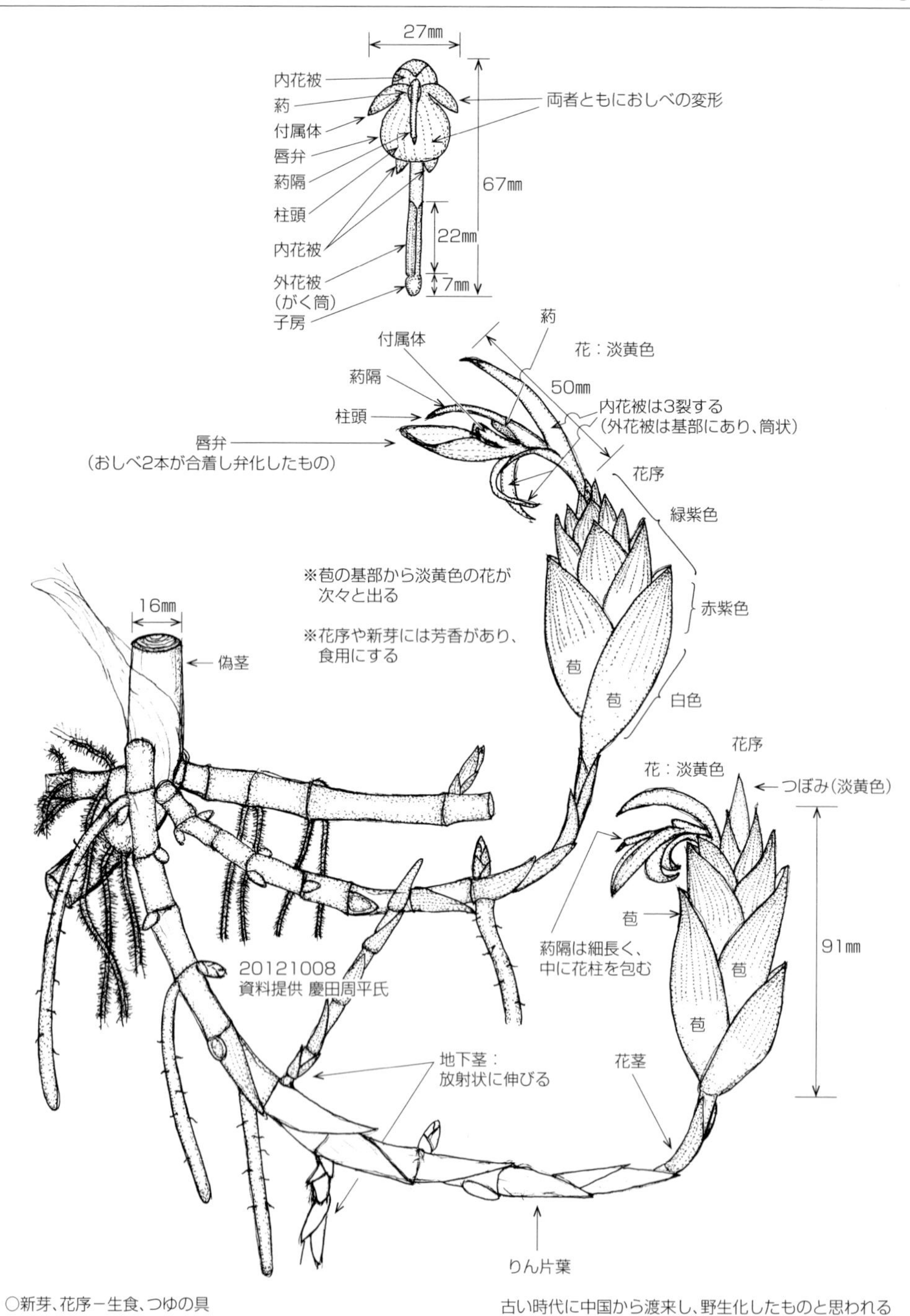

○新芽、花序 – 生食、つゆの具

古い時代に中国から渡来し、野生化したものと思われる

分布　九・目……各県（南は屋　種　中）
　　　鹿・目……甑　県本土　屋　種　中（栽？）　中国原産

ダンドク [カンナ科　ダンドク属]　　　*Canna indica*

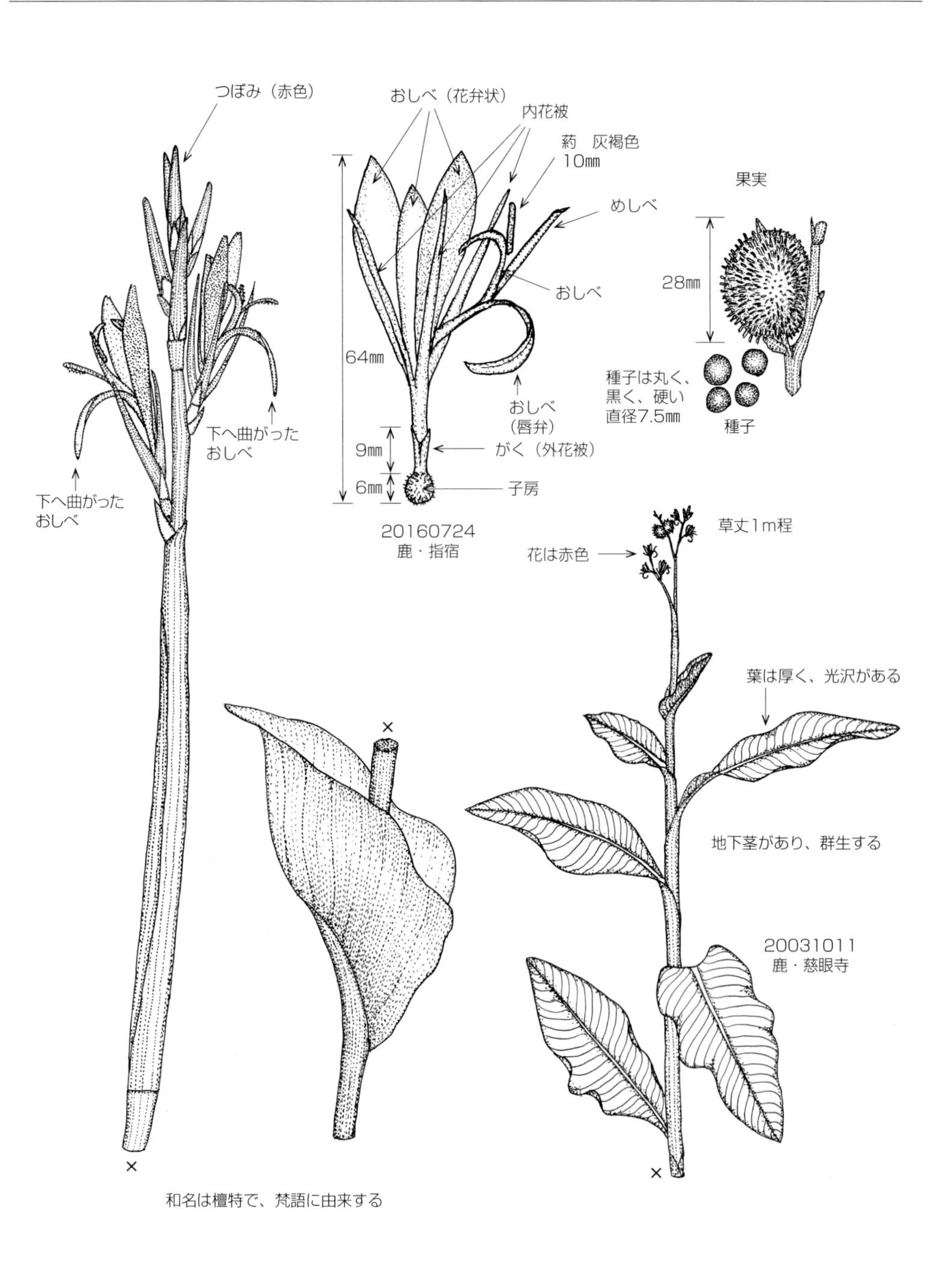

分布　九・目……各県　栽培または逸出　インド〜マレーシア原産
　　　鹿・目……各地　熱帯米原産

アケビ [アケビ科　アケビ属]　　Akebia quinata

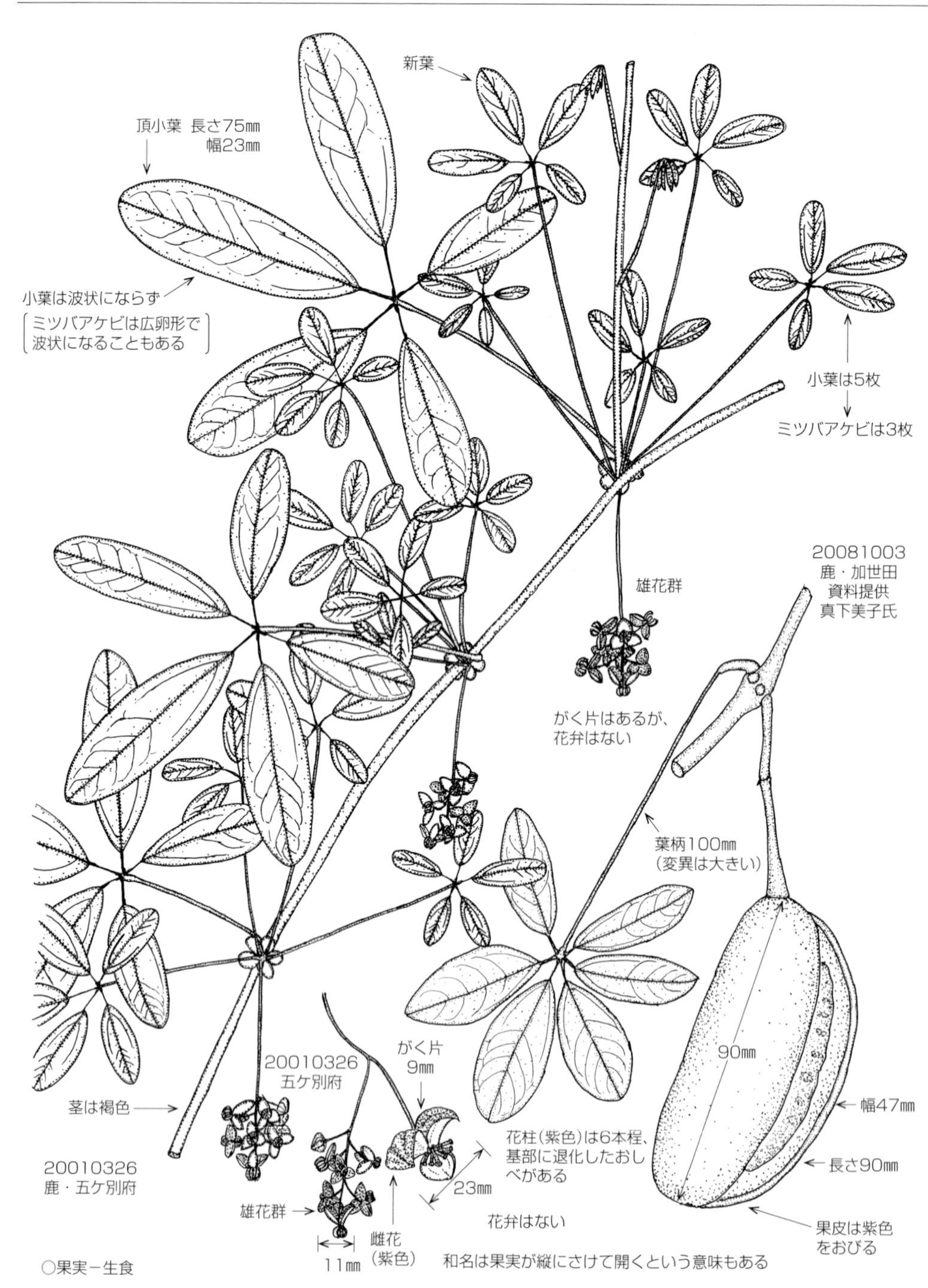

ゴヨウアケビ　[アケビ科　アケビ属]　　　　　　　　　　　　　　　　　　　　　　　　　　　　　　　　　Akebia × pentaphylla
（アケビ×ミツバアケビ）

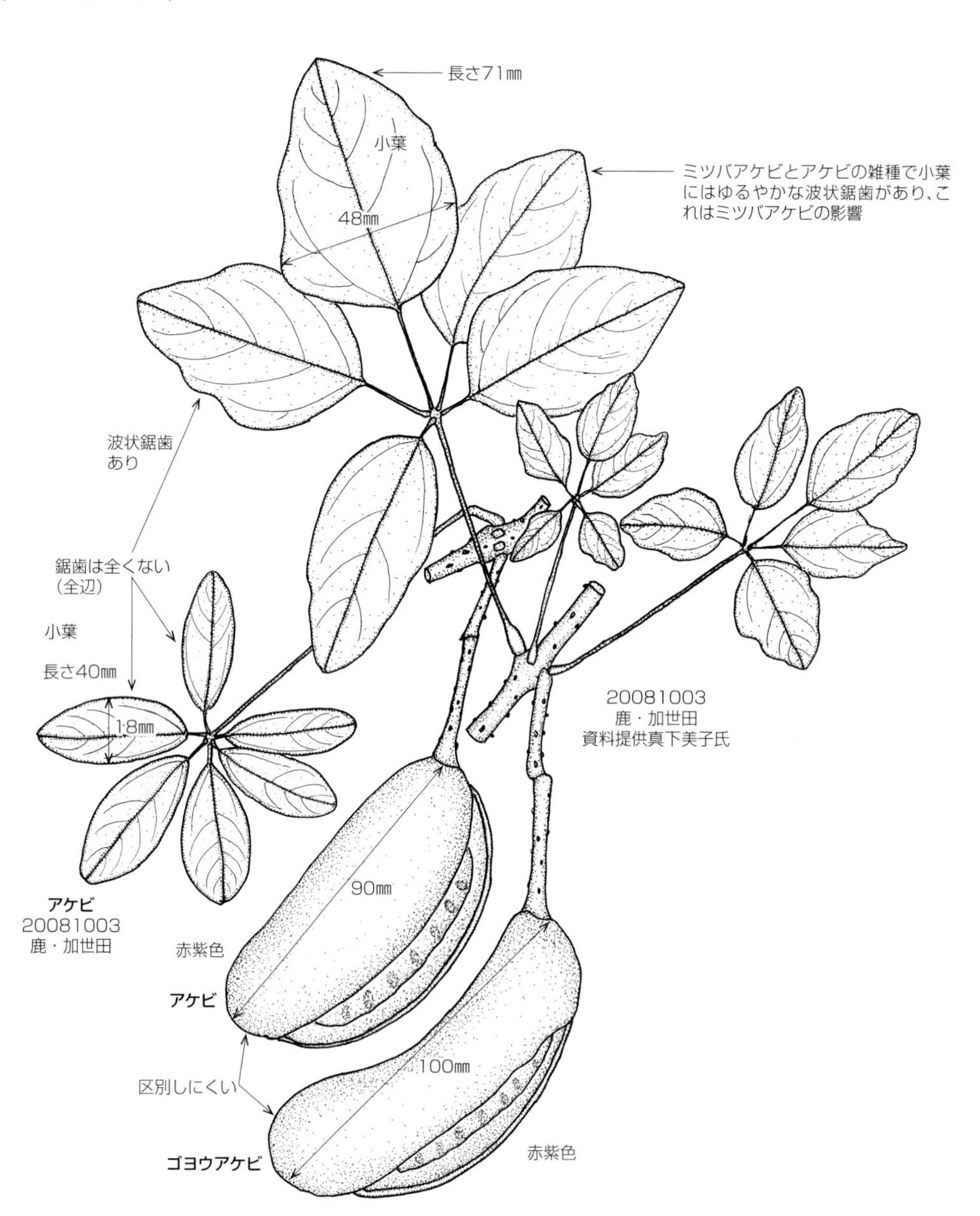

○果実－生食

分布　九・目……各県（南限は鹿の坊津）
　　　鹿・目……甑　県本土（南は開聞岳　根占？）

ミツバアケビ [アケビ科 アケビ属] *Akebia trifoliata*

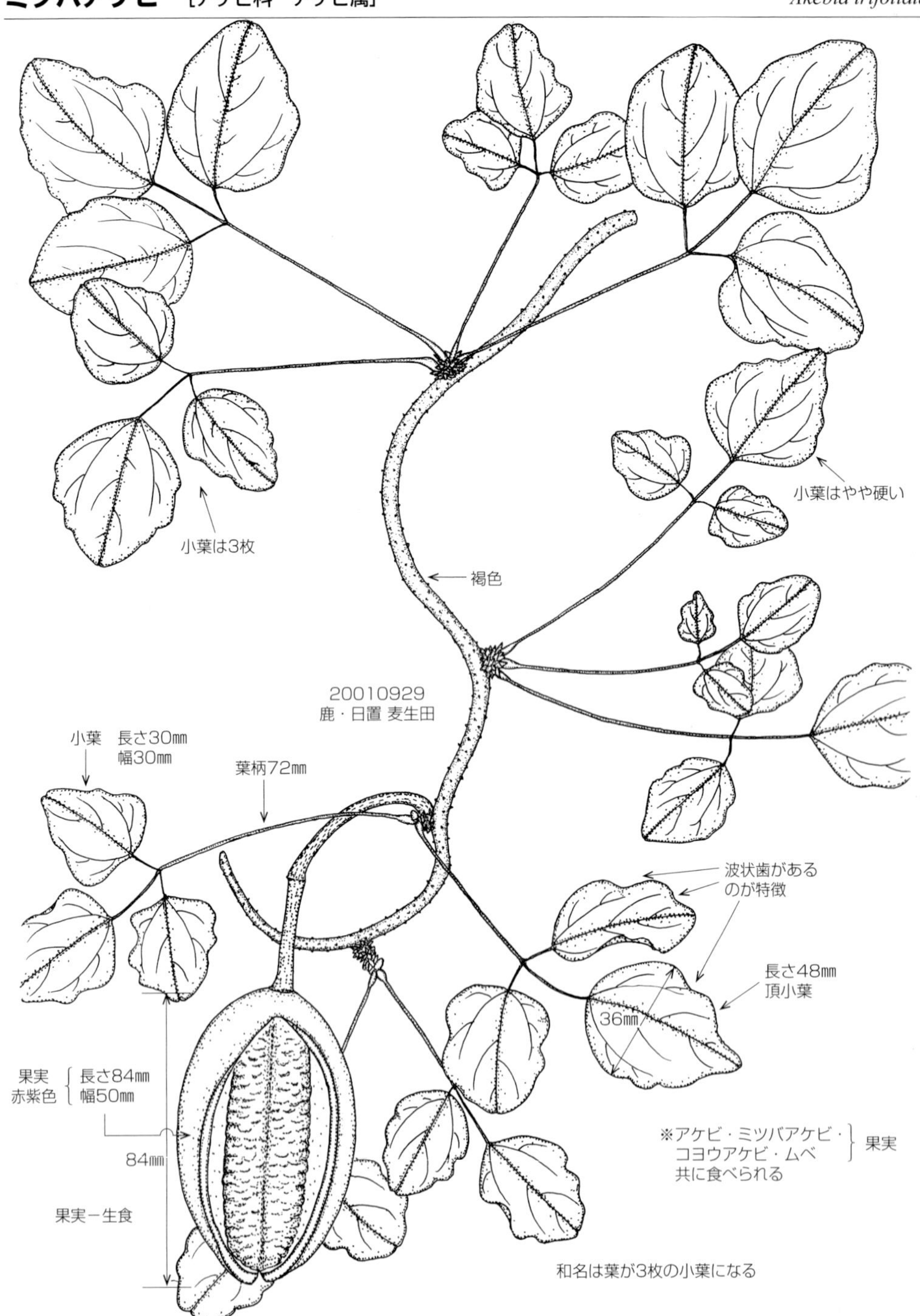

ムベ　[アケビ科　ムベ属]　　*Stauntonia hexaphylla*

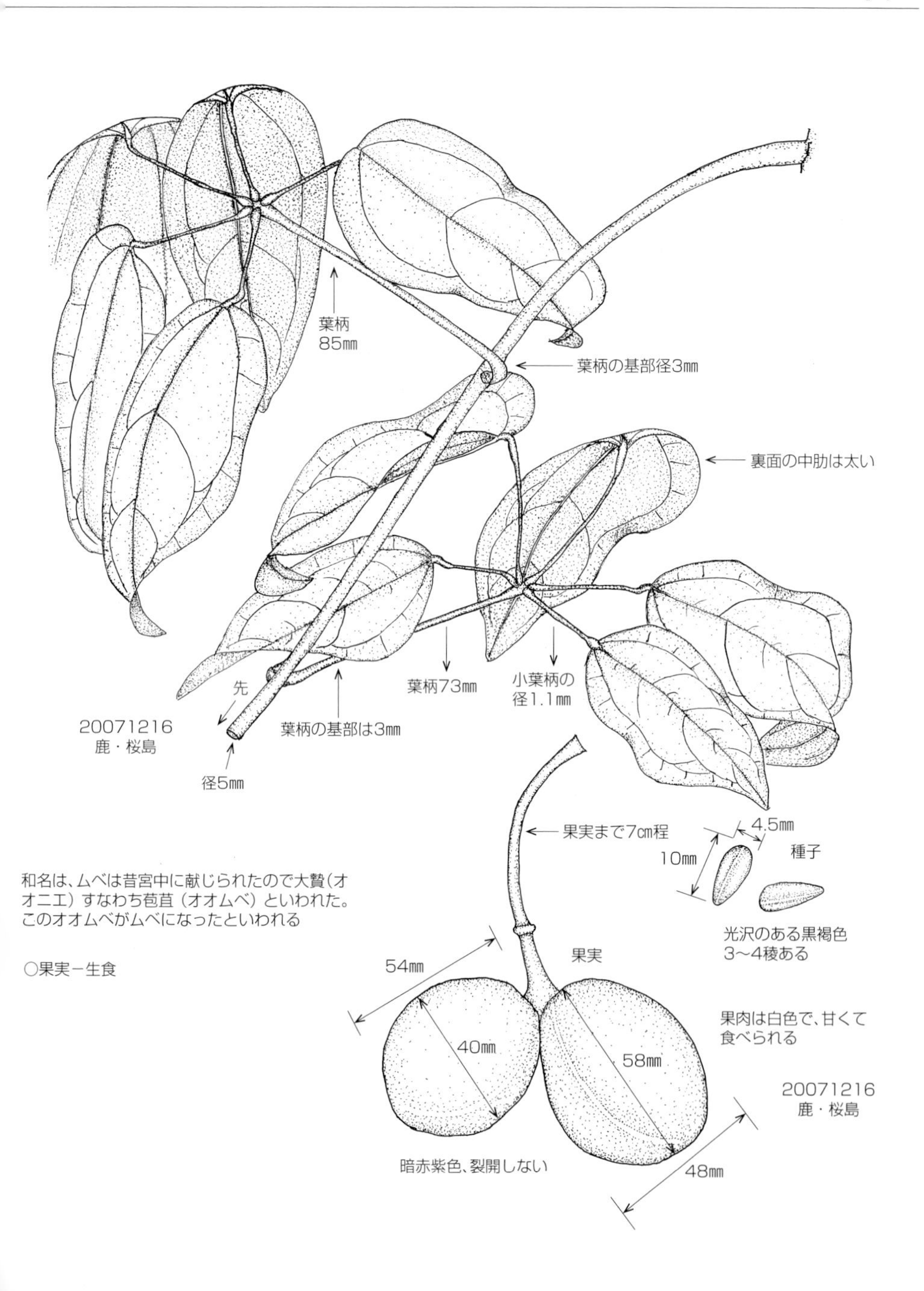

オオツヅラフジ（ツヅラフジ） [ツヅラフジ科　ツヅラフジ属]　　*Sinomenium acutum*

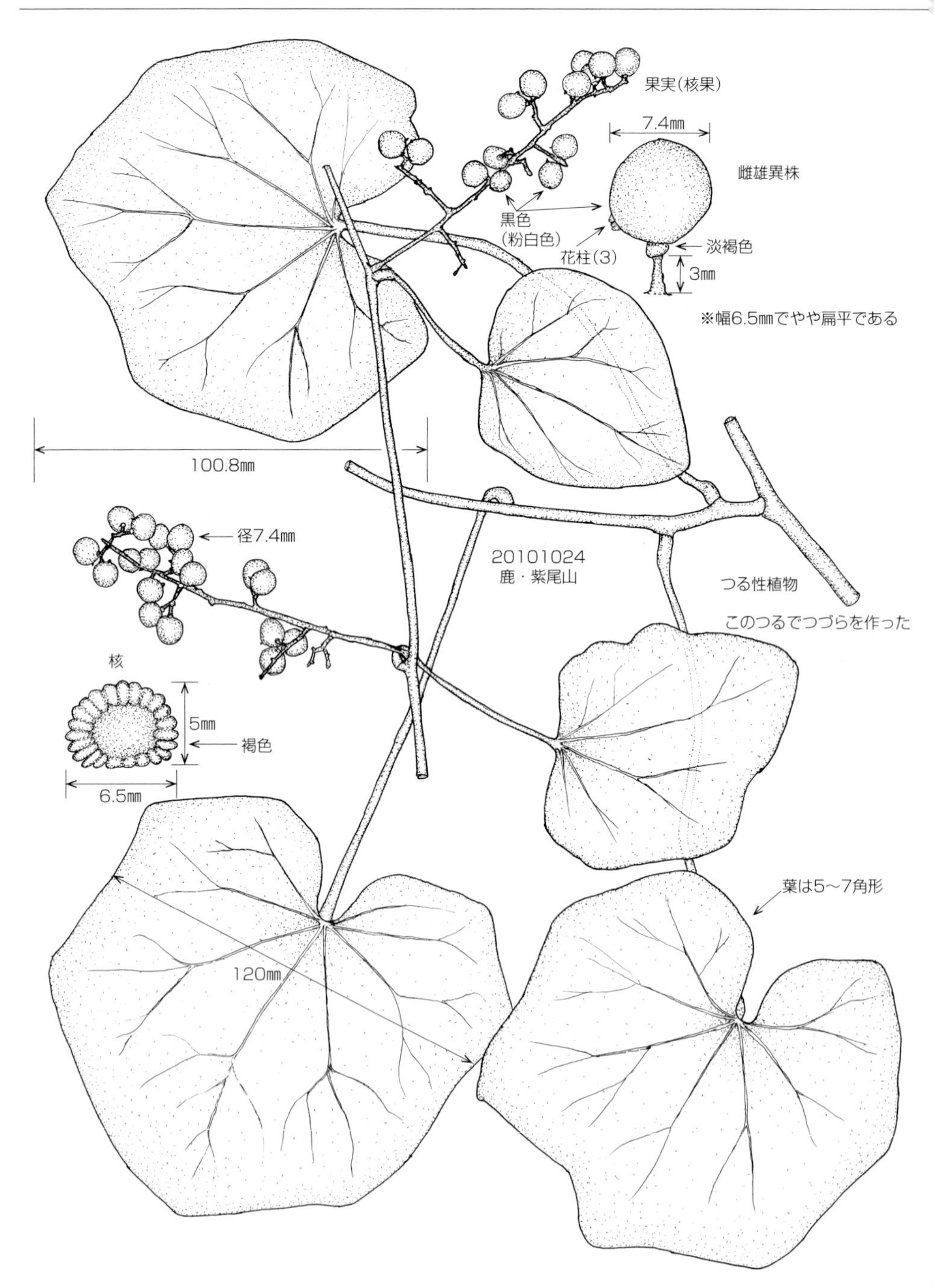

分布　九・目……各県（南は喜）
　　　鹿・目……甑　向島　県本土各地　屋　種　喜

ハスノハカズラ　［ツヅラフジ科　ハスノハカズラ属］　*Stephania japonica*

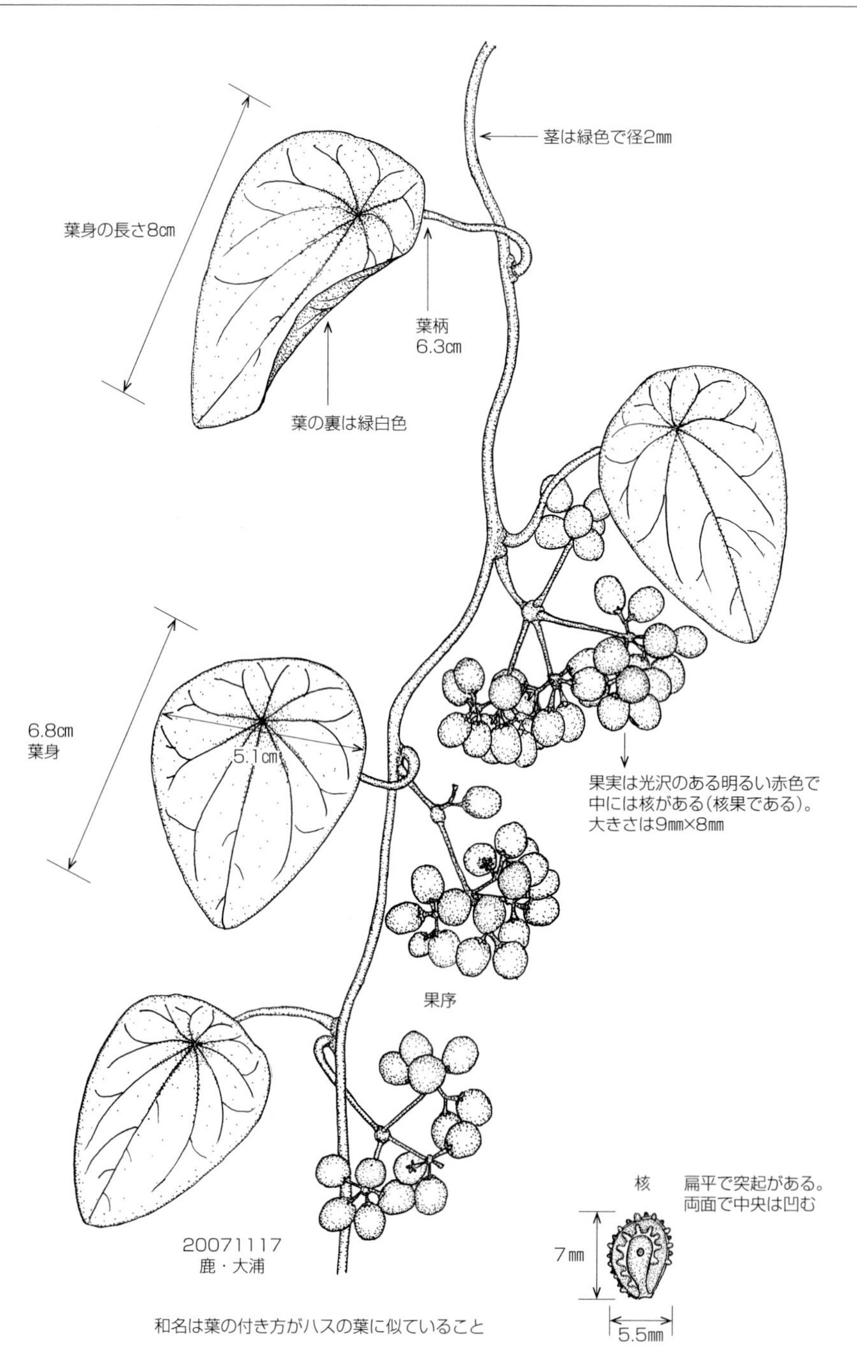

和名は葉の付き方がハスの葉に似ていること

分布
九・目……各県（南は奄群　奄群以南にはケハスノハカズラとの中間型が見られる）
鹿・目……甑　宇治　県本土各地　屋　種　吐　奄群

ヒイラギナンテン ［メギ科　メギ属］　　*Berberis japonica*

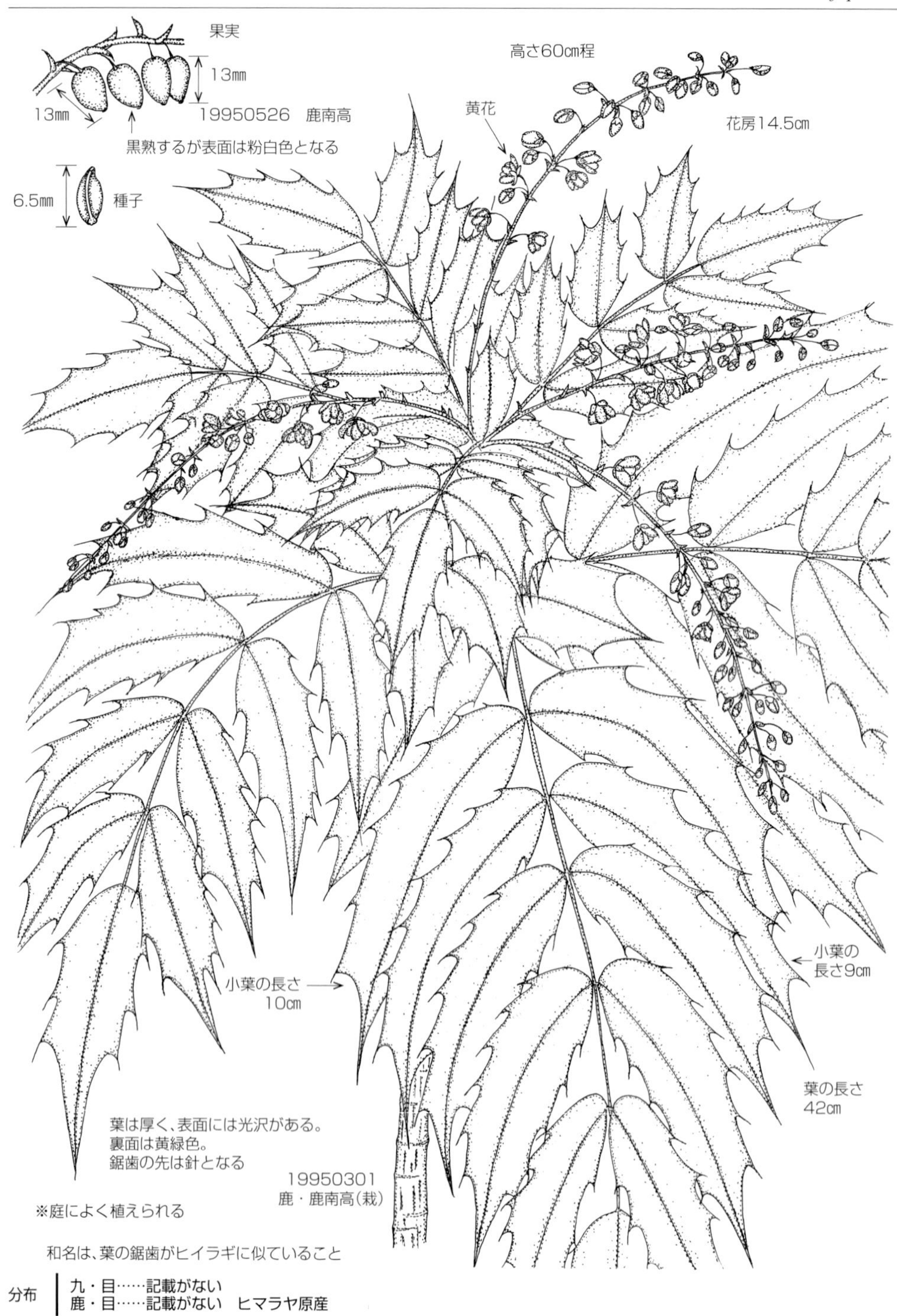

バイカイカリソウ [メギ科 イカリソウ属] *Epimedium diphyllum*
シオミイカリソウ *Epimedium trifoliatobinatum*

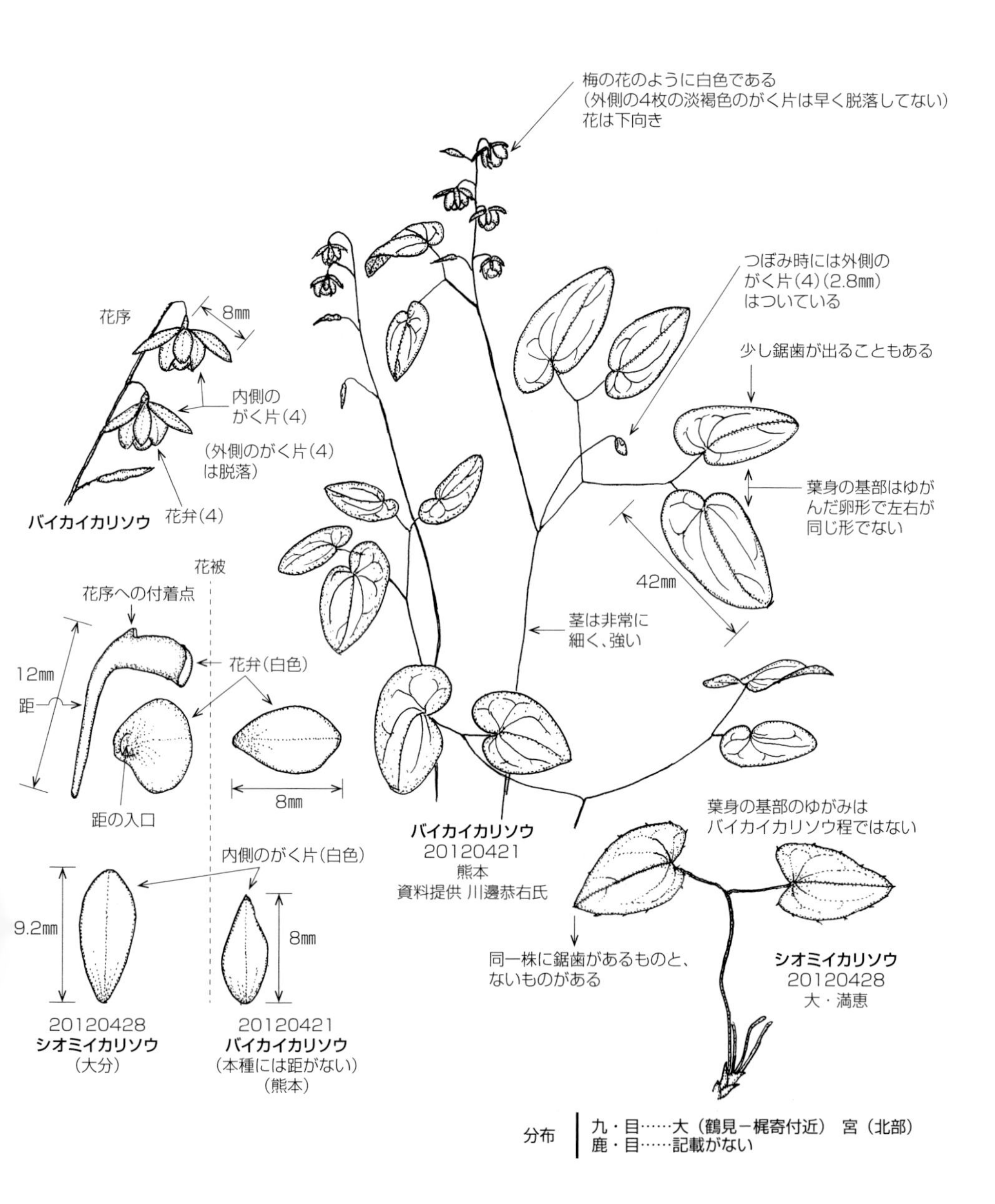

和名は花が梅花に似るイカリソウという意味　　※イカリソウは花の形が船のイカリに似ていることに由来する

分布 ｜ 九・目……各県（南は鹿の大口－肱曲　喜入　知覧－松山）宮（鰐塚山　東の南限）
　　 ｜ 鹿・目……知覧（松山　永里の横井場牧神岡頂上）肱曲（大口市郊外）

ナンテン [メギ科　ナンテン属]   *Nandina domestica*

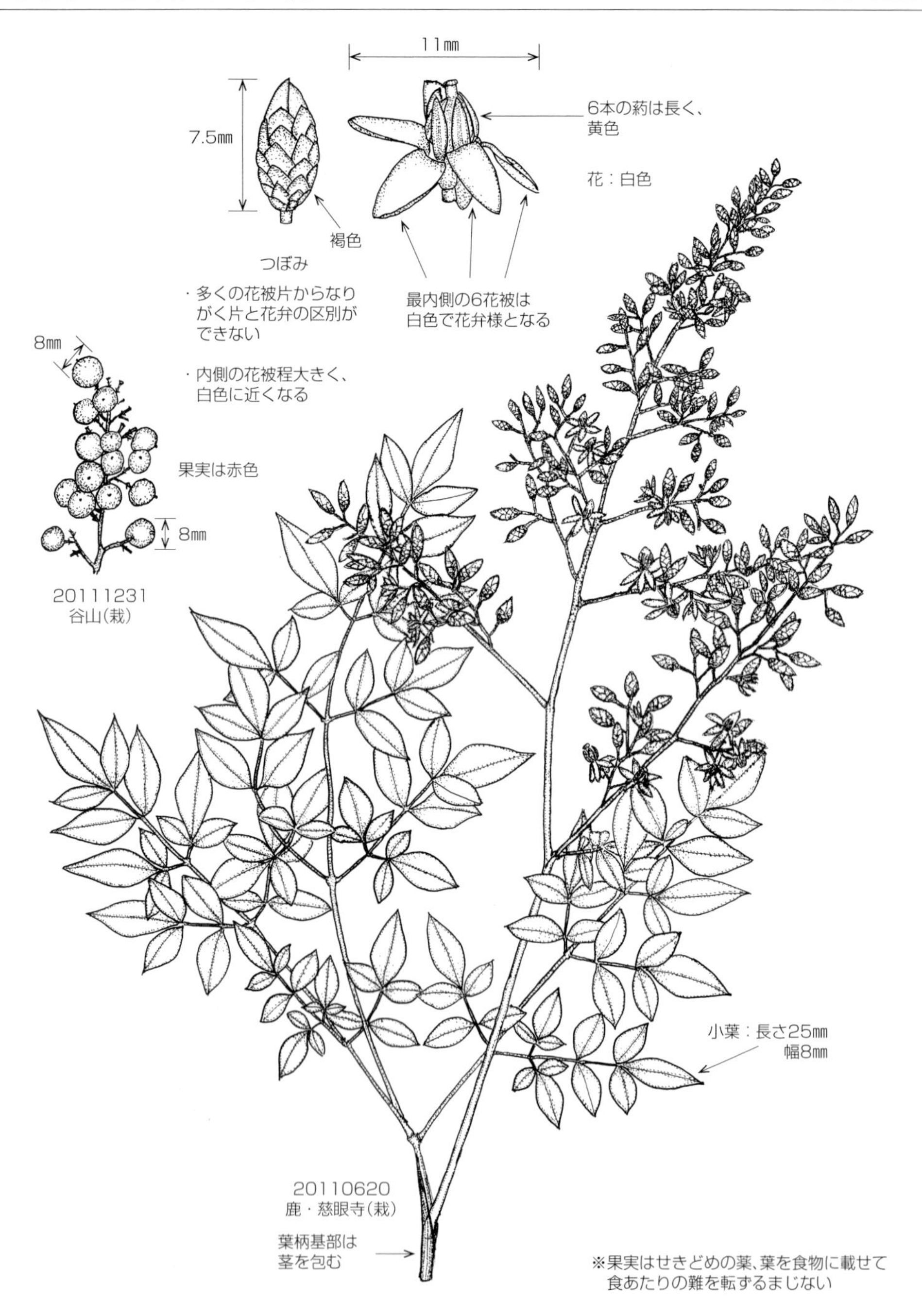

11mm
7.5mm
6本の葯は長く、黄色
花：白色
褐色
つぼみ
・多くの花被片からなりがく片と花弁の区別ができない
最内側の6花被は白色で花弁様となる
・内側の花被程大きく、白色に近くなる
果実は赤色
8mm
8mm
20111231
谷山(栽)
小葉：長さ25mm　幅8mm
20110620
鹿・慈眼寺(栽)
葉柄基部は茎を包む
※果実はせきどめの薬、葉を食物に載せて食あたりの難を転ずるまじない

分布
九・目……各県（南限は鹿の川辺－熊ヶ岳　大隅－大鳥峡）
鹿・目……吉松　鶴田大保　重富　新川渓谷　加治木（蔵王山）　大鳥峡　冠岳　上伊集院

コバノボタンヅル　[キンポウゲ科　センニンソウ属]　*Clematis pierotii*
タカネハンショウヅル　*Clematis lasiandra*

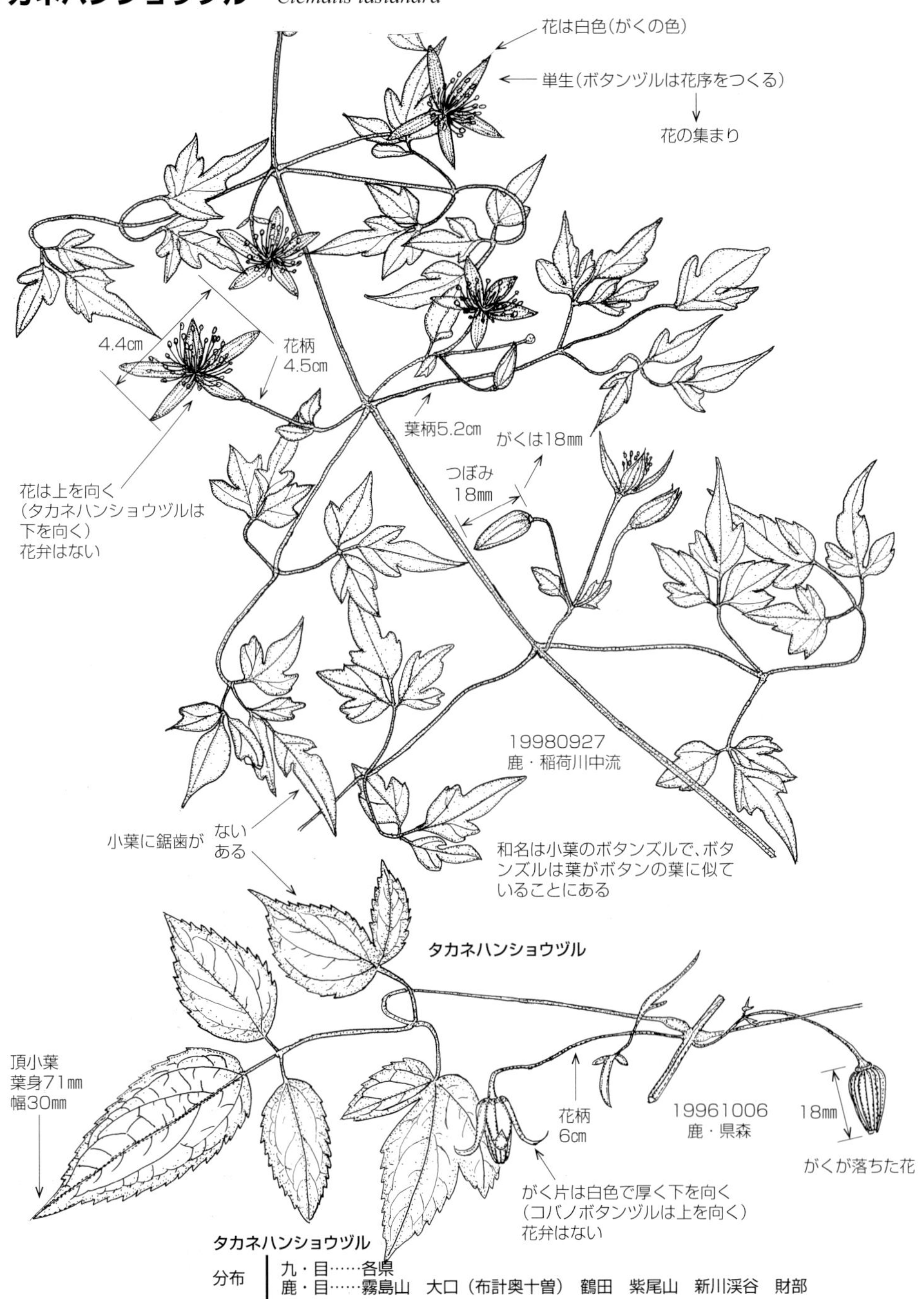

センニンソウ ［キンポウゲ科　センニンソウ属］　*Clematis terniflora*

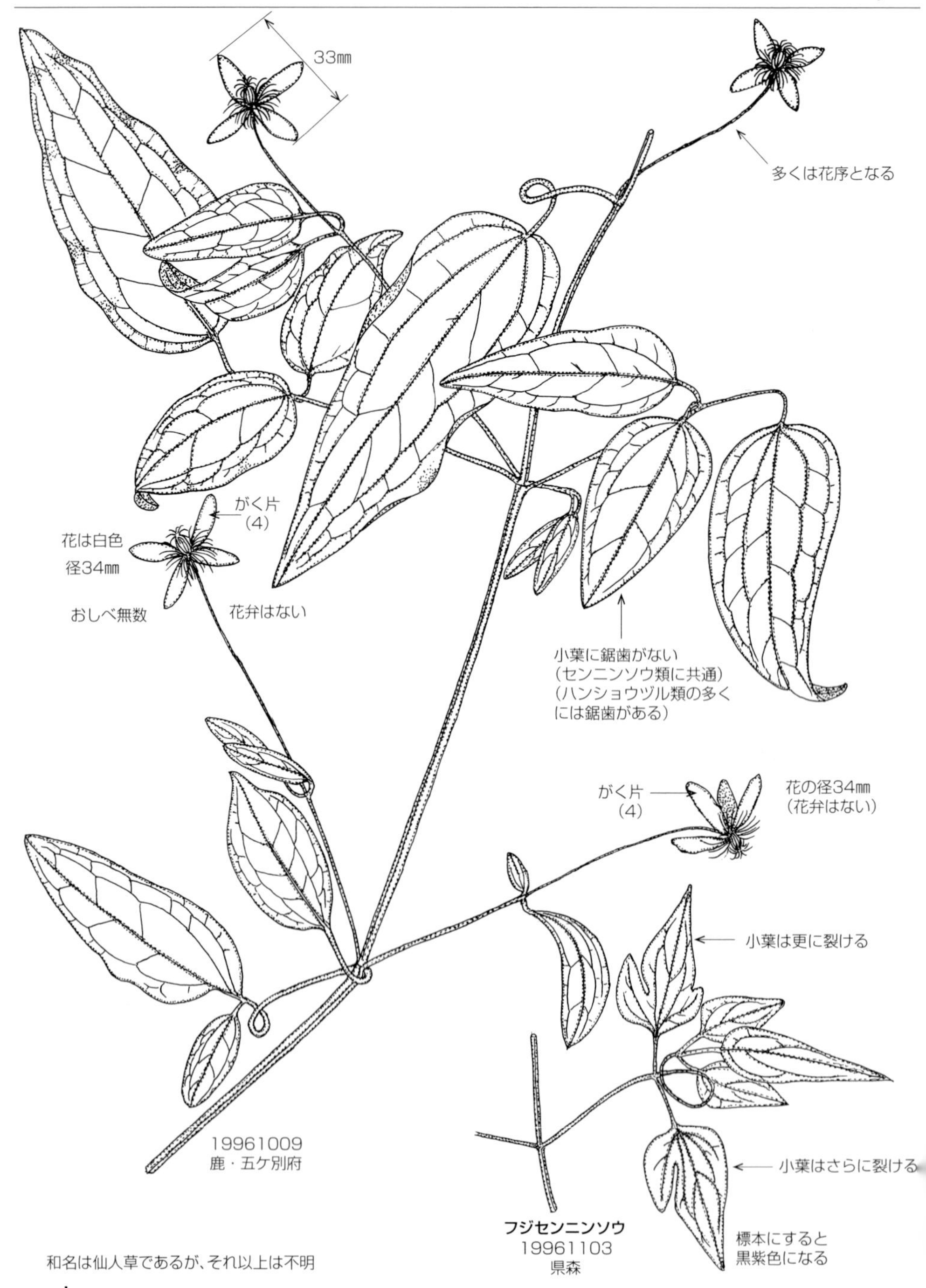

476

フジセンニンソウ　[キンポウゲ科　センニンソウ属]　　*Clematis fujisanensis*

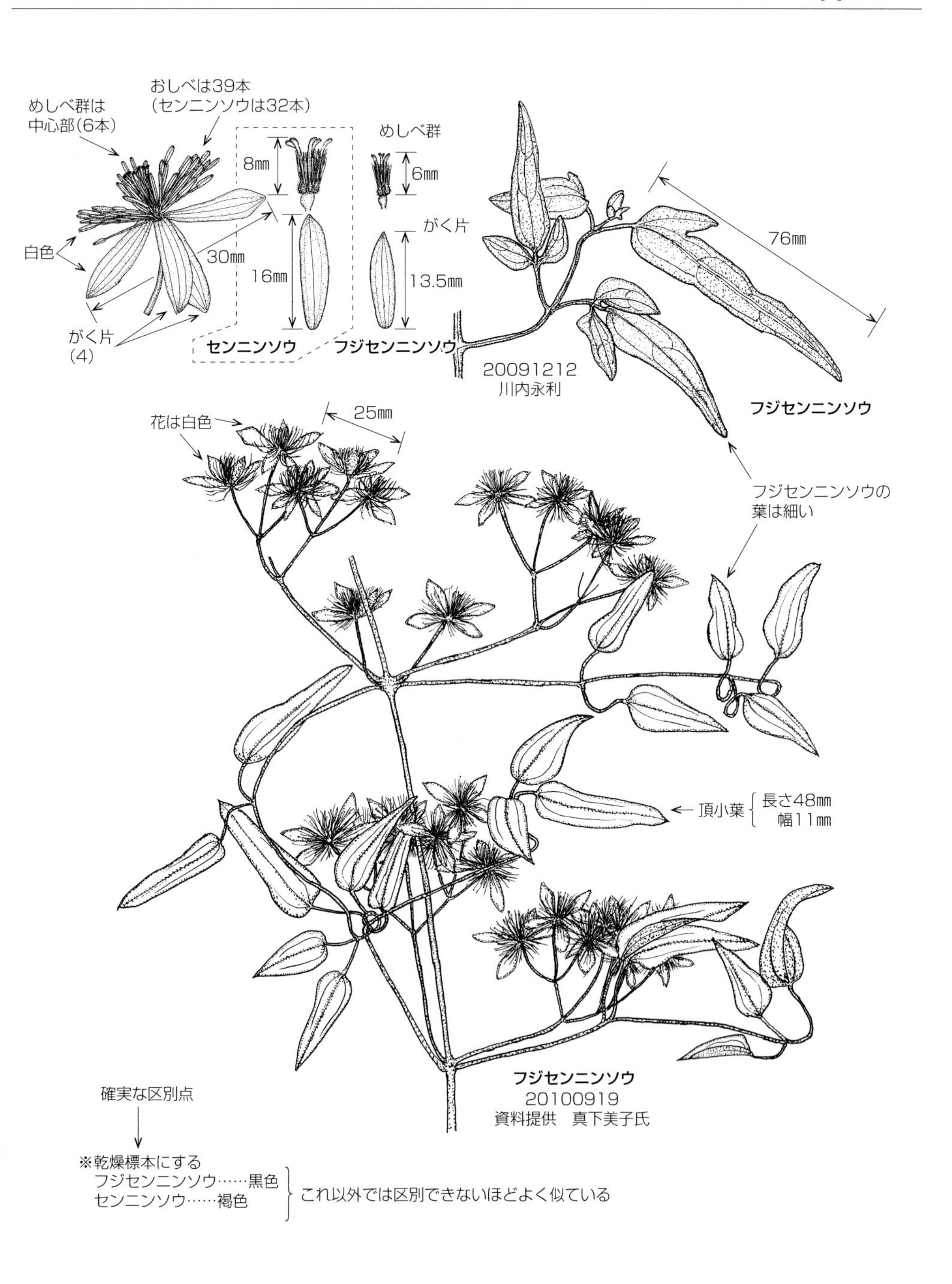

ヤンバルセンニンソウ　[キンポウゲ科　センニンソウ属]　*Clematis meyeniana*

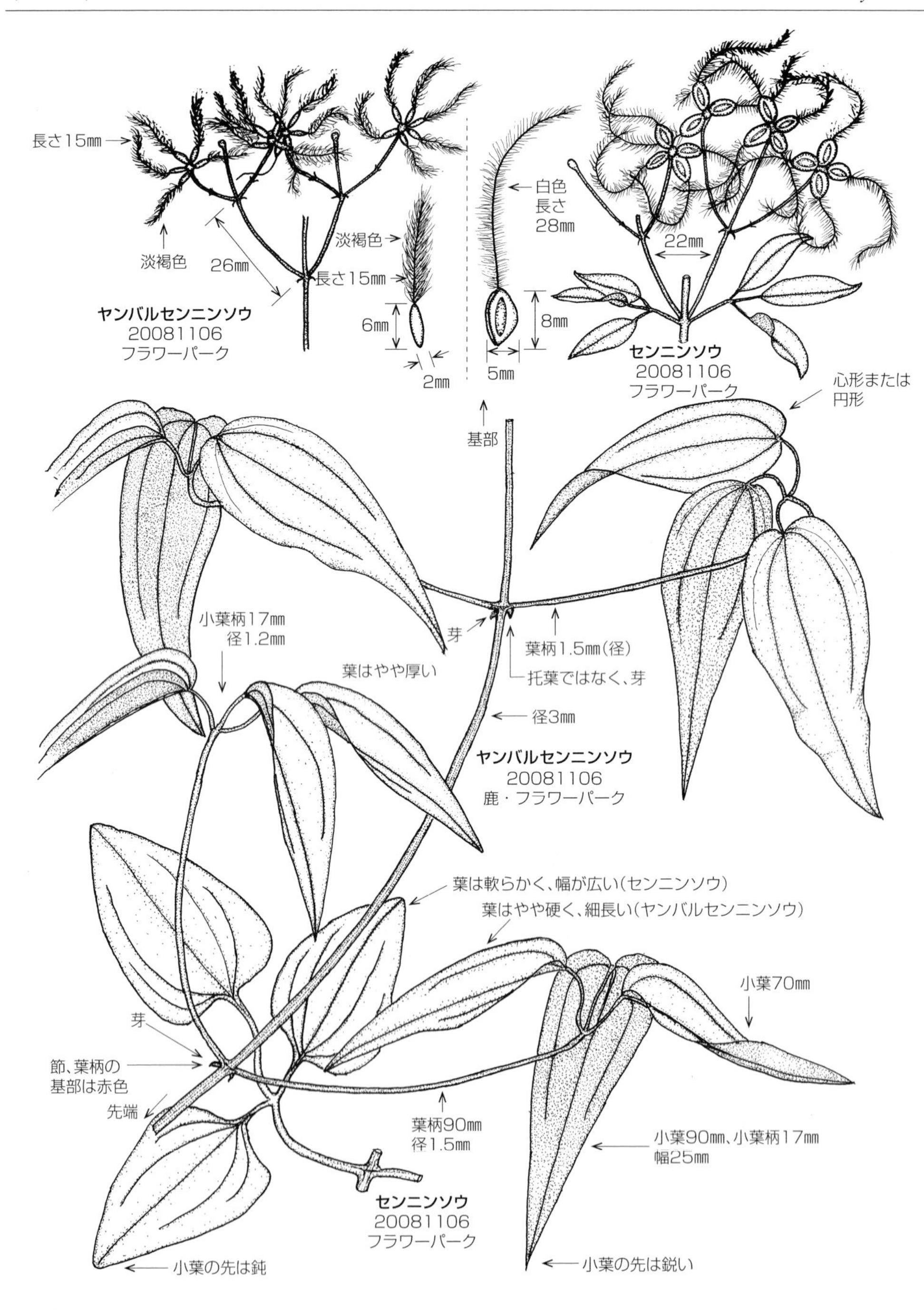

分布　九・目……鹿のみ
　　　鹿・目……種 屋 吐 奄大 徳

オキナグサ　[キンポウゲ科　オキナグサ属]　　*Pulsatilla cernua*

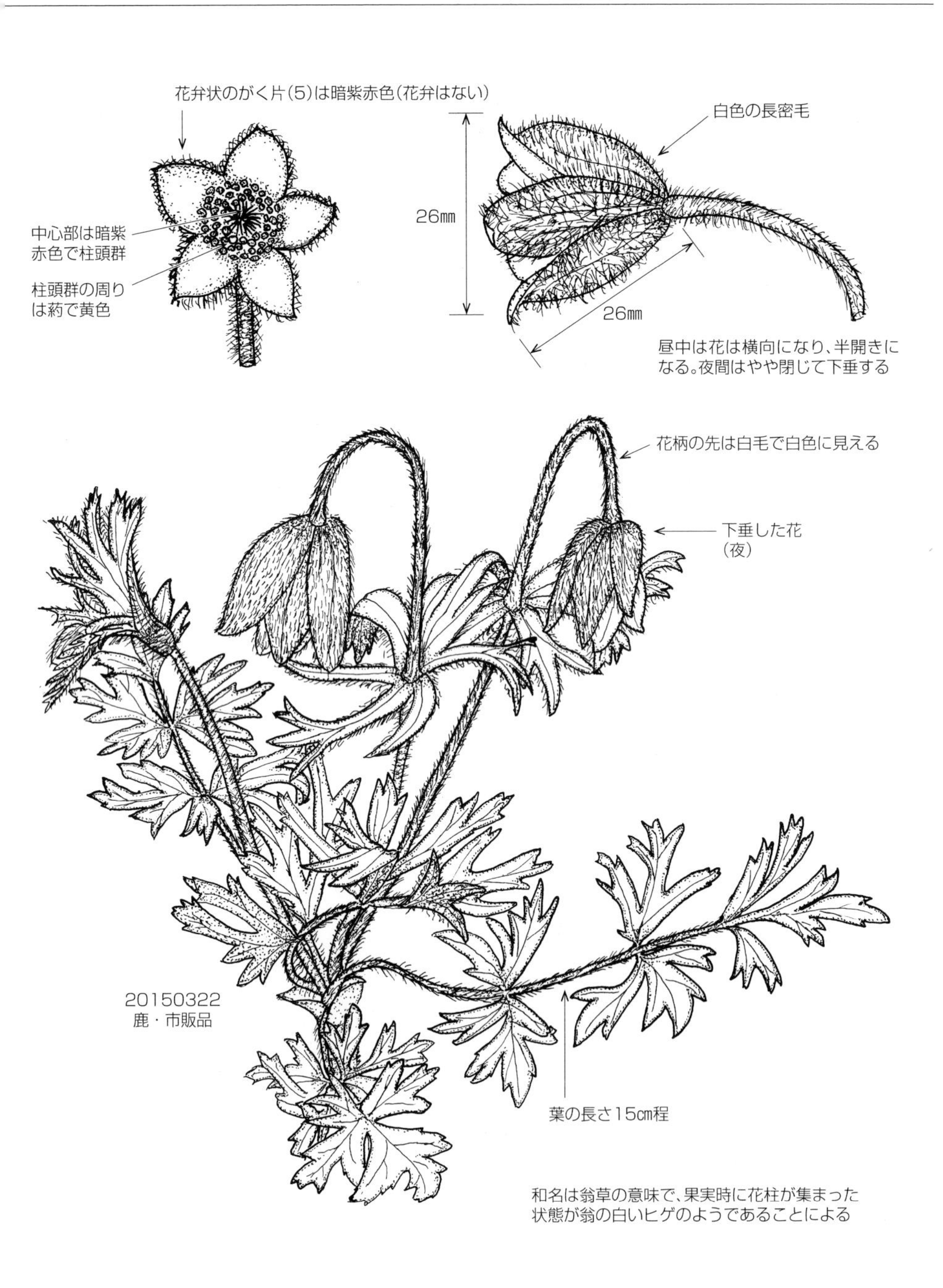

花弁状のがく片(5)は暗紫赤色(花弁はない)
中心部は暗紫赤色で柱頭群
柱頭群の周りは葯で黄色
白色の長密毛
26mm
26mm
昼中は花は横向になり、半開きになる。夜間はやや閉じて下垂する
花柄の先は白毛で白色に見える
下垂した花（夜）
20150322
鹿・市販品
葉の長さ15cm程
和名は翁草の意味で、果実時に花柱が集まった状態が翁の白いヒゲのようであることによる

分布
九・目……各県
鹿・目……獅子島　牧園　大湯川原　垂水（鹿大演習林）　稲尾岳（南限）　下伊集院　日置　吹上　亀ヶ丘

ウマノアシガタ　[キンポウゲ科　キンポウゲ属]　　*Ranunculus japonicus*

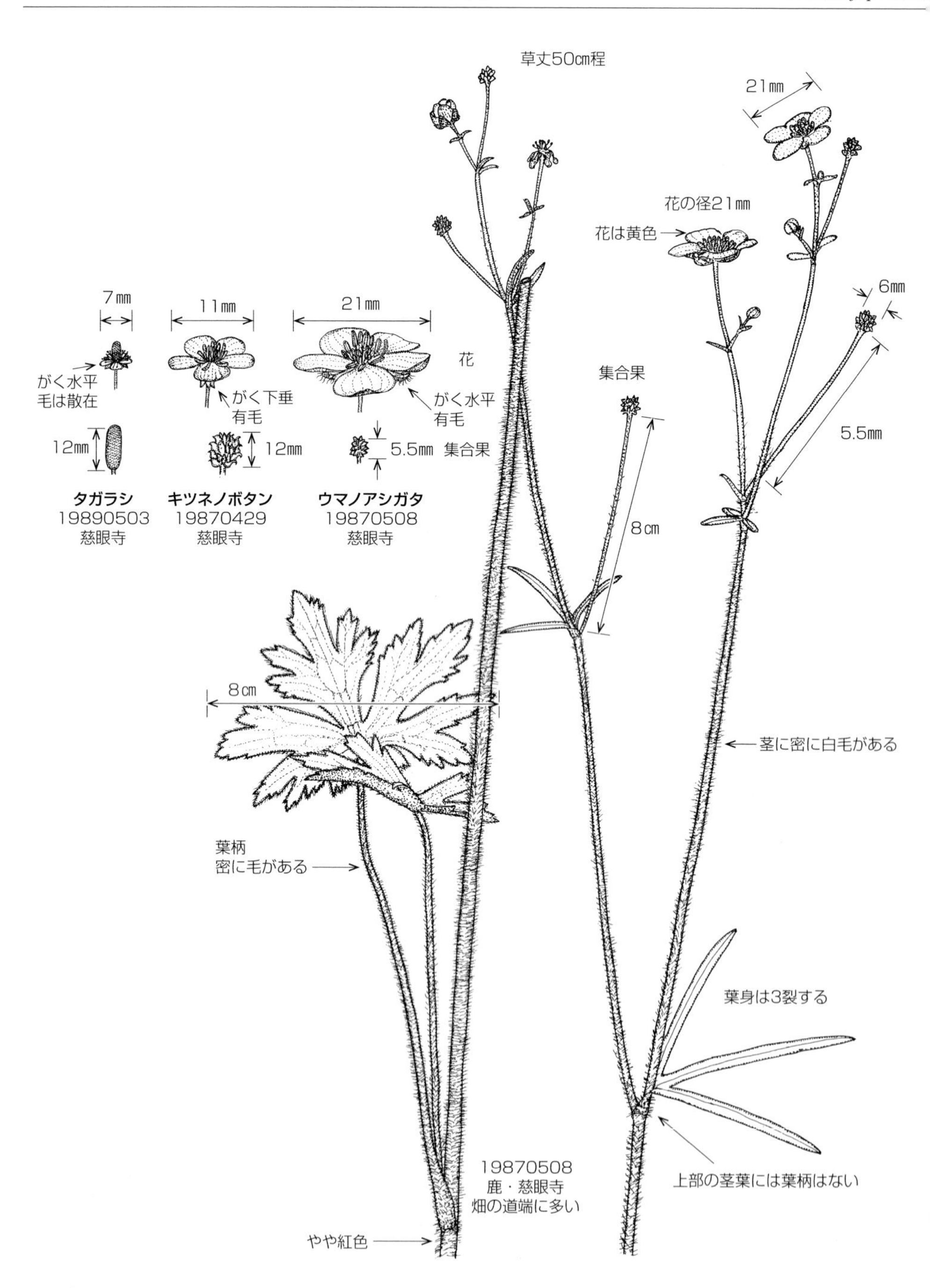

分布　九・目……各県（南は屋　種）
　　　鹿・目……甑　県本土　宇治群島　屋　種

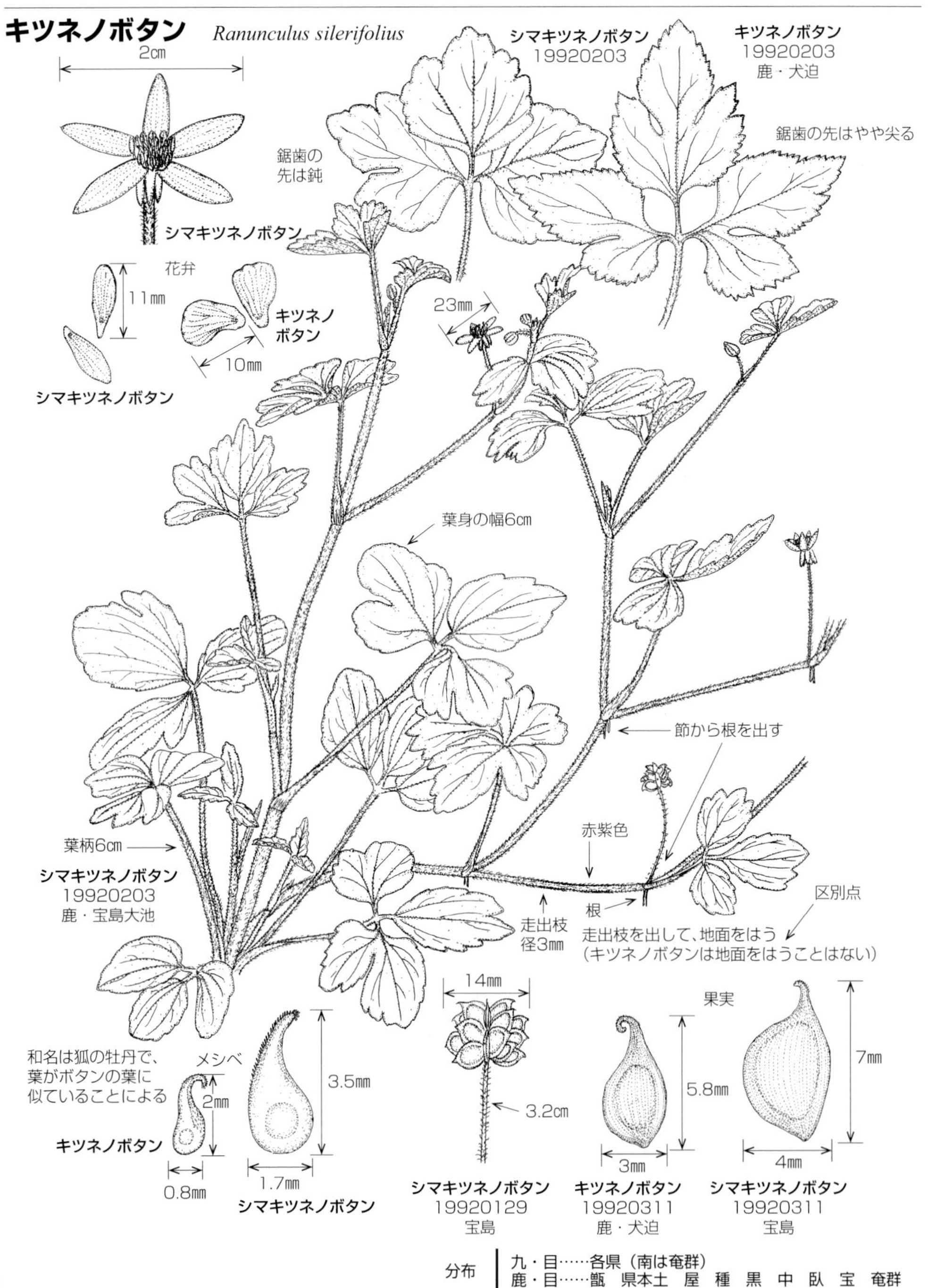

タガラシ　[キンポウゲ科　キンポウゲ属]　　*Ranunculus sceleratus*

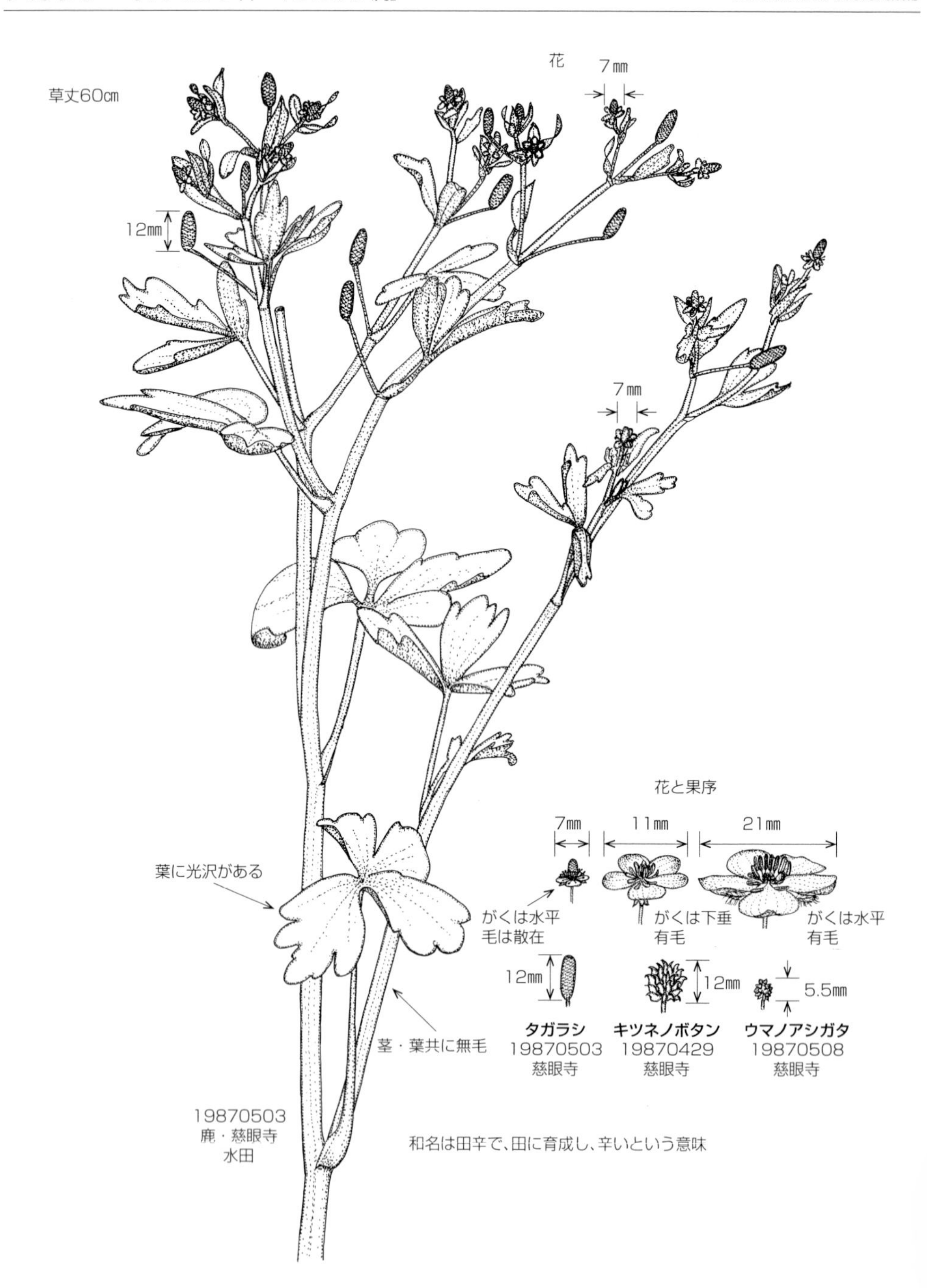

ヒメウズ ［キンポウゲ科　ヒメウズ属］　　*Semiaquilegia adoxoides*

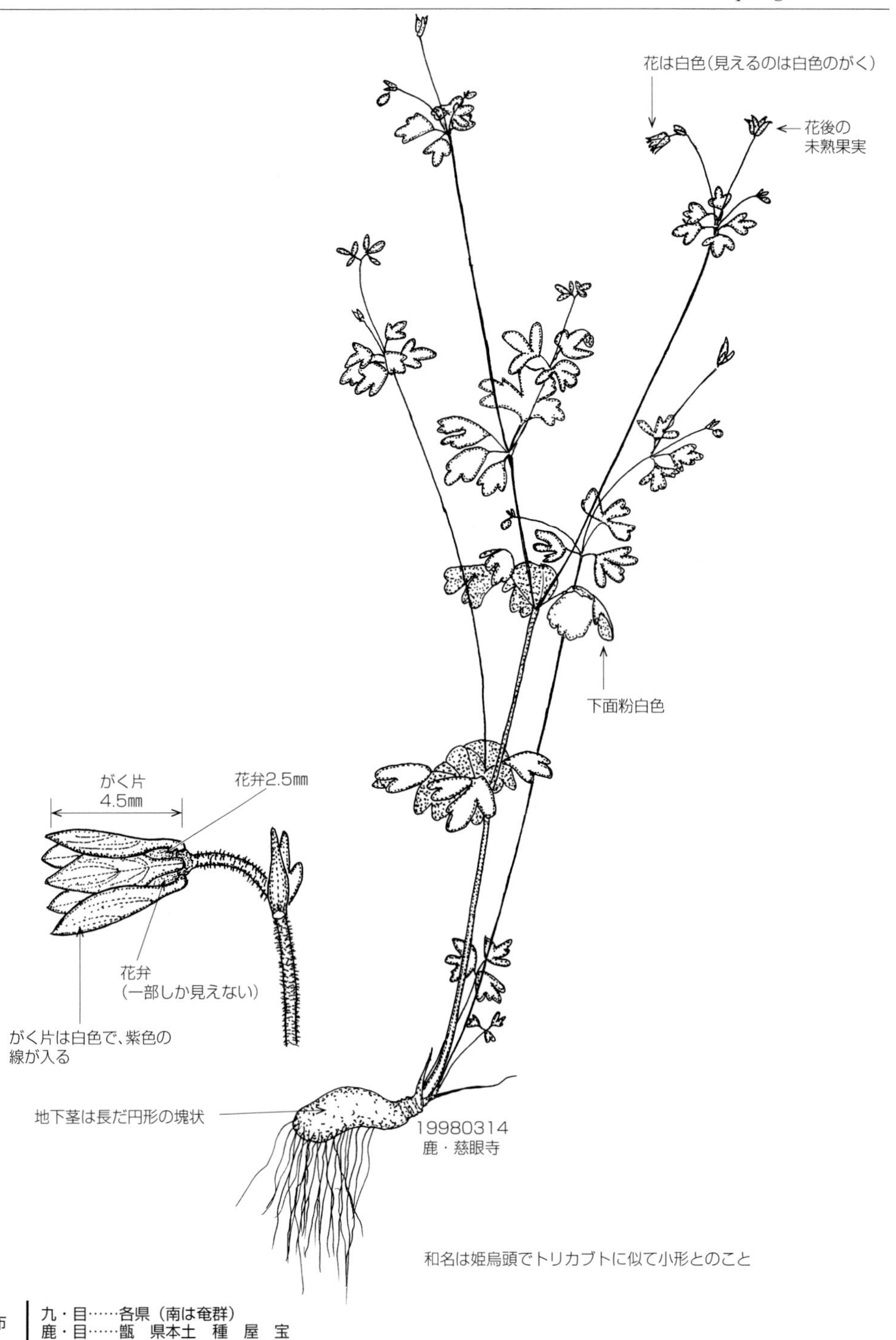

アキカラマツ　[キンポウゲ科　カラマツソウ属]　*Thalictrum minus* var. *hypoleucum*

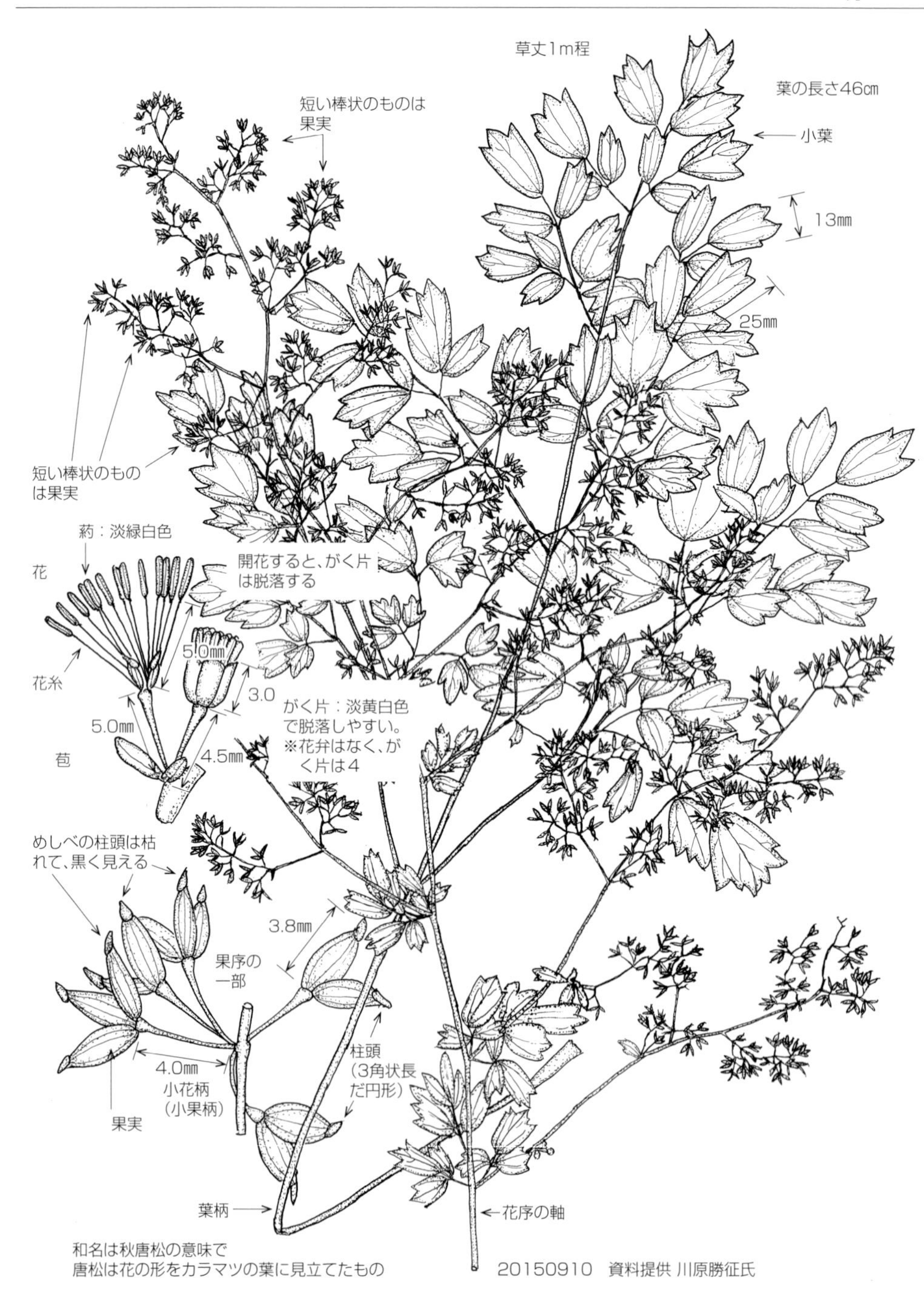

分布
九・目……各県
鹿・目……甑　県本土各地（南は大泊　山川）臥

クサノオウ　[ケシ科　クサノオウ属]　　*Chelidonium majus var. asiaticum*

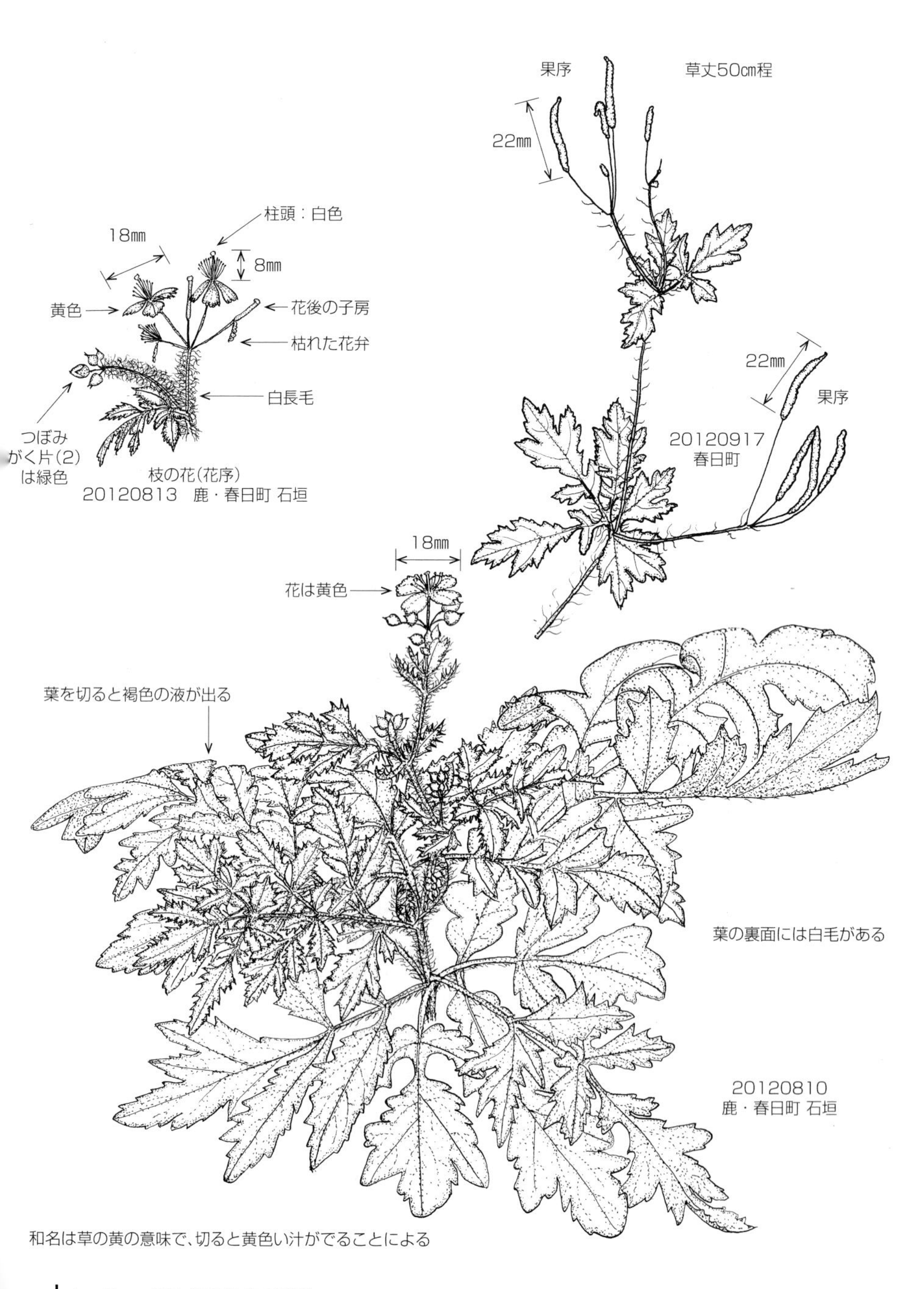

キケマン [ケシ科 キケマン属] *Corydalis heterocarpa var. japonica*
シマキケマン *Corydalis tashiroi*

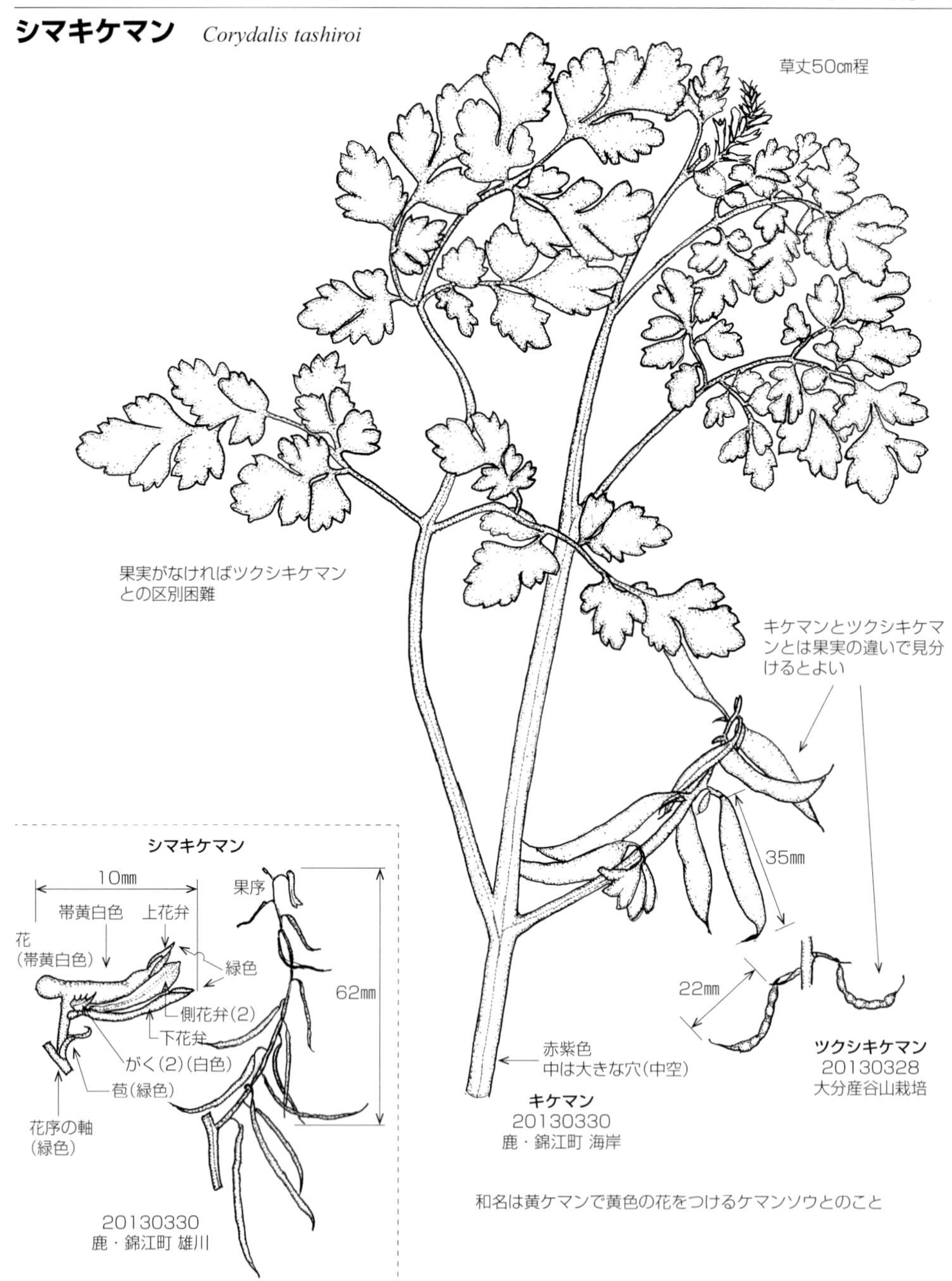

草丈50cm程

果実がなければツクシキケマンとの区別困難

キケマンとツクシキケマンとは果実の違いで見分けるとよい

35mm

22mm

ツクシキケマン
20130328
大分産谷山栽培

赤紫色
中は大きな穴(中空)

キケマン
20130330
鹿・錦江町 海岸

和名は黄ケマンで黄色の花をつけるケマンソウとのこと

シマキケマン
10mm
帯黄白色 上花弁
果序
花（帯黄白色） 緑色
側花弁(2)
下花弁
がく(2)(白色)
苞(緑色)
花序の軸(緑色)
62mm

20130330
鹿・錦江町 雄川

分布
九・目……九州東海岸に多い
鹿・目……県本土中部以南

ツクシキケマン　[ケシ科　キケマン属]　　*Corydalis heterocarpa*

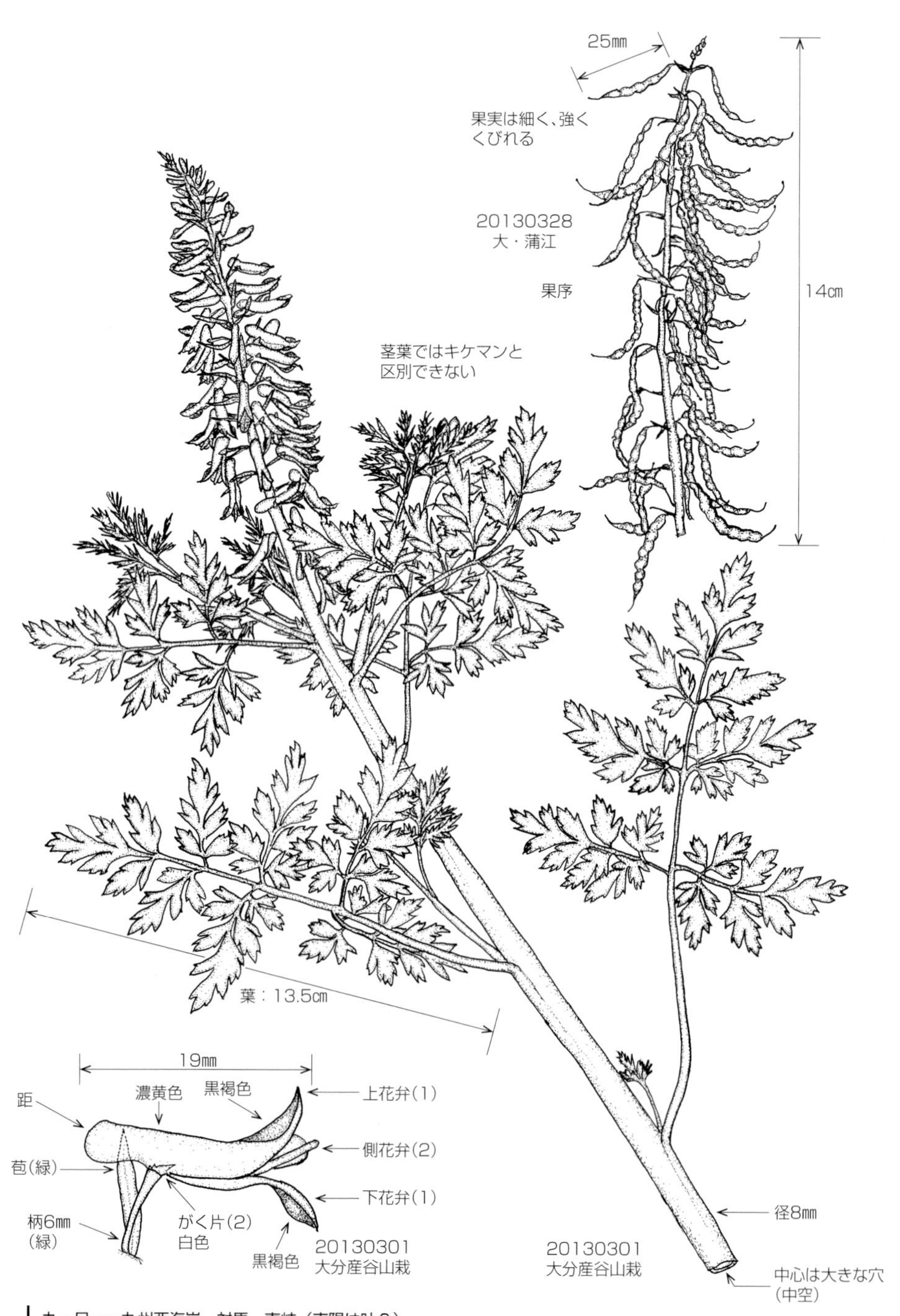

分布　九・目……九州西海岸　対馬　壱岐（南限は吐？）
　　　鹿・目……獅子島　甑　宇治群島　久志　平　鹿では少ない

ムラサキケマン ［ケシ科　キケマン属］　*Corydalis incisa*

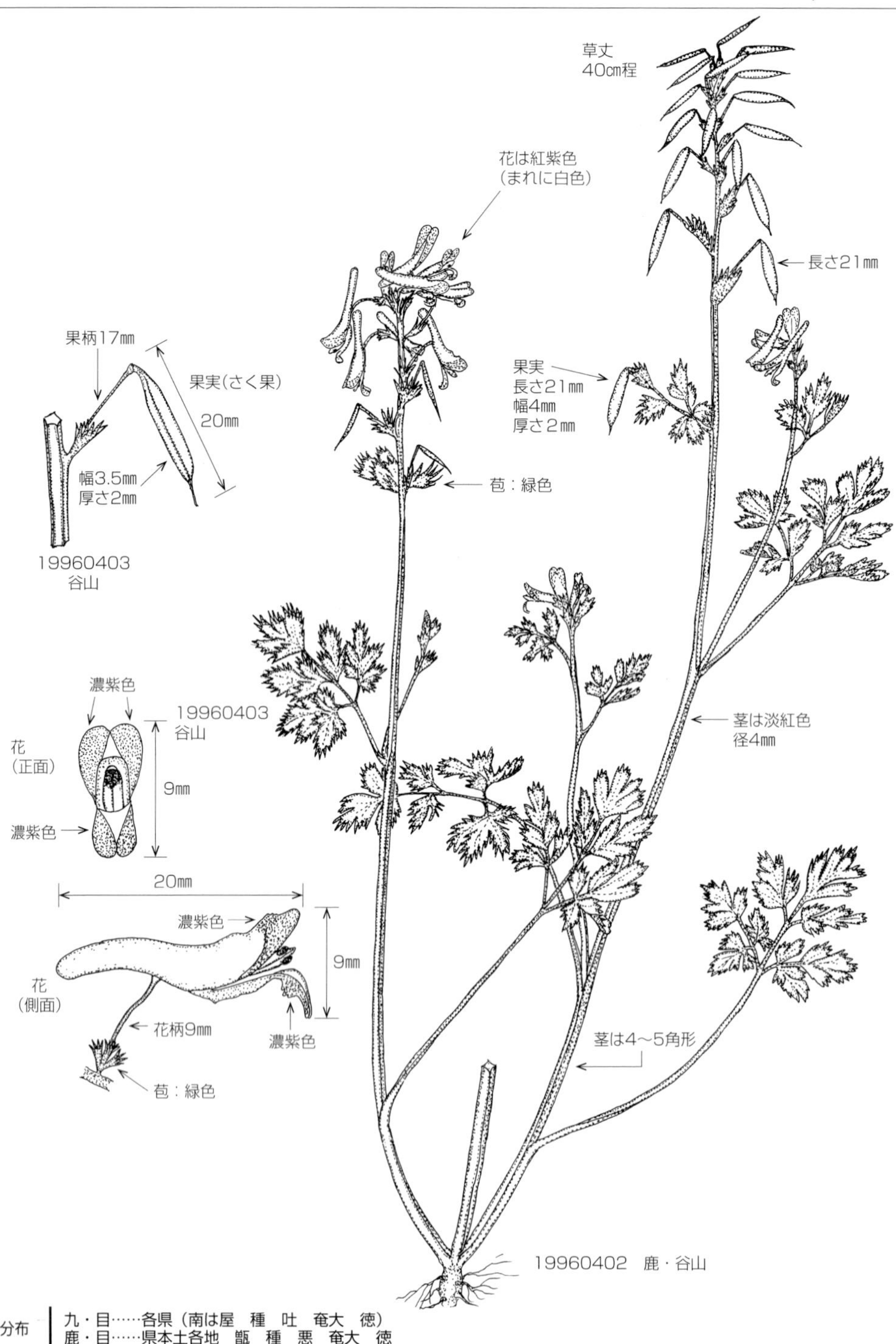

カラクサケマン　[ケシ科　カラクサケマン属]　*Fumaria officinalis*

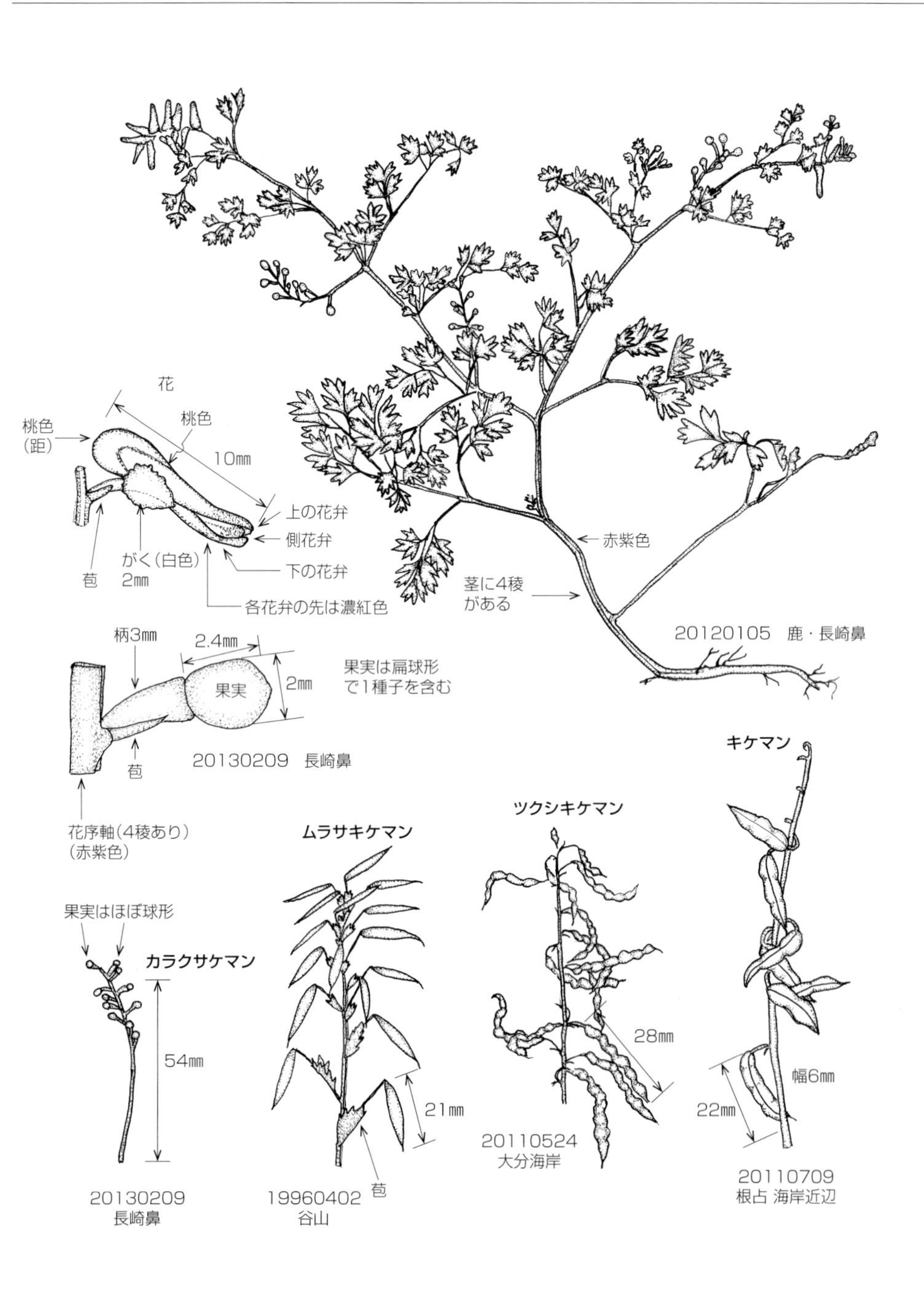

分布　九・目……大（大分）　熊（栖子）　欧州　西亜原産
　　　鹿・目……記載がない

タケニグサ　[ケシ科　タケニグサ属]　　*Macleaya cordata*

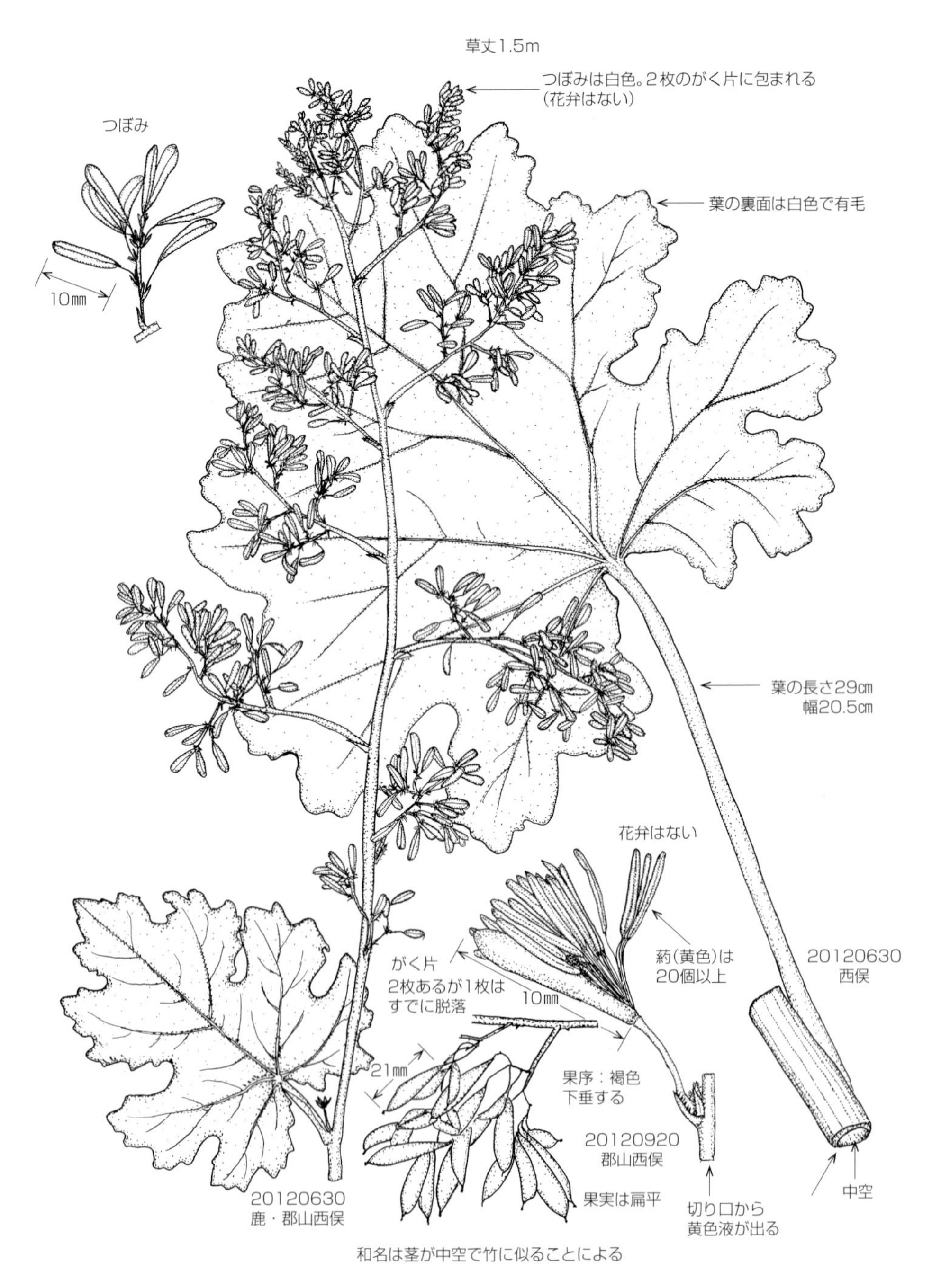

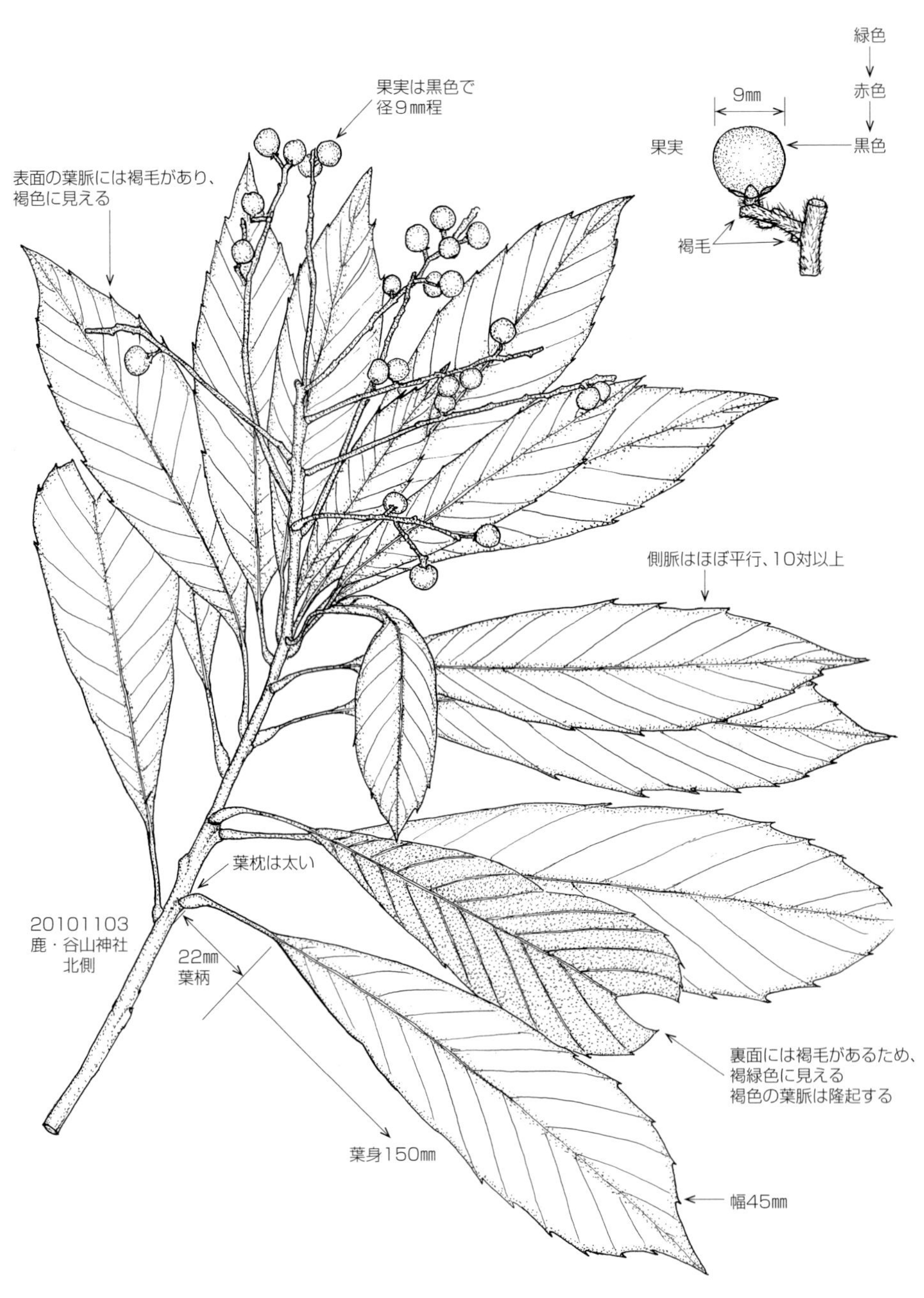

ヤマモガシ　[ヤマモガシ科　ヤマモガシ属]　　　*Helicia cochinchinensis*

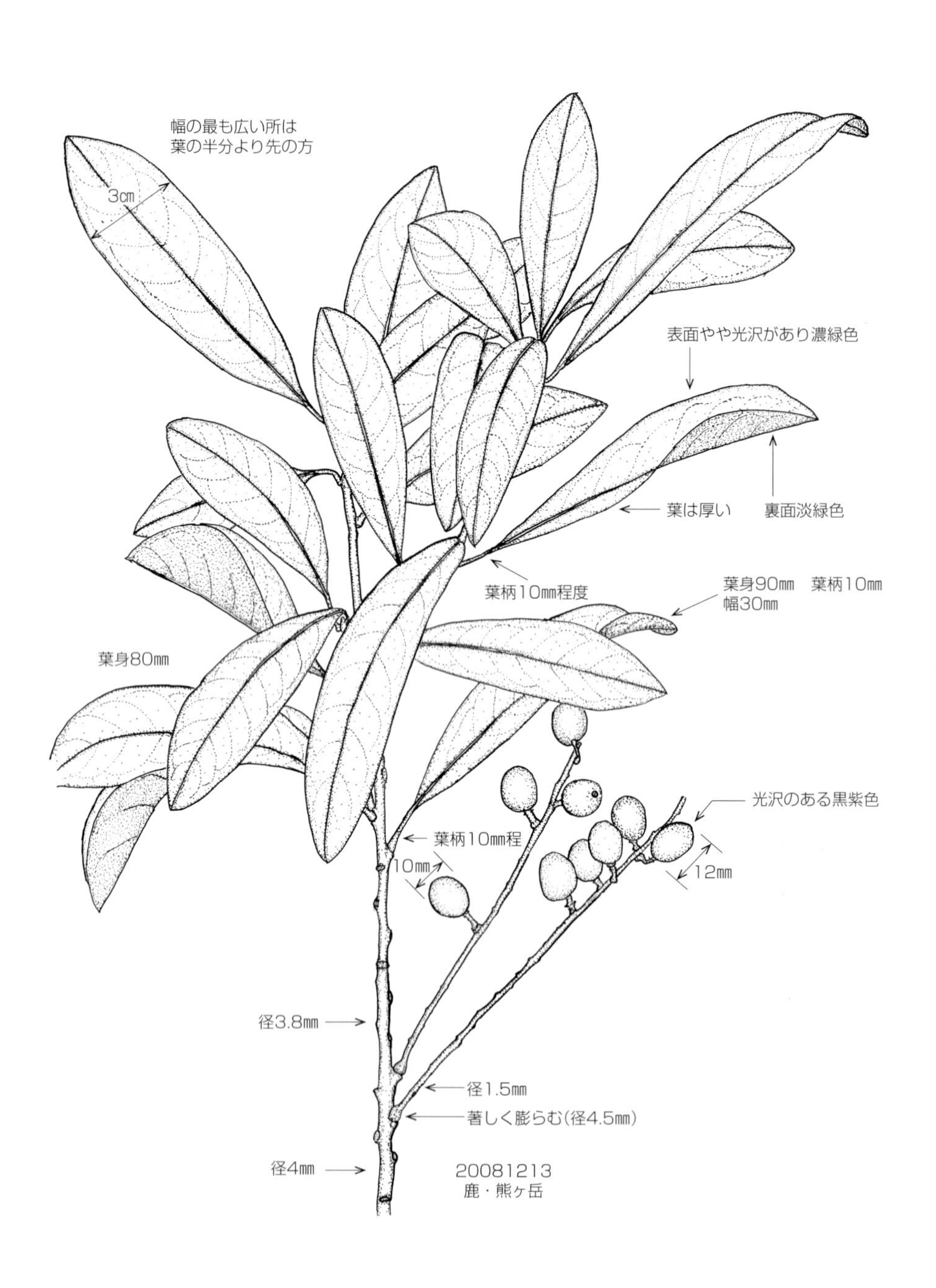

分布　九・目……各県（南は奄群）
　　　鹿・目……県本土中・南部　甑　屋　種　黒　中　奄大　徳　沖永

ハマサジ　［イソマツ科　イソマツ属］　*Limonium tetragonum*

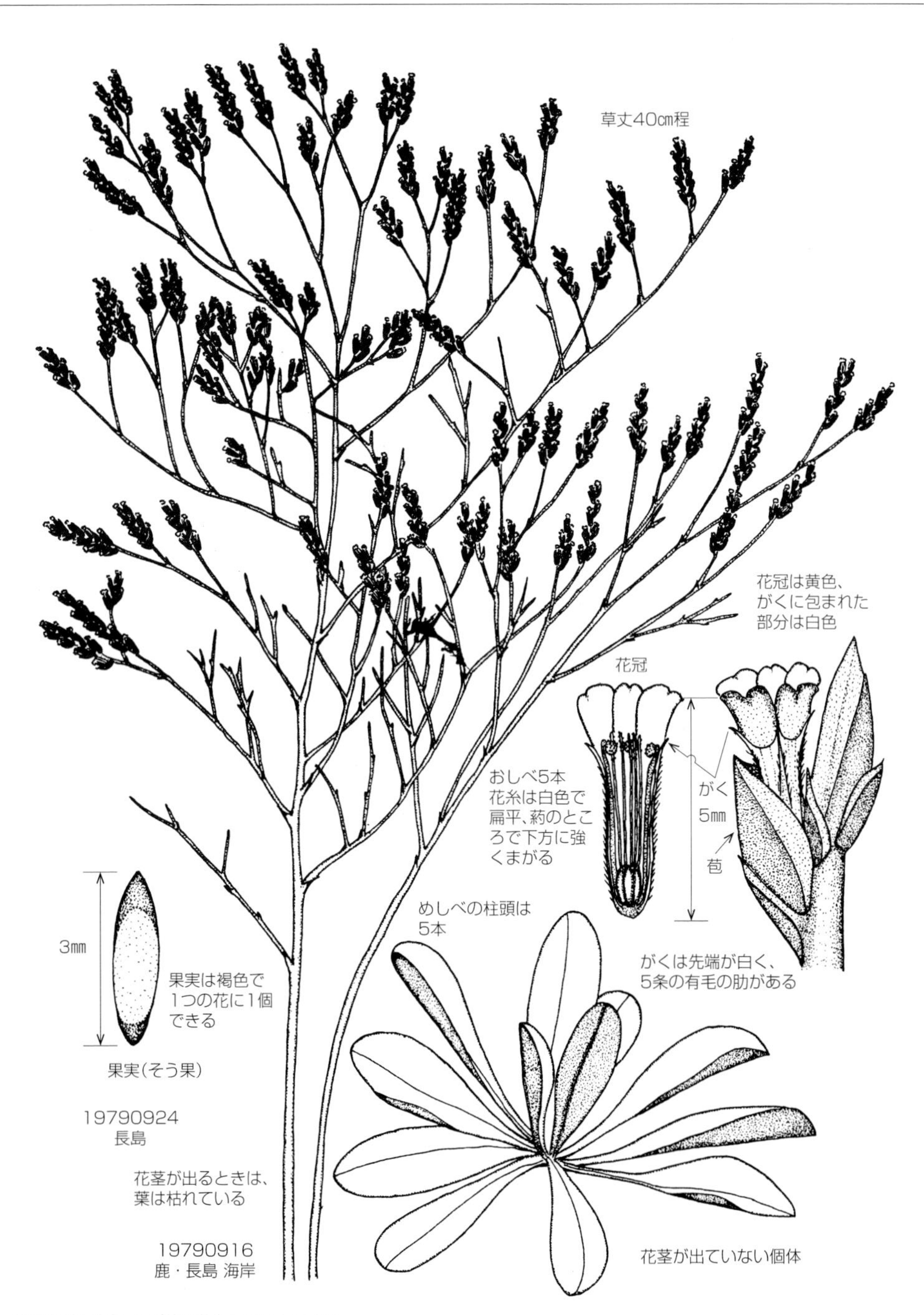

和名は浜に生え、サジ状の葉をもつことによる

分布　九・目……各県（南は屋　奄大－笠利南限）
　　　鹿・目……荒崎　阿久根　桜島（園山池）　喜入（愛宕川）　加治木　隼人　馬毛島　屋（宮之浦）　奄大（笠利）

シンミズヒキ　[タデ科　ミズヒキ属]　　　*Antenoron neo-filiforme*

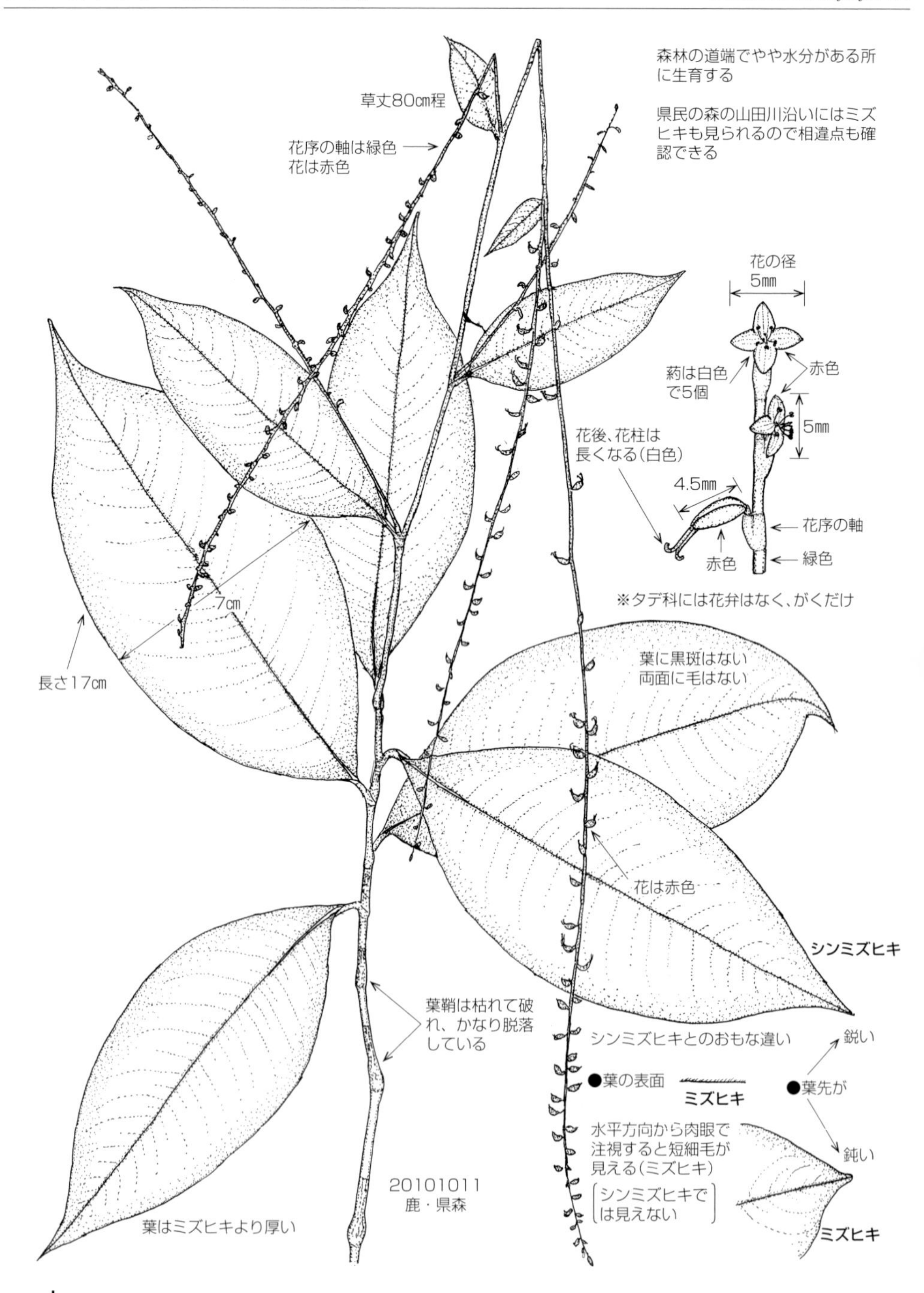

ミズヒキ　[タデ科　ミズヒキ属]

Antenoron filiforme

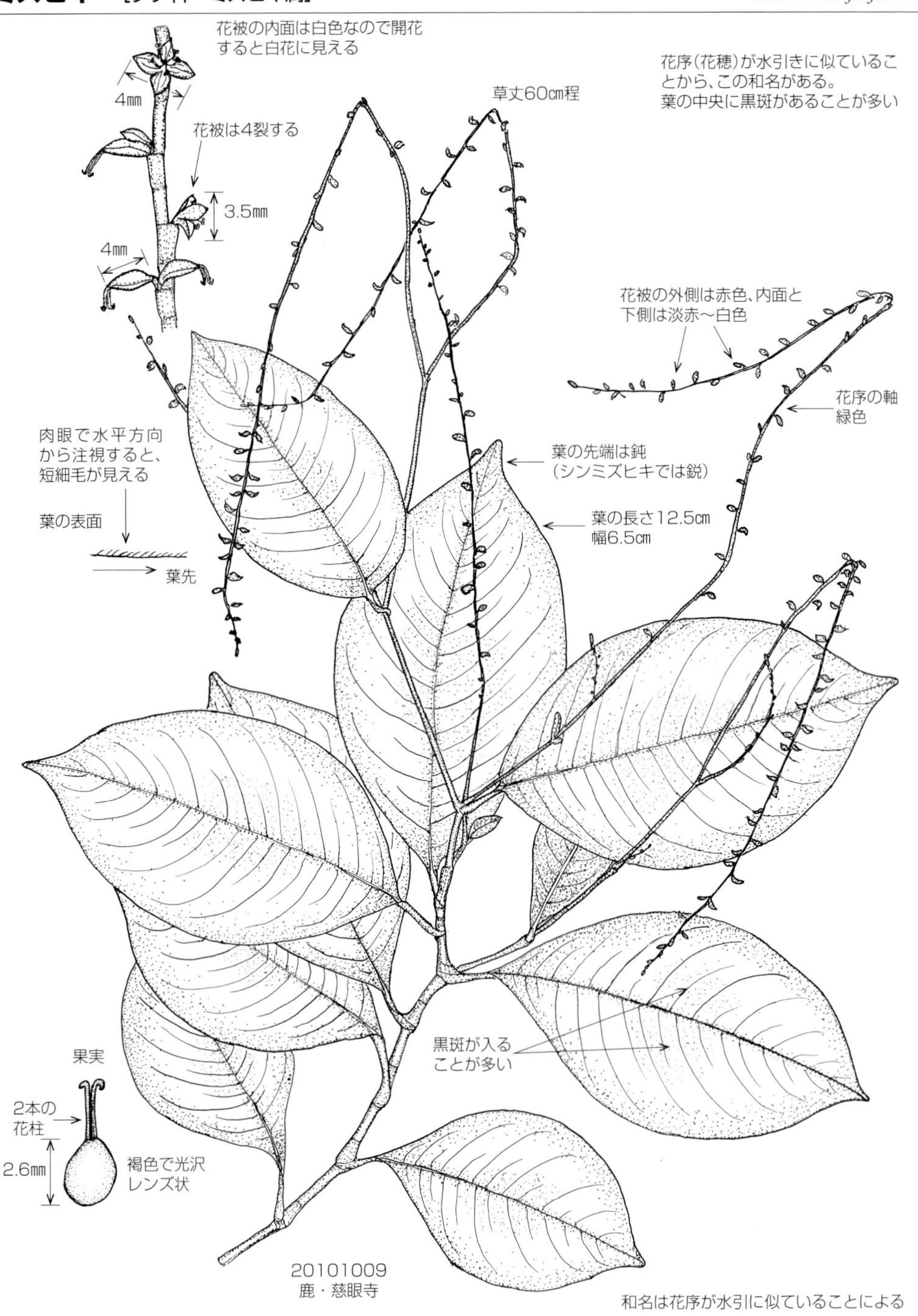

和名は花序が水引に似ていることによる

分布　九・目……各県（南は奄大）
　　　鹿・目……県本土　屋　種　奄大

ハルトラノオ　[タデ科　イブキトラノオ属]　*Bistorta tenuicaulis*

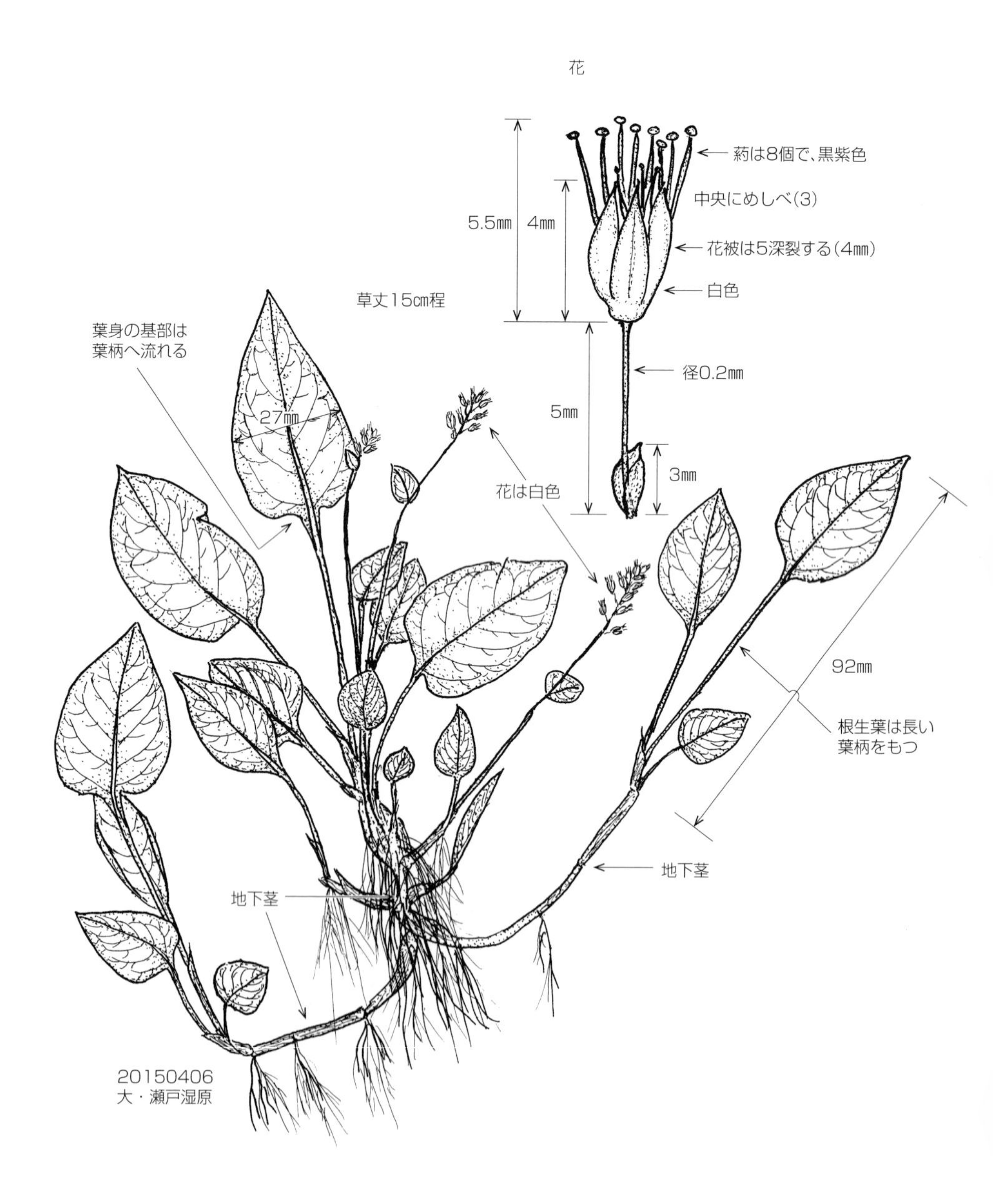

分布　九・目……鹿を除く各県
　　　鹿・目……記載がない

シャクチリソバ（ヒマラヤソバ） [タデ科　ソバ属]　　*Fagopyrum cymosum*

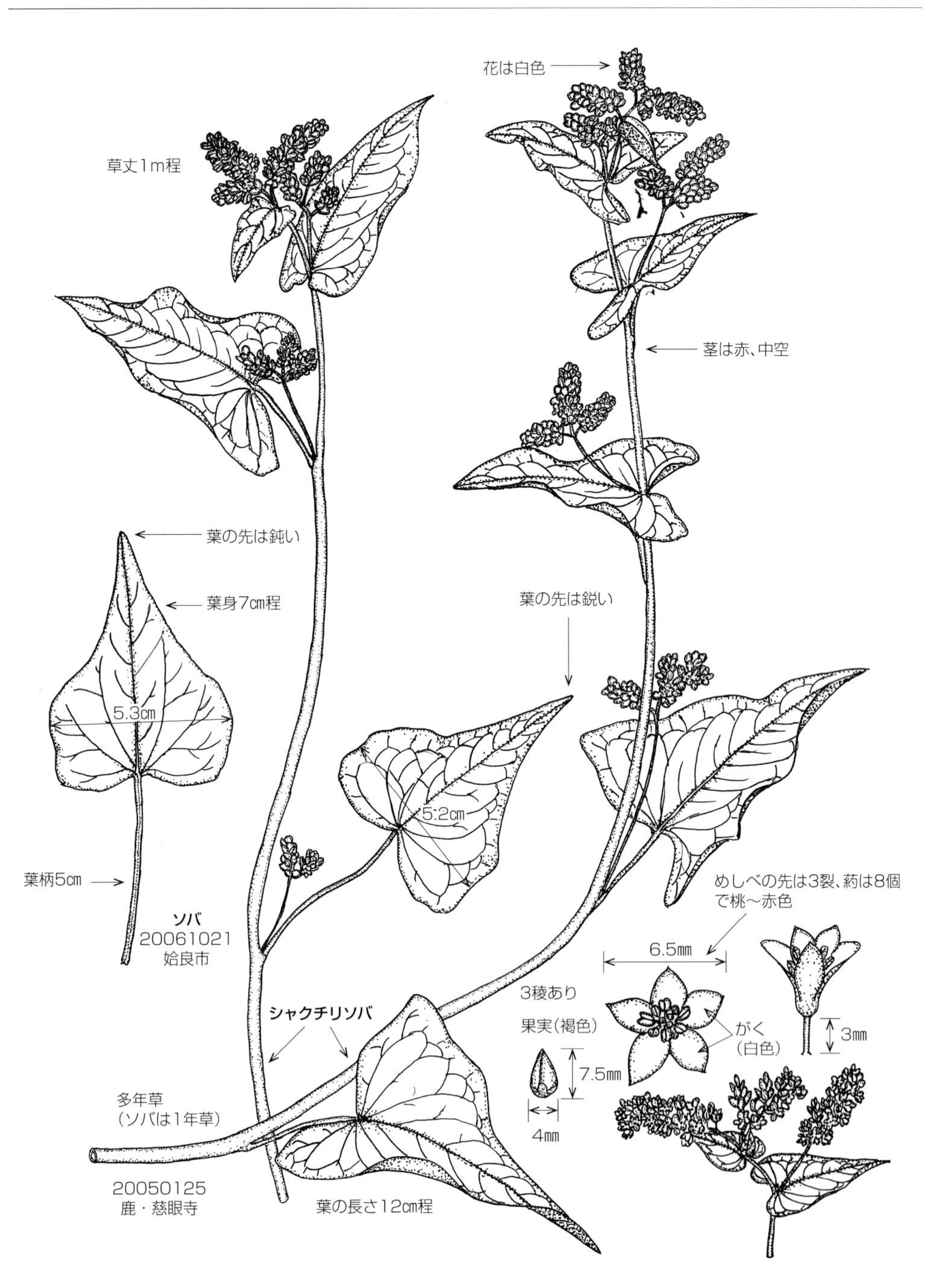

イタドリ　[タデ科　ソバカズラ属]　　Fallopia japonica

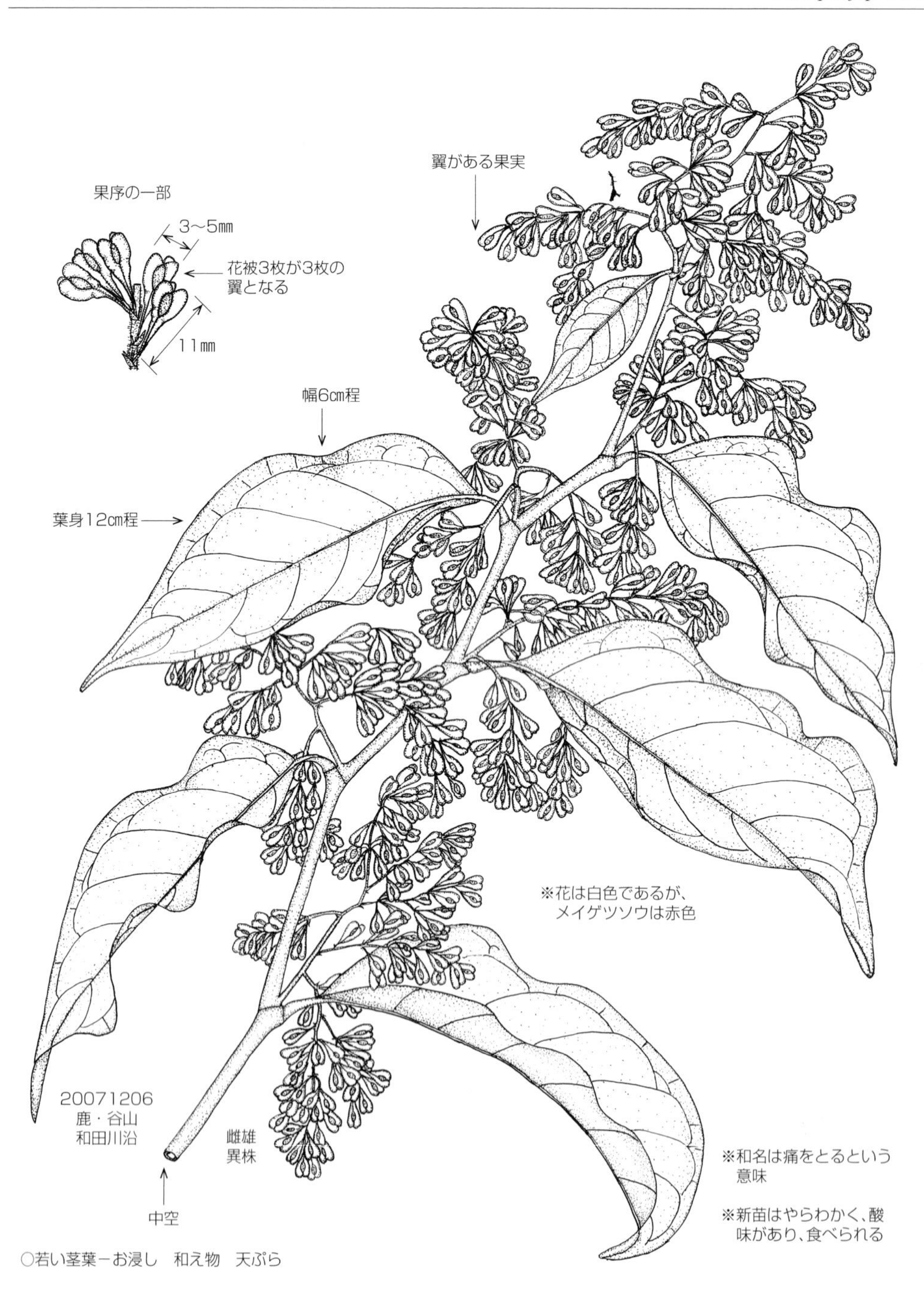

アキノウナギツカミ　[タデ科　イヌタデ属]　　*Persicaria sagittata* var. *sibirica*

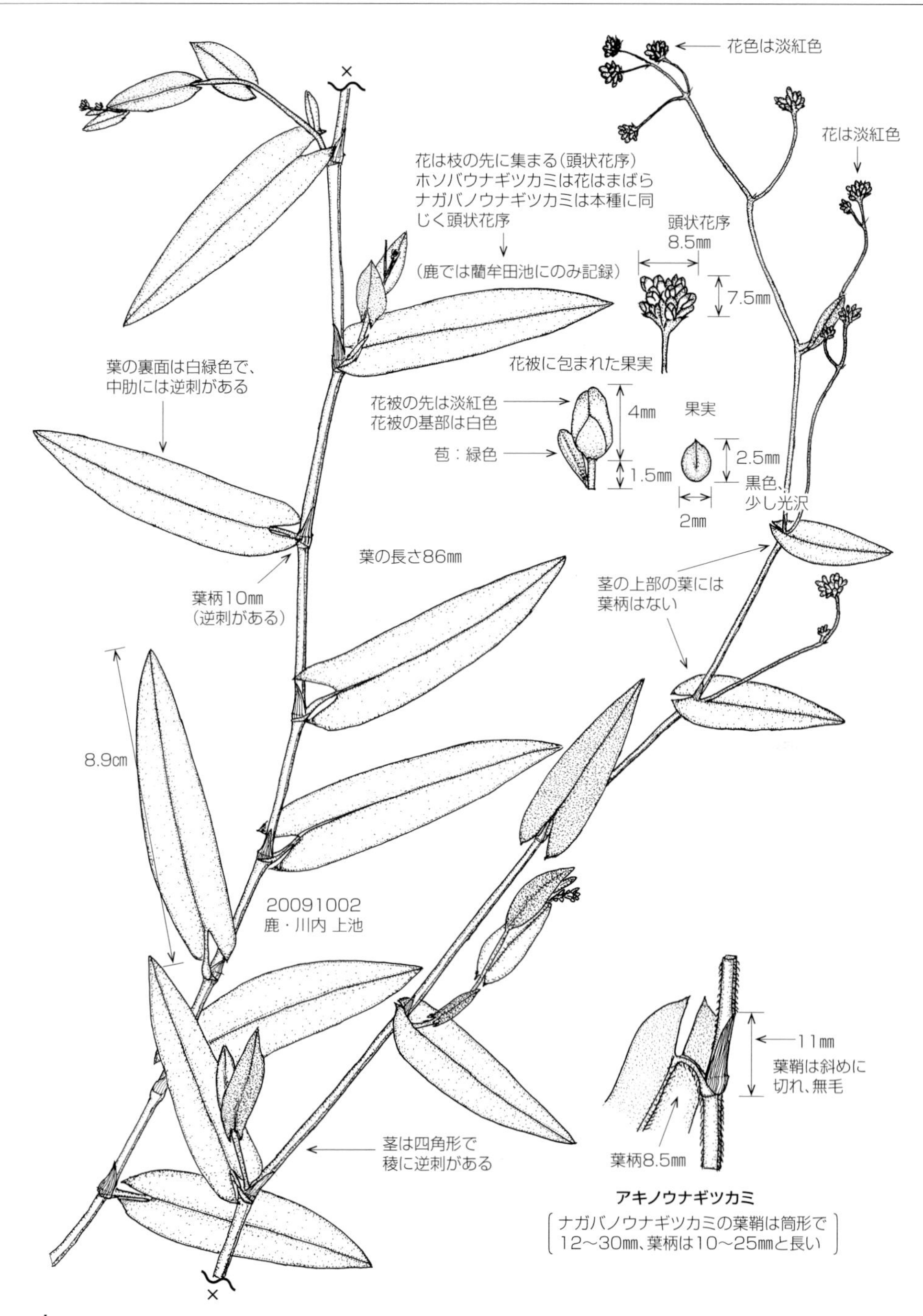

イシミカワ　[タデ科　イヌタデ属]　*Persicaria perfoliata*

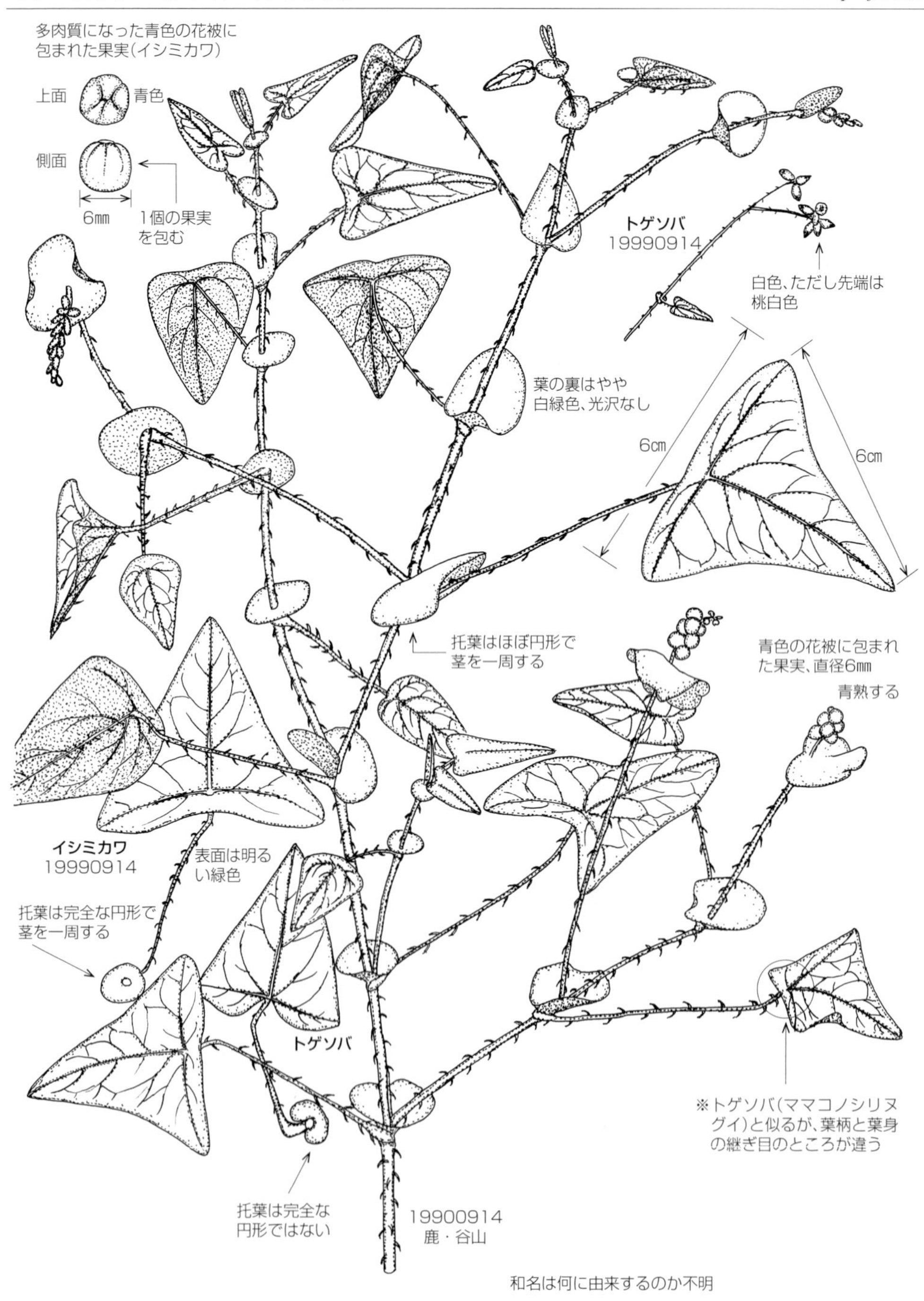

分布　九・目……各県（南は奄群）
　　　鹿・目……各地点在

イヌタデ [タデ科 イヌタデ属] *Persicaria longiseta*

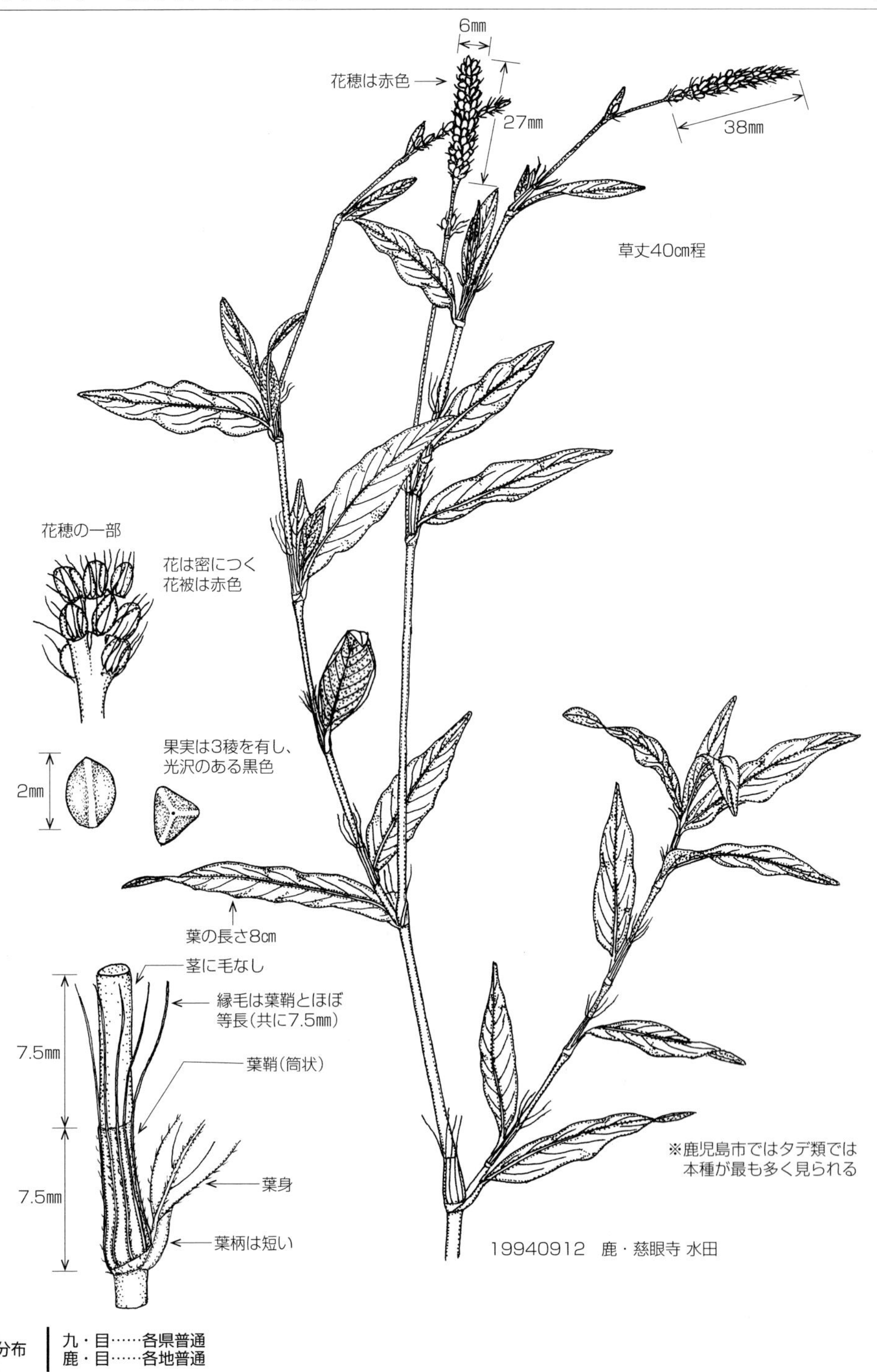

ウラジロオオイヌタデ　[タデ科　イヌタデ属]　*Persicaria lapathifolia var. incanum*

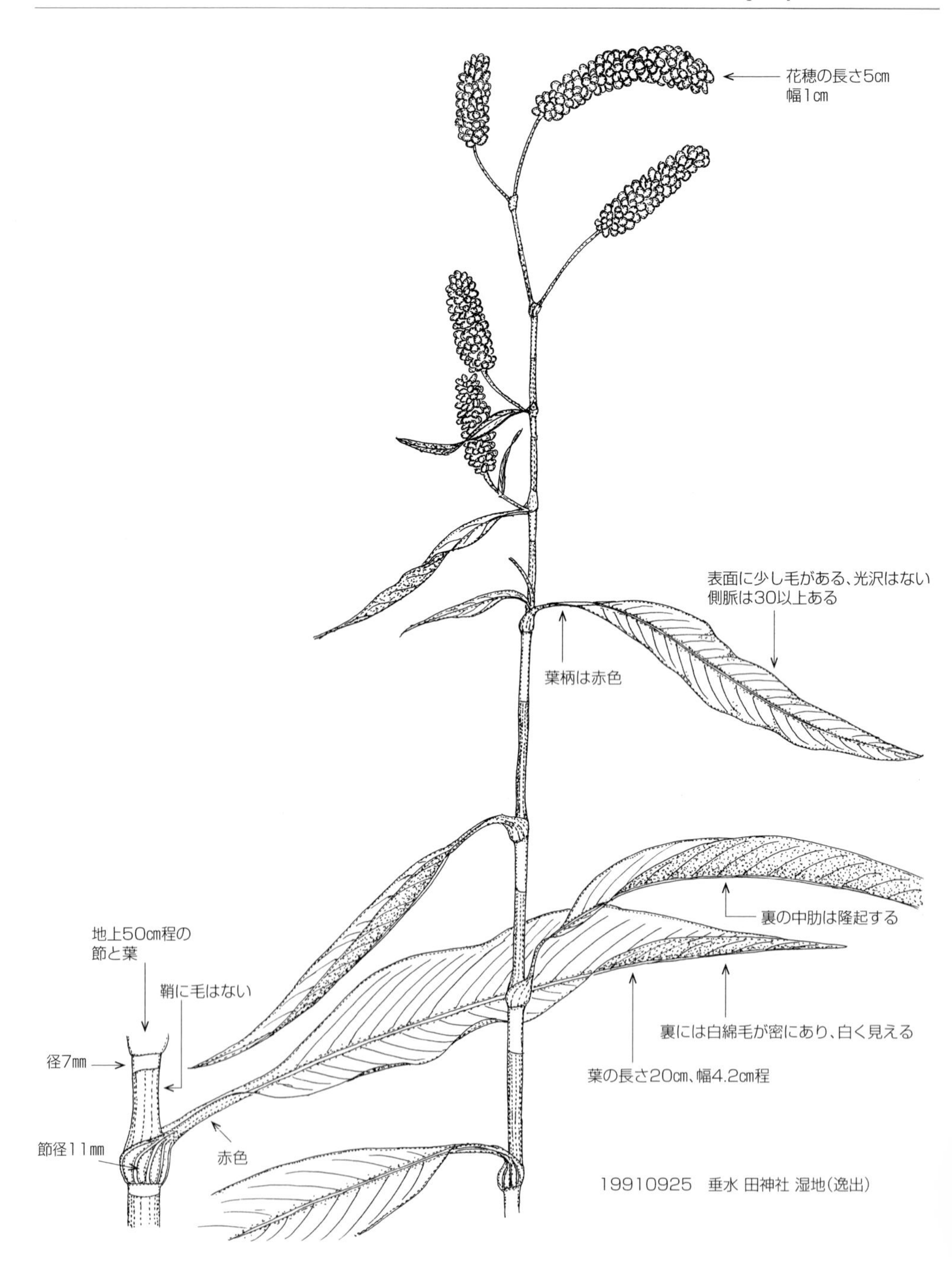

分布　九・目……各県
　　　鹿・目……県本土点在　種

ウラジロサナエタデ　[タデ科　イヌタデ属]　*Persicaria scabra*

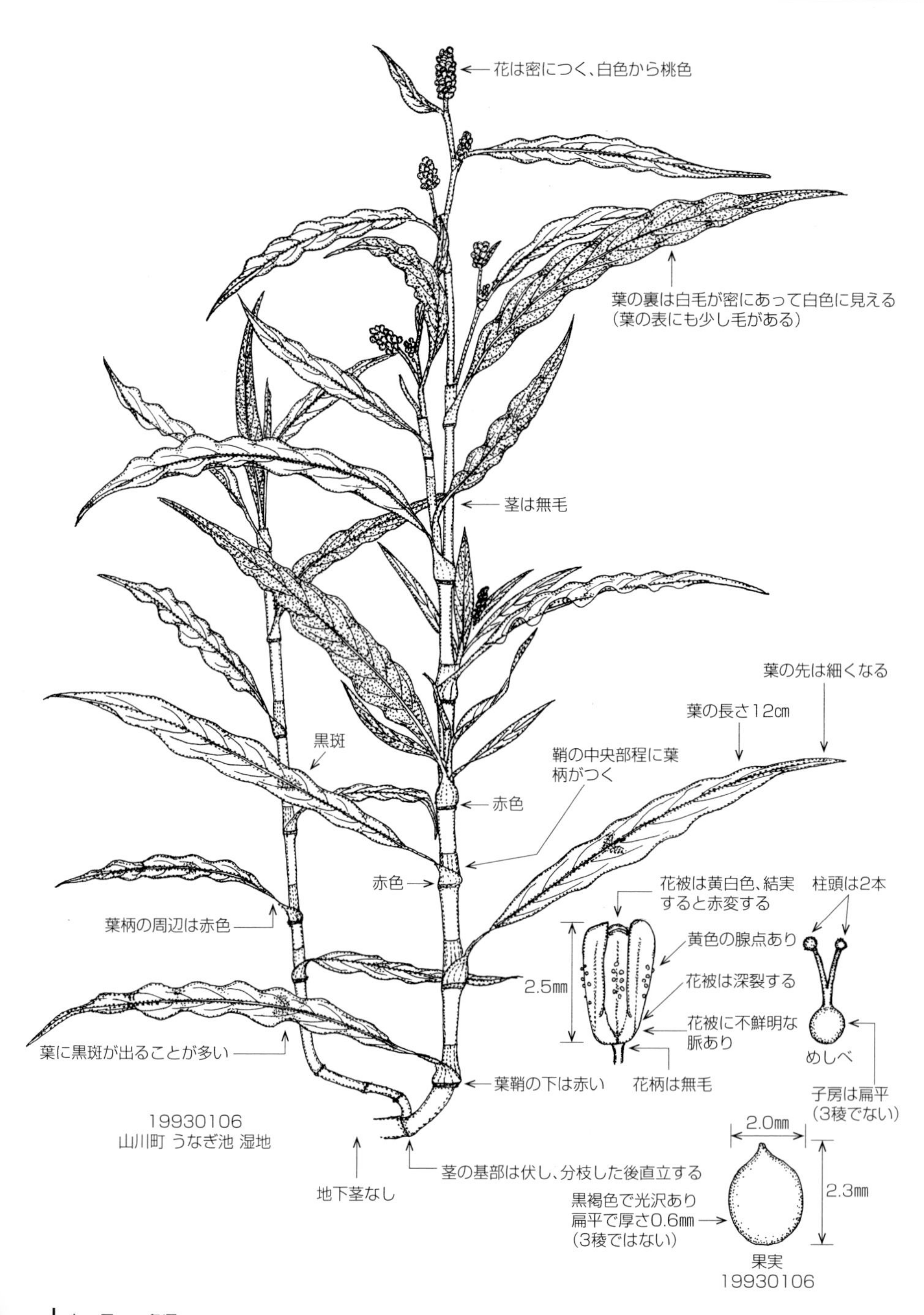

オオイヌタデ　[タデ科　イヌタデ属]　　*Persicaria lapathifolia* var. *lapathifolia*

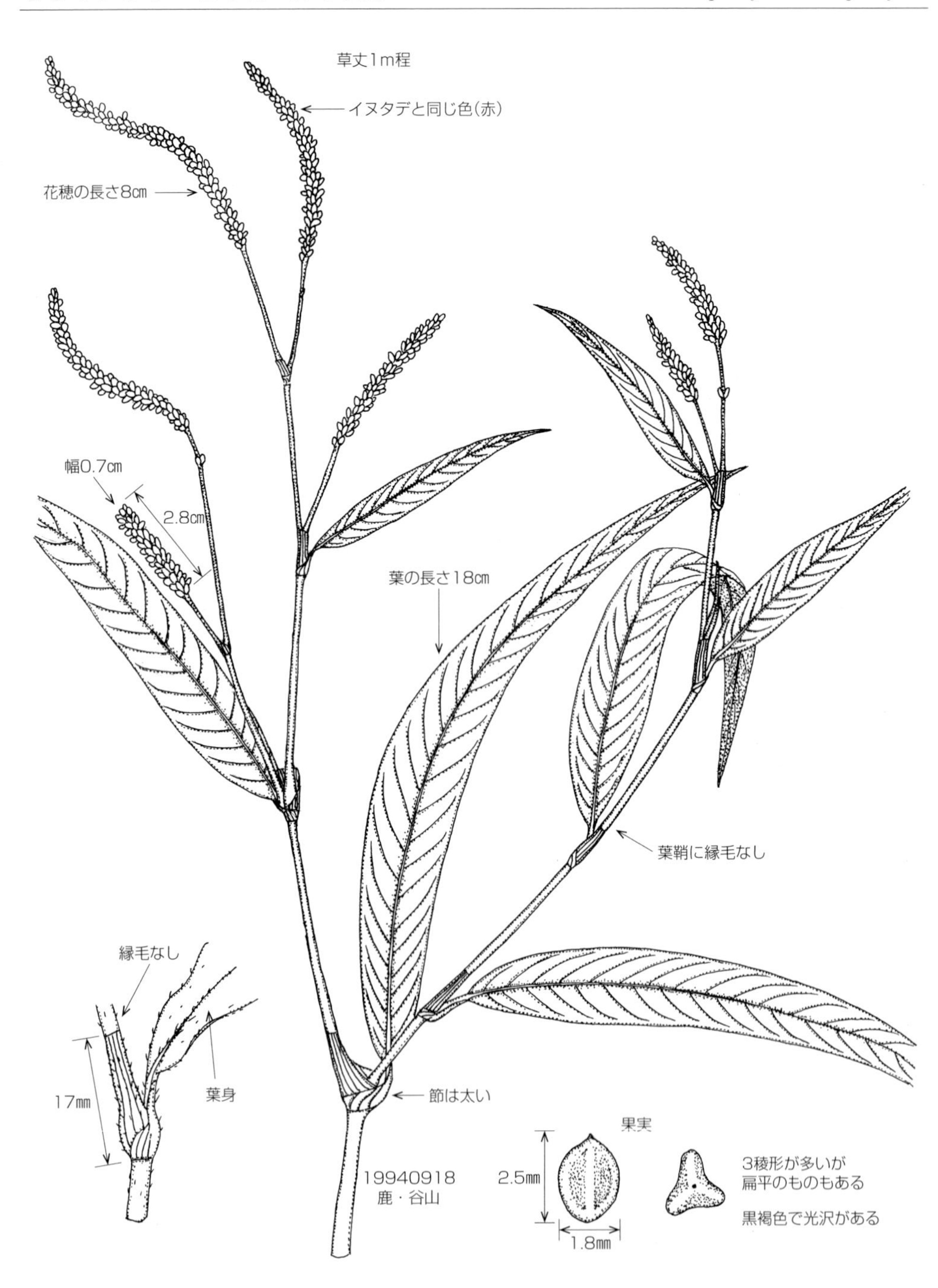

オオサクラタデ　[タデ科　イヌタデ属]　　*Persicaria glabra*

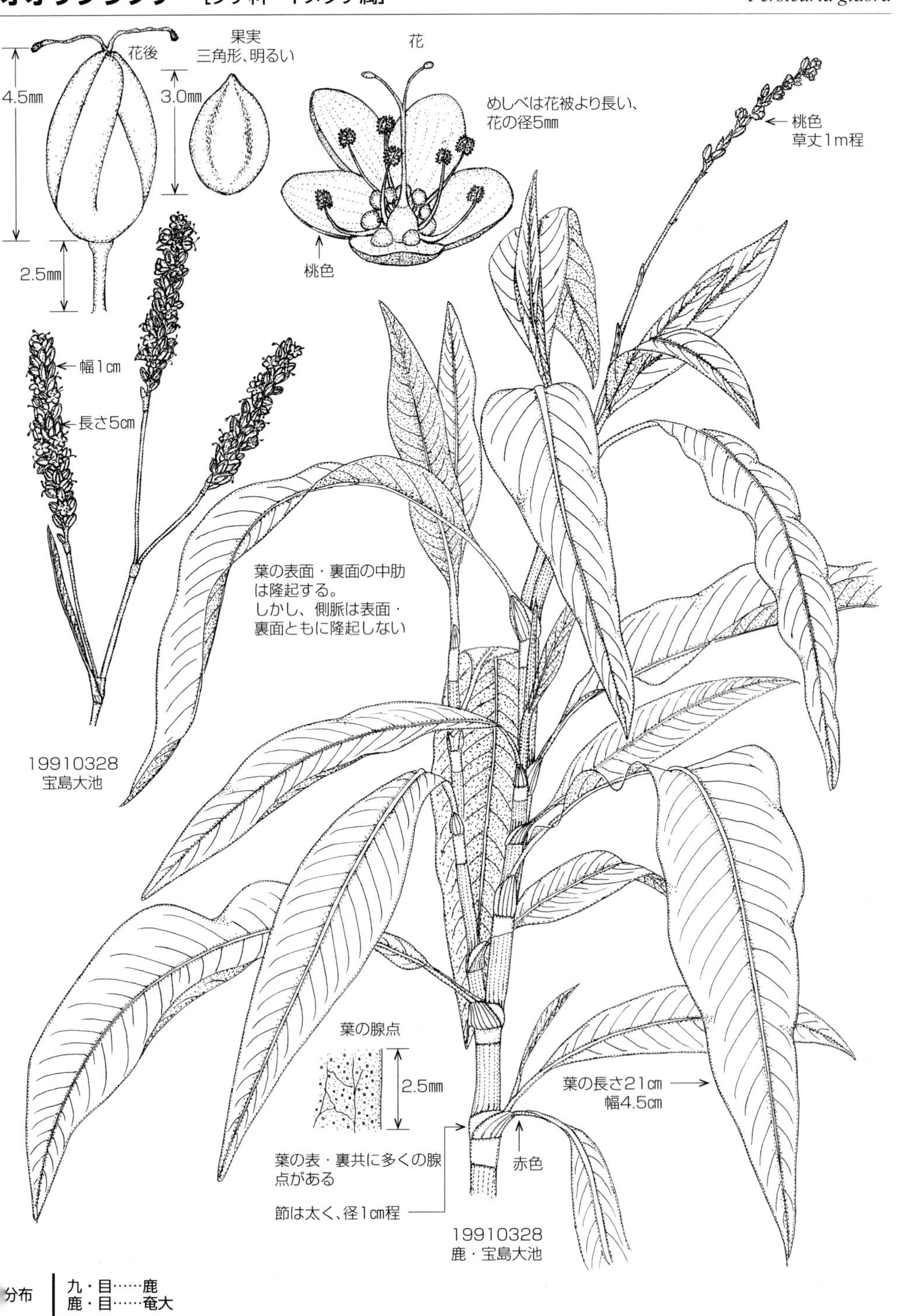

サクラタデ　[タデ科　イヌタデ属]　　*Persicaria conspicua*

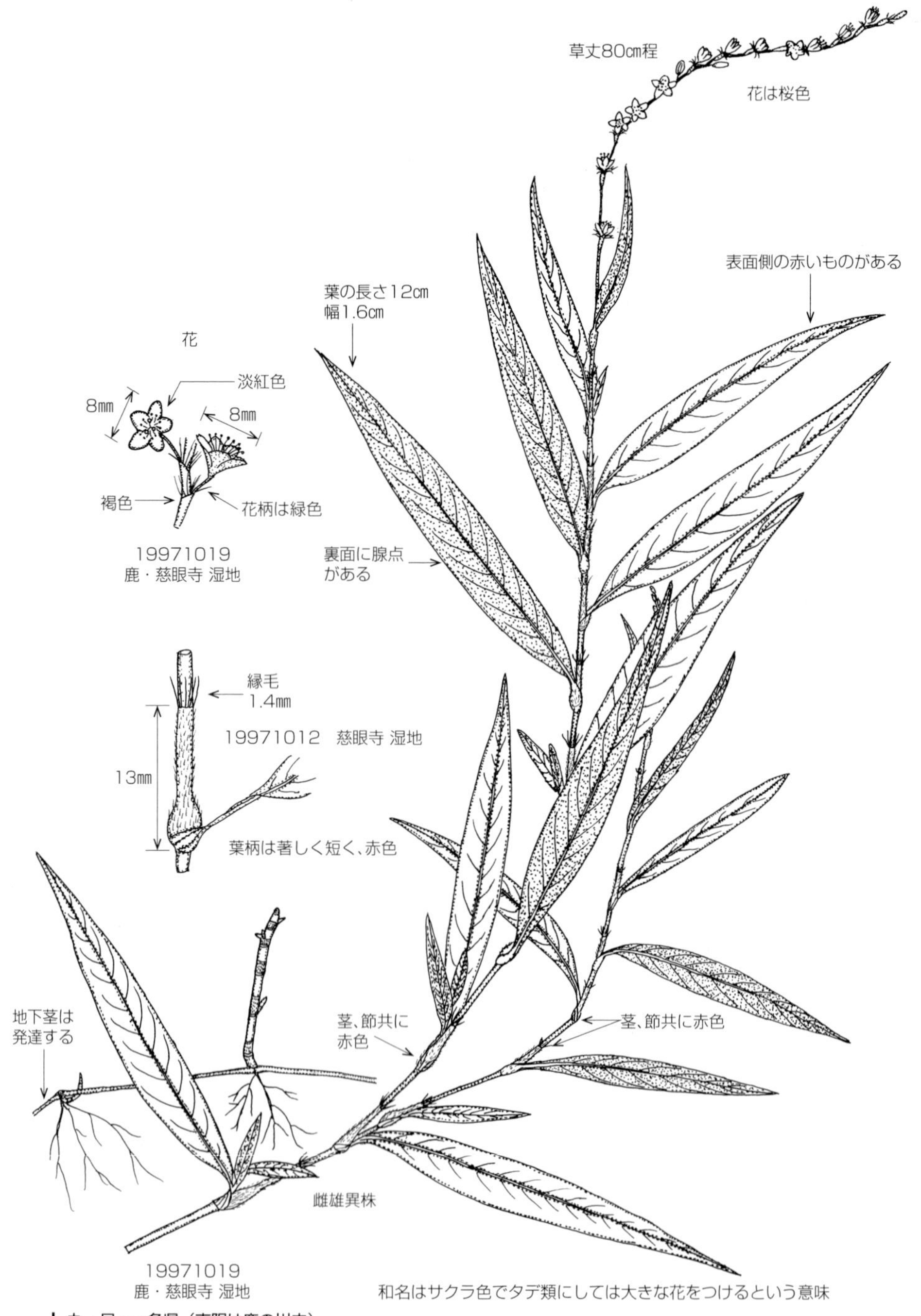

サナエタデ　[タデ科　イヌタデ属]　　*Persicaria lapathifolia*

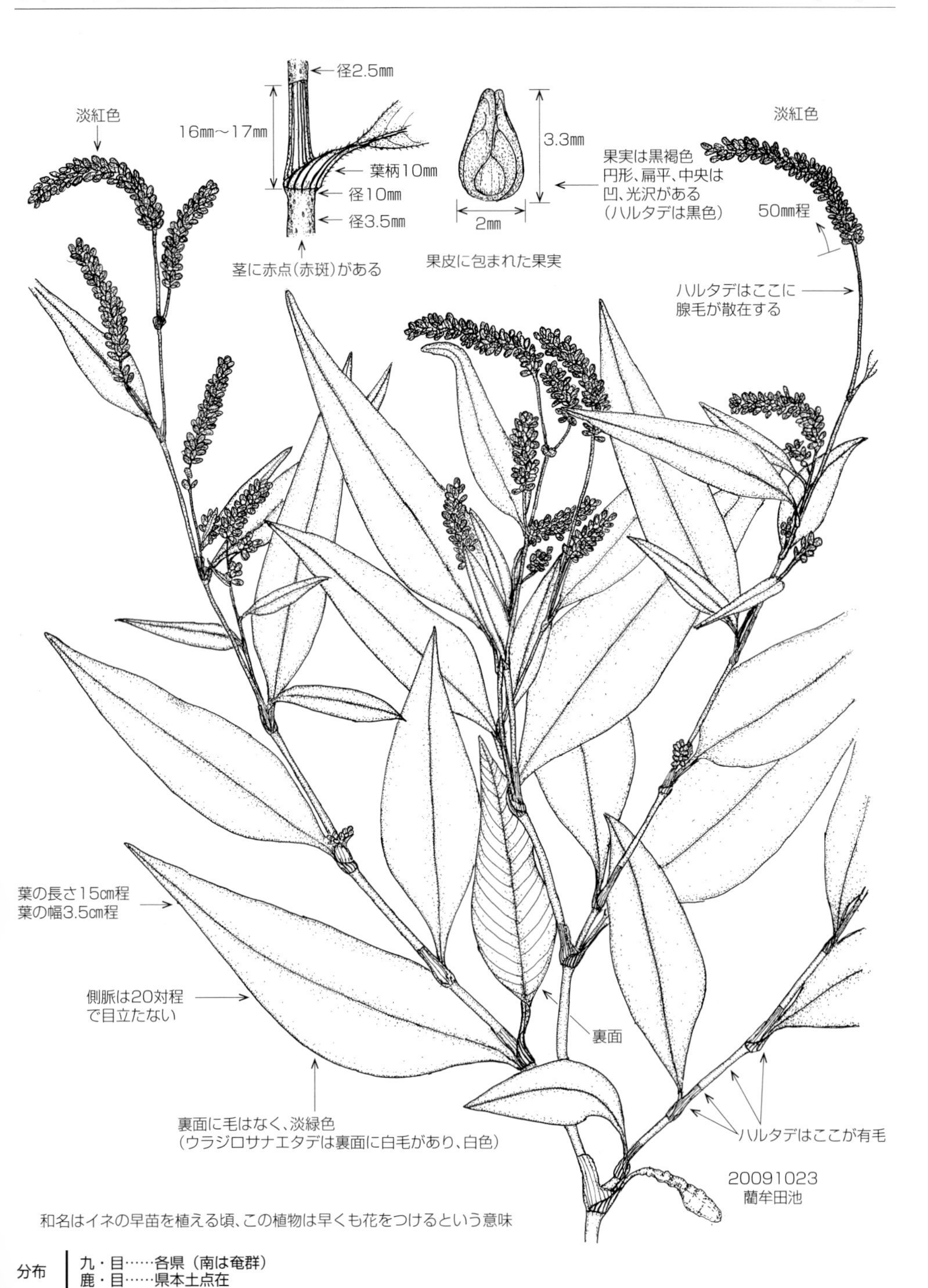

シマヒメタデ　[タデ科　イヌタデ属]　　*Persicaria kawagoeana*

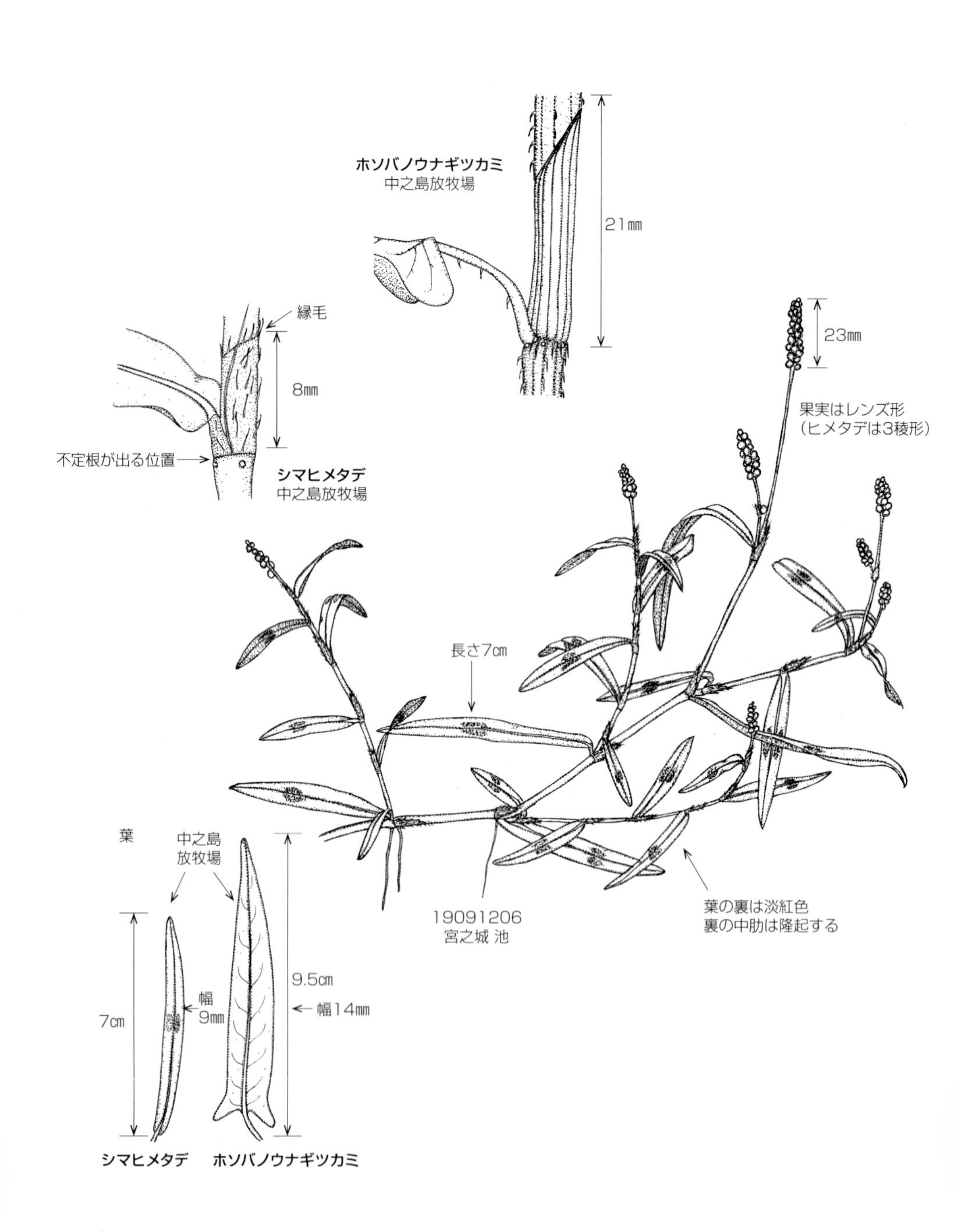

分布　九・目……各県（南は種 吐 奄大 沖永 与）
　　　鹿・目……川内 樋脇 市来 吹上 種口永 平諏宝 奄大 沖永 与

シロバナサクラタデ　[タデ科　イヌタデ属]　*Persicaria japonica*

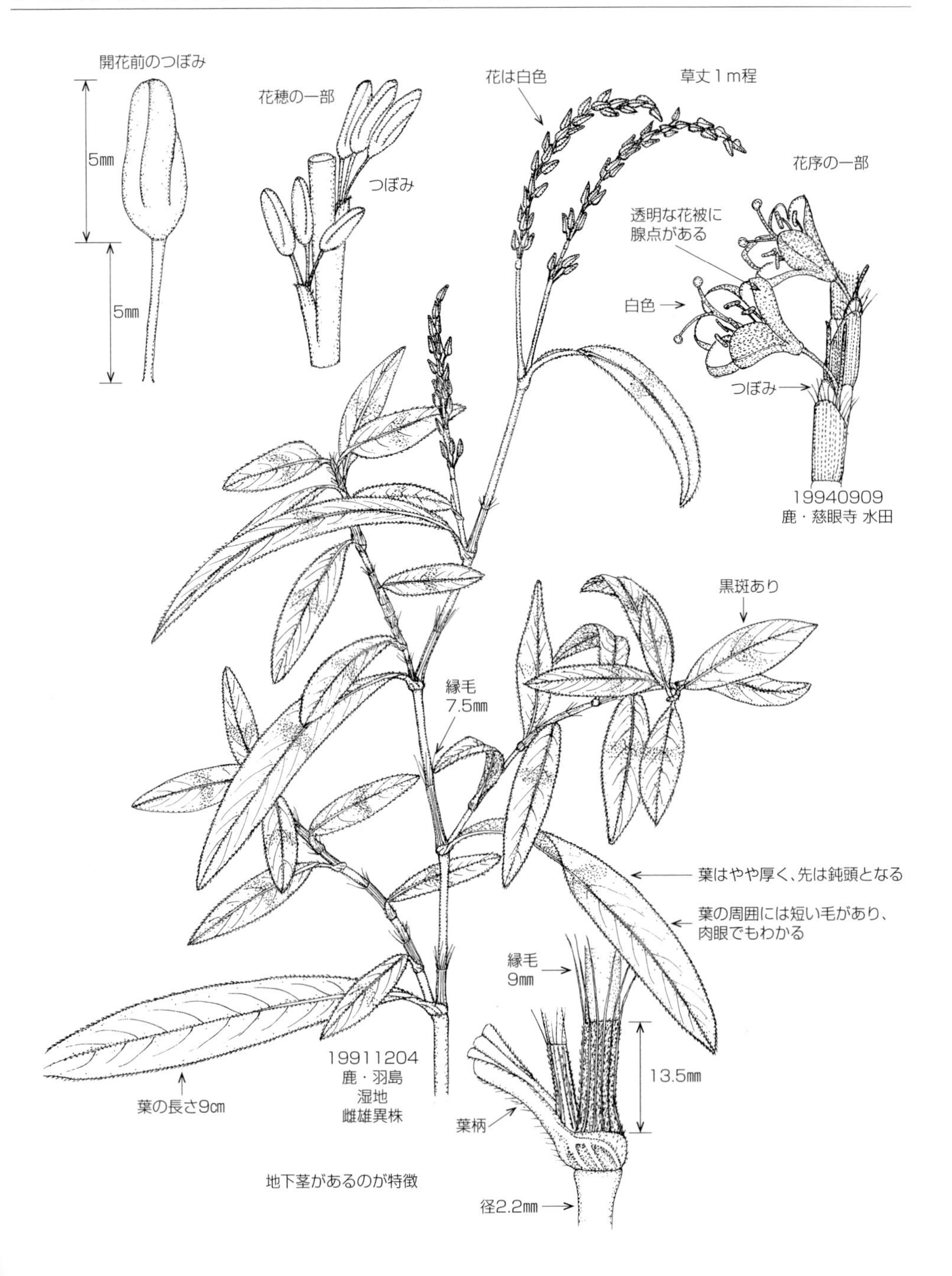

分布
九・目……各県（南は鹿の奄群）
鹿・目……県本土各地　甑　屋　種　喜　奄大

ツルソバ　[タデ科　イヌタデ属]　　Persicaria chinensis

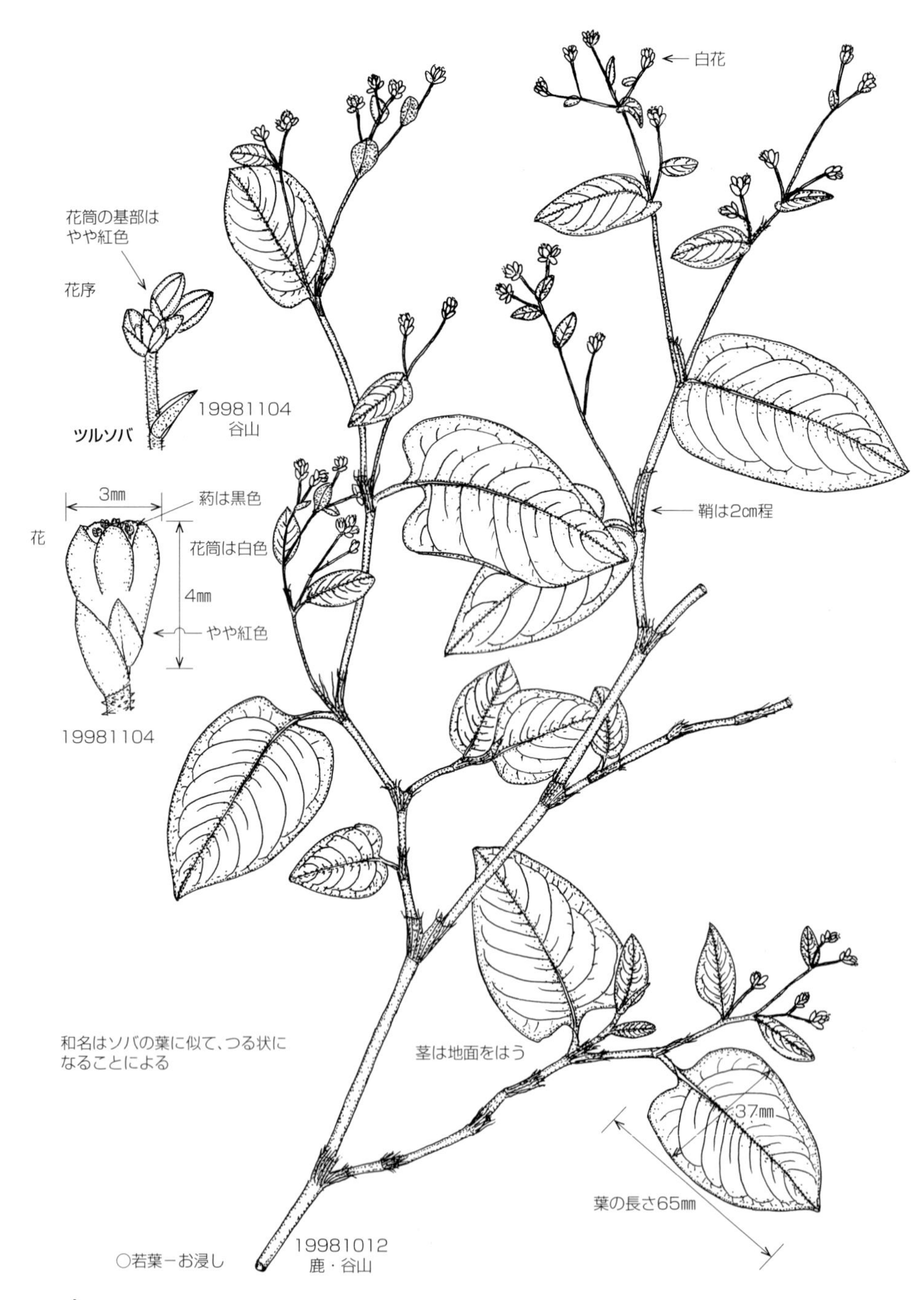

トゲソバ（ママコノシリヌグイ）　[タデ科　イヌタデ属]　　*Persicaria senticosa*

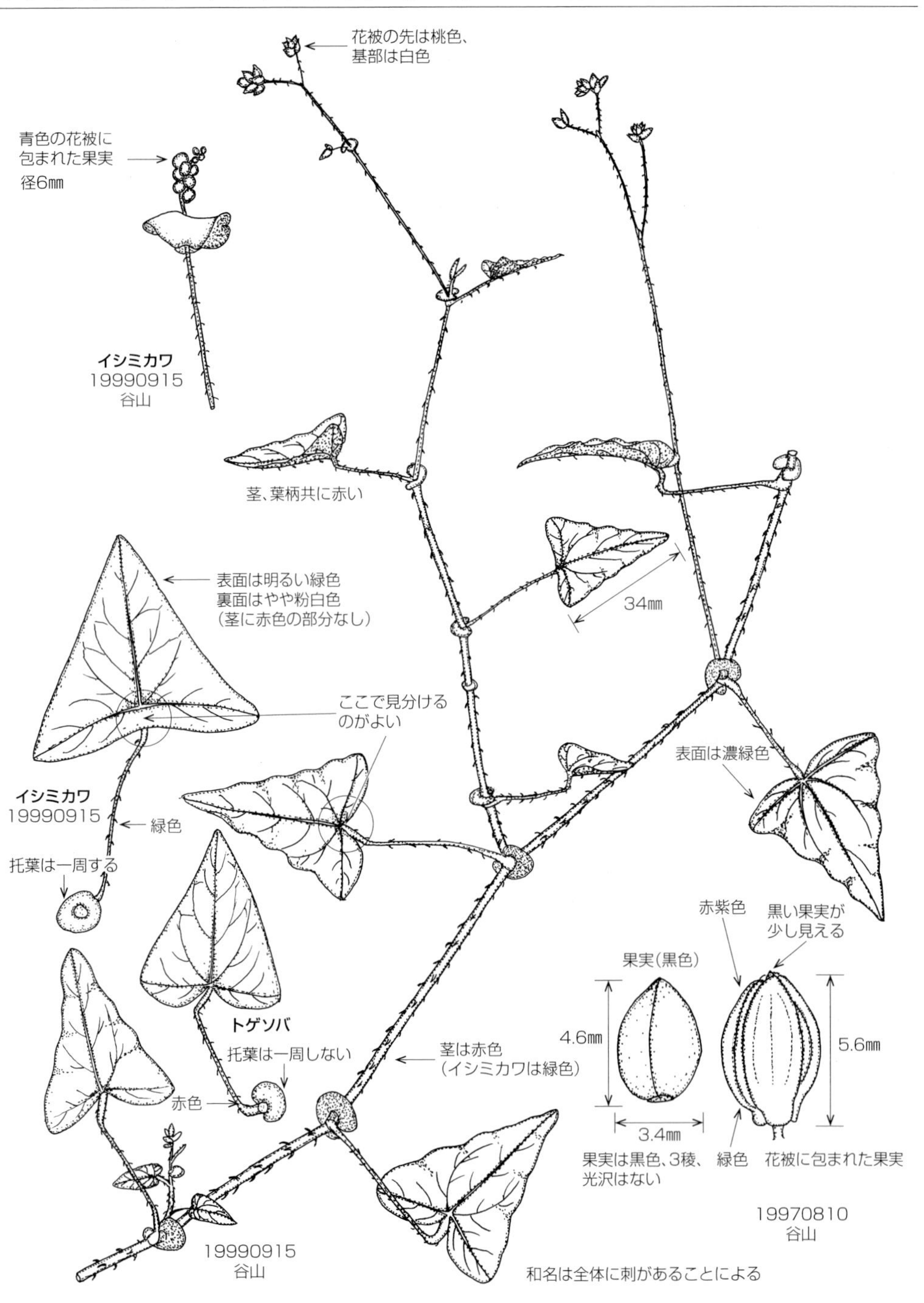

分布　｜　九・目……各県（南は奄群）
　　　｜　鹿・目……各地

ハナタデ [タデ科 イヌタデ属] *Persicaria posumbu*

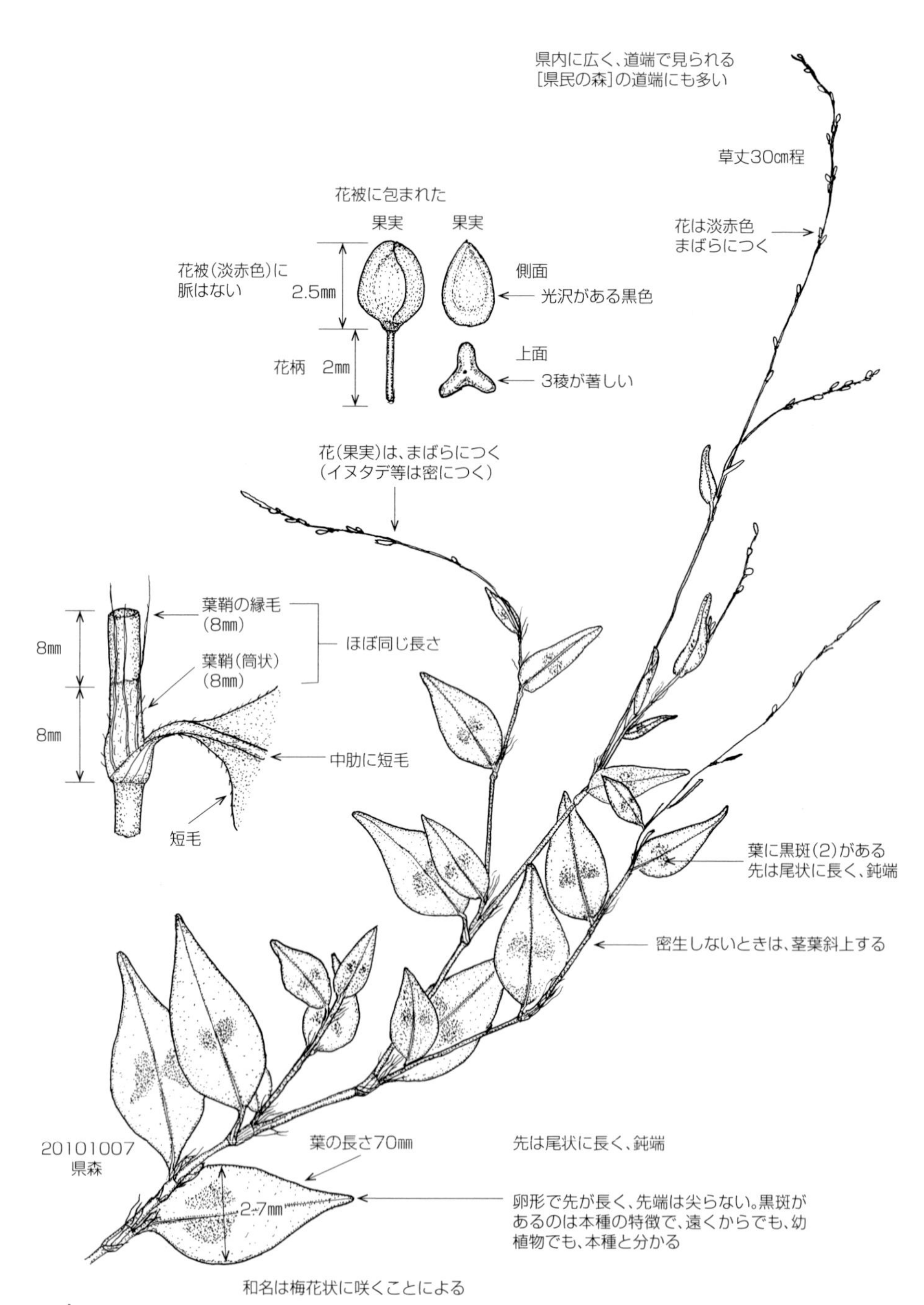

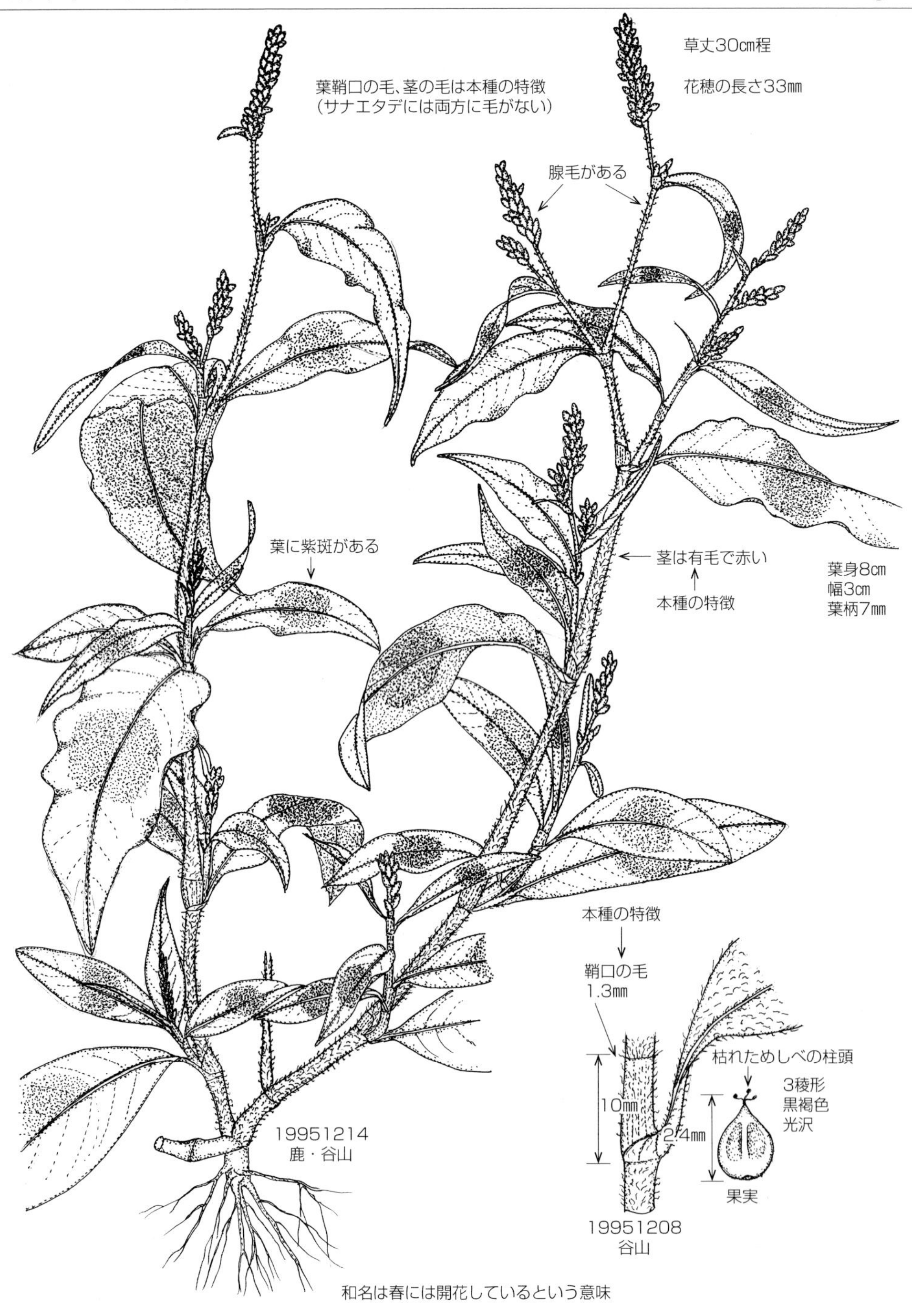

ヒメツルソバ　[タデ科　イヌタデ属]　　　　　　*Persicaria capitata*

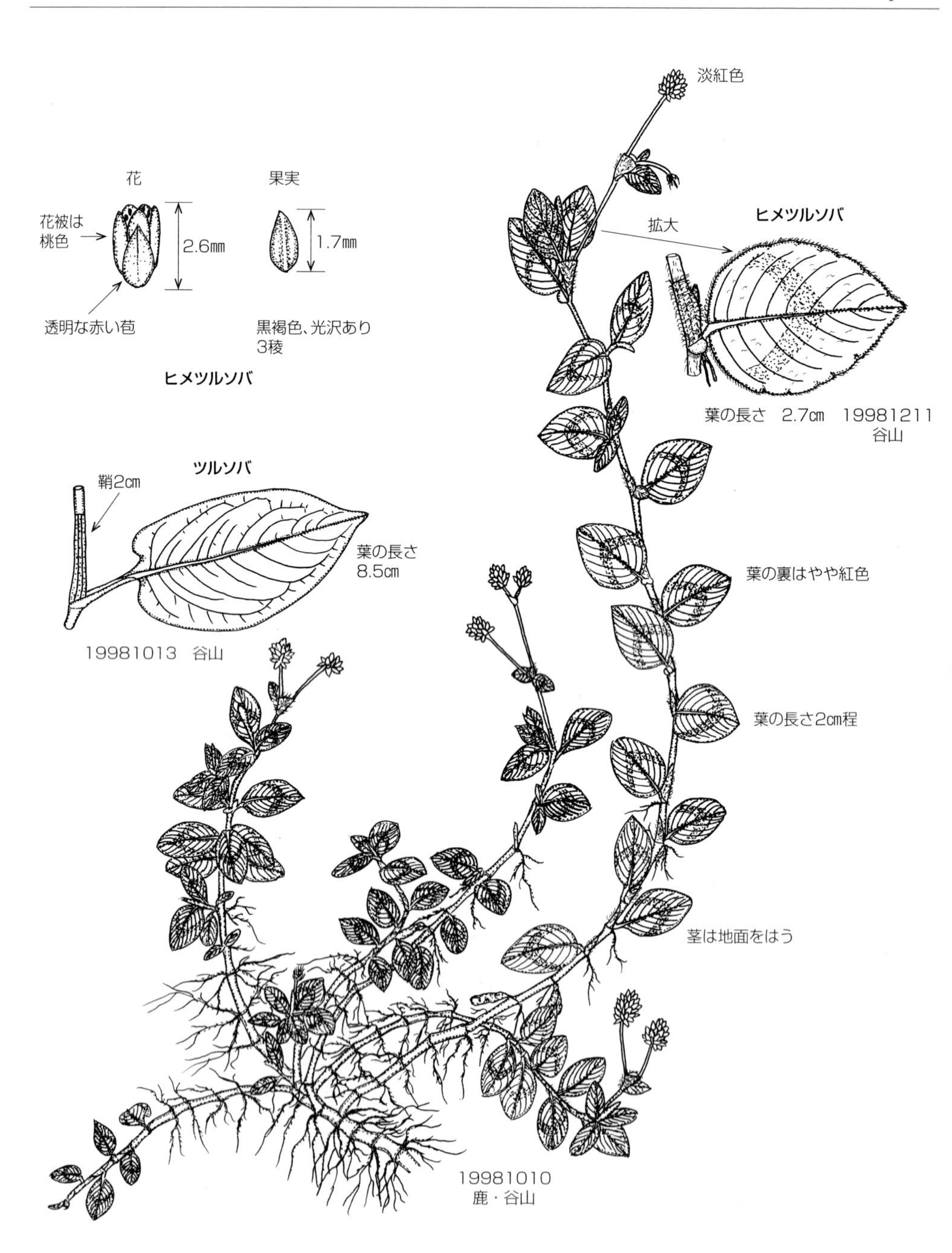

ホソバノウナギツカミ [タデ科 イヌタデ属]   *Persicaria hastato-auriculata*

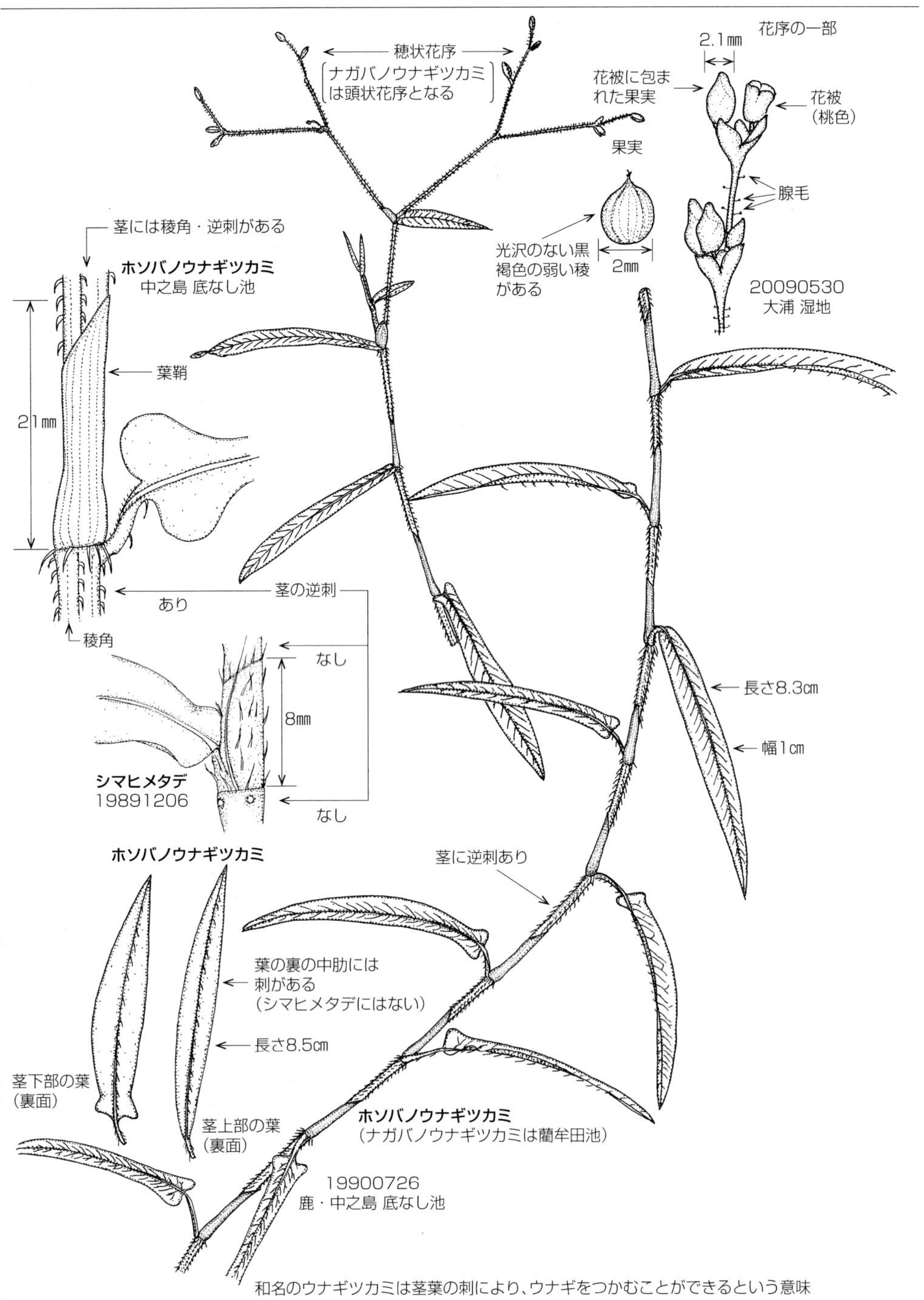

ボントクタデ　[タデ科　イヌタデ属]　　*Persicaria pubescens*

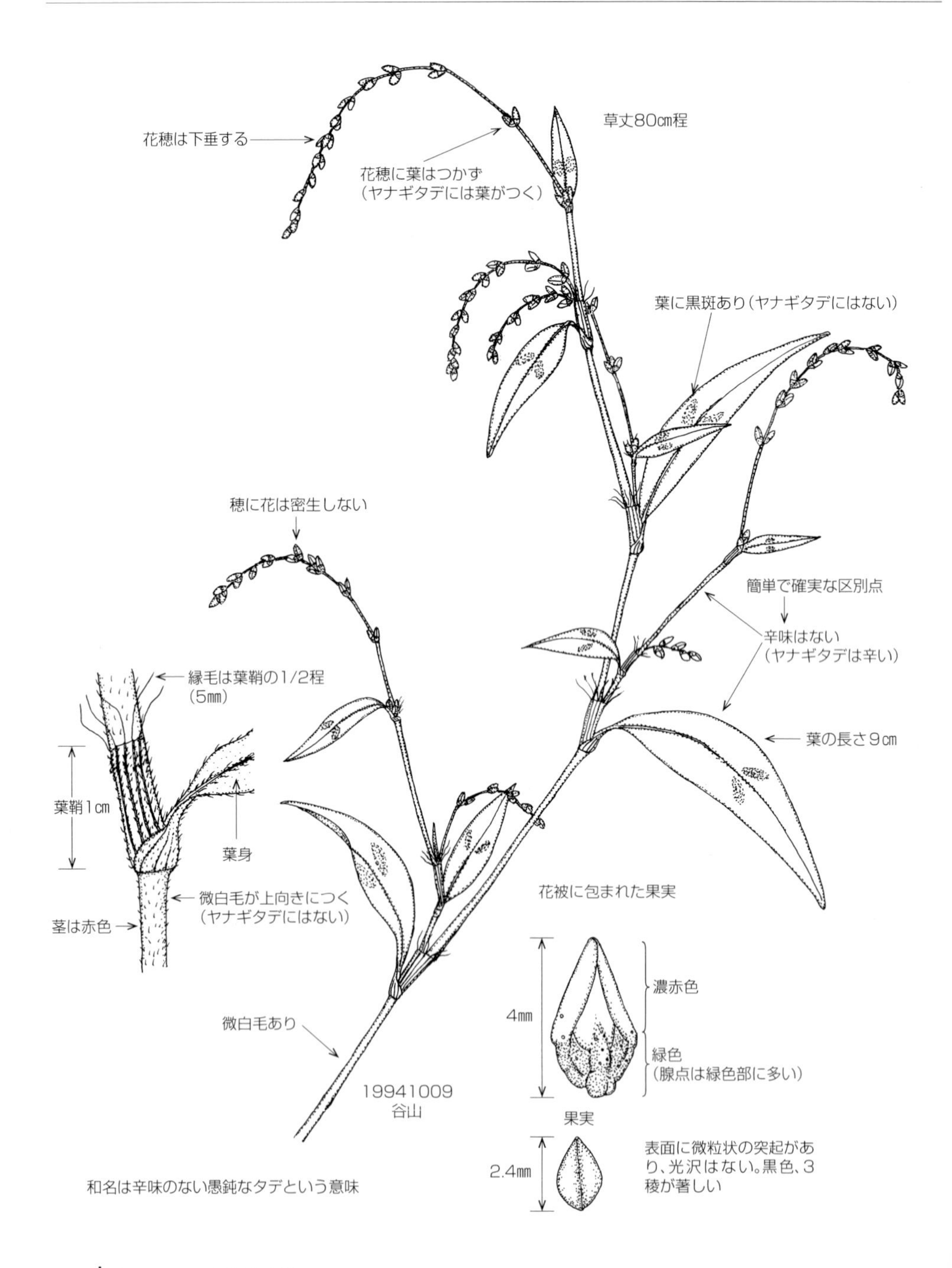

ミゾソバ（ウシノヒタイ）　[タデ科　イヌタデ属]　　*Persicaria thunbergii*

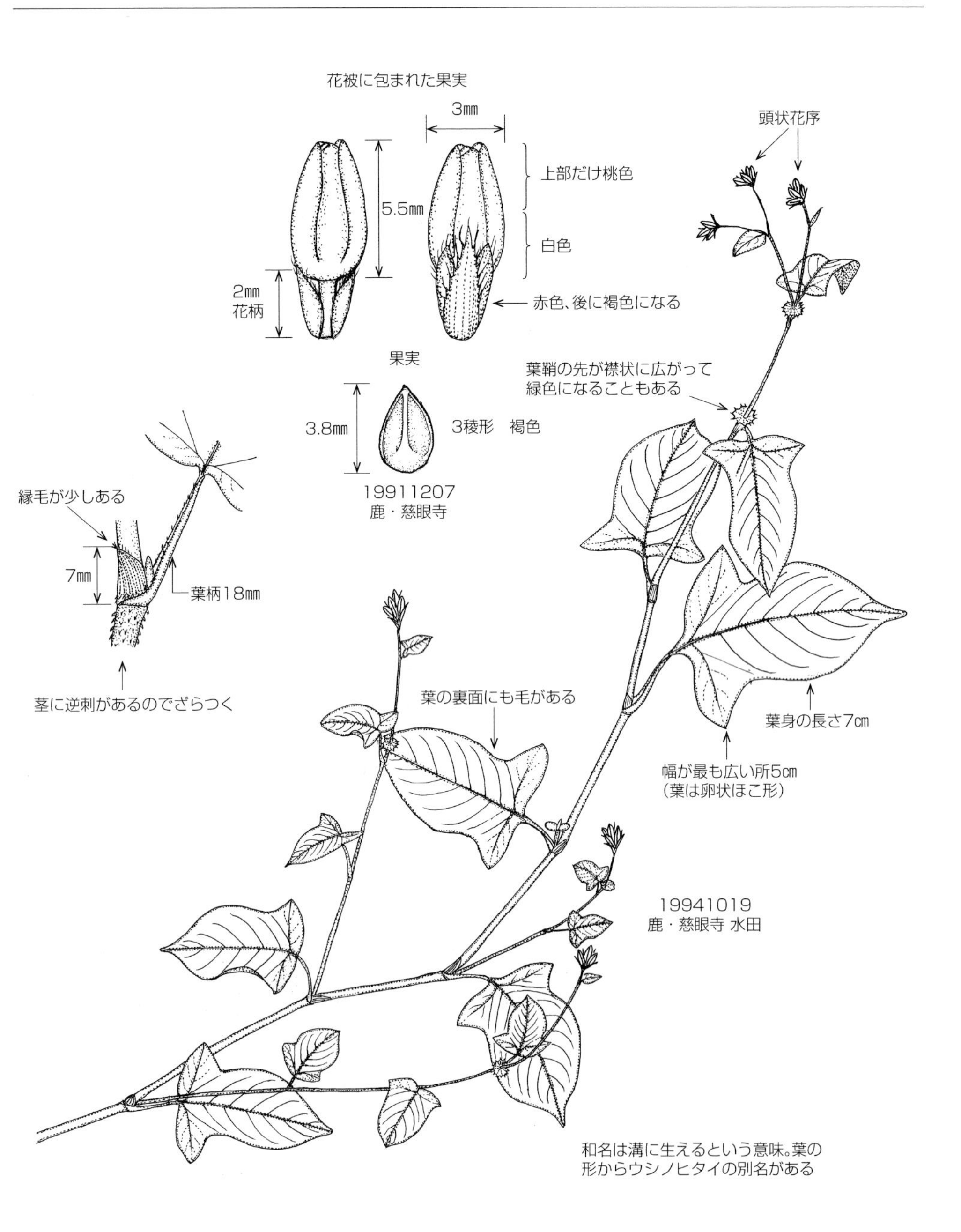

○若葉－お浸し　和え物

分布　九・目……各県（南限は鹿の諏、名瀬市のものは帰化）
　　　鹿・目……県本土　甑　屋　種　口永　口之　諏　名瀬（逸出）

ヤナギタデ　[タデ科　イヌタデ属]　　*Persicaria hydropiper*

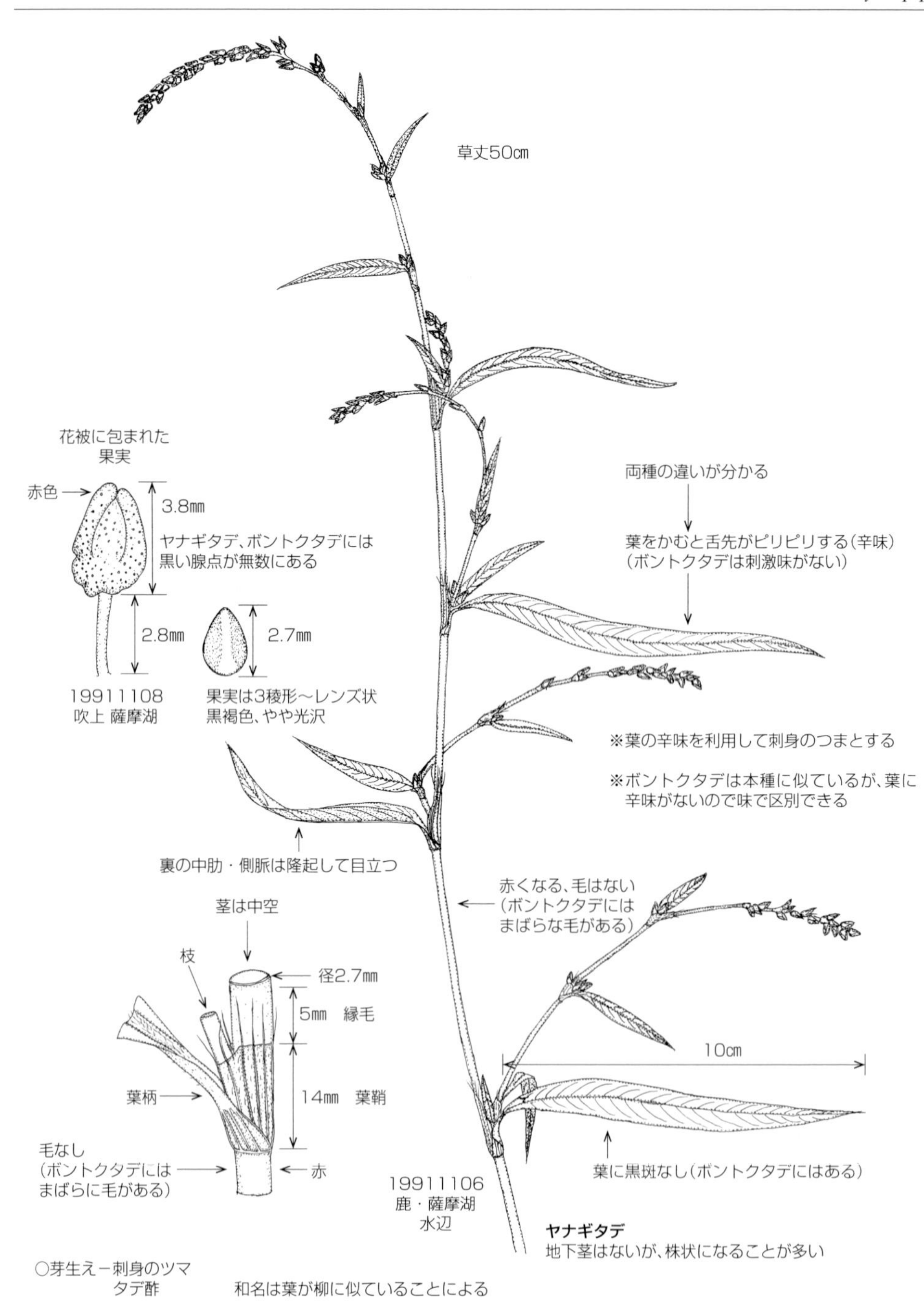

ヤノネグサ　[タデ科　イヌタデ属]　　*Persicaria nipponensis*

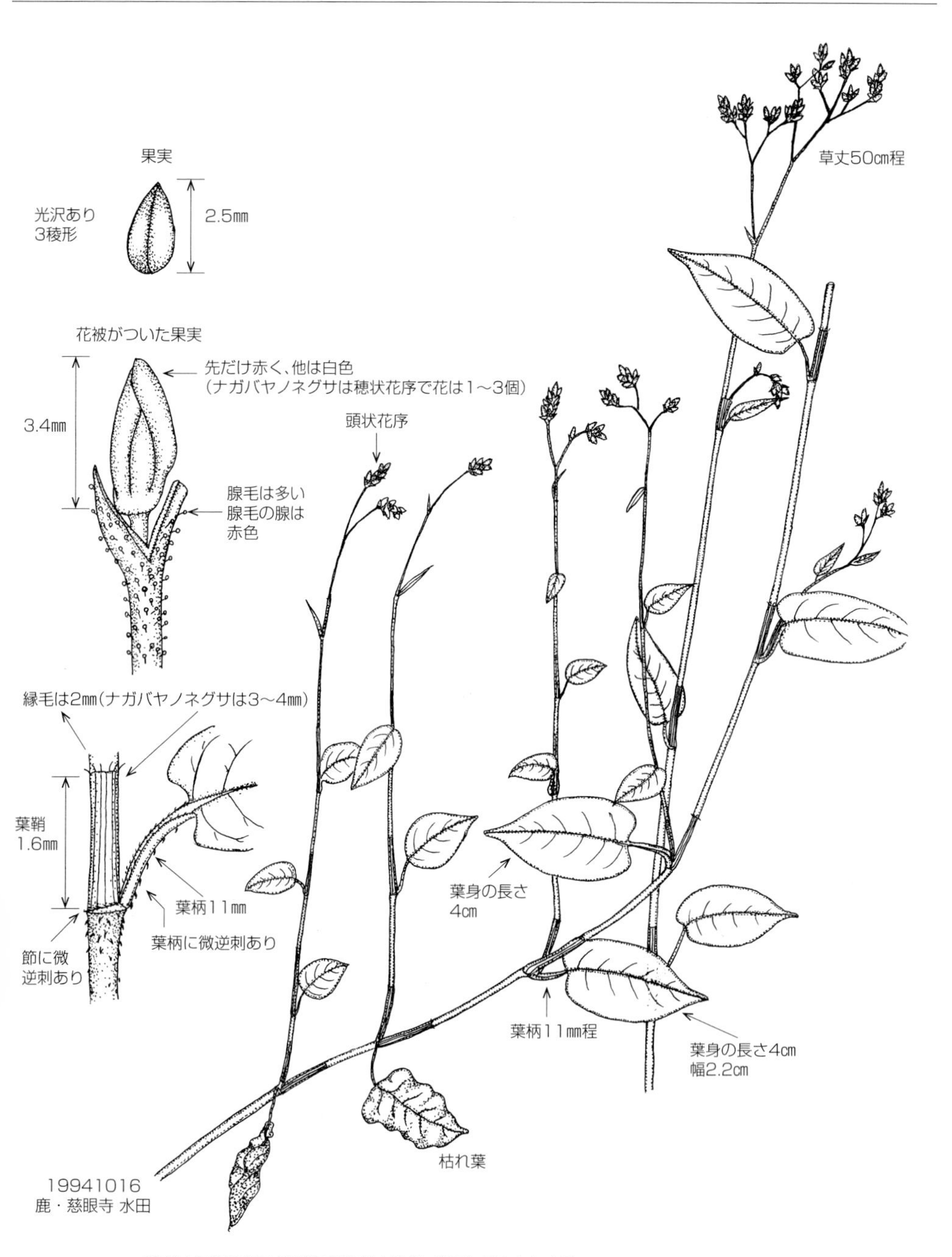

和名は矢の根草で、葉が矢の根（やじり）に似ていることによる

分布　九・目……各県（南限は鹿の種　中）
　　　鹿・目……上甑島　大口（羽月）　湯之尾　宮之城　冠岳　蒲生　国分　鹿　阿多

リュウキュウヤノネグサ（ナツノウナギツカミ） ［タデ科 イヌタデ属］ *Persicaria dichotoma*

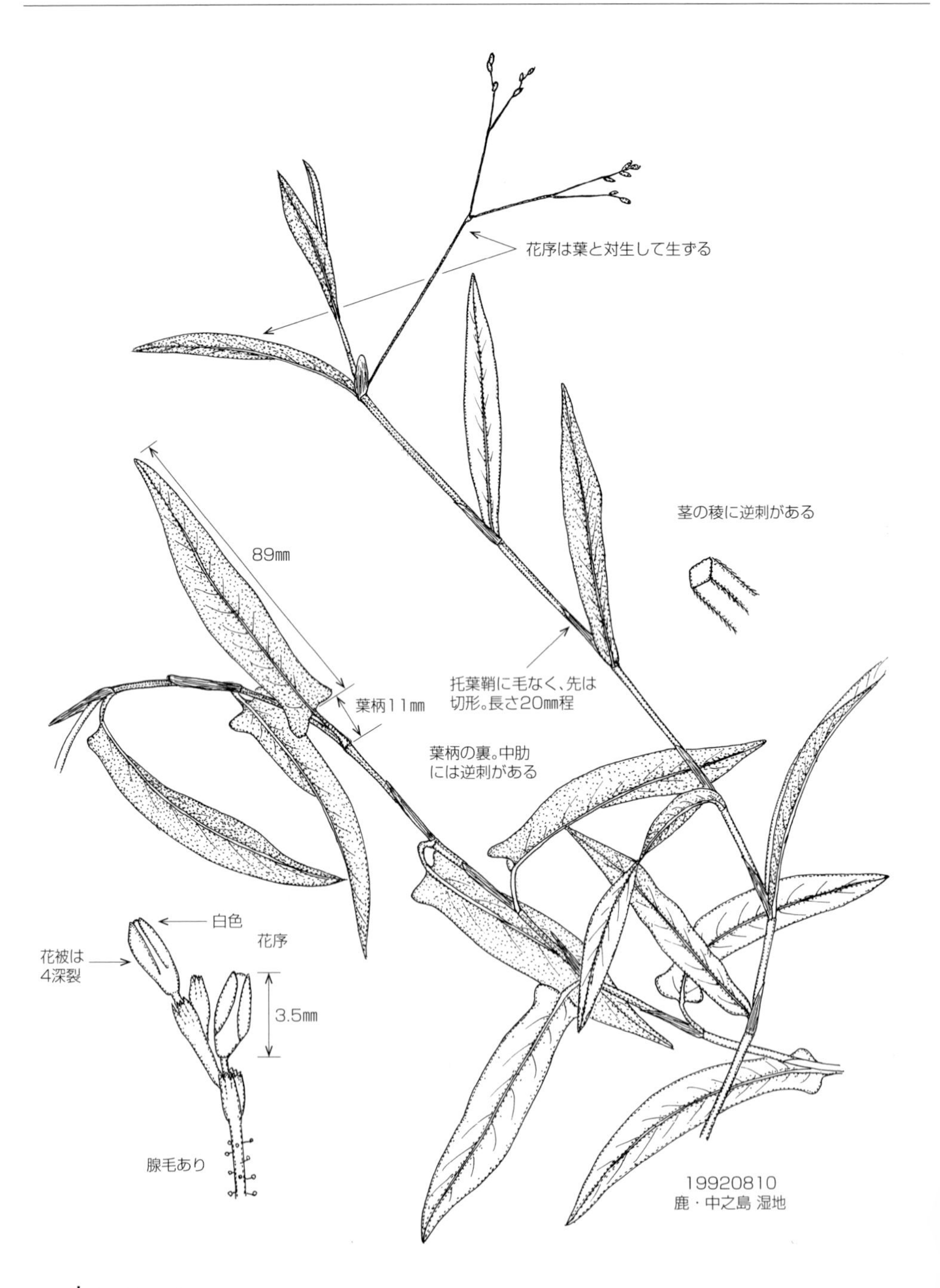

分布 ｜ 九・目……鹿
　　 ｜ 鹿・目……種　中　奄大　徳　沖永

ハイミチヤナギ　[タデ科　ミチヤナギ属]　*Polygonum arenastrum*

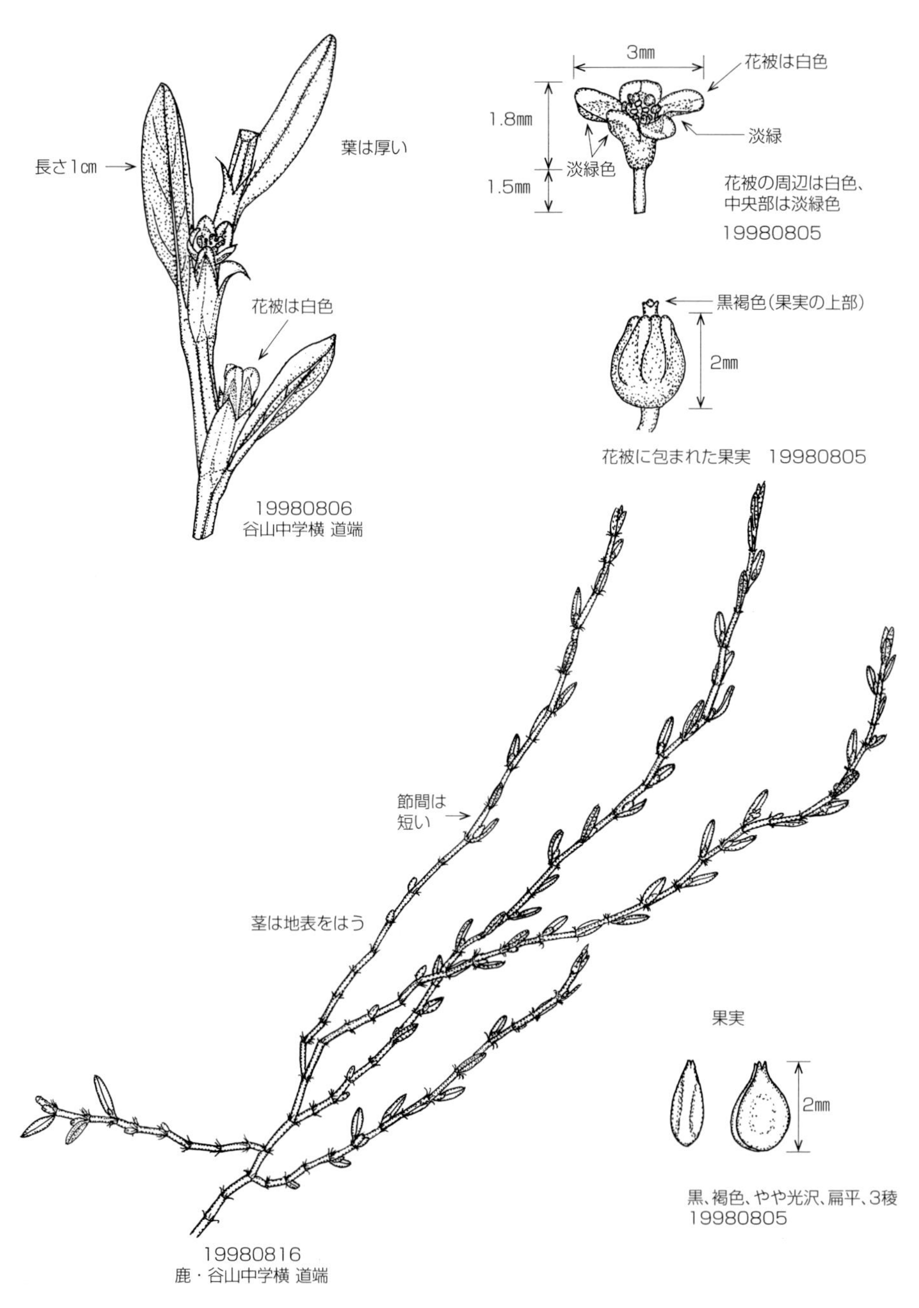

和名は道に生える柳のような葉をもつタデという意味

分布　九・目……福（小倉）　宮（宮崎）　鹿（鹿屋）　欧・亜原産
　　　鹿・目……記載がない

ハマミチヤナギ（アキノミチヤナギ） [タデ科　ミチヤナギ属]　　*Polygonum polyneuron*

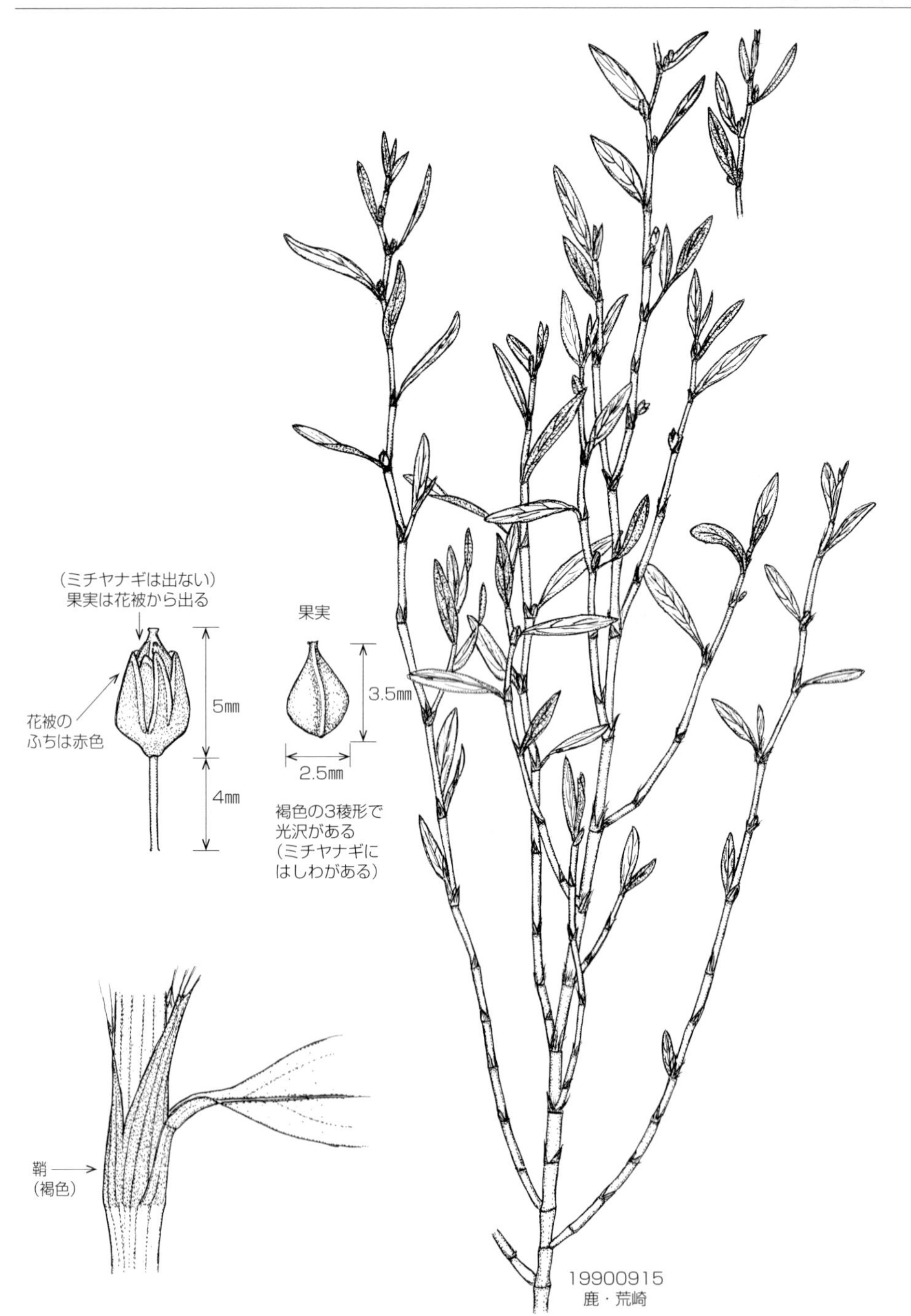

（ミチヤナギは出ない）
果実は花被から出る

花被の
ふちは赤色

5mm
4mm

果実
3.5mm
2.5mm

褐色の3稜形で
光沢がある
（ミチヤナギに
はしわがある）

鞘
（褐色）

19900915
鹿・荒崎

分布　｜九・目……宮を除く各県の海岸（南限は鹿の出水　甑）
　　　　鹿・目……出水（荒崎）　甑（ナマコ池）

ミチヤナギ　[タデ科　ミチヤナギ属]　　Polygonum aviculare

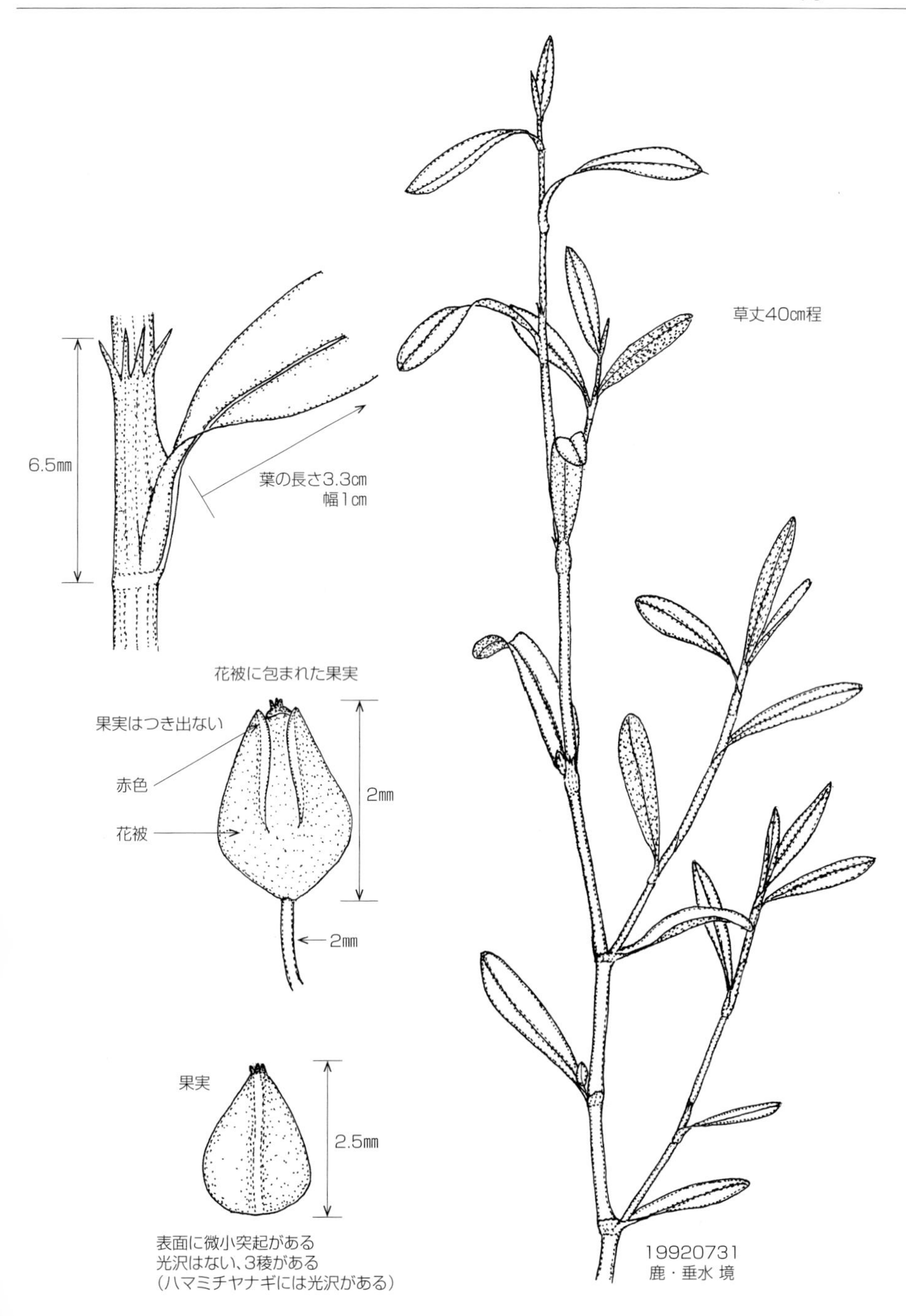

アレチギシギシ　[タデ科　ギシギシ属]　　　*Rumex conglomeratus*

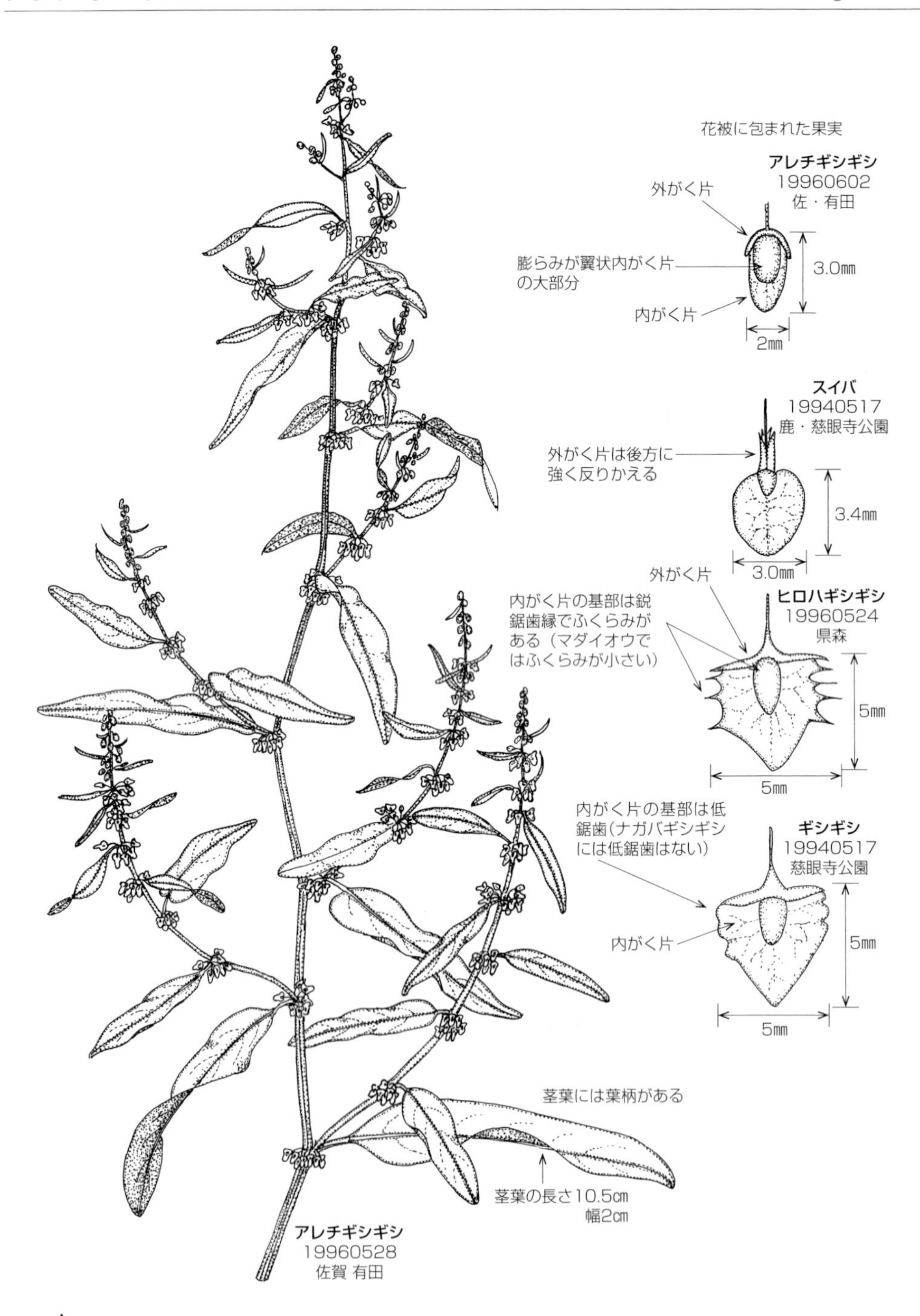

ギシギシ [タデ科　ギシギシ属]　　*Rumex japonicus*

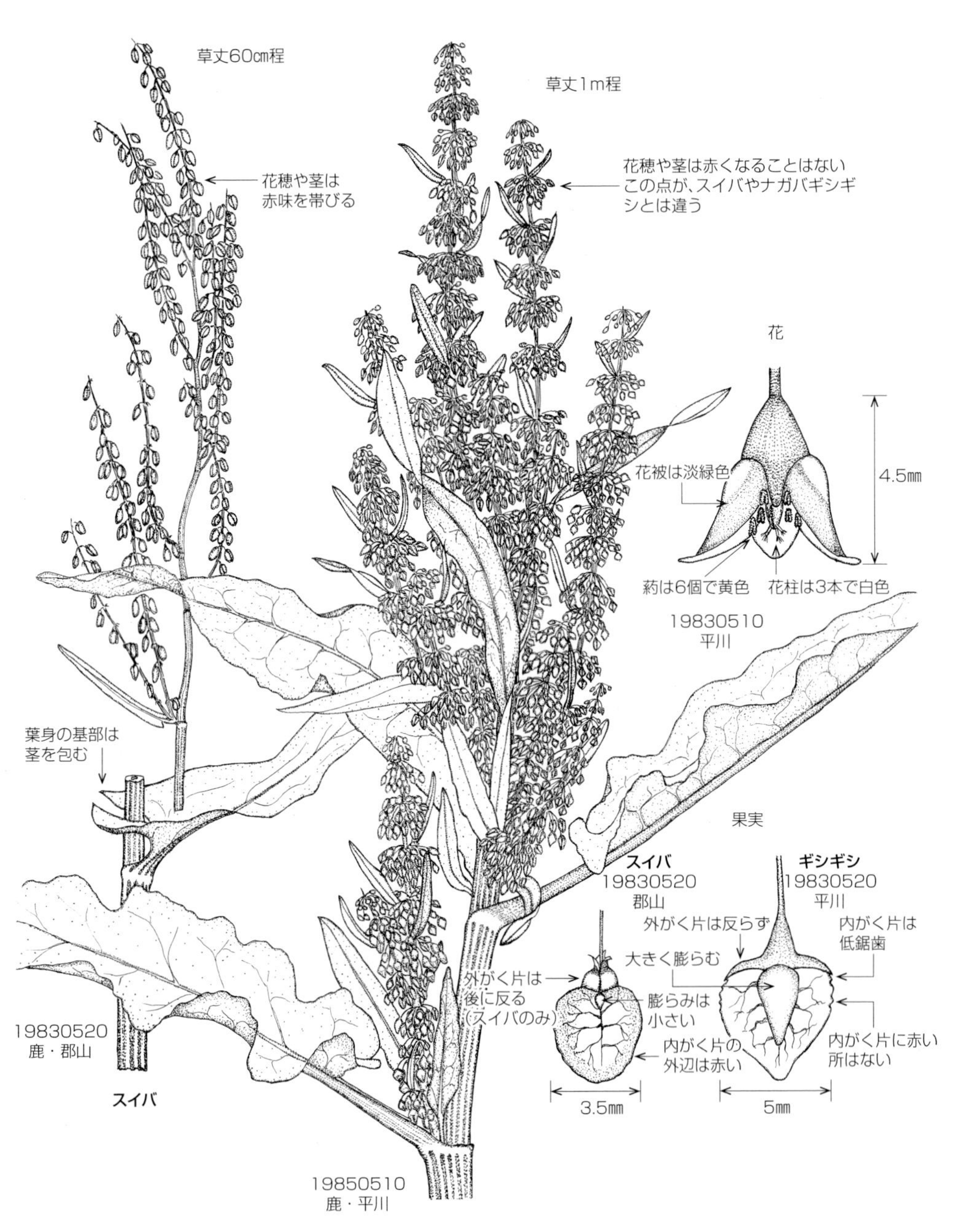

○葉－和え物、お浸し、油炒め　　　和名は茎と茎とをすり合わすとギシギシということによるともいう

分布 ｜ 九・目……各県（南は奄群）
　　　｜ 鹿・目……各地

コギシギシ [タデ科　ギシギシ属]　　*Rumex dentatus*

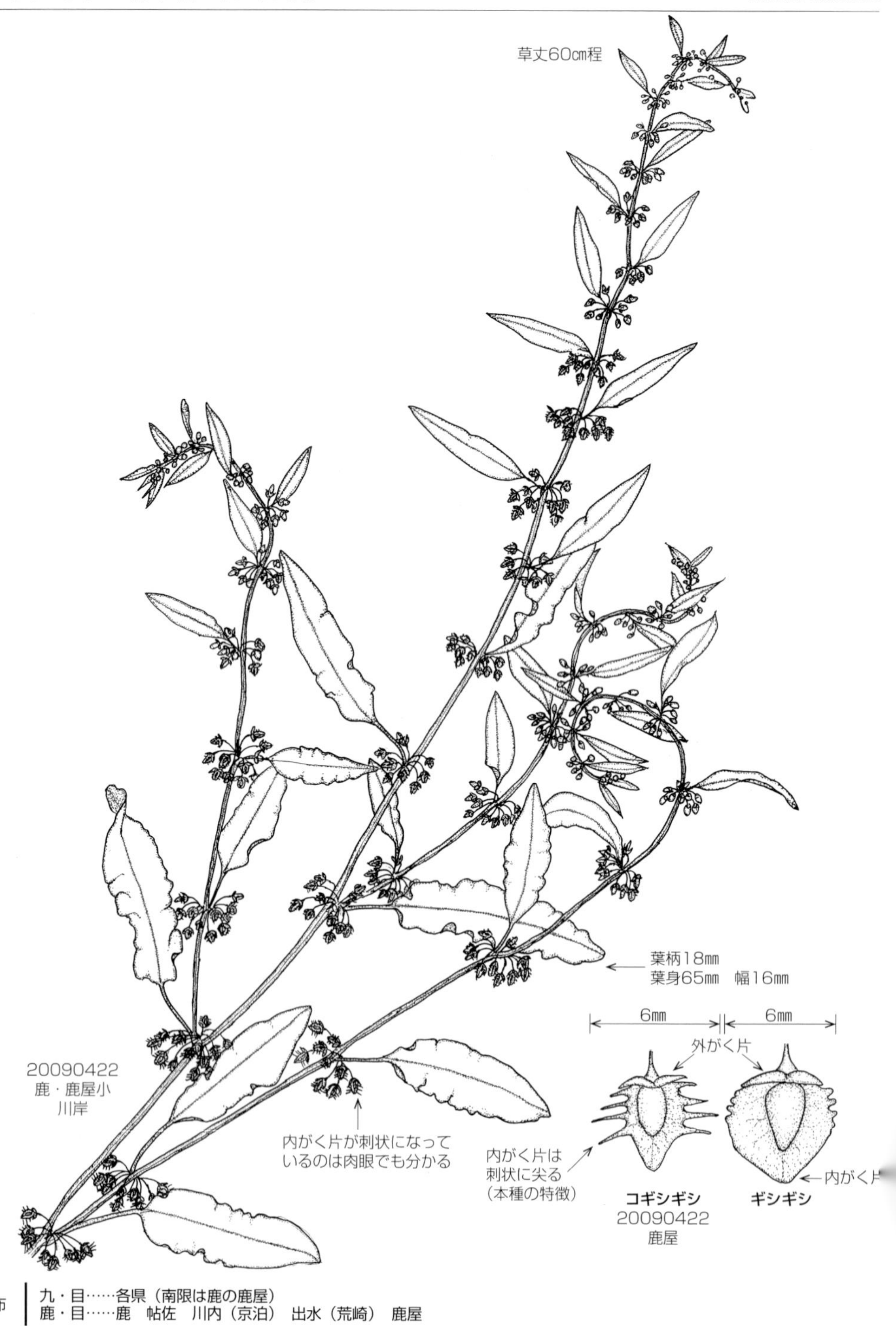

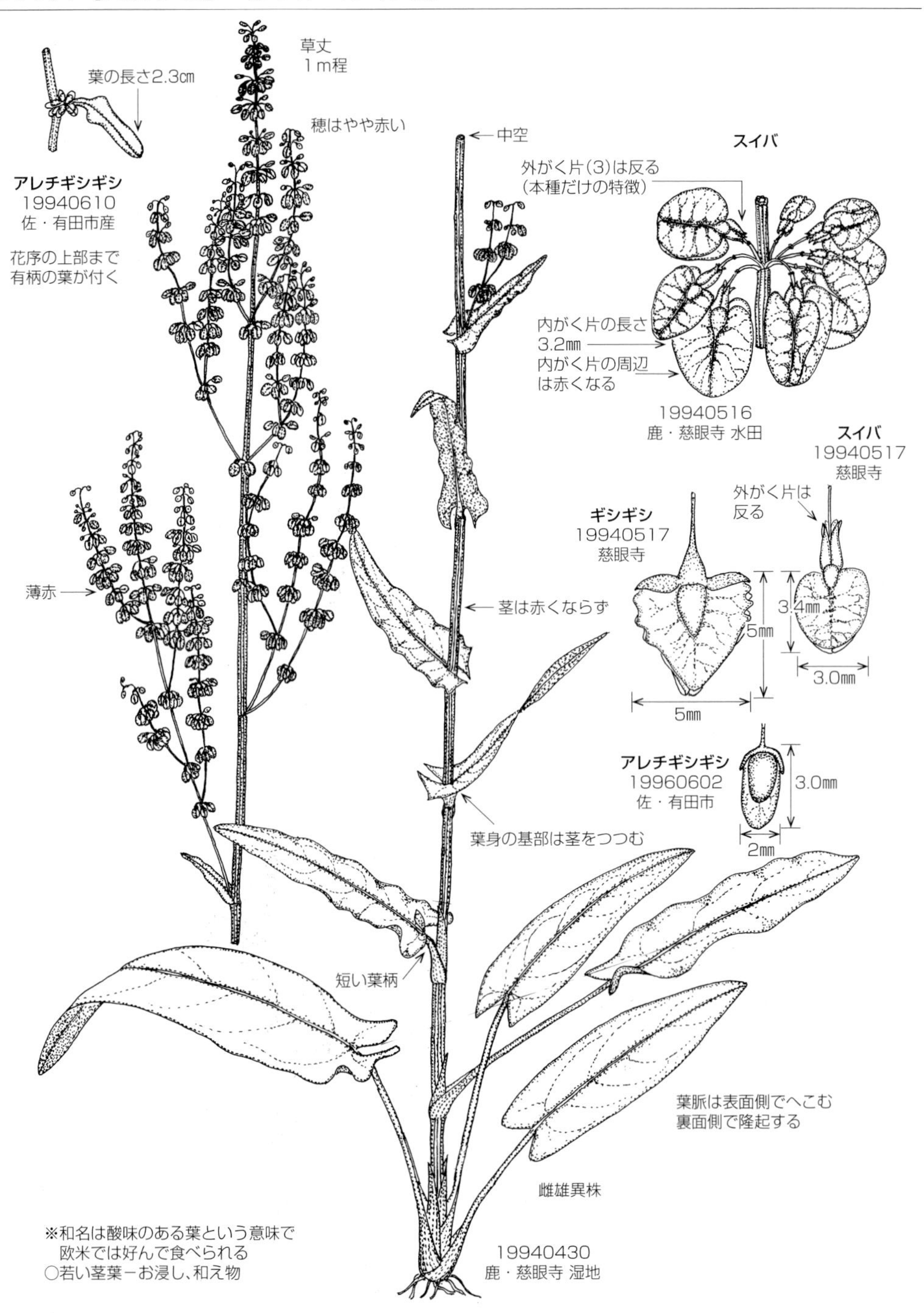

ナガバギシギシ　[タデ科　ギシギシ属]　*Rumex crispus*

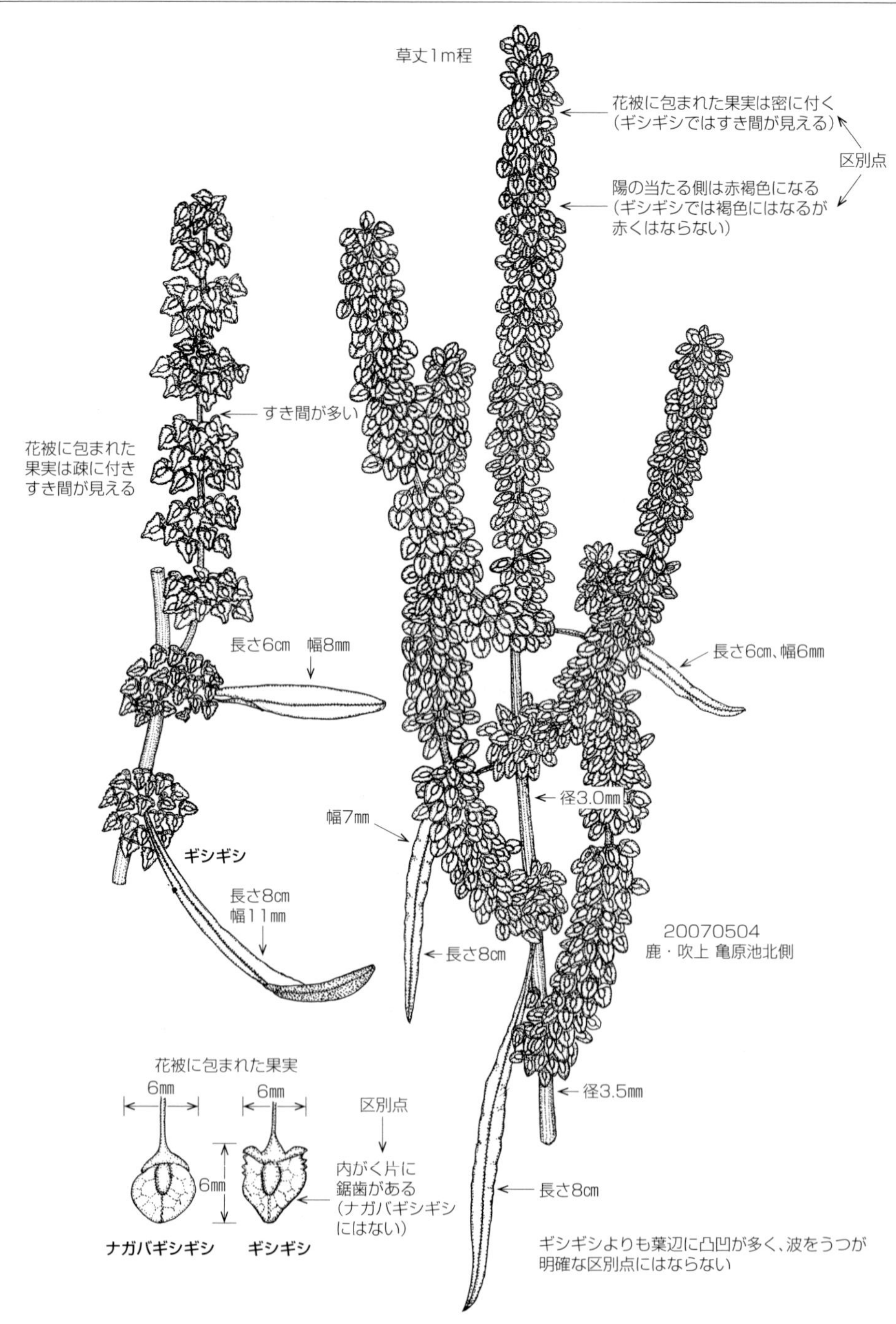

ヒメスイバ　[タデ科　ギシギシ属]　　*Rumex acetosella*

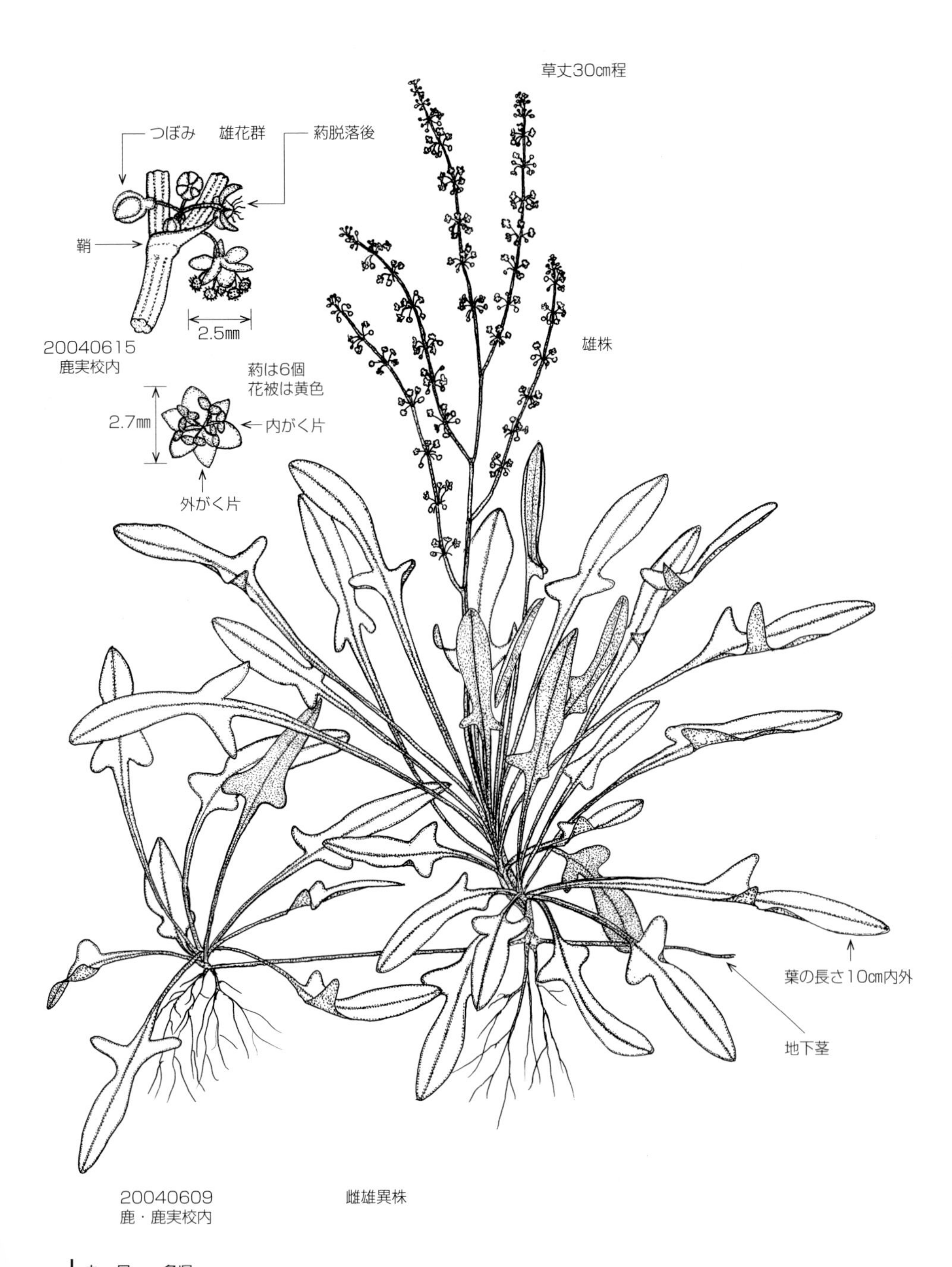

ヒロハギシギシ（エゾノギシギシ）　[タデ科　ギシギシ属]　*Rumex obtusifolius*

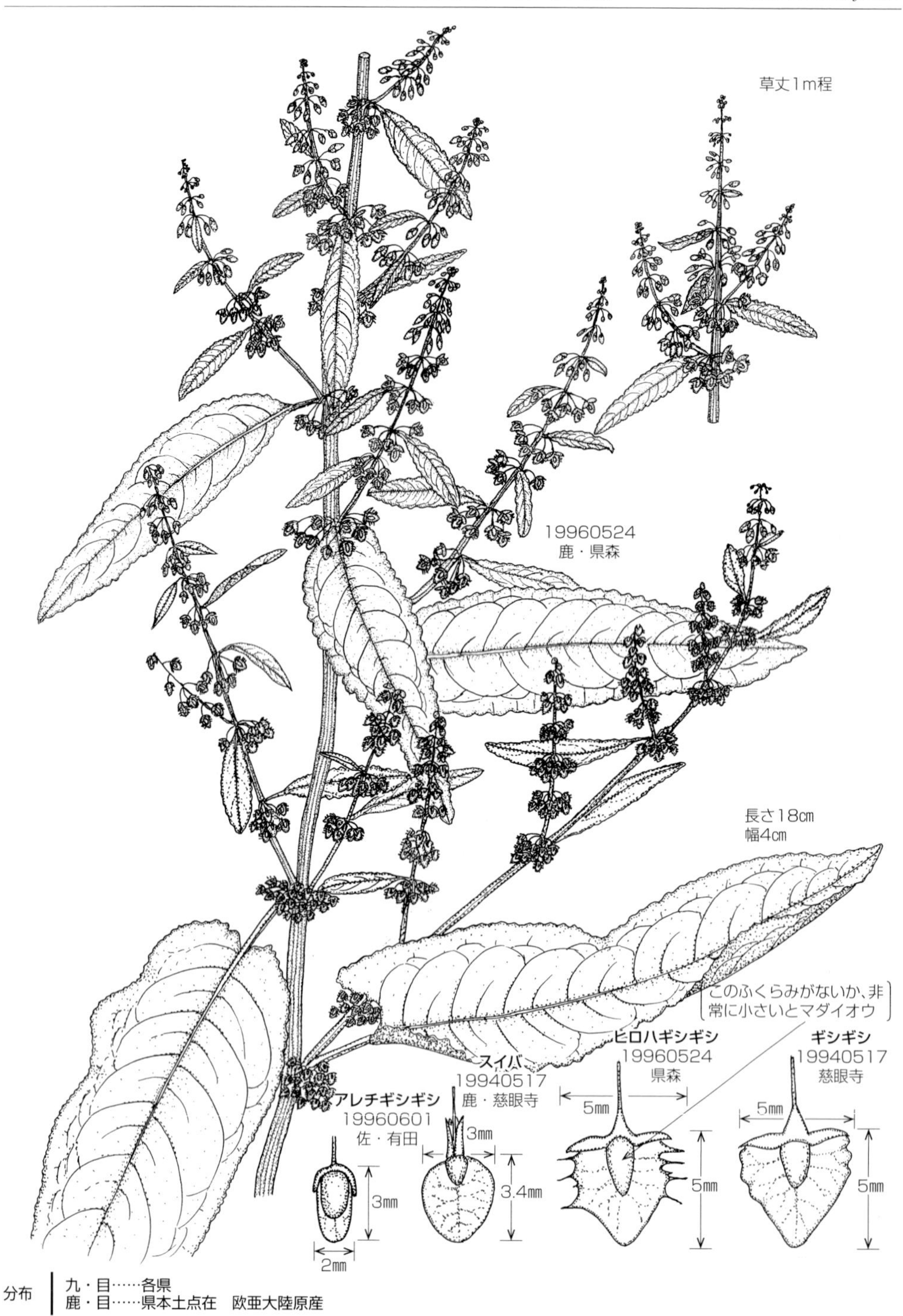

分布　九・目……各県
　　　鹿・目……県本土点在　欧亜大陸原産

マダイオウ　[タデ科　ギシギシ属]　　　*Rumex madaio*

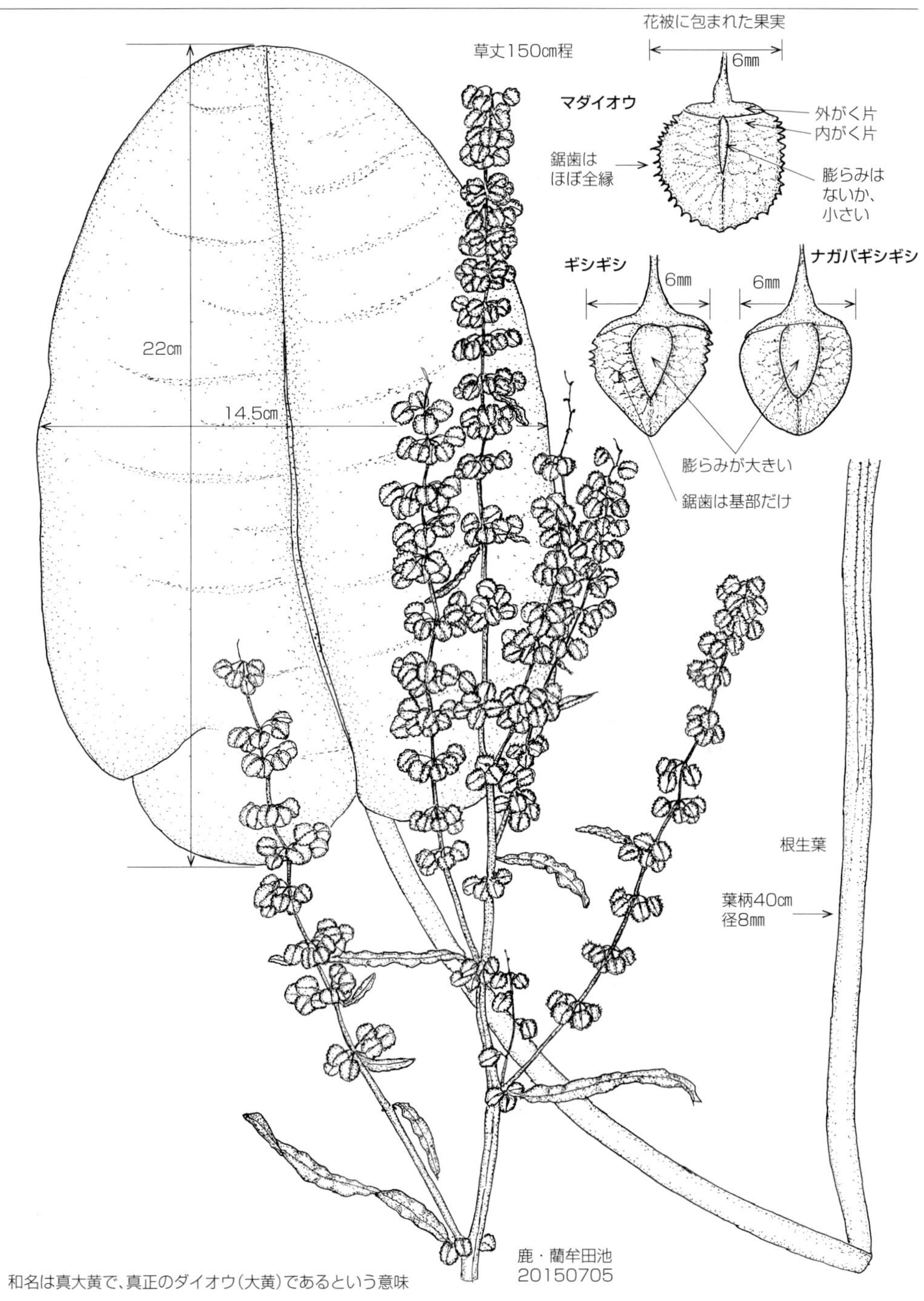

和名は真大黄で、真正のダイオウ（大黄）であるという意味

分布　九・目……福　長（西彼－雪浦）　大　佐　熊　鹿
　　　鹿・目……蘭牟田池

ノミノツヅリ　[ナデシコ科　ノミノツヅリ属]　　*Arenaria serpyllifolia*

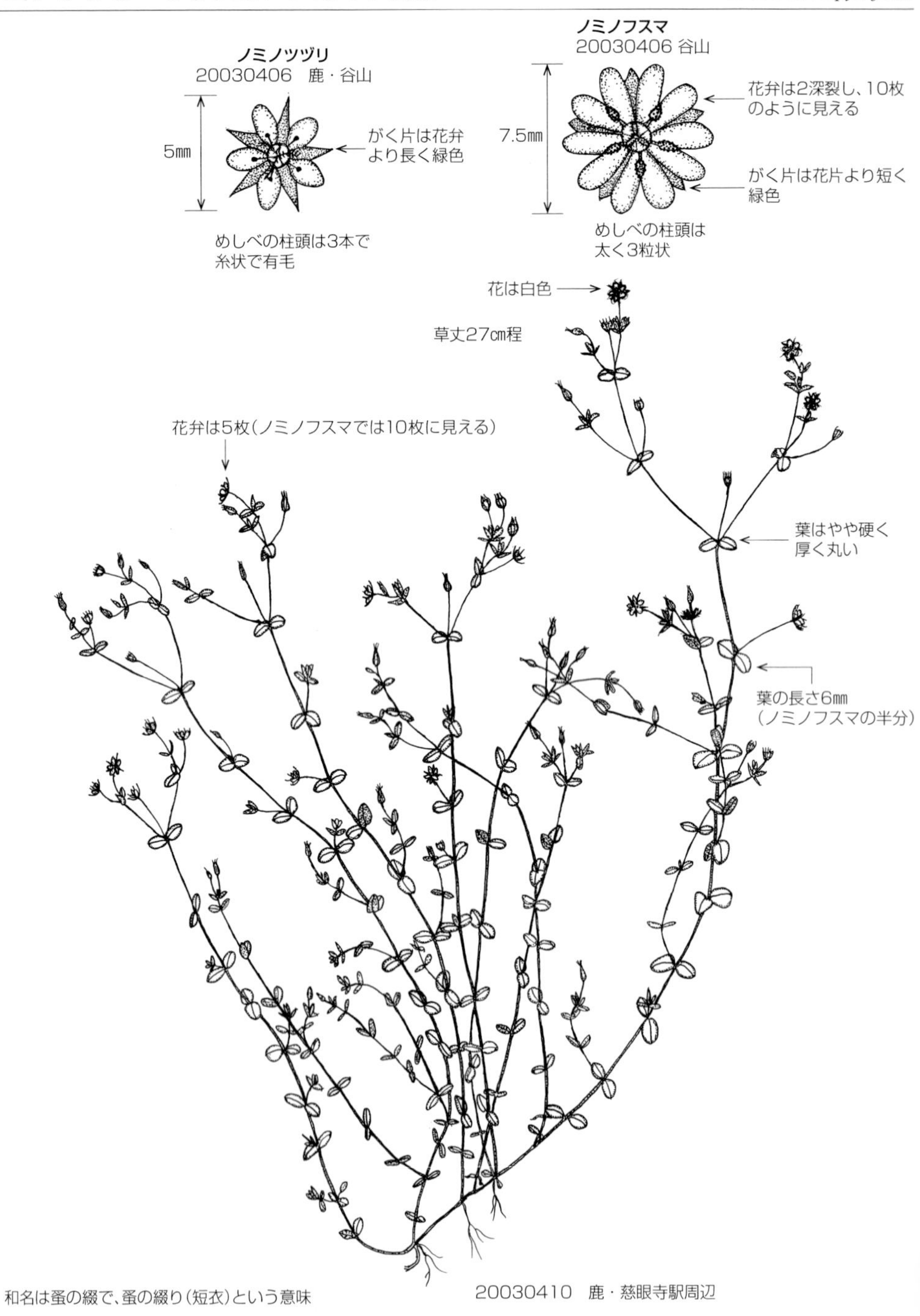

ノミノツヅリ
20030406 鹿・谷山
5mm
がく片は花弁より長く緑色
めしべの柱頭は3本で糸状で有毛

ノミノフスマ
20030406 谷山
7.5mm
花弁は2深裂し、10枚のように見える
がく片は花片より短く緑色
めしべの柱頭は太く3粒状

花は白色
草丈27cm程
花弁は5枚（ノミノフスマでは10枚に見える）
葉はやや硬く厚く丸い
葉の長さ6mm（ノミノフスマの半分）

20030410　鹿・慈眼寺駅周辺

和名は蚤の綴で、蚤の綴り（短衣）という意味

分布　九・目……各県
　　　鹿・目……各地　欧・亜北部原産

オランダミミナグサ　[ナデシコ科　ミミナグサ属]　*Cerastium glomeratum*

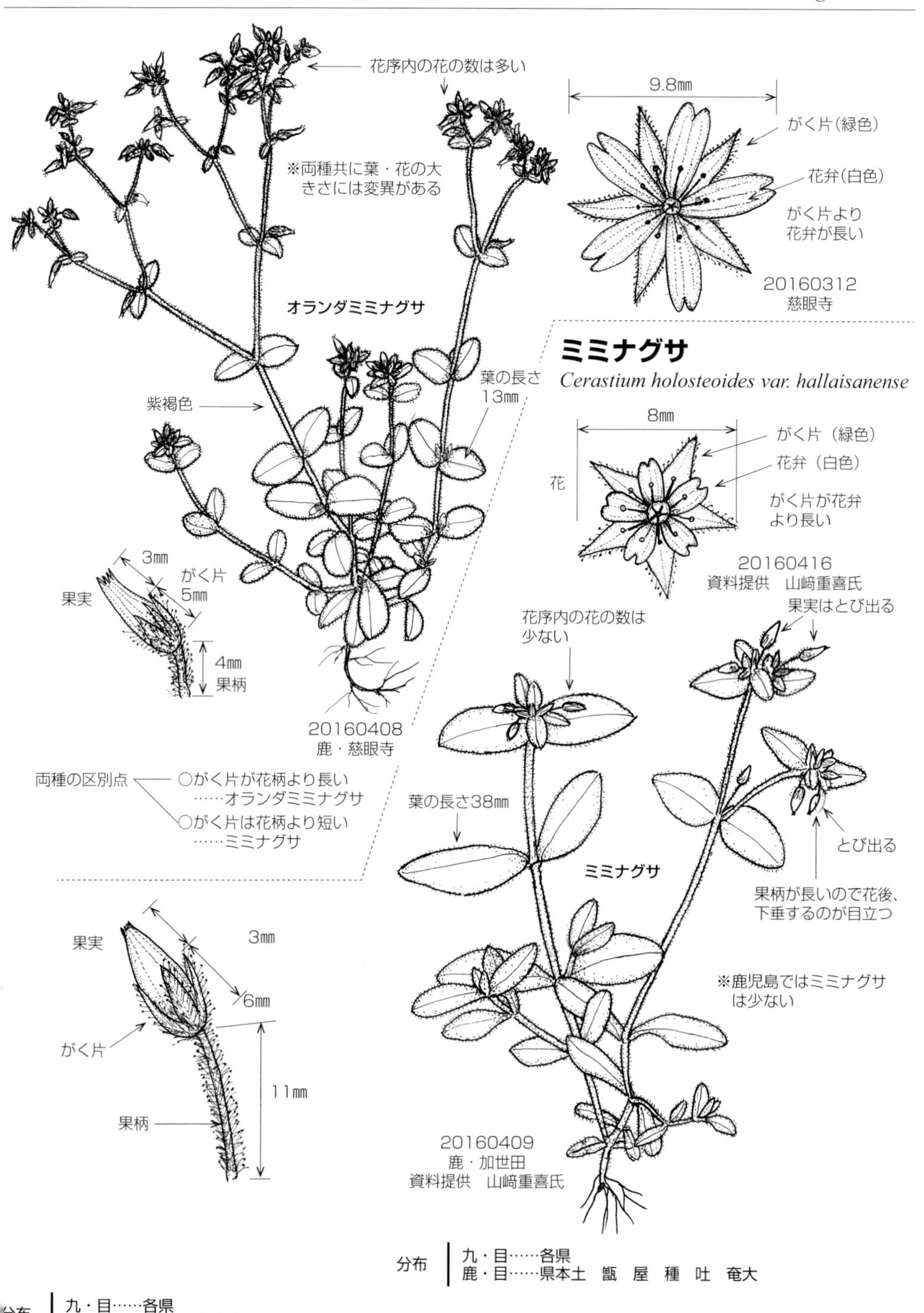

カワラナデシコ（ヤマトナデシコ） ［ナデシコ科　ナデシコ属］ *Dianthus superbus var. longicalycinus*

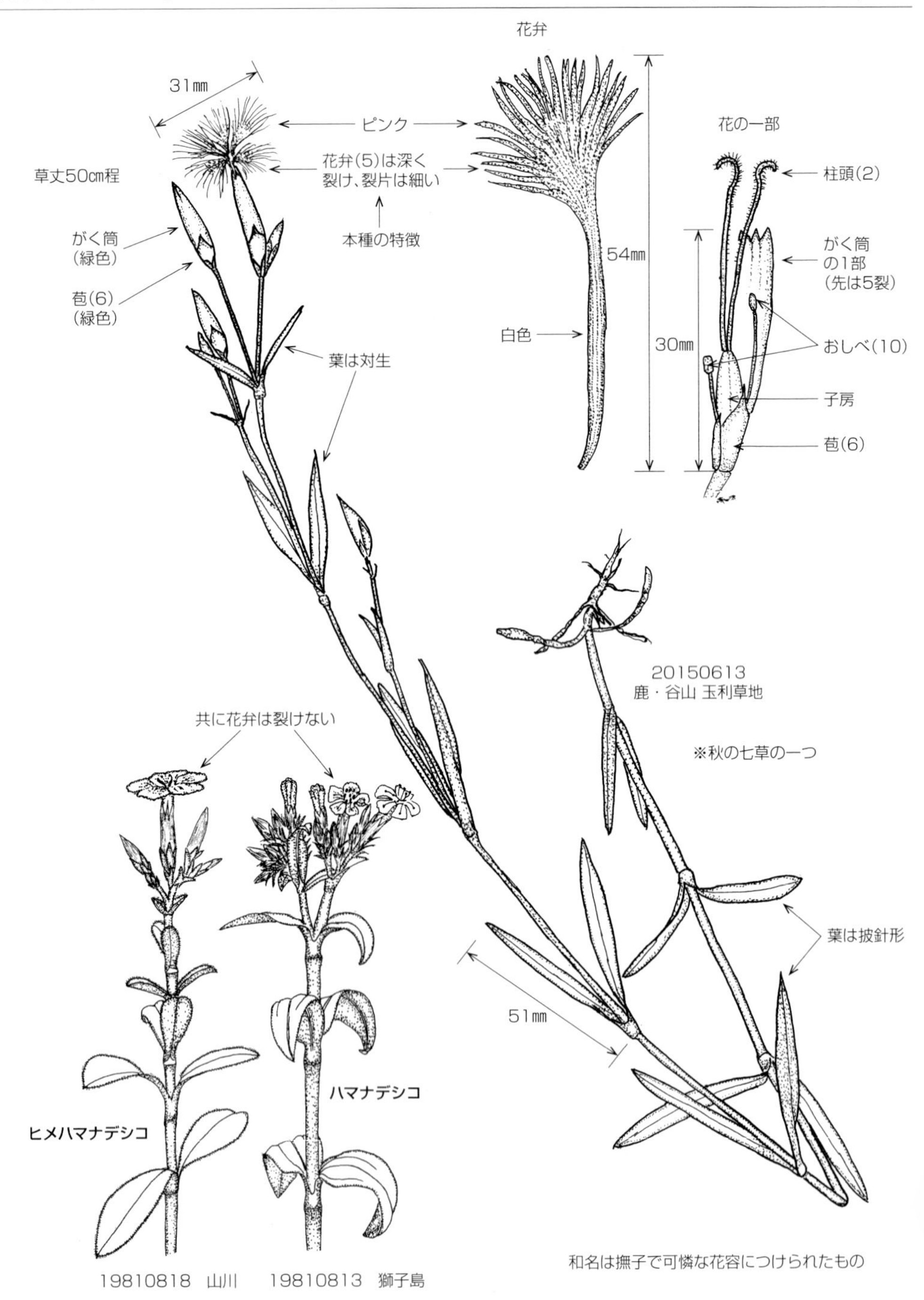

※秋の七草の一つ

和名は撫子で可憐な花容につけられたもの

分布　九・目……各県
　　　鹿・目……県本土各地（南は亀ヶ丘　竹山　野首嶽　島泊まで）

ヒメハマナデシコ　[ナデシコ科　ナデシコ属]　　*Dianthus kiusianus*

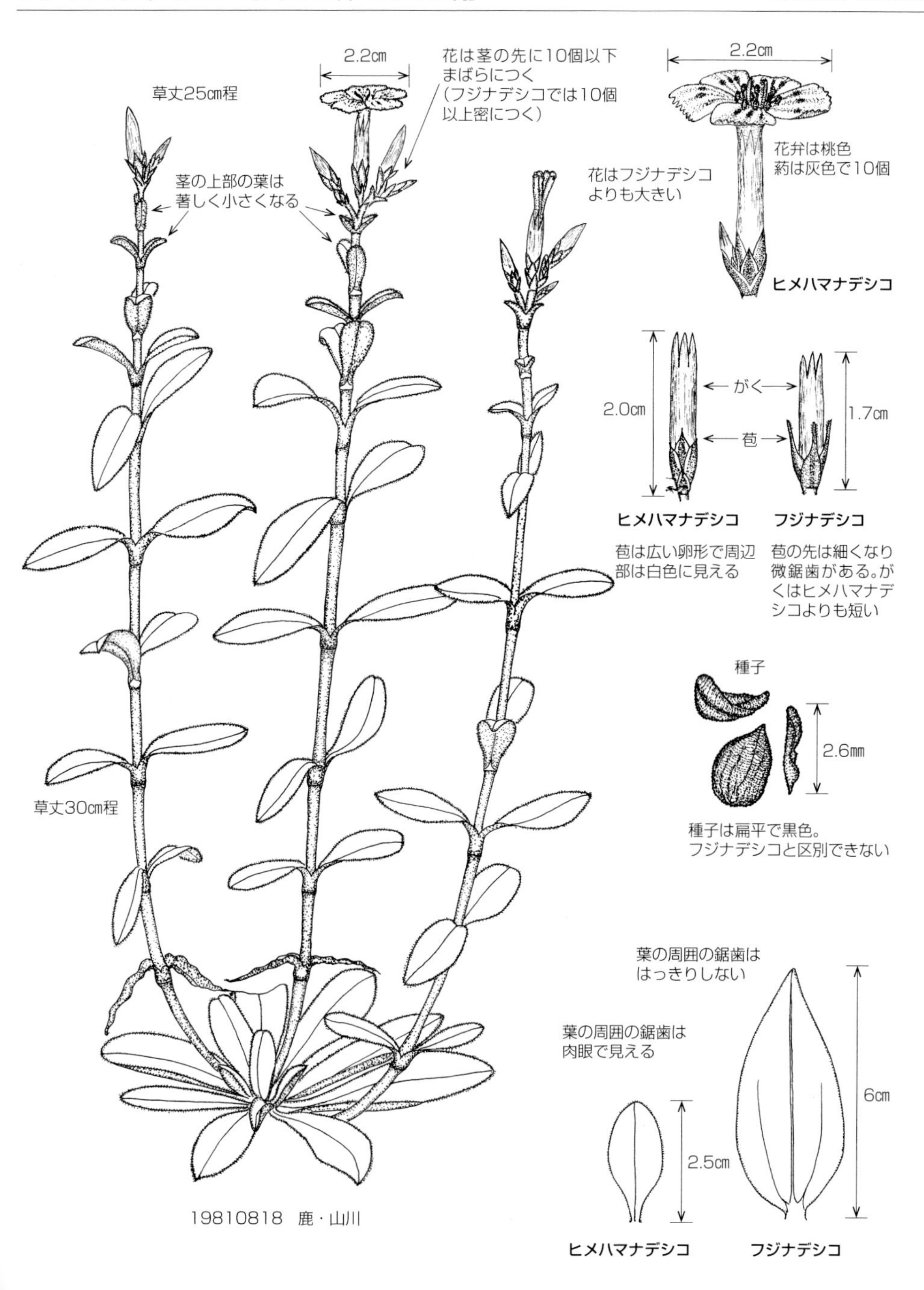

フジナデシコ（ハマナデシコ） ［ナデシコ科　ナデシコ属］　　　*Dianthus japonicus*

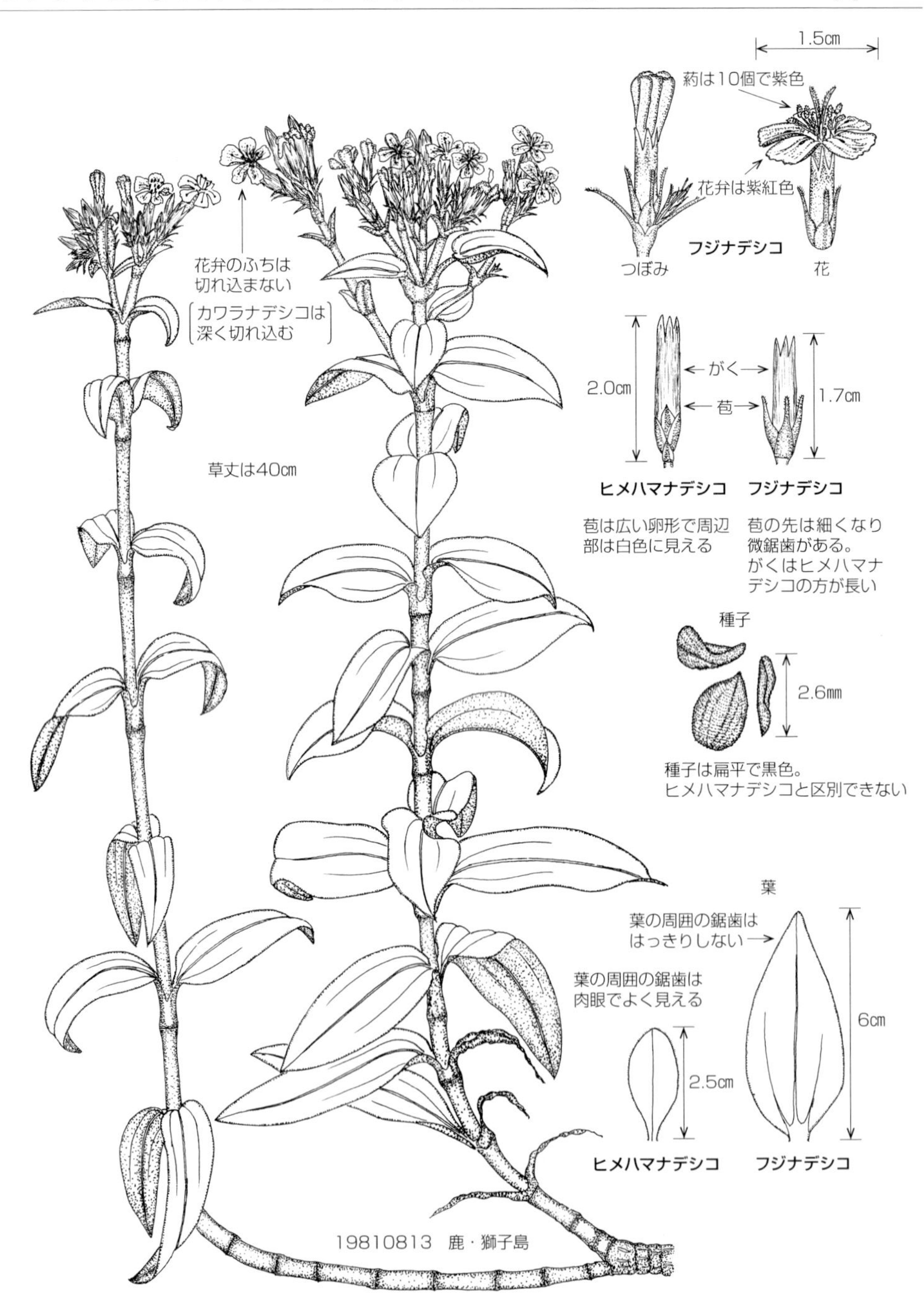

分布　｜　九・目……各県（南限は鹿の小宝島）
　　　｜　鹿・目……獅子島　阿久根　桜島　志布志　内之浦　屋（永田）

オオヤマフスマ　［ナデシコ科　オオヤマフスマ属］　*Moehringia lateriflora*

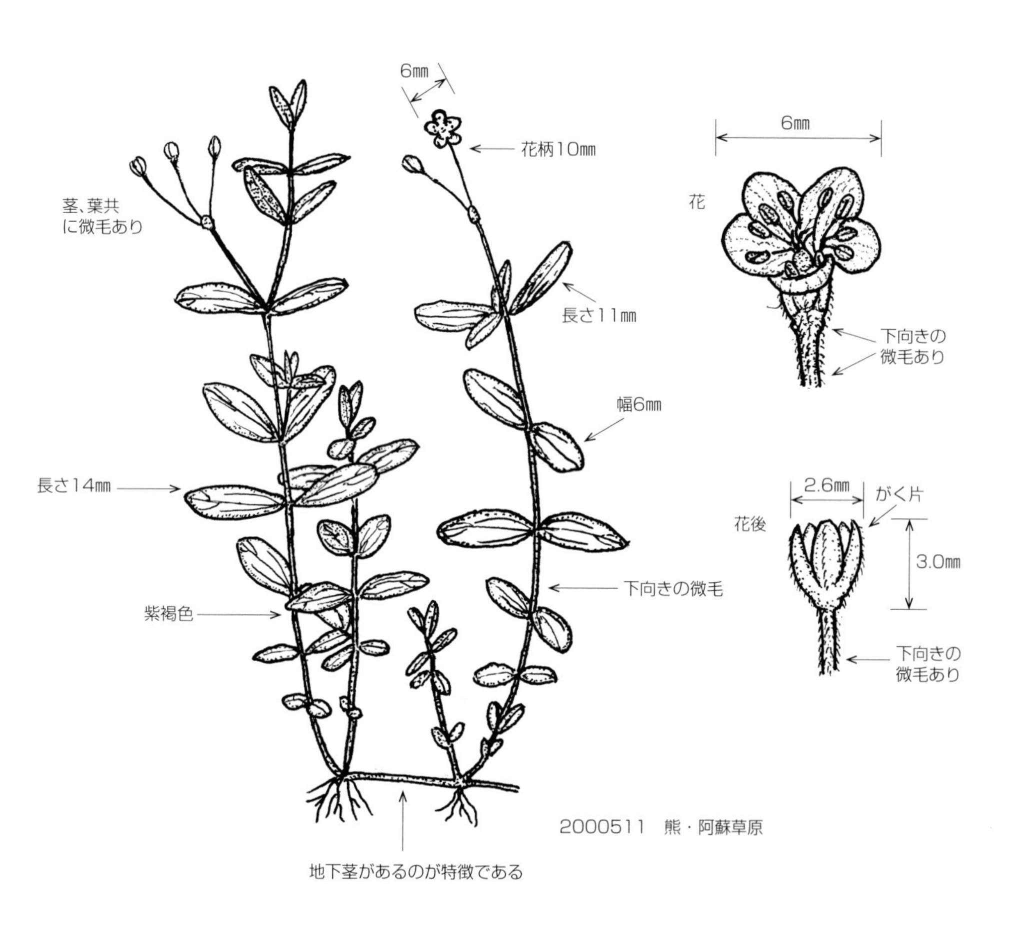

分布　九・目……福（残島　樋川）佐（背振）大（点在）熊（阿蘇）宮（野尻、阿蘇の芝に由来）鹿
　　　鹿・目……阿久根（阿蘇の芝に由来）

ツメクサ　[ナデシコ科　ツメクサ属]　*Sagina japonica*

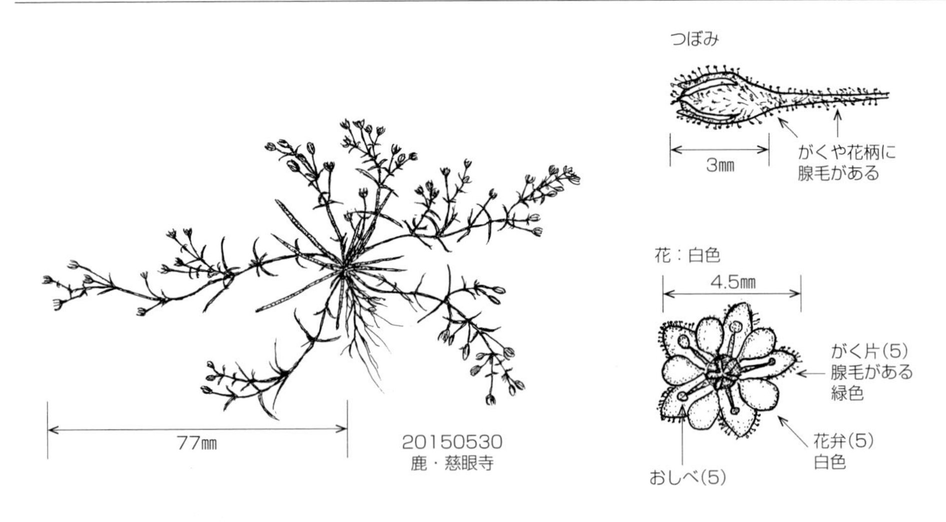

ハマツメクサ　*Sagina maxima*

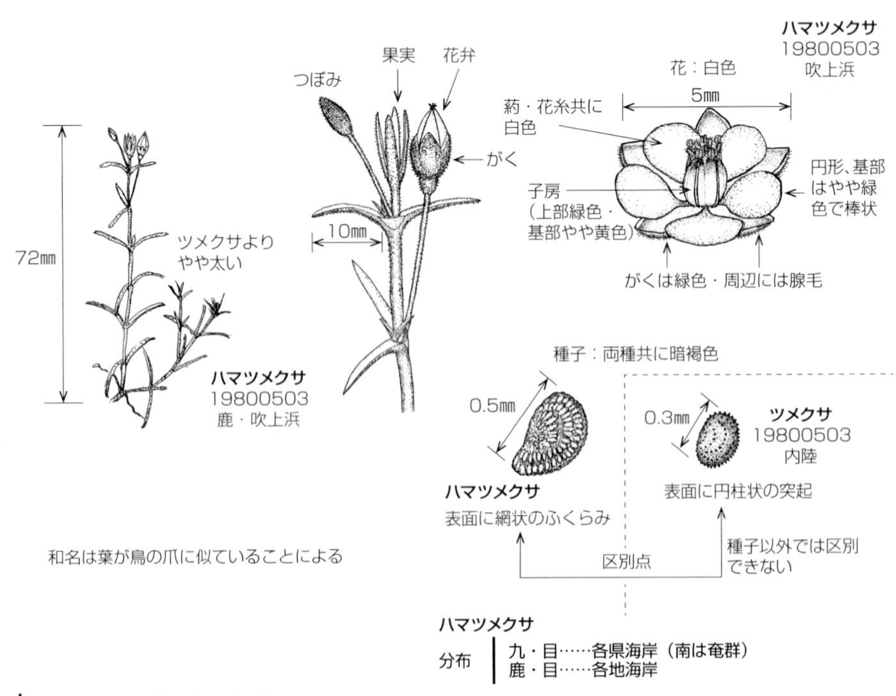

和名は葉が鳥の爪に似ていることによる

分布　｜　九・目……各県普通（南は奄群）
　　　｜　鹿・目……各地

イタリーマンテマ　[ナデシコ科　マンテマ属]　*Silene gallica var. giraldii*

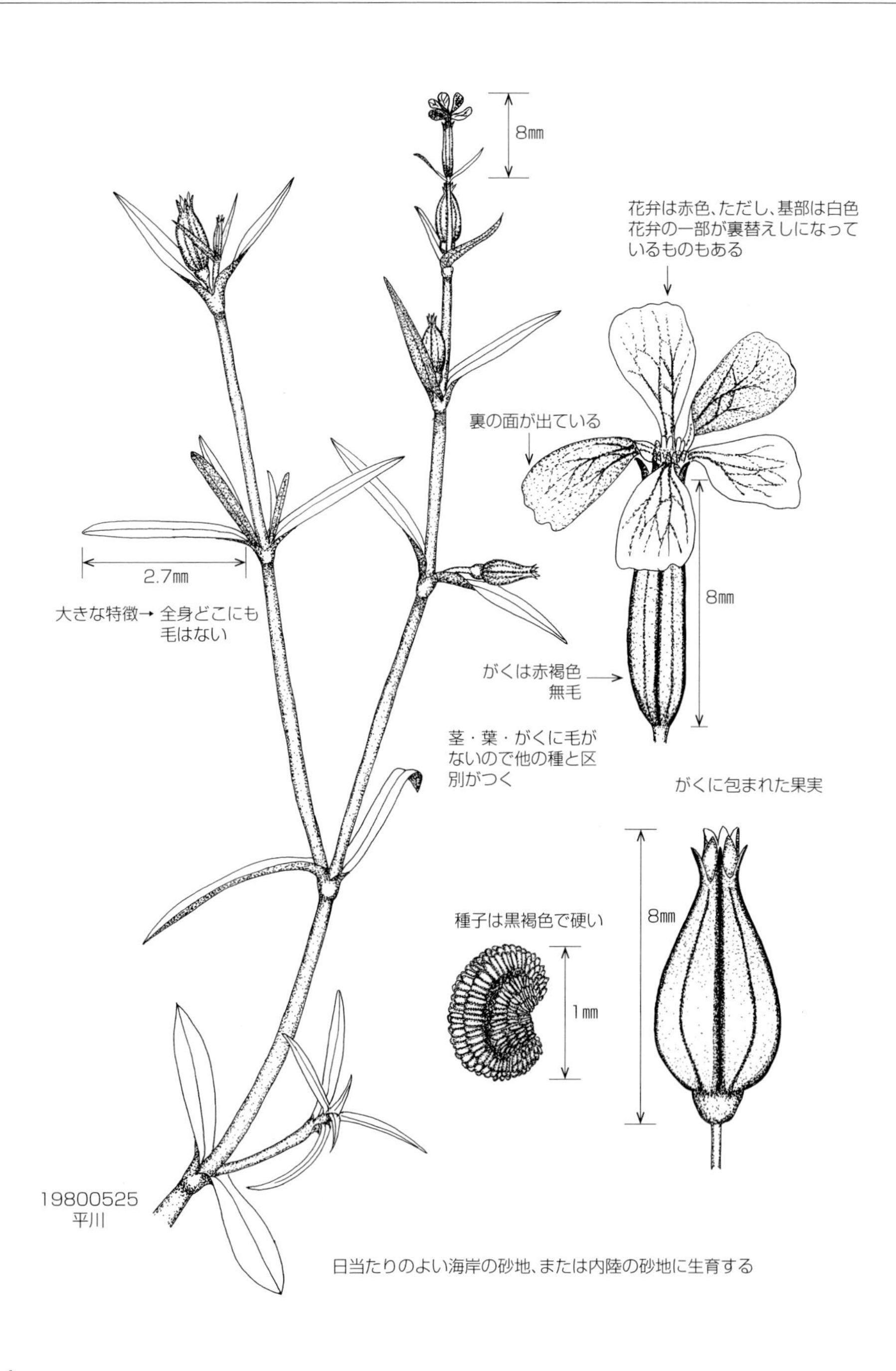

サクラマンテマ（フクロナデシコ）　[ナデシコ科　マンテマ属]　*Silene pendula*

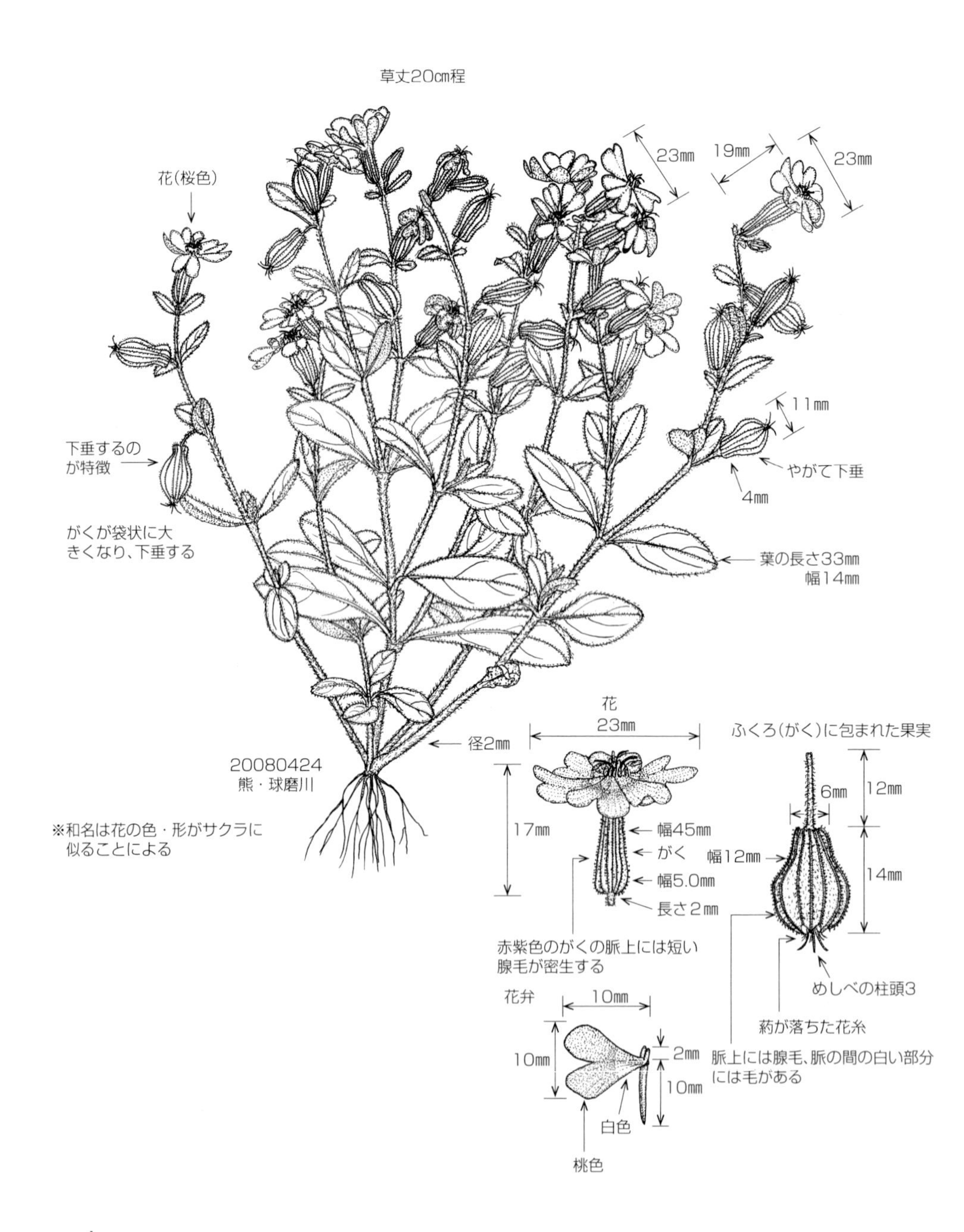

シロバナマンテマ　[ナデシコ科　マンテマ属]　*Silene gallica var. gallica*

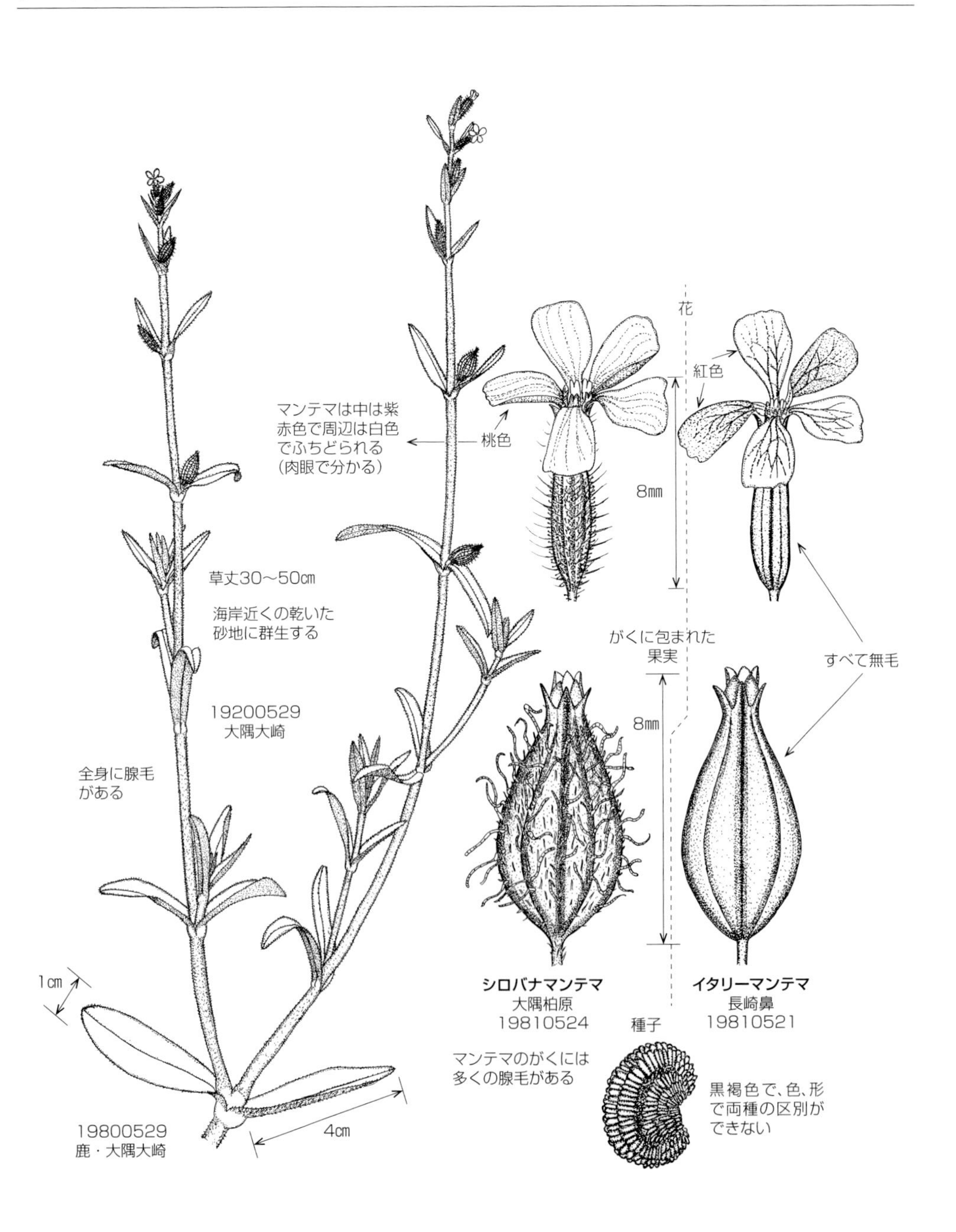

マツモトセンノウ　[ナデシコ科　マンテマ属]　*Silene sieboldii*

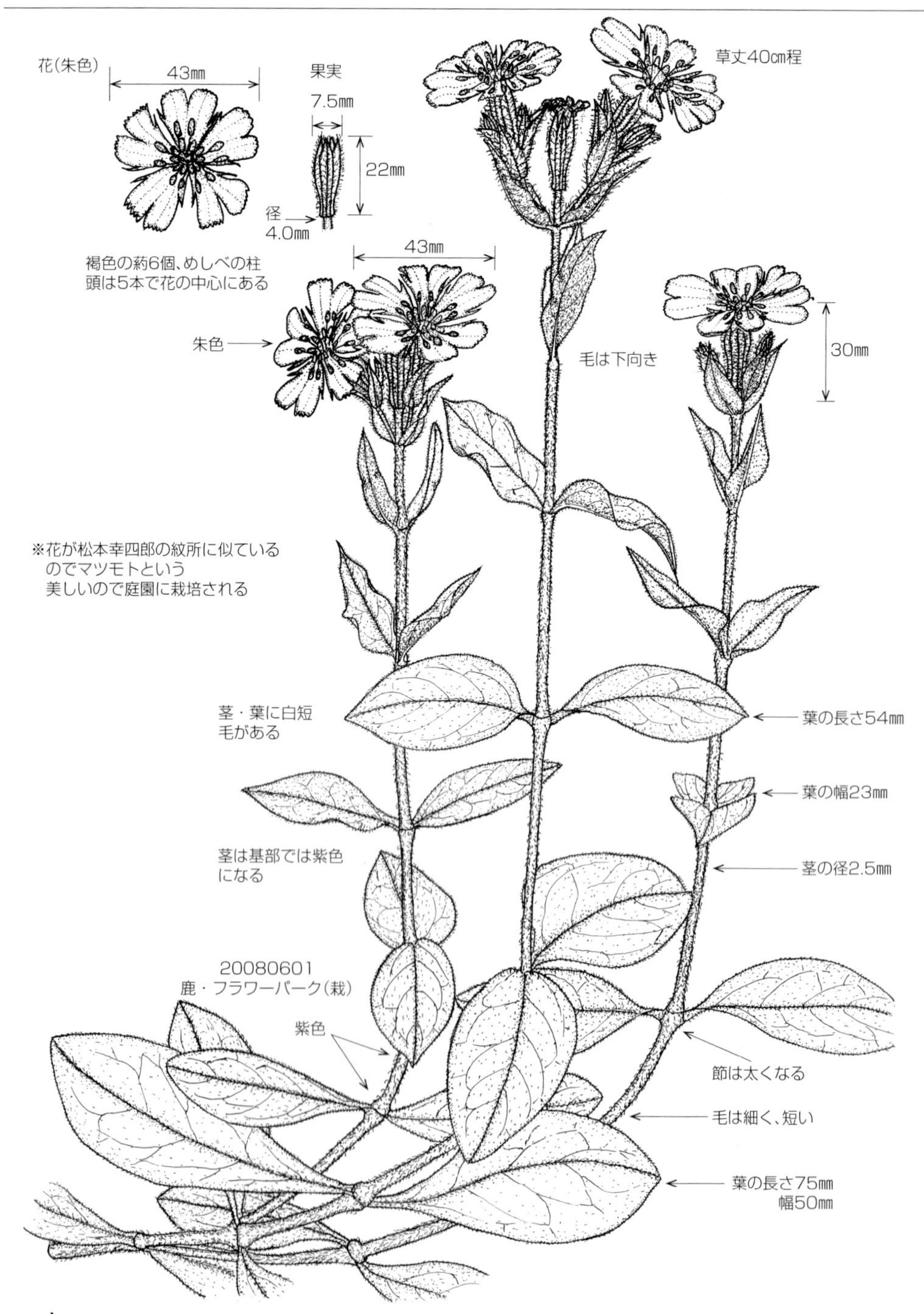

分布 | 九・目……熊本（阿蘇－波野　清和）宮崎（高千穂　絶滅？）
　　 | 鹿・目……記載がない

ムシトリナデシコ　[ナデシコ科　マンテマ属]　　*Silene armeria*

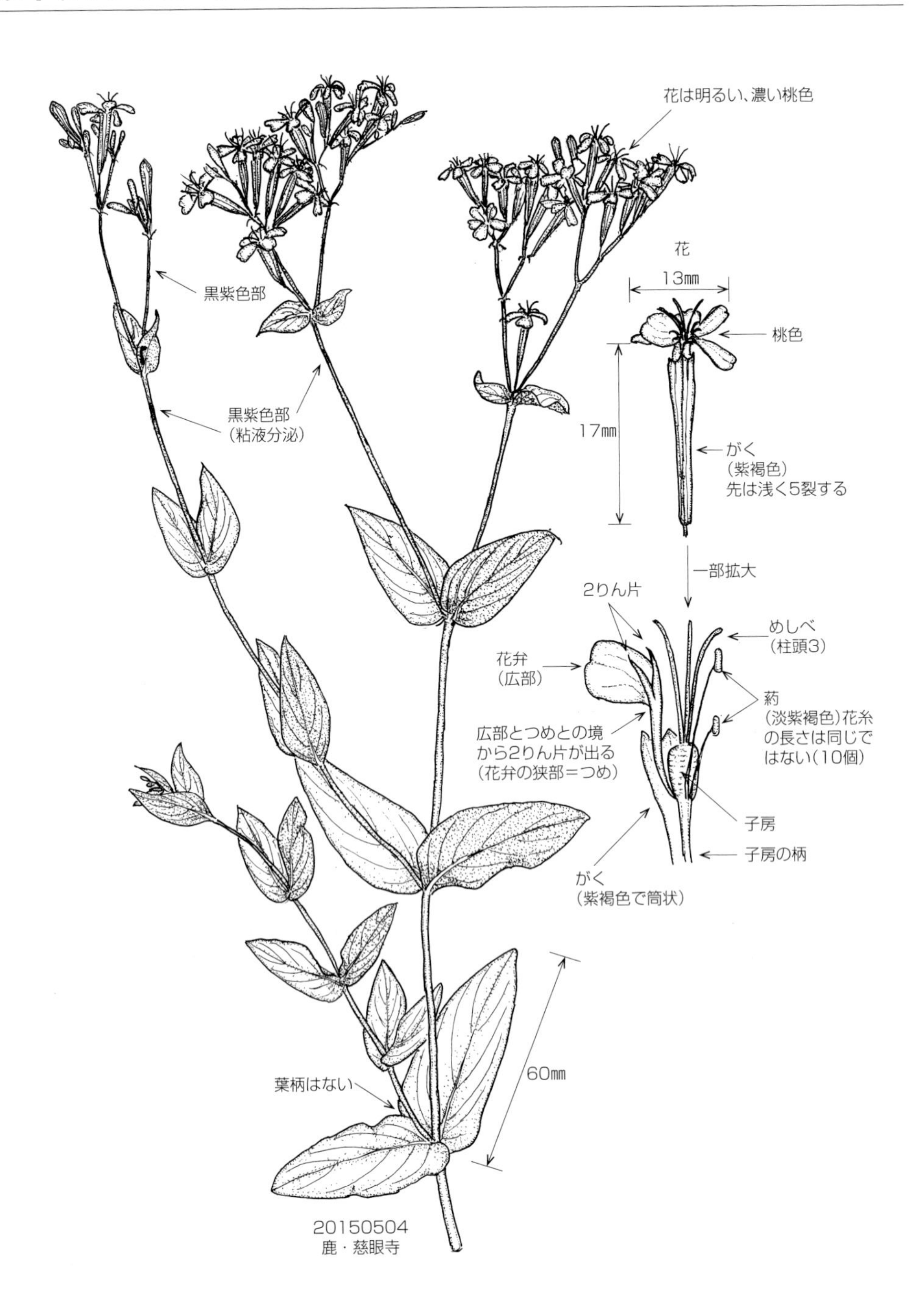

分布
九・目……各県栽培または逸出　欧州原産
鹿・目……新川渓谷

ムシトリマンテマ　[ナデシコ科　マンテマ属]　　*Silene acaulis*

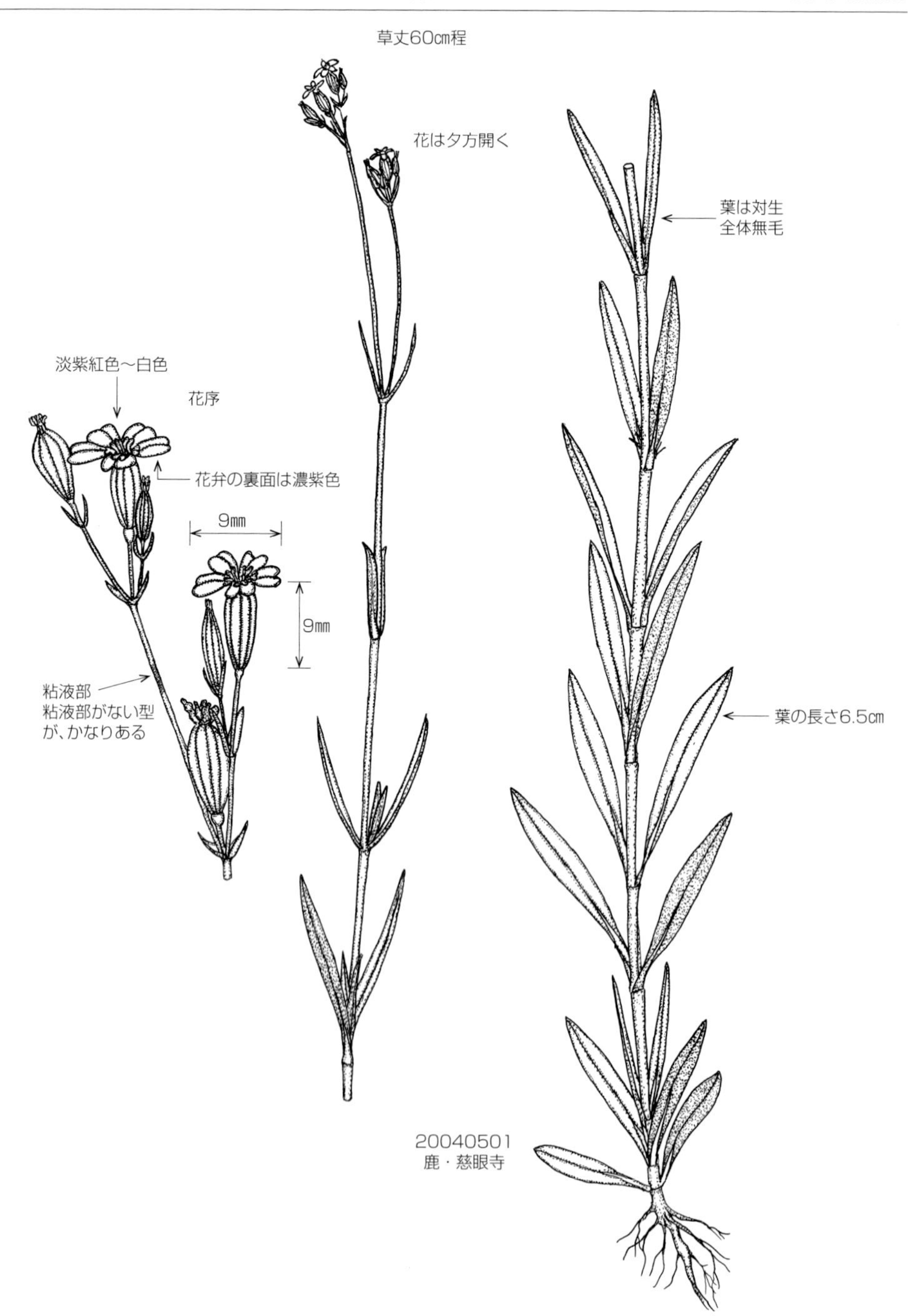

分布
九・目……大（大分）　鹿（鹿児島−南港）
鹿・目……記載がない

オオツメクサ　[ナデシコ科　オオツメクサ属]　　*Spergula arvensis*

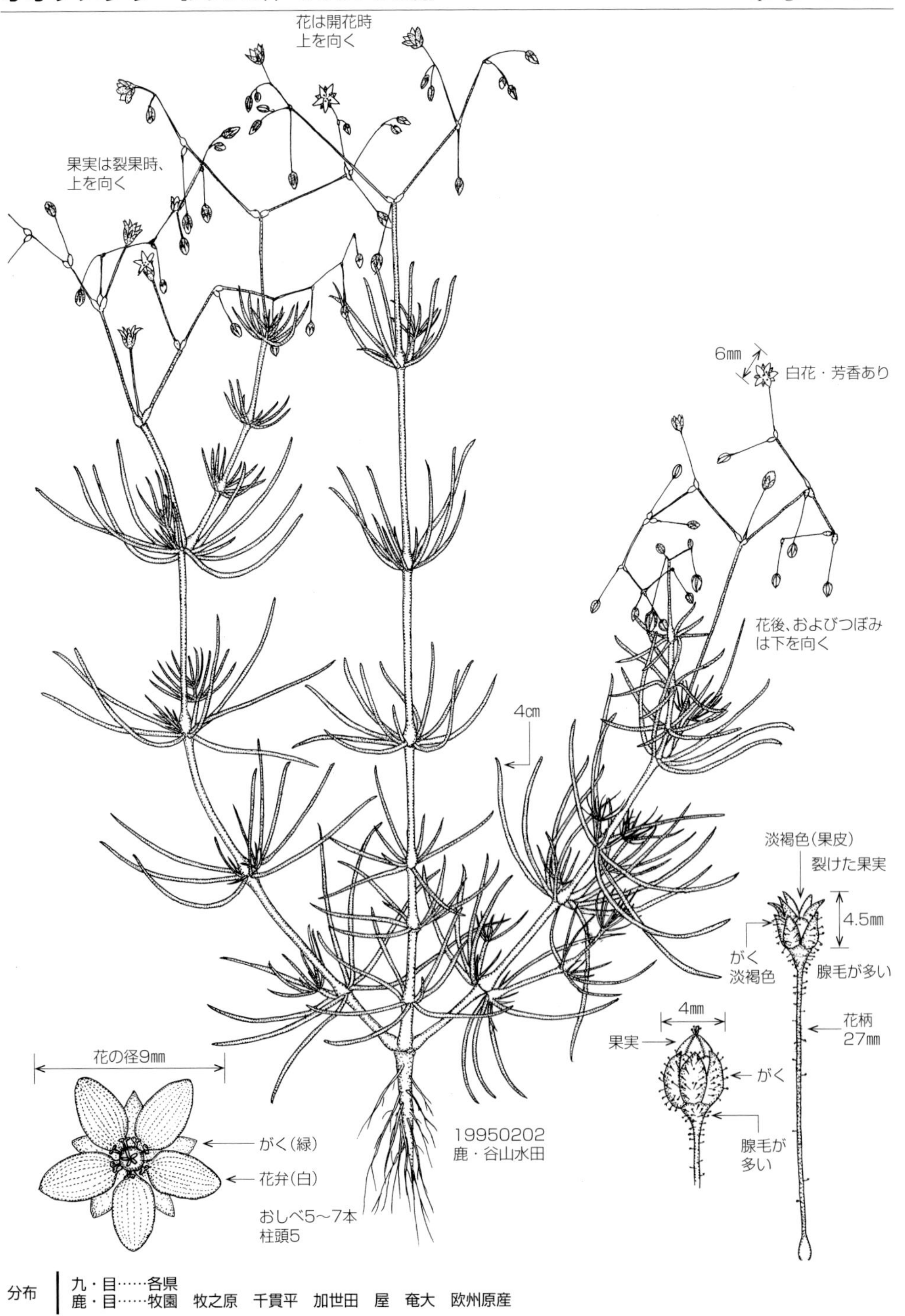

アオハコベ ［ナデシコ科　ハコベ属］　*Stellaria uchiyamana var. apetala*

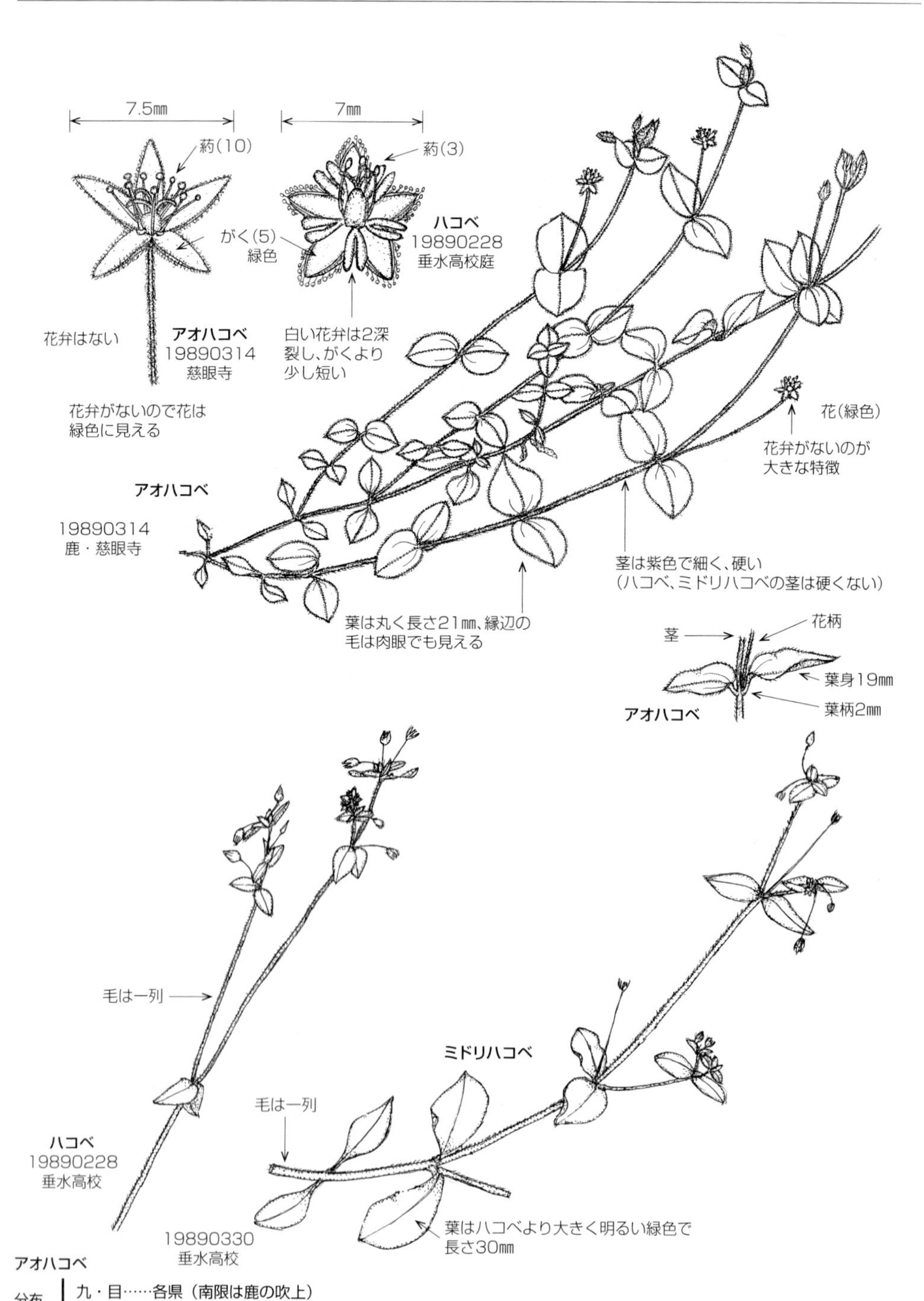

分布
- 九・目……各県（南限は鹿の吹上）
- 鹿・目……大口（元古屋）　鶴田（大股）　蒲生神社　大隅大川原　新川渓谷　重富　鹿児島　桜島　伊集院　吹上

ウシハコベ　[ナデシコ科　ハコベ属]　　　　　　　　　　　　　　　　　　*Stellaria aquatica*

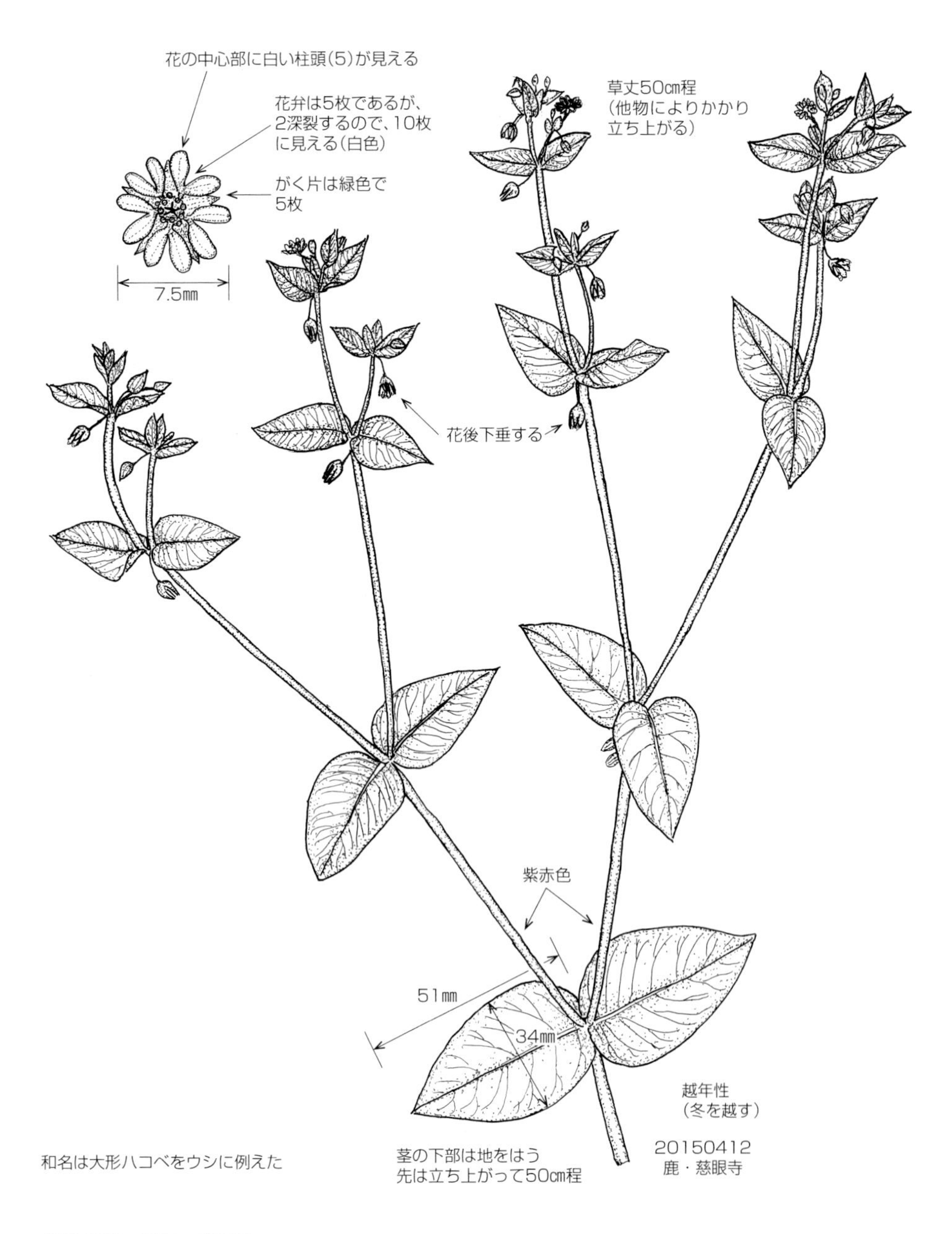

和名は大形ハコベをウシに例えた

○若い茎葉－お浸し　和え物

分布　九・目……各県（南は奄大）
　　　鹿・目……各地　欧州原産

ノミノフスマ　[ナデシコ科　ハコベ属]　　　　　　　　　　　　*Stellaria uliginosa* var. *undulata*

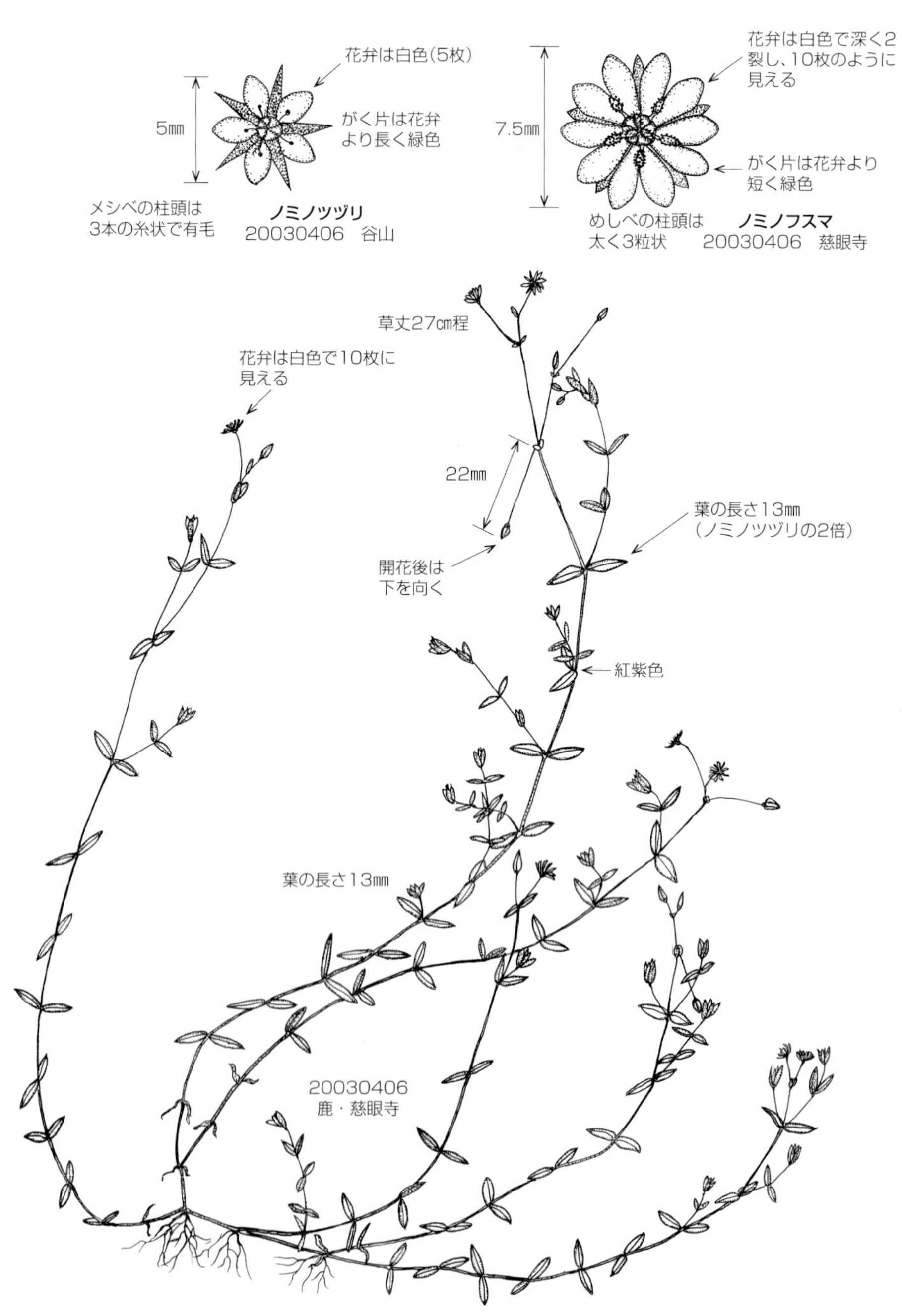

花弁は白色（5枚）
5mm
がく片は花弁より長く緑色
メシベの柱頭は3本の糸状で有毛
ノミノツヅリ
20030406　谷山

花弁は白色で深く2裂し、10枚のように見える
7.5mm
がく片は花弁より短く緑色
めしべの柱頭は太く3粒状
ノミノフスマ
20030406　慈眼寺

花弁は白色で10枚に見える
草丈27cm程
22mm
開花後は下を向く
葉の長さ13mm（ノミノツヅリの2倍）
紅紫色
葉の長さ13mm
20030406
鹿・慈眼寺

和名は小さな葉をノミの寝具に例えたという

分布　九・目……各県（普通　南は奄群）
　　　鹿・目……各地　欧・亜原産

ハコベ　[ナデシコ科　ハコベ属]　*Stellaria media*

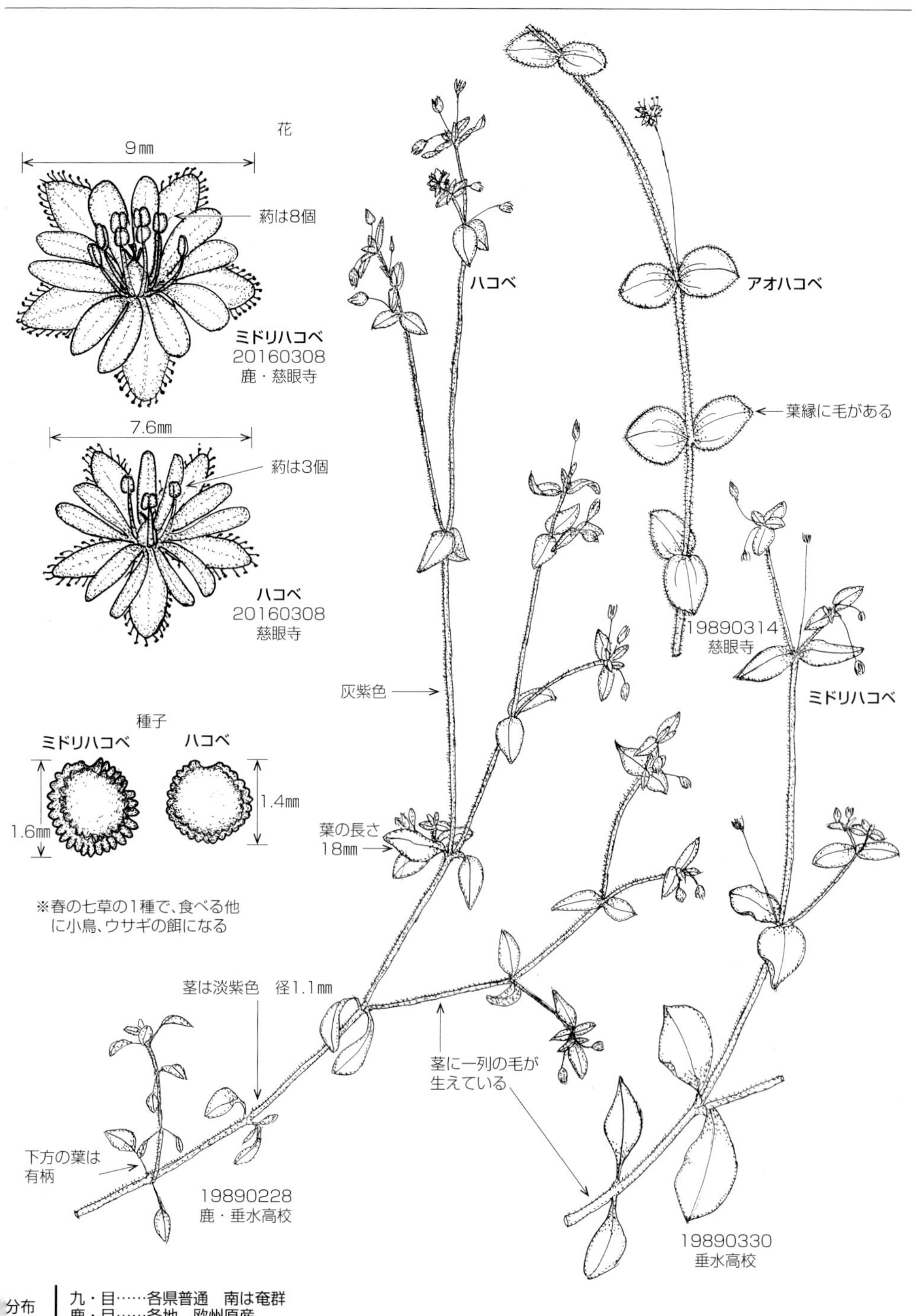

分布　｜　九・目……各県普通　南は奄群
　　　｜　鹿・目……各地　欧州原産

ミドリハコベ　[ナデシコ科　ハコベ属]　　*Stellaria neglecta*

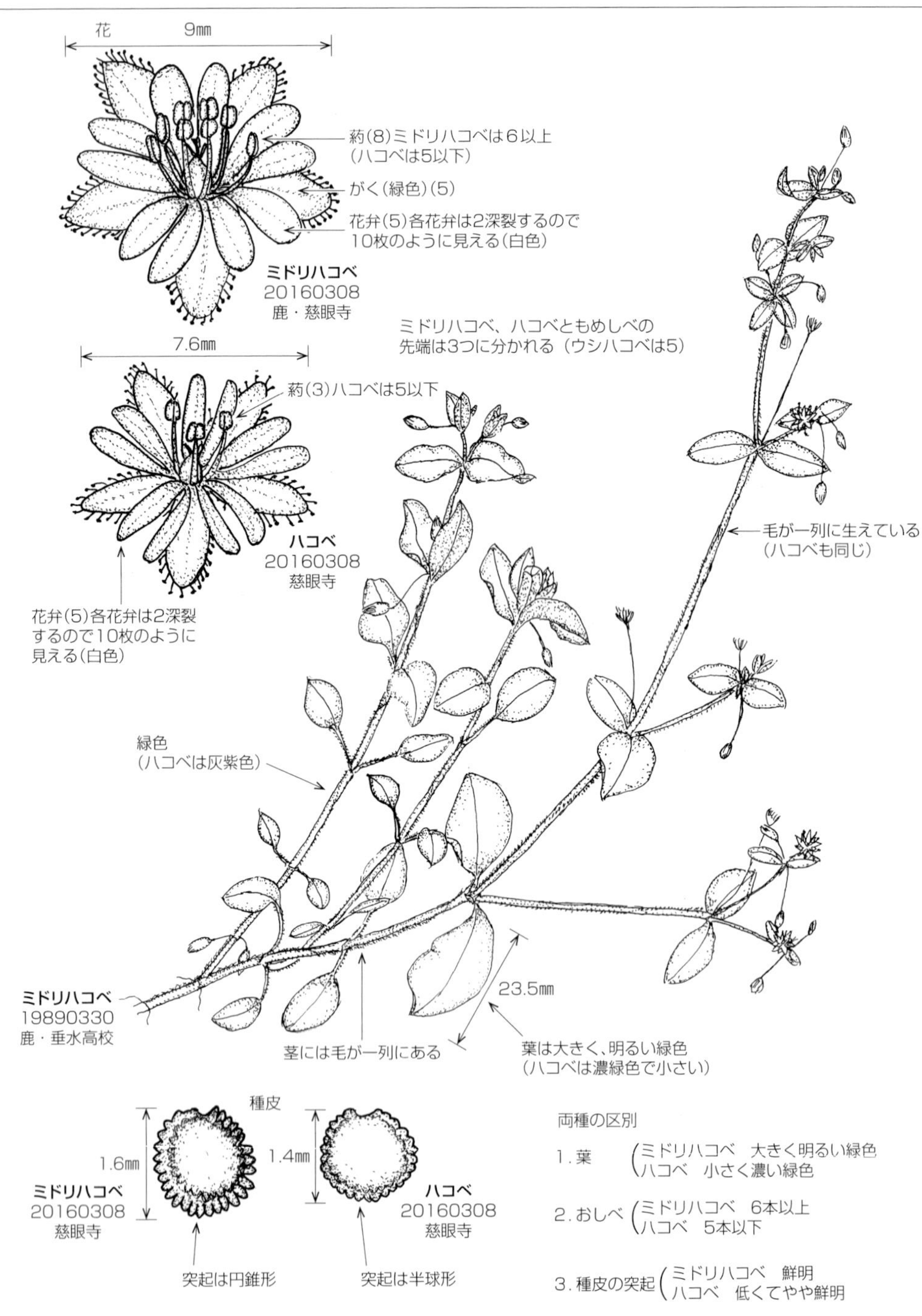

イノコズチ　[ヒユ科　イノコズチ属]　　Achyranthes bidentata var. japonica

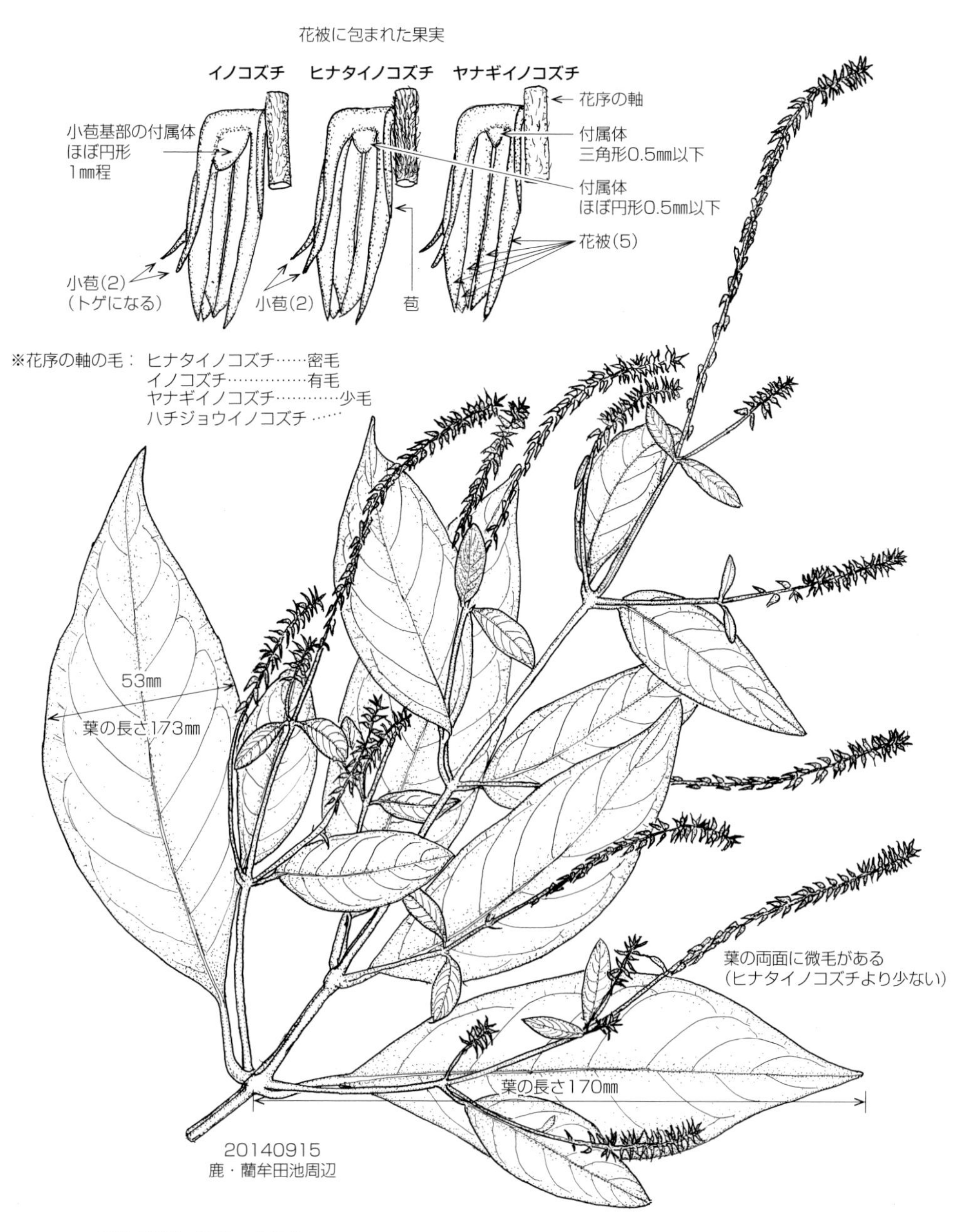

○若い茎葉ーお浸し　和え物

分布　九・目……各県（普通　南は奄群）
　　　鹿・目……県本土　甑　屋　種　黒　中　徳　沖永　与

ハチジョウイノコズチ　[ヒユ科　イノコズチ属]　*Achyranthes bidentata* var. *hachijoensis*

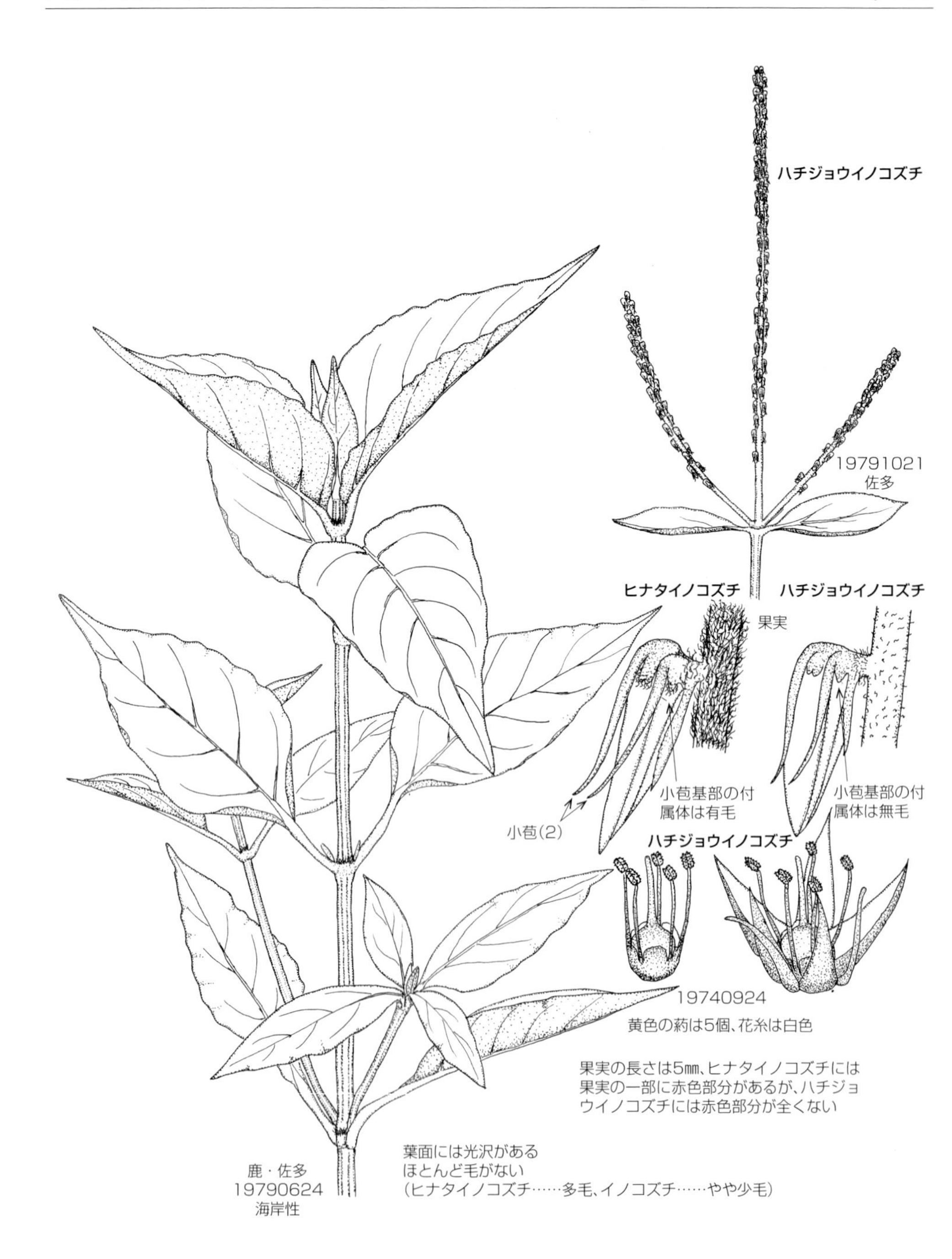

分布　九・目……佐（玄界灘沿岸）　長（五島）　大（東海岸）　宮（東海岸）　鹿
　　　鹿・目……県本土南部　甑　宇治群島　屋　種　吐各島　奄群

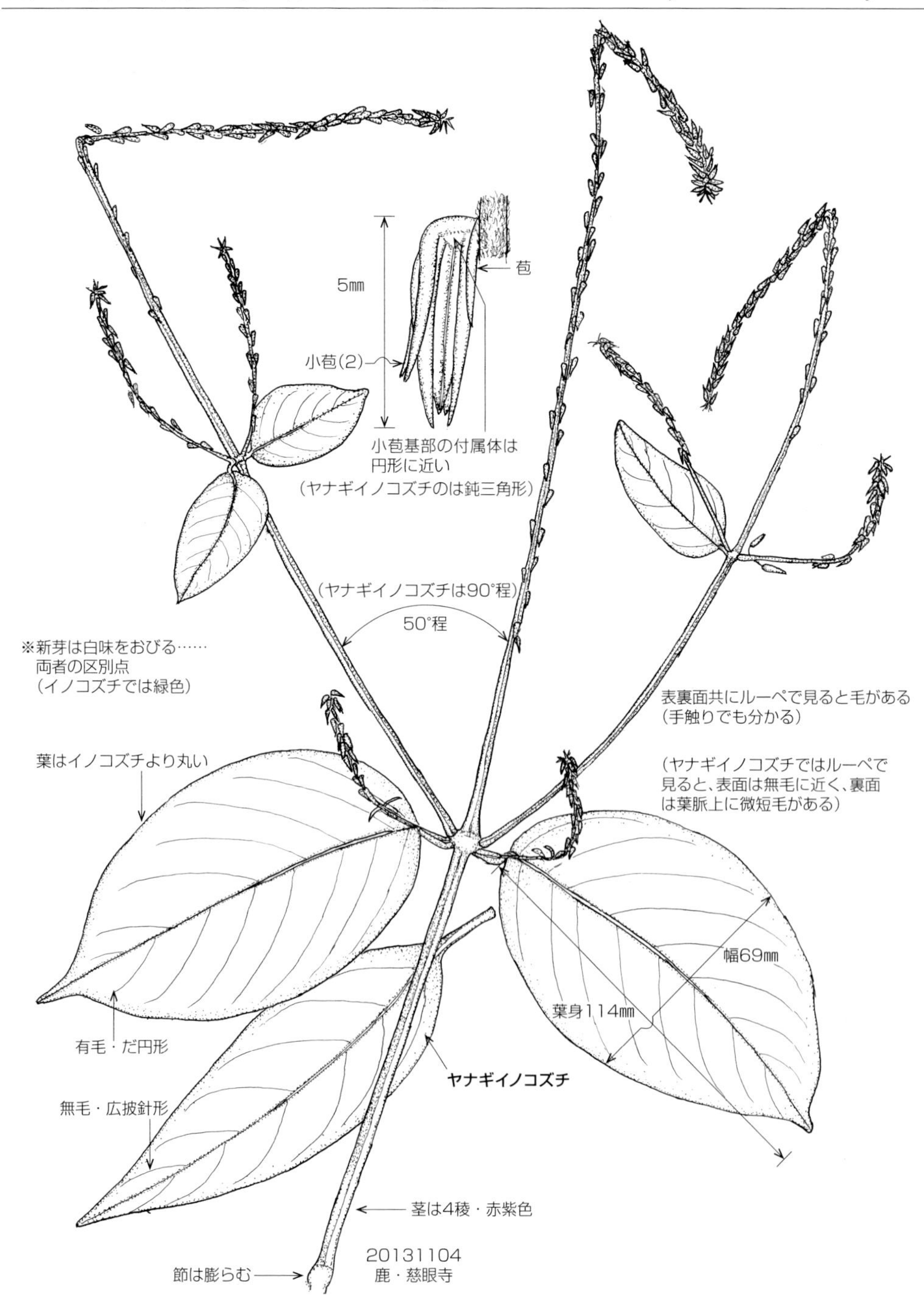

ヤナギイノコズチ　[ヒユ科　イノコズチ属]　　　　　*Achyranthes longifolia*

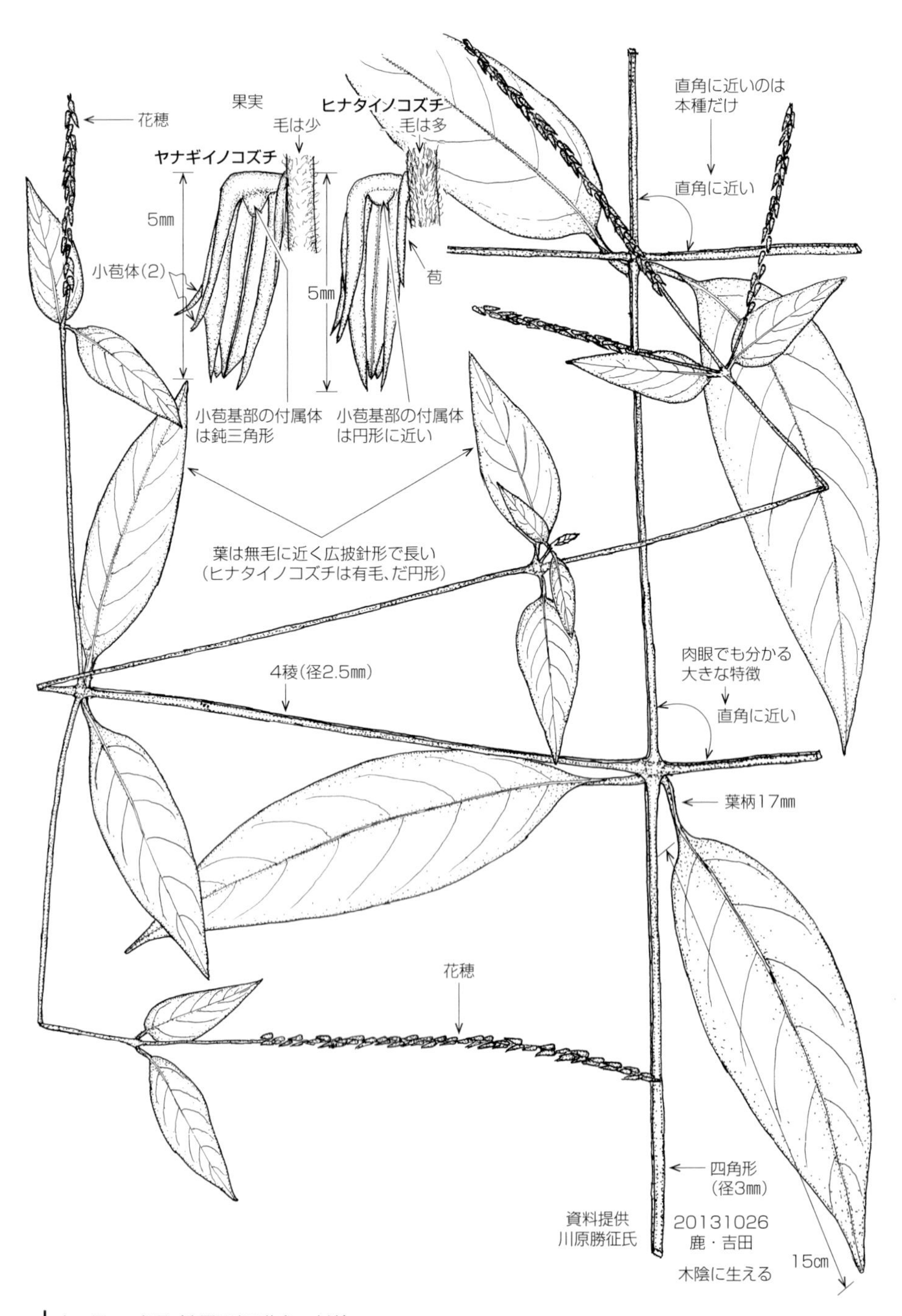

分布　九・目……各県（南限は鹿の佐多－大泊）
　　　鹿・目……吉松　鶴田　紫尾山　藺牟田池　蒲生　横川　竜ヶ水　伊作峠　牧之原　高隈山　大泊

ツルノゲイトウ　[ヒユ科　ツルノゲイトウ属]　*Alternanthera sessilis*

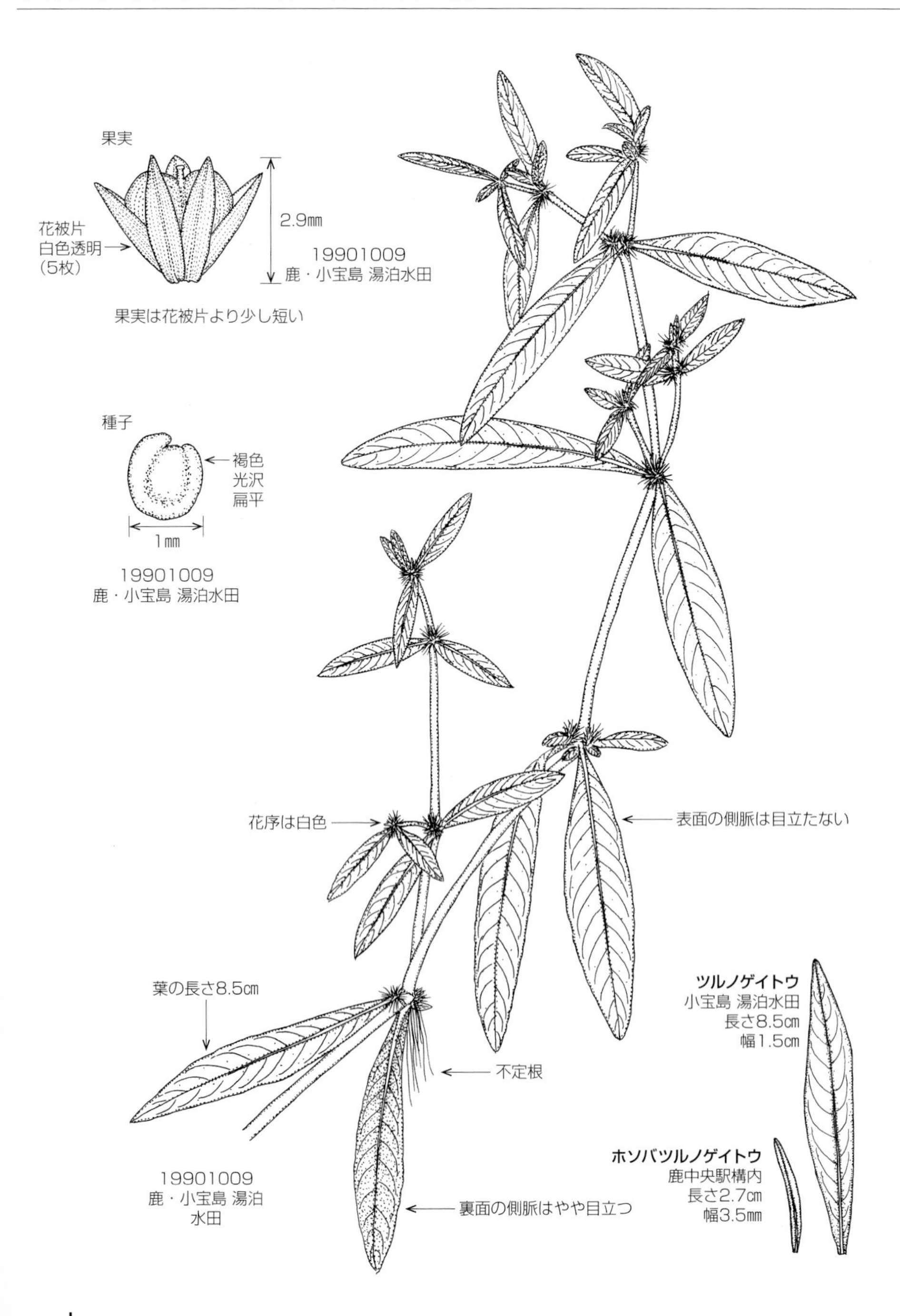

分布
九・目……大を除く各県（南は奄群）
鹿・目……甑　枕崎　鶴田（ホソバ型）　種　屋　熱帯原産

アオビユ（ホナガイヌビユ） ［ヒユ科　ヒユ属］　　　*Amaranthus viridis*

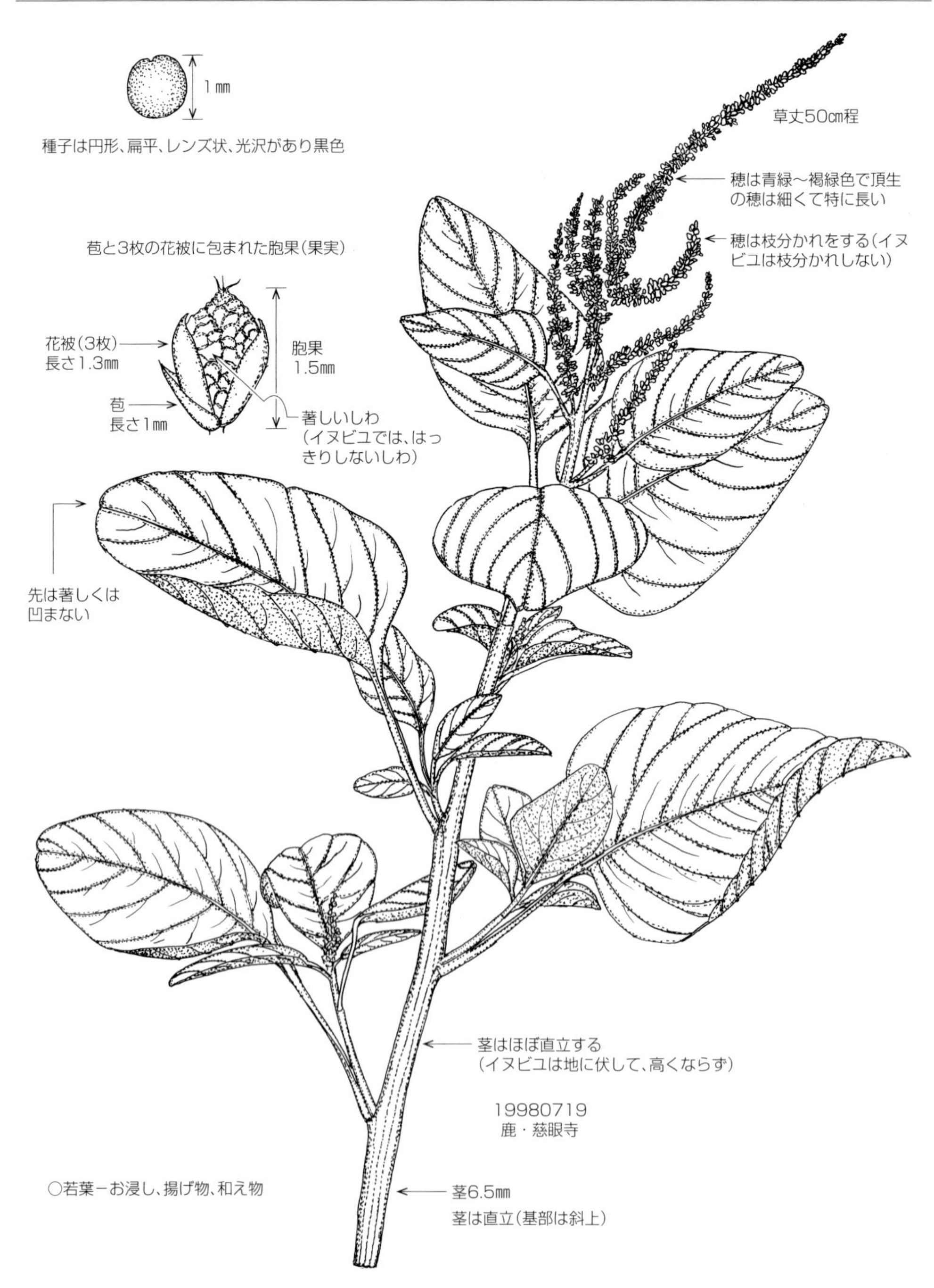

イヌビユ [ヒユ科　ヒユ属]　　*Amaranthus blitum*

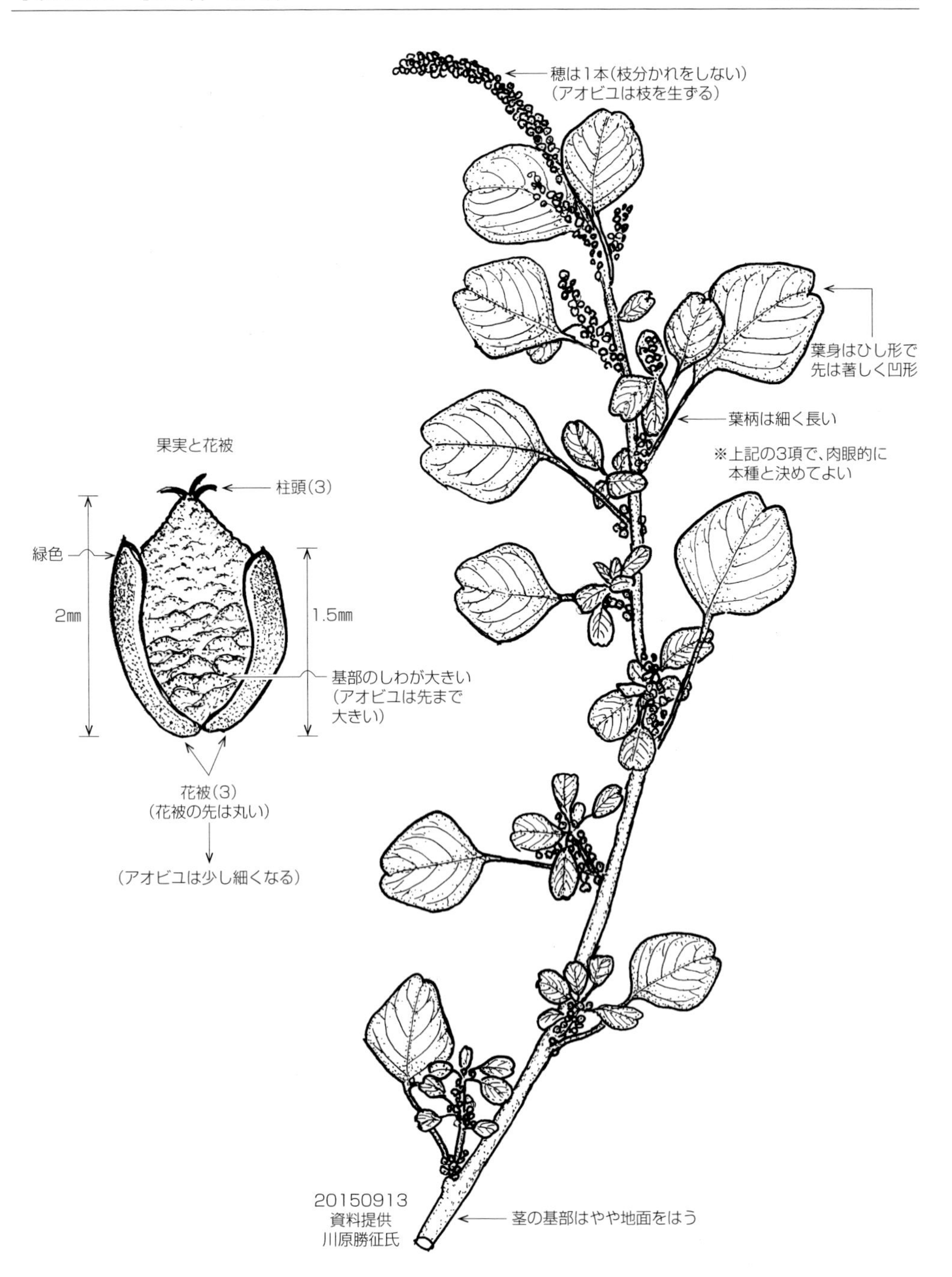

ハリビユ　[ヒユ科　ヒユ属]　*Amaranthus spinosus*

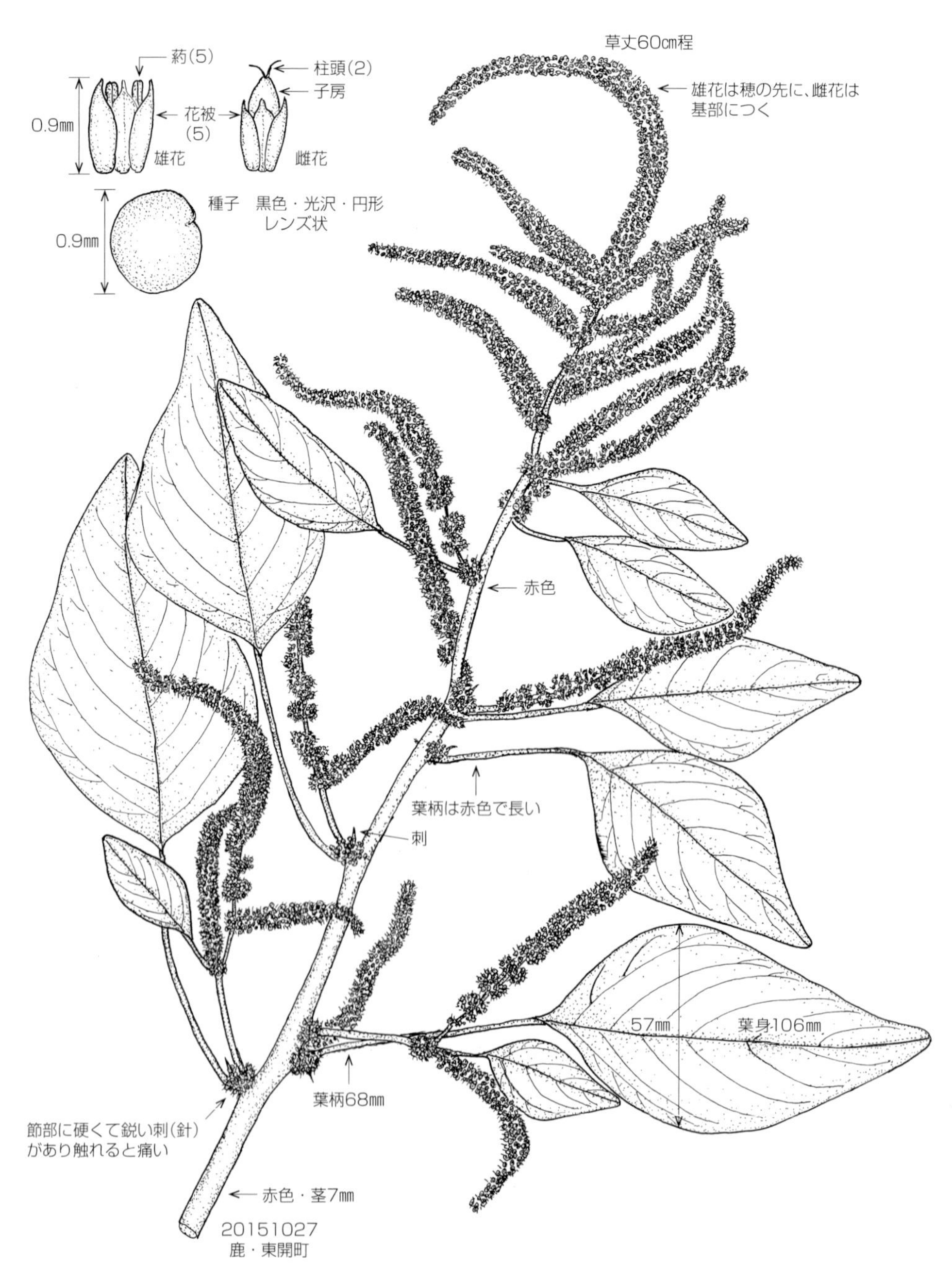

ホソバハマアカザ　［ヒユ科　ハマアカザ属］　*Atriplex gmelinii*

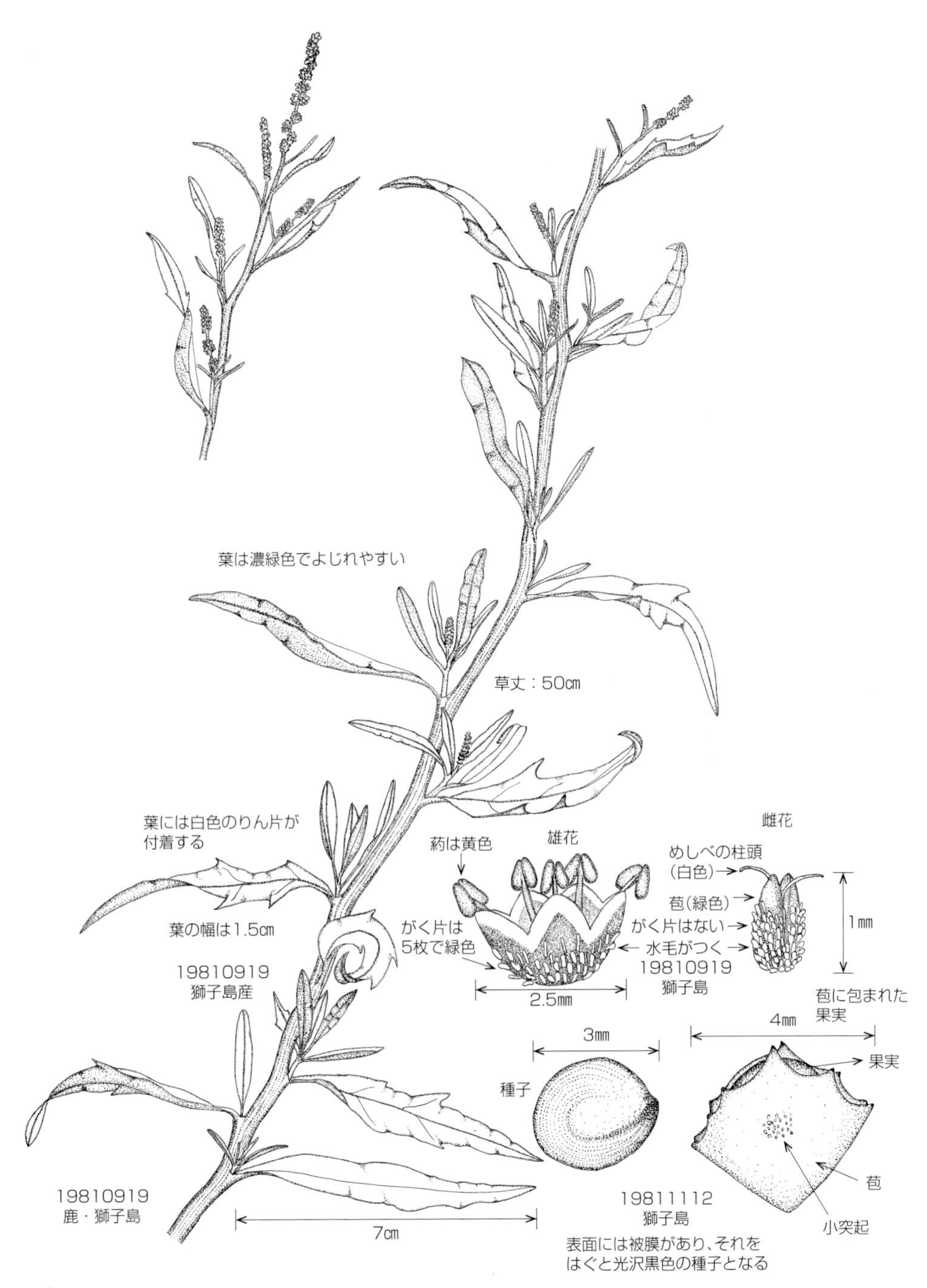

分布　九・目……各県　対馬（南限は鹿の阿久根、東は宮の延岡）
　　　鹿・目……荒崎（出水）　八郷（阿久根）　海岸湿地

ミヤコジマハマアカザ　[ヒユ科　ハマアカザ属]　　*Atriplex maxmowicziana*

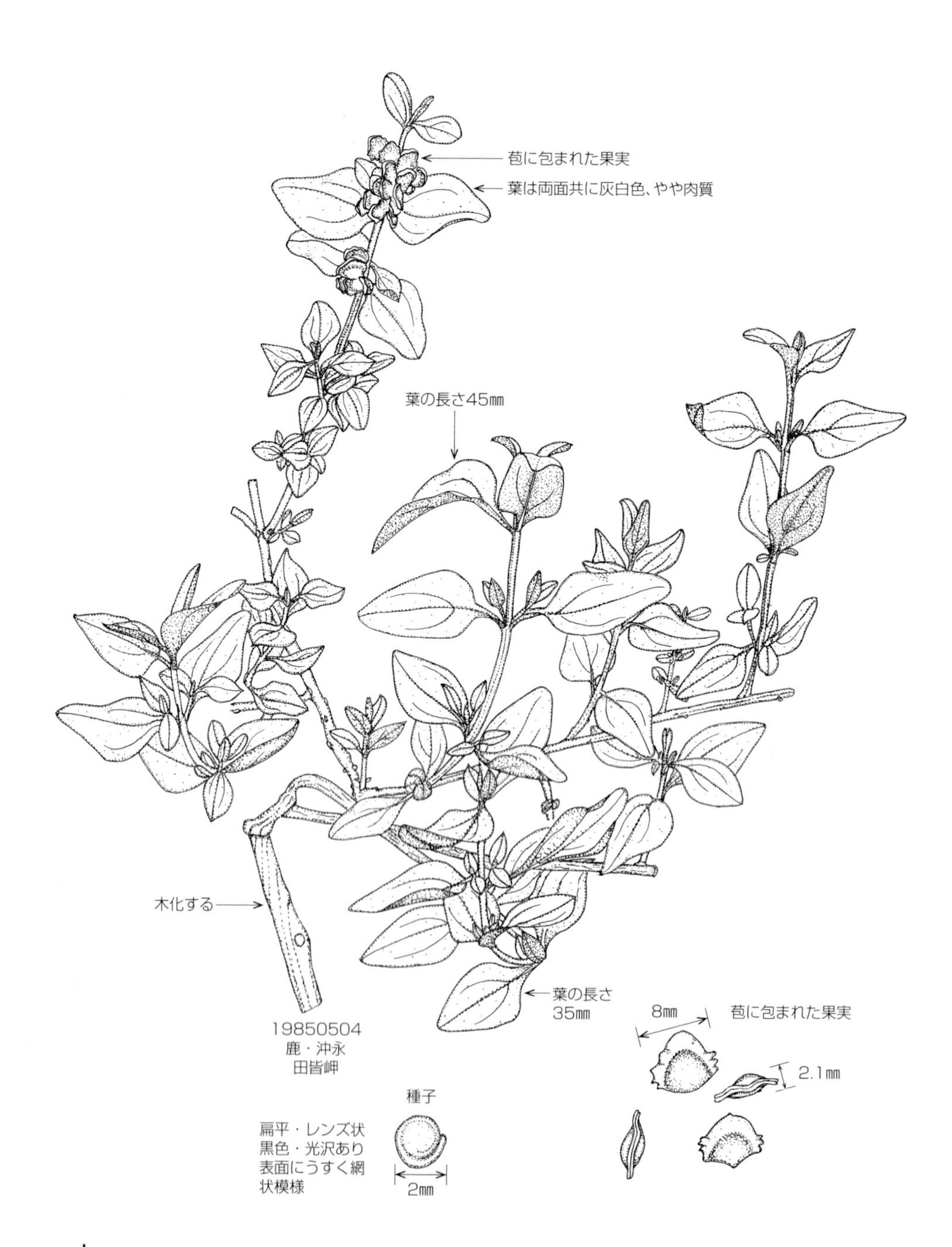

ウラジロアカザ　[ヒユ科　アカザ属]　　*Chenopodium glaucum*

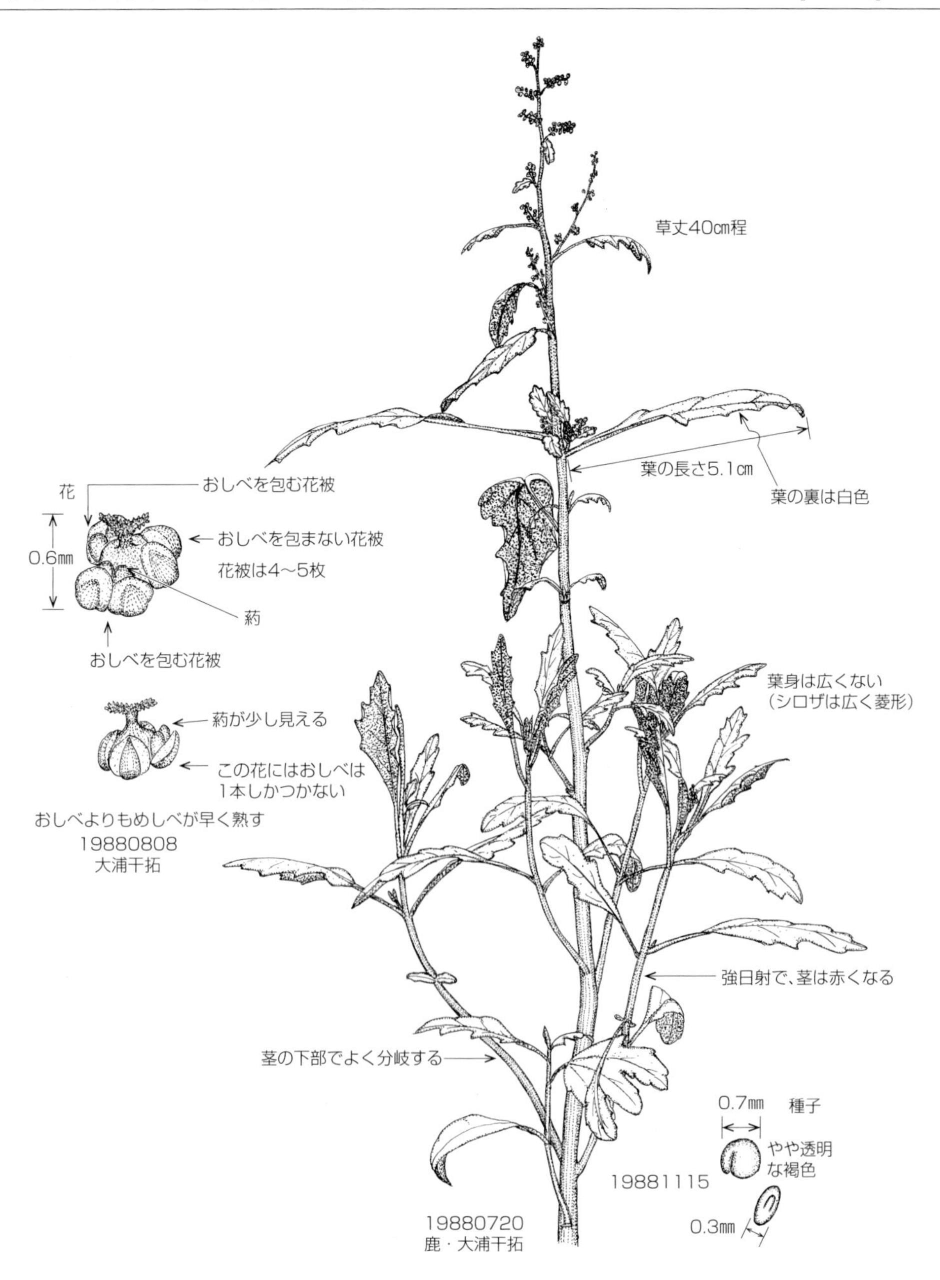

分布　九・目……宮を除く各県
　　　鹿・目……荒崎（現今は絶滅か？）　海岸湿地　欧・亜原産

シロザ　[ヒユ科　アカザ属]　　　*Chenopodium album*

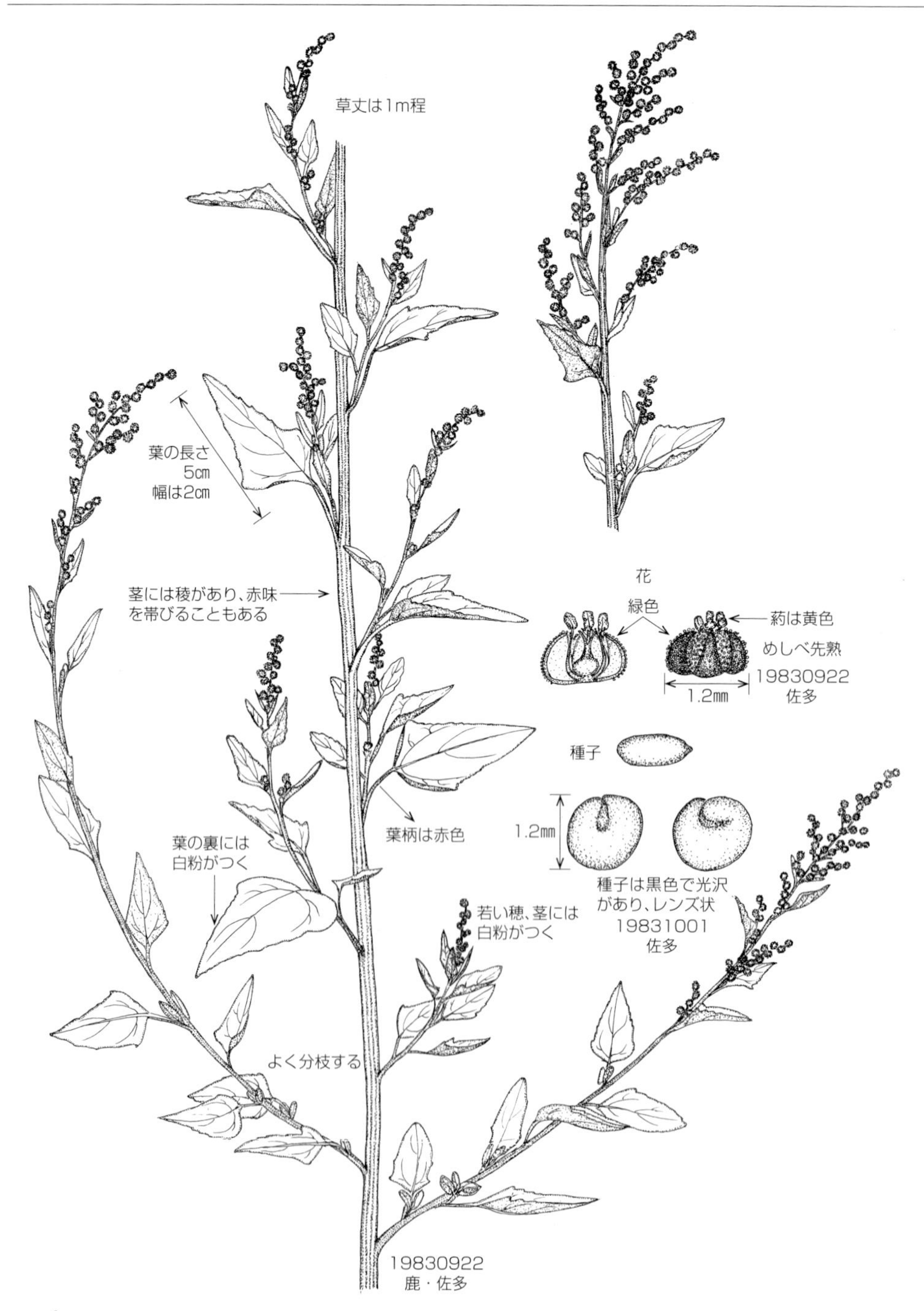

マルバアカザ　[ヒユ科　アカザ属]　　*Chenopodium acuminatum*

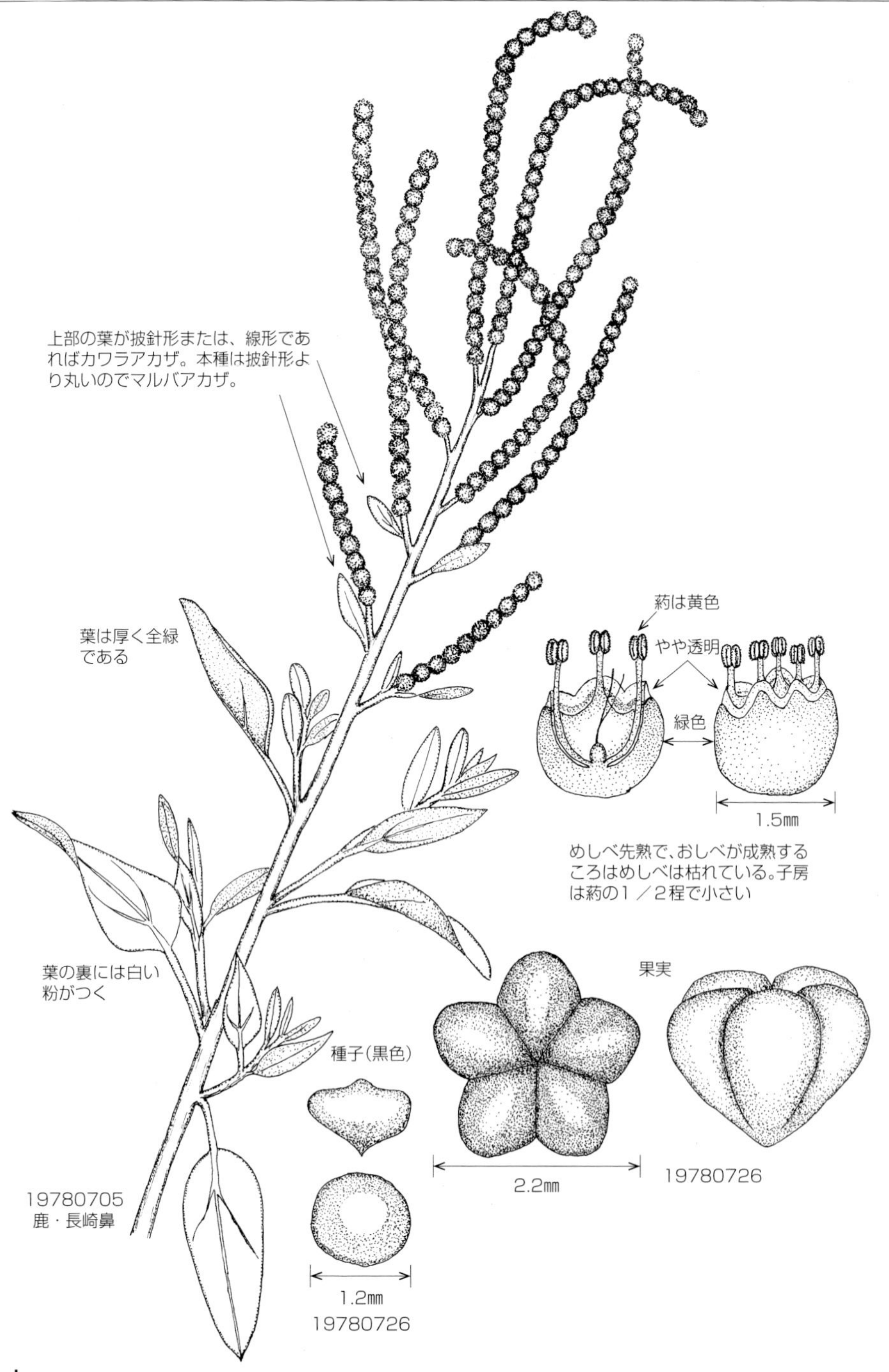

ケアリタソウ　[ヒユ科　アリタソウ属]　　*Dysphania ambrosioides*

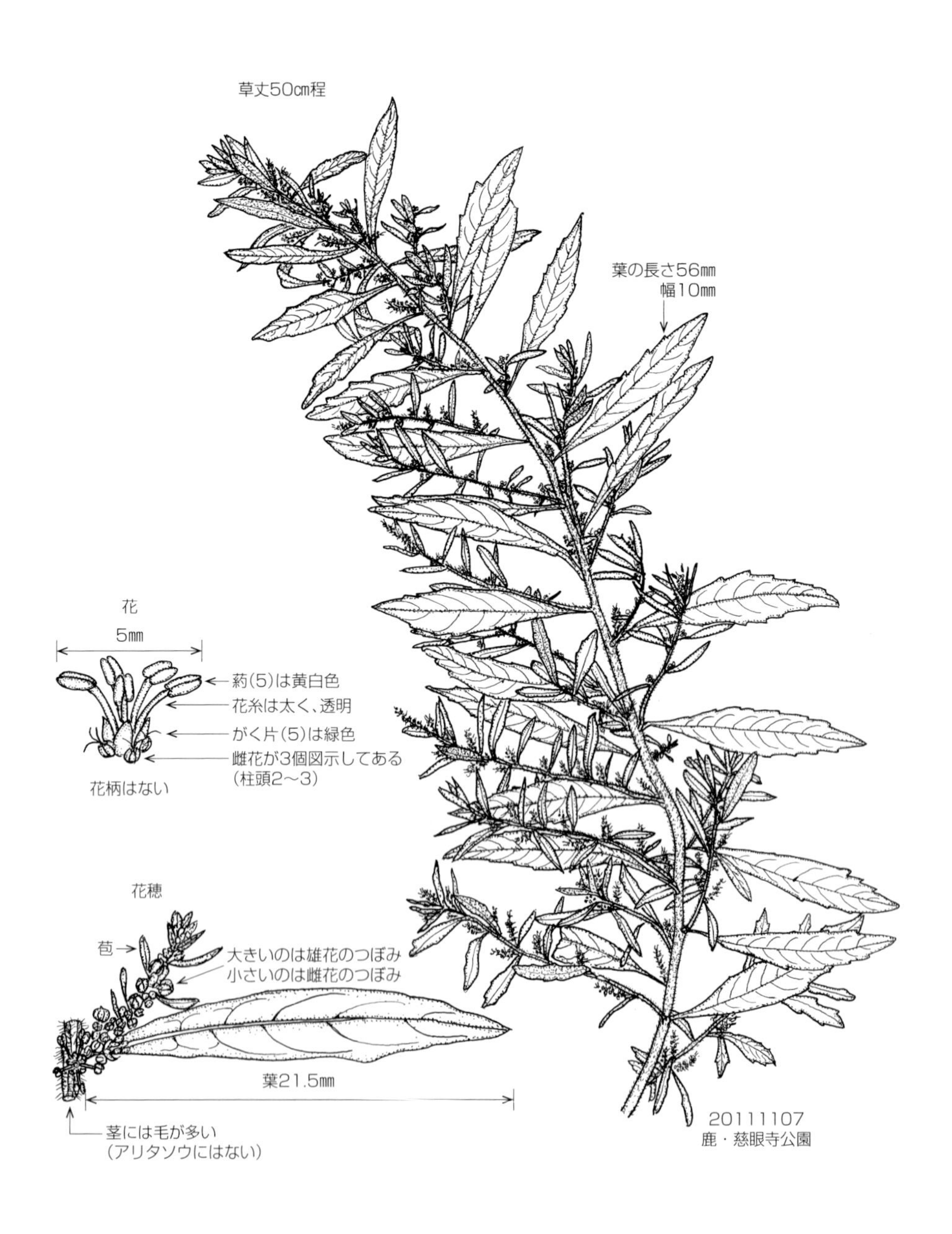

分布　九・目……各県
　　　鹿・目……鹿児島　北米原産

イソフサギ　[ヒユ科　イソフサギ属]　*Philoxerus wrightii*

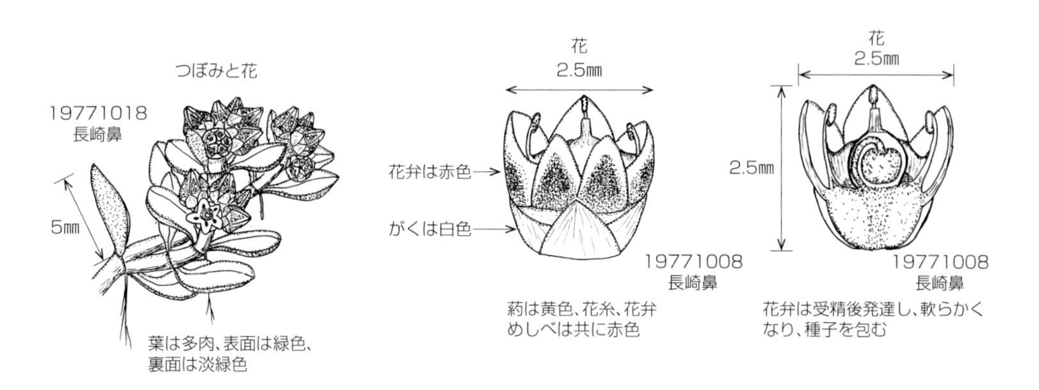

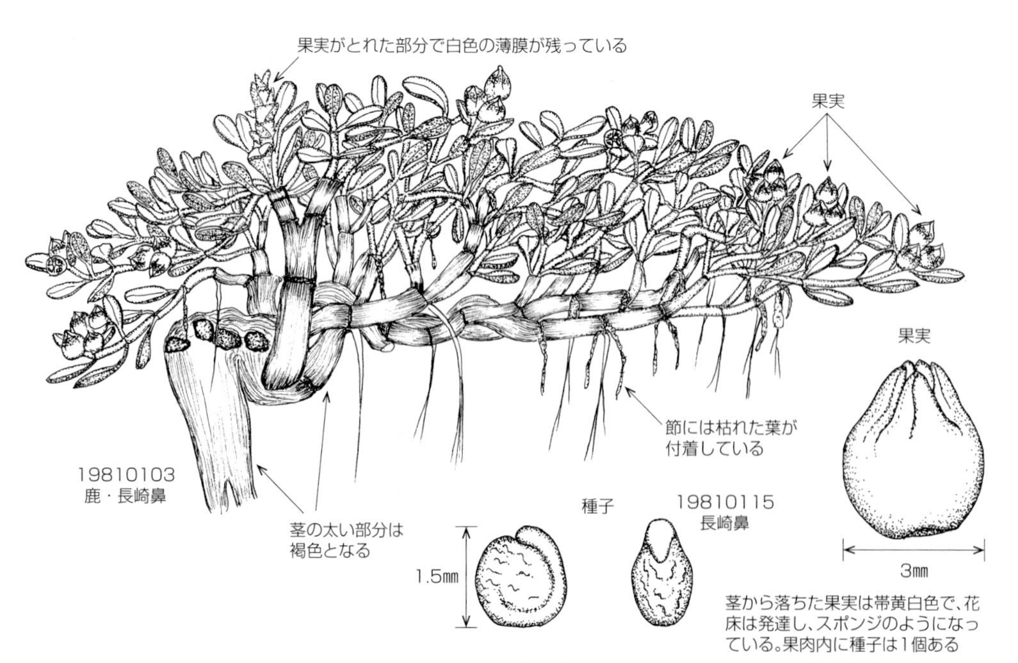

分布
九・目……鹿
鹿・目……山川（長崎鼻）　枕崎（白沢　板敷海岸）　屋　馬毛島　宝　奄群

オカヒジキ　[ヒユ科　オカヒジキ属]　　　*Salsola komarovii*

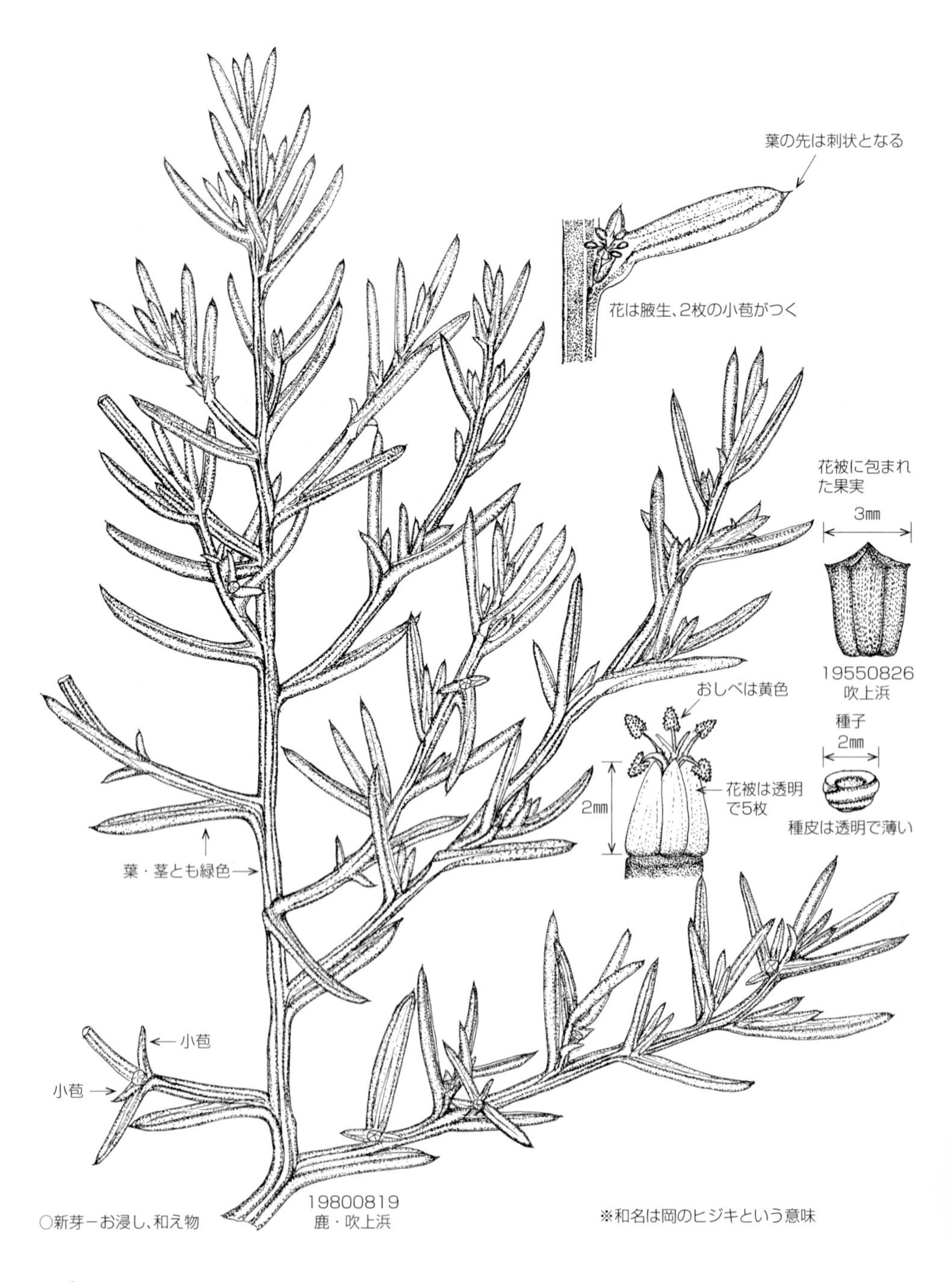

○新芽－お浸し、和え物　　※和名は岡のヒジキという意味

分布　九・目……各県（海岸、南は徳）
　　　鹿・目……吹上　串木野　川辺　甑　種　徳

シチメンソウ　[ヒユ科　マツナ属]　*Suaeda japonica*

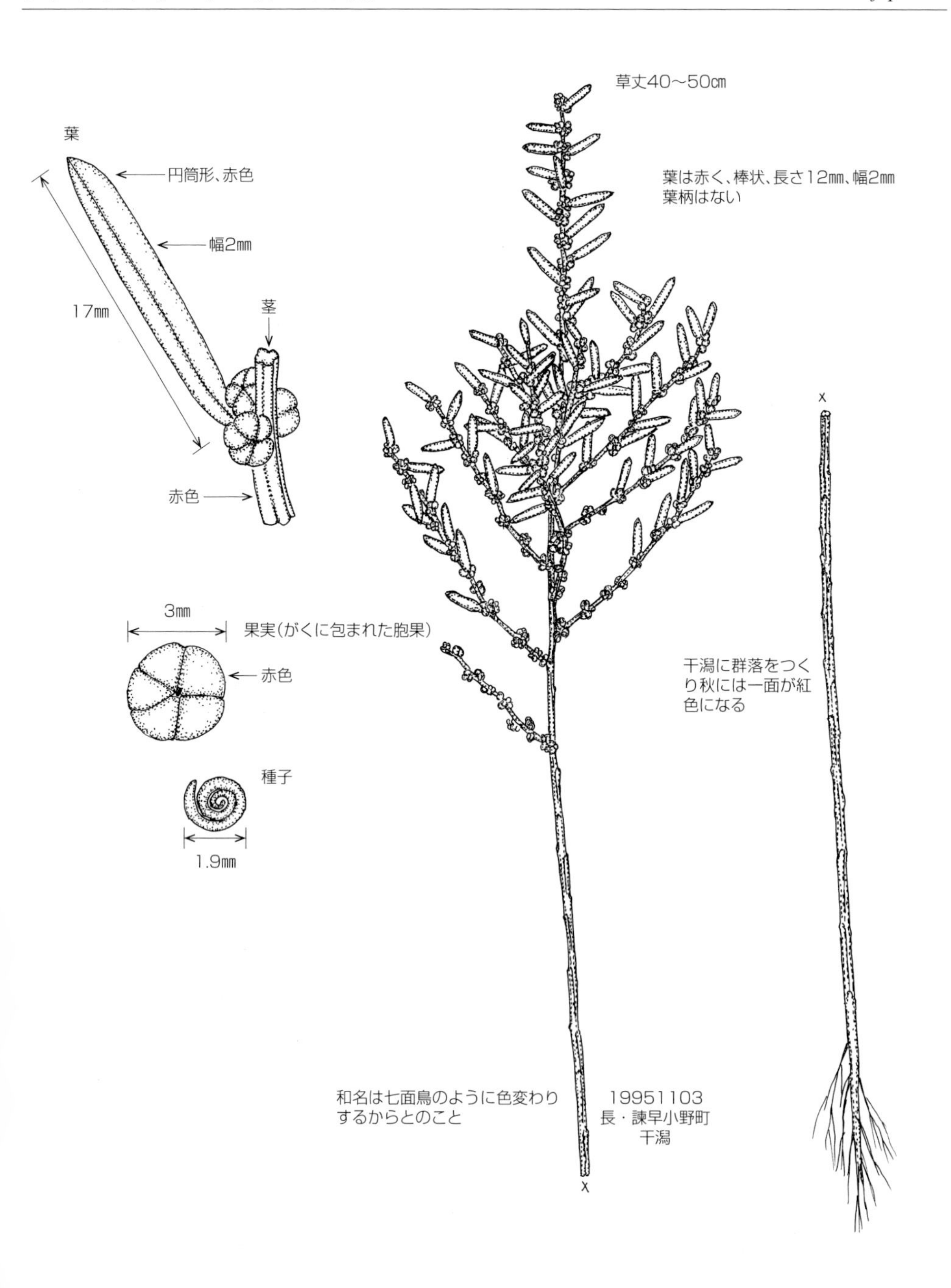

ハママツナ [ヒユ科 マツナ属] *Suaeda maritima*

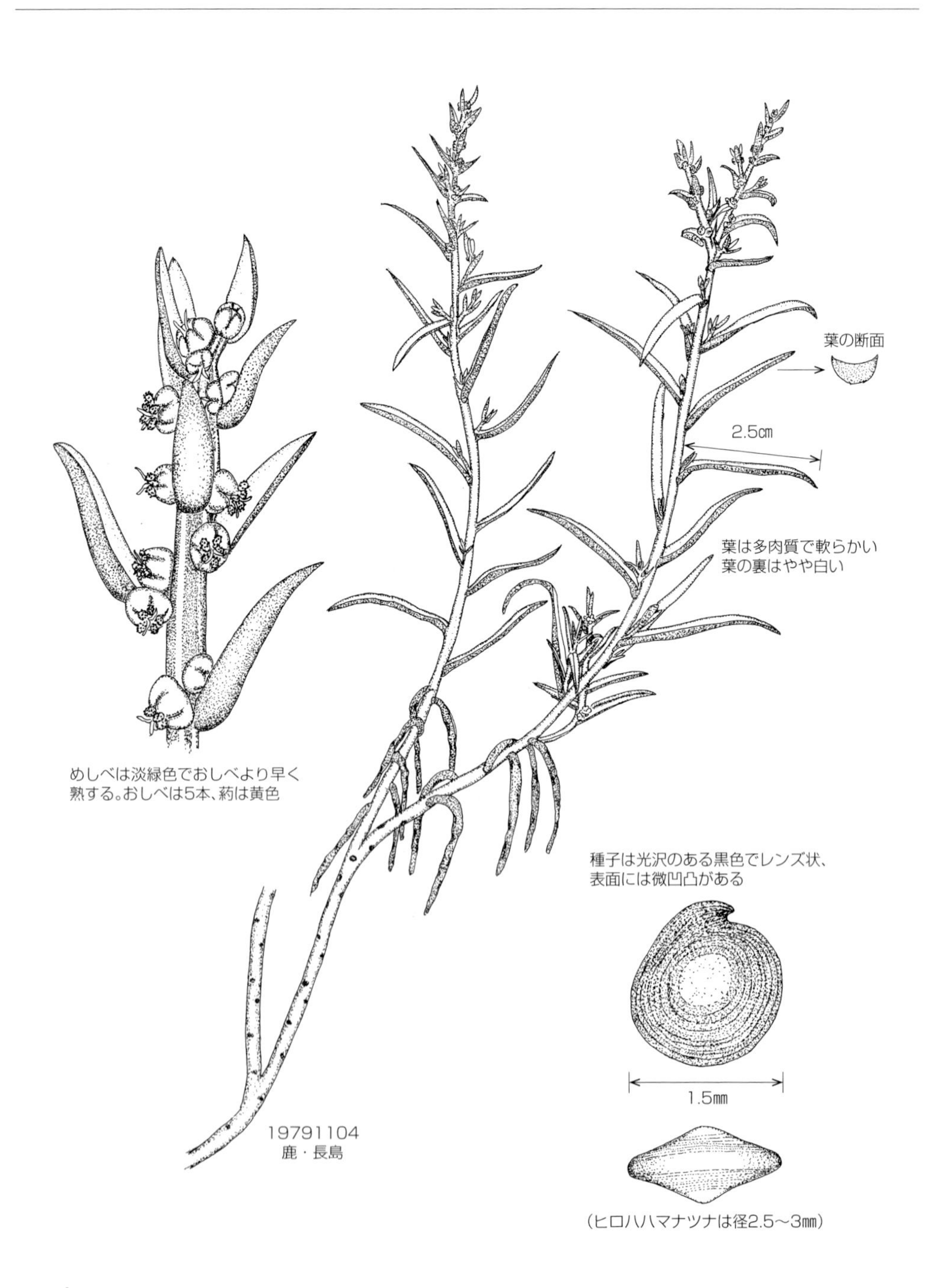

クルマバザクロソウ　[ザクロソウ科　ザクロソウ属]　　*Mollugo verticillata*

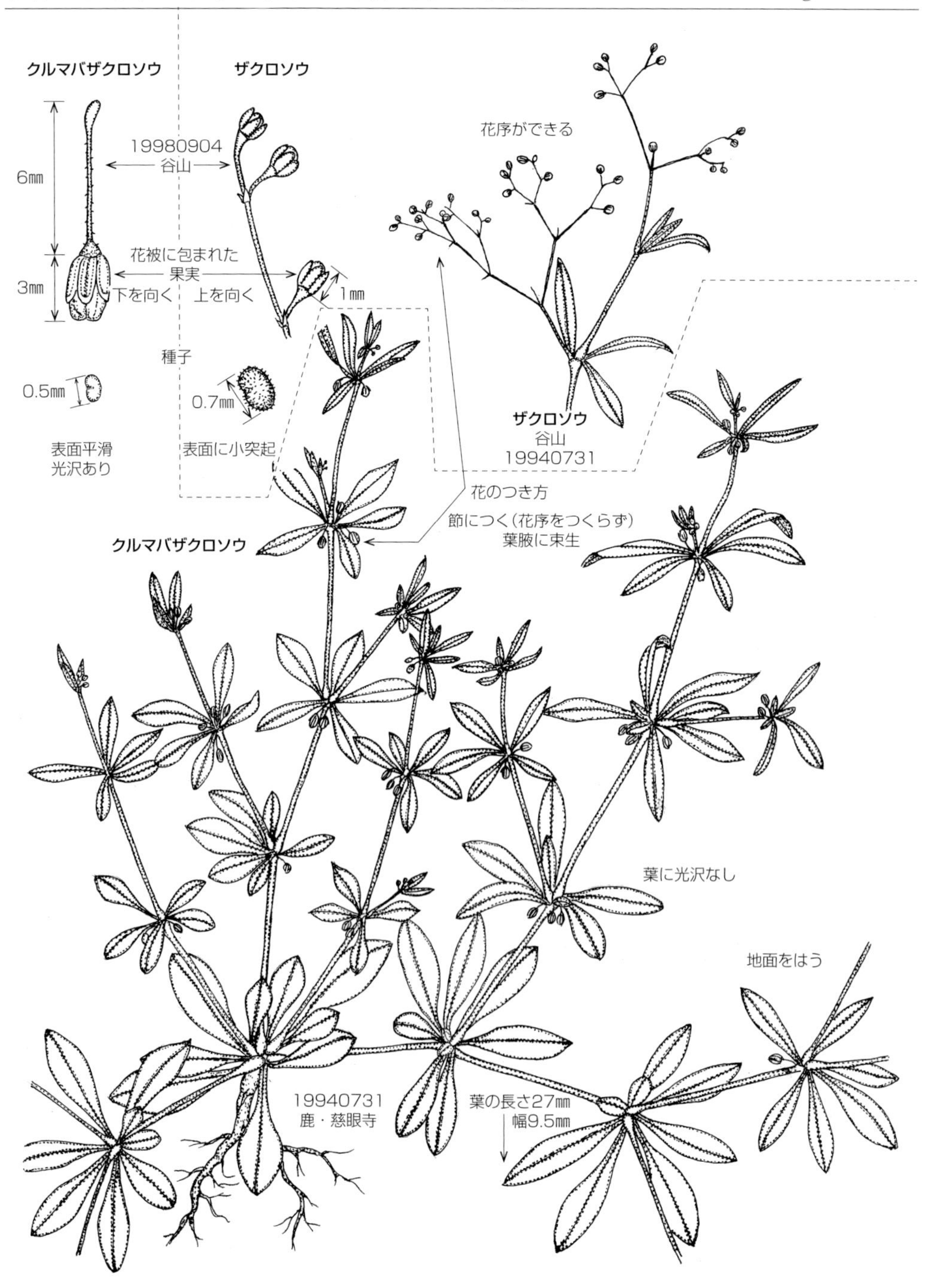

ザクロソウ　[ザクロソウ科　ザクロソウ属]　*Mollugo pentaphylla*

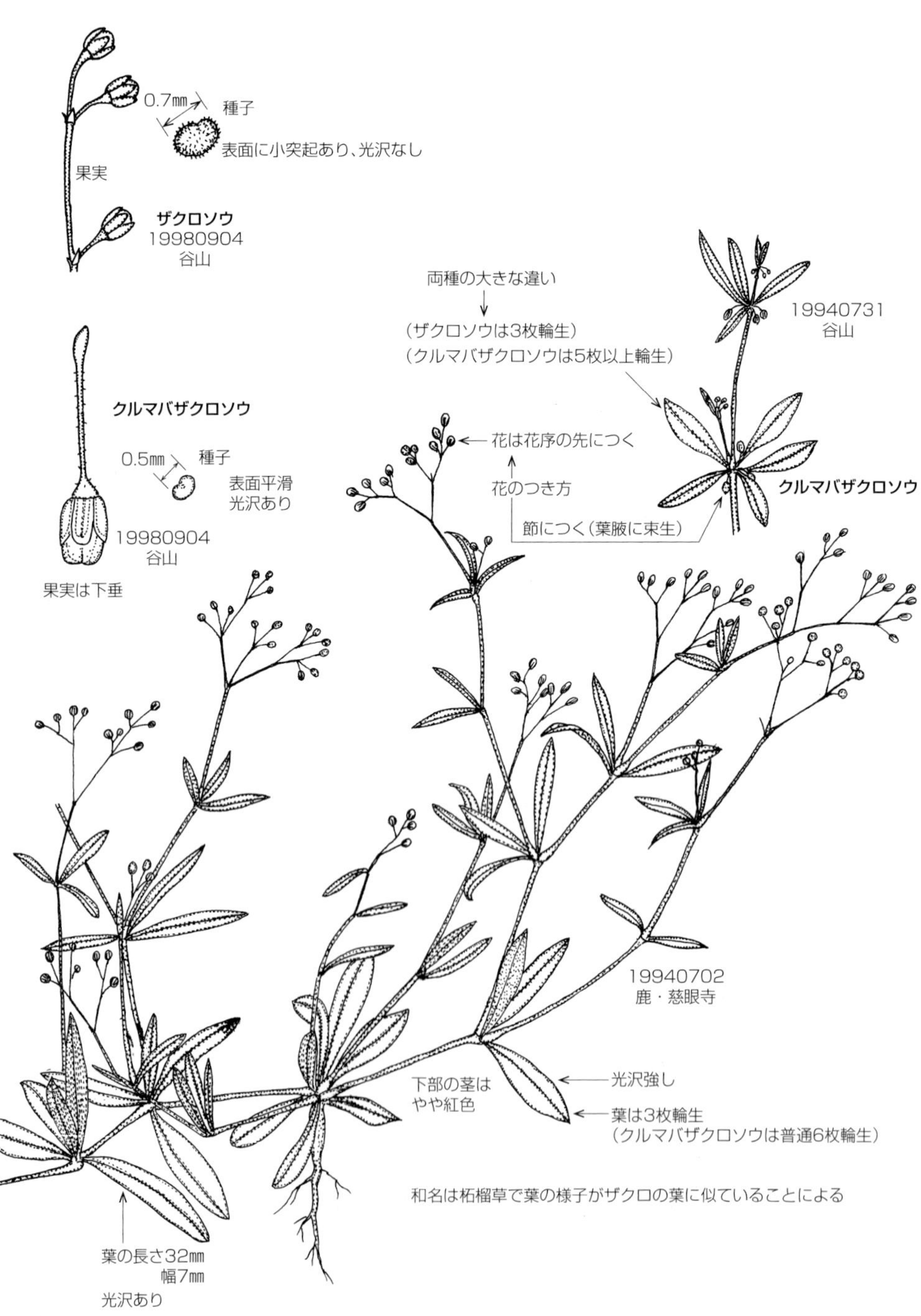

分布　九・目……各県（普通、南は奄群）熱帯米原産
　　　鹿・目……各地

オキナワマツバボタン　[スベリヒユ科　スベリヒユ属]　　*Portulaca okinawensis*

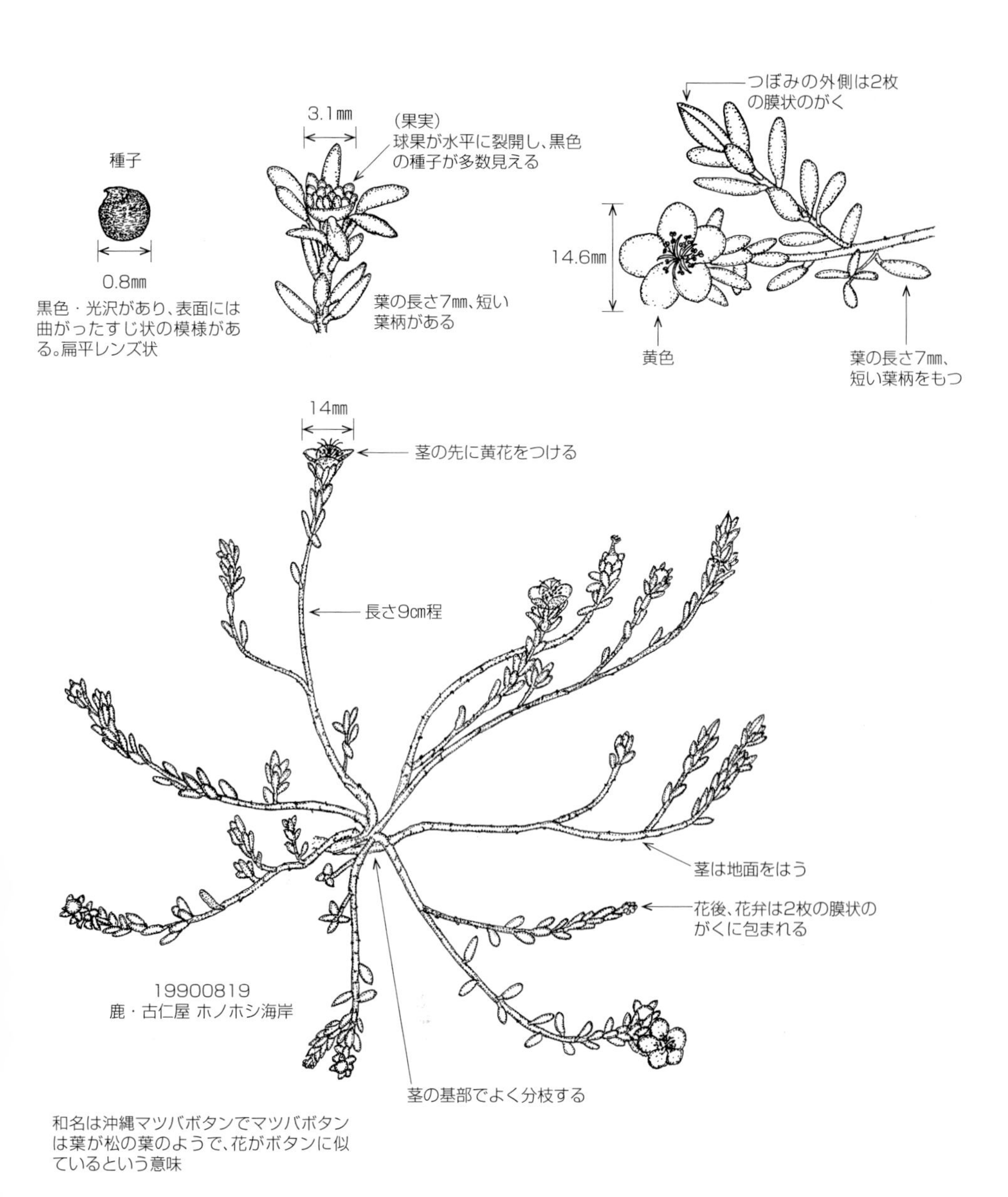

スベリヒユ ［スベリヒユ科　スベリヒユ属］　　　　　　*Portulaca oleracea*
ハナスベリヒユ　*Portulaca oleracea* cvs.

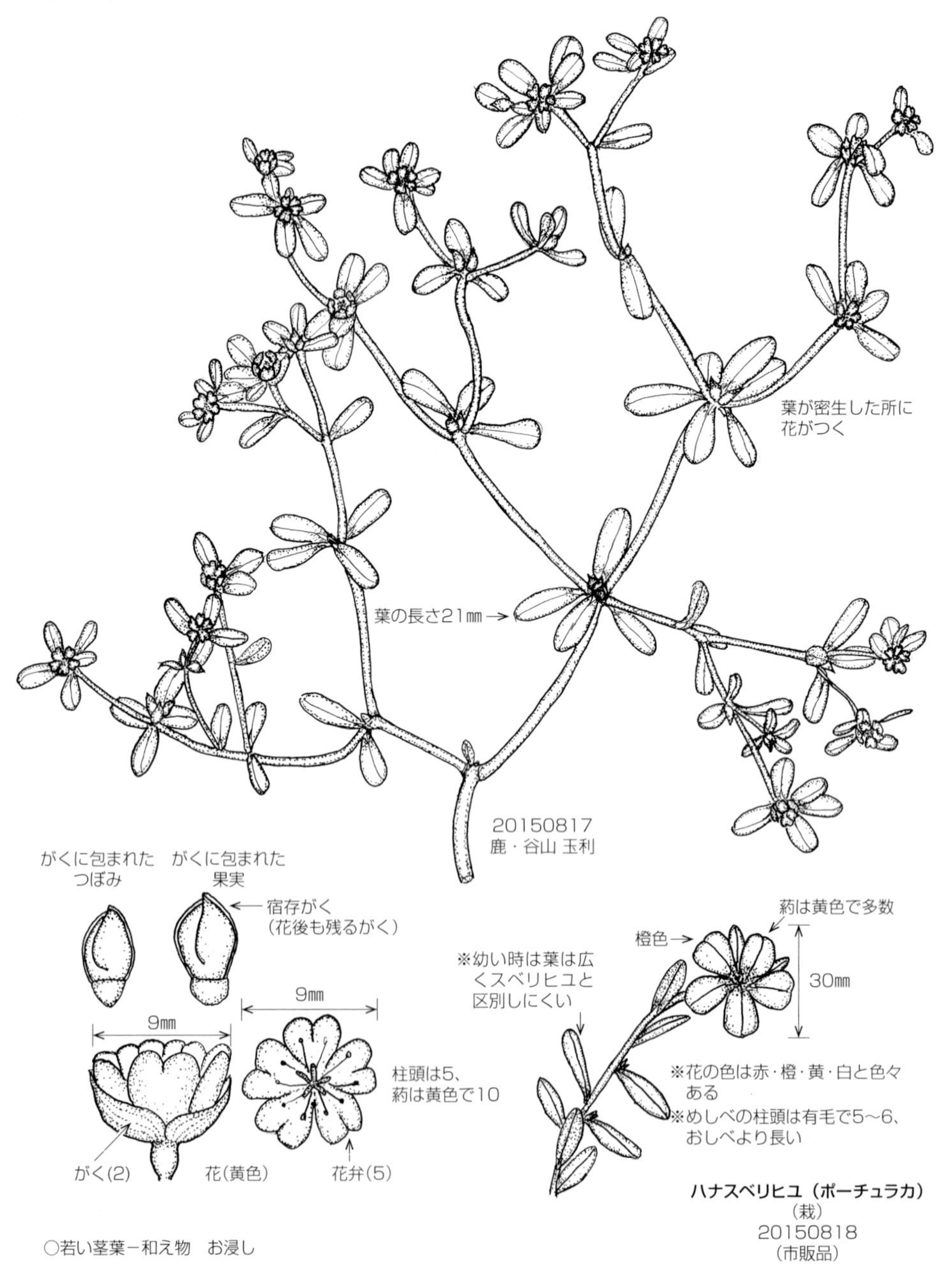

葉が密生した所に花がつく

葉の長さ21mm→

20150817
鹿・谷山 玉利

がくに包まれた　　がくに包まれた
　つぼみ　　　　　　果実

宿存がく
（花後も残るがく）

9mm　　　9mm

がく(2)　　花(黄色)　　花弁(5)

柱頭は5、
葯は黄色で10

※幼い時は葉は広くスベリヒユと区別しにくい

橙色→　　葯は黄色で多数

30mm

※花の色は赤・橙・黄・白と色々ある
※めしべの柱頭は有毛で5〜6、おしべより長い

ハナスベリヒユ（ポーチュラカ）
（栽）
20150818
（市販品）

○若い茎葉－和え物　お浸し

分布　九・目……各県　普通　帰化品？　熱帯米原産？
　　　鹿・目……各地　帰化？

572

ハゼラン　[スベリヒユ科　ハゼラン属]　　　　*Talinum crassifolium*

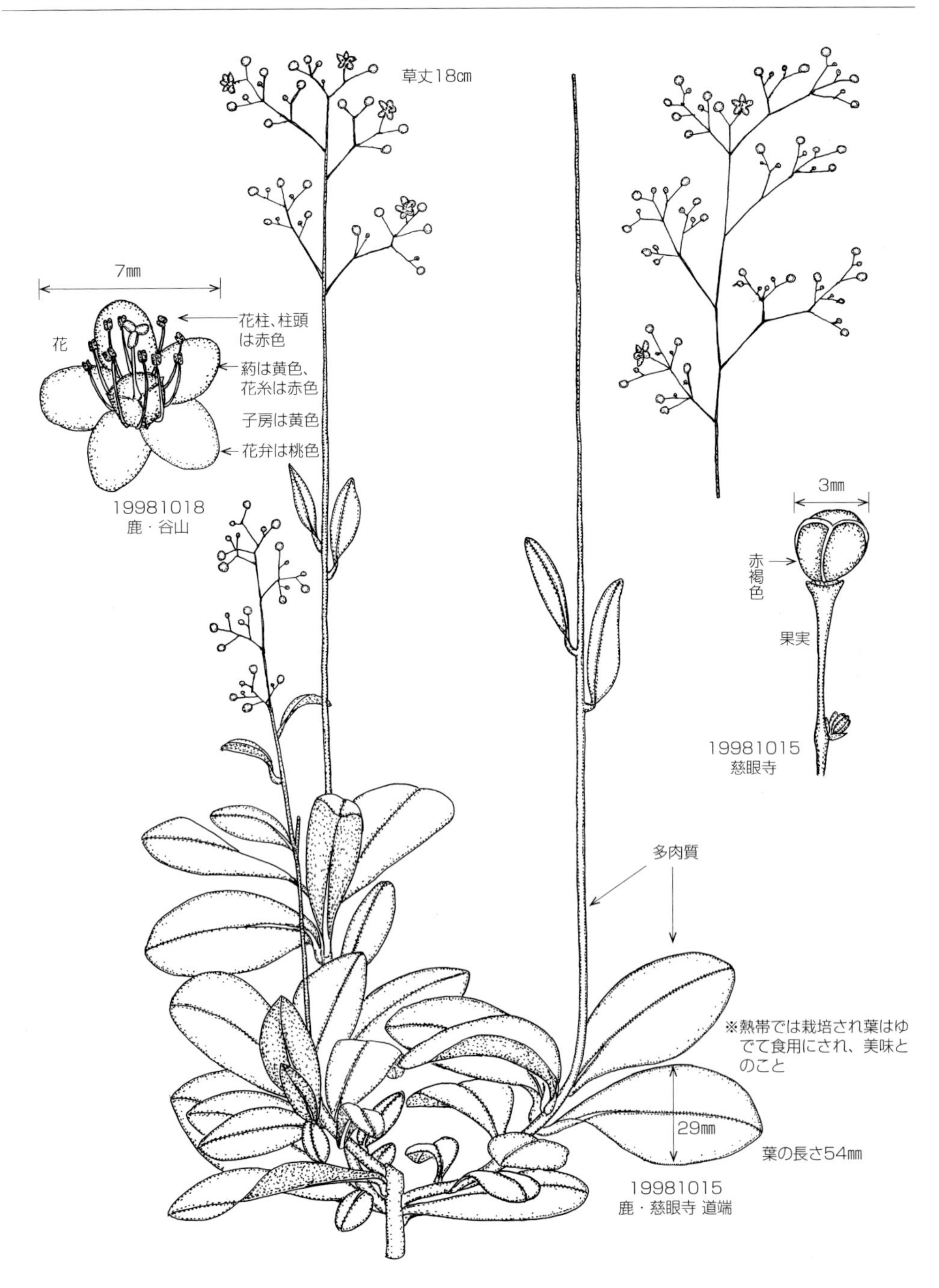

分布　九・目……長（長崎）鹿（鹿児島　奄群）栽培　逸出……熱帯米原産
　　　鹿・目……記載がない

ツルムラサキ　[ツルムラサキ科　ツルムラサキ属]　　　　*Basella alba*

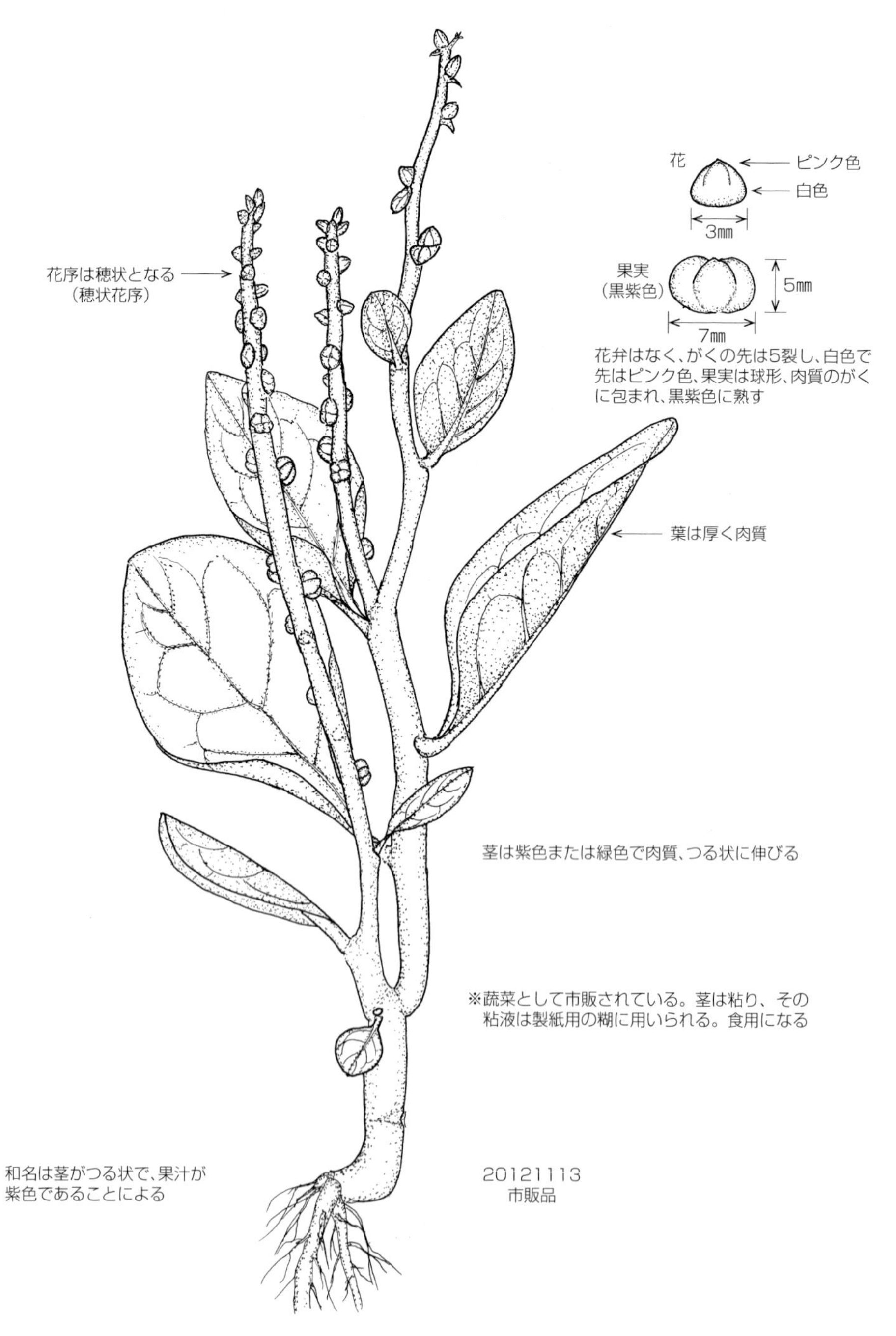

花 ← ピンク色
← 白色
3mm

果実（黒紫色） 5mm / 7mm

花弁はなく、がくの先は5裂し、白色で先はピンク色、果実は球形、肉質のがくに包まれ、黒紫色に熟す

花序は穂状となる（穂状花序）

葉は厚く肉質

茎は紫色または緑色で肉質、つる状に伸びる

※蔬菜として市販されている。茎は粘り、その粘液は製紙用の糊に用いられる。食用になる

和名は茎がつる状で、果汁が紫色であることによる

20121113
市販品

分布 | 九・目……記載がない
　　 | 鹿・目……記載がない

ミルスベリヒユ　[ハマミズナ科　ミルスベリヒユ属]　　*Sesuvium portulacastrum*
シロミルスベリヒユ　*Sesuvium portulacastrum f. tawadanus*

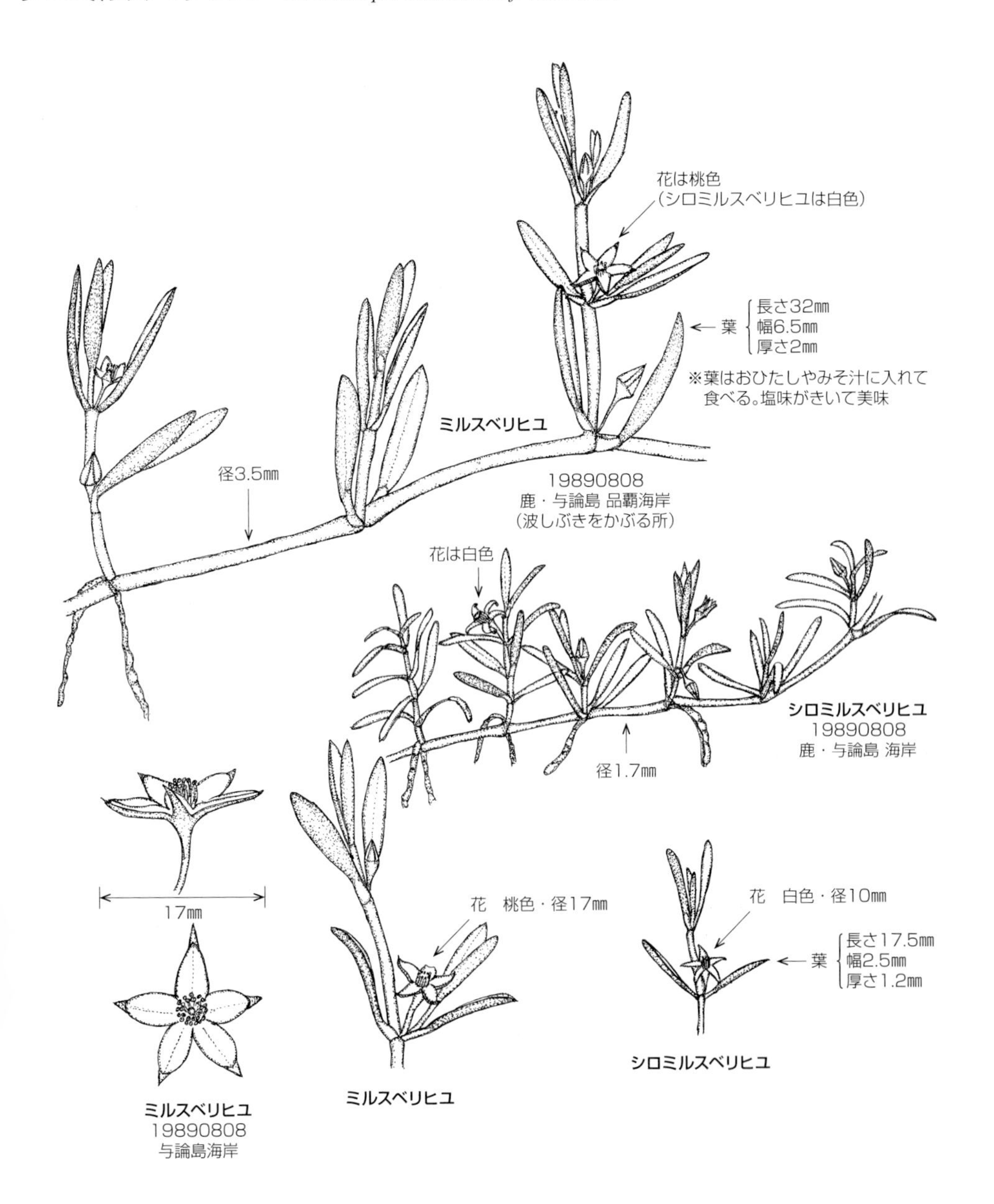

ツルナ　[ハマミズナ科　ツルナ属]　　*Tetragonia tetragonioides*

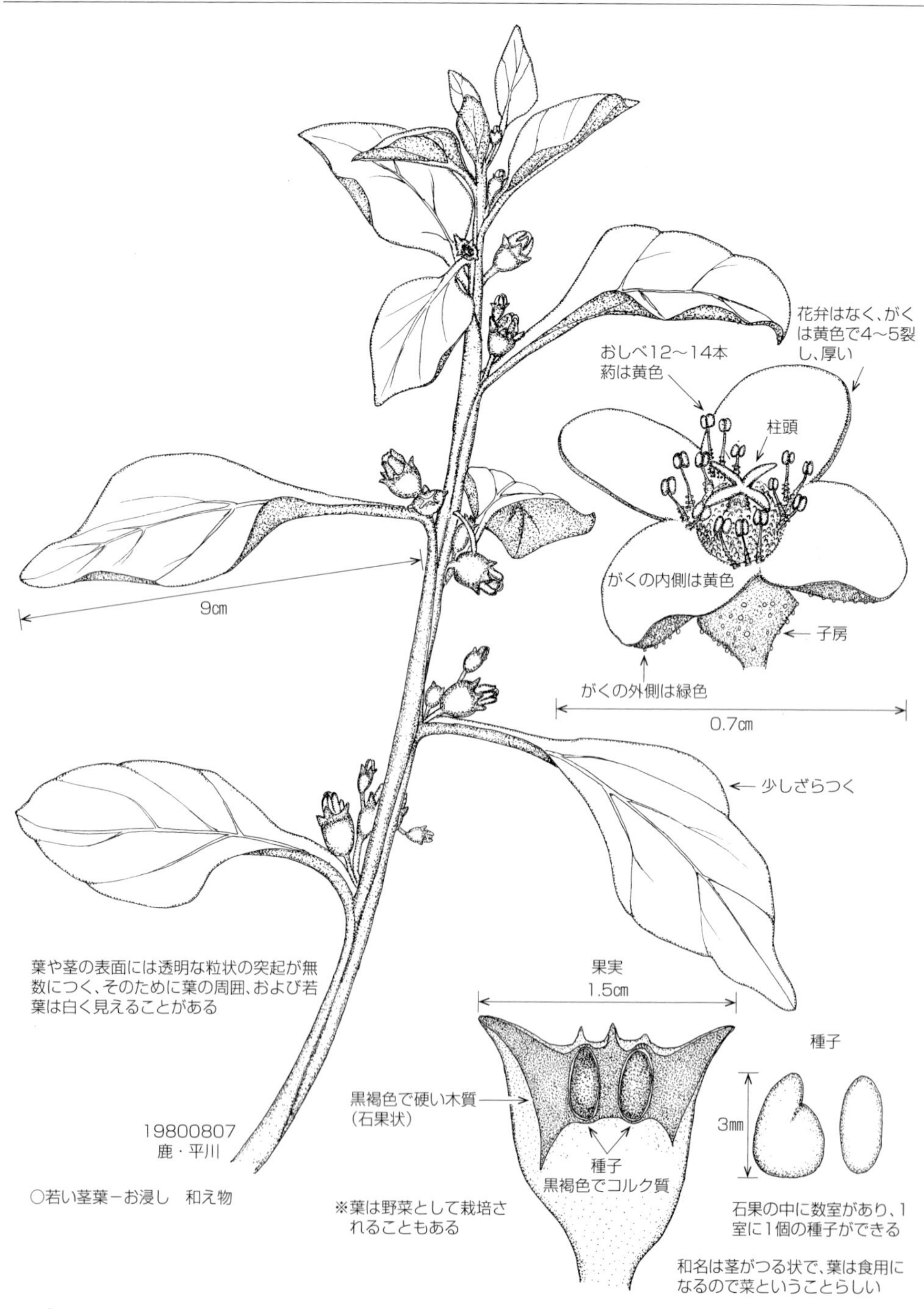

ヨウシュヤマゴボウ（アメリカヤマゴボウ） [ヤマゴボウ科　ヤマゴボウ属]　*Phytolacca americana*

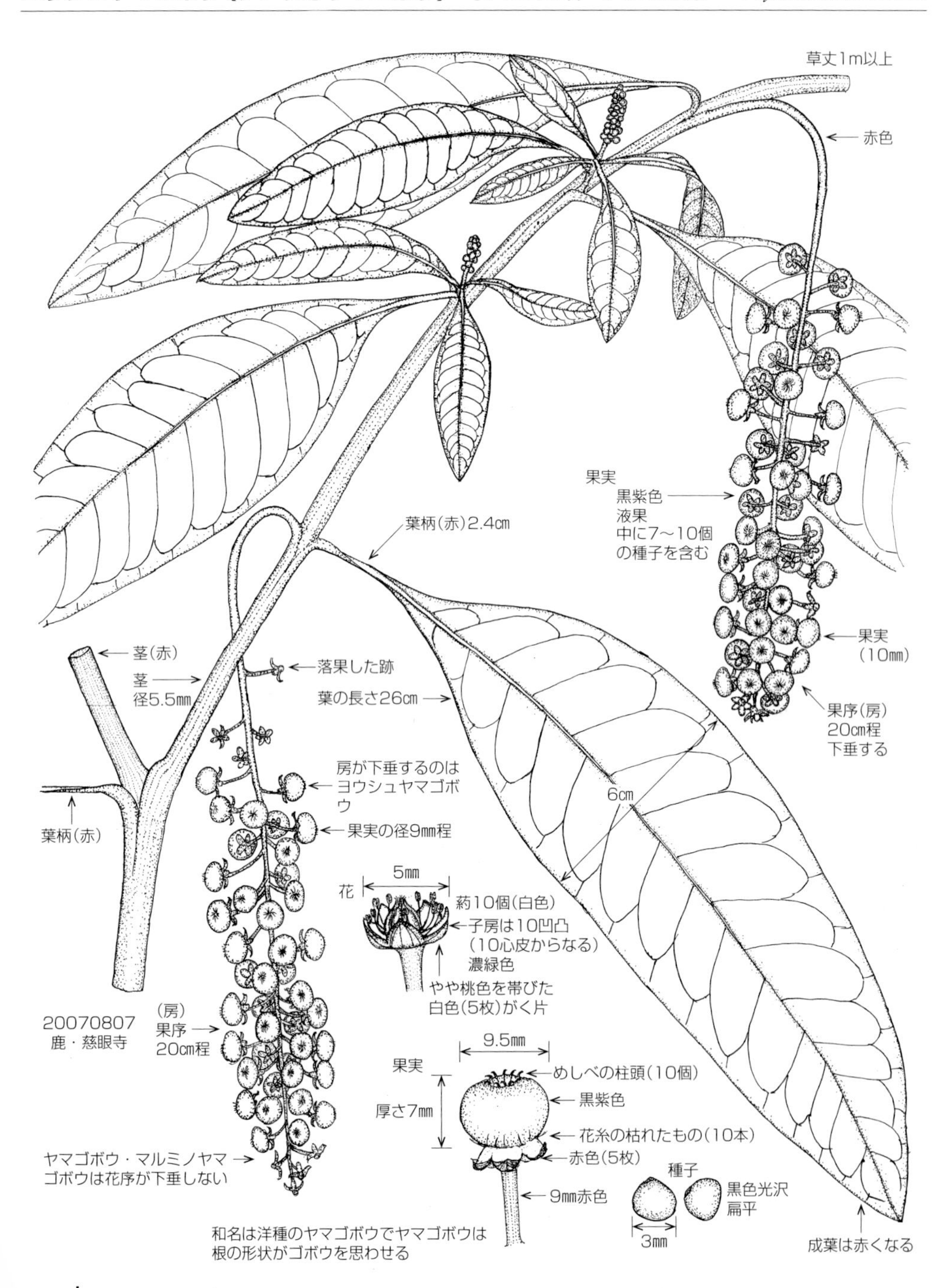

ナハカノコソウ　[オシロイバナ科　ナハカノコソウ属]　*Boerhavia diffusa*

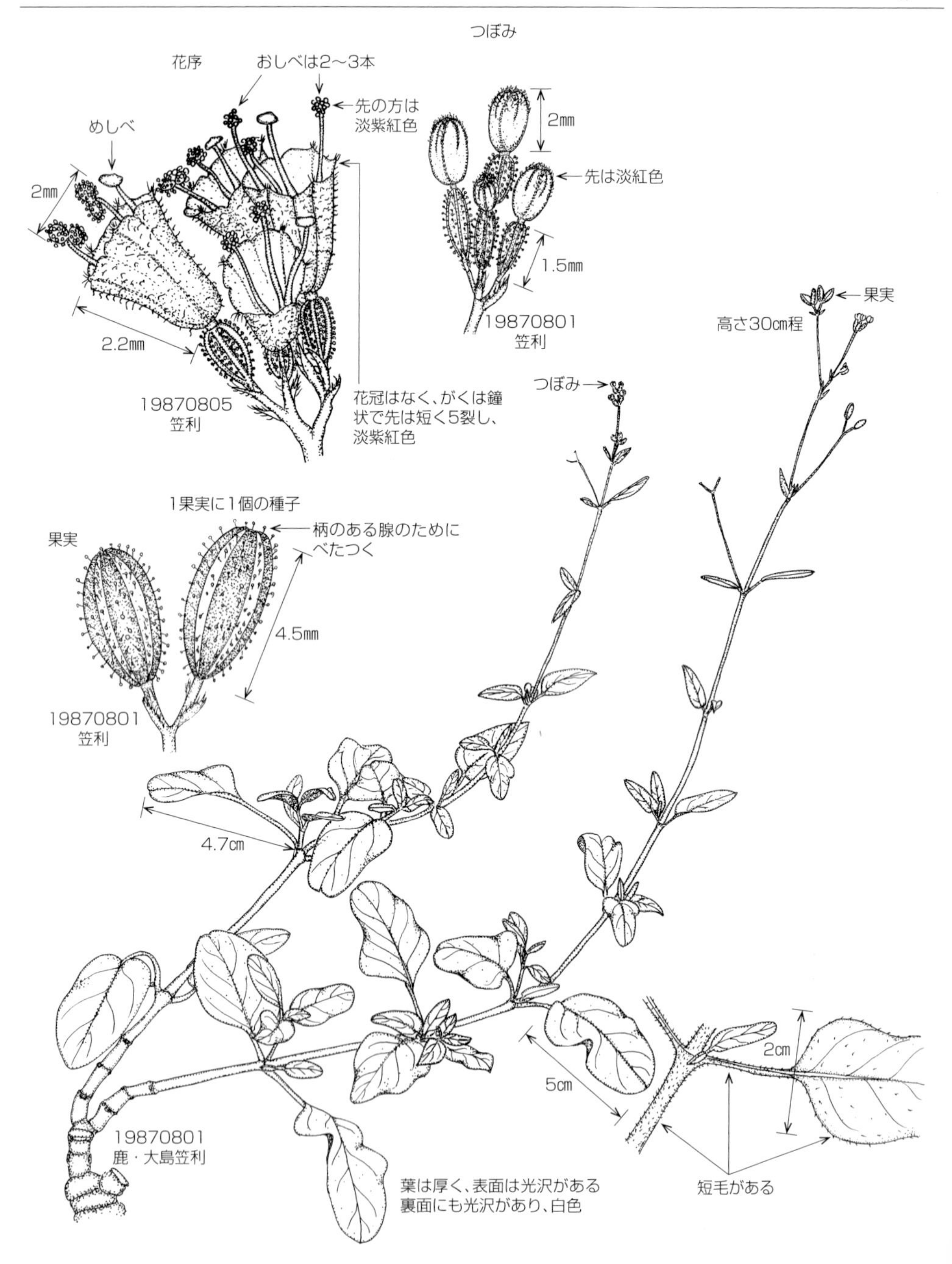

オシロイバナ　[オシロイバナ科　オシロイバナ属]　*Mirabilis jalapa*

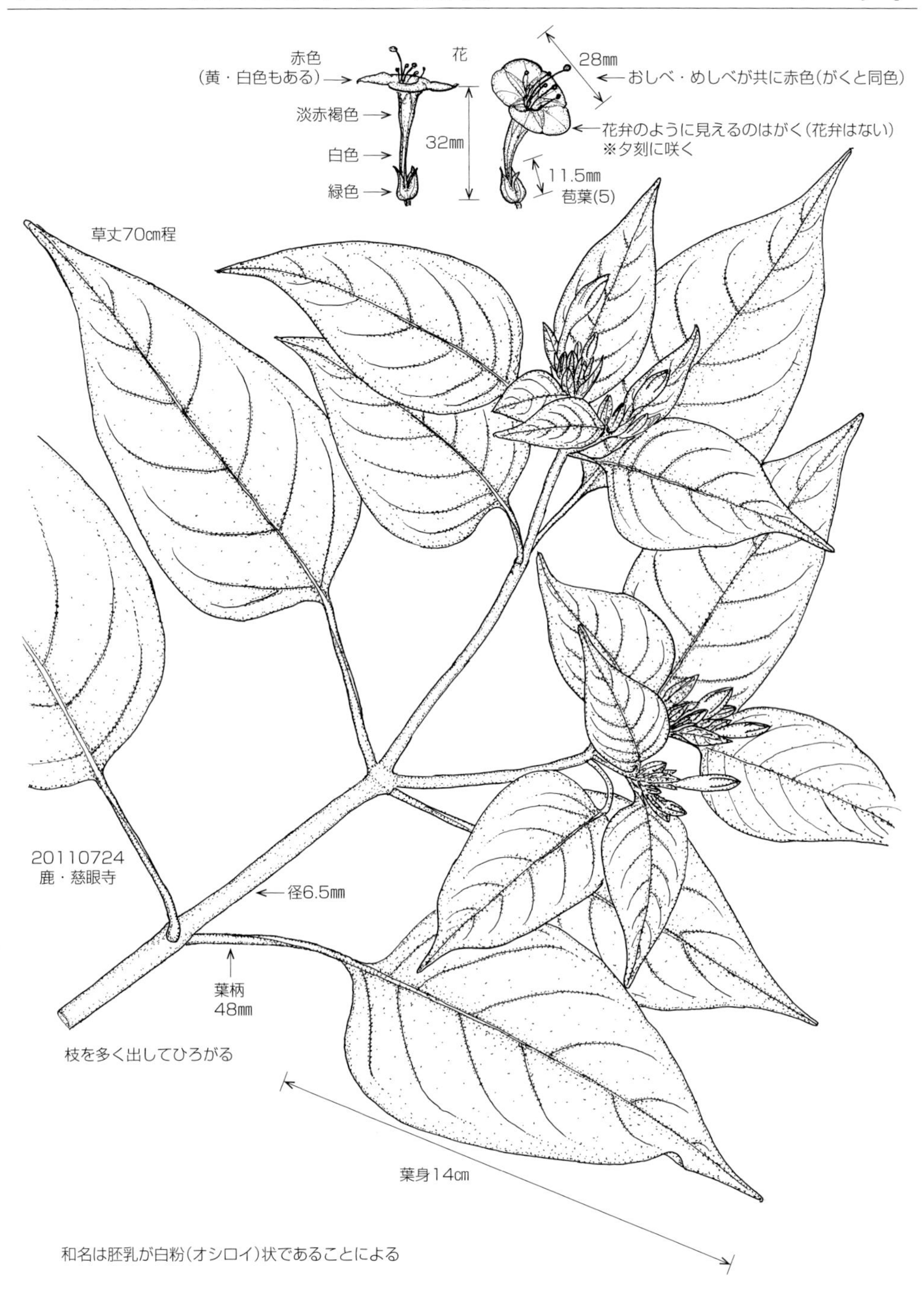

カナビキソウ　[ビャクダン科　カナビキソウ属]　　*Thesium chinense*

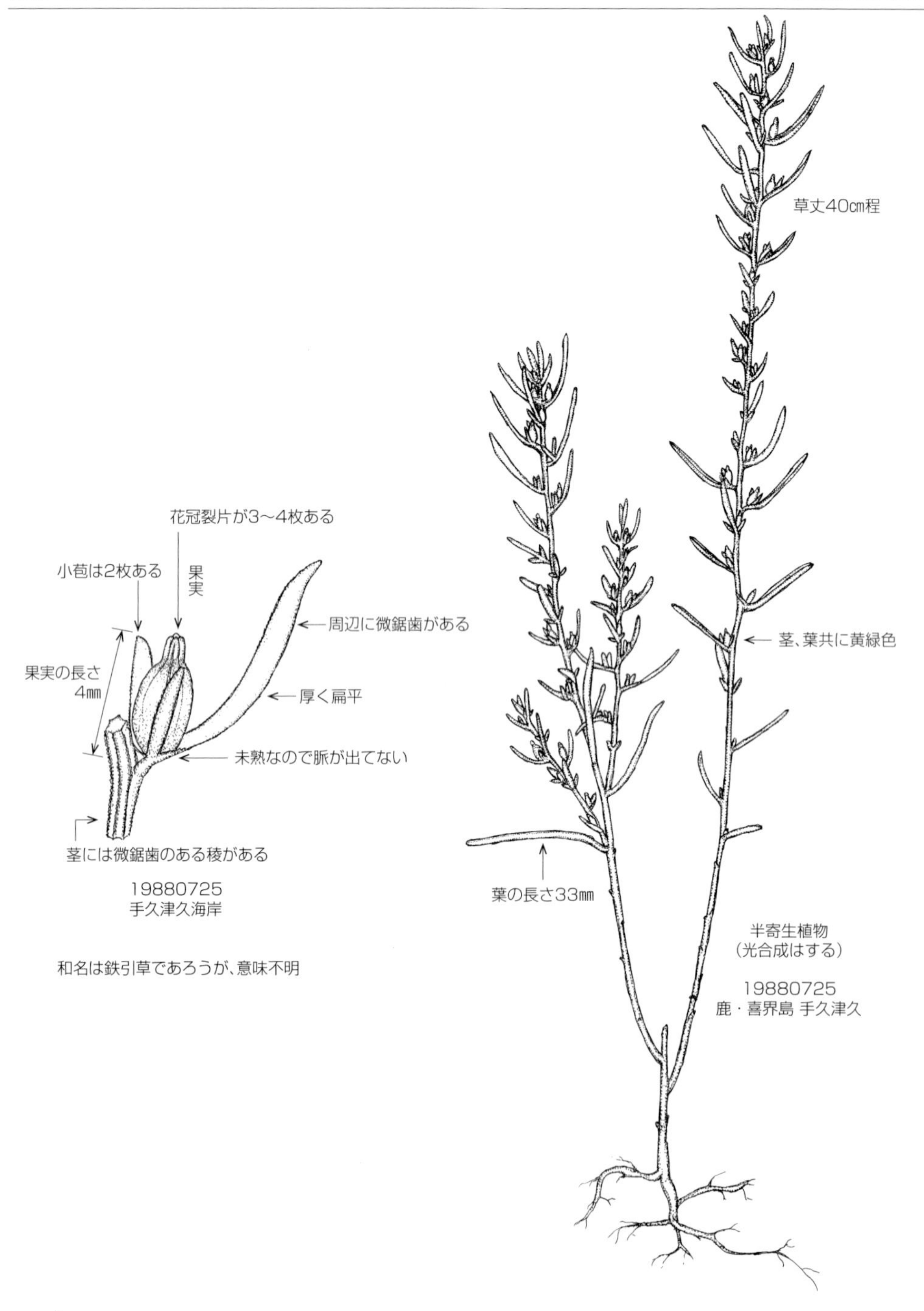

ヤドリギ　[ビャクダン科　ヤドリギ属]　　*Viscum album*
ヒノキバヤドリギ　[ヒノキバヤドリギ属]　*Korthalsella japonica*

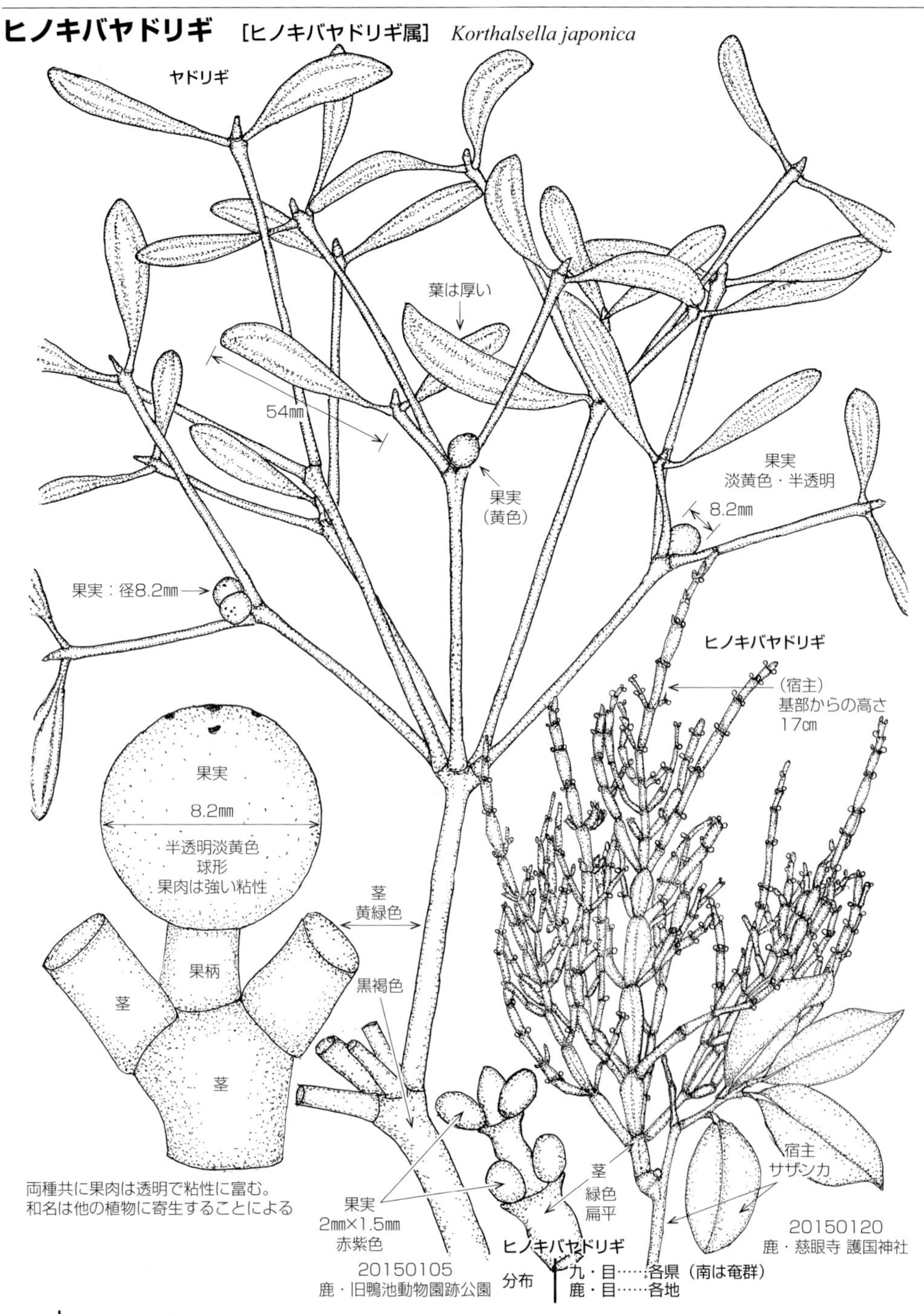

両種共に果肉は透明で粘性に富む。
和名は他の植物に寄生することによる

分布　九・目……各県（南限は鹿の枕崎）
　　　鹿・目……霧島山　鹿児島　郡山　入来山之口　枕崎

ボロボロノキ　[ボロボロノキ科　ボロボロノキ属]　　*Schoepfia jasminodora*

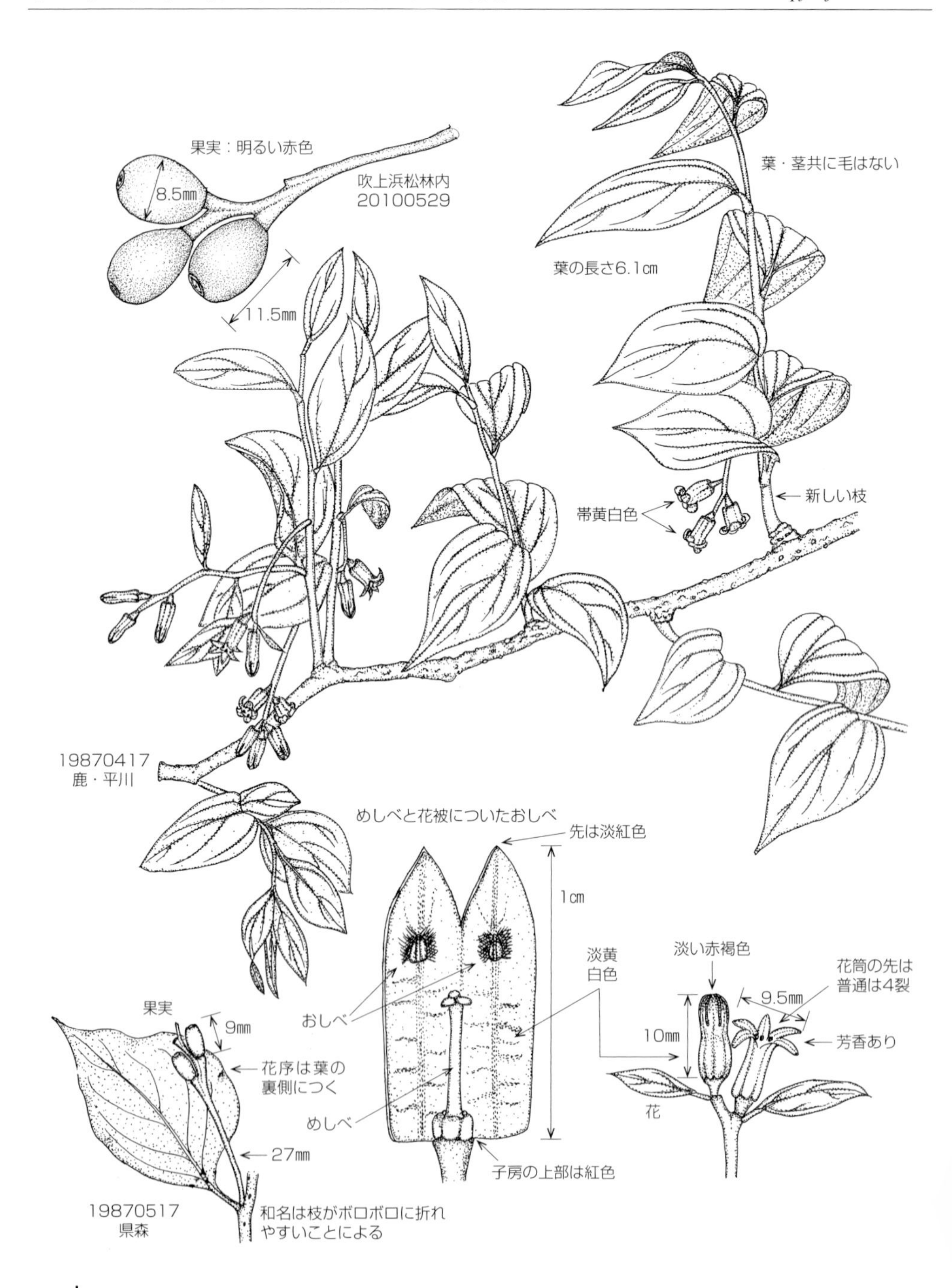

オオバヤドリギ　[マツグミ科　オオバヤドリギ属]　*Scurrula yadoriki*

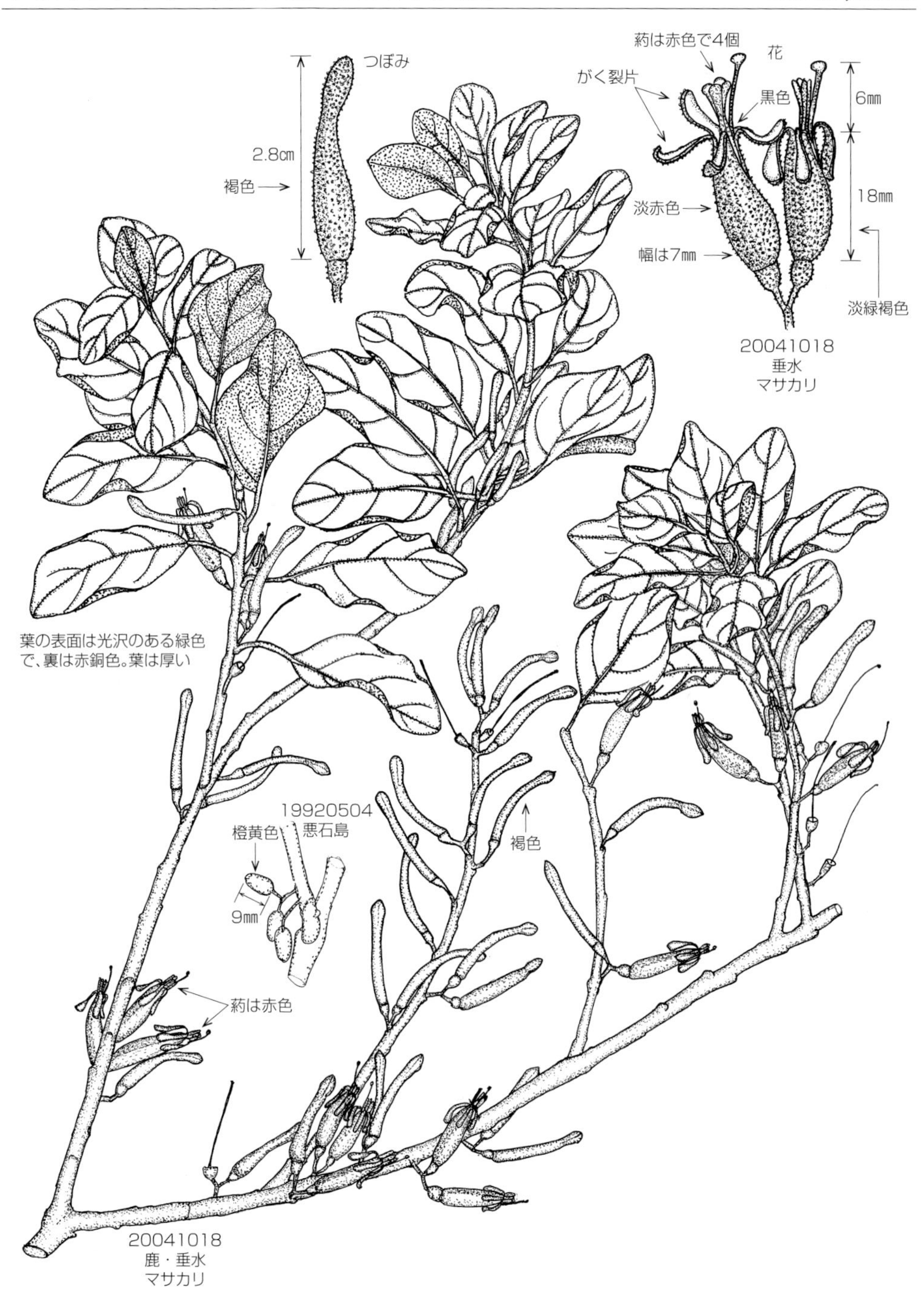

ツチトリモチ　[ツチトリモチ科　ツチトリモチ属]　*Balanopora japonica*

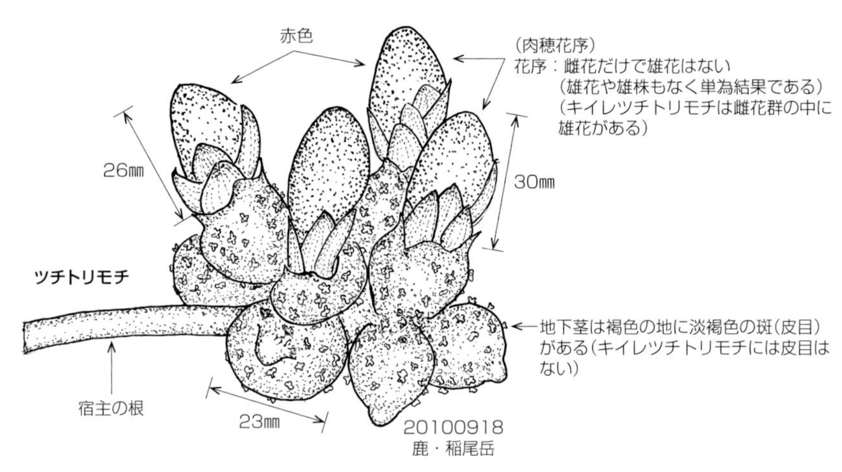

※和名は土から採れるトリモチという意味で、地下茎をたたいてトリモチをつくる

キイレツチトリモチ　*Balanophora tobiracola*

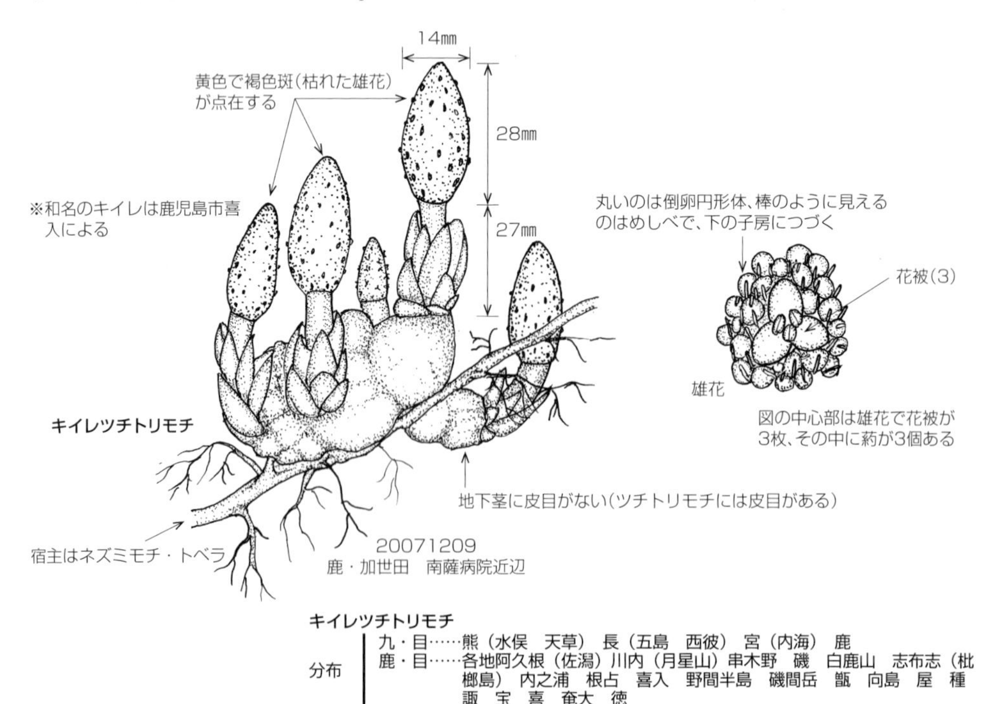

※和名のキイレは鹿児島市喜入による

キイレツチトリモチ

分布
九・目……熊（水俣　天草）長（五島　西彼）宮（内海）鹿
鹿・目……各地阿久根（佐潟）川内（月星山）串木野　磯　白鹿山　志布志（枇榔島）内之浦　根占　喜入　野間半島　磯間岳　甑　向島　屋　種　諏　宝　喜　奄大　徳

分布
九・目……各県
鹿・目……県本土各地　下甑島　屋　県本土南限は開聞岳　内之浦

キリシマミズキ　[マンサク科　トサミズキ属]　*Corylopsis glabrescens*

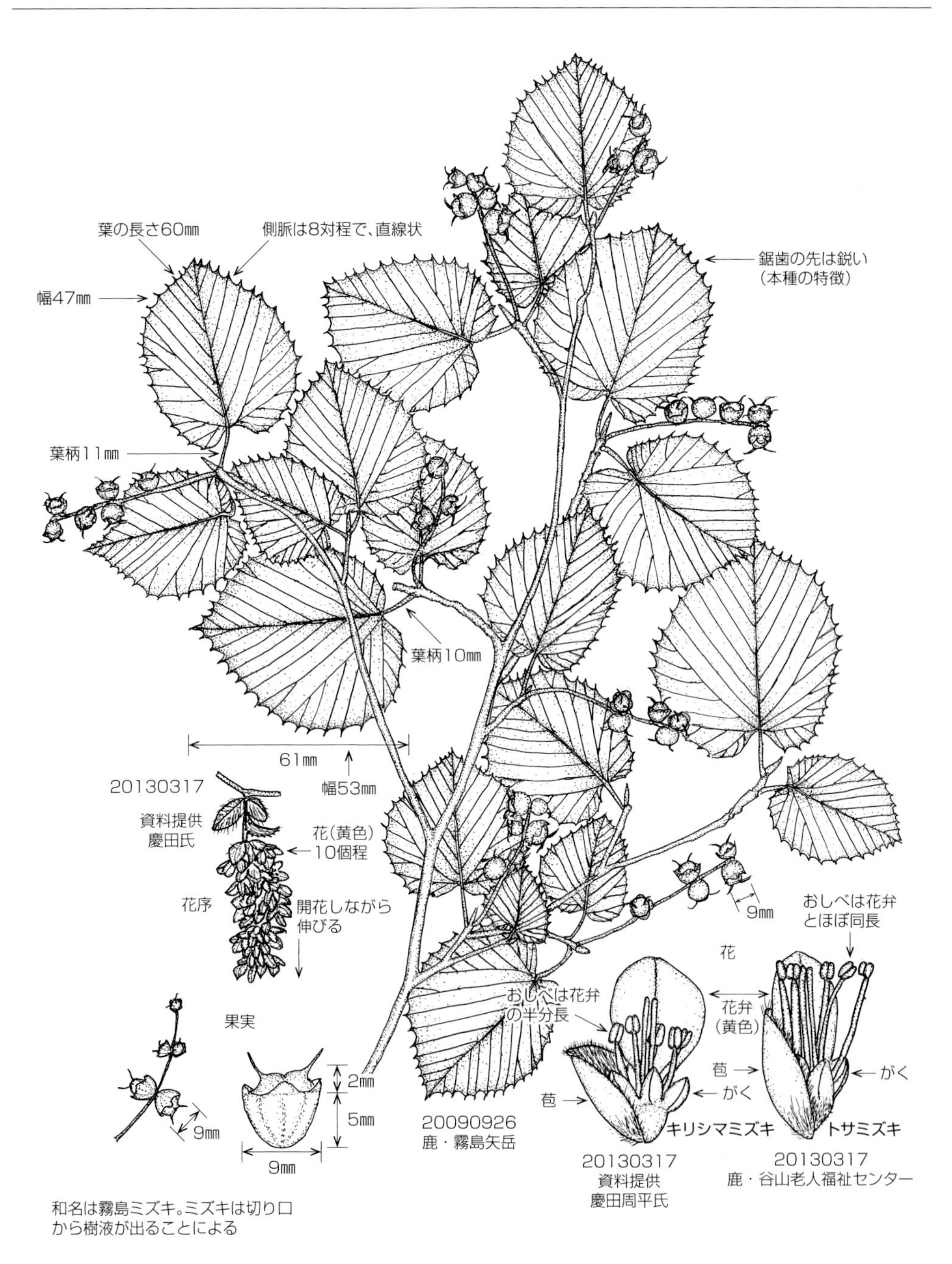

分布　九・目……宮・鹿（霧島山南限）
　　　鹿・目……霧島山

トサミズキ　[マンサク科　トサミズキ属]　　*Corylopsis spicata*
ヒゴミズキ　*Corylopsis gotoana* f. *pubescens*

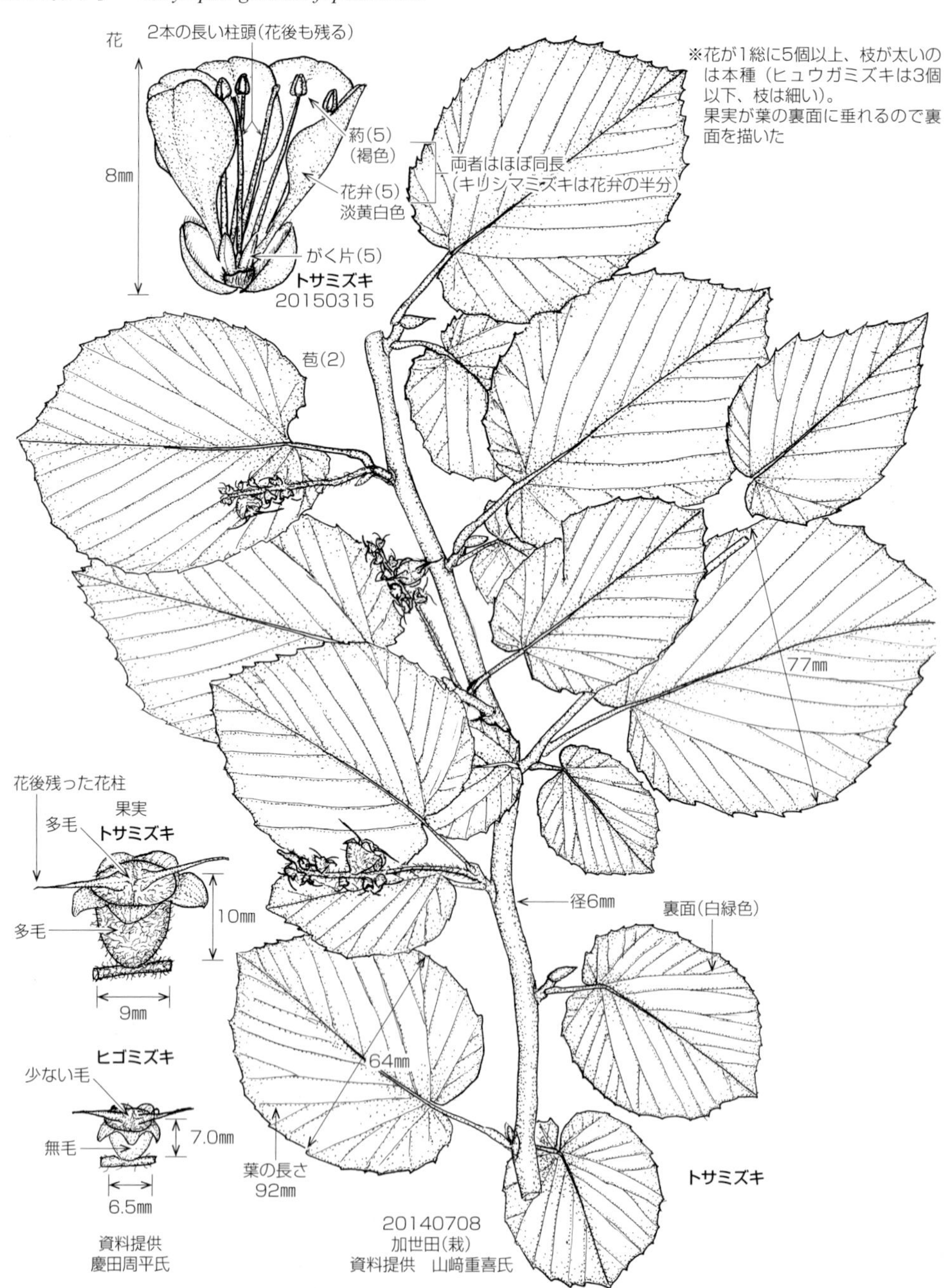

イスノキ　[マンサク科　イスノキ属]　　*Distylium racemosum*

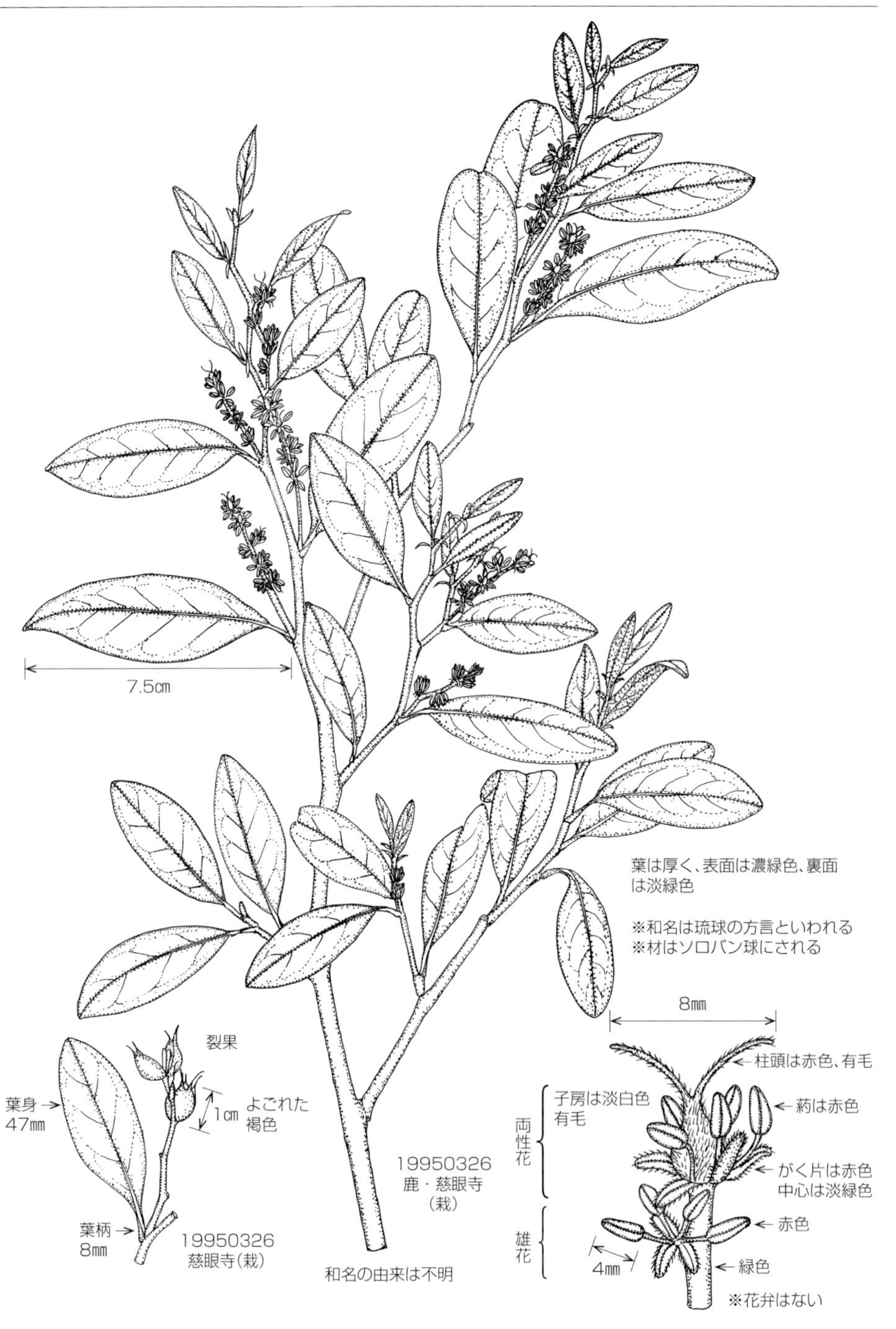

ヒメユズリハ　[ユズリハ科　ユズリハ属]　*Daphniphyllum teijsmannii*

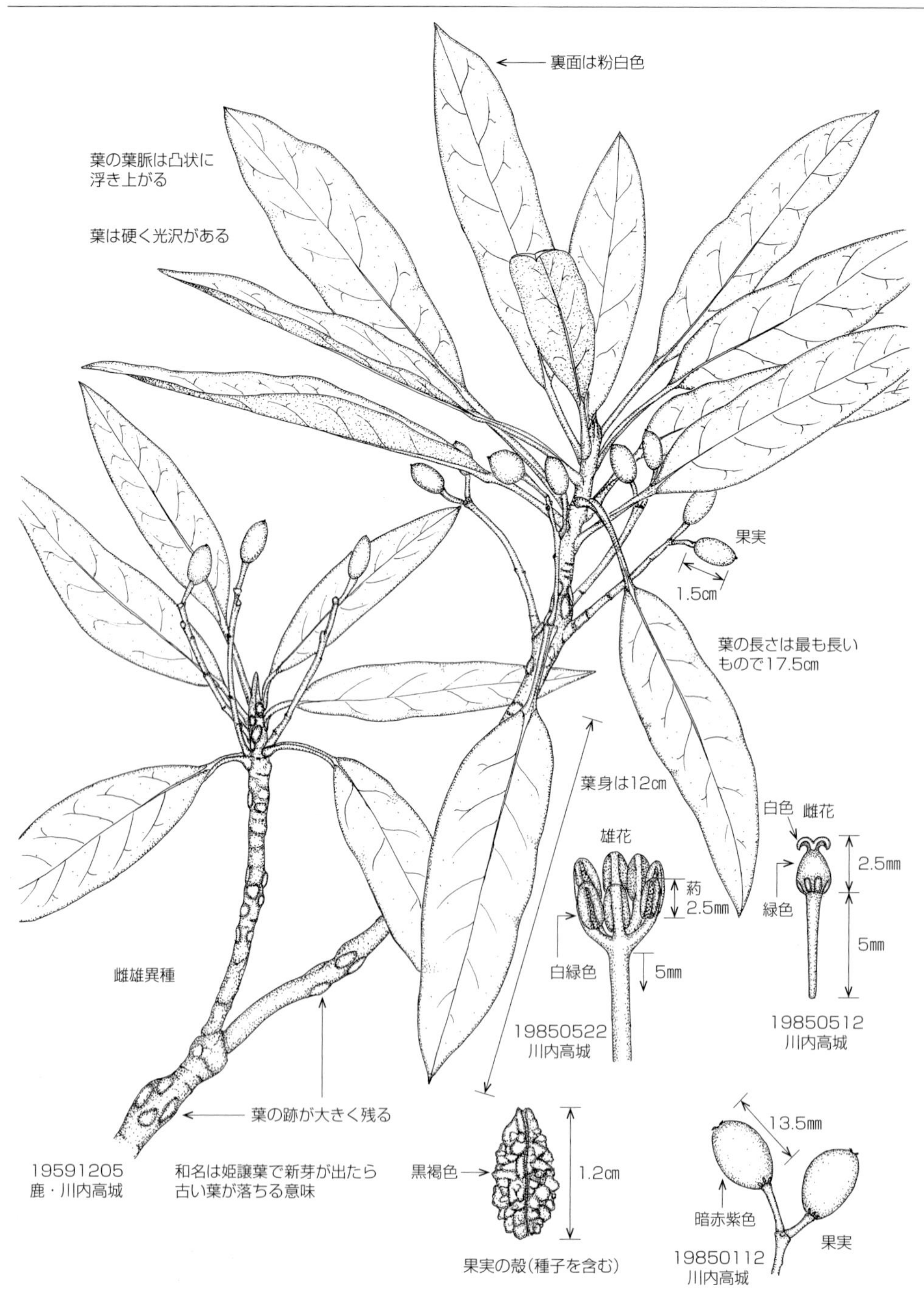

ツクシネコノメソウ　[ユキノシタ科　ネコノメソウ属]　*Chrysosplenium rhabdospermum*

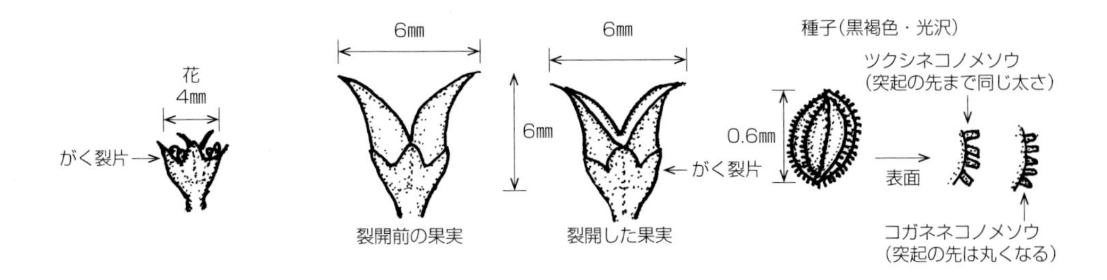

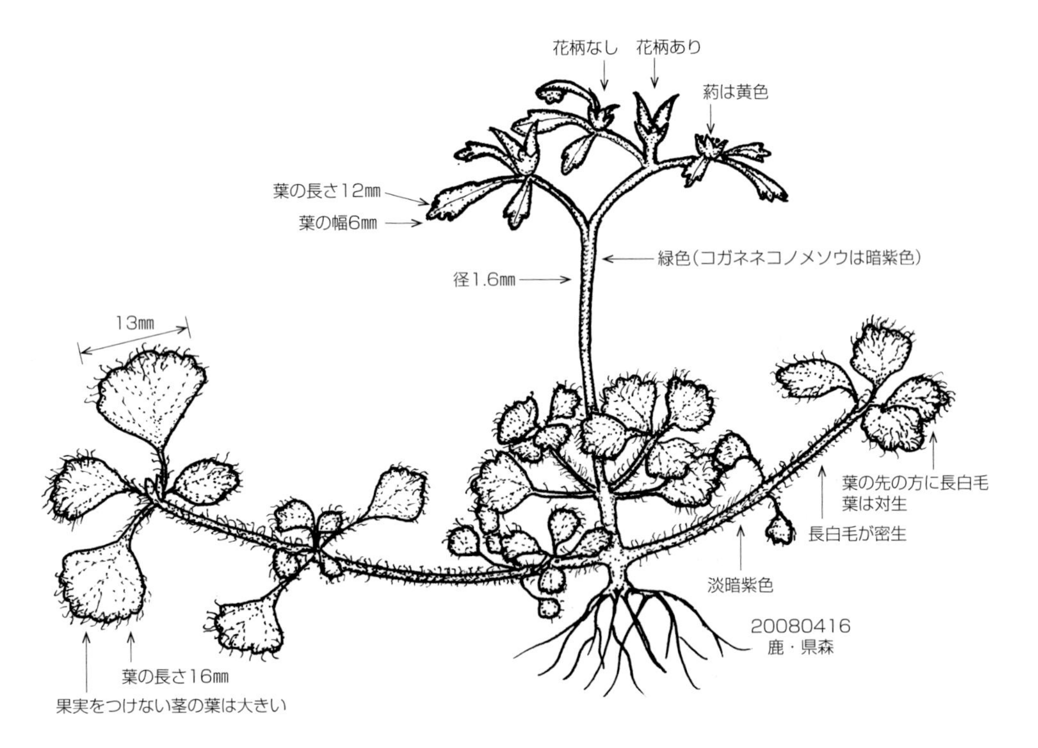

ネコノメソウの和名は果実が開いたとき
昼間のネコの瞳孔に似ていることによる

分布
九・目……各県（南限は鹿の加世田－長屋山　大隅の高隈山）
鹿・目……紫尾山　吉松－湯之尾　安良岳　入来峠　長屋山（加世田）　吉田　新川渓谷　白鹿岳　北永野田　末吉（新田山）　高隈山

ヤマネコノメソウ　[ユキノシタ科　ネコノメソウ属]　*Chrysosplenium japonicum*

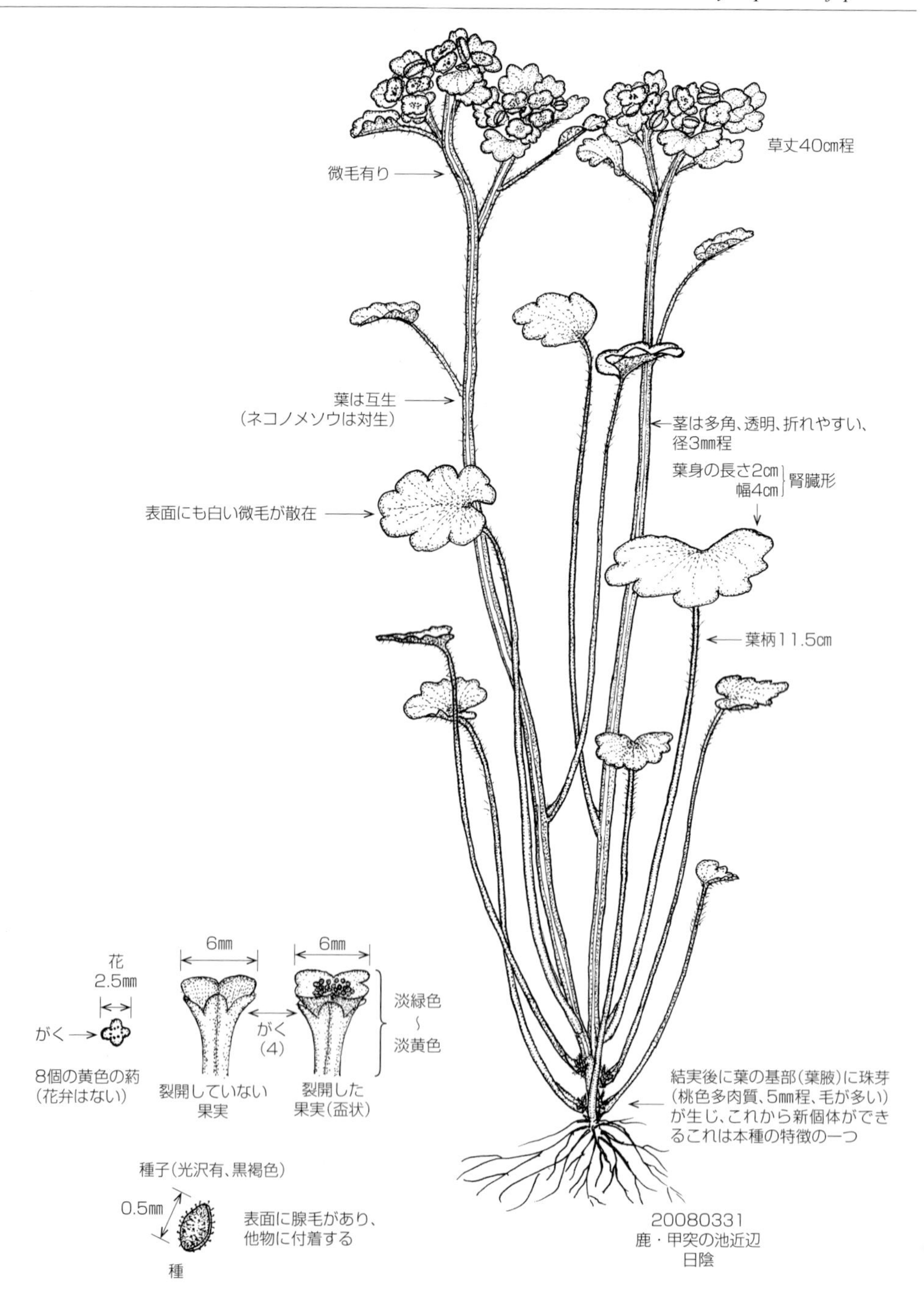

分布　九・目……各県　対馬　壱岐（南限は鹿の大根占）
　　　鹿・目……下甑　紫尾山　金峰山　錫山　吾平　大隅大川原　垂水（鹿大演習林）

オオチャルメルソウ　［ユキノシタ科　チャルメルソウ属］　*Mitella japonica*

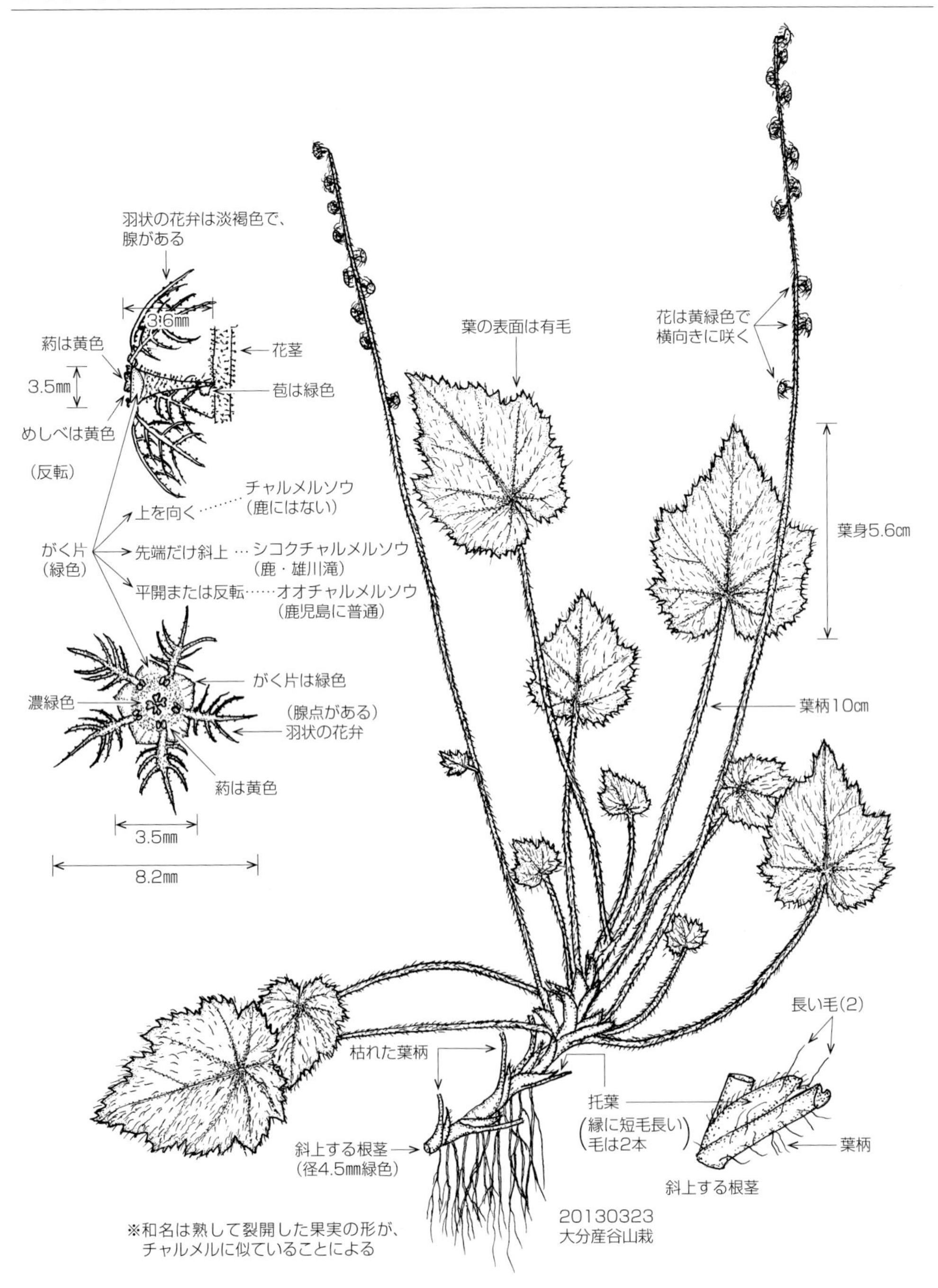

分布　九・目……各県（南限は鹿の根占－野首嶽）
　　　鹿・目……大口（田代　布計）柊野（宮之城）紫尾山　鹿児島（谷山）野首嶽（南限）

タコノアシ　[ユキノシタ科　タコノアシ属]　　*Penthorum chinense*

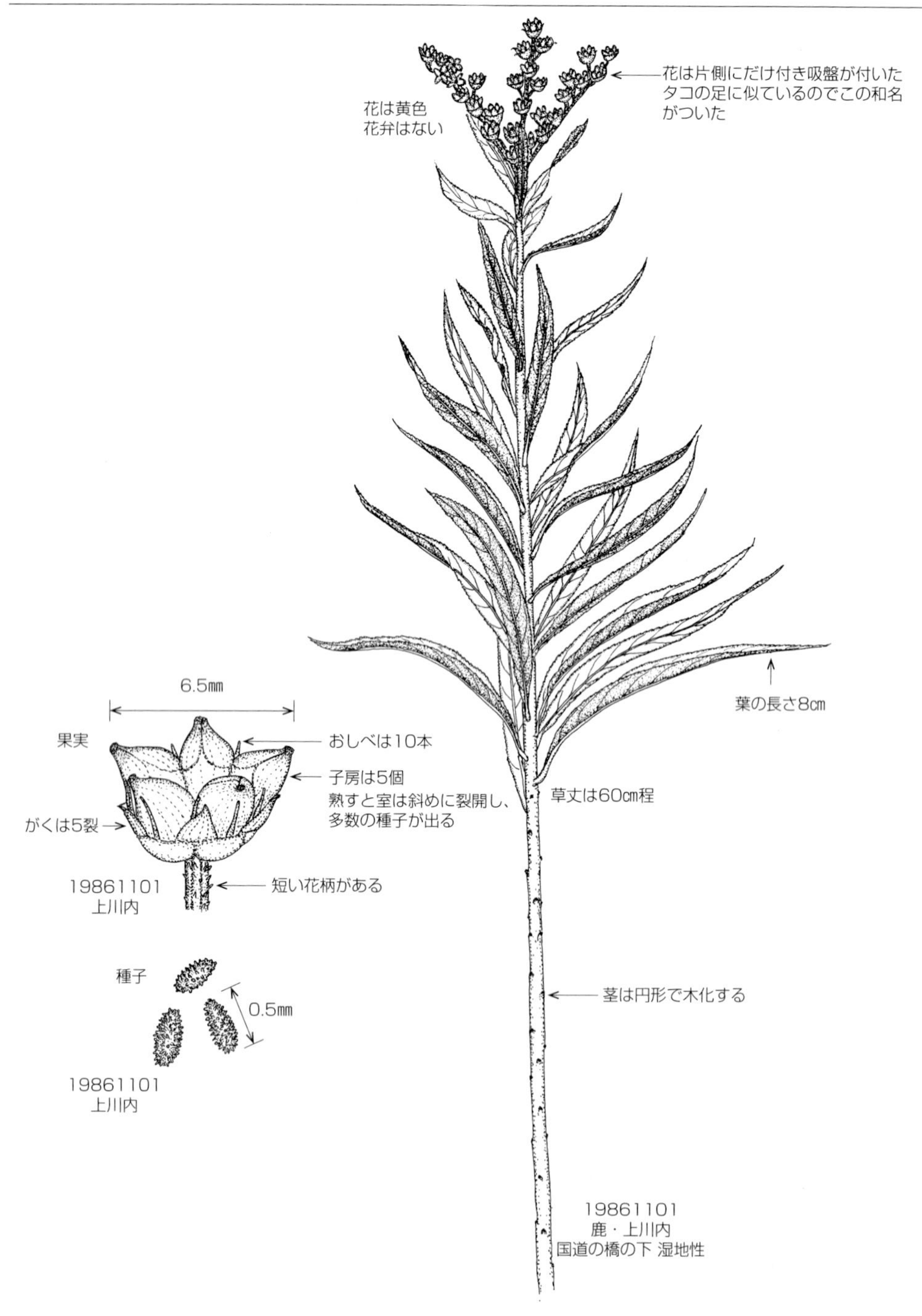

ジンジソウ　[ユキノシタ科　ユキノシタ属]　*Saxifraga cortusaefolia*

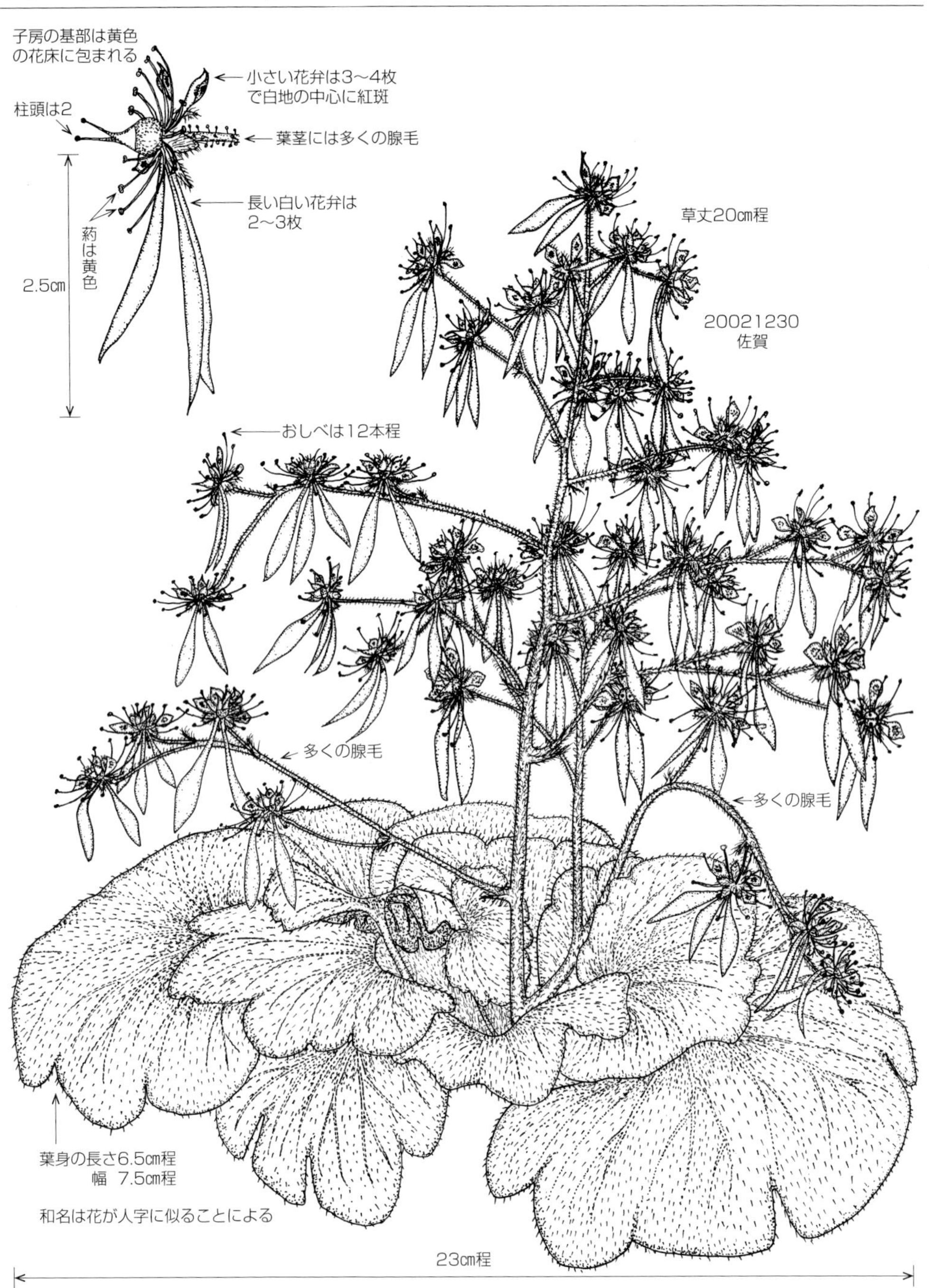

ユキノシタ　[ユキノシタ科　ユキノシタ属]　　*Saxifraga stolonifera*

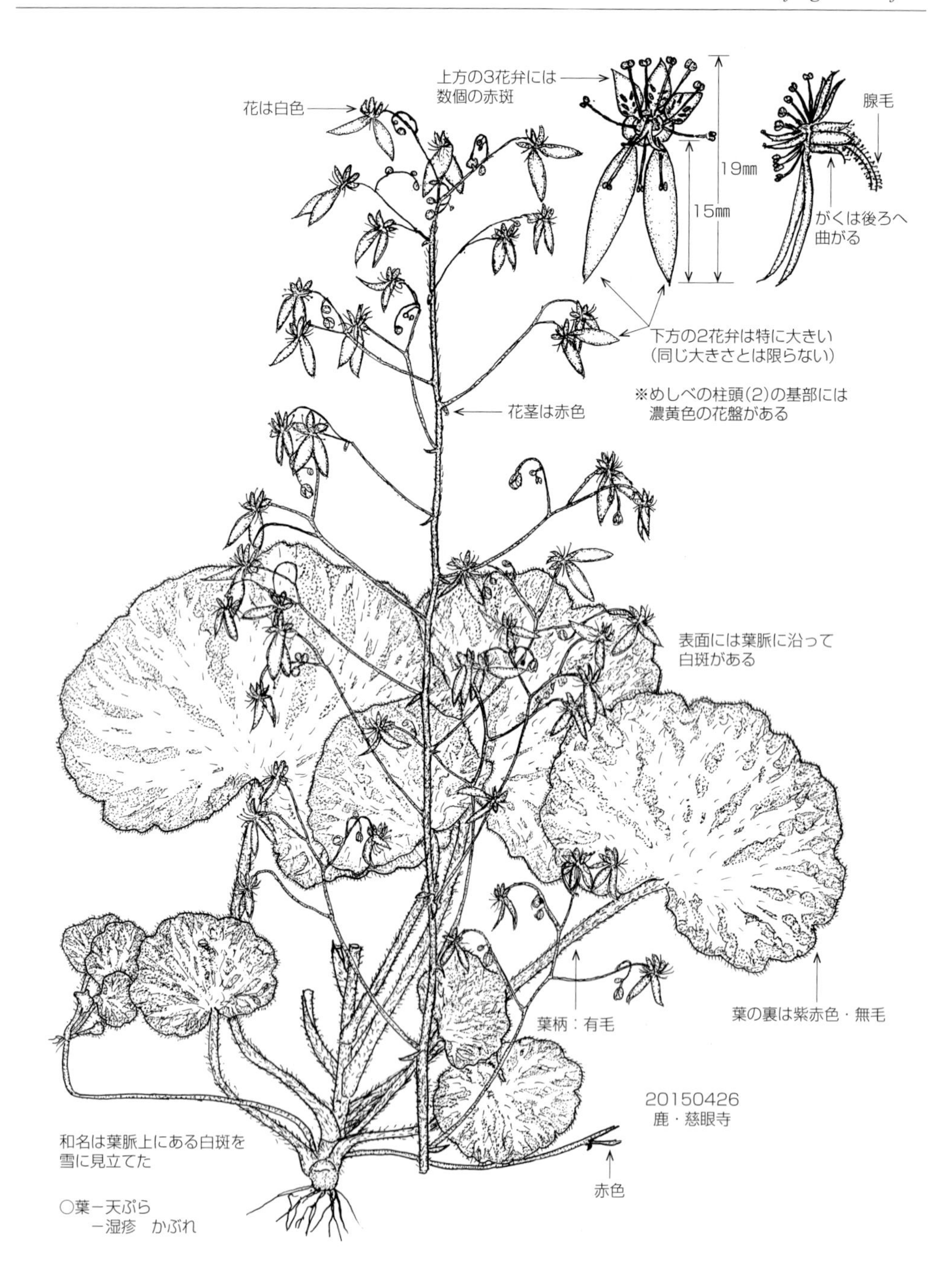

セイロンベンケイ（トウロウソウ） [ベンケイソウ科 トウロウソウ属] *Bryophyllum pinnatum*

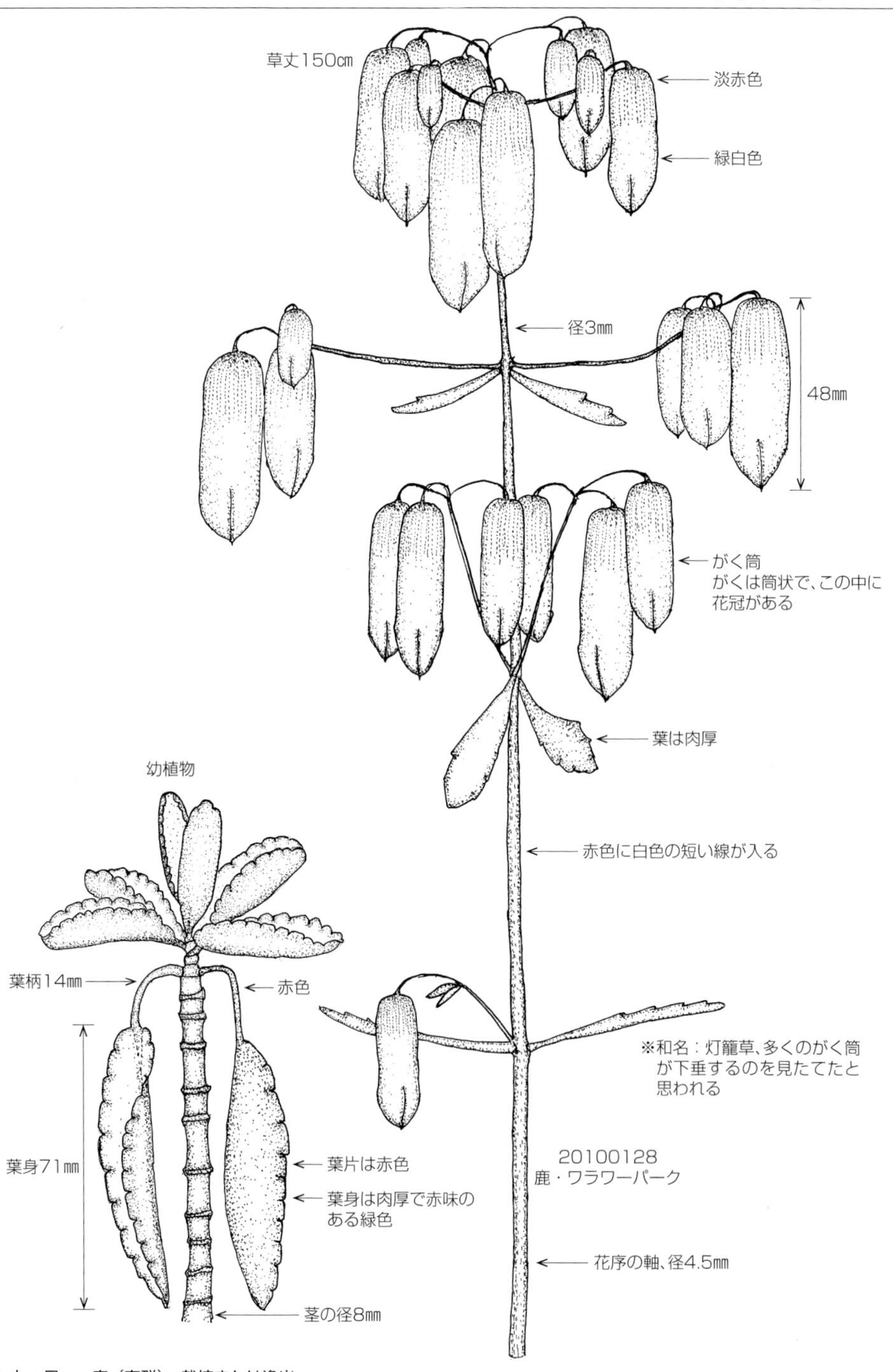

分布 | 九・目……鹿（奄群） 栽培または逸出
鹿・目……種 奄群 アフリカ原産

リュウキュウベンケイ　[ベンケイソウ科　リュウキュウベンケイ属]　*Kalanchoe integra*

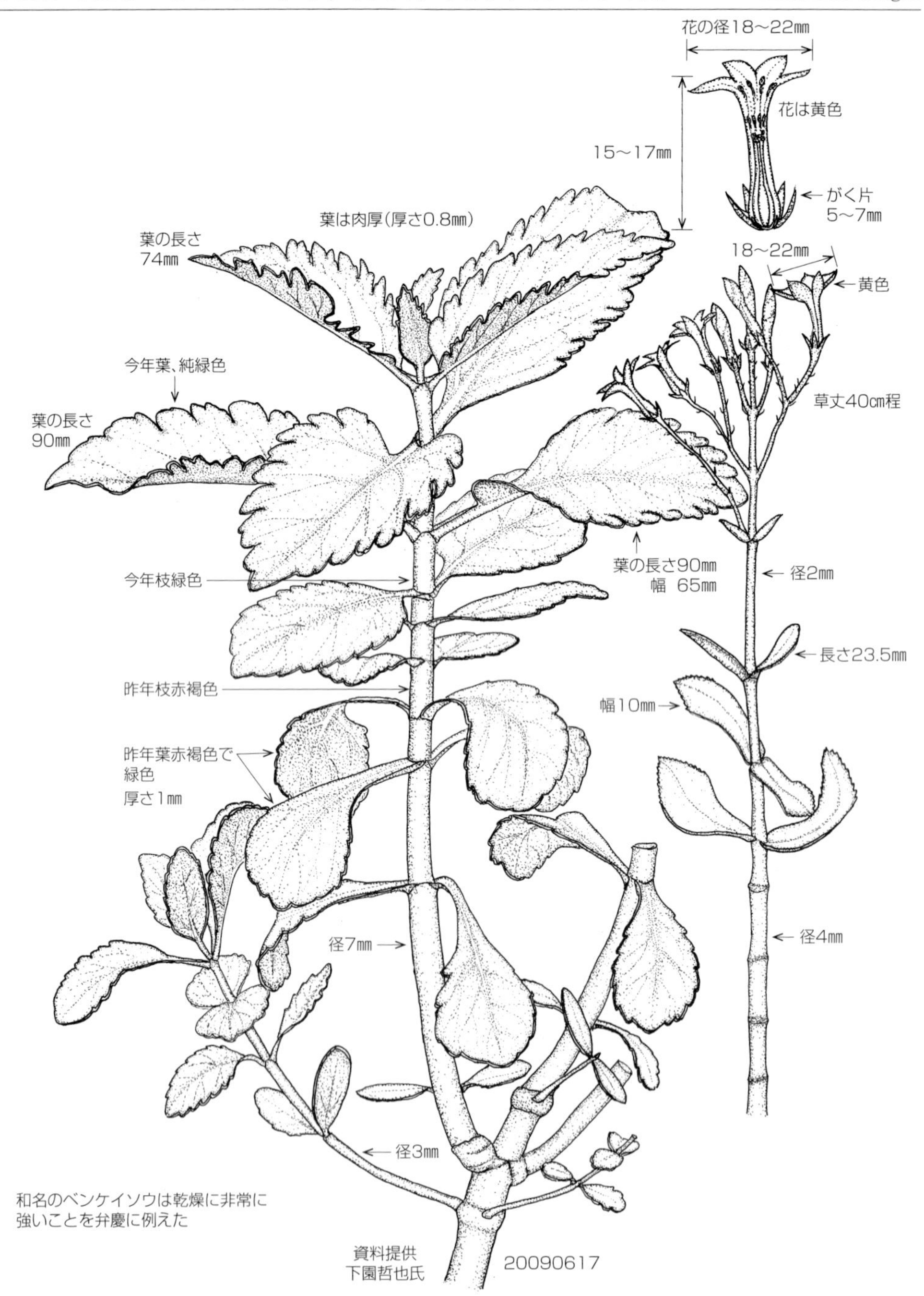

ツメレンゲ　[ベンケイソウ科　イワレンゲ属]　　*Orostachys japonica*

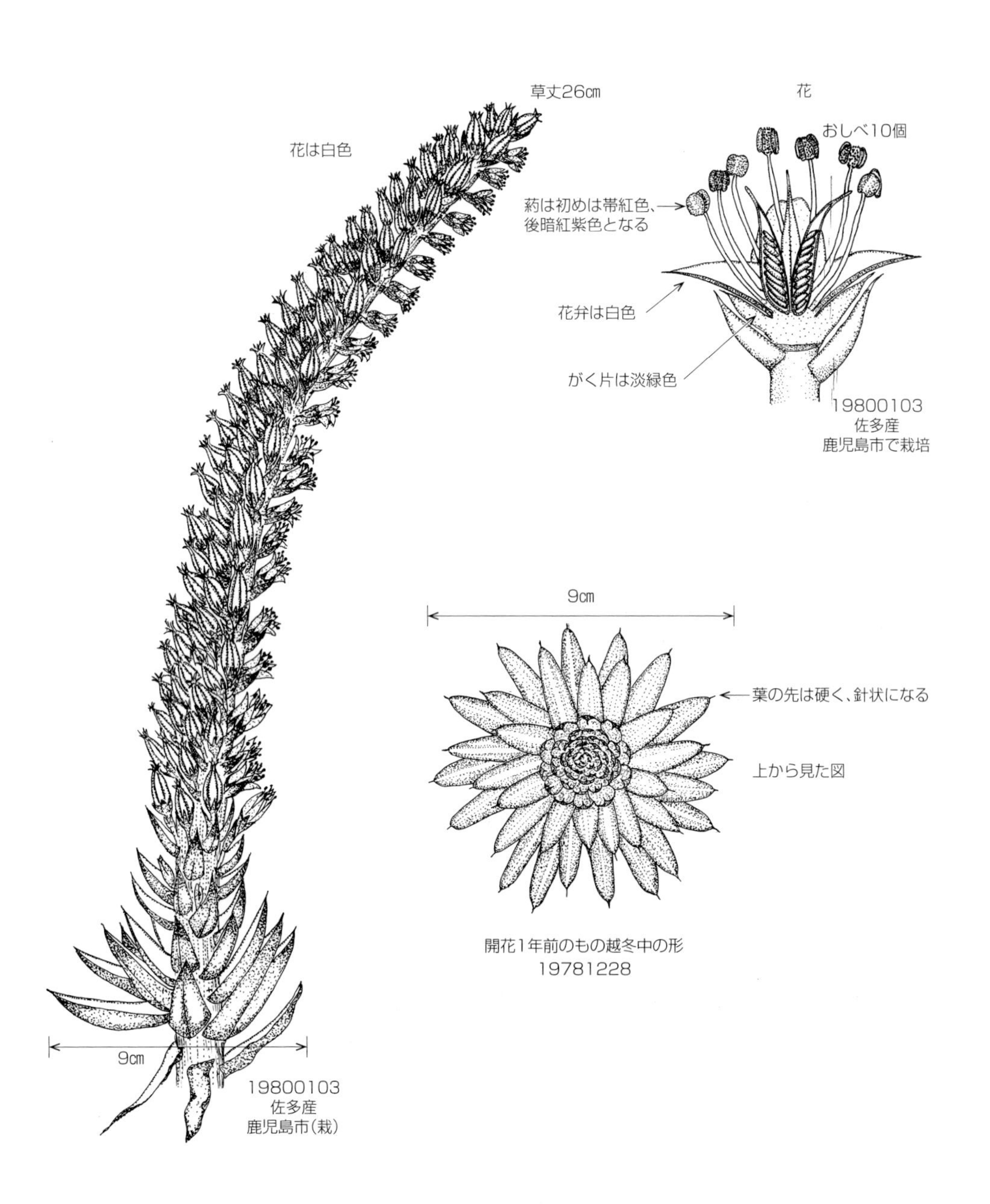

分布
九・目……福（香春山　平尾台　英彦山）　大（梢普通）　佐（多良岳）　長（千綿　佐世保　福江島　対馬）　熊（天草）　宮（北方－比叡山　都井岬）　鹿
鹿・目……獅子島　甑（ナマコ池）　加治木（蔵王山）　亀ヶ丘　磯間岳　坊津　佐多岬　甑島にはヒロハツメレンゲ型がある

オノマンネングサ　[ベンケイソウ科　マンネングサ属]　*Sedum lineare* Sedum

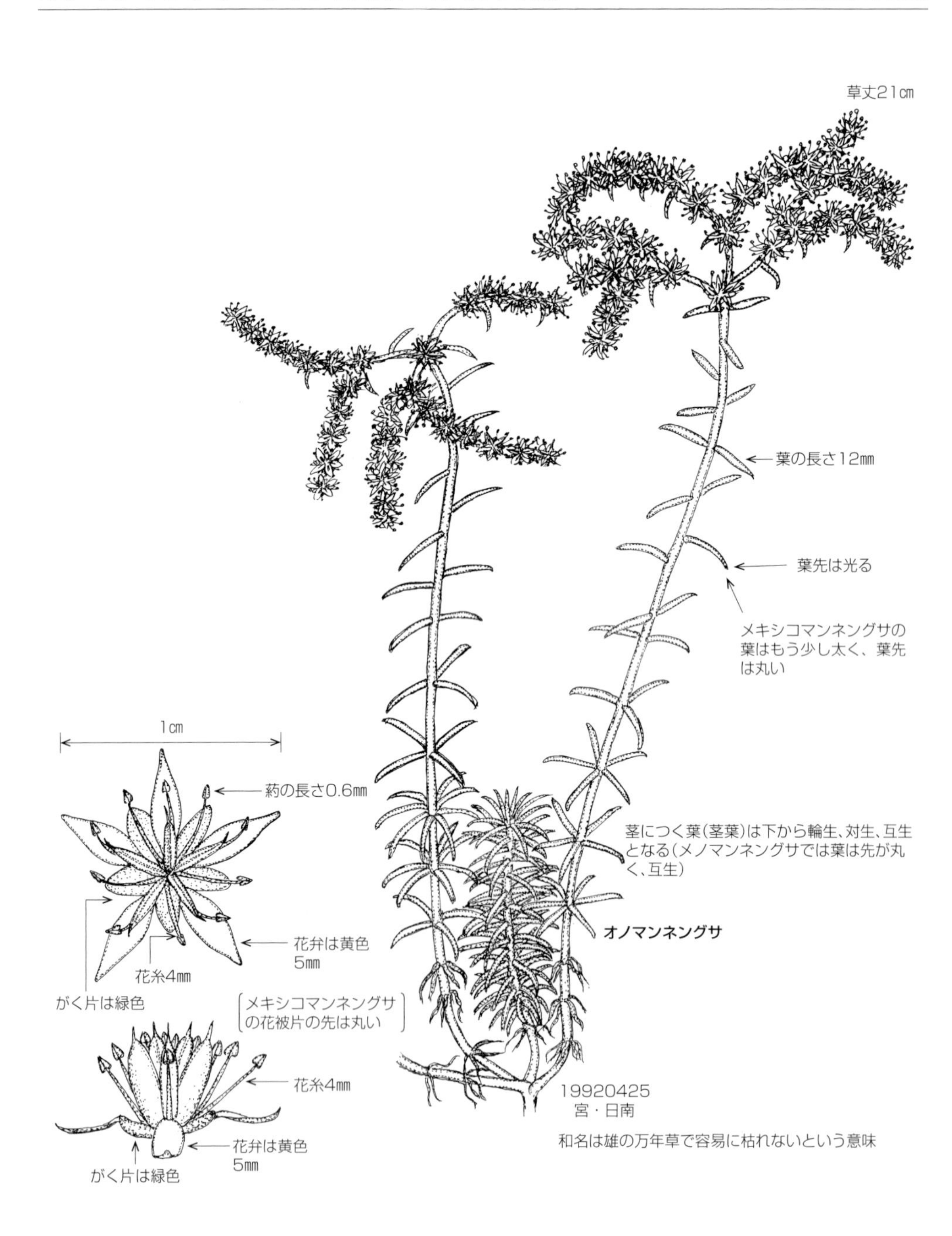

草丈21cm

葉の長さ12mm

葉先は光る

メキシコマンネングサの葉はもう少し太く、葉先は丸い

茎につく葉(茎葉)は下から輪生、対生、互生となる(メノマンネングサでは葉は先が丸く、互生)

オノマンネングサ

19920425
宮・日南

和名は雄の万年草で容易に枯れないという意味

1cm

葯の長さ0.6mm

花弁は黄色 5mm

花糸4mm

がく片は緑色

[メキシコマンネングサの花被片の先は丸い]

花糸4mm

花弁は黄色 5mm

がく片は緑色

分布　九・目……各県　栽培または逸出
　　　鹿・目……長島　甑　中国原産

コゴメマンネングサ　[ベンケイソウ科　マンネングサ属]　　*Sedum uniflorum*

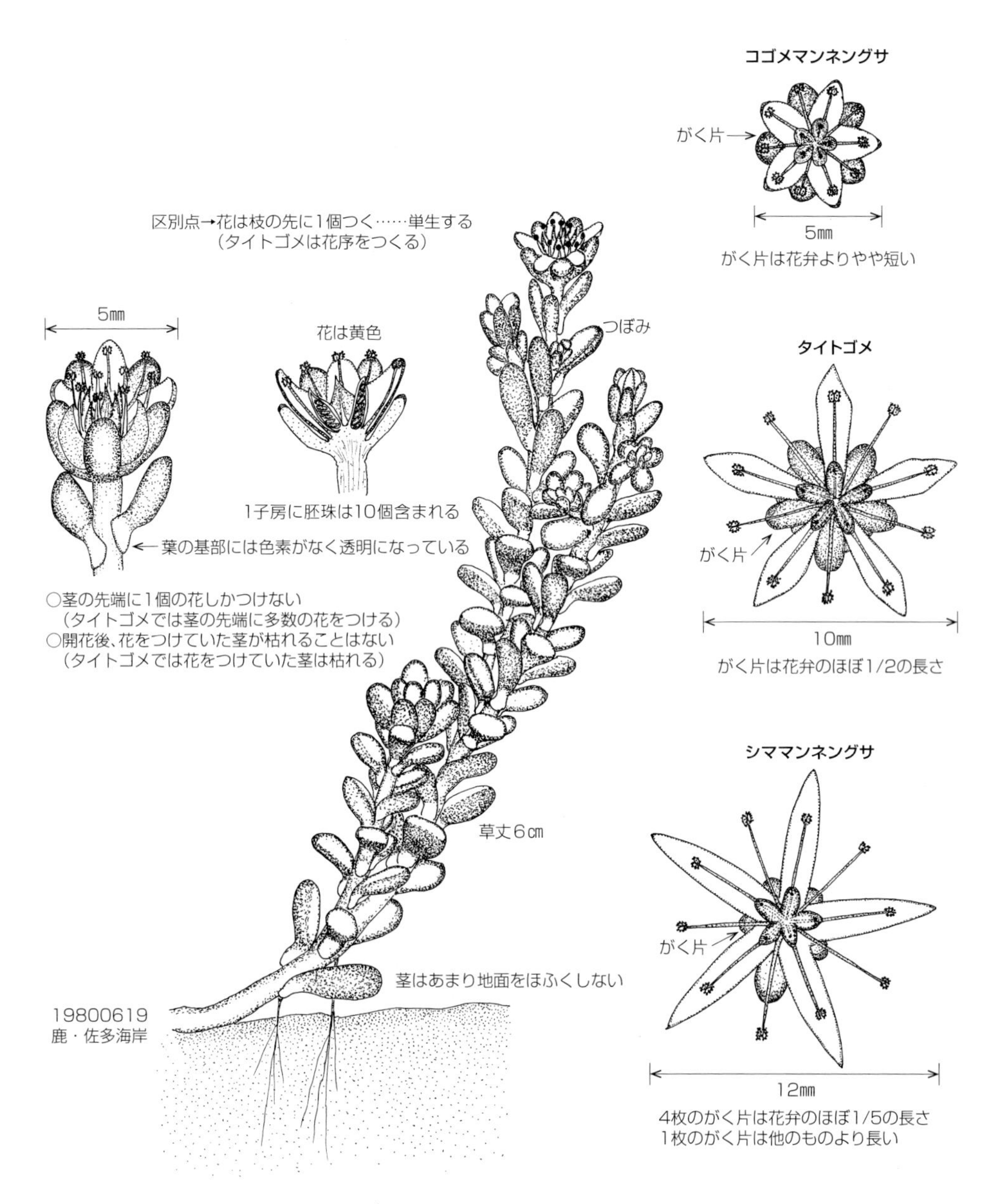

シママンネングサ　[ベンケイソウ科　マンネングサ属]　*Sedum formosanus*

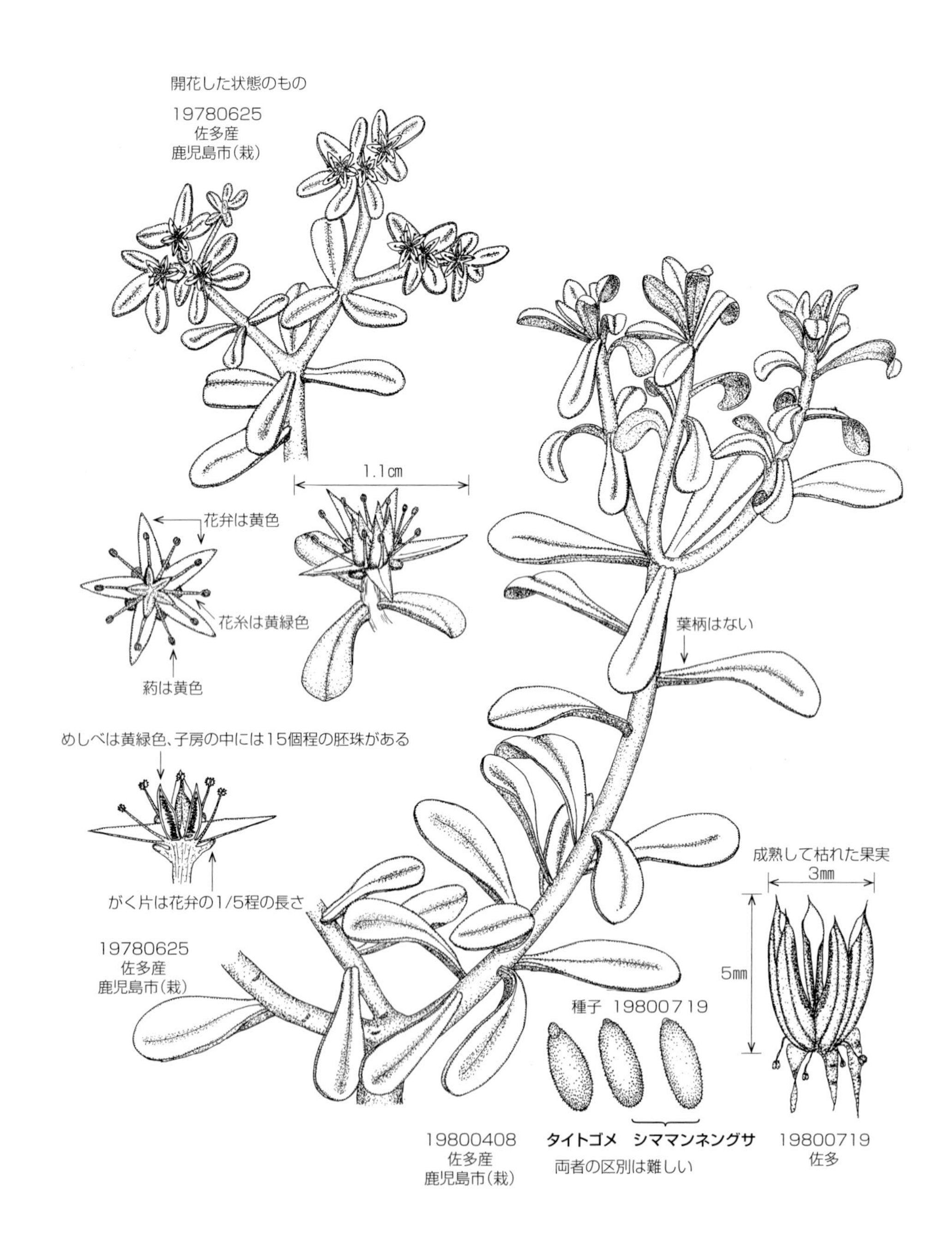

分布　九・目……長（男女群島　南高－小浜）　熊（芦北　天草）　鹿
　　　鹿・目……長島　甑　串木野　冠岳　坊津　大根占　根占　佐多（島泊　辺塚）　屋　吐　奄群

タイトゴメ　[ベンケイソウ科　マンネングサ属]　　*Sedum japonicum ssp. oryzifolium*

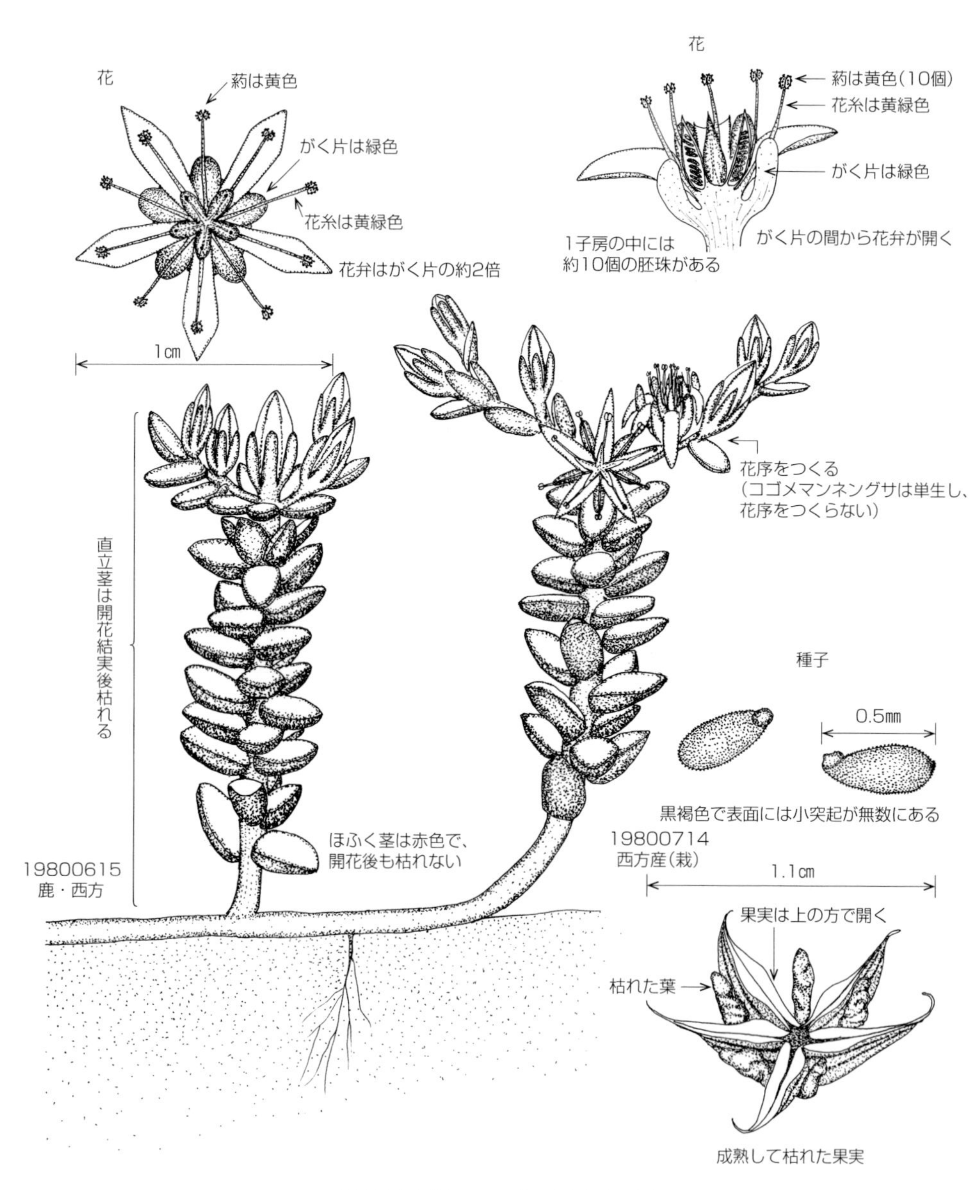

和名は大唐米のことで、葉の形を見立てたもの

分布　九・目……各県　対馬　壱岐（東は美々津以北、西は長（男女群島）、南は吐　奄大－名瀬－山羊島）
　　　鹿・目……西方（川内）　野間池　坊津　長崎鼻　宇治群島　草垣島　黒平　臥　名瀬

ヒメレンゲ　[ベンケイソウ科　マンネングサ属]　　*Sedum subtile*

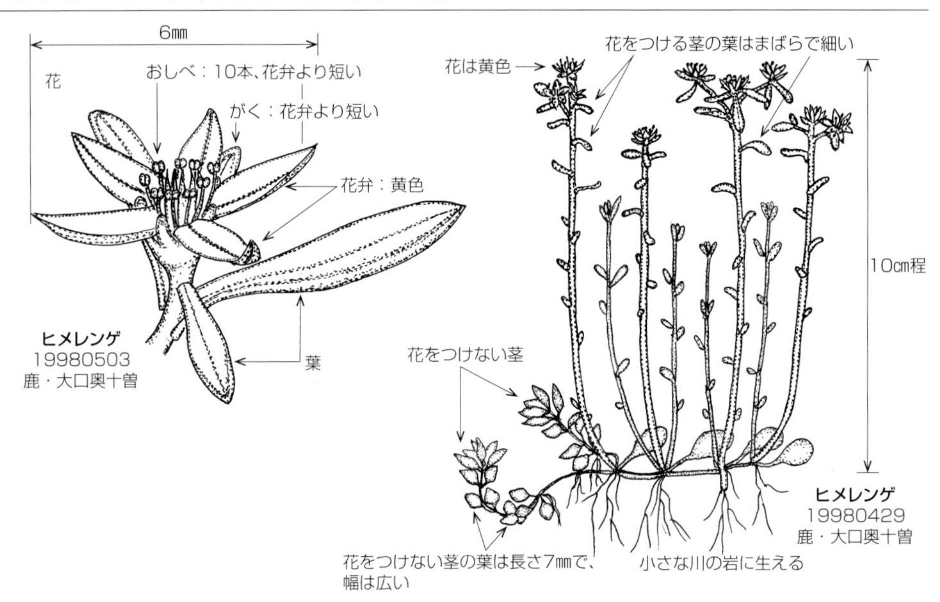

サツママンネングサ　*Sedum satumense*

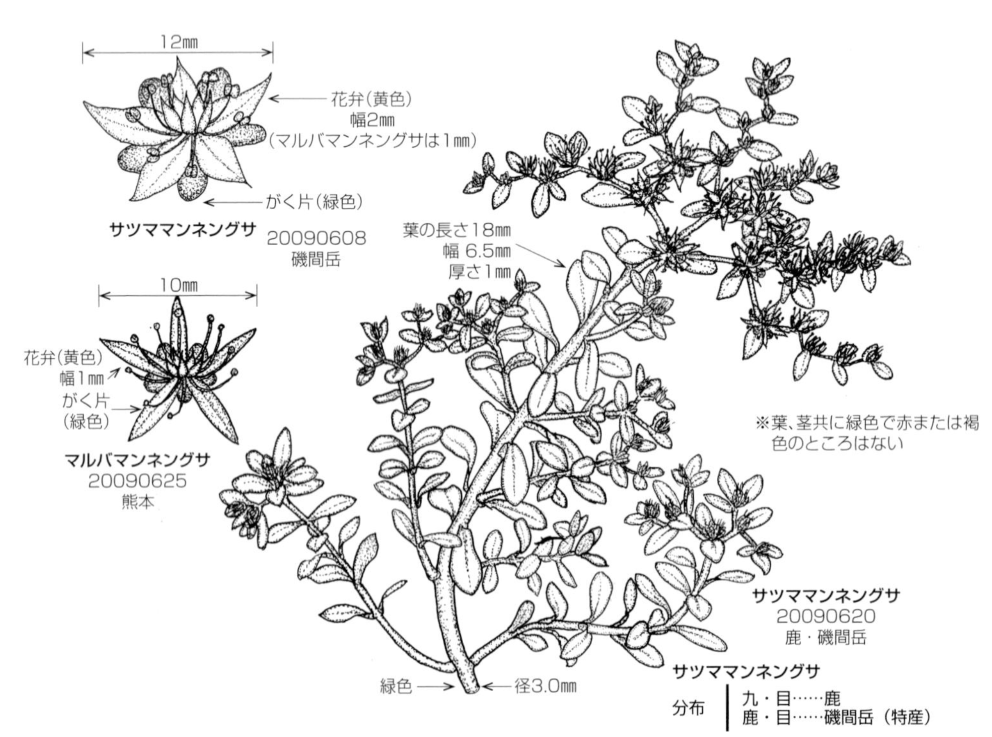

マルバマンネングサ　[ベンケイソウ科　マンネングサ属]　　*Sedum makinoi*

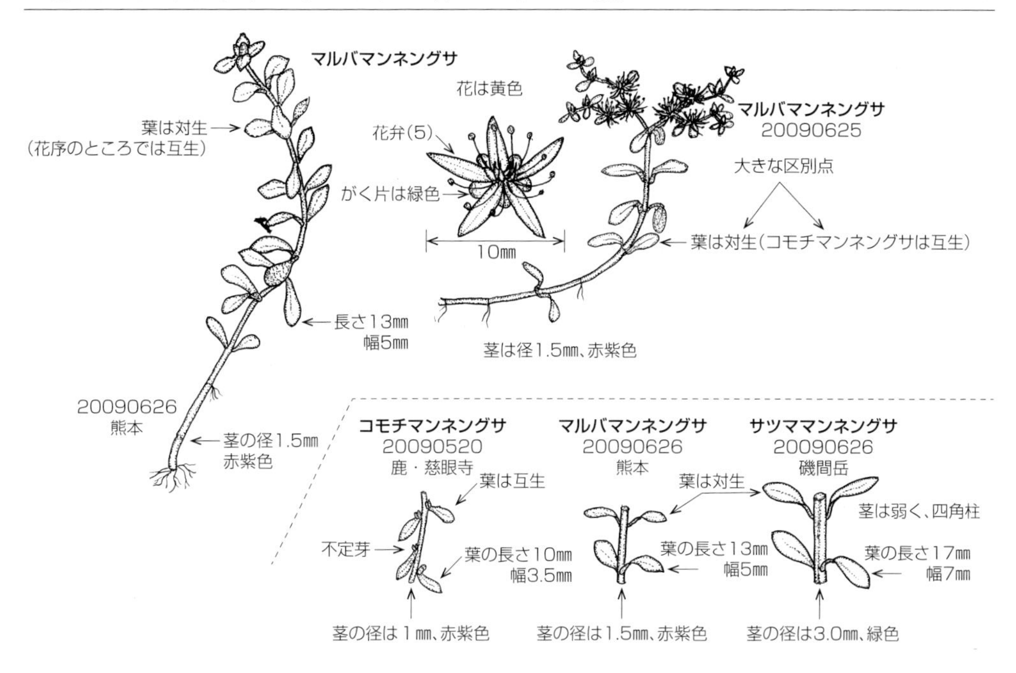

コモチマンネングサ　*Sedum bulbiferum*

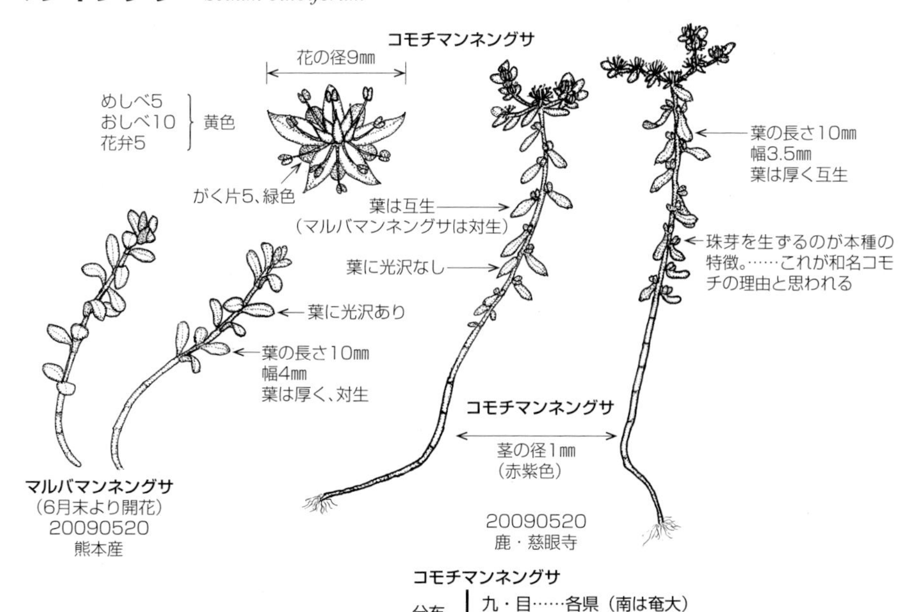

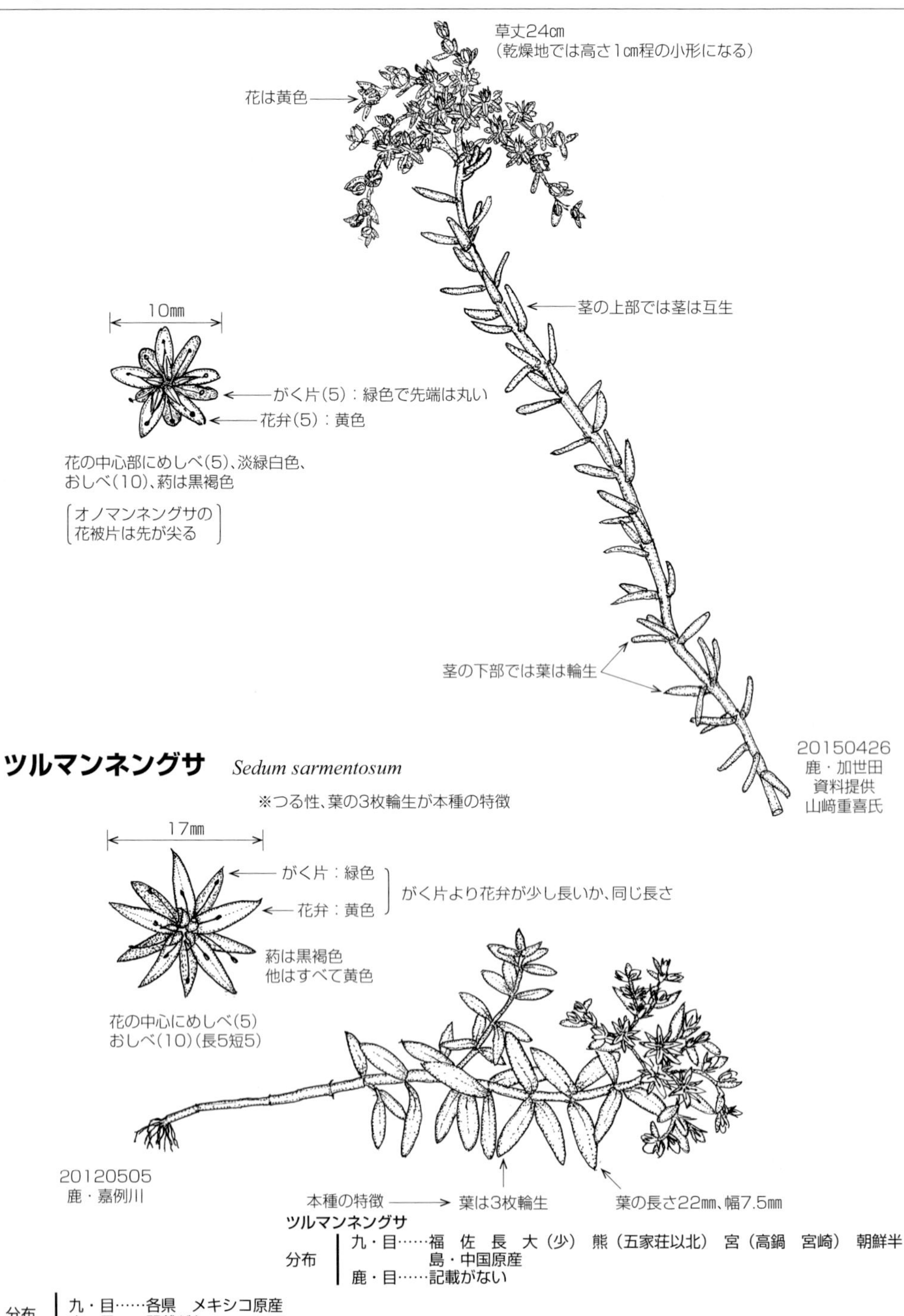

アリノトウグサ　[アリノトウグサ科　アリノトウグサ属]　*Haloragis micrantha*

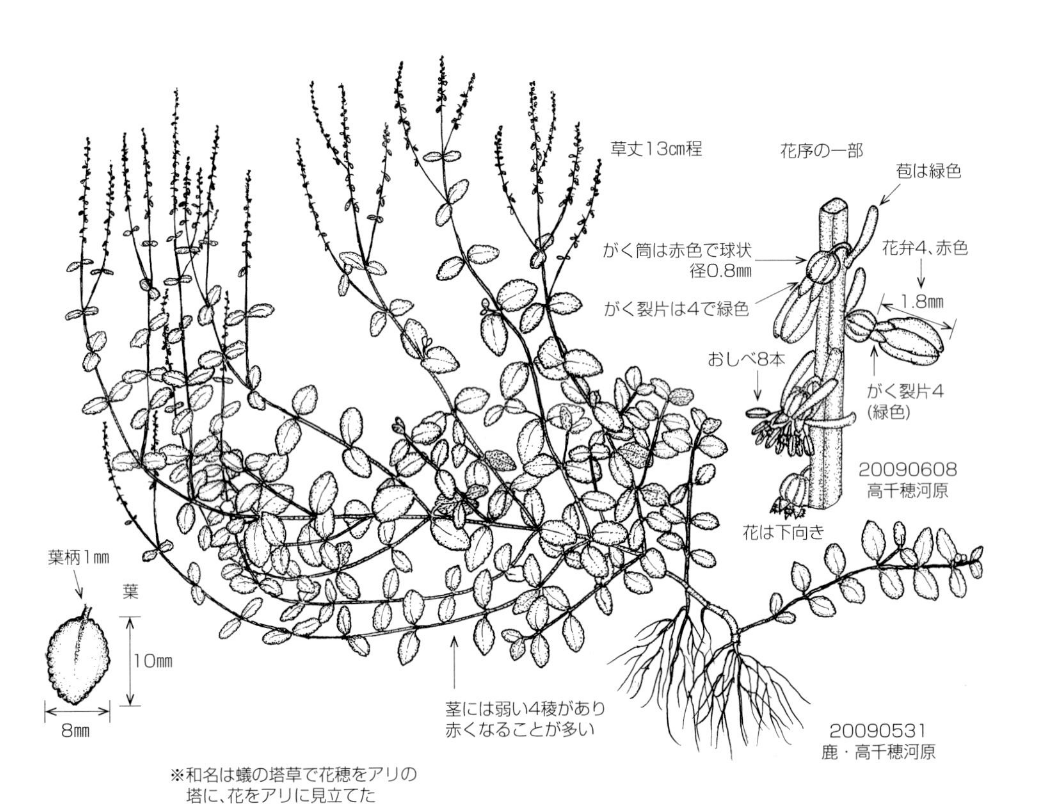

草丈13cm程
花序の一部
苞は緑色
がく筒は赤色で球状 径0.8mm
花弁4、赤色
1.8mm
がく裂片は4で緑色
おしべ8本
がく裂片4（緑色）
20090608 高千穂河原
花は下向き
葉柄1mm
葉
10mm
8mm
茎には弱い4稜があり赤くなることが多い
20090531 鹿・高千穂河原
※和名は蟻の塔草で花穂をアリの塔に、花をアリに見立てた

分布　九・目……各県（南は奄群）
　　　鹿・目……県本土　甑　種　屋　口永　中　奄大　徳　沖永

オオフサモ　［アリノトウグサ科　フサモ属］　　*Myriophyllum aquaticum*

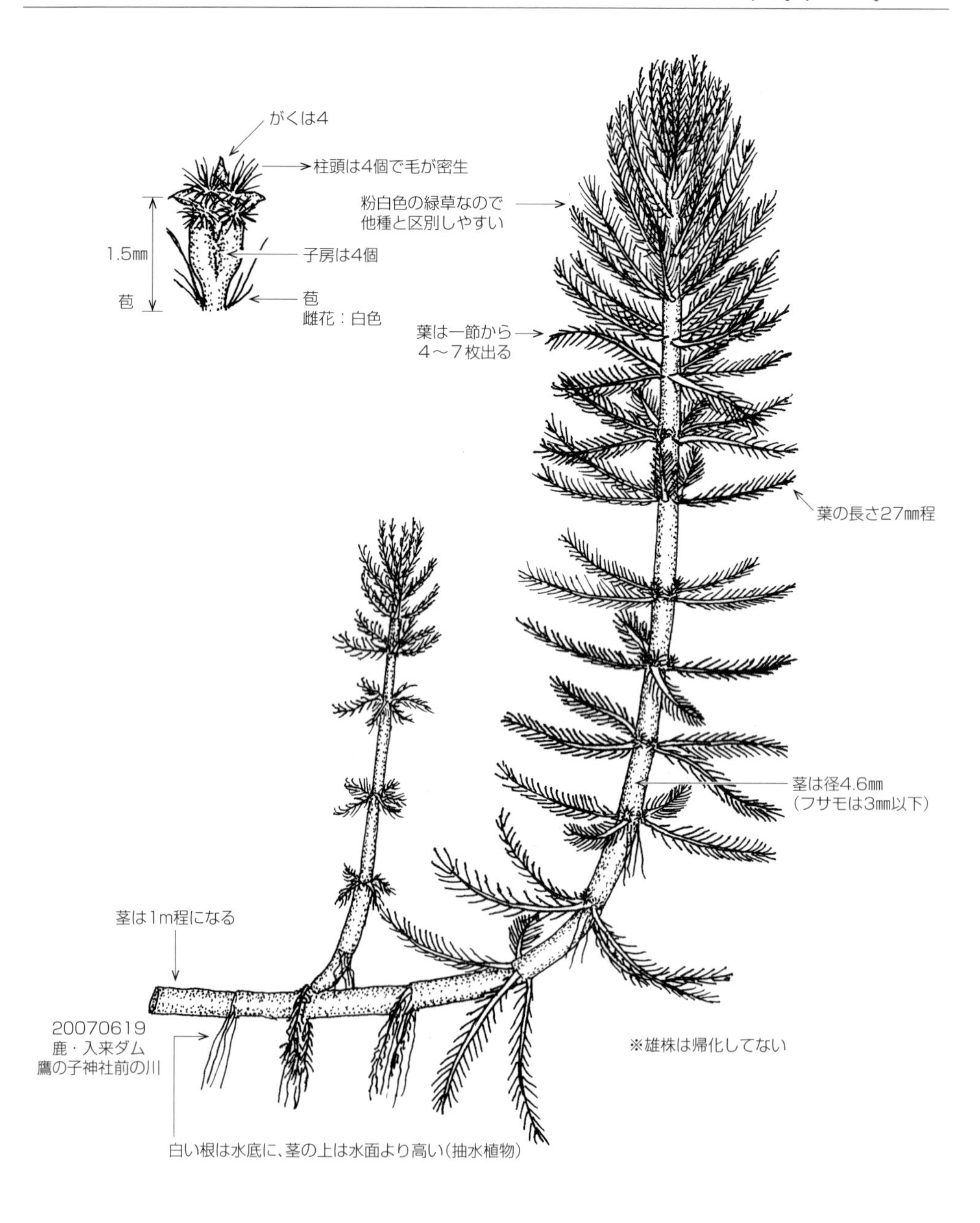

分布	九・目……各県　南米原産
	鹿・目……串木野　高山

フサモ　[アリノトウグサ科　フサモ属]　　*Myriophyllum verticillatum*

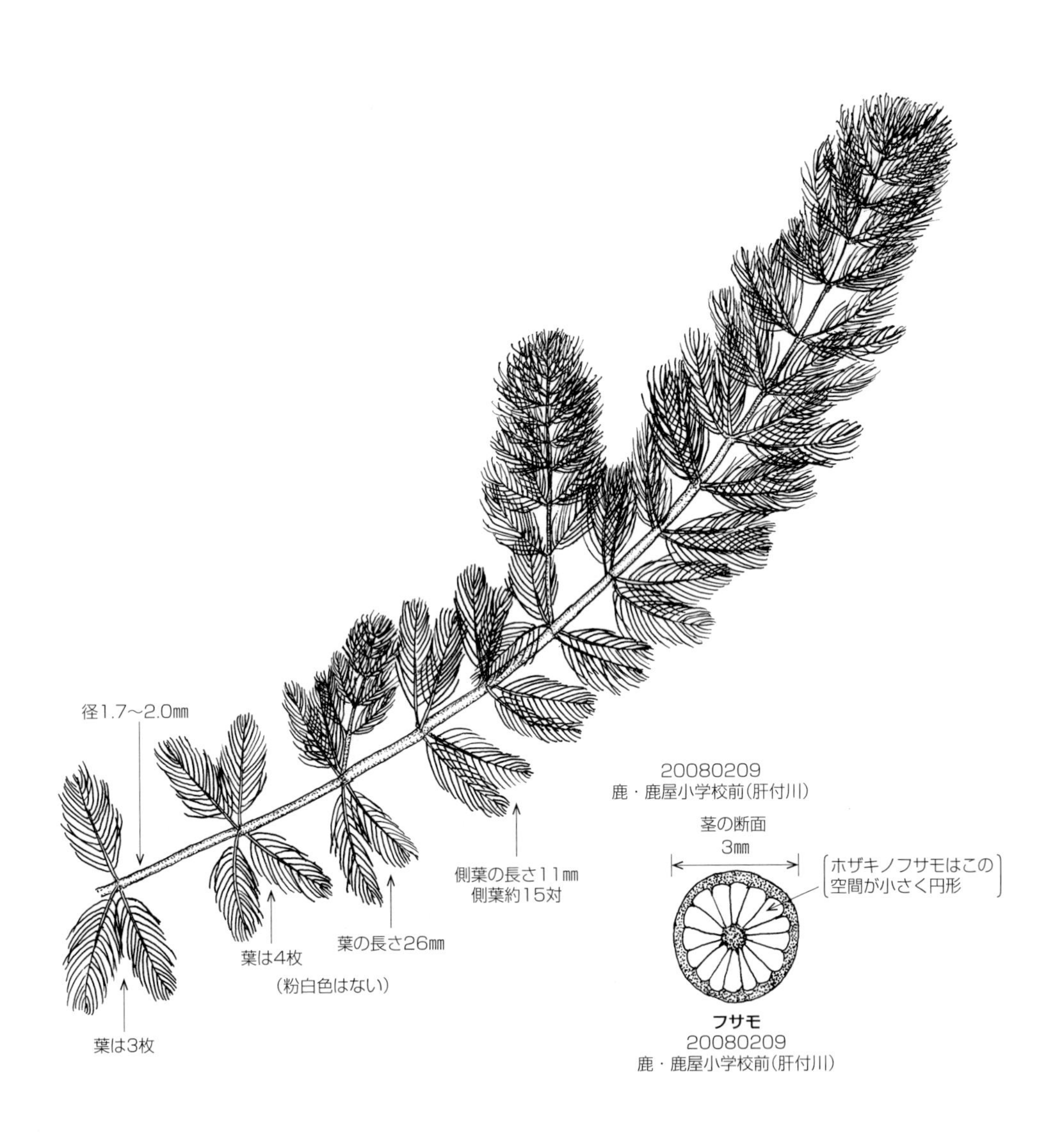

※和名は房藻で葉の形状による

分布　九・目……大（中津－大貞池　日田－三隈川　別府－亀川　竹田－入田）　佐（七山）　長（肥前各地　壱岐）　宮（西都　日向－本匠　田野　清武）　鹿
　　　鹿・目……高山　下伊倉　中（底無池）

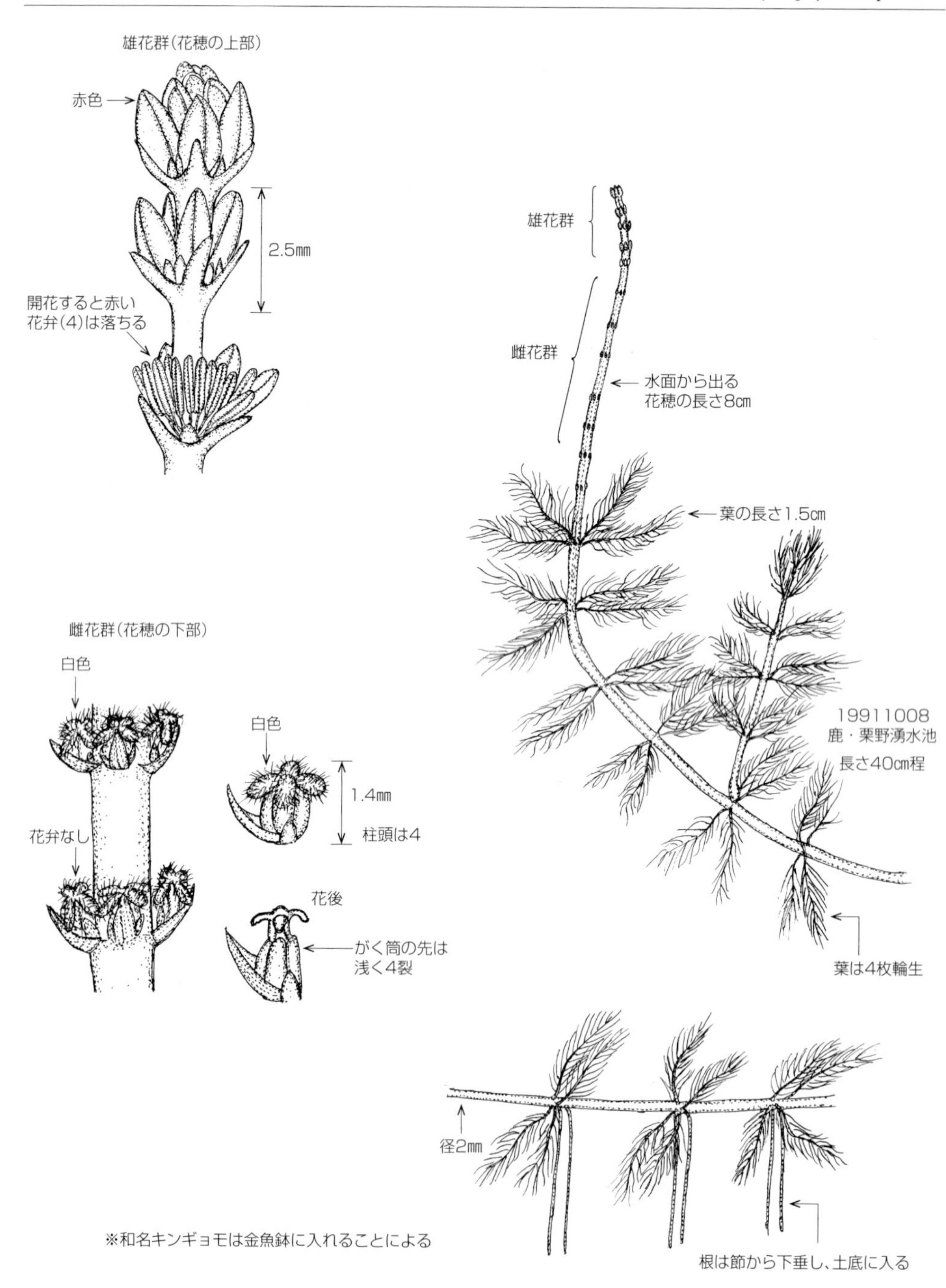

ウドカズラ [ブドウ科　ノブドウ属]　　*Ampelopsis leeoides*

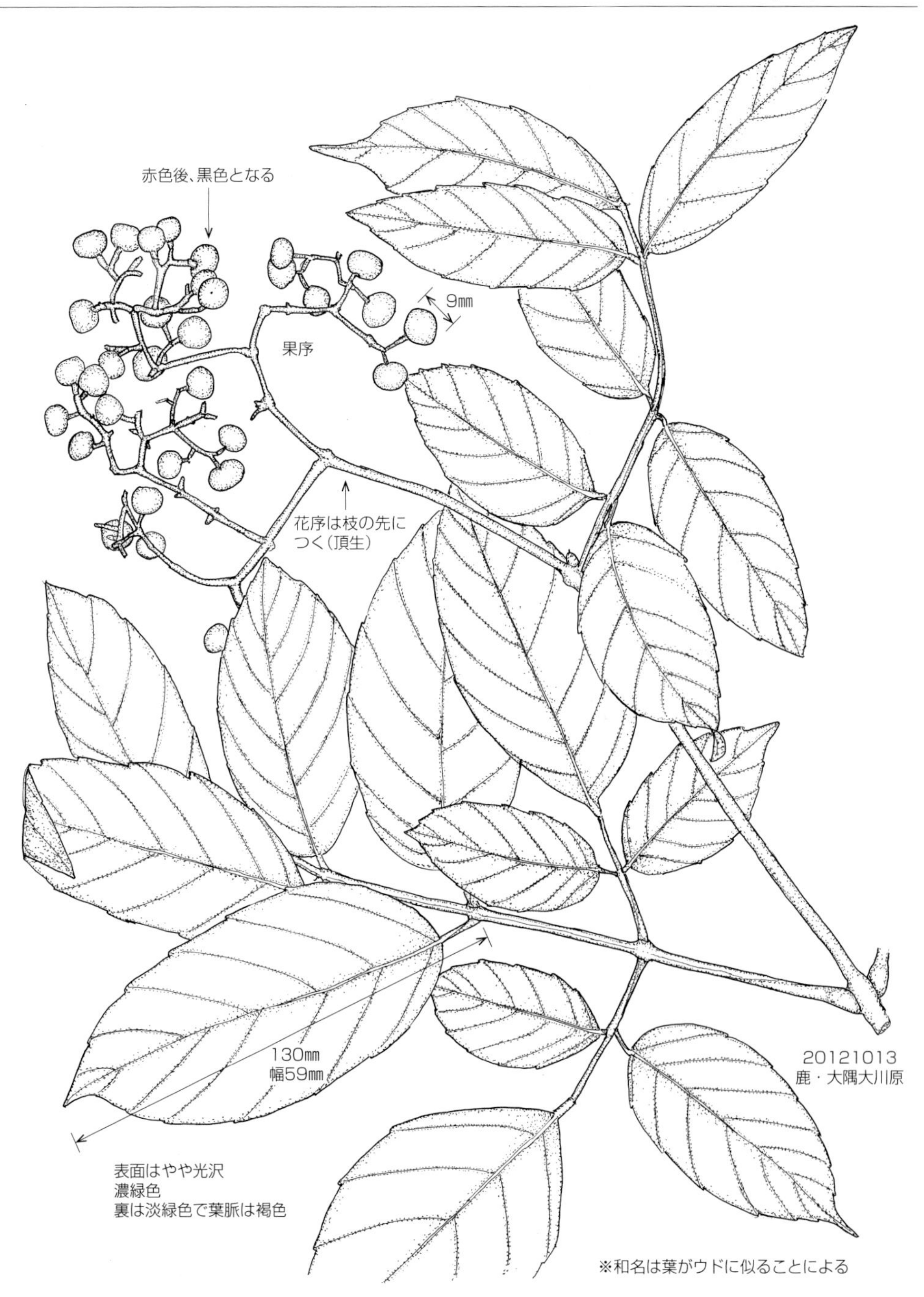

ノブドウ　[ブドウ科　ノブドウ属]　　*Ampelopsis glandulosa var. heterophylla*

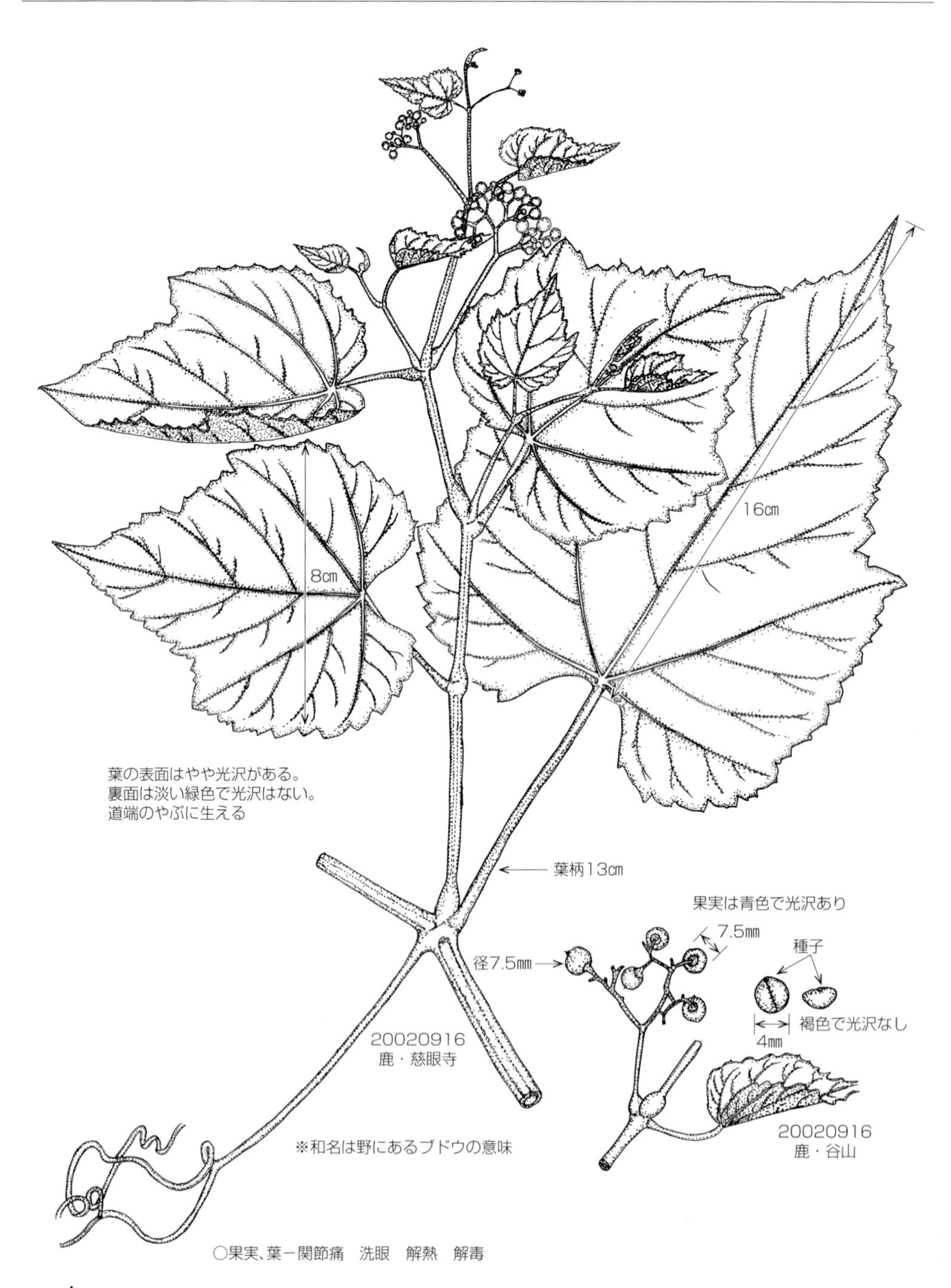

ヤブカラシ（ビンボウカズラ）　[ブドウ科　ヤブカラシ属]　*Cayratia japonica*
アカミノヤブカラシ　*Cayratia yoshimurae*

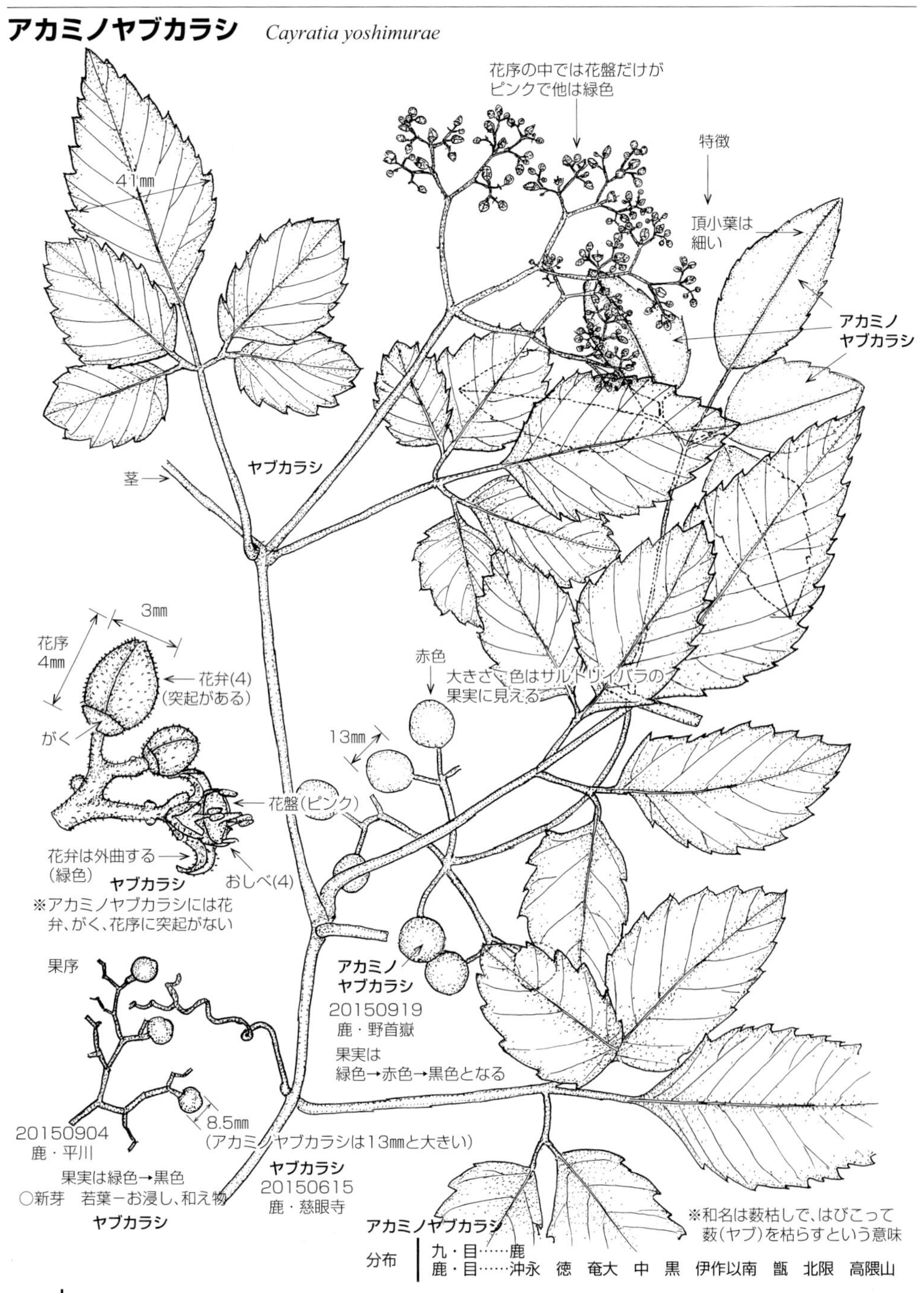

ツタ（ナツヅタ）　[ブドウ科　ツタ属]　　*Parthenocissus tricuspidata*

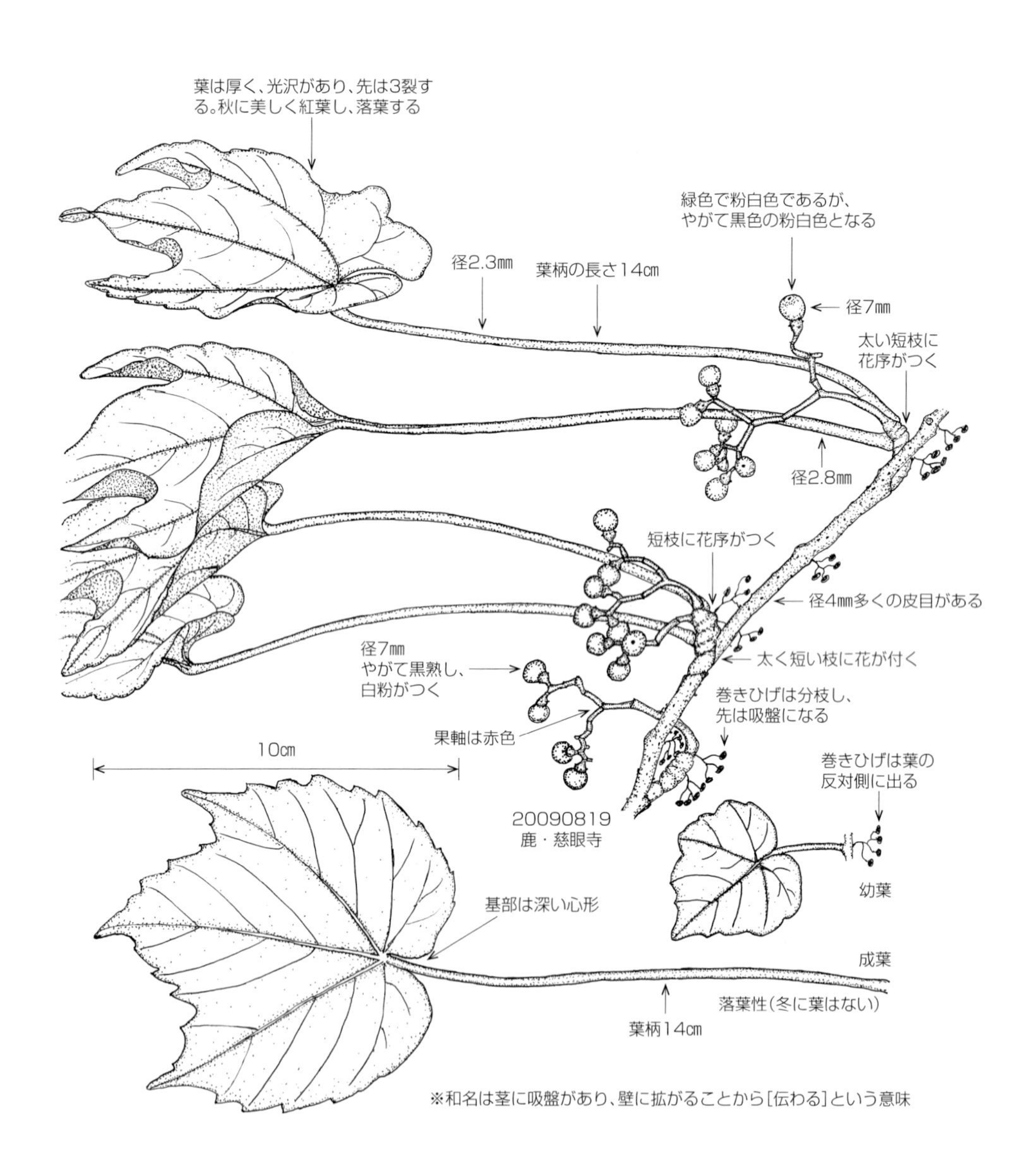

ゴンズイ　[ミツバウツギ科　ゴンズイ属]　　*Euscaphis japonica*

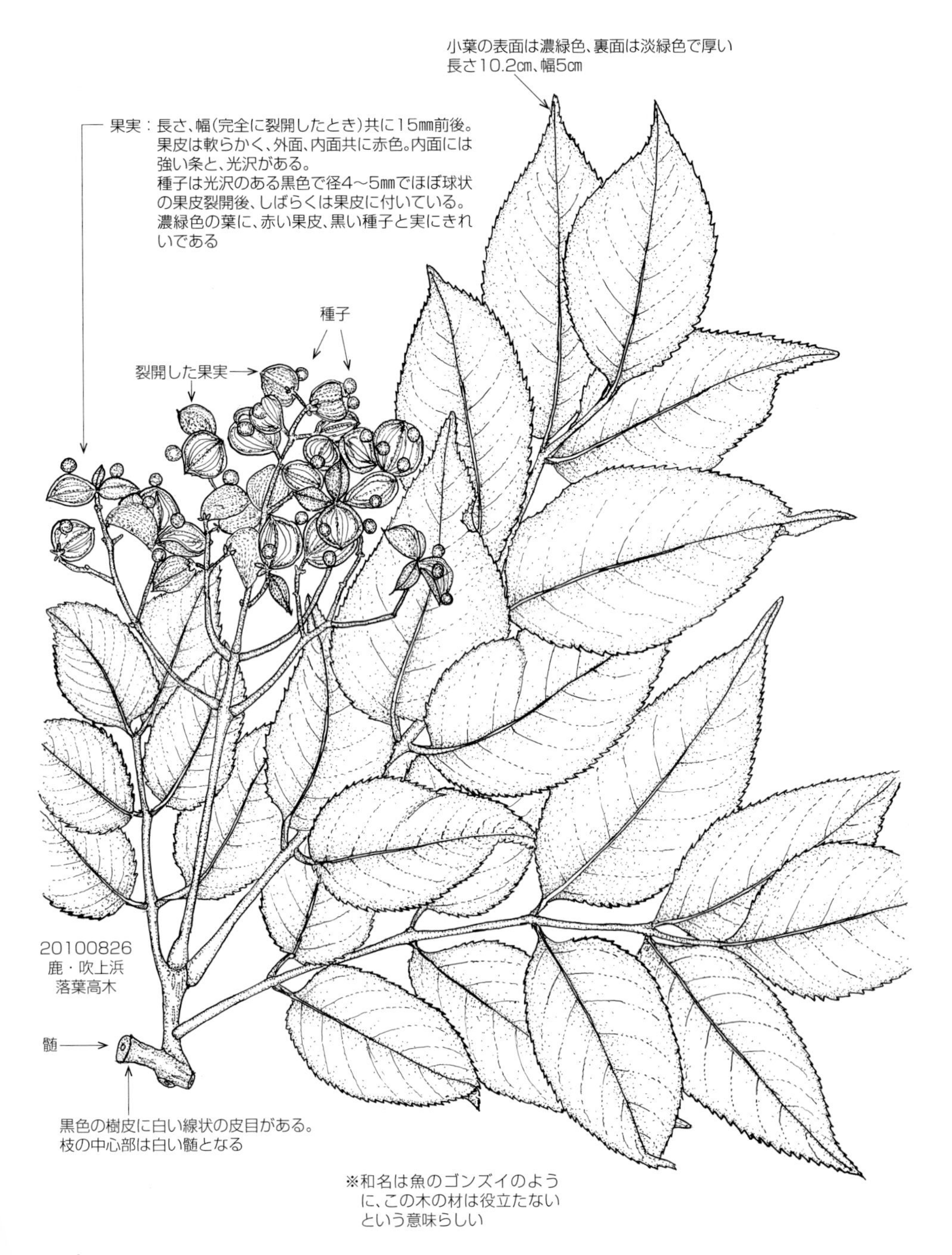

小葉の表面は濃緑色、裏面は淡緑色で厚い
長さ10.2㎝、幅5㎝

果実：長さ、幅（完全に裂開したとき）共に15mm前後。
果皮は軟らかく、外面、内面共に赤色。内面には
強い条と、光沢がある。
種子は光沢のある黒色で径4～5mmでほぼ球状
の果皮裂開後、しばらくは果皮に付いている。
濃緑色の葉に、赤い果皮、黒い種子と実にきれ
いである

種子

裂開した果実→

20100826
鹿・吹上浜
落葉高木

髄→

黒色の樹皮に白い線状の皮目がある。
枝の中心部は白い髄となる

※和名は魚のゴンズイのよう
に、この木の材は役立たない
という意味らしい

分布　九・目……各県
　　　鹿・目……甑　県本土各地　屋　種　中　奄群

ミツバウツギ　［ミツバウツギ科　ミツバウツギ属］　　　　*Staphylea bumalda*

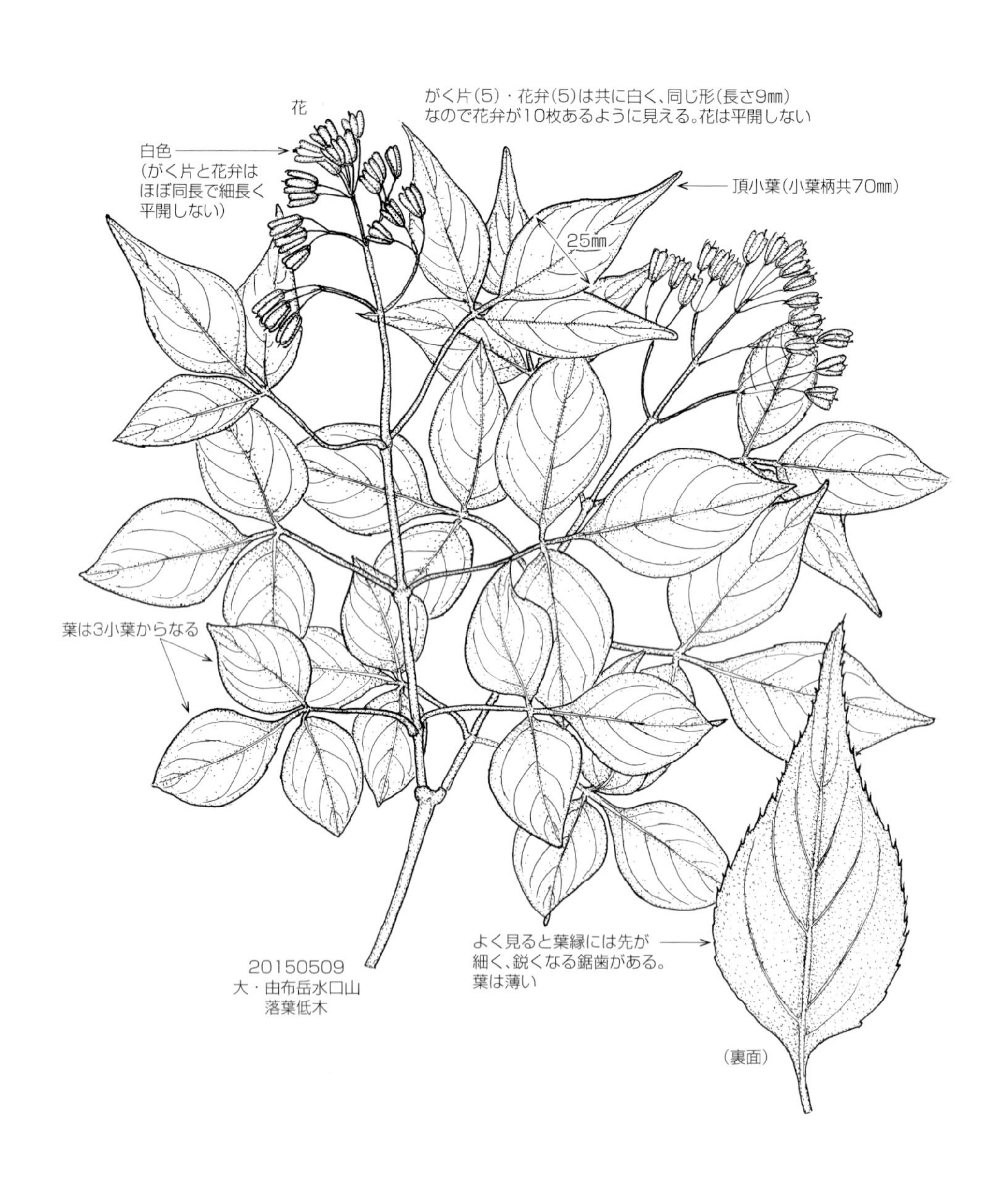

分布
九・目……福（稍稀）　大分（普通）　佐（背振山　天山）　長（対馬）　熊（五家荘以北）　宮（北諸県－高城　都城－下水流　北限）
鹿・目……記載がない

ショウベンノキ　[ミツバウツギ科　ショウベンノキ属]　*Turpinia ternata*

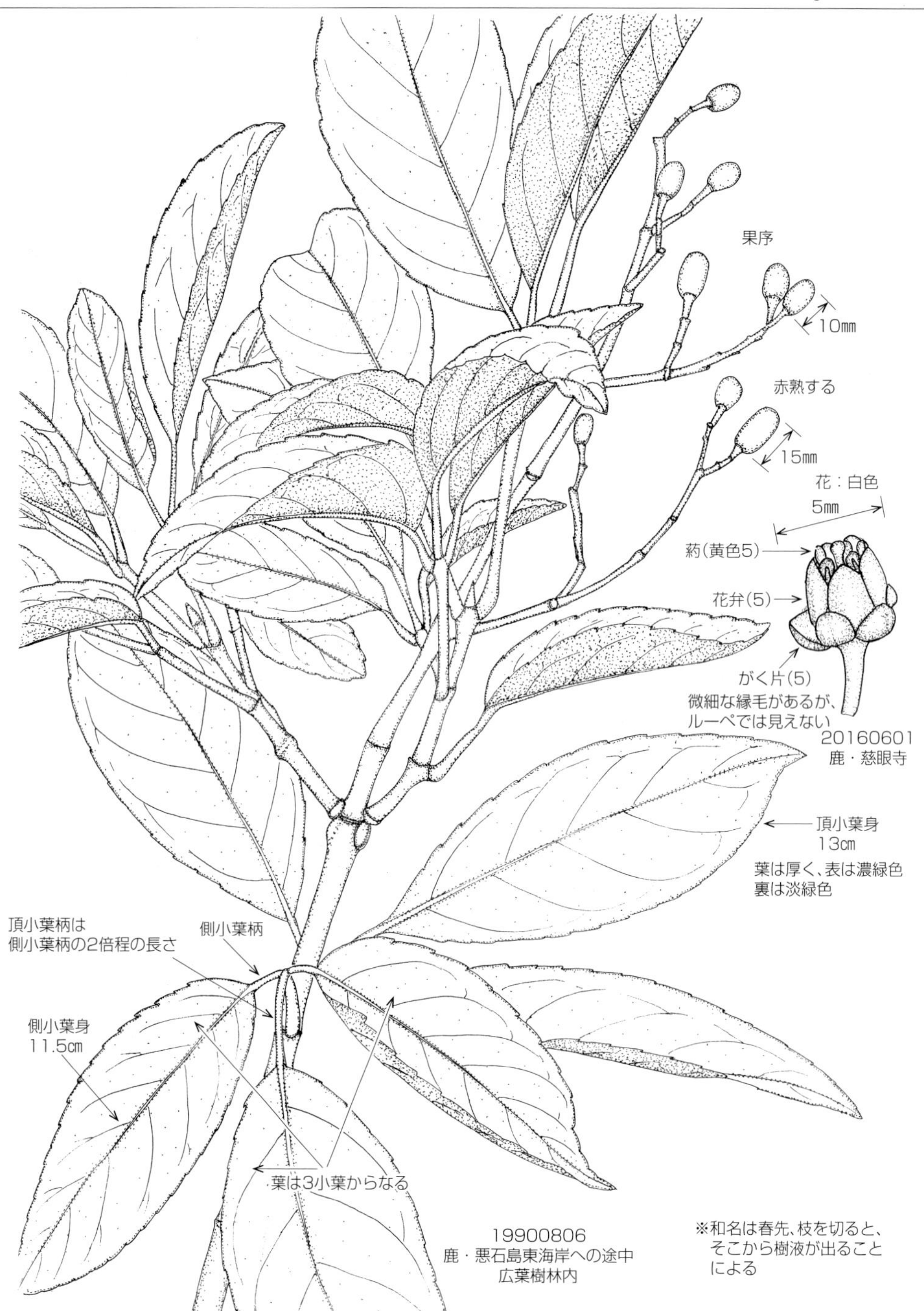

ナンバンキブシ　［キブシ科　キブシ属］　*Stachyurus praecox var. Matsuzakii*

キブシ　*Stachyurus praecox*

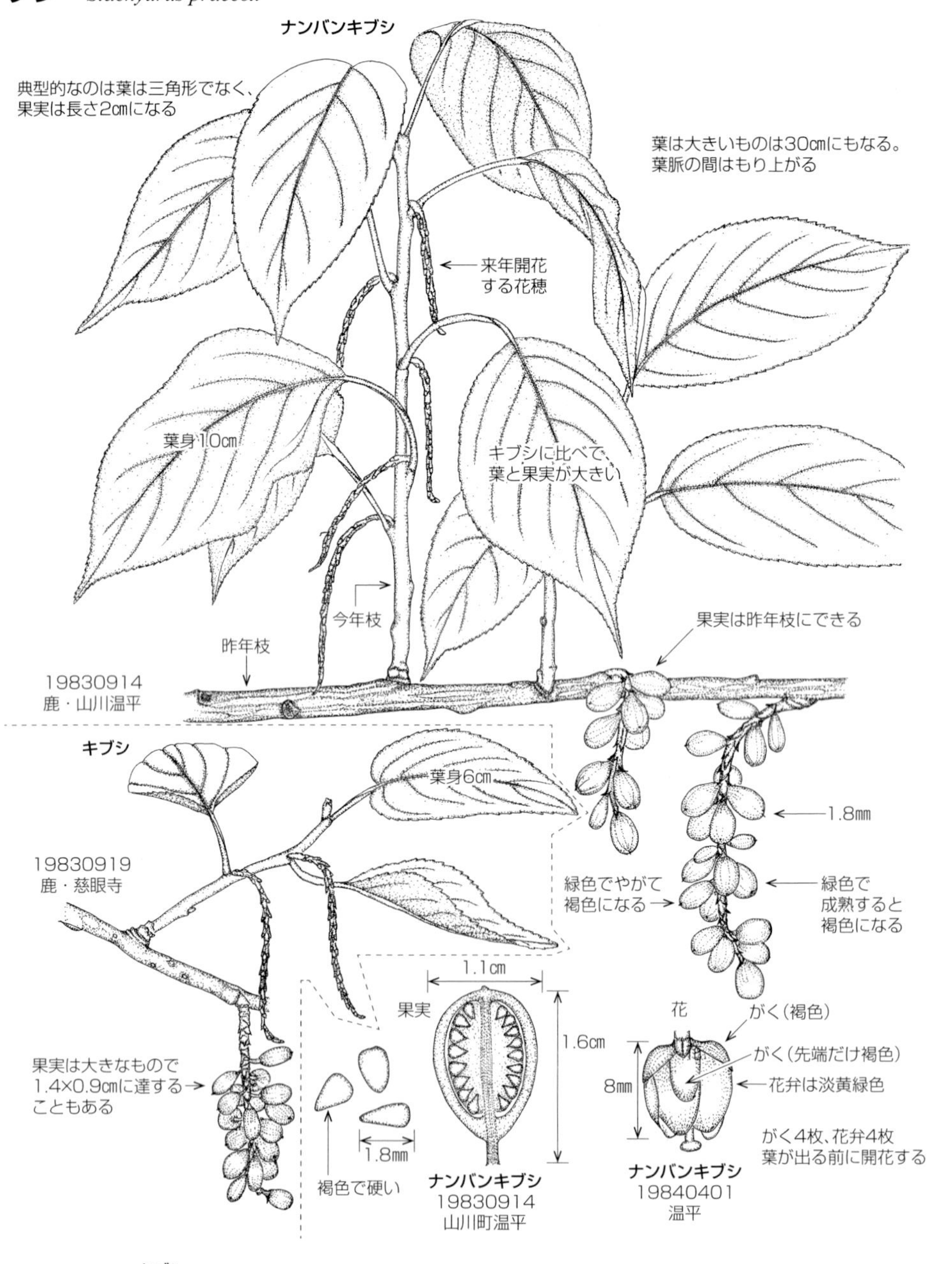

キブシ

分布　九・目……各県（南限は佐多岬）
　　　鹿・目……県本土　薩摩は鹿児島まで　大隅は佐多岬まで

分布　九・目……福（沖ノ島　白馬　大島）　佐（ほぼ各地）　長（肥前各地　対馬）　鹿
　　　鹿・目……薩摩の西海岸地　川内西方　冠岳以南　甑　長　宇治群島　屋　種　黒　口永　中　臥　悪　諏　奄大　徳

アメリカフウロ　［フウロソウ科　フウロソウ属］　*Geranium carolinianum*

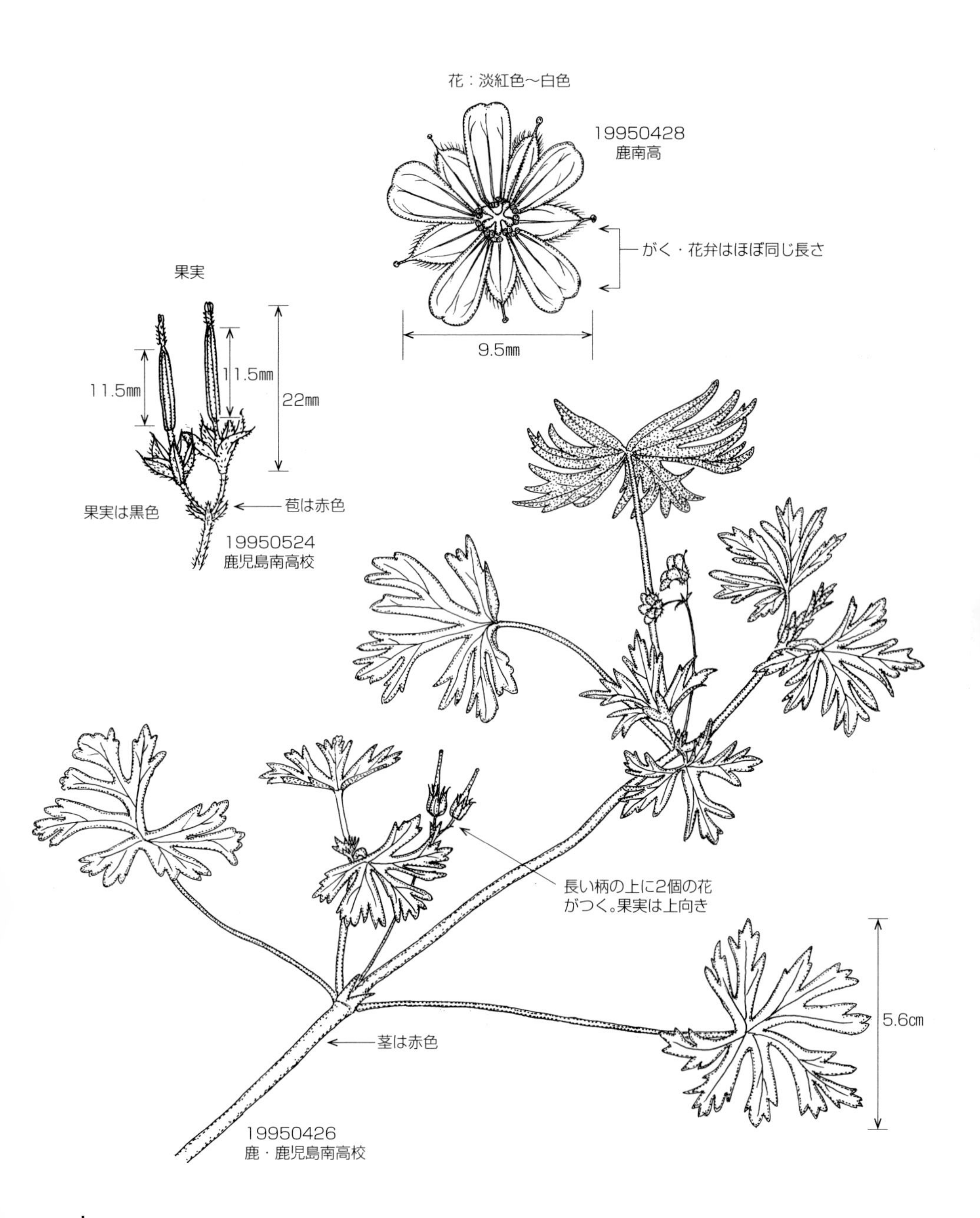

分布　九・目……各県
　　　鹿・目……長島　県本土点在　北米原産

ゲンノショウコ　[フウロソウ科　フウロソウ属]　*Geranium thunbergii*

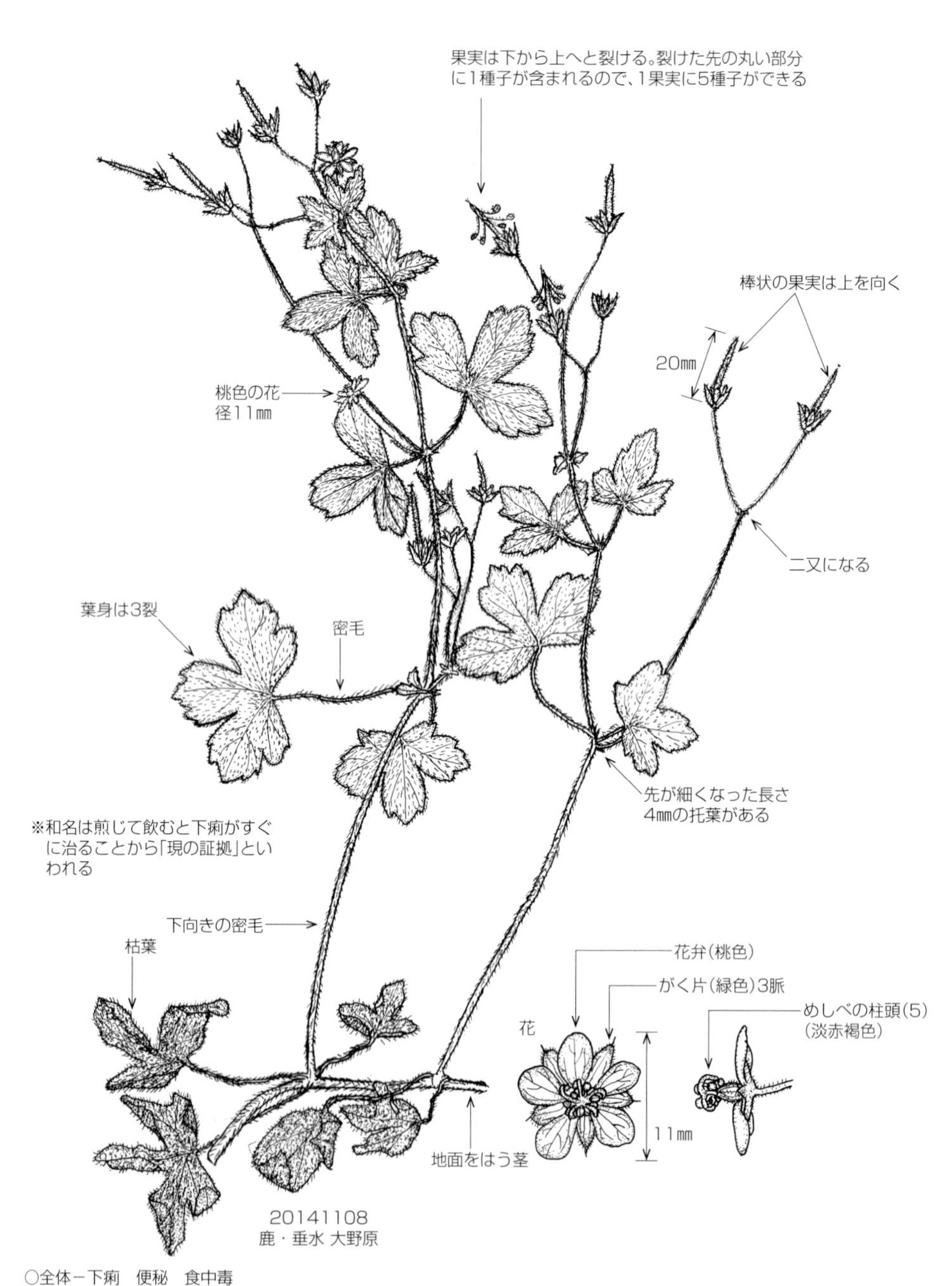

○全体－下痢　便秘　食中毒

分布　九・目……各県（南限は屋　種　奄大－住用は野生？）
　　　鹿・目……甑　県本土各地　種　屋　奄大（住用野生？）

ヒメミソハギ　[ミソハギ科　ヒメミソハギ属]　　*Ammannia multiflora*

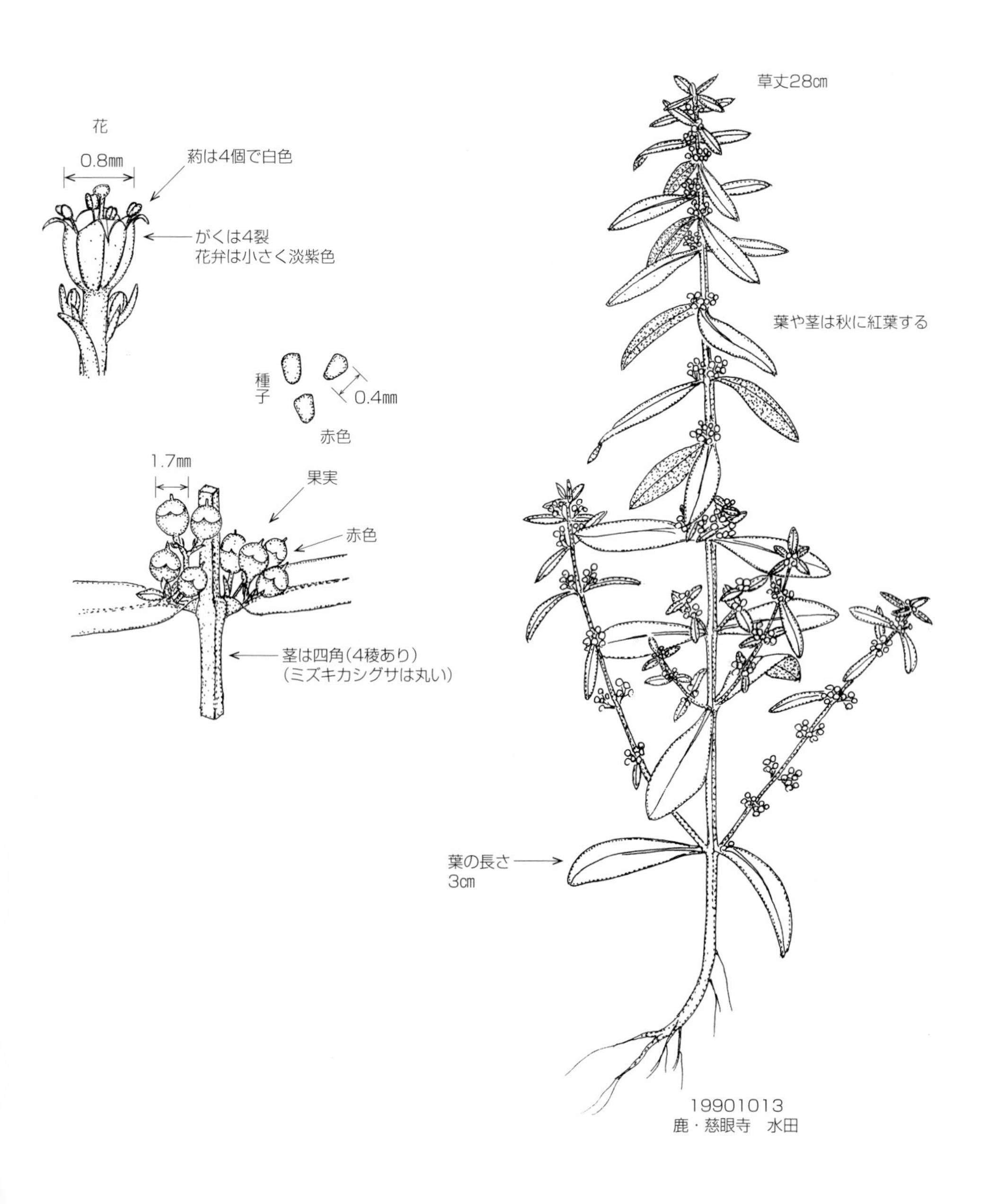

シマサルスベリ [ミソハギ科 サルスベリ属] *Lagerstroemia subcostata*
サルスベリ *Lagerstroemia indica*

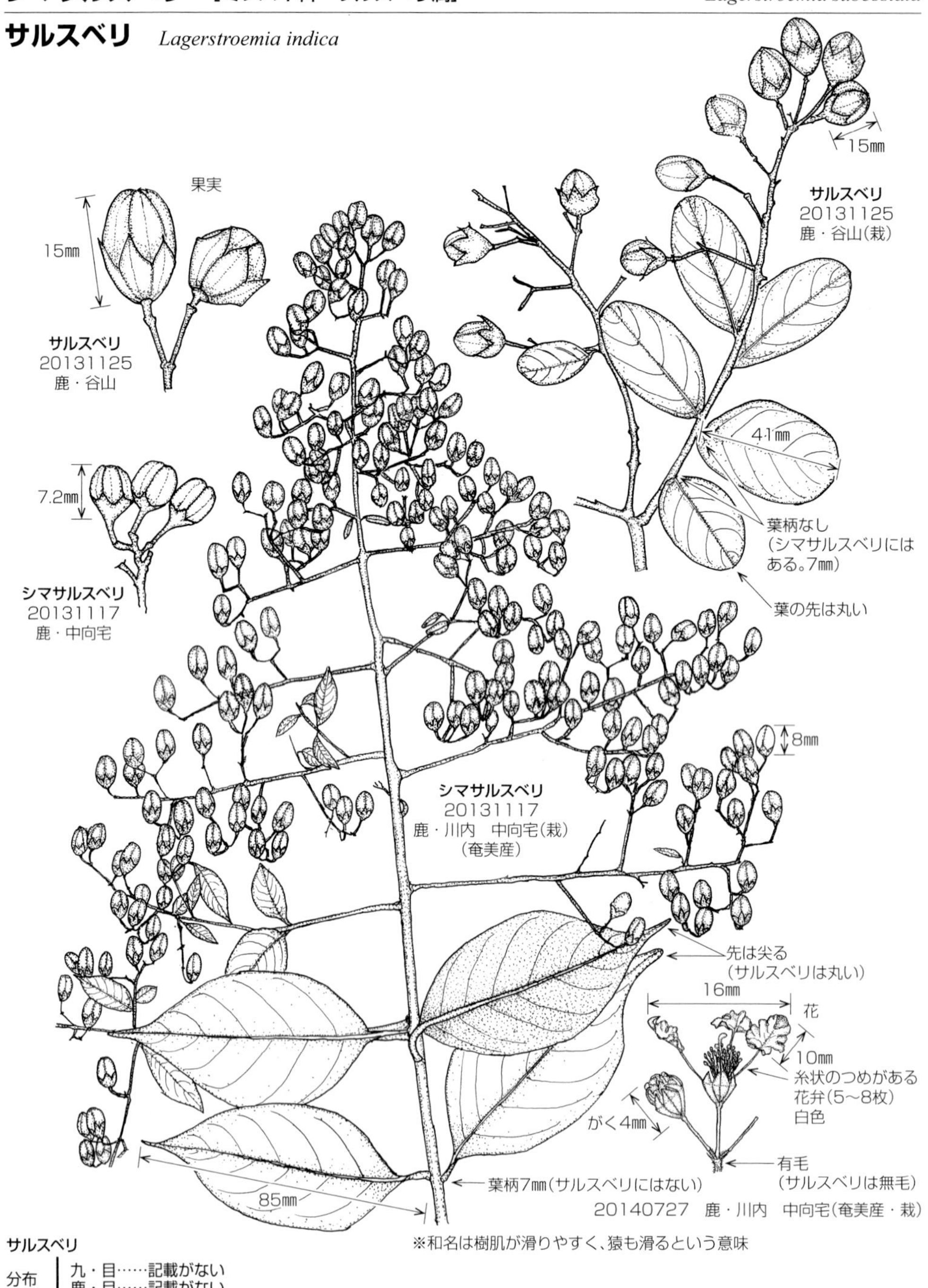

ミソハギ　[ミソハギ科　ミソハギ属]　　*Lythrum anceps*

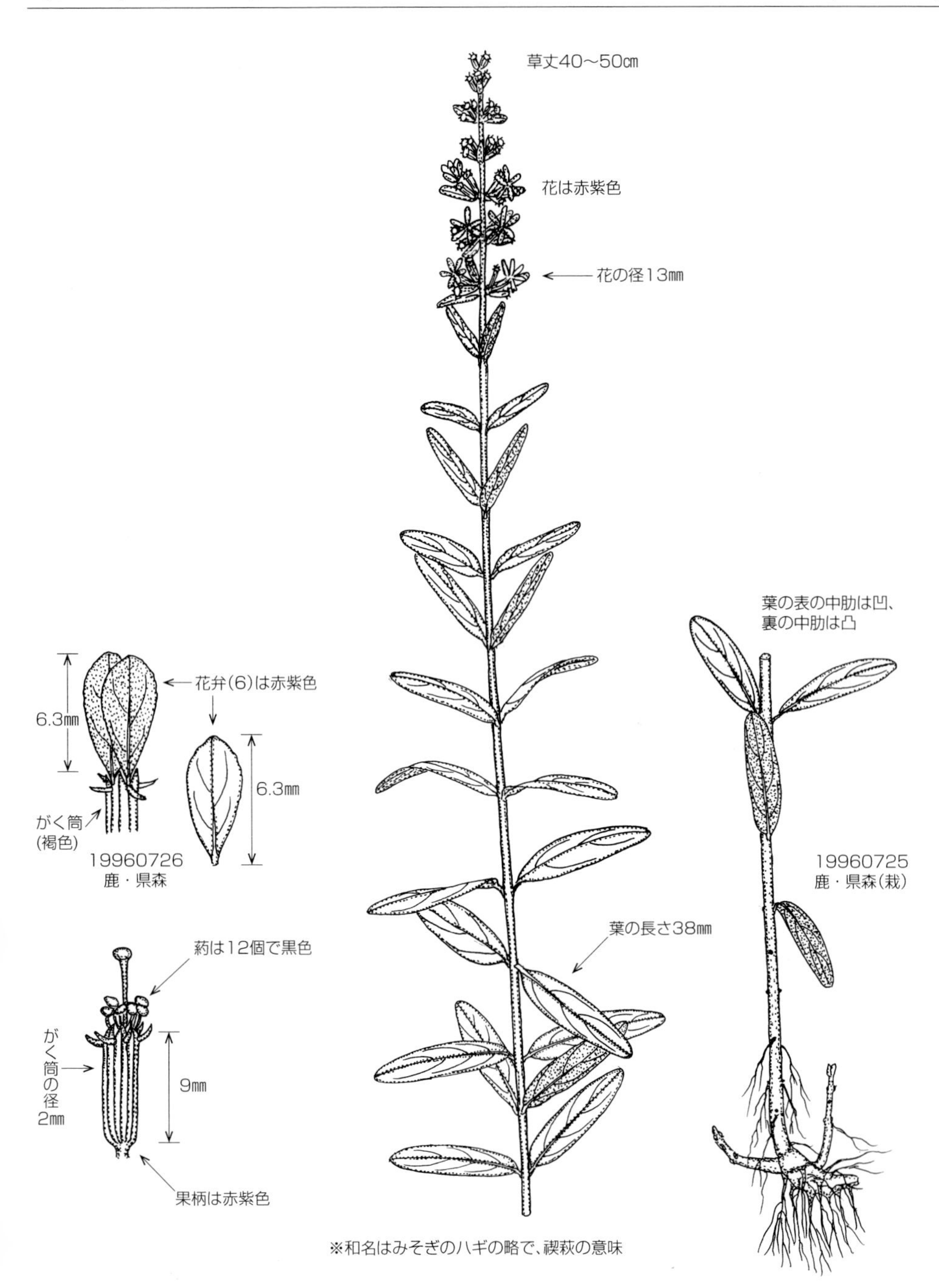

草丈40〜50cm
花は赤紫色
花の径13mm
花弁(6)は赤紫色
6.3mm
がく筒(褐色)
19960726
鹿・県森
6.3mm
葯は12個で黒色
がく筒の径2mm
9mm
果柄は赤紫色
葉の表の中肋は凹、裏の中肋は凸
19960725
鹿・県森(栽)
葉の長さ38mm

※和名はみそぎのハギの略で、禊萩の意味

分布　九・目……各県　対馬
　　　鹿・目……谷山　市来

ミズガンピ [ミソハギ科　ミズガンピ属] *Pemphis acidula*

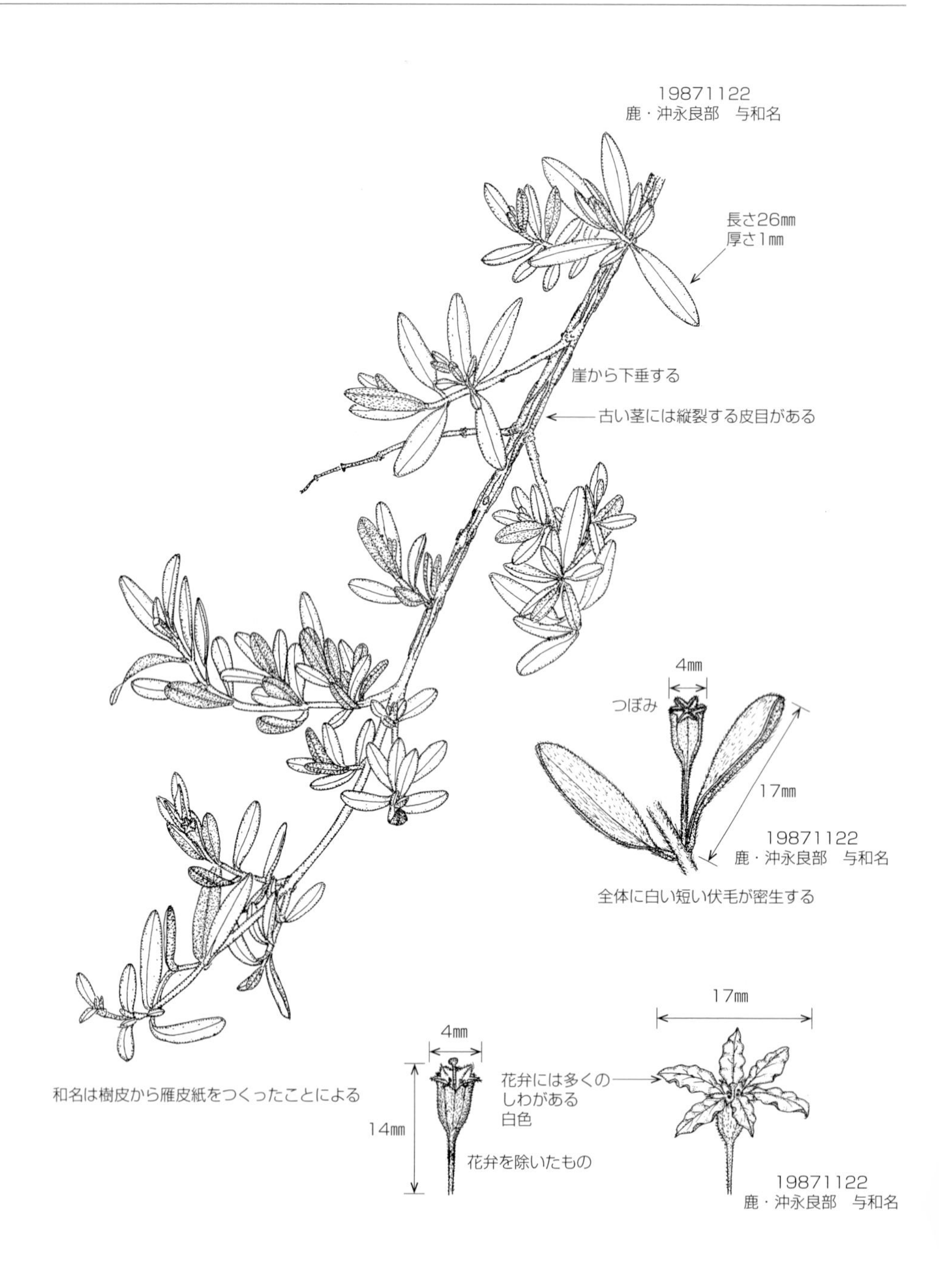

分布 ｜ 九・目……鹿
　　 ｜ 鹿・目……奄群

19871122
鹿・沖永良部　与和名
長さ26㎜
厚さ1㎜
崖から下垂する
古い茎には縦裂する皮目がある
4㎜
つぼみ
17㎜
19871122
鹿・沖永良部　与和名
全体に白い短い伏毛が密生する
17㎜
4㎜
花弁には多くの
しわがある
白色
14㎜
花弁を除いたもの
19871122
鹿・沖永良部　与和名
和名は樹皮から雁皮紙をつくったことによる

ザクロ　[ミソハギ科　ザクロ属]　　*Punica granatum*

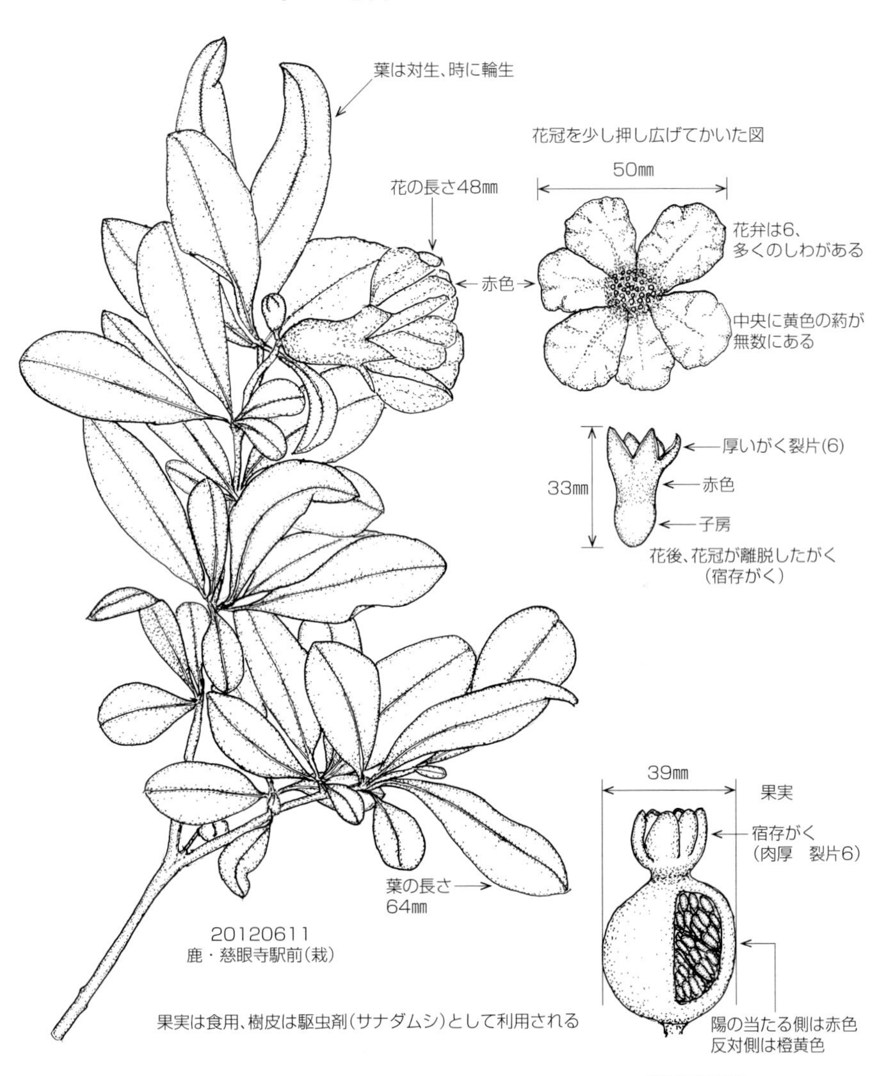

小アジア地方原産

葉は対生、時に輪生

花冠を少し押し広げてかいた図

50mm

花の長さ48mm
赤色

花弁は6、多くのしわがある

中央に黄色の葯が無数にある

厚いがく裂片(6)
33mm
赤色
子房

花後、花冠が離脱したがく（宿存がく）

葉の長さ 64mm

20120611
鹿・慈眼寺駅前(栽)

果実は食用、樹皮は駆虫剤(サナダムシ)として利用される

39mm
果実
宿存がく（肉厚　裂片6）

陽の当たる側は赤色
反対側は橙黄色

20120720
鹿・慈眼寺駅前(栽)

ユダヤの王ソロモンが果実の宿存がくを見て王冠を思いつき、以後王位の象徴としてこの形を使うようになった

分布　九・目……記載がない
　　　鹿・目……記載がない

キカシグサ　[ミソハギ科　キカシグサ属]　　Rotala indica var. uliginosa

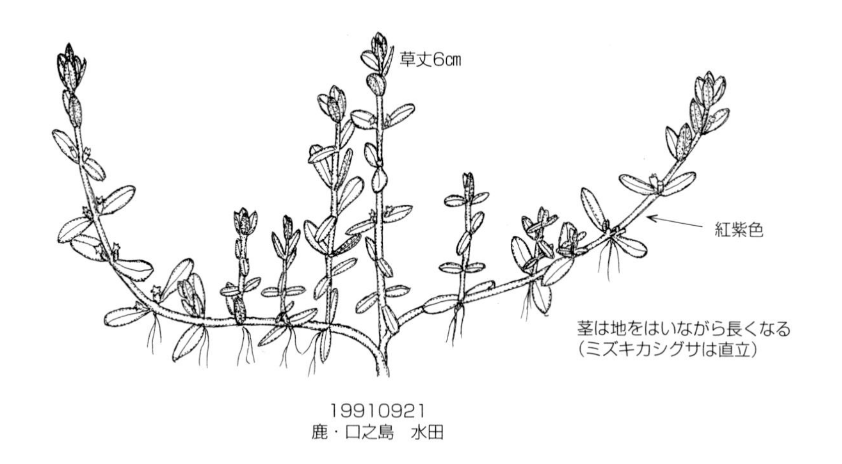

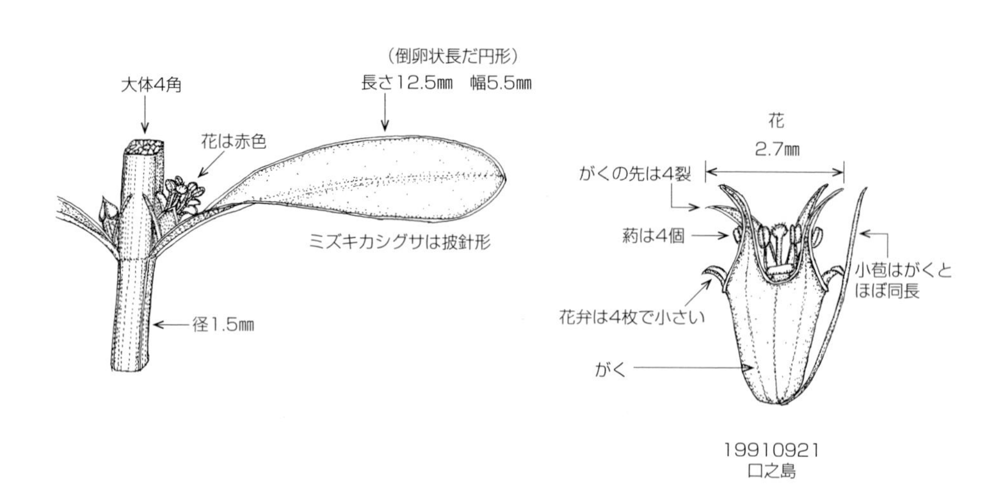

分布　九・目……各県
　　　鹿・目……各地

ミズマツバ　[ミソハギ科　キカシグサ属]　　*Rotala pusilla*

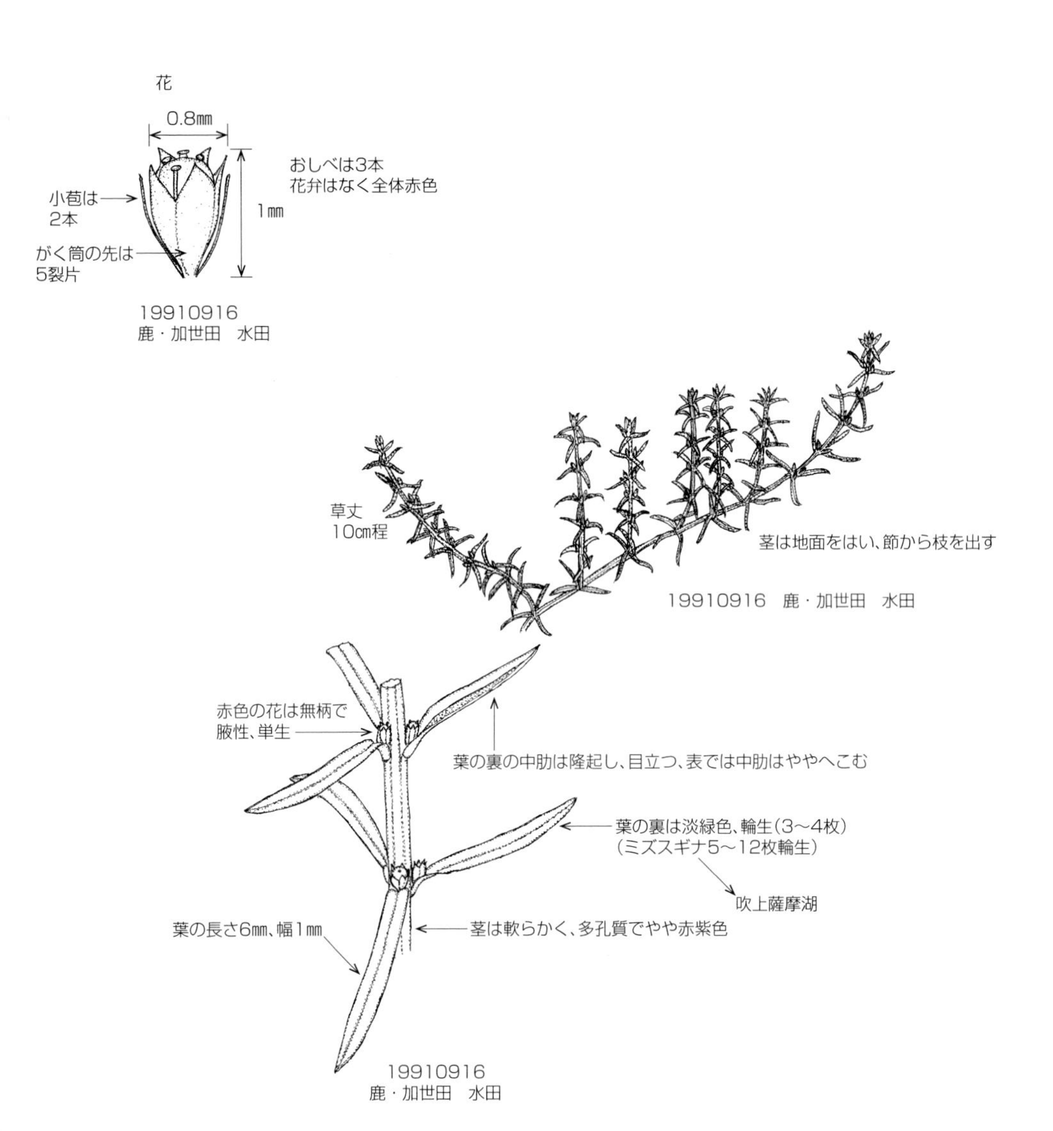

分布
九・目……各県
鹿・目……県本土　甑　種　奄大

オニビシ　[ミソハギ科　ヒシ属]　　　*Trapa natans*

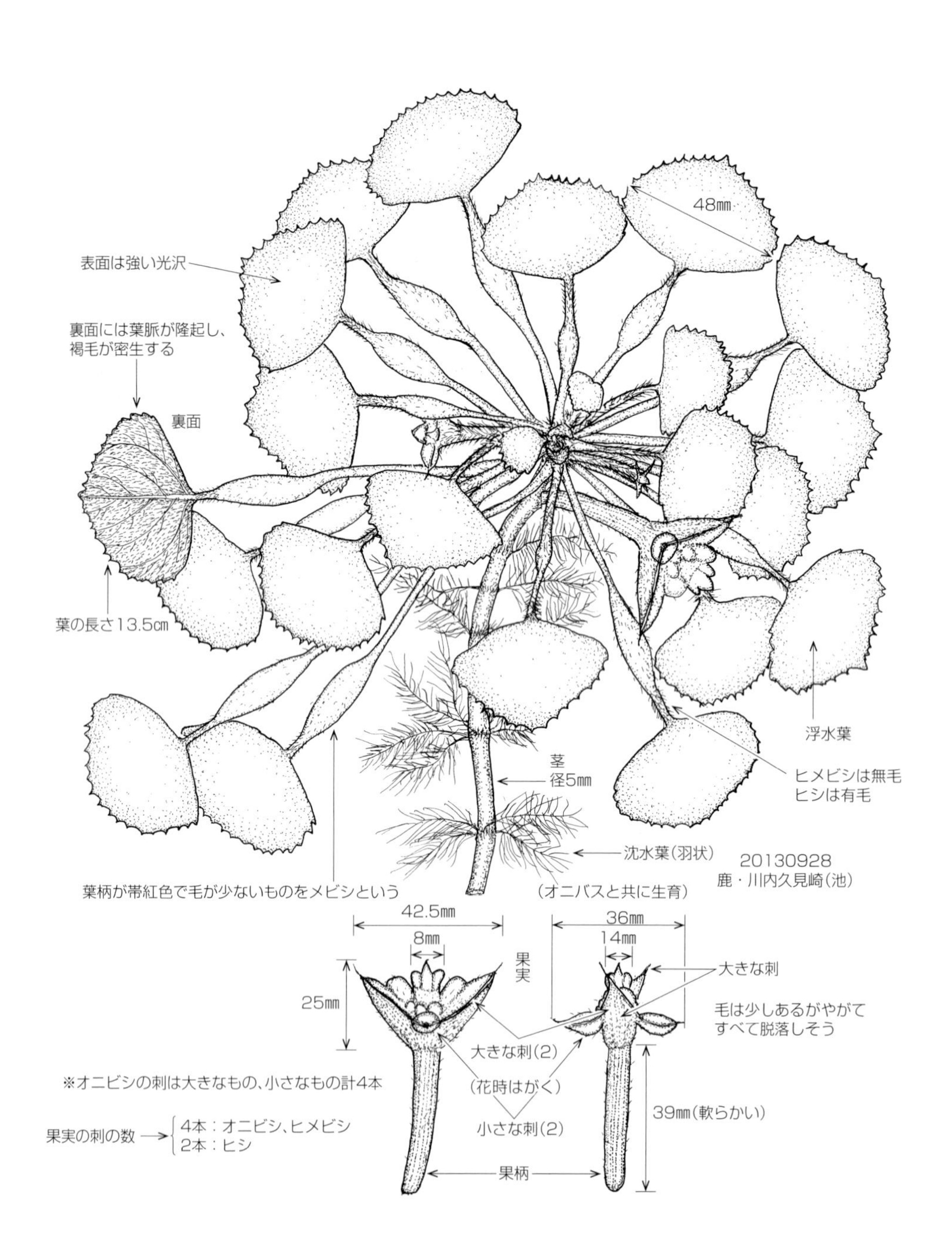

ヒシ　[ミソハギ科　ヒシ属]　　*Trapa japonica*

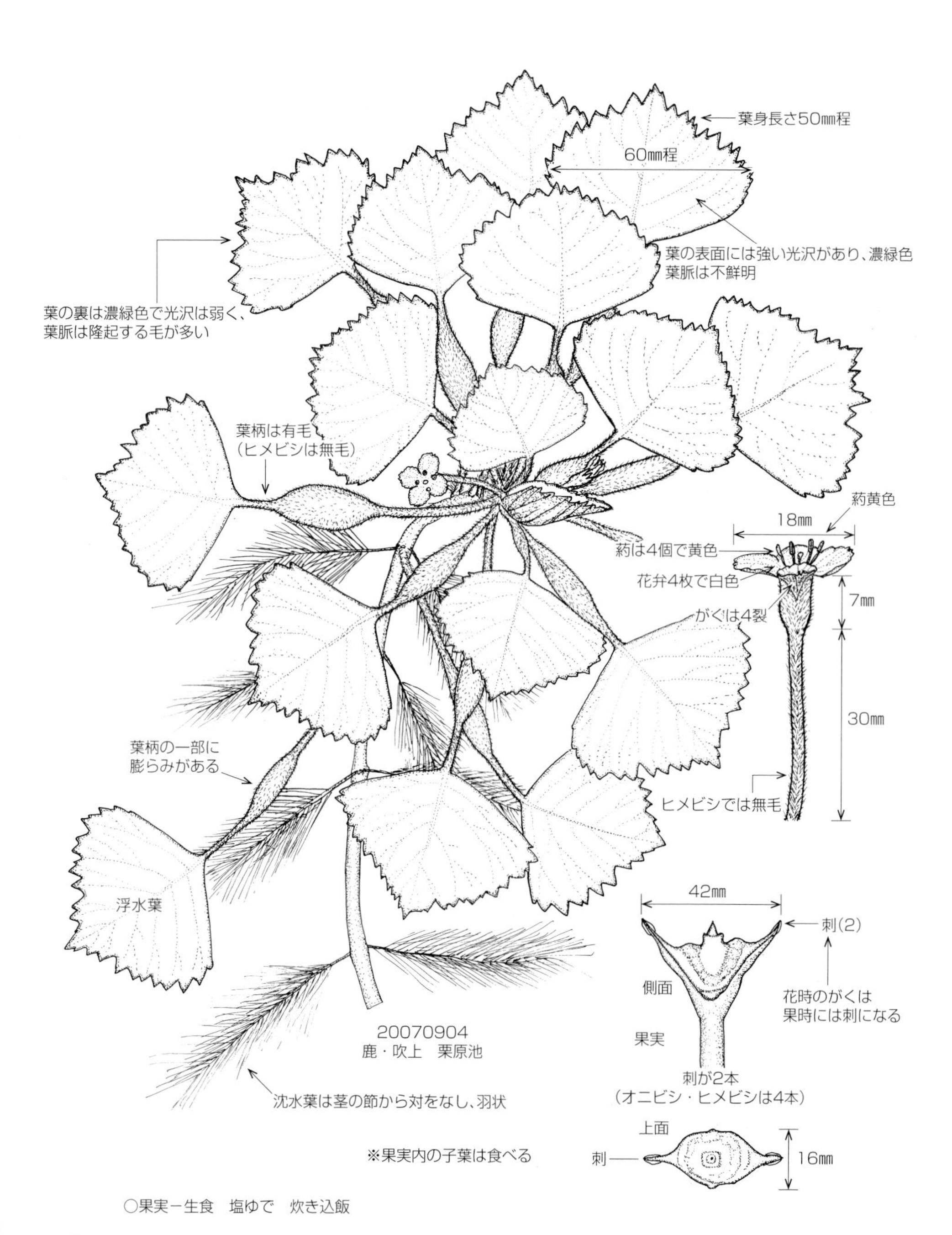

○果実－生食　塩ゆで　炊き込飯

分布　九・目……各県
　　　鹿・目……県本土　甑　種　中

ヒメビシ　[ミソハギ科　ヒシ属]　　*Trapa incisa*

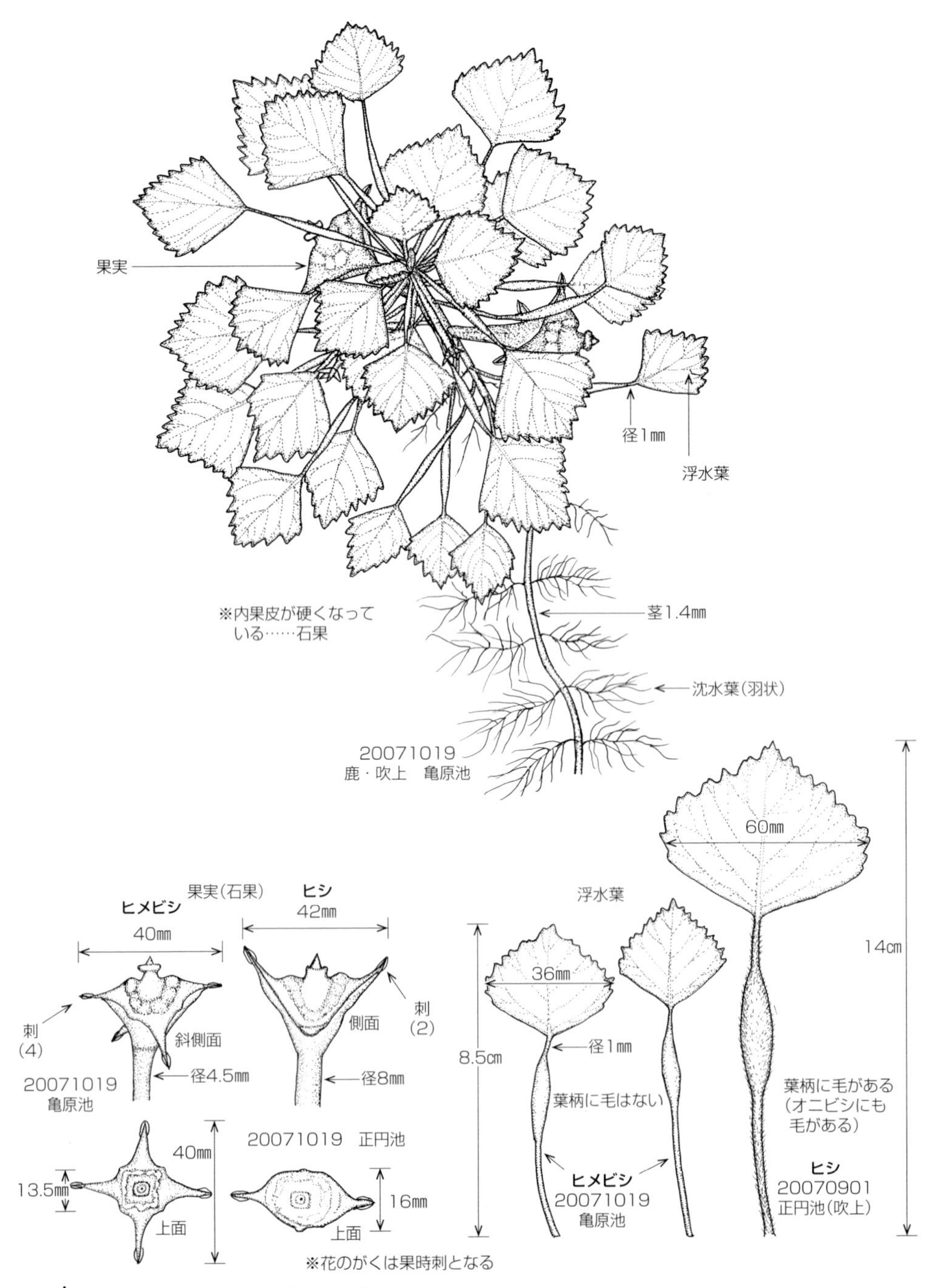

ミズタマソウ　[アカバナ科　ミズタマソウ属]　*Circaea mollis*

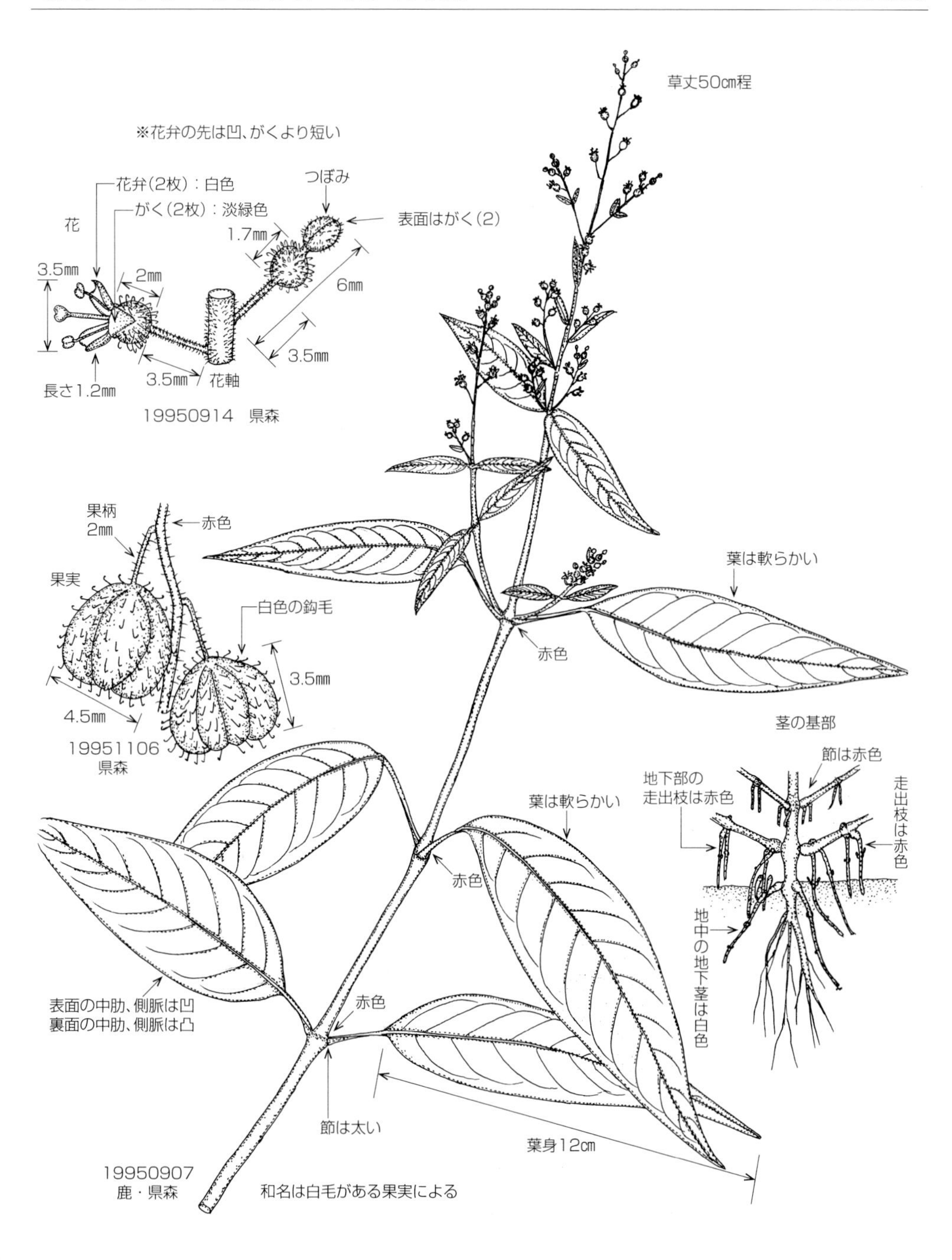

分布　九・目……各県
　　　鹿・目……県本土　甑　南限は花瀬〜辺塚　川辺

アカバナ ［アカバナ科　アカバナ属］　　*Epilobium pyrricholophum*

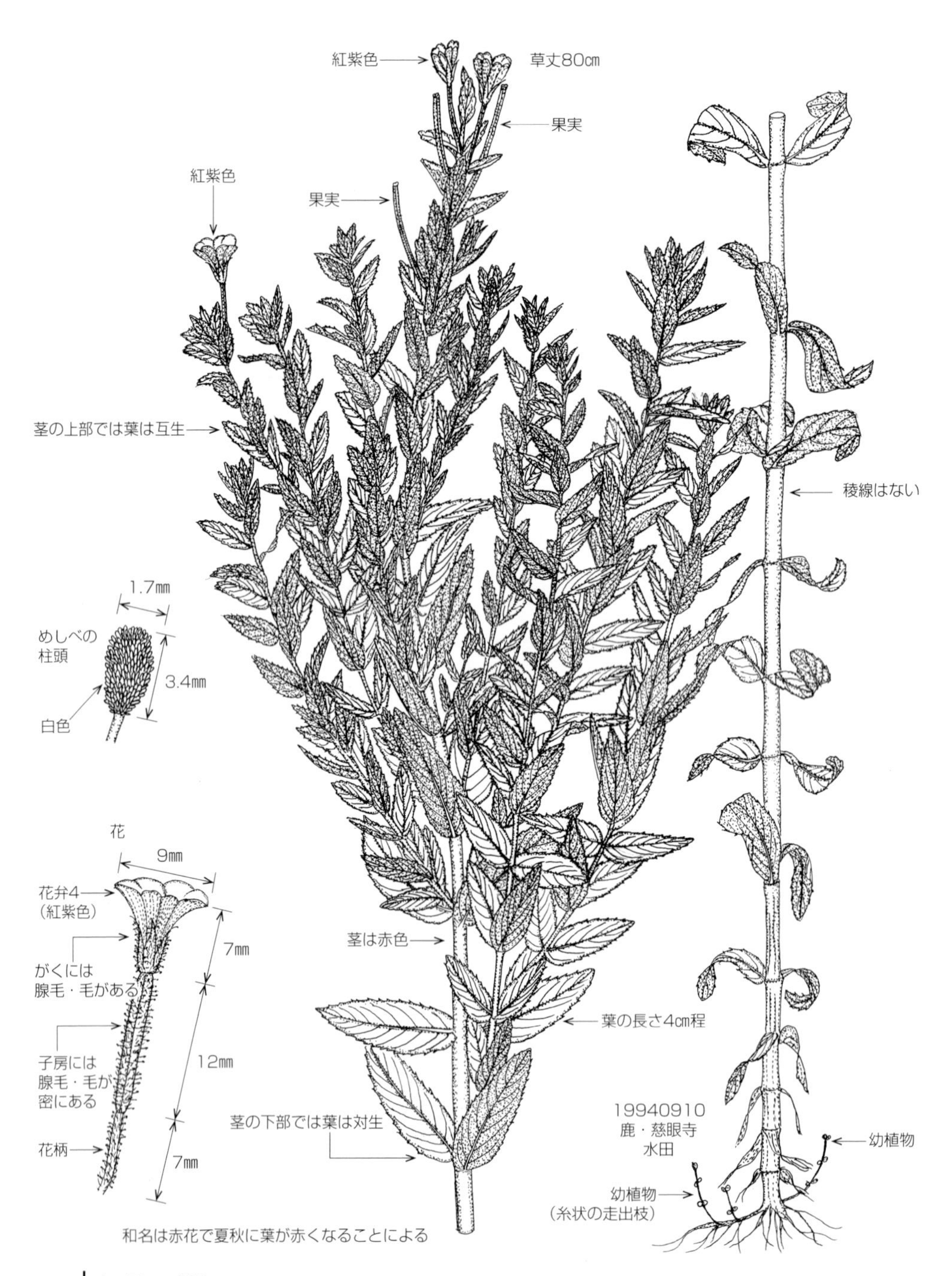

アメリカミズキンバイ(ヒレタゴボウ) [アカバナ科　チョウジタデ属] *Ludwigia decurrens*

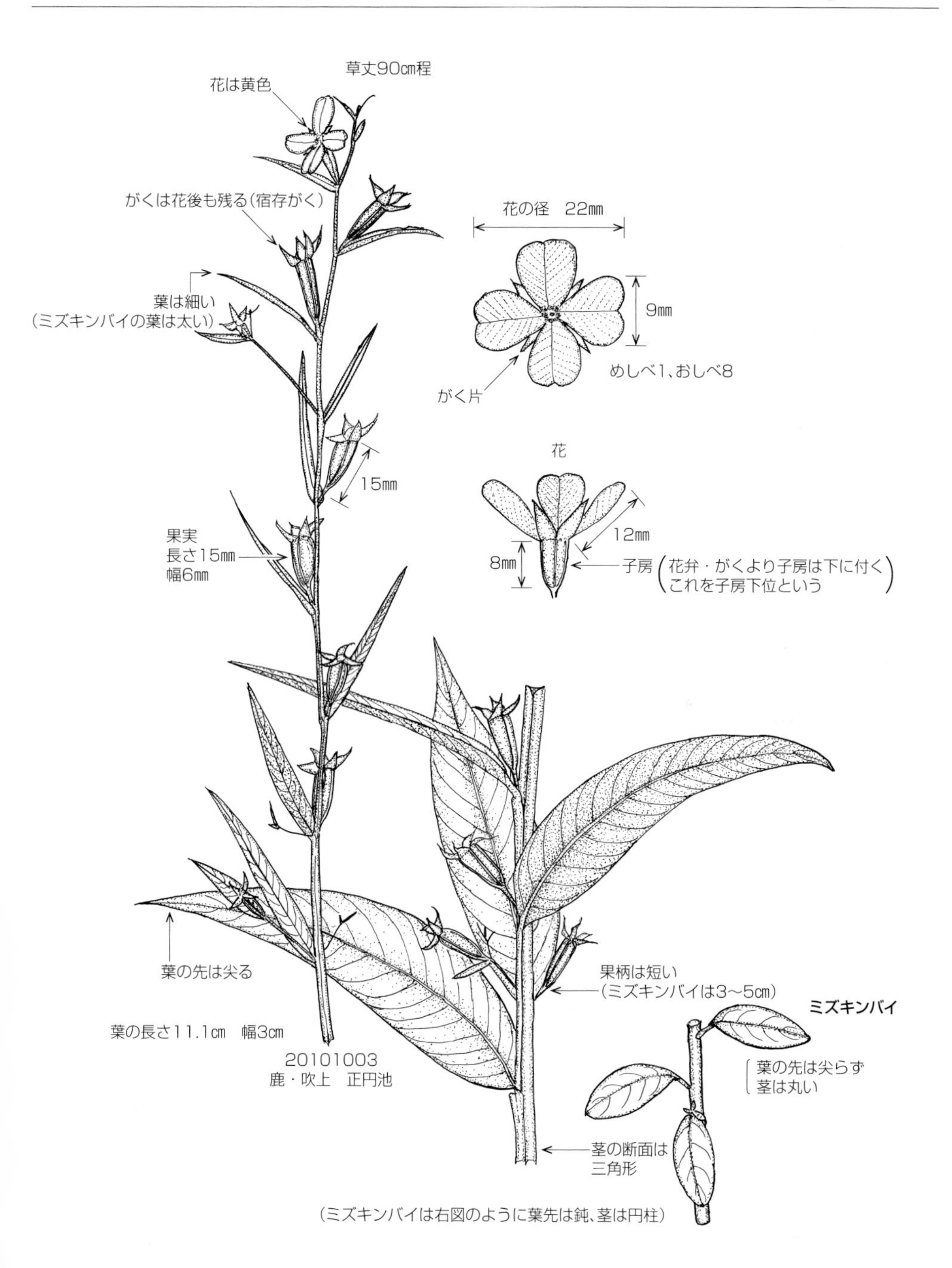

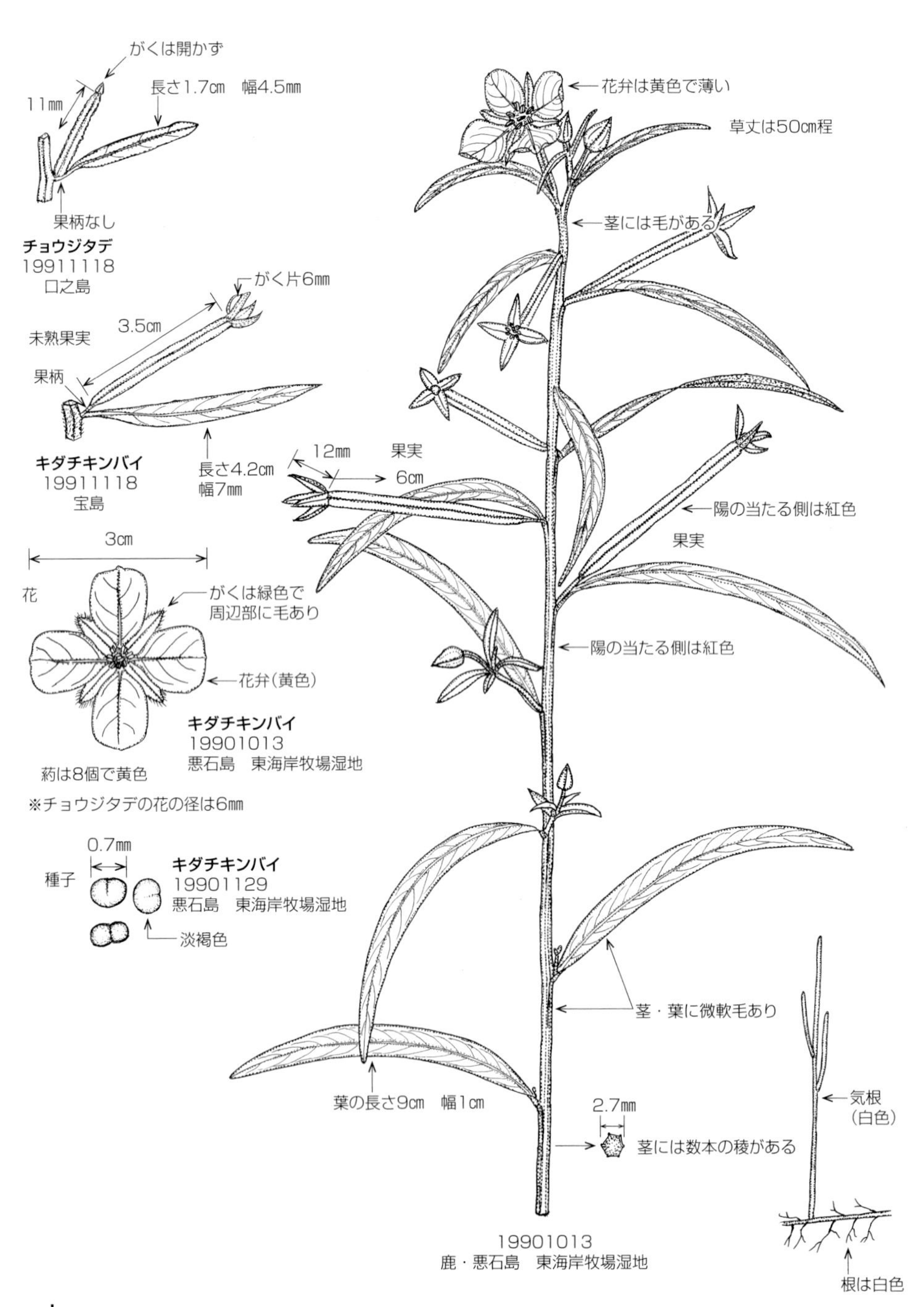

チョウジタデ　[アカバナ科　チョウジタデ属]　　*Ludwigia epilobioides*

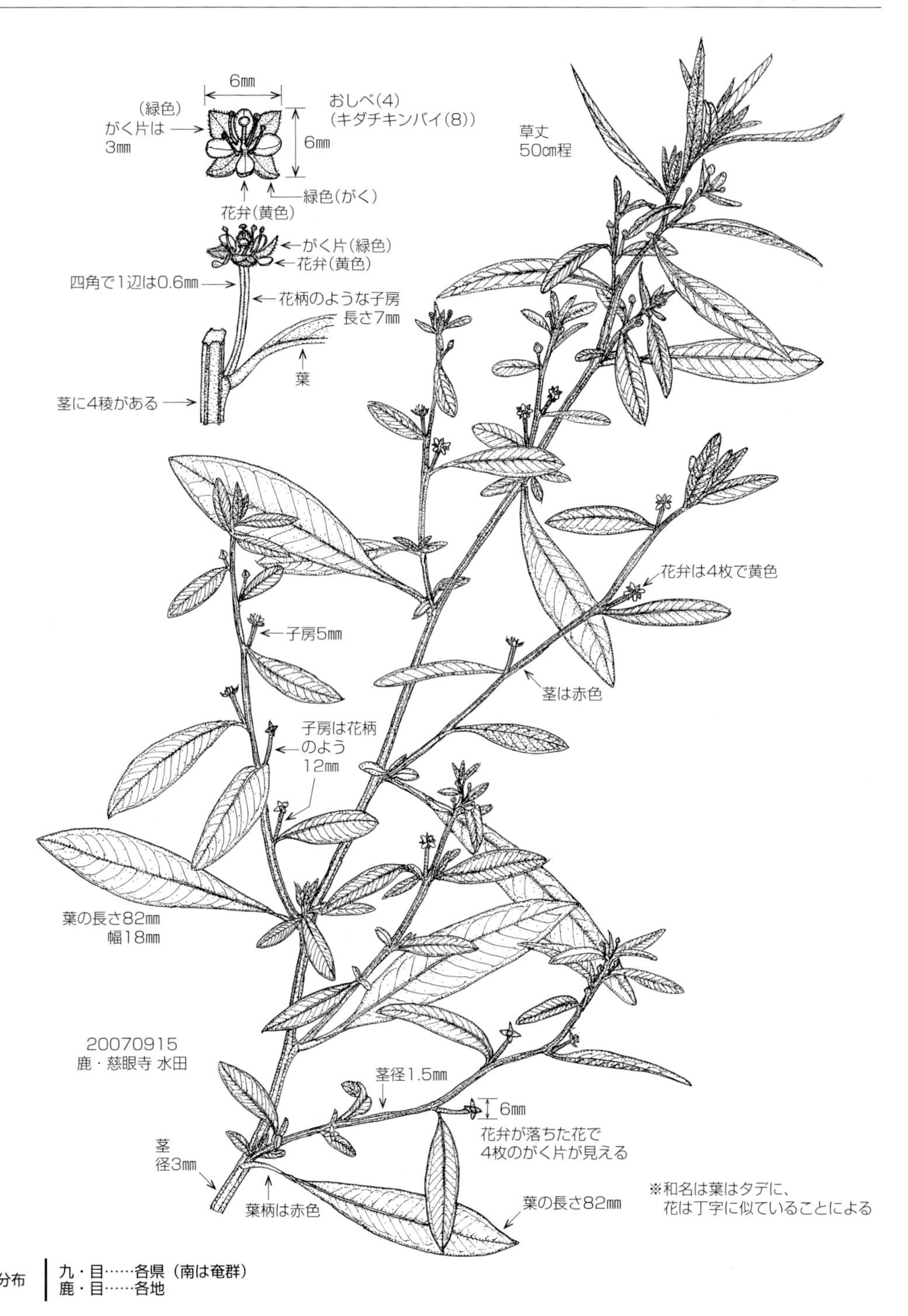

ミズキンバイ ［アカバナ科　チョウジタデ属］ *Ludwigia stipulacea*

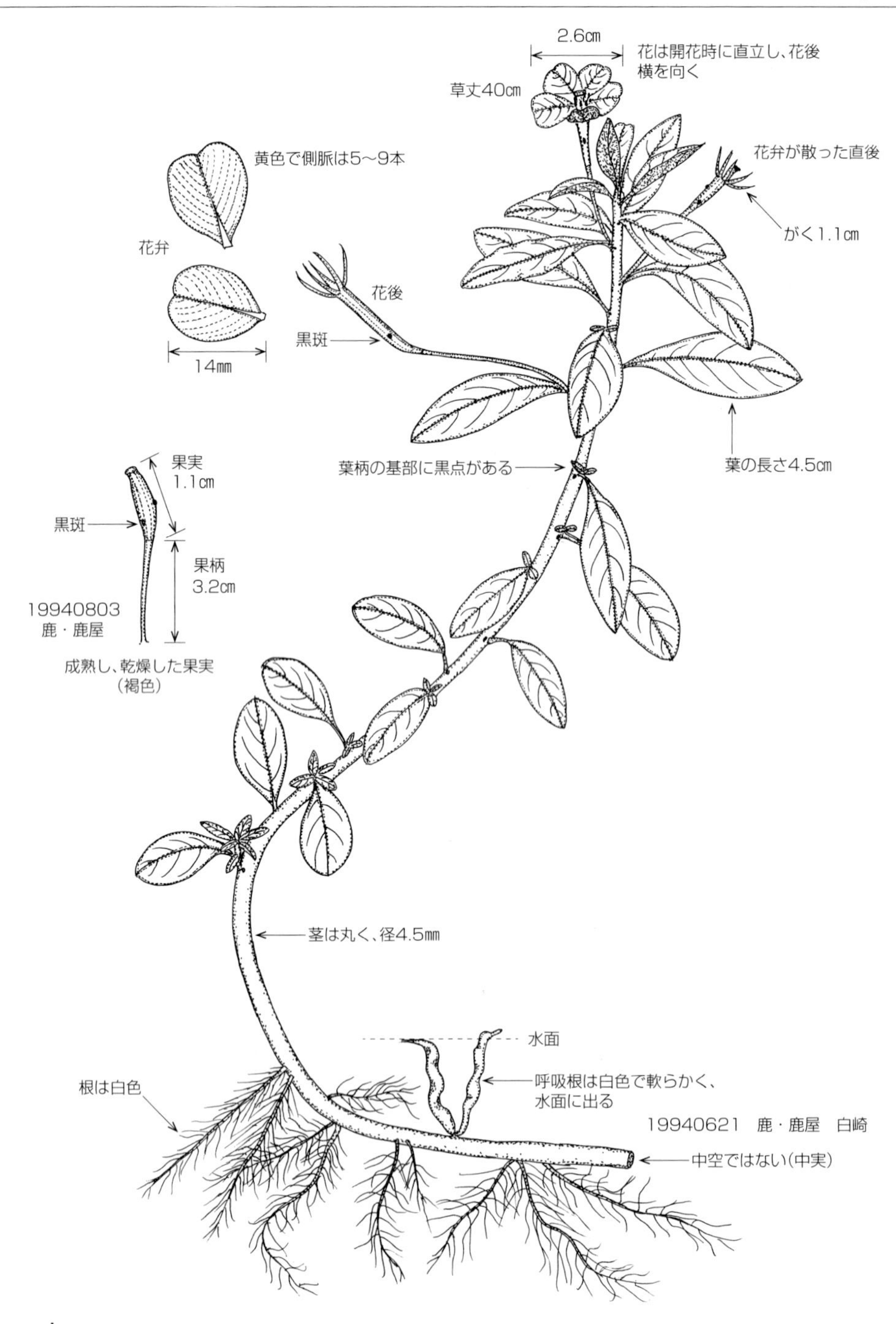

ミズユキノシタ ［アカバナ科　チョウジタデ属］　*Ludwigia ovalis*

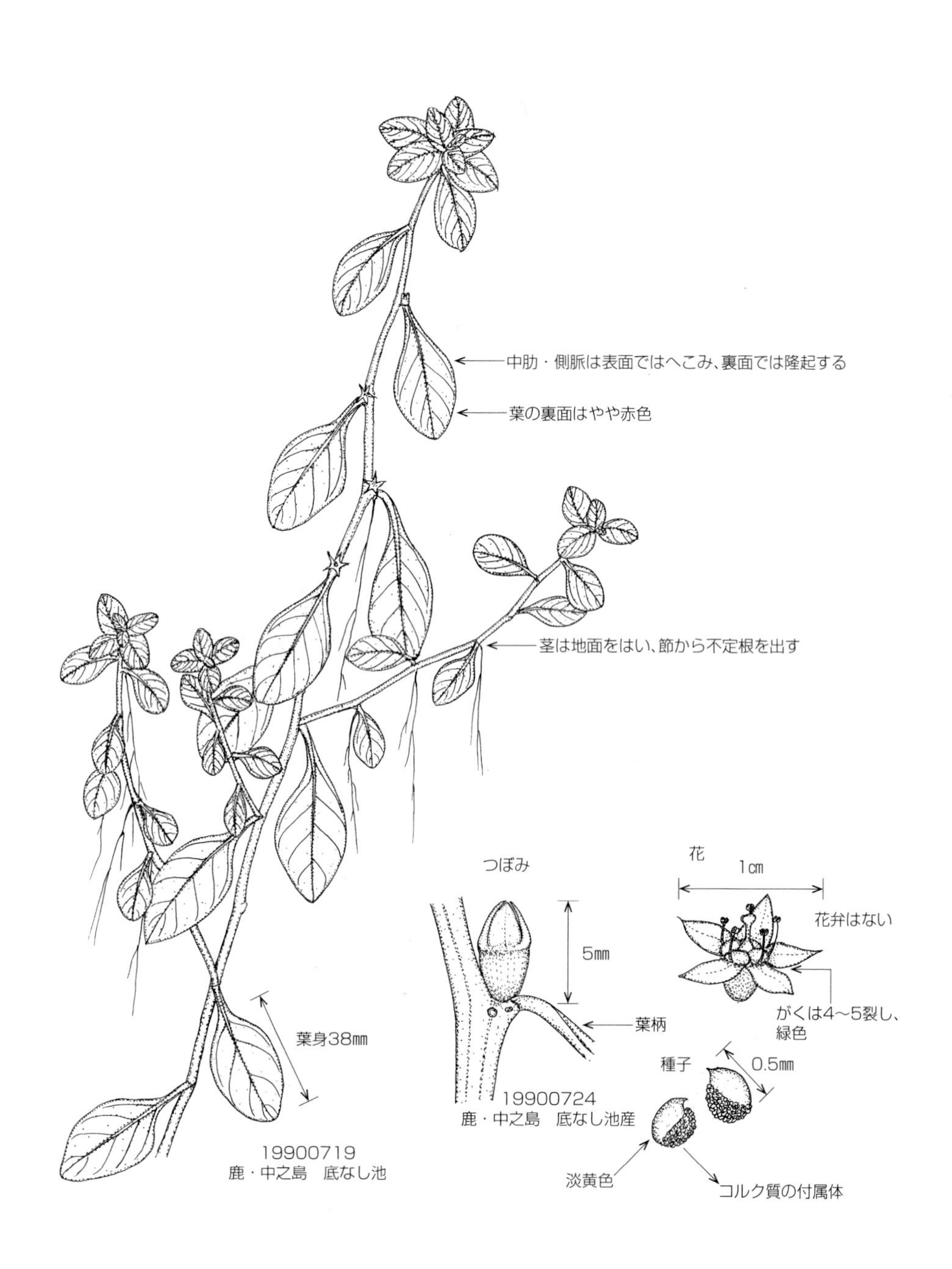

分布
九・目……各県（南限は奄大－笠利）
鹿・目……甑　大口　川内　蘭牟田池　加治木　種　中

メマツヨイグサ　[アカバナ科　マツヨイグサ属]　*Oenothera biennis*

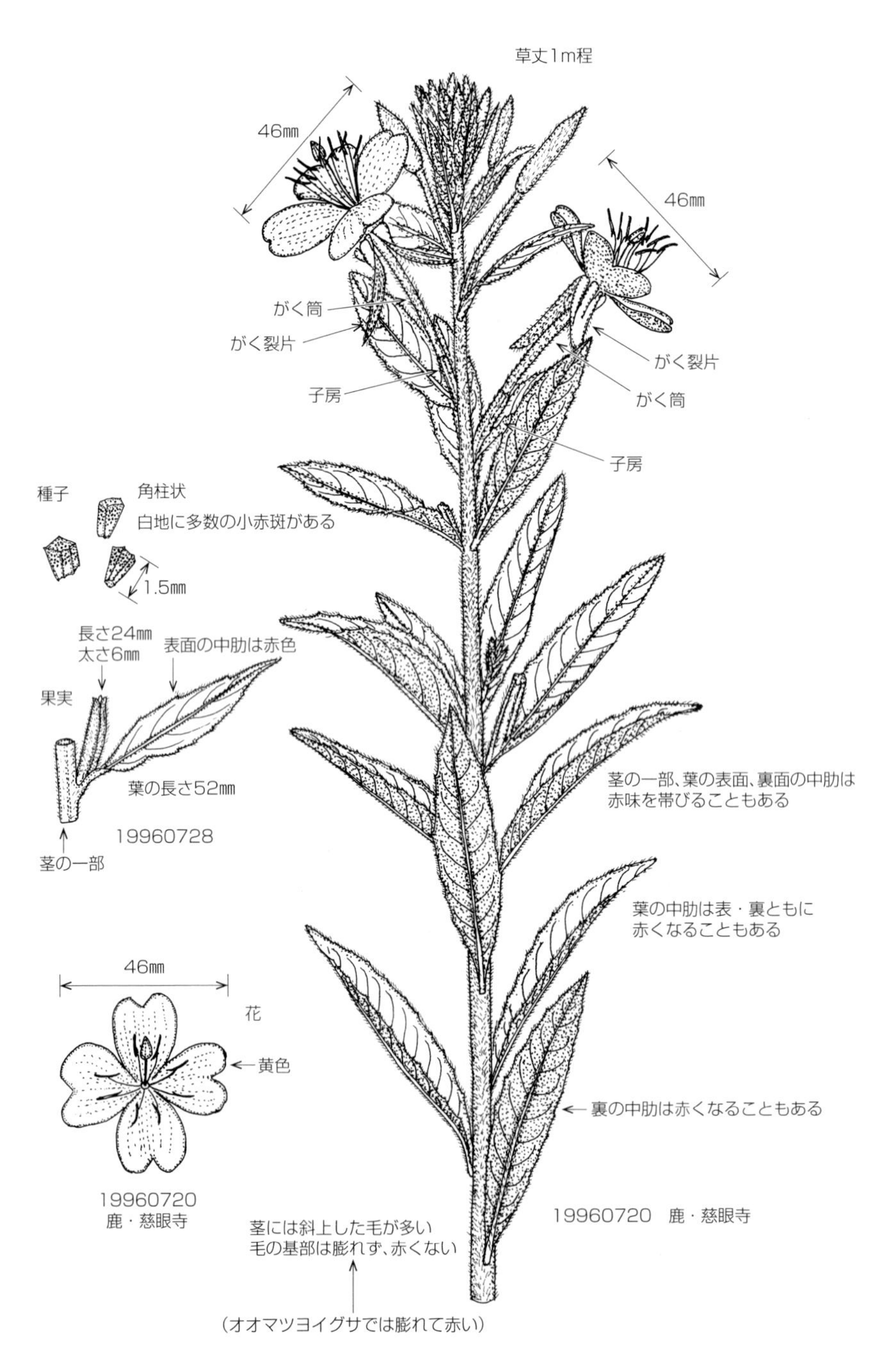

分布　｜ 九・目……各県
　　　｜ 鹿・目……奄群　北米原産

オオバナコマツヨイグサ　[アカバナ科　マツヨイグサ属]　*Oenothera laciniata* var. *grandiflora*

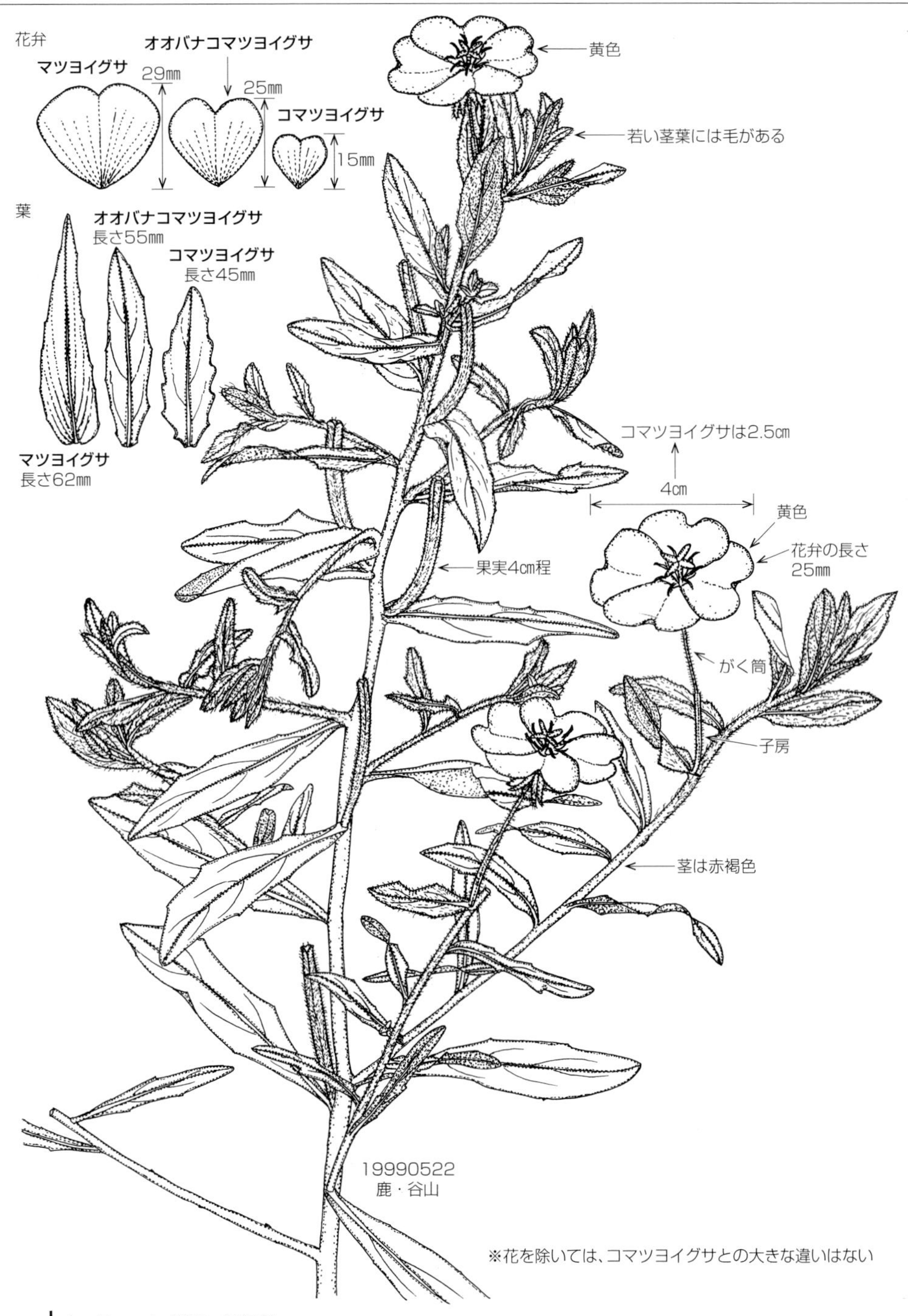

オオマツヨイグサ　[アカバナ科　マツヨイグサ属]　*Oenothera glazioviana*

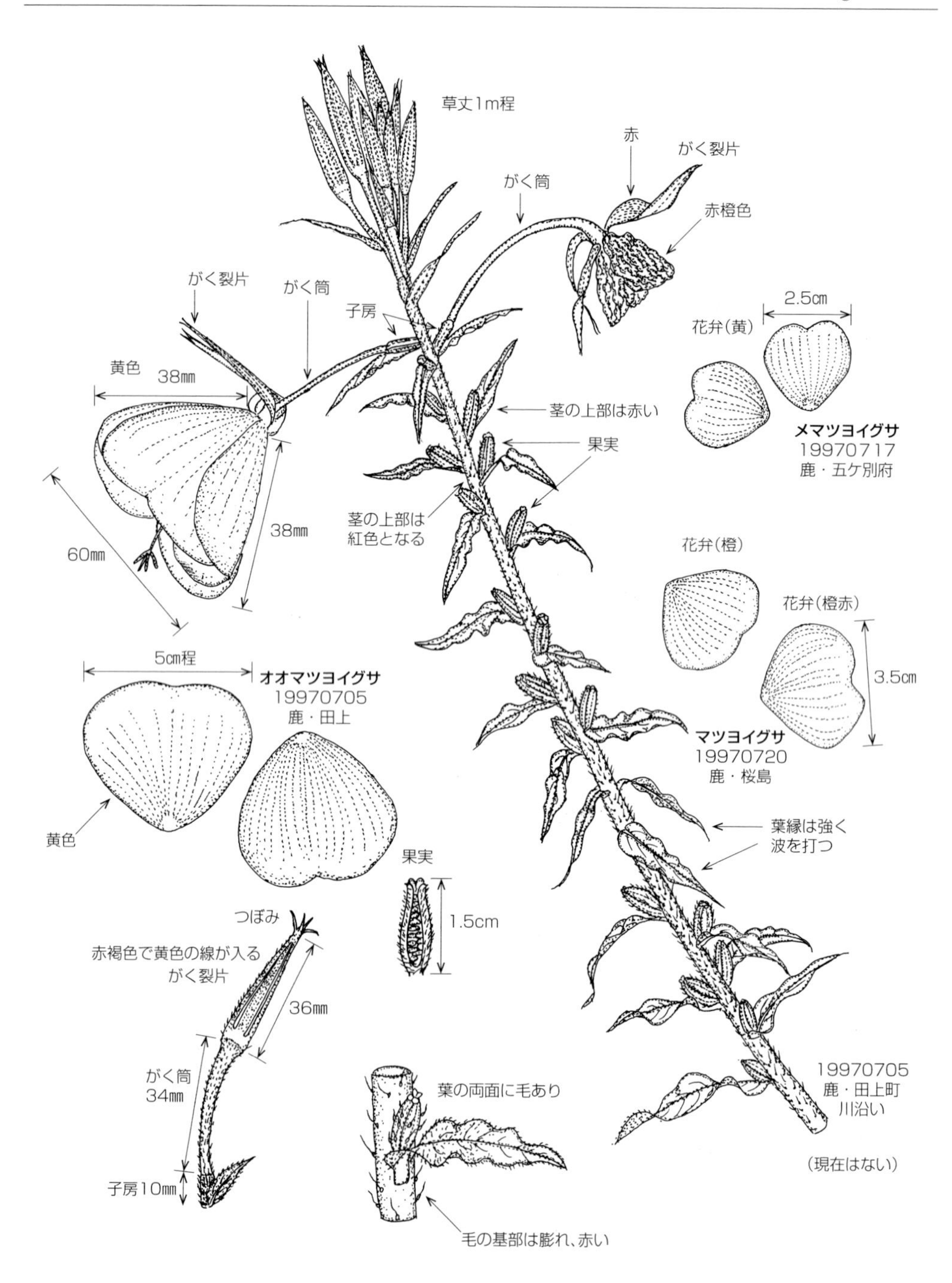

コマツヨイグサ　[アカバナ科　マツヨイグサ属]　*Oenothera laciniata*

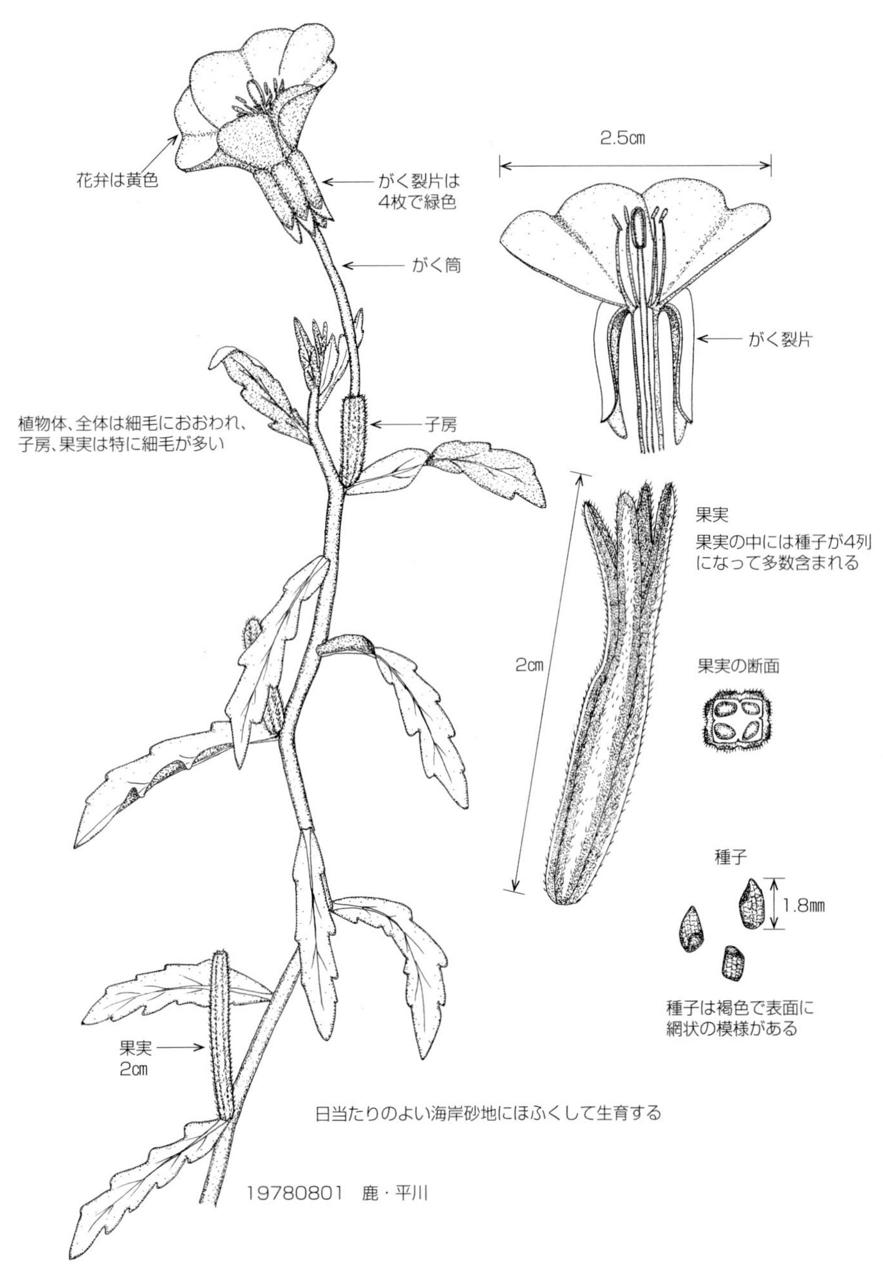

日当たりのよい海岸砂地にほふくして生育する

19780801　鹿・平川

○若葉－お浸し　酢のもの　和え物　天ぷら

分布　九・目……各県
　　　鹿・目……鹿児島　鹿屋　北米原産

ヒルザキツキミソウ　[アカバナ科　マツヨイグサ属]　　*Oenothera speciosa*

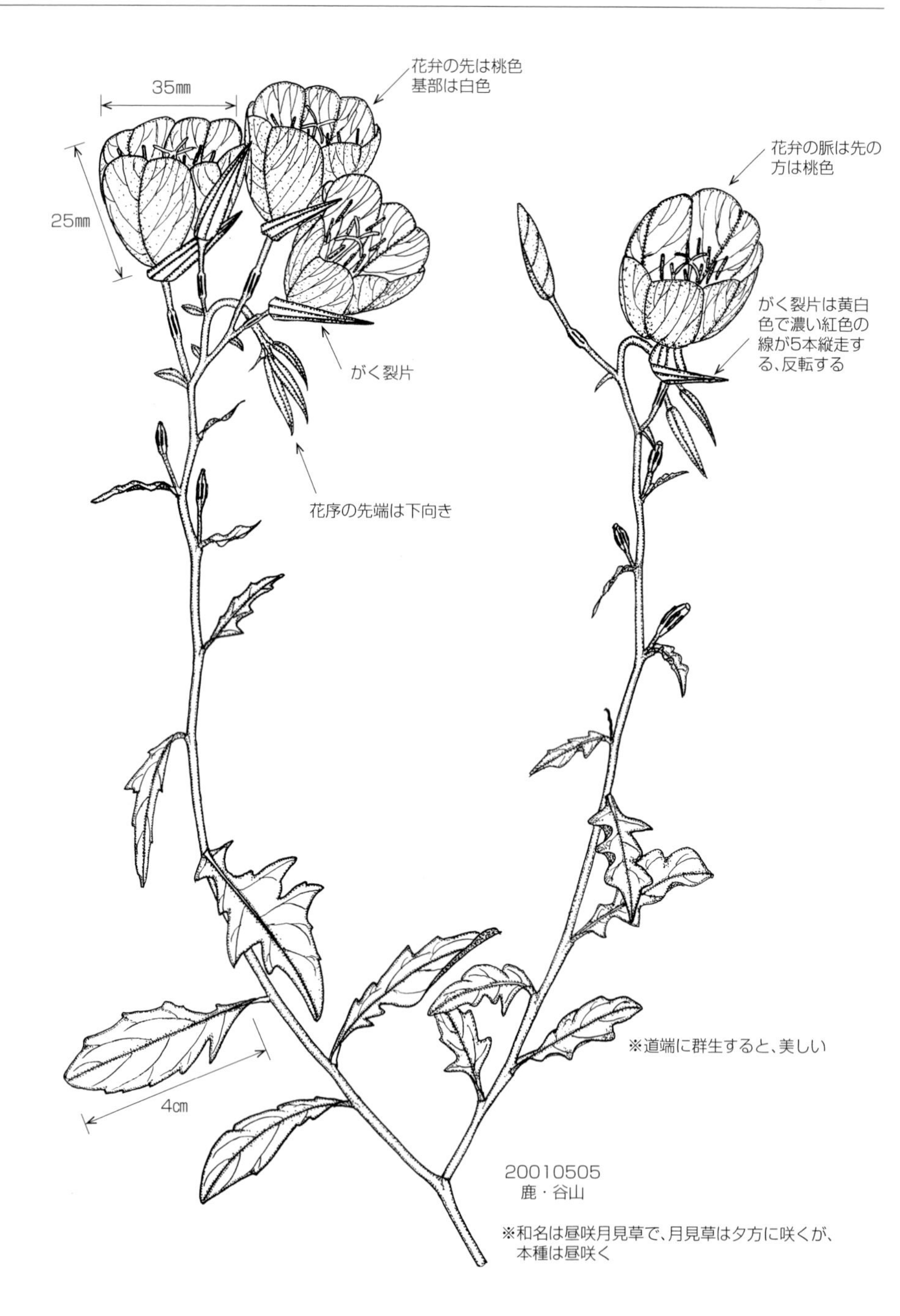

分布　九・目……福（飯塚　北九州　福岡）佐（小城）
　　　鹿・目……鹿屋　北米原産

マツヨイグサ　[アカバナ科　マツヨイグサ属]　　　*Oenothera stricta*

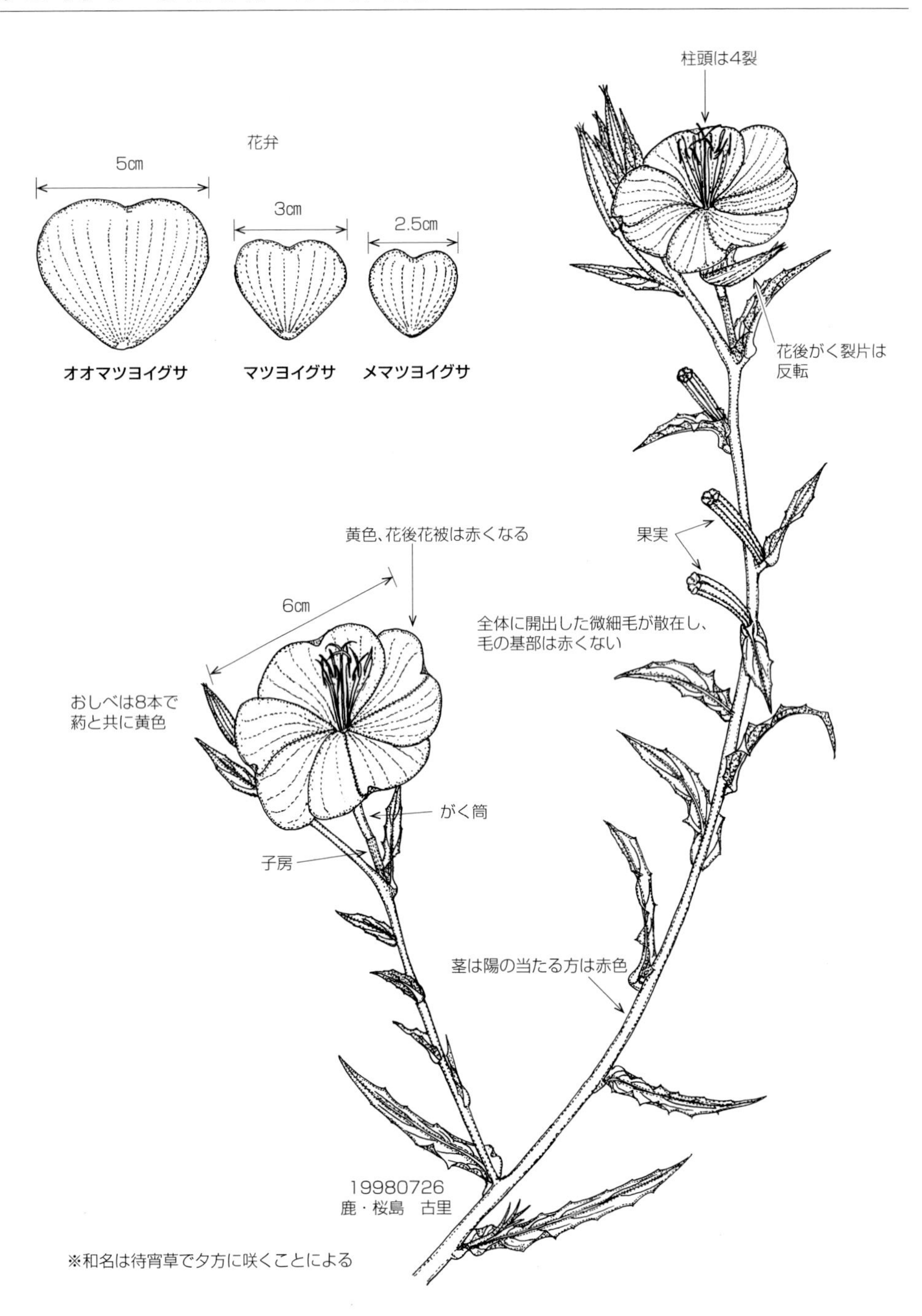

※和名は待宵草で夕方に咲くことによる

分布　｜　九・目……各県
　　　　鹿・目……県本土　甑　北米原産

ユウゲショウ　［アカバナ科　マツヨイグサ属］　　Oenothera rosea

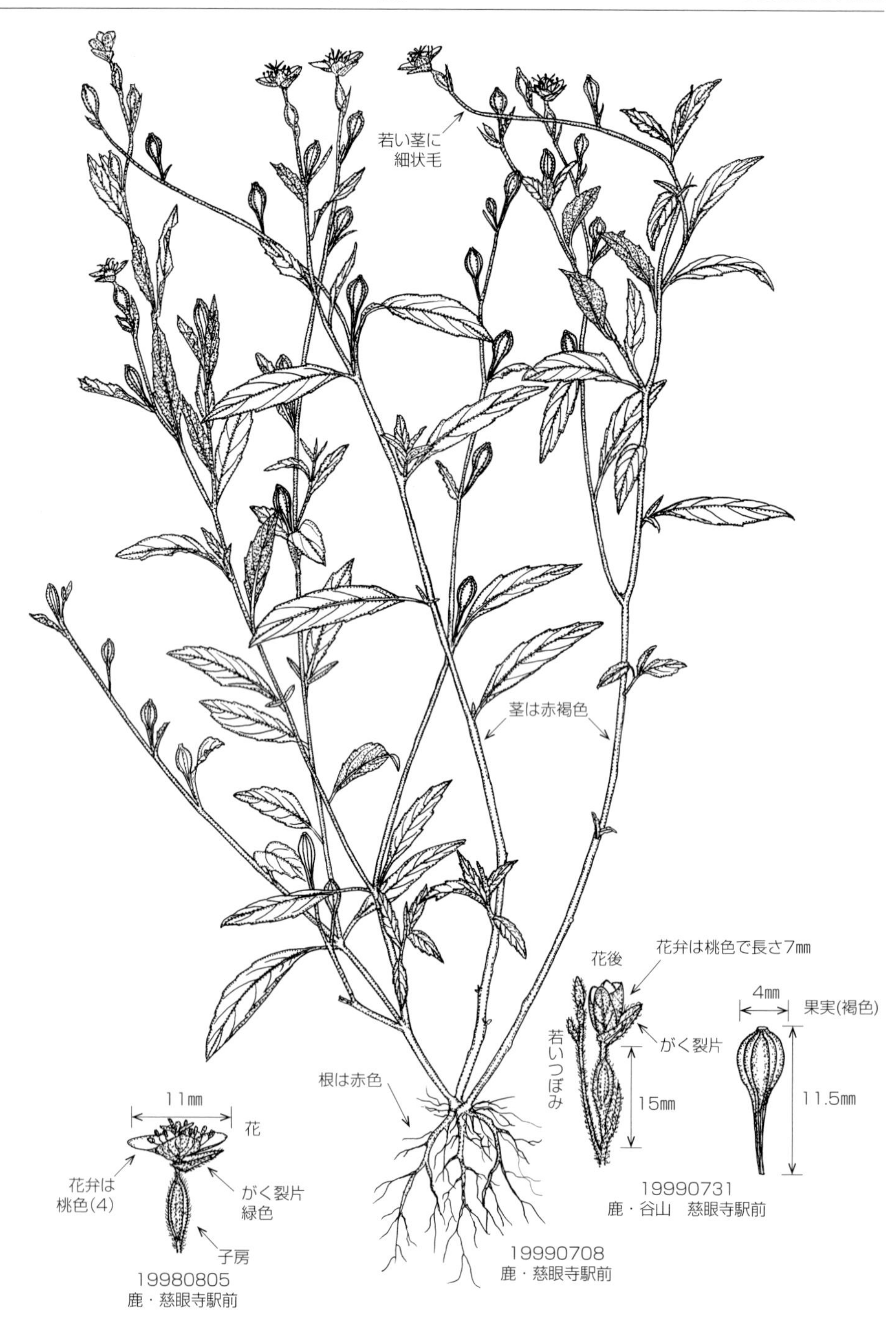

分布　｜九・目……各県　北米原産
　　　｜鹿・目……記載がない

ヒメノボタン ［ノボタン科　メキシコノボタン属］　　*Heterocentron elegans*

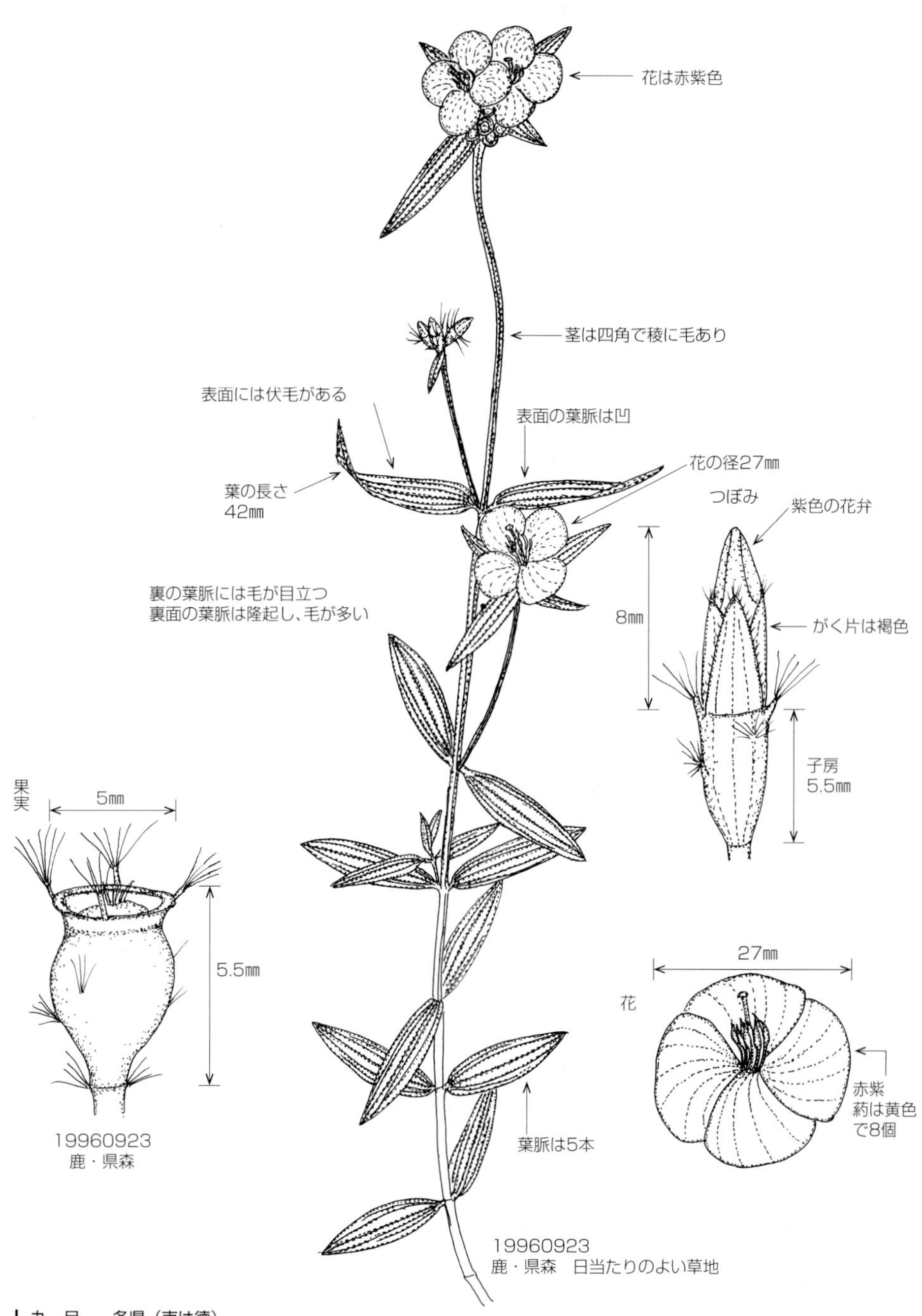

テリハツルウメモドキ(コツルウメモドキ)　[ニシキギ科　ツルウメモドキ属]　*Celastrus panctatus*

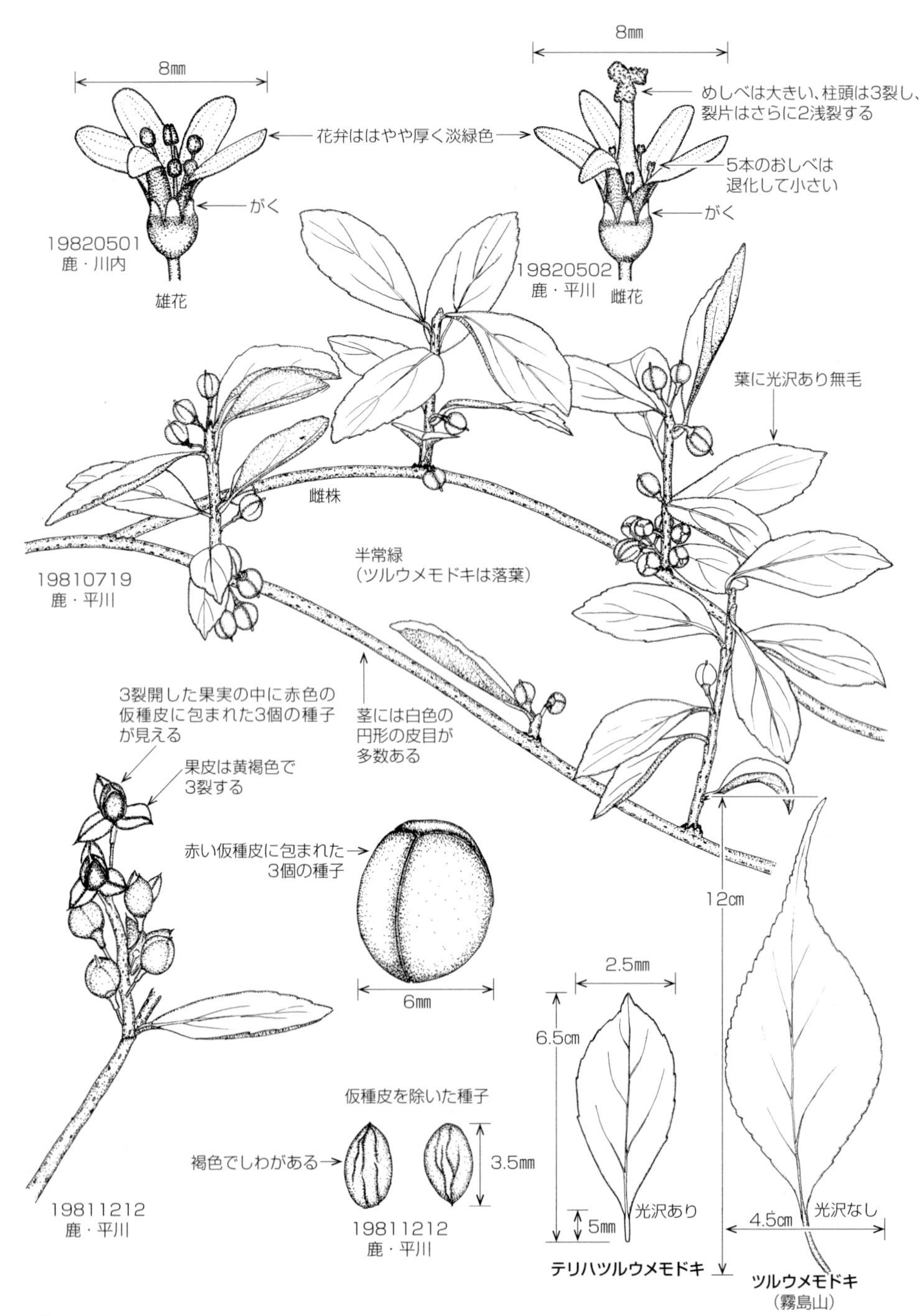

分布　九・目……各県（近海地に普通　南は奄群）
　　　鹿・目……各地海岸

コクテンギ ［ニシキギ科　ニシキギ属］　*Euonymus tanakae*

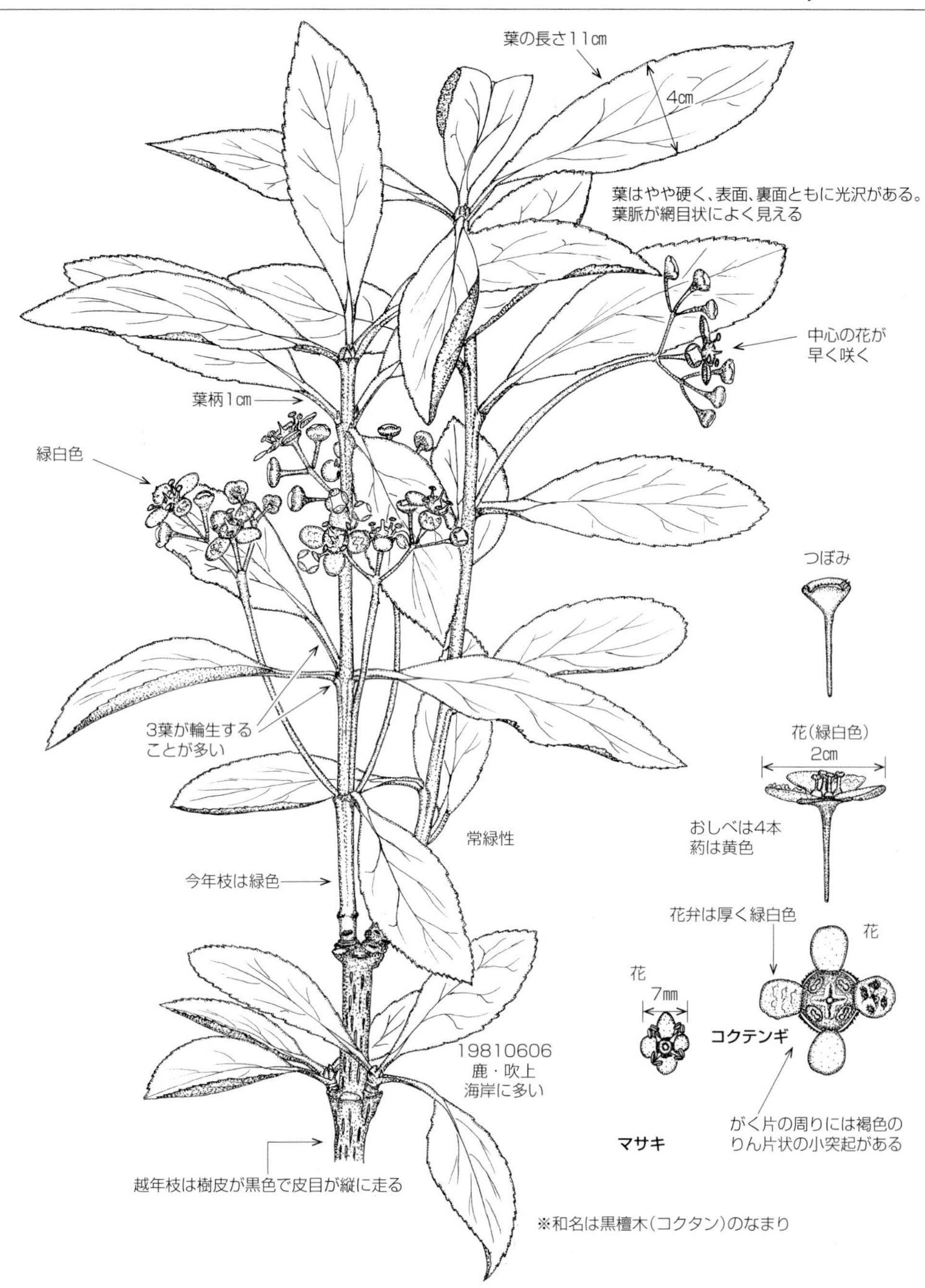

コマユミ　[ニシキギ科　ニシキギ属]　*Euonymus alatus f. ciliatodentatus*

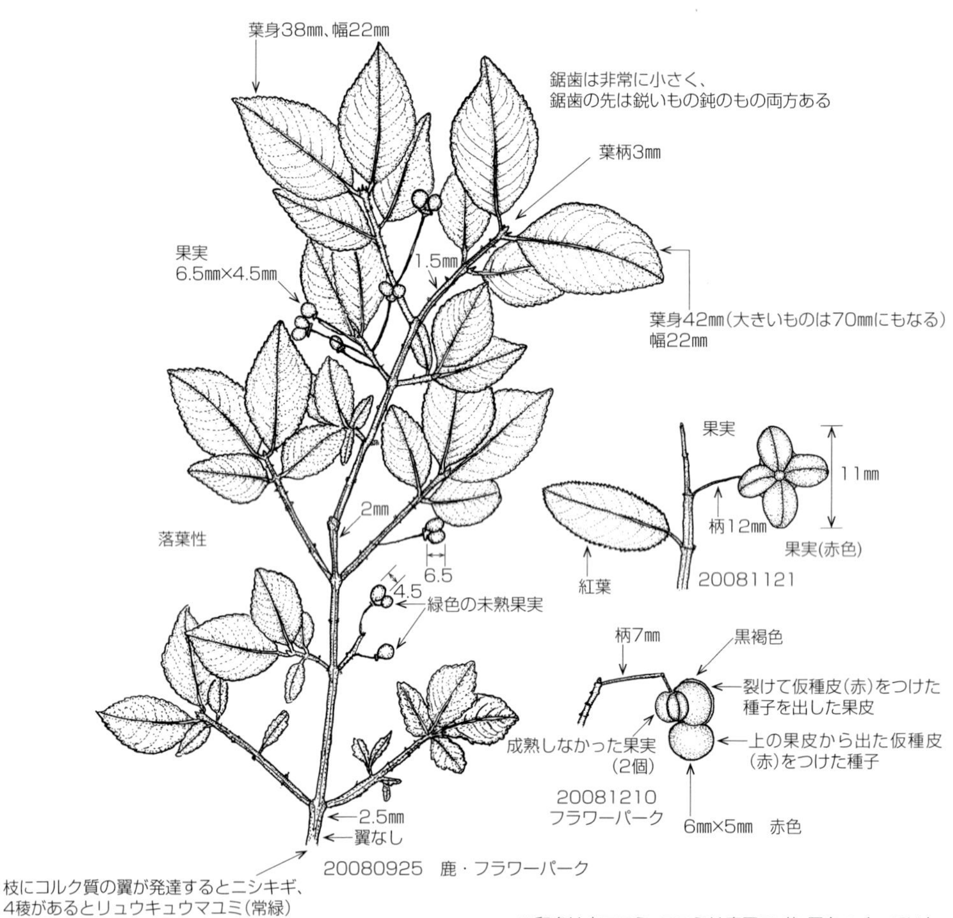

分布　九・目……各県（南限は大隅の辻岳　屋－宮之浦）
　　　鹿・目……長島　甑　県本土（南限は開聞岳　辻岳）

ツリバナ　[ニシキギ科　ニシキギ属]　*Euonymus oxyphyllus*

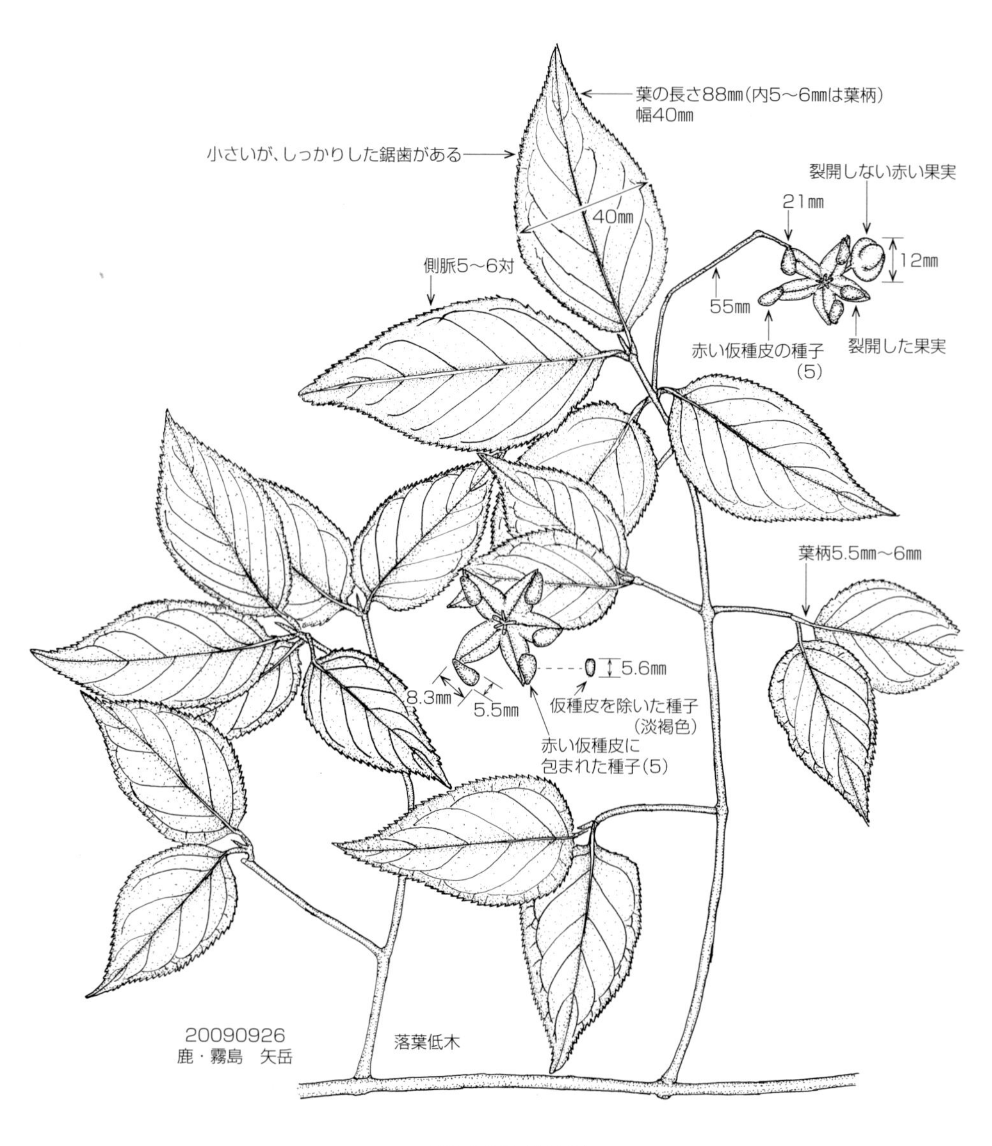

※和名は吊り花の意味

分布
九・目……各県　対馬
鹿・目……大口（布計　奥十曽）　霧島山　紫尾山　金峰山　矢筈岳（頴娃）　重富　大隅大川原

ツルマサキ（リュウキュウツルマサキ）　［ニシキギ科　ニシキギ属］　*Euonymus fortunei*

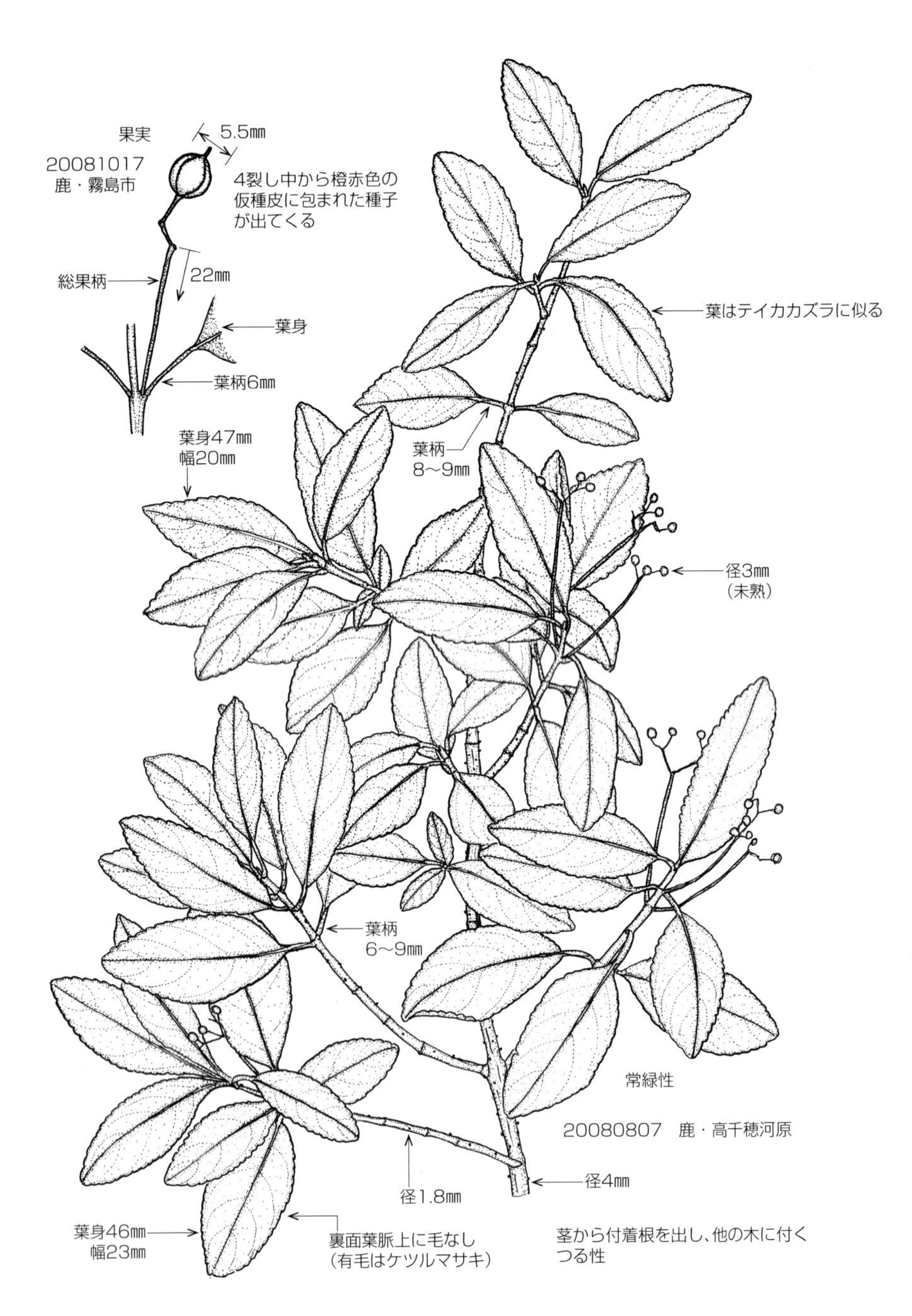

分布　九・目……各県（南は徳）
　　　鹿・目……下甑　霧島山　紫尾山　金峰山　熊ケ岳　高隈山　稲尾岳　野首嶽　奄大　徳（奄群はリュウキュウツルマサキ型）

ニシキギ　［ニシキギ科　ニシキギ属］　　　*Euonymus alatus*

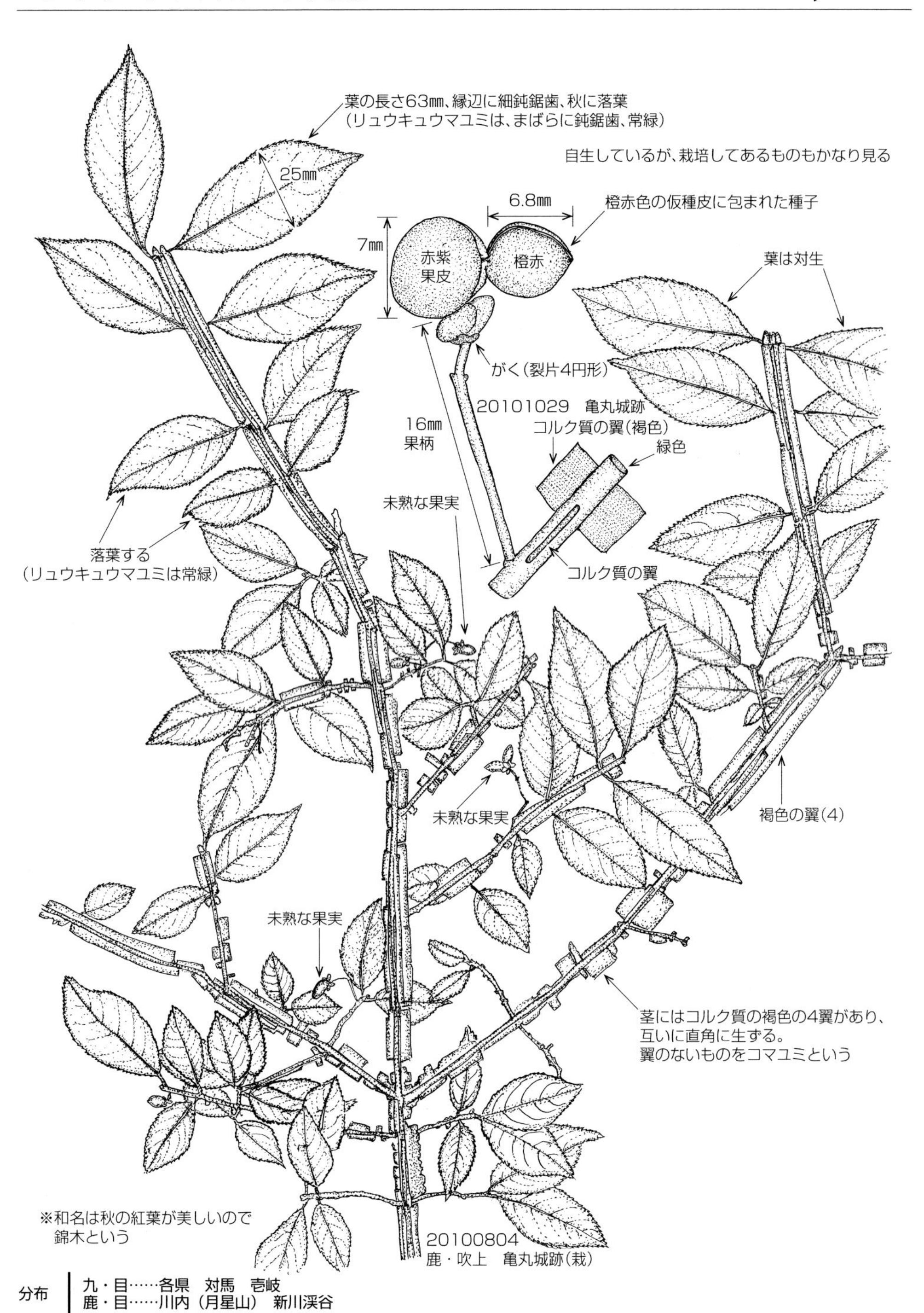

ヒゼンマユミ　[ニシキギ科　ニシキギ属]　　*Euonymus chibae*

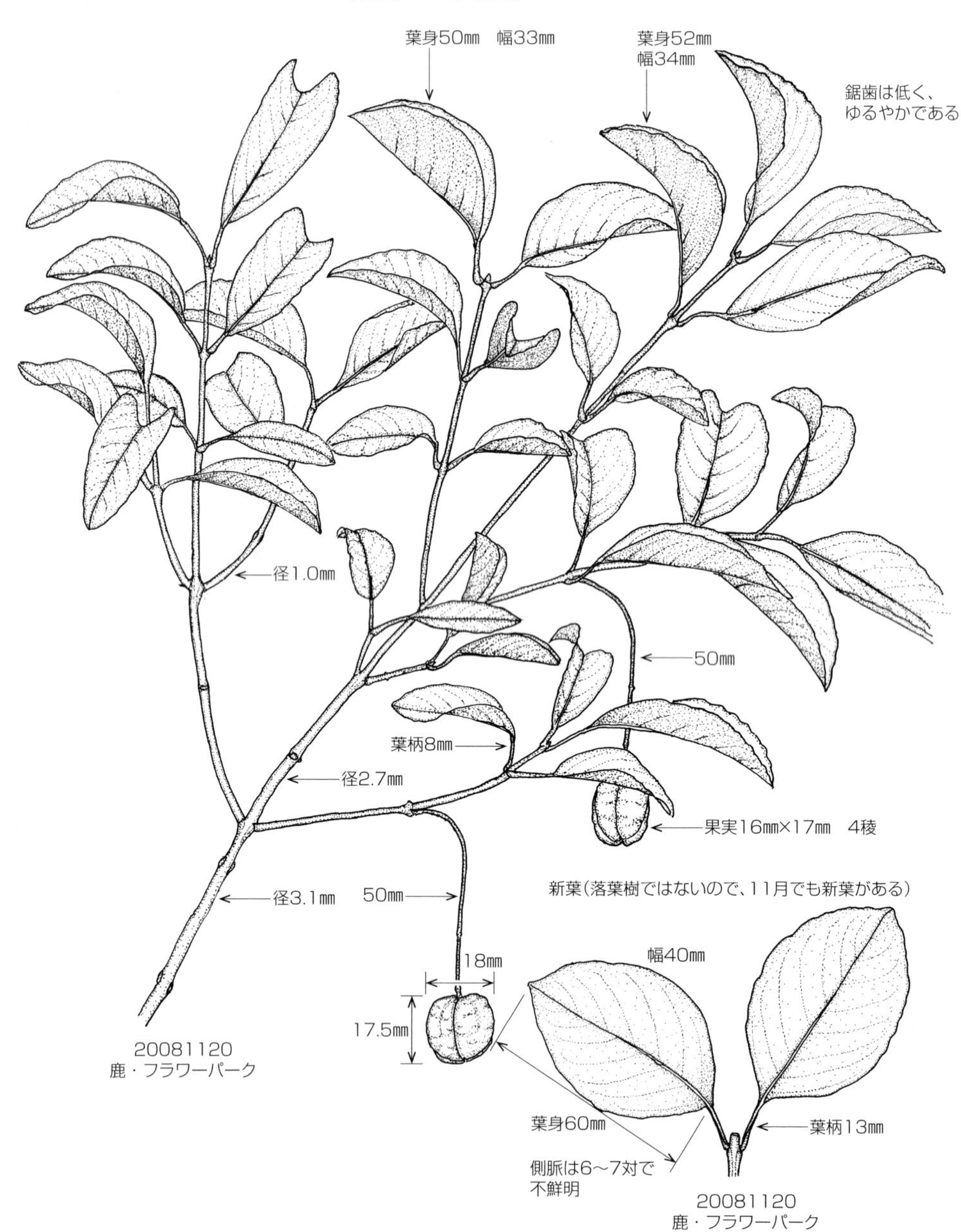

分布　九・目……福（沖ノ島　白島）　大（津久見島　横島　沖里島　地黒島　深島）　長（諌早　大村　北高－湯江　森山　田結　南高－山田）鹿
　　　鹿・目……中甑（平良）　向島　野間岳　吾平　大根占　悪

マサキ ［ニシキギ科　ニシキギ属］　　　*Euonymus japonicus*

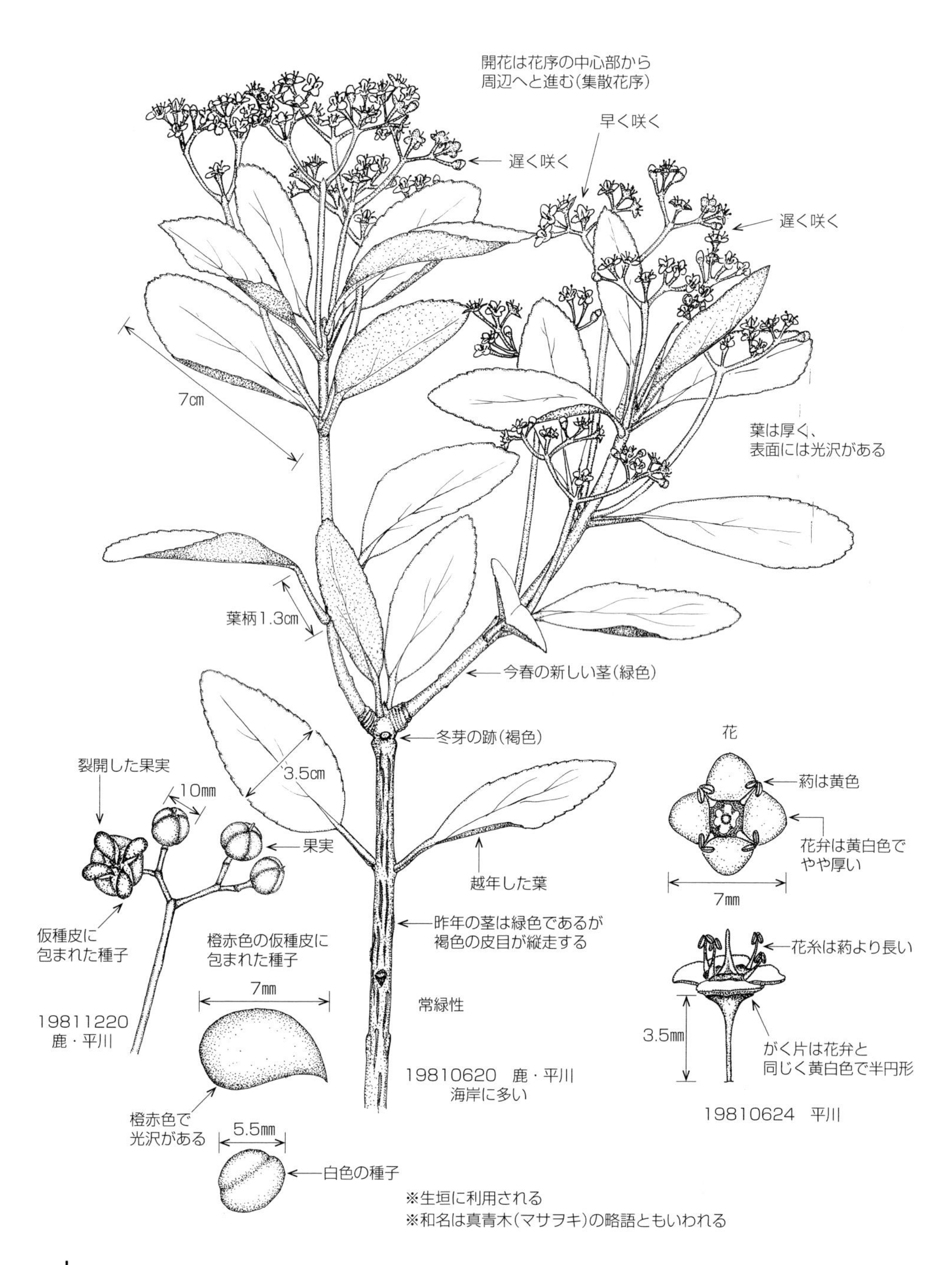

マユミ ［ニシキギ科　ニシキギ属］　　*Euonymus hamiltonianus*

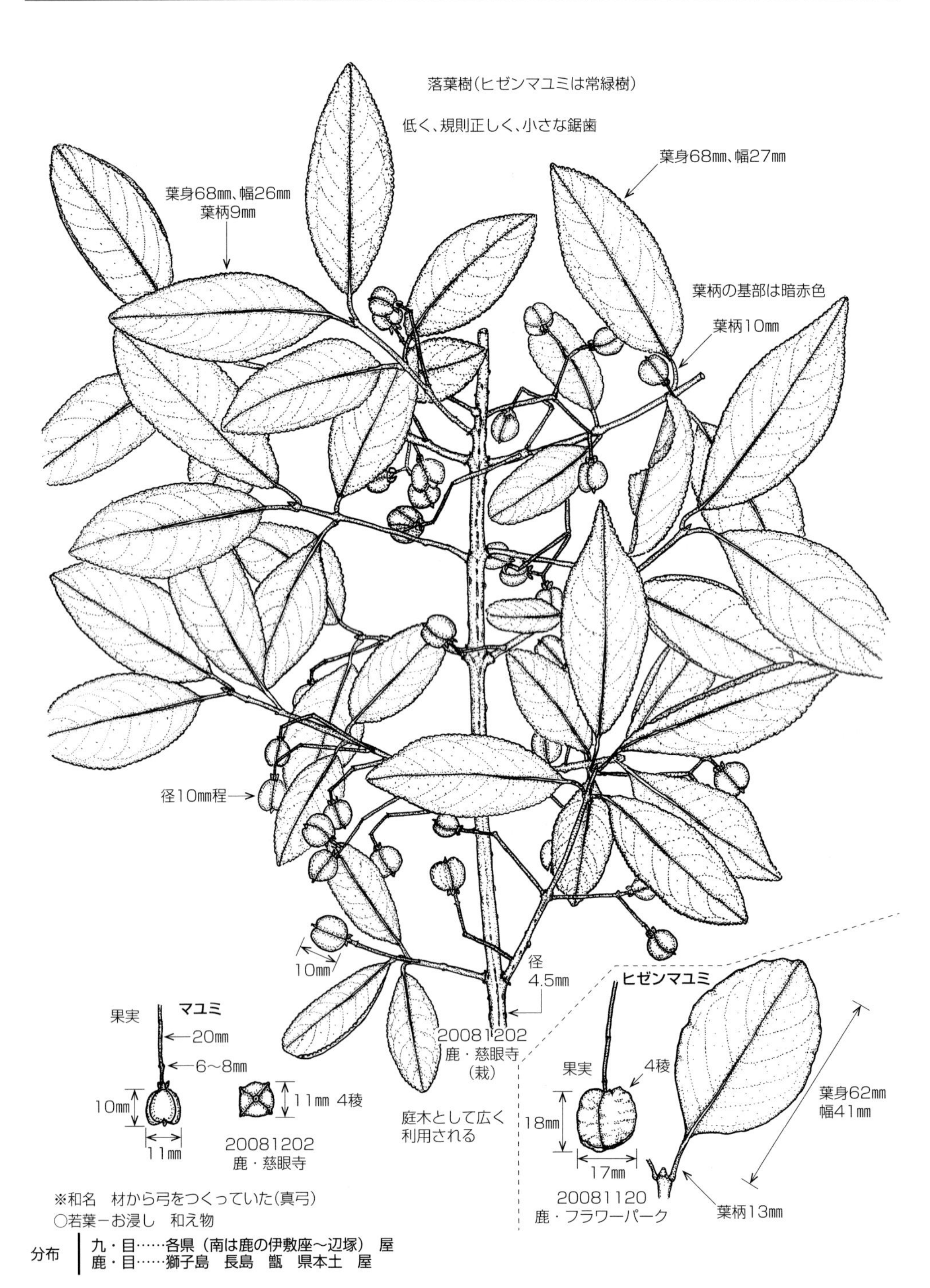

リュウキュウマユミ　[ニシキギ科　ニシキギ属]　*Euonymus lutchuensis*

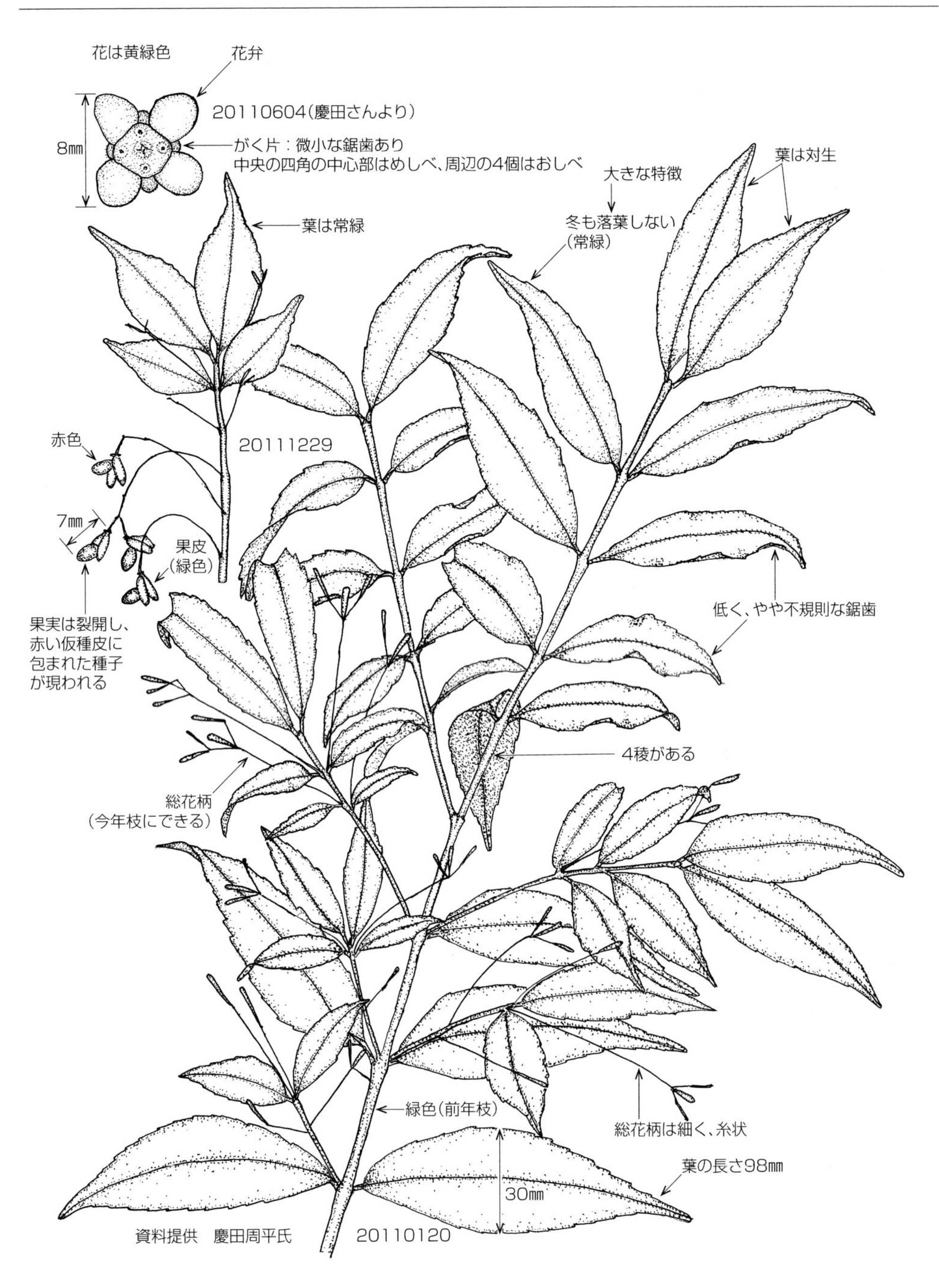

ハリツルマサキ（トゲマサキ）　［ニシキギ科　ハリツルマサキ属］　Maytenus diversifolia

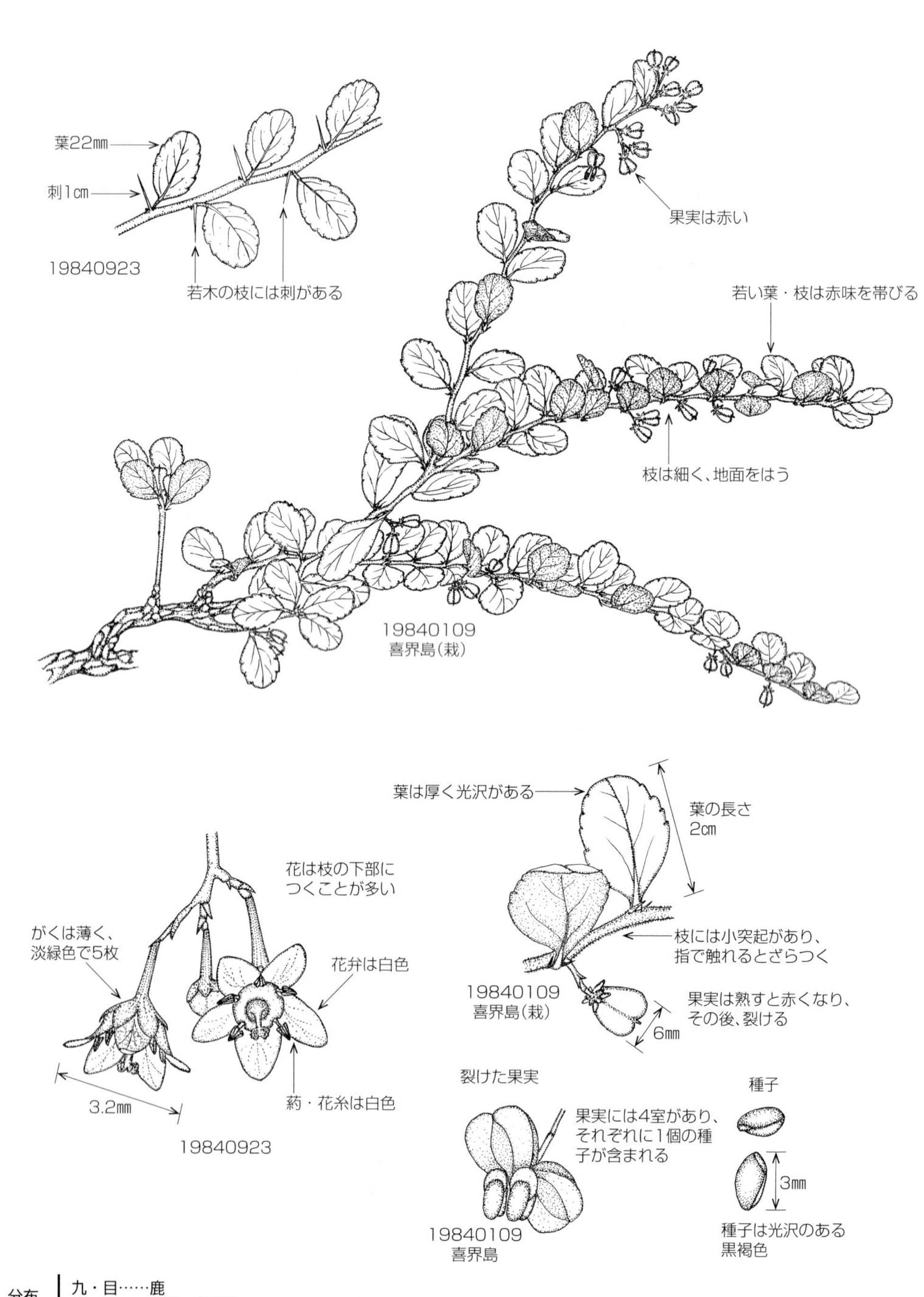

モクレイシ　[ニシキギ科　モクレイシ属]　*Microtropis japonica*

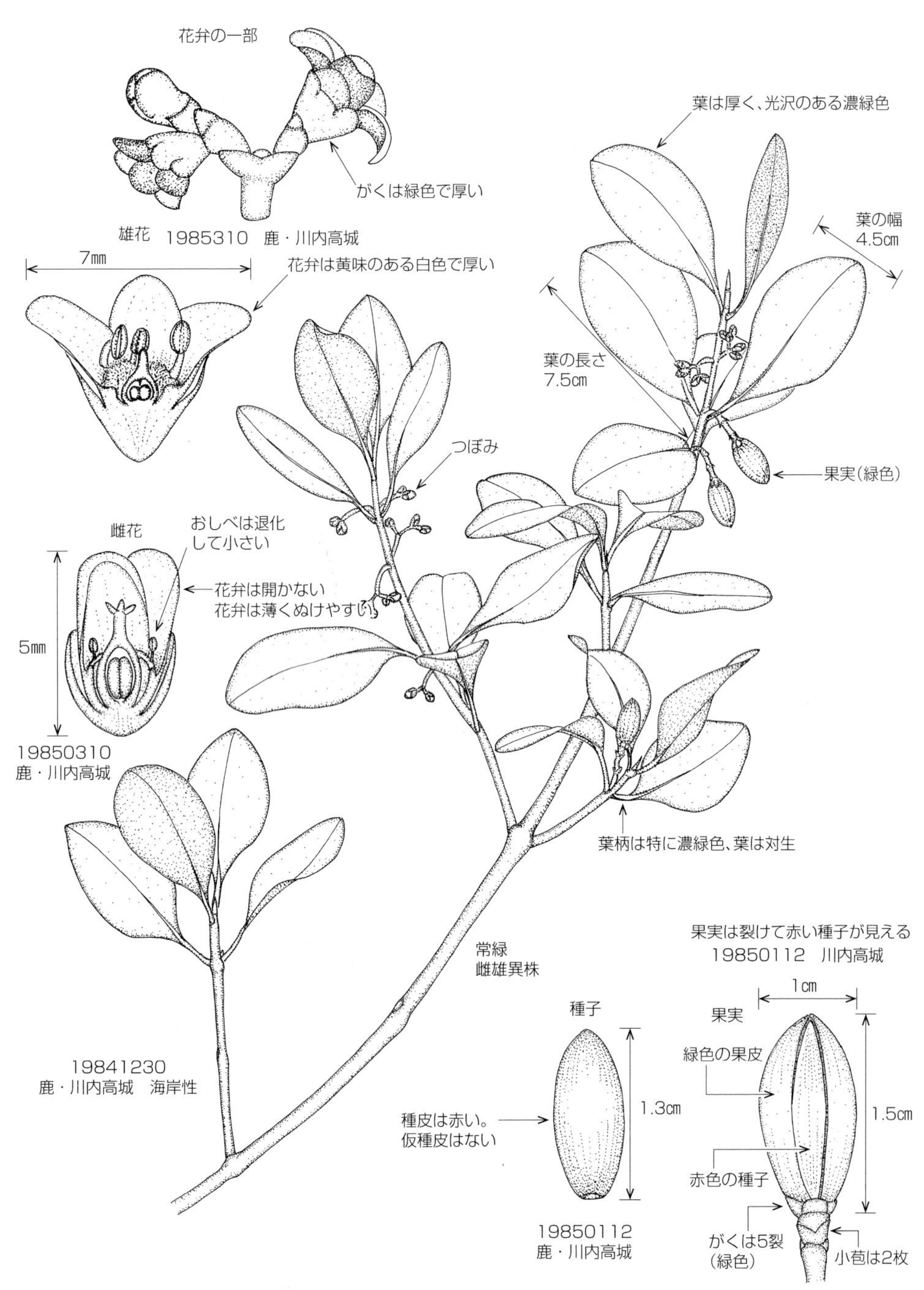

分布　九・目……長（五島－宇久島　小値賀島）　宮（宮崎以南各地）　鹿
　　　鹿・目……甑　川内西方　伊集院　宇治群島　志布志　高隈山　高山二股岳　甫与志岳　稲尾岳　辻岳　屋　種　草垣島
　　　　　　　　吐　奄大　徳　沖永

ウメバチソウ　[ニシキギ科　ウメバチソウ属]　*Parnassia palustris*

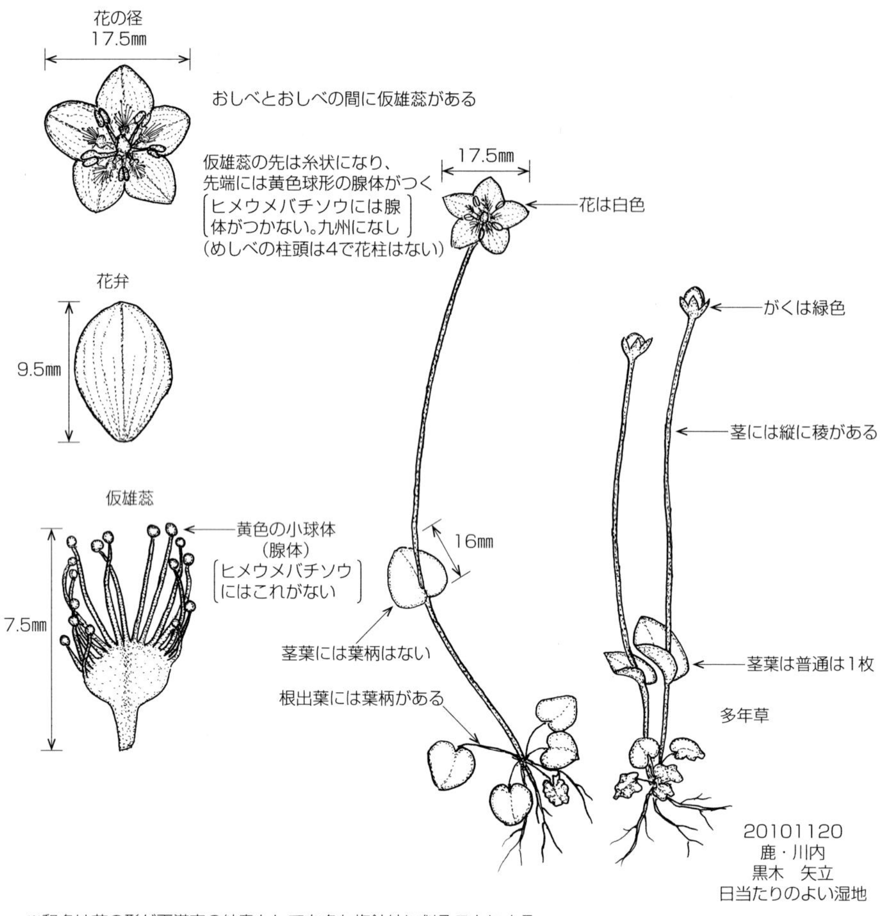

※和名は花の形が天満宮の紋章として有名な梅鉢紋に似ることによる

分布　九・目……各県（南は鹿の新川渓谷　根占南限）
　　　鹿・目……吉松　大口（曽木）　木津志（姶良）　霧島山　新川渓谷　屋

コバノクロヅル　［ニシキギ科　クロヅル属］　*Tripterygium doianum*

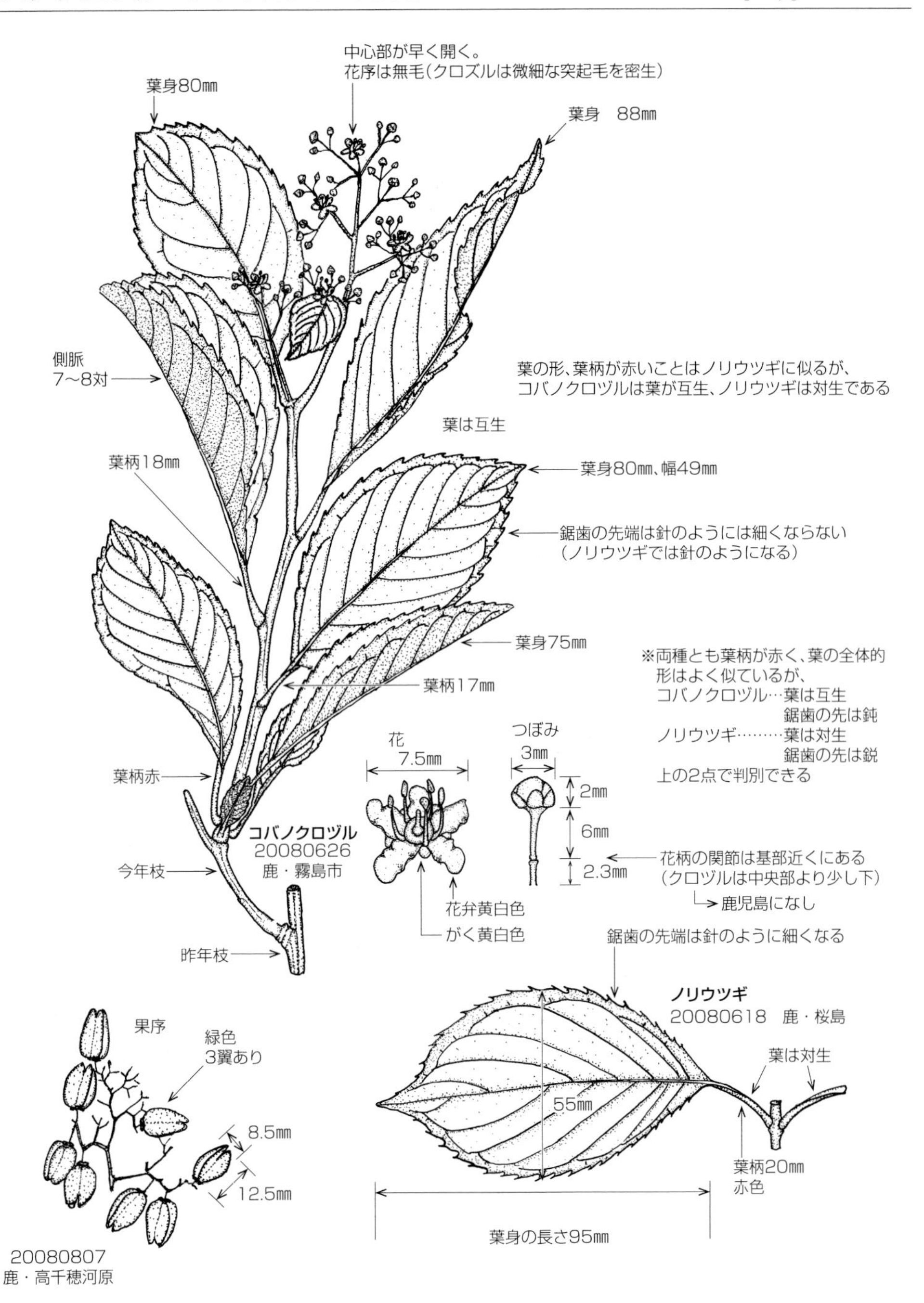

分布　九・目……宮　鹿
　　　鹿・目……霧島山　高隈山　国見岳　甫与志岳　稲尾岳　野首嶽　屋

イイギリ　[ヤナギ科　イイギリ属]　*Idesia polycarpa*

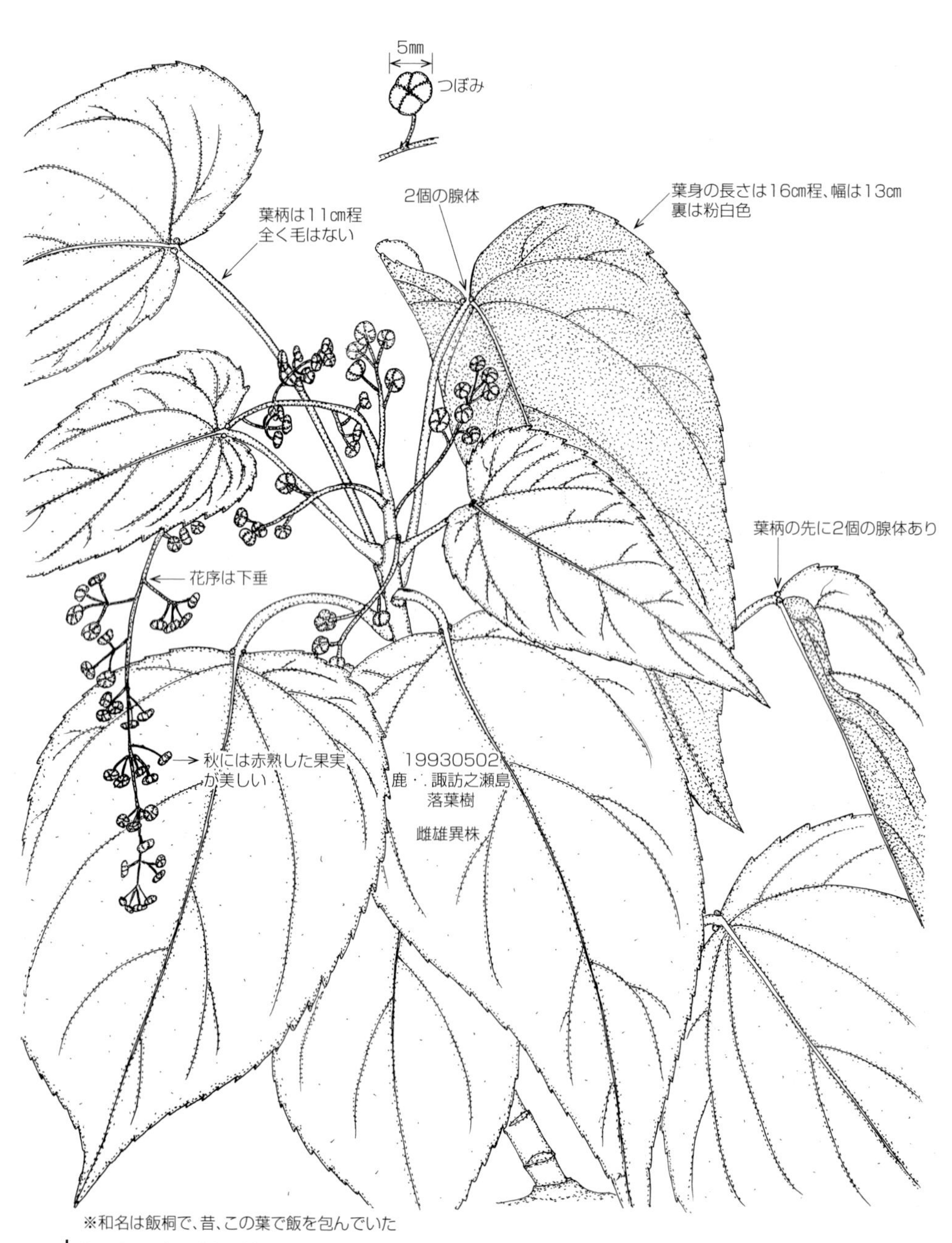

※和名は飯桐で、昔、この葉で飯を包んでいた

分布　九・目……各県（南は徳）
　　　鹿・目……県本土　屋　種　口之　中　悪　諏　奄　大　徳

ジャヤナギ　[ヤナギ科　ヤナギ属]　　*Salix eriocarpa*

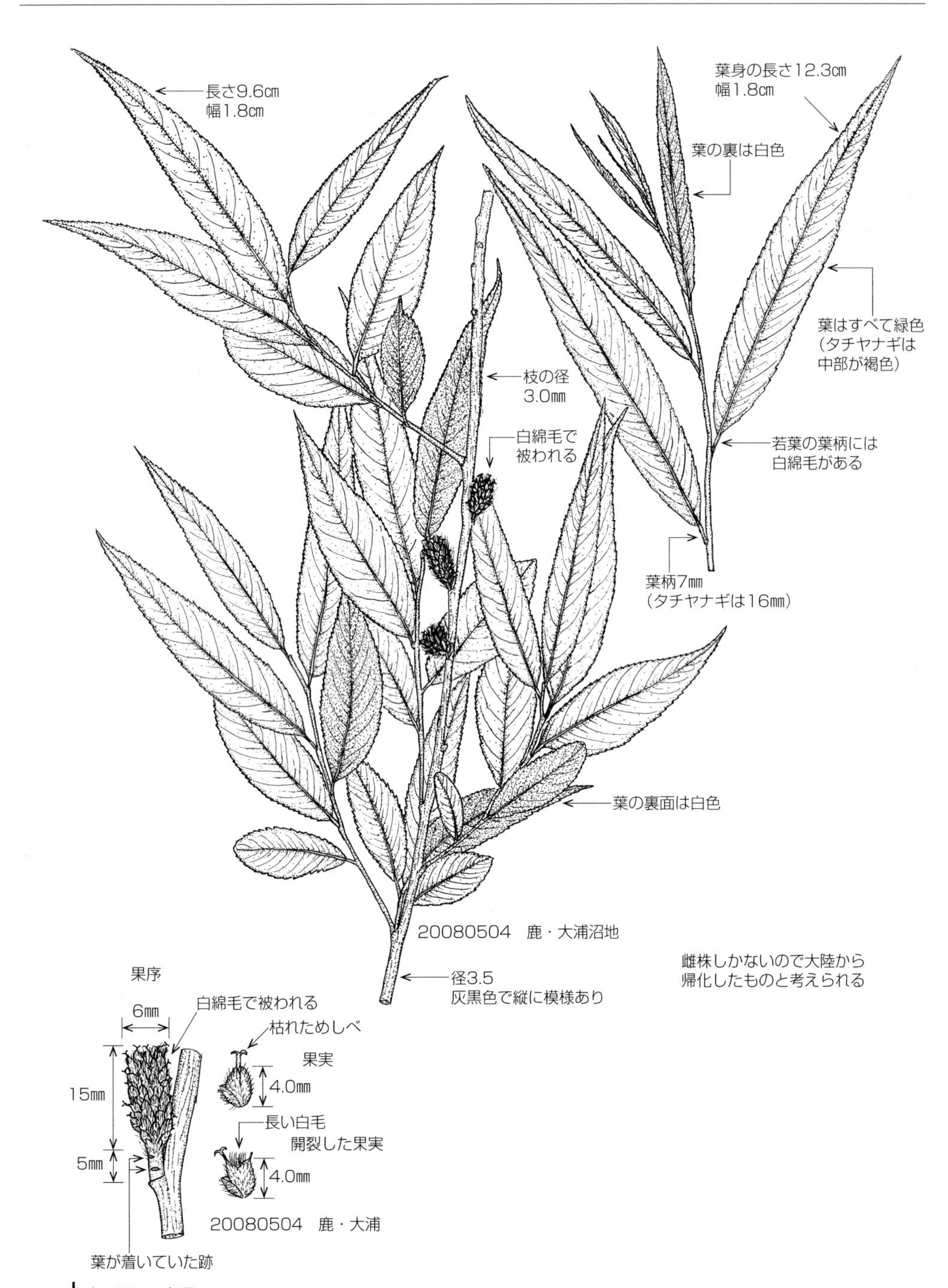

クスドイゲ　［ヤナギ科　クスドイゲ属］　　　*Xylosma congestum*

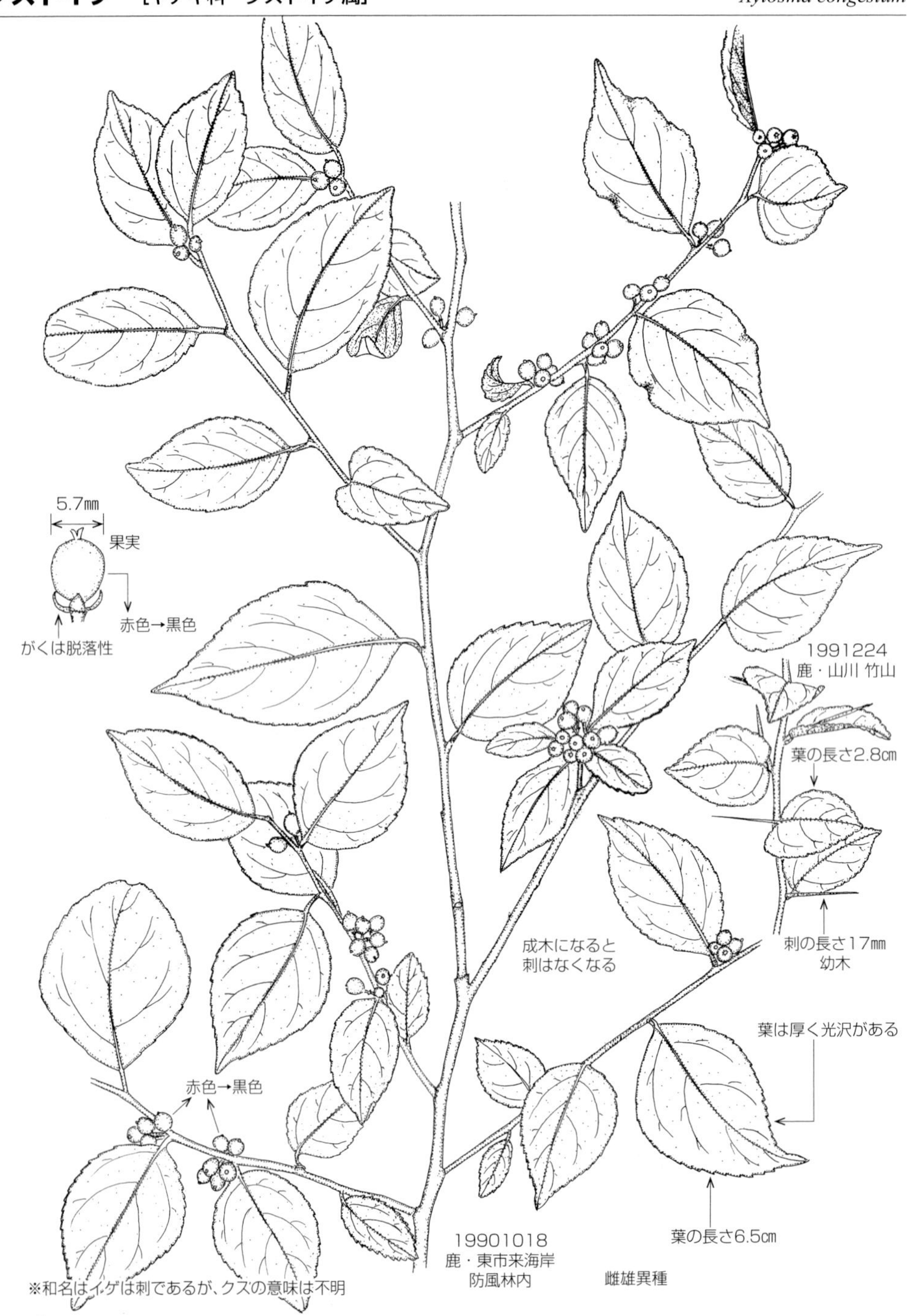

参考図書

1. 牧野富太郎　牧野日本植物図鑑　北隆館　1954年
2. 北村四郎他　原色日本植物図鑑　保育社　1959年
3. 田川基二　原色日本羊歯植物図鑑　保育社　1959年
4. 室井ヒロシ　有用竹類図説　五月社　1962年
5. 初島住彦　琉球植物誌　沖縄生物研究会　1971年
6. 長田武正　原色日本帰化植物図鑑　保育社　1976年
7. 初島住彦　日本の樹木　講談社　1977年
8. 初島住彦・天野鉄夫　琉球植物目録　でいご社　1977年
9. 池原直樹　沖縄植物野外植物野外活動図鑑　新星図書出版　1979年
10. 長田武正　日本帰化植物図鑑　北隆館　1979年
11. 北村四郎他　原色日本植物図鑑木本編Ⅰ・Ⅱ　保育社1980年
12. 大滝末男・石戸忠　日本水生植物図鑑　1980年
13. 豊田武司　小笠原植物図鑑　アボック社　1981年
14. 佐竹義輔他　日本の野生植物　平凡社　1981年
15. 初島住彦　鹿児島県植物目録　鹿児島県植物同好会　1986年（本文中　鹿・目で示す）
16. 初島住彦　九州植物目録　鹿児島大学総合研究博物館　2004年（本文中　九・目で示す）
17. 平田浩　鹿児島の海辺の植物　1987年
18. 中池俊之　新日本植物誌シダ篇　至文堂　1992年
19. 塚本洋太郎　園芸植物大辞典　小学館　1994年
20. 佐竹義輔他　日本の野生植物木本Ⅰ・Ⅱ　平凡社　1989年
21. 倉田悟・中池俊之　日本のシダ植物図鑑　日本シダの会　1997年
22. 堀田満　九州南部から南西諸島のヤマラッキョウ群の分類　植物分類・地理49（1）：57－66（1998）
23. 益村聖　九州の花図鑑　海鳥社　2000年
24. 清水建美　日本の帰化植物　平凡社　2003年
25. いがりまさし　増補改訂日本のスミレ　山と渓谷社　2004年

26. 寺田仁志　日々を彩る　一木一草　南方新社　2004年
27. 岩槻邦男　日本の野生植物　シダ　平凡社　2006年
28. 岩槻邦男　日本の野生植物　草本ⅠⅡⅢ　平凡社　2006年
29. 池端怜伸　写真でわかるシダ図鑑　トンボ出版　2008年
30. 川原勝征　野草を食べる　南方新社　2010
31. 植村修二他　日本帰化植物写真図鑑　全農教　2010年
32. 大場秀章　植物分類表　アポック社　2011年年
33. 星野卓二他　日本カヤツリグサ科植物図譜　平凡社　2011年
34. 濱田英昭　鹿児島県帰化・逸出植物目録ノート　鹿児島の植物No.18　2011年
35. 乙益正隆　熊本県シダ植物誌　2012年
36. 堀田満　奄美群島植物目録　鹿児島大学総合研究博物館　2013年
37. 内村悦三　タケ・ササ総図典　創森社　2014年
38. 川原勝征　食べる野草と薬草　南方新社　2015年
39. 志内利明・堀田満　トカラ地域植物目録　鹿児島大学総合研究博物館　2015年

図解　九州の植物上下巻　和名索引

*1〜660頁は上巻、661〜1338頁は下巻です。

【ア】

アイアシ	421
アイキジノオ	18
アイダクグ	321
アイナエ	1030
アオイゴケ	1056
アオカモジグサ	360
アオキ	994
アオギリ	887
アオスゲ	303
アオノクマタケラン	460
アオハコベ	546
アオハダ	1172
アオビユ	556
アカガシ	853
アカギ	685
アカテツ	969
アカネ	1022
アカネスミレ	668
アカバナ	630
アカマツ	117
アカミノヤブカラシ	611
アカメガシワ	678
アキカサスゲ	304
アキカラマツ	484
アキグミ	799
アキニレ	811
アキノウナギツカミ	499
アキノエノコログサ	433
アキノキリンソウ	1323
アキノタムラソウ	1126
アキノノゲシ	1309
アキノミチヤナギ	522
アキノワスレグサ	264
アキメヒシバ	380
アケビ	466
アケボノソウ	1027
アコウ	823
アサクラサンショウ	920
アシカキ	400
アシズリノジギク	1258
アシボソ	403
アスナロ	124
アゼガヤツリ	322
アゼトウガラシ	1146
アゼナ	1147
アセビ	974
アゼムシロ	1230
アソノコギリソウ	1236
アダン	195
アッサムタヌキマメ	715
アツバアサガオ	1057
アツバスミレ	661
アツバニガナ	1301
アブノメ	1156
アブラギリ	682
アフリカフウチョウソウ	869
アマクサギ	1102
アマクサシダ	34
アマチャヅル	847
アマドコロ	286
アマミセイシカ	977
アマミデンダ	93
アマミトンボ	251
アマミヒイラギモチ	1173
アマミヒトツバハギ	690
アマモ	188
アミシダ	59
アメリカアサガオ	1058
アメリカアゼナ	1148
アメリカイヌホオズキ	1046
アメリカスズメノヒエ	413
アメリカセンダングサ	1252
アメリカタカサブロウ	1277
アメリカデイゴ	721
アメリカネナシカズラ	1055
アメリカハマグルマ	1334
アメリカフウロ	617
アメリカミズキンバイ	631
アメリカヤマゴボウ	577
アラカシ	854
アラゲサクラツツジ	978
アリノトウグサ	605
アリモリソウ	1082
アレチギシギシ	524
アレチノギク	1269
アワダチソウ	1323
イ	295
イイギリ	658
イガガヤツリ	323
イガトキンソウ	1325
イシカグマ	25
イシミカワ	500
イジュ	940
イズセンリョウ	963
イスノキ	587
イズハハコ	1270
イズヤブソテツ	79
イソテンツキ	350
イソノキ	808
イソノギク	1245
イソフサギ	565
イソフジ	746
イソヤマテンツキ	342
イタジイ	850
イタチガヤ	429
イタチハギ	707
イタドリ	498
イタビカズラ	829
イタリーマンテマ	539
イチイガシ	855
イチビ	885
イチヤクソウ	976
イチョウ	115
イトタヌキモ	1170
イトテンツキ	302
イヌカキネガラシ	884
イヌガシ	158
イヌガヤ	122
イヌガラシ	881
イヌクグ	324
イヌクログワイ	337
イヌコウジュ	1119
イヌザンショウ	921
イヌシダ	23
イヌタデ	501
イヌツゲ	1178
イヌトウバナ	1103

(3)

イヌトクサ…………………………6
イヌナギナタガヤ…………444
イヌノハナヒゲ……………353
イヌノフグリ…………… 1163
イヌビエ……………………385
イヌビユ……………………557
イヌビワ……………………824
イヌホオズキ…………… 1046
イヌホタルイ………………354
イヌマキ……………………120
イヌムギ……………………371
イノコズチ…………………551
イノデ………………………94
イノデモドキ………………95
イノモトソウ………………35
イブキシダ…………………61
イブスキイシカグマ…………26
イボクサ……………………452
イボタクサギ…………… 1101
イボタノキ……………… 1067
イロハカエデ………………902
イロハモミジ………………902
イワガネ……………………838
イワガネゼンマイ……………31
イワガネソウ…………………32
イワキ…………………… 1068
イワタイゲキ………………675
イワタバコ……………… 1077
イワダレソウ…………… 1088
イワニガナ……………… 1302
イワヒトデ…………………101
イワヘゴ……………………83
イワヤナギシダ……………111
ウグイスカグラ………… 1221
ウサギアオイ………………893
ウシノヒタイ………………517
ウシハコベ…………………547
ウスギモクセイ………… 1072
ウスバスナゴショウ………132
ウスベニチチコグサ……… 1289
ウスベニニガナ………… 1279
ウチワゼニクサ　……… 1186
ウツギ………………………927
ウツボグサ……………… 1125
ウド…………………… 1182
ウドカズラ…………………609
ウノハナ……………………927
ウバユリ　…………………203
ウマゴヤシ…………………737
ウマノアシガタ……………480
ウマノスズクサ……………134
ウマノミツバ…………… 1201
ウミヒルモ…………………180
ウメ…………………………763
ウメバチソウ………………656
ウメモドキ……………… 1174
ウラギク………………… 1246
ウラジロ……………………12
ウラジロアカザ……………561
ウラジロエノキ……………818
ウラジロオオイヌタデ………502
ウラジロガシ………………856
ウラジロサナエタデ…………503
ウラジロチチコグサ……… 1290
ウラジロフジウツギ……… 1079
ウリカワ……………………176
ウリクサ………………… 1149
ウリノキ……………………923
ウンゼンカンアオイ…………136
ウンゼンツツジ……………979
ウンヌケモドキ……………391
エゴノキ……………………967
エゴマ…………………… 1121
エゾノギシギシ……………530
エダウチチヂミザサ…………409
エダウチホングウシダ………21
エノキ………………………815
エビネ………………………221
オイランアザミ………… 1263
オオアブラギリ……………683
オオアレチノギク……… 1271
オオイソノギク………… 1247
オオイタチシダ………………84
オオイタビ…………………825
オオイヌタデ………………504
オオイヌノフグリ……… 1164
オオイワヒトデ……………102
オオオナモミ…………… 1335
オオカグマ…………………69
オオカナダモ………………179
オオカナワラビ………………72
オオカメノキ…………… 1213
オオガヤツリ………………334
オオキジノオ………………16
オオキンケイギク………… 1272
オオサクラタデ……………505
オオサンショウソウ………833
オオジシバリ…………… 1303
オオシマウツギ……………928
オオシマコバンノキ…………686
オオシマザクラ……………765
オオシマノジギク……… 1259
オオシンジュガヤ…………359
オオスミキヌラン…………242
オオスミミツバツツジ………982
オオタニワタリ………………44
オオチドメ……………… 1187
オオチャルメルソウ………591
オオツヅラフジ……………470
オオツメクサ………………545
オオナラ……………………864
オオナワシログミ…………802
オオニガナ……………… 1304
オオニシキソウ……………671
オオニワゼキショウ………261
オオバアメリカアサガオ　1059
オオバイヌビワ……………826
オオバウマノスズクサ………135
オオバクサフジ……………751
オオバコ………………… 1160
オオバシマムラサキ……… 1092
オオバタネツケバナ………872
オオバチドメ…………… 1188
オオバナコマツヨイグサ……637
オオバナチョウセンアサガオ
………………………… 1042
オオハナワラビ………………2
オオバニガラ…………… 1304
オオバネム…………………704
オオバノアマクサシダ………36
オオバノイノモトソウ………37
オオバノトンボソウ………252
オオハマグルマ………… 1331
オオハマボウ………………889
オオバヤシャブシ…………866
オオバヤドリギ……………583
オオバヤリノホラン…………103
オオバライチゴ……………787
オオハリイ…………………336
オオハンゲ…………………172
オオフサモ…………………606

オオブタクサ……………… 1241
オオフタバムグラ………… 1004
オオマツヨイグサ……………638
オオマルバノテンニンソウ 1114
オオマルバハギ………………733
オオミツデキイチゴ…………792
オオムラサキシキブ……… 1093
オオモミジ……………………902
オオヤマフスマ………………537
オオルリソウ…………………996
オガサワラエノキ……………816
オカスミレ……………………668
オガタマノキ…………………148
オカトラノオ…………………959
オカヒジキ……………………566
オカメザサ……………………437
オガルカヤ……………………377
オギ……………………………405
オキナグサ……………………479
オキナワイボタ…………… 1069
オキナワギク……………… 1248
オキナワキョウチクトウ… 1032
オキナワジュズスゲ…………305
オキナワスズメウリ…………846
オキナワチドリ………………218
オキナワハイネズ……………127
オキナワマツバボタン………571
オギノツメ………………… 1083
オククルマムグラ………… 1005
オシロイバナ…………………579
オッタチカタバミ……………699
オトギリソウ…………………692
オトコエシ………………… 1225
オドリコソウ……………… 1110
オナモミ…………………… 1336
オニカンアオイ………………144
オニシバ………………………445
オニタビラコ……………… 1337
オニドコロ……………………190
オニノゲシ………………… 1326
オニビシ………………………626
オニヒノキシダ……………… 45
オニヤブソテツ……………… 80
オニユリ………………………204
オノマンネングサ……………598
オヒシバ………………………387
オヒルギ………………………696
オヘビイチゴ…………………774
オミナエシ………………… 1226
オモダカ………………………177
オモト…………………………287
オヤブジラミ……………… 1208
オランダガラシ………………879
オランダミミナグサ…………533
オリヅルシダ………………… 96
オンツツジ……………………980

【カ】

カイコウズ……………………721
カエデドコロ…………………191
カカツガユ……………………830
ガガブタ…………………… 1233
カキドオシ………………… 1106
カキノキダマシ………………997
カキバカンコノキ……………687
カキラン………………………236
カクチョウラン………………249
カクレミノ………………… 1183
カゲロウラン…………………242
カゴノキ………………………155
カジイチゴ……………………790
カシノキラン…………………238
ガジュマル……………………827
カシワ…………………………857
カズノコグサ…………………367
カスマグサ……………………752
カゼクサ………………………388
カタスゲ………………………306
カタバミ………………………699
カッコウアザミ…………… 1238
カテンソウ……………………836
カナビキソウ…………………580
カナムグラ……………………817
カニクサ……………………… 14
カニツリグサ…………………443
カノコユリ……………………205
カマエカズラ…………………741
ガマズミ…………………… 1213
カマツカ………………………764
カモガヤ………………………379
カモジグサ……………………361
カモノハシ……………………396
カヤ……………………………123
カヤツリグサ…………………325
カラクサケマン………………489
カラクサナズナ………………877
カラスウリ……………………848
カラスキバサンキライ………198
カラスザンショウ……………922
カラスノエンドウ……………753
カラスノゴマ…………………886
カラスビシャク………………173
カリマタガヤ…………………384
カリン…………………………779
カワジサ…………………… 1165
カワジシャ………………… 1165
カワツルモ……………………184
カワラケツメイ………………714
カワラサイコ…………………775
カワラスガナ…………………326
カワラナデシコ………………534
カワラヨモギ……………… 1242
カンガレイ……………………355
ガンクビソウ……………… 1255
カンコノキ……………………688
カンザシイヌホオズキ…… 1046
カンザブロウノキ……………950
ガンゼキラン…………………250
カントリソウ……………… 1106
カンヒザクラ…………………766
ギーマ…………………………991
キールンヤマノイモ…………192
キイレツチトリモチ…………584
キエビネ………………………222
キカシグサ……………………624
キカラスウリ…………………848
キガンピ………………………900
キキョウソウ……………… 1231
キキョウラン…………………262
キクシノブ……………………100
キクノハアオイ………………895
キクムグラ………………… 1006
キクモ……………………… 1157
キケマン………………………486
ギシギシ………………………525
キジノオシダ………………… 17
キシュウスズメノヒエ………414
キジョラン………………… 1035
キスゲ…………………………263
キダチキンバイ………………632

キダチニンドウ…………… 1222
キダチハマグルマ………… 1332
キッコウハグマ…………… 1239
キヅタ……………………… 1185
キツネアザミ……………… 1296
キツネガヤ………………… 372
キツネノボタン…………… 481
キツネノマゴ……………… 1084
キヌガサギク……………… 1318
キヌラン…………………… 255
キハギ……………………… 731
キバナアキギリ…………… 1127
キバナコスモス…………… 1273
キバナノセッコク………… 234
キバナノツキヌキホトトギス
…………………………… 211
キバナノホトトギス……… 212
キビヒトリシズカ………… 160
キフゲットウ……………… 461
キブシ……………………… 616
ギボウシノ………………… 425
キミズ……………………… 833
キュウリグサ……………… 1001
ギョウギシバ……………… 378
キョウチクトウ…………… 1037
ギョクシンカ……………… 1023
キヨスミウツボ…………… 1145
キヨスミヒメワラビ………… 78
ギョボク…………………… 868
キランソウ………………… 1090
キリエノキ………………… 819
キリシマグミ……………… 800
キリシマツツジ…………… 981
キリシマテンナンショウ…… 169
キリシマミズキ…………… 585
キンエノコロ……………… 434
キンギョモ………………… 162
キンギョモ………………… 608
キンゴジカ………………… 896
キンチャクアオイ………… 137
キンバイザサ……………… 256
キンミズヒキ……………… 762
ギンモクセイ……………… 1073
キンラン…………………… 226
ギンラン…………………… 227
ギンリョウソウ…………… 976
クグ………………………… 324
クグガヤツリ……………… 327
クグテンツキ……………… 343
クコ………………………… 1043
クサアジサイ……………… 934
クサイ……………………… 296
クサイチゴ………………… 788
クサスギカズラ…………… 276
クサトベラ………………… 1235
クサニワトコ……………… 1211
クサネム…………………… 703
クサノオウ………………… 485
クサボケ…………………… 768
クシノハシダ………………… 62
クズ………………………… 744
クスドイゲ………………… 660
クスノキ…………………… 149
クスノハカエデ…………… 903
クズモダマ………………… 741
クソエンドウ……………… 748
クチナシ…………………… 1009
クヌギ……………………… 858
クマイチゴ………………… 789
クマガイソウ……………… 233
クマタケラン……………… 462
クマノギク………………… 1333
クマノミズキ……………… 924
クマヤナギ………………… 805
クマヤマグミ……………… 800
クリ………………………… 849
クリハラン………………… 112
クルマシダ…………………… 46
クルマバザクロソウ……… 569
クルマバナ………………… 1104
クルメツツジ……………… 981
クレソン…………………… 879
クロイゲ…………………… 810
クロイワザサ……………… 442
クローバー………………… 750
クロガネモチ……………… 1175
クログワイ………………… 337
クロツグ…………………… 289
クロテンツキ……………… 344
クロマツ…………………… 118
クロヨナ…………………… 739
クワクサ…………………… 822
クワズイモ………………… 165
クワノハエノキ…………… 816
クワモドキ………………… 1241
グンバイナズナ…………… 878
グンバイヒルガオ………… 1060
ケアリタソウ……………… 564
ケイヌビエ………………… 386
ケイビラン………………… 278
ケウバメガシ　…………… 859
ケカモノハシ……………… 397
ケカラスウリ……………… 848
ケクサトベラ……………… 1235
ゲジゲジシダ………………… 63
ケチヂミザサ……………… 410
ケチドメ…………………… 1189
ゲッキツ…………………… 915
ゲッケイジュ……………… 153
ケナシノジスミレ………… 662
ケムラサキニガナ………… 1310
ケヤキ……………………… 813
ゲンノショウコ…………… 618
コウガイゼキショウ……… 297
コウザキシダ………………… 47
コウゾ……………………… 820
コウゾリナ………………… 1317
コウベギク………………… 1319
コウボウシバ……………… 307
コウボウムギ……………… 308
コウヤマキ………………… 121
コウヨウザン……………… 126
コウライシバ……………… 446
コウラボシ………………… 109
コオニシバ………………… 447
コオニタビラコ…………… 1312
コオニユリ………………… 206
コガクウツギ……………… 930
コガネタヌキマメ………… 715
コガマ……………………… 290
コギシギシ………………… 526
ゴキダケ…………………… 425
ゴキヅル…………………… 845
コキンバイザサ…………… 256
コクサギ…………………… 916
コクテンギ………………… 645
コクモウクジャク…………… 55
コクラン…………………… 244
コケオトギリ……………… 693
コケミズ…………………… 840
コゴメガヤツリ…………… 328

コゴメスゲ……………………… 314
コゴメマンネングサ………… 599
コゴメミズ……………………… 841
コジイ…………………………… 850
コシダ…………………………… 11
コショウノキ…………………… 899
コシロネ……………………… 1115
コスズメガヤ…………………… 389
コスミレ………………………… 663
コスモス……………………… 1273
コセンダングサ……………… 1253
コツクバネウツギ………… 1220
コツブキンエノコロ………… 435
コツルウメモドキ…………… 644
コトジソウ…………………… 1127
コナギ…………………………… 458
コナスビ………………………… 960
コナミキ……………………… 1130
コナラ…………………………… 860
コニシキソウ…………………… 673
コヌカグサ……………………… 362
コバギボウシ…………………… 279
コハシゴシダ………………… 64
コハチジョウシダ…………… 38
コバナフウチョウソウ……… 869
コハナヤスリ……………………… 5
コバノイシカグマ…………… 24
コバノウシノシッペイ……… 393
コバノカナワラビ…………… 73
コバノガマズミ……………… 1214
コバノクロヅル………………… 657
コバノタツナミ……………… 1131
コバノフユイチゴ…………… 795
コバノボタンヅル…………… 475
コバノミツバツツジ………… 982
コバフンギ……………………… 819
コバンソウ……………………… 370
コバンモチ……………………… 701
コヒルガオ…………………… 1052
コヒロハハナヤスリ…………… 4
コブシ…………………………… 145
コフジウツギ………………… 1080
コブナグサ……………………… 364
コマチイワヒトデ…………… 104
コマチダケ　………………… 365
コマツヨイグサ………………… 639
コマユミ………………………… 646
コミカンソウ…………………… 689
コミヤマガマズミ………… 1215
コミヤマスミレ………………… 668
コムラサキ…………………… 1094
コメツブツメクサ…………… 749
コメナモミ…………………… 1322
コメヒシバ……………………… 381
ゴモジュ……………………… 1216
コモチシダ…………………… 70
コモチマンネングサ………… 603
コヤブミョウガ………………… 454
コヤブラン……………………… 282
ゴヨウアケビ…………………… 467
ゴンズイ………………………… 613
コンテリギ……………………… 930
コンロンカ…………………… 1015

【サ】

サイコククロイヌノヒゲ…… 291
サイゴクホングウシダ……… 20
サイヨウシャジン………… 1228
サカキ…………………………… 943
サカキカズラ………………… 1031
サギゴケ……………………… 1139
サギシバ……………………… 1139
サキシマスオウノキ………… 888
サギソウ………………………… 240
サクラソウ……………………… 966
サクラタデ……………………… 506
サクラツツジ…………………… 983
サクラマンテマ………………… 540
サクララン…………………… 1034
ザクロ　……………………… 623
ザクロソウ……………………… 570
サコスゲ………………………… 309
ササガヤ………………………… 404
ササクサ………………………… 402
サダソウ………………………… 132
サツキ…………………………… 984
サツマイナモリ…………… 1017
サツマイワギリソウ……… 1078
サツマサンキライ…………… 199
サツマシダ…………………… 77
サツマシロギク…………… 1249
サツマノギク………………… 1260
サツママアザミ…………… 1264
サツママンネングサ………… 602
サツマルリミノキ………… 1013
サトザクラ……………………… 767
サナエタデ……………………… 507
サネカズラ……………………… 129
サルカケミカン………………… 919
サルスベリ……………………… 620
サルトリイバラ………………… 200
サルナシ………………………… 970
サワアジサイ…………………… 934
サワオグルマ………………… 1330
サワぜり……………………… 1207
サワトウガラシ……………… 1154
サンカクイ……………………… 356
サンゴシトウ…………………… 721
サンゴジュ…………………… 1217
サンショウ……………………… 921
サンショウソウ………………… 833
サンヨウアオイ………………… 138
シイノキカズラ………………… 717
シイモチ……………………… 1176
シオカゼテンツキ…………… 345
シオクグ………………………… 310
シオザキソウ………………… 1328
シオデ…………………………… 201
シオミイカリソウ…………… 473
シカクダケ……………………… 374
シカクホタルイ………………… 357
ジガバチソウ…………………… 245
シケシダ……………………… 52
ジゴクノカマノフタ……… 1090
ジシバリ……………………… 1302
シシラン……………………… 43
シソ…………………………… 1121
シソクサ……………………… 1158
シソバタツナミ……………… 1132
シチトウ………………………… 329
シチヘンゲ…………………… 1087
シチメンソウ…………………… 567
シナアブラギリ………………… 683
シナガワハギ…………………… 738
シノブ…………………………… 100
シバ……………………………… 447
シバナ…………………………… 183
シバハギ………………………… 718
シビイタチシダ……………… 85
シビカナワラビ……………… 74

シホウチク	374	シラン	220	セイヨウタンポポ	1329
シマアザミ	1265	シリブカガシ	851	セイヨウノコギリソウ	1236
シマイズセンリョウ	964	シログワイ	337	セイヨウヒキヨモギ	1144
シマイボクサ	453	シロザ	562	セイロンベンケイ	595
シマエンジュ	736	シロダモ	159	セキショウ	164
シマオオタニワタリ	44	シロツメクサ	750	セキショウモ	182
シマカンギク	1261	シロネ	1116	セッコク	235
シマキケマン	486	シロノセンダングサ	1254	セトガヤ	363
シマキツネノボタン	481	シロバイ	951	セリ	1204
シマグワ	831	シロバナサクラタデ	509	センダン	912
シマサルスベリ	620	シロバナマンテマ	541	セントウソウ	1199
シマサルナシ	970	シロバナミヤコグサ	735	センナリホオズキ	1044
シマスズメノヒエ	415	シロミルスベリヒユ	575	センニンソウ	476
シマセンブリ	1024	シロモジ	154	センブリ	1028
シマチカラシバ	419	シロヤマシダ	56	ゼンマイ	10
シマツユクサ	449	シロヤマゼンマイ	9	センリョウ	161
シマトキンソウ	1325	シンエダウチホングウシダ	20	ソクシンラン	189
シマニシキソウ	672	シンクリノイガ	373	ソクズ	1211
シマバライチゴ	790	ジンジソウ	593	ソコベニヒルガオ	1061
シマヒメタデ	508	シンテンウラボシ	105	ソナレシバ	440
シマフジバカマ	1284	シンミズヒキ	494	ソナレノギク	1297
シママンネングサ	600	スイカズラ	1223	ソナレムグラ	1010
シマムラサキ	1095	スイゼンジナ	1295	ソメイヨシノ	765
シマモクセイ	1074	スイバ	527	ソメモノカズラ	1036
シモバシラ	1109	スカシタゴボウ	882		
シャガ	259	スカンポ	527	【タ】	
シャクチリソバ	497	スギ	125		
ジャケツイバラ	711	スギゴケテンツキ	350	ダイコンソウ	769
シャシャンボ	990	スギナ	7	タイサンボク	146
ジャニンジン	873	スジヒトツバ	13	タイトゴメ	601
ジャノヒゲ	284	ススキ	406	タイミンタチバナ	965
ジャヤナギ	659	スズムシバナ	1086	タイミンチク	426
シャラノキ	941	スズメノエンドウ	754	タイワンアサガオ	1066
シャリンバイ	781	スズメノカタビラ	427	タイワンカモノハシ	399
ジュウモンジシダ	97	スズメノコビエ	416	タイワンコモチシダ	71
ジュズダマ	376	スズメノテッポウ	363	タイワンフウ	904
シュロガヤツリ	330	スズメノトウガラシ	1150	タカオカエデ	902
シュンラン	229	スズメノヒエ	417	タカクマヒキオコシ	1107
ショウブ	163	スズメノヤリ	300	タカクマホトトギス	213
ショウベンノキ	615	スズメハコベ	1152	タカクマムラサキ	1096
ショウロウクサギ	1102	スダジイ	850	タカサゴキジノオ	18
シライトソウ	196	スナジタイゲキ	674	タカサゴユリ	207
シラカシ	861	スブタ	178	タカサブロウ	1278
シラガシダ	78	スベリヒユ	572	タカネハンショウヅル	475
シラキ	679	スミレ	664	タガラシ	482
シラタマカズラ	1019	セイタカアワダチソウ	1324	タケニグサ	490
シラネセンキュウ	1194	セイヨウカラシナ	870	タコノアシ	592

タシロスゲ…………………… 311
タチイヌノフグリ………… 1166
タチコウガイゼキショウ…… 297
タチシノブ…………………… 33
タチスゲ……………………… 312
タチスズメノヒエ…………… 418
タチチチコグサ…………… 1291
タチツボスミレ…………… 665
タニイヌワラビ……………… 51
タニワタリノキ…………… 1003
タヌキアヤメ………………… 459
タヌキマメ…………………… 716
タネガシマムヨウラン……… 219
タネツケバナ………………… 874
タマガヤツリ………………… 331
タマザキフタバムグラ…… 1011
タマシダ……………………… 99
タマムラサキ………………… 272
タムラソウ………………… 1321
タモトユリ…………………… 208
タラヨウ…………………… 1177
ダルマエビネ………………… 225
ダルマギク………………… 1250
ダンギク…………………… 1100
タンキリマメ………………… 745
ダンドク……………………… 465
ダンドボロギク…………… 1280
タンナサワフタギ…………… 952
チガヤ………………………… 394
チカラシバ…………………… 420
チゴザサ……………………… 395
チシャノキ…………………… 997
チチコグサ………………… 1292
チチコグサモドキ………… 1293
チヂミザサ…………………… 410
チドメグサ………………… 1190
チャノキ……………………… 938
チャボイ……………………… 338
チャボタイゲキ……………… 676
チャボホトトギス…………… 214
チャンチンモドキ…………… 907
チョウジタデ………………… 633
チョウセンガリヤス ……… 375
ツガ…………………………… 116
ツキイゲ……………………… 439
ツキヌキオトギリ…………… 694
ツクシアオイ………………… 139
ツクシアカツツジ…………… 980
ツクシアケボノツツジ……… 988
ツクシアザミ……………… 1266
ツクシイヌツゲ…………… 1178
ツクシイワヘゴ……………… 86
ツクシカンガレイ…………… 355
ツクシキケマン……………… 487
ツクシケカモノハシ ……… 398
ツクシコウモリ…………… 1314
ツクシショウジョウバカマ 197
ツクシスミレ………………… 665
ツクシゼリ………………… 1199
ツクシネコノメソウ………… 589
ツクシノキシノブ…………… 110
ツクシハギ…………………… 733
ツクシヒトツバテンナンショウ
…………………………………… 167
ツクシムレスズメ…………… 747
ツクシメナモミ…………… 1322
ツクシヤマアザミ………… 1266
ツクバネガシ………………… 862
ツゲモドキ…………………… 670
ツタ…………………………… 612
ツタバウンラン…………… 1154
ツチアケビ…………………… 237
ツチトリモチ………………… 584
ツヅラフジ…………………… 470
ツノツクバネ……………… 1082
ツブラジイ…………………… 850
ツボクサ…………………… 1198
ツボスミレ…………………… 666
ツボミオオバコ…………… 1161
ツメクサ……………………… 538
ツメレンゲ…………………… 597
ツユクサ……………………… 450
ツリバナ……………………… 647
ツリフネソウ………………… 936
ツルキジムシロ……………… 776
ツルグミ……………………… 801
ツルコウジ…………………… 956
ツルコウゾ…………………… 821
ツルソバ……………………… 510
ツルナ………………………… 576
ツルニガクサ……………… 1135
ツルニチニチソウ………… 1041
ツルノゲイトウ……………… 555
ツルボ………………………… 288
ツルマオ……………………… 835
ツルマサキ…………………… 648
ツルマメ……………………… 724
ツルマンネングサ…………… 604
ツルムラサキ………………… 574
ツルモウリンカ…………… 1040
ツルラン……………………… 223
ツワブキ…………………… 1287
テイカカズラ……………… 1039
テッポウユリ………………… 209
テツホシダ…………………… 65
テリハツルウメモドキ……… 644
テリハノイバラ……………… 782
テリハボク…………………… 691
デンジソウ…………………… 15
テンツキ……………………… 346
テンノウメ…………………… 773
トウオガタマ………………… 148
トウカエデ…………………… 904
トウカテンソウ……………… 837
トウゴマ……………………… 680
トウダイグサ………………… 677
トウネズミモチ…………… 1070
トウバナ…………………… 1105
トウロウソウ………………… 595
トカラアジサイ……………… 931
トカラカンアオイ…………… 140
トカラカンスゲ……………… 313
トキリマメ…………………… 745
トキワガキ…………………… 948
トキワカンゾウ……………… 264
トキワサンザシ……………… 780
トキワススキ………………… 407
トキワツユクサ……………… 456
トキワハゼ………………… 1138
トキンソウ………………… 1325
トクサ…………………………… 6
トクサラン…………………… 224
ドクダミ……………………… 130
トクノシマカンアオイ……… 141
トゲソバ……………………… 511
トゲマサキ…………………… 654
トサミズキ…………………… 586
トチバニンジン…………… 1192
トベラ……………………… 1210
トラノオシダ………………… 48
トラノオスズカケ………… 1169

【ナ】

ナガエコミカンソウ……689
ナガサキシダ……87
ナガサキシダモドキ……88
ナガバカニクサ……14
ナガバギシギシ……528
ナガバノイタチシダ……89
ナガバハエドクソウ……1140
ナガバモミジイチゴ……794
ナガボテンツキ……347
ナガミノオニシバ……448
ナガミボチョウジ……1020
ナギ……119
ナギナタガヤ……444
ナギラン……230
ナキリスゲ……314
ナゴラン……253
ナズナ……871
ナタオレノキ……1074
ナチシケシダ……53
ナチシダ……39
ナツヅタ……612
ナツツバキ……941
ナツノウナギツカミ……520
ナツフジ……740
ナナメノキ……1179
ナハエボシグサ……728
ナハカノコソウ……578
ナラガシワ……857
ナリヒラモチ……1180
ナルトサワギク……1319
ナワシロイチゴ……791
ナワシログミ……802
ナンカイイタチシダ……90
ナンキンハゼ……681
ナンゴクウラシマソウ……168
ナンゴクカモメヅル……1033
ナンゴクネジバナ……254
ナンゴクホウビシダ……49
ナンゴクヤマラッキョウ……272
ナンゴクワセオバナ……432
ナンテン……474
ナンテンカズラ……712
ナンテンハギ……755
ナンバンギセル……1142
ナンバンキブシ……616
ニガカシュウ……193
ニガナ……1305
ニシキギ……649
ニシヨモギ……1243
ニセヨゴレイタチシダ……91
ニチニチソウ……1041
ニッケイ……150
ニッポンイヌノヒゲ……292
ニホンズイセン……271
ニホンハッカ……1117
ニラ……273
ニラバラン……248
ニワゼキショウ……261
ニワトコ……1212
ニワホコリ……390
ヌカキビ……411
ヌカボシクリハラン……113
ヌカボシソウ……301
ヌスビトハギ……726
ヌマゼリ……1207
ヌマダイコン……1237
ヌマトラノオ……961
ヌルデ……908
ネコノシタ……1334
ネコノチチ……807
ネコハギ……732
ネジキ……973
ネジバナ……254
ネズミノオ……441
ネズミモチ……1071
ネムノキ……705
ノアサガオ……1062
ノアザミ……1267
ノアズキ……720
ノイバラ……783
ノウゼンカズラ……1089
ノカイドウ……772
ノカンゾウ……265
ノキシノブ……109
ノゲシ……1327
ノコギリシダ……57
ノコンギク……1251
ノササゲ……719
ノジアオイ……894
ノジギク……1262
ノジスミレ……667
ノシラン……285
ノダケ……1195
ノヂシャ……1227
ノチドメ……1190
ノニガナ……1306
ノハカタカラクサ……456
ノハギ……731
ノハナショウブ……260
ノハラクサフジ……756
ノヒメユリ……210
ノビル……274
ノブドウ……610
ノボロギク……1320
ノミノツヅリ……532
ノミノフスマ……548
ノヤマトンボ……252
ノリウツギ……932

【ハ】

バイカアマチャ……935
バイカイカリソウ……473
ハイキビ……412
ハイシバ……401
ハイニシキソウ……673
ハイネズ……127
ハイノキ……953
ハイビスカス……892
ハイミチヤナギ……521
ハイメドハギ……734
ハウチワノキ……905
ハエドクソウ……1141
ハカタシダ……75
ハカマカズラ……710
ハギカズラ……723
ハキダメギク……1288
ハクウンボク……968
ハクサンボク……1218
バクチノキ……771
ハクモクレン……147
ハコベ……549
ハシカグサ……1012
ハスノハカズラ……471
ハゼノキ……909
ハゼラン……573
ハダカホオズキ……1051
ハタガヤ……302

ハチク……………………422	ハマツメクサ……………538	ヒサカキ……………………945
ハチジョウイチゴ………794	ハマトラノオ ………1167	ヒシ……………………………627
ハチジョウイノコズチ…552	ハマナタマメ……………713	ヒゼンマユミ……………650
ハチジョウカグマ…………71	ハマナツメ………………806	ヒデリコ……………………348
ハチジョウシダモドキ……38	ハマナデシコ……………536	ヒトツバ……………………114
ハチジョウススキ………408	ハマニガナ………………1307	ヒトモトススキ…………320
ハツシマカンアオイ……142	ハマニンドウ……………1224	ヒトリシズカ……………160
ハドノキ……………………839	ハマハナヤスリ………………5	ヒナガヤツリ……………333
ハナイカダ………………1171	ハマヒエガエリ…………430	ヒナギキョウ……………1232
ハナイバナ…………………995	ハマヒサカキ……………944	ヒナキキョウソウ………1231
ハナウド…………………1203	ハマヒルガオ……………1053	ヒナタイノコズチ………553
ハナガガシ…………………863	ハマビワ……………………156	ヒナノカンザシ…………761
ハナガサノキ……………1014	ハマベノギク……………1298	ビナンカズラ……………129
ハナカモノハシ……………399	ハマボウ……………………890	ヒノキ………………………124
ハナシノブ…………………937	ハマボウフウ……………1202	ヒノキシダ……………………50
ハナショウブ………………260	ハマボッス…………………962	ヒノキバヤドリギ………581
ハナスベリヒユ……………572	ハマホラシノブ………………22	ヒノタニリュウビンタイ……8
ハナタデ……………………512	ハママツナ…………………568	ヒマ……………………………680
ハナツクバネウツギ……1220	ハマミチヤナギ……………522	ヒマラヤソバ……………497
ハナミズキ…………………926	ハマユウ……………………269	ヒメアシボソ……………403
ハナミョウガ………………463	ハマヨモギ………………1244	ヒメアブラススキ………368
ハハコグサ………………1294	ハヤトミツバツツジ……985	ヒメイタビ…………………829
ハマアオスゲ………………303	ハラン………………………277	ヒメウズ……………………483
ハマアオスゲ………………315	ハリイ………………………339	ヒメウツギ…………………929
ハマアザミ………………1268	ハリガネワラビ………………66	ヒメウラジロ…………………30
ハマアズキ…………………757	ハリツルマサキ……………654	ヒメウワバミソウ………834
ハマイヌビワ………………828	バリバリノキ………………157	ヒメオトギリ………………693
ハマウツボ………………1143	ハリビユ……………………558	ヒメオドリコソウ………1111
ハマウド…………………1196	ハルジオン………………1281	ヒメガマ……………………290
ハマエノコロ………………436	ハルタデ……………………513	ヒメガヤツリ………………335
ハマエンドウ………………730	ハルトラノオ………………496	ヒメガンクビソウ………1256
ハマオモト…………………269	ハルニレ……………………812	ヒメカンスゲ………………317
ハマカンギク……………1261	ハルノタムラソウ………1128	ヒメキランソウ…………1091
ハマカンゾウ………………266	ハルノノゲシ……………1327	ヒメクズ……………………720
ハマキイチゴ………………792	ハルリンドウ……………1025	ヒメクマヤナギ……………805
ハマクサギ………………1124	ハンゲショウ………………131	ヒメコウガイゼキショウ…298
ハマグルマ………………1334	ヒイラギ……………………1075	ヒメコウホネ………………128
ハマゴウ…………………1136	ヒイラギナンテン…………472	ヒメコナスビ………………960
ハマサジ……………………493	ヒイラギモクセイ………1076	ヒメコバンソウ……………370
ハマサルトリイバラ………202	ヒエガエリ…………………430	ヒメジシバリ……………1302
ハマジンチョウ…………1081	ヒオウギ……………………257	ヒメジソ……………………1120
ハマスゲ……………………332	ヒカゲツツジ………………984	ヒメシャラ………………942
ハマゼリ…………………1200	ヒカゲヘゴ……………………19	ヒメジョオン……………1282
ハマセンダン………………918	ヒカンザクラ………………766	ヒメシロアサザ…………1234
ハマセンナ…………………743	ヒガンバナ…………………270	ヒメスイバ…………………529
ハマタイゲキ………………674	ヒゲスゲ……………………316	ヒメセンナリホオズキ…1045
ハマダイコン………………880	ヒゴミズキ…………………586	ヒメタツナミソウ………1133

(11)

ヒメチドメ……………… 1191	フクド……………… 1244	ホウライチク……………… 366
ヒメツバキ……………… 940	フクマンギ……………… 998	ホウライツユクサ……………… 450
ヒメツルソバ……………… 514	フクロナデシコ……………… 540	ボウラン……………… 247
ヒメテンナンショウ……………… 169	フサナキリスゲ……………… 318	ホウロクイチゴ……………… 796
ヒメドコロ……………… 193	フサモ……………… 607	ホオズキ……………… 1044
ヒメノキシノブ……………… 110	フジ……………… 759	ボケ……………… 768
ヒメノボタン……………… 643	フジセンニンソウ……………… 477	ホザキノフサモ……………… 608
ヒメハギ……………… 760	フジツツジ……………… 987	ホシアサガオ……………… 1063
ヒメハシゴシダ……………… 64	フジナデシコ……………… 536	ホシクサ……………… 294
ヒメハマナデシコ……………… 535	フジバカマ……………… 1285	ホシダ……………… 67
ヒメバライチゴ……………… 793	ブタナ……………… 1300	ホソイ……………… 299
ヒメヒオウギズイセン……………… 258	フタバアオイ……………… 143	ホソバイヌビワ……………… 824
ヒメビシ……………… 628	フタバハギ……………… 755	ホソバカナワラビ……………… 76
ヒメホタルイ……………… 354	ブッソウゲ……………… 892	ホソバシケシダ……………… 54
ヒメミカンソウ……………… 689	フデリンドウ……………… 1025	ホソバノウナギツカミ……………… 515
ヒメミソハギ……………… 619	フトイ……………… 358	ホソバノヨツバムグラ……………… 1007
ヒメモロコシ……………… 438	フモトシダ……………… 27	ホソバハマアカザ……………… 559
ヒメヤブラン……………… 281	フモトスミレ……………… 668	ホソバミズヒキモ……………… 186
ヒメユズリハ……………… 588	フユイチゴ……………… 795	ホソバラン……………… 255
ヒメヨツバムグラ……………… 1007	フユザンショウ……………… 922	ホソバワダン……………… 1275
ヒメレンゲ……………… 602	フユヅタ……………… 1185	ホタルイ……………… 354
ヒュウガギボウシ……………… 280	フユノハナワラビ……………… 3	ボタンボウフウ……………… 1206
ヒュウガミツバツツジ……………… 982	フヨウ……………… 891	ボチョウジ……………… 1021
ヒヨドリジョウゴ……………… 1047	フラサバソウ……………… 1164	ホテイアオイ……………… 457
ヒヨドリバナ……………… 1286	ブラジルコミカンソウ……………… 689	ホテイチク……………… 423
ヒラドツツジ……………… 986	ヘクソカズラ……………… 1018	ホトケノザ……………… 1112
ヒラミレモン……………… 914	ヘゴ……………… 19	ホトトギス……………… 215
ヒルガオ……………… 1054	ヘツカシダ……………… 98	ホナガイヌビユ……………… 556
ヒルザキツキミソウ……………… 640	ヘツカラン……………… 231	ホラシノブ……………… 22
ヒルムシロ……………… 185	ベニカンゾウ……………… 265	ホルトノキ……………… 702
ヒレタゴボウ……………… 631	ベニバナサワギキョウ……………… 1229	ボロボロノキ……………… 582
ビロードテンツキ……………… 349	ベニバナボロギク……………… 1274	ホングウシダ……………… 21
ビロードカジイチゴ……………… 794	ヘビイチゴ……………… 777	ボンテンカ……………… 898
ビロードムラサキ……………… 1097	ヘラオオバコ……………… 1162	ボントクタデ……………… 516
ヒロハイヌノヒゲ……………… 293	ヘラオモダカ……………… 175	
ヒロハギシギシ……………… 530	ヘラシダ……………… 58	【マ】
ヒロハコンロンカ……………… 1016	ヘラノキ……………… 897	
ヒロハネム……………… 706	ペラペラヨメナ……………… 1283	マイヅルソウ……………… 283
ヒロハノカラン……………… 225	ヘンリーメヒシバ……………… 382	マサキ……………… 651
ヒロハヤブソテツ……………… 81	ホウオウチク……………… 365	マシカクイ……………… 340
ヒロハヤブニッケイ……………… 152	ボウコツルマメ……………… 725	マダイオウ……………… 531
ヒンジガヤツリ……………… 352	ホウサイラン……………… 232	マダケ……………… 423
ビンボウカズラ……………… 611	ホウチャクソウ……………… 217	マタタビ……………… 971
フウトウカズラ……………… 133	ホウライカガミ……………… 1038	マツカゼソウ……………… 913
フウラン……………… 243	ホウライカズラ……………… 1029	マツザカシダ……………… 40
フカノキ……………… 1193	ホウライシダ……………… 29	マツバイ……………… 341
フキ……………… 1316	ホウライセンブリ……………… 1024	マツバウンラン……………… 1159

(12)

マツバスゲ……………………… 319
マツバゼリ………………… 1197
マツバラン………………………… 1
マツモ…………………………… 162
マツモトセンノウ……………… 542
マツヨイグサ…………………… 641
マテバシイ……………………… 852
ママコノシリヌグイ………… 511
マムシグサ……………………… 170
マメアサガオ……………… 1064
マメグンバイナズナ………… 878
マメヅタ………………………… 108
マメヒサカキ…………………… 946
マユミ…………………………… 652
マルバアカザ…………………… 563
マルバアキグミ………………… 803
マルバアメリカアサガオ… 1065
マルバウツギ…………………… 929
マルバグミ……………………… 804
マルバコンロンソウ………… 875
マルバサツキ…………………… 988
マルバチシャノキ……………… 999
マルバツユクサ………………… 451
マルバテイショウソウ…… 1240
マルバドコロ…………………… 193
マルバニッケイ………………… 151
マルバノサワトウガラシ… 1155
マルバハギ……………………… 733
マルバハタケムシロ……… 1230
マルバハッカ……………… 1118
マルバヒメアメリカアゼナ 1151
マルバフユイチゴ…………… 795
マルバマンネングサ………… 603
マルバミゾカクシ………… 1230
マルミスブタ…………………… 178
マルミノカンアオイ………… 139
マンシュウスイラン……… 1299
マンジュシャゲ………………… 270
マンリョウ……………………… 957
ミカワタヌキモ…………… 1170
ミズオオバコ…………………… 181
ミズオトギリ…………………… 695
ミズガヤツリ…………………… 334
ミズガンピ……………………… 622
ミズキ…………………………… 925
ミズキンバイ…………………… 634
ミズタネツケバナ…………… 876
ミズタビラコ……………… 1002
ミズタマソウ…………………… 629
ミズナラ………………………… 864
ミズネコノオ……………… 1123
ミズハコベ………………… 1153
ミズハナビ……………………… 335
ミズヒキ………………………… 495
ミズマツバ……………………… 625
ミスミトケイソウ……………… 669
ミズユキノシタ………………… 635
ミゾイチゴツナギ……………… 428
ミゾカクシ………………… 1230
ミゾコウジュ……………… 1129
ミゾシダ…………………………… 60
ミゾソバ………………………… 517
ミソナオシ……………………… 742
ミソハギ………………………… 621
ミゾハコベ……………………… 698
ミチバタガラシ………………… 883
ミチヤナギ……………………… 523
ミツデウラボシ………………… 107
ミツバ……………………… 1201
ミツバアケビ…………………… 468
ミツバウツギ…………………… 614
ミツバハマゴウ…………… 1137
ミドリハコベ…………………… 550
ミノゴメ………………………… 367
ミフクラギ………………… 1032
ミミカキグサ……………… 1170
ミミズバイ……………………… 954
ミミナグサ……………………… 533
ミヤコイバラ…………………… 784
ミヤコグサ……………………… 735
ミヤコジマハマアカザ……… 560
ミヤマウズラ…………………… 239
ミヤマガマズミ…………… 1214
ミヤマシキミ…………………… 917
ミヤマトベラ…………………… 722
ミヤマノキシノブ……………… 110
ミヤマハギ……………………… 733
ミヤマミズ……………………… 842
ミョウガ………………………… 464
ミルスベリヒユ………………… 575
ムカゴソウ……………………… 241
ムカデラン……………………… 228
ムクゲ…………………………… 892
ムクノキ………………………… 814
ムクロジ………………………… 906
ムサシアブミ…………………… 171
ムシクサ…………………… 1168
ムシトリナデシコ……………… 543
ムシトリマンテマ……………… 544
ムツオレグサ…………………… 392
ムニンシャシャンボ………… 991
ムベ……………………………… 469
ムラサキ………………………… 996
ムラサキイセハナビ……… 1085
ムラサキオオハンゲ………… 172
ムラサキカタバミ……………… 700
ムラサキケマン………………… 488
ムラサキサギゴケ………… 1139
ムラサキシキブ…………… 1098
ムラサキナギナタガヤ……… 444
ムラサキニガナ…………… 1311
メガルカヤ……………………… 377
メキシコヒナギク………… 1283
メキシコマンネングサ……… 604
メジロホオズキ…………… 1048
メダケ…………………………… 425
メドハギ………………………… 734
メナモミ…………………… 1322
メヒシバ………………………… 383
メヒルギ………………………… 697
メマツヨイグサ………………… 636
メリケンカルカヤ……………… 377
メリケントキンソウ……… 1325
メリケンムグラ…………… 1004
モウソウチク…………………… 424
モエジマシダ……………………… 41
モクビャッコウ…………… 1276
モクレイシ……………………… 655
モチノキ…………………… 1181
モッコク………………………… 947
モミ……………………………… 116
モミジコウモリ…………… 1315
モミジバヒルガオ………… 1066
モンパノキ………………… 1000

【ヤ】

ヤエザクラ……………………… 767
ヤエムグラ………………… 1008
ヤクシソウ………………… 1338
ヤクシマアカシュスラン…… 242

ヤクシマアジサイ…………… 933
ヤクシマカンアオイ………… 144
ヤクシマコナスビ…………… 960
ヤクタネゴヨウ……………… 118
ヤシャブシ…………………… 867
ヤダケ………………………… 431
ヤッコソウ…………………… 993
ヤツデ……………………… 1184
ヤドリギ……………………… 581
ヤドリコケモモ……………… 992
ヤナギイチゴ………………… 832
ヤナギイノコズチ…………… 554
ヤナギタデ…………………… 518
ヤナギバルイラソウ……… 1085
ヤナギモ……………………… 187
ヤノネグサ…………………… 519
ヤハズエンドウ……………… 753
ヤハズソウ…………………… 729
ヤブイバラ…………………… 785
ヤブカラシ…………………… 611
ヤブカンゾウ………………… 267
ヤブコウジ…………………… 958
ヤブジラミ………………… 1209
ヤブタバコ………………… 1257
ヤブタビラコ……………… 1313
ヤブチョロギ……………… 1134
ヤブツバキ…………………… 939
ヤブツルアズキ……………… 758
ヤブニッケイ………………… 152
ヤブニンジン……………… 1205
ヤブヘビイチゴ……………… 778
ヤブマメ……………………… 708
ヤブミョウガ………………… 455
ヤブムラサキ……………… 1099
ヤブラン……………………… 282
ヤマアサ……………………… 889
ヤマアジサイ………………… 934
ヤマイ………………………… 350
ヤマイタチシダ……………… 92
ヤマイバラ…………………… 786
ヤマウルシ…………………… 910
ヤマカモジグサ……………… 369
ヤマグワ……………………… 831
ヤマコンニャク……………… 166
ヤマザクラ…………………… 767
ヤマシグレ………………… 1219
ヤマジノギク……………… 1297
ヤマジノホトトギス………… 216
ヤマチドメ………………… 1187
ヤマツツジ…………………… 989
ヤマトキホコリ……………… 834
ヤマトナデシコ……………… 534
ヤマネコノメソウ…………… 590
ヤマノイモ…………………… 194
ヤマハゼ……………………… 911
ヤマハッカ………………… 1108
ヤマヒハツ…………………… 684
ヤマヒヨドリバナ………… 1286
ヤマビワ……………………… 491
ヤマブキ……………………… 770
ヤマフジ……………………… 759
ヤマボウシ…………………… 926
ヤマミズ……………………… 843
ヤマモガシ…………………… 492
ヤマモモ……………………… 865
ヤマヤブソテツ……………… 82
ヤマラッキョウ……………… 275
ヤリテンツキ………………… 351
ヤリノホクリハラン………… 106
ヤワラシダ…………………… 68
ヤンバルガンピ　…………… 901
ヤンバルセンニンソウ……… 478
ヤンバルツルハッカ……… 1113
ヤンバルツルマオ…………… 844
ヤンバルナスビ…………… 1049
ユウゲショウ………………… 642
ユウコクラン………………… 246
ユウスゲ……………………… 263
ユキノシタ…………………… 594
ユキミソウ………………… 1129
ユキヤナギ…………………… 798
ヨウシュイボタノキ……… 1067
ヨウシュヤマゴボウ………… 577
ヨメナ……………………… 1308

【ラ】

ラカンマキ…………………… 120
ラッキョウ…………………… 275
リトウトンボ………………… 251
リュウキュウアオキ……… 1021
リュウキュウアセビ………… 975
リュウキュウイノモトソウ… 42
リュウキュウクロウメモドキ
…………………………………… 809
リュウキュウコケリンドウ
………………………………… 1026
リュウキュウコスミレ……… 667
リュウキュウタイゲキ……… 675
リュウキュウチク…………… 426
リュウキュウツルマサキ…… 648
リュウキュウヌスビトハギ… 727
リュウキュウバライチゴ…… 787
リュウキュウハンゲ………… 174
リュウキュウベンケイ……… 596
リュウキュウマツ…………… 118
リュウキュウマメガキ……… 949
リュウキュウマメヅタ……… 108
リュウキュウマユミ………… 653
リュウキュウヤノネグサ…… 520
リュウノヒゲ………………… 284
リュウビンタイ……………… 8
リョウブ……………………… 972
ルリハコベ…………………… 955
レモンエゴマ……………… 1122
レンゲソウ…………………… 709

【ワ】

ワスレグサ…………………… 268
ワラビ………………………… 28
ワルナスビ………………… 1050
ワレモコウ…………………… 797

図解　九州の植物上下巻　学名索引

＊1～660頁は上巻、661～1338頁は下巻です。

A

Abelia serrata ……1220
Abelia × grandiflora ……1220
Abies firma ……116
Abutilon avicennae ……885
Acer buergerianum ……904
Acer oblongum ……903
Acer palmatum ……902
Acer palmatum var.amoenum ……902
Achillea alpina ssp.subcartilaginea ……1236
Achillea millefolium ……1236
Achyranthes bidentata var.fauriei ……553
Achyranthes bidentata var.hachijoensis ……552
Achyranthes bidentata var.japonica ……551
Achyranthes longifolia ……554
Acorus calamus ……163
Acorus gramineus ……164
Actinidia arguta ……970
Actinidia polygama ……971
Actinidia rufa ……970
Actinostemma lobatum ……845
Adenophora triphylla var.triphylla ……1228
Adenostemma lavenia ……1237
Adiantum capillus-veneris ……29
Adina pilulifera ……1003
Aeginetia indica ……1142
Aeschynomene indica ……703
Ageratum conyzoides ……1238
Agrimonia pilosa var.japonica ……762
Agropyron ciliare var.minus ……360
Agropyron tsukushiense var.transiens ……361
Agrostis gigantea ……362
Ainsliaea apiculata ……1239
Ainsliaea fragrans var.integrifolia ……1240
Ajuga decumbens ……1090
Ajuga pygmaea ……1091
Akebia pentaphylla ……467
Akebia quinata ……466
Akebia trifoliata ……468
Alangium platanifolium var.trilobum ……923
Albizia julibrissin ……705
Albizia kalkora ……704
Albizia mollis var.glabrior ……706
Aletris spicata ……189
Alisma canaliculatum ……175
Allium austrokiushuense ……272
Allium chinense ……275
Allium macrostemon ……274
Allium pseudojaponicum ……272
Allium thunbergii ……275
Allium tuberosum ……273
Alnus firma ……867
Alnus sieboldiana ……866
Alocasia odora ……165
Alopecurus aequalis ……363
Alopecurus japonicus ……363
Alpinia formosana ……462
Alpinia intermedia ……460
Alpinia japonica ……463
Alpinia zerumbet ……461
Alternanthera sessilis ……555
Amaranthus blitum ……557
Amaranthus spinosus ……558
Amaranthus viridis ……556
Ambrosia trifida ……1241
Amitostigma lepidum ……218
Ammannia multiflora ……619
Amorpha fruitcosa ……707
Amorphophallus kiusianus ……166
Ampelopsis glandulosa var.heterophylla ……610
Ampelopsis leeoides ……609
Amphicarpaea edgeworthii var.japonica ……708
Anagallis foemina ……955
Andropogon virginicus ……377
Angelica decursiva ……1195
Angelica japonica ……1196
Angelica longeradiata ……1199
Angelica polymorpha ……1194
Angiopteris fokiensis ……8
Angiopteris lygodiifolia ……8
Anodendron affine ……1031
Antenoron filiforme ……495
Antenoron neo-filiforme ……494
Antidesma japonicum ……684
Aphananthe aspera ……814
Aphyllorchis montana ……219

Apium leptophyllum	1197	Aster miyagii	1248
Arachniodes amabilis	72	Aster satsumensis	1249
Arachniodes aristata	76	Aster spathulifolius	1250
Arachniodes hekiana	74	Aster tripolium	1246
Arachniodes simplicior	75	Aster ujiinsulsris	1247
Arachniodes sporadosora	73	Astragalus sinicus	709
Aralia cordata	1182	Athyrium otophorum	51
Ardisia crenata	957	Atriplex gmelinii	559
Ardisia japonica	958	Atriplex maxmowicziana	560
Ardisia pusilla	956	Aucuba japonica	994
Arenaria serpyllifolia	532		

B

Arenga engleri	289	Balanophora japonica	584
Arisaema ringens	171	Balanophora tobiracola	584
Arisaema sazensoo	169	Bambusa glaucescens f.elegans	365
Arisaema serratum	170	Bambusa multiplex	366
Arisaema tashiroi	167	Bambusa multiplex f.solida	365
Arisaema thunbergii ssp.thunbergii	168	Basella alba	574
Aristolochia debilis	134	Bauhinia japonica	710
Aristolochia kaempferi	135	Beckmannia syzigache	367
Armeniaca mume	763	Belamcanda chinensis	257
Aronia villosa	764	Berberis japonica	472
Artemisia capillaris	1242	Berchemia lineata	805
Artemisia fukudo	1244	Berchemia racemosa	805
Artemisia indica	1243	Bidens frondosa	1252
Arthraxon hispidus	364	Bidens pilosa var.pilosa	1253
Asarum caulescens	143	Bidens pilosa var.minor	1254
Asarum hatsushimae	142	Bischofia javanica	685
Asarum hexalobum	138	Bistorta tenuicaulis	496
Asarum hexalobum var.perfectum	137	Bletilla striata	220
Asarum kiusianum	139	Blyxa aubertii	178
Asarum simile	141	Blyxa echinosperma	178
Asarum subglobosum	139	Boenninghausenia albiflora var.japonica	913
Asarum tokarense	140	Boerhavia diffusa	578
Asarum unzen	136	Bolbitis subcordata	98
Asarum yakusimense	144	Bothriochloa parviflora	368
Asparagus cochinchinensis	276	Bothriospermum tenellum	995
Aspidistra elatior	277	Botrychium japonicum	2
Asplenium antiquum	44	Botrychium ternatum	3
Asplenium cataractarum	49	Brachypodium sylvaticum	369
Asplenium incisum	48	Brassica juncea	870
Asplenium nidus	44	Breynia officinalis	686
Asplenium prolongatum	50	Briza maxima	370
Asplenium ritoense	47	Briza minor	370
Asplenium wrightii	46	Bromus catharticus	371
Asplenium × kenzoi	45	Bromus pauciflorus	372
Aster asa-grayi	1245	Broussonetia kaempferi	821
Aster microcephalus var.ovatus	1251	Broussonetia kazinoki × papyrifera	820

Brugmansia suaveolens	1042
Bruguiera gymnorhiza	696
Bryophyllum pinnatum	595
Buddleja curviflora	1080
Buddleja curviflora f.venenifera	1079
Bulbostylis barbata	302
Bulbostylis densa	302

C

Caesalpinia crista	712
Caesalpinia decapetala var.japonica	711
Calanthe alismifolia	225
Calanthe discolor	221
Calanthe gracilis var.venusta	224
Calanthe sieboldii	222
Calanthe triplicata	223
Callicarpa dichotoma	1094
Callicarpa glabra	1095
Callicarpa japonica	1098
Callicarpa japonica var.luxurians	1093
Callicarpa kochiana	1097
Callicarpa longissima	1096
Callicarpa mollis	1099
Callicarpa subpubescens	1092
Callitriche palustris	1153
Calophyllum inophyllum	691
Calystegia hederacea	1052
Calystegia japonica	1054
Calystegia soldanella	1053
Camellia japonica	939
Camellia sinensis	938
Campsis grandiflora	1089
Canavalia lineata	713
Canna indica	465
Capsella bursa-pastoris	871
Cardamine flexuosa var.latifolia	876
Cardamine impatiens	873
Cardamine regeliana	872
Cardamine scutata	874
Cardamine tanakae	875
Cardiandra alternifolia	934
Cardiocrinum cordatum	203
Carex biwensis	319
Carex brunnea	314
Carex conica	317
Carex conica var.scabrocaudata	313
Carex fibrillosa	315
Carex fibrillosa	303
Carex ischnostachya	305
Carex kobomugi	308
Carex lenta	314
Carex leucochlora	303
Carex macrandrolepis	306
Carex maculata	312
Carex nemostachys	304
Carex oahuensis	316
Carex pumila	307
Carex sakonis	309
Carex scabriculmis	318
Carex scabrifolia	310
Carex sociata	311
Carpesium abrotanoides	1257
Carpesium divaricatum	1255
Carpesium rosulatum	1256
Caryopteris incana	1100
Castanea crenata	849
Castanopsis cuspidata	850
Castanopsis sieboldii	850
Cayratia japonica	611
Cayratia yoshimurae	611
Celastrus panctatus	644
Celtis boninensis	816
Celtis sinensis	815
Cenchrus echinatus	373
Centaurium japonicum	1024
Centella asiatica	1198
Centipeda minima	1325
Cephalanthera erecta	227
Cephalanthera falcata	226
Cephalotaxus harringtonia	122
Cerastium glomeratum	533
Cerastium holosteoides var.hallaisanense	533
Cerasus × yedoensis	765
Cerasus cerasoides	766
Cerasus jamasakura	767
Cerasus speciosa	765
Ceratophyllum demersum	162
Cerbera manghas	1032
Chaenomeles japonica	768
Chaenomeles speciosa	768
Chamaecrista nomame	714
Chamaecyparis obtusa	124
Chamaele decumbens	1199
Chamaesyce atoto	674
Chamaesyce hirta	672

(17)

Chamaesyce maculata	673	Cleyera japonica	943
Chamaesyce nutans	671	Clinopodium chinense ssp.grandiflorum	1104
Chamaesyce prostrata	673	Clinopodium gracile	1105
Cheilanthes argentea	30	Clinopodium micranthum	1103
Cheiropleuria bicuspis	13	Cnidium japonicum	1200
Chelidonium majus var.asiaticum	485	Codonacanthus pauciflorus	1082
Chenopodium acuminatum	563	Coix lacryma-jobi	376
Chenopodium album	562	Colysis elegans	104
Chenopodium glaucum	561	Colysis elliptica	101
Chimonobambusa quadrangularis	374	Colysis pothifolia	102
Chionographis japonica	196	Colysis × shintenensis	105
Chloranthus fortunei	160	Colysis wrightii	106
Chloranthus japonicus	160	Colysis wrightii var.henryi	103
Choerospondias axillaris	907	Commelina auriculata	450
Chrysanthemum crassum	1259	Commelina benghalensis	451
Chrysanthemum indicum	1261	Commelina communis	450
Chrysanthemum japonense	1262	Commelina diffusa	449
Chrysanthemum japonense var.ashizuriense	1258	Comospermum yedoense	278
Chrysanthemum ornatum	1260	Conandron ramondioides	1077
Chrysosplenium japonicum	590	Coniogramme intermedia	31
Chrysosplenium rhabdospermum	589	Coniogramme japonica	32
Cinnamomum camphora	149	Conyza bonariensis	1269
Cinnamomum daphnoides	151	Conyza japonica	1270
Cinnamomum okinawaense	150	Conyza sumatrensis	1271
Cinnamomum tenuifolium	152	Corchoropsis crenat	886
Cinnamomum × durifruticeticola	152	Coreopsis lanceolata	1272
Circaea mollis	629	Cornus controversa	925
Cirsium brevicaule	1265	Cornus florida	926
Cirsium japonicum	1267	Cornus kousa	926
Cirsium maritimum	1268	Cornus macrophylla	924
Cirsium sieboldii ssp.austrokiushianum	1264	Corydalis heterocarpa	487
Cirsium spinosum	1263	Corydalis heterocarpa var.japonica	486
Cirsium suffultum	1266	Corydalis incisa	488
Citrus depressa	914	Corydalis tashiroi	486
Cladium chinense	320	Corylopsis glabrescens	585
Cleisostoma scolopendrifolium	228	Corylopsis gotoana f.pubescens	586
Cleistogenes hackelii	375	Corylopsis spicata	586
Clematis fujisanensis	477	Cosmos bipinnatus	1273
Clematis lasiandra	475	Cosmos sulphureus	1273
Clematis meyeniana	478	Crassocephalum crepidioides	1274
Clematis pierotii	475	Crateva religiosa	868
Clematis terniflora	476	Crepidiastrum lanceolatum	1275
Cleome rutidosperma	869	Crinum asiaticum	269
Clerodendron trichotomum var.fargesii	1102	Crocosmiax crocosmiiflora	258
Clerodendrum inerme	1101	Crossostephium chinense	1276
Clerodendrum trichotomum	1102	Crotalaria assamica	715
Clethra barbinervis	972	Crotalaria sessiliflora	716

Crypsinus hastatus	107	*Dendrobium moniliforme*	235
Cryptomeria japonica	125	*Dendrobium tosaense*	234
Cryptotaenia canadensis ssp.Japonica	1201	*Dendropanax trifidus*	1183
Ctenitis maximowicziana	78	*Dennstaedtia hirsute*	23
Ctenitis sinii	77	*Dennstaedtia scabra*	24
Cunninghamia lanceolata	126	*Deparia conilii*	54
Curculigo orchioides	256	*Deparia japonica*	52
Cuscuta pentagona	1055	*Deparia petersenii*	53
Cyathea lepifera	19	*Derris trifoliata*	717
Cyathea spinulosa	19	*Desmodium heterocarpon*	718
Cymbalaria muralis	1154	*Deutzia crenata*	927
Cymbidium dayanum var.austro-japonicum	231	*Deutzia gracilis*	929
Cymbidium goeringii	229	*Deutzia naseana*	928
Cymbidium lancifolium	230	*Deutzia scabra*	929
Cymbidium sinense	232	*Dianella ensifolia*	262
Cymbopogon tortilis var.goeringii	377	*Dianthus japonicus*	536
Cynanchum austrokiusianum	1033	*Dianthus kiusianus*	535
Cynodon dactylon	378	*Dianthus superbus var.longicalycinus*	534
Cynoglossum asperrimum	996	*Dichondra micrantha*	1056
Cyperus alternifolius	330	*Dicranopteris linearis*	11
Cyperus brevifolius var.brevifolius	321	*Digitaria ciliaris*	383
Cyperus compressus	327	*Digitaria henryi*	382
Cyperus cyperoides	324	*Digitaria timorensis*	381
Cyperus difformis	331	*Digitaria violascens*	380
Cyperus flaccidus	333	*Dimeria ornithopoda*	384
Cyperus flavidus	322	*Diodia teres*	1004
Cyperus iria	328	*Diodia virginiana*	1004
Cyperus microiria	325	*Dioscorea bulbifera*	193
Cyperus monophyllus	329	*Dioscorea japonica*	194
Cyperus polystachyos	323	*Dioscorea pseudojaponica*	192
Cyperus rotundus	332	*Dioscorea quinqueloba*	191
Cyperus sanguinolentus	326	*Dioscorea tenuipes*	193
Cyperus serotinus	334	*Dioscorea tokoro*	190
Cyperus tenuispica	335	*Diospyros japonica*	949
Cypripedium japonicum	233	*Diospyros morrisiana*	948
Cyrtomium falcatum	80	*Diplazium hachijoense*	56
Cyrtomium fortunei var.atropunctatum	79	*Diplazium subsinuatum*	58
Cyrtomium fortunei var.clivicola	82	*Diplazium virescens*	55
Cyrtomium macrophyllum var.macrophyllum	81	*Diplazium wichurae*	57

D

		Diplocyclos palmatus	846
Dactylis glomerata	379	*Disporum sessile*	217
Daphne kiusiana	899	*Distylium racemosum*	587
Daphniphyllum teijsmannii	588	*Dodonaea viscosa*	905
Davallia mariesii	100	*Dopatrium junceum*	1156
Debregeasia edulis	832	*Dryopteris × toyamae*	88
Deinostema adenocaulum	1155	*Dryopteris atrata*	83
Deinostema violaceum	1154	*Dryopteris bissetiana*	92

Dryopteris commixta	86
Dryopteris hadanoi	91
Dryopteris pacifica	84
Dryopteris shibipedis	85
Dryopteris sieboldii	87
Dryopteris sparsa	89
Dryopteris varia	90
Drypetes matsumurae	670
Dumasia truncata	719
Dunbaria villosa	720
Dysphania ambrosioides	564

E

Echinochloa crus-galli var.aristata	386
Echinochloa crus-galli var.caudata	385
Eclipta alba	1277
Eclipta thermalis	1278
Egeria densa	179
Ehretia acuminata	997
Ehretia dicksonii var.japonica	999
Ehretia microphylla	998
Eichhornia crassipes	457
Elaeagnus × nikaii	802
Elaeagnus epitricha	800
Elaeagnus glabra	801
Elaeagnus macrophylla	804
Elaeagnus pungens	802
Elaeagnus umbellata	799
Elaeagnus umbellata var.rotundifolia	803
Elaeocarpus japonicus	701
Elaeocarpus sylvestris var.ellipticus	702
Elatine triandra var.pedicellata	698
Elatostema japonicum	834
Elatostema laetevirens	834
Elatostema minima	833
Elatostema radicans	833
Elatostema scabrum	833
Eleocharis acicularis	341
Eleocharis congesta	336
Eleocharis dulcis	337
Eleocharis kuroguwai	337
Eleocharis parvula	338
Eleocharis pellucida	339
Eleocharis tetraquetra	340
Eleusine indica	387
Emilia sonchifolia	1279
Epilobium pyrricholophum	630
Epimedium diphyllum	473

Epimedium trifoliatobinatum	473
Epipactis thunbergii	236
Equisetum arvense	7
Equisetum hyemale	6
Equisetum ramosissimum	6
Eragrostis ferruginea	388
Eragrostis multicaulis	390
Eragrostis poaeoides	389
Erechtites hieracifolia	1280
Erigeron annuus	1282
Erigeron karvinskianus	1283
Erigeron philadelphicus	1281
Eriocaulon cinereum	294
Eriocaulon hondoense	292
Eriocaulon nakasimanum	291
Eriocaulon robustius	293
Erythrina × bidwillii	721
Erythrina crista-galli	721
Euchresta japonica	722
Eulalia quadrinervis	391
Euonymus alatus	649
Euonymus alatus f.ciliatodentatus	646
Euonymus chibae	650
Euonymus fortunei	648
Euonymus hamiltonianus	652
Euonymus japonicus	651
Euonymus lutchuensis	653
Euonymus oxyphyllus	647
Euonymus tanakae	645
Eupatorium fortunei	1285
Eupatorium luchuense	1284
Eupatorium makinoi	1286
Eupatorium variabile	1286
Euphorbia helioscopia	677
Euphorbia jolkinii	675
Euphorbia lasiocaula	675
Euphorbia peplus	676
Eurya emarginata	944
Eurya emarginata var.minutissima	946
Eurya japonica	945
Euscaphis japonica	613

F

Fagopyrum cymosum	497
Fallopia japonica	498
Farfugium japonicum	1287
Fatoua villosa	822
Fatsia japonica	1184

Ficus erecta	824	*Glycine max ssp.soja*	724
Ficus erecta var.sieboldii	824	*Glycine tabacina*	725
Ficus microcarpa	827	*Gnaphalium affine*	1294
Ficus nipponica	829	*Gnaphalium calviceps*	1291
Ficus pumila	825	*Gnaphalium japonicum*	1292
Ficus septics	826	*Gnaphalium pensylvanicum*	1293
Ficus superba	823	*Gnaphalium purpureum*	1289
Ficus thunbergii	829	*Gnaphalium spicatum*	1290
Ficus virgata	828	*Gonostegia hirta*	835
Fimbristylis cymosa	345	*Goodyera schlechtendaliana*	239
Fimbristylis dichotoma	346	*Gynostemma pentaphyllum*	847
Fimbristylis dichotoma var.floribunda	343	*Gynura bicolor*	1295
Fimbristylis diphylloides	344	**H**	
Fimbristylis ferruginea var.sieboldii	342	*Habenaria radiata*	240
Fimbristylis longispica	347	*Halophila ovalis*	180
Fimbristylis miliacea	348	*Haloragis micrantha*	605
Fimbristylis ovata	351	*Hedera rhombea*	1185
Fimbristylis pacifica	350	*Hedyotis corymbosa*	1011
Fimbristylis sericea	349	*Hedyotis lindleyana*	1012
Fimbristylis subbispicata	350	*Hedyotis strigulosa var.parvifolia*	1010
Firmiana simplex	887	*Helicia cochinchinensis*	492
Fumaria officinalis	489	*Heliotropium foertherianum*	1000
G		*Heloniopsis orientalis var.breviscapa*	197
Galactia tashiroi	723	*Helwingia japonica*	1171
Galeola septentrionalis	237	*Hemarthria sibirica*	393
Galinsoga quadriradiata	1288	*Hemerocallis fulva var.kwanso*	267
Galium gracilens	1007	*Hemerocallis fulva var.littorea*	266
Galium kikumugura	1006	*Hemerocallis fulva var.longituba*	265
Galium spurium var.echinospermon	1008	*Hemerocallis fulva var.sempervirens*	264
Galium trifidum var.brevipedunculatum	1007	*Hemerocallis aurantiaca*	268
Galium trifloriforme	1005	*Hemerocallis thunbergii*	263
Gardenia jasminoides	1009	*Hemistepta lyrata*	1296
Gardneria nutans	1029	*Heracleum nipponicum*	1203
Gastrochilus japonicus	238	*Heritiera littoralis*	888
Gentiana squarrosa var.liukiuensis	1026	*Herminium lanceum var.longicrure*	241
Gentiana thunbergii	1025	*Hetaeria agyokuana*	242
Gentiana zollingeri	1025	*Hetaeria yakusimensis*	242
Geranium carolinianum	617	*Heterocentron elegans*	643
Geranium thunbergii	618	*Heteropappus hispidus*	1297
Geum japonicum	769	*Heteropappus hispidus ssp.arenarius*	1298
Ginkgo biloba	115	*Heteropappus hispidus ssp.Insularis*	1297
Glechoma hederacea ssp.grandis	1106	*Heterosmilax japonica*	198
Glehnia littoralis	1202	*Hibiscus hamabo*	890
Gleichenia japonica	12	*Hibiscus mutabilis*	891
Glochidion obovatum	688	*Hibiscus rosa-sinensis*	892
Glochidion zeylanicum	687	*Hibiscus syriacus*	892
Glyceria acutiflora	392	*Hibiscus tiliaceus*	889

Holcoglossum falcatum	243		*Ipomoea indica*	1062
Hololeion fauriei	1299		*Ipomoea lacunosa*	1064
Hosta kikutii	280		*Ipomoea learii*	1059
Hosta sieboldii	279		*Ipomoea littoralis*	1061
Houttuynia cordata	130		*Ipomoea pes-caprae*	1060
Hoya carnosa	1034		*Ipomoea stolonifera*	1057
Humulus japonicus	817		*Ipomoea triloba*	1063
Hydrangea grosseserrata	933		*Iris ensata var.ensata*	260
Hydrangea kawagoeana	931		*Iris ensata var.spontanea*	260
Hydrangea luteovenosa	930		*Iris japonica*	259
Hydrangea paniculata	932		*Isachne globosa*	395
Hydrangea serrata	934		*Ischaemum anthephoroides*	397
Hydrocotyle dichondrioides	1189		*Ischaemum anthephoroides var.eriostachyum*	398
Hydrocotyle javanica	1188		*Ischaemum aristatum var.aristatum*	399
Hydrocotyle maritima	1190		*Ischaemum aristatum var.glaucum*	396
Hydrocotyle ramiflora	1187		*Ischaemum aureum*	399
Hydrocotyle sibthorpioides	1190		*Isodon inflexus*	1108
Hydrocotyle verticillata var.triradiata	1186		*Isodon shikokianus*	1107
Hydrocotyle yabei	1191		*Ixeris dentata*	1305
Hygrophila salicifolia	1083		*Ixeris dentata f.amplifolia*	1304
Hylodesmum oxyphyllum	726		*Ixeris japonica*	1303
Hylodesmum podocarpum ssp.Oxyphyllum	727		*Ixeris laevigata var.oldhamii*	1301
Hypericum erectum	692		*Ixeris polycephala*	1306
Hypericum japonica	693		*Ixeris repens*	1307
Hypericum laxa	693		*Ixeris stolonifera*	1302
Hypericum sampsoni	694		**J**	
Hypochaeris radicata	1300		*Juncus bufonius*	298
Hypoxis aurea	256		*Juncus effusus*	295
I			*Juncus krameri*	297
Idesia polycarpa	658		*Juncus leschenaultii*	297
Ilex buergeri	1176		*Juncus setchuensis*	299
Ilex chinensis	1179		*Juncus tenuis*	296
Ilex crenata	1178		*Juniperus conferta*	127
Ilex crenata var. Fukasawana	1178		*Juniperus taxifolia var.lutchuensis*	127
Ilex dimorphophylla	1173		*Justicia procumbens*	1084
Ilex integra	1181		**K**	
Ilex × kiusiana	1180		*Kadsura japonica*	129
Ilex latifolia	1177		*Kalanchoe integra*	596
Ilex macropoda	1172		*Kalimeris yomena*	1308
Ilex rotunda	1175		*Kandelia obovata*	697
Ilex serrata	1174		*Keisukea japonica*	1109
Impatiens textori	936		*Kerria japonica*	770
Imperata cylindrica	394		*Korthalsella japonica*	581
Indigofera trifoliata	728		*Kummerowia striata*	729
Ipomoea cairica	1066		**L**	
Ipomoea hederacea	1058		*Lactuca indica*	1309
Ipomoea hederacea var.integriuscula	1065		*Lactuca soro*	1311

Lactuca sororia var.*elata*	1310		*Limonium tetragonum*	493
Lagerstroemia indica	620		*Lindera triloba*	154
Lagerstroemia subcostata	620		*Lindernia anagallis*	1149
Lamium album var.*barbatum*	1110		*Lindernia antipoda* var.*verbenifolia*	1150
Lamium amplexicaule	1112		*Lindernia dubia* ssp.*major*	1148
Lamium purpureum	1111		*Lindernia grandiflora*	1151
Lantana camara	1087		*Lindernia micrantha*	1146
Lapsanastrum apogonoides	1312		*Lindernia procumbens*	1147
Lapsanastrum humile	1313		*Lindsaea chienii*	21
Lasianthus japonicus f.*satsumensis*	1013		*Lindsaea japonica*	20
Lathyrus japonicus	730		*Lindsaea odorata*	21
Laurocerasus zippeliana	771		*Lindsaea orbiculata* var.*commixta*	20
Laurus nobilis	153		*Liparis formosana*	246
Leersia japonica	400		*Liparis krameri*	245
Lemmaphyllum microphyllum	108		*Liparis nervosa*	244
Lemmaphyllum microphyllum var.*obovatum*	108		*Lipocarpha microcephala*	352
Lepidium didymum	877		*Liquidambar formosana*	904
Lepidium virginicum	878		*Liriope minor*	281
Lepisorus onoei	110		*Liriope muscari*	282
Lepisorus thunbergianus	109		*Liriope spicata*	282
Lepisorus tosaensis	110		*Lithocarpus edulis*	852
Lepisorus uchiyamae	109		*Lithocarpus glaber*	851
Lepisorus ussuriensis var.*distans*	110		*Lithospermum erythrorhizon*	996
Lepturus repens	401		*Litsea acuminata*	157
Lespedeza buergeri	731		*Litsea coreana*	155
Lespedeza cuneata	734		*Litsea japonica*	156
Lespedeza cuneata var.*serpens*	734		*Lobelia cardinalis*	1229
Lespedeza cyrtobotrya	733		*Lobelia chinensis*	1230
Lespedeza homoloba	733		*Lobelia zeylanica*	1230
Lespedeza pilosa	732		*Lonicera affinis*	1224
Leucas mollissima var.*chinensis*	1113		*Lonicera gracilipes* var.*glabra*	1221
Leucosceptrum stellipilum var.*tosaense*	1114		*Lonicera hypograuca*	1222
Ligustrum japonicum	1071		*Lonicera japonica*	1223
Ligustrum japonicum var.*spathulatum*	1068		*Lophatherum gracile*	402
Ligustrum liukiuense	1069		*Lotus australis*	735
Ligustrum lucidum	1070		*Lotus japonicus*	735
Ligustrum obtusifolium	1067		*Loxogramme salicifolia*	111
Ligustrum vulgare	1067		*Ludwigia decurrens*	631
Lilium callosum	210		*Ludwigia epilobioides*	633
Lilium formosanum	207		*Ludwigia octovalvis*	632
Lilium lancifolium	204		*Ludwigia ovalis*	635
Lilium leichtlinii	206		*Ludwigia stipulacea*	634
Lilium longiflorum	209		*Luisia teves*	247
Lilium nobilissimum	208		*Luzula capitata*	300
Lilium speciosum	205		*Luzula plumosa*	301
Limnophila aromatica	1158		*Lycium barbarum*	1043
Limnophila sessiliflora	1157		*Lycopus cavaleriei*	1115

Lycopus lucidus	1116	*Microstegium vimineum*	403
Lycoris radiata	270	*Microstegium vimineum f.willdenowianum*	403
Lygodium japonicum	14	*Microtis unifolia*	248
Lygodium japonicum var.microstachyum	14	*Microtropis japonica*	655
Lyonia ovalifolia ssp.neziki	973	*Millettia japonica*	740
Lysimachia clethroides	959	*Millettia pinnata*	739
Lysimachia fortunei	961	*Mirabilis jalapa*	579
Lysimachia japonica	960	*Miscanthus condensatus*	408
Lysimachia japonica var.minutissima	960	*Miscanthus floridulus*	407
Lysimachia mauritiana	962	*Miscanthus sacchariflorus*	405
Lythrum anceps	621	*Miscanthus sinensis*	406
		Mitella japonica	591

M

Maackia tashiroi	736	*Mitrasacme pygmaea*	1030
Macleaya cordata	490	*Mitrastemon yamamotoi*	993
Maclura cochinchinensis	830	*Modiola caroliniana*	895
Maesa japonica	963	*Moehringia lateriflora*	537
Maesa montana var.formosana	964	*Mollugo pentaphylla*	570
Magnolia grandiflora	146	*Mollugo verticillata*	569
Magnolia heptapeta	147	*Monochoria vaginalis var.plantaginea*	458
Magnolia kobus	145	*Monotropastrum humile*	976
Maianthemum dilatatum	283	*Morella rubra*	865
Mallotus japonicus	678	*Morinda umbellata*	1014
Malus spontanea	772	*Morus australis*	831
Malva parviflora	893	*Mosla dianthera*	1120
Marsdenia tinctoria	1036	*Mosla punctulata*	1119
Marsdenia tomentosa	1035	*Mucuna macrocarpa*	741
Marsilea quadrifolia	15	*Murdannia keisak*	452
Maytenus diversifolia	654	*Murdannia loriformis*	453
Mazus miquelii	1139	*Murraya paniculata*	915
Mazus miquelii f.albiflorus	1139	*Mussaenda parviflora*	1015
Mazus pumilus	1138	*Mussaenda shikokiana*	1016
Medicago polymorpha	737	*Myoporum bontioides*	1081
Melia azedarach	912	*Myriophyllum aquaticum*	606
Melilotus officinalis ssp.suaveolens	738	*Myriophyllum spicatum*	608
Meliosma rigida	491	*Myriophyllum verticillatum*	607
Melochia corchorifolia	894	*Myrsine seguinii*	965
Mentha canadensis var.piperascens	1117		

N

Mentha suaveolens	1118	*Nageia nagi*	119
Michelia compressa	148	*Nandina domestica*	474
Michelia figo	148	*Nanocnide japonica*	836
Microcarpaea minima	1152	*Nanocnide pilosa*	837
Microlepia marginata	27	*Narcissus tazetta var.chinensis*	271
Microlepia strigosa	25	*Nasturtium officinale*	879
Microlepia strigosa f.kawaharae	26	*Neolitsea aciculata*	158
Microsorium buergerianum	113	*Neolitsea sericea*	159
Microsorium ensatum	112	*Neoshirakia japonica*	679
Microstegium japonicum	404	*Nephrolepis cordifolia*	99

Nerium oleander var.indicum	1037
Nuphar subintegerrimum	128
Nuttallanthus canadensis	1159
Nymphoides coreana	1234
Nymphoides indica	1233

O

Oenanthe javanica	1204
Oenothera biennis	636
Oenothera glazioviana	638
Oenothera laciniata	639
Oenothera laciniata var.grandiflora	637
Oenothera rosea	642
Oenothera speciosa	640
Oenothera stricta	641
Ohwia caudata	742
Onychium japonicum	33
Ophioglossum petiolatum	4
Ophioglossum thermale	5
Ophioglossum thermale var.nipponicum	5
Ophiopogon jaburan	285
Ophiopogon japonicus	284
Ophiorrhiza japonica	1017
Opithandra primuloides f.immaculata	1078
Oplismenus compositus	409
Oplismenus undulatifolius	410
Oreocnide frutescens	838
Oreocnide pedunculata	839
Orixa japonica	916
Ormocarpum cochinchinense	743
Orobanche coerulescens	1143
Orostachys japonica	597
Osmanthus × fortunei	1076
Osmanthus fragrans	1073
Osmanthus fragrans var.thunbergii	1072
Osmanthus heterophyllus	1075
Osmanthus insularis	1074
Osmorhiza aristata	1205
Osmunda banksiifolia	9
Osmunda japonica	10
Osteomeles anthyllidifolia	773
Ottelia alismoides	181
Oxalis corniculata	699
Oxalis debilis var.corymbosa	700
Oxalis dillenii	699

P

Pachypleuria repens	100
Paederia scandens	1018
Paliurus ramosissimus	806
Panax japonicus	1192
Pandanus odoratissimus	195
Panicum bisuleatum	411
Panicum repens	412
Parasenecio kiusianus	1315
Parasenecio nipponicus	1314
Parentucellia viscosa	1144
Parnassia palustris	656
Parsonsia alboflavescens	1038
Parthenocissus tricuspidata	612
Paspalum dilatatum	415
Paspalum distichum	414
Paspalum notatum	413
Paspalum scrobiculatum	416
Paspalum thunbergii	417
Paspalum urvillei	418
Passiflora suberose	669
Patrinia scabiosifolia	1226
Patrinia villosa	1225
Pemphis acidula	622
Pennisetum alopecuroides	420
Pennisetum sordidum	419
Penthorum chinense	592
Peperomia jaonica	132
Peperomia pellucida	132
Perilla frutescens var.citriodora	1122
Perilla frutescens var.crispa	1121
Perilla frutescens var.frutescens	1121
Persicaria capitata	514
Persicaria chinensis	510
Persicaria conspicua	506
Persicaria dichotoma	520
Persicaria glabra	505
Persicaria hastato-auriculata	515
Persicaria hydropiper	518
Persicaria japonica	509
Persicaria kawagoeana	508
Persicaria lapathifolia	507
Persicaria lapathifolia var.incanum	502
Persicaria lapathifolia var.lapathifolia	504
Persicaria longiseta	501
Persicaria nipponensis	519
Persicaria perfoliata	500
Persicaria posumbu	512
Persicaria pubescens	516
Persicaria sagittata var.sibirica	499

Persicaria scabra	503	Plantago lanceolata	1162
Persicaria senticosa	511	Plantago virginica	1161
Persicaria thunbergii	517	Platanthera amamiana	251
Persicaria vulgaris	513	Platanthera minor	252
Petasites japonicus	1316	Platycorater arguta	935
Peucedanum japonicum	1206	Pleioblastus argenteostriatus f.pumilus	425
Phacellanthus tubiflorus	1145	Pleioblastus kodzumae	425
Phacelurus latifolius	421	Pleioblastus linearis	426
Phaius flavus	250	Pleioblastus simonii	425
Phaius tankervilleae	249	Poa acroleuca	428
Philoxerus wrightii	565	Poa annua	427
Philydrum lanuginosum	459	Podocarpus macrophyllus	120
Phryma leptostachya var.asiatica	1141	Podocarpus macrophyllus var.maki	120
Phryma leptostachya var.oblongifolia	1140	Poginatherum crinitum	429
Phyla nodiflora	1088	Pogostemon stellatus	1123
Phyllanthus matsumurae	689	Polemonium kiushianum	937
Phyllanthus tenellus	689	Pollia japonca var.minor	454
Phyllanthus urinaria	689	Pollia japonica	455
Phyllostachys aurea	423	Polygala japonica	760
Phyllostachys bambusoides	423	Polygonatum odoratum	286
Phyllostachys edulis	424	Polygonum arenastrum	521
Phyllostachys nigra var.henonis	422	Polygonum aviculare	523
Physalis angulata	1044	Polygonum polyneuron	522
Physalis pubescens	1045	Polypogon fugax	430
Phytolacca americana	577	Polypogon monspeliensis	430
Picris hieracioides ssp.japonica	1317	Polystichum lepidocaulon	96
Pieris japonica ssp.japonica	974	Polystichum obae	93
Pieris koidzumiana	975	Polystichum polyblepharum	94
Pilea japonica	843	Polystichum tagawanum	95
Pilea microphylla	841	Polystichum tripteron	97
Pilea peploides	840	Portulaca okinawensis	571
Pilea petiolaris	842	Portulaca oleracea	572
Pinellia ternata	173	Portulaca oleracea cvs.	572
Pinellia tripartita	172	Potamogeton distinctus	185
Pinellia tripartita f.atropurpurea	172	Potamogeton octandrum	186
Pinus densiflora	117	Potamogeton oxyphyllus	187
Pinus amamiana	118	Potentilla anemonifolia	774
Pinus luchuensis	118	Potentilla chinensis	775
Pinus thunbergii	118	Potentilla hebiichigo	777
Piper kadsura	133	Potentilla indica	778
Pittosporum tobira	1210	Potentilla stolonifera	776
Plagiogyria adnata	18	Pouzolzia zeylanica	844
Plagiogyria euphlebia	16	Premna japonica	1124
Plagiogyria japonica	17	Primula sieboldii	966
Plagiogyria × wakabae	18	Prunella vulgaris ssp.asiatica	1125
Planchonella obovata	969	Pseudocydonia sinensis	779
Plantago asiatica	1160	Pseudosasa japonica	431

Psilotum nudum	1
Psychotria manillensis	1020
Psychotria rubra	1021
Psychotria serpens	1019
Pteridium aquilinum	28
Pteris cretica	37
Pteris excelsa var.simplicior	36
Pteris multifida	35
Pteris nipponica	40
Pteris oshimensis	38
Pteris ryukyuensis	42
Pteris semipinnata	34
Pteris vittata	41
Pteris wallichiana	39
Pueraria lobata	744
Pulsatilla cernua	479
Punica granatum	623
Pyracantha coccinea	780
Pyrola japonica	976
Pyrrosia lingua	114

Q

Quercus acuta	853
Quercus acutissima	858
Quercus aliena	857
Quercus crispula	864
Quercus dentata	857
Quercus gilva	855
Quercus glauca	854
Quercus hondae	863
Quercus myrsinifolia	861
Quercus phillyraeoides f.wrightii	859
Quercus salicina	856
Quercus serrata	860
Quercus sessilifolia	862

R

Ranunculus japonicus	480
Ranunculus sceleratus	482
Ranunculus sieboldii	481
Ranunculus silerifolius	481
Raphanus sativus var.raphanistroides	880
Rhamnella franguloides	807
Rhamnus crenata	808
Rhamnus liukiuensis	809
Rhaphiolepis indica var.umbellata	781
Rhododendron × obtusum	981
Rhododendron × pulchrum	986
Rhododendron dilatatum var.satsumense	985

Rhododendron indicum	984
Rhododendron kaempferi	989
Rhododendron keiskei	984
Rhododendron kiyosumense ssp.mayebarae var. ohsumiense	982
Rhododendron latoucheae var.amamiense	977
Rhododendron × obtusum	981
Rhododendron pentaphyllum var.pentaphyllum	988
Rhododendron reticulatum	982
Rhododendron serpyllifolium	979
Rhododendron tamurae	988
Rhododendron tashiroi	983
Rhododendron tashiroi var.lasiophyllum	978
Rhododendron tosaense	987
Rhododendron viscistylum var.hyugaense	982
Rhododendron weyrichii	980
Rhus javanica	908
Rhynchosia acuminatifolia	745
Rhynchosia volubilis	745
Rhynchospora chinensis	353
Ricinus communis	680
Rohdea japonica	287
Rorippa dubia	883
Rorippa indica	881
Rorippa palustris	882
Rosa luciae	782
Rosa multiflora	783
Rosa onoei	785
Rosa paniculigera	784
Rosa sambucina	786
Rotala indica var.uliginosa	624
Rotala pusilla	625
Rubia argyi	1022
Rubus buergeri	795
Rubus crataegifolius	789
Rubus croceacanthus	787
Rubus hirsutus	788
Rubus lambertianus	790
Rubus minusculus	793
Rubus palmatus var.palmatus	794
Rubus parvifolius	791
Rubus pectinellus	795
Rubus ribisoideus	794
Rubus sieboldii	796
Rubus trifidus	790
Rubus × ribifolius	792
Rudbeckia serotina	1318

Ruelllia brittoniana	1085		Scleria terrestris	359
Rumex acetosa	527		Scurrula yadoriki	583
Rumex acetosella	529		Scutellaria guilielmii	1130
Rumex conglomeratus	524		Scutellaria indica var.parvifolia	1131
Rumex crispus	528		Scutellaria kikai-insularis	1133
Rumex dentatus	526		Scutellaria laeteviolacea	1132
Rumex japonicus	525		Securinega suffruticosa	690
Rumex madaio	531		Sedirea japonica	253
Rumex obtusifolius	530		Sedum bulbiferum	603
Ruppia maritima	184		Sedum formosanus	600
S			Sedum japonicum ssp.oryzifolium	601
Saccharum spontaneum	432		Sedum lineare Sedum	598
Sageretia theezans	810		Sedum makinoi	603
Sagina japonica	538		Sedum mexicanum	604
Sagina maxima	538		Sedum sarmentosum	604
Sagittaria pygmaea	176		Sedum satumense	602
Sagittaria trifolia	177		Sedum subtile	602
Salix eriocarpa	659		Sedum uniflorum	599
Salomonia oblongifolia	761		Semiaquilegia adoxoides	483
Salsola komarovii	566		Senecio madagascariensis	1319
Salvia japonica	1126		Senecio vulgaris	1320
Salvia nipponica	1127		Serratura coronata var.insularis	1321
Salvia plebeia	1129		Sesuvium portulacastrum	575
Salvia ranzaniana	1128		Sesuvium portulacastrum f.tawadanus	575
Sambucus javanica	1211		Setaria faberi	433
Sambucus sieboldiana var.pinnatisecta	1212		Setaria glauca	434
Sanguisorba officinalis	797		Setaria pallide-fusca	435
Sanicula chinensis	1201		Setaria viridis var.pachystachys	436
Sapindus mukorossi	906		Shibataea kumasaca	437
Sarcandra glabra	161		Sida rhombifolia	896
Saururus chinensis	131		Siegesbeckia glabrescens	1322
Saxifraga cortusaefolia	593		Siegesbeckia orientalis	1322
Saxifraga stolonifera	594		Siegesbeckia pubescens	1322
Scaevola taccada	1235		Silene acaulis	544
Schefflera octophylla	1193		Silene armeria	543
Schima liukiuensis	940		Silene gallica var.gallica	541
Schoenoplectus hotarui	354		Silene gallica var.giraldii	539
Schoenoplectus juncoides	354		Silene pendula	540
Schoenoplectus juncoides × triangulatus	357		Silene sieboldii	542
Schoenoplectus lineolatus	354		Sinomenium acutum	470
Schoenoplectus multisetus	355		Sisymbrium orientalis	884
Schoenoplectus tabernaemontani	358		Sisyrinchium iridifolium var.laxum	261
Schoenoplectus triangulatus	355		Sisyrinchium rosulatum	261
Schoenoplectus triqueter	356		Sium suave var.nipponicum	1207
Schoepfia jasminodora	582		Skimmia japonica	917
Sciadopitys verticillata	121		Smilax bracteata	199
Scilla scilloides	288		Smilax china	200

Smilax riparia	201	Symplocos glauca	954
Smilax sebeana	202	Symplocos lancifolia	951
Solanum biflorum	1048	Symplocos myrtacea	953
Solanum carolinense	1050	Symplocos theophrastifolia	950
Solanum erianthum	1049		
Solanum lyratum	1047	**T**	
Solanum ptychanthum	1046	Tagetes minuta	1328
Solidago altissima	1324	Talinum crassifolium	573
Solidago virga-aurea var.asiatica	1323	Taraxacum officinale	1329
Soliva anthemifolia	1325	Tarenna gracilipes	1023
Soliva sessilis	1325	Tephroseris pierotii	1330
Sonchus asper	1326	Ternstroemia gymnanthera	947
Sonchus oleraceus	1327	Tetradium glabrifolium var.glaucum	918
Sophora franchetiana	747	Tetragonia tetragonioides	576
Sophora tomentosa	746	Teucrium viscidum var.miquelianum	1135
Sorghum halepense f.muticum	438	Thalictrum minus var.hypoleucum	484
Spergula arvensis	545	Thelypteris acuminata	67
Sphenomeris biflora	22	Thelypteris angustifrons	64
Sphenomeris chinensis	22	Thelypteris cystopteroides	64
Spinifex littoreus	439	Thelypteris decursivepinnata	63
Spiraea thunbergii	798	Thelypteris esquirolii var.glabrata	61
Spiranthes sinensis var.amoena	254	Thelypteris interrupta	65
Sporobolus fertilis	441	Thelypteris jaculosa	62
Sporobolus virginicus	440	Thelypteris japonica	66
Stachys arvensis	1134	Thelypteris laxa	68
Stachyurus praecox	616	Themeda triandra var.japonica	377
Stachyurus praecox var.Matsuzakii	616	Thermopsis chinensis	748
Staphylea bumalda	614	Thesium chinense	580
Stauntonia hexaphylla	469	Thlaspi arvense	878
Stegnogramma griffithii var.wilfordii	59	Thuarea involuta	442
Stegnogramma pozoi ssp.mollissima	60	Thujopsis dolabrata	124
Stellaria aquatica	547	Tilia kiusiana	897
Stellaria media	549	Toddalia asiatica	919
Stellaria neglecta	550	Torilis japonica	1209
Stellaria uchiyamana var.apetala	546	Torilis scabra	1208
Stellaria uliginosa var.undulata	548	Torreya nucifera	123
Stephania japonica	471	Toxicodendron succedaneum	909
Stewartia monadelpha	942	Toxicodendron sylvestre	911
Stewartia pseudocamellia	941	Toxicodendron trichocarpum	910
Strobilanthes oligantha	1086	Trachelospermum asiaticum	1039
Styrax japonica	967	Tradescantia fluminensis	456
Styrax obassia	968	Trapa incisa	628
Suaeda japonica	567	Trapa japonica	627
Suaeda maritima	568	Trapa natans	626
Swertia bimaculata	1027	Trema cannabina	819
Swertia japonicum	1028	Trema orientalis	818
Symplocos coreana	952	Triadenum japonicum	695
		Triadica sebifera	681

Trichosanthes cucumeroides	848	Veronicastrum axillare	1169
Trichosanthes kirilowii var.japonica	848	Viburnum dilatatum	1213
Trichosanthes rostrata	848	Viburnum erosum	1214
Tricyrits nana	214	Viburnum furcatum	1213
Tricyrtis flava	212	Viburnum japonicum	1218
Tricyrtis hirta	215	Viburnum odoratissimum var.awabuki	1217
Tricyrtis macropoda	216	Viburnum suspensum	1216
Tricyrtis ohsumiensis	213	Viburnum urceolatum	1219
Tricyrtis perfoliata	211	Viburnum wrightii	1214
Trifolium dubium	749	Viburnum wrightii f.minus	1215
Trifolium repens	750	Vicia amurensis	756
Triglochin maritimum	183	Vicia hirsuta	754
Trigonotis brevipes	1002	Vicia pseudo-orobus	751
Trigonotis peduncularis	1001	Vicia sativa ssp.nigra	753
Triodanis biflora	1231	Vicia tetrasperma	752
Triodanis perfoliata	1231	Vicia unijuga	755
Tripterygium doianum	657	Vigna angularis var.nipponensis	758
Trisetum bifidum	443	Vigna marina	757
Tsuga sieboldii	116	Vinca major	1041
Tubocapsicum anomalum	1051	Vinca rosea	1041
Turpinia ternata	615	Viola diffusa	665
Tylophora tanakae	1040	Viola grypoceras	665
Typha domingensis	290	Viola mandshurica	664
Typha orientalis	290	Viola mandshurica var.triangularis	661
Typhonium divaricatum	174	Viola maximowicziana	668

U

		Viola phalacrocarpa	668
Ulmus davidiana var.japonica	812	Viola phalacrocarpa var.glaberrima	668
Ulmus parvifolia	811	Viola sieboldii	668
Urena lobata var.tomentosa	898	Viola verecunda	666
Utricularia bifida	1170	Viola verecunda var.yakusimana	663
Utricularia exoleta	1170	Viola yedoensis	667

V

		Viola yedoensis f.glaberrima	662
Vaccinium boninense	991	Viscum album	581
Vaccinium bracteatum	990	Vitex rotundifolia	1136
Vaccinium emarginatum	992	Vitex trifolia	1137
Vaccinium wrightii	991	Vittaria flexuosa	43
Valerianella locusta	1227	Vulpia bromoides	444
Vallisneria asiatica	182	Vulpia myuros	444
Vernicia cordata	682	Vulpia octoflora	444
Vernicia fordii	683		

W

Veronica arvensis	1166	Wahlenbergia marginata	1232
Veronica hederifolia	1164	Wedelia biflora	1332
Veronica peregrina	1168	Wedelia chinensis	1333
Veronica persica	1164	Wedelia prostrata	1334
Veronica polita var.lilacina	1163	Wedelia robusta	1331
Veronica sieboldiana	1167	Wedelia trilobata	1334
Veronica undulata	1165	Wikstroemia indica	901

Wikstroemia trichotoma	900
Wisteria brachybotrys	759
Wisteria floribunda	759
Woodwardia japonica	69
Woodwardia orientalis	70
Woodwardia orientalis var.formosana	71

X

Xanthium occidentale	1335
Xanthium strumarium	1336
Xylosma congestum	660

Y

Youngia denticulata	1338
Youngia japonica	1337

Z

Zanthoxylum ailanthoides	922
Zanthoxylum armatum var.subtrifoliatum	922
Zanthoxylum piperitum	921
Zanthoxylum piperitum f.inerme	920
Zanthoxylum schinifolium	921
Zelkova serrata	813
Zeuxine strateumatica	255
Zingiber mioga	464
Zostera marina	188
Zoysia japonica	447
Zoysia macrostachya	445
Zoysia matrella	446
Zoysia sinica	447
Zoysia sinica var.nipponica	448

■著者紹介

平田　浩（ひらた　ひろし）

1932年（昭7年）生まれ。
1952年（昭27年）鹿児島県立鹿屋高校卒業。
1956年（昭31年）鹿児島大学文理学部卒業。
同年、鹿児島県立高校の教員となる。
鹿屋高校、屋久島高校、甲南高校、甲陵高校、垂水高校、松陽高校、鹿児島南高校に勤務。県立高校退職後、私立鹿児島実業高校に勤務する。
所属：鹿児島植物同好会
著書：「鹿児島の海辺の植物」1987年
　　　「十島村誌」植物部門執筆　1995年

図解　九州の植物　上巻

発行日──2017年8月10日　第1刷発行

著　者──平田　浩
発行者──向原祥隆
発行所──株式会社 南方新社
　　　　〒892-0873 鹿児島市下田町292-1
　　　　電話 099-248-5455　振替口座 02070-3-27929
　　　　URL http://www.nanpou.com/
　　　　e-mail info@nanpou.com

装　丁──鈴木巳貴
制　作──岩井奈津美　山元由貴奈

印刷・製本──モリモト印刷株式会社

乱丁・落丁はお取り替えします
©Hirata Hiroshi 2017

Printed in Japan
ISBN978-4-86124-367-7　C0645